AF534014

Abwehrender und Anlagentechnischer Brandschutz

Hans-Joachim Gressmann

Abwehrender und Anlagentechnischer Brandschutz

Maßnahmen für den Brandschutz und die Brandbekämpfung bei Planung, Errichtung und Betrieb von Bauwerken

6., überarbeitete und erweiterte Auflage

Umschlagabbildungen (von links nach rechts): © Calanbau Brandschutzanlagen GmbH, © AA+W - stock.adobe.com, © studio v-zwoelf - stock.adobe.com

Bibliografische Information der Deutschen Nationalbibliothek
Die Deutsche Nationalbibliothek verzeichnet diese Publikation in der Deutschen Nationalbibliografie; detaillierte bibliografische Daten sind im Internet über http://dnb.dnb.de abrufbar.

DOI: 10.24053/9783816985273

Dischingerweg 5 · D-72070 Tübingen

Internet: www.expertverlag.de
eMail: info@verlag.expert

CPI books GmbH, Leck

ISBN 978-3-8169-3527-8 (Print)
ISBN 978-3-8169-8527-3 (ePDF)
ISBN 978-3-8169-0054-2 (ePub)

Inhaltsverzeichnis

Vorwort

Dieses Buch entstand aus einer Vorlesung zum Abwehrenden und Anlagentechnischen Brandschutz, die der Verfasser für Studenten des Bauingenieurwesens mit der Vertiefungsrichtung Brandschutz seit vielen Jahren an der Technischen Universität Carola Wilhelmina in Braunschweig hält. Daneben zeigte die ehemalige berufliche Tätigkeit des Autors als Leiter einer Feuerwehr, dass die am Bau planerisch und ausführend beteiligten Ingenieure nicht immer über die Möglichkeiten, die ihnen der Anlagentechnische Brandschutz für ihre ganz originären Aufgabengebiete eröffnet, ausreichend informiert sind. Von der Brandschutzbehörde geforderte anlagentechnische Brandschutzmaßnahmen werden als lästige Pflichtübung zur Erlangung der Baugenehmigung verstanden, die darüber hinaus noch Kosten verursacht.

Dieses Buch gibt dem Interessierten auf der Ebene der technischen Regeln eine Einführung in den Abwehrenden und Anlagentechnischen Brandschutz und versetzt ihn so in die Lage, die brandschutztechnischen Maßnahmen im Rahmen einer ganzheitlichen Gebäudeplanung sinnvoll einzubeziehen. Die Art und Tiefe der Darstellungen ist – losgelöst von den Gestaltungsrichtlinien von Normen – so gewählt, dass sich der Leser unschwer ein Verständnis für Inhalte und Zweck des technischen Regelwerkes erarbeiten kann. Damit wird es auch für den nur gelegentlich mit Brandschutztechnik befassten Ingenieur möglich, die so ungeliebten brandschutztechnischen Forderungen nachzuvollziehen. Bei Bedarf kann dieses Buch nicht nur für Studierende, sondern auch berufsbegleitend für Feuerwehr- und Brandschutzingenieure als Nachschlagewerk seine Dienste leisten, ohne dass in jedem Fall auf das umfangreiche und komplexe Normenwerk zurückgegriffen werden muss.

Für die vorliegende sechste Auflage dieses Buches wurden alle Kapitel aktualisiert. Einige Punkte wurden aufgrund der Fortentwicklung der zu Grunde liegenden technischen Regeln und neuerer Entwicklungen vollständig überarbeitet und zum Teil wesentlich ergänzt, darunter Übertragungswege von Brandmeldeanlagen, Kleinlöschanlagen, Rauchschutz-Druckanlagen, Kühlungseinrichtungen, Objektfunkanlagen. Neu entstanden sind Abschnitte zur Wirksamkeit und Zuverlässigkeit abwehrender und anlagentechnischer Brandschutzmaßnahmen, zur Wartung und Instantsetzung der Anlagen, zu Brandwarnanlagen, Monitorlöschanlagen und Instantschaumlöschanlagen. Ergänzend wurden in das nunmehr vollständig farbig vorliegende Werk Fotografien verschiedener Anlagen und Anlagenkomponenten eingefügt.

Möge dieses Werk allen Lesern bei ihrer Arbeit von Nutzen sein. Für Anregungen und Wünsche, aber auch Kritik, ist der Autor stets dankbar.

Braunschweig, im Januar 2022
Hans-Joachim Gressmann

1 Einführung – Brandschutz als gesellschaftliche Aufgabe

Seit der Mensch das Feuer für seine Zwecke einsetzt, hatte er sich immer auch mit dessen zerstörerischer Seite auseinanderzusetzen. Da der Einzelne dem zerstörerischen Wirken dieser Urgewalt in der Regel hilflos gegenüberstand, entstanden bereits früh in der Geschichte der zivilisierten Menschheit Vereinbarungen, sich bei derartigen existenzbedrohenden Ereignissen gegenseitig zu helfen. In der Weiterentwicklung wurden organisatorische Einheiten gegründet, deren Aufgabe es in erster Linie war, sich mit der Verteidigung des Lebens und des Hab und Gutes der Menschen vor Feuersgefahr zu befassen.

So ist nachgewiesen (siehe z.B. Biegel [1.1] und darin aufgeführte weiterführende Literatur), dass bereits um die Zeitenwende im antiken Rom Vorschriften des Staates bestanden, die sich unter anderem auf die Bauweise von Häusern, das Bereithalten von Löschmitteln und die Aufstellung von Brandbekämpfungseinheiten bezogen. Im Rom des Jahres 21 v. u. Z. verfügte Kaiser Augustus die Aufstellung einer Löschmannschaft von 600 Mann, die im Jahre 6, nach einem verheerenden Brand auf 7000 Mann aufgestockt und straff organisiert wurde. Diese Brandbekämpfungseinheiten, die sog. „Vigiles“, sind aus heutiger Sicht als erste Berufs- und Freiwillige Feuerwehren zu klassifizieren (Biegel [1.1]), während die Bauvorschriften die Anfänge des heute so bezeichneten Vorbeugenden Brandschutz darstellten. Andere Autoren vermuten die Anfänge eines aus der Gesellschaft organisierten Brandschutzes noch viel früher, im antiken Babylon, und zitieren den Codex Hammurabi (entstanden um 1760 v. C.) als historische Quelle.

Wie kam es nun dazu, dass anscheinend parallel zum Aufkommen größerer menschlicher Ansiedlungen der organisierte Brandschutz an Bedeutung gewann? Man muss sich hierzu vergegenwärtigen, dass die Häuser selbst in den Metropolen der Antike im Wesentlichen aus, wie wir heute sagen würden, normal entflammbaren Baustoffen, nämlich Holz, bestanden und mit leicht entflammbaren Baustoffen wie Stroh, Reisig etc., gedeckt und ausgefacht waren. Selbst kleine Brände wuchsen sich daher nicht selten zu verheerenden Feuersbrünsten aus, die nicht nur die Häuser der Menschen, sondern auch häufig deren Lebensgrundlage, gelagerte Vorräte und Werkzeuge vernichteten. Diese existenzielle Bedrohung, die potenziell von jedem außer Kontrolle geratenen Feuer ausging, könnte einer der Gründe dafür gewesen sein, dass Brandschutz schon recht früh als ein Problem begriffen wurde, das die Grundlagen einer gesamten Lebensgemeinschaft bedrohte und dessen Abwehr die Lebensgemeinschaft daher einvernehmlich vorzubereiten und gemeinsam durchzuführen hatte.

Mit der Fortentwicklung und dem Wachsen der Metropolen der Antike wurden die Notwendigkeit nach allgemein verbindlichen Bauvorschriften und einer schlagkräftigen Feuerabwehr in der oben geschilderten Weise als Grundlage des Zusammenlebens verstanden und die Vorschriften den sich weiter entwickelnden Erfordernissen angepasst. Bis zum Ende des Imperium Romanum 476 n. C. waren Brandschutzvorschriften und Feuerwehren fest etablierte Aufgaben des Staates geworden und sind es – mit einer gewissen Abflachung in der nachrömischen Zeit bis ca. 1.000 nach Christi – bis heute geblieben. Im Europa des Mittelalters und der beginnenden Neuzeit wurden die obigen „Feuerordnungen", z. B. im Sachsenspiegel Anfang des 13. Jahrhunderts oder im Echteding Mitte des 14. Jahrhunderts (Nickel [1.2]), wieder aufgenommen.

Diese Verlagerung der Sicherung der Existenz vom Individuum auf die Gesellschaft kulminiert – aus der Sicht eines verantwortlichen Feuerwehroffiziers – darin, dass heute, am Beginn des 21. Jahrhunderts, die meisten Menschen in den Industrienationen selbst kleineren Bränden im häuslichen oder betrieblichen Bereich nahezu hilflos gegenüberstehen. Man „ruft die Feuerwehr", die als Helfer in der Not allein für die Bekämpfung von Bränden zuständig ist. Gleichzeitig haben die Länder in ihren Bauordnungen relativ detailliert Vorschriften über den Vorbeugenden Brandschutz erlassen.

Diese Bauvorschriften kollidieren heute nun häufig mit den Anforderungen von modernen Industriegesellschaften, die immer mehr Waren in immer größer und komplexer werdenden Funktionsstätten herstellt, lagert und vertreibt. Aus Kostengesichtspunkten sind die Eigner von Produktionsbetrieben, von Handel und Dienstleistungsbetrieben bemüht, die Kosten für Brandschutzmaßnahmen so gering wie möglich zu halten. Dies erfolgt aus rein wirtschaftlichen Überlegungen, denn die Kosten für Brandschutzmaßnahmen sind für einen Betrieb lediglich Kostenfaktoren, die über den Preis an den Kunden weitergegeben werden. Dies gilt für direkte Brandschutzmaßnahmen des Betriebes und die über die Gewerbesteuer mitfinanzierte öffentliche Feuerwehr gleichermaßen. Der Preis einer Ware aber bestimmt wesentlich ihre Absatzchancen und damit den ökonomischen Erfolg des Betriebes.

Die Dimension der Kosten von Brandschutzmaßnahmen für moderne Gesellschaften wird deutlich, wenn man sich einige statistische Zahlen des CTIF (Comité Technique International de Prévention et d'Extinction de Feu – Internationales Technisches Komitee für vorbeugenden Brandschutz und Feuerlöschwesen) vor Augen führt (CTIF [1.3]). In Tabelle 1-1 sind für einige Industriestaaten die Kosten des Brandschutzes dargestellt.

Kosten des Brandschutzes sind grundsätzlich die folgenden Kosten (nicht alle davon werden in allen Ländern vollständig erfasst):

- die direkten Brandschäden
  (durch Vernichtung von Immobilien, Ausstattung und Einrichtung und den Verlust von Menschenleben),
- die indirekten Brandschäden
  (für Produktionsausfall, Marktanteilsverluste, Kosten für Ausgleichsmaßnahmen, Gesundheitskosten für Brandverletzte),
- die Kosten für den Unterhalt der Feuerwehren
  (öffentliche Feuerwehren und nichtöffentliche Feuerwehren, Löschwasserversorgung, siehe Kapitel 2 bis 4),
- Kosten für den brandschutztechnischen Schutz von Gebäuden
  (d. h. für den Vorbeugenden baulichen Brandschutz und den Anlagentechnischen Brandschutz, siehe Kapitel 5 bis 13),
- die Kosten für die Feuerversicherungen und Betriebsausfallversicherungen,
- die Kosten für Brandschutzforschung und Brandschutzdokumentation.

Land	**Tote je 1 Million Einwohner und Jahr Ø 2011-2015**[1)]	**Kosten des Brandschutzes Ø 2008-2010 in % des Bruttoinlandsproduktes (BIP)** [1) 3)]				
		direkter Schaden	**indirekter Schaden**	**Kosten der Feuerwehren**	**Vorbeugender Brandschutz**	**Feuerversicherung**
Belgien	5,5	*0,43*	*0,133*	*0,16*	*0,21*	*0,26*
Dänemark	10	*0,29*	*0,048*	*0,1*	*0,41*	*0,12*
Schweiz	*5,2*	*0,18*	*0,079*	*0,11*	*0,37*	*0,15*
Norwegen	10	*0,33*	*0,019*	*0,14*	*0,33*	*0,13*
Großbritannien	5,8	0,13	0,008	0,20	0,29	0,10
Schweden	10	0,18	0,06	0,13	0,20	0,05
Niederlande	4,6	0,15	*0,031*	0,21	0,31	*0,15*
Italien	3	0,20	*0,015*	*0,06*	0,35	0,04
Frankreich	5,4	0,2	*0,043*	*0,08*	*0,15*	*0,12*
Finnland	13,3	0,17	0,011	0,19	-	0,03
Österreich	3,2	0,19	0,029	0,11	-	0,14
Deutschland [4)]	4,7 [2)]	0,12	0,014	*0,07*	-	*0,08*
USA	9,9	0,1	0,007	0,29	0,29	0,12

1) *Kursiv: ältere Daten*
2) Tote infolge von Bränden in Deutschland Ø 2011 bis 2015: 389 ([1.3], [1.4])
3) BIP = Wert aller in einem Jahr produzierten Waren und Dienstleistungen
4) BIP Deutschland 2020: ca. 3336 Mrd. € (nach [1.5])

Tabelle 1-1: Kosten des Brandschutzes in verschiedenen europäische Ländern und der Vereinigten Staaten (zusammengestellt nach [1.3])

Soweit eine generalisierte Aussage aufgrund der zitierten Statistiken möglich ist, betragen die Gesamtkosten des Brandschutzes (ohne Kapitalisierung von Menschenleben) durchschnittlich ca. 0,7 % des jeweiligen Bruttoinlandsproduktes. Geht man davon aus, dass dieses in etwa auch für Deutschland zutrifft (hier sind leider keine Daten zum Vorbeugenden Brandschutz verfügbar), wären dies heute mindestens

22 Milliarden Euro pro Jahr. Dieser Betrag setzt sich in etwa aus folgenden Anteilen zusammen:

- ca. 30 % direkter Brandschaden,
- ca. 3 % indirekter Brandschaden,
- ca. 16 % für die Unterhaltung von Feuerwehren,
- (ca. 35 % für den brandschutztechnischen Schutz von Gebäuden und Anlagen – *geschätzt*),
- ca. 16 % für Feuerschutzversicherungen.

Weitere Daten und Interpretationen der weltweiten Brandstatistiken findet man in [1.3] und [1.4] sowie bei Alekhin et al. [1.6].

1.1 Der Brand und seine Entwicklung

Ein Brand ist ein Schadenfeuer, d. h. ein Feuer, das den bestimmungsgemäßen Herd verlassen hat oder außerhalb eines solchen entstanden ist, sich unkontrolliert ausbreitet und an Personen oder Sachen Schaden verursacht. Aus naturwissenschaftlicher Sicht ist ein Feuer eine schnell erfolgende exotherme Oxidation, die nach der Zündung selbständig und unter Lichterscheinung (Flammen, Glut) erfolgt und die allgemein als Verbrennung bezeichnet wird (weitere Erläuterungen zu dem Phänomen Feuer und den Voraussetzungen für sein Entstehen enthält der Anhang 1).

Schadenfeuer in Gebäuden, bei denen im Wesentlichen Feststoffe verbrennen, haben nach der Zündung idealisiert den in Abbildung 1-1 dargestellten Verlauf (zur Theorie der Zündung siehe z. B. Busenius [1.6] oder Kanury [1.9]). Nach der Initialzündung entwickelt sich der zuerst kleine Brand zunächst mit Brandleistungen unter ca. 20 kW / m² relativ langsam (Zündphase) und heizt dabei lediglich seine unmittelbare Umgebung auf. Die durchschnittlichen Temperaturen im Brandraum sind noch recht gering (ca. 50 °C).

Soweit brennbare Stoffe in der unmittelbaren Umgebung vorhanden sind, werden diese durch den Initialbrand thermisch aufbereitet (siehe Anhang 1) und nehmen schließlich am Brandgeschehen teil. In dieser Phase des Entstehungsbrandes reicht zunächst die im Brandraum vorhandene Luft für die Verbrennung aus, da die Abbrandrate (gemessen in verbrannter Stoffmenge pro Sekunde: kg / s) und damit die Brandleistung weiterhin noch klein sind (ca. 20 kW / m^2 bis ca. 50 kW / m^2). Diese Brandphase wird als Glimmbrand- oder Schwelbrandphase bezeichnet. Die Dauer dieser Phase hängt von einer Vielzahl von Randbedingungen ab. Dazu gehören die Größe und Temperatur der Zündquelle; Art, Menge, Zerteilungszustand und räumliche Verteilung, Wärmekapazität und Wärmeleitfähigkeit der brennbaren Stoffe; Temperatur im Brandraum – auch vor der Zündung; Größe vorhandener Lüftungsöffnungen, Temperatur und Feuchte der zuströmenden Luft; Ausrichtung der Oberflächen in Relation zur Flamme, u. a. m. (siehe hierzu Bussenius et al. [1.6], Rempe / Rodewald [1.10], Schneider et al. [1.11], Ohlemiller [1.12], Hölemann [1.13]). Die Schwelbrandphase kann von wenigen Minuten bis zu mehreren Stunden dauern. Die Brandraumtemperaturen erreichen im Allgemeinen ca. 100 °C bis 200 °C.

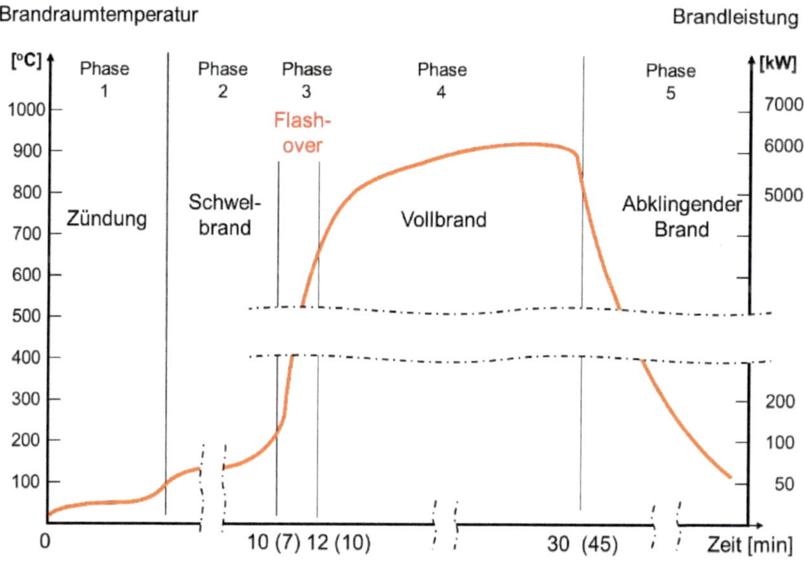

Abbildung 1-1: Ablauf von Feststoffbränden in Gebäuden – schematisiert – Erläuterungen im Text (Hinweis: die Achse Brandleistung ist zwischen 200 kW und 5000 kW gestreckt)

Nachdem der Brand den im Raum vorhandenen Sauerstoff weitgehend aufgezehrt hat, hängt der weitere Brandverlauf entscheidend von der Luftzufuhr und der bis dahin erreichten Temperatur ab. Sofern der Raum weitgehend abgeschlossen ist, wie es z. B. in Wohngebäuden, Bürogebäuden etc. häufig der Fall ist, kann der Brand unter Umständen sogar erlöschen. Sofern dies nicht geschieht, wird der Raum durch die Brandwärme immer weiter aufgeheizt (ca. 300 °C bis 500 °C), so dass vorhandene brennbare Stoffe pyrolisiert werden und brennbare Gase freisetzen (siehe z. B. bei Beyler et al. [1.14]). Diese Pyrolysegase sammeln sich im Raum, können jedoch häufig auf Grund des bis dahin abgesunkenen Sauerstoffgehaltes der Luft im Brandraum nicht sofort am Brandgeschehen teilnehmen (sog. ventilationsgesteuerter Brand). Diese Phase dauert je nach Raumgröße und Luftzufuhr etwa 10 Minuten bis 30 Minuten. Kommt es schließlich bei Temperaturen der Gase von 600 °C oder mehr aufgrund der Temperaturunterschiede zum Zerplatzen von Verglasungen, oder durch Öffnen von Türen etc. zu einer verstärkten Luftzufuhr, zünden die Pyrolysegase innerhalb kurzer Zeit vollständig durch. Da der Brandraum aufgeheizt ist, kann sich der Brand sehr schnell auf alle übrigen brennbaren Stoffe ausbreiten, es kommt innerhalb von 1 bis 2 Minuten zum sog. Flashover (eine gute Darstellung dieses Vorganges findet man bei Widetscheck [1.15]), der Brand entwickelt sich zum Vollbrand. Der Flashover kann bei brandlastgesteuerten Bränden in Räumen nach ca. 10 Minuten, bei ventilationsgesteuerten Bränden bereits nach ca. 7 Minuten auftreten (Wilk et al. 2017 [1.68], [1.69]).

Der Brand breitet sich nun schnell auf die gesamte im Brandraum vorhandene Brandlast aus, der Raum steht im Vollbrand. Die Brandleistungen erreichen in Wohn- und Bürogebäuden (die dort vorhandene Brandlast entspricht ca. 30 kg / m^2 bis 60 kg / m^2 Holz) im Allgemeinen bis ca. 300 kW / m^2, bei starker Luftzufuhr und einem hohen Kunststoffanteil an der Brandlast u. U. auch mehr ([1.11], [1.17]). So kann ein „normaler Zimmerbrand" durchaus Brandleistungen von 5 MW bis 10 MW erreichen. Die Temperaturen im Brandraum betragen in dieser Vollbrandphase ca. 800 °C bis 1000 °C, gelegentlich bis 1200 °C. Die Dauer der Vollbrandphase ist abhängig von der vorhandenen Brandlast und der spezifischen Abbrandgeschwindigkeit der brennenden Stoffe. Wenn ein Luftüberschuss vorhanden ist (d. h., wenn die Zuluftöffnungen groß genug sind), liegt ein sog. brandlastgesteuerter Brand vor, sonst weiterhin ein ventilationsgesteuerter Brand. Sofern eine Brandausbreitung über den betroffenen Raum nicht möglich ist, weil der Raumabschluss des Baulichen Brandschutzes der Beanspruchung standhält, dauert bei Wohnräumen und Büros normaler Größe und Ausstattung die Vollbrandphase ca. 30 Minuten (vergl. bei Bechthold et al. [1.18]).

Selbst wenn keine Löschmaßnahmen erfolgen, wird der Brand, nachdem die erfassten Brandlasten im Wesentlichen aufgezehrt sind (ca. 70 % bis 80 %) und keine Möglichkeit der weiteren Ausbreitung besteht, langsam an Intensität verlieren (Abklingphase, [1.18]) und schließlich aus Mangel an Brennstoff erlöschen.

Für die brandschutztechnische Beurteilung von Bauteilen werden diese in einem Brandraum mit Temperaturkurven geprüft, die der oben geschilderten

Vollbrandphase von Feststoffbränden nachgebildet sind, jedoch keine Abklingphase enthalten. Bekannt ist die in Deutschland für Bauteile angewandte Einheitstemperaturkurve nach DIN 4102-2 ([1.19] und Anhang 7), die zur Einstufung der Bauteile in eine Feuerwiderstandsklasse (REI 30, REI 90) angewandt wird.

Brände von Flüssigkeiten und Gasen verlaufen deutlich anders als oben schematisiert für Feststoffbrände geschildert, die Brandausbreitungsgeschwindigkeit, Brandtemperaturen und die Brandleistung sind im Allgemeinen (viel) höher. Bei diesen Bränden sind weitere Randbedingungen für den Ablauf ebenfalls von Bedeutung, auf die Fachliteratur wird hierzu verwiesen (Bussenius [1.7], Rempe / Rodewald [1.10], Kanury [1.20], Beyler [1.21]). Soweit bei bestimmten baulichen Anlagen Flüssigkeitsbrände in die Risikobetrachtung einbezogen werden müssen (z. B. bei Bränden in Tunneln) sind die Bauteile nach der sog. Hydrokarbonkurve zu prüfen, die dem Temperaturverlauf bei Kohlenwasserstoffbränden (z. B. Vergaserkraftstoff) nachgebildet ist (Anhang 7).

1.2 Brandbekämpfung

Um den von Bränden verursachten Personen- und Sachschaden zu minimieren (vergl. Punkt 1.1, insbesondere Tabelle 1-1), muss eine Brandbekämpfung erfolgen. Brandbekämpfung heißt, einen Brand zunächst auf den vorgefundenen Umfang zu beschränken und schließlich zu löschen. Hierzu muss mindestens eine der folgenden Grundbedingungen für ein Feuer beseitigt werden (siehe hierzu Punkt 14.1.4 und bei Rempe et al. [1.10]):

- der *brennbare Stoff*
- der *Sauerstoff*
- die *Zündenergie*
- das richtige *Mischungsverhältnis*

Als Löscheffekte werden angewendet (Anhang 2, Rempe / Rodewald [1.10]):

- *Kühlen* (Entfernung der Zündenergie und / oder des brennbaren Stoffes)
- *Ersticken* Fernhalten des Sauerstoffes vom brennbaren Stoff)
- *Antikatalyse* (Unterbrechung der chemischen Reaktion in der Flamme)

Den Feuerwehren stehen heute im Einsatz die folgenden Löschmittel zur Verfügung (zur weiteren Erläuterung siehe Punkt 14.3.1 und bei Rempe et al. [1.10] sowie bei Friedman [1.22]):

Wasser	Reines Wasser Wasser mit Zusätzen Wasser in feinzerteilter Form
Luftschaum	Schwerschaum (incl. Druckluftschaum) Mittelschaum Leichtschaum
Löschpulver	BC-Pulver ABC-Pulver Metallbrandpulver
Kohlendioxid CO_2	CO_2-Gas CO_2-Aerosol CO_2-Schnee

Die einsatztaktische Auswahl der für den jeweils vorgefundenen oder zu erwartenden Brand geeigneten Löschmittel und Löschverfahren wird beeinflusst durch:

- die Art des brennbaren Stoffes (Brandklasse nach DIN EN 2 [1.23]),
- die Verfügbarkeit der Löschmittel,
- die Möglichkeit der tatsächlichen Anwendung (de Vries [1.24]),
- die Art und Größe zu erwartender Nebeneffekte (Schädigungen).

In Löschanlagen und Feuerlöschern werden in Deutschland zusätzlich zu den oben genannten noch die folgenden Löschmittel verwandt (weitere Löschmittel, die in Deutschland noch nicht allgemein angewendet werden, sind unter Punkt 14.3 beschrieben):

Halogenierte Kohlenwasserstoffe	FM-200®, Novec 1230®, Trigon® 300 *(Halone 1211 und 1301 nicht mehr zulässig)*
Sonstige Gasförmige Löschmittel	Argon Stickstoff Mischgase
Sonderlöschmittel	Aerosol

Für den Brandschutzingenieur sind bei der Planung von Löschanlagen neben der geplanten Wirksamkeit auch die zu erwartenden Kosten von großer Bedeutung.

Eine etwas ausführlichere Darstellung der Phänomene Verbrennen und Löschen enthalten die Anhänge 1 und 2.

1.3 Rauch und seine Wirkung auf den Menschen

1.3.1 Rauchentstehung

Bei jedem Brand entstehen auch erhebliche Mengen Rauch (siehe hierzu auch Punkt 7.1). Rauch ist ein hochkomplexes System aus Brandgasen, Aerosolen und festen Partikeln, dessen Zusammensetzung von sehr vielen Parametern abhängt; so spielen die Zusammensetzung des brennenden Stoffes, die Luftzufuhr, die Flammentemperatur, die Brandraumtemperatur, die Anwesenheit anderer Stoffe und vieles mehr eine Rolle (siehe z.B. Knetsch et al. [1.25], Gottuk et al. [1.26], Hoffmann-Böllinghaus et al. [1.27]). Abhängig von Verbrennungsphase und Ventilation können Brände hinsichtlich der Rauchproduktion in drei Kategorien eingeteilt werden:

- Schwelbrände
- brandlastgesteuerte offene Flammenbrände
- ventilationsgesteuerte Flammenbrände

Schwelbrände sind gekennzeichnet durch eine oxidative Zersetzung und Pyrolyse des brennenden Materials, die Rauchbestandteile mit hoher Toxizität relativ langsam freisetzt, die Rauchproduktion (gemessen in kg Rauch pro kg Brandmaterial) ist hoch. Der Brandrauch enthält neben Kohlendioxid (CO_2) hohe Anteile Kohlenmonoxid (CO, das Verhältnis von CO_2 zu CO ist typischerweise etwa 1, Purser [1.28]) und Kohlenwasserstoffe (Alkane, Alkene und Alkine), daneben auch Aromaten, polyzyklische aromatische Kohlenwasserstoffe (PAK), bei Brand von Naturprodukten (Holz, Papier Wolle) auch Blausäure (HCN), und Schwefeldioxid (SO_2). Bei Realbränden in Wohnungen oder Arbeitsstätten, wo häufig Kunststoffe, die Chloratome enthalten, verbrennen (Elektrogeräte, Kabel, Schaumstoffe), ist auch Chlorwasserstoff (HCl, Salzsäure) als Verbrennungsprodukt wichtig. Detaillierte Ausführungen zu Art und Entstehung dieser Rauchbestandteile findet man bei Knetsch et al. [1.25], Mulholland [1.29] und Tewarson [1.30], eine mehr schematische, sehr übersichtliche Darstellung in der vfdb-Richtlinie 10 / 01 [1.31] sowie unter Punkt 14.7. Weitergehende Informationen zum Entstehungspotential von Schadstoffen findet man bei Bansemer et al. [1.33] sowie bei Forell [1.34].

Bei brandlastgesteuerten offenen Flammenbränden (Vollbrandphase) wird der größte Teil der Brandlast vollständig verbrannt. Die Brandprodukte sind daher im Wesentlichen die der vollständigen Verbrennung: CO_2 und Wasser. In geringem Umfang entstehen CO und Kohlenwasserstoffe, das Verhältnis von CO_2 zu CO ist typischerweise > 100, Purser [1.28]. Die Rauchproduktion ist relativ gering. Aus toxikologischer Sicht ist daher die Vollbrandphase gut ventilierter Brände weniger wichtig.

Ventilationsgesteuerte Flammenbrände sind durch das Erreichen der Vollbrandphase (post-Flashover) aber gleichzeitig vermindertem Sauerstoffgehalt der Umgebungsluft gekennzeichnet. Wenn die Luftzufuhr in den Brandraum durch eine relativ kleine Öffnung – z. B. ein Fenster – erfolgt, wird nicht die maximal Abbrandgeschwindigkeit und Brandleistung erreicht. In bestimmten Bereichen der Flammen kommt es aufgrund fehlenden Sauerstoffs auch zu nur unvollständiger Verbrennung. Aufgrund der sich einstellenden Temperatur, die typischerweise nur bei ca. 800 °C liegt, erfolgt Umwandlung von CO in CO_2 mit deutlich verminderter Effektivität, daher steigt der CO-Gehalt des Rauches deutlich an (auf bis zu 15 % [1.26], das Verhältnis von CO_2 zu CO sinkt entsprechend auf Werte zwischen ca. 6 bis 20). Daneben entstehen auch die vom Schwelbrand bekannten Schadstoffe, insbesondere Aromaten, PAK und Aldehyde (insbesondere Formaldehyd HCHO), allerdings mit geringeren Konzentrationen.

1.3.2 Schadstoffe im Brandrauch

Die Zusammensetzung von Brandrauch ist nach dem unter Punkt 1.3.1 ausgeführtem in hohem Maße abhängig vom Brandgut und vom Brandverlauf. Der Brandrauch enthält eine sehr große Anzahl (mehr als 5000) für den Menschen schädlicher Stoffe (zur Entstehung von Schadstoffen bei Zimmerbränden siehe z. B. bei Basmer et al. [1.32]). Aufgrund ihres häufigen Vorkommens und ihrer Konzentration in der Nähe des Brandherdes haben folgende Stoffe als sog. Leitsubstanzen für die Gefährdung des Menschen besondere Bedeutung (Otto et. al [1.33]):

Akut toxische Brandprodukte:

KOHLENMONOXID (CO) führt nach Aufnahme über die Atmung zu einer Blockade des Sauerstofftransportes durch das Blut und nachfolgend zur sog. „Inneren Erstickung“ (vergl. hierzu auch Punkt 2.4). Charakteristische Symptome sind Kopfschmerzen, Schwindel, Müdigkeit, Erbrechen und Bewusstlosigkeit mit Todesfolge (vergl. bei Pleß et al. [1.36], zur letalen Expositionszeit bei Bränden in Räumen bei Wilk et al. 2019-2 [1.69]).

BLAUSÄURE (HCN, Cyanwasserstoff) wird sehr schnell über den Atemtrakt aufgenommen und führt durch Blockade der Zellatmung (Abgabe von Sauerstoff an die Köperzellen) zu einer „Inneren Erstickung". Typisch für akute Schädigungen sind Reizungen der Atemwege, Übelkeit, Angstgefühle und Herzklopfen, schließlich Atemnot, Bewusstlosigkeit und Atemstillstand.
KOHLENDIOXID (CO_2) führt nach Aufnahme über die Atemwege in höherer Konzentration (> 0,5 %) zu einer Erhöhung der Atemfrequenz und damit zu einer verstärkten Schadstoffaufnahme. CO_2 selbst wirkt ab Konzentrationen von > 5 % zu Bewusstlosigkeit und Atemstillstand (siehe auch Tabelle 14-10).
SAUERSTOFFMANGEL (Minus $O_{2,}$ Hypoxie) als Folge von Schadenfeuern ist ebenfalls als für die Gefährdung des Menschen wichtige Erscheinung zu bezeichnen (wenn natürlich im eigentlichen Sinne kein Schadstoff). Bei Bränden sind im Brandraum und angrenzenden Räumen Sauerstoffkonzentrationen deutlich unter 10 % bekannt (Lessing et al. [1.37]), bei dieser Konzentration verlieren Menschen innerhalb weniger Minuten das Bewusstsein (Purser [1.28]).

Akut reizende Brandprodukte:

SALZSÄRUREDÄMPFE (HCl), ALDEHYDE (insbesondere Formaldehyd HCHO und Acrolein C_2H_3CHO) und Isocyanate sowie Stickoxide und Schwefeldioxid wirken auf den Menschen bereits in geringen Konzentrationen reizend bis ätzend, insbesondere auf die Augen und die Schleimhäute des Atemtraktes.

Stoffe mit toxischer Langzeitwirkung

PLOYZYKLISCHE AROMATISCHE KOHLENWASSERSTOFFE (PAK) treten als hochmolekulare komplexe Gemische auf und enthalten in unterschiedlichen Anteilen krebserzeugende oder krebsfördernde Komponenten. PAK treten im Brand im Allgemeinen an Ruß gebunden auf und sind bei nahezu allen Bränden mit Rußbildung zu erwarten. Die Aufnahme in den menschlichen Körper erfolgt über die Atemwege, in geringem Umfang auch über die Haut.
POLYCHLORIERTE DIBENZO-DIOXINE und -FURANE (PCDD, PCDF) treten nur bei Bränden mit chlorhaltigen Stoffen unter Sauerstoffmangel und bei niedrigen Temperaturen (< 800 °C) auf. Es gibt über 200 verschiedene Stoffe dieser Art, von denen das sog. „Sevesogift" (TCDD, 2, 3, 7, 8-Tetrachlordibenzodioxin) das bekannteste ist. Wegen des hohen Dampfdru-

ckes ist mit dem Auftreten nur in heißem Brandrauch und im Brandruß zu rechnen. Trotz des notorisch schlechten Rufes dieser sog. Ultragifte sind keine mit Bränden in Verbindung zu bringenden Vergiftungen nachgewiesen (vfdb [1.31], Weiß [1.39]).

1.3.3 Wirkung von Brandrauch auf den Menschen

Von den in Deutschland jährlich zu beklagenden ca. 220 bis 300 Brandtoten (Kaiser [1.37] und DFV [1.4]) sind nach neuerer allgemeiner Auffassung mindestens ca. 70 % eigentlich Rauchtote (Lessing et al. [1.38], Wilk et al. [1.68], andere Autoren geben bis 90 % an, Basmer et al. [1.32]).

Die Gefährlichkeit von Brandrauch für den Menschen beruht auf folgenden Wirkungsmechanismen:

- narkotisierende Wirkung
- reizende Wirkung
- Sichtbehinderung
- thermische Wirkung
- psychologische Wirkung

Im Folgenden werden die wichtigsten Merkmale dieser Wirkungsmechanismen des Brandrauches kurz erläutert. Eine vertiefte Darstellung mit neueren Erkenntnissen und Modellen zur Berechnung der Wirkung von Rauch- und Heißgasen haben Wilk et al. 2019 vorgelegt [1.68], [1.69].

Die narkotisierende Wirkung des Brandrauches – Rauchgasintoxikation – führt dazu, dass betroffene Personen – selbst, wenn sie zum Brandzeitpunkt wach sein sollten – teilnahmslos und danach bewusstlos werden, so dass eine Selbstrettung nicht mehr stattfindet. Die narkotisierende Wirkung geht im Wesentlichen von den Komponenten Kohlenmonoxid (CO) und Blausäure aus (vergl. Punkt 1.3.2). Wie bei allen Giften hängt die Wirkung von der Konzentration der Stoffe und der Expositionszeit und damit von der aufgenommenen Dosis ab. Da in allen Realbränden stets ein Schadstoffgemisch entsteht, ist der Organismus einer Vielzahl von Stoffen ausgesetzt, die sich in ihrer Wirkung verstärken. Der grundlegenden Arbeit von Purser [1.28] ist zu entnehmen, dass als vielen Stoffen gemeinsames Toxizitätspotential ein Wert von 500 g/m^3 min gelten kann, der bei 50 % der exponierten Versuchstiere zum Tod führt.

In Wohn- und Arbeitsräumen ist im Allgemeinen von einer Mischbrandlast auszugehen, die zu etwa 50 % aus Holz, zu ca. 10 % aus anderer Cellulose (Papier etc.), zu ca. 10 % aus Gummi und Leder und zu ca. 30 % aus Kunststoffen besteht (vergl. auch [1.32]). Eine vollständige Verbrennung liegt überwiegend nicht vor. Der obige Wert der Toxizität nach Purser kann dann zugrunde gelegt werden.

Ein Mensch hat danach bei Einatmen von Luft mit einer Brandrauchkonzentration von ca. 2 % nach 30 Minuten noch eine Überlebenschance von 50 %. Eine sehr interessante Analyse toxikologischer Todesursachen beim Brand eines Altenheimes enthält [1.40].

Auf der Grundlage der Arbeiten von Purser wurde die Abbildung 1-2 entwickelt, die die Zeit bis zur Handlungsunfähigkeit von Menschen (time-to-incapacitation) für Kohlenmonoxid und Blausäureexposition zeigt.

Die reizende Wirkung des Brandrauches beruht im Wesentlichen auf Salzsäure und Aldehyden, hauptsächlich Formaldehyd, daneben auf Stickoxiden und Schwefeldioxid. Leicht wasserlösliche Reizstoffe beeinflussen vor allem die Augen und die oberen Atemwege. Schwerer lösliche Stoffe (insbesondere HCl und NO_x) gelangen bis in die Lunge und können dort nach einigen Stunden zum Lungenödem führen. Weitere Ausführungen zur Wirkung von Reizgasen findet man bei Purser [1.28], zur Auswirkung auf die Selbstrettung von Betroffen in [1.40].

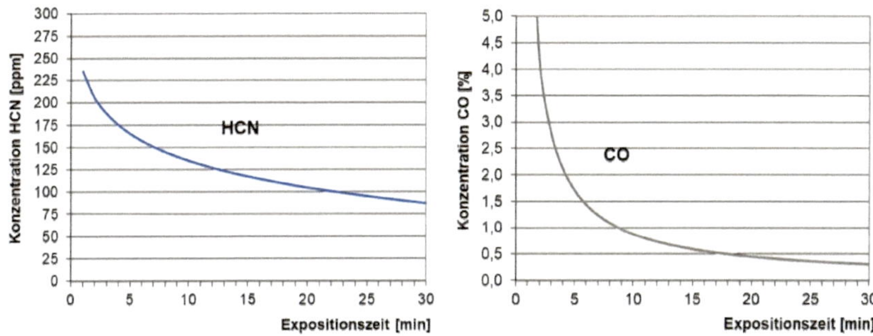

Abbildung 1-2: Zeit bis zur Handlungsunfähigkeit für die Exposition mit Kohlenmonoxid und Blausäure (berechnet nach [1.28])

Die Selbstrettung von Personen wird durch die akute Reizung der Augen und oberen Atemwege nachteilig beeinflusst. Dabei ist, anders als bei narkotisierenden Gasen, die Wirkung nicht von der aufgenommenen Dosis abhängig, sind Reizgase vorhanden, tritt die Wirkung sofort ein. Die Stärke der Irritation scheint in erster Linie von der Art des Brandgutes abzuhängen, so wird Rauch von Holzfeuern als deutlich weniger reizend eingestuft, als jener von Bränden von Plastikmaterialien. Der Schmerz kann durch Schließen der Augen oder starkes Augenzwinkern, durch Mundatmung oder Anhalten des Atems in seiner subjektiven Empfindung beeinflusst werden.

Reizgas	Handlungsunfähigkeit	Behinderung der Flucht
HCI	900 ppm	200 ppm
HBr	900 ppm	200 ppm
HF	900 ppm	200 ppm
SO_2	120 ppm	24 ppm
NO_2	350 ppm	70 ppm
Akrolein	20 ppm	4 ppm
Formaldehyd	30 ppm	6 ppm

Tabelle 1-2: Konzentrationsgrenzwerte von Reizgasen (zusammengestellt nach [1.28])

Wird der Schmerz zu groß, so kann die Selbstrettung extrem erschwert oder unmöglich werden. Die betroffenen Personen suchen dann häufig vermeintlich sichere Bereiche auf. Wenn sie dort weiterhin narkotisierenden Brandgasbestandteilen ausgesetzt sind, kann es zu den oben geschilderten Folgen kommen, obwohl die Person zunächst durchaus zur Selbstrettung in der Lage war. Hinsichtlich der Konzentration von Reizstoffen im Rauchgas, die zur Behinderung oder gar Handlungsunfähigkeit betroffener Personen führen, sind die in der Fachliteratur zu findenden Werte etwas uneinheitlich. In Tabelle 1-2 sind einige Werte aus [1.28] aufgeführt, die auf der sicheren Seite liegen, d.h. die Beeinträchtigung durch die Reizwirkung wird eher etwas überschätzt.

Dichter Rauch führt zu einer Beschränkung der Sichtweite, und damit der Wahrnehmung wichtiger Hinweise (z.B. Rettungswegbeschilderung, Punkt 13), die u.U. noch durch die oben beschriebene Reizwirkung der Rauchgase verschlechtert wird. Die lichttrübende Wirkung der Rauchgase beruht im Wesentlichen auf den enthaltenen Aerosolen und Feststoffen und wird durch die sog. Optische Dichte pro Weglänge D_L bzw. den Extinktionskoeffizienten (oder Schwächungskoeffizienten) k beschrieben ($k = D_L * \ln 10$). Eine optische Dichte pro Weglänge von 0,5 / m heißt, dass die Sichtweite noch 2 m beträgt. Bei einer optischen Dichte pro Weglänge von ca. 0,05 / m kann ein 25 m entferntes selbstleuchtendes Hinweisschild gerade noch erkannt werden. Detailliertere Ausführungen hierzu findet man bei Schneider [1.42] und Steinert [1.43] und unter Punkt 13.4.2.

Die durch Rauch reduzierte Sichtweite führt zu einer Verlangsamung flüchtender Personen sowie zu Schwierigkeiten bei der Orientierung, insbesondere in unvertrauten Gebäuden. Damit kann die Expositionszeit für Rauchgase entsprechend steigen, bekannt ist auch, dass sich Personen in unvertrauten verrauchten Gebäuden verirrt haben.

Die thermische Wirkung der Rauchgase, die auch außerhalb des Brandraumes durchaus Temperaturen zwischen 200 °C und 300 °C haben können, kann bei längerer Exposition zu einem Hitzeschock führen. Verbrennungen der Haut und der Atemwege sind zu erwarten, wenn die durch Konvektion oder Strahlung eingetragene Wärmestromdichte bestimmte Werte überschreitet.

Ein Hitzeschock tritt ein, wenn Personen über längere Zeit erhöhten Temperaturen (80 °C bis 120 °C) ausgesetzt sind und dadurch die Körper-Kerntemperatur über 40 °C ansteigt. Die Folge sind zunächst Übelkeit und Bewusstseinseintrübung, bei weiter ansteigender Körper-Kerntemperatur kann ab ca. 42 °C innerhalb weniger Minuten der Tod eintreten. Werden Brandgase oder erhitzte Luft mit mehr als 180 °C eingeatmet, kommt es unmittelbar zur Blockierung der Atemfunktion durch irreversible Schädigung der Luftröhre und Lunge. Der Tod tritt nach wenigen Minuten ein.

Das Auftreten von Verbrennungen hängt stark von der Temperatur und der Expositionszeit ab und wird daneben von der vorhandenen Kleidung, der Luftfeuchtigkeit und Luftströmung beeinflusst. Die Art des Wärmetransportes in die Haut – Konvektion oder Wärmestrahlung – ist dabei sekundär. Bei Temperaturen der Luft um 100 °C beträgt die Toleranzzeit ca. 15 Minuten bis 25 Minuten, diese sinkt jedoch bei Temperaturen um 200 °C auf nur noch 3 Minuten bis 4 Minuten ab. Wärmestrahlung von unter ca. 2 kW / m² können relativ lange ertragen werden, bei Bestrahlungsintensitäten von mehr als 10 kW / m² treten schon nach wenigen Sekunden Verbrennungen 2. Grades (Blasenbildung) auf. Bei großflächigen Verbrennungen 2. Grades kann es neben dem unmittelbaren intensiven Schmerz zu einem Schock aufgrund des Flüssigkeitsverlustes kommen.

Die Zeit bis zum Eintritt der Handlungsunfähigkeit von Personen bei starker Wärmeexposition ist nach dem oben ausgeführten nicht einfach festlegbar, daher verwundert es nicht, dass die publizierten Werte starke Streuungen aufweisen. In Abbildung 1-3 sind zwei empirisch ermittelte Zusammenhänge dargestellt.

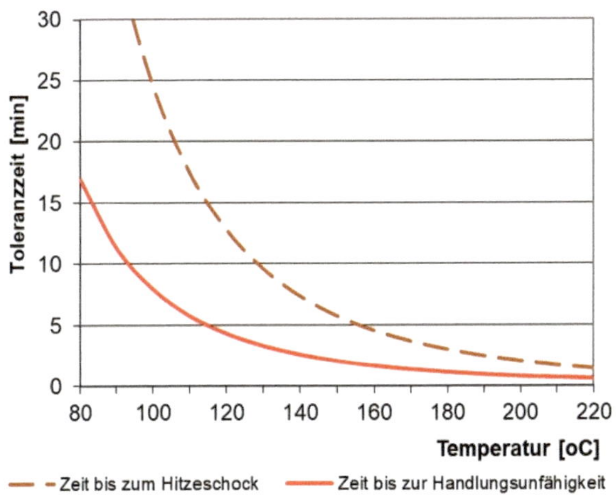

Abbildung 1-3: Toleranzzeiten für Wärmeexposition (nach [1.28] und [1.44])

Anmerkung: Da in realen Brandfällen die physiologische Wirkung von Rauch immer auf einer Kombination der obigen Faktoren beruht, richten sich neuere Bemühungen auf die Erarbeitung einer integralen Beschreibung der Auswirkung von Rauch auf die Benutzbarkeit von Rettungswegen. Wilk et al. 2004 [1.45] haben erste Ergebnisse ihrer Untersuchungen vorgestellt und kommen zum Ergebnis, dass sich bei Mischbrandlasten, wie sie in Wohnungen, Büros und Hotels vorliegen, die Verringerung der Sichtweite (= Erhöhung der optischen Dichte, vergl. Punkt 13.4.2) und die toxisch bzw. reizend wirkenden Anteile im Rauch in einem bestimmten Verhältnis zueinander entwickeln. Daher ist es grundsätzlich möglich über die sich bei einem Brand in den Rettungswegen einstellende optische Dichte Aussagen über die Auswirkung von Rauch auf die Selbstrettungsmöglichkeit von Menschen abzuleiten. Als Ergebnis wird eine optische Dichte von 0,21 als der Wert angesehen, der in Rettungswegen über die für ungeschützte Personen erwartete Nutzungszeit (= Räumungszeit des Gebäudes) nicht überschritten werden darf.

Auch die psychologische Wirkung von Brandrauch auf Personen, die im Verlaufe einer Selbstrettung mit verrauchten Räumen konfrontiert sind, ist nicht zu unterschätzen. Die Literatur berichtet von Gefühlen gesteigerter Beunruhigung und Sorge hinsichtlich der weiteren Entwicklung der Situation, sowie emotionalem Stress, der sich bis hin zur vollständigen Verwirrung mit der Folge irrationaler Handlungen steigern kann. Tatsache scheint zu sein, dass auch im Normalfall stabile Personen durch Rauch erheblich verunsichert werden können und u. U. sogar auf die Nutzung von nur mäßig verrauchten Rettungswegen verzichten. Das Verhalten von Personen in der Ausnahmesituation „Auftreten von Rauch" wird stark durch die folgenden Faktoren beeinflusst:

- Entstehung, Farbe, Stärke und Ausbreitung des Rauches
- Grad der Vertrautheit mit dem Gebäude
- verfügbare zusätzliche Informationen (z. B. durch akustische Anweisungen)
- Rollenverständnis das Betroffene von sich selbst haben (u. a. Geschlecht und Alter, „Macher", „Macho")
- Verhalten anderer Menschen

Weitere Hinweise zum Verhalten von Menschen unter Stress infolge von Rauch findet man bei Bryan [1.46], der neben den Erkenntnissen kontrollierter Versuche auch die Ergebnisse von Befragungen betroffener Personen und sonstiger Auswertung von Realbränden präsentiert. Interessant ist insbesondere, dass das Eintreten von oftmals so bezeichneter „Panik" von Betroffenen – d. h. das irrationale, nicht situationsgerechte und antisoziale Flüchten, das die Überlebenschancen der Gruppe ebenso wie die des Individuums reduziert – anscheinend die Ausnahme ist. Dies wird durch Ergebnisse von Keating [1.47] sowie neuere Untersuchungen des Verhaltens von Menschen bei Großbränden – u. A. beim World Trade Center – unterstützt (Kuligowski [1.48], Künzel et al. [1.49]).

1.4 Schutzziele des Brandschutzes

Die Tatsache, dass Brandgefahren allgegenwärtig sind und jederzeit Leib und Leben sowie Sachwerte bedrohen können, leuchtet – insbesondere unter Bezug auf die unter Punkt 1.3.3 erwähnten Brandtoten und die in Tabelle 1-1 dargestellten Vermögensschäden – zwar unmittelbar ein, dennoch wird dieses Risiko nicht selten unterschätzt. Veranlasst durch einen entsprechenden Fall hat das Oberverwaltungsgericht Münster schon 1987 zu den Risiken von Bränden und deren Folgen in einem in der Fachwelt viel beachteten Urteil klargestellt [1.50]:

> *„... Es entspricht der Lebenserfahrung, dass mit der Entstehung eines Brandes praktisch jederzeit gerechnet werden muss. Der Umstand, dass in vielen Gebäuden jahrzehntelang kein Brand ausbricht, beweist nicht, dass keine Gefahr besteht, sondern stellt für den Betroffenen einen Glücksfall dar, mit dessen Ende jederzeit gerechnet werden muss. ..."*

Zum Schutz der Menschen und – nachrangig – zur Verminderung von Sachschäden sind daher in den Landesbauordnungen Schutzziele definiert, die im Hinblick auf den Brandschutz folgende Formulierungen enthalten (§ 14 MBO [1.51]):

> *„Bauliche Anlagen sind so anzuordnen, zu errichten zu ändern und in Stand zu halten, dass der Entstehung eines Brandes und der Ausbreitung von Feuer und Rauch (Brandausbreitung) vorgebeugt wird, und bei einem Brand die Rettung von Menschen und Tieren sowie wirksame Löscharbeiten möglich sind."*

Eine bauliche Anlage muss daher nach der Sicherheitsphilosophie des Baurechtes in brandschutztechnischer Hinsicht so geplant, ausgeführt und betrieben werden, dass

- bei einem Brand die Standfestigkeit des tragenden Systems über eine bestimmte Zeit erhalten bleibt,

- die Entstehung und Ausbreitung von Feuer und Rauch innerhalb des Gebäudes begrenzt wird,
- die Ausbreitung von Bränden auf benachbarte Gebäude vermieden wird,
- Bewohner die bauliche Anlage bei Bränden unverletzt verlassen oder durch andere Maßnahmen gerettet werden können,
- wirksame Löschmaßnahmen möglich sind, ohne die Sicherheit der Löschmannschaften wesentlich zu gefährden.

Die Einhaltung dieser Schutzziele ist durch Maßnahmen des Brandschutzes sicherzustellen. Die Wichtigkeit, die Brandschutzmaßnahmen für die sichere Nutzbarkeit von baulichen Anlagen zukommt, wird durch eine Entscheidung des Oberverwaltungsgerichtes Nordrhein-Westfalen unterstrichen, die zur Verpflichtung der für die Planung Verantwortlichen (aber in der Folge auch der Eigentümer und Betreiber von baulichen Anlagen) die Schutzziele des Baurechtes sachgerecht umzusetzen, sinngemäß ausführt [1.52]:

> *„... Die finanziellen Interessen des betroffenen Eigentümers ... haben gegenüber dem Interesse an der Vermeidung von Schäden an Leib und Leben sowie an der Minderung der Brandrisiken grundsätzlich zurückzutreten. ...“*

1.5 Brandschutz als System

Brandschutz wird heute allgemein verstanden als die Summe aller Maßnahmen, die geeignet sind, das Auftreten von Schadenfeuern zu verhindern und die Folgen von Bränden zu mindern. Nachdem historisch, wie oben unter Punkt 1.1 dargestellt, wesentlich Maßnahmen des Vorbeugenden Baulichen Brandschutzes, bzw. Maßnahmen des Abwehrenden Brandschutzes im Vordergrund standen, kam Anfang des 19. Jahrhunderts der heute so genannte Betriebliche Brandschutz hinzu (gelegentlich auch Organisatorischer Brandschutz genannt, siehe aber Abbildung 1-4). Dieser umfasst betriebliche Maßnahmen, wie die Beauftragung von Einzelpersonen mit der Aufrechterhaltung und der Überwachung von Brandschutzmaßnahmen, der Erarbeitung von Notfallplanungen und der Ausbildung von Mitarbeitern über das Verhalten im Brandfall und das Bekämpfen von Bränden durch Mitarbeiter. Historisch hat der Betriebliche Brandschutz seine Wurzeln schon um 1830 in der Einrichtung von „Fabrikfeuerwehren“ aufgrund der gewachsenen Erkenntnis, dass der betriebliche Aufwand für die Unterweisung von Mitarbeitern über das Verhalten im Brandfall und zur Erstbekämpfung von Schadenfeuern sehr wohl auch unter wirtschaftlichen Gesichtspunkten sinnvoll ist. Diese Fabrikfeuerwehren sind die Vorläufer der heutigen Werkfeuerwehren und Betriebsfeuerwehren (siehe Kapitel 2). Erste betriebliche Brandschutzordnungen – heute inhaltlich in DIN 14096 beschrieben ([1.53]) – sind seit 1870 bekannt (Grönke [1.54], Lucke [1.55]).

Bereits in der zweiten Hälfte des 19. Jahrhunderts sind erste Maßnahmen des heute so genannten Anlagetechnischen Brandschutzes (siehe Punkte 1.6 und 1.8) bekannt. Diese Maßnahmen, die mittels technischer Einrichtungen in und an baulichen Anlagen dazu beitragen, die Auswirkung auftretender Schadensfeuer zu begrenzen, konnten erst auf der technischen Grundlage der rasanten industriellen Entwicklung im 19. Jahrhundert erdacht werden und wurden, umgekehrt, auch erst zu dieser Zeit zum Schutze der bis dahin so nicht bekannten Wertekonzentration in Form der Produktionsanlagen notwendig. Grönke [1.54] berichtet von ersten mit Dampfmaschinen betriebenen privaten Wasserversorgungsnetzen in Fabriken schon 1875, im Jahre 1879 wurde der erste Sprinkler und im Jahr 1894 ein erster Brandmelder (der allerdings noch biologische Grundlagen hatte) patentiert.

Abbildung 1-4: Brandschutz als ganzheitliches System

Insgesamt wird der Brandschutz heute als ein ganzheitliches System aus den 4 Komponenten

- Baulicher Brandschutz,
- Anlagentechnischer Brandschutz,
- Betrieblicher Brandschutz und
- Abwehrender Brandschutz.

verstanden, wie es in Abbildung 1-4 dargestellt ist.

Die 4 Komponenten eines ganzheitlichen Brandschutzkonzeptes können nun heute nicht mehr isoliert betrachtet werden, sondern es gibt eine Vielzahl von (teilweise gewollten) Interdependenzen und gegenseitigen Beeinflussungen. So findet man in den Bauordnungen der Länder folgende Formulierung (hier zitiert nach § 3 Musterbauordnung – MBO [1.51]):

> *„Für Nutzungseinheiten ... müssen in jedem Geschoss mindestens zwei voneinander unabhängige Rettungswege vorhanden sein ...“*
> *„Für Nutzungseinheiten, die nicht zu ebener Erde liegen, muss der erste Rettungsweg über eine notwendige Treppe führen. Der zweite Rettungsweg kann eine weitere Treppe oder eine mit Rettungsgeräten der Feuerwehr erreichbare Stelle der Nutzungseinheit sein ...“*

Diese Vorschrift erlaubt es also ausdrücklich, Maßnahmen des Vorbeugenden Baulichen Brandschutzes, nämlich die Verfügbarkeit eines zweiten baulichen Rettungsweges, durch Maßnahmen des Abwehrenden Brandschutzes, das Retten von Personen über Geräte der (öffentlichen) Feuerwehren, zu ersetzen.

In vielen Sonderbauordnungen wird den gegenüber reiner Wohnbebauung erhöhten Gefahren in Bauten besonderer Art oder Nutzung dadurch begegnet, dass bestimmte anlagentechnische Maßnahmen – wie z. B. Brandmeldeanlagen – gefordert werden. Sonderbauten sind u. A. Verkaufsstätten, Versammlungsstätten und Krankenhäuser, vergl. hierzu § 2 (4) MBO und hinsichtlich erlassener Sonderbauordnungen der Länder z. B. bei Löbbert et al. [1.56]). Das heißt, dass für viele Sonderbauten auch denkbare und verordnungskonforme, jedoch häufig kostenintensivere oder aus gestalterischer Sicht nicht erwünschte bauliche Brandschutzmaßnahmen durch anlagentechnische Maßnahmen ersetzt werden (zu den gegenseitigen Abhängigkeiten von baulichen und anlagentechnischen Brandschutzmaßnahmen bei gleichem Sicherheitsniveau siehe bei Dehne [1.57]).

Ähnliches gilt für die behördliche Anordnung der Aufstellung einer Werkfeuerwehr in baulichen Anlagen besonderer Art oder Nutzung nach § 2 (4) MBO. Werkfeuerwehren (siehe hierzu Kapitel 2) werden auf Kosten des Betreibers eingerichtet, um auf eigentlich erforderliche bauliche Brandschutzmaßnahmen verzichten zu können, den Abwehrenden Brandschutz durch die öffentlichen Feuerwehren zu verstärken bzw. dessen Schlagkraft zu erhöhen und / oder Anlagentechnische Brandschutzeinrichtungen zu bedienen (Tschöpe [1.58]).

1.6 Aufgaben des Brandschutzingenieurs

Es bestehen heute, wie oben unter Punkt 1.5 dargelegt, eine Vielzahl von gegenseitigen Abhängigkeiten, aber auch Kompensationsmöglichkeiten zwischen den 4 Komponenten eines ganzheitlichen Brandschutzes, etwa wie es in Abbildung 1-5 für die wichtigsten Interdependenzen angedeutet ist.

Aufgabe von Brandschutzingenieuren ist es nunmehr, bei der Planung von baulichen Anlagen durch eine möglichst optimale Abstimmung der einzelnen Komponenten eines ganzheitlichen Brandschutzes im Rahmen eines Brandschutzkonzeptes (z.B. nach vfdb-Richtlinie 01/01 [1.59]) eine den Sicherheitsanforderungen der Gesellschaft einerseits und den ökonomischen Vorgaben des Betreibers andererseits entsprechende Lösung zu finden. Dabei sind u.a. die folgenden Einzelfragen zu beantworten und die sich ergebenden Maßnahmen aufeinander abzustimmen und sinnvoll zu integrieren:

Baulicher Brandschutz

- Wie ist die Zugänglichkeit der baulichen Anlagen vom öffentlichen Straßenraum? (Zugänge, Zufahrten)
- Gibt es einen zentralen Feuerwehr-Anlaufpunkt?
- Sind die Rettungswege nach Anzahl, Länge und Ausbildung ausreichend?
- Sind rauchdichte Türen und/oder Rauchabzüge erforderlich?
- Entsprechen die Brandabschnitte und anderen brandschutz-technischen Unterteilungen und die Ausführung der trennenden Bauteile den Anforderungen?
- Wie sind Öffnungen in abschnittsbildenden Bauteilen abgeschlossen? Sind anlagentechnische/steuerungstechnische Maßnahmen erforderlich?
- Wie sind Rauchabschnitte angeordnet und entsprechen die Bauteile (Rauchschürzen, Rauchschutztüren) den Anforderungen?
- Sind die Bauteile hinsichtlich des Feuerwiderstandes (Standsicherheit, Raumabschluss, Isolierung usw.) ausreichend dimensioniert?
- Sind brennbare der Baustoffe vorhanden und ggf. ausreichend geschützt?

Anlagentechnischer Brandschutz

- Sind aufgrund des Gefahrenpotentials Brandmeldeanlagen erforderlich? Welche Brandkenngrößen sollen überwacht werden? Welche Bereiche sollen überwacht werden und zu welcher Stelle erfolgt die Aufschaltung?
- Welche Alarmierungseinrichtungen für die Mitarbeiter sind erforderlich und wer löst die Alarmierung aus?
- Wo sind welche automatischen Löschanlagen vorhanden? Wie werden diese ausgelöst? Sind Maßnahmen durch Mitarbeiter oder die Feuerwehr erforderlich oder vorgesehen?
- Welche sonstigen brandschutztechnischen Einrichtungen, wie Steigleitungen, Wandhydranten, Druckerhöhungsanlagen, halbstationäre Löschanlagen und Einspeisestellen für die Feuerwehr, werden benötigt und wo sind diese anzuordnen?

- Welche Bereiche sind gegen Raucheintritt abzusichern bzw. zu entrauchen? Welche Anlagenart ist erforderlich? Wann und wie wird diese ausgelöst? Welchen Einfluss hat dies auf die Rettungswegsituation?
- Wo sind zum Schutz von Bauteilen oder Einrichtungen Wärmeabzugsanlagen erforderlich und wie wirken sich diese auf die Rettungswegsituation oder automatische Löschanlagen aus?
- Berührt das Lüftungskonzept den Brandschutz (z. B. durch erforderliche Umsteuerung der Lüftungsanlagen von Um- auf Abluftbetrieb) oder sind seitens des Brandschutzes Anforderungen an das Lüftungskonzept zu stellen?
- Wie ist der Funktionserhalt der sicherheitsrelevanten Anlagen über die erforderliche Zeit sichergestellt? (Netzersatzversorgung, Ausführung der Zuleitungen, Sicherheits- und Notbeleuchtung)
- Haben Aufzüge eine Brandfallsteuerung? Wo wird die Notrufabfrage aufgeschaltet? Sind Feuerwehraufzüge erforderlich?
- Ist die einwandfreie Kommunikation von Einsatzkräften im Objekt sichergestellt? Sind Gebäudefunkanlagen erforderlich und wie sind diese ggf. auszuführen und in Betrieb zu nehmen?

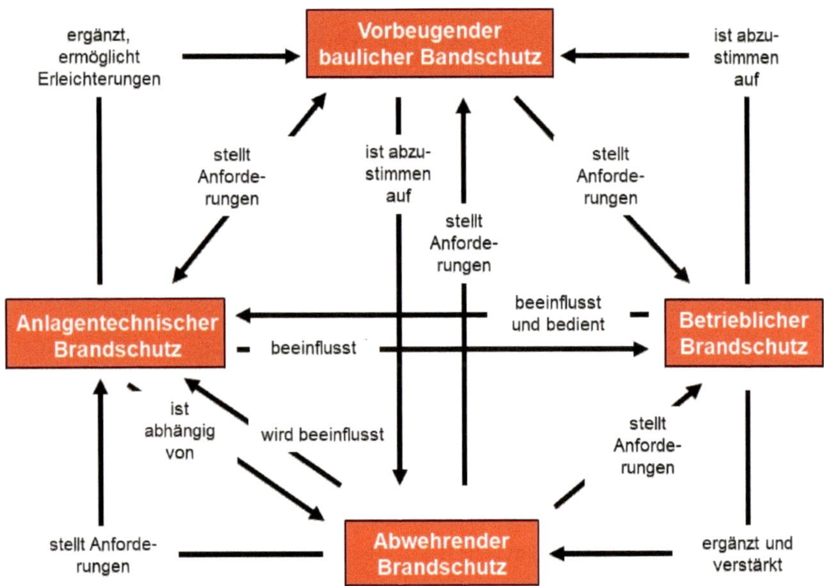

Abbildung 1-5: Einige Interdependenzen im System Brandschutz

Betrieblicher Brandschutz

- Sind eine Brandschutzordnung nach DIN 14096, eine Evakuierungsplanung und Rettungswegpläne erforderlich?
- Werden die Mitarbeiter ausreichend über die Brandschutzordnung informiert?
- Ist ein Brandschutzbeauftragter zu bestellen? Welche Befugnisse sollte dieser haben?
- Werden Kennzeichnung der Rettungswege und Sicherheitseinrichtungen regelmäßig überprüft?
- Sind in ausreichendem Umfang Kleinlöschgeräte (Feuerlöscher, Löschdecken) vorhanden und die Mitarbeiter ausreichend in die Handhabung eingewiesen? Erfolgen regelmäßige Nachschulungen / Unterweisungen?
- Ist die Einrichtung einer Werkfeuerwehr erforderlich? Welche Aufgaben soll / muss diese eigenverantwortlich übernehmen?

Abwehrender Brandschutz

- Wie ist die Leistungsfähigkeit der zuständigen Feuerwehren? Ist diese Leistungsfähigkeit tageszeitabhängig?
- Wie lang ist die Hilfsfrist? Wie kann diese beeinflusst werden?
- Ist die Löschwasserversorgung ausreichend? Welche Maßnahmen zur Verbesserung sind unter Berücksichtigung des Wasserbedarfes von automatischen Löschanlagen ggf. erforderlich?
- Sind Sonderlöschmittel erforderlich? Hält der Betrieb diese in ausreichender Menge vor?
- Sind Anlagen zur Löschwasserrückhaltung erforderlich?
- Ist ein Feuerwehrplan nach DIN 14095 erforderlich bzw. vorhanden?
- Welche Flächen für die Feuerwehr (Aufstell- und Bewegungsflächen) sind erforderlich?
- Sollten Feuerwehr-Schlüsseldepots (Feuerwehrschlüsselkästen) eingerichtet werden, um den Zugang zu ermöglichen oder zu erleichtern?
- Gibt es Bereiche die vorrangig oder nicht durch die Feuerwehr zu begehen sind?

Auf internationaler Ebene werden im System der ISO-Normen 13 387 „Fire Safety Engineering“ [1.60] realistische Annahmen über die Entstehung, Ausbreitung und die mögliche Auswirkung von Bränden erarbeitet, die Wirksamkeit aktiver Brandschutzmaßnahmen, wie automatischer Brandmelde- und Löschanlagen und der Feuerwehren, beschrieben und Hinweise zur Integration in moderne Brandschutzkonzepte für Gebäude gegeben. Einen ähnlichen Ansatz hat auf nationaler Ebene ein Projekt der TU Braunschweig zum Aufbau von Expertensystemen für die brandschutztechnische Beurteilung von Gebäuden verfolgt (siehe hierzu bei Kiel [1.61]) und den Leitfaden Ingenieurmethoden des Brandschutzes [1.62] vorgelegt.

Bis zum Vorliegen ingenieurwissenschaftlich abgesicherter und allgemein anerkannter Regeln zur Bewertung von aktiven Brandschutzmaßnahmen im Rahmen eines Brandschutzkonzeptes muss individuell abgestimmt auf den Einzelfall und unter sinngemäßer Anwendung der Regeln der vfdb-Richtlinie 01/01 „Brandschutzkonzept" [1.59] ein allgemein, das heißt vom Fachingenieur, vom Betreiber, von der öffentlichen Feuerwehr und von der Bauordnungsbehörde, akzeptiertes Konzept erarbeitet werden. Die in Abbildung 1-5 nur angedeuteten komplexen Interdependenzen der 4 Säulen des Brandschutzes machen

> *„... die Notwendigkeit eines umfassenden Sachverstandes und die Fähigkeit zum interdisziplinären Denken des Brandschutzingenieurs (besser eines Teams von Brandschutzingenieuren) besonders deutlich ..." (zitiert nach Wiese [1.63]).*

Schon das national oder international vorhandene technische Regelwerk, das heißt also DIN-Normen, EN-Normen, VDE-Richtlinien, VdS-Vorschriften etc., ist inzwischen so umfassend und komplex, dass es häufig nur noch für den Fachingenieur – beispielsweise für Brandmeldeanlagen oder Rauchabzugsanlagen – in seiner Auswirkung vollständig zu erfassen ist.

Im Folgenden werden die für Architekten und Ingenieure (auch Brandschutz- und Feuerwehringenieure) wichtigsten technischen Regeln und ihre Auswirkungen auf den Entwurf, die Planung und die Ausführung von Bauvorhaben aufgezeigt und das für Architekten und Ingenieure erforderliche Basiswissen vermittelt. Dabei wird der Schwerpunkt der Darstellung jeweils auf die vorhandenen bzw. in Kürze erwarteten technischen Regeln gelegt. Diese stellen, da sie den allgemein anerkannten Stand der Technik wiedergeben, notwendigerweise im gewissen Umfang Kompromisse dar und entsprechen daher nicht immer in vollem Umfange dem heute vorhandenen Stand der wissenschaftlichen Erkenntnis. Die dargestellten Tatbestände und Regeln sind im Allgemeinen aber als nachvollziehbare Entscheidungsgrundlage für ein ganzheitliches Brandschutzkonzept ausreichend. Zur tieferen Erarbeitung der wissenschaftlichen Grundlagen wird jeweils auf die Fachliteratur und als Einstieg insbesondere auf den Brandschutzleitfaden der vfdb hingewiesen [1.62].

1.7 Abwehrender Brandschutz

Der abwehrende Brandschutz umfasst nach DIN 14011 [1.64] alle Maßnahmen zur Bekämpfung von Gefahren für Leben, Gesundheit und Sachen, die bei Bränden und Explosionen entstehen. Hiermit ist in der Hauptsache die Aufgabe der

Feuerwehren im Abwehrenden Brandschutz umschrieben; die Brandbekämpfung durch Laien (hierzu gehören auch eingewiesene Personen) wird im Allgemeinen dem Betrieblichen Brandschutz zugeordnet (Punkt 1.5). Der Begriff „Bekämpfung“ meint hier aktive Maßnahmen durch Menschen (Feuerwehrpersonal) und grenzt an dieser Stelle den Abwehrenden Brandschutz gegen den Anlagentechnischen Brandschutz ab.

Neben den Feuerwehren selbst werden üblicherweise folgende Einrichtungen zum Abwehrenden Brandschutz gezählt

- die für den Feuerwehreinsatz erforderlichen Flächen auf Grundstücken (Kapitel 3),
- die Einrichtungen der Löschwasserversorgung (Kapitel 4).

Die Organisation und Durchführung der Brandbekämpfung durch die Feuerwehr insgesamt ist bei weitem zu umfangreich und komplex, um sie hier auch nur annähernd vollständig darstellen zu können. Auf die interessanten und relativ ausführlichen Darstellungen von de Vries [1.24], Kemper [1.65], und Cimolino et al. [1.66] wird insofern verwiesen.

Wichtiger als Kenntnisse über die Durchführung der Brandbekämpfung sind für den Architekten und Ingenieur Kenntnisse über die Einsatzmöglichkeiten und die Einsatzgrenzen der Feuerwehren (Kapitel 2), um diese im Rahmen ganzheitlicher Brandschutzkonzepte angemessen berücksichtigen zu können.

1.8 Anlagentechnischer Brandschutz

Zum Anlagentechnischen Brandschutz gehören alle technischen Maßnahmen an und in Gebäuden, sonstigen baulichen Anlagen, Fahrzeugen und Maschinen, die zur frühzeitigen Brandentdeckung, Rettung von Menschen (durch deren Warnung und Information) Brandbekämpfung und Begrenzung der Brandfolgeschäden (an Personen, Gebäuden, Anlagen und Umwelt) beitragen.

Maßnahmen des Anlagentechnischen Brandschutzes werden dann notwendig, wenn die Feuerwehr allein das Schutzziel nicht mehr sicherstellen kann, weil die Brandentwicklungszeit bis zum Wirksamwerden ihrer Maßnahmen zu lang wird. Ein Brand ist dann möglicherweise schon so groß, dass er mit den Mitteln der Feuerwehr nicht mehr beherrschbar ist (vergl. Kapitel 2), oder aber der Schaden an den betrieblichen Einrichtungen wird unvertretbar hoch.

Der Anlagentechnische Brandschutz kann nach der Zweckbestimmung der Einrichtungen wie folgt untergliedert werden:

Einrichtungen zur Erkennung und Übermittlung eines Gefahrenzustandes	Fernsprechanlagen Gefahrenmeldeanlagen Öffentliche Feuerwehr-Notrufmelderanlagen Objektgebundene Brandmeldeanlagen Objektgebundene Warnanlagen Sprachalarmanlagen	
Brandbekämpfungseinrichtungen	Selbsthilfeanlagen	
	Löschhilfeanlagen	
	Automatische Löschanlagen	• Raumschutzanlagen • Objektschutzanlagen
Brandvermeidungseinrichtungen	Sauerstoffreduzierungsanlagen Inertisierungsanlagen	
Einrichtungen zur Rauch- und Wärmefreihaltung	Natürliche Rauchabzugsanlagen Maschinelle Rauchabzugsanlagen Entrauchungsanlagen für Parkhäuser Wärmeabzugsanlagen Rauchschutz-Druckanlagen	
Kühlungseinrichtungen	Anlagen zur Kühlung von Behältern Anlagen zur Kühlung von tragenden Bauteilen Anlagen zur Kühlung von nichttragenden Bauteilen	
Einrichtungen nur für die Feuerwehr	Steigleitungen Objektfunkanlagen Feuerwehrpläne	
Einrichtungen zur Löschwasserrückhaltung	selbsttätig wirkende bauliche Systeme nicht selbstständig wirksame technische Systeme	
Brandschutz für Aufzugsanlagen	Sicherheitsaufzüge Evakuierungsaufzüge Feuerwehraufzüge	
Anlagen zur Sicherung von Rettungswegen	Sicherheitsbeleuchtung Rettungswegkennzeichnung	

Anlagentechnische Brandschutzmaßnahmen können erhebliche Auswirkungen auf den Brandablauf, die Möglichkeit der Rettung von Menschen (Selbst- oder

Fremdrettung) und die Einsatzmöglichkeiten der Feuerwehren haben, etwa wie es in Abbildung 1-6 angedeutet ist. Diese Darstellung macht deutlich, dass die meisten anlagentechnischen Maßnahmen mehrfach, an verschiedenen Stellen der Ursache-Wirkungsbeziehungen der komplex miteinander verknüpften Systeme Brand, Menschenrettung und Brandbekämpfung ansetzen und einwirken. Maßnahmen zur Verbesserung des Personenschutzes sind daher gleichzeitig sehr häufig auch Maßnahmen zur Verbesserung des Sachschutzes.

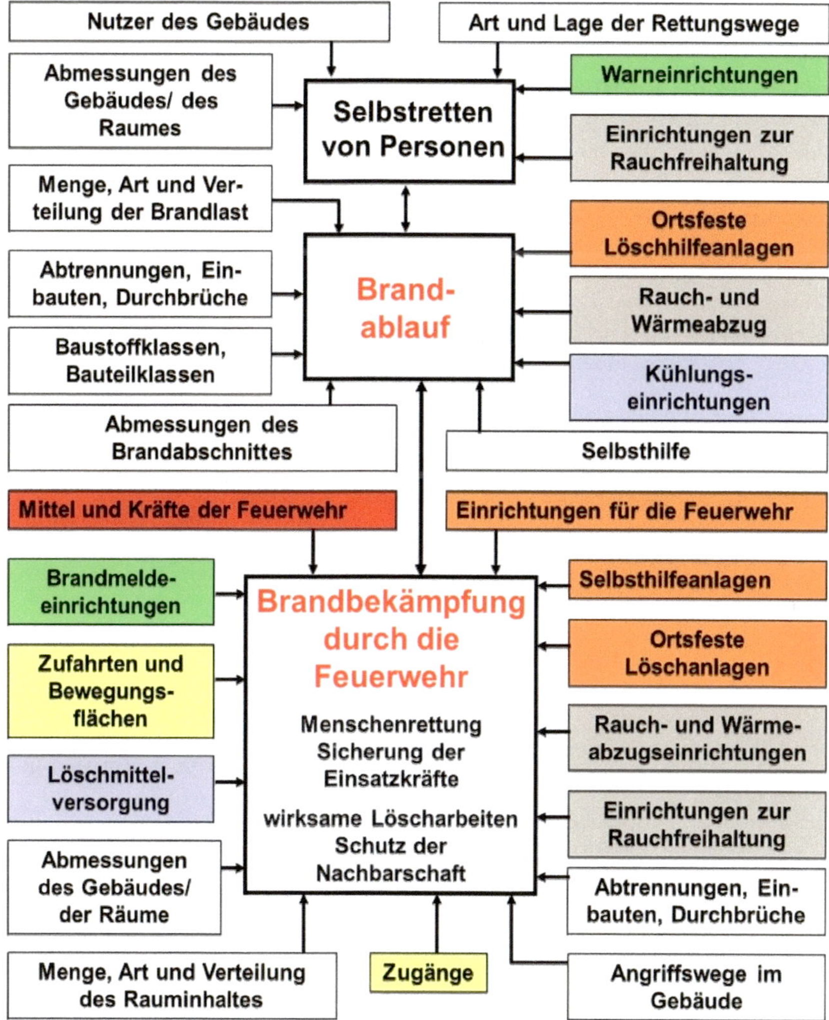

Abbildung 1-6: Das System Brand – Mensch – Feuerwehr und seine Beeinflussung durch den Anlagentechnischen Brandschutz

Zwar wird eine spezielle anlagentechnische Brandschutzmaßnahme ihre Existenzberechtigung überwiegend aus einem der jeweils relevanten Schutzziele ableiten, dennoch wird beispielsweise eine Rauchabzugsanlage stets auch Wärme aus dem Gebäude abführen, oder eine Löschanlage dafür sorgen, dass neben der Begrenzung des Brandes auch eine Begrenzung der Rauchproduktion und damit der Folgeschäden durch Rauch entsteht. Schubert hat versucht [1.67], die Komplexität des Brandverlaufes, seiner Auswirkungen auf das Bauwerk und die Beeinflussung durch Maßnahmen des Baulichen und Anlagentechnischen Brandschutzes übersichtlich darzustellen. Seine etwas abgewandelte Darstellung (es sind hier nur die anlagentechnischen Maßnahmen dargestellt) ist in Abbildung 1-7 wiedergegeben. Im oberen Teil der Abbildung sind verschiedene durch den Brand hervorgerufene Temperaturverläufe in einem Bauteil wiedergegeben, die von den im unteren Teil angegebenen anlagentechnischen Gegebenheiten beeinflusst werden. Zusätzlich sind in der Mitte maßgebende Ereignisse des Abwehrenden Brandschutzes dargestellt, die ihrerseits wieder durch die Anlagentechnischen Gegebenheiten beeinflusst werden.

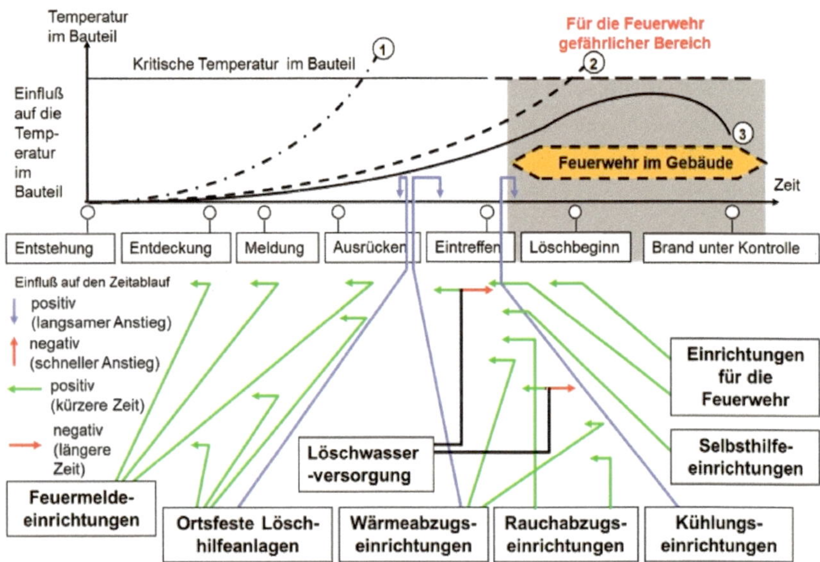

Abbildung 1-7: Die Wirkung von Einrichtungen des Anlagentechnischen Brandschutzes auf die Temperaturentwicklung im Bauteil und den Einsatz der Feuerwehr (nach Schubert [1.67])

Alle Einrichtungen des Anlagentechnischen Brandschutzes sind relativ komplexe sicherheitsrelevante Systeme, deren Funktion sowohl für die Personensicherheit als auch für den Sachschutz innerhalb der damit ausgestatteten baulichen Anlagen unabdingbar ist. Wie alle technischen Systeme müssen sie regelmäßig inspiziert, geprüft, gewartet und bei Bedarf instandgesetzt werden. Hinweise zur Frequenz und Art der erforderlichen Maßnahmen geben die jeweiligen technischen Regeln und die Vorschriften der Hersteller (siehe z. B. [1.70]). In der Regel sind wöchentliche Kontrollen, mindestens vierteljährlich Sichtprüfungen und jährlich Überprüfungen der Funktion vorzunehmen. Wegen der Vielzahl und Differenziertheit der – z. T. auch kostenträchtigen – Maßnahmen werden diese im vorliegenden Band nur pauschaliert dargestellt.

Zur Wirksamkeit und Zuverlässigkeit normgerecht geplanter, eingebauter und betriebener Brandschutzanlagen enthalten die jeweiligen Kapitel einige Aussagen.

1.9 Literaturverzeichnis zu Kapitel 1

[1.1] Biegel, G.: Von der Nachbarschaftshilfe zur Berufsfeuerwehr – Brandschutz im antiken Rom, in „Kampf gegen Feuer – zur Geschichte der Berufsfeuerwehr Braunschweig“ ISBN 3-927939-49-8, Braunschweig 2000

[1.2] Nickel, H.: Schadenfeuer und ihrer Bekämpfung vom Mittelalter bis zur Mitte des 19. Jahrhunderts, Quelle wie [1.1]

[1.3] CTIF Centre of Fire Statistics (Brushlinski, N., Hall, S. V.; Sokolov, S., Wagner, P.): World fire statistics No. 20, 2015 https://www.ctif.org/news/world-fire-statistics-issue-no-22-2017

[1.4] Deutscher Feuerwehr Verband: Feuerwehr-Jahrbuch 2020

[1.5] Statistisches Bundesamt, https://www.destatis.de/DE/ZahlenFakten/GesamtwirtschaftUmwelt/VGR/Inlandsprodukt/Inlandsprodukt.html

[1.6] Alekhin, E: M., Brömme, A., Brushlinski, N., Sokolov, S., Wagner, P.: Vorausschauendes Planen – Risikoanalyse mit Hilfe von Statistik, in Handbuch Brandschutz, ecomed-verlag 1997

[1.7] Busenius, S., Knetsch, T.: Zündquellen, in Handbuch Brandschutz III-4, ecomed-Verlag, 65. Ergänzungslieferung 02/2003

[1.8] Busenius, S: Wissenschaftliche Grundlagen des Brand- und Explosionsschutzes, ISBN 3-17-023 867-7, Stuttgart 1996

[1.9] Kanury, A. M.: Flaming Ignition of Solid Fuels, in SFPE Handbook of Fire Protection Engineering 2nd Ed., S. 2-190 ff., ISBN 0-87765-354-2

[1.10] Rempe, A. und Rodewald, G.: Brandlehre (ISBN 3-17-008 381-3) 1985

[1.11] Schneider, U., Lebeda, C.: Baulicher Brandschutz, ISBN 3-17-015 266-1, Stuttgart 2000

[1.12] Ohlemiller, T.J.: Smoldering Combustion, in SFPE Handbook of Fire Protection Engineering 2nd Ed., S. 2-171 ff., ISBN 0-87765-354-2

[1.13] Hölemann, H.: Schwelbrände – Abgrenzung, Entstehung, Ausbreitung, Bekämpfung; in vfdb-Zeitschrift 3/2009 S 124 ff

[1.14] Beyler, C.L., Hirschler, M.: Thermal Decompositon of Polymers, in SFPE Handbook of Fire Protection Egineering 2nd Ed., S. 1-99 ff., ISBN 0-87765-354-2

[1.15] Widetscheck, O.: Flash over – eine Herausforderung für die Feuerwehr, in Handbuch Brandschutz, ecomed-Verlag, 54. Ergänzungslieferung 11/2000

[1.16] Wilk, E., Osburg, M., Kotthoff, I.: Der Brand in Räumen Teil 10-1-1, vfdb-Zeitschrift 4/2017, S. 179 ff

[1.17] Brandschutz Formeln und Tabellen, Staatsverlag der DDR, Berlin 1979

[1.18] Bechthold, R., Ehlert, K.-P., Wesche, J.: Brandversuche Lehrte, Schriftenreihe Bau- und Wohnforschung des BRBS 04.037, 1978

[1.19] DIN 4102-2:1997-09: Brandverhalten von Baustoffen und Bauteilen; Bauteile, Begriffe, Anforderungen und Prüfungen

[1.20] Kanury, A.M.: Ignition of Liquid Fuels, in SFPE Handbook of Fire Protection Egineering 2nd Ed. S. 2-160 ff., ISBN 0-87765-354-2

[1.21] Beyler, C.L.: Flammability Limits of Premixed and Diffusion Flames, in SFPE Handbook of Fire Protection Egineering 2nd Ed., S. 2-147 ff., ISBN 0-87765-354-2

[1.22] Friedman, R.: 'Theory of Fire Extinguishment, in Fire Protection Handbook 18th Ed., S. 1-92 ff, ISBN 0-87765-377-1

[1.23] DIN EN 2:2005-01 Brandklassen

[1.24] De Vries, H.: Brandbekämpfung mit Wasser und Schaum, ISBN 3-609-68740-1, ecomed-Verlag Landsberg 2000

[1.25] Knetsch, T., Busenius S.: Chemie der Brandstoffe und Löschmittel, in Handbuch Brandschutz III-5.1, ecomed-Verlag, 68. Ergänzungslieferung 08/2003

[1.26] Gottuk, D.T., Roby, R.J.: Effect of Combustion Conditions on Species Production, in SFPE Handbook of Fire Protection Egineering 2nd Ed. S. 2-64 ff., ISBN 0-87765-354-2

[1.27] Hoffmann-Böllinghaus, A., Rabe, F., Guntzmann, T., Kaudelka, S.: Einfluss moderner Materialien auf die Rauchentwicklung bei Wohnungsbränden, vfdb-Jahresfachtagung 2016, Tagungsband S. 255 ff

[1.28] Purser, D.A.: Toxicity Assessment of Combustion Products, in SFPE Handbook of Fire Protection Egineering 2nd Ed. S. 2-85 ff., ISBN 0-87765-354-2

[1.29] Mulholland, G. W.: Smoke Production and Properties, in SFPE Handbook of Fire Protection Engineering 2nd Ed. S. 2-217 ff., ISBN 0-87765-354-2

[1.30] Tewarson, A.: Generation of Heat and Chemical Compounds in Fires, in SFPE Handbook of Fire Protection Engineering 2nd Ed. S. 3-53 ff., ISBN 0-87765-354-2

[1.31] vfdb-Richtlinie 10 / 03:2014-08 Schadstoffe bei Bränden

[1.32] Basmer, P., Zwick, G.: Messung des Giftgascocktails bei Bränden; http://www.ciw.uni-karlsruhe.de/ffb/berichte/Brandgascocktail.pdf

[1.33] Bansemer, B.; Wittbecker, F.-W.: Ingenieurmethoden zur Beurteilung der Rauchgastoxizität in konkreten Risikosituationen, vfdb-zeitschrift 3 / 2007 S. 133 ff.

[1.34] Forell, B.: Einteilung, Quellterme und Bewertung der akuten Toxizität von Brandrauch, vfdb-Jahresfachtagung 2009, Tagungsband S. 308 ff

[1.35] Otto, A., Schaller, K.-H., Drexler, H.: Gesundheitliches Gefährdungspotential von Brandrauchen und Expositionsnachweis, vfdb-Jahresfachtagung 2002, Tagungsband

[1.36] Pleß, G. und Seliger, U.: Entwicklung von Kohlenmonoxid bei Bränden in Räumen, Forschungsbericht Nr. 145, Institut der Feuerwehren Sachsen-Anhalt, März 2007-12-19

[1.37] Kaiser, G.: O. R. B. I.T 2010 Aktuelle Erkenntnisse zu medizinischen und rettungstechnischen Grundlagen der Planung im Feuerwehrwesen; http://www.giz-nord.de/cms/images/stories/Science/PCYAN/kaiser_vfdb2012.pdf

[1.38] Lessing, R., Teske, J., Wilk, E.: Die Belastung des Menschen durch Brandrauch, vfdb-Jahresfachtagung 2002, Tagungsband

[1.39] Weiß, A.: Dioxine und Brandschäden, vfdb-Zeitschrift 3 / 88

[1.40] Purser, D. A.: Toxological Analysis of the Rosepark Care Home Fire and Effects on Occupants; http://www.bre.co.uk/filelibrary/events/Rose%20Park%20Investigation%20Conference/Toxicological_analysis_of_the_Rosepark_care_home_fire_-_David_Pursar.pdf

[1.41] Purser, D. A.: Occupant Behaviour and Toxic Fire Hazards in Engineering Design of Buildings, 10. Internationales Brandschutz-Symposium Hannover 2005, Tagungsband S. 253

[1.42] Schneider, V.: Auswirkungen der Ausbreitung von Rauch und Wärme auf die Personensicherheit, vfdb-Zeitschrift 3 / 2002

[1.43] Steinert, C.: Zur Entstehung und Charakterisierung von Brandrauch, vfdb-Zeitschrift 4 / 2003

[1.44] Wilk, E., Lessing, R.: Untersuchungen bei Brandverletzten und Brandtoten, Brandschutz Consult Leipzig 1997 (zitiert nach [1.42])

[1.45] Wilk, E., Lessing, R.: Untersuchungen zur Sichtweite im Rauch und zu Brandgaswirkungen auf den Menschen, vfdb-zeitschrift 3 / 2004, Seite 168 ff.

[1.46] Bryan, J. L.: Human Behavior and Fire, in Fire Protection Handbook 18th Ed., S. 8-3 ff, ISBN 0-87765-377-1

[1.47] Keating, J. P.: The Myth of Panic, Fire Journal Vol. 76 No. 3, May 1982

[1.48] Kuligowsky, E. D.: Human Behavior in Fire, SFPE Handbook of Fire Protection Engineering, 5th Ed. S. 2070, New York 2016

[1.49] Künzer, L., Hofinger, G.: Panik und Brandschutz; FeuerTrutz Magazin 2 / 2019

[1.50] Oberverwaltungsgericht Münster 10 A 363 / 86 vom 11.12. 1987

[1.51] ARGEBAU Musterbauordnung – MBO – Fassung 11 / 2002 in der geänderten Fassung vom Mai 2009 http://www.is-argebau.de

[1.52] OVG NRW, 08. 05. 2007, 10 B 255 / 06, IBR 2007, 652

[1.53] DIN 14096:2014-05 Brandschutzordnung

[1.54] Grönke, M.: Die historische Entwicklung des betrieblichen Brandschutzes und der Werkfeuerwehren bis heute, vfdb-Zeitschrift 3 / 85

[1.55] Lucke, O.: Werden, Wirken und Wachsen der Werkfeuerwehren in Deutschland, in: Der Goldene Helm, München 1978

[1.56] Löbbert, A., Pohl, K. D., Thomas, W.: Brandschutzplanung für Architekten und Ingenieure, ISBN 3-481-01 922-X, Köln 2004

[1.57] Dehne, M., van Lier, M.: Zusammenwirken von baulichen und anlagentechnischen Brandschutzmaßnahmen, vfdb-Jahresfachtagung 2004, Tagungsband S. 523 ff.

[1.58] Tschöpe, B.: Möglichkeiten und Grenzen des Betrieblichen Brandschutzes bei Sonderbauten in Industriellen Bereichen, Braunschweiger Brandschutz Tage 99, Heft 145 der Schriftenreihe des iBMB der TU Braunschweig ISBN 3-89288-124-3

[1.59] vfdb-Richtlinien vfdb 01 / 01: 2008-04 und vfdb 01 / 01 S1: 2012-11, Brandschutzkonzept

[1.60] ISO TR 13 387-1 bis ISO TR 13 387-8 Ingenieurmethoden für die Brandsicherheit

[1.61] Kiel, M.: Erste Auswertung mit Expertensystemen für die brandschutztechnische Beurteilung von Gebäuden, vfdb-zeitschrift 4 / 90

[1.62] Hosser, D., (Hrsg.): Leitfaden Ingenieurmethoden des Brandschutzes, vfdb Technischer Bericht TB 04-01, 4. Auflage 2020-03

[1.63] Wiese, J.: Ingenieurverfahren für die Bewertung von aktiven Brandschutzmaßnahmen im Rahmen von Brandsicherheitsnachweisen, VdS-Seminar Ingenieurmäßige Verfahren in Brandschutz (4), Tagungsband, Köln 1997

[1.64] DIN 14011:2018-01 Begriffe aus dem Feuerwehrwesen
[1.65] Kemper, H.: Grundregeln der Brandbekämpfung, Brandgefahren, Einsatzlehre, in Handbuch Brandschutz, ecomed-verlag 2000
[1.66] Cimolino, U., Aschenbrenner, D., Lembeck, l., Südmersen, J.: Lösch- und Rettungseinsatz unter Atemschutz, in Handbuch Brandschutz, ecomed-verlag 2000
[1.67] Schubert, K.-H.: Problemanalyse zur Berechnung von Löschflächen unter Berücksichtigung der im Industriebau vor allem bei eingeschossigen Hallen anzutreffenden Gegebenheiten in Abhängigkeit der Kräfte und Mittel der Feuerwehr, Dissertation, TU Berlin 1979
[1.68] Wilk, E., Babian, C., Kotthof, I.: Der Brand in Räumen Teil 10-2a, vfdb-Zeitschrift 3/2019 S. 168ff.
[1.69] Wilk, E., Babian, C., Kotthof, I.: Der Brand in Räumen Teil 10-2b, vfdb-Zeitschrift 4/2019 S. 164ff.
[1.70] Siemens: Leistungsübersichten Serviceverträge Gefahrenmelde- und Überwachungsanlagen, Managementsysteme und Gebäudeautomationssysteme Bestell-Nr. E10003-A38-D10

2 Die Rolle der Feuerwehren

Wie in Kapitel 1 dargestellt, sind die Komponenten eines ganzheitlichen Brandschutzes durch vielfältige Wechselbeziehungen miteinander verknüpft. Um die Anforderungen an die anderen Komponenten, insbesondere an den Anlagentechnischen Brandschutz, realistisch einschätzen zu können, sind daher auch Kenntnisse über die Fähigkeiten und Grenzen des Abwehrenden Brandschutzes – der Feuerwehren – erforderlich.

2.1 Rechtsgrundlage

Die Sicherstellung des abwehrenden Brandschutzes ist nach den Brandschutzgesetzen der Bundesländer (z.B. in Niedersachsen, [2.1]) eine Pflichtaufgabe der Gemeinden. In einigen Bundesländern ist sie auch eine „Pflichtaufgabe zur Erfüllung nach Weisung“ [2.1].

Pflichtaufgabe bedeutet hier, dass die Gemeinden diese Aufgabe wahrnehmen müssen, nur die Ausgestaltung der Wahrnehmung obliegt ihrer Selbstbestimmung. Soweit der abwehrende Brandschutz eine Pflichtaufgabe zur Erfüllung nach Weisung ist, können seitens der Aufsichtsbehörde (dies ist in der Regel das Innenministerium des Landes) auch der Umfang und die Art und Weise der Aufgabenerfüllung vorgegeben werden.

2.2 Risikoanalyse und Brandschutzbedarfsplan

Zur Sicherstellung des abwehrenden Brandschutzes richten die Gemeinden nach den geltenden Brandschutzgesetzen entsprechend der örtlichen Gegebenheiten öffentliche Feuerwehren ein.

Die Gemeinden müssen also eine Feuerwehr aufstellen, die in der Lage ist, den nach den örtlichen Gegebenheiten zu erwartenden Aufgaben gerecht zu werden. Diese örtlichen Gegebenheiten einer Gemeinde werden geprägt durch:

- Einwohnerzahl und Einwohnerstruktur
  (Anzahl, Altersstruktur, Ausländeranteil etc.)
- Größe
  (Fläche, Längsausdehnung)

- Topographie
  (Berge, Flüsse, Wälder, Moore)
- Gebäudestruktur
  (moderne Bauten, Altstadtkern, historische Baudenkmäler)
- Verkehrswege und Verkehrsträger
  (Fernstraßen, Fernbahnen, Schnellfahrstrecken, Flughäfen, Binnenschiffverkehr)
- Industrie und Gewerbe
  (Metallindustrie, Luftfahrtindustrie, Chemieindustrie, Dienstleistungsgewerbe, Zentrallager etc.)
- Infrastruktur
  (Löschwasserversorgung, Nachrichtenversorgung)

Die Gemeinde hat nun für ihr Gebiet in einer objektiv und ohne Bezug zur derzeitigen Leistungsfähigkeit der Feuerwehr durchzuführenden Risikoanalyse die vorhandenen strukturellen Gefahren mit einer sinnvollen räumlichen Auflösung zu erfassen, darzustellen und die sich daraus ergebenden Risiken zu bewerten (Risiko = Eintrittswahrscheinlichkeit * Schadenshöhe; siehe hierzu [2.3], Grabski et al. [2.5] sowie Schubert [2.6]). Als weitere Risikokomponente sind auf dem Gemeindegebiet denkbare Schadensszenarien zu beschreiben (z. B. Unfälle mit Gefahrgütern, Großveranstaltungen wie Messen und Rock-Konzerte, Waldbrände etc.) und zu bewerten.

Im Rahmen der sich an der Risikoanalyse orientierenden Bemessung der örtlichen Feuerwehrkräfte und Einsatzmittel und deren räumlichen Anordnung ist darzulegen, welches Sicherheitsniveau sie den Einwohnern ihrer Gemeinde bieten will. Mit anderen Worten: Sie muss nachvollziehbar darlegen, was ihre Feuerwehr leisten können soll und was sie eingeplant nicht leisten können muss (s. g. Überlastungsrisiko). Diese Brandschutzbedarfsplanung ist ausreichend zu dokumentieren und in regelmäßigen Abständen fortzuschreiben.

Das gewünschte Sicherheitsniveau einer Gemeinde ist im Rahmen der gesetzlichen Sicherstellungsverpflichtung eine politische Entscheidung. Die Willensbildung über und der Beschluss des Sicherheitsniveaus erfolgt durch die politischen Vertreter der Kommune und führt in Folge dieses Beschlusses zu einer Selbstbindung der Gemeinde (Graeger [2.7]), diesen Bedarfsplan auch zu erfüllen, d. h. im Wesentlichen die notwendigen Haushaltsmittel zur Verfügung zu stellen. Der Brandschutzbedarfsplan einer Gemeinde sollte die folgenden Gliederungspunkte enthalten ([2.3], [2.4]):

- Allgemeiner Teil
- Darstellung der rechtlichen Grundlagen
- Darstellung der Aufgaben der Feuerwehr

- Gefährdungspotential
- Schutzzielfestlegung
- Sollstruktur der Gefahrenabwehr
- Iststruktur der Gefahrenabwehr
- Vergleich der Strukturen
- Erforderliche Maßnahmen
- Berichtswesen
- Fortschreibung
- Anhänge

Wesentlich zur Feststellung des Bedarfes ist dabei der Vergleich der Sollstruktur der Gefahrenabwehrkräfte (der gewünschten Situation) mit der Iststruktur (der tatsächlich vorhandenen Situation). Hierzu liefert zunächst die oben dargestellte Risikoanalyse eine Darstellung des Gefährdungspotentials der Gemeinde. Zum Zweiten sind die Schutzziele der Gemeinde festzulegen. Ähnlich wie das Baurecht Schutzziele vorgibt (vgl. MBO § 14 [2.8]), ist die Gemeinde verpflichtet eine klare Aussage über das Sicherheitsniveau, was sie ihren Bürgern zur Abwehr verschiedener Gefahrensituationen bieten will, zu formulieren (siehe z. B. FSHG NRW [2.1]). Diese Schutzziele werden heute allgemein über die folgenden Begriffe definiert:

- die *Mindesteinsatzstärke* der Einheiten
  nach Personal und technischem Gerät, mit der bestimmte sog. Kritische Ereignisse (z. B. Wohnungsbrände, siehe Punkt 2.4.2) bekämpft werden sollen,
- die *Hilfsfrist*
  mit der eine Aussage getroffen wird, welche Zeit von der Entgegennahme des Notrufes in der Leitstelle der Feuerwehr bis zum Eintreffen der Feuerwehr an der Einsatzstelle vergehen darf und
- den *Erreichungsgrad*
  d. h. einer Vorgabe, in wie viel Prozent der grundsätzlich unabhängig voneinander erfolgenden Ereignisse die jeweils definierten Werte für die Mindesteinsatzstärke und die Hilfsfrist erreicht werden sollen.

Anmerkung: Schutzziele müssen nicht zwangsläufig für das gesamte Gemeindegebiet gleich sein. Insbesondere die erforderliche Mindesteinsatzstärke kann an die überwiegend anzutreffenden örtlichen Verhältnisse von Teilgebieten angepasst werden.
Als eine Folgerung aus dem Forschungsprojekt TIBRO [2.9] wurde angeregt, künftig weitere Indikatoren zur Beurteilung der Leistungsfähigkeit und Wirtschaftlichkeit von Feuerwehren heranzuziehen.

Schutzzieldefinitionen sind nun durchaus nicht überall einheitlich, sondern unterscheiden sich insbesondere hinsichtlich der einzuhaltenden Hilfsfrist. Die Länder Bayern, Sachsen-Anhalt, Schleswig-Holstein und Thüringen geben in ihren jeweiligen Brandschutzgesetzen 10 Minuten vor. Hessen legt die Hilfsfrist ebenfalls auf 10 Minuten fest, fordert aber bei besonders gefahrenerhöhenden Gegebenheiten 8 Minuten. Letzteres ist die Frist, die in Rheinland-Pfalz generell einzuhalten ist. Das Land Hamburg gibt – abhängig vom Risiko – Hilfsfristen zwischen 5 Minuten und 15 Minuten vor. Über diese Uneinheitlichkeit hinaus ist häufig nicht (legal-)definiert, welche Zeiten in die Ermittlung der Hilfsfrist eingehen (eine Übersicht über deutsche und ausgewählte internationale Hilfsfristen findet man bei Bentz [2.10][2.9]).

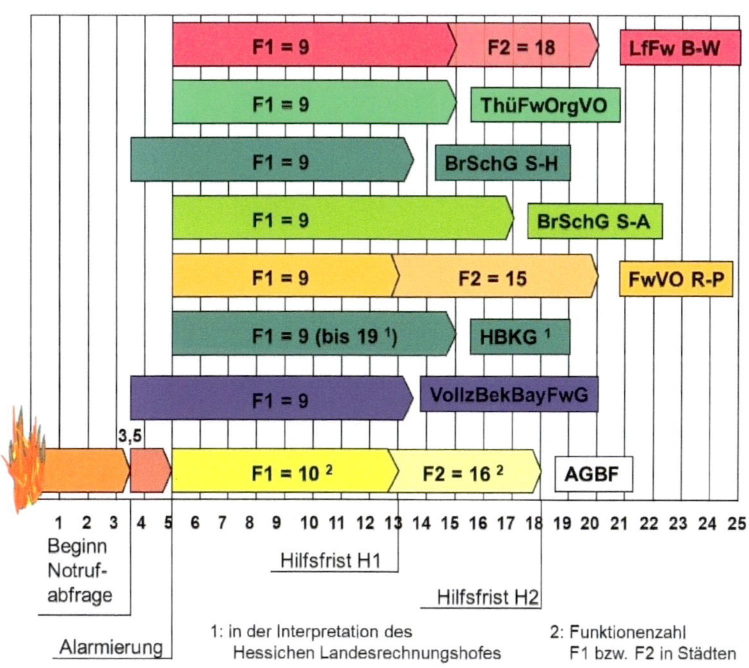

Abbildung 2-1: Hilfsfristen verschiedener Bundesländer für Feuerwehren in Städten

Im Jahre 1998 hat die Arbeitsgemeinschaft der Leiter der Berufsfeuerwehren – AGBF – eine Schutzzieldefinition vorgeschlagen [2.12], die 2015 überarbeitet wurde und den Rang einer technischen Regel gewonnen hat (Graeger [2.7]). Als Hilfsfrist wird daher hier nach [2.3] und [2.12] die Zeit zwischen Annahme des Hilfeersuchens (erstes Klingeln des Notrufes in der Leitstelle) und Eintreffen der Feuerwehr am Einsatzort bezeichnet (siehe Punkt 2.4.1); diese Definition wurde

2010 in die DIN 14011 übernommen [2.14]. Die Hilfsfrist soll nach AGBF nicht mehr als 10 Minuten für die ersten 10 Einsatzkräfte und weitere 5 Minuten für weitere 6 Einsatzkräfte betragen, so dass spätestens nach 15 Minuten die für die Bewältigung des sog. Kritischen Ereignisses erforderlichen 16 Feuerwehrangehörigen (Einsatzdienstfunktionen) mit einer ausreichenden Fahrzeugausstattung am Einsatzort sind. Das nach Meinung der Arbeitsgemeinschaft der Leiter der Berufsfeuerwehren anzusetzende Kritische Ereignis wird unter Punkt 2.4.2 näher dargestellt.

Als Beispiel für eine Schutzzieldefinition sei hier jene der Feuerwehr Braunschweig genannt, die dem Feuerwehrbedarfsplan der Stadt [2.13] zu entnehmen ist und seit 2008 inhaltlich mit der AGBF Schutzzieldefinition übereinstimmt:

Die Feuerwehr Braunschweig hat das Ziel, im gesamten Stadtgebiet

- *innerhalb von 9,5 Minuten nach Eingang des Notrufes mit einer Funktionsstärke von 10 Einsatzkräften (H1, F1)*
- *innerhalb von 14,5 Minuten nach Eingang des Notrufes mit einer Funktionsstärke von 16 Einsatzkräften (H2, F2)*
- *mit einer auf das Kritische Ereignis ausgerichteten technischen Ausstattung*
- *auch bei zwei parallelen Einsatzstellen*

einzusetzen und dies für 90 % aller Einsatzfälle sicherzustellen.
Die Nichtverfügbarkeit geeigneter taktischer Einheiten soll maximal einmal pro Jahr auftreten.

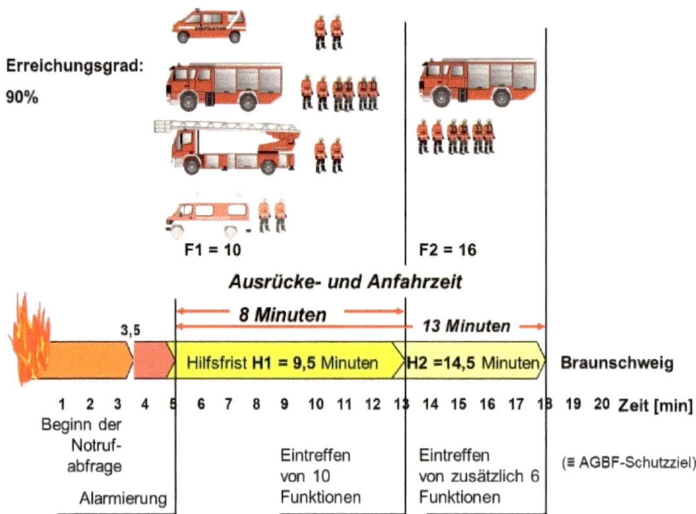

Abbildung 2-2: AGBF-Schutzziel

Aus der Anzahl der Einsätze pro Jahr und deren durchschnittlicher Dauer kann über statistische Berechnungen (sog. Poisson-Verteilung, siehe z. B. bei WIBERA [2.15], mathematische Grundlagen z. B. bei Meschkowski [2.16]) die Wahrscheinlichkeit für das gleichzeitige Auftreten mehrerer Einsätze ermittelt werden. Sollen diese Einsätze gleichzeitig und parallel – d. h. ohne Verzögerung – abgearbeitet werden, so muss für jeden der berechneten Paralleleinsätze die erforderliche Mindesteinsatzstärke vorgehalten werden.

Hieraus folgt unmittelbar die für die Bewältigung gleichzeitiger Ereignisse erforderliche Anzahl der für ein Gemeinwesen erforderlichen Einsatzeinheiten (d. h. der Fahrzeuge mit der zugehörigen Besatzung) und damit die Anzahl der stets zu besetzenden Einsatzdienstfunktionen. Einsatzdienstfunktionen sind die außerhalb von Einsätzen stets auf einer Feuerwache sofort für den Einsatz bereiten Feuerwehrangehörigen; hierzu gehören auch rückwärtige Einsatzdienstfunktionen, wie z. B. Mitarbeiter einer Feuerwehr-Einsatzleitstelle. Mit Hilfe der Anzahl der Einsatzdienstfunktionen kann unter Berücksichtigung der wöchentlichen Dienstzeit und der Ausfallquote der Personalbedarf einer Feuerwehr berechnet werden.

Die zusammengefassten personellen und materiellen Anforderungen sind in einer Sollstruktur in die gewünschte organisatorische Form zu bringen und ergeben dann die gewünschte Struktur der Feuerwehr.

Die Ermittlung der Iststruktur der Feuerwehr erfolgt, indem vorhandenes Personal und Material ermittelt und die vorhandenen Strukturen aufgezeigt werden. Des Weiteren sind sämtliche durch die Feuerwehr wahrgenommenen Aufgaben aufzuzeigen. Die Ermittlung der Iststruktur erfolgt wertungsfrei.

Im Vordergrund des Vergleiches der Strukturen steht die Untersuchung, mit welchem Erreichungsgrad die Feuerwehr mit der vorhandenen Organisationsform und Ausstattung (personell und technisch) die Qualitätskriterien Mindesteinsatzstärke und Hilfsfrist der Schutzzielfestlegungen erfüllt. In einem umfassenden Vergleich, der alle vernünftigerweise einzubeziehenden Ereigniskonfigurationen enthalten muss, sind alle Abweichungen zwischen Soll- und Iststruktur festzustellen und die Ursachen zu ermitteln.

Aus den festgestellten Abweichungen zwischen Soll- und Iststruktur ergeben sich die notwendigen Folgerungen für die notwendigen Änderungen. Dabei muss den Maßnahmen zur Erfüllung der gesetzlichen Pflichtaufgaben unbedingt der Vorrang vor nur wünschenswerten Maßnahmen eingeräumt werden. Zu den Pflichtaufgaben einer Gemeinde zählt nach der Interpretation von Gräger [2.7] auch die Erfüllung der Schutzzielfestlegungen.

2.3 Arten der Feuerwehren

Je nach dem Ergebnis der Risikoanalyse ist die Feuerwehr einer Gemeinde als Freiwillige Feuerwehr oder als Berufsfeuerwehr aufzustellen. Großstädte müssen auf gesetzlicher Grundlage grundsätzlich eine Berufsfeuerwehr aufstellen (Punkt 2.3.2).

Werkfeuerwehren sind Einrichtungen von Betrieben und damit keine öffentlichen Feuerwehren. Sie sollen für die besonderen Gefahren bestimmter Betriebe die öffentlichen Feuerwehren ergänzen und verstärken (Punkt 2.3.5).

2.3.1 Freiwillige Feuerwehren – FF

Da die weit überwiegende Anzahl der Kommunen in Deutschland keine Großstädte sind, stellen sie lediglich eine Freiwillige Feuerwehr auf. Die Anzahl und Einsatzzahlen der Freiwilligen Feuerwehren sind Tabelle 2-1 zu entnehmen.

Kennzeichnend für Freiwillige Feuerwehren sind die folgenden Merkmale:

- Freiwillige Feuerwehren sind in jeder Gemeinde vorhanden,
- die Feuerwehrmänner und -frauen sind ehrenamtlich tätig,
- die Feuerwehrangehörigen (Sammelbegriff) kommen im Alarmfall aus der Wohnung oder vom Arbeitsplatz,
- Freiwillige Feuerwehren erreichen Ausrückezeiten von 5 bis 6 Minuten, insbesondere tagsüber ist diese Zeit nicht selten länger,
- Freiwillige Feuerwehren treffen im ersten Zugriff mit 3 bis 6 Feuerwehrangehörigen (SB) ein, tagsüber ist jedoch gelegentlich kein Ausrücken möglich, da nicht genügend Feuerwehrmitglieder ihren Arbeitsplatz in der Gemeinde haben (dies gilt insbesondere für kleinere Gemeinden, siehe hierzu [2.18] und Punkt 2.4.5).
- Ausbildung [2.19]:
  - generell 50 Std. bis 160 Std.
  - Spezialkräfte bis 240 Std.
    (z. B. für schwere technische Hilfeleistung, Chemieschutz)
  - Führungskräfte bis 400 Std.
- Die Erfahrung der Angehörigen Freiwilliger Feuerwehren ist zum Teil groß (wenn sie nahe am Feuerwehrhaus wohnen und/oder arbeiten und somit nahezu alle Einsätze miterleben), im Durchschnitt jedoch eher gering.

Freiwillige Feuerwehren		Gesamteinsätze	1.369.897
		Brände und Explosionen	165.110
Wehren	22.155	Technische Hilfeleistung	405.348
Wachen (Feuerwehrhäuser)	30.212	Notfallrettung	463.155
Ständig besetzte Wachen	160	Krankentransport	145.243
Aktive Mitglieder	997.603	Sonstige (incl. Kat.-Alarme)	83.098
Hauptberuflich Aktive	7.081	Fehlalarme	107.943

Tabelle 2-1: Freiwillige Feuerwehren in Deutschland 2018 (nach [2.17])

2.3.2 Berufsfeuerwehren - BF

Berufsfeuerwehren sind in Großstädten (ab 100 000 Einwohner) zwingend einzurichten (in einigen Bundesländern bereits für jede Kreisfreie Stadt [2.20]). Die kleinste Kommune mit Berufsfeuerwehr ist derzeit (Mitte 2021) Altenburg mit nur ca. 31 500 Einwohnern [2.21].

Kennzeichnend für Berufsfeuerwehren sind die folgenden Merkmale:

- Feuerwehrmänner und -frauen der Berufsfeuerwehren sind als Beamte hauptamtlich tätig,
- die Feuerwehrangehörigen sind stets, das heißt 24 Std. täglich, 365 Tage im Jahr, auf Feuerwachen zum Ausrücken bereit,
- Berufsfeuerwehren erreichen Ausrückezeiten von 1 bis 2 Minuten (ein guter Wert sind 70 bis 90 Sek.),
- Berufsfeuerwehren treffen im ersten Zugriff an der Schadenstelle mit 12 bis 16 Feuerwehrangehörigen (SB) ein; die Anzahl richtet sich dabei zum einen nach der Stärke der Feuerwehr, zum anderen nach dem Alarmierungsstichwort („Feuer“, „Feuer mit Menschenleben in Gefahr”, „Technische Hilfeleistung”).
- Ausbildung [2.22]:
  - für die Laufbahngruppe 1 Eingangsamt 2 (ehemals mittlerer feuerwehrtechnischer Dienst) sind 2400 Std. (1,5 Jahre) Ausbildung erforderlich, Eingangsvoraussetzung ist dabei eine abgeschlossene Lehre in einem für die Feuerwehr geeigneten Beruf (z. B. Tischler, Schlosser, Kfz-Mechatroniker);
  - Führungskräfte der Laufbahngruppe 2 Eingangsamt 1 (ehemals gehobener feuerwehrtechnischer Dienst) erhalten mindestens 3 200 Std. Ausbildung (2 Jahre), durch weitere obligatorische Lehrgänge kommen schnell bis zu 4 000 Std. zusammen;
  - Eingangsvoraussetzung für diese Führungskräfte ist ein abgeschlossenes Hoch- oder Fachhochschulstudium (z. B. Bauingenieur, Maschinenbauingenieur, Chemieingenieur);
  - Führungskräfte der Laufbahngruppe 2 Eingangsamt 2 (ehemals höherer feuerwehrtechnischer Dienst), die in der Regel als Leiter von Feuerwehren

bzw. Abteilungsleiter größerer Feuerwehren tätig sind, erhalten eine feuerwehrtechnische Ausbildung von bis zu 4 000 Std. (2 Jahre Brandreferendariat siehe [2.22], zuzüglich div. Speziallehrgänge,); Eingangsvoraussetzung für die höheren Führungskräfte ist ein abgeschlossenes Hochschulstudium als Ingenieur oder Naturwissenschaftler.

- die Erfahrung von Berufsfeuerwehrbeamten ist in der Regel groß, vielfältig und fundiert.

Berufsfeuerwehren		**Gesamteinsätze**	**2.935.798**
		Brände und Explosionen	74.751
Wehren	105	Technische Hilfeleistung	216.539
Wachen (Feuerwehrhäuser)	317	Notfallrettung	2.021.040
Ständig besetzte Wachen	309	Krankentransport	402.360
Aktive Mitglieder	33.549	Sonstige (incl. Kat. Alarme)	108.732
Hauptberuflich Aktive	33.116	Fehlalarme	112.376

Tabelle 2-2: Berufsfeuerwehren in Deutschland 2018 (nach [2.17] und [2.21])

2.3.3 Freiwillige Feuerwehren mit hauptamtlichen Kräften - FF mit HaK

Freiwillige Feuerwehren mit hauptamtlichen Kräften (in manchen Ländern auch Hauptamtliche Wachbereitschaften genannt) bestehen in der Mehrzahl des Personals aus Freiwilligen Feuerwehrmännern und -frauen. Aufgrund der Vielzahl der Einsätze in größeren Gemeinden (ca. ab 30 000 bis 50 000 Einwohner) ist es jedoch erforderlich, für den ersten Abmarsch Berufsfeuerwehrleute zur Verfügung zu haben (siehe hierzu z. B. in ThürFw-OrgVO § 1 Abs. 4 [2.22]). Im zweiten Abmarsch werden dann die Freiwilligen Feuerwehrkräfte eingesetzt. Freiwillige Feuerwehren mit hauptamtlichen Kräften nehmen also eine Zwischenstellung zwischen Freiwilligen Feuerwehren und Berufsfeuerwehren ein.

In Niedersachsen sind z. B. die Feuerwehren von Celle und Hameln Freiwillige Feuerwehren mit hauptamtlichen Kräften. Die Freiwilligen Feuerwehren mit hauptamtlichen Kräften werden statistisch als Freiwillige Feuerwehren erfasst, daher sind ihre Werte in Tabelle 2-1 enthalten.

2.3.4 Pflichtfeuerwehren - PF

Pflichtfeuerwehren sind dann einzurichten, wenn in einer Gemeinde keine Freiwillige Feuerwehr zustande kommt. Derzeit (2021) gibt es in der gesamten Bundesrepublik nur 5 Pflichtfeuerwehren. Die statistischen Daten sind in Tabelle 2-1 mit enthalten.

2.3.5 Werkfeuerwehren - WF

Betriebe, deren Gefahrenpotential so hoch liegt, dass der Gemeinde nicht zugemutet werden kann, ausschließlich für die Gefahrenabwehr in diesem Betrieb Feuerwehrpersonal und Feuerwehrgerät vorzuhalten, können verpflichtet werden, zur Verstärkung der gemeindlichen Feuerwehr eine anerkannte Werkfeuerwehr aufzustellen (§ 15 NdS BrandSchG [2.1]). Anhand einer Risikoanalyse der betrieblichen Gegebenheiten und Definition von Schutzzielen sind die Stärke und die technische Leistungsfähigkeit der Werkfeuerwehren festzulegen (siehe z. B. bei Tschöpe [2.24]). Es ist möglich, außerhalb der Betriebszeit die Anzahl der einsatzbereiten Feuerwehrangehörigen zu verringern, wenn die dann vorhandene Gefahrenlage es erlaubt. Anerkannte Werkfeuerwehren müssen jedoch mit einer Mindeststärke von 6 Feuerwehrmännern, die in der Regel nach den Grundsätzen für Berufsfeuerwehren auszubilden sind, einsatzbereit sein. Diese 6 Funktionen sind während der regelmäßigen Betriebszeit einsatzbereit zu halten.

Durch die Aufstellung einer anerkannten Werkfeuerwehr können Betriebe entweder sonst erforderliche bauliche und / oder anlagentechnische Brandschutzmaßnahmen vermeiden bzw. minimieren (vergl. Abbildung 1-5) und / oder ihre Versicherungsprämien deutlich senken. Dies liegt daran, dass Werkfeuerwehrmänner (SB) über eine sehr gute Ortskenntnis in ihrem Betrieb verfügen und an potentiellen Schadenorten in sehr kurzer Zeit – in der Regel innerhalb von 3 bis 5 Minuten – eintreffen und tätig werden können.

In manchen Betrieben werden daneben noch sog. Betriebsfeuerwehren oder Hausfeuerwehren aufgestellt. Sie sind jedoch, wenn sie nicht als Werkfeuerwehr anerkannt werden, als nichtöffentliche (private) Feuerwehren Einrichtungen der Betriebe. Damit sind sie dem organisatorischen Brandschutz zuzuordnen.

Werkfeuerwehren		**Gesamteinsätze**	**182.985**
		Brände und Explosionen	8.216
Wehren	771	Technische Hilfeleistung	48.840
Wachen (Feuerwehrhäuser)	682	Notfallrettung	28.173
Ständig besetzte Wachen	238	Krankentransport	14.962
Aktive Mitglieder	33.305	Sonstige (incl. Kat. Alarme)	45.802
Hauptberuflich Aktive	9.729	Fehlalarme	36.992

Tabelle 2-3: Werkfeuerwehren in Deutschland 2018 (nach [2.17])

2.4 Anforderungen an die Feuerwehr

Die in den Brandschutzgesetzen der Länder übereinstimmend festgelegte Aufgabe der Feuerwehren ist, im Brandfalle

- Menschen zu retten,
- Brandbekämpfung durchzuführen,
- Sachwerte zu schützen.

Bei technischen Notlagen – z. B. Verkehrsunfällen – ist die Aufgabenstellung nahezu identisch, lediglich die Brandbekämpfung wird in der Regel im Rahmen einer Absicherungsmaßnahme nur vorbereitet. Um ihre Aufgaben durchführen zu können, müssen die Feuerwehren über eine personell und technisch ausreichende – nämlich den örtlichen Verhältnissen entsprechende – Ausstattung verfügen. Diese kann aus den nachfolgenden Überlegungen abgeleitet werden.

2.4.1 Hilfsfrist

In die Hilfsfrist gehen die folgenden grundsätzlich von der Feuerwehr zu beeinflussenden Zeiten ein (nach [2.3] und [2.12], siehe auch Abbildung 2-3):

Gesprächs- und Disponierungszeit	Entgegennahme des Alarmierungsanrufes in der Leitstelle der Feuerwehr, Disponierung der zuständigen und geeigneten Einheiten, Auslösen der Alarmierungseinrichtungen
Ausrückezeit	Verlassen des Arbeitsplatzes (auf der Feuerwache oder im Berufsleben), Weg zur Wache / zum Fahrzeug, Anlegen der Schutzkleidung, Besetzen der Fahrzeuge, Ausrücken
Anfahrtszeit	Verlassen der Wache, Fahrt auf dem günstigsten Weg, Eintreffen, Absitzen
Erkundungszeit	Erfassen der Lage, Beurteilung, Entschluss, Befehlsgebung (siehe FwDV 100 [2.11])
Entwicklungszeit	Aufbau der Angriffsleitungen und ggf. Leitern, Wasserversorgung, Eindringen ins Objekt, Aufnahme der Brandbekämpfung

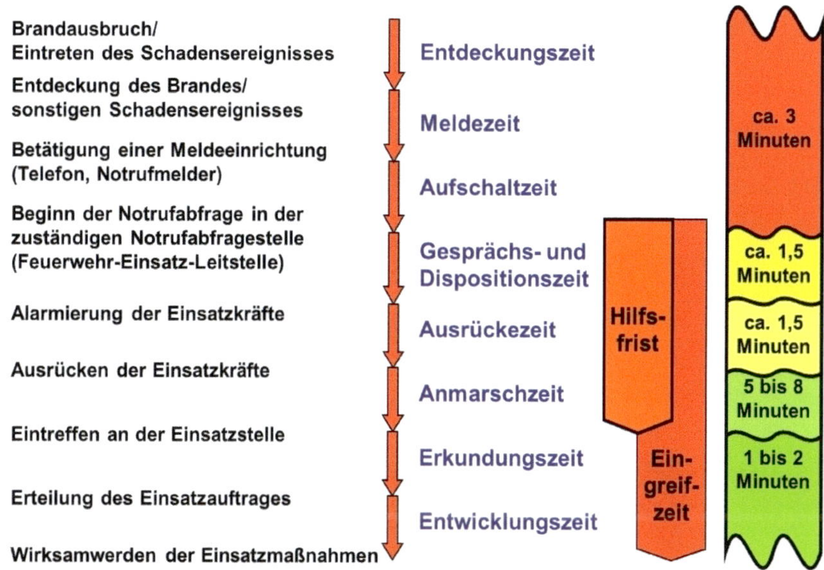

Abbildung 2-3: Hilfsfrist und Eingreifzeit nach [2.3], [2.12] – verfügbare Zeiten

Besonders kritisch für die Bemessung der Hilfsfrist der Feuerwehren sind die Zeiten, die zur Personenrettung bei Bränden zur Verfügung stehen. Hierzu muss angemerkt werden, dass die meisten Menschen nicht durch Feuer, sondern durch Rauch zu Schaden oder sogar ums Leben kommen. Auswertungen der Brandversuche Lehrte [1.18] haben ergeben, dass selbst bei geschlossenen Türen ein Schwelbrand in einem Raum einer Wohnung dazu führt, dass (schlafende) Personen im Nebenraum schon nach ca. 13 Minuten so viel Kohlenmonoxid eingeatmet haben, dass Handlungsunfähigkeit eintritt und sie ohne Fremdrettung sterben würden. Bereits etwa 17 Minuten nach Brandausbruch im Nebenraum ist für etwa 50 % dieser Personen die Reanimationsgrenze erreicht, d. h., auch alle Maßnahmen der modernen Intensivmedizin sind nicht mehr in der Lage, das betroffene Leben zu retten (vgl. Abbildung 2-4). Berechnungen im Rahmen des TIBRO-Forschungsprojektes haben 2015 ergeben, dass Personen im Brandraum bei ventilationsgesteuerten Bränden bereits innerhalb von ca. 12 Minuten letale Dosen Kohlenmonoxid aufnehmen können [2.9].

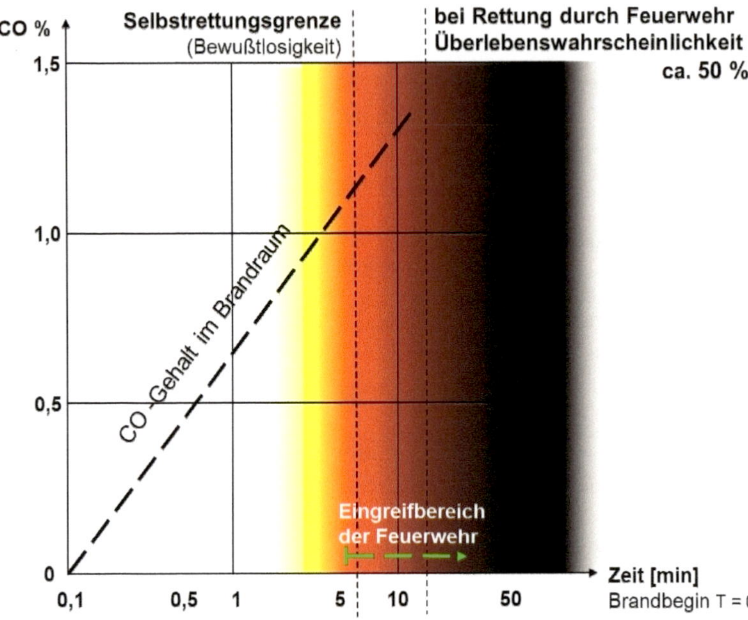

Abbildung 2-4: CO-Konzentration, Selbstrettungsgrenze und Überlebenschance in Abhängigkeit von der Vorbrenndauer (visualisiert nach Daten aus TIBRO [2.9] und Wilk et al. [2.49])

Aus diesen Daten ist abzuleiten, dass die Feuerwehr spätestens nach ca. 13 Minuten den Einsatzort erreicht haben muss und dann noch ca. 4 Minuten zum Auffinden, Retten und Reanimieren von im Nebenraum befindlichen Personen verbleiben.

Anmerkung: Die Selbstrettungsgrenze und die Überlebenswahrscheinlichkeit 50 % in Abbildung 2-4 stellen keine scharfen Grenzen dar, sondern sind Durchschnittswerte.

Neuere Untersuchungen zur Überprüfung der Fristen für die Personenrettung bei Bränden im Rahmen des TIBRO-Forschungsprojektes haben ergeben, dass neben Kohlenmonoxid auch HCN eine wesentliche Rolle bei der Vergiftung von Rauchtoten spielt [2.9]. Insbesondere die Zeit vom Eintreten der Bewusstlosigkeit (Handlungsunfähigkeit, die eine Selbstrettung verhindert) bis zur Aufnahme einer letalen Dosis scheint noch kürzer zu sein, als in Abbildung 2-4 dargestellt (Wilk et al. [2.49]).

4 Minuten sind eine sehr kurze Zeit zum Retten von Personen, da zunächst das Brandgeschoss erreicht werden muss und dann aufgrund der Verrauchung der Brandwohnung die Personensuche „unter Nullsicht", d. h. tastend, erfolgen muss.
Neuere Untersuchungen haben ergeben, dass die durchschnittliche Rettungszeit selbst bei kleineren Gebäuden deutlich über den oben abgeleiteten 4 Minuten liegen (Lindemann [2.46], Kaiser [2.47]). Aus diesen Ergebnissen sind bis dato noch keine allgemein anerkannten Folgerungen festgeschrieben.

Weitere Auswertungen der Brandversuche Lehrte, wie auch Beobachtungen bei realen Schadenfeuern, haben ergeben, dass in einem Zeitfenster von ca. 10 Minuten bis ca. 18 Minuten nach Brandbeginn der sog. „Flashover" eintritt. Bis dahin haben sich im Brandraum aufgrund der Wärmeeinwirkung in großem Maße brennbare Pyrolysegase entwickelt, die Temperatur im Brandraum ist auf 400 °C bis 600 °C angestiegen. Bei diesen Temperaturen versagen üblicherweise verwendete Fenster, so dass (schlagartig) Sauerstoff in den Brandraum eintritt. Dies führt zu einem sofortigen Durchzünden der vorhandenen brennbaren Gase, der Raum steht unmittelbar im Vollbrand. Die Feuerwehr muss nun vermeiden, in dieser Phase des Flashover die Brandbekämpfung aufzunehmen, da die Gefahren für das eingesetzte Personal nicht abschätzbar sind (vergl. bei Widetschek [2.26]). Aus diesem Grund muss eine Feuerwehr also anstreben, deutlich vor der 18. Minute mit der Brandbekämpfung vor Ort zu beginnen (zur gesetzlichen Verpflichtung diese Hilfsfrist auch einzuhalten siehe bei Bentz [2.10]).

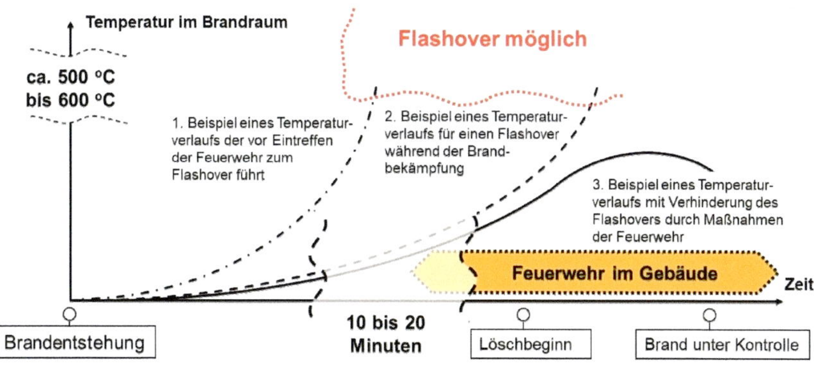

Abbildung 2-5: Flashover-Gefahr und Eingreifzeit der Feuerwehr

Als dritte Einflussgröße ist zu berücksichtigen, dass die Feuerwehr sich nach Möglichkeit nicht im Gebäude aufhalten will, wenn es aufgrund der Temperaturerhöhung in den tragenden Bauteilen zum Versagen derselben kommt (vergl. Abbildung 1-7). Zwar liegen in der Regel die entsprechenden Zeiten bei mindestens 30 Minuten (F 30-Bauweise, siehe hierzu MBO [2.5]), jedoch muss stets damit gerechnet werden, dass sich der Beginn der eigentlichen Brandbekämpfung aufgrund des notwendigen Rettens von Personen, des Aufbaus einer Wasserversorgung etc. bis auf 30 Minuten oder länger ausdehnen kann (Punkt 2.5).

2.4.2 Personelle und technische Leistungsfähigkeit von Berufsfeuerwehren

Neben der zeitlichen Komponente der Leistungsfähigkeit von Feuerwehren gibt es eine personelle und technische Komponente, die im Begriff Mindesteinsatzstärke abgebildet wird. Um die sog. „Kritischen Auslegungsereignisse" in der Brandbekämpfung und der Technischen Hilfeleistung beherrschen zu können, sind bestimmte Mindestpersonalstärken und bestimmte minimale technische Möglichkeiten erforderlich. Kritisches Ereignis für die Bemessung der Anzahl von Feuerwehrkräften in Städten mit Berufsfeuerwehr (BF) bei Brandbekämpfung ist nach Meinung der AGBF [2.12]:

Brandbekämpfung in einem Obergeschoss eines
mehrgeschossigen Wohngebäudes,
vorgetragen über Treppenraum und tragbare Leitern
bei gleichzeitig durchgeführter Personenrettung.

Zwar machen die Ereignisse, bei denen diese Aufgaben parallel durchzuführen sind, nur einen Bruchteil aller Schadensfälle aus, jedoch ist bei einer Vielzahl von Brandalarmen nicht von vornherein auszuschließen, dass Menschen in Gefahr sind, so dass die Dimensionierungsüberlegungen für ein angemessenes Sicherheitsniveau hier ansetzen müssen. Für die Beherrschung dieses Ereignisses ist nach Auffassung der Arbeitsgemeinschaft der Leiter der Berufsfeuerwehren (AGBF) in Deutschland mindestens folgendes personelles und technisches Gefahrenabwehrpotential erforderlich [2.12]:

2 *Löschfahrzeuge (LF* 20 *oder HLF* 20*)*
1 *Drehleiter (DLK* 23-12*)*
mit insgesamt 16 *Einsatzkräften*

Von diesen 16 Feuerwehrangehörigen sind mindestens 10 innerhalb einer Hilfsfrist von 10 Minuten, die übrigen 6 innerhalb 15 Minuten erforderlich.

Für die Technische Hilfeleistung wird das kritische Ereignis wie folgt definiert:

Schwerer Verkehrsunfall, technische Rettung und medizinische Versorgung mehrerer Verletzter.

Hier wird mindestens der Einsatz folgender Kräfte und Mittel (Gefahrenabwehrpotential) erforderlich:

1 *Rüstwagen (RW 2)*
1 *Löschfahrzeug (LF 20 oder HLF 20)*
1 *Rettungswagen*
1 *Notarzt*
mit insgesamt 12 *Einsatzkräften + Arzt*

Die Hilfsfrist für den Einsatz technische Hilfeleistung ist nicht einheitlich definiert, sie sollte bei 8 bis 10 Minuten liegen. Dies ist begründet in den zu unterstellenden Verletzungen der eingeklemmten Personen, für die das therapiefreie Intervall diese Zeit nicht wesentlich überschreiten sollte, um vernünftige Überlebenschancen sicherzustellen.

Je nach Größe der Stadt sind in bestimmtem Umfang Paralleleinsätze, die jeder für sich die obigen Einsatzeinheiten erfordern (Faustwert für Brände: je 100 000 Einwohner und Tag ein Brandalarm), und Großeinsätze, die ein Mehrfaches der obigen Einsatzeinheiten erfordern, zu erwarten. Mit statistischen Methoden kann die zu erwartende Anzahl dieser gleichzeitigen Einsätze ermittelt werden. Hieraus ist die Anzahl der jeweils erforderlichen Einsatzeinheiten abzuleiten, die eine Stadt vorhalten muss, um ein bestimmtes, politisch festzulegendes Sicherheitsniveau zu garantieren (Brandschutzbedarfsplan, siehe Punkt 2.2 und [2.12]).

Für die Stadt Braunschweig (248 500 Einwohner, 3 parallele kritische Ereignisse) sind die in Abbildung 2-6 dargestellten Einsatzdienstfunktionen (auch als Alarmdienstfunktionen bezeichnet), organisatorisch zusammengefasst in den jeweiligen Einsatzeinheiten, erforderlich und vorhanden [2.13].

2.4.3 Stärke von Berufsfeuerwehren

Da die oben in Abbildung 2-6 dargestellten Alarmdienstfunktionen ständig, d. h. 24 Stunden täglich an 365 Tagen des Jahres besetzt sein müssen, die tägliche und wöchentliche Arbeitszeit der Feuerwehrmänner (SB) jedoch beschränkt ist, benötigt eine Großstadt eine Personalvorhaltung, die dies dennoch ermöglicht. Je nach Wochenarbeitszeit (in Niedersachsen 48 Stunden) und Arbeitszeitmodell werden daher je Alarmdienstfunktion incl. Ausfallreserve für Urlaub, Krankheit, Ausbildung etc. 5 bis 6 Feuerwehrmänner benötigt.

Für die in Abbildung 2-6 dargestellten 57 Alarmdienstfunktionen der Feuerwehr Braunschweig (ohne Personal für Brandsicherheitswachdienst und nichtstädtisches Personal) sind bei einem Personalfaktor von ca. 5 insgesamt rund 300 Feuerwehrbeamte erforderlich. Hinzu kommt Personal für die Wahrnehmung von Innendienstaufgaben (z. B. Ausbildung, Vorbeugender Brandschutz, Einsatzvorbereitung, Technik u. a. m.). Insgesamt erfordern der Brandschutz, die Technische Hilfeleistung und der Rettungsdienst der Stadt Braunschweig rund 350 Feuerwehrbeamte, 38 Verwaltungs- und Werkstattmitarbeiter sowie – zur Unterstützung und Verstärkung – eine leistungsfähige Freiwillige Feuerwehr (2021: ca. 1100 Feuerwehrangehörige in 30 Ortsfeuerwehren).

2.4.4 Personelle und Technische Leistungsfähigkeit von Freiwilligen Feuerwehren

Die unter Punkt 2.4.1 aufgeführten Anforderungen hinsichtlich der Hilfsfrist gelten selbstverständlich unabhängig vom Ort, d. h. insbesondere auch in Gemeinden, die nur eine Freiwillige Feuerwehr aufstellen. Allerdings ist in solchen Gemeinden nicht selten die Gefahrensituation und damit das Risiko ein anderes als in Großstädten, da in kleineren Gemeinden häufig die typischen Risiken einer Großstadt, die sich aus Versammlungsstätten, größeren Kaufhäusern, Hochhäusern, größeren Produktionsstätten etc. ergeben, nicht vorhanden sind. Eine detaillierte Risikoanalyse kann deshalb möglicherweise eine geringere erforderliche Mindesteinsatzstärke ergeben. Für Freiwillige Feuerwehren wird nach Analysen von Einsatzfällen das folgende kritische Ereignis definiert (Antwerpes [2.28], Pleß [2.29]):

- Der *kritische Brand* ist ein Wohnraumbrand in einer bewohnten Wohnung mit einer Person in Notlage, die sich nicht selbst retten kann.
- Der Brand ist ein *Kleinbrand*, der durch das Vornehmen eines C-Rohres gelöscht werden kann.
- Der Brand ist im Obergeschoss eines maximal zweigeschossigen Gebäudes mit ausgebautem Dachgeschoss ausgebrochen, die Rauchgase breiten sich im Gebäude aus.

Mit der Eingrenzung auf zweigeschossige Gebäude mit einem ausgebauten Dachgeschoss wird der wesentliche Teil der für kleinere Gemeinden typischen Ein- und Zweifamilienhäuser erfasst. Diese Gebäude sind mit tragbaren Leitern der Feuerwehr erreichbar (siehe Punkt 2.5), so dass ein Angriff sowohl über den Treppenraum als auch im ungünstigsten Fall über tragbare Leitern von außen möglich wird.

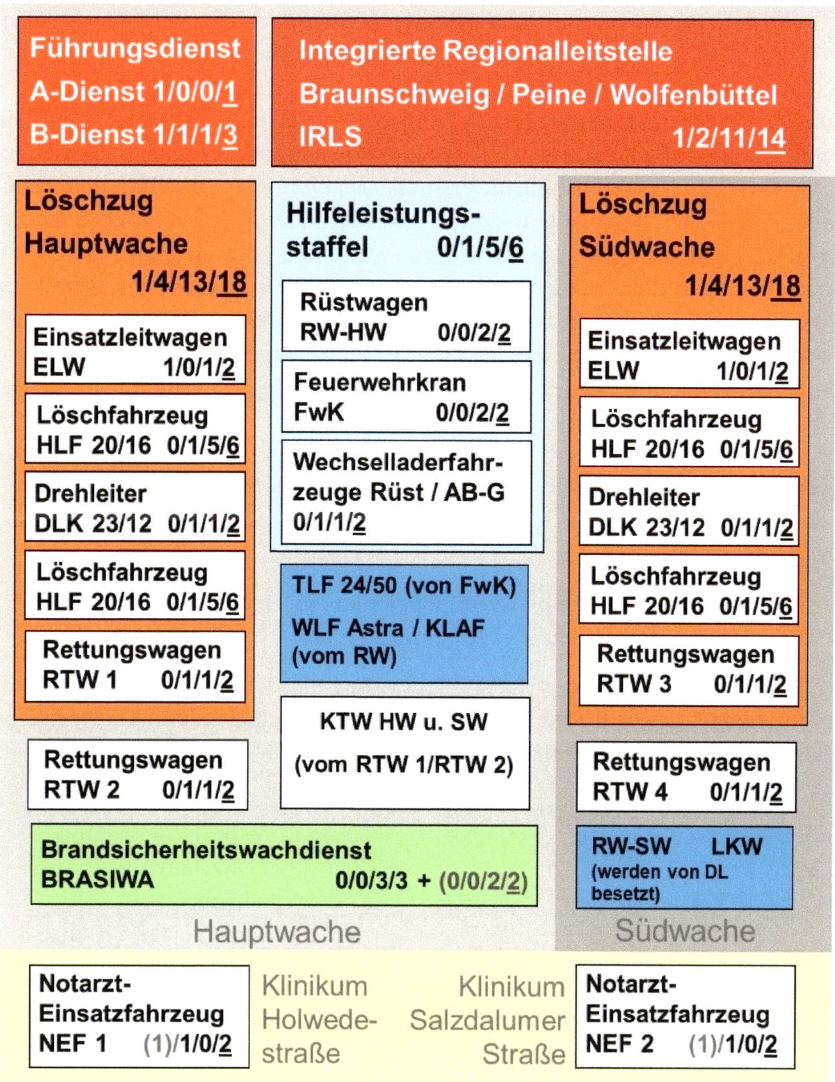

Abbildung 2-6: Wachstärke der Berufsfeuerwehr Braunschweig 2021 (in Klammern: Besetzung von Einsatzdienstfunktionen durch Mitglieder der Freiwilligen Feuerwehr, Notärzte und nichtstädtisches Personal)

Für die Erledigung dieser Aufgaben wird für Freiwillige Feuerwehren übereinstimmend die folgende Mindesteinsatzstärke (Gefahrenabwehrpotential) empfohlen:

Löschfahrzeug LF 10/6
mit einer Besatzung von 1/8 (Löschgruppe).

Die o.g. Mindesteinsatzstärke muss in einer Hilfsfrist von maximal 10 Minuten tätig werden können, um die Menschenrettung im verqualmten Gebäude auf zwei voneinander unabhängigen Wegen durchzuführen und die Brandbekämpfung einzuleiten. Eine weitere gleiche taktische Einheit muss zur Bewältigung dieses Ereignisses mit einer Hilfsfrist von maximal 13 Minuten eintreffen. Hieraus folgt, dass für Gemeinden, die nur eine Freiwillige Feuerwehr aufstellen, das Sicherheitsniveau i. A. etwas geringer ist als in Großstädten.

Wenn die Risikoanalyse ergibt, dass möglicherweise Hubrettungsgeräte erforderlich sind, muss dieses Rettungsgerät in der Mindesteinsatzstärke für den Ersteinsatz enthalten sein; so kann dann z.B. eine Drehleiter DLK 23/12 mit einer Besatzung von zwei Feuerwehrmännern und ein Löschgruppenfahrzeug, welches dann nur mit 7 Feuerwehrmännern besetzt wird, anrücken.

Als kritisches Ereignis für die technische Hilfeleistung wird definiert (Antwerpes [2.28]):

- Verkehrsunfall mit einem PKW und einer eingeklemmten Person
- Einsatzstelle nicht gegen Verkehr gesichert
- Kraftstoff läuft aus

Für die Bewältigung dieser Einsatzaufgabe wird die folgende Mindesteinsatzstärke (Gefahrenabwehrpotential) empfohlen:

Löschfahrzeug LF 10/6 mit Hilfeleistungssatz
mit einer Besatzung von 1/8 (Löschgruppe).

Die obige Mindesteinsatzstärke muss zur technischen Hilfeleistung in einer Hilfsfrist von maximal 8 Minuten vor Ort sein. Dies ist begründet in den zu unterstellenden Verletzungen der eingeklemmten Person, für die das therapiefreie Intervall diese Zeit nicht wesentlich überschreiten sollte, um vernünftige Überlebenschancen sicherzustellen.

2.4.5 Stärke von Freiwilligen Feuerwehren

Da sich freiwillige Feuerwehrleute in der Regel nicht auf der Feuerwache aufhalten, sondern sich an ihrem Arbeitsplatz befinden, Freizeitaktivitäten nachgehen oder aufgrund der Entfernung ihrer Wohnung nicht zeitgerecht zur Wache gelangen können, kann – anders als bei Berufsfeuerwehren – nicht jeder grundsätzlich verfügbare Feuerwehrmann bei Alarm auch rechtzeitig zum Einsatz gelangen. Die Länder haben daher Verordnungen oder ähnliche Regelungen über die Mindeststärke Freiwilliger Feuerwehren erlassen (z. B. Feuerwehrverordnung in Niedersachsen [2.19]), nach denen die erforderliche Stärke der Einsatzabteilungen der Freiwilliger Feuerwehren festgelegt wird.

In der Regel sind heute (2021) 100 % bis 150 % *Personalreserve* (entspricht der *Ausfallreserve* von Berufsfeuerwehren) vorzuhalten, berechnet auf die technischen Einsatzmittel, die der Feuerwehr zur Verfügung stehen. Steht also beispielsweise ein Löschgruppenfahrzeug zur Verfügung, dass eine Besatzung von 9 Feuerwehrangehörigen aufnehmen kann (Funktionensoll), müssen zusätzlich zu diesen 9 Feuerwehrangehörigen weitere 9 als Ausfallreserve vorgehalten werden, so dass die Mindestgesamtstärke der entsprechenden Freiwilligen Feuerwehr 18 Feuerwehrangehörige betragen würde (in einigen Ländern, so in Niedersachsen, fordern die Vorschriften noch einige Funktionen mehr [2.19]).

Die Erfahrung zeigt jedoch, dass viele Freiwillige Feuerwehren trotz vorhandener Personalreserve entsprechend der gesetzlichen Vorgabe nicht zu jeder Zeit in der Lage sind, die Mindesteinsatzstärke sicherzustellen. Dies gilt insbesondere an Werktagen zwischen 8 und 18 Uhr (Schmeißer [2.18], Lutz [2.30]), in der sich die überwiegende Mehrzahl der Feuerwehrmänner am Arbeitsplatz aufhält, der sich heute häufig nicht mehr im Wohnort befindet. Am frühen Abend und am Wochenende locken vielfältige Freizeitangebote, die aufgrund der heute gegebenen Mobilität der Gesellschaft ebenfalls im weiten Umkreis um den Heimatort herum wahrgenommen werden.

Wenn die Mindeststärke im Einsatz trotz einer Personalausstattung von 200 % des Funktionensolls nicht erreicht wird, reicht offenbar die Personalstärke der Freiwilligen Wehr nicht aus, um das Schutzziel sicherzustellen. Die Ausfallreserve der Freiwilligen Feuerwehren muss also erhöht werden. Schams [2.31] hat eine Berechnungsformel vorgeschlagen, nach der eine im obigen Sinne auskömmliche Personalausstattung berechnet werden kann. Er kommt für die von ihm betrachteten Städte Düsseldorf und Ratingen zu einer erforderlichen Personalausstattung von etwa 270 % bis 280 % des Funktionensolls. Der Realisierung derartiger Reservevorhaltungen steht nicht zuletzt auch die so genannte Demographische Wende entgegen, die insbesondere den Freiwilligen Feuerwehren erhebliche Probleme bereiten wird (DFV [2.33], Michel [2.34]). In Erkenntnis dieser Tatsachen hat der Niedersächsische Gesetzgeber in der Feuerwehrverordnung nur noch eine Reservevorhaltung von 100 % vorgesehen. Als Konsequenz ist jedoch zu folgern, dass die Leistungsfähigkeit insbesondere der Freiwilligen Feuerwehren künftig abnehmen und damit das Sicherheitsniveau allgemein sinken wird. Dies wird mittelfristig Auswirkungen auf die Ausgestaltung der übrigen Säulen des Brandschutzes haben müssen (vergl. Abbildung 1-4), wenn die Gesellschaft nicht bereit ist, das heute erreichte Sicherheitsniveau abzusenken.

Als erste Kompensationsmaßnahme für fehlendes Einsatzpersonal wird seit einigen Jahren häufig nicht nur die örtlich zuständige Freiwillige Feuerwehr alarmiert, sondern gleichzeitig auch eine oder mehrere benachbarte Feuerwehren. Auch sind vermehrt Zusammenschlüsse Freiwilliger Feuerwehren zu beobachten.

2.5 Grenzen der Leistungsfähigkeit von Feuerwehren

Wenngleich die Leistungsfähigkeit der Feuerwehr von der Bevölkerung allgemein als nahezu unbegrenzt wahrgenommen wird, so hat sie doch deutliche reale Grenzen. Die Gründe hierfür liegen

- in bestimmten Regelungen des Baurechts,
- in der Schutzzieldefinition der Gemeinde,
- in den durch die technische Ausstattung vorgegebenen Grenzen,
- in den Grenzen der menschlichen Leistungsfähigkeit und Belastbarkeit
  - bei den Feuerwehrangehörigen
  - bei zu rettenden Personen.

2.5.1 Leistungsgrenzen auf Grund des Baurechtes

Das Baurecht lässt für bestimmte Gebäude zu (Punkt 1.5), dass der zweite Rettungsweg über Rettungsgeräte der Feuerwehr führt. Dies bedingt aber, dass die Feuerwehr entsprechende Rettungsgeräte auch vorhält. Die in Abbildung 2-7 dargestellten Grenzen der Rettungsgeräte der Feuerwehr sind bei der Beurteilung der Genehmigungsfähigkeit von baulichen Anlagen zu berücksichtigen. Nur wenn die zuständige Feuerwehr über das entsprechende Rettungsmittel verfügt, oder wenn dieses innerhalb einer der Dynamik eines Schadenfeuers angemessenen Frist aus einer anderen Kommune verfügbar gemacht werden kann, ist ein entsprechendes Bauwerk genehmigungsfähig. Aus der Abhängigkeit des Baurechtes von der technischen Leistungsfähigkeit der Feuerwehr und umgekehrt folgt also, dass die Rettung aus beliebigen Höhen für die Feuerwehr mit Mitteln der Feuerwehr nicht möglich ist.

Anmerkung 1: In den Bauordnungen der Länder wird heute allgemein die Verfügbarkeit von Hubrettungsgeräten gefordert, wenn der 2. Rettungsweg aus Gebäuden mit Aufenthaltsräumen in mehr als 7 m Fußbodenhöhe über der Geländeoberfläche über Geräte der Feuerwehr dargestellt werden soll. Der 2. Rettungsweg soll innerhalb von nicht mehr als 15 Minuten nach Alarmierung „bereitgestellt“ sein, d. h. Alarmierungszeit, Ausrückezeit, Anmarschzeit und Rüstzeit dürfen insgesamt diese Zeit nicht überschreiten. Die Rüstzeiten von automatischen Drehleitern (Abstützen des Fahrzeuges, Ausfahren des Leitersatzes auf Maximalhöhe, Drehen senkrecht zur Fahrzeugachse) betragen etwa 2 Minuten, so dass eine Hilfsfrist von 13 Minuten für das Hubrettungsgerät einzuhalten ist (vergl. Punkt 2.4.1).

Anmerkung 2: Aus Anmerkung 1 folgt, dass baurechtlich die dreiteilige Schiebleiter der Feuerwehr nicht zur Darstellung des 2. Rettungsweges angerechnet werden kann (vergl. Abbildung 2-7).

Anmerkung 3: Die so genannten Sprungrettungsgeräte der Feuerwehr (früher im Allgemeinen Sprungtücher, heute Sprungpolster nach DIN 14152-3 [2.35], die für einen Einsatz bis zu einer Rettungshöhe von 16 m geeignet sind) können als „Rettungsmittel der letzten Wahl“ nicht zur Kompensation fehlender baulicher Rettungswege herangezogen werden.

2.5.2 Leistungsgrenzen und Schutzzieldefinition

Teil der Schutzzieldefinition einer Kommune ist auch der Erreichungsgrad (Punkt 2.2), der angibt, in wie viel Prozent der Einsatzfälle die Einhaltung des Schutzzieles garantiert werden soll. Auf die Einhaltung des Schutzzieles aber ist die personelle und technische Ausstattung der Feuerwehr auszurichten. Wenn eine Kommune ihren angestrebten Erreichungsgrad auf 90 % festlegt (dies ist ein durchaus ehrgeiziges Ziel, siehe hierzu beispielsweise in [2.13]), so heißt das umgekehrt aber, dass sie als Restrisiko in 10 % der kritischen Ereignisse eingeplant in Kauf nimmt, ihr Schutzziel nicht zu erreichen.

Dieses so genannte Restrisiko, dass eine Gemeinde ihren Bürgern zumutet, wird implizit durch die Festlegung des Schutzzieles durch den Gemeinderat politisch mit festgelegt. Schutzziele unter 80 % können als Verletzungen der Garantenpflichten einer Gemeinde gewertet werden (Fischer [2.36]), es liegt in diesen Fällen ein Organisationsverschulden der Kommune vor.

2.5.3 Leistungsgrenzen der Feuerwehrtechnik

Die Leistungsgrenzen der Rettungsgeräte der Feuerwehr illustriert Abbildung 2-7. Hinsichtlich der Grenzen der technischen Leistungsfähigkeit des Gerätes zur Brandbekämpfung ist bereits seit 1970 ist bekannt, dass Brände, die eine

Fläche von mehr als 400 m² erreichen, von der Feuerwehr nur noch in Ausnahmefällen gelöscht werden können (Klingsohr [2.37]). Diese Erkenntnis wurde Ende der 70er Jahre durch Hosser et al. [2.38] und Schubert [2.39] auch theoretisch begründet.

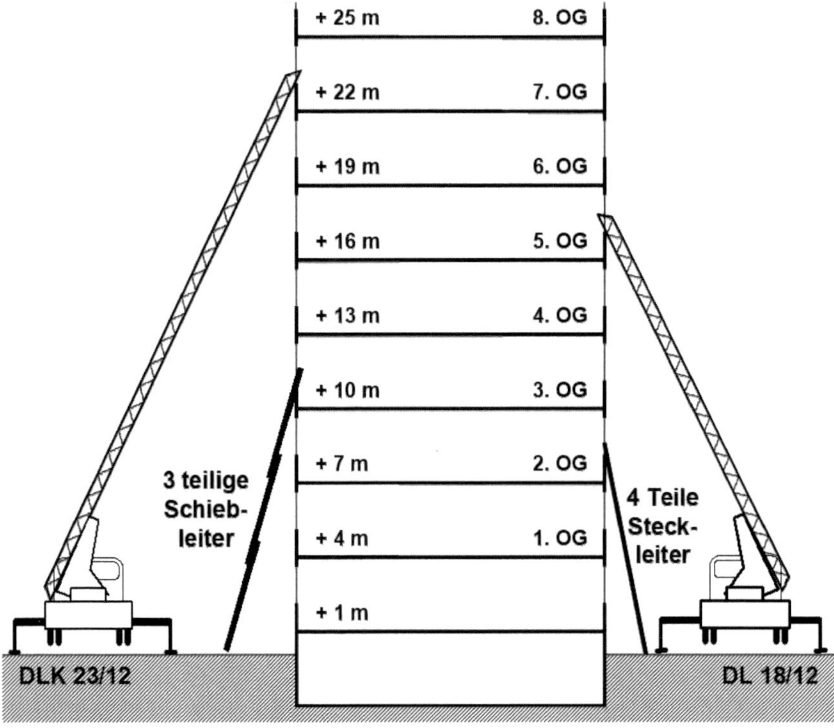

Abbildung 2-7: Grenzen der Rettungsgeräte der Feuerwehr (siehe auch Anmerkung 2 unter Punkt 2.5.1)

Selbstverständlich werden auch Brände, die größer werden als 400 m² letztendlich gelöscht, dies gelingt aber nur noch, indem sich die Feuerwehr hinter baulich gegebene Brandbekämpfungsabschnittsgrenzen (Brandwände, REI 90-Wände) zurückzieht und sich zunächst auf den Schutz der Nachbarschaft des Brandbereiches beschränkt. Erst wenn die Brandlast im Wesentlichen verbrannt, der betroffene Bereich also ausgebrannt ist (vergl. Kapitel 1), wird ein Ablöschen derartiger größerer Brände wieder möglich.

Ein weiterer begrenzender Faktor der Leistungsfähigkeit von Feuerwehren liegt in der verfügbaren Löschwassermenge. Halpaap [2.40] hat ermittelt, dass

Feuerlöschkräfte im Durchschnitt ca. 20 Minuten nach Brandentstehung in der Lage sind, das Feuer zu bekämpfen, d. h. die Eingreifzeit (Abbildung 2-3) beträgt 20 Minuten. Die Wasserversorgung ist nun darauf ausgelegt, im Allgemeinen 1.600 l/min (= 96 m^3/Std.), in Industriegebieten 3200 l/min zu liefern (vergl. Kapitel 4). Geht man davon aus, dass diese Wassermengen zur Beherrschung eines Standard-Brandabschnittes von 1600 m^2 ausreichen, so ergibt sich bei unterstelltem Vollbrand eine verfügbare Wasserbeaufschlagung von 1 l/m^2 min bis 2 l/m^2 min (dies sind Wasserbeaufschlagungen, die auch in Österreich vorgesehen sind). Wenn nun ein Brand bei Wirksamwerden der Maßnahmen der Feuerwehr bereits größer als 1600 m^2 ist, kann er u. U. nur noch an den baulichen Grenzen aufgehalten werden.

Für größere bauliche Anlagen haben Halpaap in [2.40] und Schubert in [2.39] die Einsatzgrenzen der Feuerwehr aufgrund der bis zur Verfügbarkeit einer ausreichenden Löschwassermenge vergehenden Zeit und der häufig gegebenen faktischen Unmöglichkeit, dieses Wasser über Geräte der Feuerwehr auf die Brandstelle zu bringen, dargestellt.

Die üblicherweise in Löschfahrzeugen der Freiwilligen Feuerwehr mitgeführte Wassermenge von 600 Liter bis 800 Liter reicht statistisch für ca. 75 % aller Brände aus ([2.15]). Dies heißt aber, dass in 25 % der Brände nur über die Erschließung von Wasserentnahmestellen eine ausreichende Wasserlieferung bereitgestellt werden kann, dies bedeutet jedoch einen deutlich erhöhten Bedarf an Personal und Zeit. Nicht selten aber – siehe Punkt 2.4.5 – steht in sog. Schlafgemeinden dieses Personal in der ersten entscheidenden Einsatzphase nicht zur Verfügung.

Ein Vergleich der von Lubosch et al. [2.41] ermittelten Löschwasserraten für Mischbrandlasten, wie sie in Wohn- und Bürogebäuden anzutreffen sind, von 8 l/m^2 min bis 10 l/m^2 min (siehe Tabelle 2-4 und bei Graeger [2.42]) mit den für den unter Punkt 2.2 dargestellten kritischen Brand vorgesehenen 100 l/min (C-Rohr) macht deutlich, dass mit dieser Wasserbeaufschlagung eine im Vollbrand stehende Fläche von nur ca. 12 m^2 erfolgreich gelöscht werden kann. Noch dazu muss das Ablöschen innerhalb von nur 5 Minuten bis 6 Minuten erfolgreich beendet sein, um nicht zum sofortigen Aufbau einer Wasserversorgung gezwungen zu sein. Diese würde wiederum Personal binden, das manchmal einfach nicht zur Verfügung steht. Ein im Vollbrand stehendes etwas größeres Zimmer kann also als Grenze der Leistungsfähigkeit einer einzelnen Freiwilligen Feuerwehr bezeichnet werden.

Eingesetztes Löschmittel	Löschverfahren	Brandstoff	Anwendungsrate [l/min * m²]
Wasser	Vollstrahl	glutbildender Stoff (Brandklasse **A**)	10
	Sprühstrahl		8
Wasser / Schaummittel	Vollstrahl		8
	Sprühstrahl		6
Wasser	Vollstrahl	schmelzender Stoff (Brandklasse **B**)	8
	Sprühstrahl		6
Wasser / Schaummittel	Vollstrahl		6
	Sprühstrahl		4
Schaum	Schwerschaum	glutbildender Stoff (Brandklasse **A**)	4
	Mittelschaum		2
	Leichtschaum		2
	Schwerschaum	schmelzender Stoff (Brandklasse **B**)	2
	Mittelschaum		1
	Leichtschaum		1
	Schwerschaum	brennbare Flüssigkeit (**AI**)	8
	Mittelschaum		6
	Leichtschaum		4

Tabelle 2-4: Reale Anwendungsraten von Löschmitteln im Löscheinsatz nach [2.41]

2.5.4 Grenzen der menschlichen Belastbarkeit

Eine weitere Grenze der Leistungsfähigkeit der Feuerwehren liegt darin begründet, dass letztlich Menschen die Brandbekämpfung durchführen. Die Sicherheitsphilosophie der Feuerwehren geht davon aus, keine unnötigen Risiken einzugehen. Daher werden sich Feuerwehrleute bei der Brandbekämpfung innerhalb von baulichen Anlagen stets durch Atemschutzgeräte vor den Gefahren des Brandrauches schützen (siehe [2.43] und Cimolino et al. [2.44]), jedoch sind sie weiterhin der Wärme des Brandes ausgesetzt.

Gegen die Gefahren bei Brandeinsätzen sind Feuerwehren mit Schutzkleidung ausgestattet, die u. A. einen sehr guten Wärmeschutz bieten (siehe hierzu [2.44] und DIN EN 469 [2.45]), so dass sie heute in der Lage sind, auch in sehr stark aufgeheizte Bereiche vorzudringen und eine Brandbekämpfung erfolgreich durchzuführen. Dennoch kommt es immer wieder zu Brandverletzungen von Feuerwehrleuten. Dies ist darin begründet, dass die heutige Bauweise mit sehr dichten und auch thermisch belastbaren Fenstern nicht selten dazu führt, dass die Feuerwehr sich zum Zeitpunkt des Flashovers im Brandgebäude befindet und somit erheblicher Wärmebelastung ausgesetzt ist. Derartige Unfälle werden analysiert und die Regeln der Brandbekämpfung werden – wo notwendig – den neuen Erfordernissen im Sinne eines risikoärmeren Vorgehens bei der Brandbekämpfung angepasst. Dies führt aber wiederum im Interesse des Schutzes der Feuerwehrleute nicht selten zu größeren Brand- bzw. Rauchschäden an den betroffenen baulichen Anlagen.

Eine Grenze des Leistungsvermögens der Feuerwehr bei der Rettung von Personen ergibt sich selbst unter sonst idealen Bedingungen auf Grund

- der erforderlichen Rüstzeiten für den Einsatz von tragbaren aber auch mobilen Rettungsgeräten,
- der damit möglichen spezifischen Rettungsraten (Anzahl der mit dem Rettungsmittel pro Minute zu rettenden Personen in Abhängigkeit von deren körperlichen und geistigen Verfassung).

(vergl. bei Seidel et al. [2.48]). Daher ist insbesondere die Rettung einer Vielzahl von Personen z. B. aus Krankenhäusern, Pflegeeinrichtungen, Schulen etc. nur sehr begrenzt durchführbar, obwohl das Baurecht die Bereitstellung des zweiten Rettungsweges über Geräte der Feuerwehr ermöglicht.

2.6 Wirksamkeit und Zuverlässigkeit abwehrender Brandschutzmaßnahmen

Nach dem unter Punkt 2.5 ausgeführten ist klar, dass auch eine leistungsfähige Feuerwehr nicht immer erfolgreich sein kann. Die Wirksamkeit der eingeleiteten Lösch- und sonstigen Maßnahmen zur Rettung von Menschen, zur Begrenzung der Ausbreitung von Bränden und Rauch und des Sachschadens kann daher im Durchschnitt nicht 100 % betragen. Als Wirksamkeit oder Effektivität wird in diesem Buch das Verhältnis der tatsächlich erreichten Schutzziele im realen Brandfall zu den vorgegebenen Schutzzielen (nach Brandschutzbedarfsplan – Punkt 2.2 – oder Anlagenauslegung) bezeichnet:

$$W_{\text{Effektivität}} = \text{Schutzziele wurden erreicht} / \text{Schutzziele vorgegeben}$$

Aus den verfügbaren Daten der vfdb-Brandschadenstatistik [2.50] können zur Wirksamkeit von Löschmaßnahmen die in Tabelle 2-5 aufgeführten Erkenntnisse abgeleitet werden:

Kennzahl	Anteil der erfassten Brände		
	Berufsfeuerwehr	Freiwillige Feuerwehr	Werkfeuerwehr
Sachschaden < 1000 €	56 %	60 %	91 %
Brand auf einen Gegenstand begrenzt	67 %	71 %	96 %
Rauchausbreitung nicht nennenswert	29 %	31 %	91 %

Tabelle 2-5: Einige Daten zur Wirksamkeit von Löschmaßnahmen der Feuerwehr

Unter Zuverlässigkeit wird hier die Eigenschaft eines brandschutztechnischen Systems verstanden, während eines bestimmten Zeitraumes die in der Spezifikation vorgegebenen Funktionen im Anforderungsfall ohne Ausfall auszuführen. Die Zuverlässigkeit wird durch die Wahrscheinlichkeit ausgedrückt, dass in diesem Zeitintervall (meistens 1 Jahr) kein Ausfall erfolgt. Ein Ausfall ist definiert als nicht auslegungsgerechte Funktion, d. h. das System ist im Anforderungsfall nicht verfügbar (z. B. wegen Wartung) oder erreicht nicht die spezifizierte Leistung. Beispiele können eine Feuerwehr oder eine Löschanlage sein, die einen innerhalb des Anforderungsprofils liegenden Brand nicht beherrschen. Die Zuverlässigkeit eines Systems wird üblicherweise auch durch den Komplementärwert, die Versagenswahrscheinlichkeit, ausgedrückt.

Aufbauend auf den allgemein akzeptierten Zieldefinitionen der öffentlichen Feuerwehren (Punkte 2.4.2 und 2.4.4) kann näherungsweise die Begrenzung eines

- Wohnungsbrandes für Berufsfeuerwehren
- Zimmerbrandes für Freiwillige Feuerwehren

auf das Ausmaß bei Eintreffen als „spezifizierte Leistung" dieser Feuerwehren angenommen werden (Für Werkfeuerwehren gibt es kein allgemeingültiges und vergleichbares Leistungskriterium). Vergleicht man die in der vfdb-Brandschadenstatistik verfügbaren Daten hierzu, ergeben sich die in Tabelle 2-6 dargestellten Zuverlässigkeiten bzw. Versagenswahrscheinlichkeiten.

Leistungskriterium	**Zuverlässigkeit** (Leistung erreicht)			**Versagenswahrscheinlichkeit** (Leistung nicht erreicht)		
	BF	FF	gesamt	BF	FF	gesamt
Zimmerbrand	0,89	0,87	0,88	0,11	0,13	0,12
Wohnungsbrand	0,94	0,91	0,93	0,06	0,09	0,07

Tabelle 2-6: Zuverlässigkeit von Löschmaßnahmen öffentlicher Feuerwehren (berechnet auf der Grundlage der Daten aus [2.50])

Anmerkung: Auf Grund seiner beruflichen Erfahrung und Daten des DFV [2.17] vermutet der Autor, dass die Zuverlässigkeitswerte in Tabelle 2-6 (die aus nur 1216 auswertbaren Datensätzen tatsächlicher Gebäudebrände abgeleitet wurden) gegenüber jenen aller Feuerwehren in Deutschland ca. 0,10 höher sind. Die Versagenswahrscheinlichkeit von Löschmaßnahmen der öffentlichen Feuerwehren könnte deutschlandweit damit bei etwa 0,20 liegen.

Eine Versagenswahrscheinlichkeit von insgesamt ca. 0,20 stimmt in etwa mit den aus dem Nationalen Anhang zu DIN EN 1991-1-2 [2.51] zu entnehmenden Werten überein (0,10 bis 0,25), wenn unterstellt wird, dass Nutzer bei den ausgewerteten Bränden soweit zumutbar eigene Löschversuche unternommen haben.

Ähnliche, aus [2.52] entnehmbare Daten anderer europäischer Länder liegen tagsüber bei ca. 0,10 jedoch in der Nacht bei ca. 0,21.

2.7 Literaturverzeichnis zu Kapitel 2

[2.1] Niedersächsisches Brandschutzgesetz (NbrandSchG) vom 8. März 1978 i. d. Fassung v. 18. Juli 2012 zuletzt geändert durch Artikel 3 § 6 des Gesetzes vom 20. 05. 2019 (Nds. GVBl. S. 88)

[2.2] Gesetz über den Brandschutz , die Hilfeleistung und den Katastrophenschutz (BHKG) des Landes Nordrhein-Westfahlen vom 17. 12. 2015

[2.3] Ministerium für Inneres und Kommunales NRW: Handreichung zur Brandschutzbedarfsplanung für Kommunale Entscheidungsträger, 07. Juli 2016

[2.4] Ministerium für Inneres und Kommunales NRW: Anlagen zur Brandschutzbedarfsplanung für Kommunale Entscheidungsträger, 07. Juli 2016

[2.5] Grabski, R., Starke, H., Präger, W.: Risikoanalyse zur Bedarfsermittlung kommunaler Feuerwehren, Institut der Feuerwehr Sachsen-Anhalt, Jahresbericht 1997 / 98, Heyrothsberge 1999

[2.6] Schubert, R.: Risikoanalyse als Grundlage der Brandschutzbedarfsplanung, in Lemke: Handbuch Brandschutz, ecomed-verlag 60. Erg. -Lfg. 2 / 02

[2.7] Graeger, A.: Bedarfsplanung der öffentlichen Feuerwehr, in Handbuch Brandschutz, ecomed-verlag 60. Erg. -Lfg. 2 / 02

[2.8] ARGEBAU Musterbauordnung – MBO – Fassung 22. 02. 2019

[2.9] BUW: TIBRO – Taktisch-strategisch Innovativer Brandschutz auf Grundlage Risikobasierter Optimierungen, Forschungsprojekte 13N12 174 bis 13N12 177 und TIBRO-Informationen 100 bis 300, Wuppertal 2015

[2.10] Bentz, A.: Schutzziele, ein nationaler und internationaler Vergleich, vfdb-Jahresfachtagung 2007, Tagungsband S. 3497 ff.

[2.11] Feuerwehr-Dienstvorschrift 100 – FwDV 100 – Führen und Leiten im Einsatz, ISBN 3-555-01 196-0

[2.12] Qualitätskriterien der AGBF für die Bedarfsplanung von Feuerwehren in Städten, Arbeitsgemeinschaft der Leiter der Berufsfeuerwehren auf Bundesebene, 1998 mit Überarbeitung November 2015

[2.13] Stadt Braunschweig: B500 Feuerwehrbedarfsplan der Stadt Braunschweig – Gesamtdokument_Stand2017Januar06_reduzierte_Groesse.pdf

[2.14] DIN 14011: 2018-01 Begriffe aus dem Feuerwehrwesen

[2.15] WIBERA: Grundsatzstudie Feuerwehr – Ergebnisbericht vom Frühjahr 1978

[2.16] Meschkowski, H.: Wahrscheinlichkeitsrechnung, Mannheim 1968

[2.17] Deutscher Feuerwehr Verband: Jahrbuch 2020

[2.18] Schmeißer, R.: Verteilung der Einsatzkräfte in Abhängigkeit von den Alarmierungszeiten, Institut der Feuerwehr Sachsen-Anhalt, Jahresbericht 2003 / 2004 / 2005

[2.19] Verordnung über die kommunalen Feuerwehren (Feuerwehrverordnung – FwVO) vom 30. April 2010 (GVBl. Nds.06. Mai 2010) i. d. F. vom 17. 05. 2011

[2.20] Brandschutz- und Hilfeleistungsgesetz des Landes Sachsen-Anhalt (Brandschutzgesetz – BrSchG) in der Fassung der Bekanntmachung vom 7. Juni 2001, zuletzt mehrfach geändert durch § 1 des Gesetzes vom 12. Juli 2017 (GVBl. LSA S. 133)

[2.21] https://de.wikipedia.org/wiki/Liste_der_deutschen_St%C3%A4dte_mit_einer_Berufsfeuerwehr

[2.22] Verordnung über die Ausbildung und Prüfung für die Laufbahnen der Fachrichtung Feuerwehr (APVO-Feu) Vom 26. Januar 2013, zuletzt geändert durch Verordnung vom 27. 02. 2019 (Nds. GVBl. S. 61)

[2.23] Thüringer Feuerwehr-Organisationsverordnung (ThürFwOrgVO) vom 27. Januar 2009, GVBl. Thür. 2009, 39; i. d. F. vom 26. Mai 2014

[2.24] Tschöpe, B.: Modell für die Bemessung von Werkfeuerwehren, vfdb-Jahresfachtagung 2006, Tagungsband S. 655 ff

[2.25] Bechthold, R., Ehlert, K.-P., Wesche, J.: Brandversuche Lehrte, Schriftenreihe Bau- und Wohnforschung des BRBS 04.037, 1978

[2.26] Widetscheck, O.: Flashover – eine Herausforderung für die Feuerwehr, in Handbuch Brandschutz, ecomed-Verlag, 54. Ergänzungslieferung 11 / 2000

[2.27] Beyerle: Verbesserte Technologie zur optimalen Rettung, Brandbekämpfung mit integrierter Technischer Hilfeleistung, BrandSchutz 2 / 1979

[2.28] Anwerpes, F.J.: Personalstärke, Verfügbarkeit und Eintreffzeit – Grundlagen zur Bewertung dieser einsatzrelevanten Parameter bei Freiwilligen Feuerwehren im Regierungsbezirk Köln, BrandSchutz 12/1997 S. 953 ff
[2.29] Pleß, G.: Der Wohnungsbrand als Maßstab für die Leistung der Freiwilligen Feuerwehr, Institut der Feuerwehr Sachsen-Anhalt – Jahresbericht 20001/2002
[2.30] Lutz, M.: Bestandsaufnahme des Ist-Zustandes von Personal in Feuerwehren, BrandSchutz 11/2010, S. 912 ff
[2.31] Schams, T.: Personalstärkeermittlung für Freiwillige Feuerwehren – Ausfallfaktor – aufgezeigt am Beispiel der Freiwilligen Feuerwehren der Städte Düsseldorf und Ratingen, BrandSchutz 12/1997 S. 958 ff
[2.32] Bucher, H.; Schlömer, C.; Lackmann, G.: Die Bevölkerungsentwicklung in den Kreisen der Bundesrepublik Deutschland zwischen 1990 und 2020, Informationen zur Raumentwicklung Heft 3 und 4 2004
[2.33] Deutscher Feuerwehrverband: Kongress „Mut zur Zukunft" Berlin 2008, http://www.dfv.org/zukunftsforum/pdf/Zukunftskongress_Kongressbroschüre_Endversion 3.pdf
[2.34] Michel, H.: Der demografische Wandel in Deutschland und seine Folgen, vfdb-Jahresfachtagung 2008, Tagungsband
[2.35] DIN 14151-3:2016-08 Sprungrettungsgeräte Teil 3: Sprungpolster 16 – Anforderungen, Prüfung
[2.36] Fischer, R.: Brandschutzbedarfsplan – Fehlerquellen und Spielräume bei der Schutzzielbestimmung? LFV NRW 2004
[2.37] Klingsohr, K.: Neue Aspekte beim Einsatz von selbsttätigen Feuerlöschanlagen, vfdb-Zeitschrift 3/79
[2.38] Hosser, D., Schubert K.-H.: Zur Begrenzung der Brandabschnittsgrößen von Industriehallen, vfdb-Zeitschrift 3/80
[2.39] Schubert, K.-H.: Problemanalyse zur Berechnung von Löschflächen unter Berücksichtigung der im Industriebau vor allem bei eingeschossigen hallen anzutreffenden Gegebenheiten in Abhängigkeit der Kräfte und Mittel der Feuerwehr, Dissertation, TU Berlin 1979
[2.40] Halpapp, W.: Die Bedeutung der örtlichen Bandbekämpfungsvoraussetzungen im Baugenehmigungsverfahren, vfdb-Zeitschrift 3/78
[2.41] Lubosch, E., Pleß, G.: Nutzung technischer Mittel zur Verbesserung der Brandbekämpfung mittels Wasserlöschverfahren, Institut der Feuerwehr, Bericht Nr. 130, Heyrothsberge 1984
[2.42] Graeger, A.: Logistik und Bedarfsberechnung von Löschmitteln, in Lemke: Handbuch Brandschutz, ecomed-verlag 60. Erg. -Lfg. 4/02

[2.43] FwDV 7 Feuerwehr-Dienstvorschrift 7 – Atemschutz, Kohlhammer Verlag

[2.44] Cimolino, U., Aschenbrenner, D., Lembeck, T., Südmersen, J.: Atemschutz, ISBN 3-609-68420-8, Landsberg 2001

[2.45] DIN EN 469:2020-12 Schutzkleidung für die Feuerwehr – Laborprüfverfahren und Leistungsanforderungen für Schutzkleidung für die Brandbekämpfung

[2.46] Lindemann, T.: Rettungszeiten der Feuerwehr beim kritischen Wohnungsbrand, BrandSchutz 12/2011, S 946 ff

[2.47] Kaiser, G.: O.R.B.I.T. 2010“ Aktuelle Erkenntnisse zu medizinischen und rettungstechnischen Grundlagen der Planung im Feuerwehrwesen, http://www.giz.nord.de/cms/images/stories/Science/PCYAN/kaiser_vfdb2012.pdf

[2.48] Seidel, O.; Ross, R.: Möglichkeiten und Grenzen der Personenrettung über Leitern der Feuerwehr, BrandSchutz 3/2015, S. 179 ff

[2.49] Wilk, E., Babian, C., Kotthoff, I.: Der Brand in Räumen Teil 10-2-b, vfdb-Zeitschrift 4/2019, S. 164 ff

[2.50] vfdb TB 14-01 Brandschadenstatistik – Untersuchung zur Wirksamkeit (anlagentechnischer) Brandschutzmaßnahmen, 2020-03

[2.51] DIN EN 1991-1-2/NA:2010-12 Nationaler Anhang – National festgelegte Parameter – Eurocode 1: Einwirkungen auf Tragwerke – Teil 1-2: Allgemeine Einwirkungen – Brandeinwirkungen auf Tragwerke

[2.52] Hosser, D., Weilert, A., Klinzmann, C., Schnetgöke, R., Albrecht, C.: Abschlussbericht zum Forschungsvorhaben „Erarbeitung eines Sicherheitskonzeptes für die brandschutztechnische Bemessung unter Anwendung von Ingenieurmethoden gemäß Eurocode 1 Teil 1-2 (Sicherheitskonzept zur Brandschutzbemessung); iBMB November 2008 Az: ZP 52-5-4.168-1239/07

3 Flächen für die Feuerwehr

Um in einem Schadensfall möglichst schnell Hilfe leisten zu können, muss die Feuerwehr das Objekt möglichst ungehindert erreichen können. Flächen für die Feuerwehr stellen die notwendigen Zugangs-, Zufahrts-, Aufstellungs- und Bewegungsmöglichkeiten für den Feuerwehreinsatz sicher. Da diese Flächen überwiegend auf den Grundstücken liegen, stellt ein Flächenvorbehalt eine Einschränkung der Nutzbarkeit des Grundstückes für den Eigner dar. Flächen für die Feuerwehr können daher nur aufgrund gesetzlicher Regelungen von der Brandschutzbehörde gefordert werden. Die Einrichtung solcher Flächen wird dann unabdingbar, wenn der zweite Rettungsweg aus einem Gebäude über Geräte der Feuerwehr führt, da sonst eine Bebauung des Grundstückes mit mehrgeschossigen baulichen Anlagen nicht möglich ist (siehe Musterbauordnung MBO § 5 [3.1]).

Anmerkung: Als Rechtsgrundlagen werden hier die entsprechenden Paragraphen der Musterbauordnung zitiert. Alle 16 Landesbauordnungen enthalten gleichwertige Anforderungen.

3.1 Zugänge

Die Rechtsgrundlage für Zugänge für die Feuerwehr ist in der Musterbauordnung wie folgt formuliert:

MBO § 5 Zugänge und Zufahrten auf den Grundstücken [3.1]

„*(1) Von öffentlichen Verkehrsflächen ist insbesondere für die Feuerwehr ein geradliniger Zu- oder Durchgang zu rückwärtigen Gebäuden zu schaffen; zu anderen Gebäuden ist er zu schaffen, wenn der zweite Rettungsweg dieser Gebäude über Rettungsgeräte der Feuerwehr führt. ...*“

Zugänge dienen der Erschließung rückwärtiger Grundstücksteile mit Rettungs- und Löschgeräten der Feuerwehr und müssen die folgenden Anforderungen erfüllen um den Transport auch sperrigen Gerätes (Dreiteilige Schiebleiter, Lüfter) zu ermöglichen (Abbildung 3-1):

- Breite mindestens 1,25 m
- keine Einengung durch Einbauten

- bei Türöffnungen und anderen geringfügigen Einengungen genügt eine lichte Breite von 1,0 m
- können überbaut sein (Durchgänge)
- lichte Höhe mindestens 2,2 m (in Türen genügen 2 m)

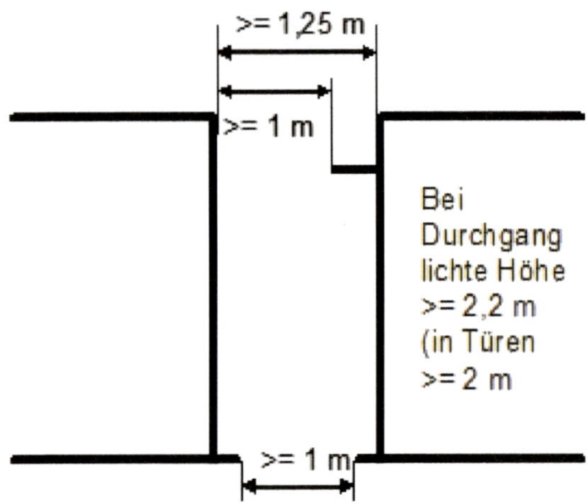

Abbildung 3-1: Feuerwehrzugang nach DIN 14090

3.2 Feuerwehrzufahrten

3.2.1 Rechtsgrundlagen für Feuerwehrzufahrten

MBO § 4 (1) Bebauung der Grundstücke mit Gebäuden [3.1]

> *„Gebäude dürfen nur errichtet werden, wenn das Grundstück in angemessener Breite an einer befahrbaren öffentlichen Verkehrsfläche liegt oder wenn das Grundstück eine befahrbare, öffentlich-rechtlich gesicherte Zufahrt zu einer befahrbaren öffentlichen Verkehrsfläche hat."*

MBO § 5 Zugänge und Zufahrten auf den Grundstücken

> *Abs.* 1:
> 1 *Von öffentlichen Verkehrsflächen ist insbesondere für die Feuerwehr ein geradliniger Zu- oder Durchgang zu rückwärtigen Gebäuden zu schaffen; zu anderen Gebäuden ist er zu schaffen, wenn der zweite Rettungsweg dieser Gebäude über Rettungsgeräte der Feuerwehr führt.*

2 Zu Gebäuden, bei denen die Oberkante der Brüstung von zum Anleitern bestimmten Fenstern oder Stellen mehr als 8 m über Gelände liegt, ist in den Fällen des Satzes 1 anstelle eines Zu- oder Durchgangs eine Zu- oder Durchfahrt zu schaffen.
3 Ist für die Personenrettung der Einsatz von Hubrettungsfahrzeugen erforderlich, sind die dafür erforderlichen Aufstell- und Bewegungsflächen vorzusehen.
4 Bei Gebäuden, die ganz oder mit Teilen mehr als 50 m von einer öffentlichen Verkehrsfläche entfernt sind, sind Zufahrten oder Durchfahrten nach Satz 2 zu den vor und hinter den Gebäuden gelegenen Grundstücksteilen und Bewegungsflächen herzustellen, wenn sie aus Gründen des Feuerwehreinsatzes erforderlich sind.
Abs. 2:
1 Zu- und Durchfahrten, Aufstellflächen und Bewegungsflächen müssen für Feuerwehrfahrzeuge ausreichend befestigt und tragfähig sein; sie sind als solche zu kennzeichnen und ständig frei zu halten; die Kennzeichnung von Zufahrten muss von der öffentlichen Verkehrsfläche aus sichtbar sein.
2 Fahrzeuge dürfen auf den Flächen nach Satz 1 nicht abgestellt werden.

Achtung: Im Folgenden werden die grundsätzlichen technischen Anforderungen an Feuerwehrzufahrten anhand der DIN 14090 [3.2] erläutert. Verschiedene Landesbauordnungen enthalten *geringfügig unterschiedliche Anforderungen* an Feuerwehrzufahrten, bis hin zum Verbot der Anwendung der DIN 14090. Bei Anwendung ist stets zuerst die Landesbauordnung mit den zugehörigen Durchführungsverordnungen ausschlaggebend.

3.2.2 Feuerwehrzufahrten nach DIN 14090

Feuerwehrzufahrten dienen zum Erreichen der Aufstell- und Bewegungsflächen eines Grundstückes mit Feuerwehrfahrzeugen.

Sie müssen daher nach DIN 14090 [3.2]:

- für Feuerwehrzwecke ausreichend befestigt,
- mit dem öffentlichen Verkehrsraum verbunden und
- jederzeit benutzbar sein.

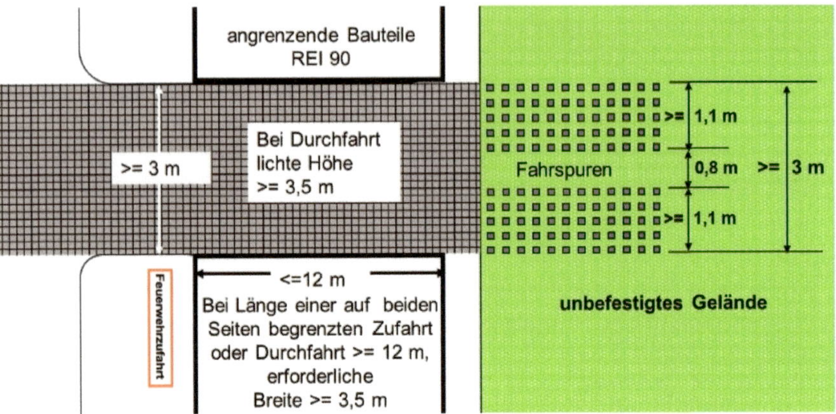

Abbildung 3-2: Geradlinige Feuerwehrzufahrt mit Durchfahrt, rechts fortgesetzt als Fahrspuren

Die technischen Anforderungen an Feuerwehrzufahrten erstrecken sich auf:

- Tragfähigkeit
  - mindestens 100 kN Achslast (ZGG 16 t)
  - über Hofdecken etc. geführte Feuerwehrzufahrten in Brückenklasse 30 (BK 30) nach DIN 1072 [3.3]
- Abmessungen (Abbildung 3-2 und Abbildung 3-3)
- Breite in geradlinig geführten Zufahrtsbereichen mindestens 3 m; bei Begrenzung auf beiden Seiten, deren Länge mehr als 12 m beträgt, Breite mindestens 3,5 m, angrenzende Bauteile mindestens F 90 nach DIN 4102-2 [3.4] bzw. REI 90 nach DIN EN 13501-1 [3.5]
- wenn überbaut, lichte Höhe mindestens 3,5 m
- Fahrspuren zulässig
- Kurvenradien müssen Abbildung 3-3 entsprechen
- zur vorgeschriebenen Fahrbahnbreite in Kurven müssen 11 m lange Übergangsbereiche vorhanden sein

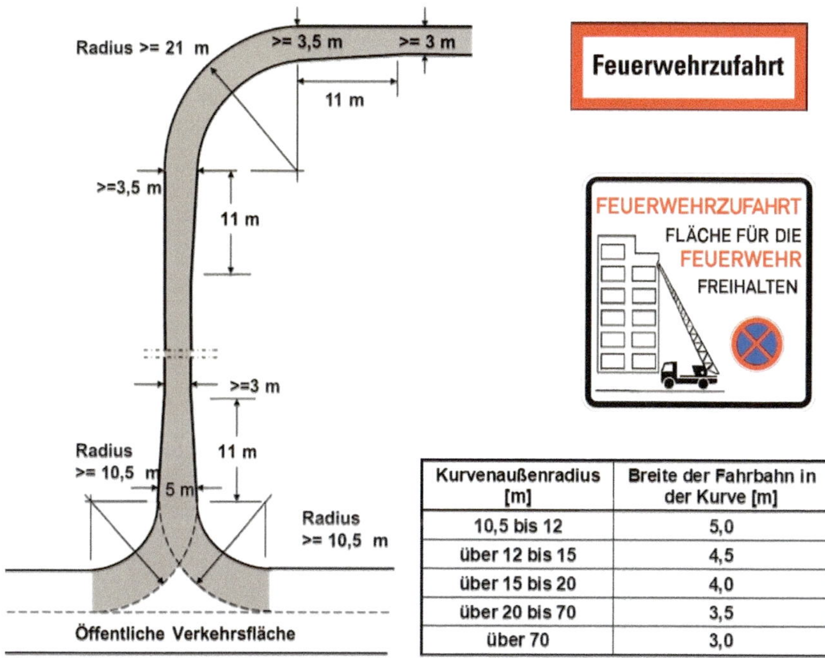

Kurvenaußenradius [m]	Breite der Fahrbahn in der Kurve [m]
10,5 bis 12	5,0
über 12 bis 15	4,5
über 15 bis 20	4,0
über 20 bis 70	3,5
über 70	3,0

Abbildung 3-3: Nicht-geradlinige Feuerwehrzufahrt nach DIN 14090 (Beispiel für Außenradien 10,5 m und 21 m)

- Steigungen und Gefälle
  - <= 10 %, Übergänge zur Waagerechten müssen mit einem Radius von mindestens 15 m ausgerundet sein
  - Stufen sind zulässig, wenn sie nicht höher als 8 cm sind und einen Abstand von mindestens 10 m haben
- Kennzeichnung „Feuerwehrzufahrt" (nach DIN 4066 [3.6])
- Erkennbarkeit und sichere Befahrbarkeit (Instandhaltung)
  - bei Dunkelheit (ggf. Beleuchtung)
  - bei Schnee (deutlich sichtbare Randbegrenzung)
- Art der Öffnung durch die Feuerwehr (sofern durch Schranken, Poller, Pfähle etc. verschlossen)
  - Bügelschlösser <= 5 mm Bügeldurchmesser, nicht gehärtet
  - mittels Überflurhydrantenschlüssel nach DIN 3223 [3.7]

Abbildung 3-4: Einige Beispiele für Feuerwehrzufahrten aus der Praxis

3.3 Aufstellflächen

3.3.1 Rechtsgrundlage für Aufstellflächen

MBO § 5 Zugänge und Zufahrten auf den Grundstücken

> *Abs. 1: …*
> 3 *Ist für die Personenrettung der Einsatz von Hubrettungsfahrzeugen erforderlich, sind die dafür erforderlichen Aufstell- und Bewegungsflächen vorzusehen. …*
> *Abs. 2:*
> 1 *Zu- und Durchfahrten, Aufstellflächen und Bewegungsflächen müssen für Feuerwehrfahrzeuge ausreichend befestigt und tragfähig sein; sie sind als solche zu kennzeichnen und ständig frei zu halten; die Kennzeichnung von Zufahrten muss von der öffentlichen Verkehrsfläche aus sichtbar sein.*
> 2 *Fahrzeuge dürfen auf den Flächen nach Satz 1 nicht abgestellt werden.*

Achtung: Im Folgenden werden die grundsätzlichen technischen Anforderungen an Aufstellflächen anhand der DIN 14090 erläutert. Verschiedene Landesbauordnungen enthalten *geringfügig unterschiedliche Anforderungen* an Aufstellflächen, bis hin zum Verbot der Anwendung der DIN 14090. Bei Anwendung ist stets die Landesbauordnung mit den zugehörigen Durchführungsverordnungen ausschlaggebend.

3.3.2 Aufstellflächen nach DIN 14090

Aufstellflächen nach DIN 14090 dienen dem Einsatz von Hubrettungsfahrzeugen, d. h. von Drehleitern nach DIN EN 14043 [3.8] oder von Hubarbeitsbühnen nach DIN EN 1777 [3.9].

Aufstellflächen sind so anzuordnen, dass alle zum Retten von Personen notwendigen Fenster oder sonstige Öffnungen (z. B. Balkone, Fluchtbalkone, Austritte, Dachterrassen etc.) vom Hubrettungssatz erreicht werden können, d. h. sie müssen innerhalb des Benutzungsfeldes der in der Gemeinde vorhandenen Fahrzeuge liegen (Abbildung 3-5).

Die feuerwehrtechnischen Anforderungen an Aufstellflächen für Hubrettungsfahrzeuge erstrecken sich auf:

- Tragfähigkeit
  - Bodenpressung mindestens 800 kN / m² (8 t Punktlast)
  - auf Hofkellerdecken etc. liegende Aufstellflächen in Brückenklasse 30 (BK 30) nach DIN 1072 [3.3] (Abbildung 3-7 rechts)
- Abmessungen
  - Breite mindestens 5 m
  - Länge mindestens 11 m
- Abstände vom Gebäude
  - mindestens 3 m höchstens 9 m (wenn Gebäude höher als 18 m maximal 6 m)
  - Empfehlung: zusätzlich 2 m breiter Geländestreifen ohne feste Hindernisse (parallel)
  - wenn senkrecht: bis <= 1 m an das Gebäude,
  - keine festen Hindernisse zwischen Aufstellfläche und Gebäude
- Neigung <= 5 %, Stufen unzulässig
- Kennzeichnung „Fläche für die Feuerwehr" (nach DIN 4066 [3.6])

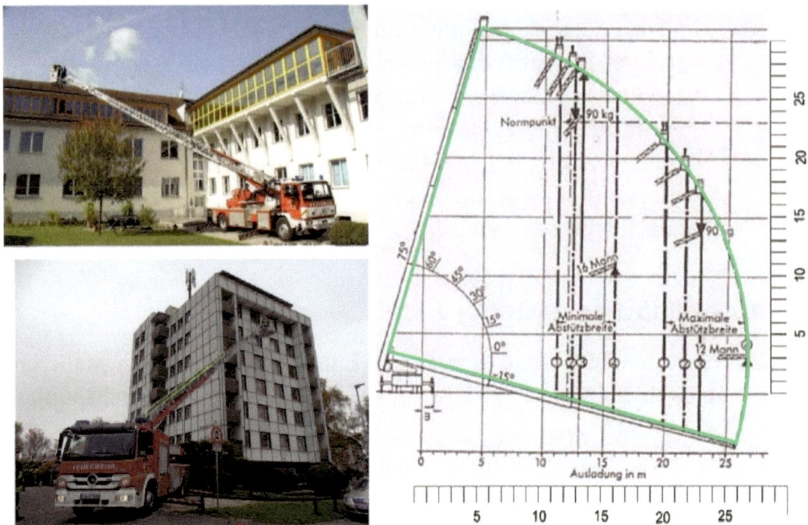

Abbildung 3-5: Aufstellflächen und Benutzungsfeld von Drehleitern DLK 23/12

Anmerkung: Wegen verschiedener neuer Anforderungen – insbesondere hinsichtlich der Tragfähigkeit von Feuerwehrzufahrten und der Abmessungen der Aufstellflächen für Drehleitern (AGBF [3.11], Dietrich [3.12]) – ist seit 2016 eine Überarbeitung der Anforderungen in DIN 14090 in Arbeit.

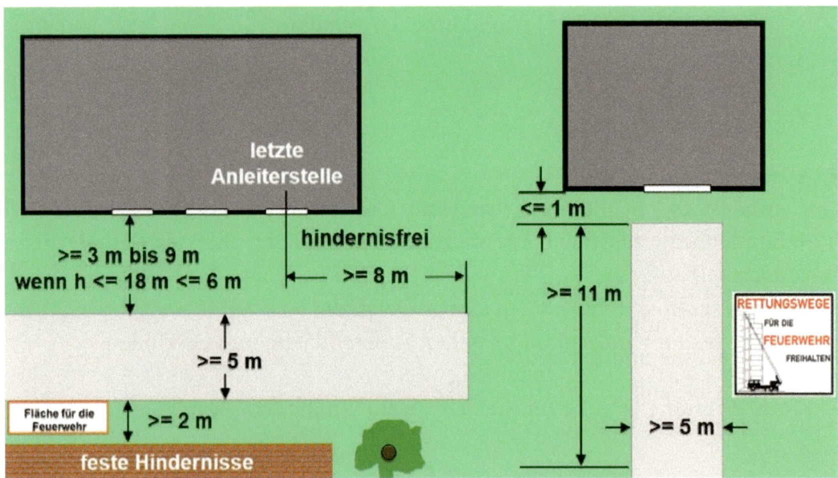

Abbildung 3-6: Aufstellflächen für Hubrettungsfahrzeuge der Feuerwehr nach DIN 14090, links parallel, rechts senkrecht zum Gebäude

Abbildung 3-7: Aufstellflächen – Beispiele aus der Praxis (stark geneigte Aufstellfläche; Sicherstellung der Erreichbarkeit zum Retten bestimmter Öffnungen bedingt Konstruktion zur Erhöhung der Tragfähigkeit über einer Tiefgarage)

3.4 Bewegungsflächen

3.4.1 Rechtsgrundlage für Bewegungsflächen

MBO § 4 (1) Bebauung der Grundstücke mit Gebäuden

> *Gebäude dürfen nur errichtet werden, wenn das Grundstück in angemessener Breite an einer befahrbaren öffentlichen Verkehrsfläche liegt oder wenn das Grundstück eine befahrbare, öffentlich-rechtlich gesicherte Zufahrt zu einer befahrbaren öffentlichen Verkehrsfläche hat.*

3.4.2 Bewegungsflächen nach DIN 14090

Bewegungsflächen für die Feuerwehr nach DIN 14090

- sind befestigte Flächen auf dem Grundstück
- dienen dem Aufstellen von Feuerwehrfahrzeugen,
- der Entnahme und Bereitstellung von Geräten und
- der Entwicklung von Rettungs- und Löscheinsätzen;
- sie können gleichzeitig Aufstellflächen sein.

Feuerwehrtechnische Anforderungen an Bewegungsflächen erstrecken sich nach DIN 14090 auf:

- Anordnung
  - in möglichst geringer Entfernung zu Angriffswegen, Rettungswegen und Wasserentnahmeeinrichtungen, aber
  - außerhalb des Bereiches herabfallender Bauteile
- Tragfähigkeit
  - mindestens 100 kN (Achslast 10 t)
  - über Hofdecken etc. gelegene Bewegungsflächen in Brückenklasse 30 (BK 30) nach DIN 1072 [3.3]
- Abmessungen
  - mindestens 7 m x 12 m je gemäß Alarmplan vorgesehenem Fahrzeug mit 4 m langem Übergangsbereich zu den Zufahrten
- Neigung: maximal 10 %
- Erreichbarkeit
  - Verbindung mit der öffentlichen Verkehrsfläche nach mindestens 2 Seiten (keine Sackgasse)
- Kennzeichnung „Fläche für die Feuerwehr" (nach DIN 4066 [3.6])

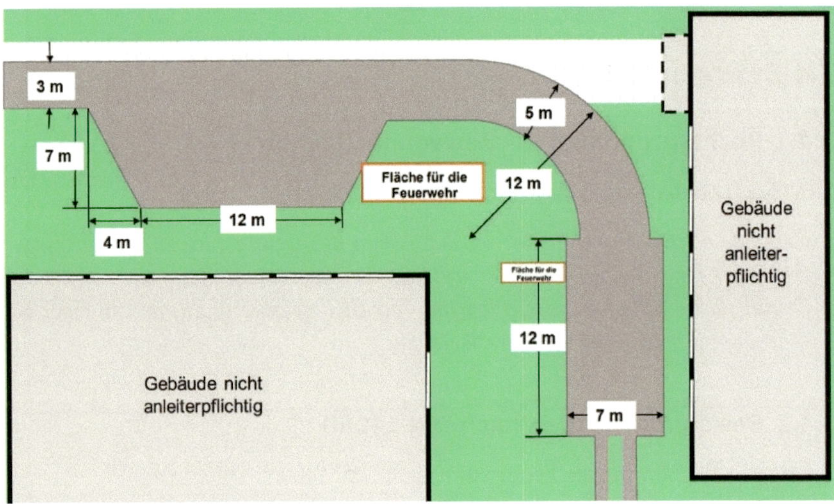

Abbildung 3-8: Bewegungsflächen für die Feuerwehr

Für normale Wohn- und Geschäftsbebauung in Städten dient in der Regel die öffentliche Verkehrsfläche als Aufstell- und Bewegungsfläche, da hier häufig Aufstellflächen auf dem Privatgrundstück nicht mit für den Bauherrn vertretbarem finanziellen Aufwand verfügbar gemacht werden können.

Dies ist solange nicht zu beanstanden, wie diese vorgesehenen Straßenflächen tatsächlich zur Verfügung stehen, d. h. insbesondere nicht „anders genutzt" werden; das Gebot Feuerwehrflächen stets freizuhalten gilt natürlich auch im öffentlichen Straßenraum.

Allerdings ist heute verstärkt zu beobachten, dass vorhandene freie Flächen im öffentlichen Straßenraum und auf Privatgrundstücken entweder durch Verkehrsberuhigungsmaßnahmen, die das ungehinderte Befahren bestimmter Bereiche bewusst erschweren, durch wohlmeinende Verschönerungsmaßnahmen, wie das Aufstellen von großen Pflanzenbehältern, Bänken etc., durch das Überschreiten von als Freisitz vorgesehenen Flächen an Restaurants oder durch „vorübergehende Nutzung" für Veranstaltungen, Flohmärkte usw. eingeschränkt werden (siehe hierzu z.B. bei Zingler [3.10]). Der Einsatz der Feuerwehr kann durch diese bei der Planung der Feuerwehrflächen nicht bekannte Nutzung u.U. in Frage gestellt werden. Daher ist einerseits die Beteiligung der Feuerwehr im Genehmigungsverfahren für derartige Sondernutzungen unbedingt erforderlich, andererseits muss auch die Feuerwehr durchaus im Zuständigkeitsbereich überwachend präsent sein, um „ungeplante und ungenehmigte" Sondernutzungen unterbinden zu lassen.

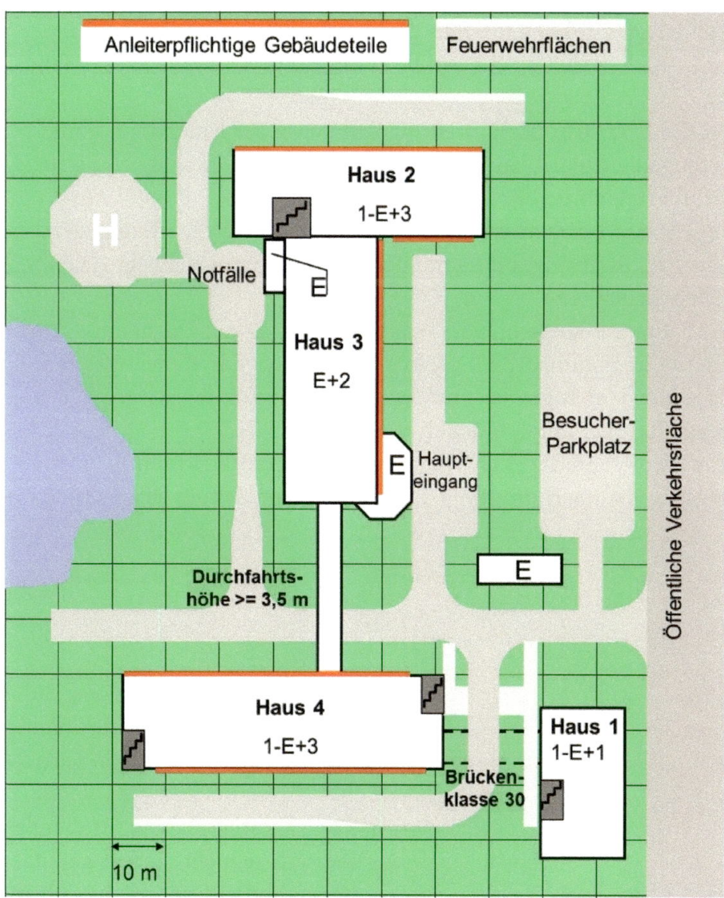

Abbildung 3-9: Feuerwehrzufahrten, Aufstell- und Bewegungsflächen, Übungsbeispiel

3.5 Literaturverzeichnis zu Kapitel 3

[3.1] ARGEBAU: Musterbauordnung (MBO) – Fassung 05/2016

[3.2] DIN 14090:2003-05 Flächen für die Feuerwehr auf Grundstücken

[3.3] DIN 1072:1985-12 Straßen- und Wegbrücken; Lastannahmen

[3.4] DIN 4102-2:1977-09: Brandverhalten von Baustoffen und Bauteilen – Bauteile – Begriffe, Anforderungen und Prüfungen

[3.5] DIN EN 13501-2:2016-12 Klassifizierung von Bauprodukten und Bauarten zu ihrem Brandverhalten – Teil 2: Klassifizierung mit den Ergebnissen aus den Feuerwiderstandsprüfungen, mit Ausnahme von Lüftungsanlagen

[3.6] DIN 4066:1997-07: Hinweisschilder für die Feuerwehr

[3.7] DIN 3223:2012-11: Betätigungsschlüssel für Armaturen

[3.8] DIN EN 14043:2014-04 Hubrettungsfahrzeuge für die Feuerwehr Drehleitern mit kombinierten Bewegungen (Automatik-Drehleitern) – Sicherheits- und Leistungsanforderungen sowie Prüfverfahren

[3.9] DIN EN 1777:2010-06 Hubrettungsfahrzeuge für Feuerwehren und Rettungsdienste, Hubarbeitsbühnen (HABn) Sicherheitstechnische Anforderungen und Prüfung

[3.10] Zingler, U.: Verkehrsberuhigung – Ein Thema für die Berufsfeuerwehr Braunschweig, in: Kampf gegen Feuer, Braunschweig 2000, ISBN 3-927939-49-8

[3.11] AGBF: Empfehlungen (2012-3) zur Ausführung der Flächen für die Feuerwehr, Stand 2013-04-17, https://www.agbf.de/downloads-fachausschuss-vorbeugender-brand-und-gefahrenschutz/category/28-fa-vbg-oeffentlich-empfehlungen

[3.12] Dietrich, M.: Ansätze zur Überarbeitung der Vorschriften zu Aufstellungsflächen für Hubrettungsfahrzeuge, BrandSchutz DFZ 9/2020

4 Löschwasserversorgung

4.1 Rechtsgrundlagen für die Löschwasserversorgung

Aufgrund der Bedeutung des Löschmittels Wasser für den abwehrenden Brandschutz ist seine Bereitstellung in verschiedenen Rechtsvorschriften geregelt. Da Löschwasser, wenn es aus der Sammelwasserversorgung entnommen wird, als „Nebennutzung" des Lebensmittels Wasser angesehen werden muss, sind dann auch die entsprechenden wasserrechtlichen Hygienevorschriften zu beachten.

In allen Bundesländern enthalten die Landesbauordnungen, darauf aufbauenden Verordnungen oder Erlasse, z. T. auch die Baugesetzbücher, sinngemäß folgende Anforderungen:

> *... Zur Brandbekämpfung muss eine ausreichende Wassermenge zur Verfügung stehen; Ausnahmen können für Einzelgehöfte in der freien Feldflur gestattet werden. ...*

oder auch:

> *... Die Löschwasserversorgung ist von den Gemeinden bei der Erschließung (von Baugebieten) zu berücksichtigen ...*
> *... Der Löschwasserbedarf ist durch die Gemeinden nach pflichtgemäßem Ermessen festzulegen ...*

Das Niedersächsische Brandschutzgesetz (NBrandSchG) [4.1] bestimmt:
§ 2 (1) Aufgaben der Gemeinden

> *„Den Gemeinden obliegen der abwehrende Brandschutz und die Hilfeleistung in ihrem Gebiet. Sie haben dazu insbesondere ...*
> 3. *für eine Grundversorgung mit Löschwasser zu sorgen ..."*

Auch in den übrigen Bundesländern ist den Gemeinden durch die jeweiligen Brandschutzgesetze die Aufgabe übertragen, *eine ausreichende* (z. T. auch: angemessene) *Löschwasserversorgung sicher zu stellen.*

Für Bauten besonderer Art oder Nutzung (Sonderbauten) können auf der Grundlage der Landesbauordnungen u. A. besondere Anforderungen zur Löschwasserversorgung gestellt werden (*Objektschutz*).

4.2 Wasser als Löschmittel

Das Löschmittel Wasser ist weltweit nach wie vor das meistgenutzte Löschmittel überhaupt. Die übrigen Löschmittel sind wenigen Sonderfällen vorbehalten (durch den Autor geschätzt: weniger als 3 % der Brände), in denen Wasser nicht anwendbar ist. Ausführungen zu den Eigenschaften und Anwendungsmöglichkeiten des Löschmittels Wasser enthält ausführlich der Anhang 2. Nachfolgend werden die brandschutztechnischen Anforderungen an die Verfügbarkeit bestimmter Löschwassermengen und deren Bereitstellung durch die zuständigen öffentlichen und privaten Träger erläutert.

Damit Wasser als Lebensmittel und Löschmittel genutzt werden kann, müssen die folgenden Anlagen zur Verfügung stehen:

- Anlagen zur Wassergewinnung,
  - aus dem Grundwasser: Quellfassungen, Brunnen,
  - aus Oberflächengewässern,
- Anlagen zur Wasseraufbereitung,
  - Reinigung durch physikalische, chemische und biologische Verfahren,
- Anlagen zur Wasserfortleitung,
  - Pumpenanlagen,
- Anlagen zur Wasserspeicherung,
  - Hochbehälter, Tiefbehälter, Druckbehälter,
- Anlagen zu Wasserverteilung,
  - Hauptwasserleitungen, Versorgungsleitungen, Anschlussleitungen, und
- Anlagen zur Wasserentnahme,
  - Hauswasseranlagen, Hydranten.

Im Folgenden werden nur die für den Abwehrenden und Anlagentechnischen Brandschutz wesentlichen Aspekte der o. g. Anlagen weiter behandelt. Zur weiteren Information über Wassergewinnung etc. sei auf die Fachliteratur (z. B. Kircher [4.2], Riek [4.3], Timmer [4.5]) verwiesen. Es wird hier davon ausgegangen, dass Löschwasser grundsätzlich zur Verfügung steht und alle in Industrienationen üblichen Anlagen für die Versorgung mit Trink- und Brauchwasser ebenfalls vorhanden und nutzbar sind. Dargestellt werden jedoch die sich aus der Nutzung des Wassers als Löschwasser ergebenden zusätzlichen Anforderungen. Letztere zu erfüllen ist heute im Zeichen der Privatisierung von Wasserversorgungsbetrieben mehr und mehr (finanzielle) Aufgabe der Nutzer, d. h. der Gemeinden und Bauträger (Janowitz [4.4]).

4.3 Bereitstellung von Löschwasser

Für die Zuordnung der Verpflichtung zur Bereitstellung ausreichender Löschwassermengen sind die folgenden Begriffe wichtig:

Grundschutz

... ist der Brandschutz für Wohngebiete, Gewerbegebiete, Mischgebiete und Industriegebiete ohne erhöhtes Sach- und Personalrisiko.

Objektschutz

... ist der über den Grundschutz hinausgehende, objektbezogene Brandschutz.

a. für Objekte mit erhöhtem Brandrisiko, z. B. Holzlagerplätze, Parkhäuser, Betriebe zur Herstellung und Verarbeitung von Lösungsmitteln, Lagerplätze für leicht entzündbare Güter,
b. für Objekte mit erhöhtem Personenrisiko, z. B. Versammlungsstätten, Geschäftshäuser, Krankenhäuser, Hotels, Hochhäuser,
c. für sonstige Einzelobjekte wie Aussiedlerhöfe, Raststätten, Kleinsiedlungen, Wochenendhäuser.

Nach den Rechtsvorschriften der einzelnen Bundesländer ist der Brandschutz eine Aufgabe der Gemeinden. Daher fällt auch die Löschwasserversorgung hinsichtlich des Grundschutzes in ihren Verantwortungsbereich. Für die Versorgung mit Löschwasser für den Brandschutz kann eine Gemeinde vor Probleme gestellt sein, die über den Rahmen der allgemeinen Versorgung mit Trinkwasser hinausgehen.

Von der Gemeinde ist für Bauplanungsmaßnahmen, wie der Entwicklung eines Gewerbegebietes, der Ausweisung von Siedlungsgebieten etc., jeweils zu prüfen, welche Löschmittel zur Anwendung kommen sollen. Wird Löschwasser für den Brandschutz benötigt, so ist zunächst festzustellen, wie viel Wasser (nach Volumenstrom und Fließdruck) erforderlich ist (Löschwasserbedarf) und inwieweit das Löschwasser aus dem öffentlichen Trinkwasserrohrnetz oder offenen Wasserläufen, Teichen, Brunnen, Behältern (Löschwasserbehälter, auch Behälterfahrzeuge) entnommen werden kann. Zu ermitteln ist die insgesamt günstigste Lösung, wobei den unerschöpflichen Entnahmemöglichkeiten außerhalb des Trinkwasserrohrnetzes besondere Bedeutung zukommt.

Der Umfang der Inanspruchnahme der öffentlichen Trinkwasserversorgung für Löschzwecke ist abhängig vom Wasserdargebot (verfügbare Menge), der Leistungsfähigkeit des Rohrnetzes und der Versorgungssituation. Sofern das Löschwasserdargebot für die beabsichtigte bauliche Entwicklung nicht ausreicht, kann die Maßnahme nicht umgesetzt werden (siehe Abbildung 4-1). Dabei soll auch während der Entnahme von Löschwasser die Trinkwasserversorgung gewährleistet sein. Es dürfen insbesondere keine unübersehbaren Risiken, die den Bestand der Wasserverteilungsanlagen gefährden, eingegangen werden.

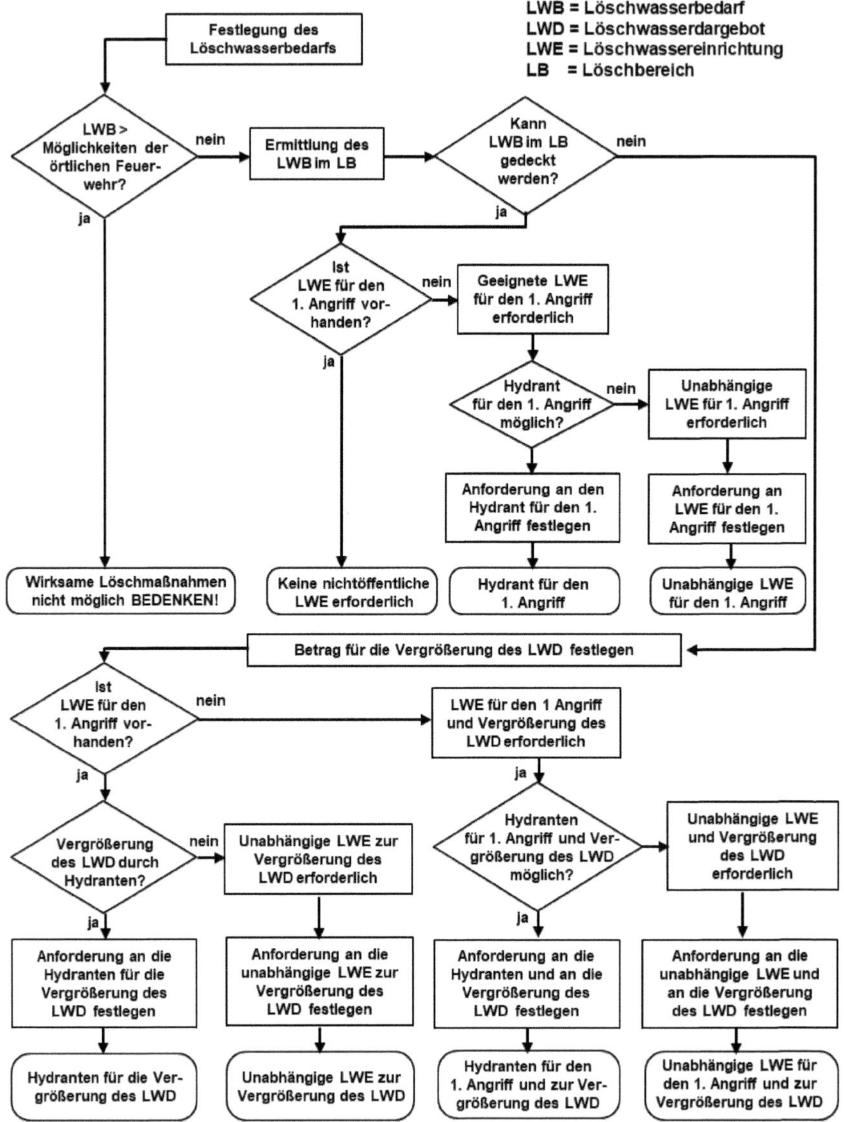

Abbildung 4-1: Projektierung der Löschwasserversorgung, Ablaufschema (zum Begriff Löschbereich siehe Punkt 4.5.2)

4.4 Richtwerte für den Löschwasserbedarf

Für die Bemessung der erforderlichen Löschwassermengen des Grundschutzes wird in der Bundesrepublik Deutschland das Arbeitsblatt W 405 des DVGW [4.6] zugrunde gelegt. Dieses Arbeitsblatt gibt den gesamten Löschwasserbedarf für den Grundschutz in Abhängigkeit von der baulichen Nutzung und der Gefahr der Brandausbreitung an (Tabelle 4-1).

<table>
<tr><td rowspan="2">Bauliche Nutzung nach § 17 der Baunutzungs-verodnung</td><td rowspan="2">Klein-siedlung (WS) [4]
Wochenend-hausgebiete (SW) [4]</td><td colspan="2">reine Wohngebiete (WR)
allgem. Wohngebiete (WA) besondere Wohngebiete (WB)
Mischgebiete (MI)
Dorfgebiete (MD) [1]</td><td colspan="2" rowspan="2">Kerngebiete (MK)
Gewerbe-gebiete (GE)</td><td rowspan="2">Industrie-gebiete (GI)</td></tr>
<tr><td>Gewerbe-gebiete (GE)</td><td></td></tr>
<tr><td>Zahl der Vollgeschosse</td><td><= 2</td><td><= 3</td><td>> 3</td><td>1</td><td>> 1</td><td>-</td></tr>
<tr><td>Geschoßflächen-zahl [2] (GFZ)</td><td><= 0,4</td><td><= 0,3 - 0,6</td><td>0,7 - 1,2</td><td>0,7 - 1</td><td>1,0 - 2,4</td><td>-</td></tr>
<tr><td>Baumassenzahl [3] (BMZ)</td><td>-</td><td>-</td><td>-</td><td>-</td><td>-</td><td><= 9</td></tr>
<tr><td>Löschwasser-bedarf bei unter-schiedlicher Gefahr der Brand-ausbreitung [4]</td><td>m³/h</td><td>m³/h</td><td colspan="2">m³/h</td><td colspan="2">m³/h</td></tr>
<tr><td>klein</td><td>24 [4]</td><td>48</td><td colspan="2">96</td><td colspan="2">96</td></tr>
<tr><td>mittel</td><td>48</td><td>96</td><td colspan="2">96</td><td colspan="2">192</td></tr>
<tr><td>groß</td><td>96</td><td>96</td><td colspan="2">192</td><td colspan="2">192</td></tr>
</table>

Überwiegende Bauart

- klein: feuerbeständige [5] oder feuerhemmende [5] Umfassung, harte Bedachungen [5]
- mittel: Umfassungen nicht feuerbeständig oder nicht feuerhemmend, Harte Bedachung oder Umfassung feuerbeständig oder feuerhemmend, weiche Bedachungen [5]
- groß: Umfassung nicht feuerbeständig oder nicht feuerhemmend weiche Bedachungen, Umfassungen aus Holzfachwerk (ausgemauert) Stark behinderte Zugänglichkeit, Häufung von Feuerbrücken usw.

Tabelle 4-1: Löschwasserbedarf nach DVGW W 405 (bei der Anwendung sind die Anmerkungen 1 bis 5 dieses Arbeitsblattes zu beachten)

Die in Tabelle 4-1 geforderten Löschwasservolumenströme sind in der Regel ausreichend, der Feuerwehr einen wirksamen Löschangriff mit mehreren Rohren (Wasserlieferung jeweils ca. 100 l / min bis ca. 400 l / min) an einem typischen Objekt der genannten baulichen Nutzung zu ermöglichen und gleichzeitig die noch nicht betroffene Nachbarschaft des Brandobjektes zu schützen. Der gesamte Volumenstrom für den Grundschutz muss in 300 m Umkreis aus nicht mehr als 2 Entnahmestellen zur Verfügung stehen. Um einen zügigen Löschangriff auch bei ungünstigen Verhältnissen sicher zu stellen (vergl. Punkt 2.4.5), darf nach Auffassung der deutschen Feuerwehren die Löschwasserentnahmestelle für den 1. Löschangriff nicht mehr als 75 m Laufweg vom Zugang des Grundstückes entfernt sein [4.32].

Maßnahmen für den Objektschutz erfordern die Abstimmung zwischen dem jeweiligen Inhaber oder Eigentümer des Objektes, der für den Brandschutz zuständigen Behörden und den für die volle oder anteilige Bereitstellung des Löschwassers zuständigen Stellen. Für den Objektschutz kann die folgende Tabelle 4-2 zu Grunde gelegt werden, sofern im Rahmen eines Brandschutzkonzeptes [4.7] keine genauere Bestimmung der erforderlichen Löschwassermenge erfolgt:

Löschwasserbedarf	Gebäudeart
400 l / min für ½ Stunde Löschzeit	Lauben, Wochenendhäuser etc.
600 l / min für 1 Stunde Löschzeit	kleine freistehende Gebäude <= 2 Geschosse z. B Einfamilienhäuser
800 l / min für 1 Stunde Löschzeit	Wohngebäude <= 3 Geschosse
1000 l / min für 2 Stunden Löschzeit	Wohngebäude <= 3 Geschosse, teilweise (kleinere) Geschäfte oder Gewerbebetriebe
1600 l / min für 2 Stunden Löschzeit	Geschäfts- oder Gewerbegebäude mit <= 3 Geschossen, Wohngebäude mit > 3 Geschossen einschließlich Geschäften oder Gewerbebetrieben
3200 l / min für 2 Stunden Löschzeit	Geschäfts- oder Gewerbegebäude mit > 3 Geschossen, Industrie- und Lagergebäude ohne übergroße Brandabschnitte, Warenhäuser, Versammlungsstätten, Ausstellungsbauten, Museen, Krankenhäuser etc.
über 3200 l / min für > 2 Stunden Löschzeit	Industrie- und Lagergebäude mit übergroßen Brandabschnitten, Holzlagerplätze und ähnliche bauliche Anlagen

Tabelle 4-2: Löschwasserbedarf für den Objektschutz (nach [4.8])

4.5 Löschwasser aus dem Trinkwassernetz

Die zentrale Wasserversorgung (Sammelwasserversorgung) dient der Deckung des Wasserbedarfs von Industrie-, Wohn- und Arbeitsstätten sowie für Löschzwecke. Sie erfolgt im Allgemeinen durch ein unter Straßen verlegtes Rohrnetz mit Haupt-, Versorgungs- und Anschlussleitungen. Die Nutzbarkeit dieses Wassers an einem bestimmten Ort durch die Feuerwehr ist daher von den Gegebenheiten in diesem Rohrnetz abhängig (sog. Abhängige Löschwasserversorgung). Diese Gegebenheiten werden sich – wegen wasserhygienischer Bedenken der Versorgungsbetriebe – künftig in Richtung deutlich geringerer Leitungsdurchmesser und damit geringerer Leistungsfähigkeit für die Löschwasserversorgung entwickeln. Daher muss der unabhängigen Löschwasserversorgung wieder eine größere Bedeutung zuwachsen (Punkte 4.5.1 und 4.6).

4.5.1 Wasserhygiene

Die Hauptaufgabe der öffentlichen und privaten Wasserversorgungsunternehmen ist die Bereitstellung von Wasser für den menschlichen Gebrauch, nicht die Bereitstellung von Löschwasser. Wasser für den menschlichen Gebrauch in der Definition der Trinkwasserverordnung [4.9] sind Trinkwasser und Wasser für Lebensmittelbetriebe. Um die Eignung des Wassers für diese Zwecke sicher zu stellen, enthält die Trinkwasserverordnung Anforderungen an die mikrobiologische und chemische Beschaffenheit, für die in den Anlagen 1 bis 3 der Verordnung detaillierte Vorgaben und Grenzwerte angegeben sind, die die Umsetzung der europäischen Richtlinie 98/83/EG [4.10] sicherstellen.

Zur Einhaltung dieser Vorschriften sind die allgemein anerkannten technischen Regeln bei Planung, Erstellung, Betrieb, Wartung und Instandhaltung der Wasserversorgungsanlagen zu beachten. Für den öffentlichen Bereich sind insbesondere die Normen der Reihe DIN 1988, DIN EN 1717 und DIN 50930-6 maßgebend. Für die Löschwasserentnahme aus der Trinkwasserversorgung ist dabei von Bedeutung, dass Löschwasser in die Flüssigkeitskategorie 5 nach DIN EN 1717 [4.11] eingestuft ist, d.h. als Flüssigkeit, die eine Gesundheitsgefährdung für den Menschen durch Anwesenheit von Erregern übertragbarer Krankheiten darstellt. Daher gibt es in dieser technischen Regel den Einsatzfall „kurzzeitiger Anschluss“ – wie er für die Entnahme von Löschwasser charakteristisch ist – nicht, d.h. auch die Löschwasserentnahme aus dem öffentlichen Wasserversorgungsnetz unterliegt den Vorschriften für dauerhafte Anlagen. Die in Deutschland noch überwiegend eingesetzten genormten und zugelassenen Entnahmeeinrichtungen (Hydranten, Punkt 4.5.4) sind derzeit (2021) noch nicht überall entsprechend dieser Vorschriften gestaltet, so dass das potentielle Risiko einer Trinkwasserverkeimung grundsätzlich besteht.

Bei penibler Einhaltung der Einbauvorschriften der DVGW Richtlinie W 331 für Hydranten [4.12] seitens der Errichter und der Betriebsvorschriften seitens der Feuerwehr (Reinigung der Anschluss-Dichtflächen, Spülung, Reihenfolge des Anschlusses und der Abnahme der Armaturen und Schläuche) ist nach heutiger Auffassung der zuständigen Gremien eine Verkeimung des Trinkwassers jedoch nicht zu erwarten. Zusätzlich ist ein mobiler Systemtrenner nach DIN 14346 [4.12] direkt am Standrohr einzusetzen.

Etwas eindeutiger ist die Situation beim Anschluss von privaten Wasserversorgungseinrichtungen, zu denen neben den Hausversorgungsanlagen auch Hydranten, Selbsthilfe- und Löschanlagen auf Grundstücken gehören. Derartige Anlagen dürfen nur unter Beachtung der Technischen Regeln der DIN 1988-600 [4.14] und E DIN 14462 [4.15] an die öffentliche (Trink-)Wasserversorgung angeschlossen werden. Diese bestimmen, dass das Löschwasser an der Löschwasserübergabestelle (LWÜ) sicher von der Trinkwasserversorgungsanlage fernzuhalten ist, und die Anschlussleitung zur LWÜ ausreichend mit Trinkwasser durchströmt wird.

Die sichere Rückhaltung von Löschwasser von der Trinkwasserinstallation ist dann gegeben, wenn die private Brandschutzeinrichtung über einen freien Auslauf (z.B. nach DIN EN 1717) oder über eine fernbetätigte Füll- und Entleerungsstation nach DIN 14463-1, DIN 14463-2 oder eine Direktanschlussstation nach DIN 14484 versorgt wird (Abbildung 4-2, siehe auch Anschlussschema in Abbildung 9-1). Ein ggf. vorhandener Vorlagebehälter muss zusammen mit dem Zulauf ausreichend bemessen sein, um den Löschwasserbedarf für die im Brandschutzkonzept vorgesehene Zeit, mindestens aber 2 Stunden, zu gewährleisten). Für Anlagen mit Hydranten ist die sichere Rückhaltung von Löschwasser von der Trinkwasserinstallation gegeben, wenn Unterflurhydranten nach DIN EN 14339 [4.16] bzw. Überflurhydranten nach DIN EN 14384 [4.17] eingebaut werden (siehe auch Tabelle 9-1).

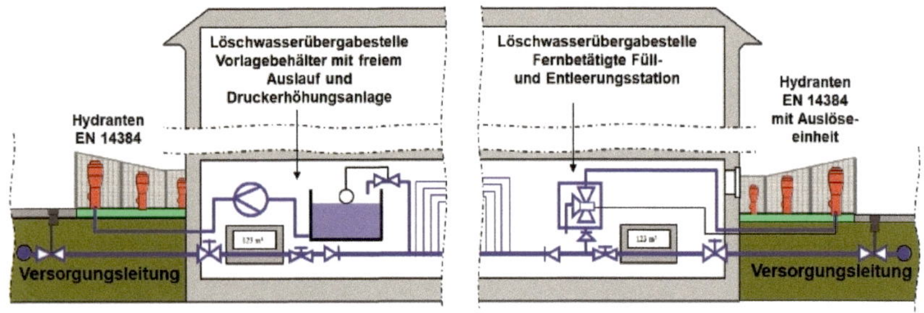

Abbildung 4-2: Löschwasseranlage mit Hydranten nach DIN 14462 (Beispiel, schematisiert)

4.5.2 Löschbereich

Bemessungsgrundlage für das Trinkwasserrohrnetz ist die größte stündliche Abgabe an einem Tag mit mittlerem Verbrauch (Grundbelastung) im Löschbereich. Die Versorgung mit Trinkwasser soll dabei bei Annahme eines Brandes im Löschbereich durch die Wasserentnahme der Feuerwehr nicht wesentlich beeinflusst werden. Der Löschbereich erfasst im Normalfall alle Löschwasserentnahmemöglichkeiten im Umkreis von 300 m um das Brandobjekt.

Bei der Auslegung des Rohrnetzes für die zu erwartenden Volumenströme wird in jedem selbständigen Netzteil nur ein Brandfall angenommen. Die zugrunde gelegte Löschzeit beträgt 2 Stunden. Durch simultane Druck- und Mengenmessung oder Berechnung wird die mögliche Löschwasserentnahme bestimmt.

Der Radius des Löschbereiches wurde bei Erstellung des Arbeitsblattes W 405 aus der Schlauchausstattung von Löschfahrzeugen abgeleitet (Abbildung 4-6). Allgemein verwendete, genormte Löschfahrzeuge – z. B. LF 20 [4.18] – führen zwischen 120 m und 280 m Versorgungsschlauch (B-Schlauch [4.19]) und 200 m bis 300 m Angriffsschlauch (C-Schlauch [4.19]) mit. Ein Löschzug, zu dem typischerweise 2 Löschfahrzeuge gehören, kann daher ca. 600 m bis 700 m Schlauch verlegen (Abbildung 4-6).

Zu beachten ist, dass alle Löschwasserentnahmemöglichkeiten im Löschbereich zu berücksichtigen sind, also auch solche der unabhängigen Löschwasserversorgung. Aus Sicht der Feuerwehr ist dabei jedoch den schneller einsatzbereiten abhängigen Löschwasserentnahmestellen (Hydranten) der Vorzug zu geben (siehe z. B. bei Kircher [4.2]).

4.5.3 Verteilungsrohrnetz

Die Druckverhältnisse im Rohrsystem der Wasserversorgungsanlage richten sich in erster Linie nach den topographischen Verhältnissen des Versorgungsgebietes. Es ist sicherzustellen, dass alle Verbraucher im Versorgungsgebiet, unabhängig von der Höhenlage der Abnahmestelle Trinkwasser mit einem angemessenen Druck entnehmen können (ca. 1 bar bis 2 bar am Entnahmepunkt). Sofern die Höhenunterschiede innerhalb eines Versorgungsgebietes sehr groß sind, müssen daher u. U. auch Druckreduzierungsstationen für niedriger gelegene Gebiete vorgesehen werden. Für die Entnahme von Löschwasser durch die Feuerwehr ist weniger der sich bei durchschnittlicher Nutzung im System einstellende, durch den Wasserversorger aufrechterhaltene Druck von Bedeutung, als vielmehr der Fließdruck, der sich bei Entnahme der in Punkt 4.4 dargestellten Volumenströme einstellt. Diese sind in der Regel deutlich höher als die maximalen Normalnutzungsmengen, ihre Entnahme führt daher zu einem deutlichen Druckabfall im System. Um bei Anschluss der Pumpen der Feuerwehr, die gegenüber der Wasserentnahmestelle (Hydrant, Punkt 4.5.4) eine Drucksenke darstellen, ein Kollabieren der Schläuche zu vermeiden, sollte der Fließdruck deutlich über einem bar liegen (in der Regel bei mindestens 1,5 bar).

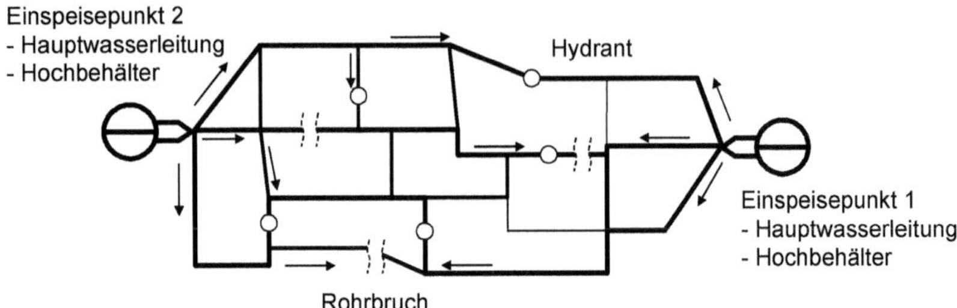

Abbildung 4-3: Beispiel für ein Ringleitungssystem

Bei der Erstellung des Rohrnetzes einer Trinkwasserversorgung wird dieses heute in der Regel als Ringleitungssystem ausgeführt, nur als erste Ausbaustufe und für weit außerhalb liegende Siedlungsbereiche kommt noch das Verästelungssystem zur Ausführung. In älterer, noch nicht vollständig grundsanierter Bausubstanz sind jedoch auch heute noch teilweise Verästelungssysteme anzutreffen.

Beim Ringleitungssystem wird im Idealfall jeder Rohrnetzpunkt von mindestens zwei Seiten gespeist. Dadurch werden ein konstanter Druck und eine größere Wasserlieferung bei gleichzeitig weniger Ablagerungen im Rohrnetz erreicht. Bei Unterbrechung einer Zuleitung steht für die nicht unmittelbar betroffenen Bereiche in der Regel noch (Lösch-)Wasser über die zweite Zuleitung zur Verfügung. Aus wasserhygienischer Sicht ist innerhalb eines Ringleitungssystems eine bessere ständige Durchspülung des Rohrnetzes gewährleistet und damit die Gefahr der Verkeimung des Trinkwassers gering.

Als Richtwert kann für die Entnahme von Löschwasser über Armaturen der Feuerwehr davon ausgegangen werden, dass heute (2021) eine Wasserleitung eines Ringsystems in etwa noch folgende Wasserlieferung bei einem Fließdruck von mindestens 1,5 bar ermöglicht:

$$Q_{Ring}\ [l/min] = \varnothing_{Leitung}\ [mm] \times 10$$

Beim Verästelungssystem (veraltet) wird jeder Rohrnetzpunkt nur von einer Seite gespeist. Nachteilig wirkt sich dabei aus, dass

a. das Wasser in der Endleitung stagniert und sich daher die Wasserqualität verschlechtert (Keimvermehrung möglich),
b. bei Bruch von Haupt- oder Versorgungsleitungen alle dahinter liegenden Leitungen ohne Wasser sind,
c. in den Endleitungen starke Druckverluste auftreten.

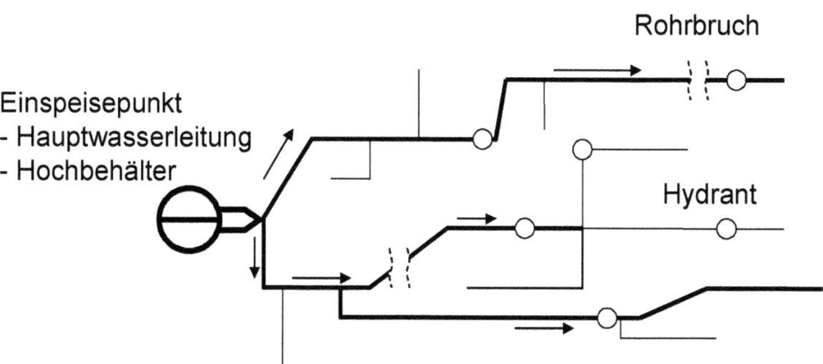

Abbildung 4-4: Beispiel für ein Verästelungssystem

Als Richtwert kann für die Entnahme von Löschwasser über Armaturen der Feuerwehr davon ausgegangen werden, dass heute (2021) eine Wasserleitung eines Verästelungssystems in etwa noch folgende Wasserlieferung ermöglicht (siehe jedoch Punkt 4.5.4):

$$Q_{\text{Veräst}}\ [\text{l/min}] = \varnothing_{\text{Leitung}}\ [\text{mm}] \times 4\ (\text{bis} \times 6)$$

4.5.4 Hydranten

Als Löschwasserentnahmemöglichkeiten aus dem öffentlichen oder privaten Trinkwassernetz dienen der Feuerwehr Hydranten. Deren Ausführung ist im DVGW Arbeitsblatt W 331/I-VII, den Hydrantenrichtlinien, geregelt [4.12]. Daneben gelten für die Installation die Norm DIN 1988-600 [4.14] und für die Konstruktion der Hydranten DIN EN 14339 [4.16] und DIN EN 14384 [4.17] (Die überwiegende Mehrzahl aller Hydranten in Deutschland entspricht allerdings noch den nunmehr durch die genannten Europanormen abgelösten DIN 3321 bzw. DIN 3322 [4.20], [4.21]). Diese Normen sehen verschiedene Nenndrucke vor, in Deutschland werden die Hydranten weiterhin überwiegend für 16 bar Nenndruck ausgelegt.

Es werden Unterflurhydranten (UFH nach DIN EN 14339) und Überflurhydranten (ÜFH nach DIN 14384) unterschieden (Abbildung 4-4). Weil Unterflurhydranten sich oberflächenbündig problemlos im öffentlichen Verkehrsraum unterbringen lassen, geben die Wasserversorgungsunternehmen diesen generell den Vorzug. Aus Sicht der Feuerwehr dagegen, haben Überflurhydranten entscheidende Vorteile:

- sie sind leicht auffindbar (Schnee)
- ihre Wasserlieferung ist bei gleichen Anschlussbedingungen und gleicher Nennweite deutlich größer (Tabelle 4-3)

- die Gefahr des Zuparkens ist weitaus geringer
- die Inbetriebnahme ist schneller möglich

Wo immer möglich fordern die Brandschutzdienststellen daher die Einrichtung von Überflurhydranten.

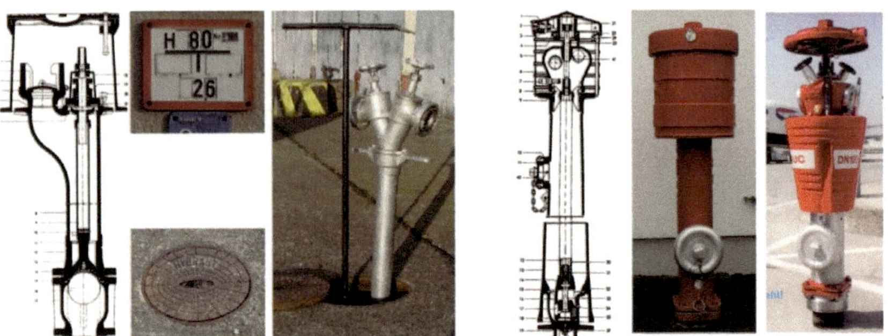

Abbildung 4-5: Hydranten - links Unterflurhydranten - rechts Überflurhydranten

In geschlossenen Ortschaften werden von den Brandschutzdienststellen die folgenden Abstände von Hydranten angestrebt:

- in offenen Wohngebieten ca. 120 m
- in geschlossenen Wohngebieten ca. 100 m
- in Geschäftsstraßen ca. 80 m

Maximal sollen die Hydrantenabstände 150 m nicht überschreiten [4.32]; ist dies der Fall, muss dies durch andere Löschwasserentnahmestellen kompensiert werden (Abbildung 4-1).

Anmerkung: Nach DVGW sind „... in angemessenen Abständen“ Hydranten einzuplanen ...,
DVGW 400-1 konkretisiert: „...in Ortsnetzen unter 150 m ...“

Auch diese Abstände berücksichtigen – neben dem unterschiedlichen Brandrisiko – die Schlauchausstattung der Löschfahrzeuge. Auch bei Ausfall eines Hydranten wegen Unzugänglichkeit oder technischem Defekt ist die Löschwasserversorgung noch vom nächsten Hydranten möglich. Zum Verfahren der Entnahme von Löschwasser aus Hydranten siehe Abbildung 4-5 sowie bei Kircher [4.2] oder de Vries [4.22].

Art	Nennweite	**Mindestdurchfluss**[1] (bei Druckdifferenz 1 bar)	
Unterflurhydranten DIN EN 14339	**DN 80**	60 m^3/h [2]	
	DN 100	75 m^3/h [2]	
Überflurhydranten DIN EN 14384		mit einem geöffneten oberen Abgang	mit zwei geöffneten oberen Abgängen
	DN 80	80 m^3/h [3]	140 m^3/h [4]
	DN 100	80 m^3/h [3]	140 m^3/h [4]
	DN 150	140 m^3/h	280 m^3/h

1) die Normen *empfehlen* jedoch höhere Volumenströme, bisher in Deutschland übliche Hydranten liefern
2) ca. 100 % mehr
3) ca. 50 % mehr
4) ca. 25 % mehr
Das Arbeitsblatt DVGW W 405 fordert allerdings in der neuesten Ausgabe von 2008 [4.6] von jedem Hydranten nur noch eine Mindestwasserlieferung von 24 m^3/h, da die Leitungsdurchmesser künftig nicht mehr ausreichen werden, um die obigen Volumenströme liefern zu können. Der Betriebsdruck der Hydranten soll bei Nennleistung 1,5 bar nicht unterschreiten [4.32].

Tabelle 4-3: Wasserlieferung verschiedener Hydrantentypen

Abbildung 4-6: Beispiel: Löschwasserversorgung im Löschbereich 300 m und Nutzung durch die Feuerwehr

4.6 Wasser aus unabhängigen Löschwasserquellen

Wenn das Trinkwassernetz zur Deckung des vollen Löschwasserbedarfes zunächst nicht ausreichend ist, ergeben sich für die zuständige Gemeinde (Grundschutz) und für den Objekteigentümer (Objektschutz) folgende Deckungsmöglichkeiten (siehe auch Abbildung 4-1):

1. Erweiterung der Sammelwasserversorgungsanlage
2. Erschließung von unabhängigen Löschwasserquellen
   - Entnahme aus unerschöpflichen Löschwasserquellen
     - natürliche offene Gewässer, z. B. Flüsse, Seen, Teiche und Bäche
     - künstliche offene Gewässer, z. B. Talsperren, Kanäle, Hafenbecken
     - Löschwasserbrunnen nach DIN 14220 [4.23]
   - Entnahme aus erschöpflichen Löschwasserquellen
     - Löschwasserteiche DIN 14210 [4.25]
     - Unterirdische Löschwasserbehälter DIN 14230 [4.26]
     - sonstige Löschwasserbehälter

Für die Gemeinde kommen zu den genannten Möglichkeiten noch der Einsatz anderer Löschverfahren sowie die Beschaffung von zusätzlichen Tanklöschfahrzeugen (Anordnung an den Betrieb, Baurecht) in Betracht.

Begriffe:

Eine *unabhängige Löschwasserversorgung* stützt sich auf Wasservorräte, die unabhängig von einem Rohrnetz zum Löschen benutzt werden können (z. B. offene Gewässer, Löschwasserteiche, Löschwasserbrunnen u. a.).
Als *erschöpfliche Löschwasserquellen* werden solche bezeichnet, die einen begrenzten Inhalt haben, so dass der Wasservorrat für Großbrände nicht ausreichend ist (Der erforderliche Mindestinhalt sollte jedoch im Rahmen einer Risikoanalyse bestimmt und im Brandschutzkonzept [4.7] festgelegt werden)
Derartige Löschwasserstellen werden in Orten, die keine ausreichenden offenen Gewässer zur Verfügung haben erstellt bzw. für die Entnahme von Löschwasser hergerichtet.
Sonstige Löschwasserquellen sind künstlich angelegte Wasserstellen, wie Frei- und Hallenbäder, Zierteiche, Wasserspeicher in der Industrie usw., die nicht eigens für die Löschwasserversorgung geschaffen wurden, sich aber in besonderen Fällen hierfür ausnutzen lassen.

4.6.1 Löschwasserteiche

Löschwasserteiche sind künstlich angelegte offene Löschwasservorratsräume mit Löschwasserentnahmestellen (Punkt 4.6.4). Sie sind in DIN 14210 [4.25] genormt. Löschwasserteiche sollen mindestens 1000 m^3 Wasser enthalten. Geringere Löschwasserinhalte sind grundsätzlich möglich, wenn aufgrund einer Risikoanalyse für das zu schützende Objekt ein geringerer Löschwasserbedarf berechnet wurde, jedoch muss dies dann durch den Eigner des Löschwasserteiches gegenüber der Brandschutzbehörde nachgewiesen und eingehend begründet werden. Für wesentlich geringere Löschwasservorratsmengen ist im Allgemeinen die Errichtung von Löschwasserbehältern – Punkt 4.6.3 – sinnvoller.

Da Löschwasserteiche im Winter regelmäßig zufrieren werden, muss die Tiefe mindestens 2 m betragen, um unterhalb der Eisdecke Löschwasser entnehmen zu können. Die zur Wasserentnahme über Pumpen der Feuerwehr notwendigen Einrichtungen (Löschwasserentnahmestellen)

- Saugschacht oder
- Saugrohr

müssen so hergestellt werden, dass sie frostfrei bleiben und jederzeit genutzt werden können. Saugschächte müssen Mindestdurchmesser von 1 m haben und begehbar sein. Das zum Saugschacht führende Zulaufrohr muss mindestens 300 mm Durchmesser haben und teichseitig mit einem Einlaufsieb abgeschlossen sein.

Saugrohre müssen mindestens 125 mm Innendurchmesser haben und dürfen nicht länger als 10 m sein. Auch sie müssen teichseitig mit einem Sieb abgedeckt sein. Als Sauganschluss sind Löschwasser-Sauganschlüsse nach DIN 14244 [4.27] zu verwenden. Allgemein gilt, dass die maximale geodätische Saughöhe (d. h. die Höhe von Mitte Fahrzeugpumpe bis zum niedrigsten Punkt des Zulaufrohres bzw. Saugrohres) zur Entnahme von Löschwasser 7,5 m nicht überschreiten darf. Dabei ist pauschal für alle Löschfahrzeuge von der Höhe der Mitte der Fahrzeugpumpe 1,5 m über der Aufstellebene auszugehen.

Der Boden des Löschwasserteiches muss zur jeweiligen Entnahmestelle hin leicht abfallen. Als Schmutzfang sind vor den Zulaufrohren bzw. Saugrohren Schlammfanggruben erforderlich.

Löschwasserteiche nach DIN 14210 können in beliebiger Form erstellt werden. Die Wände müssen den zu erwartenden Belastungen (im Wesentlichen Erddruck, Eisschub, Auflast durch heranfahrende Löschfahrzeuge) widerstehen bzw. diese sicher ableiten. Dies erfordert im Allgemeinen die Konstruktion des Löschwasserteiches mit Betonwänden. Wenn der Unfallschutz es erfordert, sind Löschwasserteiche mit einer mindestens 1,1 m hohen Einfriedung zu umgeben.

Die Befüllung von Löschwasserteichen muss stets mindestens dem ausgewiesenen Volumen (d.h. in der Regel mindestens 1000 m³) entsprechen. Sie kann erfolgen durch:

- Nachfüllung aus dem Trinkwassernetz,
- Einleitung von Niederschlagswasser,
- aus fließenden Gewässern,
- durch Grauwasser (geklärtes Schmutzwasser).

Fließende Gewässer dürfen jedoch nicht durch den Löschwasserteich hindurchgeführt werden, da dann die Gefahr einer Verschlammung oder des Eintrages von Schwemmgut zu befürchten ist, was die Nutzung des Löschwasserteiches beeinträchtigen könnte. Bei der Nutzung von Trinkwasser zur Befüllung und Nachspeisung von Löschwasserteichen sind die einschlägigen Vorschriften für Trinkwassernetze zu beachten.

Die wesentlichen Merkmale von Löschwasserteichen zeigt Abbildung 4-7.

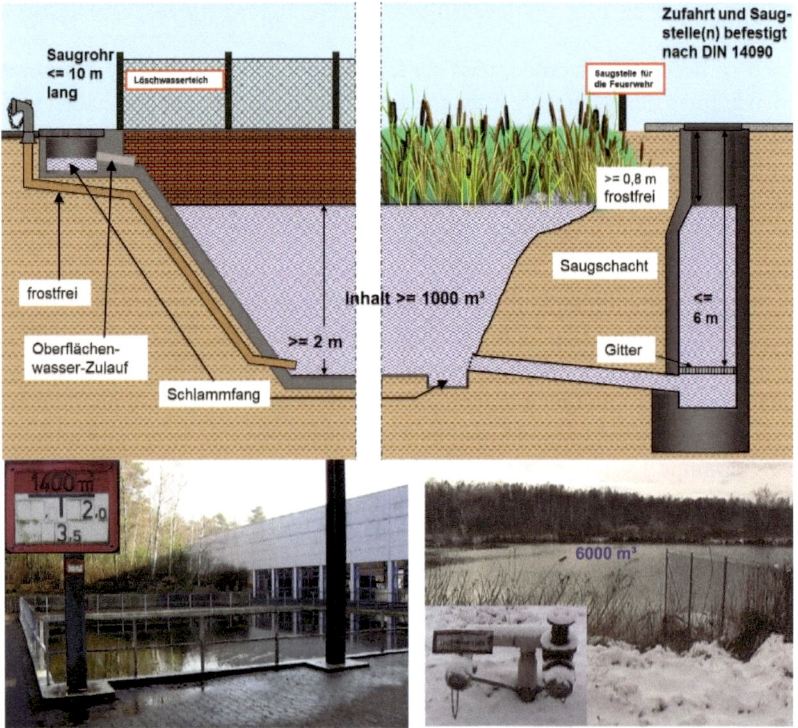

Abbildung 4-7: Löschwasserteich, links entsprechend DIN 14210, rechts als Naturteich, der den feuerwehrtechnischen Anforderungen entsprechend nutzbar gemacht wurde (der Saugschacht entspricht DIN 14210)

Um der Feuerwehr die Entnahme von Löschwasser zu ermöglichen, sind die Teiche mit Feuerwehrzufahrten und Aufstellflächen für Löschfahrzeuge auszustatten, die der DIN 14090 [4.29] bzw. nach dem jeweiligen Landesrecht den Anforderungen der Musterrichtlinie über Flächen für die Feuerwehr entsprechen (vergl. Punkte 3.2 und 3.3). Je nach der beabsichtigten Löschwasserentnahme sind an Löschwasserteichen nach DIN 14210 ein oder mehrere Aufstellplätze für Feuerwehrfahrzeuge anzulegen (Punkt 4.6.4). Die Entnahmeeinrichtung ist dann so auszuführen, dass die entsprechende Anzahl von Fahrzeugen gleichzeitig Löschwasser entnehmen kann, d. h. also zum Beispiel durch mehrere Saugmöglichkeiten, einen größeren Saugschacht oder andere Maßnahmen.

Aus gestalterischer Sicht sind Löschwasserteiche, die vollständig den Anforderungen der DIN 14210 entsprechen, häufig nicht befriedigend. Es wird vielmehr eine naturnahe Ausgestaltung gewünscht. Eine derartige ästhetische Ausgestaltung ist grundsätzlich möglich, wenn die für die Nutzbarkeit als Löschwasserteich wesentlichen Bestimmungen eingehalten werden. Ein Beispiel hierfür zeigt Abbildung 4-7 in der rechten Hälfte.

Löschwasserteiche sind durch ihre Eigentümer in einem Pflegezustand zu erhalten, der die jederzeitige Benutzbarkeit sicherstellt.

4.6.2 Löschwasserbrunnen

Löschwasserbrunnen sind künstlich angelegte Entnahmestellen für Löschwasser aus dem Grundwasser. Dabei wird das Grundwasser entweder durch Saugbetrieb (S) mittels Feuerwehrpumpen (wenn die geodätische Saughöhe nicht größer ist als 7,5 m, Abbildung 4-8 links) oder mit Hilfe fest installierter oder durch die Feuerwehr bereitgestellter Tauchpumpen (T) entnommen. Löschwasserbrunnen müssen so gestaltet sein, dass mit Hilfe von Feuerwehrpumpen innerhalb maximal einer Minute Löschwasser entnommen werden kann. Löschwasserbrunnen werden nach ihrer Ergiebigkeit entsprechend Tabelle 4-4 klassifiziert, sie müssen die jeweilige Wasserlieferung für mindestens 2 Stunden erbringen.

Löschwasserbrunnen nach DIN 14220		
	Kennzahl	Ergiebigkeit [l/min] [1) 2)]
klein	400	400 bis 800
mittel	800	über 800 bis 1600
groß	1600	über 1600
1) mindestens während 2 Stunden 2) bei Saugbetrieb ist häufig nur ein Volumenstrom von 800 l/min technisch sinnvoll		

Tabelle 4-4: Löschwasserbrunnen nach DIN 14220

Bei Erstellung von Löschwasserbrunnen sind die jeweils geltenden Vorschriften zum Bau- und Wasserrecht einzuhalten. Die Erstellung der Bohrung hat unter Beachtung der Vorschriften der DIN 18301 [4.30] zu erfolgen; für die Entnahme des Löschwassers durch die Feuerwehr ist das Brunnenrohr oben mit einem Löschwasser-Sauganschluss nach DIN 14244 [4.27] abzuschließen.

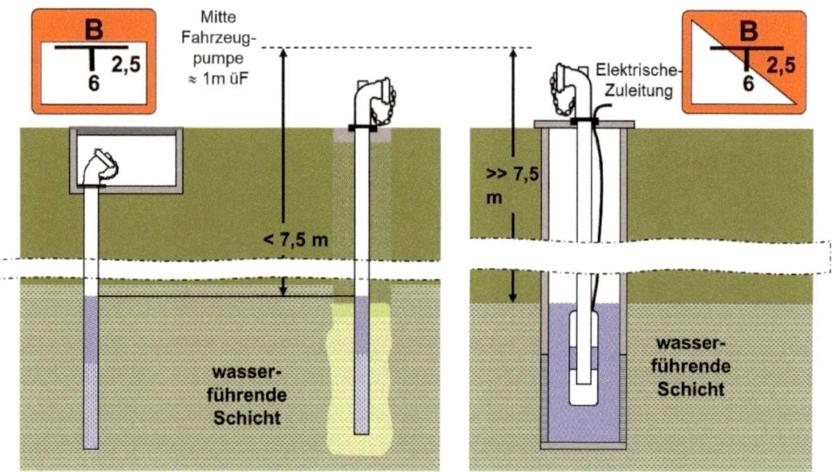

Abbildung 4-8: Löschwasserbrunnen nach DIN 14220 links als Saugbrunnen, rechts als Tiefbrunnen

Die Löschwasser-Sauganschlüsse sind analog zu den Löschwasserteichen durch Feuerwehrzufahrten mit den öffentlichen Verkehrsflächen zu verbinden, für die Aufstellflächen für die Löschfahrzeuge gelten die Regelungen für Löschwasserteiche analog. Löschwasserbrunnen sind durch eine Beschilderung gemäß DIN 4066 [4.31] zu kennzeichnen. Sie sind so zu pflegen und zu warten, dass jederzeit die geplante Löschwassermenge entnommen werden kann.

4.6.3 Löschwasserbehälter

In Deutschland werden überwiegend unterirdische Löschwasserbehälter als Bestandteil der öffentlichen Löschwasserversorgung genutzt. Sonstige – oberirdische – Löschwasserbehälter aus Beton oder Metall (Löschwassertanks) findet man vorwiegend nur als Bestandteile von Sprinkleranlagen oder auch als Löschwassertanks in Industriebetrieben, d.h. als private Löschwasserbehälter. In anderen europäischen Ländern werden gelegentlich auch Kunststoffblasen als Löschwasserbehälter verwendet, eine Variante die in Deutschland allenfalls als vorrübergehende Einrichtung – z. B. bei nicht nur kurzfristiger Beeinträchtigung der sonstigen Löschwasserversorgung – anzutreffen ist.

Unterirdische Löschwasserbehälter nach DIN 14230 [4.26] sind künstlich angelegte überdeckte Löschwasservorratsräume mit Löschwasserentnahmestellen. Das nutzbare Fassungsvermögen von Löschwasserbehältern soll mindestens Tabelle 4-5 entsprechen. Sofern weniger als 75 m^3 nutzbarer Löschwasserinhalt vorhanden ist, ist ein Nachweis zu führen, dass die Löschwassermenge für den beabsichtigten Zweck ausreichend ist. Da unterirdische Löschwasserbehälter auch als überdeckte und ggf. befahrbare Löschwasserteiche aufgefasst werden können, gelten die wesentlichen technischen Anforderungen hinsichtlich nutzbarer Wassertiefen, geodätischer Saughöhe, Festigkeit der Umfassungswände, Ausführung der Saugschächte bzw. Saugrohre, Frostfreiheit des Wasservorrates und der Entnahmeleitungen etc. hier ebenfalls. Gleiches gilt für die Zufahrten und Aufstellflächen für die entnehmenden Feuerwehrfahrzeuge (Punkt 4.6.4).

Löschwasserbehälter nach DIN 14230		
	Fassungsvermögen	Anzahl Saugrohre
klein	75 m^3 bis 150 m^3	mind. 1
mittel	150 m^3 bis 300 m^3	mind. 2
groß	mehr als 300 m^3	mind. 3

Tabelle 4-5: Löschwasserbehälter nach DIN 14230

Bei der Befüllung der Löschwasserbehälter darf kein Schmutzwasser eingeleitet werden, auch bei Befüllung aus der Sammelwasserversorgung sind die entsprechenden wasserhygienischen Vorschriften (hier insbesondere die DIN 1988-6 [4.12]) einzuhalten. Abbildung 4-9 zeigt eine schematische Darstellung unterirdischer Löschwasserbehälter nach DIN 14230.

Aus brandschutztechnischer Sicht sind an oberirdische Löschwasserbehälter ebenfalls die relevanten die Anforderungen aus DIN 14230 zu stellen (Abbildung 4-9). Oberirdische Tanks sind daher in frostgefährdeten Bereichen (d. h. mindestens in Nordeuropa) zu beheizen. Zusätzlich muss die Nutzung des Inhaltes auch bei Ausfall der allgemeinen Energieversorgung gewährleistet sein; eine Ersatzenergieversorgung für Heizung und ggf. Entnahmeeinrichtungen ist sicher zu stellen (z. B. über Pumpen mit Verbrennungsmotoren oder Ersatzstromversorgungsanlagen). Bei Bränden in der Nachbarschaft oberirdischer Löschwasserbehälter muss deren Standsicherheit und Nutzbarkeit im Brandfall mindestens bis zum Ende der rechnerischen Nutzungszeit gesichert sein (z. B. durch Abstand oder Kühlung durch Berieselung, vergl. Punkt 8.2.1).

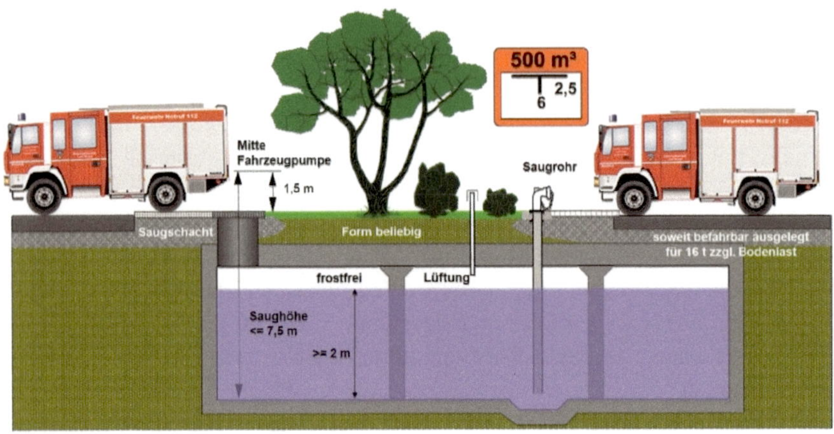

Abbildung 4-9: Unterirdischer Löschwasserbehälter nach DIN 14230 - Beispiel (auch als Stahl- oder Kunststoffbehälter üblich)

4.6.4 Anforderungen an Löschwasserentnahmestellen

Die folgenden Anforderungen gelten für Löschwasserentnahmestellen aus offenen Gewässern und entsprechen DIN 14210 [4.25]. Sie sind sinngemäß für Löschwasserbrunnen und -behälter anzuwenden.

1. Befestigte Zufahrt für 10 t Achslast, mindestens 3 m breit, Stellplatz für Tragkraftspritzen und / oder Feuerwehrfahrzeug(e) muss vorhanden sein (Ausführung als Feuerwehrflächen nach DIN 14090 [4.29], siehe auch Punkte 3.2.2 und 3.3.2).
2. Sofern vorhanden müssen Löschwasser-Sauganschlüsse DIN 14244 [4.27] entsprechen.
3. Die Saughöhe soll niedrig gehalten werden und 5 m nicht überschreiten (max. geodätische Saughöhe 7,5 m).
4. Die Tauchtiefe des Saugkorbes muss mindestens 30 cm, besser 50 cm betragen.
5. Die Löschwasserentnahmestelle muss auch bei Frost unverzüglich benutzbar sein.
6. Die Uferbereiche müssen mindestens im Bereich der Entnahmestellen befestigt sein (siehe Abbildung 4-7).
7. Entnahmestellen dürfen nicht versanden oder verschlammen (Schlammfang wo erforderlich).
8. Festverlegte Saugleitungen können angebracht werden.
9. Entnahmestellen sind mit Hinweisschildern nach DIN 4066 [4.31] zu kennzeichnen.

10. Die Trümmerschatten von angrenzenden baulichen Anlagen sind zu beachten.

In Sonderfällen ist es auch üblich, über fest installierte Pumpensysteme (redundant ausgelegt, energieautark), die aus unabhängigen Löschwasserentnahmestellen gespeist werden, objektbezogen eine rohrnetzgebundene Löschwasserversorgung zu gewährleisten (Industriebetriebe). Vergleiche hierzu in Kapitel 6.

4.7 Literaturverzeichnis zu Kapitel 4

[4.1] Niedersächsisches Gesetz über den Brandschutz und die Hilfeleistung der Feuerwehr (NBrandSchG) vom 8. Juli 2012 i. d. F. vom 16. 05. 2018 Nds. GVBl. 2018, s. 95

[4.2] Kircher, F.: Löschwasserversorgung, Handbuch Brandschutz VIII-5, ecomed-verlag 11 / 94

[4.3] Riek, L.: Die Löschwasserversorgung Teil 1: Die zentrale Wasserversorgung, Rotes Heft 27a 4. Auflage, ISBN 3-17-015 011-1

[4.4] Janowitz, T.: Wasser marsch bald Glücksache? vfdb-Zeitschrift 4 / 2010 S. 184 ff

[4.5] Timmer, L.: Die Löschwasserversorgung Teil 2: Die unabhängige Löschwasserversorgung, Rotes Heft 27 b, ISBN 3-17-013 076-5

[4.6] DVGW: Arbeitsblatt W 405:2008-02 – Wasserversorgung – Rohrnetz / Löschwasser

[4.7] vfdb 01 / 01:2000-05 Brandschutzkonzept

[4.8] Poltier, K.: Löschwasserversorgung für den Objektschutz; Schadenprisma: Sonderdruck aus Ausgabe 2 / 85

[4.9] Verordnung über die Qualität von Wasser für den menschlichen Gebrauch (Trinkwasserverordnung – TrinkwV 2001) i. d. F vom 10. September 2016, https://www.gesetze-im-internet.de/bundesrecht/trinkwv_2001/gesamt.pdf

[4.10] Richtlinie 98 / 83 / EG des Rates über die Qualität von Wasser für den menschlichen Gebrauch vom 3. November 1998 (ABl. EG Nr. L 330 S. 32) i. d. F. vom 18. Juni 2009 (ABl. L 188 vom 18. 07. 2009) http://www.bmub.bund.de/service/publikationen/downloads/details/artikel/eg-trinkwasserrichtlinie-nr-9883eg/

[4.11] DIN EN 1717:2011-08 Schutz des Trinkwassers vor Verunreinigungen in Trinkwasserinstallationen und allgemeine Anforderungen an Sicherheitseinrichtungen zur Verhütung von Trinkwasserverunreinigung durch Rückfließen

[4.12] DIN 14346:2017-08 Feuerwehrwesen – Mobile Systemtrenner B-FW
[4.13] DVGW Arbeitsblatt W 331:2006-11 Auswahl, Einbau und Betrieb von Hydranten
[4.14] DIN 1988-600:2020-11 Technische Regeln für Trinkwasserinstallationen (TRWI); Teil 600: Trinkwasserinstallationen in Verbindung mit Feuerlösch- und Brandschutzanlagen
[4.15] DIN 14462:2012-09 Löschwassereinrichtungen – Planung, Einbau, Betrieb und Instandhaltung von Wandhydrantenanlagen und Überflur- und Unterflurhydrantenanlagen, incl. DIN 14462 B1:2018-03 und DIN 14462 B2:2020-07
[4.16] DIN EN 14339:2005-10 Unterflurhydranten mit DIN EN 14339 Berichtigung 1:2007-07
[4.17] DIN EN 14384:2005-10 Überflurhydranten
[4.18] DIN 14 530-11:2019-11 Löschfahrzeuge; Teil 11: Löschgruppenfahrzeug LF 20
[4.19] DIN 14 811:2008-01: Feuerlöschschläuche: Druckschläuche und Einbände für Pumpen und Feuerwehrfahrzeuge
[4.20] DIN 3221:1986-01 Unterflurhydranten PN 16
[4.21] DIN 3222:1986-01 Überflurhydranten PN 16
[4.22] De Vries, H.: Brandbekämpfung mit Wasser und Schaum, ISBN 3-609-68 740-1, ecomed-verlag 2000
[4.23] DVGW W 400-1:2015-02 Technische Regeln Wasserverteilungsanlagen (TRWV) – Teil 1: Planung
[4.24] DIN 14220:2009-02 Löschwasserbrunnen
[4.25] DIN 14210:2019-06 Künstlich angelegte Löschwasserteiche und Berichtigung 1 zu DIN 14210:2003-11
[4.26] DIN 14230:2020-12 Unterirdische Löschwasserbehälter
[4.27] DIN 14244:2003-07 Löschwasser-Sauganschlüsse; Überflur und Unterflur
[4.28] DIN 1988-1:1988-12 Technische Regeln für Trinkwasserinstallationen; Allgemeines
[4.29] DIN 14090:2003-05 Flächen für die Feuerwehr auf Grundstücken und Überarbeitung 2016-11
[4.30] DIN 18301:2016-09 VOB Vergabe- und Vertragsordnung für Bauleistungen – Teil C: Allgemeine Technische Vertragsbedingungen für Bauleistungen (ATV); Bohrarbeiten
[4.31] DIN 4066:1997-07: Hinweisschilder für die Feuerwehr
[4.32] DFV Fachausschutz VbG: Löschwasserversorgung aus Hydranten in öffentlichen Verkehrsflächen, 10 / 2018

5 Brandmeldeanlagen

5.1 Grundlagen für die Branderkennung

Jeder Brand ist durch eine stoffliche und energetische Umsetzung gekennzeichnet. Die Ergebnisse dieser Umsetzung sind Produkte, die entweder an der Brandstelle als unverbranntes Material und Asche verbleiben oder flüchtig sind.

Zu den flüchtigen Produkten zählen sowohl Gase aus Einzelmolekülen, z. B. CO, CO_2, toxische, reizende und korrodierende Dämpfe (siehe auch Kapitel 1 und dort genannte weiterführende Literatur) als auch erheblich größere Molekülverbände. Diese Molekülverbände, die im Wesentlichen aus kleinsten, kugelförmigen Rußpartikeln aber auch mineralischen Bestandteilen bestehen, werden durch die Thermik des Brandgeschehens emporgetragen. Aufgrund verschiedener chemischer und physikalischer Mechanismen, wie Thermodiffusion, Brown'sche Molekularbewegung, Luftturbulenz, elektrische Ladung usw., entstehen durch Zusammenlagerung sog. „Koagulate": Rauchpartikel (Mullholand [5.1], Rempe et al. [5.2], Marzi et al. [5.3]). Sie sind im Gemisch aus Luft und Verbrennungsgasen dispers verteilt. Die Gesamtheit aus Dispersionsmedien und Rauchpartikeln nennt man Rauchaerosol oder einfach Rauch. Die Rauchpartikel haben dabei die Größe von 0,01 μm bis 10 μm.

Bei einem Verbrennungsvorgang wird als Folge der exothermen chemischen Reaktion Wärmeenergie frei (vergl. Anhang 5 sowie [5.2] bis [5.6]), die sich als Strahlung, Wärmeströmung (Konvektion) und Wärmeleitung in die Umgebung ausbreitet. Das Spektrum der Strahlung reicht vom Infrarot bis ins Ultraviolett. Erfolgt die Energieabgabe vorwiegend an die Umgebungsluft, sind lokale Temperaturerhöhungen die Folge, die zu Strömungen, Druckschwankung bzw. Schall führen. Die Energieabgabe durch Wärmeleitung ist für die Brandmeldetechnik nachrangig, da sowohl die brennbaren Stoffe als auch die Luft schlechte Wärmeleiter sind (Ausnahme: brennbare Metalle).

Die vorgenannten Prozesse der chemischen und energetischen Umwandlung führen zu Brandfolgeerscheinungen, die auch als Brandkenngrößen bezeichnet werden:

- sichtbarer und unsichtbarer Rauch, Gase
- feste und flüssige Stoffe
- infrarote, sichtbare (Licht) und ultraviolette Strahlung
- ungeordnete, periodische und gleichgerichtete molekulare Bewegungen

Diese Brandkenngrößen können durch geeignete technische Geräte erkannt und ausgewertet und somit zur Branddetektion herangezogen werden. Um praktisch ausgewertet zu werden und damit Grundlage von Verfahren zur Brandfrüherkennung sein zu können, müssen die Brandkenngrößen zuverlässig messbar sein und einen genügenden Nutz-Störabstand haben.

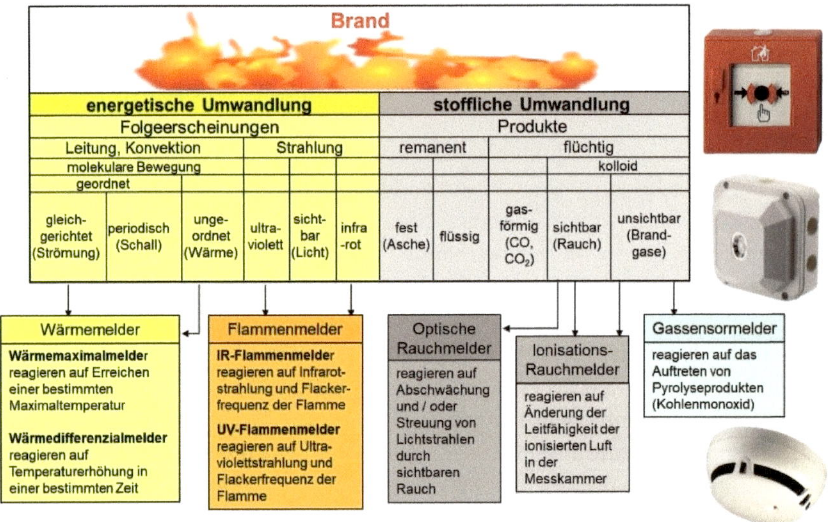

Abbildung 5-1: Brandfolgeerscheinungen und geeignete Meldertypen

5.2 Aufgaben und Einsatz von Brandmeldeanlagen

Der Einbau von Brandmeldeanlagen (BMA) ist Bestandteil des Vorbeugenden Baulichen Brandschutzes, der Betrieb von BMA ist Bestandteil des Abwehrenden Brandschutzes.

Brandmeldeanlagen müssen im Gesamtzusammenhang eines integrierten Brandschutzkonzeptes geplant werden: vorbeugender baulicher und anlagentechnischer Brandschutz durch BMA müssen in ihrem Zusammenwirken sorgfältig aufeinander abgestimmt sein. Eine schutzzielorientierte Planung der BMA sowie die Abstimmung mit den übrigen Brandschutzmaßnamen sind für die Optimierung von Wirksamkeit und Kosten unerlässlich. Mindestens muss eine BMA die folgenden Schutzziele sicher erreichen:

- Entdeckung von Bränden in der Entstehungsphase (Punkte 5.1 und 5.7)
- eindeutige Lokalisierung des Gefahrenbereiches (Punkt 5.8.4)
- schnelle Alarmierung (und Information) der möglicherweise betroffenen Personen (Punkt 5.6.4)
- Ansteuerung von sonstigen Brandschutzeinrichtungen und – sofern erforderlich – Betriebseinrichtungen (z.B. Abschaltung der Lüftung, Punkt 5.6.5)
- schnelle, sichere Alarmierung der Feuerwehr und/oder anderer hilfeleistender Stellen (extern oder im Betrieb, Punkt 5.6.3.5)
- Information der Feuerwehr über den Gefahrenbereich (Punkt 5.10.3)

Eine sachgerechte Konzeption, Planung, Ausführung, Inbetriebnahme und Wartung durch fachkundige und zertifizierte Ingenieurbüros (vergl. DIN 14675-1, Punkt 4.2, [5.18]) führt zu Brandmeldeanlagen, die mit einer Reaktionszeit von 1 bis 2 Minuten oder sogar darunter Schadenfeuer erkennen können.

Neben dem Einsatz von Brandmeldeanlagen (BMA) in Industrie und Gewerbebetrieben sind BMA in den folgenden Fällen sinnvoll bzw. vorgeschrieben:

A) Für bestimmte Gebäude sind in einigen Bundesländern bauordnungsrechtliche Vorschriften erlassen, die den Einbau von Brandmeldeanlagen für bestimmte Nutzungsarten fordern. Da nicht alle Bundesländer entsprechende Sonderbauverordnungen erlassen bzw. eingeführt haben, wird hier auf die entsprechenden Musterverordnungen der ARGEBAU Bezug genommen. Hiernach sind BMA erforderlich für:
   - Versammlungsstätten [5.19]
   - Krankenhäuser [5.20]
   - Hochhäuser [5.21]
   - Mittel-/Großgaragen [5.22].
   - Beherbergungsstätten (Hotels etc., ab 60 Betten, [5.23])

B) Für weitere Gebäude, die entsprechend den Bauordnungen der Länder als „Bauliche Anlagen besonderer Art und Nutzung" eingestuft werden (gemäß § 54 MBO [5.24]), können im Einzelfall BMA im Zuge des bauordnungsrechtlichen Genehmigungs- oder Zustimmungsverfahrens gefordert werden. Dies gilt z.B. für:
   - Schulen
   - Universitäten
   - Institute, Laboratorien
   - Justizvollzugsanstalten
   - Flughafengebäude.

C) Für Gebäude, die unwiederbringliche kulturelle und/oder materielle Werte darstellen oder enthalten, können BMA vorgesehen werden, wenn dies der Nutzer aufgrund des Schutzkonzeptes für notwendig erachtet, z.B. in:

- historischen Gebäuden
- Museen
- Rechenzentren

D) Für bestehende Gebäude kann bei Nutzungsänderungen oder höheren Nutzungsanforderungen aufgrund einer Brandschutzbegehung eine Verbesserung des Brandschutzes gefordert werden, wenn dies erforderlich ist.

5.3 Gefährdung von Menschen durch Brandrauch

Rauch enthält eine große Anzahl von Stoffen, die für den Menschen akut oder latent schädigend wirken (siehe z. B. bei Otto [5.7] und Lessing [5.8]). Das Kapitel 1 enthält eine relativ ausführliche Darstellung der Wirkung von Rauch und seinen toxischen Bestandteilen auf den Menschen, auf dieses wird deshalb hier verwiesen.

Brände führen auch heute noch pro Jahr zu ca. 350 Brandtoten in Deutschland (2019: 343). Davon sind mindestens 80 % Rauchtote; einige Autoren geben bis 90 % an. Dabei ist beachtenswert, dass ca. 75 % dieser Brandtoten im zivilen Bereich – d. h. außerhalb von Arbeitsstätten und öffentlichen Gebäuden – ums Leben kommen. Mit anderen Worten ist die eigene Wohnung des Menschen der Ort, an dem das Risiko an den Folgen eines Brandes zu sterben am größten ist (nach Brushlinski et al. [5.9] in Deutschland ca. $5^* 10^{-6}$ pro Jahr).

Brandmeldeanlagen und Brandwarnanlagen (Punkt 5.13) tragen in Arbeitsstätten und öffentlichen Gebäuden dazu bei, dieses Risiko zu vermindern [5.10]. In Privathaushalten konnten und können Rauchwarnmelder (Punkt 5.14) die Anzahl der bei Bränden zu Tode kommenden Personen erheblich senken.

5.4 Wirksamkeit und Zuverlässigkeit von BMA

Bei der Untersuchung von Bränden ist festzustellen, dass die Brandentwicklung i. a. nach einer Exponentialkurve verläuft (siehe z. B. [5.5], [5.10], [5.12] und dort zitierte weiterführende Literatur). Gleiches gilt dann für den Brandschaden. Der durch Brände verursachte direkte Sachschaden in Deutschland erreicht jährlich eine Gesamtsumme von etwa 7 Milliarden €. Das Anfangsstadium der Brandausbreitung ist durch relativ langsame Oxidation, Erwärmung und erst später durch allmähliches Erreichen der Zündtemperatur und die Initialzündung gekennzeichnet. Daran anschließende Kettenreaktionen (Punkte 14.1.2 und 14.1.3) bewirken im Normalfall dann eine immer schneller werdende Brandausbreitung (vergl. auch Kapitel 1). Daher ist bei einem Brand zunächst ein relativ geringer Schadenszuwachs je Zeiteinheit zu erwarten, der erst nach einiger Zeit exponentiell ansteigt.

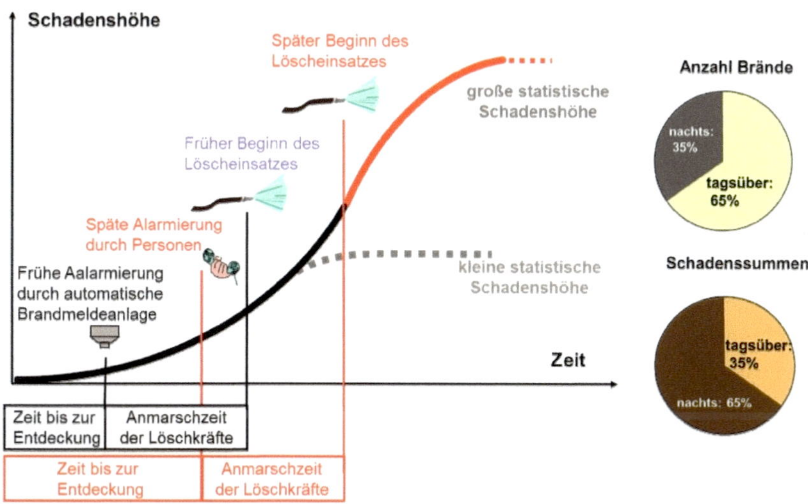

Abbildung 5-2: Brandentdeckung und Schadenshöhe

Die Größe eines Brandes und damit der Brandschaden hängen daher u. a. wesentlich von der Brandentwicklungsdauer ab. Die Brandentwicklungsdauer setzt sich aus der Brandentdeckungszeit und der Anmarsch- und Entwicklungszeit der Feuerwehr zusammen (vergl. Abbildung 5-2 und Kapitel 2). Die Anmarschzeit der Löschkräfte lässt sich durch Maßnahmen im Schutzobjekt nicht beeinflussen, da sie im Wesentlichen von der Art der Feuerwehr, der Entfernung der Feuerwachen vom Objekt und den Straßenverhältnissen abhängt. Der Schaden wird daher umso größer werden, je später der Anmarsch der Feuerwehr beginnt. Folglich muss versucht werden, die Zeit bis zur Brandentdeckung zu beeinflussen, das heißt möglichst klein zu halten. Dann lassen sich in vielen Fällen die Brand- und Folgeschäden (Personenschäden und Sachschäden) sowie der Löschaufwand gering halten. Die Brandfrüherkennung hat daher für den abwehrenden Brandschutz eine besondere Bedeutung. Aus der vfdb-Brandschadenstatistik [5.13] kann zur Wirksamkeit von Brandmeldeanlagen gefolgert werden, dass bei Eintreffen der Feuerwehr

- der materielle Brandschaden in 84 % der erfassten Fälle geringer als 1000 € ist (ohne BMA bei manueller Alarmierung der Feuerwehr nur in 68 %) obgleich die Wertekonzentration bei Gebäuden mit BMA in der Regel höher ist als in solchen ohne BMA

- der Brand in 86 % der Fälle auf einen Gegenstand begrenzt war (ohne BMA nur in 71 %)
- die Rauchausbreitung erheblich geringer war und insbesondere die Rettungswege in 80 % der Fälle noch benutzbar waren (ohne BMA nur in 59 %)
- nur in 4 % der Fälle mehr als 500 l Löschwasser erforderlich waren (ohne BMA in 19 %)

War man anfangs nur auf den "Brandwächter Mensch" angewiesen (siehe z. B. bei Biegel [5.14] und Nickel [5.15], setzte gegen Ende des 19. Jahrhunderts mit dem technischen Fortschritt – insbesondere auf dem Gebiet der Fernmeldetechnik – die Entwicklung selbsttätiger Feuermeldeanlagen ein. Diese Entwicklung hat heute (2021) einen Stand erreicht, der über den Einsatz von Mehrfachkriterienmeldern (siehe Punkt 5.7.2.7), dezentraler Intelligenz und fuzzy-logic-Anwendungen in neuralen Netzwerken eine Detektionsempfindlichkeit und Fehlalarmsicherheit erreicht, die jener der Feuerwächter des 19. Jahrhunderts wieder nahekommt (siehe hierzu z. B. in [5.16] oder bei Morgan [5.17]). Die Zuverlässigkeit moderner, normgerecht geplanter, gebauter, inspizierter und gewarteter Brandmeldeanlagen ist sehr hoch. Sie erreichen durchschnittliche Verfügbarkeiten von 97 % bis 99 %. Die Wahrscheinlichkeit für Fehlfunktionen im Bedarfsfall liegt damit im Bereich von ca. 10^{-5} (siehe z. B. bei Festag et al. [5.128]).

5.5 Technische Regeln für Brandmeldeanlagen

Das in Deutschland geltende technische Regelwerk zum Einsatz von Brandmeldern und Brandmeldeanlagen ist relativ unübersichtlich. Grundsätzlich hat die Europäische Union die Schaffung der technischen Regelwerke für Brandmeldeanlagen und deren Komponenten an sich gezogen und mit der Produkt-Normenreihe EN 54 den Stand der Technik für die Bestandteile von Brandmeldeanlagen (Melder, Brandmelderzentrale, Energieversorgung etc., siehe Tabelle 5-1) beschrieben. Einige Teile der EN 54 sind derzeit (2021) noch nicht gültige Normen, sondern befinden sich im Entwurfsstadium. Alle europäischen Normen sind in nationales Recht zu übernehmen. Abweichungen sind (fast) nicht, Ergänzungen nur unter bestimmten Bedingungen möglich.

Zur Planung von Brandmeldeanlagen liegt als Leitfaden die Technische Spezifikation DIN CEN/TS 54-14 vor [5.25], die harmonisierte, d. h. europäisch abgestimmte, Anwendungsregeln vorschlägt. In Deutschland ist darauf aufbauend die DIN 14675-1 [5.18] verabschiedet worden. Diese Norm regelt national die durch DIN EN 54 nicht betroffenen bzw. nicht ausreichend geregelten Bereiche unter besonderer Berücksichtigung der in Deutschland geltenden baurechtlichen und feuerwehrspezifischen Anforderungen und bezieht sich dabei weitgehend auf die DIN CEN/TS 54-14. Unter anderem legen beide Regeln Phasen für den Aufbau und Betrieb von Brandmeldeanlagen und die dazu gehörige Verantwortung fest. Die in den Phasen jeweils zu berücksichtigenden Gesichtspunkte werden unter Punkt 5.8.1 dargestellt. Die erforderliche Fachkunde der ausführenden Stellen ist in DIN 14675-2 beschrieben.

Des Weiteren ist insbesondere DIN VDE 0833-2 (VDE 0833 Teil 2 [5.26]), zu beachten, da es sich bei den Brandmeldeanlagen um elektrische Anlagen handelt.

Der Verband der Sachversicherer (VdS) hat aus versicherungsrechtlicher Sicht die Richtlinien VdS 2095 [5.27] für die Planung und den Einbau von Brandmeldeanlagen aufgestellt: Diese Richtlinie beschreibt nicht die technische Ausführung von Brandmeldeanlagen, sondern Anforderungen, insbesondere solche an die Ausstattung von Räumen mit Brandmeldeanlagen. Da die VdS-Richtlinien grundsätzlich nur von versicherungsrechtlicher Bedeutung sind, können die Anforderungen über Europanormen bzw. DIN-Normen hinausgehen.

Technische Regel	**Stand**	**Inhalt**
DIN EN 54-1	2020-04	Brandmeldeanlagen – Teil 1: Einleitung
DIN EN 54-2	2016-03	Brandmeldeanlagen – Teil 2: Brandmelderzentralen; mit Änderung A1 2007-01
DIN EN 54-3	2019-11	Brandmeldeanlagen – Teil 3: Feueralarmeinrichtungen – Akustische Signalgeber
DIN EN 54-4	2015-11	Brandmeldeanlagen – Teil 4: Energieversorgungseinrichtungen
DIN EN 54-5	2018-10	Brandmeldeanlagen – Teil 5: Wärmemelder; Punktförmige Melder
DIN EN 54-7	2018-10	Brandmeldeanlagen – Teil 7: Rauchmelder – Punktförmige Melder nach dem Streulicht-, Durchlicht- oder Ionisationsprinzip
DIN EN 54-10	2012-01	Brandmeldeanlagen – Teil 10: Flammenmelder; Punktförmige Melder; mit Änderung A1:2006-03
DIN EN 54-11	2015-09	Brandmeldeanlagen – Teil 11: Handfeuermelder
DIN EN 54-12	2015-10	Brandmeldeanlagen – Teil 12: Rauchmelder – Linienförmiger Melder nach dem Durchlichtprinzip
DIN EN 54-13	2020-03	Brandmeldeanlagen – Teil 13: Bewertung der Kompatibilität von Systembestandteilen
DIN EN 54-16	2008-06	Brandmeldeanlagen – Teil 16: Sprachalarmzentralen
DIN EN 54-17	2006-03	Brandmeldeanlagen – Teil 17: Kurzschlussisolatoren
DIN EN 54-18	2006-03 A1 2007-05	Brandmeldeanlagen – Teil 18: Eingangs-/Ausgangsgeräte; mit Änderung A1:2007-05
DIN EN 54-20	2014-04	Brandmeldeanlagen – Teil 20: Ansaugrauchmelder
DIN EN 54-21	2006-08	Brandmeldeanlagen – Teil 21: Übertragungseinrichtungen für Brand- und Störungsmeldungen
DIN EN 54-22	2020-07	Brandmeldeanlagen – Teil 22: Linienförmige Wärmemelder

Tabelle 5-1: Technische Regeln für die Bauteile von Brandmeldeanlagen

Technische Regel	Stand	Inhalt
DIN EN 54-23	2010-06	Brandmeldeanlagen – Teil 23: Feueralarmeinrichtungen – Optische Signalgeber
DIN EN 54-24	2008-06	Brandmeldeanlagen – Teil 24: Komponenten für Sprachalarmierungssysteme – Lautsprecher
DIN EN 54-25	2015-10	Brandmeldeanlagen – Teil 25: Bestandteile, die Hochfrequenz-Verbindungen nutzen
DIN EN 54-26	2015-11	Brandmeldeanlagen – Teil 26: Punktförmige Melder mit Kohlenmonoxidsensoren
DIN EN 54-27	2015-05	Brandmeldeanlagen – Teil 27: Rauchmelder für die Überwachung von Lüftungsleitungen
DIN EN 54-28	2016-07	Brandmeldeanlagen – Teil 28: Nicht-rücksetzbare linienförmige Wärmemelder
DIN EN 54-29	2015-06	Brandmeldeanlagen – Teil 29: Mehrfachsensor-Brandmelder – Punktförmige Melder mit kombinierten Rauch- und Wärmesensoren
DIN EN 54-30	2015-11 A1:2015-08	Brandmeldeanlagen – Teil 30: Mehrfachsensor-Brandmelder – Punktförmige Melder mit kombinierten CO- und Wärmesensoren
DIN EN 54-31	2016-12	Brandmeldeanlagen – Teil 31: Mehrfachsensor-Brandmelder – Punktförmige Melder mit kombinierten Rauch-, CO- und optionalen Wärmesensoren
DIN EN 14604	2009-02	Rauchwarnmelder
DIN 14623	2009-09	Orientierungsschilder für automatische Brandmelder
DIN 14661	2016-11	Feuerwehrwesen – Feuerwehr-Bedienfeld für Brandmeldeanlagen
DIN 14662	2016-11	Feuerwehrwesen – Feuerwehr-Anzeigetableau für Brandmeldeanlagen

Tabelle 5-1 fortgesetzt: Technische Regeln für die Bauteile von Brandmeldeanlagen

Eine Übersicht über die wichtigsten derzeit vorhandenen Regelwerke für die Planung von Brandmeldeanlagen enthält Tabelle 5-2. Parallel gelten zahlreiche weitere Normen auf die in den zitierten Regeln hingewiesen wird. Da die DIN 14675-1 in der gemeinsamen Anwendung mit DIN VDE 0833-2, den neuesten und vollständigsten Stand der Technik wiedergibt, beruhen die Ausführungen des Punktes 5.8 im Wesentlichen hierauf. (Die wesentlichen Forderungen der VdS-Richtlinie wurden in DIN VDE 0833-2 integriert, die Anwendungsempfehlungen in CEN/TS 54-14 wurden in DIN 14675-1 und DIN VDE 0833-2 berücksichtigt.)

Technische Regel	Stand	Inhalt
DIN 14674	2010-09	Brandmeldeanlagen – Anlagenübergreifende Vernetzung
DIN 14675-1	2018-04	Brandmeldeanlagen – Teil 1: Aufbau und Betrieb
DIN CEN TS 54-14	2019-01	Brandmeldeanlagen – Teil 14: Leitfaden für Planung, Projektierung, Montage, Inbetriebnahme, Betrieb und Instandhaltung
DIN VDE 0833-1 (VDE 0833 Teil 1)	2014-10	Gefahrenmeldeanlagen für Brand-, Einbruch- und Überfall Teil 1: Allgemeine Festlegungen
DIN VDE 0833-2 (VDE 0833 Teil 2)	2017-10	Gefahrenmeldeanlagen für Brand-, Einbruch- und Überfall – Teil 2: Festlegungen für Brandmeldeanlagen und Berichtigung 1 vom Oktober 2019
VdS 2095	2019-05	VdS-Richtlinien für automatische Brandmeldeanlagen – Planung und Einbau

Tabelle 5-2: Technische Regeln für die Planung von Brandmeldeanlagen

5.6 Aufbau von Brandmeldeanlagen

Brandmeldeanlagen (BMA) sind Gefahrenmeldeanlagen (GMA), die Personen zum direkten Hilferuf bei Brandgefahren dienen und / oder die Brände zu einem frühen Zeitpunkt erkennen und melden. Den Aufbau von Brandmeldeanlagen zeigt Abbildung 5-3 (siehe hierzu auch Anhang H zu DIN 14675-1 [5.18]).

Bestandteile von Brandmeldeanlagen sind demnach:

- Brandmelderzentrale
- Energieversorgungsgeräte
- Brandmelder
- Alarmierungseinrichtungen
- Übertragungseinrichtungen für Brandmeldungen
- Übertragungseinrichtungen für Störungen
- Steuereinrichtung für Brandschutzeinrichtungen

Die Bestandteile von Brandmeldeanlagen nach DIN EN 54-1 und die jeweiligen Anforderungen werden im Folgenden erläutert.

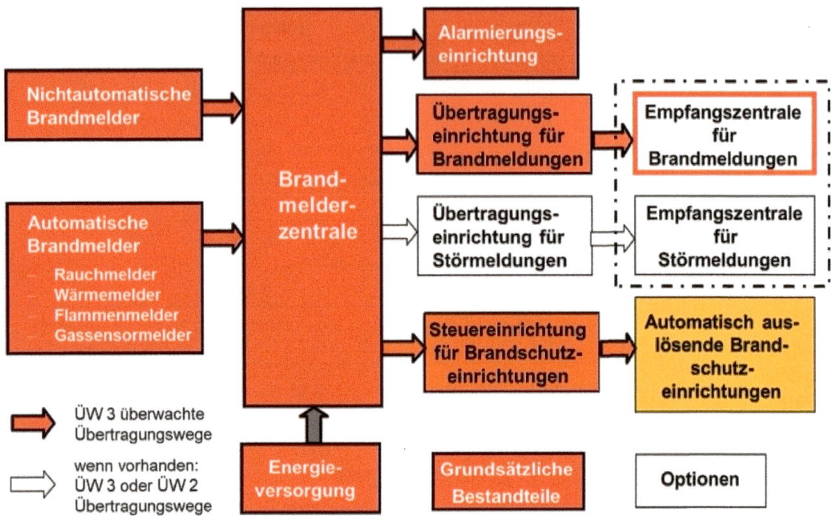

Abbildung 5-3: Aufbau von Brandmeldeanlagen nach DIN-EN 54-1 (Blockschaltung)

5.6.1 Brandmelderzentrale

Die Brandmelderzentrale (BMZ) einer Brandmeldeanlage (BMA) dient dazu:

- die Meldungen angeschlossener Melder
  - aufzunehmen,
  - auszuwerten,
  - anzuzeigen
  - zu registrieren.
- Alarmierungseinrichtung(en) anzusteuern
- die Brandmeldung an eine ständig besetzte Stelle, z.B. die Feuerwehr, direkt oder indirekt weiterzuleiten
- Brandschutzeinrichtungen (z.B. CO_2-Löschanlagen) automatisch auszulösen
- Informationseinrichtungen (z.B. ein Feuerwehr-Anzeigetableau nach DIN 14662 [5.29]) anzusteuern.

Die technischen Regeln zur Brandmelderzentrale enthält DIN EN 54-2 [5.30].

Überträgt die Brandmeldezentrale die Brandmeldungen zur Feuerwehr als ständig besetzte, hilfeleistende Stelle, so muss in Deutschland ein Feuerwehrbedienfeld nach DIN 14661 angeschlossen werden (Punkt 5.10.1). Weitere Festlegungen für die Aufschaltung von BMA auf die Brandmelde-Auswerteanlage

(Empfangszentrale für Brandmeldungen) der Feuerwehr enthalten in der Regel die örtlichen Anschlussbedingungen (siehe z. B. [5.32]).

Die Unterbringung der Brandmelderzentrale muss so erfolgen, dass sie für die Feuerwehr leicht aufzufinden und jederzeit zugänglich ist. Hierzu sind ausreichend geeignete Hinweisschilder sowie eine Blitzleuchte, die den Ort der BMZ anzeigt und durch die BMA angesteuert wird, anzubringen. Der Raum muss geeignet, d. h. trocken und nicht zu kalt sein. Er sollte vom Rest des Gebäudes feuerbeständig abgetrennt sein.

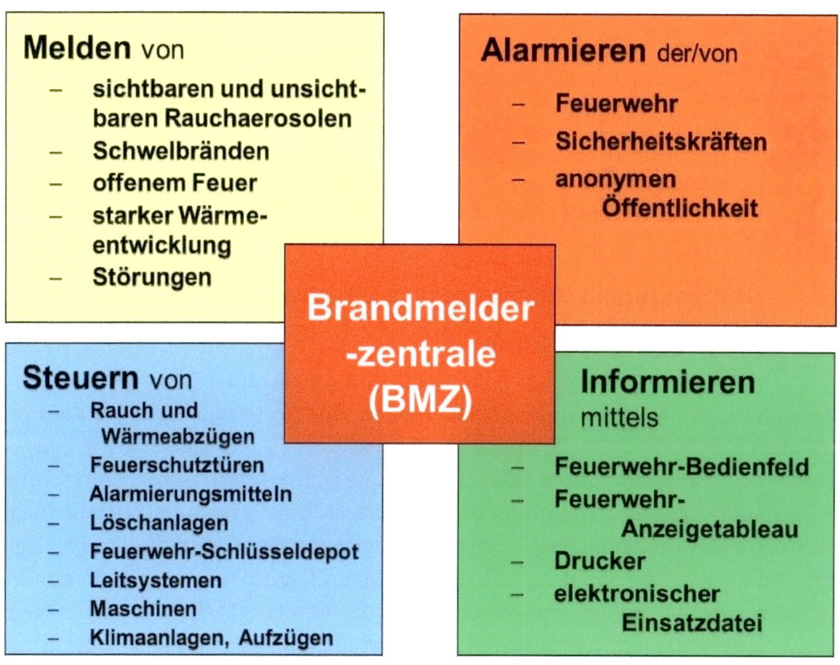

Abbildung 5-4: Aufgaben der Brandmelderzentrale – BMZ

5.6.2 Energieversorgung der BMA

Die BMA muss von zwei unabhängigen Stromquellen über überwachte Übertragungswege (Punkt 5.6.3.2) versorgt werden. Eine der Stromquellen muss das öffentliche Stromnetz oder eine vergleichbar zuverlässige Quelle sein, die andere, davon unabhängige, kann eine (wieder aufladbare) Batterie sein. In der Regel ist die Netzausfallüberbrückung durch Batterie auf 72 Stunden zu bemessen; bei Vorliegen bestimmter Voraussetzungen (Überwachung, Meldung, Instandsetzung innerhalb 24 Stunden) kann sie auf 30 Stunden verringert werden. Bei ständiger Verfügbarkeit von Fachpersonal, Ersatzteilen und Ersatzstromversorgung darf diese Zeit sogar auf 4 Stunden herabgesetzt werden.

Sofern eine BMA Bestandteile enthält, die HF-Verbindungen nutzen, sind Konfigurationen denkbar, bei denen keine materiellen Übertragungswege für Informationen oder Energie (Leitungen, siehe Punkt 5.6.3) zu bestimmten Anlagenteilen – z. B. Brandmeldern – vorhanden sind. In diesem Fall müssen die betreffenden Anlagenteile hinsichtlich der Energieversorgung den Vorgaben der DIN EN 54-25 [5.31] entsprechen, d. h. insbesondere:

- Innerhalb des Gehäuses eine autonome Energiequelle (Batterie) enthalten,
- die den normalen Betrieb des Bestandteils über mindestens 36 Monate ohne Einschränkungen ermöglicht (Aebersold et al. [5.33]),
- vor Ausfall der Energiequelle ein Störsignal absenden, das auf die schwache Energieversorgung hinweist,
- bei Erreichen dieses Zustandes noch mindestens für 30 Minuten einen Alarmzustand aufrechterhalten können.

5.6.3 Übertragungseinrichtung und Übertragungswege

5.6.3.1 Übertragungseinrichtung

Die Übertragungseinrichtung (ÜE) einer Brandmeldeanlage hat die Aufgabe, Alarmierungsmeldungen und Störmeldungen unter Verwendung spezieller Protokolle (VdS 2465-1 bis VdS 2465-3, [5.109] bis [5.111]) auf gesicherte Weise an Leitstellen – z. B. der Feuerwehr – zu übertragen. Die Übertragungseinrichtung wird häufig auch als „Hauptmelder" bezeichnet. Eine ÜE ist ein grundsätzlich von der BMA unabhängiges, selbstständig arbeitendes Gerät, das in der Lage ist, Meldungen von ebenfalls selbständig arbeitenden BMA (oder anderen Gefahrenmeldeanlagen) an verschiedene ständig besetzte Stellen zu übertragen. Die Übertragungseinrichtung stellt das Vermittlungsglied zwischen der BMA und den Anschlusspunkten zu verschiedenen Übertragungsnetzen dar (Netzabschluss NA), indem sie die Meldungen der BMA entgegennimmt, für die Übertragung über externe Übertragungswege aufbereitet und die logische und technische Schnittstelle zu den Übertragungswegen bereitstellt. Übertragungseinrichtungen dürfen auch Bestandteil der Brandmeldeanlage sein.

Bisher waren als Übertragungseinrichtungen häufig noch ÜE zur Übertragung über analoge oder digitale Festnetzverbindungen bzw. sog. AWUG – Automatische-Wähl-und-Ansage-Geräte – zur Übertragung über das analoge oder digitale Telefonnetz im Einsatz. Diese werden künftig bei BMA nach DIN EN 54 durch moderne Geräte ersetzt, die (ggf. zusätzlich zu den Funktionen der Altgeräte) in der Lage sind, über IP-basierte Netze Meldungen und Befehle zu übertragen (Internet Protocol; d. h. i. W. über das Internet Punkt 5.6.3.5).

Die ÜE nach DIN EN 54-21 [5.34] (und VdS 2463 [5.35]) stellt verschiedene allgemein definierte parallele und serielle Schnittstellen (z. B. V.31bis, V.22, ISDN S_0) für den Anschluss der Brandmeldeanlage oder andere Gefahren-Meldeanlagen zur Verfügung (Schnittstelle S1 in Abbildung 5-5). Sie übersetzt mit Hilfe der implementierten Alarmempfangssoftware den internen Code der BMA in die verwendeten Übertragungsprotokolle der jeweiligen Übertragungsnetze (weitere Details findet man in VdS 2463 [5.35] und VdS 3500 [5.36]). Sie übergibt über die Schnittstelle S2 die Nachricht an das Übertragungsnetz. Die Schnittstellen S2 und S3 definieren den Übertragungsweg und müssen bestimmte, vom Übertragungsnetz abhängige in VdS 2471 Anhang A [5.37] detailliert beschriebene Anforderungen erfüllen.

Das Übertragungsnetz leitet die Nachricht über die Schnittstelle S3 an die Alarmauswerteeinrichtung und diese – nach ggf. erforderlicher Übersetzung der Übertragungsprotokolle – über die Schnittstelle S4 an den Einsatzleitrechner der Feuerwehr (Abbildung 5-5). Die im Überwachungsobjekt eingesetzten ÜE müssen mit den Alarm-Auswerteeinrichtungen AE der Feuerwehr zusammenarbeiten können. Welche ÜE-Typen jeweils zugelassen sind, ist den Anschlussbedingungen für Brandmeldeanlagen der jeweiligen Feuerwehr zu entnehmen (siehe z. B. [5.32]).

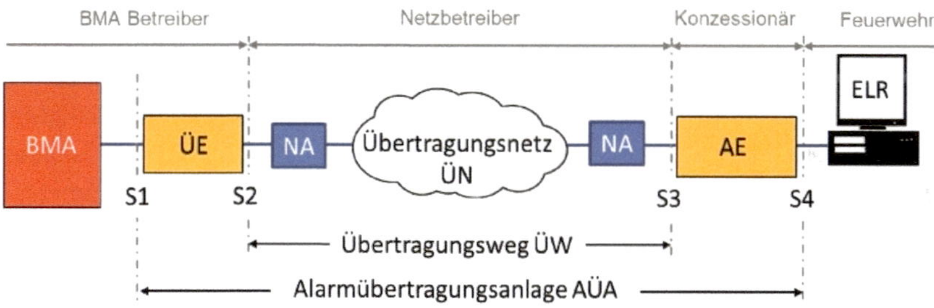

Abbildung 5-5: Bestandteile einer Alarmübertragungsanlage und Übertragungsweg

Die Übertragungseinrichtungen müssen technisch in der Lage sein, Alarmmeldungen über zwei getrennte Übertragungswege (Punkt 5.6.3.5) abzugeben und bei Nichtverfügbarkeit des primären Übertragungsweges automatisch die Meldung über den zweiten Übertragungsweg absetzen oder ggf. erneut absetzen, wenn der Grund für die Nichtverfügbarkeit z. B. im Übertragungsnetz liegt. Übertragungseinrichtungen für BMA nach DIN EN 54-21 müssen daher hinsichtlich der allgemeinen Anforderungen nach DIN EN 50136-1-1 [5.38] und DIN EN 50136-2-1 [5.39] konstruiert sein und die Empfangsbestätigung der Alarmempfangsstelle sowie Störmeldungen optisch anzeigen. Sofern ÜE Brand-

und Störungsmeldungen übertragen, muss der Vorrang von Brandmeldungen sichergestellt sein.

Da ab Ende 2018 Alarmmeldungen im Next-Generation-Network (Punkt 5.6.3.5) übertragen werden müssen und dieses nicht – wie das bisherige ISDN-Netz – auch die Energie zur Verfügung stellt, müssen ÜE spätestens ab diesem Zeitpunkt über eine netzunabhängige Ersatzstromversorgung entsprechend Punkt 5.6.2 verfügen bzw. über die Ersatzstromversorgung der BMZ mit versorgt werden.

5.6.3.2 Übertragungswege

Die Übertragungswege leiten Energie und/oder Meldungen zwischen den einzelnen Komponenten einer BMA, zwischen der BMZ und sonstigen Brandschutzeinrichtungen (Punkt 5.6.5), zwischen BMZ und Feuerwehr oder zwischen vernetzten BMA weiter. Die Übertragungswege können technisch dargestellt werden durch:

- interne oder gemietete Stromwege
- öffentliches oder internes Telefonnetz (drahtgebunden oder über Funk)
- öffentliches oder internes Datennetz (LAN, WLAN oder Lichtwellenleiter)

Aufgrund der Aufgabenstellung der BMA als Sicherheitseinrichtung werden an die Funktionsfähigkeit der folgenden Übertragungswege besondere Anforderungen gestellt:

- zwischen der Energieversorgung und der BMA
- zwischen Meldern und Brandmelderzentrale
- zwischen Brandmelderzentrale und bestimmten Steuereinrichtungen und bestimmten Signalgebern (sofern vorhanden, z. B. Alarmierungseinrichtungen, Schließeinrichtungen für brandschutztechnisch wichtige Türen etc. gemäß Punkt 5.6.5)
- zwischen Ansteuereinrichtung und Übertragungseinrichtung
- zwischen Brandmelderzentralen (anlagenübergreifende Vernetzung).

Diese Übertragungswege sind daher als überwachte Übertragungswege auszuführen, die früher als „Primärleitungen“ bezeichnet wurden (ÜW 2 oder ÜW 3 nach DIN 14674 [5.124]; detailliertere Ausführungen findet man z. B. in [5.125]).

Überwachte Übertragungswege müssen folgenden Anforderungen genügen:

- Die Übertragungswege müssen bestimmungsgemäß verfügbar sein.
- Die Verfügbarkeit während einer Dauer von 24 Std. muss mindestens 97 % betragen.
- Übertragungswege müssen im Normalzustand der Anlage auf die Einhaltung der Sollzustände und auf Unterbrechung, Kurzschluss oder Fehler mit gleicher Wirkung überwacht werden.

- Die Sollzustände der Übertragungswege müssen innerhalb von 10 Sekunden, die betriebliche Störung innerhalb von 100 Sekunden, erkannt und angezeigt werden.
- Die Funktion des Übertragungsweges muss mindestens einmal innerhalb von 25 Std. selbsttätig überprüft werden.

Anmerkung: Wird der Übertragungsweg ständig (z.B. durch Gleichstrom) überwacht, so erfolgt damit gleichzeitig die Überprüfung der Funktion.

- Kann bei Übertragungswegen, die nicht ausschließlich für Gefahrenmeldeanlagen verwendet werden, die bestimmungsgemäße Funktion durch fremde Signale gestört werden, so muss eine zweite Übertragungsmöglichkeit vorgesehen werden.
- Eine Dauerbetätigung bzw. Dauerauslösung eines Brandmelders darf nicht zur selbsttätigen Alarmwiederholung führen.
- Störungen wie Drahtbruch oder Kurzschluss in einem Übertragungsweg oder eine Störung in einem Abschnitt eines Übertragungsweges zwischen einzelnen Brandmelderzentralen und den Übertragungswegen zu der oder den übergeordneten Brandmelderzentralen oder Anzeige- und Betätigungseinrichtungen dürfen die Funktion der Anlage nicht beeinträchtigen.

Über nicht überwachte Übertragungswege. (ÜW 1 nach DIN 14674; früher als Sekundärleitungen bezeichnet) werden daher in der Regel nur technische Betriebsmittelüberwachungen oder sekundäre Alarmierungsmittel bzw. Betriebsmittelsteuerungen an die BMZ angeschlossen. Generell ist der Anschluss von brandschutztechnisch bedeutsamen Anlagen nur dann über nicht überwachte Verbindungswege erlaubt, wenn die Anlage bei Ausfall des Übertragungsweges in einen sicheren Zustand übergeht. Ein Beispiel hierfür ist z.B. eine betriebsmäßig über einen Magnetkontakt offen gehaltene Rauchschutztür, die bei Ausfall der Energieversorgung selbsttätig schließt.

5.6.3.3 Interne drahtgebundene Übertragungswege der BMA

Wie unter Punkt 5.6.3.2 ausgeführt, müssen Übertragungswege innerhalb einer BMA überwacht werden. Innerhalb einer BMA darf ein durch einen Übertragungsweg versorgter Meldebereich eine Gesamtfläche von bis zu $6000\,m^2$ umfassen. Es dürfen auch mehrere Brandabschnitte durch einen Übertragungsweg versorgt werden. Dabei muss die Anlage aber so fehlertolerant geplant sein, dass bei Leitungsunterbrechung oder Kurzschluss etc. nur ein Meldebereich mit

- einer Fläche von ≤ 1600 m², max. 32 Meldern / Melderpunkten bzw. einem linienförmigen Melder oder Auswertebereich eines Ansaugrauchmelders incl. zugeordneter Funktionsgruppen *oder*
- max. 10 Handfeuermeldern incl. zugeordneter Funktionsgruppen *oder*
- eine Funktionsgruppe.

ausfällt. Funktionsgruppen sind z. B. das Erfassen und Ausgeben von Meldungen und / oder Informationen, Alarmierung und Steuerung von Sicherheitseinrichtungen innerhalb eines Alarmierungsbereiches oder Brandabschnittes (Punkt 5.6.5). DIN VDE 0833-2 enthält weitere detaillierte Randbedingungen für den Anschluss von Meldern.

Für die elektrischen Übertragungswege (Leitungen) innerhalb einer BMA fordern DIN 14675-1 und DIN VDE 0833-2 darüber hinaus die Funktionsfähigkeit auch im Brandfall und verweisen hierzu auf die „Musterrichtlinie über brandschutztechnischen Anforderungen an Leitungsanlagen" (MRLA [5.40]). Nach Kapitel 5.3 MLAR müssen Leitungen von Brandmeldeanlagen für 30 Minuten funktionsfähig bleiben, also z. B. feuerhemmend von anderen Bereichen abgetrennt oder in der Feuerwiderstandsklasse P 30 nach DIN EN 13501-3 ausgeführt werden. Da die durch die Leitungen versorgten Elemente der BMA (Melder, Alarmierungseinrichtungen) selbst keine Feuerwiderstandsdauer besitzen, bedeutet dies (siehe z. B. in [5.42]), dass die Leitungen so zu verlegen sind, dass bei Brandeinwirkung lediglich die unmittelbar betroffenen Anlagenteile (Melder, Alarmierungseinrichtungen) ausfallen. Alle übrigen Anlagenteile (z. B. in anderen Brandabschnitten) müssen für mindestens 30 Minuten funktionsfähig bleiben. Dieses Schutzziel kann – neben der Abschottung oder Ausführung als P 30-Kabel – z. B. auch durch Doppelleitungen auf verschiedenen Leitungswegen oder Ringleitungen realisiert werden.

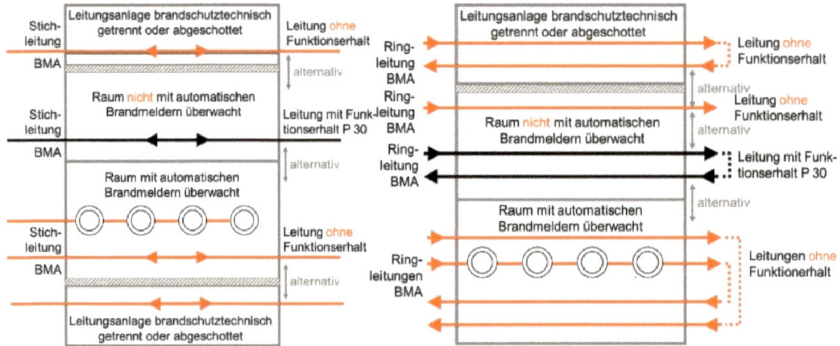

Abbildung 5-6: Ausführung von internen drahtgebundenen Übertragungswegen von BMA

Ist im Einzelfall ein Raum mit geringer Brandlast (nach DIN VDE 0833-2, siehe Punkt 5.8.3) nicht durch Brandmelder überwacht, so können dort Leitungen ohne Funktionserhalt verwendet werden, sofern etwaige Auflagen der Baugenehmigung dies nicht verbieten.

5.6.3.4 Interne nicht drahtgebundene Übertragungswege der BMA

DIN VDE 0833-2 [5.26] bestimmt in Punkt 6.6.2 weiter, dass bei nicht drahtgebundenen Übertragungswegen sinngemäß zu verfahren, d. h. insbesondere das gleiche Sicherheitsniveau zu erreichen ist. Damit sind auch Brandmeldeanlagen möglich, bei welchen die einzelnen Brandmelder oder Brandmeldergruppen über Funk (i. A. SRD-Band, 868 MHz bis 870 MHz) mit der Brandmeldezentrale kommunizieren.

Bei diesem Anlagetyp wird in der Regel an den Daten-Ring-Bus der drahtgebundenen Melder ein Funk-Bus-Interface angekoppelt, das an entsprechende Bus-Koppler des Brandmeldesystem-Ringbus angeschlossen wird (Abbildung 5-7). Wenn dieses Bus-Interface die vom Funkteil des Interface empfangenen Signale direkt in das Bus-Protokoll des jeweiligen Brandmeldesystems überträgt, kann die komplette Parametrierung an der Brandmelderzentrale vorgenommen werden, an der alle Informationen zur Verfügung stehen.

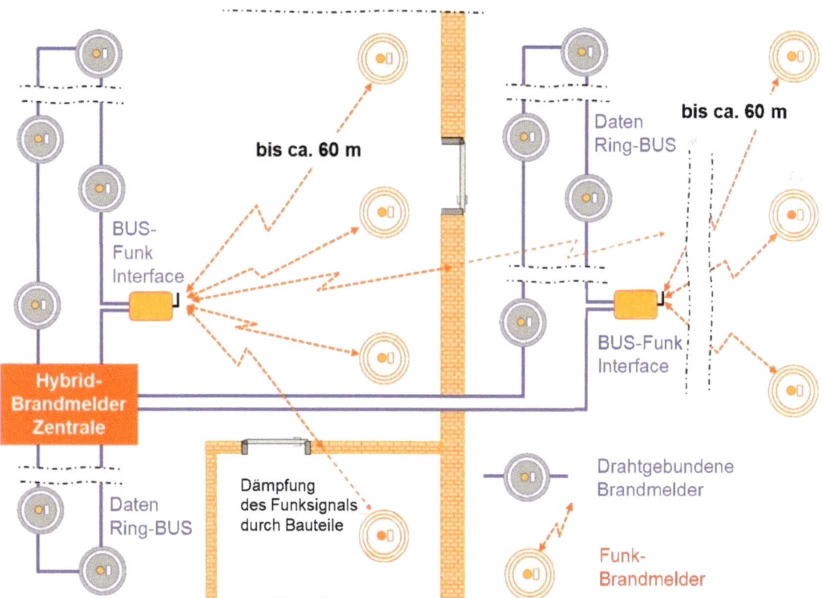

Abbildung 5-7: Ausführung von internen, nicht drahtgebundenen Übertragungswegen von BMA – schematisches Beispiel (vergl. auch Punkt 5.6.3.3)

Selbstverständlich müssen auch diese BMA (die dann üblicherweise als Hybrid-Brandmeldeanlage bezeichnet werden) und ihre Melder den allgemeinen Anforderungen an Detektionssicherheit, Ausfallsicherheit der Energieversorgung etc. genügen. DIN EN 54-25 [5.31] bestimmt dazu (vergl. auch bei Schreyer [5.42]):

- dass die HF-Anlagenteile mit einer nicht ausgenutzten Dämpfungsreserve von mindestens 10 dB zu erstellen sind (zum Problem des so genannten Fadings von HF-Signalen in Gebäuden siehe z.B. bei Vollenweider [5.47]),
- dass die HF-Anlagenteile zur Verbindung mit der BMZ ein Übertragungsprotokoll verwenden müssen, dass sicherstellt, dass keine Alarmmeldung verloren geht,
- dass die mittels HF angebundenen Anlagenteile individuell als zu einer bestimmten BMA gehörig identifizierbar sind und die HF-Signale dieser Anlagenteile nicht von einer anderen BMA akzeptiert werden,
- dass bestimmte Störeinflüsse der HF-Anlage nicht zu Fehlfunktionen führen,
- dass auch bei weiteren Nutzern innerhalb des gleichen Frequenzbandes die Funktionsfähigkeit der HF-Anlagenteile zu gewährleisten ist,
- dass der Verlust der Fähigkeit der HF-Anlage Meldungen innerhalb der in DIN EN 54-2 festgelegten Zeiten an die BMZ zu übertragen innerhalb von weniger als 7 Minuten angezeigt werden muss.

5.6.3.5 Externe Übertragungswege der BMA

Aufgabe der BMZ ist nach der Branddetektion und Lokalisierung die Alarmierung (siehe Punkt 5.6.4) einer ständig besetzten Stelle, in der Regel der Feuerwehr. Zur Verbindung der Übertragungseinrichtung der BMA mit der Alarm-Auswerteeinrichtung der Feuerwehr dienten traditionell sog. Standleitungen, d.h. dauerhaft geschaltete physikalische Leitungswege. Diese überwachten Standleitungen waren im Besitz der Feuerwehr oder mussten von Netzbetreibern (z.B. der Deutschen Telekom) angemietet werden. Die Kosten hierfür wurden und werden auf der Grundlage der Anschlussbedingungen an den Betreiber der BMA weitergegeben. Hierdurch entstanden und entstehen relativ hohe Betriebskosten für die Brandmeldeanlage. Daher werden heute (2021) echte Standleitungen im Wesentlichen nur noch innerhalb von Liegenschaften verwendet, wo sie als Telefon oder Datenleitungen ohnehin vorhanden sind. Immer noch nutzen viele Übertragungseinrichtungen das ISDN – Integrated Services Digital Network – als Übertragungsweg, einige auch noch das analoge Telefonnetz, beides leitungsvermittelte Dienste.

Die meisten Telekommunikationsvorgänge laufen heute mit Hilfe so genannter Internetprotokolle ab, so dass die hohe Geschwindigkeit von Internet-Breitbandverbindungen mittels DSL-Anschlüssen genutzt werden kann. Der Verbindungsaufbau zwischen Sender und Empfänger der Nachricht und die

Datenübermittlung erfolgen mittels spezieller Verbindungs- und Übertragungsprotokolle (Software), die vom Internet-Dienstanbieter (Provider) zur Verfügung gestellt werden. Die Server des Providers steuern auch den Nachrichtenfluss, der in Form von Datenpaketen erfolgt. Dabei wird i. d. R. lediglich eine logische Verbindung zwischen Sender (Schnittstelle S2) und Empfänger (Schnittstelle S3) aufgebaut, d. h. es besteht keine permanente, eindeutig identifizierbare physikalische Verbindung (vergl. Abbildung 5-8). Die einzelnen Datenpakete werden u. U. über völlig unterschiedliche Wege übermittelt und erst beim Empfänger wieder zur vollständigen Nachricht zusammengefügt.

Alle leitungsvermittelten Nachrichtendienste (dazu gehört auch das ISDN-Netz) werden spätestens in den nächsten Jahren eingestellt. Bereits seit 2019 bieten viele Netzbetreiber für Neuanschlüsse nur noch paketvermittelte Dienste an. Auch die Alarmmeldungen von Brandmeldeanlagen müssen daher heute das oben grob beschriebene paketvermittelte Next-Generation-Network als Übertragungsweg nutzen. Weitere Information zum NGN findet man in [5.48] und [5.49]; zu notwendigen Umrüstmaßnahmen vorhandener AÜA in [5.50] und [5.51].

DIN 14675 fordert für Brandmeldeanlagen die „Sicherstellung der Alarmübertragung", d. h. es müssen (mindestens) zwei unterschiedliche Übertragungswege für die Alarmmeldung zur Verfügung stehen. Hierzu sind stehende oder bedarfsgesteuerte Verbindungen zulässig. Bedarfsgesteuerte Verbindungen werden erst bei Übertragungsnotwendigkeit in einem Nachrichtenetz nach den dort geltenden Regeln aufgebaut und nach Austausch der Nachricht wieder abgebaut.

Stehende Verbindungen sind charakterisiert durch:

- Aufbau bei Installation der BMA
- werden nicht mehr aufgelöst
- stehen der BMA exklusiv für die Übertragung zur Verfügung
- die Nachrichtenübermittlung ist jederzeit in beide Richtungen möglich

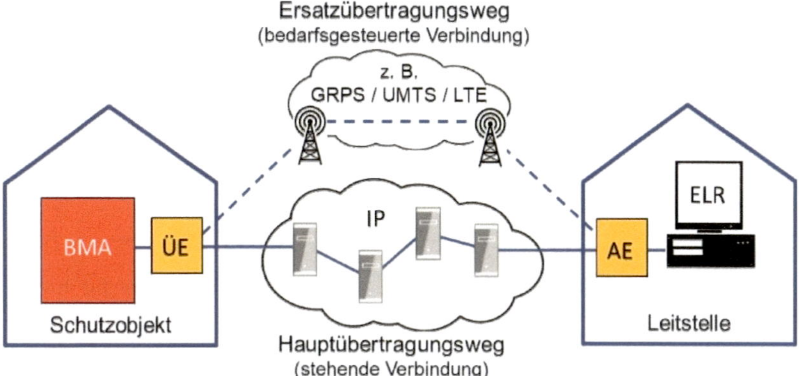

Abbildung 5-8: Redundante Übertragungswege – Beispiel

Auf Grund der Nutzung des Internets als Übertragungsweg sind auch so genannte virtuelle Standleitungen möglich. Diese Verbindungen sind zwar ständig aufgebaut, können jedoch – sofern die BMA gerade keine Nachrichten sendet oder empfängt – auch für andere Nachrichten genutzt werden. Zusätzlich zu den oben genannten Eigenschaften der stehenden Verbindung werden virtuelle Standleitungen auch durch das Netz selbst überwacht.

Für die externen Übertragungswege von BMA gelten folgende Anforderungen:

- Die Übertragungswege müssen den technischen Anforderungen (u. A. hinsichtlich Übertragungsdauer, Verfügbarkeit, Überwachung und Sicherheit der Information) der EN 54-21 [5.34] und damit jenen der DIN EN 50136-1-1 [5.38] entsprechen.
- Bei Unterbrechung des ersten Übertragungsweges muss die ÜE unmittelbar und automatisch über den zweiten Weg mit der Alarm-Auswerteeinrichtung verbunden werden.
- Bedarfsgesteuerte Verbindungen sind nur zulässig, wenn eine zweite bedarfsgesteuerte Verbindung über eine zweite Trasse oder wenn eine Festverbindung über ein paketvermittelndes Datennetz zur Verfügung steht (Abbildung 5-8).
- Bedarfsgesteuerte Verbindungen dürfen nicht aus dem als Hauptübertragungsweg genutzten paketvermittelten Datennetz gebildet werden.
- Übertragungswege über bedarfsgesteuerte Verbindungen müssen bestimmte in Anhang A der Norm genannte Bedingungen einhalten.
- Der Ausfall eines Übertragungsweges muss über den anderen an den Betreiber der AÜA und / oder an die Feuerwehr gemeldet werden.
- Mindestens einer der Übertragungswege muss teilnehmerseitig über eine Ersatzstromversorgung gemäß Punkt 5.6.2 verfügen.

Unter den neuen, oben angedeuteten Bedingungen des NGN sind daher die in Tabelle 5-3 aufgeführten Übertragungswege für Brandmeldungen zulässig und zukunftsfähig.

Hauptübertragungsweg stehende Verbindung [1)]	**Ersatzweg bedarfsgesteuerte Verbindung**
über IP	über GSMC [2)]
über IP	über GPRS [3)], UMTS [4)] oder LTE [5)]
über UMTS	über GRPS [2)]
über GRPS	über UMTS

1) i. d. R. virtuelle Verbindung
2) GSMC – global System for Mobile Communications; heute meistgenutzter Mobiltelefondienst, jedoch nicht mehr das modernste System, Mobilfunkstandard der 2. Generation
3) GRPS – General Packet Radio Service; paketorientierter Datenübertragungsdienst in GSM-Netzen
4) UMTS – Universal Mobile Telecommunications System, Mobilfunkstandard der 3. Generation
5) LTE – Long Term Evolution; Mobilfunkstandard der 4. Generation

Tabelle 5-3: Zukunftsfähige Übertragungswege für BMA (entsprechen DIN 14675 und EN 54-21)

5.6.4 Alarmierungsarten und Alarmierungsmittel

Die Alarmierung ist nach der Enddeckung eines Brandes die wichtigste Aufgabe einer Brandmeldeanlage. Die Ausstattung eines Objektes mit Alarmierungseinrichtungen ist abhängig von der Nutzungsart, der Zielgruppe der Alarmierung, der Zeit und weiteren Einflussgrößen auf der Grundlage der festgelegten Alarmorganisation zu planen (siehe Punkt 5.8.6). In jeder BMZ muss eine Ansteuereinrichtung für Alarmierungseinrichtungen vorhanden sein, Ansteuereinrichtungen für Störungsmeldungen sind optional. Übertragungseinrichtungen (siehe Punkt 5.6.3.5) leiten die Alarm- bzw. die Störungsmeldung an die vorgesehenen Stellen weiter. Sie können Teil der BMA sein.

Der sog. *Internalarm* einer BMA erfolgt in der Regel nur innerhalb des betroffenen Gebäudes bzw. Gebäudeteils und dient zur frühzeitigen Warnung Anwesender und zur Aktivierung interner hilfeleistender Kräfte (z. B. der Betriebsfeuerwehr) und ggf. als Aufforderung zur Evakuierung. Er erfolgt den Umständen entsprechend als lauter oder stiller Alarm.

Externalarme dienen als laute Alarme zur Alarmierung der anonymen Öffentlichkeit außerhalb der überwachten Anlagen. Der Externalarm findet für Brandmeldeanlagen selten Anwendung, in der Regel wird er für Einbruchsmeldeanlagen angewandt (Außensirene o. ä.).

Der sog. *Fernalarm* alarmiert die zuständige Feuerwehr oder andere Hilfskräfte und erfolgt daher in der Regel über die Liegenschaftsgrenzen hinaus auf externen Übertragungswegen (Punkt 5.6.3.5). Es sind daher Übertragungseinrichtungen für Gefahrenmeldungen zu verwenden (Punkt 5.6.3.1). Fernalarme müssen an eine öffentliche Feuerwehr oder eine andere behördlich benannte alarmauslösenden Stelle weitergeleitet werden.

Zur Alarmierung, Information und Warnung von Bedienungspersonal, Hilfskräften und Personen vor Ort dienen die folgenden akustischen Signalgeber:

- Sprachalarmanlagen (Kapitel 12)
- Sirenen, Hupen, Hörner (DIN EN 54-3, [5.115])

Alle akustischen Signalgeber zur Alarmierung von Personen müssen mindestens das einheitliche Notsignal nach DIN 33404-3 [5.52] abgeben können. Der Schalldruckpegel akustischer Signalgeber muss mindestens 10 dB(A) über dem allgemeinen Schallpegel liegen; in Ruhebereichen muss in Ohrhöhe einer schlafenden Person ein Schalldruckpegel von mindestens 75 db(A) erreicht werden, um einen Weckeffekt sicher zu stellen.

Aus Sicht der Gefahrenabwehr sind wegen der höheren Effektivität Sprachalarmanlagen als akustische Alarmierungsmittel zu bevorzugen (BMA-Sprachalarmzentralen mit BMA-Lautsprechern nach DIN EN 54-24 [5.59]; Kupfer [5.53] oder Berger [5.54]). Werden diese als Teil der BMA geplant, ist VDE 0833-4 [5.55] zu beachten.

Für die Personenalarmierung kommen als optische Alarmierungsmittel (DIN EN 54-23, [5.116]) in Frage:

- Blitzleuchten (rot)
- Rundum-Kennleuchten (rot)
- Parallelanzeigen von Meldern
- Fernanzeigen (z.B. in einer Leitwarte)

Die Ausführung und Anordnung der optischen Signalgeber einer BMA wird in DIN VDE 0833-2 detailliert beschrieben.

Zur Information der Feuerwehr vor Ort, im in der Regel unbekannten, von der BMA überwachten Objekt, dienen:

- Anzeigen am Feuerwehr-Bedienfeld nach DIN 14661 [5.56] (Punkt 5.10.1) der Brandmelderzentrale
- Feuerwehr-Anzeigetableaus nach DIN 14662 [5.29] (Punkt 5.10.3)
- Feuerwehr-Laufkarten (Punkt 5.10.4)

5.6.5 Ansteuerung von Brandschutzeinrichtungen

Brandmeldeanlagen können dazu genutzt werden, Brandschutzeinrichtungen wie:

- Rauchschutztüren,
- Feuerschutzabschlüsse (Brandschutztüren und -klappen, Feuerschutzvorhänge),
- Fluchttüren,
- Löschanlagen,
- Druckerhöhungsanlagen,
- Rauch- und Wärmeabzugsanlagen,
- Feuerwehraufzüge,
- Fluchtleitsysteme,
- Gebäudefunkanlagen

anzusteuern. Eine beispielhafte Übersicht realisierbarer Ansteuerungen zeigt Abbildung 5-9.

Zusätzlich zu den oben genannten Brandschutzeinrichtungen können auch sonstige Einrichtungen, die mittelbar dem Brandschutz dienlich sind angesteuert werden (z.B. Aufzüge – vergl. Punkt 11.1, Klimaanlagen etc.).

Die Steuerungsimpulse stehen heute entweder potentialfrei zur Verfügung oder – sofern die BMA Teil eines lokalen Sicherheitsnetzwerkes ist – als Datentelegramme an einem Datenbus zur Verfügung. Angesteuerte externen Brandschutzeinrichtungen sind grundsätzlich über überwachte Übertragungswege anzuschließen (Punkt 5.6.3.2). Bei Integration der BMA in ein übergeordnetes System – z.B. in eine Gebäudeleit- und sicherheitstechnische Anlage – sind hinsichtlich der Ausführung der Übertragungswege zwischen der BMA und den sonstigen Steuereinrichtungen die Vorgaben der DIN 14675 und DIN 14674 zur anlagenübergreifenden Vernetzung zu beachten.

Auf eine Überwachung kann danach verzichtet werden, wenn bei Ausfall des Übertragungsweges

- die zu steuernde Anlage selbsttätig in einen sicheren Zustand fällt,
- sich keine negativen Einflüsse auf die zu steuernde Anlage ergeben,
- die zu steuernde Anlage den Übertragungsweg überwacht und den Ausfall an die BMZ meldet.

Ggf. erforderliche Wechselwirkungen mit sonstigen Einrichtungen des Anlagentechnischen Gefahrenschutzes sind bei der Projektierung von Brandmeldeanlagen besonders zu beachten (Punkt 5.8.1). Eine logisch und zeitlich sachgerechte Steuerung aller Anlagenteile ist i. A. komplex und sollte mit Hilfe einer Brandfallsteuermatrix geplant und umgesetzt werden (Punkt 5.9).

5.7 Brandmelder

Die für bestimmte Bauwerke, einzelne Bereiche in Bauwerken bzw. Einzelrisiken (Maschinen) zu wählende Melderart, deren Anzahl und Anordnung hängt im Wesentlichen von den folgenden Einflussgrößen ab:

- den Materialien im Überwachungsbereich und deren
  - Entzündbarkeit
  - Brennbarkeit
  - Menge und Anordnung (im Raum sowie relativ zueinander)
- der zu erwartenden Brandausbreitungsgeschwindigkeit;
- der zu erwartenden Rauchentwicklung;
- der zu erwartenden Flammenentwicklung;
- der räumlichen Ausdehnung und Anordnung des Überwachungsbereichs (insbesondere die Raumhöhe);
- Einbauten im überwachten Bereich die die Rauch- oder Strahlungsausbreitung beeinflussen;
- den Einflüssen durch Lüftung und Heizung;
- den Umgebungsbedingungen in den überwachten Räumen;
- den Möglichkeiten von Fehlalarmen.

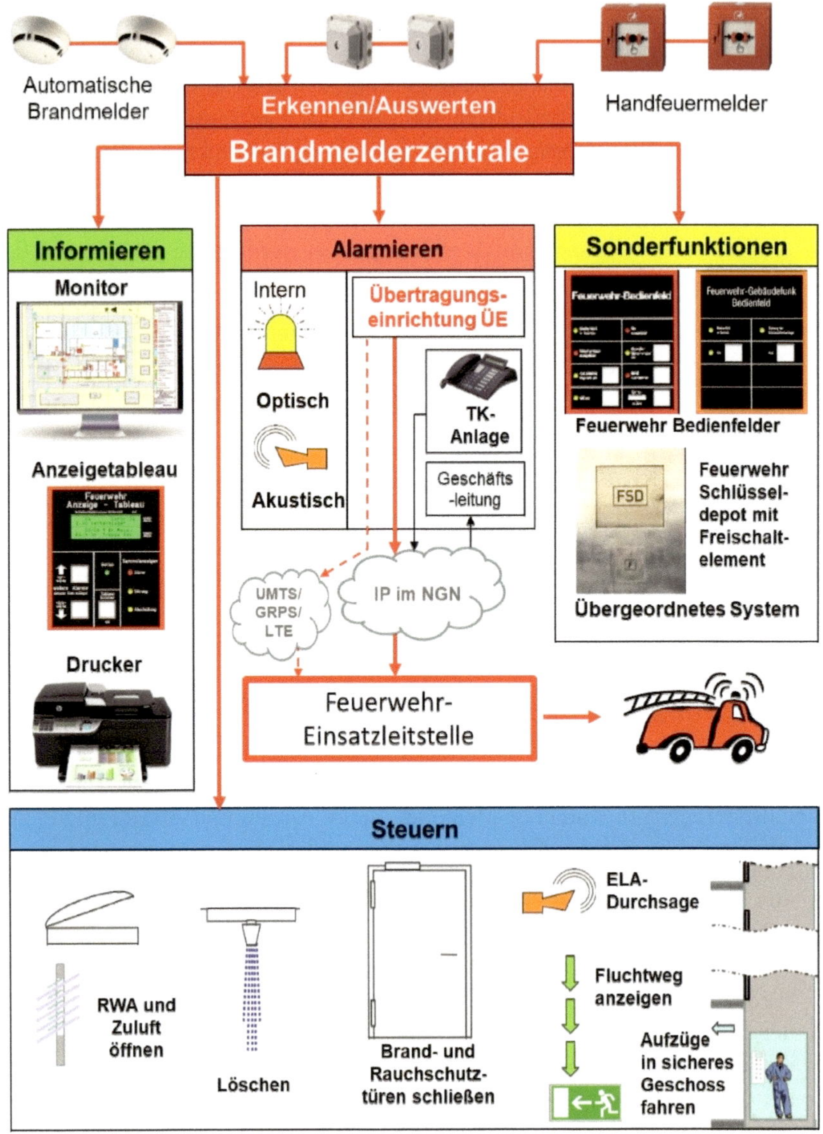

Abbildung 5-9: Ansteuerungen durch die Brandmelderzentrale (Beispiele)

Es sind solche Brandmelder auszuwählen, die unter Berücksichtigung der Umgebungsbedingungen in den Bereichen, in denen sie angeordnet sind, die schnellstmögliche zuverlässige Alarmierung liefern (zur Theorie der Auslegung von Brandmeldesystemen siehe z.B. bei Schifiliti et al. [5.61]). Es gibt keinen Melder, der für alle Anwendungen gleich gut geeignet ist, letztlich wird die Auswahl von speziell anzutreffenden Gegebenheiten abhängen. Manchmal wird eine sichere schnelle Brandentdeckung nur durch eine Kombination verschiedener Melderarten möglich sein.

5.7.1 Nichtautomatische Brandmelder - Handfeuermelder

Nichtautomatische Brandmelder sind Handfeuermelder nach DIN EN 54-11 [5.62]. Sie bestehen aus einem Guss- bzw. Kunststoffgehäuse und enthalten hinter einer auswechselbaren Glasscheibe einen Druckknopf (früher bezeichnet als: „Druckknopfmelder", „Feuermelder nach DIN 14655" oder „Nebenmelder"). Durch Betätigung des Druckknopfes wird eine Meldung, in der Regel nach dem Unterbrechungsprinzip, ausgelöst. Handfeuermelder sind anzubringen

- an gut sichtbaren und zugänglichen Stellen,
- an Fluchtwegen, Treppenräumen, Gängen,
- an Ausgangstüren und
- in feuergefährdeten Räumen, in denen ein Feuer von anwesendem Personal entdeckt und gemeldet werden kann,
- in einer Höhe von 140 cm (± 20 cm) vom Boden (sofern nicht besondere Anforderungen der Erreichbarkeit z.B. durch Rollstuhlfahrer bestehen).

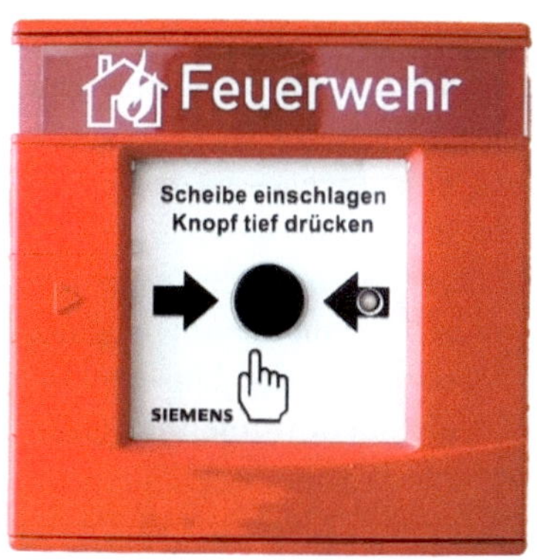

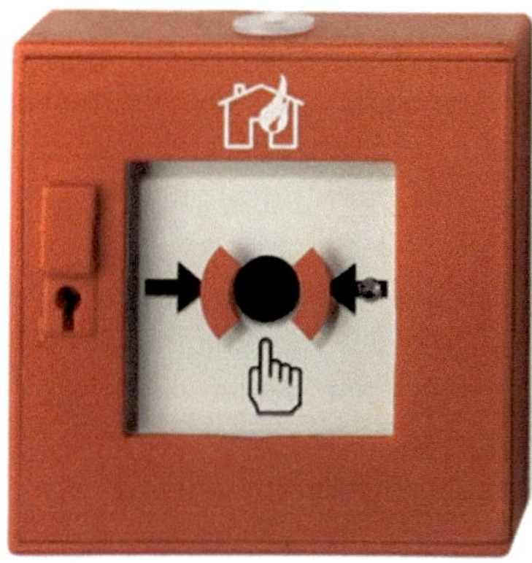

Abbildung 5-10: Handfeuermelder nach DIN EN 54-11 in Deutschland

5.7.2 Automatische Brandmelder

In unbesetzten Betriebsräumen, in Fluren und sonstigen Rettungswegen, in großen Lagern mit brennbaren Materialien und bestimmten anderen Räumen sind zur raschen Entdeckung von Bränden automatische Melder einzubauen (zur Anzahl und Anordnung enthält Punkt 5.8.5 weitere Ausführungen).

In besetzten Betriebsräumen (z. B. Werkstätten, Laboratorien) können in begründeten Ausnahmefällen und mit Zustimmung der zuständigen Brandschutzdienststellen einzelne automatische Melder bzw. Meldergruppen während der Betriebszeit abgeschaltet werden. Der abgeschaltete Zustand muss an einer ständig besetzten Stelle optisch angezeigt werden.

5.7.2.1 Branddetektion durch automatische Brandmelder

Brandmelder können in der Regel eine oder mehrere der unter Punkt 5.1 dargestellten Brandkenngrößen erkennen: Rauch, Wärme, Strahlung (Flamme) und andere Brandfolgeerscheinungen. Jede Melderart reagiert unterschiedlich schnell auf die verschiedenen Brandarten. Im Allgemeinen zeigt ein Wärmemelder die langsamste Reaktion, aber bei einem Brand mit schneller Wärmeentwicklung und wenig Rauch kann ein Wärmemelder vor einem Rauchmelder ansprechen. Bei einem Schwelbrand, wie in der Entstehungsphase eines Brandes von Pappe, wird ein Rauchmelder im Allgemeinen am schnellsten ansprechen. Bei Flüssigkeitsbränden wird die früheste Brandentdeckung normalerweise durch einen Flammenmelder erfolgen.

In manchen Fällen wird ein einziger Meldertyp nicht zu einer sicheren und schnellen Branddetektion führen. Dann sind Kombinationen der verschiedenen Meldertypen oder Mehrkriterienmelder erforderlich. Dies führt im Allgemeinen zu einer Erhöhung der Melderanzahl und damit der Kosten.

Die von punktförmigen Wärme- und Rauchmeldern erkannten Verbrennungsprodukte werden durch Konvektion von der Brandzone zum Melder transportiert. Diese Melder benötigen daher das Vorhandensein einer Decke (oder einer ähnlichen Fläche), um die Verbrennungsprodukte von der aufsteigenden Rauchsäule zum Melder zu leiten [5.61]. Sie sind daher für den Einsatz in den meisten Gebäuden geeignet, im Allgemeinen jedoch nicht für den Einsatz im Freien. Für Spezialanwendungen in sehr großen oder langgestreckten Bauwerken (Messehallen, Tunnel, u. a. m.) stehen linienförmige Melder zur Verfügung.

Die Strahlung, die von Flammenmeldern erkannt wird, breitet sich geradlinig aus und benötigt daher keine Decke, um das Verbrennungsprodukt weiterzuleiten. Flammenmelder können daher auch im Freien und in sehr hohen Räumen eingesetzt werden, in denen Wärme- und Rauchmelder ungeeignet sind.

Bei jedem Brand entstehen bestimmte Gase wie CO, CO_2 und NH_3. Gassensormelder können diese Gase erkennen und ihr Auftreten als Brand deuten. Da Gassensormelder nur sehr geringe Konzentrationen der Brandgase benötigen, können Brände schon in sehr frühem Entstehungsstadium nachgewiesen werden.

Durch Kombination von zwei oder mehr Melderarten (z. B. Rauch / Wärme oder Rauch / Wärme / Flamme) ergeben sich Melder mit Mehrfachsensoren. Durch gemeinsame Verarbeitung der Signale jeder Melderart durch mathematische Berechnungen (nach Absolutwert und Gradient) können Mehrkriterienmelder entstehen. Mit Mehrsensor- und Mehrkriterienmeldern kann eine deutlich bessere Unterscheidung zwischen tatsächlichen Alarmen und Falschalarmen getroffen werden.

5.7.2.2 Falschalarme und BMA-Betriebsarten

Mit der Erhöhung der Nachweisempfindlichkeit einer BMA erhöht sich andererseits jedoch auch die Häufigkeit von Falschalarmen, d. h. Alarmierungen der Feuerwehr, die nicht auf Grund eines tatsächlichen Brandes erfolgen. Falschalarme, die durchschnittlich in rund 81 % der Brandalarme durch BMA vorliegen (Diewald et al. [5.63]), verursachen Kosten infolge des Einsatzes der Feuerwehr, der nur bei bestimmungsgemäßer Auslösung des Alarmes, also bei Bränden, nach den Brandschutzgesetzen der Länder kostenfrei ist, und möglicher Betriebsunterbrechungen durch Räumung von Gebäuden, Abfahren von Anlagen etc. (siehe hierzu unter Punkt 5.8.6).

Für Falschalarme anfällige Bereiche sind u. a. solche, in denen folgende Störgrößen auftreten können:

- Staubanfall (z. B. bei staubendem Schüttgut)
- Flusenanfall (z. B. bei Textilbetrieben)
- Bearbeitung von Holz, Kunststoff etc.
- Dämpfe und Aerosole (z. B. Ölnebel, Dämpfe von Schneidöl, auf heißen Oberflächen abgelagerte Öl- und Schmutzreste)
- Abgase von Verbrennungsmotoren
- Tabakrauch, Kerzenrauch
- Wasserdampf in Küchen (aus Konvektomaten u. ä)

Um Falschalarme soweit technisch möglich zu vermeiden, dürfen in Brandmeldeanlagen nach DIN 14675 und VdE 0833-2 nur Brandmelder eingesetzt werden, die in einem der Teile der DIN EN 54 technisch beschrieben sind. Darüber hinaus können Brandmeldeanlagen mit automatischen Brandmeldern in den Betriebsarten TM oder PM ausgeführt und betrieben werden. Für BMA mit Handfeuermeldern ist nur die Betriebsart OM zulässig.

Betriebsart OM

Brandmeldeanlagen ohne besondere Maßnahmen zur Vermeidung von Fehlalarmen.

Betriebsart TM

Brandmeldeanlagen mit technischen Maßnahmen zur Vermeidung von Fehlalarmen (vergl. auch bei Kayser [5.63]) verifizieren einen Alarmzustand durch alternativ:

- Alarmzwischenspeicherung
  (Der Alarm wird erst weitergeleitet, wenn nach einer Verzögerungszeit von bis zu 10 Sekunden die Brandkenngröße noch ansteht.)
- Zweimeldungsabhängigkeit Typ A
  (In der Brandmeldezentrale wird bei Ansprechen eines Melders zunächst nur ein „Voralarm" ausgelöst. Erst bei Ansprechen von zwei Meldern wird der „Alarm" automatisch an die Feuerwehr oder eine sonstige, ständig besetzte Stelle weitergeleitet. Wo erforderlich werden dann auch Brandbekämpfungseinrichtungen ausgelöst, Brand- und / oder Rauchschutztüren geschlossen, Alarmdurchsagen ausgelöst etc.; siehe hierzu Punkte 5.6.4 und 5.6.5).
- Zweimeldungsabhängigkeit Typ B
  (Analog zur Zweimelderabhängigkeit, jedoch müssen die zwei Melder zu zwei verschiedenen Meldergruppen gehören.)
- Komplexe Auswertung von Brandkenngrößen:
  - Vergleich des Signals mit charakteristischen Brandkenngrößenmustern
  - Einsatz von Mehrfachsensoren- und / oder Mehrkriterienmeldern

Betriebsart PM

Brandmeldeanlagen mit personellen Maßnahmen zur Vermeidung von Fehlalarmen
Bei dieser Betriebsart wird vor der Weiterleitung des Alarmes durch anwesendes Personal überprüft, ob tatsächlich ein Brand vorliegt. Dabei müssen folgende Bedingungen eingehalten sein:

- Die Alarmverzögerung darf nur während der Anwesenheit von Personen in den überwachten Bereichen wirksam sein.
- Wenn die eingelaufene Meldung nicht nach höchstens 30 Sekunden quittiert wird, muss der Alarm automatisch weitergeleitet werden.

- Nach der Quittierung darf die Erkundungszeit in Deutschland maximal 3 Minuten betragen, danach muss der Alarm automatisch weitergeleitet werden.
- Bei Eingang einer weiteren Brandmeldung während der Erkundungszeit muss der Alarm unverzögert sofort automatisch weitergeleitet werden.
- Das Einschalten der Verzögerung darf nur manuell möglich sein, das Ausschalten muss automatisch erfolgen.
- Die Brandmeldungen von Handfeuermeldern sollten stets unverzögert weitergeleitet werden.
- Die Ansteuerung von Brandschutzeinrichtungen (Punkt 5.6.5) muss stets ohne Verzögerung erfolgen.

Aus Sicht der Feuerwehren ist insbesondere die Betriebsart PM kritisch zu sehen, da im Brandfall bis zu 3,5 Minuten verloren gehen können, so dass die Eingreifzeit (Punkt 2.4.1) sich entsprechend verlängert. Gerade bei zu erwartender hoher Brandausbreitungsgeschwindigkeit oder bei Anwesenheit von Personen, die sich nicht ausreichend selbst helfen können (in Krankenhäusern oder Altenheimen) kann im Einzelfall eine solche Verzögerung zu vermeidbaren Sach- oder Personenschäden führen (vergl. Punkt 1.3.3).

5.7.2.3 Erprobung automatischer Brandmelder

Wegen der unterschiedlichen Empfindlichkeiten der verschiedenen automatischen Brandmelder müssen diese nach DIN EN 54 hinsichtlich ihres Ansprechverhaltes klassifiziert werden. Die Brandmelder werden dazu in einem bestimmten Testraum je nach Meldertyp einer Anzahl genau beschriebener Testfeuer ausgesetzt und hinsichtlich ihrer Empfindlichkeit klassifiziert (Tabelle 5-4 und DIN EN 54-7 [5.65]). Wenn bestimmte Grenzwerte der Empfindlichkeit bei den Testfeuern erreicht werden, gelten die Brandmelder als für diese Feuer geeignet. Beispielhafte relative Empfindlichkeitskurven verschiedener Brandmelder zeigt Abbildung 5-11.

Derzeit wird intensiv untersucht, ob auf Grund der heute in modernen Einrichtungsgegenständen verwendeten Materialien (Polyester, Polycarbonat, Polyethylen etc.) die Testfeuer angepasst oder ergänzt werden müssen, um weiterhin ein ausreichend schnelles Ansprechen der Brandmelder zu gewährleisten (Chagger [5.65]).

Bezeichnung	**Brandart**	typische Merkmale				
		Wärmeentwicklung	Aufwärtsströmung	Rauchentwicklung	Aerosolspektrum	sichtbarer Bereich
TF 1	**offener Zellulosebrand (Holz)**	stark	stark	ja	überwiegend nicht sichtbar	dunkel
TF 2	**Pyrolyse-Schwelbrand (Holz)**	vernachlässigbar	schwach	ja	überwiegend sichtbar	hell, stark streuend
TF 3	**Glimm-Schwelbrand (Baumwolle)**	vernachlässigbar	sehr schwach	ja	überwiegend nicht sichtbar	hell, stark streuend
TF 4	**offener Kunststoffbrand (Polyurethan)**	stark	stark	ja	teilweise nicht sichtbar	sehr dunkel
TF 5	**Flüssigkeitsbrand (n-Heptan)**	stark	stark	ja	überwiegend nicht sichtbar	sehr dunkel
TF 6	**Flüssigkeitsbrand (Äthylalkohol)**	stark	stark	nein	keines	keiner

Tabelle 5-4: Testfeuer für die Erprobung der Eignung von automatischen Brandmeldern

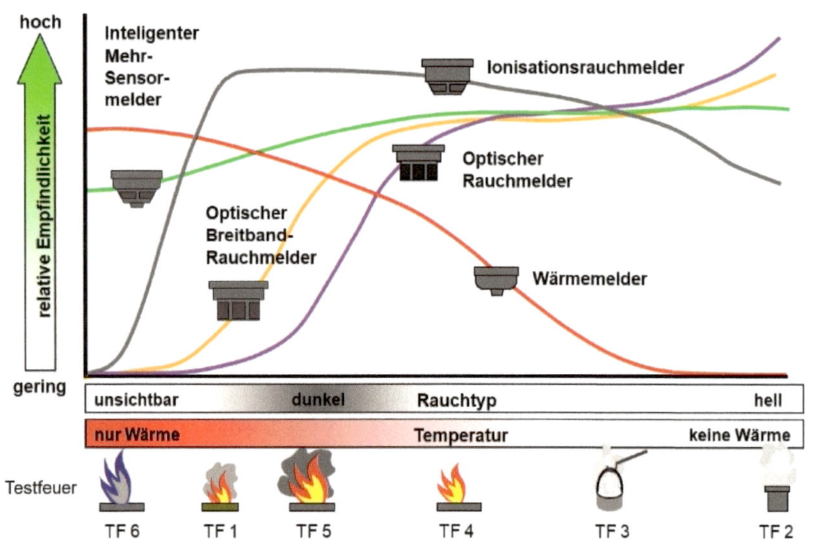

Abbildung 5-11: Relative Empfindlichkeit von automatischen Brandmeldern (Beispiel)

5.7.2.4 Rauchmelder

Sowohl Ionisationsrauchmelder als auch optische Rauchmelder haben einen ausreichend breiten Ansprechbereich für einen allgemeinen Einsatz. Es gibt jedoch spezielle Risiken, für die eine der beiden Arten besser oder weniger gut geeignet ist.

Rauchmelder können keine Verbrennungsprodukte rauchlos brennender Flüssigkeiten (wie z. B. Alkohol) erkennen. Sofern ein Brand nur auf solche Materialien begrenzt bleibt und von keinen anderen brennbaren Stoffen bewirkt wird, sollten in diesem Bereich Wärme- oder Flammenmelder eingesetzt werden. Im Allgemeinen sprechen Rauchmelder deutlich schneller als Wärmemelder an, sind aber bei falscher Montage auch anfälliger für Fehlalarme. Die Anforderungen an Punktförmige Rauchmelder enthält DIN EN 54-7. Alle Rauchmelder können innerhalb von Gebäuden bis zu einer Deckenhöhe von 12 m eingesetzt werden, linienförmige Rauchmelder und bestimmte Ansaugrauchmelder auch bis zu einer Deckenhöhe von 16 m.

Ionisationsrauchmelder

Messprinzip:

Ionisationsrauchmelder nutzen die Eigenschaft radioaktiver Strahlen, die Luft zu ionisieren, d. h. in gewissem Umfang elektrisch leitfähig zu machen. In der Regel wird dabei ein Alpha-Strahler – überwiegend Americium 241 – als ionisierendes Element eingesetzt [5.67]. Durch die Alpha-Strahlung werden die neutralen Luftmoleküle in einer Messkammer ionisiert (Abspaltung von Valenzelektronen der Außenschale). Elektronen und positiv geladene Ionen wandern bei Anlegen einer Gleichspannung an die Messkammer zu den entgegengesetzt geladenen Elektroden. Es stellt sich ein definierter Strom ein.

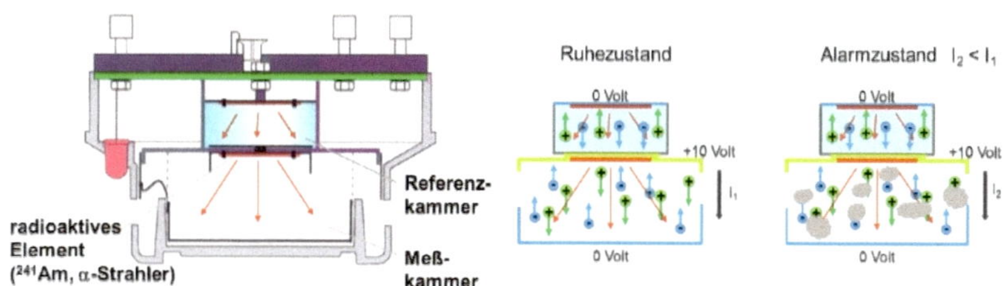

Abbildung 5-12: Aufbau und Funktionsprinzip von Ionisations-Rauchmeldern

Gelangen Verbrennungsprodukte (Rauchaerosole) in die Messkammer, schließt sich ein Teil der Ionen an die bis zu 1000-mal schwereren Verbrennungsteilchen an. Die dadurch entstehenden „schweren Ionen" bewegen sich praktisch nicht mehr. Dadurch stellt sich ein geringerer Strom durch die Messkammer ein. Diese Stromänderung wird als Alarmkriterium ausgewertet.
Zur Kompensation von Umwelteinflüssen wie Luftdruck, Luftfeuchtigkeits- und Lufttemperaturänderungen usw. wird bei einem Zweikammer-Ionisationsmelder zusätzlich zur Messkammer eine Vergleichskammer eingesetzt. Dabei ist die Vergleichskammer für die Umgebungsluft abgeschlossen, die Messkammer offen.

Eignung:

Ionisationsrauchmelder sprechen besonders auf Rauch mit kleiner Partikelgröße an, wie er in rasch verlaufenden Bränden mit Flammenbildung auftritt, weniger aber auf Rauch mit größeren Partikeln, wie er bei optisch dichtem Rauch bei schwelenden Materialien erzeugt wird. Der Einsatz darf nicht in Räumen mit betriebsbedingter Rauchentwicklung oder bei Auftreten von Aerosolen erfolgen (z. B. Schweißerei, Abgase von Dieselmotoren, Auftreten von Wasserdampf etc.).
Ionisationsrauchmelder unterliegen der Strahlenschutzverordnung und werden deshalb heute (2021) nur noch selten eingesetzt.

Optische Rauchmelder

Messprinzipien:

Optische Rauchmelder arbeiten nach dem Streulichtprinzip oder dem Durchlichtprinzip.
Beim Streulichtprinzip befindet sich im Melder eine Labyrinthkammer, in der eine Lichtquelle und eine (mehrere) Fotozelle(n) so angeordnet ist (sind), dass im Ruhezustand kein Licht zur Fotozelle gelangen kann (Abbildung 5-13). Tritt Rauch in die Labyrinthkammer ein, so wird ein Teil der Lichtstrahlen an den Rauchpartikelchen gestreut und trifft auf die Fotozelle auf. Somit entsteht dort eine Spannungsänderung, die zur Alarmauswertung genutzt wird.

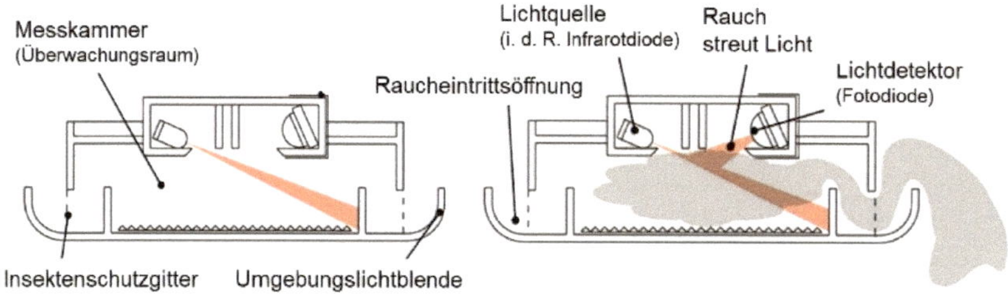

Abbildung 5-13: Optischer Streulicht-Rauchmelder

Beim Durchlichtprinzip ist der Melder so aufgebaut, dass im Ruhezustand eine bestimmte Mindest-Lichtmenge in den Empfänger gelangt (Abbildung 5-14). Tritt Rauch zwischen Lichtquelle und Fotozelle wird die Mindest-Lichtstärke unterschritten. Daher tritt ebenfalls eine Spannungsänderung auf, die ausgewertet wird.

Eignung:

Optische Rauchmelder ermöglichen die Feststellung von Entstehungsbränden bevor gefährliche Temperaturerhöhungen oder Flammenbildung auftreten (z. B. bei Schwelbränden). Rauchmelder nach dem Streulichtprinzip sprechen auf größere, optisch aktive (helle) Partikel in optisch dichtem Rauch an, aber weniger auf kleine Partikel bei Bränden mit relativ geringer Rauchentwicklung. Bei Überhitzung bestimmter Materialien (z. B. PVC) oder bei Schwelbränden (z. B. Polyurethanschaum) entsteht Rauch mit überwiegend großen Partikeln, auf die optische Rauchmelder besonders ansprechen. Rauchmelder nach dem Durchlichtprinzip eignen sich auch für Brände mit optisch weniger aktiven (dunklen) Partikeln.
Der Einsatz darf nicht in Räumen mit betriebsbedingter Rauchentwicklung oder bei Auftreten von Aerosolen erfolgen (z. B. Schweißerei, Abgase von Dieselmotoren, Auftreten von Wasserdampf etc.).

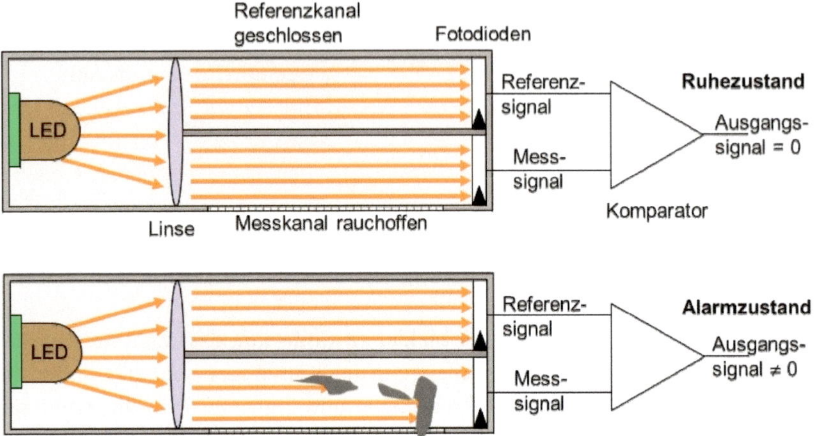

Abbildung 5-14: Messprinzip optischer Durchlicht-Rauchmelder

Lichtstrahlrauchmelder

Messprinzip:

Lichtstrahlrauchmelder bestehen in der Regel aus dem eigentlichen Melder und einem Retroreflektor, der dem Melder gegenüberliegend angeordnet wird (Abbildung 5-15). Der Melder enthält einen Lichtsender und einen Lichtempfänger. Der Lichtsender sendet einen gebündelten Infrarotstrahl aus, der vom Retroreflektor zum Lichtempfänger zurückgeworfen wird. Der Empfänger wandelt das empfangene Infrarotsignal in ein elektrisches Signal um, das in der Elektronik ausgewertet wird. Die Messstrecke eintretender Rauch schwächt das Infrarotsignal ab, bei Überschreiten der Grenzwerte wird der Gefahrenzustand angezeigt. Die Anforderungen an Lichtstrahlrauchmelder (linienförmige Rauchmelder nach dem Durchlichtprinzip) enthält DIN EN 54-12.

Der Abstand zwischen Melder und Reflektor kann bis zu 100 m (in Spezialanwendungen auch mehr) betragen. Eine freie Sichtverbindung sowie stabile, vibrationsfreie Montageorte sind dabei Grundvoraussetzung für eine einwandfreie Funktion. Bei der Wahl und Anordnung des Reflektors ist insbesondere auch die wärmebedingte Bewegung von Bauteilen zu berücksichtigen.

Eignung:

Lichtstrahlrauchmelder erfassen die Verdunkelung eines Lichtstrahls und sprechen daher auf den mittleren Wert der Rauchdichte über die Länge des Lichtstrahls an. Sie sind besonders für den Einsatz an Orten geeignet, an denen der Rauch vor der Erkennung über einen großen Bereich verbreitet ist, und können die einzige Art von Rauchmeldern sein, die unter hohen Decken eine zuverlässige Branddetektion ermöglichen.

Lichtstrahlrauchmelder werden daher in großflächigen, schmalen oder hohen Räumen, wie Korridoren, Empfangshallen, Atriumgebäuden, überdachten Innenhöfen, Messehalle, Lager- und Fabrikationshallen etc. bis zu einer Deckenhöhe von 16 m, sowie in denkmalgeschützten Gebäuden eingesetzt.

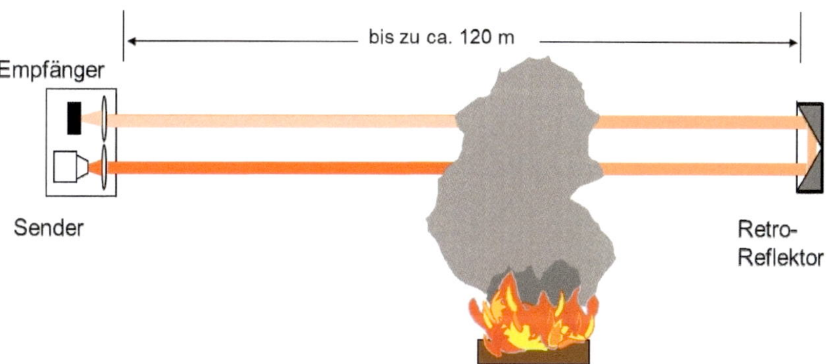

Abbildung 5-15: Funktionsprinzip von linearen optischen Rauchmeldern

Ansaugrauchmelder

Messprinzip:

Rauchansaugmeldesysteme (RAS) arbeiten mit einem Rohrsystem zum Ansaugen der Atmosphäre des geschützten Bereichs und der Überleitung der Ansaugatmosphäre zu einem Sensor, der sich entfernt vom geschützten Bereich befinden kann (Abbildung 5-16).

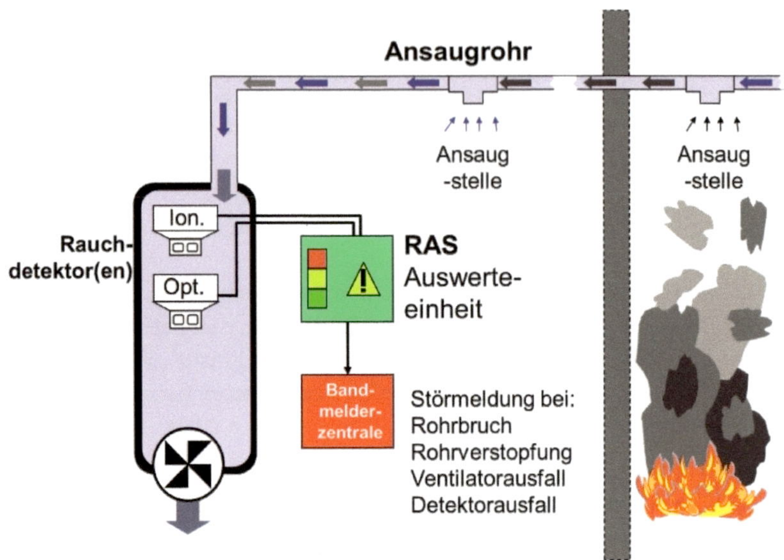

Abbildung 5-16: Ansaugrauchmelder-Prinzip

Ein Ansaugrohr hat normalerweise mehrere Ansaugöffnungen und die Rauchdichte am Sensor ist der mittlere Wert der Rauchdichte über alle Öffnungen des Ansaugrohrs. Die maximale Rohrleitungslänge des Absaugleitungsnetzes beträgt 50 m bis 60 m, dabei sind ca. 10 einzelne Ansaugorte realisierbar. Zwar benötigen die Brandgase eine gewisse Transferzeit zum Rauchmelder, auf Grund der Ansaugung der Gase erfolgt jedoch andererseits eine Konzentration zum Detektor hin, so dass RAS Systeme Detektionszeiten von ein bis zwei Minuten erreichen. Die Anforderungen an Ansaugrauchmelder, die bis zu Deckenhöhen von 20 m eingesetzt werden, enthält DIN EN 54-20.

Eignung:

Rauchansaugsysteme eignen sich für die Überwachung von Objekten, bei denen Punktmelder nicht oder nur mit großem Aufwand eingesetzt werden können, z.B. Hohlböden, Kabeltunnel, Hochregallager, Tiefkühllager und sonstige schwer zugängliche Räume. Ansaugmelder werden auch häufig zum Schutz elektronischer Einrichtungen benutzt. Des Weiteren werden Rauchabsaugsysteme zur Flächenüberwachung im Kulturgüterschutz eingesetzt, da die relativ kleinen, leicht kaschierbaren Ansaugöffnungen praktisch unsichtbar angebracht werden können. Der/die Rauchmelder arbeitet(n) nach einem der o.g. Verfahren.

5.7.2.5 Flammenmelder

Flammenmelder sprechen auf die von Bränden ausgehende Strahlung an (Abbildung 5-17). Ultraviolette Strahlung, infrarote Strahlung oder die Kombination beider können erkannt werden. Das Strahlungsspektrum der meisten entflammbaren Materialien ist ausreichend breitbandig, um von jedem Flammendetektor erkannt zu werden, bei einigen Materialien (wie z. B. anorganischen Materialien) kann es aber erforderlich sein, Flammendetektoren auszuwählen, die bevorzugt auf bestimmte Teile des Wellenlängenspektrums ansprechen. Zusätzlich wird das mit einer charakteristischen Frequenz (5-15 Hz) erfolgende Flackern von Flammen zur Auslösung des Alarmes mit ausgenutzt [5.68]. Die Anforderungen an Flammenmelder enthält DIN EN 54-10 mit der Änderung DIN EN 54-10 / A1.

Flammenmelder erkennen Flammbrände schneller als Wärme- oder Rauchmelder. Aufgrund ihrer Unfähigkeit, Schwelbrände zu erkennen, sollten Flammenmelder jedoch nicht als Universalmelder angesehen werden.

Flammenmelder können bis zu einer Deckenhöhe von 26 m eingesetzt werden. Sie sollten nur dort eingesetzt werden, wo eine Sichtverbindung zum Überwachungsbereich besteht. Zwar kann grundsätzlich auch reflektierte Strahlung detektiert werden, da jedoch deren Intensität deutlich geringer ist, als die der Direktstrahlung, kann es zu Verzögerungen der Brandentdeckung kommen. Ultraviolette und infrarote Strahlung haben ferner materialabhängige Durchdringungseigenschaften. Ultraviolette Strahlung im für die Branderkennung verwendeten Wellenlängenbereich kann durch Öl, Schmierstoffe, die gebräuchlichsten Glasarten und viele Raucharten ganz oder teilweise absorbiert werden. Um eine einwandfreie Branddetektion sicherzustellen, sollten daher Vorkehrungen gegen die Ablagerung von Öl, Schmierstoffen oder Staub auf den Meldern getroffen werden. Infrarote Strahlung ist hiervon deutlich weniger betroffen.

Die von einem Brand ausgehende ultraviolette Strahlung kann möglicherweise den Melder nicht erreichen, falls der Brand vor der Flammenentstehung viel Rauch erzeugt. Sofern daher UV-Flammenmelder in Gebäuden mit Schwelbrandgefahr eingesetzt werden, sollten sie durch andere Melderarten abgesichert werden.

Flammenmelder können sehr täuschungsalarmsicher gemacht werden, indem – zusätzlich zur Wellenlängenfilterung und Auswertung der Flackerfrequenz der Flammen [5.68] – durch einen zweiten Sensor, der in einem anderen Spektralbereich arbeitet, die Strahlung von Störstrahlern, wie Sonnenlicht, künstliches Licht, Heizstrahler usw., ausgeschlossen wird.

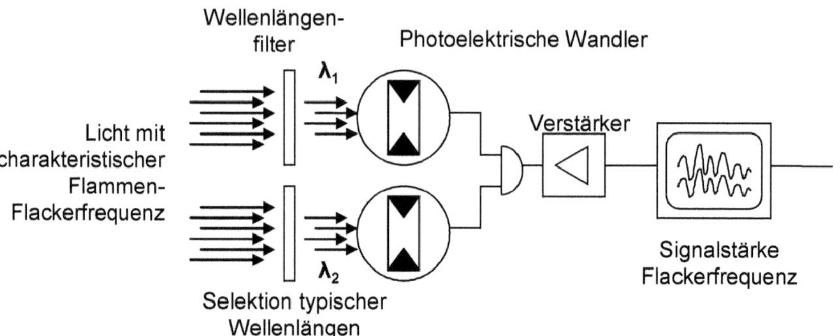

Abbildung 5-17: Flammenmelder, prinzipieller Aufbau und Funktion (die Selektion typischer Wellenlängen kann auch durch die Wahl des Wandlermaterials erfolgen)

UV-Flammenmelder

Messprinzip:

Der Melder detektiert mittels geeigneter Filter und Fotodioden / Fotoverstärkern die von Bränden ausgehende Ultraviolettstrahlung im Wellenlängenbereich von 200 nm bis 300 nm.

Eignung:

UV-Flammenmelder eignen sich insbesondere zur Entdeckung von Bränden ohne nennenswerte Rauchentwicklung. UV-Flammenmelder sind weiter besonders geeignet für die Überwachung hoher Hallen und sonstiger Räume, in denen brennbare Flüssigkeiten der Kategorien 1 oder 2 nach CLP-Verordnung ([5.69], siehe Anhang 1), insbesondere Alkohole, verarbeitet oder gelagert werden. Der Einsatz ist auch im Freien unter extremen Verhältnissen möglich.

IR-Flammenmelder

Messprinzip:

Der Melder detektiert die von Flammen ausgehende infrarote Strahlung im Wellenlängenbereich von 4100 nm bis 4700 nm. Der Melder spricht mit kurzer Reaktionszeit auf alle Flammenbrände mit kohlenstoffhaltigen Materialien (Holz, Kunststoff, Alkohol, Mineralölprodukte usw.) an.

Eignung:

IR-Flammenmelder sind besonders geeignet für die allgemeine Überwachung in großen offenen Bereichen wie Lagerhäuser oder Holzlagerplätze oder für die lokale Überwachung kritischer Bereiche, in denen sich Flammen sehr rasch ausbreiten können, z. B. bei Pumpen, Ventilen oder Rohrleitungen mit brennbaren Flüssigkeiten oder Bereichen mit dünnen, vertikal verlegten brennbaren Materialien wie Verkleidungen oder Ölanstriche. Der Einsatz ist auch im Freien unter extremen Verhältnissen möglich.

5.7.2.6 Wärmemelder

Wärmemelder sprechen auf Temperaturerhöhung an. Sie sind besonders geeignet in Bereichen, in denen mit einer hohen Temperatur im Brandfall bzw. mit einem raschen Temperaturanstieg gerechnet wird. Sie dürfen nicht an Stellen angeordnet werden, an denen die Umgebungstemperatur als Folge natürlicher oder betrieblicher Wärmequellen Werte annehmen kann, die die Funktion des Melders beeinträchtigen können.

Wärmemelder sind im Allgemeinen die am wenigsten empfindlichen Melder. Als einfache Regel gilt, dass ein Wärmemelder erst dann anspricht, wenn die Flammen etwa ein Drittel der Höhe vom Boden des Feuers zur Decke (= zum Melder) erreicht haben. Somit ist im Mittel mit etwas längeren Reaktionszeiten dieser Melder zu rechnen (RTI-Wert, siehe z. B. in [5.61]). Im Allgemeinen halten Wärmemelder Umwelteinflüssen besser stand als andere Melderarten.

5.7.2.6.1 Punktförmige Wärmemelder

Punktförmige Wärmemelder werden heute in der Regel aus wärmeempfindlichen Widerständen (Halbleitern) angefertigt. Die Anforderungen an Punktförmige Wärmemelder enthält DIN EN 54-5 mit der Änderung DIN EN 54-5 / A1.

Punktförmige Wärmemelder werden in drei Klassen eingeteilt:

Klasse 1	Eignung bis zu einer Raumhöhe von 7,5 m
Klasse 2	Eignung bis zu einer Raumhöhe von 6,0 m
Klasse 3	Eignung bis zu einer Raumhöhe von 4,5 m

Wärmemaximalmelder

Messprinzip:

Der Melder löst ausschließlich bei Erreichen oder Überschreiten einer Maximaltemperatur aus. Detektierende Elemente sind Temperaturschalter oder temperaturempfindliche Widerstände sowie Halbleiter, die in der Regel in einer Komparatorschaltung (warmes und kaltes Element) eingesetzt werden.

Eignung:

Wärmemelder nach dem Maximalprinzip eignen sich besonders für Räume, in denen automatische Rauchmelder nicht eingesetzt werden können, weil betriebsbedingt größere Rauch- oder Staubmengen vorhanden sind, sowie bei zu erwartenden offenen Bränden mit starker Wärmeentwicklung. Sie sind nicht einsetzbar in Räumen, bei denen betriebsbedingt mit dem Auftreten hoher Temperaturen zu rechnen ist.

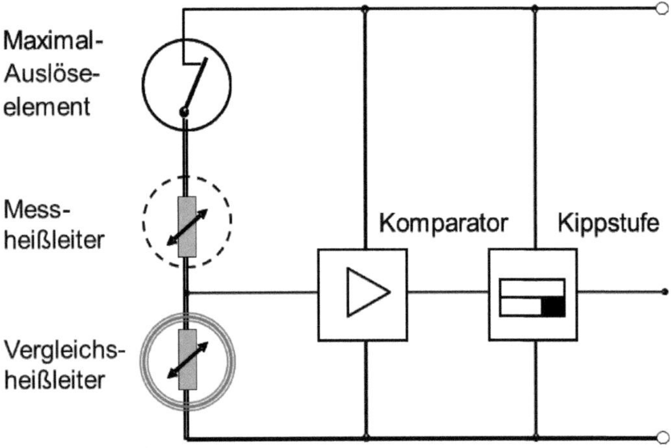

Abbildung 5-18: Punktförmige Wärmemelder, prinzipieller Aufbau

Differentialwärmemelder

Messprinzip:

Melder nach dem Differentialprinzip lösen bei schnellen Temperaturerhöhungen aus. Sie sind dadurch wesentlich schneller als normale Wärmemelder nach dem Maximalprinzip. Sie werden heute ebenfalls in Halbleitertechnologie und/oder hochintegriert hergestellt. Früher waren auch sog. Wärme-Diffusionsmelder üblich, die im „Leckdüsenprinzip" aus dem Wärmeanstieg Druckdifferenzen erzeugten die über Druckschalter ausgewertet wurden.

Moderne Wärmemelder sind in der Regel kombinierte Maximal- und Differentialmelder. Erhöht sich die Umgebungstemperatur am Melder, so verändert sich der Gleichgewichtszustand eines aus zwei temperaturabhängigen Widerständen bestehenden Spannungsteilers. Bei Überschreiten von Grenzwerten (Maximum bzw. eingeplante zeitliche Änderung) wird Alarm ausgelöst.

Eignung:

Differentialwärmemelder sind eher dort geeignet, wo die Umgebungstemperaturen niedrig sind oder nur wenig schwanken, während wärmedifferentielle Maximaltemperaturmelder eher dort geeignet sind, wo die Umgebungstemperaturen größeren Schwankungen in kurzen Zeiträumen unterliegen.

5.7.2.6.2 Linienförmige Wärmemelder

Es gibt heute eine Vielzahl von linearen Wärmemeldern (Tabelle 5-5). Es werden rückstellbare und nicht-rückstellbare Linienförmige Melder unterschieden. Die Anforderungen an rückstellbare Wärmemelder enthält DIN EN 54-22 [5.122], an nicht-rückstellbare Wärmemelder DIN EN 54-28 [5.123].

	System	Messprinzip	Typ [1)]	Differentialmelder	Typischer Sensorabstand	Max. Systemlänge	Ortsauflösung
1	Halbleiter Sensorkabel	Bandlückeneffekt	Mehrpunkt, nicht integrierend	ja	2 m bis 10 m	2500 m	2 m bis 10 m
2	Fiberoptisches Sensorkabel	Raman-Streuung	linear, nicht integrierend	ja	kontinuierlich	8000 m [2)]	1 m bis 2 m
3	Fiberoptisches Bragg-Kabel	Rückstreuung am Bragg-Gitter	Mehrpunkt, nicht integrierend	ja	1 m bis 10 m	300 m	1 m bis 10 m
4	Pneumatisches oder hydraulisches System	Gas- bzw. Flüssigkeits- ausdehnung	Linear, integrierend	ja	kontinuierlich	100 m	100 m
5	Analogkabel	Widerstand	Linear, integrierend	optional	kontinuierlich	300 m	300 m
6	Nicht rücksetzbares Kabel	Schmelzendes Polymer	-	nein	kontinuierlich	250 m	250 m
1) nach DIN EN 54 / 22 2) Spezialsysteme bis 16 000 m							

Tabelle 5-5: Linienförmige Wärmemelder – Übersicht

Mehrpunktförmige Wärmemelder – Messprinzip 1

Als linienförmige, nicht integrierende Wärmemelder sind Halbleiter-Sensorkabel erhältlich, in die in regelmäßigen Abständen (1m, 2m, 4m oder 8 m) kleine Wärmesensoren eingebaut sind (Abbildung 5-19), die von einer Zentraleinheit zyklisch nach der aktuellen Temperatur abgefragt werden. Die Auflösung solcher Mehrpunktförmiger Wärmemelder beträgt dabei ca. 0,1 °C. Über die Zentraleinheit können betriebsbedingte Temperaturschwankungen erkannt und „ausgeblendet“ werden. Es sind Kabellängen von bis zu 2,5 km realisierbar. Diese Systeme sind z. T. seit über 15 Jahren im Einsatz und vom VdS anerkannt.

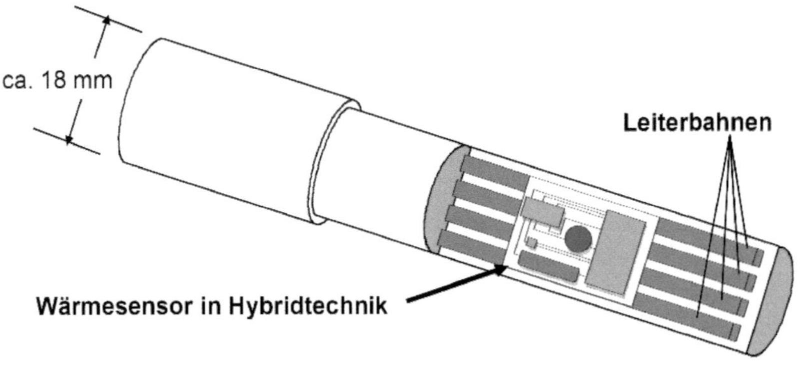

Abbildung 5-19: Linienförmiger, nicht integrierender Wärmemelder

Eignung:

Da die Kabel vollkommen geschlossen sind, können diese Melder auch unter extremen äußeren Bedingungen (Feuchtigkeit, Staub, Schnee), z. B. in Industrieanlagen, Tunnels, Förderbandanlagen, Kabeltrassen etc. eingesetzt werden.

Fiberoptisches Sensorkabel – Messprinzip 2

Als Sensorelement wird die Quarzglasfaser eines Lichtwellenleiters eingesetzt (Faseroptische linienförmige Wärmemelder), je nach Umgebungsbedingungen wird dieser noch durch ein Stahlröhrchen geschützt [5.70]. Temperaturänderungen induzieren Schwingungen der amorphen Glasstruktur, diese können mittels Laserlicht sehr exakt gemessen werden. Die eingestrahlten Photonen eines Lasers treten mit den schwingenden Elektronen des Glasmoleküls in Wechselwirkung. Das nachgewiesene gestreute Licht enthält neben der eingestrahlten Wellenlänge auch verschobene Wellenlängen (Raman-Streuung), deren Intensitätsverhältnis zum Temperaturnachweis ausgenutzt wird: Das zu kleinerer Wellenlänge, d. h. höherer Energie, verschobene Streulicht (Anti-Stokes-Linie) reagiert wesentlich stärker auf Temperaturänderungen des Glases als das zu größeren Wellenlängen, d. h. geringerer Energie verschobene (Abbildung 5-20). Aus dem Intensitätsverhältnis wird die Temperatur errechnet. Die beiden resultierenden Frequenzverläufe werden mittels Fourier-Transformation in zeitabhängige Signale umgerechnet, hieraus ergibt sich der Entstehungsort (= Brandort) des Signals. Derartige Systeme liefern Temperaturänderungen mit einer Auflösung von etwa ±1°C und den Brandort mit einer Auflösung von etwa ± 1 Meter und daher auch Daten über den Brandverlauf hinsichtlich Größe und Ausbreitungsrichtung.

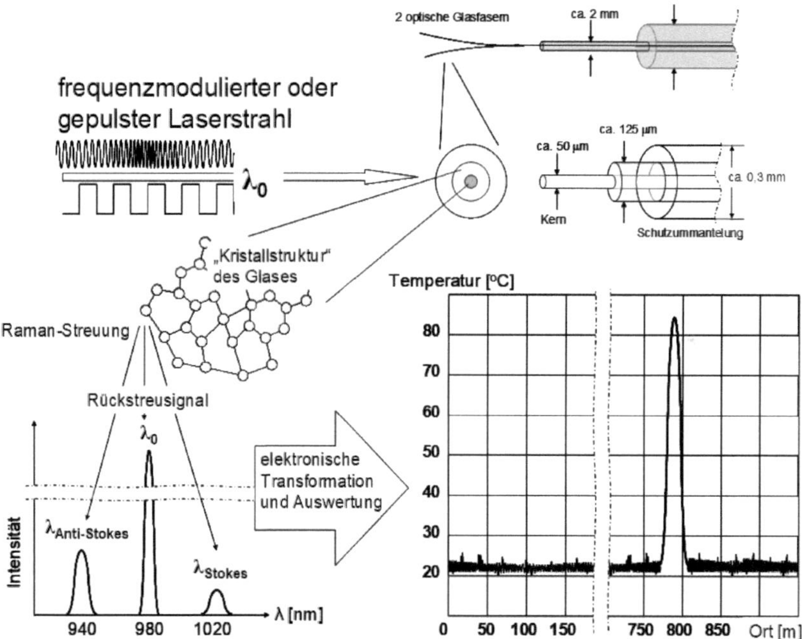

Abbildung 5-20: Wärmedetektion durch Raman-Streuung von Laserlicht

Eignung: Wie Messprinzip 1

Diese Systeme ist sehr störungsresistent, insbesondere auch gegen elektromagnetische Störstrahlung (Mobiltelefone etc.), da die Signalkabel kein Metall enthalten. In verschiedenen Tunneln (darunter im Euro-Tunnel)

sind Systeme mit bis zu 16 km Kabellänge im Einsatz [5.71]. Die Systeme sind vom VdS anerkannt.

Fiberoptisches Bragg-Kabel – Messprinzip 3

Als Sensorelement wird eine Quarzglasfaser verwendet, deren Brechungsindex in regelmäßigen Abständen moduliert ist (Bragg-Gitter). Aus eingestrahltem Licht (Infrarotspektrum ca. 1500 nm bis 1600 nm) werden durch konstruktive Interferenz bestimmte Wellenlängen selektiv zurückgeworfen. Bei Wärmebeaufschlagung verändert sich durch den thermooptischen Effekt der Brechungsindex der Glasfaser, dadurch verschiebt sich die rückgestrahlte Wellenlänge proportional zur Temperaturänderung. Aus der Laufzeitdifferenz des eingestrahlten kontinuierlichen Lichts und der reflektierten Wellenlänge wird der Ort berechnet.

Eignung: *Wie Messprinzip 2*

Anmerkung: Dem Autor sind bis heute (2021) keine marktgängigen Systeme bekannt, die in Brandmeldeanlagen eingesetzt würden.

Hydraulische und Pneumatische Melder – Messprinzip 4

Mit geeigneten Flüssigkeiten oder Gasen gefüllte Röhren werden in den zu überwachenden Räumen angebracht („Hydraulikmelder“ bzw. „Pneumatikmelder“). Bei Erwärmung betätigt das sich ausdehnende Fluid Druckschalter bzw. Drucksensoren fragen den Druckanstieg ab. Auf Grund des großen Wärmeausdehnungskoeffizienten von Gasen sind Pneumatische Melde empfindlicher als hydraulische. Hydraulikmelder verwenden als Fühlerrohr i. d. R. Stahl- oder Kupferrohre, marktgängige Pneumatikmelder auch Teflonschläuche.

Eignung:

Da das Sensorelement aus einer Metall- oder Teflonröhre besteht, können diese Melder auch unter extremen äußeren Bedingungen (Feuchtigkeit, Staub, Schnee), z. B. in Industrieanlagen, Tunnels etc. eingesetzt werden. Es ist gegen elektromagnetische Störstrahlung unempfindlich.

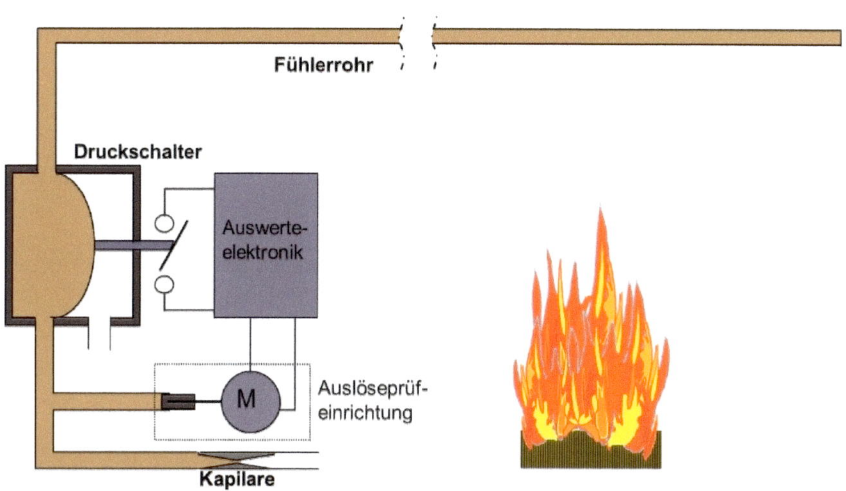

Abbildung 5-21: Prinzip linearer Wärmemelder mit Hydraulik

Analogkabel – Messprinzip 5

Als Sensoren werden Kabel mit positivem Temperaturkoeffizienten eingesetzt. Diese ändern den Widerstand bei Erwärmung, die Auswertung erfolgt analog jener bei punktförmigen Wärmemeldern nach Maximaltemperatur und Anstiegsgeschwindigkeit.

Eignung:

Für langgestreckte Baulichkeiten (Förderbänder, Tunnel), auch im Freien ähnlich Messprinzip 4 mit nicht ganz so hoher Unempfindlichkeit. Der Preis ist geringer als bei linearen Wärmemeldern mit Hydraulik

Nicht rücksetzbares Kabel – Messprinzip 6

Als Sensoren werden mehradrige Kabel (in der Regel mit verdrillten Adern) mit wärmeempfindlicher Isolierung eingesetzt. Die bei Wärmeeinwirkung verringerte Isolation führt zu Änderungen der Spannungsdifferenzen zwischen den

Adern und bei punktueller Zerstörung der Isolation zum Kurzschluss. Über den sich ergebenden geänderten Widerstand kann der Brandort bestimmt werden. Die Systeme sind mit verschiedenen Auslösetemperaturen (= Schmelztemperaturen des isolierenden Polymers) erhältlich und können so an die Einsatzumgebung angepasst werden. Die Anforderungen an nicht-rücksetzbare linienförmige Wärmemelder sind in DIN EN 54-28 [5.123] technisch beschrieben.

Eignung:

Wie Messprinzip 5. Der Preis ist geringer als bei anderen linearen Wärmemeldern.

5.7.2.7 Selektive Gassensormelder

Speziell für die frühzeitige Erkennung von Schwelbränden sind in den letzten Jahren Brandmelder in Gassensortechnik entwickelt worden. Dabei werden Halbleitersensoren für die selektive Erfassung von Kohlenmonoxid, Wasserstoff, Kohlenwasserstoffen und Stickoxyden in auf die jeweiligen Einsatzbereiche exakt abgestimmter Zusammensetzung eingesetzt. Der Nachweis erfolgt über eine Änderung der Leitfähigkeit der Materialien bei chemischer Oberflächenreaktion mit den nachzuweisenden Brandgasen. Diese Halbleitersensoren sind ursprünglich für den Einsatz als reine Gassensoren entwickelt worden. Für die Sensorik o. g. Brandgase stehen auch elektrochemische Sensoren oder Infrarotsensoren zur Verfügung, die ebenfalls prinzipiell geeignet sind, als Brandmelder eingesetzt zu werden.

Durch Einsatz mehrerer unterschiedlicher Gassensoren (Mehrfachsensormelder) und Mehrfachkriterien-Auswertung (siehe Punkt 5.7.2.9) können Gassensorbrandmelder eine hohe Nachweisempfindlichkeit bei gleichzeitig niedriger Täuschungsalarmrate erreichen. Sie sind dann unempfindlich gegen Luftfeuchte, starken Staubanfall und Luftströmungen. Gassensorbrandmelder werden bei schwierigen Umgebungsbedingungen und gleichzeitig hohen Anforderungen an die Brandfrüherkennung eingesetzt, z. B. in Industrieanlagen, Kernkraftwerken etc. (Kelleter [5.72], [5.73]).

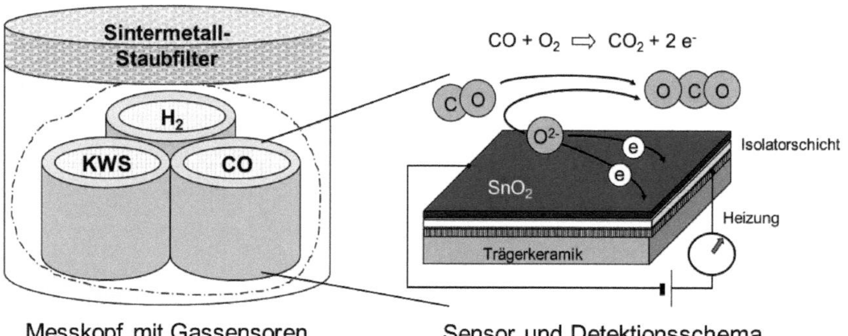

Abbildung 5-22: Gassensormelder – Aufbau und Detektionsprinzip

5.7.2.8 Kohlenmonoxid-Melder

Die Sensoren von Kohlenmonoxid-Meldern (CO-Meldern) basieren entweder auf Halbleitertechnik wie in Abbildung 5-22 dargestellt, oder verwenden elektrochemische Zellen. Halbleiter-CO-Sensoren haben den Nachteil, dass sie eine relativ große Querempfindlichkeit (Reaktion auf verschiedenste Gase) aufweisen. Des Weiteren werden sie stark durch Feuchtigkeit beeinflusst. Die korrekte Bestimmung der CO-Konzentration und damit die zuverlässige Einhaltung von Alarmschwellen werden unter Nutzungsbedingungen daher durch diese Faktoren beeinflusst.

Elektrochemische CO-Sensoren haben diese Nachteile nicht, weisen aber eine geringere Lebensdauer auf und verursachen dadurch höhere Instandhaltungskosten. Dennoch verwendet die Mehrzahl der heute am Markt befindlichen CO-Melder elektrochemische Zellen. Diffundiert Kohlenmonoxid in den Melder, reagiert dieses am Material der Sensorelektrode und erzeugt Wasserstoff Ionen und Elektronen (Abbildung 5-23). Die Ionen wandern durch das Elektrolytmaterial, die Elektronen über den externen Stromkreis zur Gegenelektrode. Die Elektronenzahl ist direkt proportional zur CO-Konzentration, diese kann daher einfach aus dem Strom abgeleitet werden. Wenngleich durch die Nachweisreaktion kein Material des elektrochemischen Sensors verbraucht wird, unterliegt das Material doch einer allmählichen Degradation. Die praktische Lebensdauer dieser Systeme wird mit bis zu 7 Jahren angegeben.

CO-Melder werden eingesetzt, wenn Brände bereits in der Schwel- oder Glimmphase erkannt werden sollen. In Privathäusern sind Kohlenmonoxid-Melder sinnvoll, wenn dort Feuerungsanlagen, Heizungen und Geräte wie Durchlauferhitzer, Gasthermen und Gasherde in geschlossenen Räumen betrieben werden.

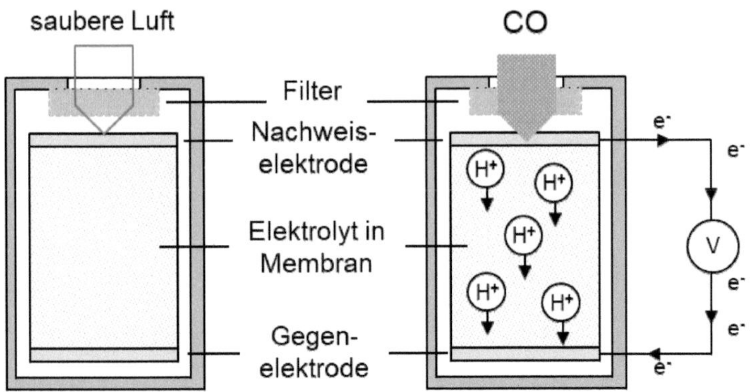

Nachweiselektrode: $2\ CO + 2H_2O \rightarrow 2\ CO_2 + 4H^+ + 4\ e^-$

Gegenelektrode: $4H^+ + 4\ e^- + 2O_2 \rightarrow 2\ H_2O$

Abbildung 5-23: Elektrochemische Zelle als CO-Sensor

5.7.2.9 Mehrfachsensormelder und Mehrkriterienmelder

In Mehrfachsensormeldern werden mehrere der o. a. Messprinzipien vereinigt. Z.B. sind Melder erhältlich, die folgende Detektionsmechanismen in sich vereinen:

- optisches Streulichtprinzip, Thermomaximal- und Thermodifferentialprinzip
- optisches Streulichtprinzip unter 2 Streuwinkeln (Duric et al. [5.74]) mit Thermomaximal- und Thermodifferentialprinzip
- optisches Streulichtprinzip, Ionisationsprinzip, Thermomaximal- und Thermodifferentialprinzip
- optisches Streulichtprinzip unter 2 Streuwinkeln mit Thermomaximalprinzip und Kohlenmonoxidsensor

Durch die gleichzeitige Nutzung mehrerer Messprinzipien wird die Detektionssicherheit maßgeblich verbessert und die Gefahr von Falschalarmen deutlich reduziert (Ollik [5.75]). Die Anforderungen an Punktförmige Mehrfachsensormelder sind in DIN EN 54-29 für kombinierte Rauch- und Wärmemelder, in DIN EN 54-30 für kombinierte CO- und Wärmemelder und in DIN EN 54-31 für CO- und Rauchmelder mit optionalem Wärmesensor formuliert [5.74].

Mehrkriterienmelder sind Mehrfachsensormelder (z.B. Wärmemelder kombiniert mit Rauchmeldern), die darüber hinaus neben den jeweils absoluten Werten die Entstehung der Signale hinsichtlich Anstiegsgeschwindigkeit einzeln und im gegenseitigen Vergleich auswerten. Durch den daraus ermöglichten

Vergleich von 4 bis 6 so gewonnenen Kriterien mit eingespeicherten typischen „Kennlinienbildern“ können Mehrkriterienmelder sehr schnell und sicher insbesondere Entstehungsbrände erkennen. Dieses Verfahren ermöglicht auch, die Melder durch Programmierung auf den jeweils erwarteten Brand genau abzustimmen und so gleichzeitig die Empfindlichkeit und die Fehlalarmsicherheit zu optimieren [5.17].

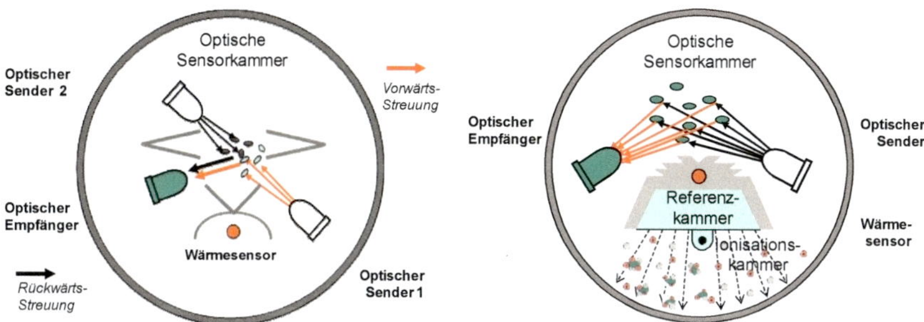

Abbildung 5-24: Mehrsensormelder: links O²T-Melder®, rechts OTI-Melder®

Mittels fuzzy-logic-Prinzipien und die Verwendung von grundsätzlich dynamischen Kriterien können Mehrfachsensormelder und Mehrkriterienmelder an die jeweilige Überwachungsaufgabe angepasst werden [5.16], [5.17]. Daher sind sie grundsätzlich für sämtliche Brandarten geeignet (Intelligenter Mehrfachsensormelder in Abbildung 5-11) Bei Nutzungsänderungen im Überwachungsbereich können Mehrkriterienmelder durch Änderung der Alarmparameter und Anpassung der Empfindlichkeit mittels der eingebauten Intelligenz weiterhin eingesetzt werden, so dass ein Austausch entfällt.

5.7.3 Auswertetechniken

Während früher ausschließlich eine Schleifentechnik nach dem Stromverstärkungsprinzip bzw. Stromschwächungsprinzip eingesetzt werden konnte, stehen mit den heutigen modernen Techniken weitere Möglichkeiten zur Verfügung.

5.7.3.1 Grenzwertmeldetechnik

In der Grenzwertmeldetechnik, die die einfachste und auch preiswerteste Technik ist, wird der Alarm direkt und ausschließlich vom Melder erkannt und an die Brandmeldezentrale weitergeleitet, die den Alarm erkennt, diesen aber nur auf eine Meldergruppe bezogen auswerten kann. Daher eignet sich die Grenzwertmeldetechnik besonders für kleine überschaubare Räume.

Da Brandmelder über viele Jahre hinweg in Betrieb sind, schlagen sich die Umgebungseinflüsse, insbesondere Verschmutzungen, voll auf die Melder nieder. Dies bedeutet im Laufe der Jahre eine Änderung des Meldeverhaltens, die in beide Richtungen – unempfindlicher oder empfindlicher – gehen kann. Bei Leitungs- oder Gerätefehlern fallen auch alle Grenzwertmeldetechnik-Melder einer Meldeprimärleitung gemeinsam aus. Dies führt dazu, dass maximal nur 32 Melder auf eine Meldeprimärleitung aufgeschaltet werden dürfen. Praktisch werden häufig noch weniger Melder aufgeschaltet. Dies bedeutet relativ hohen Leitungs- und damit Kostenaufwand.

5.7.3.2 Impulsmeldetechnik

Bei der Impulsmeldetechnik (auch als Adressiertechnik bezeichnet) tauschen sich Brandmelder und die BMZ ständig untereinander aus. Die vom Melder ermittelten Messwerte werden als Impulsdiagramm an die Brandmeldezentrale weitergeleitet. Diese entscheidet aufgrund der übermittelten Werte und der eingegebenen Kennlinien über Alarm oder Nichtalarm.

Durch Ruhewertnachführung wird erreicht, dass Umwelteinflüsse, z. B. Verschmutzungen, nur geringen Einfluss auf die Betriebsbedingungen haben, so dass immer eine weitgehend konstante Ansprechempfindlichkeit des Brandmeldesystems gewährleistet ist. Da jeder Melder eine eigene Adresse besitzt, ist es möglich, mehrere Meldergruppen auf einer Primärleitung zu betreiben.

5.7.3.3 Trendmeldetechnik

In der Trendmeldetechnik (auch Analogwertübertragungstechnik genannt) trifft der intelligente Melder eine Vorentscheidung, ob die gemessenen Werte Alarm- oder Täuschungsgrößen sind. Die Brandmelderzentrale bewertet zusätzlich die Veränderungen der Messwerte und bezieht diese auf einen vorgegebenen Zeitraum. Die Funktion jedes Einzelmelders wird ständig durch die BMZ überwacht. Die Auswerteschwelle ist daher gleitend und passt sich dem Zustand jedes einzelnen Melders an. Das bedeutet höchste Empfindlichkeit bei gleichzeitig geringem Falschalarmrisiko. Selbst bei Ausfall eines Melders bleiben alle weiteren Melder in Funktionsbereitschaft.

5.7.4 Kamerabasierte Branddetektion

Für besondere Einsatzfälle wie große Hallen, Freiflächen und Industrieanlagen, Tunnel oder Waldbrandüberwachung, aber auch gezielt für die thermische Überwachung kritischer Produktionsprozesse oder Maschinen, steht die Möglichkeit der Branddetektion mittels Bildanalyse zur Verfügung: Die Informationen von Überwachungskameras im sichtbaren Licht und/oder im Infrarot werden durch ein Rechnersystem über einen Auswertealgorithmus auf Brand überprüft (Opitz et al. [5.77], Oppelt [5.78], Moore [5.79]). Dies ermöglicht u. a. die einfache Überwachung von großen Räumen und überwachungsbedürftigen Bereichen im Freien, da die – häufig aus Gründen des Intrusionsschutzes vorhandenen Kameras – in der Regel mit Weitwinkelobjektiven arbeiten. Heute sind marktgängige Systeme verfügbar, die mit einer Detektionszeit von unter einer Minute Brände erkennen [5.119] [5.120].

Der Auswerterechner überwacht und meldet dabei Bildänderungen. Wenngleich die Auswerte- und Entscheidungsalgorithmen recht komplex sind (Oppelt [5.78], Foo [5.80], VdS 2203 [5.81]), sind die zu Grunde liegenden Effekte leicht zu verstehen. So wird auftretender Rauch das Kontrastverhältnis eines Teils des Videobildes verringern, ein offener Brand dies eher erhöhen. Erhöhte Temperaturen sind mit Hilfe von Infrarotthermografie leicht erkennbar. Will man eine Detektionszeit von 1 Minute oder sogar darunter erreichen, so kann mittels einer Kamera – gute Objektive vorausgesetzt – aus Distanzen von 50 m bis 100 m etwa eine Fläche von 50 m * 50 m überwacht werden (Straumann [5.82], Kirchner [5.83]).

Als Vorteile der Kamerabasierten Branddetektion sind zu nennen:

- hohe Detektionsgeschwindigkeit
- schnelle Alarmverifizierung durch Aufschaltung des Bildes im Alarmfall
- Detektion aus großer Entfernung (ggf. mit Zoom-Objektiv)
- einfaches Erkennen und Vermeiden von Fehlalarmen durch Auswertung der Referenzbilder
- kostengünstig bei vorhandener Videoinstallation

Die Einsatzgrenzen ergeben sich bei nicht ausreichenden Sichtverhältnissen:

- bei starkem Wind werden im Außenbereich Rauch und Feuer verweht
- bei Dunkelheit ist für viele Systeme keine Rauch-, sondern nur Feuerdetektion möglich
- bei Nebel ist weder Rauch- noch Feuerdetektion möglich
- bei Abdeckung der Kamera bzw. eines potentiellen Brandobjektes (z. B. durch Krane, LkW) ist eine Detektion nicht möglich

Als technische Regel für den Einsatz von kamerabasierten Branddetektionssystemen existiert derzeit (2021) lediglich die VdS Richtlinie 3189 [5.121]. Diese Richtlinie gibt Hinweise zu den Anforderungen an IR-Kameraeinheiten und deren Komponenten, die Leistungsfähigkeit der Temperaturdetektion in Zusammenhang mit den Abmessungen der Überwachungsbereiche und die maximalen Zeiträume, die zwischen zwei Auswertezyklen vergehen darf. Wenngleich derartige kamerabasierte Systeme nicht als BMA im Sinne der Normen und des VdS zugelassen sind, ist die Aufschaltung auf eine BMZ über eine Standardschnittstelle möglich. Die Anforderungen an die Übertragungswege entsprechen jenen für BMA (Punkt 5.6.3.3), die Energieversorgung muss DIN EN 54-4 [5.60] entsprechen.

5.8 Konzeption und Planung von Brandmeldeanlagen

5.8.1 Planungsgrundsätze

Wie unter Punkt 5.2 bereits kurz angesprochen, muss der Einbau von Brandmeldeanlagen im Gesamtzusammenhang eines integrierten Brandschutzkonzeptes geplant werden. Ausgehend von einer Gefährdungsanalyse, die mindestens die Aspekte

- Geometrie und bauliche Ausführung (Bauart) des Gebäudes
- Nutzungsart und daraus folgende besondere Gefahrenschwerpunkte
- zu erwartende Brandlasten,
- bauliche Maßnahmen zur Begrenzung der Brand- und Rauchausbreitung
- Gefährdung von Personen, Sachen und Umwelt
- anlagentechnische Maßnahmen zur Brandentdeckung und Alarmierung
- Verfügbarkeit und Leistungsfähigkeit der Feuerwehr und sonstiger hilfeleistender Stellen (siehe Kapitel 2)
- Wasserversorgung

untersuchen sollte, ist ein Brandschutzkonzept für die bauliche Anlage zu entwickeln. Dieses Brandschutzkonzept muss sicherstellen, dass die in den bauordnungsrechtlichen Vorschriften (Landesbauordnungen und zugehörigen Ausführungsbestimmungen) festgelegten Schutzziele

- Vermeidung der Brandentstehung
- Vorbeugung gegen Brand- und Rauchausbreitung
- Rettung von Menschen und Tieren
- Durchführung wirksamer Löscharbeiten

sicher erreicht werden. Hierzu sind alle im Rahmen der Gefährdungsanalyse festgestellten Risiken durch geeignete Komponenten des baulichen, betrieblichen und anlagentechnischen Brandschutzes abzudecken.

Während der Konzeption, Planung, Entwicklung und schließlich bei der Realisierung (Montage, Inbetriebsetzung, Abnahme) von BMA können die ausführenden Parteien (Brandschutzgutachter, Planer, Fachplaner, Errichter) wechseln. Nach Inbetriebnahme der BMA durch den Betreiber erfordert eine BMA regelmäßige Wartung und Instandhaltung, um den in sie gesetzten Erwartungen hinsichtlich Detektionssicherheit und Falschalarmsicherheit gerecht zu werden. Das reibungslose Zusammenwirken aller Parteien ist somit für die Funktionsfähigkeit der BMA wichtig. In DIN 14675-2 [5.112] sind beispielhafte Empfehlungen für eine Verteilung der jeweiligen Aufgaben und Verantwortungen enthalten, die in Tabelle 5-6 – zum Teil etwas weiter ausformuliert – dargestellt sind.

Um aus geprüften und zertifizierten Einzelteilen, d.h. Brandmeldern, Brandmelderzentrale, Alarmierungseinrichtung, Energieversorgung etc. (vergl. Abbildung 5-3) eine den Anforderungen entsprechende Brandmeldeanlage herzustellen, sind für jede der Erstellungsphase die Leistungen durch kompetente Fachfirmen, die durch eine nach DIN EN 45011 [5.85] akkreditierte Stelle zertifiziert sind, zu erbringen. Akkreditierte Stellen sind z.B. VdS Schadenverhütung GmbH, TÜV Anlagentechnik GmbH und andere. Die nachzuweisenden Kompetenzkriterien der Fachfirmen sind in DIN 14675-2 festgelegt.

Abbildung 5-25: Projektierung von Brandmeldeanlagen – Einflussgrößen

Bei der Projektierung von Brandmeldeanlagen sind in der Planungsphase die in Abbildung 5-25 dargestellten physikalisch-technischen, baulichen und sozialen Einflussgrößen zu definieren bzw. zu beachten. Diese Größen bestimmen die Art der einzusetzenden Melder, Anzahl und Schaltung der erforderlichen Melder. Es ist empfehlenswert, bereits zu diesem Projektierungszeitpunkt Brandschutzfachleute zur Beratung hinzuzuziehen.

5.8.2 Anforderungen an die BMA

Wegen der Wechselwirkung der Brandmeldeanlage mit dem Gesamtbauwerk, seiner Nutzung, der Sicherheit der Nutzer, der Anlagen- und der Versicherungskosten sollte die Realisierung in Anlehnung an Tabelle 5-6 und unter Beteiligung von Betreiber, Brandschutzdienststelle, Bauaufsichtsbehörde und (ggf.) Versicherer auf der Grundlage der DIN 14675-1 und der DIN VDE 0833-2 erfolgen.

Da manchmal die Interessen der bei der Planung und Errichtung einer BMA beteiligten Stellen durchaus unterschiedlich sein können, kann nur durch intensive Abstimmung eine allen Anforderungen entsprechenden Anlage entstehen. Nach Möglichkeit einvernehmlich sind für die BMA festzulegen:

- Schutzumfang und Sicherungsbereiche (Punkt 5.8.3)
- Meldebereiche und Alarmierungsbereiche (Punkt 5.8.4)
- Art und Anordnung der Brandmelder (Punkt 5.8.5)
- Art und Anordnung der Alarmierungseinrichtungen (Punkt 5.6.4)
- Betriebsart (Punkt 5.7.2)
- Leistungsmerkmale und Standort der Brandmeldezentrale
- Ansteuerung von Feuerschutzabschlüssen, Löschanlagen, Betriebseinrichtungen (Punkt 5.6.5)
- Alarmorganisation (Punkt 5.8.6), Brandschutzbeauftragte und sonstige eingewiesene Personen
- Alarmpläne für Personen mit besonderen Aufgaben im Brandfall (Teil C nach DIN 14096-3 [5.93])
- Alarmierung und Information der Feuerwehr (Punkte 5.6.4 und 5.10.3)
- Feuerwehr Laufkarten (Punkt 5.10.4)
- Feuerwehrpläne (nach DIN 14095 [5.94], siehe Punkt 9.3)
- Zugänglichkeit zum Gelände, zum Gebäude und zur BMZ
- Anordnung der Brandmelderzentrale (Punkt 5.6.1)

Sofern die Stellen unterschiedliche Forderungen an die installierte Anlage stellen, sollte diese nach den strengsten Anforderungen projektiert werden. CEN/TS 54-14 [5.25] nennt als denkbare Konfliktpunkte bei der Projektierung von Brandmeldeanlagen u. a. die folgenden:

- Abweichungen von den Empfehlungen der CEN/TS 54-14 (bzw. jenen der DIN 14675);
- Vorgehensweise bei Brandalarmen (Alarmorganisation, Punkt 5.8.6);
- Einsatz von Neuentwicklungen bei der Branderkennung;
- Anordnung von (noch) nicht genormten Brandmeldern (z. B. Gassensormeldern);
- Einsatz hierarchischer Systeme (bei Untergliederung des Standortes, z. B. in Krankenhäusern, Einkaufszentren);

- Größe der Meldebereiche (z. B. in Messehallen, Punkt 5.8.4);
- Begrenzung von Auswirkungen von Störungen;
- Bereitstellung von Hilfsmitteln zur Alarmlokalisierung (z. B. Feuerwehr-Laufkarten, Punkt 5.10.4);
- Überbrückungszeit bei Netzausfall (Punkt 5.6.1);
- Einsatz aktivitätsbezogener Anlagen zur Vermeidung von Fehlalarmen (z. B. Aktivierung von Meldebereichen nur außerhalb der Arbeitszeit, Bestätigung vor Alarmweiterleitung: Betriebsart).

Phase	Inhalt	Verantwortung und Leistung
Konzept	Übernahme der Schutzziele der BMA aus dem Brandschutzkonzept, Berücksichtigung von Auflagen der Bau- und der Brandschutzbehörde, des Brandrisikos, der Brandgefährdungen, der Umweltbedingungen, der baulichen und betrieblichen Gegebenheiten, der Alarmorganisation und möglicher Störgrößen	**Auftraggeber** ***Berater für Sicherheit***
Planung	Entwurfs- und Ausführungsplanung, Spezifikation, Grunddatenerfassung aus der Konzeptphase, erforderliche Funktionen und deren Verknüpfung, Bestandteile der Anlage, Meldebereiche, Alarmbereiche, Art und Anordnung der Brandmelder, Übertragungswege, Schnittstellen zu anderen Sicherheitseinrichtungen, Leistungsverzeichnis	**Ingenieurbüro, beteiligte Fachfirmen**
Projektierung	Werk- und Montageplanung, Auswahl des Brandmeldesystems, Erstellung der Montagepläne	**Ingenieurbüro, beteiligte Fachfirmen**
Montage und Installation	Montage der Bestandteile der BMA und des Leitungsnetzes	**beteiligte Fachfirmen**
Inbetriebsetzung	Überprüfung der Installation, Parametrisierung des Systems, Einschalten und Durchführung der notwendigen Funktionsprüfungen und Messungen	**beteiligte Fachfirmen, Systemlieferant**
Überprüfung	Feststellung ob die Anlage die Vorgaben aus Planung, Projektierung, Montage und Inbetriebsetzung erfüllt	**Fachfirma** (mögl. extern)
Abnahme	Verifizierung des Systems, seiner Bestandteile, der Installation und Funktion anhand der Konzeption und der Ausführungsunterlagen der BMA, Übergabe der Anlage an den und Inbetriebnahme durch den Betreiber	**Auftraggeber, von ihm benannte Fachfirma**
Betrieb	Betrieb der Anlage, laufende Fortschreibung der Alarmorganisation und Aktualisierung der Feuerwehr-Laufkarten	**Auftraggeber**
Instandhaltung	Periodische Inspektion und vorbeugende Wartung der Anlage, Reparatur	**beteiligte Fachfirmen, Systemlieferant**

Tabelle 5-6: Phasen für den Aufbau und Betrieb von BMA

5.8.3 Schutzumfang und Sicherungsbereiche

Der Schutzumfang von Brandmeldeanlagen wird nach DIN CEN/TS 54-14 [5.25] und DIN 14675-1 [5.18] wie folgt kategorisiert:

Vollschutz	Eine Vollschutzanlage ist eine automatische Brandmeldeanlage, die alle Räume im Gebäude mit Ausnahme bestimmter genannter Räume überwacht (*Kategorie 1 nach DIN 14675-1*).
Teilschutz	Eine Teilschutzanlage ist eine automatische Brandmeldeanlage, die nur Teile des Gebäudes(üblicherweise die verwundbarsten Bereiche) überwacht (*Kategorie 2 nach DIN 14675-1*). Die Grenzen einer Teilschutzanlage sollten die Grenzen der Brandabschnitte sein; innerhalb dieser Grenzen sollte der Schutz dem Vollschutz entsprechen.
Schutz von Fluchtwegen	Eine Anlage, die nur die Fluchtwege schützt, soll eine so rechtzeitige Alarmierung ermöglichen, dass Personen die Fluchtwege vor deren Blockierung durch Brand oder Rauch noch benutzen können. Von einer derartigen Anlage kann nicht der Schutz von Personen erwartet werden, die sich im Bereich der Brandentstehung befinden, es soll nur die Fluchtmöglichkeit für solche Personen sichergestellt werden, die vom Brand nicht direkt betroffen sind (*Kategorie 3 nach DIN 14 675-1*).
Anmerkung:	Im Allgemeinen kann von auf den Fluchtwegen installierten Rauchmeldern erwartet werden, dass sie für Personen, die sich auf den Fluchtwegen befinden, einen rechtzeitigen Brandalarm auslösen. Es wurde jedoch in einigen Fällen festgestellt, dass bei Bränden in Räumen neben den Fluchtwegen der Rauch abkühlen kann, wenn er durch enge Spalten (wie Türspalten) strömt, dann höchstens noch bis in Kopfhöhe aufsteigt und daher an der Decke befestigte Brandmelder nicht ansprechen. Ist eine solche Abkühlung wahrscheinlich, kann zum Schutz der Fluchtwege die Montage von Brandmeldern in den angeschlossenen Nachbarräumen erforderlich sein.

Punktueller Schutz Punktueller Schutz kann spezielle Funktionen, Einrichtungen oder Bereiche mit hohem Risiko schützen.

Der Bereich des punktuellen Schutzes muss nicht abgetrennt liegen, er kann sich innerhalb eines Bereichs mit Voll- oder Teilschutz befinden, hat dann aber einen höheren Schutzgrad als bei einem allgemeineren Schutz. Punktueller Schutz selbst kann einen guten Schutz gegen Brände im Schutzbereichs bieten, gibt aber geringen oder keinen Schutz gegen Brände, die außerhalb dieses Bereichs entstehen.

Einrichtungsschutz Schutz einer bestimmten Einrichtung oder Funktion (ausgenommen Fluchtwege) innerhalb eines Gebäudes, die nicht notwendigerweise den gesamten Brandabschnitt umfasst (*Kategorie 4 nach DIN 14 675-1*).

Bei Vollschutz und Personengefährdung sind in den überwachten Schutzbereichen alle Räume, in denen sich gebäudefremde Personen oder Personen, die auf fremde Hilfe angewiesen sind, dauernd oder zeitweise aufhalten, sowie angrenzende Räume einzubeziehen. Zusätzlich muss die mögliche Ausbreitung des Brandrauches weitgehend verhindert werden, z.B. durch Ansteuern von Feststellanlagen für Feuerschutzabschlüsse, Rauch- und Wärmeabzugsanlagen usw. Bei Sachgefährdung müssen Sicherungsbereiche vollständig überwacht werden, mit Ausnahme von kleinen Teilbereichen, die nur eine geringe Brandlast (an keiner Stelle mehr als 25 MJ bezogen auf eine Fläche von 1 m x 1 m) aufweisen bzw. keine Brandausbreitung ermöglichen.

Anmerkung: Geringe Brandlasten ≤ 25 MJ (7 kWh) sind z.B. 15 NYM-Leitungen 3 x 1,5 mm², 1 m lang, möglichst gleichmäßig auf eine Fläche von 1 m x 1 m verteilt oder ein PVC-Abwasserrohr DN 100 nach DIN 19531, 1 m lang, auf einer Grundfläche von 1 m x 1 m.

Die Überwachung muss sich immer mindestens auf einen ganzen Brandabschnitt oder einen feuerbeständig abgetrennten Raum erstrecken, das heißt, die überwachten Bereiche müssen:

- von nicht überwachten Bereichen räumlich oder baulich durch Brandwände getrennt sein oder
- feuerbeständig abgetrennte Räume bilden.

Die gesamten Schutzbereiche müssen, mit Ausnahme der weiter unten genannten Fälle, vollständig erfasst werden. Es müssen z. B. auch folgende Teilbereiche in die Überwachung mit einbezogen werden:

- Aufzugsschächte und -maschinenräume,
- Transport- und Transmissionsschächte,
- Kabelkanäle und -schächte, sofern sie begehbar oder mit Revisionsöffnungen ausgestattet sind,
- Klima- und Lüftungszentralen sowie Zu- und Abluftkanäle,
- Kanäle und Schächte für Material sowie für Abfälle und deren Sammelbehälter,
- Kammern und Einbauten jeder Art,
- Zwischendecken- und Zwischenbodenbereiche,
- Teilbereiche in Räumen, die durch näher als 0,5 m an die Decke reichende Regale oder sonstige Einrichtungen geschaffen werden.

Innerhalb eines Schutzbereiches sind folgende Ausnahmen von der Überwachung zulässig, sofern die Räume keine oder nur geringe Brandlasten aufweisen oder feuerbeständig abgetrennt sind:

- Sanitärräume, z. B. Waschräume, Duschräume und Toiletten, wenn in diesen Räumen keine brennbaren Vorräte oder Abfälle aufbewahrt werden, nicht jedoch gemeinsame Vorräume für Sanitärräume.
- Kabelkanäle und Schächte, die nicht zugänglich und gegenüber anderen Bereichen feuerbeständig (EI 90) abgeschottet sind.
- Schutzräume, die nicht zu anderen Zwecken genutzt werden.
- Laderampen im Freien.
- Räume, die durch eine automatische Feuerlöschanlage mit Meldung zu einer hilfeleistenden Stelle geschützt sind; es sei denn, die Brandmeldeanlage ist zur Ansteuerung einer Feuerlöschanlage oder aus sonstigen Gründen erforderlich.
- Zwischendeckenbereiche, sofern sämtliche der folgenden Bedingungen erfüllt sind:
  - Es dürfen keine Leitungen für Sicherheitsanlagen (z. B. Notbeleuchtung usw.) vorhanden sein.
  - Die Brandlast muss kleiner als 25 MJ, bezogen auf eine Fläche von 1 m x 1 m, sein.
  - Die Umfassungsbauteile (Decke, Boden, Wand) müssen nichtbrennbar sein *und*
  - die Zwischenräume müssen mit nichtbrennbarem Material so unterteilt sein, dass Abschnitte von maximal 10 m Breite und 10 m Länge, in Fluren von maximal 3 m Breite von 20 m Länge (Abbildung 5-26), gebildet werden.

- Zwischenbodenbereiche, sofern sämtliche der folgenden Bedingungen erfüllt sind:
  - rauchdicht und brandschutztechnisch qualifiziert abgeschlossen
  - nicht höher als 0,2 m
  - dürfen nicht der Raumlüftung dienen
- Sonstige kleine Bereiche, sofern wegen der Brandlast keine Bedenken bestehen, keine Personengefährdung vorliegt und keine Rauchausbreitung möglich ist.

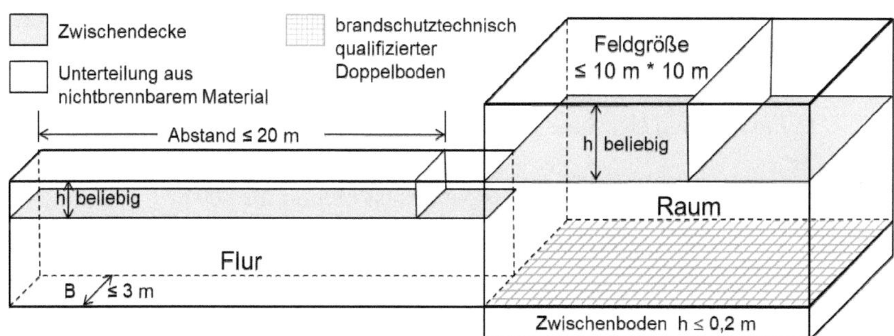

Abbildung 5-26: Zwischendecken- und Zwischenbodenüberwachung nach DIN VDE 0833-2 nicht erforderlich, wenn nur geringe Brandlasten vorhanden sind

5.8.4 Meldebereiche und Alarmierungsbereiche

Die Unterteilung des Gebäudes in Melde- und Alarmierungsbereiche muss den Anforderungen der Vorgehensweise bei einem Brandalarm genügen (Punkt 5.8.6, Alarmorganisation).

Gebäude sollten in Meldebereiche unterteilt werden, damit aus den Anzeigen an der Anzeigeeinrichtung der Ursprungsort des Alarms schnell festgestellt werden kann. Es sollten auch Vorkehrungen zur eindeutigen Identifizierung von Meldungen von Handfeuermeldern getroffen werden, um verwirrende Anzeigen zu vermeiden. Bei der Unterteilung sind der innere Aufbau des Gebäudes, mögliche Schwierigkeiten bei der Suche von ausgelösten Meldern oder denkbare Einschränkungen der Bewegungsfreiheit, die Festlegung von Alarmierungsbereichen und das Vorhandensein von besonderen Gefahren zu berücksichtigen. Besonderes Augenmerk ist auf Brandmeldebereiche zu legen, bei denen die Brandmeldeanlage zur Ansteuerung anderer Brandschutzanlagen dient (vergl. Abbildung 5-9).

Die Unterteilung des Gebäudes in Meldebereiche sollte nach folgenden Aspekten vorgenommen werden:

- die Geschossfläche eines einzelnen Meldebereichs sollte 1 600 m^2 nicht überschreiten;
- umfasst der Meldebereich mehr als 5 Räume, sollte entweder an der Brandmelderzentrale eine Anzeige des Raums erscheinen oder neben der Tür der Räume sollten Anzeigelampen angebracht werden (sog. Nebenmelder);
- sofern sich ein Meldebereich über einen einzelnen Brandabschnitt hinaus erstreckt, sollten die Meldebereichsgrenzen den Grenzen der Brandabschnitte entsprechen und die Geschossfläche des Bereichs sollte 400 m^2 nicht überschreiten;
- jeder Meldebereich sollte sich nur auf ein Geschoss des Gebäudes erstrecken, es sei denn:
  - der Bereich besteht aus Treppenräumen, Kabel- und Aufzugsschächten o. ä., die über ein Geschoss hinausgehen, aber einen Brandabschnitt bilden, oder
  - die gesamte Grundfläche des Gebäudes ist kleiner als 300 m^2.

Die Unterteilung von Gebäuden in Alarmierungsbereiche ist von der Notwendigkeit der Unterscheidung von Alarmierungsarten – und damit von der Alarmorganisation (Punkt 5.8.6) – abhängig. Sofern es nur ein Alarmierungssignal gibt und es immer im gesamten Gebäude gehört werden soll, ist keine Unterteilung erforderlich. Alarmierungsbereiche müssen nicht deckungsgleich mit Meldebereichen sein, sie sollten jedoch in der Regel nicht kleiner als der zugehörige Meldebereich sein. (Beispiel: Bei Branddetektion in einer Station eines Krankenhauses werden alle Alarmierungseinrichtungen des betreffenden Gebäudes und zusätzlich solche in Bereitschaftsräumen des Personals angesteuert.) Alarmierungssignale müssen auch in den von der Überwachungspflicht ausgenommenen Räumen hörbar sein, sofern sich dort Personen aufhalten könnten (Beispiel: Sanitärräume, Punkt 5.8.3).

5.8.5 Anzahl und Anordnung automatischer Brandmelder

Die Anzahl und Anordnung der automatischen Brandmelder richten sich nach

- der Art der verwendeten Melder,
- der Raumgeometrie (Grundfläche, Höhe, Decken, Dachformen usw.),
- der Verwendungsart und nach den Umgebungsbedingungen in den zu überwachenden Räumen.

Automatische Brandmelder müssen so gewählt werden, dass Brände in der Entstehungsphase zuverlässig erkannt werden können. Weiter sind die Melder so anzuordnen und zu betreiben, dass Täuschungsalarme nach Möglichkeit vermieden werden. Die verschiedenen Melderarten und ihre Einsatzbereiche sind unter Punkt 5.7 ausführlich dargestellt. Der Punkt 5.8.5 enthält Regeln zur Ausstattung von Gebäuden mit Meldern.

5.8.5.1 Einsatz von punktförmigen Rauch- und Wärmemeldern

In jedem Raum mit Ausnahme von Räumen mit geringer Brandlast (an keiner Stelle mehr als 25 MJ, bezogen auf eine Fläche von 1 m x 1 m) oder ohne Möglichkeit der Brandausbreitung muss mindestens ein automatischer Brandmelder angeordnet werden. Als „eigene Räume" gelten bei zu erwartender Personengefährdung auch Teilbereiche, in denen sich der Brandrauch ausbreiten kann.

Die Anzahl von punktförmigen Rauch- und Wärmemeldern ist so zu wählen, dass die *maximalen Überwachungsbereiche* A nach Tabelle 5-7 nicht überschritten werden. Wenn Punktmelder in Zweimeldungsabhängigkeit geschaltet sind Punkt 5.7.2), sind die maximalen Überwachungsbereiche entsprechend Tabelle 5-8 zu reduzieren.

Punktförmigen Meldern gleich zu behandeln sind linienförmige nicht integrierende Wärmemelder (Punkt 5.8.5.6) und Ansaugrauchmelder, bei Letzteren ist jede Ansaugöffnung wie ein punktförmiger Melder zu bewerten.

Die Detektionsbereiche von punktförmigen Brandmeldern sind im Wesentlichen (bei Vernachlässigung von Luftbewegungen, Abschattungen etc.) als kreisförmige Kegelstümpfe unterhalb der Melder. Der Flankenwinkel der Kegelstümpfe ist vom Meldertyp abhängig. Bei Abweichungen von der quadratischen Anordnung nach Tabelle 5-7 sind zur Vermeidung von nicht überwachten Flächen die in Abbildung 5-28 und Abbildung 5-29 angegebenen größten horizontalen Abstände jedes beliebigen Punktes der Raumdecke zum nächstgelegenen Melder einzuhalten. Umgekehrt können diese größten horizontalen Abstände ausgenutzt werden, um die erforderliche Melderanzahl für eine gegebene Überwachungsaufgabe zu minimieren (Abbildung 5-30 und Abbildung 5-31). Sofern die Abstände der genannten Abbildungen nicht eingehalten werden können oder sollen, sind jedoch besondere Vorschriften hinsichtlich der maximal zulässigen Seitenverhältnisse der Überwachungsbereiche zu beachten (Tabelle 3 aus DIN VDE 0833-2).

Grundfläche des zu überwachenden Raumes	**Art der automatischen Brandmelder**	**Raumhöhe** (am höchsten Punkt eines Daches mit Neigungswinkel) [4]	**Dachneigung α**	
			bis 20°	**über 20°**
			Max. Überwachungsbereich je Melder A	
bis 80 m^2	Punktförmige Rauchmelder DIN EN 54-7 Ansaugrauchmelder DIN EN 54-20, Klassen A, B und C[1] Mehrfachsensormelder DIN EN 54-29	bis 12 m	**80 m^2**	**80 m^2**
über 80 m^2		bis 6 m	**60 m^2**	**90 m^2**
		über 6 m bis 12 m	**80 m^2**	**110 m^2**
	Punktförmige Rauchmelder DIN EN 54-7 Ansaugrauchmelder DIN EN 54-20, Klassen A und B[1] Mehrfachsensormelder DIN En 54-29	*über 12 m bis 16 m*	***120 m^2***	***150 m^2***
	Ansaugrauchmelder DIN EN 54-20, Klasse A[1]	*über 16 m bis 20 m*	***objektspezifisch***	
bis 30 m^2	Punktförmige Wärmemelder DIN EN 54-5; Klassen A1, A2, B, C, D, E, F und G[2] Mehrpunktförmige Wärmemelder DIN EN 54-22, Klassen A1 und A2 [3]	bis 6,0 m	**30 m^2**	**30 m^2**
	Punktförmige Wärmemelder DIN EN 54-5, Klasse A1[2] Mehrpunktförmige Wärmemelder DIN EN 54-22, Klasse A1[3]	bis 7,5 m		
über 30 m^2	Punktförmige Wärmemelder DIN EN 54-5; Klassen A1, A2, B, C, D, E, F und G[2] Mehrpunktförmige Wärmemelder DIN EN 54-22, Klassen A1 und A2 [3]	bis 6,0 m	**20 m^2**	**40 m^2**
	Punktförmige Wärmemelder DIN EN 54-5, Klasse A1[2] Mehrpunktförmige Wärmemelder DIN EN 54-22, Klasse A1[3]	bis 7,5 m		

kursiv Abhängig von Nutzung und Umgebungsbedingungen (z. B. schnelle Brandentwicklung und Rauchausbreitung)

1) je Ansaugöffnung

2) auch Melder mit Klassenindex R oder S

3) je Punkt eines Mehrpunktwärmemelders

4) für Raumhöhen größer als die angegebenen sind die Melder in der Regel nicht geeignet

5) VdS 2095 enthält zusätzlich die Überwachungsbereiche für Punktförmige Brandmelder mit Rauch- und CO-Sensoren nach DIN EN 54-31

Tabelle 5-7: Überwachungsbereiche von Rauch- und Wärmemeldern (Tabelle 4.2 aus DIN VDE 0833-2)

Hinsichtlich der Reduzierung der Überwachungsbereiche sind die Ansaugöffnungen von Ansaugrauchmeldern und die Detektionspunkte von mehrpunktförmigen Wärmemeldern gleich zu behandeln.

Die horizontalen Abstände von punktförmigen Meldern zu Wänden dürfen nicht kleiner sein als 0,5 m; dieser Abstand ist auch zu unter der Decke verlaufenden Einbauten einzuhalten, wenn deren Oberkante sich näher als 0,15 m an der Decke befindet. Der Abstand der Melder zu Lagergütern und Einrichtungen muss vertikal und horizontal mindestens 0,5 m betragen. Zu den erforderlichen Abständen von punktförmigen Meldern zu Decken und Dächern enthält Punkt 5.8.5.3 weitere Ausführungen.

Melder in Zweimeldungsabhängigkeit	**Punktförmige und Mehrpunkt Wärmemelder**	**Punktförmige Rauchmelder, Ansaugöffnungen von Ansaugrauchmeldern, Mehrfachsensormelder** [2]
	Reduzierung des maximalen Überwachungsbereiches um	
ohne Ansteuerung von Brandmeldeanlagen	**50 %**	**30 %**
mit Ansteuerung von Brandmeldeanlagen[1]	**50 %**	**50 %**

1) Nur Zweimeldungsabhängigkeit Typ B. Die Abstände von zwei in Abhängigkeit betriebenen Meldern sollten 2,5 m nicht überschreiten. Zwei interne Sensoren *eines* Mehrfachsensormelders können keine Zweimelderabhängigkeit Typ B erzeugen.
2) Wenn CO-Melder: nach Herstellerangaben

Tabelle 5-8: Reduzierung des Überwachungsbereiches bei Zweimeldungsabhängigkeit nach DIN VDE 0833-2

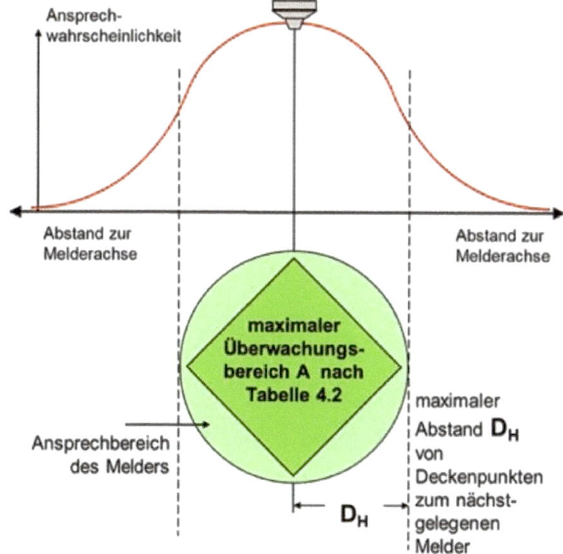

Abbildung 5-27: Überwachungsgeometrie (schematisch)

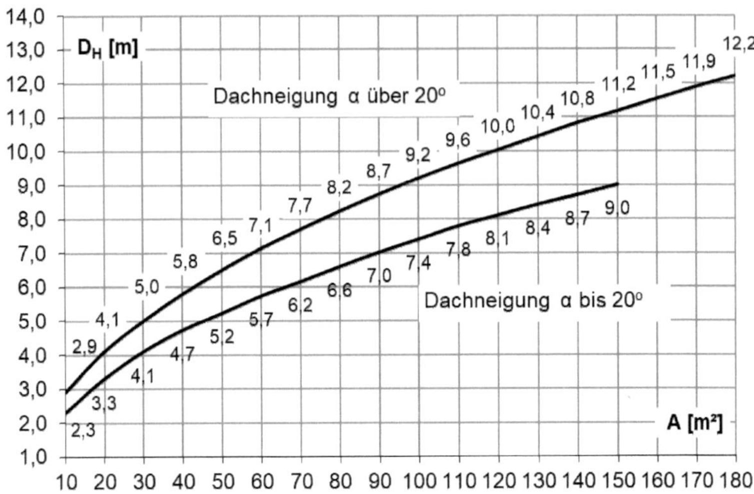

Abbildung 5-28: Zulässige horizontale Abstände jedes Deckenpunktes vom nächsten punktförmigen Brandmelder mit Rauchsensoren nach DIN EN 54-7 oder DIN EN 54-29 sowie Ansaugrauchmelder DIN EN 54-20 (nach VDE 0833 Teil 2)

A maximaler Überwachungsbereich je Melder nach Tabelle 5-7

D_H größter horizontaler Abstand eines beliebigen Punktes der Decke zum nächstgelegenen Melder

α Winkel der Dachneigung zur Horizontalen; hat ein Dach (eine Decke) verschiedene Neigungen, z. B. bei Sheds, zählt die kleinste vorkommende Neigung.

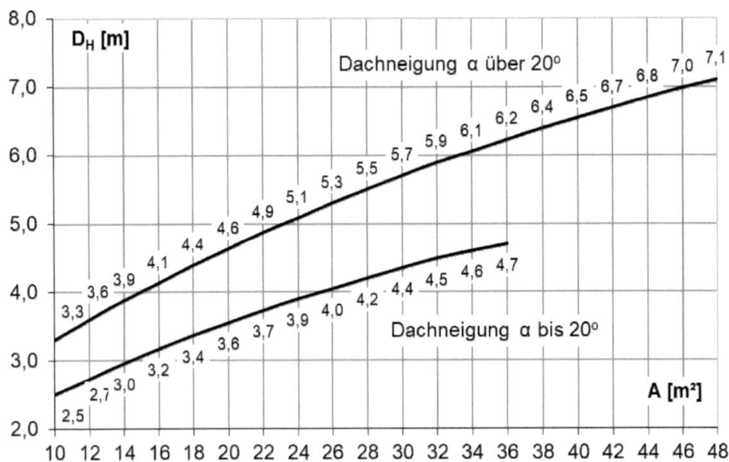

Abbildung 5-29: Zulässige horizontale Abstände jedes Deckenpunktes vom nächsten punktförmigen und mehrpunktförmigen Wärmemelder DIN EN 54-5 bzw. DIN EN 54-22 (nach VDE 0833 Teil 2)

A, D_H und α wie bei Abbildung 5-28

5.8.5.2 Übungsbeispiel Brandmeldeanlage

In Abbildung 5-30 und Abbildung 5-31 erkennt man beispielhaft die mit Hilfe obiger Regeln projektierte Ausstattung einer Halle mit Rauchmeldern.

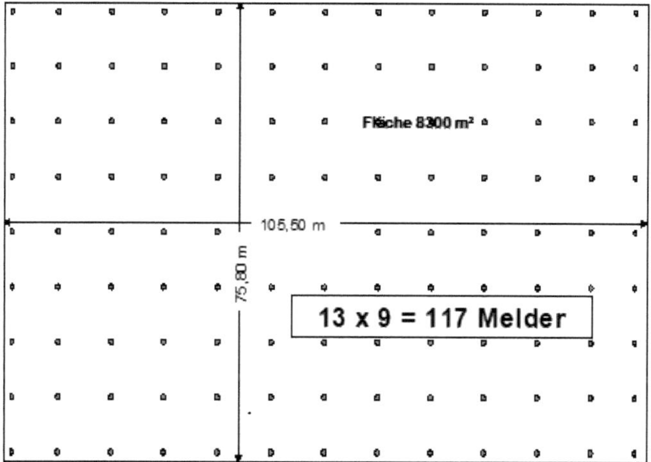

Abbildung 5-30: Halle mit Rauchmeldern in Quadratischer Anordnung bei 80 m² maximalem Überwachungsbereich (Hallenhöhe 8 m, Dachneigung 5°, Ausstattung für Einzelmelderbetrieb und Zweimeldungsabhängigkeit ergibt hier die gleiche Anzahl Melder), Übungsbeispiel

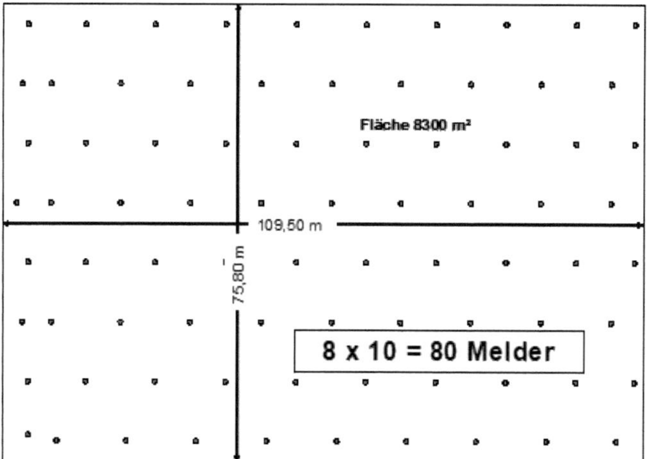

Abbildung 5-31: Halle mit Rauchmeldern in Versetzter Anordnung bei 80 m² maximalem Überwachungsbereich (Höhe 8 m, Dachneigung 5°, Einzelmelderbetrieb), Übungsbeispiel

5.8.5.3 Anordnung punktförmiger Melder zu Decken und Unterzügen

Wärmepolster unter Decken, die durch betriebliche Randbedingungen oder im Sommer auf Grund von Sonneneinstrahlung entstehen, können noch relativ kühlen Rauch daran hindern, Rauchmelder zu erreichen und so dessen Ansprechen verzögern. Ist dies zu erwarten, müssen Rauchmelder abgehängt installiert werden. Die dann erforderlichen Abstände D_L punktförmiger Rauchmelder von Decken und Dächern sind Tabelle 5-9 zu entnehmen. VDE 0833-2 enthält detaillierte Zeichnungen zur Anordnung abgehängter Melder bei verschiedenen Decken- bzw. Dachformen (z. B. bei Sheddächern etc.). Wärmemelder sind immer nicht abgehängt anzubringen.

Raumhöhe	**Dachneigung α ***	
	bis 20°	**über 20°**
	D_L	
bis 6 m	bis 0,25 m	0,20 m bis 0,50 m
6 m bis 12 m	bis 0,40 m	0,35 m bis 1,00 m
über 12 m bis 16 m	*0,25 m bis 0,60 m*	*0,5 m bis 1,2 m*
D_L Abstand des rauchempfindlichen Elementes zur Decke bzw. zum Dach α Winkel, den die Dach-/Deckenneigung mit der Horizontalen bildet; hat ein Dach oder eine Decke verschiedene Neigungen, z. B. bei Sheds, zählt die kleinste vorkommende Neigung. *kursiv* abhängig von Nutzung und Umgebungsbedingungen z. B. schnelle Rauchausbreitung		

Tabelle 5-9: Abstand von punktförmigen Rauchmeldern zu Decken und Dächern

Bei ungünstiger Lage des Brandes relativ zu durch Unterzüge gebildeten Deckenfeldern kann das Ansprechen von Rauchmeldern verzögert werden, da sich zuerst das durch das Deckenfeld gebildete Rauchreservoir auffüllt, bevor – nach Unterströmen der Unterzüge – schließlich auch Rauchmelder ansprechen können.

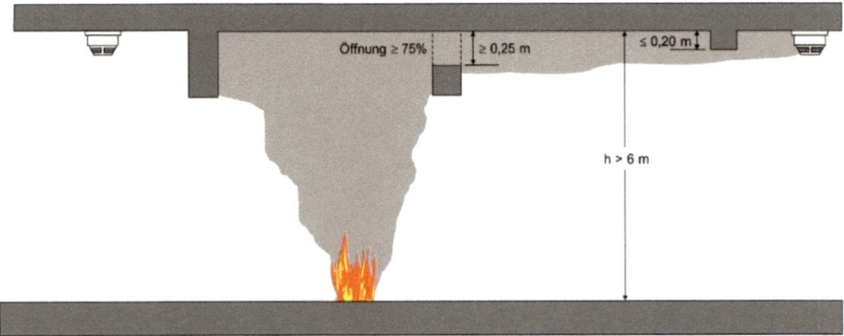

Abbildung 5-32: Mögliche Auswirkung von Unterzügen auf die Branddetektion

Ist der Abstand zwischen Unterkante / Oberkante, Unterzug und Unterkante, Dach oder Decke größer als 0,25 m und ist bei diesem Abstand die freie Fläche der Öffnung größer als 75 % der Gesamtfläche, brauchen Unterzüge gleich welcher Höhe nicht berücksichtigt zu werden, da ein frühzeitiges Überströmen des Rauches in Deckenfelder mit Rauchmeldern möglich ist (Abbildung 5-32).

Bis zu einer Raumhöhe von 6 m brauchen Unterzüge, deren Höhe kleiner als 0,2 m ist, nicht berücksichtigt zu werden. Ab einer Raumhöhe von 6 m sind Unterzüge zu berücksichtigen, wenn ihre Höhe 3 % der Raumhöhe übersteigt (siehe Abbildung 5-33). Es ist jedes Deckenfeld mit Meldern auszustatten, wenn seine Fläche größer ist als 60 % der maximalen Überwachungsfläche A nach Tabelle.

Unabhängig davon ist bei einer Unterzughöhe von mehr als 0,8 m jedes Deckenfeld mit einem punktförmigen Rauch- oder Wärmemelder auszustatten. Sind die Deckenfelder größer als der maximale Überwachungsbereich, so sind die einzelnen Deckenfelder wie einzelne Räume zu betrachten.

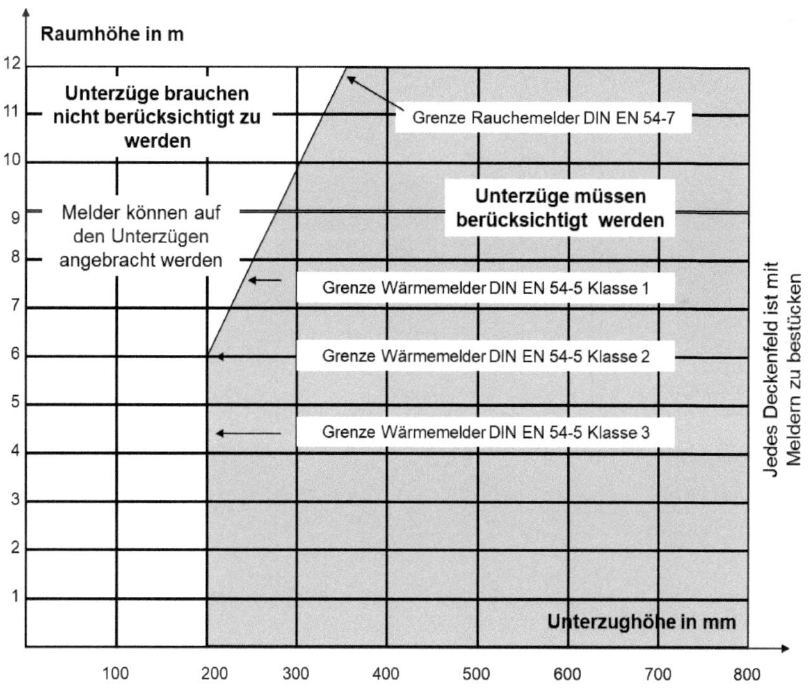

Abbildung 5-33: Berücksichtigung von Unterzügen nach DIN VDE 0833-2

5.8.5.4 Anordnung punktförmiger Melder in besonderen Fällen

Für lange schmale Räume (Flure, Kabelkanäle etc.) bis zu einer Breite von 3 m gelten die folgenden Anforderungen an die Melderabstände, die maximal zulässigen Überwachungsbereiche dürfen dabei nicht überschritten werden:

- Wärmemelder bis 10 m, bei Zweimeldungsabhängigkeit Typ B bis 5 m
- Rauchmelder bis 15 m, bei Zweimeldungsabhängigkeit Typ B bis 11 m, bis 7,5 m bei Ansteuerung von Feuerlöschanlagen.

Melderabstände zu Stirnflächen langer schmaler Räume dürfen nicht größer als die Hälfte obiger Abstände sein. Melder sind auch in Kreuzungs-, Einmündungs- und Eckbereichen und Nischen von mehr als 1 m Tiefe und bis zu 3 m Breite anzuordnen.

Bei besonderen Dach- und Deckenformen (Neigung größer als 20°, Satteldächer, Gewölbedecken, Scheddächer) unter Podesten, Gitterrosten oder ähnlichen Einrichtungen sowie bei langen und schmalen Räumen (z. B. Fluren) sind besondere zusätzliche Bedingungen der DIN VDE 0833-2 zu beachten.

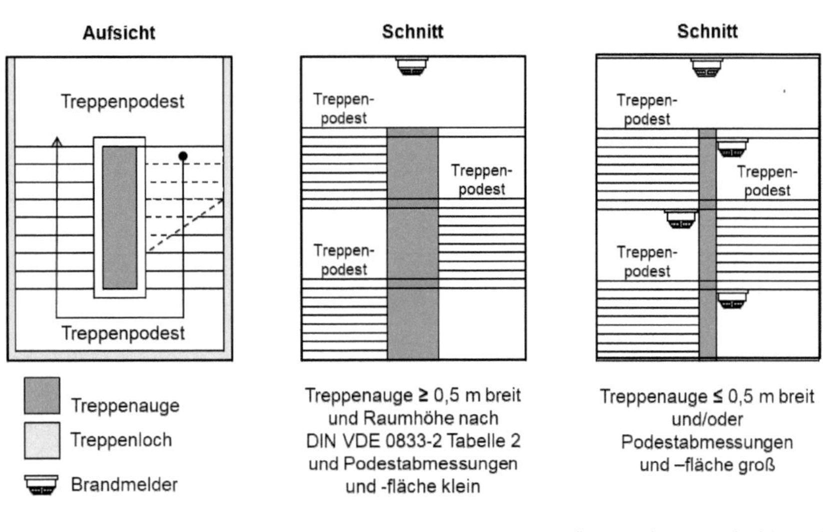

Abbildung 5-34: Anordnung von Brandmeldern in Treppenräumen (schematisch) nach DIN VDE 0833-2

Des Weiteren enthält DIN VDE 0833-2 Regelungen zur Anordnung von Brandmeldern in Treppenräumen. Zusätzlich zu den in Abbildung 5-34 dargelegten Anordnungsvorschriften sind hinsichtlich der Höhe des Treppenraumes die Vorschriften der Tabelle 5-7 und hinsichtlich der zulässigen Größe der Treppenpodeste die Vorschriften des Bildes 7 aus DIN VDE 0833-2 zu beachten. Dies bedeutet, dass ggf. auch bei Treppenräumen mit Breite des Treppenauges ≥ 0,5 m:

- auf Grund der Gesamthöhe des Treppenraumes zusätzliche Melder in Zwischenebenen eingebaut werden müssen
- sofern die Treppenpodeste bestimmte Größen überschreiten, unter jedem Podest Melder eingebaut werden müssen.

Unter Punkt 6.2.7.16 wurde in DIN VDE 0833-2 die Anordnung von Meldern in Lüftungsleitungen neu geregelt.

5.8.5.5 Anordnung linienförmiger Rauchmelder

Besondere Regelungen gelten auch für linienförmige Rauchmelder (Lichtstrahlmelder). Die Bedingungen entsprechen inhaltlich sinngemäß im Wesentlichen jenen für punktförmige Melder. Wegen des besonderen Einsatzgebietes ist bei Lichtstrahlmeldern zusätzlich immer zu berücksichtigen, ob eventuell ein im Sommer unter der Dachfläche entstehendes „Wärmepolster" verhindern kann, dass aufsteigender Rauch an die Decke gelangt.

Raumhöhe			**Dachneigung** a	
R_H	**D_H**	**A**	bis 20°	über 20°
			D_V	**D_V**
bis 6 m	6 m	1200 m²	0,3 m bis 0,5 m	0,3 m bis 0,5 m
über 6 m bis 12 m	6,5m	1300 m²	0,4 m bis 0,7 m	0,4 m bis 0,9 m
über 12 m bis 16 m [1) 2)]	7 m	1400 m²	0,6 m bis 0,9 m	0,8 m bis 1,2 m
über 16 m bis 20 m [1) 3) 3)]	*7,5 m*	*1500 m“*	*0,8 m bis 1,1 m*	*1,2 m bis 1,5 m*

D_H größter zulässiger horizontaler Abstand irgendeines Punktes der Decke zum nächstgelegenen Strahl

A maximaler Überwachungsbereich je Melder

D_V Abstand des Melders zur Decke bzw. zum Dach

α Winkel, den die Dach-/Deckenneigung mit der Horizontalen bildet; hat ein Dach oder eine Decke verschiedene Neigungen, z. B. Sheds, zählt die kleinste vorkommende Neigung

kursiv abhängig von Nutzung und Umgebungsbedingungen

1) bei einer Raumhöhe über 12 m wird empfohlen, eine zweite Überwachungsebene vorzusehen. Melder der unteren Überwachungsebene sollten versetzt zu den Meldern der oberen Überwachungsebene angeordnet werden

2) nur für Melder mit Rauch-Sensoren und Ansaugrauchmelder Klassen A und B zulässig

3) nur für Ansaugrauchmelder Klasse A zulässig

Tabelle 5-10: Überwachungsbereiche sowie Abstand von Lichtstrahlen zu Decken und Dächern nach VDE 0833 Teil 2 (DIN VDE 0833-2)

5.8.5.6 Anordnung linienförmiger Wärmemelder

Bei Einsatz linienförmige Wärmemelder darf der Abstand zweier paralleler Sensorleitungen nicht größer als der doppelte Abstand D_H nach Tabelle 5-11 sein, die maximal zulässige Raumhöhe ist Tabelle 5-7 zu entnehmen. Bei Einsatz linienförmiger Wärmemelder in Zweimeldungsabhängigkeit Typ B ist D_H um 30 % zu reduzieren. Die Sensorleitung muss einen Abstand von mindestens 0,5 m zu Wänden, Einrichtungen und Lagergütern einhalten. Bei Ausfall einer Sensorleitung darf nicht mehr als ein Meldebereich betroffen sein, d. h. im Regelfall ist je Meldebereich eine eigene Sensorleitung erforderlich.

Raumgröße	**Dachneigung α**	
	bis 20°	über 20°
	D_H	D_H
bis 30 m²	4,4 m	4,4 m
über 30 m²	3,5 m	5,0 m
D_H größter zulässiger horizontaler Abstand irgendeines Punktes der Decke zur nächstgelegenen Sensorleitung α Winkel, den die Dach-/Deckenneigung mit der Horizontalen bildet; hat ein Dach oder eine Decke verschiedene Neigungen, z. B. Sheds, zählt die kleinste vorkommende Neigung		

Tabelle 5-11: Abstände von Sensorleitungen linienförmiger Brandmelder nach VDE 0833 Teil 2 (DIN VDE 0833-2)

Für die Detektionspunkte linienförmiger, nicht integrierender Wärmemelder gelten im Wesentlichen die gleichen Abstandsregeln wie für punktförmige Wärmemelder (Punkt 5.8.5.1). Bei Zweimelderabhängigkeit Typ B müssen die Überwachungsflächen nach Tabelle 5-11 um 50 % reduziert werden.

5.8.5.7 Anordnung von Ansaugrauchmeldern

Die Ansaugöffnungen von Ansaugrauchmeldern sind analog der Vorschriften zu punktförmigen Rauchmeldern zu planen, d. h., dass die maximalen Überwachungsbereiche nach Tabelle 5-7 für jede Ansaugöffnung einzuhalten sind. Der Überwachungsbereich eines Ansaugrauchmelders darf nicht größer sein als 1600 m² und nur einen Meldebereich umfassen. Bei Raumhöhen über 12 m sind Ansaugrauchmelder DIN EN 54-20 Klasse A oder B einzusetzen.

5.8.5.8 Anordnung von Flammenmeldern

Beim Einsatz von Flammenmeldern ist zu beachten, dass sich Wärme- und Lichtstrahlung geradlinig ausbreitet. Daher sollte das Überwachungsvolumen vollständig direkt von den Meldern einsehbar sein. Der Öffnungswinkel der Melder ist zu beachten, er ist i. d. R. rotationssymmetrisch und beträgt üblicherweise 90° oder mehr.

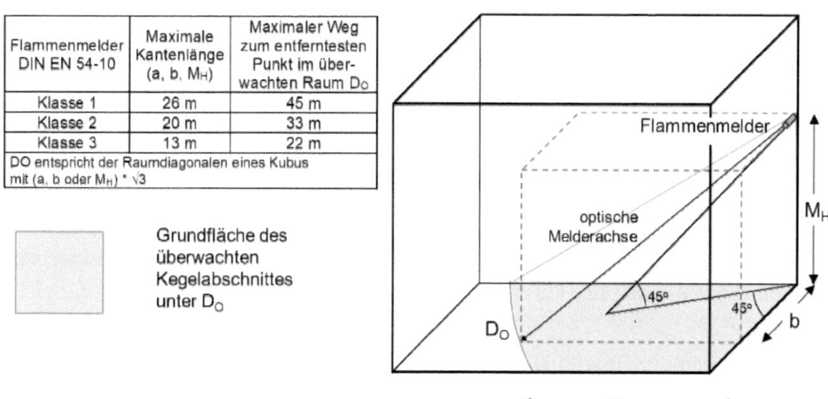

Flammenmelder DIN EN 54-10	Maximale Kantenlänge (a, b, M_H)	Maximaler Weg zum entferntesten Punkt im überwachten Raum D_O
Klasse 1	26 m	45 m
Klasse 2	20 m	33 m
Klasse 3	13 m	22 m
DO entspricht der Raumdiagonalen eines Kubus mit (a, b oder M_H) * √3		

Abbildung 5-35: Anordnung und Überwachungsbereich von Flammenmeldern bei Raumecken- und Wandmontage – nach DIN VDE 0833-2

Sofern Einbauten die Sichtachse von Meldern einschränken, sind ggf. zusätzliche Melder so zu installieren, dass jede potentielle Brandstelle von mindestens einem Flammenmelder erfasst wird. Zwar wird auch reflektierte Strahlung registriert, wegen der Intensitätsverluste hierbei wird jedoch ein nicht unerheblicher Zeitverlust bis zur Branddetektion entstehen. Die geometrischen Bedingungen für die Installation von Flammenmeldern und die zulässigen Überwachungs-Volumina sind Abbildung 5-35 zu entnehmen.

Bei Zweimelderabhängigkeit Typ B sind die Melderachsen möglichst mit unterschiedlich auszurichten. Wenn bei einem Brandereignis sofort mit starker Rauchentwicklung gerechnet werden muss, dürfen nur IR-Melder oder IR-Melder und Rauchmelder parallel eingesetzt werden. Zweimelderabhängigkeit zwischen Flammen und Rauchmeldern ist nicht zulässig.

5.8.6 Alarmorganisation

Die Projektierung einer Brandmeldeanlage kann von den <u>*nach*</u> Entdeckung des Brandes notwendigen Maßnahmen abhängen. Es ist daher erforderlich, bei der Planung der Vorgehensweise bei einem Brandalarm mindestens folgende Aspekte und Maßnahmen zu berücksichtigen:

- Welche Räumungsanweisungen gelten im Brandfall und hängen diese vom Brandort ab?
- Wie gestaltet sich die Nutzung des Gebäudes und wie verändert sich diese im Tagesverlauf?

- Sind bei der Vorgehensweise bei einem Brandalarm Änderungen zwischen Tag und Nacht oder Arbeits- und Feiertagen zu beachten?
- Welche Pflichten und Zuständigkeiten hat das Personal einschließlich der Vorkehrungen für eine eigenständige Brandbekämpfung oder der Organisation, Überwachung oder Durchführung der Evakuierung?
- Wie sind die Personen, die sich im Gebäude befinden, über den Brandfall zu informieren?
- Bestehen speziellen Anforderungen für den Betrieb (z. B. Abfahren von Anlagen, Entriegeln von Türen etc.) und die Aufteilung zusätzlicher Einrichtungen?
- Müssen Brandschutzeinrichtungen angesteuert werden? Welche (Brandschutztüren oder -tore, Löschanlagen, Rauchschutzeinrichtungen etc.)? Bestehen hier gegenseitige Abhängigkeiten?
- Ist eine Unterteilung des Gebäudes in (ggf. unterschiedliche) Melde- und Alarmierungsbereiche erforderlich?
- Wie wird die Feuerwehr gerufen und welche Informationen sind weiterzugeben?
- Welche Alarmierungszeit der Feuerwehr ist zu erwarten?
- Welche Anforderungen gelten für die Anzeige des Brandortes?
- Benötigt die Feuerwehr besondere Einrichtungen (z. B. automatische Entriegelung von Türen, Feuerwehrschlüsselkasten)?
- Ist ein hierarchisches System erforderlich (z. B. in großen oder miteinander verbundenen Gebäuden)?
- Sind mehrere Brandmelderzentralen vorgesehen und welche Vereinbarungen sind in diesem Fall für die Übergabe zwischen den Brandmelderzentralen zu treffen?
- Sind besondere Vorkehrungen zur Vermeidung von Auswirkungen eines Fehlalarms erforderlich?
- Besteht eine Wechselwirkung mit anderen aktiven Brandschutzmaßnahmen, z. B. mit automatischen Löschanlagen, RWA, Türfeststellanlagen, Fluchtleitsystemen?
- Gibt es im Gebäude besondere Vorkehrungen für die Notstromversorgung?
- Welche Vorgehensweise gibt es für Fehlalarme oder Störungen?
- Bestehen Anforderungen für Abschaltung oder Abtrennung und wer ist für die Wiederinbetriebnahme zuständig?
- Wird von der Anlage oder Teilen der Anlage gefordert, dass sie für eine bestimmte Dauer nach der ersten Branderkennung in Betrieb bleibt?

5.9 Brandfall-Steuermatrix

Die Funktionen der technischen Gebäudeausstattung einerseits und der brandschutztechnischen Ausstattung eines Gebäudes andererseits müssen im Brandfall in z. Teil komplexen Prozessabläufen aufeinander abgestimmt sein, um die definierten Schutzziele zu erreichen. Gleiches gilt häufig auch für brandschutztechnische Einrichtungen wie Rauchabzugsanlagen, Türen und Tore etc. untereinander.

Beispielsweise müssen bei Branddetektion in einem Meldebereich vor Auslösung einer dort installierten Gaslöschanlage folgende Maßnahmen ablaufen (Aktionen, die i. A. durch die Gebäudetechnik gesteuert / aktiviert werden müssen, sind kursiv gedruckt; vergl. auch Punkt 5.6.5):

- Warnung anwesender Personen
- *ggf. Entriegelung von Türen im Verlauf von Rettungswegen*
- Aktivierung der Auslösungsunterbrechungseinrichtungen
- *ggf. Abschaltung von raumlufttechnischen Anlagen*
- *ggf. Schließung von Fenstern und / oder Lüftungseinrichtungen*
- Öffnung von definierten Druckentlastungseinrichtungen

Spätestens parallel zur Auslösung der Gaslöschanlage sind in obigem Beispiel folgende Maßnahmen erforderlich:

- Aktivierung der Warnhinweise auf einen mit Löschgas gefluteten Bereich
- Alarmierung der Feuerwehr
- Information des Personals und / oder anwesender Besucher durch Aktivierung einer automatischen Durchsage oder eines allgemeinen Warnsignals
- ggf. Schließung von betriebsmäßig offen gehaltenen Brandschutzabschlüssen (Brandschutztüren, Abschlüsse von Transportanlagen, Rauchschutzvorhänge etc.)
- *ggf. Aktivierung der Brandfallsteuerung von Aufzügen* (Kapitel 11)

Schon an diesem einfachen Beispiel wird deutlich, dass ein zielgerichtetes Zusammenwirken aller an der Gewährleistung des definierten Schutzniveaus beteiligten Komponenten keinesfalls eine Selbstverständlichkeit ist, sondern genauer Planung bedarf. Nicht selten kommt es bei komplexeren Gebäuden zu Konflikten oder sogar Fehlfunktionen, die im Einzelfall so gravierend sein können, dass eine Nutzung des Gebäudes aus brandschutztechnischer Sicht untersagt werden muss [5.85], [5.86].

Die korrekte Steuerung der erforderlichen Abläufe erfolgt über die Brandmelderzentrale – BMZ –, ggf. in Kombination mit der allgemeinen Gebäudetechnik (vergl. Abbildung 5-9). Aufbauend auf den im Brandschutzkonzept definierten Schutzzielen und Anforderungen zu deren Realisierung sowie den im Rahmen der Alarmorganisation (Punkt 5.8.6) für das Gebäude definierten Randbedingungen ist daher eine Brandfallsteuermatrix zu entwickeln.

Eine Brandfallsteuermatrix – BFSM – definiert

- ortsabhängig oder ortsunabhängig,
- für realistisch zu erwartenden Schadensereignisse wie Branddetektion, Ausfall der Energieversorgung, Bombendrohung etc.,
- die anzusteuernden sicherheitsrelevanten technischen Anlagen und
- den zeitlichen Ablauf der jeweils einzuleitenden Steuerungsvorgänge

und bildet die Basis für die Programmierung der BMZ und ggf. der Steuerungen gebäudetechnischer Einrichtungen. Sie führt alle relevanten Beurteilungsgrundlagen in einem Dokument zusammen und ermöglicht dadurch eine ganzheitliche Sicherheitsbeurteilung. Die BFSM ist weiter die Grundlage für die Arbeit der ausführenden Gewerke und für die Prüfsachverständigen.

Es hat sich als zweckmäßig erwiesen, bei der Erstellung von BFSM in folgenden Schritten vorzugehen (siehe z. B. VDI 6010-2 [5.87] oder Kraft et al. [5.88]):

1. Auswertung aller verfügbaren Unterlagen
2. Definition von Funktionsbereichen
3. Erarbeitung eines Brandfallsteuermatrix-Konzeptes
4. Erarbeitung der Qualitativen Brandfallsteuermatrix (auch: Brandfallsteuertabelle)
5. Erarbeitung der Quantitativen Brandfallsteuermatrix
6. nach Fertigstellung: Verifizierung durch Wirkprinzipprüfung (auch: Vollprobetest)

Wegen der zentralen Bedeutung ist dieser Vorgang vollständig und so detailliert zu dokumentieren, dass auch im Nachhinein nicht nur die definierten Prozesse, sondern auch die jeweils zu Grunde liegenden Fakten, Anforderungen und Annahmen eindeutig nachvollzogen werden können.

5.9.1 Unterlagen für die Brandfallsteuermatrix

Die Erarbeitung einer Brandfallsteuermatrix sollte möglichst parallel zur Ausführungsplanung beginnen. Zunächst sind die bis zu diesem Zeitpunkt verfügbaren relevanten Unterlagen auszuwerten. Dies werden i. A. mindestens die folgenden sein:

- Bauantrag mit Baubeschreibung
- Gebäudegrundrisse, Schnitte und sonstige Planunterlagen
- Brandschutzkonzept

Im weiteren Verlauf werden Zug um Zug weitere Bauunterlagen erstellt, die für die BFSM von Bedeutung sind, hierzu gehören insbesondere:

- die Fachplanungen der technischen Gebäudeausstattung (Raumlufttechnik, Transporteinrichtungen, Sondertechniken wie z. B. OP-Bereiche, Labore etc.)
- die Alarmorganisation (Punkt 5.8.6)

5.9.2 Funktionsbereiche für die Brandfallsteuermatrix

Funktionsbereiche gliedern ein Gebäude hinsichtlich der Erstellung der Brandfallsteuermatrix in Abschnitte, für die gleiche Prozessabläufe definiert werden können. Einteilungskriterien können u. a. sein:

- Brandabschnitte und Geschosse
- Gebäudegeometrie und Nutzung der Gebäudeteile
  (im Kaufhaus z. B. die Verkaufsflächen, die Lagerräume, die Technikräume, die Tiefgarage etc.; im Krankenhaus z. B. die Patientenstationen, der Untersuchungsbereich, der OP-Bereich etc.)
- Melde- und Alarmierungsbereiche der BMA
- Alarmorganisation
- Schutzbereiche von Löschanlagen
- Rettungswege und Entfluchtungsplanung
- Bereiche, die durch einzelne sicherheitsrelevante Einrichtungen versorgt werden (z. B. Lüftung).

Erst durch die Festlegung von Funktionsbereichen werden komplexe Bauwerke und deren BFSM beherrschbar. Es sollten daher die Anzahl der Funktionsbereiche soweit sinnvoll begrenzt werden. Im Allgemeinen wird es erforderlich sein, die endgültige Anzahl und Einteilung der Funktionsbereiche nach Erstellung des Entwurfes der Brandfallsteuertabelle – ggf. auch mehrfach – anzupassen.

5.9.3 Brandfallsteuermatrix-Konzept

Das Brandfallsteuermatrix-Konzept (BFSM-Konzept, auch als Funktionale Steuermatrix bezeichnet) sollte auf der Grundlage des Brandschutzkonzeptes in enger Zusammenarbeit zwischen dessen Ersteller und dem Bauherrn, den Planern der technischen Gebäudeausrüstung, der Genehmigungsbehörde (Bauamt und Feuerwehr) sowie ggf. den ausführenden Firmen erarbeitet werden. Es ist im Planungs- und Realisierungsfortschritt des Bauvorhabens laufend weiter zu entwickeln und zu konkretisieren sowie ggf. anzupassen. Das BFSM-Konzept kann grundsätzlich in allgemein beschreibender, jedoch klar strukturierter

Form erstellt werden. Es dient als Grundlage für die Ausführungsplanung und soll der Genehmigungsbehörde die brandschutztechnische Beurteilung des Objektes ermöglichen.

Im Allgemeinen liegen zu diesem Zeitpunkt neben dem Brandschutzkonzept mit der Beschreibung der Schutzziele die folgenden Unterlagen vor:

- erste Planungen zur Umsetzung der Schutzziele (durch eine BMA, Löschanlagen, Rauchschutzmaßnahmen etc.),
- Entwürfe für die Brandmeldeanlage (Meldebereiche, Alarmierungsbereiche, Alarmorganisation etc.),
- Entwürfe für die sicherheitsrelevante technische Gebäudeausstattung (Aufgabe, Lage im Objekt, Art der Auslösung, Verknüpfungen etc.)

Diese Fakten sind im Rahmen der Dokumentation der BFSM festzuhalten. Hierdurch soll gewährleistet werden, dass im Verlaufe der Nutzung des Gebäudes erforderliche Änderungen hinsichtlich ihrer sicherheitstechnischen Auswirkungen richtig eingeordnet werden können.

Auf Grundlage der genannten Unterlagen sind insbesondere zu dokumentieren:

- die für die einzelnen Funktionsbereiche geltenden Schutzziele
  (z. B. für ein Atrium: Rauchfreihaltung der Rettungswege)
- relevante Schadensszenarien
  (z. B.: Brand / Rauchentwicklung im Atrium)
- die anzusteuernden brandschutztechnischen Anlagen und ihre Anordnung im Gebäude;
  (z. B.: Entrauchungsklappen im Dach des Atriums)
- die anzusteuernden gebäudetechnischen Anlagen und ihre Anordnung im Gebäude
  (z. B.: Aufzüge im Atrium)
- die Aktion(en) im Brandfall
  (z. B.: öffnen der Entrauchungsklappen und der Zuluftöffnungen; Brandfallfahrt der Aufzüge)
- die Art der Auslösung
  (z. B.: Ansteuerung durch die BMZ nach Branddetektion durch automatische Brandmelder, zusätzlich Taster an den Zu- und Ausgängen)
- zugehöriger Meldebereich der BMA
  (z. B.: EG, Atrium und offene Rettungsweg am Atrium 1. bis 7. OG)
- Alarmierungs- und Evakuierungsabfolgen für die vorgesehenen Alarmierungsbereiche
  (z. B.: Durchsage der SAA: Räumung des gesamten Gebäudes)

- sonstige Aktionen die durch anwesende Personen erfolgen sollen und die in die Brandschutzordnung aufzunehmen sind
(z. B.: Hilfestellung für Mitarbeiter mit Behinderungen, Verschließen bestimmter Räume)
- zum Zeitpunkt der Erstellung noch offene Fragen oder Konsultationserfordernisse und – nach Klärung und Entscheidung – Einarbeitung der Ergebnisse
(z. B.: Welche Aufgaben müssen die Brandschutzhelfer bei diesem Szenario übernehmen?)

Hinweis: Die oben dargestellten Abläufe sind lediglich willkürlich gewählte Beispiele und stellen nicht die Gesamtheit der ggf. zu initiierenden Aktionen dar.

Wenn die Brandmeldung örtlich nicht sicher zugeordnet werden kann, dies kann z. B. die Auslösung eines Handfeuermelders sein, der nicht zwingend im betroffenen Funktionsbereich liegen muss, sind u. U. bestimmte Aktionen zu unterlassen bzw. zu sperren. Dies wird dann sinnvoll sein, wenn mit Ablauf der gesamten Aktionen schwerwiegende Eingriffe in Betriebsabläufe verbunden sind oder wenn unvermeidbare Fehlalarme erwartet werden. Einige Beispiele sind in Abbildung 5-36 enthalten.

Des Weiteren sollte das Brandfallsteuermatrix-Konzept eine ausführliche Dokumentation der autark und/oder über Handbetätigung auslösenden Brandschutzeinrichtungen enthalten. Hierzu gehören u. A. Feststellanlagen für Brand- und Rauchschutztüren, die über die zugehörigen Rauchmelder angesteuert werden oder nur manuell auszulösende Löschanlagen z. B. in Küchen oder Laboren.

5.9.4 Qualitative Brandfallsteuermatrix - Brandfallsteuertabelle

Sobald das Konzept für die BFSM ausreichend entwickelt ist, ist ein Entwurf der Qualitativen Brandfallsteuertabelle (Q-BFSM, auch als Brandfallsteuertabelle – BFST – bezeichnet) zu erarbeiten. Diese ist in Form einer Matrix zu erstellen. Im Folgenden wird die in VDI 3819 [5.88] beschriebene Form dargestellt, in der

- die Signalquellen (Aktivatoren) in den Spalten
- die Signalsenken (Aktoren) in den Zeilen

angeordnet werden (VDI 6010-2 [5.87] verfährt genau andersherum, beide Darstellungsweisen sind jedoch grundsätzlich gleichwertig). Ist eine Verknüpfung bestimmter Aktivatoren mit bestimmten Aktoren erforderlich, wird dies im entsprechenden Matrixelement gekennzeichnet (ein einfaches Beispiel zeigt Abbildung 5-36).

Die qualitative Brandfallsteuermatrix

- listet Aktivatoren (Meldertypen und -abhängigkeiten) und Aktoren (Anlagenkomponenten) auf
  (Es ist i. A. angezeigt, zunächst alle Aktivatoren und alle Aktoren für alle Funktionsbereiche vollständig aufzulisten. Eine Zusammenfassung sollte erst erfolgen, wenn der Entwicklungsstand der BFST dies sinnvoll ermöglicht.)
- beschreibt detailliert welche Situation zu welchen Reaktionen (Prozessen) führen soll
  (z. B. Rauchdetektion in Raum X in Funktionsbereich Y führt zur Aktivierung der Personenalarmierung im Alarmierungsbereich, Rauchgasventilator läuft an, Zulufteinrichtungen werden geöffnet, dynamische Brandfallsteuerung der Aufzüge wird aktiviert, Feuerwehr wird alarmiert)
- muss unter Beteiligung der Fachplaner für Brandschutz, Technische Gebäudeausrüstung (TGA) und Gebäudeautomation (GA) erstellt werden
- ist hinsichtlich der Vollständigkeit und Zulässigkeit der einzelnen Abhängigkeiten unter Beachtung der jeweiligen Schutzziele fortlaufend kritisch zu überprüfen
- kann, falls erforderlich oder sinnvoll, Untermatrizen enthalten (z. B. für die ereignisabhängige Ansteuerung bestimmter Entrauchungseinrichtungen).
- ist ggf. durch Pläne zu erläutern bzw. zu ergänzen (z. B. für Meldebereiche, Alarmierungsbereiche, Aktoren)
- ist nach Fertigstellung durch einen unabhängigen Brandschutzfachmann hinsichtlich Vollständigkeit und Widerspruchsfreiheit zu überprüfen

Gebäude	Funktionsbereich		Tiefgarage UG				Edgeschoss				1. OG				2. OG					2. OG				2. OG				3. OG			
	Meldebereiche		U-1				E-1				1-1 bis 1-4				Atrium					2-1 bis 2-5				EDV				3-1 bis 3-8			
VDI 3819 Blatt3: Zeilen Senken, Spalten Quellen	Auslösung		Automatischer Melder	Druckknopfmelder	Löschanlage	Manuell durch WF	Automatischer Melder	Druckknopfmelder	Löschanlage	Manuell durch WF	Automatischer Melder	Druckknopfmelder	Löschanlage	Manuell durch WF	1. Automatischer Melder	4. Automatischer Melder	Druckknopfmelder	Löschanlage	Manuell durch WF	Automatischer Melder	Druckknopfmelder	Löschanlage	Manuell durch WF	Automatischer Melder	Druckknopfmelder	Löschanlage	Manuell durch WF	Automatischer Melder	Druckknopfmelder	Löschanlage	Manuell durch WF
Alarmierungen																															
Werkfeuerwehr		Alarm	x	x	x		x	x	x		x	x	x		x		x	x		x	x	x		x		x	x	x	x	x	
Öffentliche Feuerwehr		Alarm			x													x													
Sprachalarmanlage - SAA	Ansage Störung	an	x	x			x	x			x	x			x		x			x	x			x		x			x		
	Ansage Räumung	an			x	x			x	x			x	x		x		x	x			x	x			x	x			x	x
Löschanlagen - LA																															
Wandhydrantenanlagen WHA	Pumpe	ein	x		x	x	x		x	x	x		x	x	x			x	x	x		x	x	x		x	x	x		x	x
Sprühflutanlage Atrium	Pumpe	bereit													x				x												
		löschen														x			x												
Gaslöschanlage	EDV 1	Auslösung																						x			x				
Löschanlage Küchenabzug		Auslösung																										x			x
Rauch- und Wärme Abzugsanlagen - RWA																															
Maschinelle Enrauchung - MRA		an													x			x	x												
	Atrium	aus																	x												
Zuluftklappen		auf													x			x	x												
		zu																	x												
RWA-Dach	3. OG	auf																										x		x	x
		zu																													x
Druckbelüftungsanlagen - RDA																															
RDA Feuerwehraufzug	Druckbelüftung	an	x		x	x	x		x	x	x		x	x	x			x	x	x		x	x	x		x	x	x		x	x
	Abströmklappe	auf	x		x	x	x		x	x	x		x	x	x			x	x	x		x	x	x		x	x	x		x	x
RDA Treppenräume	Druckbelüftung	an	x		x	x	x		x	x	x		x	x	x			x	x	x		x	x	x		x	x	x		x	x
	Abströmklappe	auf	x		x	x	x		x	x	x		x	x	x			x	x	x		x	x	x		x	x	x		x	x
RDA Flure EG und 1. OG	Druckbelüftung	an					x		x	x	x		x	x																	
Zuströmklappen Flure zum	EG	auf					x		x	x																					
	1. OG	auf									x		x	x																	
Abströmklappen	AK E-1	auf					x		x	x																					
	AK E-2	auf					x		x	x																					
	AK 1-1	auf									x		x	x																	
	AK 1-2	auf									x		x	x																	
Raumlufttechnische Anlagen - RLT																															
RLT 1 - EDV-Räume	EDV	aus																						x		x	x				
RLT 2 - Garage	maximal	an	x		x	x																									
RTL 3 - Obergeschosse		aus																										x		x	x
Aufzüge																															
Feuerwehraufzug Brandfallfahrt		ein	x		x	x	x		x	x	x		x	x	x		x	x	x	x		x	x	x		x	x	x		x	x
Aufzug Treppenraum Brandfallfahrt		ein	x		x	x	x		x	x	x		x	x	x		x	x	x	x		x	x	x		x	x	x		x	x
Bendigung Brandfallsteuerung alle Aufzüge		ein				x				x				x									x				x				x
Brandschutzabschlüsse																															
F 90 Rolltore		schließen	x		x	x																									
T30-RS Türen		schließen																													
Zugangssicherungen																															
Zugang Treppenraum betroffenes Geschoss		entriegeln	x		x	x	x		x	x	x		x	x	x			x	x	x		x	x	x		x	x	x		x	x
Ausgang Treppenraum		entriegeln	x		x	x	x		x	x	x		x	x	x			x	x	x		x	x	x		x	x	x		x	x
Notausgänge		entriegeln	x		x	x	x		x	x	x		x	x	x			x	x	x		x	x	x		x	x	x		x	x
Personenschleuse		entriegeln	x		x	x	x		x	x	x		x	x	x			x	x	x		x	x	x		x	x	x		x	x
Normalzustand wiederherstellen		ein				x				x				x					x				x				x				x
Einfahrwarnung Tiefgarage		ein	x		x																										
		aus				x																									

Abbildung 5-36: Beispiel für eine Qualitative Brandfallsteuermatrix (Brandfallsteuertabelle) – Ausschnitt

5.9.5 Quantitative Brandfallsteuermatrix

Auf der Grundlage der Qualitativen Brandfallsteuermatrix ist danach die Quantitative Steuermatrix) zu erstellen. Mit Hilfe der technischen Werkplanungen der ausführenden Firmen werden die Komponenten-Identifikationsnummern der einzelnen am Prozess beteiligten Anlagenteile benannt, ggf. individuelle

Anlagenkomponenten (z. B. einzelne Brandschutzklappen in RLT-Anlagen) und / oder Koppler ebenso ergänzt und diesen jeweils die entsprechenden Steuerbefehle zugewiesen.

Beispiel: Aktivierter Rauchmelder 12-34 der Meldergruppe 12 im Erdgeschoss führt zu Aktivierung des Kopplers ABC der an die Sprachalarmanlage 1 den Befehl <Durchsage „Betriebsstörung im Erdgeschoss“ abspielen> sendet.

Diese Befehlsätze ergänzen die BFST und dienen als Grundlage für deren Umsetzung in die Programmierung der gesamten brandschutztechnischen Steuerungstechnik (Brandmelderzentrale, ggf. Koppler, sicherheitstechnische Gebäudetechnik) im jeweiligen Quellcode.

Nach Abnahme der einzelnen Komponenten dient die Quantitative Brandfallsteuermatrix als Grundlage für eine ganzheitliche Prüfung aller Interaktionen der sicherheitstechnischen Systeme.

5.9.6 Wirkprinzipprüfung

Um sicher zu gehen, dass die geplanten Prozessabläufe in jedem einzelnen Szenario auch wirklich ablaufen und die beteiligten Komponenten bestimmungsgemäß zusammenwirken, sollte vor Inbetriebnahme des Gebäudes eine Wirkprinzipprüfung (auch Vollprobetest genannt) nach § 2 MPrüfVO [5.90] und den dazu vorliegenden Prüfgrundsätzen [5.91] vorgenommen werden. Eine Verpflichtung zur Durchführung besteht zwar nur dann, wenn die Genehmigungsbehörde dies gefordert hat, als Qualitätssicherungsmaßnahme auch für den Architekten und den Bauherrn, die letztlich ggf. für die Sicherheit des Gebäudes haften, ist dies aber bei komplexen Gebäuden in jedem Fall sachgerecht.

Im Rahmen der Wirkprinzipprüfung sollte daher:

für jeden Funktionsbereich

(und falls vorhanden für jeden Melde- und Alarmierungsbereich innerhalb des Funktionsbereiches)

durch Auslösen mindestens eines Aktivators

(falls mehrere Aktivatortypen vorhanden sind – z. B. Rauchmelder, Druckknopfmelder, Auslösung von Löschanlagen – mindestens eines Aktivators je Typ)

der korrekte Ablauf aller geplanten Maßnahmen geprüft und ausführlich dokumentiert werden.

Weitere Einzelheiten zur Durchführung einer Wirkprinzipprüfung findet man z.B. bei Kraft et al. [5.88].

5.10 Sonderfunktionen

5.10.1 Feuerwehr-Bedienfeld

Aufgrund der Vielzahl unterschiedlicher Brandmeldeanlagen der heutigen mikroprozessorgesteuerten Generation, ist der Feuerwehr nicht mehr möglich, für alle Typen die erforderlichen Bedienungshandgriffe für die Anzeige Abfrage, Rückstellung und Prüfung zu beherrschen. Bedienungshandbücher zu studieren ist im Einsatzfall nicht möglich. Daher werden in der BRD alle BMA mit einem Feuerwehrbedienfeld nach DIN 14661 [5.56] ausgestattet.

Dieses Feuerwehrbedienfeld wird über eine Schnittstelle, die in DIN 14661 Anhang A beschrieben ist, an die BMZ angeschlossen. Es zeigt über Leuchtdioden die in Abbildung 5-37 dargestellten Betriebszustände an. Über die dargestellten Bedienelemente können die betreffenden Steuerimpulse an die BMA gegeben werden. Dadurch wird der Feuerwehr auch ohne Mitwirkung des Betreibers der Anlage eine ergonomische und einheitliche Betätigung im Alarmfall und bei Prüfarbeiten ermöglicht.

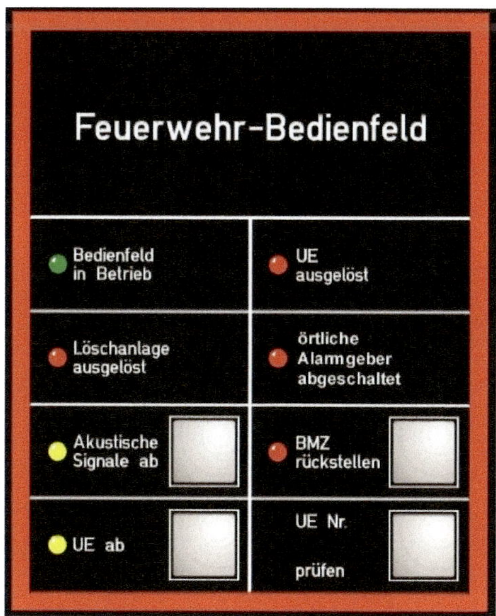

Abbildung 5-37: Feuerwehr-Bedienfeld – FBF – nach DIN 14661

5.10.2 Feuerwehr-Schlüsseldepot

Um der Feuerwehr jederzeit – d. h. auch ohne Mitwirkung des Betreibers – und ohne gewaltsame Zerstörung von Gebäudeteilen (Türen, Fenstern) den Zugang zu Gebäuden, die durch eine Brandmeldeanlage überwacht werden zu ermöglichen, müssen die erforderlichen Schlüssel oder sonstigen Schließmittel zur Verfügung stehen. Seit längerem werden diese Schlüssel üblicherweise in Feuerwehr-Schlüsseldepots (FSD) nach DIN 14675-1 Anhang A [5.18] bzw. VdS 2105 [5.95] deponiert. Die Schlüssel in diesen FSD sind gegen unbefugten Zugriff geschützt und bei einer Brandmeldung für die Feuerwehr schnell erreichbar. Die Anbringung des FSD hat in unmittelbarer Nähe (Umkreis 5 m) des von der Feuerwehr vorgesehenen Zugangs- bzw. Anfahrpunktes vorzugsweise an wettergeschützter Stelle, zu erfolgen.

Die Schlüsseldepots FSD 3, der höchsten Sicherheitsstufe nach DIN 14675-1 und VdS 2105, bestehen aus einer massiven Stahlbox, die nach Art eines Tresors in einer Mauerwerks- oder Stahlbetonwand des Gebäudes befestigt wird. Das Schlüsseldepot verfügt über 2 hintereinander angeordnete Türen. Die erste Tür ist gegen Sabotage gesichert, jeder Versuch des Aufbrechens oder Anbohrens wird durch entsprechende Einrichtungen detektiert und führt zu einer Sabotagemeldung, die über die BMA an die Feuerwehr weitergeleitet wird. Diese Tür ist elektromechanisch verriegelt. Bei Anstehen einer Brandmeldung an der BMA wird diese Tür nach dem Arbeitsstromprinzip entriegelt.

Die zweite Tür ist mit einem hochwertigen Schloss versehen, für das nur die Feuerwehr den Schlüssel besitzt (Feuerwehrschlüssel). Alle FSD im Zuständigkeitsbereich einer Feuerwehr haben in der Regel dieselbe Schließung. Hinter der zweiten Tür befinden sich die Objektschlüssel. Dabei ist einer der Schlüssel in ein Schloss eingeführt und dieses verschossen. Die Entnahme dieses Schlüssels, mit dem die übrigen fest verbunden sind, wird ebenfalls über die BMA überwacht. Die Entnahme ohne vorherige Brandmeldung würde wiederum als Sabotage gemeldet werde.

Anmerkung: Im Zuständigkeitsbereich der Feuerwehr Braunschweig werden diese Schlüssel bei Dienstübernahme von Person zu Person übergeben.

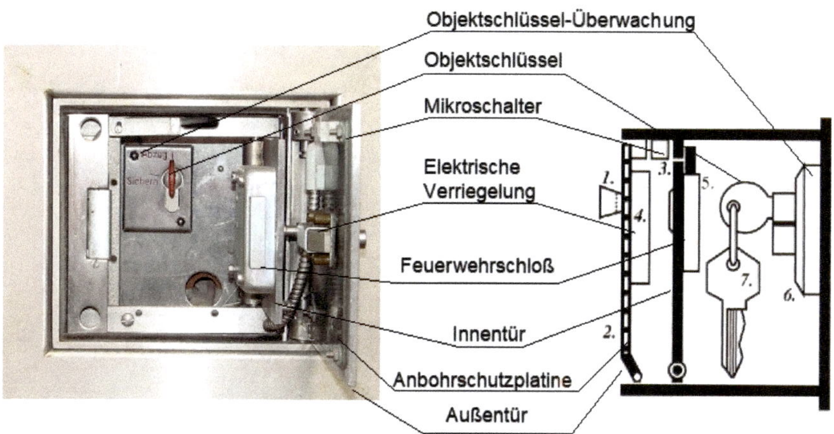

Abbildung 5-38: Feuerwehr-Schlüsseldepot entsprechend DIN 14675 Anhang C und VdS 2105

Um auch dann ein Gebäude begehen zu können, wenn zwar ein Alarm bei der Feuerwehr eingelaufen ist, jedoch die BMZ das FSD nicht entriegelt hat, kann ein so genanntes Freischaltelement – FSE – eingebaut werden. Dieses besteht aus einem geeignet angebrachten Schlüsselschalter, der mit der oben beschriebenen Feuerwehrschließung versehen ist. Diese Freischalteinrichtung wird mit dem Feuerwehrschlüssel betätigt, löst einen Brandalarm aus und entriegelt damit die äußere Tür des Schlüsseldepots. Eine Fernauslösung durch die zuständige Feuerwehr-Einsatzleitstelle ist zulässig.

5.10.3 Feuerwehr-Anzeigetableau

Das Feuerwehr-Anzeigetableau – FAT – einer Brandmeldeanlage stellt der Feuerwehr im Alarmfall bestimmte Informationen zur Verfügung, ohne dass der Betreiber der Anlage mitwirken muss. Hierzu werden in einheitlicher Erscheinungsform – d.h. insbesondere herstellerunabhängig – die Betriebszustände Betrieb, Alarm, Störung, Abschaltung und Anzeigeebene angezeigt.

Im alphanumerischen Anzeigeteil erscheinen bei Alarm die Nummer der ausgelösten Meldergruppe, die die Nummer des Melders und ein frei wählbarer Text, z.B. "Feuer; 1. OG". Zusammen mit den Feuerwehr-Laufkarten ist damit für die Feuerwehr der Meldebereich, aus dem der Alarm kommt, erkennbar. Die technischen Anforderungen an Feuerwehr-Anzeigetableaus enthält DIN 14662 [5.29].

Abbildung 5-39: Feuerwehr-Anzeigetableau – FAT – nach DIN 14662

5.10.4 Feuerwehr-Objektfunkanlagen

Als weitere Sonderfunktion kann eine Brandmeldeanlage nachdem ein Brand detektiert wurde, eine Objektfunkanlage aktivieren (zu Objektfunkanlagen siehe Punkt 9.2). Diese ermöglicht es der Feuerwehr, durch die Nutzung einer aktiven Gebäudefunkanlage ohne Kommunikationsprobleme in das Objekt vorzugehen und die Einsatzaufgaben unter Wahrung der notwendigen Führungsfähigkeit und bei Beachtung der Sicherheit der Mitarbeiter auszuführen.

5.11 Feuerwehr-Laufkarten

In Gebäuden besonderer Art oder Nutzung und in Gebäuden und Anlagen, die auf der Basis von Sonderbauverordnungen errichtet werden sollen bzw. errichtet worden sind, werden zur Kompensation des erhöhten Risikos Brandmeldeanlagen nach CEN/TS 54, DIN 14675-1 und DIN VDE 0833 installiert. Diese sorgen im Schadensfall u. a. für eine schnelle Alarmierung der Feuerwehr.

Damit sich die Einsatzkräfte auch ohne Unterstützung durch ortskundiges Personal im Gebäude orientieren können, fordert DIN 14675-1, Feuerwehr-Laufkarten nach einem einheitlichen Standard zu erstellen. Feuerwehrpläne nach DIN 14095 werden durch diese Laufkarten nicht ersetzt. Feuerwehr-Laufkarten sind Führungshilfsmittel zur schnellen Orientierung in einem Objekt oder einer baulichen Anlage. Sie ermöglichen es der Feuerwehr, auch in unbekannten Objekten ausgelöste Brandmelder aufzufinden und werden zur Beurteilung der Lage herangezogen.

Die Gestaltung dieser Feuerwehr-Laufkarten erfolgt in Anlehnung an die DIN 14095 – Feuerwehrpläne für bauliche Anlagen ([5.94], siehe Punkt 9.3), um der Feuerwehr die Nutzung zu erleichtern. DIN 14675-1 gibt in Punkt 10.2 und Anhang I entsprechende Hinweise zur Gestaltung.

Die Größe (A3) und Ausführung (laminiert) der Feuerwehr-Laufkarten sind entsprechend den Anforderungen der Feuerwehren festgelegt. Je Meldebereich ist eine Feuerwehr-Laufkarte an der BMZ vorzuhalten. Die Karten enthalten auf der Vorderseite (Abbildung 5-40) einen Übersichtsplan des Objektes mit Lage der BMZ und ggf. des FSD (Punkt 4.8.2) sowie die Zufahrten und Zugänge zur BMZ.

Auf der Rückseite sind die jeweiligen Meldebereiche und die Zuwege dorthin, ausgehend von der BMZ, dargestellt (Abbildung 5-40). Weiter sind Art und Anzahl sowie Lage der Brandmelder enthalten.

Heute (2021) werden Feuerwehrlaufkarten in der Regel durch Spezialfirmen elektronisch erstellt und können dann auf einem Laptop des Einsatzleiters dargestellt werden. Zusätzlich muss eine Hardcopy aus Sicherheitsgründen jedoch stets an der Brandmelderzentrale verfügbar sein.

5.12 Überprüfung und Wartung von BMA

Brandmeldeanlagen sind relativ komplexe sicherheitsrelevante Systeme, deren Funktion sowohl für die Personensicherheit als auch für den Sachschutz innerhalb der damit ausgestatteten baulichen Anlagen unabdingbar ist. Wie alle technischen Systeme müssen sie regelmäßig gewartet und bei Bedarf instandgesetzt werden. Sowohl DIN 14675 als auch DIN VDE 0833-2 verpflichten daher den Betreiber der baulichen Anlage für die Wartung und Instanthaltung zu sorgen.

DIN VDE 0833-1 [5.126] gibt vor, Inspektionen bei Brandmeldeanlagen mit Aufschaltung an eine alarmweiterführende Stelle mindestens viermal jährlich in etwa gleichen Zeitabständen durchzuführen. Wartungen / Instandhaltungen sind mindestens einmal jährlich durchzuführen.

Die vierteljährliche Inspektion kann im Rahmen einer Sichtprüfung durch eine eingewiesene Person durchgeführt werden. Dabei sind mindestens durchzuführen:

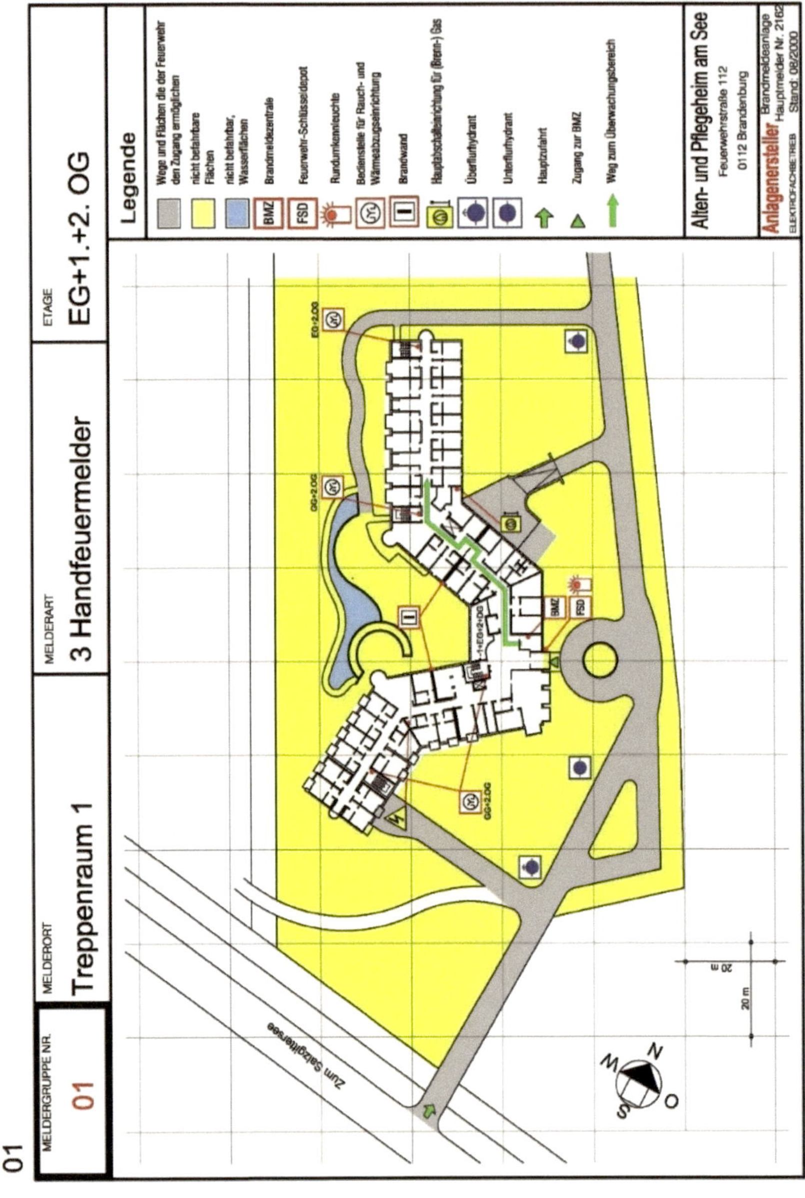

Abbildung 5-40: Feuerwehr-Laufkarte – Vorderseite (in Anlehnung an DIN 14095)

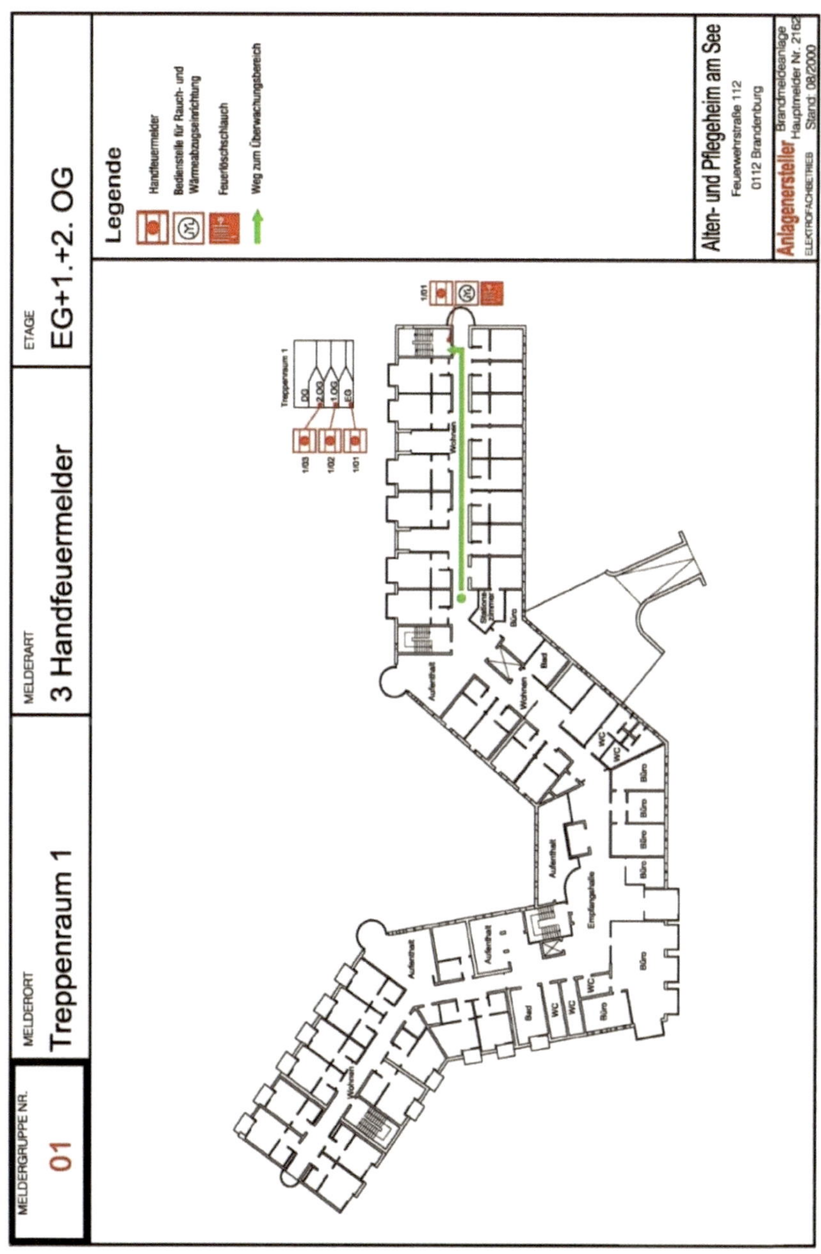

Abbildung 5-41: Feuerwehr-Laufkarte – Rückseite (in Anlehnung an DIN 14095)

- die Auslösung mindestens eines Melders je Meldergruppe und Kontrolle des Empfangs der Meldung an der BMZ (Fachfirmen prüfen i. d. R. ein Viertel aller Melder)
- die Kontrolle der automatischen Brandmelder auf ausreichenden Abstand zu Einbauten und Freiheit von Obstruktionen und Verschmutzungen
- Kontrolle der von der Überwachung ausgenommenen Bereiche hinsichtlich der weiterhin erfüllten Voraussetzungen (Punkt 5.8.3)

Die jährliche Wartung und ggf. Instandsetzung ist durch eine zertifizierte Fachfirma durchzuführen. Die Wartung umfasst im Wesentlichen (ZVEI [5.127]):

- Prüfung der Energieversorgung (Netzausfall, Batteriekapazität etc.)
- Prüfung des Alarmzählers (Falschalarme, Abweichungen / besondere Ereignisse)
- Prüfung der Übertragungswege und aller Melder
- Funktionsprüfung der Alarmierungseinrichtungen
- Sichtprüfung wie oben
- Austausch nicht voll funktionsfähiger Komponenten bzw. solcher mit begrenzter Lebensdauer (soweit erforderlich)
- DIN 14675 schreibt für automatische Brandmelder vor:
  - für Melder mit herstellerseitig vorgeschriebenen Prüfverfahren des Ansprechverhaltens den Austausch sobald die zulässigen Abweichungen vom Sollwert überschritten werden
  - für punktförmige Brandmelder mit Verschmutzungskompensation oder automatischer Kalibriereinrichtung mit Anzeige einer zu großen Abweichung, den Austausch oder eine Werksprüfung- und Werksinstantsetzung nach 8 Jahren
  - für punktförmige Brandmelder ohne Verschmutzungskompensation oder automatischer Kalibriereinrichtung den Austausch oder eine Werksprüfung- und Werksinstantsetzung nach 5 Jahren
- Dokumentation.

Einige Hersteller führen Teile der Wartung auch bereits während der vierteljährlichen Inspektionen durch.

5.13 Brandwarnanlagen

Brandmeldeanlagen nach DIN 14675 mit automatischen Brandmeldern nach DIN EN 54 sind relativ aufwändige technische Einrichtungen, die in der Bundesrepublik verpflichtend nur in Bauten besonderer Art oder Nutzung (vergl.

Punkt 5.2) und bei Vorliegen einer erhöhten Brandentstehungs- oder Brandausbreitungsgefahr oder bei Anwesenheit einer erhöhten Anzahl von Personen eingesetzt werden.

Allerdings sind sich alle Fachleute wie auch viele der jeweils Verantwortlichen darin einig, dass für eine Reihe von Risiken ebenfalls Gefahrenmeldeanlagen sinnvoll sind, die Brände detektieren und mittels Internalarm frühzeitig anwesende Personen und/oder geschulte Evakuierungshelfer alarmieren. Zu diesen Risiken gehören insbesondere folgende kleine Sonderbauten:

- Kindertagesstätten
- Wohnheime
- Schulen
- gemeinsame Wohnformen für Senioren
- gemeinsame Wohnformen für Pflegebedürftige oder Behinderte
- Beherbergungsstätten mit nicht mehr als 60 Betten

Hierzu geeignete Systeme zur Branderkennung und örtlichen Warnung sind die in DIN VDE V 0826-2 [5.117] beschriebenen Brandwarnanlagen – BWA –, die wie in Abbildung 5-42 dargestellt aufgebaut sind und in erster Linie dem Personenschutz dienen.

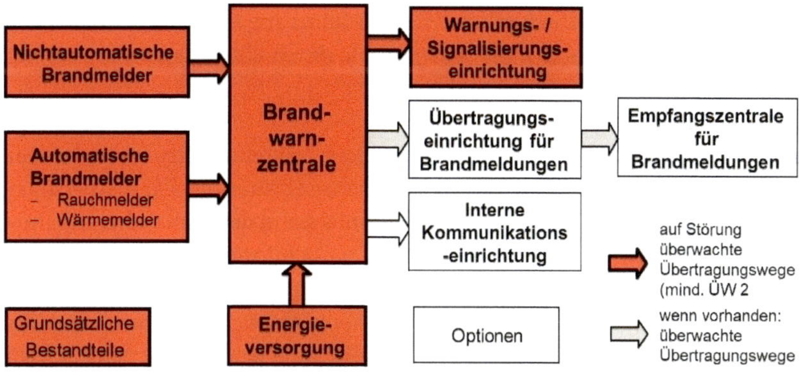

Abbildung 5-42: Aufbau von Brandwarnanlagen nach DIN EN VDE V 0826-2 (Blockschaltung)

Brandwarnanlagen sind somit ähnlich wie Brandmeldeanlagen aufgebaut (Punkt 5.6). Die Verwendung der gleichen Komponenten der DIN EN 54-Reihe ist auch für BWA obligatorisch, jedoch wird ein Ereignis nicht zwingend an die Feuerwehr oder eine andere ständig besetzte Stelle weitergeleitet (vergl. Abbildung 5-3). Auch sind die Anforderungen an die Übertragungswege weniger hoch. Bei Branddetektion informiert die BWA mittels einer Meldung im Klartext eine oder mehrere hausinterne Stellen – z. B. das Schwestern- oder Pflegerzimmer oder den Pförtner – über Art und Ort des Ereignisses. Die betreffenden Personen leiten dann die in der hausinternen Warnorganisation festgelegten weiteren Maßnahmen ein (analog zur Alarmorganisation bei BMA, Punkt 5.8.6).

Auch für die Warn- und Signalisierungseinrichtungen sind grundsätzlich die gleichen Komponenten wie bei Brandmeldeanlagen zu verwenden, also Hupen, Hörner oder Sirenen nach DIN EN 54-3 [5.115] bzw. optische Alarmierungsmittel nach DIN EN 54-23 [5.116], die über überwachte Übertragungswege anzusteuern sind. Die internen Warnsignale müssen sich von betrieblichen Signalen deutlich unterscheiden und mindestens 10 dB(A) lauter sein als der allgemeine Geräuschpegel. In Ruhebereichen muss der Schallpegel in Ohrhöhe liegender Personen mindestens 75 dB(A) betragen, um einen wirksamen Weckeffekt zu haben. Es kann erforderlich sein, ergänzend zu den akustischen Signalen auch optische und / oder fühlbare Signale zu verwenden, um z. B. auch schwerhörige Personen und / oder solche mit erheblicher Einschränkung des Sehvermögens sicher warnen zu können.

Eine Brandwarnanlage erlaubt auch, zunächst eine „stille Signalisierung“ an hilfeleistende Personen zu senden. Es wird empfohlen, den Empfang der Meldung quittieren zu lassen (z. B. über Pager oder mobile Haustelefone), jedoch bei Ausbleiben der Quittungen aller für die Räumung eingeplanter Personen spätestens nach 60 Sekunden die Warnsignale durch das hausinterne Personal bzw. automatisch zu aktivieren.

Eine stille Signalisierung sollte zur Vermeidung unkontrollierbarer Reaktionen dann in Betracht gezogen werden, wenn nicht selbstrettungsfähige Personen Hilfe benötigen. Die still alarmierten Helfer müssen in der Wahrnehmung ihrer Aufgaben ausreichend geschult sein, und gezielte Informationen über den Ort des Ereignisses erhalten. Dies kann über eine Verbindung der Brandwarnzentrale – BWZ – zu einer anderen Kommunikationseinrichtung – z. B. einer Rufanlage oder einem Pager-System – erreicht werden (die damit jedoch nicht Teil der BWA wird). Bei der Konzeption der stillen Signalisierung sind die Organisation der Überwachungs- und Warnbereiche sowie die Tageszeit zu beachten (vergl. Punkt 5.8.6). Die Anzahl der in den geplanten Räumungsablauf eingewiesenen Personen muss ausreichen, die Räumung des gefährdeten Bereiches sicherzustellen.

Die vorzugsweise blauen Handfeuermelder einer BWA sind wie bereits in Punkt 5.7.1 beschrieben im Gebäude anzuordnen (es kann in Heimen und Seniorenwohnbereichen erforderlich sein, diese auch für Rollstuhlfahrer erreichbar anzubringen). Automatische Melder sind in jedem zu überwachenden Raum vorzusehen, dabei sollen Rauchmelder nicht mehr als 60 m² und Wärmemelder nicht mehr als 20 m^2 überwachen. Im Übrigen gelten im Wesentlichen die unter Punkt 5.8.5 dargestellten Regeln, allerdings müssen Zwischendecken nur bei erhöhter Brandlast punktuell überwacht werden.

Die Energieversorgung der BWA incl. der Warn-/Signalisierungseinrichtung ist wie in Punkt 5.6.2 dargestellt auszuführen, jedoch muss das Batterie-/Akkusystem der Sekundärversorgung nur auf eine Überbrückungszeit von 12 Stunden ausgelegt werden. Am Markt sind auch BWA erhältlich, deren Melder und Warneinrichtungen ausschließlich über Funk mit der BWZ kommunizieren und keine externe Energieversorgung benötigen, d. h. ohne jede Kabelverbindung arbeiten [5.118]. Diese Komponenten müssen dann nach DIN EN 54-25 [5.31] ausgeführt sein. Ihre Energieversorgung durch Batterien muss den normalen Betrieb über mindestens 36 Monate gewährleisten und danach noch für 30 Minuten bestimmungsgemäß arbeiten, insbesondere also den vorgeschriebenen Lautstärkepegel der Warneinrichtung erzeugen.

Das unter Punkt 5.12 zur Überprüfung und Wartung von Brandmeldeanlagen ausgeführte gilt für Brandwarnanlagen sinngemäß ebenso.

5.14 Rauchwarnmelder

Auch in reinen Wohngebäuden kann das Sicherheitsniveau der Bewohner durch Rauchmelder erheblich gesteigert werden, daher empfehlen die Feuerwehren mit Hilfe der Brandversicherungen bereits seit vielen Jahren die Installation von Rauchmeldern mit integrierter Alarmeinrichtung – so genannter Rauchwarnmelder RWM – auch in Wohnungen [5.97].

Schutzziel von Rauchwarnmeldern ist ausschließlich der Personenschutz. Der Einsatz von RWM ermöglicht eine frühzeitige Warnung von anwesenden Personen vor Brandrauch und Bränden und ermöglicht so eine frühzeitige Eigenrettung, Alarmierung der Feuerwehr bzw. Brandbekämpfung von Entstehungsbränden. In Großbritannien ist es gelungen, die Anzahl der Brandtoten nach Installation von smoke-alarms in ca. 75 % der Haushalte um rund 40 % zu senken [5.98]. Für Deutschland prognostizieren Wilk et al. eine mögliche Senkung der Todesrate um mindestens ca. 32 % [5.113], belastbare Daten hierzu liegen 2021 noch nicht vor. Nach längerer politischer Diskussion haben bis Ende 2017 alle Bundesländer eine Ausstattungs- bzw. bis auf Sachsen auch eine Nachrüstungspflicht aller Wohnungen – auch in privaten Bestandsbauten – mit Rauchwarnmeldern in die Landesbauordnung eingefügt (hier zitiert nach § 44 (5) NdsBauO [5.99]):

„In Wohnungen müssen Schlafräume und Kinderzimmer sowie Flure, über die Rettungswege von Aufenthaltsräumen führen, jeweils mindestens einen Rauchwarnmelder haben. Die Rauchwarnmelder müssen so eingebaut oder angebracht und betrieben werden, dass Brandrauch frühzeitig erkannt und gemeldet wird. ... Für die Sicherstellung der Betriebsbereitschaft der Rauchwarnmelder ... sind die Mieterinnen und Mieter, Pächterinnen und Pächter, sonstige Nutzungsberechtigte oder andere Personen, die die tatsächliche Gewalt über die Wohnung ausüben, verantwortlich, es sei denn, die Eigentümerin oder der Eigentümer übernimmt diese Verpflichtung selbst. ... "

Die Meldung / Alarmierung erfolgt nur innerhalb der mit RWM ausgestatteten Nutzungseinheit bzw. – bei vernetzten RWM – innerhalb des überwachten Objektes. Eine Fernalarmierung der Feuerwehr oder einer anderen Hilfe leistenden Stelle erfolgt nicht.

Rauchwarnmelder dürfen des Weiteren auch bei wohnungsähnlichen Nutzungen eingesetzt werden, wenn keine Abweichungen vom Baurecht vorliegen und eine BMA nach DIN 14675 [5.18] und DIN VDE 0833-2 [5.26] baurechtlich nicht gefordert wird, also z. B. bei:

- Einfamilienhäusern und Bungalows
- Mehrfamilienhäuser mit mehreren Nutzungseinheiten (Wohnungen)
- Beherbergungsstätten (Pensionen) mit nicht mehr als 11 Betten
- Gartenhäuser und -lauben
- Flure und Gänge mit besonderen Gefahren, wie z.B. Fotokopierer, Kaffeeautomaten etc.
- (Wohnmobile, Wohnwagen und Sportboote)

Rauchwarnmelder nach DIN EN 14604 sind ausdrücklich nicht für den Sachwerteschutz gedacht, können eine bauaufsichtlich geforderte Brandmeldeanlage nach DIN 14675 und DIN VDE 0833-2 nicht ersetzen und dürfen in solche BMA auch nicht eingebaut werden (vergl. z.B. in Punkt 5.7.2 und in ZVEI [5.100]). Analog sollten Rauchwarnmelder (auch vernetzt, s. w. u.) auch nicht in Bereichen eingesetzt werden, für die eine Brandwarnanlage besser geeignet ist (Punkt 5.13).

Als technische Regel für Rauchwarnmelder liegt die Produktnorm DIN EN 14604 vor [5.101]. Diese europäische Norm legt Anforderungen, Prüfverfahren und Leistungskriterien für Rauchwarnmelder, die nach dem Streulicht-, Durchlicht- oder Ionisationsprinzip arbeiten, und für die Anwendung in Haushalten und Wohnbereichen vorgesehen sind, fest. Hinsichtlich der Ansprechempfindlichkeit und des Verhaltens bei externen Störeinflüssen etc. werden Rauchwarnmelder genauso geprüft, wie automatische Brandmelder nach der Normenreihe

DIN EN 54 (Testfeuer TF 2 bis TF 5, siehe Tabelle 5-4) und müssen dieselben Ansprechkriterien erfüllen.

Da Rauchwarnmelder auch von nicht sachkundigen Personen montiert, geprüft und gewartet werden können (können sollen), sind gegenüber automatischen Brandmeldern nach DIN EN 54 einige Zusatzanforderungen hinsichtlich des ausreichenden Personenschutzes gegen Elektroschock, gegen hohe Temperaturen sowie Entstehung und Ausbreitung von Bränden in DIN EN 14604 enthalten (vergl. auch in [5.102], sowie in VdS 3131 [5.103] und VdS 3515 [5.104]).

In Rauchwarnmeldern sind alle Bauteile, die zur Feststellung von Rauch und zum Generieren eines Alarmsignales erforderlich sind, vorhanden. Hierzu gehört üblicherweise auch eine Batteriestromversorgung, eine externe Stromversorgung ist zugelassen. Interne Stromversorgungen von Rauchwarnmeldern nach DIN EN 14604 müssen für mindestens einen einjährigen Betrieb inklusive regelmäßiger (wöchentlicher) Prüfungen ausreichen. Die Batterie muss durch den Benutzer ausgewechselt werden können, wenn sie nicht für einen mindestens 10-jährigen Betrieb des Rauchwarnmelders ausreicht. Die Batterie muss rechtzeitig, bevor sie außerstande ist, einen Alarm auszulösen, ein entsprechendes optisches und akustisches Störungssignal aussenden.

Die europäische Norm legt die Art der Signalisierung des Alarmzustandes als Hinweis auf eine Rauchdetektion nicht genau fest. In Deutschland eingebaute Rauchwarnmelder sollten eine akustische Signalisierung mindestens am alarmgebenden Rauchmelder selbst abgeben und müssen in 3 m Entfernung einen Schalldruckpegel von 85 dB erreichen. Weitere, z. B. optische oder haptische Alarmierungsmittel (Hörgeschädigten Modul) sind ggf. sinnvoll. Über eine Prüftaste des Rauchwarnmelders muss probeweise ein Alarm ausgelöst werden können, so dass eine Überprüfung der Warneinrichtung(en) möglich ist.

Für Rauchwarnmelder gelten ähnliche Anbringungsregeln, wie für automatische Brandmelder nach DIN EN 54 (vergl. Punkt 5.8.5), diese sind DIN 14676-1 [5.105] (oder auch der informative Broschüre [5.106]) zu entnehmen. RWM sind stets an der Decke, aber in jedem Fall mindestens 50 cm von einer Wand oder einem Unterzug oder von Einrichtungsgegenständen entfernt anzubringen. Sofern Unterzüge eine Höhe von 20 cm überschreiten, werden Rauchwarnmelder je Deckenfeld empfohlen. Als Überwachungsbereiche ist je Raum ein Rauchmelder zu empfehlen, sofern die Fläche des Raumes nicht mehr als 60 m² beträgt.

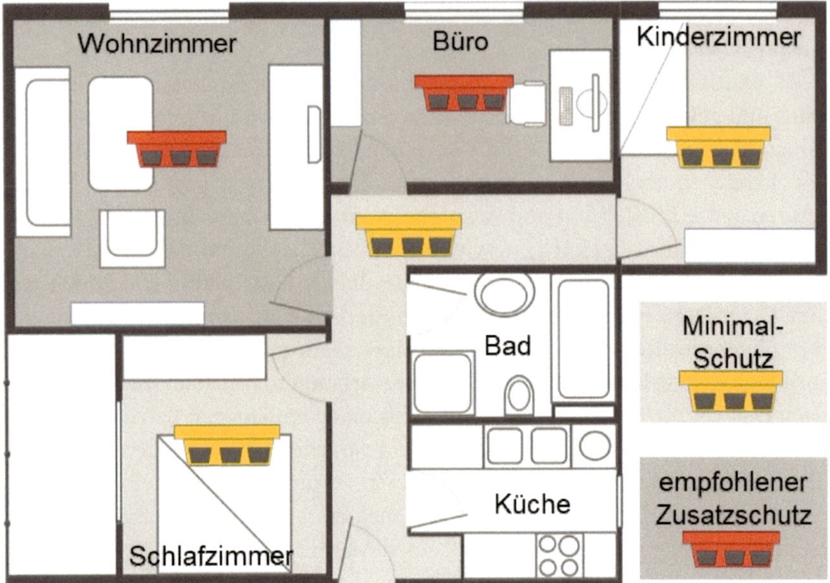

Abbildung 5-43: Ausstattung von Wohnungen mit Rauchwarnmeldern

Da die Wahrnehmung von Brandrauch im Schlaf deutlich vermindert ist, müssen insbesondere Schlafbereiche, Kinderzimmer und Flure, die als Rettungswege dienen, durch Rauchwarnmelder überwacht werden (Abbildung 5-43). Bei offenen Verbindungen über mehrere Geschosse – Treppenräume in Ein- und Mehrfamilienhäusern oder Galerien – sollte auf jeder Ebene, mindestens jedoch auf der obersten Ebene je ein Rauchmelder installiert werden. Die horizontalen Maximalabstände zwischen zwei Rauchwarnmeldern sollten 15 m nicht überschreiten, bei Stichfluren sollten die Melder nicht mehr als 7,5 m vom Ende des Stichflures angebracht werden. Da RWM für die Anwendung in Küchen nicht geeignet sind, können hier bei Bedarf auch Wärmewarnmelder eingesetzt werden (DIN 14676-1 [5.105], [5.106]). Für Räume mit Feuerstätten sind ggf. Kohlenmonoxid-Warnmelder sinnvoll.

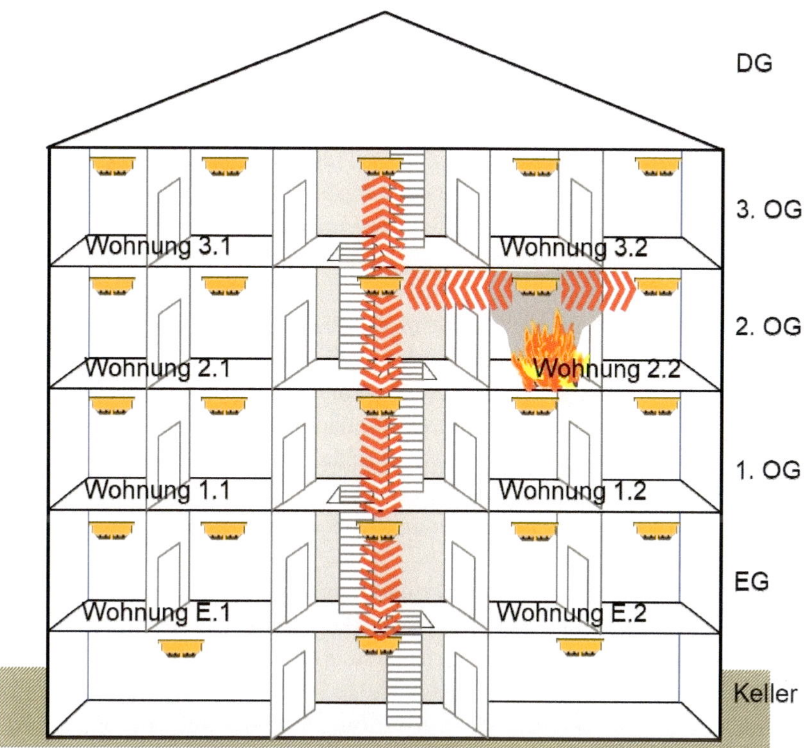

Abbildung 5-44: Vernetzung von Rauchwarnmeldern über Funk – Beispiel Feuer im Mehrfamilienhaus, 1 Meldelinie je Wohnung, 1 für den Keller und 1 für den Treppenraum

Die regelmäßige Wartung der RWM ist Bestandteil der Rauchmelderpflicht. Die jährliche Vor-Ort-Prüfung, deren Umfang in DIN 14676-1 beschrieben wird, ist notwendig, um die optimale Funktionalität und Sicherheit zu garantieren. Mindestens sind die Alarmfunktion und eine ggf. vorhandene Verschmutzung der Rauchmesskammer zu überprüfen, des Weiteren Batteriezustand und ggf. die Funktion der Vernetzung (Alarmweiterleitung). Die Überprüfung sollte vorzugsweise durch eine gemäß DIN 14676-1 Anhang B zertifizierte Fachkraft für Rauchmelder erfolgen. Die Produktinformationen der meisten Hersteller enthalten allerdings Vorgaben für die Überprüfung, so dass auch Privatpersonen grundsätzlich die Überprüfung durchführen können.

Viele der am Markt erhältlichen Rauchwarnmelder können vernetzt werden (siehe z. B in [5.107]), das heißt, mehrere RWM werden so miteinander verbunden, dass bei Rauchdetektion durch einen der Melder die Alarmierung an allen angeschlossenen Meldern – und ggf. zusätzlich an einer angeschlossenen Empfangs- und Auswerteeinheit – erfolgt (Abbildung 5-44). Dadurch werden alle anwesenden Personen in der ganzen Nutzungseinheit unverzüglich gewarnt, sobald irgendwo Rauch auftritt. Erwachsene Familienmitglieder werden sofort alarmiert, können ohne Zeitverzug reagieren und z. B. Kinder wecken und bei der Selbstrettung anleiten. Assistenzpersonal hat bei frühzeitiger Alarmierung die Möglichkeit, Menschen mit Unterstützungsbedarf, z. B. Senioren oder Gebehinderte, bei der Selbstrettung zu helfen. Die Vernetzung erfolgt über Kabel oder über Funk [5.108], die einzuhaltenden Randbedingungen enthält DIN 14676-1 in Anhang B.

Eine Vernetzung ist insbesondere dann angebracht, wenn die einzelnen überwachten Bereiche im Normalfall durch geschlossene Türen voneinander getrennt sind. Schon eine geschlossene Tür vermindert den Schalldruckpegel um ca. 20 dB(A). Zwei geschlossene Türen können die Lautstärke soweit herabsetzen, dass der beabsichtigte Weckeffekt schlafender Nutzer – für den i. d. R. mindestens 45 dB(A) erforderlich sind (vergl. mit den Anforderungen von 75 dB(A) für die akustischen Signalgeber von BMA, Punkt 5.6.4) – durch den RWM nicht mehr sichergestellt ist.

RWM mit Funkmodul können über die verpflichtenden Anforderungen der DIN EN 14604 hinaus mit der Option kompletter Ferninspektion bzw. Teil-Ferninspektion ausgestattet werden. Durch Nutzung dieser in DIN 14676-1 Kapitel 6 beschriebenen Option können einige wichtige Parameter der RWM über Funk abgefragt werden, so dass eine Vor-Ort-Prüfung nur noch alle 36 Monate erfolgen muss. Seit einiger Zeit bieten manche RWM-Systeme auch Verknüpfungsmöglichkeiten mit dem Smartphone und / oder Smart-Home-Systemen [5.114].

5.15 Literaturverzeichnis zu Kapitel 5

[5.1] Mulholland, G. W.: Smoke Production and Properties, in SFPE Handbook of Fire Protection Engineering, 2nd Edition S. 2-217

[5.2] Rempe, A. und Rodewald, G.: Brandlehre (ISBN 3-17-008 381-3) 1985

[5.3] Marzi, T., Sklorz, M.: Brandrauch: Entstehung, Wirkungsweise, Untersuchung, in Fraunhofer UMSICHT Tagungsband BrandO. 2000

[5.4] Busenius, S.: Chemie und Physik des Brennens, Kap. III-2 in: Handbuch Brandschutz, ISBN 3-609-75 090-1

[5.5] Busenius, S. und Zapletalová; I.: Toxische Bestandteile von Brandgasen, Kap. III-4 in: Handbuch Brandschutz, ISBN 3-609-75 090-1

[5.6] Tewarson; A.: Generation of Heat and Chemical Compounds in Fires, in SFPE Handbook of Fire Protection Engineering, 2nd Edition S. 3-53

[5.7] Otto, A., Schaller, K.-H., Drexler, H.: Gesundheitliches Gefährdungspotential von Brandrauch und Expositionsnachweis, vfdb Jahresfachtagung 2002, Tagungsband
[5.8] Lessing, R., Teske, J. Wilk, E.: Die Belastung des Menschen durch Brandrauch, vfdb Jahresfachtagung 2002, Tagungsband
[5.9] Brushlinski, N., Sokolov, S., Wagner, P.: World fire statistics at the end of 20th century, ISBN 3-9806728-1-6, Berlin 2000
[5.10] Staimer, A., Reintsema, J.: Brandmeldeanlagen – Sicherheit und Zuverlässigkeit für Menschen in Gebäuden, vfdb-Jahresfachtagung 2007, Tagungsband S. 471
[5.11] Hagen, E.: Rauch und Wärmeabzug als Bestandteil moderner Brandschutzkonzepte, ISBN 3-87414-006-7, Kleve 1996
[5.12] VdS 2827:2000-05 (01) Bemessungsbrände für Brandsimulationen und Brandschutzkonzepte
[5.13] vfdb TB 14-01: Brandschadenstatistik – Untersuchung der Wirksamkeit (anlagentechnischer Brandschutzmaßnahmen, 1. Auflage 2020-01
[5.14] Biegel, G.: Von der Nachbarschaftshilfe zur Berufsfeuerwehr – Brandschutz im antiken Rom, in „Kampf gegen Feuer – zur Geschichte der Berufsfeuerwehr Braunschweig" ISBN 3-927939-49-8, Braunschweig 2000
[5.15] Nickel, H.: Schadenfeuer und ihrer Bekämpfung vom Mittelalter bis zur Mitte des 19. Jahrhunderts, Quelle wie [1.1]
[5.16] Notifier Sicherheitssysteme: Firmenbroschüre: Elektronische Brandmeldesysteme – Der aktuelle Stand der Brandmeldetechnologie
[5.17] Morgan, A.: "Left Luggage" – Automatic Fire Detection and the New Century, in Fire Engineers Journal 01 / 2000
[5.18] DIN 14675-1:2018-04 Brandmeldeanlagen – Teil 1: Aufbau und Betrieb
[5.19] ARGEBAU: Muster-Verordnung über den Bau und Betrieb von Versammlungsstätten – MVStättV – i. d. F. 2014-07
[5.20] ARGEBAU: Muster Verordnung über den Bau und Betrieb von Krankenhäusern (Krankenhausbauverordnung – KhBauVO) Fassung 1967-12
[5.21] ARGEBAU: Muster für Richtlinien über die bauaufsichtliche Behandlung von Hochhäusern – MHHR – i. d. F 2012-02
[5.22] ARGEBAU: Muster einer Verordnung über den Bau und Betrieb von Garagen (Muster-Garagenverordnung) – MGarVO – i. d. F. 2008-05
[5.23] ARGEBAU: Muster Verordnung über den Bau und Betrieb von Beherbergungsstätten – MBehVO – i. d. F. 2014-05
[5.24] ARGEBAU Musterbauordnung – MBO – i. d. F. 2016-05

[5.25] DIN CEN/TS 54-14:2019-01 Brandmeldeanlagen – Teil 14 Leitfaden für Planung, Montage, Inbetriebnahme, Betrieb und Instandhaltung

[5.26] DIN VDE 0833-2:2017-10 (VDE 0833 Teil 2) Gefahrenmeldeanlagen für Brand, Einbruch und Überfall: Festlegungen für Brandmeldeanlagen (BMA) mit Berichtung 1 vom Oktober 2019

[5.27] VdS 2095:2019-05 VdS-Richtlinien für automatische Brandmeldeanlagen – Planung und Einbau

[5.28] DIN EN 54-1:2020-04 Brandmeldeanlagen – Teil 1: Einleitung

[5.29] DIN 14662:2016-02 Feuerwehr-Anzeigetableau für Brandmeldeanlagen

[5.30] DIN EN 54-2:2016-03 Brandmeldeanlagen – Teil 2: Brandmelderzentralen

[5.31] DIN EN 54-25:2015-10 Brandmeldeanlagen – Teil 25: Bestandteile die Hochfrequenz-Verbindungen nutzen

[5.32] Stadt Braunschweig Feuerwehr: Anschlussbedingungen für Brandmeldeanlagen, 2019-12-20

[5.33] Aebersold, H.; Blum, P.; Honneger, C.: Energy as Central Design Paradigm for Wireless Fire Detection, AUBE 09, 14th International Conference on Automatic Fire Detection, Proceedings Vol. 2 S. 81

[5.34] DIN EN 54-21:2006-08 Brandmeldeanlagen Teil 21: Übertragungseinrichtungen für Brand- und Störmeldungen

[5.35] VdS 2463:2007-08 Übertragungseinrichtungen für Gefahrenmeldeanlagen (ÜE)

[5.36] VdS 3500:2018-02 Richtlinien für Übertragungsanlagen – Alarmempfangssoftware – Anforderungen und Prüfmethoden

[5.37] VdS 2471:2015-06 Richtlinien für Gefahrenmeldeanlagen Übertragungswege in Alarmübertragungsanlagen Anforderungen und Prüfmethoden

[5.38] DIN EN 50136-1 VDE 0830-5-1:2019-06Alarmanlagen – Alarmübertragungsanlagen und -einrichtungen – Teil 1: Allgemeine Anforderungen an Alarmübertragungsanlagen

[5.39] DIN EN 50136-2 VDE 0830-5-2:2014-08Alarmanlagen – Alarmübertragungsanlagen und -einrichtungen – Teil 2: Allgemeine Anforderungen an Alarmübertragungseinrichtungen

[5.40] ARGEBAU: Muster-Richtlinie über brandschutztechnische Anforderungen an Leitungsanlagen (Muster-Leitungsanlagen-Richtlinie MLAR) Fassung 2016-04

[5.41] E DIN EN 13501-3:2019-08 Klassifizierung von Bauprodukten und Bauarten zu ihrem Brandverhalten – Teil 3: Klassifizierung mit den Ergebnissen aus den Feuerwiderstandsprüfungen an Bauteilen von haustechnischen Anlagen und elektrischen Kabeln

[5.42] Tigges, A.: Alarmierung an und durch Brandmeldeanlagen und deren Leitungswege, Sonderdruck aus s+s report 3 und 4/2002

[5.43] Schreyer, K.: The new Standard EN 54-25 defines the requirements for radio interconnection for fire Alarm systems, AUBE 09, 14th International Conference on Automatic Fire Detection, Proceedings Vol. 1. S. 89

[5.44] Bornewasser, D.: Fernalarm – die Alarmierung der Feuerwehr, Sonderdruck aus Alarm 2/99 Zeitschrift der Siemens Gebäudetechnik

[5.45] Bornewasser, D.: Verbindung zum Hilfeleister – stehend, bedarfsgesteuert oder beides? Sonderdruck aus Alarm 1/99 Zeitschrift der Siemens Gebäudetechnik

[5.46] Melzener, C.: Die Übertragung von Gefahrenmeldungen an Polizei und Feuerwehr, Essener Sicherheitstage 2003, Tagungsband

[5.47] Vollenweider, W.: Fading in Indoor Radio Links, AUBE 09, 14th International Conference on Automatic Fire Detection, Proceedings Vol. 1 S. 73

[5.48] BMU – AMEV Next-Generation-Network 2017 https://www.amev-online.de/AMEVInhalt/Planen/Fernmelde-undIT-Anlagen/NGN/

[5.49] Schirmer, C., Yeriomin, Y., Seits, J.: Dienste in herkömmlichen Telefonnetzen, VoIP und NGN, http://midas1.e-technik.tu-ilmenau.de/~webkn/Abschlussarbeiten/Hauptseminararbeiten/hs_schirmer.pdf

[5.50] Telekom 10 wichtigste Fragen zur Umstellung auf den IP-Anschluss https://telekomhilft.telekom.de/t5/Produkte/Die-10-wichtigsten-Fragen-und-Antworten-zur-Umstellung-auf-den/td-p/1915756

[5.51] BHE – Praxishandbuch Brandmeldetechnik Kapitel 10 https://www.bhe.de/de/Praxisratgeber-Brand

[5.52] DIN 33404-3:2016-04 Gefahrensignale für Arbeitsstätten; Akustische Gefahrensignale; Einheitliches Notsignal; Sicherheitstechnische Anforderungen, Prüfung

[5.53] Kupfer, H.: Interne Alarmierung, Technik und Betriebssicherheit, vfdb-Jahresfachtagung 2007, Tagungsband S. 429

[5.54] Berger, H.: Prüfung von Sprachalarmanlagen, vfdb-Jahresfachtagung 2007, Tagungsband S. 457

[5.55] DIN VDE 0833-4:2014-10 Gefahrenmeldeanlagen für Brand, Einbruch und Überfall – Teil 4: Festlegungen für Anlagen zur Sprachalarmierung im Brandfall

[5.56] DIN 14661:2016-11 Feuerwehrwesen – Feuerwehr-Bedienfeld für Brandmeldeanlagen

[5.57] DIN CEN/TS 54-32:2016-04 (VDE V 0833-4-32:2016-04) Brandmeldeanlagen – Teil 32: Projektierung, Montage, Inbetriebnahme, Betreib und Instanthaltung von Sprachalarmsystemen

[5.58] DIN EN 54-16:2008-06 Brandmeldeanlagen – Teil 16: Sprachalarmzentralen

[5.59] DIN EN 54-24:2008-06 Brandmeldeanlagen – Teil 24: Komponenten für Sprachalarmierungssysteme – Lautsprecher

[5.60] DIN EN 54-4:2015-11 Brandmeldeanlagen – Teil 4: Energieversorgungseinrichtungen

[5.61] Schifiliti, R.P. et. al.: Design of Detection Systems, in SFPE Handbook of Fire Protection Engineering, 2nd Edition S. 4-1

[5.62] DIN 54-11:2015-09 Brandmeldeanlagen – Teil 11: Handfeuermelder mit Änderung DIN EN 54-11/A1:2006-03

[5.63] Diewald, P., Lorenz, D.: Brandmeldeanlagen – Befragung der Feuerwehren zu statistischen Daten und einsatztaktischen Grundlagen, in vfdb-Zeitschrift 4/2017, S. 201 ff

[5.64] Kayser, H.: Vermeidung von Falschmeldungen bei Brandmeldeanlagen, in s+s report 3/2003

[5.65] Chagger, R.: Testing the Response of Smoke Detectors, IFP-Magazine April 2015, http://ifpmag.mdmpublishing.com/testing-the-response-of-smoke-detectors/

[5.66] E DIN EN 54-7:2015-07 Brandmeldeanlagen Teil 7: Rauchmelder – Punktförmige Melder nach dem Streulicht-, Durchlicht- oder Ionisationsprinzip

[5.67] Volkmer, M.: Radioaktivität und Strahlenschutz, ISBN 3-926956-45-3, Informationskreis Kernenergie, 2003-01

[5.68] Thuillard, M.: Flammendetektion, in GIT Sicherheit + Management 2/2000

[5.69] Verordnung (EG) Nr. 1272/2008 des Europäischen Parlaments und des Rates vom 16. Dezember 2008 über die Einstufung, Kennzeichnung und Verpackung von Stoffen und Gemischen – CLP-Verordnung – i. d. F. v. 28. Oktober 2020

[5.70] Siemens: Cerberus FibroLaser II Sensorkabel, Produktinformation, 2002

[5.71] Wigger, H.-J.: Brandschutz in Tunnels, in Alarm 2000-06, Zeitschrift der Siemens Gebäudetechnik

[5.72] Kelleter, J.: Schwelbranddetektion in staubbelasteten Räumen durch Sensoren für brandspezifische Gase, vfdb-Zeitschrift 2 / 2005 S. 63

[5.73] Kelleter, J.: Branddetektion in Industrie und Kraftwerken, GTE Industrieelektronik mbH, Adicos-Informations-CD, www.gte.de

[5.74] Duric, A.; Ebner, H.; Forster, M.; Vinage, I.: Development of a multi sensor detector for fire detection and life safety applications, AUBE 09, 14th International Conference on Automatic Fire Detection, Proceedings Vol. 1 S. 129

[5.75] Ollik, W.: Application and experience of multi-sensor detectors, s+s report international 1 / 2008 S. 18

[5.76] Stahl, P.: Status of the European Standardisation on Multi-criteria Fire Detectors, AUBE 09, 14th International Conference on Automatic Fire Detection, Proceedings Vol. 1 S. 47

[5.77] Opitz, D. Willems, I.: Videobasierte Rauch und Flammenentdeckung: Einsatzgebiete, Stärken und Schwächen, in s-s report 2 / 2004

[5.78] Oppelt, U.: Entwicklungen und Einsatzmöglichkeiten der Videotechnik zur Branderkennung, VdS-Fachtagung Videodetektion, Köln 2002, Tagungsband

[5.79] Moore, I.: Video-Raucherkennung, VdS-Fachtagung Videodetektion, Köln 2002, Tagungsband

[5.80] Foo, S. Y.: Ein Fuzzy-Logic-Ansatz zur Branderkennung in Flugzeugbetankungsstationen und Maschinenräumen, VdS-Fachtagung Videodetektion, Köln 2002, Tagungsband

[5.81] VdS 2203:2001-03 Software – Anforderungen und Prüfmethoden

[5.82] Straumann, W.: FireVison Bildauswertung zur Früherkennung von Rauch und Feuer, VdS-Fachtagung Videodetektion, Köln 2002, Tagungsband

[5.83] Kirchner, U.: Brandschutzkonzepte für moderne Logistikzentren, Braunschweiger Brandschutz Tage 2018, Tagungsband, S. 188 ff

[5.84] Securiton AG: Brandfrüherkennung mit FireVision, Produktinformation

[5.85] Frankfurter Allgemeine Zeitung 13. 01. 2013: Die geheime Mängelliste, http://www.faz.net/aktuell/politik/inland/flughafen-berlin-brandenburg/berliner-flughafen-die-geheime-maengelliste-12023659.html

[5.86] Tagesspiegel 19. 07. 2012: Brandschutz am BER – es klappt nicht http://www.tagesspiegel.de/berlin/flughafen-debakel-brandschutz-am-ber-es-klappt-nicht/6894046.html

[5.87] VDI 6010 Blatt 2:2011-05 Sicherheitstechnische Einrichtungen – Ansteuerung von automatischen Brandschutzeinrichtungen

[5.88] Kraft, M., Roszak, M.: Brandfallmatrix, ISBN 978-3-86 235-222-7

[5.89] VDI 3819 Blatt 3: 2012-05 Brandschutz in der Gebäudetechnik

[5.90] ARGEBAU: Muster-Verordnung über Prüfungen von technischen Anlagen nach Bauordnungsrecht – MPrüfVO – (Muster-Prüfverordnung) – Stand März 2011 –

[5.91] ARGEBAU: Grundsätze für die Prüfung technischer Anlagen entsprechend der Muster-Prüfverordnung durch bauaufsichtlich anerkannte Prüfsachverständige (Muster-Prüfgrundsätze) Stand 26.11. 2010

[5.92] DIN EN 45011:1998-03 Allgemeine Anforderungen an Stellen, die Produktzertifizierungssysteme betreiben (ISO/IEC Guide 65:1996)

[5.93] DIN 14096:2014-05 Brandschutzordnung – Regeln für das Erstellen und Aushängen

[5.94] DIN 14095:2007-05 Feuerwehrpläne für bauliche Anlagen

[5.95] VdS 2105:2013-10 (03) Richtlinien für mechanische Sicherungseinrichtungen – Schlüsseldepots (SD) – Anforderungen an Anlagenteile, Planung und Einbau

[5.96] DIN 14 663:2016-11 Feuerwehrwesen – Feuerwehr-Gebäudefunkbedienfeld

[5.97] Rauchmelder retten Leben, Flyer der Öffentlichen Versicherung Braunschweig

[5.98] Fürst, O. und Plattner; H.-P.: Rheinland-Pfalz: Installationspflicht von Rauchwarnmeldern für den Wohnungsneubau, BrandSchutz 3/2004

[5.99] Niedersächsische Bauordnung – NBauO – vom 3. April 2012 i. d. F v. 30. 09.2017 – (Nds. GVBl. S. 338)

[5.100] ZVEI-Merkblatt_33 003_2014-09: Anwendung von Rauchwarnmeldern (RWM) und Brandmeldeanlagen (BMA) mit automatischen Brandmeldern

[5.101] DIN EN 14604:2016-02 Rauchwarnmelder

[5.102] Qualitätssicherung Rauchmelder – Normenanforderungen, Richtlinien und Prüf- und Messtechniken, ELV-Journal 6/2012, https://files.elv.com/bilder/journal/2012_06/05/rauchmelder.pdf

[5.103] VdS 3131:2010-05 Richtlinien für Rauchwarnmelder – Zusatzanforderungen

[5.104] VdS 3515:2007-06 Richtlinien für Rauchwarnmelder – Rauchwarnmelder mit Funkvernetzung

[5.105] DIN 14676-1:2017-10 Rauchwarnmelder für Wohnhäuser, Wohnungen und Räume mit wohnungsähnlicher Nutzung – Einbau, Betrieb und Instandhaltung

[5.106] Ei Electronics: Broschüre Grundlagenwissen Rauchwarnmelder
[5.107] EI Company Ltd.: Rauch- & Hitzemelder, Produktinformation
[5.108] Merten GmbH & Co. KG: ARGUS Rauchmelder, Produktinformation
[5.109] VdS 2465-1:2016-09 Übertragungsprotokoll für Gefahrenmeldungen
[5.110] VdS 2465-2:2018-02 Übertragungsprotokoll für Gefahrenmeldungen mittels TCP/IP – Übertragungsprozedur und Protokollprozedur
[5.111] VdS 2465-3:2018-02 Übertragungsprotokoll für Gefahrenmeldungen mittels TCP/IP – Allgemeiner Satzaufbau und Satztypenbeschreibungen
[5.112] DIN 14675-2:2018-04 Brandmeldeanlagen – Teil 2: Anforderungen an die Fachfirma
[5.113] Wilk, E., Babian, C., Kotthof, I.: Der Brand in Räumen Teil 10-2a, vfdb-Zeitschrift 3/2019 S. 168 ff.
[5.114] Lupus Electronics GmbH: Rauchmelder 2.0, in GIT Sicherheit 7-8/2019
[5.115] DIN EN 54-3:2019-11 Brandmeldeanlagen – Teil 3: Feueralarmeinrichtungen – Akustische Signalgeber
[5.116] DIN EN 54-23:2010-06 Brandmeldeanlagen – Teil 23: Feueralarmeinrichtungen – Optische Signalgeber
[5.117] DIN VDE V 0826-2:2018-07 Überwachungsanlagen – Teil 2: Brandwarnanlagen für Kindertagesstätten, Heime, Beherbergungsstätten und ähnliche Nutzungen – Projektierung, Aufbau und Betrieb
[5.118] Daitem: Normenkonformer Brandschutz für kleine Sonderbauten, in GIT Sicherheit 7-8/2019, S 1236 ff
[5.119] DIAS Infrared Systems: Infrarot-Brandfrüherkennungssystem Pyroview FDS http://www.dias-infrared.de/pdf/fds_ger.pdf
[5.120] Orglmeister Infrarotsysteme: Brandfrüherkennungssystem PyroSmart http://www.orglmeister.de/userFiles/File/Produkte/PYROsmart/orglmeister_prospekt__06-2019-deutsch.pdf
[5.121] VdS 3189:2015-01 VdS Richtlinie für IR-Kameraeinheiten zur Temperaturüberwachung im Brandschutz
[5.122] DIN EN 54-22:2015-07 Brandmeldeanlagen – Teil 22: Rücksetzbare linienförmige Wärmemelder
[5.123] DIN EN 54-28:2016-07 Brandmeldeanlagen – Teil 28: Nicht-rücksetzbare linienförmige Wärmemelder
[5.124] DIN 14674:2010-09 Brandmeldeanlagen – Anlagenübergreifende Vernetzung

[5.125] Lucka, F., Tietze, S: Übertragungswege zwischen sicherheitstechnischen Anlagen, https://docplayer.org/110624322-Uebertragungswege-zwischen-sicherheits-technischen-anlagen-2-september-2016.html, heruntergeladen 2021-01-13

[5.126] DIN VDE 0833-1:2014-10 Gefahrenmeldeanlagen für Brand, Einbruch und Überfall – Teil 1: Allgemeine Festlegungen

[5.127] ZVEI: Hinweise für die Betreiber von Gefahrenmeldeanlagen Merkblatt 82 002:2019-07

[5.128] Festag, S., Lipsch, C.: eine Zuverlässigkeitsanalyse von automatischen Brandmeldeanlagen, vfdb-Zeitschrift 24/2020

6 Anlagen zur Brandbekämpfung und Brandvermeidung

Brandbekämpfungsanlagen dienen der durch Personen durchgeführten oder automatischen Bekämpfung von Schadensfeuern. Sie sind wichtiger Bestandteil von Schutzkonzepten, wenn davon ausgegangen werden muss, dass mit hinreichender Wahrscheinlichkeit mit dem Ausbruch von Bränden gerechnet werden muss und eine sofortige Brandbekämpfung zum Schutz von Personen oder Sachen erforderlich ist. Brandbekämpfungsanlagen werden von den Sachversicherern mit erheblichen Prämienrabatten honoriert, wenn sie entsprechend den jeweiligen Richtlinien des VdS erstellt und betrieben werden. Brandbekämpfungsanlagen werden wie folgt untergliedert:

Selbsthilfeanlagen

- Feuerlöschbrausen
- Feuerlöschschlauchanschlusseinrichtungen (Wandhydranten)
- Feuerlöscher
- Löschdecken

Löschanlagen (Automatische Löschanlagen)

- Raumschutzanlagen, darunter
  - Wasserlöschanlagen (die am häufigsten eingesetzten sind Sprinkleranlagen)
  - Schaumlöschanlagen
  - Gaslöschanlagen (die am häufigsten eingesetzten sind CO_2-Löschanlagen)
- Objektschutzanlagen

Brandvermeidungsanlagen hingegen sollen verhindern, dass ein Brand überhaupt entstehen kann, müssen also vorbeugend agieren. Als Brandvermeidungsanlagen dienen

- Sauerstoffreduzierungsanlagen
- Inertisierungsanlagen.

6.1 Selbsthilfeanlagen

Selbsthilfeanlagen dienen dem Löschen von Entstehungsbränden durch die Nutzer von Gebäuden. Sie setzen also die Anwesenheit von Menschen voraus, die in der Handhabung der Einrichtung geschult sind und im Brandfall gezielt handeln. Selbsthilfeanlagen findet man schon in Einfamilienhäusern in Form der häufig in Garagen oder vor Heizräumen vorgehaltenen Feuerlöscher. Für Bürogebäude, Hotels, Versammlungs- und Verkaufsstätten, Industrie- und Handwerksbetriebe u. a. m. werden sie in Rahmen der Arbeitsstättenverordnung [6.1] verpflichtend gefordert.

Selbsthilfeanlagen sollen so angeordnet werden, dass

- sich Selbsthilfekräfte durch ihren Einsatz nicht unnötig in Gefahr begeben und
- fliehende Personen auf ihrem Weg ins Freie zwangsläufig an den Selbsthilfeanlagen vorbeikommen.

Selbsthilfeanlagen müssen:

- auf die betrieblichen Gefahren abgestimmt,
- in ausreichender Anzahl im gesamten Betrieb gleichartig vorhanden,
- leicht auffindbar und
- leicht von jedermann zu bedienen sein.

Daher ist die Anbringung von Selbsthilfeanlagen in der Nähe von Treppenräumen üblich. Auch in unmittelbarer Umgebung gefährdeter Objekte ist die Anbringung, insbesondere von Feuerlöschern, für einen raschen Löschangriff empfehlenswert.

Selbsthilfeanlagen sind entsprechend der Vorgaben der jeweiligen Norm bzw. des Herstellers in regelmäßigen Abständen zu warten. In der Regel ist vierteljährlich eine Sichtprüfung und jährlich eine Funktionsprüfung durchzuführen.

6.1.1 Feuerlöschbrausen

Feuerlöschbrausen sind Selbsthilfegeräte, die im Räumen bzw. in der Nähe von Arbeitsplätzen angebracht werden, in denen die Entzündung der Kleidung von Personen nicht vollständig auszuschließen ist. Beispiele hierfür sind Labore, Betriebe der chemischen Industrie (dort auch im Freien), Werkstätten, in denen mit größeren Mengen leicht entzündlicher Flüssigkeiten oder Gase gearbeitet wird. Feuerlöschbrausen sind überwiegend so konstruiert, dass das Wasser automatisch ausströmt, wenn eine Kontaktplatte betreten wird. Eine Handauslösung ist optional möglich.

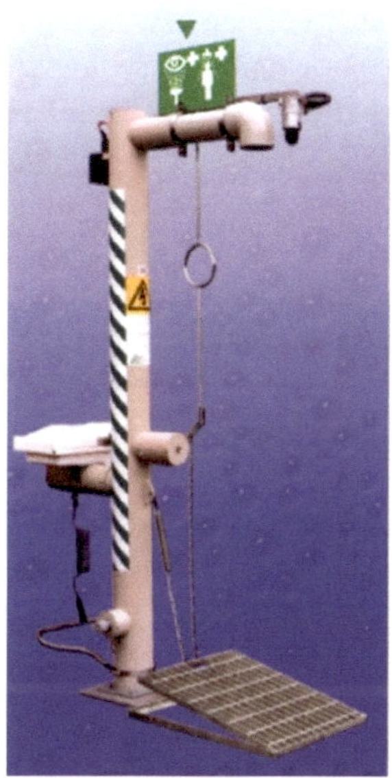
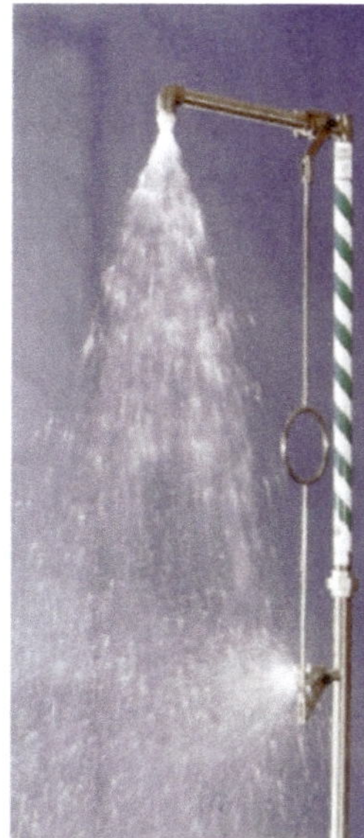

Abbildung 6-1: Feuerlöschbrausen

6.1.2 Wandhydranten

Wandhydranten sind sofort betriebsbereite Löschhilfeanlagen, die in Gebäuden oder im Freien an Löschwasserleitungen angeschlossen werden. Wandhydranten werden in baulichen Anlagen angebracht, in denen

- aufgrund der Nutzung eine gegenüber reinen Wohngebäuden mittlerer Höhe erhöhte Brandgefahr besteht,
- große Abmessungen des Gebäudes sich nachteilig auf die Eingreifzeit der Feuerwehr auswirken können (vergl. Kapitel 2),
- während der Betriebszeit Personal anwesend ist, das in der Lage ist, die Wandhydranten zweckentsprechend zu nutzen.

Wandhydranten (Abbildung 6-2) dienen der Bekämpfung von Entstehungsbränden durch Laien (auch eingewiesene Personen) sowie der Brandbekämpfung durch die Feuerwehr. Sie werden einsatzbereit gemacht, indem durch Öffnen eines Ventils der Feuerlöschschlauch befüllt und so über ein Strahlrohr die Brandbekämpfung ermöglicht wird. Wandhydranten werden aus wasserhygienischen Gründen mittelbar über Löschwasserleitungen „Nass", die auch als Steigleitungen bezeichnet werden, an das Trinkwassernetz angeschlossen (vergl. hierzu Punkt 4.5.1, DIN 2000 [6.2] und [6.3], DIN 14462 [6.4], sowie ausführlich bei Büssem [6.5] oder Spangard [6.6]). Alternativ können bzw. müssen Wandhydranten auch an Löschwasserleitungen „nass / trocken“ angeschlossen werden, die bei Einsatz des Wandhydranten automatisch aus dem Trinkwassernetz befüllt werden (vergl. Punkt 9.1 und [6.6]). Diese Ausführung ist zwingend, wenn aufgrund von Frostgefahr eine ständige Befüllung der Anschlussleitung von Wandhydranten nicht möglich ist.

Wandhydranten sind in DIN EN 671-1 [6.7] und DIN EN 671-2 [6.8] genormt, DIN EN 671-1 beschreibt Wandhydranten mit formfestem Schlauch, DIN EN 671-2 solche mit Flachschlauch. Da diese europäischen Normen eine sehr große Bandbreite von Ausführungen ermöglichen, die nach Auffassung der deutschen Feuerwehren nicht alle gleich gut für die Brandbekämpfung durch Laien geeignet sind, ist aufbauend auf diesen Normen, die DIN 14461-1 [6.9] erschienen, die die in Deutschland zulässigen Ausführungen beschreibt. In Deutschland sind danach Wandhydranten mit Flachschlauch (nach DIN 14461-6 [6.10]) nicht erwünscht, denn nach Erfahrungen der Feuerwehren haben ungeübte Personen erhebliche Schwierigkeiten diese sachgerecht einzusetzen. Der Zweck von Wandhydranten – die wirksame Bekämpfung von Entstehungsbränden – ist dann aber möglicherweise in Frage gestellt. Daher sind solche Wandhydranten nur dort zulässig, wo speziell für deren Anwendung geschultes Personal zur Verfügung steht (also z. B. bei Vorhandensein einer Werk- oder Betriebsfeuerwehr). Daneben muss das Strahlrohr von Wandhydranten in Deutschland absperrbar sein.

Die Mindestausstattung von Wandhydranten nach DIN 14461-1 ist Tabelle 6-1 zu entnehmen. Der Wandhydrant Typ S ist ausschließlich als Selbsthilfeeinrichtung für Laien gedacht und für den Einsatz durch die Feuerwehr nicht vorgesehen, daher ist die Wasserlieferung auf maximal 24 l / min begrenzt. Typ F hat eine deutlich höhere Wasserlieferung und ermöglicht außerdem der Feuerwehr den Anschluss eigener, mitgebrachter Schläuche. Damit kann die Eindringtiefe vom Wandhydranten in eine Einsatzstelle deutlich größer werden. Wegen der eingeschränkten Einsatzmöglichkeiten – 24 l / min Löschwasser reichen allenfalls für die Eindämmung eines Entstehungsbrandes aus – dürfen Wandhydranten Typ S nur eingebaut werden, wenn die zuständige Brandschutzbehörde dies ausdrücklich zulässt.

Typ S - Einsatz durch Laien -	**Typ F** - Einsatz durch Laien und Feuerwehr -
Schlauchanschlussventil mit drehbarer Anschlussverschraubung Größe 1 nach DIN 14461-3[1)] mit C-Festkupplung nach DIN 86204[2)],	Schlauchanschlussventil mit drehbarer Anschlussverschraubung Größe 2 nach DIN 14461-3 mit C-Festkupplung nach DIN 86204[2)]
Lösbare Verbindung zum Schlauchanschlussventil mit eingebundenem formstabilen Schlauch nach DIN EN 694 [6.12]	C-Knaggenteil nach DIN 86204 mit eingebundenem formstabilen Druckschlauch nach DIN EN 694 mit einem Innendurchmesser von mindestens 25 mm
Schlauchhaspel nach DIN EN 671-1, ausschwenkbar, mit 30 m formstabilem Schlauch mit Innendurchmesser 19 mm, Strahlrohr mit einer Wasserlieferung von maximal 24 l/min bei 2 bar	Schlauchhaspel nach DIN EN 671-1, ausschwenkbar, mit 30 m formstabilem Schlauch mit Innendurchmesser 25 mm, Strahlrohr mit 6 mm Austrittsöffnung [3)]
Erkennungssymbol Wandhydrant, wie in Abbildung 6-2	
Bedienungsanleitung mind. A 5	
Bei Anschluss an Löschwasserleitung „nass/trocken" Hinweisschild: „Wasser kommt nach maximal 60 Sekunden"	
1) bei direktem Anschluss an Trinkwasserversorgung zusätzlich mit Sicherungseinrichtung nach DIN 14461-3 2) ermöglicht der Feuerwehr den Anschluss eigener Schläuche 3) ermöglicht je nach Druck eine Wasserlieferung von bis zu 100 l/min, in der Regel sollten universell einsetzbare CM-Strahlrohre nach DIN 14365 [6.13] verwendet werden	

Tabelle 6-1: Ausstattung von Wandhydranten

Wandhydranten werden in Deutschland im Allgemeinen in Schränken untergebracht (im Ausland ist auch die Installation ohne Schrank üblich). Die Schränke dürfen verschlossen werden, wenn durch eine Notöffnungsvorrichtung – angebracht z.B. hinter einer leicht entfernbaren oder zerstörbaren Abdeckung – sichergestellt ist, dass sie jederzeit nutzbar sind. Die Schränke dürfen die Einsetzbarkeit des Wandhydranten nicht einschränken und müssen daher insbesondere Anforderungen an die Abrollbarkeit des Schlauches in jede Richtung erfüllen. Wandhydrantenschränke dürfen auch andere Brandschutzeinrichtungen – z.B. Feuerlöscher – enthalten, wenn sie entsprechend konstruiert sind (Abbildung 6-2).

Abbildung 6-2: Wandhydrant Typ F nach DIN 14461 mit Zusatzausstattung Feuerlöscher; gekennzeichnet mit den internationalen Symbolen für Wandhydranten und Feuerlöscher nach ISO 7010 (Fotos: GLORIA GmbH)

Die Wasserversorgung von Wandhydranten ist wie folgt auszulegen [4.15]:

- Fließdruck bei voll geöffnetem Strahlrohr maximal 8 bar
- Ruhedruck maximal 12 bar
- Typ S: Bei Entnahme von je 24 l/min an zwei Wandhydranten an den ungünstigsten Schlauchanschlussventilen muss der Fließdruck mindestens noch 2 bar betragen.
- Typ F: Bei Entnahme von je 100 l/min aus drei Wandhydranten an den ungünstigsten Schlauchanschlussventilen muss der Fließdruck mindestens noch 3 bar betragen.

Unmittelbar an die allgemeine Trinkwasserversorgung dürfen nach DIN 1988-600 und DIN 14462 nur Wandhydranten Typ S angeschlossen werden, um stagnierendes Wasser in den Leitungen zu vermeiden. Es ist dann am Ende der Leitung ein ständig benutzter Verbraucher (z.B. eine Toilette, vergl. Abbildung 6-3) anzuordnen. Wandhydranten Typ F sind über fernbetätigte Füllstationen nach DIN 14463-1 an Löschwasserleitungen „nass/trocken“ anzuschließen. Wenn erforderlich, sind Druckerhöhungspumpen, Zwischenbehälter oder Trinkwasser-Trennstationen nach DIN EN 1717 vorzusehen (siehe Punkt 9.1.3, [6.4] oder [6.6]).

Wandhydranten sind in einer solchen Anzahl in den Gebäuden vorzusehen, dass mit dem Strahlrohr sicher jeder Punkt erreicht werden kann. Daher genügt es in der Regel nicht, bei der Planung mit Zirkelschlägen um die Wandhydranten zu arbeiten. Vielmehr muss der Schlauchverlauf planerisch nachvollzogen werden. Betriebliche Besonderheiten, z.B. in der Regel verschlossene Türen, Einbauten etc. sind zu berücksichtigen. Innerhalb von Räumen ist ein verbleibender, im Wesentlichen hindernisfreier Abstand von ca. 5 m zur entferntesten potentiellen Brandstelle brandschutztechnisch akzeptabel, da dieser mit der Wurfweite des Wasserstrahles überbrückt werden kann. Die Anordnung sollte mit der zuständigen Brandschutzbehörde abgestimmt werden.

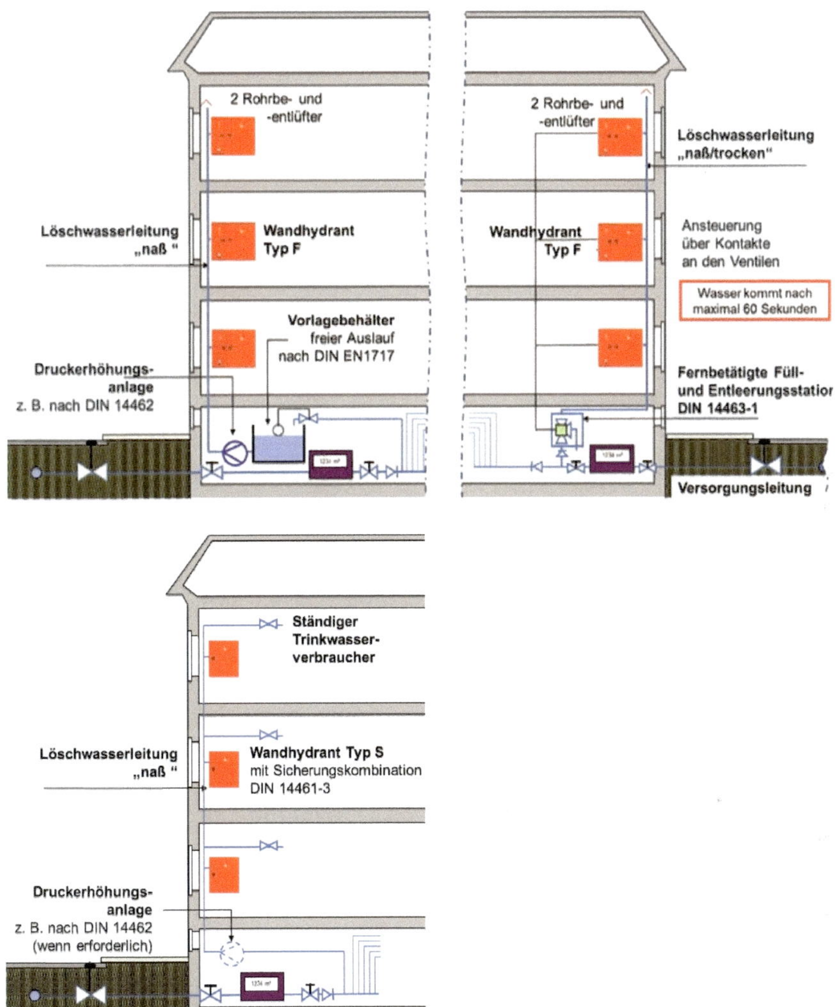

Abbildung 6-3: Anschluss von Wandhydrantenanlagen

Wandhydranten können bei der Ermittlung der erforderlichen Löscheinheiten für ein Gebäude nach Punkt 6.1.3.4 mit bis zu 27 LE angesetzt werden. Die Auswirkung von vorhandenen Wandhydrantenanlagen auf die Eingreifzeit der Feuerwehr hat Schöttner 2015 untersucht. Demnach kann eine solche Anlage die Eingreifzeit schon bei erdgeschossigen Gebäuden um ca. 1 Minute verkürzen [6.14]. Für Obergeschosse sind weitere Zeitvorteilen zu erwarten.

6.1.3 Feuerlöscher

Feuerlöscher sind tragbare oder fahrbare Kleinlöschgeräte zur Bekämpfung von Entstehungsbränden durch Laien, d. h. nicht im Brandschutz ausgebildete Personen. Sie stoßen ihren Löschmittelinhalt mittels ständig vorhandenem oder bei Inbetriebnahme freigesetztem oder erzeugtem Innendrucks selbständig aus.

Feuerlöscher stellen lediglich die erste Stufe einer Ausstattung baulicher Anlagen mit Selbsthilfeeinrichtungen dar, da ihre Leistungsfähigkeit aufgrund des zulässigen Maximalgewichtes von tragbaren Geräten recht begrenzt ist. Dennoch ist bei sachgerechter Anwendung von Feuerlöschern ein Ablöschen durchaus beachtlicher Entstehungsbrände möglich (vergl. Punkt 6.1.3.4). Zur sachgerechten Anwendung von Kleinlöschgeräten bedarf es einer Einweisung und nach Möglichkeit regelmäßiger Übungen. Einweisung und Übungen muss der Betreiber der baulichen Anlage (Arbeitgeber) für die Mitarbeiter im Rahmen seiner Pflichten aus der Arbeitsstättenverordnung [6.1] sicherstellen.

6.1.3.1 Bauart von Feuerlöschern

Feuerlöscher werden als tragbare oder fahrbare Kleinlöschgeräte gebaut. Tragbare Geräte dürfen einsatzbereit eine Gesamtmasse von 20 kg nicht überschreiten. Feuerlöscher bestehen aus (Abbildung 6-4):

- dem Löschmittelbehälter mit dem Löschmittel (bei Dauerdrucklöschern gleichzeitig Treibmittelbehälter, siehe Tabelle 6-2)
- ggf. einem Treibmittelbehälter mit dem Treibmittel
- der Löschmittel-Ausbringevorrichtung (Steigrohr, Absperrorgan, Schlauch, Düse oder Strahlrohr, Schaumrohr, CO_2-Schnee- oder CO_2–Aerosolrohr)
- einer Sicherung gegen versehentliches Betätigen
- bei Dauerdrucklöschern einer Außen ablesbaren Druckanzeige
- einer aufgedruckten Bedienungsanleitung.

Fahrbare Feuerlöscher sind bis auf den größeren Löschmittelvorrat, ein Fahrgestell und ggf. einen längeren Schlauch mit tragbaren Geräten identisch. Sie werden im Allgemeinen in solchen Betrieben mit Produktion oder Lagerung vorgesehen, deren

Personal in der Lage ist, diese Löscher zweckentsprechend einzusetzen. Da die mit fahrbaren Geräten zu beherrschenden Entstehungsbrände schon recht groß sind, muss die Bedienmannschaft eine gründlichere Schulung erhalten (z. B. im Rahmen einer Ausbildung zum Betriebsfeuerwehrangehörigen, vergl. Kapitel 2) und ggf. auch über Schutzkleidung verfügen. Folglich sind diese Geräte im Allgemeinen nur bei größeren Betrieben anzutreffen.

Abbildung 6-4: Feuerlöscher nach DIN EN 3 (nach [6.16]; Fotos: GLORIA GmbH)

<table>
<tr><th colspan="5">Löscherarten</th></tr>
<tr><td>Bauart</td><td colspan="2">Dauerdrucklöscher</td><td colspan="2">Aufladelöscher</td></tr>
<tr><td>Löschmittel</td><td>Pulver, Wasser Schaum 1) 2)</td><td>CO_2</td><td colspan="2">Pulver, Wasser, Schaum 1)</td></tr>
<tr><td rowspan="3">Treibmittel</td><td colspan="2" rowspan="2">im Löschmittelbehälter</td><td colspan="2">in separatem Treibgasbehälter</td></tr>
<tr><td>innerhalb des Löschmittelbehälters</td><td>außerhalb des Löschmittelbehälters</td></tr>
<tr><td>CO_2 oder Stickstoff</td><td>Löschmittel CO_2</td><td colspan="2">CO_2 oder Stickstoff (bei Inbetriebnahme erzeugt) 3)</td></tr>
<tr><td rowspan="3">Inbetriebnahme</td><td colspan="4">Entfernen einer Sicherung</td></tr>
<tr><td colspan="2"></td><td colspan="2">Aufladezeit abwarten (3 Sekunden)</td></tr>
<tr><td colspan="4">Betätigen der Auslöseeinrichtung</td></tr>
<tr><td colspan="5">1) Oberflächenaktive Löschmittel sind hier eingeschlossen, siehe Punkte 14.3.10
2) Instantschaumlöscher sind ggf. hier eingeschlossen, siehe Punkt 6.5.7
3) durch chemische Reaktion mit Gasentwicklung, wird heute nicht mehr angewandt</td></tr>
</table>

Tabelle 6-2: Bauarten von Feuerlöschern – Schema

6.1.3.2 Planung der Ausstattung mit Feuerlöscheinrichtungen

Für die Planung der Ausstattung von Gebäuden mit Feuerlöscheinrichtungen (Wandhydranten und Feuerlöschern) ist in den folgenden Schritten vorzugehen:

1. Ermittlung der Brandklassen des (hauptsächlich) vorhandenen Brandgutes (Punkt 6.1.3.3)
2. Festlegung der Art der erforderlichen Feuerlöscher (Punkt 6.1.3.3)
3. Ermittlung der Brandgefährdung (Punkt 6.1.3.5)
4. Ermittlung der Löschmitteleinheiten (LE, Punkt 6.1.3.6) in Abhängigkeit von der Grundfläche für die notwendige Grundausstattung mit Feuerlöscheinrichtungen (Tabelle 6-8)
5. Ermittlung der Anzahl der Feuerlöscheinrichtungen (unter Berücksichtigung des Personals, siehe unter Punkt 6.1.3.3)
6. Falls erhöhte Brandgefahr vorliegt Festlegung zusätzlich erforderlicher Maßnahmen
7. Festlegung der Standorte der Feuerlöscher (Punkt 6.1.3.7)

6.1.3.3 Brandklassen, Löschmittel und Eignung

Die Einstufung des Brandgutes in Brandklassen nach DIN EN 2 (Tabelle 6-3, [6.17]) ermöglicht die Festlegung geeigneter Löschmittel. Im Allgemeinen wird der Hauptteil der Brandlasten eines (Wohn-, Handels-, Büro-) Gebäudes in Brandklasse A einzuordnen sein, lediglich in begrenzten Bereichen kommen andere Brandklassen vor (z. B. in der Küche).

Klasse **A**	Brände fester Stoffe, hauptsächlich organischer Natur, die normalerweise unter Glutbildung verbrennen
Klasse **B**	Brände von flüssigen oder flüssig werdenden Stoffen
Klasse **C**	Brände von Gasen
Klasse **D**	Brände von Metallen
Klasse **F**	Brände von Speiseölen/-fetten (pflanzliche oder tierische Öle und Fette) in Frittier- und Fettbackgeräten und anderen Kücheneinrichtungen und -geräten

Tabelle 6-3: Brandklassen nach DIN EN 2

Feuerlöscher enthalten alternativ die folgenden Löschmittel (zu den Eigenschaften, Vor- und Nachteilen der unterschiedlichen Löschmittel siehe unter Punkt 14.3)

- Wasser (Kennzeichnung: **W**)
- Löschpulver (Kennzeichnung: **PG**)
  - ABC-Löschpulver (Kennzeichnung: **P**)
  - BC-Löschpulver (Kennzeichnung: **PM**)
  - Metallbrandpulver
- Kohlendioxid CO_2 (Kennzeichnung: **K**)
- Schaum (Kennzeichnung: **S**)

(bzw. die Komponenten Wasser und Schaummittel)

Feuerlöscher werden mit dem o. g. Kennzeichen für die Bauart und dem Löschmittelinhalt – in kg bzw. l – gekennzeichnet; PG 6 bezeichnet so einen Pulverlöscher mit 6 kg ABC-Löschpulver (siehe auch Tabelle 6-4).

Feuerlöscher müssen entsprechend Tabelle 6-4 für den Einsatzzweck geeignet sein. Außerhalb von Produktions- und Lagerbereichen geht im Allgemeinen die Brandgefahr hauptsächlich von festen glutbildenden Stoffen der Brandklasse A aus, für die Feuerlöscher mit wässeriger Lösung oder mit ABC-Pulver geeignet sind. Die Feuerwehren empfehlen im Allgemeinen den Einsatz von Löschern mit wässeriger Lösung, da Pulverlöscher durch die Sichtbehinderung durch das verstäubte Löschpulver i. A. eher Nachteile mit sich bringen. Darüber hinaus ist bei Verwendung von Löschpulver mit erheblichen Folgeschäden – insbesondere bei heute allgemein vorhandenen EDV-Geräten – zu rechnen. Wegen der Rückstandsfreiheit gasförmiger Löschmittel und damit geringer Löschmittelschäden sollten in EDV- und Elektroanlagen daher vorzugsweise Gaslöscher angebracht werden. In Produktionsstätten muss die Wahl des Löschmittels besonders sorgfältig auf zu erwartende Brände abgestimmt werden. Wo erforderlich sind auch parallel Löscher mit unterschiedlichem Anwendungsbereich vorzuhalten.

Ein weiteres Kriterium für die Eignung von Feuerlöschern für eine bestimmte Arbeitsstätte ist das Personal, das diese Löscher einsetzen soll. Bei Betrieben, in denen hauptsächlich Frauen arbeiten, kann es sinnvoll sein, eine größere Anzahl kleinerer Löscher bereitzuhalten. Fahrbare Feuerlöscher sind i. A. nur in großflächigen Betriebsgebäuden mit ausreichend breiten Verkehrswegen, im Freien und bei Verfügbarkeit geschulten Bedienungspersonals sinnvoll (Punkt 6.1.3).

Löscherart	Bauart-Kurzzeichen	Brandklasse nach DIN EN 2				
		A	B	C	D	F
		feste glutbildende Stoffe	flüssige oder flüssig werdende Stoffe	gasförmige Stoffe (auch unter Druck)	brennbare Metalle	Speiseöle und -fette
Pulverlöscher mit ABC-Pulver	**PG**	+	+	+	O	O
Pulverlöscher mit BC-Pulver	**P**	-	+	+	-	O
Pulverlöscher mit Metallbrandpulver	**PM**	-	-	-	+	-
Kohlendioxidlöscher	**K**	O	+	O	-	O
Wasserlöscher (auch mit Zusätzen) [1)]	**W**	+	-	-	-	-
Schaumlöscher	**S**	+	+	-	-	O
Fettbrandlöscher [2)]	**F** [2)]	O	O	-	-	+

geeignet + weniger gut geeignet O nicht geignet -

1) z. B. Frostschutzmittel, Korrosionsschutzmittel, Netzmittel
2) Einsatz in Küchen etc.; Eignungsnachweis z. B. durch Prüfung nach DIN V 14406-5 [6.18], Füllung enthält i. d. R. oberflächenaktive Löschmittel, siehe Punkt 14.3.10
3) als Zusatzkennzeichnung, also z. B.: SF

Tabelle 6-4: Eignung von Feuerlöschern

6.1.3.4 Löschvermögen und Löschmitteleinheiten

Feuerlöscher und ihre Bauteile sind in der Normenreihe DIN EN 3 genormt und nach ihrer Leistungsfähigkeit eingestuft. Dort ist nicht die Löschmittelmenge, sondern das Löschvermögen eines Löschers für die Einstufung maßgeblich (DIN EN 3-7 [6.19]). Das Löschvermögen wird an bestimmten, in DIN EN 3-7 Anhang I genau beschriebenen Testfeuern ermittelt (Abbildung 6-5).

Testfeuer Brandklasse A:

Fichtenholzstäbe 4 x 4 cm, die in bestimmter Form als Holzkrippe aufgestapelt sind, dabei ist der Stapel stets 500 mm breit und ca. 560 mm hoch; die Länge des Stapels – ausgedrückt in Dezimeter – entspricht der Kennzahl vor Brandklasse A aus Tabelle 6-5 (dies ist gleichzeitig die Anzahl der Fichtenholzstäbe in jeder zweiten Schicht). Die Zündung erfolgt mit Heptan, die Vorbrennzeit bis zum Löschbeginn beträgt 8 Minuten.

Die maximale Löschzeit darf nicht größer als 5 Minuten für Prüfobjekte bis 21 A und nicht größer als 7 Minuten für alle größere Prüfobjekte sein. Der Prüfer führt den Löschvorgang nach eigenem Ermessen durch.

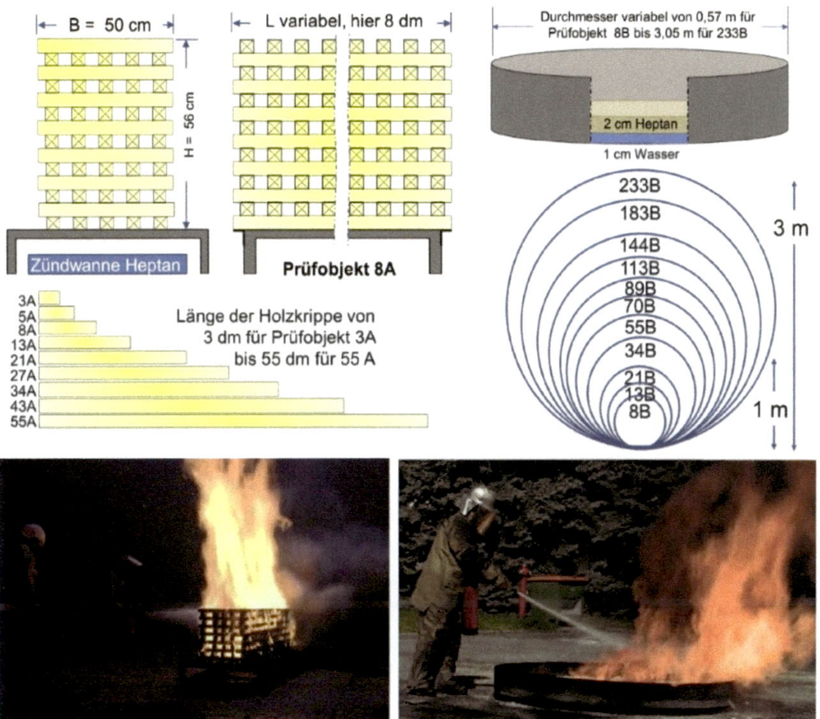

Abbildung 6-5: Prüfobjekte A und B (Fotos: MPA Dresden)

Anmerkung: Der für Laien – auch eingewiesene Personen – maximal beherrschbare Entstehungsbrand wird durch ein Prüfobjekt 27 A (Holzkrippe 50 cm x 56 cm x 270 cm) abgebildet. Da sich das Objekt im Vollbrand befindet und die Flammen ca. 1 m hoch sind, dürften nur wenige Laien den Mut aufbringen, einen derartigen Brand zu bekämpfen.

Testfeuer Brandklasse B:

Der Brennstoff besteht aus Heptan. In Wannen mit entsprechendem Durchmesser werden jeweils ca. 10 mm Wasser und darüber 20 mm Heptan eingefüllt, so dass die Gesamtstoffmenge in der Wanne (ausgedrückt in Liter) der der Brandklasse B vorangestellten Kennzahl in Tabelle 5.4 entspricht. Dies führt zu Wannendurchmessern von 570 mm bis 3050 mm (Abbildung 6-5). Die Prüfung beginnt nach einer Minute Vorbrennzeit, das Feuer ist gelöscht, wenn keinerlei Rückzündungen am erhitzen Wannenrand mehr auftreten.

Anmerkung: Der für Laien – auch eingewiesene Personen – maximal beherrschbare Entstehungsbrand wird durch ein Prüfobjekt 144 B (96 Liter Heptan in einer Wanne mit 240 cm Durchmesser) abgebildet. Das oben bei Brandklasse A ausgeführte gilt analog.

Prüfobjekt	Höchstmenge des Löschmittels		Prüfobjekt	Höchstmenge des Löschmittels	
	ABC-Pulver [kg]	wässrige Löschmittel einschl. Schaum [l]		ABC-Pulver [kg]	wässrige Löschmittel einschl. Schaum [l]
5 A	1	3	27 A	9	9
8 A	2	6	34 A	9	9
13 A	4	9	43 A	12	9
21 A	6	9	55 A	12	9
Anmerkung: Die in Spalte 2 und 3 angegebenen Mengen in kg bzw. l geben die Nennfüllmenge des jeweiligen Feuerlöschertyps in den folgenden Ländern an: Belgien, Frankreich, Deutschland, Italien, den Niederlanden, Portugal und Spanien.					

Tabelle 6-5: Mindestanforderungen an das Löschvermögen für Prüfobjekte der Brandklasse A (nach DIN EN 3-7 [6.19])

Testfeuer Brandklasse F:

Der Brennstoff besteht aus Speiseöl oder Speisefett mit einem Selbstentzündungsbereich von 330 °C bis 380 °C in einer Stahlschale, die ein tiefe Fritteuse nachbildet. Der Brennstoff wird bis zur Selbstentzündung aufgeheizt und brennt vor dem Löschversuch für 2 Minuten frei. Der Brand gilt als gelöscht, wenn innerhalb von 20 Minuten nach Löschung der Flammen keine erneute Entzündung an der heißen Gefäßwandung eintritt. Es darf nicht zu einem Überlaufen des Brennstoffes kommen.

Prüfobjekt		Höchstmenge des Löschmittels		
Kurzzeichen	**Minimale Funktionsdauer [s]**	**Löschpulver [kg]**	**CO_2 [kg]**	**Wässerige Löschmittel einschließlich Schaum [l]**
21 B	6	1	2	1
34 B	6	2	2	2
55 B	9	3	2,5	3
70 B	9	4	2,5	4
89 B	9	4	2,5	4
113 B	12	6	2,5	6
144 B	15	9	2,5	9
183 B	15	12	2,5	12
233 B	15	12	2,5	12
Anmerkung 1: Die in den Spalten 3, 4, 5 und 6 angegebenen Mengen in kg bzw. l geben die Nennfüllmengen des jeweiligen Feuerlöschertypes in den folgenden Ländern an: Belgien, Frankreich, Deutschland, Italien, den Niederlanden, Portugal und Spanien *Anmerkung 2:* Die minimale Funktionsdauer in Spalte 2 ist dem Prüfobjekt der gleichen Zeile in Spalte 1 zugeordnet.				

Tabelle 6-6: Mindestanforderungen an das Löschvermögen für Prüfobjekte der Brandklasse B

Für den Vergleich der Löschertypen und als Rechengröße für die Planung der Ausstattung von Gebäuden mit Feuerlöschern wurde die Löschmitteleinheit LE eingeführt (Tabelle 6-7). Mit ihrer Hilfe kann das Löschvermögen von Feuerlöschern unterschiedlicher Bauart verglichen und addiert werden.

Löschmittel-einheiten	**Löschvermögen**[1)]		**Beispiele für Ausführungen für Brandklassen**		
LE	**A**	**B**	**A**	**B**	**A und B** [1)]
1	5A	21B		**K 2**	
2	8A	34B	**PG 2; W 6**	**P 2**	**PG 2**
3		55B		**K6; S 6**	**S 10**
4	13A	70B	**W 10; S 10**		
5		89B			
6	21A	113B	**PG 6**	**P 6**	**PG 6**
9	27A	144B			
10	34A	183 B	**PG 10**		**S 6**
12	43A	183B	**PG 12**	**P 12**	**S 9**
15	55A	233B			
1) fahrbare Löscher: PG 50 = 4 * PG 12 = 48 LE; K 30 = 5 * K 6 = 15 LE 2) bei Brandklassen A und B zählt der niedrigere LE-Wert					

Tabelle 6-7: Löschmitteleinheiten, Löschvermögen und Feuerlöschertypen

6.1.3.5 Brandgefährdung von Gebäuden

Nach § 13 ArbStättVO [6.1] sind Arbeitsstätten mit Feuerlöscheinrichtungen für die Bekämpfung von Entstehungsbränden auszustatten. Die erforderliche Anzahl von Feuerlöschern in Gebäuden richtet sich in Deutschland nach den „Technischen Regeln für Arbeitsstätten – Maßnahmen gegen Brände" (ASR 2.2) [6.20]. Die folgenden Ausführungen beziehen sich auf diese Vorschrift. Wenngleich die ASR 2.2 sich ausdrücklich auf Arbeitsstätten bezieht, kann sie auch für vergleichbare sonstige Nutzungen (z. B. Wohnhäuser) angewendet werden.

Hiernach sind Betriebsbereiche für Festlegung der Ausstattung mit Feuerlöschern zunächst hinsichtlich der Brandgefährdung zu analysieren und in eine der folgenden Brandgefährdungsklassen einzustufen:

Normale Brandgefährdung
liegt vor, wenn:

- die Wahrscheinlichkeit einer Brandentstehung,
- die Geschwindigkeit der Brandausbreitung,
- die dabei freiwerdenden Stoffe und
- die damit verbundene Gefährdung für Personen, Umwelt und Sachwerte

vergleichbar sind mit den Bedingungen bei einer Büronutzung.

Erhöhte Brandgefährdung
liegt vor, wenn:

- entzündbare bzw. oxidierende Stoffe oder Gemische vorhanden sind,
- die örtlichen und betrieblichen Verhältnisse für eine Brandentstehung günstig sind,
- in der Anfangsphase eines Brandes mit schneller Brandausbreitung oder großer Rauchfreisetzung zu rechnen ist,
- Arbeiten mit einer Brandgefährdung durchgeführt oder Verfahren, bei denen eine Brandgefährdung besteht, angewendet werden (z. B. Schweißen, Brennschneiden, Farbspritzen, Flammarbeiten) oder
- erhöhte Gefährdungen vorliegen (z. B. selbsterhitzungsfähige Stoffe oder Gemische, Stoffe der Brandklassen D und F, brennbare Stäube, extrem oder leicht entzündbare Flüssigkeiten oder entzündbare Gase).

Die Richtlinie ASR 2.2 [6.20] enthält umfangreiche, beispielhafte Zuordnungstabellen von Betriebsbereichen mit erhöhten Brandgefahren.

6.1.3.6 Ausstattung von Gebäuden mit Feuerlöscheinrichtungen

Abhängig von der Brandgefährdung und der Fläche ist die notwendige Grundausstattung von Gebäuden mit Löscheinheiten bei normaler Brandgefährdung der Tabelle 6-8 zu entnehmen.

Anmerkung: Das in Tabelle 6-8 dargestellte Bemessungsverfahren geht nur von der Größe der Arbeitsstätte und von der Brandgefahr aus. Die Anwesenheit von Personen sowie deren Zugriffsmöglichkeit auf Feuerlöscher bleiben unberücksichtigt. Daher führt die Ausstattung gemäß Tabelle 6-8 zu einer teilweise recht großen Anzahl von Feuerlöschern. Mit Zustimmung der Brandschutzbehörde kann ggf. die Anzahl reduziert werden.

Grundfläche bis m²	Löschmitteleinheiten für die Grundausstattung
50	6
100	9
200	12
300	15
400	18
500	21
600	24
700	27
800	30
900	33
1000	36
je weitere 250	6

Tabelle 6-8: Löschmitteleinheiten nach ASR 2.2 [6.20] (dort Tabelle 3) in Abhängigkeit von der Grundfläche des Schutzbereiches

Der Einsatzwert von Wandhydranten nach Punkt 5.1.2 soll nach Anhang 3 ASR 2.2 auf der Basis einer Gefährdungsbeurteilung bestimmt werden. Die Gefährdungsbeurteilung sollte mindestens die folgenden Gesichtspunkte analysieren:

- Ist das Löschmittel Wasser für die vorhandenen Brandklassen geeignet?
- Ist der Wandhydrant mit einem formstabilen Schlauch ausgestattet, so dass er von einer Person eingesetzt werden kann?
- Sind ausreichend viele Beschäftigte im analysierten Bereich in der Handhabung von Wandhydranten unterwiesen?
- Ist eine (nicht nur unerhebliche) Verrauchung von Fluchtwegen bei Einsatz des Wandhydranten auszuschließen?

Wenn obige Fragen sämtlich mit ja beantwortet werden, können Wandhydranten bei der Ermittlung der erforderlichen Löscheinheiten wie folgt berücksichtigt werden:

- in Gebäuden / Geschossen bis zu 400 m² sind Wandhydranten bei der Festlegung der Ausstattung mit Feuerlöschern nicht zu berücksichtigen,
- in Gebäuden / Geschossen über 400 m² können bis zu 1 / 3 der erforderlichen Löschmitteleinheiten durch Wandhydranten ersetzt werden, dabei ist ein Wandhydrant (in Abhängigkeit von der Abdeckung des Schutzbereiches, Punkt 6.1.2) mit bis zu 27 LE anzusetzen.

Nach Festlegung der erforderlichen Löschmitteleinheiten je Schutzbereich ist mit Hilfe der Tabelle 6-7 die Ausstattung mit Feuerlöschern und Wandhydranten zu ermitteln. Wenn in einem Schutzbereich Stoffe mehrerer Brandklassen vorhanden sind (z. B. A, B, C und F), sind die Löscher entsprechend auszuwählen. Sofern keine für alle vorliegenden Brandklassen geeigneten Löschertypen existieren, sind ggf. mehrere Löscher einzuplanen, deren Löschvermögen für jede der vorhandenen Brandklassen ausreicht.

Je Geschoss ist mindestens ein Feuerlöscher mit 6 LE vorzusehen. Feuerlöscher mit weniger als 6 LE sollen in der Regel nicht zur Brandbekämpfung in Gebäuden vorgesehen werden. Damit ist in der Regel ein Löscher PG 6 oder W 10 die MindestGrundausstattung.

Abweichend von obiger Regelung können für die Grundausstattung bei normaler Brandgefährdung auch Feuerlöscher mit jeweils nur mindestens 2 Löschmitteleinheiten (LE) verwendet werden, wenn:

- sich hierdurch eine Vereinfachung in der Bedienung ergibt (z. B. durch mindestens 25 % Gewichtsersparnis je Löscher), die die Nutzbarkeit erhöht,
- die Zugriffszeit zum nächstgelegenen Feuerlöscher reduziert wird (z. B. durch Halbierung der maximalen Entfernung) und
- die Anzahl der in der Bedienung der Feuerlöscher ausgebildeten Personen (Brandschutzhelfer) verdoppelt wird.

Auf der Grundlage dieser Regelung ist auch die Vorhaltung von Löschspraydosen möglich, sofern diese mindestens 2 Löschmitteleinheiten enthalten und das Löschvermögen mindestens 8A beträgt (Punkt 6.1.5). Wegen der intuitiven Bedienbarkeit kann diese Lösung in bestimmten Bereichen sinnvoll sein.

Ergibt die Analyse eine erhöhte Brandgefährdung, sind über die Grundausstattung mit Feuerlöscheinrichtungen hinausgehende Schutzmaßnahmen erforderlich. Dies können z. B. sein:

- Verdichtung der Feuerlöscherausstattung, um die maximale Entfernung zum nächstgelegenen Feuerlöscher und dadurch die Zeit bis zum Beginn der Entstehungsbrandbekämpfung zu verkürzen (empfohlen werden 5 m bis maximal 10 m).
- Anbringung mehrerer gleichartiger und baugleicher Feuerlöscher an einem Standort, um durch gleichzeitigen Einsatz mehrerer Feuerlöscher einen größeren Löscheffekt zu erzielen (sofern ausreichend Bedienpersonal vorhanden ist).
- Bereitstellung von zusätzlichen, geeigneten Feuerlöschern in Bereichen und / oder an Arbeitsplätzen mit erhöhter Brandgefährdung, um eine schnelle und wirksame Entstehungsbrandbekämpfung zu ermöglichen (z. B. Kohlendioxidlöscher in Laboren, Fettbrandlöscher an Fritteusen etc.).
- Einbau von Wandhydranten in Gebäuden, bei denen eine hohe Löschleistung für die Entstehungsbrandbekämpfung oder zur Kühlung benötigt wird.
- Maßnahmen für Tätigkeiten mit Gefahrstoffen nach TRGS 800 [6.21] „Brandschutzmaßnahmen“, z. B. Verwendung weniger gefährlicher Stoffe, Mengenbeschränkung, Kapselung, Separierung etc.).
- Einbau von Brandmeldeanlagen zur frühzeitigen Erkennung von Entstehungsbränden.
- Einbau von halbautomatischen oder automatischen Löschanlagen.

6.1.3.7 Standorte von Feuerlöschern

Feuerlöscher müssen an gut sichtbaren und im Brandfall leicht und möglichst schnell zugänglichen Stellen angebracht sein. Sie müssen vor Beschädigungen und Witterungseinflüssen geschützt werden, z. B. durch (Abdeckhauben oder Unterbringung in Schränken. Die Stellen, an denen sich Feuerlöscher befinden, müssen durch das Hinweiszeichen „Feuerlöschgerät" nach ASR A1.3 [6.21] gekennzeichnet sein (Abbildung 6-4).

Der Abstand jedes Punktes der Betriebsstätte zum nächsten Feuerlöscher soll maximal 20 m nicht überschreiten. Bei erhöhter Brandgefährdung und / oder bei unübersichtlichen baulichen Objekten ist die Anzahl der Feuerlöscherstandorte zu erhöhen, um kürzere Eingreifzeiten aufgrund durchschnittlich kürzerer Wege zu erreichen. Es ist i. A. sinnvoll, Feuerlöscher in der Nähe der Ausgänge, an den Kreuzungen betrieblicher Verkehrswege, an ständig besetzten Stellen und / oder in der Nähe der Einzelrisiken eines Gebäudes oder Betriebsgeländes anzubringen.

6.1.4 Inspektion und Wartung von Feuerlöschern

Feuerlöscher können nur wirkungsvoll eingesetzt werden, wenn sie im Ernstfall vorhanden sind und funktionieren. Wenngleich Feuerlöscher vergleichsweise einfach gebaute Geräte sind, sollten sie doch regelmäßig auf Vorhandensein und äußere Beschädigungen überprüft werden, hierzu gibt DIN 14406-4 entsprechende Vorgaben [6.25], [6.26]. Turnusmäßig vorgeschriebene Wartungen (in der Regel alle 2 Jahre) sind von Fachfirmen durchzuführen, näheres hierzu enthalten die mit den Geräten gelieferten Gebrauchsanweisungen.

Seit einigen Jahren sind Feuerlöscher am Markt, deren Instanthaltung auf eine Inspektion (Sichtprüfung) beschränkt ist und deren Hersteller eine 10-jährige Einsatzbereitschaft garantieren, ohne dass Wartungen erforderlich sind.

6.1.5 Löschspraydosen

Wenngleich Anlagentechnischer Brandschutz vorwiegend Anlagen in Betriebsgebäuden aller Art umfasst, gibt es doch einige Anwendungen auch in Wohngebäuden:

- Rauchwarnmelder
  (sind bereits in Punkt 5.14 behandelt worden)
- Löschspraydosen
  sind je nach Ausführung für den privaten häuslichen oder auch für den gewerblichen Bereich vorgesehen
- Sprinkleranlagen für Wohnbereiche
  werden unter Punkt 6.4.13 behandelt.

Löschspraydosen sind keine tragbaren Feuerlöscher, sondern Spraydosen, die ein Löschmittel versprühen (Aerosolpackungen für Feuerlöschzwecke). Daher können sie auch die Ausstattung von Gebäuden mit Feuerlöschern nur bedingt ersetzen; dies gilt insbesondere für den gewerblichen Einsatz (siehe aber Punkt 6.1.3.6 und ASR A2.2 [6.20]). Löschspraydosen haben jedoch den Vorteil, dass auch völlig ungeübte Personen sie intuitiv bedienen und begrenzte Brände unmittelbar in der Entstehungsphase erfolgreich bekämpfen können (vergl. z.B. bei Korhtoldt [6.23] oder in [6.24]). Löschspraydosen fallen unter den Geltungsbereich der europäischen Richtlinie über Aerosolpackungen die auch für Haarspray-, Rasierschaum- oder Farbspraydosen gilt [6.27].

Löschspraydosen, für die die technische Richtlinie E DIN EN 16856 [6.28] vorliegt, sind nicht nachfüllbare Druckgaspackungen, die ein Löschmittel und ein unter Druck stehendes Gas enthalten. Löschspraydosen

- sind je nach Löschmittel für die Brandklassen A, A und B, A und F oder A, B und F geeignet,
- sind nicht geeignet für die Brandklassen C und D,
- enthalten wasserbasierte Löschmittel (Wasser, ggf. mit Additiven, maximal 1 l) oder Löschpulver (maximal 1 kg),

- haben ein Ventil, dass ein kontrollierter Ausstoß des Löschmittels nach maximal 2 Sekunden ermöglicht,
- haben eine Sicherung, die zur Inbetriebnahme entfernt werden muss und danach deutlich erkennen lässt, dass das Gerät benutzt wurde,
- verwenden Luft, Argon, Helium oder Stickstoff als Treibgas,
- dürfen mit einen Innendruck von maximal 15 bar (bei 50 °C) befüllt werden,
- müssen das Löschmittel für mindestens 6 Sekunden ausstoßen,
- müssen eine Wurfweite des Löschmittels von mindestens 2 m erreichen,
- müssen mit der / den Brandklasse(n), für die sie geeignet sind, und einer Warnung hinsichtlich der Brandklassen, für die sie nicht geeignet sind, gekennzeichnet sein,
- müssen so konstruiert sein, dass ein von ggf. unter Spannung stehenden Elektrogeräten (siehe Abbildung 6-6 unten links) über den Löschmittelstrahl und den Bediener zur Erde abgeleiteter Strom nicht größer als 0,5 mA wird.

Abbildung 6-6: Löschspraydosen und beherrschbare Brandobjekte (Fotos: brandschutzes.de; prymos.com; MPA Dresden)

Wenngleich Löschspraydosen keine Feuerlöscher sind, so werden ihr Löschvermögen doch nach den gleichen Kriterien geprüft (Punkt 6.1.3.4). Löschspraydosen werden je nach Anwendungsbereich und erzieltem Löschvermögen an folgenden Brandobjekten geprüft (vergl. auch die Löschmittelmengen und Löschvermögen von Feuerlöschern unter Punkt 6.1.3.4):

- 5A und 8A
- 21B und 34B
- 5F, 15F, 25F, 40F und 75F (5 Liter bis 75 Liter Speiseöl)

Das Mindest-Löschvermögen wird also durch die Prüfbrände 5A, 21B und 5F abgebildet. Ob ungeübte Personen tatsächlich die höheren Löschvermögen der Löschspraydosen ausnutzen können, erscheint zweifelhaft, selbst wenn sie mit der Bedienung einer Spraydose vertraut sind. Realistischer erscheint die mögliche Beherrschung der in Abbildung 6-6 dargestellten Brandobjekte mit Löschspraydosen.

6.1.6 Löschdecken

Löschdecken wurden früher in erster Linie zum Ersticken von Bränden der Kleidung von Personen eingesetzt, da sie ein recht preiswertes Löschgerät sind. Die zu Grunde liegende DIN 14155 wurde jedoch im Jahr 2002 ersatzlos zurückgezogen, da sie nicht mehr dem Stand der Technik entsprach und der Einsatzzweck fragwürdig erschien (und erscheint, s. u.). Seitdem ist eine europäische Norm – DIN EN 1869 [6.29] – entstanden. Sie nennt als Zweck der Löschdecke in das Ablöschen von bestimmten Kleinbränden (in erster Linie von Flüssigkeitsbränden), lässt aber auch Löschdecken zu, die auch für das Löschen von Bränden geeignet sind, die auf die Kleidung von Personen übergegriffen haben. Löschdecken nach DIN EN 1869 sind nur für den einmaligen Gebrauch gedacht. Die Norm regelt:

- die Ausführung
  (Nähte, Handhaltevorrichtungen, selbstverlöschendes Material, Masse),
- die Maße
  (mind. 1 m * 1 m; max. 1,8 m * 1,8 m; 1,2 m * 1,8 m gelten als geeignet zur Löschung brennender Kleidung von Personen),
- die maximale Zeit für die Entnahme aus dem Schutzbehälter bis zur vollständigen Entfaltung (4 Sekunden),
- die Aufbewahrung der Löschdecke in einem Schutzbehälter und dessen Kennzeichnung und
- beschreibt die durchzuführenden Prüfungen des Brandverhaltens beim Löschen brennenden Speiseöls und Heptan.

Da es vorkommen kann, dass Löschdecken auf elektrische Geräte gelegt werden, die einen Körperschluss aufweisen, also Gefahr für den Anwendenden besteht, wird auch der elektrische Widerstand geprüft, er muss an jedem Punkt mindestens 1 MΩ betragen.

Löschdecken werden in (nicht-gewerblichen) Küchen, Laboren, Vortragssälen, Schulen etc. vorgehalten. Nach weitgehend übereinstimmender Meinung aller deutschen Feuerwehren sind aus medizinischen Gründen (Verletzungsmuster betroffener Personen) und wegen der Eigengefährdung jedoch Feuerlöscher (Punkt 6.1.3.4) zum Ablöschen brennender Personen den Löschdecken vorzuziehen.

Untersuchungen der Berufsgenossenschaft Nahrungsmittel und Gastgewerbe (BGN) haben für den gewerblichen und öffentlichen Bereich gezeigt, dass bei Löschversuchen mit einer Löschdecke nach DIN EN 1869 an brennenden größeren Frittiereinrichtungen (also mehr als 3 Liter) eine erhebliche Verbrennungs- und Verletzungsgefahr besteht (Sprenger [6.30], DFV [6.32]). Daher sollten Löschdecken zur Bekämpfung von Speiseöl- und Speisefettbränden im gewerblichen und öffentlichen Bereich nicht verwendet werden. Für die wirksame Bekämpfung von Speiseöl- und Speisefettbränden sind laut dieser BGN-Untersuchung Feuerlöscher für die Brandklasse F besser geeignet (Fettbrandlöscher, Punkt 6.1.3.4). Hinzu kommt, dass nicht wenige auf dem Markt befindliche und DIN EN 1869 konforme Löschdecken in entsprechenden Test nicht die erwartete Leistung erbringen. Die Deutsche Gesetzliche Unfallversicherung e. V. warnt daher in einer Informationsschrift [6.31] ausdrücklich vor der Verwendung – und damit implizit von der Vorhaltung – von Löschdecken als erstem und/oder einzigem Löschgerät.

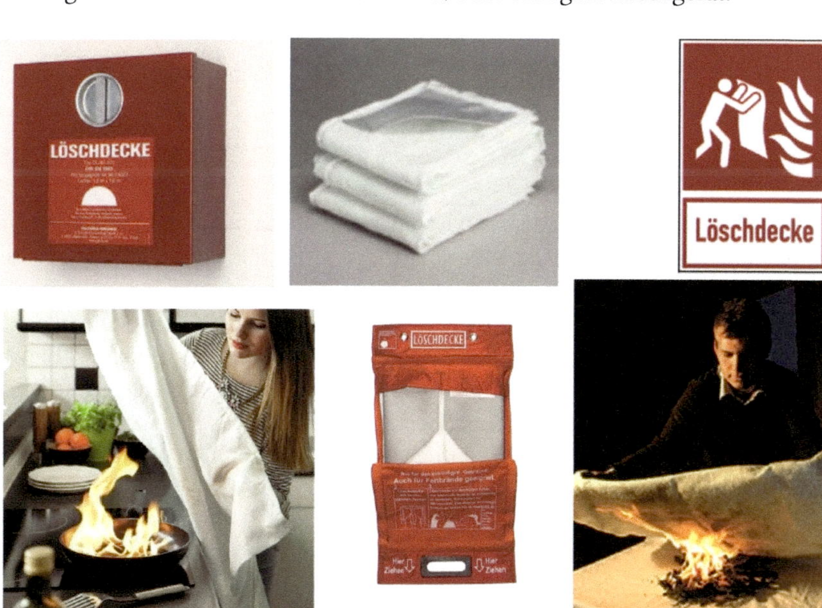

Abbildung 6-7: Löschdecken DIN EN 1869

6.2 Löschanlagen

Löschanlagen werden als Raumschutzanlagen und als Objektschutzanlagen mit auf das vorhandene Risiko angepassten Löschmitteln und Löschtechnik ausgeführt. Die jeweilige Anlagentechnik von Raum- bzw. Objektschutzanlagen unterscheidet sich im Wesentlichen nur hinsichtlich des Löschmittelvorrats, die Branddetektions- und Auslöseeinrichtungen sowie die Löschmittelausbringeeinrichtungen sind i. A. gleich. Nach den eingesetzten Löschmitteln werden zunächst unterschieden:

- Wasser-Löschanlagen
  - Sprinkleranlagen
  - Sprühwasser-Löschanlagen
  - Wassernebel-Löschanlagen
  - Selbsttätige Löschhilfeanlagen
- Schaumlöschanlagen
- Pulver-Löschanlagen
- Gaslöschanlagen
  - Inertgaslöschanlagen
  - Gaslöschanlagen mit halogenisierten Kohlenwasserstoffen
  - CO_2-Löschanlagen
- Aerosollöschanlagen
- Mehrstoff-Löschanlagen

Raumschutz umfasst hier den Schutz ausgedehnterer baulicher Anlagen, die nicht immer Räume oder Gebäude sein müssen. Beispiele hierfür sind Sprühflutanlagen für den Schutz von Großtransformatoren, Schaumlöschanlagen für Tanklager, Monitorlöschanlagen für Kaianlagen u. a. m. Raumschutzanlagen werden überwiegend als ortsfeste Anlagen erstellt, nur wenn die zuständige Feuerwehr zeit- und risikogerecht eingreifen kann (vergl. Punkt 2.3.5), sind auch teilbewegliche Löschanlagen ausreichend (Punkt 6.2.2).

Einige spezielle Löschanlagen werden ausschließlich als Objektschutzanlagen (Geräte- und Maschinenschutz) eingesetzt. Die wichtigsten sind:

- Kleinlöschanlagen für IT-Einrichtungen
- Fettbrandlöschanlagen in Großküchen
- Funkenlöschanlagen
- Explosions- und Flammenunterdrückungsanlagen
- Einrichtungen zur explosionstechnischen Entkopplung

6.2.1 Ortsfeste Löschanlagen

Ortsfeste Löschanlagen sind in baulichen Anlagen, Fahrzeugen oder Maschinen fest installierte automatisch wirkende Brandbekämpfungseinrichtungen, die – ausgelöst durch Brandfolgeerscheinungen wie Rauch oder Wärme – ihr Löschmittel weitgehend ohne aktive Beteiligung von Personen freisetzen. Sie werden eingesetzt, um einen Brand auf den Entstehungsbereich einzugrenzen, wenn infolge großer Brandabschnitte oder komplexer Gebäudegeometrie ein rechtzeitiges Eingreifen der Feuerwehr fraglich und / oder wenn mit einer sehr schnellen Brandausbreitung zu rechnen ist. Ein vollständiges Ablöschen des Brandes wird von Löschanlagen in der Regel nicht erzielt. Die automatische Alarmierung der Feuerwehr ist daher obligatorisch. Eine schematisierte Darstellung der Wirkungsweise von automatischen Löschanlagen zeigt Abbildung 6-8 am Beispiel einer Wasserlöschanlage. Es wird deutlich, dass eine ordnungsgemäß arbeitende Löschanlage die insgesamt durch einen Brand freigesetzte Energie erheblich reduziert.

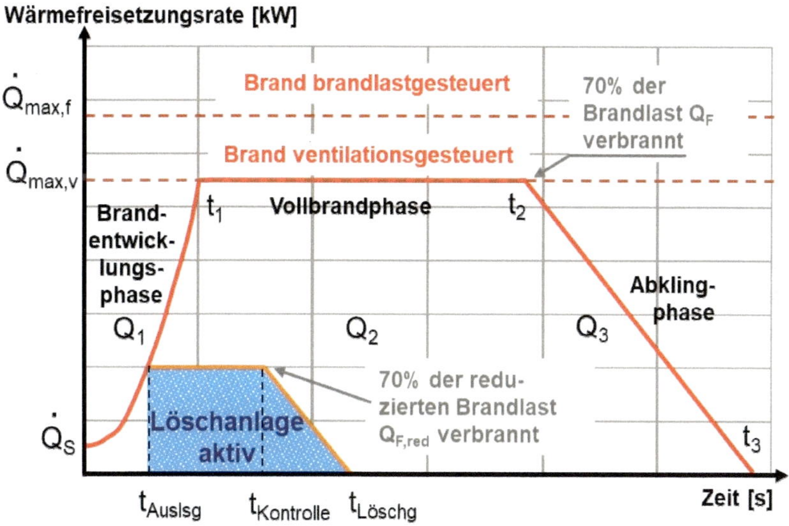

Abbildung 6-8: Wirkungsweise automatischer Löschanlagen (nach einer Vorlage aus [6.45])

Im Folgenden werden vorrangig Raumschutzanlagen ausführlicher behandelt, da Objektschutzanlagen in aller Regel sehr speziell auf die zu schützende Einrichtung abgestimmt sein müssen. Der Schwerpunkt der technischen Erörterung wird dabei auf Sprinkleranlagen gelegt.

6.2.2 Teilbewegliche Löschanlagen

Sprühwasser-Löschanlagen und Schaumlöschanlagen werden gelegentlich auch als teilbewegliche Feuerlöschanlagen (früher halbstationäre Löschanlagen genannt) ausgeführt. Diese Anlagen sind in DIN 14011 wie folgt definiert:

> *„Die teilbewegliche Löschanlage ist eine nicht in allen Teilen ortsfest installierte Anlage, die durch die Zuführung des Löschmittels und ggf. durch Zuschalten geeigneter Geräte betriebsbereit wird."*

Diese Systeme sind hinsichtlich der Löschmittelverteileinrichtung (Rohrnetz und Löschmittel-Ausbringevorrichtungen) mit ortsfesten Anlagen identisch. Im Einsatzfall muss die Feuerwehr das Löschmittel von außen aus geschützten Bereichen in die Anlage unter dem erforderlichen Druck einbringen und damit den Löschvorgang einleiten.

Das durch teilbewegliche Löschanlagen erreichte Sicherheitsniveau ist daher wesentlich abhängig von der Leistungsfähigkeit und der Eingreifzeit der Feuerwehr. Sie können aus diesem Grund nur im Rahmen eines Gesamt-Brandschutzkonzeptes angewendet werden (siehe hierzu [6.34]). Daher trifft man teilbewegliche Löschanlagen hauptsächlich in Betrieben mit Werkfeuerwehr an (Punkt 2.3.5). In der DIN 18230-1 „Baulicher Brandschutz im Industriebau" [6.35] – und damit in der Industriebaurichtlinie [6.36] – wird das Vorhandensein teilbeweglicher Löscheinrichtungen mit einem zusätzlichen Abminderungsfaktor L berücksichtigt. Einige wichtige Voraussetzungen für die Möglichkeit des Einsatzes teilbeweglicher Löschanlagen diskutiert Böke in [6.37], Regelungen für teilbewegliche Sprühwasser-Löschanlagen enthält die Richtlinie VdS 2395-1 [6.38].

6.2.3 Wirksamkeit und Zuverlässigkeit von Löschanlagen

Löschanlagen werden vorwiegend in Gebäuden mit hohem Gefahrenpotential und hoher Wertekonzentration eingesetzt. Das Schadenspotential ist also deutlich höher als in Wohngebäuden. Des Weiteren werden Löschanlagen durch die Hersteller und die Versicherungswirtschaft sehr detailliert auf die jeweiligen Schutzziele ausgelegt. Welche technischen Regeln dabei angewendet wurden, ist in der Regel nicht bekannt. Daher können die unten aus der vfdb Brandschadenstatistik abgeleiteten Aussagen zur Wirksamkeit von Löschanlagen derzeit (2021) nur die positive Tendenz aufzeigen [6.33]. Für Sprinkleranlagen liegen detaillierte Auswertungen der Versicherungswirtschaft vor [6.39]. In etwas abgeschwächtem Umfang gilt dies auch für CO_2-Löschanlagen [6.40].

Bei Bränden, die durch Löschanlagen kontrolliert wurden, war der Sachschaden in keinem Fall höher als 100 000 € und der Brand hat sich in keinem Fall auf den gesamten betroffenen Brandabschnitt ausgedehnt. Bei Gebäuden ohne Löschanlagen waren dagegen in 80 % der Fälle der gesamte oder sogar mehrere Brandabschnitte betroffen. In 88 % der Brände waren über den Einsatz der Löschanlage hinaus nicht mehr als 500 l Löschwasser zur vollständigen Löschung erforderlich.

Die Zuverlässigkeit von regelgerecht ausgelegten und gewarteten Löschanlagen ist hoch. Für Sprinkleranlagen ergibt sich eine Erfolgsquote von mehr als 96 % und eine Versagenswahrscheinlichkeit im Anforderungsfall von 2 % (siehe auch Punkte 6.3.1 und 6.3.2). Kohlendioxidlöschanlagen erreichen ebenfalls solche Erfolgsquoten, über die Versagenswahrscheinlichkeit liegen keine Daten vor.

6.3 Sprinkleranlagen

Sprinkleranlagen sind automatische Löschanlagen, die bei Wärmebeaufschlagung der Auslöseelemente über Sprühköpfe – Sprinkler – das Löschmittel Wasser selbständig abgeben. Sie dienen zur Eingrenzung der Brände in den überwachten Bereichen und tragen so zur Schadensminimierung bei. Die ersten Sprinkleranlagen wurden bereits 1879 in den USA entwickelt, im Jahre 1890 erhielt der Vorläufer der heutigen Firma Total Walter ein erstes Patent auf Sprinkler. Weltweit sind Sprinkleranlagen die am häufigsten eingebauten automatischen Löschanlagen.

6.3.1 Sprinkleranlagen - erfolgreiche Löschanlagen

Die hohe Zuverlässigkeit der Sprinkleranlagen führt dazu, dass die Versicherer in Deutschland (im Prinzip jedoch weltweit) bei Risiken, die nach den von ihnen vorgegebenen Regelwerken mit Sprinkleranlagen ausgerüstet sind, bis 60 % Prämienrabatt auf Feuerversicherungen für Gebäude, Gebäudeinhalt und Betriebsunterbrechung gewähren. Dabei räumen die Versicherer nur dann diese Prämien ein, wenn die Anlage durch vom Verband der Sachversicherer zertifizierte Errichter gebaut und durch zertifizierte Prüfstellen regelmäßig überprüft und gewartet wird.

Sprinkleranlagen sollen Entstehungsbrände frühzeitig bekämpfen und die Brände auf ihren Entstehungsbereich begrenzen. Mit sehr hoher statistischer Wahrscheinlichkeit werden diese Schutzziele durch sachgemäß ausgeführte Sprinkleranlagen erreicht: Auf der Grundlage von über 100 000 weltweit erfolgreichen Einsätzen wird eine Erfolgsquote von 96 % bis 98 % je nach Land bestätigt. Dabei gelingt es im langjährigen Mittel den Sprinkleranlagen, ein Schadensfeuer in etwa 63 % der Einsatzfälle mit nur ein bis zwei geöffneten

Sprinkler und in etwa 76 % der Fälle mit bis zu fünf geöffneten Sprinklern zu kontrollieren [6.39] und [6.40].

Die Wirkung von Sprinkleranlagen kann nach Flemming [6.41] gemäß Gleichung 6-1 berechnet werden (zu den Grenzen der Anwendung siehe dort).

Gleichung 6-1: $Q'(t) = Q'(t_{Ausl}) * \exp[(t - t_{Ausl}) / 3{,}0 * w^{-1{,}85}]$

mit:			
Q'	=	Wärmefreisetzungsrate unter Sprinklerschutz	[kW / m²]
t	=	Zeit seit Brandbeginn $t > t_{Ausl}$	[s]
t_{Ausl}	=	Auslösezeitpunkt des ersten Sprinklers nach Brandbeginn	[s]
$Q'(t_{Ausl})$	=	Wärmefreisetzungsrate zum Auslösezeitpunkt des ersten Sprinklers	[kW / m²]
w	=	Wasserbeaufschlagung ($w \geq 0{,}7$ mm / s)	[mm / s]

Abbildung 6-9 zeigt die Auswertung dieser Gleichung für eine Wärmefreisetzung $Q'(t_{Ausl})$ = 500 kW / m². Man erkennt, dass bei Wasserbeaufschlagungen größer 10 l/m² min der Brand innerhalb von ca. 5 Minuten vollständig kontrolliert werden kann.

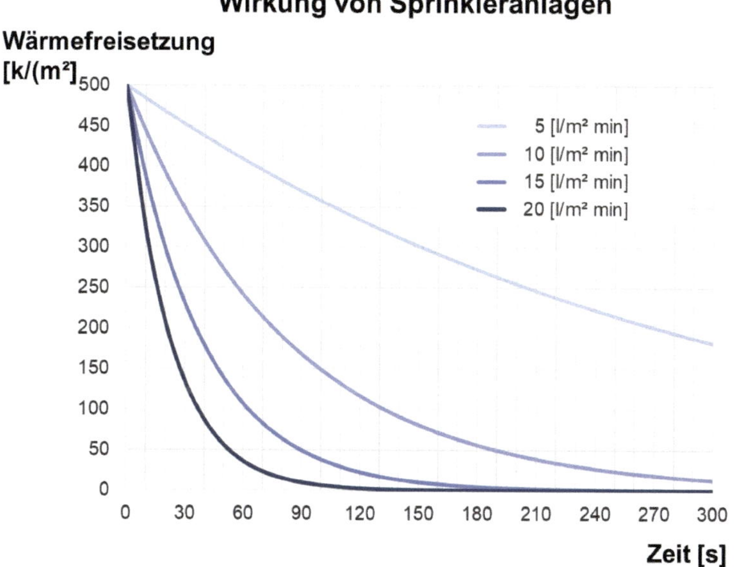

Abbildung 6-9: Wirkung von Sprinkleranlagen auf die Wärmefreisetzungsrate von Bränden in Abhängigkeit von der Wasserbeaufschlagung und der Löschzeit (nach [6.41])

6.3.2 Versagen von Sprinkleranlagen

In verschiedenen Fällen haben in der Vergangenheit Sprinkleranlagen nicht den gewünschte Löscherfolg erzielt (siehe z. B. bei Karlsch [6.41], sowie [6.43] und [6.44]). Die wichtigsten Gründe hierfür waren:

- unterbliebene Anpassung der Löschanlage an neue, intensive brennende Stoffe,
- zu hohe, zu dichte oder wasserundurchlässige Stapelung von Lagergütern, daher ungenügende Löschwirkung,
- Explosion oder Verpuffung, dadurch Zerstörung der Löschanlage,
- Überlaufen der Sprinkleranlage oberhalb oder unterhalb des Daches durch sehr schnell und großflächige Brandausbreitung aufgrund brennbarer Baustoffe und Bauteile,
- Unterlaufen der Sprinkleranlage durch sehr schnelle und großflächige Brandausbreitung aufgrund sehr hoher Brandausbreitungsgeschwindigkeit bei Lagergütern,

- Brandstiftung mit oder ohne Manipulation der Anlage,
- Fehler bei der Installation und Wartung,
- zu frühes Abschalten der ausgelösten Löschanlage von Hand.

Insgesamt wird die Versagenswahrscheinlichkeit von Sprinkleranlagen nach den Erfahrungen der Versicherungswirtschaft konservativ mit nur ca. 2 % pro Anforderung angegeben [6.45]. Die Wahrscheinlichkeit für Fehlfunktionen bei Bränden liegt damit im Bereich von ca. $3 * 10^{-5}$.

6.3.3 Sprinklerschutz und baulicher Brandschutz

Durch den Einbau von Sprinkleranlagen werden bestimmte Baumaßnahmen erst möglich. So bestimmen die Sonderbauordnungen für Garagen, Versammlungsstätten und Verkaufsstätten, dass zur Umsetzung bestimmter baulicher Absichten der Einbau von Sprinkleranlagen vorgeschrieben ist.

Rechtsgrundlage	ohne Sprinklerschutz	mit Sprinklerschutz
Muster Verkaufsstättenverordnung MVKVO [6.45]	Brandabschnittsfläche erdgeschossiger Verkaufsstätten 5 000 m^2	Brandabschnittsfläche erdgeschossiger Verkaufsstätten 10 000 m^2
	Maximal 3 Geschosse mit nicht mehr als 3 000 m^2 Verkaufsfläche	keine Stockwerksbegrenzung
	Decke F 30 in erdgeschossigen Verkaufsstätten	keine Anforderungen
	Dachtragwerk in erdgeschossigen Verkaufsstätten feuerbeständig	keine Anforderungen
	Rettungsweglänge max. 35 m	Rettungswegweglänge max. 70 m
Industriebau-Richtlinie MIndBauR [6.36]	Rettungsweglänge max. 30 m (bis 50 m, wenn Raumhöhe > 5 m)	Rettungswegweglänge max. 50 m (bis 70 m, wenn Raumhöhe > 5 m)
	Rauchabzüge wenn Brandbekämpfungsabschnitte > 20 000 m"	Rauchabzüge wenn Brandbekämpfungsabschnitte > 30 000 m"
	Brandbekämpfungsabschnitte (ein oder mehrgeschossig) gemäß Anlage 4	Brandbekämpfungsabschnitte (ein oder mehrgeschossig) gemäß Anlage 4 x 3, soweit <= 30 000 m^2
Muster-Versammlungsstättenverordnung MVStättVO [6.47]	nur unterhalb der Hochhausgrenze (22 m) möglich	keine Höhenbeschränkung
	Gesamtfläche beschränkt auf 3600 m^2	keine Flächenbegrenzung

Tabelle 6-9: Bauliche Erleichterungen durch Sprinkleranlagen (Beispiele

Andererseits können Sprinkleranlagen als Kompensation für beabsichtigte Abweichungen vom bestehenden Baurecht eingesetzt werden, um bestehende brandschutztechnische Bedenken gegen die beabsichtigte Erleichterung zu kompensieren (Tabelle 6-9).

6.3.4 Technische Regeln für Sprinkleranlagen

Einige der derzeit (2021) vorhandenen technischen Regelungen für Sprinkleranlagen sind Tabelle 6-10 zu entnehmen. Für die anforderungsgerechte Ausführung von Sprinkleranlagen ist die Norm DIN EN 12845 heranzuziehen. Da nach DIN EN 12845 Sprinkleranlagen gebaut werden können, die den Europäischen Regeln entsprechen, jedoch den bisher in Deutschland für Sprinkleranlagen üblichen Sicherheitsstandard nicht erreichen, wurde eine so genannte Restnorm, die DIN 14489, entwickelt [6.48]. Diese Norm beschreibt die zusätzlichen Anwendungsbedingungen, denen Sprinkleranlagen nach EN 12845 in Deutschland unterliegen.

Bezeichnung	Titel	Stand
DIN EN 12845	Automatische Sprinkleranlagen Planung und Installation	2020-11
DIN 14489	Sprinkleranlagen – Allgemeine Grundlagen – Anforderungen für die Anwendung von Sprinkleranlagen nach DIN EN 12845	2011-06
DIN EN 12259-1 und Berichtigung 1	Ortsfeste Löschanlagen: Bauteile für Sprinkler- und Sprühwasserlöschanlagen – Teil 1: Sprinkler	2006-03 + 2007-01
DIN EN 12259-2 und Berichtigung 1 und Änderung A2	Ortsfeste Löschanlagen: Bauteile für Sprinkler- und Sprühwasserlöschanlagen – Teil 2: Nassalarmventilstationen	2001-08 2002-11 2006-02
DIN EN 12259-3 und Berichtigung 1 und Änderung A2	Ortsfeste Löschanlagen: Bauteile für Sprinkler- und Sprühwasserlöschanlagen – Teil 3: Trockenalarmventilstationen	2001-08 2008-06 2006-02
DIN EN 12259-5	Ortsfeste Löschanlagen: Bauteile für Sprinkler- und Sprühwasserlöschanlagen – Teil 5: Strömungsmelder	2002-12
E DIN EN 12259-12	Ortsfeste Löschanlagen: Bauteile für Sprinkler- und Sprühwasserlöschanlagen – Teil 12: Sprinklerpumpen	2017-05
VdS CEA 4001	Richtlinie für Sprinkleranlagen Planung und Einbau	2021-01
DIN EN 16925	Ortsfeste Löschanlagen: Automatische Sprinkleranlagen für Wohnbereiche	2019-03

Tabelle 6-10: Einige Technische Regeln für Sprinkleranlagen

In Deutschland künftig zu errichtenden Sprinkleranlagen werden sowohl DIN EN 12845 als auch DIN 14489 genügen müssen. Daher beziehen sich die folgenden Ausführungen im Wesentlichen auf diese Bemessungsnormen. Auf Abweichungen zwischen diesen Normen, die im Kontext der hier dargestellten Anforderungen bedeutsam sein könnten, wird hingewiesen. Sofern entscheidende Abweichungen zu anderen Regelungen bestehen, wird darauf ebenfalls hingewiesen. DIN 14489 weist in der Einleitung darauf hin, dass Normen nur allgemeingültige, rein technische Regeln enthalten. Sie können daher nicht diejenigen Anforderungen enthalten, die sich für eine bestimmte Sprinkleranlage auf Grund besonderer örtlicher Verhältnisse oder der zu schützenden Risiken abweichend ergeben. Diese müssen auf Grund der Fachkunde der planenden und errichtenden Personen bzw. Institutionen festgelegt werden, um das erforderliche hohe Maß an Sicherheit zu erreichen.

Die europäische Versicherungswirtschaft hat mit der Richtlinie VdS CEA 4001 [6.50] eigene Regeln für die Bemessung von Sprinkleranlagen herausgegeben. Diese umfassen die technischen Regeln der DIN EN 12845 und der DIN 14489 und berücksichtigen daher auch die Anforderungen zur Wasserversorgung aus dem öffentlichen Trinkwassernetz aus DIN 2000 [6.2], DIN 1988-600 [6.3] und DIN EN 1717 [6.53]. Daneben regelt die Richtlinie VdS CEA 4001 auch Bereiche zu denen die Normen DIN EN 12845 und DIN 14489 keine Bestimmungen enthalten und gehen insofern über die Normen hinaus, da dies zur Aufrechterhaltung des bisherigen hohen Sicherheitsstandards von Sprinkleranlagen für erforderlich gehalten wird. Da die dortigen Regelungen jedoch von versicherungsrechtlicher Bedeutung sind, müssen sie ergänzend zu den Normen angewandt werden, um Prämienrabatte für den Betreiber zu erhalten. Weitere Informationen zu Gemeinsamkeiten und Unterschieden von DIN EN 12845 und VdS CEA 4001 findet man bei Böke [6.52] und im Positionspapier des bvfa [6.54].

Die Normenreihe DIN EN 12259 enthält Regeln für die Bauteile von Sprinkleranlagen (Produktnormen).

6.3.5 Aufbau und Funktionsweise von Sprinkleranlagen

Den Aufbau von Sprinkleranlagen zeigt schematisch Abbildung 6-10; einige Eindrücke möglicher technischer Umsetzung enthalten Abbildung 6-11, Abbildung 6-12 und Abbildung 6-19.

Sprinkleranlagen bestehen danach im Wesentlichen aus:

- *Sprinklern* – zum Versprühen des Löschwassers
- *Verteilerrohren* – zur Versorgung der Sprinklerköpfe
- *Alarmventilstationen* – zur Freigabe des Löschwasserstromes
- *Druckluft-Wasserbehälter*
- *Sprinklerpumpe* mit Motor
- *Energieversorgung*
- *Löschwasser-Zwischenbehälter*
- *Nachspeiseeinrichtung für Löschwasser* (i. d. R. über Zwischenbehälter)

Bei entsprechender Temperaturbeaufschlagung öffnen nur die betroffenen Sprinklerköpfe und verteilen Löschwasser auf den Brandherd. Sprinkler über nicht vom Brand betroffenen Flächen bleiben verschlossen, dadurch wird der Löschwasserschaden so gering wie möglich gehalten.

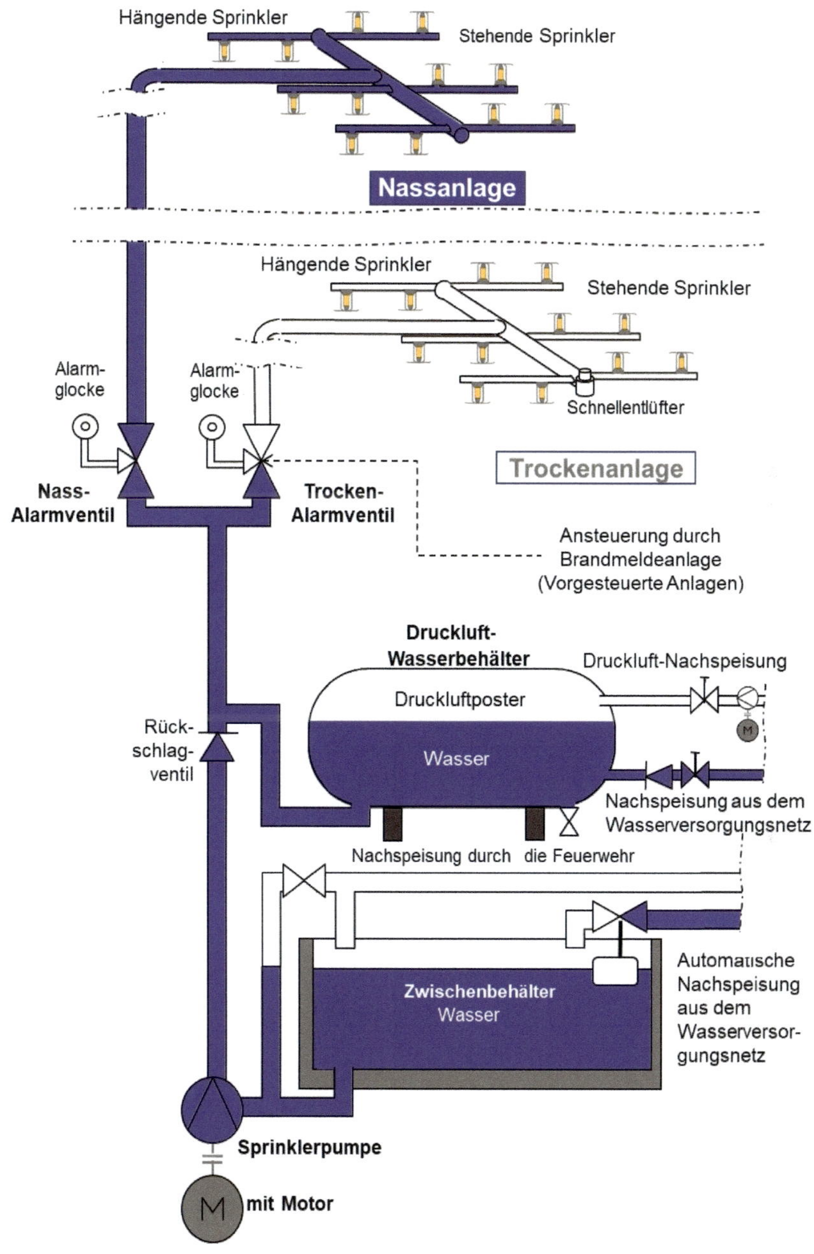

Abbildung 6-10: Aufbau von Sprinkleranlagen – Schema

Das Alarmventil wird – angesteuert durch den Druckabfall im Rohrnetzsystem – geöffnet. Löschwasser wird zunächst aus einem unter Druck stehenden Vorratsbehälter und dann über die Sprinklerpumpe(n) nachgefördert. Das Öffnen des Alarmventiles wird durch eine angeschlossene Brandmeldeanlage (vergl. Kapitel 5) als Feueralarm detektiert. Der Wasservorrat im Zwischenbehälter wird über automatische Nachspeiseeinrichtungen (ggf. zusätzlich durch Einspeiseeinrichtungen für die Feuerwehr) ergänzt, so dass für die Betriebszeit der Löschanlage ausreichend Löschwasser zur Verfügung steht.

Die Wirksamkeit von Sprinkleranlagen beruht auf den folgenden Effekten:

- Wärmeentzug aus dem Brandbereich (im Wesentlichen aus dem Brandgut) durch schnelle Verdampfung der Wassertropfen, d. h. hohe Kühlleistung,
- Einschränkung der Zünd- und Brennfähigkeit noch nicht vom Brand betroffener Materialien durch Vornässung,
- sehr schneller Einsatz der Brandbekämpfung,
- Begrenzung von Bränden auf ihren Entstehungsherd,
- Kühlung benetzter Konstruktionselemente des Gebäudes,
- teilweise Bindung / Niederschlagung von Brandgasen,
- (teilweise Inertisierung durch Verdrängung des Luftsauerstoffes durch Wasserdampf).

Abbildung 6-11: Rohrnetz mit Sprinklern (Punkte 6.3.7.6; 6.3.7.7 und 6.3.7.9; Foto oben links: Salzgitter Mannesmann Stahlhandel); Sprinklerpumpen und Zwischenbehälter (Punkte 6.3.7.4.4 und 6.3.7.4.7; Foto unten links: Vogler), Alarmventilstationen (Punkt 6.3.7.3.1; Foto unten rechts: Calanbau Brandschutzanlagen GmbH),

6.3.6 Umfang des Sprinklerschutzes

Grundsätzlich sind aus Sicht der Brandschutzbehörden alle Bereiche eines Gebäudes und alle direkt angrenzenden Gebäude durch Sprinkler zu schützen. DIN EN 12845 [6.48] fordert, die Abtrennung zwischen gesprinklerten und ungesprinklerten Bereichen mindestens in REI 60 auszuführen. Nach DIN 14489 [6.49] müssen angrenzende ungesprinklerte Bereiche durch Wände abgetrennt werden, deren brandschutztechnische Anforderungen im Brandschutzkonzept, in den Bauauflagen der Baugenehmigungsbehörde oder in den Bauordnungen festgelegt sind (dies bedeutet für Deutschland in der Regel REI 90), während VdS CEA 4001 [6.50] sogar von Brandwand- oder Komplextrennwandqualität ausgeht. Alle vorhandenen Öffnungen zwischen gesprinklerten und ungesprinklerten Bereichen sind mindestens feuerhemmend und selbstschließend auszuführen.

Zusätzlicher Sprinklerschutz ist in folgenden Fällen in der Regel erforderlich:

- tragende Stahlkonstruktionen (siehe auch Punkt 8.2.2)
- Räume / Anlagen mit besonderer Brandgefahr (z. B. Farbspritzkabinen, Trockenöfen, Härtekammern)
- Zwischendecken und Zwischenböden, die höher sind als 0,8 m
- Zwischendecken und Zwischenböden mit Höhen unter 0,8 m, wenn infolge vorhandener brennbarer Baustoffe eine Brandausbreitung nicht ausgeschlossen werden kann

Anmerkung: In Zwischendecken und Zwischenböden, die niedriger sind als 0,8 m und nur geringe Brandlasten enthalten (zulässig sind bis zu 15 Elektrokabel bis 250 V einphasig je Kabeltrasse; VdS CEA 4001 fordert weniger als 12,6 MJ / m^2), kann i. d. R davon ausgegangen werden, dass eine Sprinklerung nicht erforderlich ist

Ausnahmen vom Sprinklerschutz sind in den folgenden Fällen *erforderlich:*

- Silos oder andere Behälter mit quellfähigem Inhalt
- Bereiche von Industrieöfen oder Industriefeuerungsanlagen, Salzbädern, Metallschmelzpfannen etc., wenn durch das Löschwasser eine Gefahrenerhöhung eintritt
- Bereiche / Räume in denen das Löschwasser eine Gefahr darstellen könnte (siehe Punkt 14.3.1)

Ausnahmen vom Sprinklerschutz sind in den folgenden Fällen *zulässig:*

- Waschräume und Toilettenräume, die mit nichtbrennbaren Baustoffen abgetrennt sind und in denen keine brennbaren Materialien gelagert werden (keine Anforderung an die Türen)
- Treppenräume, die mindestens REI 90 abgetrennt sind (d.h. in Deutschland alle Treppenräume in Gebäuden mittlerer Höhe)
- Feuerbeständige Schächte, die eigene Brandabschnitte bilden (z.B. Aufzugsschächte, Installationsschächte)
- Räume, mit anderen automatische Löschanlagen
- Zwischendecken- und Zwischenbodenbereiche ≤ 0,8 m (siehe Anmerkung und [6.50])
- Technische Betriebsräume ≤ 150 m², die REI 90 / EI 30 C2 (frühere Bezeichnung: F 90 / T 30) abgetrennt sind (VdS CEA), z.B. Lüftungszentralen, Heizungs-, Kältemaschinen-, Aufzugsmaschinenräume
- Elektrische Betriebsräume ≤ 60 m², REI 90 / EI 30 C2 (VdS CEA)
- EDV-Räume ≤ 10 m², REI 90 / EI 30 C2 ohne sonstige Brandlasten (VdS CEA)
- Kühlräume mit Temperaturen unter 0 °C bis 60 m², die REI 90 / EI 30 C2 abgetrennt sind (VdS CEA)
- Büroräume und Wohnungen ≤ 150 m²,die REI 90 / EI 30 C2 abgetrennt sind (VdS CEA)
- wassernasse Produktionsbereiche (z.B. die Nasspartien von Papiermaschinen
- Rampen und Vordächer aus nichtbrennbaren Baustoffen (sofern nicht dort gelagerte / abgestellte Güter eine Brandgefahr darstellen)

6.3.7 Bemessung von Sprinkleranlagen

Sprinkleranlagen müssen genau auf die Anforderungen des Schutzobjektes abgestimmt sein, um das erwarteten Schutzniveau (und die Rabattierung der Sachversicherer) sicherzustellen. Nur wenn die in DIN EN 12845, DIN 14489 und VdS CEA 4001 enthaltenen detaillierten Bemessungsregeln eingehalten werden, ist davon auszugehen, dass die in Punkt 6.3.1 angesprochene hohe Wirksamkeit von Sprinkleranlagen in der Praxis tatsächlich erreicht wird. Sprinkleranlagen sind daher grundsätzlich vollständig hydraulisch zu berechnen, d.h. die Volumenströme und Drucke sind für alle relevanten Anlagenpunkte zu ermitteln und aufeinander abzustimmen. Lediglich für kleinere Risiken erlaubt DIN EN 12845 die Anwendung bestimmter vorberechneter Werte (Brandgefahrenklasse LH und OH, siehe Punkt 6.3.7.1 und Punkt 6.3.7.4). Das Rohrnetz von Sprinkleranlagen muss immer vollständig hydraulisch berechnet werden (Punkt 6.3.7.9).

Die Norm DIN EN 12845 geht davon aus, dass es für Produktionsrisiken (Punkt 6.3.7.1.1) ausreichend ist, aus der Art der Produktion und damit der verwendeten Stoffe die erfahrungsgemäß zu erwartende Brandbelastung abzuleiten und daraus die erforderliche Löschmittelrate zu bestimmen. Für Lagerisiken ist ein aufwändigeres Verfahren zur Ermittlung der Brandbelastung erforderlich, da weitere Faktoren entscheidend auf den Brandablauf und damit auf die erforderliche Löschmittelrate einwirken (Punkt 6.3.7.1.2 ff.).

Die Bemessung einer Sprinkleranlage erfolgt zweckmäßig in folgenden Schritten:

1. Festlegung der Brandgefahrenklasse
2. Festlegung von Wirkfläche und Wasserbeaufschlagung
3. Festlegung der Art der Anlage
4. Dimensionierung der Wasserversorgung
   - erforderlicher Volumenstrom,
   - Mindestwirkzeit und Betriebszeit,
   - Art der Wasserversorgung
   - Zwischenbehälter,
   - erforderlicher Druck
5. Auswahl der Pumpen
6. Auslegung der Energieversorgung
7. Auswahl der Sprinklerköpfe
   - maximale Schutzfläche je Sprinkler,
   - Reaktionsgeschwindigkeit
   - Sprinklertyp (Sprühbild)
8. Anordnung der Sprinkler
9. Dimensionierung des Rohrnetzes

Hinweis: Die im Folgenden dargelegten Regelungen decken die wichtigsten Anforderungen ab, sie sind jedoch *nicht* ausreichend um im Einzelfall die genaue Berechnung nach Norm zu ersetzen!

Abbildung 6-12: Druckluftwasserbehälter mit Wassernachspeisepumpe und Kompressor (Foto: Calanbau Brandschutzanlagen GmbH)

6.3.7.1 Festlegung der Brandgefahrenklasse

Die Nutzungen von Gebäuden werden nach DIN EN 12845 [6.48] zur Risikokategorisierung in Brandgefahrenklassen H (Hazard) eingeteilt. Die Brandgefahr wird nach der Betriebsart oder nach Art, Verpackung und Konfiguration von Lagergut festgelegt. Die Tabelle 6-11 enthält die Definitionen und Randbedingungen.

<table>
<tr><th colspan="5">Brandgefahrenklassen H (Hazard) nach DIN 12845, DIN 14489 und VdS CEA 4001</th></tr>
<tr><td>LH</td><td colspan="4">Light Hazard – Geringe Brandgefahr
Nicht industrielle Nutzungen mit geringer Brandbelastung und Brennbarkeit, deren einzelne, durch feuerhemmende Wände abgetrennten Flächen nicht größer als 126 m^2 sind.</td></tr>
<tr><td rowspan="6">OH</td><td colspan="4">Ordinary Hazard – Mittlere Brandgefahr
Handels- und industrielle Nutzungen bei Verarbeitung und Herstellung von Materialien mit mittlerer Brennbarkeit und Brandbelastung.
Unterteilt in OH1 bis OH4.
Lagerung möglich[1)], wenn Auslegung mindestens nach OH3 bzw. nach OH4 erfolgt und die folgenden Grenzstapelhöhen eingehalten sind:</td></tr>
<tr><td>Lagerkategorie</td><td>Freist. oder Kompaktlager</td><td>alle anderen Fälle [2]</td><td>Lagerblöcke <= 50 m, Freistreifen 2,4 m</td></tr>
<tr><td>I</td><td>4,0 m</td><td>3,5 m</td><td>(VdS CEA: 216 m^2 incl. Freistreifen 2 m)</td></tr>
<tr><td>II</td><td>3,0 m</td><td>2,6 m</td><td></td></tr>
<tr><td>III</td><td>2,1 m</td><td>1,7 m</td><td></td></tr>
<tr><td>IV</td><td>1,2 m</td><td>1,2 m</td><td>(Sprühwasser-Löschanlage sinnvoll)</td></tr>
<tr><td rowspan="6">HHP</td><td colspan="4">High Hazard Production – Hohe Brandgefahr, Produktionsrisiken
Nutzungen zur Verarbeitung und Herstellung von Material hoher Brennbarkeit und Brandbelastung.
Unterteilt in HHP1 bis HHP4. (für HHP4 sind Sprühwasser-Löschanlagen sinnvoll)
Lagerung[1)] möglich bei Nichtüberschreitung der Grenzstapelhöhen.</td></tr>
<tr><td>Lagerkategorie</td><td>Freist. oder Kompaktlager</td><td>alle anderen Fälle</td><td></td></tr>
<tr><td>I</td><td>4,0 m</td><td>3,5 m</td><td></td></tr>
<tr><td>II</td><td>3,0 m</td><td>2,6 m</td><td></td></tr>
<tr><td>III</td><td>2,1 m</td><td>1,7 m</td><td></td></tr>
<tr><td>IV</td><td>1,2 m</td><td>1,2 m</td><td>(Sprühwasser-Löschanlage sinnvoll)</td></tr>
<tr><td>HHS</td><td colspan="4">High Hazard Storage – Hohe Brandgefahr, Lagerrisiken
Lagergut bei Überschreiten der Grenzstapelhöhen, die für OH und HHP genannt sind.
Unterteilt in HHS 1 bis HHS 4 mit zugehörigen Lagerrisiken Kategorien I bis IV.</td></tr>
<tr><td colspan="5">1) Lagerung liegt vor, wenn auf einer zusammenhängenden Fläche von mehr als 2 m^2 und / oder in einer Höhe von mehr als 1,2 m gelagert wird (DIN 14489).</td></tr>
</table>

Tabelle 6-11: Brandgefahrenklassen H nach DIN EN 12845, DIN 14489 und VdS CEA 4001

6.3.7.1.1 Brandgefahrenklassen in Produktionsbereichen

In DIN EN 12845 erfolgt die Zuordnung von Produktionsbetrieben zu Brandgefahrenklassen H nach der Nutzung / Produktion mit Hilfe von Tabellen, die nachfolgend inhaltlich (teilweise verkürzt und / oder zusammengefasst) wiedergegeben sind.

Schulen und andere Bildungsstätten (bestimmte Bereiche); Büros (bestimmte Bereiche); Gefängnisse

Tabelle 6-12: Nutzung mit kleiner Brandgefahr LH nach DIN EN 12845

Branche	**Gruppe mittlerer Brandbelastung**			
	OH 1 [1)]	**OH 2** [1)]	**OH 3**	**OH 4**
Glas, Keramik			Glasfabriken	
Chemikalien	Zementwerk	Filmfabrik	Färberei; Seifenfabrik; Fotolabor; Maler- und Lackierbetriebe (wasserbasierte Farben)	
Technische Betriebe	Betrieb für Blechprodukte	Metallverarbeitung	elektrotechnischer Betrieb; Radiozubehörfabrik, Waschmaschinenfabrik; Kfz-Werkstatt	
Lebensmittel und Getränke		Bäckerei; Lebensmittelfabrik, Schlachthof, Molkerei	Tierfutterhersteller; Getreidemühlen; Herstellung von Trockengemüse und -suppen; Zuckerraffinerie	Brennerei
Verschiedenes	Krankenhäuser; Hotels; Bibliotheken (ohne Buchhandlungen); Restaurants; Schulen und Büros (sofern nicht LH)	(physikalische) Labors, Wäscherei, Parkhäuser, Museen	kleine Rundfunkstudios Bahnhöfe technische Betriebsräume von Fabriken, landwirtschaftliche Gebäude	Kino, Theater, Konzerthallen, Tabakhersteller, Film- und TV-Studios
Papier			Buchbindereien; Kartonagenfabrik; Papierfabrik	Altpapierverarbeitung
Geschäfte und Büros	Datenverarbeitung (ohne Bänderlagerung), Büros (sofern nicht LH)		Kaufhäuser, Einkaufszentren	Ausstellungshallen

Tabelle 6-13: Nutzungen mit mittlerer Brandgefahr OH (Beispiele, schematisiert, nach DIN EN 12845 und VdS CEA 4001)

Branche	Gruppe mittlerer Brandbelastung			
Textilien und Bekleidung		Lederwarenfabrik	Teppichfabrik (ohne Gummi und Schaumstoff); Stoff- und Bekleidungsfabriken; Spanplattenfabrik; Schuhwarenfabrik (ohne Plastik und Gummi); Strickwarenfabrik; Bettwarenfabrik; Matratzenfabrik (ohne Schaumstoff); Näherei; Weberei; Woll- und Garnefabriken	Baumwollverarbeitung; Flachs- und Hanfbearbeitung
Holz			Holzverarbeitungsbetrieb; Möbelfabrik und Polsterei (ohne Schaumstoff); Möbelausstellungsräume;	Sägewerk; Sperrholzfabrik
1): Bereiche in OH 1 oder OH 2, in denen Farbe verarbeitet wird oder Bereiche mit ähnlicher Brandbelastung sollten nach OH 3 ausgelegt werden.				

Tabelle 6-13 fortgesetzt: Nutzungen mit mittlerer Brandgefahr OH (Beispiele, schematisiert, nach DIN EN 12845 und VdS CEA 4001)

HHP 1	HHP 2	HHP 3	HHP 4
Bodenbelag- und Linoleumherstellung; Anstrichfarben-, Farben und Lackherstellung, Maler- und Lackierbetriebe (Lösungsmittelfarben); Kunstharz-, Ruß- und Terpentinproduktion; Gummiersatzproduktion; Holzwolleproduktion, Streichholzproduktion; Kühlschrankfabrik; Druckereien; Kabelherstellung, Kunststoffherstellung und -verarbeitung, Kunststoffwaren (außer geschäumtem Kunststoff); Gummiwarenerstellung; Kunstfaserherstellung (außer Acryl); Seilerei; Teppichfabrik (incl. Gummi und Schaumstoff); Schuhwarenfabrik (ohne Plastik und Gummi);	Feuerzeugherstellung; Teeraufbereitung; Busdepots, leere Last- und Eisenbahnwagen; Kerzenwachs- und Parafinherstellung, Papierherstellung (Maschinenhallen); Teppichfabriken (incl. Gummi und Kunststoff), Sägemühlen, Spanplattenherstellung, Anstrich- und Farben und Lackherstellung	Zellulosenitratherstellung, Auto- und Lkw-Reifenherstellung (Vulkanisierbetrieb); Herstellung von M3 Schaumstoffen (Abbildung 6-16), Schaumgummi- und Schaumstoffprodukten (außer M4* siehe Abbildung 6-16Abbildung 6-16);	Herstellung von Feuerwerkskörpern
*) Herstellung von M4-Kunststoffen (Schaumstoffmatrazen, Verpackungen aus geschäumtem Polystyrol, Schaumstoffpolstermöbel etc.) ist gemäß DIN EN 12845 Tabelle B.1 (hier als Tabelle 6-16 wiedergegeben) wie Lager einzustufen			

Tabelle 6-14: Nutzung für Produktionsrisiken mit großer Brandgefahr HHP (Beispiele, schematisiert, nach DIN EN 12845)

Die obigen Tabellen sind auch als Leitfaden für nicht speziell angesprochene Nutzungen anzuwenden. Dabei sind die in Tabelle 6-11 niedergelegten Randbedingungen einzuhalten.

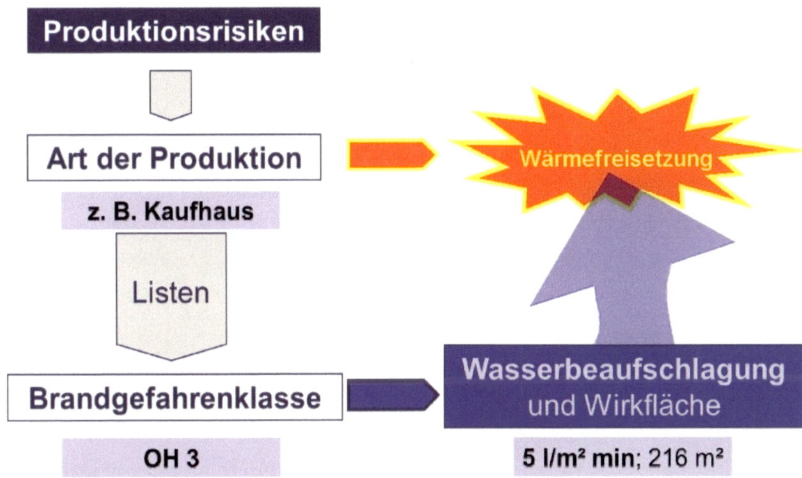

Abbildung 6-13: Ermittlung der erforderlichen Wasserbeaufschlagung und Wirkfläche bei Produktionsrisiken

6.3.7.1.2 Brandgefahren in Lagerbereichen

Bei Lagerrisiken ist – zweckbestimmt – im Allgemeinen die Brandlast deutlich höher als in Produktionsbereichen. Zusätzlich ist zu beachten, dass das Brandverhalten gelagerter Materialien nicht nur durch die Eigenschaften des Lagermaterials selbst, sondern auch durch die Lagerform, die Art der Verpackung und die Art des Lagers entscheidend beeinflusst wird. Je nach Lagergut ist daher ein unterschiedliches Vorgehen zur Festlegung der Auslegungskriterien erforderlich. Die Auswahl des jeweils anzuwendenden Bemessungsverfahrens nach EN 12845 ist in Abbildung 6-14 dargestellt.

Während also für einige Produkte bzw. Produktgruppen die Einstufung in eine Risikokategorie direkt in Listen des Anhangs C der DIN EN 12845 angegeben wird, ist bei der Einstufung von Lagern mit Waren die Gummi oder Kunststoffe enthalten, ein sehr detaillierter Zuordnungsprozess nach Anhang B der DIN EN 12845 erforderlich. Dieses komplexe Verfahren wurde entwickelt, um den höchst unterschiedlichen Anforderungen und Erfahrungen der Industrie und den unterschiedlichen zu erwartenden Brandverläufen angemessen Rechnung tragen zu können.

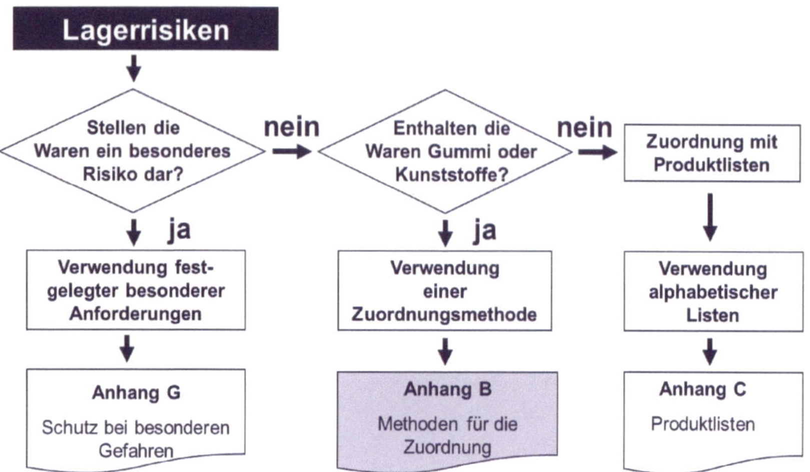

Abbildung 6-14: Bestimmung der Brandgefahr für Lagerrisiken (ein besonderes Risiko stellen z. B. brennbare Flüssigkeiten, Aerosole oder Kleidung in Hängelagerung dar)

DIN EN 12845 bestimmt die erforderliche Löschmittelrate aus der erwarteten Wärmefreisetzung des Auslegungsbrandes. In Abbildung 6-15 ist der Ablauf dieses Zuordnungsprozesses nach DIN EN 12845 Anhang B zur Ermittlung der grundlegenden Auslegungsparameter der Sprinkleranlage dargestellt.

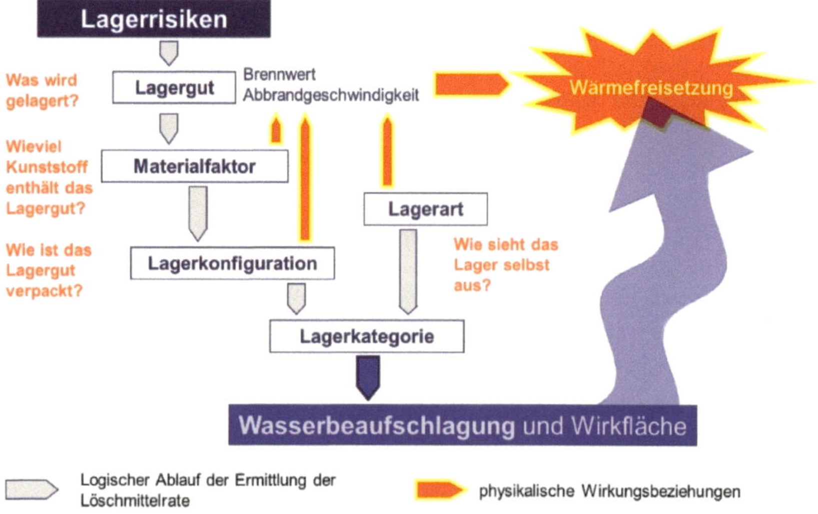

Abbildung 6-15: Ermittlung der Löschmittelraten und der Wirkfläche bei Lagerrisiken (Visualisiert nach DIN EN 12845 Anhang B und VdS CEA 4001), Werte siehe unter Punkt 6.3.7.2

6.3.7.1.3 Lagergüter und Materialfaktor

Die Gesamtbrandgefahr von Lagergut, d. h. des gelagerten Produktes einschließlich seiner Verpackung, ist eine Funktion seiner Wärmefreisetzungsrate, die selbst wieder eine Funktion seines spezifischen Brennwertes und seiner Abbrandrate ist. Dabei wird die Abbrandrate wiederum durch die Lagerkonfiguration nach Tabelle 6-16 beeinflusst.

Die Brandlast von vielen Waren wird wesentlich durch deren Gehalte an geschäumten und/oder ungeschäumten Kunststoffen mit bestimmt, die nach DIN EN 12485 über die Festlegung des Materialfaktors erfasst werden. Die Festlegung des Materialfaktors von Lagergütern inklusive ihrer Verpackung erfolgt gemäß DIN EN 12845 nach Tabelle 6-15. Dabei wird zunächst nach Abbildung 6-16 ein Materialfaktor für die Produkte bestimmt. Wenn die Konfiguration der Waren es erfordert, wird der Materialfaktor modifiziert, um eine endgültige Kategorie zu erhalten. Beispiele für Waren mit verschiedenen Materialfaktoren enthält Tabelle 6-15.

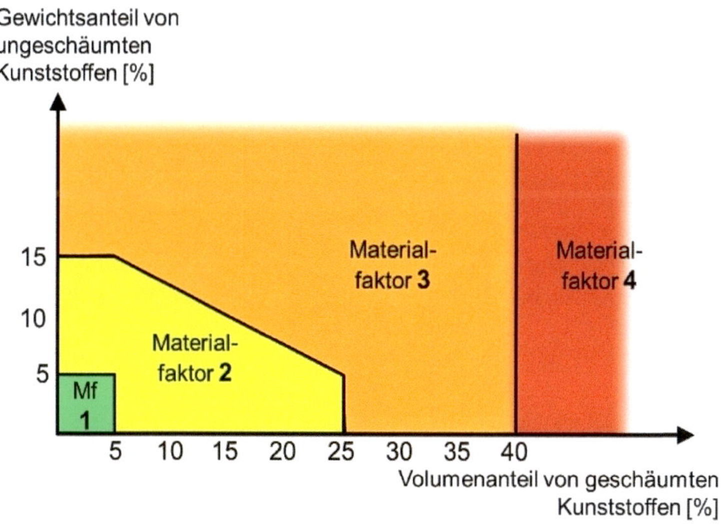

Abbildung 6-16: Materialfaktor nach DIN EN 12845

Materialfaktor	Anteil Kunststoffe		Beispiele
	ungeschäumt Gewichts %	geschäumt Vol.%	
1	< 5 %	< 5 %	Metallteile mit / ohne Kartonverpackung auf Holzpaletten, Lebensmittel in Dosen, nichtsynthetische Gewebe, Holzprodukte, große elektrische Geräte, Kunststoff- oder Glasflaschen mit nichtbrennbaren Flüssigkeiten in Kartons
2	< 15 %	< 25 %	Holz- oder Metallmöbel mit Kunststoffsitzen, elektrische Geräte mit Kunststoffteilen oder Kunststoffverpackung, Kunstfasern
3	> 15 %	> 25 %	leere Autobatterien, Kunststoffaktenkoffer, PC, ungeschäumte Kunststofftassen und Besteck
4	**nicht festgelegt**	> 40 %	Schaumstoffmatratzen, Verpackungen aus geschäumtem Polystyrol, Schaumstoffpolstermöbel

Tabelle 6-15: Beispiele für Waren und ihren Materialfaktor

6.3.7.1.4 Lagerkonfiguration und Lagerkategorie

Die Art der Verpackung von Waren, die Lagerkonfiguration, kann deren Abbrandverhalten positiv oder negativ beeinflussen. Aus dem Materialfaktor und der Lagerkonfiguration wird daher im Bemessungsverfahren für Sprinkleranlagen aus Tabelle 6-16 die Lagerkategorie ermittelt. Ist die Zuordnung in zwei Kategorien möglich, ist der höhere der Werte anzuwenden. DIN EN 12845 enthält weiterhin in Anhang C eine Liste der Kategorien von Produkten und ihren Verpackungen, die Kunststoffe oder Gummi nicht enthalten. Für Hochregallager, Lagerung brennbarer Flüssigkeiten, Recyclingbetriebe, Kleinladungsträger aus Polypropylen und Polyethylen und weitere besondere Risiken enthält Anhang G der DIN 12845 sehr detaillierte Regelungen zur Ausführung des Sprinklerschutzes.

Lager-konfiguration	Materialfaktor				Beispiele
	1	2	3	4	
außenliegender Kunststoffbehälter mit nichtbrennbarem Inhalt	Kat. I, II, III	Kat. I, II, III	Kat. I, II, III	Kat. IV	Colakästen, Bierkästen; Kunststoffbehälter mit inertem Inhalt
außenliegende Kunststoffoberflächen – ungeschäumt [1)]	Kat. III	Kat. III	Kat. III	Kat. IV	Metallteile in PVC-Lagerbehältern [1)], Lebensmittel in Dosen in Schrumpffolie
außenliegende Kunststoffoberflächen – geschäumt	Kat. IV	Kat. IV	Kat. IV	Kat. IV	überwiegend Kat. IV, z. B. Elektrogeräte in Stoßschutzverpackung aus Polystyrol und Schrumpffolie
offene Struktur	Kat. II	Kat. II	Kat. III	Kat. IV	Kartonagen: je nach Stapelung und Inhalt; z. B. leere gestapelte Kartons: Kat. II, stehend gelagerte Wellpappe: Kat. III
Materialien in massiven Blöcken	Kat. I	Kat. I	Kat. II	Kat. IV	Kautschuk in Blöcken, Vinylbodenplatten in Kompaktlagerung
Material in Granulat- oder Pulverform	Kat. I	Kat. II	Kat. II	Kat. IV	Kunststoffgranulat für Spritzgießen in Kartons
keine besondere Konfiguration	Kat. I	Kat. II	Kat. III	Kat. IV	Güter in Kartons, die in andere Kategorien nicht eingestuft werden können
1) Lagermaterialien und / oder Verpackungen aus Polypropylen, Polyethylen oder Kunststoffen mit ähnlichem Brandverhalten sind in Kat. IV einzustufen					

Tabelle 6-16: Lagerkategorien als Funktion der Lagerkonfiguration

6.3.7.1.5 Lagerarten

Die Beeinflussung des Abbrandverhaltens von Lagergütern wird klar, wenn man sich die höchst unterschiedlichen horizontalen und insbesondere vertikalen Abstände des Lagergutes verschiedener Lagerarten vor Augen führt. Die Abbildung 6-17 zeigt schematisiert die fünf Grundtypen der Lagerarten, in Tabelle 6-17 sind die einzuhaltenden Randbedingungen und zusätzlichen Anforderungen für die verschiedenen Lagerarten aufgeführt.

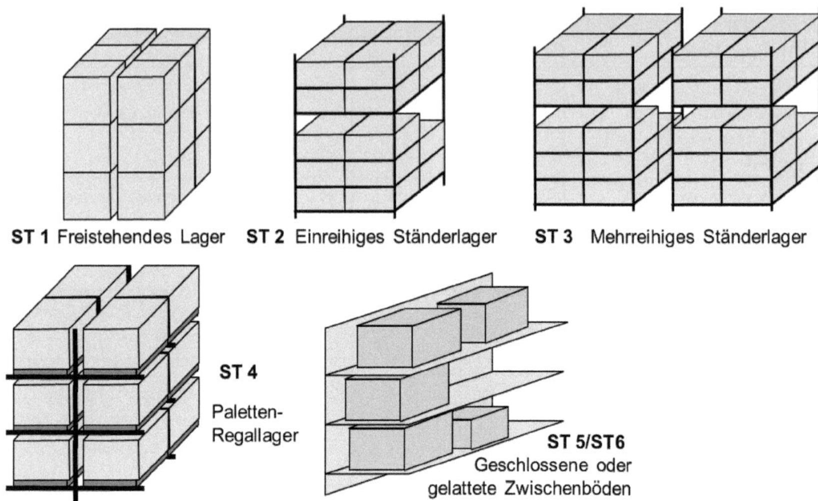

Abbildung 6-17: Lagerarten nach DIN EN 12845 (schematisiert)

6.3.7.2 Wirkfläche, Wasserbeaufschlagung und Löschmodus

Die Löschmittelrate, die von einer Sprinkleranlage ausgebracht werden muss, um das jeweilige Risiko abzudecken, errechnet sich aus der Wasserbeaufschlagung und der Wirkfläche in Liter pro Minute.

Wasserbeaufschlagung:

Theoretische Wassermenge, die pro Zeiteinheit und Fläche erforderlich ist in mm / m² min (= Liter / m² min).

Wirkfläche:

Fläche, die gleichzeitig mit Löschwasser versorgt werden muss in m².

Die Größe der Wirkfläche ist so festzulegen, dass diese Fläche größer ist, als die Brandfläche, die sich bis zum Wirksamwerden von Löschmaßnahmen der Feuerwehr entwickelt. Die erforderliche Wasserbeaufschlagung muss in Abhängigkeit von der Wärmeentwicklung des Brandgutes bestimmt werden.

Die Bestimmung von Wirkfläche und Mindestwasserbeaufschlagung in Abhängigkeit von der Brandgefahrenklasse, der Lagerart nach Punkt 6.3.7.1.5 und der Lagergutkategorie nach Punkt 6.3.7.1.4 erfolgt mit Hilfe der Tabelle 6-18 bis Tabelle 6-20 die aus DIN EN 12845 [6.48] entnommen wurden. Dabei ist zu unterscheiden, ob der Sprinklerschutz ausschließlich mit Deckensprinklern oder auch mit Regalsprinklern erfolgt.

Die Wasserbeaufschlagung darf als Durchschnittswert der Gesamtwassermenge von 4 Sprinklern (wo zutreffend), dividiert durch die durch sie versorgte Schutzfläche, ermittelt werden (s. Anmerkung 2).

Lagerart	BG	Fläche jedes Lagerblockes	Freistreifen zwischen Lagerreihen	Freiraum um Lagerblock herum	Regalsprinklerschutz in den Zwischenebenen	Beschreibung
ST 1	OH	<= 50 m^2	keine Anforderungen	≥ 2,4 m	keine	freistehende Lager oder Kompaktlager
	HH	<= 150 m^2				
ST 2	OH	<= 50 m^2	≥ 2,4 m	≥ 2,4 m	keine	einreihige Ständer- oder Gitterboxpaletten
	HH	keine Einschränkung		keine Anforderungen		
ST 3	OH	<= 50 m^2	keine Anforderungen	≥ 2,4 m	keine	mehrreihige Ständer- oder Gitterboxpaletten (einschließlich Doppelreihen)
	HH	<= 150 m^2				
ST 4	OH	<= 50 m^2	≥ 1,2 m	≥ 2,4 m	keine	Paletten-Regallager
	HH	keine Einschränkung	≥ 1,2 m	keine Anforderungen	ohne 1) 2)	
					erforderlich 3)	
			≥ 1,2 m und < 2,4 m		erforderlich 4)	
			≥ 2,4 m		erforderlich 5)	
ST 5	OH	<= 50 m^2	≥ 1,2 m	≥ 2,4 m	keine	geschlossene oder gelattete Zwischenböden bis 1 m Breite
	HH	<= 150 m^2	< 1,2 m	≥ 2,4 m	ohne 1) 2)	
		<= 150 m^2			erforderlich 3)	
		keine Einschränkung	≥ 1,2 m	keine Anforderungen	erforderlich 6)	
ST 6	OH	Auslegung nach HH				geschlossene oder gelattete Zwischenböden von mehr als 1 m und maximal 6 m Breite
	HH	<= 150 m^2	≥ 1,2 m	≥ 2,4 m	erforderlich 2) 7)	

1) Jedoch wird Regalsprinklerschutz in den Zwischenebenen *empfohlen*
2) Nur wenn Abstand höchstgelegenes Lagergut – Decke < 4 m, wenn > 4 m Regalsprinkler erforderlich
3) Annahme für die hydraulische Berechnung: Regalsprinklerschutz in 3 Zwischenebenen
4) Annahme für die hydraulische Berechnung: Regalsprinklerschutz in 2 Zwischenebenen
5) Annahme für die hydraulische Berechnung: Regalsprinklerschutz in 1 Zwischenebene
6) Annahme für die hydraulische Berechnung: Regalsprinklerschutz in 1 oder 2 Zwischenebenen
7) Wenn keine Regalsprinklerung möglich, muss jedes einzelne Regalfach mit nichtbrennbaren Brandschotts nach EN 13501-1, Euroklasse A1 oder A2 abgetrennt sein

Tabelle 6-17: Lagerarten nach DIN EN 12845, Einschränkungen und Bedingungen

Brandgefahren-klasse	(Mindest-) Wasser-beaufschlagung [mm / min]	Wirkfläche [m²]	
		Nass- oder vorge-steuerte Anlage	Trocken- oder Nass-Trockenanlage
LH	2,25	84	**nicht zulässig** Aus-legung nach OH 1
OH 1	5,0	72	90
OH 2	5,0	144	180
OH 3	5,0	216	270
OH 4	5,0	360	**nicht zulässig** Aus-legung nach HHP 1
HHP 1	7,5	260	325
HHP 2	10,0	260	325
HHP 3	12,5	260	325
HHP 4	Sprühwasser-Löschanlage *)		
*) Sprühwasser-Löschanlagen sind kein Bestandteil dieser Norm.			

Tabelle 6-18: Wasserbeaufschlagung und Wirkfläche für die Brandgefahrenklassen LH, OH und HHP nach DIN EN 12845

Lagerart	Maximal zulässige Lagerhöhe[1)] [m]				Mindestwasser-beaufschlagung	Wirkfläche (Nass- oder vorgesteuer-te Anlage) [2)]
	Kat. I	Kat. II	Kat. III	Kat. IV	[mm / min]	[m²]
ST 4 Paletten-Regallager	3,5	3,4	2,2	1,6	7,5	260
			2,6	2,0	10,0	
			3,2	2,3	12,5	
			3,5	2,7	15,0	
ST 5 und **ST 6** geschlossene oder gelattete Zwischenböden	3,5	3,4		1,6	7,5	260
			2,2	2,0	10,0	
			2,6	2,3	12,5	
			3,2	2,7	15,0	

1): der vertikale Abstand von der höchsten Regalsprinklerebene zu den Dach- oder Deckensprinklern abzüglich 1 m.
2): Trocken- und Nass-Trocken-Anlagen sollten bei der Lagerung mit hoher Brandgefahr vermieden werden, besonders bei brennbaren Produkten höherer Kategorien und größeren Lagerhöhen. Sollte es dennoch erforderlich sein, eine Trocken- oder Nass-Trocken-Anlage zu installieren, sollte die Wirkfläche um 25 % erhöht werden.

Tabelle 6-19: Wasserbeaufschlagungen und Wirkflächen für Deckensprinkler und bei Vorhandensein von Regalsprinklern nach DIN EN 12845

Durch die in Tabelle 6-18 bis Tabelle 6-20 genannten Mindestwasserbeaufschlagungen ist i. A. zunächst nur sichergestellt, dass der Brand auf das Ausmaß zur Zeit der Öffnung der Sprinkler beschränkt bleibt (so genannter Kontrollmodus, siehe Abbildung 6-18). Es öffnen in diesem Fall häufig neben dem direkt über dem Brandherd befindlichen Sprinkler auch die benachbarten.

Lagerart	Maximal zulässige Lagerhöhe (siehe Anmerkung 1) [m]				Mindestwasserbeaufschlagung	Wirkfläche (Nass- oder vorgesteuerte Anlage)
	Kat. I	**Kat. II**	**Kat. III**	**Kat. IV**	**[mm/min]**	(s. Anm. 2) **[m²]**
ST 1: Freistehende Lager oder Kompaktlager	5,3	4,1	2,9	1,6	7,5	260
	6,5	5,0	3,5	2,0	10,0	260
	7,6	*5,9*	*4,1*	*2,3*	*12,5*	*260*
	-/-	6,7	4,7	2,7	15,0	260
	-/-	7,5	5,2	3,0	17,5	260
	-/-	-/-	5,7	3,3	20,0	300
	-/-	-/-	6,3	3,6	22,5	300
	-/-	-/-	6,7	3,8	25,0	300
	-/-	-/-	7,2	4,1	27,5	300
	-/-	-/-	-/-	4,4	30,0	300
ST 2: Einreihige Ständer-Palettenlager **ST 4:** Paletten-Regallager	4,7	3,4	2,2	1,6	7,5	260
	5,7	4,2	2,6	2,0	10,0	260
	6,8	*5,0*	*3,2*	*2,3*	*12,5*	*260*
	-/-	5,6	3,7	2,7	15,0	260
	-/-	6,0	4,1	3,0	17,5	260
	-/-	-/-	4,4	3,3	20,0	300
	-/-	-/-	4,8	3,6	22,5	300
	-/-	-/-	5,3	3,8	25,0	300
	-/-	-/-	5,6	4,1	27,5	300
	-/-	-/-	6,0	4,4	30,0	300
ST 3: mehrreihige Ständer-, Paletten oder Gitterboxlager	4,7	3,4	2,2	1,6	7,5	260
	5,7	*4,2*	*2,6*	*2,0*	*10,0*	*260*
	-/-	5,0	3,2	2,3	12,5	260
ST 5 u. ST 6 geschlossene oder gelattete Zwischenböden	-/-	-/-	-/-	2,7	15,0	260
	-/-	-/-	-/-	3,0	17,5	260

1): der kleinere Wert des vertikalen Abstandes vom Boden zu den Sprinklersprühtellern abzüglich 1 moder der höchste Wert in der Tabelle

2): Trocken- und Nass-Trocken-Anlagen sollten bei HHS-Lagerungen mit hoher Brandgefahr vermieden werden, besonders bei brennbaren Produkten der höheren Kategorien und größeren Lagerhöhen. Sollte es dennoch erforderlich sein, eine Trocken- oder Nass-Trocken-Anlage zu installieren, muss die Wirkfläche um 25 % erhöht werden.

Tabelle 6-20: Wasserbeaufschlagungen und Wirkflächen für HHS bei ausschließlichem Schutz mit Deckensprinklern nach DIN EN 12845 (kursiv: typische Werte)

Soll aus bestimmten Gründen – beispielsweise bei sehr hoher Brandausbreitungsgeschwindigkeit – ein entstehender Brand durch die Sprinkleranlage gelöscht werden, muss diese im so genannten Unterdrückungsmodus betrieben werden. Hierzu muss regelmäßig die für ein sicheres Ablöschen erforderliche Wasserbeaufschlagung (RDD – required delivery density) durch Versuche im Realmaßstab bestimmt werden. Ziel ist es, den Brand mit dem ersten öffnenden Sprinkler unmittelbar im Wesentlichen abzulöschen. Sprinkleranlagen, die im Unterdrückungsmodus betrieben werden (z.B. Sprinkleranlagen in hohen Lagern für Kunststoffe und / oder Kartonnagen) sind i. A. mit CDMA bzw. CMSA-Sprinklern oder ggf. ESFR-Sprinklern auszustatten (Punkt 6.3.7.6).

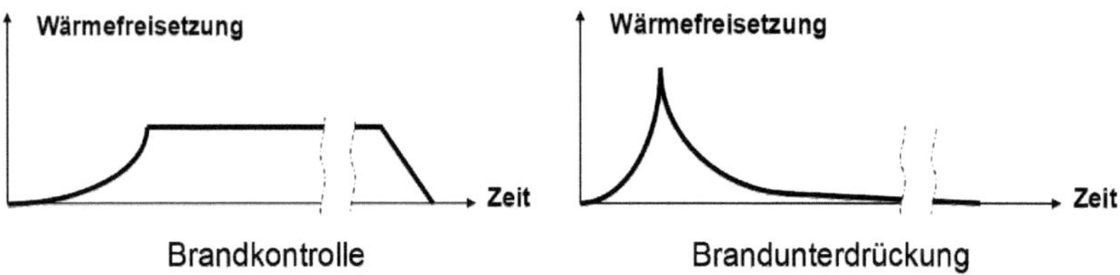

Abbildung 6-18: Löschmodi (schematisch)

6.3.7.3 Festlegung der Anlagenart

Bei der Auswahl des erforderlichen Sprinkleranlagentyps sind die jeweiligen örtlichen Gegebenheiten zu berücksichtigen, d.h. die Temperaturverhältnisse, die Betriebsart der Anlage und ggf. erwartete Fehlauslösungen. Es wird zwischen den folgenden Anlagentypen unterschieden:

- *Nassanlagen*
- *Trockenanlagen*
- *Nass-Trockenanlagen*
- *Vorgesteuerte Anlagen*
- *Tandemanlagen*

6.3.7.3.1 Nassanlagen

In Nassanlagen ist das gesamte Rohrnetz inkl. des Sprinklerrohrnetzes bis zu den Sprinklern mit Druckwasser gefüllt (Abbildung 6-10). Daher verbietet sich normalerweise der Einsatz für Bereiche in denen mit Temperaturen unter 0° C zu rechnen ist. Es ist jedoch nach DIN EN 12845 [6.48] gestattet, Anlagenteile mit bis zu 20 Sprinklern mit Frostschutzmittel zu versehen. Eine andere Möglichkeit besteht darin, eine Begleitheizung, die das Rohrnetz auf einer Mindesttemperatur von + 5° C hält, zu installieren. Üblicherweise wählt man für frostgefährdete Bereiche jedoch Trockenanlagen. Die von einem einzelnen Nassalarmventil versorgte Fläche darf die in Tabelle 6-21 festgelegte Größe nicht überschreiten.

Brandgefahrenklasse	Maximale Schutzfläche pro Alarmventilstation nach DIN EN 12845	Schutzflache enthält Anzahl Sprinkler [1)]
LH	**10 000 m²**	500
OH, einschließlich aller LH-Sprinkler	**12 000 m²** außer bei Zoneneinteilung (Anhang D) und Personenschutzanlagen (Anhang F)	1000
HH, einschließlich aller OH- und LH-Sprinkler	**9000 m²**	1000
1): Bei maximaler Schutzfläche je Sprinkler. Entspricht den Werten der VdS CEA 4001		

Tabelle 6-21: Zulässige Sprinkleranzahl für Nassalarmventile und vorgesteuerte Alarmventile nach DIN EN 12845

Für die Zonenunterteilung von Sprinkleranlagen und die dann in Abhängigkeit von den Schutzzielen zulässigen Sprinklerzahlen enthält DIN EN 12845 detaillierte Einzelvorschriften.

Bei Unterteilung der Sprinkleranlage in Sprinklergruppen muss jede Gruppe durch eine eigene Alarmventilstation versorgt werden. Zentrales Element ist das Nassalarmventil, das über den Versorgungsanschluss an die Wasserversorgung und über den Alarmanschluss an das Rohrnetz der Sprinkleranlage angeschlossen ist. Bei Öffnen eines Sprinklers wird ein zunächst geringer Wasserdurchfluss durch die Nassalarmventilstation erzeugt, dieser verursacht einen Druckunterschied über dem Ventilteller, wodurch dieser öffnet und den Alarmanschluss mit dem Löschwasser versorgt (Abbildung 6-19).

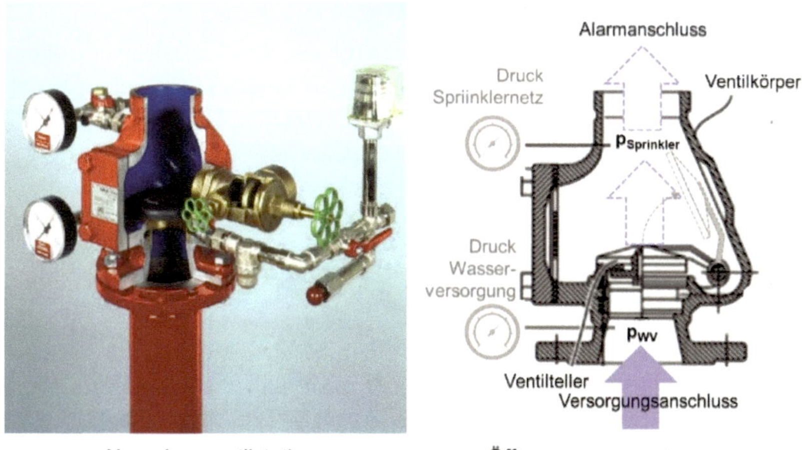

Abbildung 6-19: Nassalarmventilstation und Funktion des Nassalarmventils

6.3.7.3.2 Trockenanlagen

Trockenanlagen sind normalerweise hinter dem Trockenalarmventil mit Luft oder Inertgas unter Druck gefüllt, während vor dem Trockenalarmventil Löschwasser unter Druck ansteht. Trockenanlagen dürfen nur dort installiert werden, wo Frostgefahr besteht oder die Temperatur 95° C übersteigen kann (z. B. in Trockenöfen).

Öffnet ein Sprinkler der Trockenanlage, wird der Luftdruck abgebaut, das Trockenalarmventil, das völlig analog zu Abbildung 6-19 aufgebaut ist, öffnet und das Wasser strömt zu den ausgelösten Sprinklern. Durch Schnellöffner und/oder Schnellentlüfter (Abbildung 6-10) kann ein besonders rasches Ansprechen der Alarmventilstation erreicht werden. Die maximale Zeit zwischen dem Öffnen eines Trockensprinklers und dem Austritt von Wasser an dieser Stelle darf für OH und HH Anlagen 60 Sekunden nicht überschreiten (für LH Anlagen sind 90 Sekunden zulässig). Hierdurch wird das Volumen des der Alarmventilstation nachgeschalteten Rohrnetzes und damit die Anzahl der Sprinkler begrenzt. Wird diese Zeit eingehalten, ist zugleich das Leitungsvolumen von Trockenanlagen für LH- und OH-Risiken mit Schnellentlüftern auf 4,0 m^3 begrenzt. Für HH-Risiken sind Schnellentlüfter obligatorisch, hier darf das Leitungsvolumen maximal 3 m^3 betragen.

Für HHS-Risiken sind Trockenanlagen nicht ohne weiteres einsetzbar, weil bei Bränden hoch gestapelter Waren die Gefahr besteht, dass das Feuer sich bis zum zeitverzögert erfolgenden Wasseraustritt (bis zu 60 Sekunden) soweit ausdehnt, dass die Sprinkleranlage es nicht mehr beherrschen kann.

6.3.7.3.3 Nass-Trockenanlagen

Nass-Trockenanlagen enthalten entweder ein Nass-Trockenalarmventil oder eine Kombination aus einem Nassalarmventil und einem Trockenalarmventil. Während der Wintermonate ist die Anlage hinter dem Alarmventil mit Luft oder Inertgas unter Druck und der Rest der Anlage mit Wasser unter Druck gefüllt. Zu anderen Jahreszeiten ist die Anlage als Nassanlage geschaltet.

Für die Ansprechzeit von Trockenteilen der Anlage nach DIN EN 12845 gilt das unter Punkt 6.3.7.3.2 ausgeführte.

6.3.7.3.4 Vorgesteuerte Anlagen

Vorgesteuerte Anlagen sind Sprinkleranlagen, bei denen die Alarmventilstation(en) durch eine automatische Brandmeldeanlage und nicht durch das Öffnen von Sprinklern aktiviert wird (Vorgesteuerte Anlage Typ A). Als Alternative ist auch die Ansteuerung der Alarmventilstation durch die automatische Brandmeldeanlage *oder* durch das Öffnen der Sprinkler möglich (Vorgesteuerte Anlage Typ B). Bei Vorgesteuerten Trockenanlagen muss sichergestellt sein, dass bei Störungen der ansteuernden Brandmeldeanlage die Anlage weiterhin wie eine gewöhnliche Trockenanlage funktioniert, d.h. die Alarmventile sind so zu gestalten bzw. anzusteuern, dass die Auslösung dann auch ohne vorherige Branddetektion durch die BMA erfolgt.

Sofern eine Sprinkleranlage mehr als eine vorgesteuerte Sprinklergruppe umfasst, muss im Rahmen einer Risikoanalyse das mögliche Auslösen von mehr als einer vorgesteuerten Gruppe bewertet werden. Ist das gleichzeitige Auslösen nicht auszuschließen, muss

- das Mindestwasservolumen nach Punkt 6.3.7.4.3 um das Rohnetzvolumen aller vorgesteuerter Gruppen erhöht werden, *und*
- der Zeitraum bis zum Wasseraustritt am ungünstigsten Sprinkler auch bei Auslösen mehrerer (ggf. aller) vorgesteuerter Gruppen nicht mehr als 60 Sekunden betragen.

Die zulässige Fläche je Alarmventilstation von vorgesteuerten Sprinkleranlagen ist Tabelle 6-21 zu entnehmen.

6.3.7.3.5 Tandem-Trocken- und Tandem-Nass-Trockenanlagen

Als Tandemanlagen bezeichnet man Sprinkleranlagen, bei denen eine oder mehrere Trockenanlagen an eine Trocken- oder Nassanlage angeschlossen sind. Diese Anlagen dürfen nur wie folgt installiert werden:

- als Erweiterung zu einer Nassanlage in kleinen Bereichen mit möglicher Frostgefahr in einem ansonsten ausreichend beheizten Gebäude,
- als Erweiterung zu einer Nass- oder Nass-Trockenanlage in Kühlhäusern und Hochtemperaturöfen oder Trockenräumen.

Je Tandemanlage nach DIN EN 12845 dürfen nicht mehr als 100 Sprinkler installiert sein. Sind mehr als zwei Tandemanlagen an ein Alarmventil angeschlossen, darf die Gesamtzahl der Sprinkler 250 in den Tandemanlagen nicht überschreiten.

6.3.7.4 Dimensionierung der Wasserversorgung

6.3.7.4.1 Leistungsfähigkeit und Betriebszeit

Die Wasserversorgung von Sprinkleranlagen muss nach DIN EN 12845 zuverlässig in der Lage sein, am höchsten Auslegungspunkt mindestens die für den sicheren Betrieb erforderlichen Drucke und Durchflussraten zu liefern. Dabei muss – mit Ausnahme von Druckluftwasserbehältern – jede Wasserversorgung eine ausreichende Kapazität für die in Tabelle 6-22 genannten Betriebszeiten (auch: Mindestwirkzeiten) haben.

Die Wasserversorgungen sollten dabei vorzugsweise unter der Kontrolle des Betreibers der Sprinkleranlage sein, um eine risikoadäquate Versorgungssicherheit zu gewährleisten. Hinsichtlich der Qualität des für Sprinkleranlagen verwendeten Wassers legt DIN EN 12845 nunmehr nur noch fest, dass „geeignetes sauberes Wasser“ zu verwenden ist. Damit ist es grundsätzlich auch möglich, z. B. Regenwasser oder Grauwasser zu verwenden.

Sprinkleranlage für Brandgefahrenklasse	Wasserversorgung ausreichend für
LH	30 Minuten
OH	60 Minuten
HHP	90 Minuten
HHS	90 Minuten

Tabelle 6-22: Wasserversorgung und Betriebszeit nach DIN EN 12845

Wie eingangs bereits dargelegt, sind Sprinkleranlagen grundsätzlich hydraulisch zu berechnen, dies gilt auch für die Leistungsfähigkeit der Wasserversorgung. Mindestens müssen die Wasserversorgungen – zu ihnen gehört der gesamte hydraulische Anlagenteil vor den Alarmventilen, d. h. auch die Sprinklerpumpen – in der Lage sein, an jeder Alarmventilstation von LH- bzw. OH-Anlagen die in Tabelle 6-23 aufgeführten Drucke und Durchflussraten zu liefern.

Brandgefahr und Anlagentyp	Volumenstrom	Druck an der Alarmventilstation	Maximal geforderte Durchflussrate	Druck an der Alarmventilstation
	[l/min]	[bar]	[l/min]	[bar]
LH Nass- und vorgesteuerte Anlagen	225	2,2 + p_H	-	-
OH1 Nass- und vorgesteuerte Anlagen	375	1,0 + p_H	540	0,7 + p_H
OH1 Trocken- und Nass-Trocken-Anlagen OH2 Nass- und vorgesteuerte Anlagen	725	1,4 + p_H	100	1,0 + p_H
OH2 Trocken- und Nass-Trocken-Anlagen OH3 Nass- und vorgesteuerte Anlagen	1100	1,7 + p_H	1350	1,4 + p_H
OH3 Trocken- und Nass-Trocken-Anlagen OH4 Nass- und vorgesteuerte Anlagen	1800	2,0 + p_H	2100	1,5 + p_H
p_H ist der hydrostatische Druckverlust in bar aufgrund der Höhendifferenz zwischen der Alarmventilstation und dem höchsten versorgten Sprinkler. Die Druckverluste infolge Reibung und Höhendifferenz müssen für jede Alarmventilstation einzeln berechnet werden.				

Tabelle 6-23: Anforderungen an Druck und Volumenstrom für vorberechnete LH und OH-Anlagen nach DIN EN 12845

Für HH-Risiken enthält DIN EN 12845 eine ähnliche Tabelle, die unter Einbeziehung der k-Faktoren der Sprinkler (Punkt 6.3.7.6.1) und der erforderlichen Durchmesser der Versorgungsleitungen die Anforderungen noch weit feiner untergliedert. Auf eine Wiedergabe wird hier verzichtet, da HH-Anlagen regelmäßig vollständig hydraulisch zu berechnen sind.

6.3.7.4.2 Art und Auswahl der Wasserversorgung

Der Verfügbarkeit des Löschmittels für den Betrieb einer Sprinkleranlage kommt naturgemäß eine besondere Bedeutung zu. Es sind folgenden Arten der Wasserversorgung zulässig (DIN EN 12845 und DIN 14489):

Einfache Wasserversorgung

- öffentliches Wasserleitungsnetz *oder*
- öffentliches Wasserleitungsnetz mit einer oder mehrerer Druckerhöhungspumpen *oder*
- Druckluftwasserbehälter (nur LH- oder OH1-Anlagen) *oder*
- Hochbehälter *oder*
- Behälter mit einer oder mehrerer Pumpen *oder*
- unerschöpfliche Quelle mit einer oder mehreren Pumpen.
- Hochbehälter müssen allein auf Grund ihrer geodätischen Höhe den erforderlichen Wasserdruck sicherstellen, über eine eigene Leitung mit der Sprinkleranlage verbunden sein und die erforderliche Wassermenge jederzeit bevorraten.

Einfache Wasserversorgung mit erhöhter Zuverlässigkeit

- öffentliches Wasserleitungsnetz, das von zwei oder mehreren Wasserquellen gespeist wird, von zwei Seiten der Sprinkleranlage eingespeist wird, wenn jede Seite die erforderliche Durchflussmenge bereitstellt und die beiden Seiten von der Quelle bis Sprinkleranlage vollständig unabhängig voneinander sind
- Hochbehälter ohne Druckerhöhungspumpen oder Behälter mit zwei oder mehr Pumpen, die die gesamte erforderliche Wassermenge bevorraten
- unerschöpfliche Quelle mit zwei oder mehr Pumpen

Doppelte Wasserversorgung

- Doppelte Wasserversorgungen bestehen aus zwei einfachen Wasserversorgungen, die unabhängig voneinander sind. Jede der Wasserversorgungen muss dabei allein den Anforderungen der Sprinkleranlage für Druck- und Durchflussrate entsprechen.

Es kann jede Kombination aus einfachen Wasserversorgungen verwendet werden, jedoch gelten folgende Einschränkungen:

- bei OH-Anlagen nicht mehr als einen Druckluftwasserbehälter,
- nicht mehr als einen Zwischenbehälter.

In DIN EN 12845 [6.48] sind Regeln für die Auswahl der Wasserversorgung nur für Anlagen mit besonderen Anforderungen festgelegt. Danach müssen in Deutschland:

- Sprinkleranlagen für Hochhäuser (nach Anhang E) und
- Sprinkleranlagen die vorrangig dem Personenschutz dienen (nach Anhang F)

mindestens eine Wasserversorgung erhöhter Zuverlässigkeit haben. Die Vorschrift VdS CEA 4001 [6.50] geht hier wesentlich weiter. Sie enthält die nachfolgende Tabelle 6-24 zur Zulässigkeit der verschiedenen Wasserversorgungen und differenziert weiter sehr detailliert in Abhängigkeit von Brandgefahr und Anzahl der Sprinkler nach der Art der erforderlichen einfachen bzw. doppelten Wasserversorgungen.

Wenn das Wasser für die Sprinkleranlage aus der öffentlichen Wasserversorgung entnommen werden soll, sind zusätzlich die Technischen Regeln der DIN 1988-600 [6.51] und DIN EN 1717 [6.53] zu beachten (vergl. auch Punkt 4.5.1).

Brandgefahr (Anzahl der Sprinkler)	**Wasserversorgung**		
	einfach	**einfach mit erhöhter Zuverlässigkeit**	**doppelt**
LH	x	x	x
OH	x [1)]	x	x
HHP (< 500)	x	x	x
HHP (> 500)		x [2)]	x [2)]
HHS (< 500)	X [3)]	x	x
HHS (> 500 und < 5000)	x [2)]	x [2)]	x [2)]
HHS (> 5000)			x [2)]

1) Für OH2 und OH3 ist die Verwendung einer Druckluftwasserbehälters als einzige Wasserquelle nicht zulässig.
2) Jede Pumpenanlage ist mit einer Energiequelle zu versorgen, die von der Versorgung jeder weiteren Pumpe vollständig unabhängig ist.
3) maximal 80 Regalsprinkler

Tabelle 6-24: Zulässige Wasserversorgung nach VdS CEA 4001 [6.50]

6.3.7.4.3 Mindestwasservolumen

Für jede Sprinkleranlage ist ein für den Betrieb erforderliches Mindestwasservolumen vorzuhalten. Dieses muss entweder

- der tatsächlich erforderlichen Wassermenge entsprechen *oder*
- während der Betriebszeit der Sprinkleranlage durch automatische Nachspeisung in einen Zwischenbehälter die erforderliche Gesamtmenge sicherstellen.

Grundsätzlich ist, wie bereits ausgeführt, jede Sprinkleranlage nach DIN EN 12845 vollständig hydraulisch zu berechnen. Dabei ist die erforderliche Mindestwassermenge aus der maximalen Durchflussrate und der Mindestbetriebszeit zu berechnen. Die DIN EN 12845 enthält jedoch Tabellen für vorberechnete Sprinkleranlagen. Diese sind hier als Tabelle 6-25 und Tabelle 6-26 aufgeführt.

Wasserbeaufschlagung	**Nassanlage**	**Trockenanlage**
nicht mehr als [mm/min]	**Mindestwasservolumen [m³]**	
7,5	225	280
10,0	275	345
12,5	350	440
15,0	425	530
17,5	450	560
20,0	575	720
22,5	650	815
25,0	725	905
27,5	800	1 000
30,0	875	1 090

Tabelle 6-25: Mindestwasservolumen für nach EN 12845 *vorberechnete* HHP- und HHS-Anlagen.

Anlagenart	**Höhe h des höchsten Sprinklers über dem tiefsten Sprinkler [1] [m]**	**Mindestwasser-volumen [m³]**
LH Nass- oder vorgesteuerte Anlage	$h \le 15$	9
	$15 < h \le 30$	10
	$30 < h \le 45$	11
OH 1 Nass- oder vorgesteuerte Anlage	$h \le 15$	55
	$15 < h \le 30$	70
	$30 < h \le 45$	80
OH 1, Trocken- oder Nass- Trocken- Anlage OH 2, Nass- oder vorgesteuerte Anlage	$h \le 15$	105
	$15 < h \le 30$	125
	$30 < h \le 45$	140
OH 2, Trocken- oder Nass- Trocken- Anlage OH 3, Nass- oder vorgesteuerte Anlage	$h \le 15$	135
	$15 < h \le 30$	160
	$30 < h \le 45$	185
OH 3, Trocken- oder Nass- Trocken- Anlage OH 4, Nass- oder vorgesteuerte Anlage	$h \le 15$	160
	$15 < h \le 30$	185
	$30 < h \le 45$	200
OH 4, Trocken- oder Nass-Trocken-Anlage	Anlage muss nach HH ausgelegt und hydraulisch berechnet werden.	
1) ausgenommen sind Sprinkler in der Sprinklerzentrale		

Tabelle 6-26: Mindestwasservolumen für nach EN 12845 *vorberechnete* LH- und OH-Anlagen

Die in den Tabellen genannten Wassermengen sind ausschließlich für die Verwendung in der Sprinkleranlage vorgesehen. Sonstige Brandbekämpfungsanlagen, die auf den Wasservorrat der Sprinkleranlage zurückgreifen – z. B. Wandhydranten – müssen ggf. gesondert berücksichtigt werden. Nach Entleerung müssen die Vorratsbehälter durch Zulauf in längstens 36 Stunden wieder aufgefüllt werden können.

6.3.7.4.4 Zwischenbehälter

Zwischenbehälter von Sprinkleranlagen (Abbildung 6-11) sind Vorratsbehälter für den ggf. sehr hohen Wasserbedarf einer Sprinkleranlage während der Betriebszeit, der häufig nicht durch die Sammelwasserversorgung erbracht werden kann (siehe Kapitel 4). Das nutzbare Volumen von Zwischenbehältern muss zusammen mit der Nachspeisung für die Versorgung der Anlage bei maximaler Durchflussrate über die anzusetzende Betriebszeit nach Tabelle 6-23 ausreichend sein. Zwischenbehälter müssen die in Tabelle 6-27 aufgeführten Mindestvolumina haben.

Brandgefahrenklasse und Anlagentyp	Mindestvolumen [m³]
LH – Nass- oder vorgesteuerte Anlage	5
OH 1 – Nass- oder vorgesteuerte Anlage	10
OH 1 – Trocken- oder Nass-Trocken-Anlage **OH 2** – Nass- oder vorgesteuerte Anlage	20
OH 2 – Trocken- oder Nass-Trocken-Anlage **OH 3** – Nass- oder vorgesteuerte Anlage	30
OH 3 – Trocken- oder Nass-Trocken-Anlage **OH 4** – Nass- oder vorgesteuerte Anlage	70
HHP- und **HHS**-Anlage	70, jedoch mindestens 10 % des Gesamtvolumens (100)

Tabelle 6-27: Mindestvolumina von Zwischenbehältern nach DIN EN 12845

6.3.7.4.5 Mindestdruck

Der von der (den) Wasserversorgungseinrichtung(en) einer Sprinkleranlage mindestens bereitzustellende Fließdruck P_Q (bei maximalem Volumenstrom) berechnet sich nach Gleichung 6-2 aus:

- dem erforderlichen Druck an den Sprinklern P_S (zu berechnen über den k-Faktor, die erforderliche Wasserbeaufschlagung und den Schutzbereich der Einzelsprinkler),
- dem sich aus dem Aufbau der Anlage im Gebäude ergebenden hydrostatischen Gegendruck P_H (Höhe des höchsten Sprinklers über der Sprinklerpumpe) und

- den Druckverlusten in den Rohrleitungen infolge Reibung P_R beim maximalem Volumenstrom.

$$\text{Gleichung 6-2:} \quad P_Q = P_S + P_H + P_R$$

Während über P_S der Volumenstrom am Sprinkler nach Gleichung 6-2 eingestellt werden kann (Punkt 6.3.7.6), ist P_H im Allgemeinen bei der Projektierung der Sprinkleranlage durch Gebäude- und beabsichtigte Lagerhöhe vorgegeben. Über die Art und Dimensionierung der Rohrleitungen kann P_R in bestimmten Grenzen ebenfalls beeinflusst werden. DIN EN 12845 und VdS CEA 4001 enthalten detaillierte Angaben über die bei vorgegebenen Rohrmaterialien und Rohrdurchmessern in Abhängigkeit vom Volumenstrom bei der hydraulischen Berechnung von Sprinkleranlagen anzusetzenden Druckverluste (siehe Punkt 6.3.7.9).

6.3.7.4.6 Druckluftwasserbehälter

Druckluftwasserbehälter als Teil der Wasserversorgung einer Sprinkleranlage (Abbildung 6-12) dienen:

- als zweite, von externer Energiezufuhr unabhängige Wasserversorgung (Punkt 6.3.7.4.2) einer doppelten Wasserversorgung,
- als einfache Wasserversorgung bei Sprinkleranlagen für geringe Risiken (Punkt 6.3.7.4.2),
- zur Überbrückung der Zeit bis die Sprinklerpumpen ihre volle Leistung erreichen (dies kann je nach Pumpenart und Energieversorgung bis zu ca. 30 Sekunden dauern, siehe Punkte 6.3.7.4.7 und 6.3.7.5).

Die Mindestwassermenge in einem Druckluftwasserbehälter für eine einfache Wasserversorgung muss 15 m^3 für LH und 23 m^3 für OH1-Anlagen betragen.

Für eine doppelte Wasserversorgung muss die Mindestwassermenge bei LH- und OH-Anlagen (alle Gruppen) 15 m^2 betragen. Da jedoch bei doppelten Wasserversorgungen jede einzelne Wasserversorgung für den Betrieb der Sprinkleranlage ausreichen muss (d.h. mindestens die Wasserbeaufschlagung der Wirkfläche mit dem höchsten Wasserbedarf über die Betriebszeit sicherstellen muss), sind die Druckluftwasserbehälter im Einzelfall auch bedeutend größer.

Das Luftvolumen muss mindestens 1 / 3 des Volumens des Druckluftwasserbehälters betragen. Der Druck im Behälter darf 12 bar nicht überschreiten.

Luftdrücke und Wasserdurchflussraten müssen bis zur vollständigen Entleerung des Behälters den Ansprüchen der Sprinkleranlage entsprechen.

Der (die) Druckluftwasserbehälter sind in besonderen geprinklerten Gebäuden der Feuerwiderstandsklasse REI 30 oder in Räumen, die die Anforderungen des Punktes 6.3.7.8 an Sprinklerzentralen erfüllen, unterzubringen. Druckluftwasserbehälter müssen der EG-Druckgeräterichtlinie entsprechen [6.55] und dürfen nicht durch die Sprinklerpumpe befüllt werden.

6.3.7.4.7 Sprinklerpumpen

Sprinklerpumpen müssen den für den Betrieb der Anlage notwendigen Druck bei den erforderlichen Durchflussraten liefern. Sie dürfen ausschließlich für den Betrieb von Brandbekämpfungseinrichtungen genutzt werden, der gleichzeitige Anschluss von Wandhydranten ist unter bestimmten Bedingungen möglich (siehe DIN EN 12485 Punkt 9.6.4, Kombinierte Wasserversorgung). Sprinklerpumpen nach DIN EN 12845 und VdS CEA 4001 müssen folgende wesentlichen Anforderungen erfüllen:

- möglichst als horizontale Kreiselpumpen ausgeführt werden,
- eine stabile Druck-Volumenstrom-Kennlinie haben (Abbildung 6-20),
- einen Druck von maximal 12 bar liefern,
- grundsätzlich hydraulisch berechnet werden,
- mindestens die Nennförderströme und Nenndrucke für die Versorgung der hydraulisch ungünstigsten und der hydraulisch günstigsten Wirkfläche bereitstellen,
- in der Lage sein, bei 140 % des Nennförderstroms für die ungünstigste Wirkfläche bei 70 % des Nenndruckes zu liefern,
- die Nennleistung unabhängig vom Wasserstand im Zwischenbehälter erbringen,
- automatisch anlaufen, wenn der Druck in der Anlage auf 80 % des Betriebsdruckes fällt (eine ggf., vorhandene zweite Pumpe muss bei 60 % des Betriebsdruckes automatisch anlaufen),
- innerhalb von 15 Sekunden die Nennleistung liefern,
- durch Elektro- oder Dieselmotoren entsprechender Leistung angetrieben werden,
- eine jederzeit gesicherte Energieversorgung besitzen (Punkt 6.3.7.5),
- Versorgungskabel sind P 90 nach DIN EN 13501-3 [6.56] auszuführen,
- bei Antrieb über Dieselmotoren muss der Kraftstoffvorrat für folgende Betriebszeiten bei Nennlast ausreichen:
  - für 3 Stunden in LH-Anlagen
  - für 4 Stunden in OH Anlagen
  - für 6 Stunden in HH-Anlagen
- in baulich gesicherten Bereichen untergebracht werden (Sprinklerzentrale, siehe Punkt 6.3.7.8),
- sofern die Pumpen im Zulaufbetrieb aus Vorratsbehältern arbeiten, sind sie so zu platzieren, dass

sich mindestens 2/3 des nutzbaren Wasservorrats oberhalb der Pumpe befinden
die Saughöhe auch unter ungünstigsten Bedingungen nicht mehr als 2 m beträgt

- sofern die Sprinkleranlage von mehreren Pumpen versorgt wird (vergl. Punkt 6.3.7.4.2), müssen die Pumpen:
  - aufeinander abgestimmte Kennlinien haben
  - bei zwei Pumpen jede einzelne 100 % der erforderlichen Volumenströme und Drücke liefern,
  - bei drei Pumpen jede einzelne mindestens 50 % der erforderlichen Volumenströme und Drücke liefern,
  - eigene, voneinander unabhängige und möglichst unterschiedliche Energieversorgungen besitzen (also z. B. öffentliche Stromversorgung und Dieselmotor).

Die Anzahl der in einer Sprinkleranlage einzusetzenden Pumpen ist in DIN EN 12845 nur indirekt geregelt: Unter dem Punkt Wasserversorgung wird nur für die einfache Wasserversorgung lediglich eine Pumpe zugelassen. VdS CEA 4001 enthält die gleichen Regelungen. Zusammen mit Tabelle 6-24 ergibt sich, das Einzelpumpen bei LH- und OH-Anlagen, sowie bei HH-Anlagen, die nicht mehr als 500 Sprinkler umfassen, zulässig sind. Alle anderen Risiken müssen mit mindestens 2 Sprinklerpumpen ausgestattet sein.

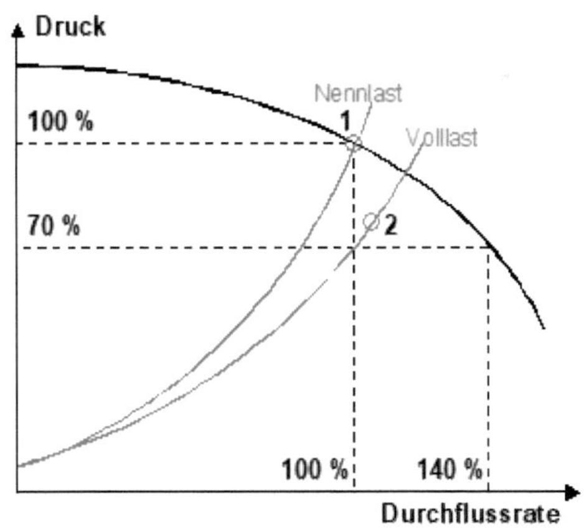

Abbildung 6-20: Typische Kennlinie für Sprinklerpumpen: 1: ungünstigste Wirkfläche, 2: günstige Wirkfläche

Die Leistungskennwerte von Sprinklerpumpen ergeben sich aus den Maximalwerten der hydraulischen Berechnung. Allerdings enthält DIN EN 12845 für vorberechnete Anlagen einige Mindestkennwerte von Pumpen (dort Tabellen 16 und 17), die auf den in Tabelle 6-24 und der entsprechenden Tabelle für HH-Risiken angegebenen Anforderungen an Druck- und Durchflussraten aufbauen.

6.3.7.5 Auslegung der Energieversorgung

Die Energieversorgung von Sprinkleranlagen ist in DIN EN 12845 nicht geregelt. Daher werden in Tabelle 6-28 die Vorschriften der VdS CEA Richtlinie 4001 [6.50] dargelegt. Da diese Vorschriften den Standards entsprechen, die auch von den Feuerwehren bisher für die Betriebssicherheit von Sprinkleranlagen zugrunde gelegt werden, ist nicht zu erwarten, dass sich hieran künftig etwas Wesentliches ändert.

<table>
<tr><th></th><th>Anzahl Sprinkler</th><th colspan="2">LH und OH</th><th colspan="2">HHP und HHS</th></tr>
<tr><td rowspan="3">Wasserversorgung: mindestens 1 unerschöpfliche und 1 erschöpfliche Wasserversorgung (oder besser) (Art 3 bis 5 nach VdS CEA)</td><td>1 bis 5000</td><td colspan="2">W | Wu: A, B, C</td><td>1-750 Sprinkler: W | Wu: A, B, C</td><td>751-5000 Sprinkler: W | Wug: A_1, B_1, C_1 und A_2, B_2, C_2, D</td></tr>
<tr><td>5001 bis 20000</td><td colspan="4">W | Wu: A_1, B_1, C_1 | Wu: A_2, B_2, C_2, D</td></tr>
<tr><td>5001 bis 20000</td><td colspan="4">W | Wu 50%: A_1, B_1, C_1 | Wu 50%: A_2, B_2, C_2 | Wu 50%: A_1, A_2, B_1, B_2, C_3, D</td></tr>
<tr><td rowspan="3">Wasserversorgung: 1 unerschöpfliche oder 1 unerschöpfliche Wasserversorgung (Art 1 und 2 nach VdS CEA)</td><td></td><td>LH</td><td>OH</td><td>HHP</td><td>HHS</td></tr>
<tr><td>1 bis 1000</td><td>W</td><td>Wu: A, B, C</td><td>Wu: A, B, C</td><td>Wu: A, B, C</td></tr>
<tr><td>1001 bis 2000</td><td>Wu: A, B, C</td><td>nicht zulässig</td><td>nicht zulässig</td><td>nicht zulässig</td></tr>
<tr><td colspan="6">LH, OH, HHP und HHS Brandgefahrenklassen nach DIN EN 12845
W = erschöpfliche Wasserquelle, z. B. Druckluftwasserbehälter, Hochbehälter
Wu = unerschöpfliche Wasserquelle
Wug = unerschöpfliche Wasserquelle, Energieversorgung gesichert
A = öffentliche elektrische Netze, B = Eigenstromerzeuger,
C= Dieselmotoren, D = Ersatzstromerzeuger
A1 = Netz 1, A2 = Netz 2, etc.; analog für Energiequellen B, C, D
A1, B1, C1 = A1 oder B1 oder C1</td></tr>
</table>

Tabelle 6-28: Energieversorgung von Sprinkleranlagen nach VdS CEA 4001

Als Energieversorgung von Sprinkleranlagen kommen in Betracht (Tabelle 6-28):

A) öffentliche elektrische Netze,
B) Eigenstromerzeuger,
C) Dieselmotoren und
D) Ersatzstromerzeuger.

6.3.7.6 Auswahl der Sprinkler

6.3.7.6.1 Allgemeine technische Grundlagen

Sprinkler sind automatisch auf Brandwärme reagierende Sprühdüsen, die durch einen wärmeempfindlichen Verschlussmechanismus – ein Schmelzlot oder ein Glasfässchen – geschlossen gehalten werden (Abbildung 6-21).

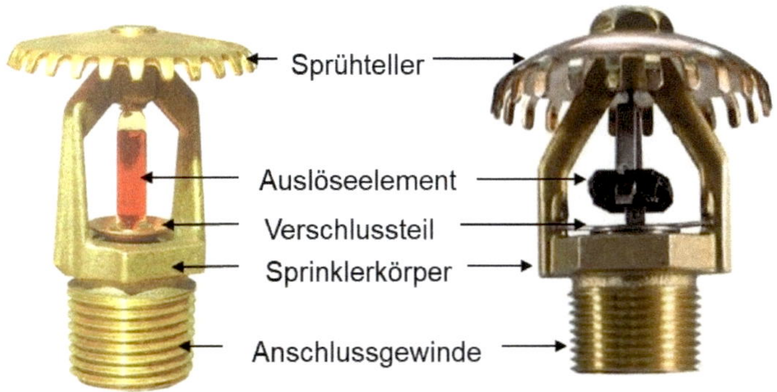

Abbildung 6-21: Aufbau von Sprinklern – links mit Glasfässchen, rechts mit Schmelzlot

Bei Erreichen einer Nennöffnungstemperatur zerplatzt das Glasfässchen, bzw. erreicht das Schmelzlot die Schmelztemperatur und der Verschluss des Sprinklers wird freigegeben. Die Nennöffnungstemperatur von Sprinklern soll etwa 30° über den zu erwartenden höchsten Nutzungstemperaturen liegen. In Sprinkleranlagen nach DIN EN 12845 dürfen nur Sprinkler nach DIN EN 12259-1 [6.57] verwendet werden.

Das aus der Sprinklerdüse austretende Löschwasser wird über den je nach Anwendungsfall gestalteten Sprühteller über die Brandfläche verteilt (siehe Sprinklertypen, Punkt 6.3.7.6.4). Durch die Wahl des Sprühtellers können die Ausbildung bestimmter Tröpfchengrößen und Sprühbilder, eine gleichmäßige Bodenbenetzung und die maximal zu versorgende Schutzfläche beeinflusst werden.

Glasfasssprinkler		**Schmelzlotsprinkler**	
Nennöffnungstemperatur in °C	**Farben**	**Nennöffnungstemperatur in °C**	**Farben**
57	orange	57 bis 77	farblos
68	rot	80 bis 107	weiß
79	gelb	121 bis 149	blau
93 bis 100	grün	163 bis 191	rot
121 bis 141	blau	204 bis 246	grün
163 bis 182	lila	260 bis 302	orange
204 bis 343	schwarz	320 bis 343	schwarz

Tabelle 6-29: Kennzeichnung von Sprinkler-Auslöseelementen

Die Ausflussrate eines Sprinklerkopfes beträgt in Abhängigkeit vom Fließdruck:

Gleichung 6-3: $Q_S = k \text{ x } p^{1/2}$

mit: p = Druck [bar]

k = Ausströmfaktor [l/min bar]

Der k-Faktor bestimmt den Wasserstrom aus einer Sprinklerdüse bei 1 bar Fließdruck, für die üblichen Anschlussgewinde DN 10, DN 15 und DN 20 ergeben sich bei P_S = 1 bar Wasserstromraten (k-Faktoren) von 57 l, 80 l und 115 l pro Minute (Feinsprüh- und Wassernebelanlagen: k-Faktor 3 bis 20, siehe Punkt 6.4.3).

Über den Fließdruck am Sprinkler kann somit die Wasserlieferung eines Sprinklers beeinflusst werden. Zusammen mit der für den Anwendungszweck vorgegebenen Schutzfläche kann daher die erforderliche Anzahl der Sprinkler und damit auch das erforderliche Rohrnetz beeinflusst werden. Einzuhalten sind dabei jedoch die Art der Sprinkler, ihr minimaler k-Faktor und der Mindestdruck am Sprinkler in Abhängigkeit von der Brandgefahr wie sie in Tabelle 6-30 enthalten sind. Der maximale Fließdruck am Sprinkler sollte ca. 5 bar nicht wesentlich überschreiten, der maximale Betriebsdruck nicht mehr als 12 bar betragen.

Brandgefahr	**Sprinklerart**	**Minimaler k-Faktor** [l/min bar]	**Mindestdruck** [bar]
LH	Normal-, Schirm-, Flachschirm-, Decken-, versenkte, verdeckte oder Seitenwandsprinkler	57	0,7
OH		80	0,35
HHP und **HHS** Dach- oder Deckenschutz	Normal- oder Schirmsprinkler	80, 115 *(oder 160)*	0,5
HHS Regalsprinkler in hohen Lagern	Normal-, Schirm- oder Flachschirmsprinkler	80 115	2 1

Tabelle 6-30: Sprinklerarten, k-Faktoren und Sprinkler-Mindestdruck

Sprinkler erzeugen Löschwasser-Tropfenspektren die durch geeignete Ausführung des Sprühtellers, gegen den der ausströmende Wasserfluss prallt, und durch Wahl des Betriebsdruckes – dieser bestimmt die Austrittsgeschwindigkeit des Wasserstromes – beeinflusst werden können. Im Normalfall sind mittlere Tropfendurchmesser von ca. 0,4 bis 1,5 mm üblich. Bei sogenannten CMSA-Sprinklern und ESFR-Sprinklern (siehe Punkt 6.3.7.6.4) sind die Tropfenspektren zu mittleren Durchmessern von ca. 2 mm bis 4 mm optimiert, um schwere Tropfen und damit hohe Sinkgeschwindigkeiten und ein gesteigertes Eindringvermögen in aufsteigende Feuerplumes (siehe Kapitel 7) zu erreichen [6.58].

6.3.7.6.2 Schutzfläche der Sprinkler

Die Schutzfläche ist die maximal von einem einzelnen Sprinkler zu versorgende potentielle Brandfläche. Sie wird durch die Mittelsenkrechten der Verbindungslinien benachbarter Sprinkler und – soweit zutreffend – durch die räumlichen Begrenzungen gebildet. Die zulässigen Schutzflächen pro Sprinkler richten sich nach den Brandgefahrenklassen H und sind der Tabelle 6-31 zu entnehmen:

Sprinklertyp	Hazard H	Zulässige Schutzfläche je Sprinkler [m²]
Normalsprinkler und Schirmsprinkler	LH	21
	OH	12
	HHP	9
	HHS	9
Seitenwandsprinkler [1)]	LH	17
	OH	9
[1)] Zur Anordnung von Seitenwandsprinklern in Abhängigkeit von der Raumbreite und -länge sind weitere Randbedingungen zu beachten (Tabelle 20 in DIN EN 12845)		

Tabelle 6-31: Schutzflächen von Sprinklern

6.3.7.6.3 Reaktionsgeschwindigkeit der Sprinkler

Bei der Auswahl von Sprinklern ist noch die Zeit innerhalb der dieser auf einen Brand anspricht, die so genannte dynamische Ansprechempfindlichkeit bzw. der RTI-Wert, bedeutsam. Wenn ein Sprinkler „träge" reagiert, kann es sein, dass bei sehr schneller Brandausbreitung die Sprinkleranlage „unterlaufen" wird (Brand bei Ford Köln, Zentrales Ersatzteillager am 20.10.77, Schaden 300 Mio. DM, [6.43], [6.44]). Zwar öffnen in diesem Fall natürlich die Sprinkler, jedoch hat der Brand bereits ein solches Ausmaß erreicht, dass die daraus resultierende Thermik die Fallgeschwindigkeit kleiner Wassertropfen in der Richtung umkehrt. Auch kann bereits im oberen Bereich der Flamme so viel Masse aus dem Sprinklertröpfchen abdampfen, dass der Rest in der Thermiksäule mit nach oben gerissen wird und somit nicht löschwirksam den eigentlichen Brandherd erreicht.

Ansprechempfindlichkeitsklasse	RTI
Standard ‚A‘	> 80 ≤ 200 $(m \cdot s)^{0,5}$
Spezial	50 bis 80 $(m \cdot s)^{0,5}$
Schnell	< 50 $(m \cdot s)^{0,5}$

Tabelle 6-32: Ansprechempfindlichkeiten und Response-Time-Index

Die Ansprechzeit von Sprinklern von der erstmaligen Wärmebeaufschlagung bis zum Öffnen, hängt im Wesentlichen von folgenden Faktoren ab:

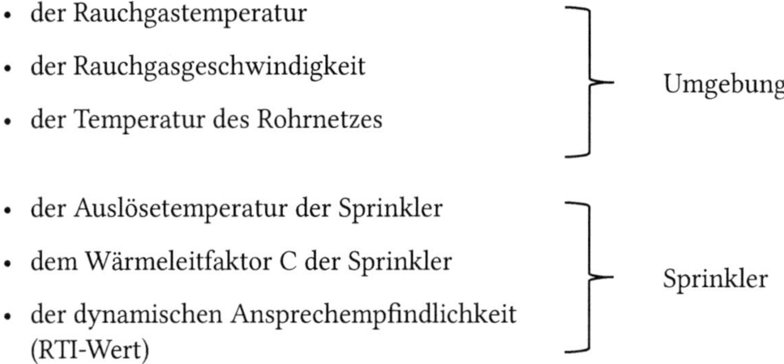

- der räumlichen Lage des Sprinklers relativ zum Brandherd, definiert durch die Höhe des Sprinklers und den seitlichen Abstand von der Plumeachse.

Die zu erwartende Rauchgastemperatur und -geschwindigkeit, die den Wärmeeintrag in den Sprinkler bestimmen, können als Umgebungsfaktoren nur im Rahmen der Planung der Sprinkleranlage abgeschätzt werden. Die Temperatur des Rohrnetzes wird aufgrund der höheren Wärmekapazität für lange Zeit nicht unwesentlich hinter der Raumtemperatur und der Temperatur des Sprinklers zurückbleiben, so dass das Rohrnetz für den Sprinkler als Wärmesenke wirkt und somit die Reaktionszeit des Auslöseelementes verlängert. Der Einfluss der Rohrnetztemperatur kann über den Wärmeleitfaktor C des Sprinklers minimiert werden. In der Praxis werden hierzu häufig die Übergangselemente zwischen den Auslöseelementen und dem Sprinklerkörper aus Materialien geringer Wärmeleitfähigkeit (Kunststoff) ausgeführt. Typische Werte für den Wärmeleitfaktor C sind 0,5 bei Sprinklern mit RTI-Wert bis 50 und 1 für Sprinkler mit höheren RTI-Werten.

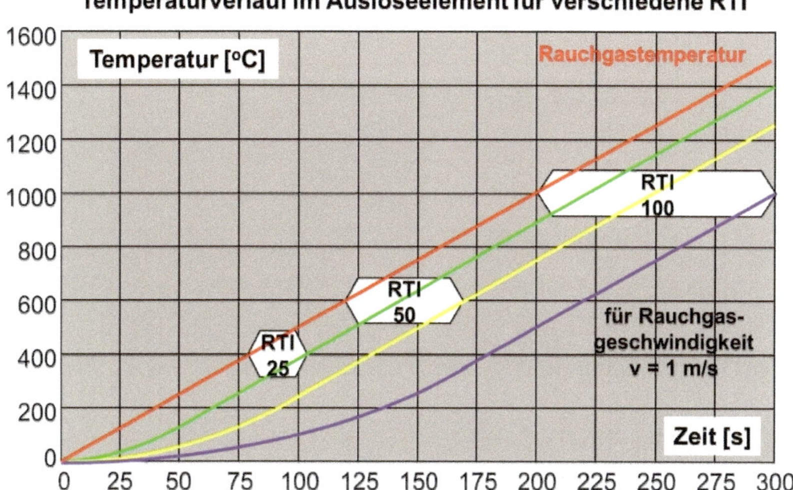

Abbildung 6-22: Response-Time-Index als Zeitkonstante (schematisch)

Die dynamische Ansprechempfindlichkeit oder Reaktionsgeschwindigkeit der Sprinkler wird durch den sog. „RTI-Wert" (Response Time Index, z. T. auch „Trägheitsindex" genannt) gekennzeichnet und die Sprinkler danach in Ansprechempfindlichkeitsklassen eingeteilt. Der RTI-Wert entspricht einer Zeitkonstanten der Erwärmung des Auslöseelementes bei einer Geschwindigkeit der vorbeiströmenden Brandgase von 1 m/s (siehe hierzu DIN EN 12259-1, sowie [6.59] und [6.60]). Je kleiner der RTI-Wert, desto empfindlicher und damit schneller reagiert der Sprinkler. Den Rechnungsgang zur Ermittlung der Wämeleitfaktoren C und RTI-Werte von Sprinklern aus den relevanten Temperaturen enthält Anhang 14.8.

Eine Darstellung der für einen Musterbrand berechneten Reaktionszeiten für Sprinkler mit unterschiedlichen RTI-Werten zeigt Abbildung 6-23. Es wird deutlich, dass die Reaktionszeit einer Sprinkleranlage durch geeignete Wahl der Auslöselemente der Sprinkler um 1 bis 2 Minuten verkürzt werden kann. Aus diesem Grund legt DIN EN 12845 die Anforderungen an einzusetzende Sprinkler gemäß Tabelle 6-33 fest.

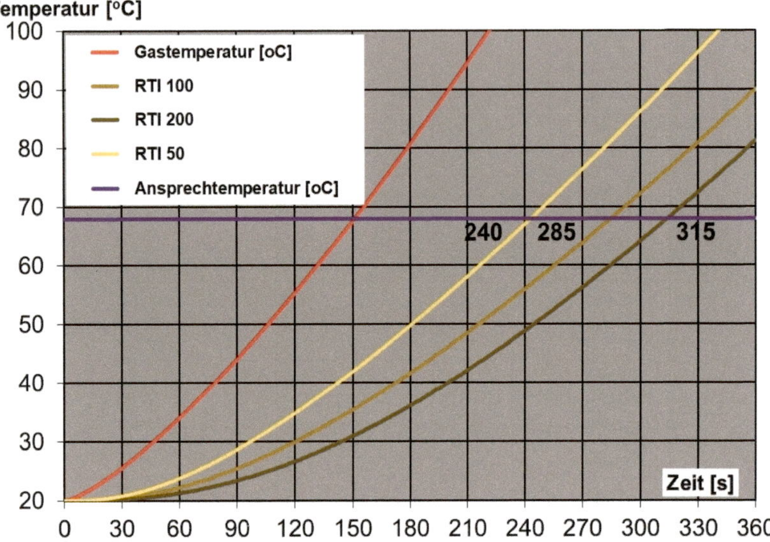

Abbildung 6-23: Reaktionszeit von Sprinklern mit unterschiedlichen RTI-Werten im Musterbrand bei sonst gleichen Bedingungen (schematisch; die Auslösung erfolgt jeweils am Schnittpunkt der RTI-Kurve mit der Ansprechtemperatur, d. h. für den RTI-Wert 50 nach ca. 240 Sekunden)

Ansprechempfindlichkeit	Regalsprinkler	Deckensprinkler über Regalsprinklern	Trockenanlagen vorgesteuert	alle anderen Anwendungen
Standard ‚A'	nicht zulässig	zulässig	zulässig	zulässig
Spezial	nicht zulässig	zulässig	zulässig	zulässig
Schnell	zulässig	zulässig	nicht zulässig	zulässig
Die Deckensprinkler müssen die gleiche oder eine trägere Ansprechempfindlichkeit als die Zwischenebenensprinkler haben				

Tabelle 6-33: Einsatz von Sprinklern unterschiedlicher Ansprechempfindlichkeit

Weitere Faktoren, die die Reaktionszeit von Sprinklern beeinflussen, sind dessen Höhe über der Brandfläche und die Position relativ zur Brandstelle. Bei größeren zulässigen Höhen und seitlichen Abständen des Sprinklers zur Plumeachse wird das Heißgas längere Zeit brauchen, um das Auslöseelement zu erreichen und möglicherweise auf dem längeren Weg auch etwas abkühlen. Dadurch kann sich die Auslösezeit nicht unerheblich verlängern (Abbildung 6-24). Um sicher zu stellen, dass dies den Löscherfolg nicht gefährdet, werden der zulässige Abstand von Sprinklerköpfen voneinander sowie die maximale Schutzfläche begrenzt (Punkte 6.3.7.7 und 6.3.7.6.2).

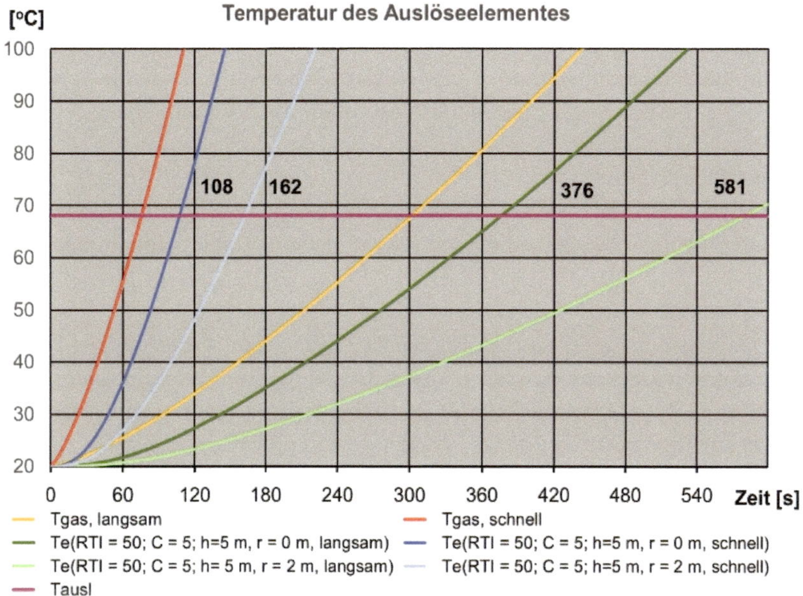

Abbildung 6-24: Auslösezeitpunkt des Sprinklers in Sekunden für Auslösetemperatur 68 °C bei t^2-Bränden für unterschiedliche Anordnungen zum Brandherd (h = Höhe; r = Abstand zur Plumeachse)

6.3.7.6.4 Sprinklertypen und Sprinklerbezeichnungen

Es gibt heute eine nahezu unübersehbare Vielfalt von Sprinklern und dementsprechend sehr viele unterschiedliche Bezeichnungen für Sprinkler je nach

- Einbaulage,
- Wasserlieferung,
- Sprühbild,
- Tropfenspektrum,
- Löschmodus,
- speziellen Anwendungszweck.

Zudem werden die verwendeten Bezeichnungen nicht einheitlich angewendet und gelegentlich miteinander kombiniert. Im Folgenden wird eine denkbare Systematisierung üblicher Bezeichnungen vorgenommen.

A. Klassifizierung auf Grund der Einbaulage

Deckensprinkler

Die Decke des Schutzbereiches ist der häufigste Einbauort für Sprinkler. Dies bedingt allerdings eine Mindest-Raumhöhe, damit ausreichend Freiraum für Personen und Lagerung sowie die Ausbildung des beabsichtigten Sprühbildes verfügbar ist. Deckensprinkler werden als stehende und hängende Sprinkler ausgeführt (Sprinklerkopf oberhalb bzw. unterhalb der Rohrleitung).

Seitenwandsprinkler

Seitenwandsprinkler werden eingesetzt, wenn die Raumhöhe den Einbau von Deckensprinklern nicht ermöglicht (vorwiegend in Aufenthaltsräumen).

Regalsprinkler

Wenn in einem Lager eine ausreichende Wasserbeaufschlagung des Lagergutes durch Deckensprinkler allein nicht sichergestellt werden kann (beispielsweise bei Lagerarten St5 und St6 und / oder bei Lagerung von Waren mit schneller Brandausbreitung und wasserabweisender Verpackung).

Verdeckte Sprinkler

Verdeckte Sprinkler sind hängende Sprinkler, die im inaktiven Zustand vollständig oberhalb der Decke angeordnet und durch eine Sprinklerkappe abgedeckt sind. Sie werden eingesetzt, wenn aus gestalterischen Gründen der Sprinkler nicht offen eingebaut werden soll. Bei Erwärmung fällt zunächst die Kappe herunter (i. d. R bei 57 °C), danach fährt der Sprinklerkopf durch den Wasserdruck unter die Decke und löst bei Erreichen der Auslösetemperatur normal aus.

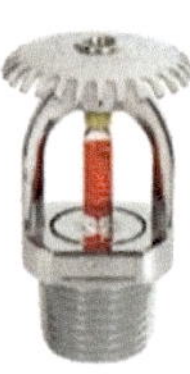

Abbildung 6-25: Sprinklerauswahl

B. Klassifizierung auf Grund des Sprühbildes

Das erforderliche räumliche Sprühbild von Sprinklern ist nach den örtlichen Gegebenheiten der speziellen Anwendung festzulegen:

Normalsprinkler

Normalsprinkler können sowohl in hängender als auch stehender Montage eingesetzt werden. Normalsprinkler haben eine annähernd kugelförmige Wasserverteilung (Abbildung 6-26). Damit erreicht ein Teil des Wassers (30 % bis 40 %) auch die Decke. Daher eignen sich Normalsprinkler auch für den Einbau unter brennbaren Decken. Die Schutzfläche bei Normalsprinklern beträgt 9 m^2, sie kann bei LH und OH-Risiken bis auf 21 m^2 erhöht werden (Tabelle 6-31).

Schirmsprinkler

Schirmsprinkler haben eine zum Boden gerichtete paraboloidförmige Wasserverteilung (Abbildung 6-26). Sie werden für hängenden und stehenden Einbau angeboten. Die Schutzfläche entspricht der von Normalsprinklern.

Flachschirmsprinkler

Flachschirmsprinkler haben eine flachere paraboloidförmige Wasserverteilung (Abbildung 6-26). Sie werden ebenfalls für hängenden und stehenden Einbau angeboten. Ein Teil des Wassers darf auch die Decke erreichen. Flachschirmsprinkler werden überwiegend für Regalschutz, Hohlraumschutz und zum Schutz von Rasterdecken eingesetzt. Eine besonders sorgfältige Anpassung an den jeweiligen Einsatzzweck ist erforderlich.

Seitenwandsprinkler

Seitenwandsprinkler weisen eine zum Boden gerichtete einseitigparaboloidförmige Wasserverteilung auf (Abbildung 6-26). Sie kommen dann zum Einsatz, wenn die Raumhöhe den Einbau von Schirmsprinklern nicht erlaubt. Es werden Seitenwandsprinkler für stehende und hängende Montage angeboten. Die maximal zulässige Raumbreite beträgt bei Installation von Sprinklern auf beiden Wänden 7,5 m, die zulässige maximale Schutzfläche 17 m^2. Seitenwandsprinkler sind in HHP und HHS (bzw. BG 4 nach VdS) nicht zulässig.

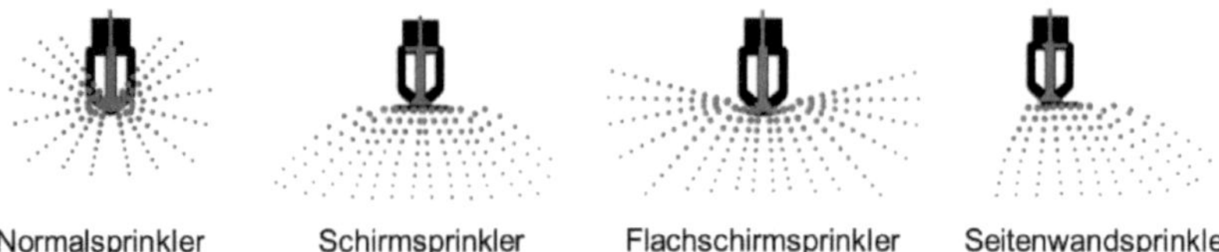

Abbildung 6-26: Sprühbilder verschiedener Sprinkler - schematisch

Horizontale Seitenwandsprinkler

Speziell für den Personenschutz in Krankenhäusern, Alten- und Pflegeheimen wurden horizontale Seitenwandsprinkler mit vergrößerter Wurfweite entwickelt. Die besondere Konstruktion dieser Sprinkler gestattet eine nachträgliche Installation bei geringem baulichem Aufwand. Dieser Sprinklertyp wird – da er in erster Linie als Personenschutzsprinkler konzipiert ist – stets mit Auslöseelementen der Ansprechempfindlichkeitsklasse „schnell" ausgestattet.

Anmerkung: Wenngleich jede Sprinkleranlage auch den Personenschutz verbessert, erscheint das Konzept eines „Personenschutzsprinklers“ wegen der gerade bei Schwelbränden erheblichen Rauchentwicklung (Punkt 1.3) nicht unproblematisch. Zwar enthält Anhang F zu DIN EN 12845 Anforderungen an Sprinkleranlagen die vorrangig dem Personenschutz dienen, diese beziehen sich jedoch in erster Linie auf die Größe, Zuverlässigkeit, Verfügbarkeit und Reaktionsgeschwindigkeit der Anlage.

C. Klassifizierung nach Löschmodus (Tropfenspektrum und Wasserlieferung)

Kontrollmodus Sprinkler

Kontrollmodus Sprinkler (Control-Mode Density Area Sprinkler oder CMDA-Sprinkler) sind Sprinkler deren Leistungsfähigkeit auf Brandkontrole ausgelegt ist. Sie liefern daher eine bestimmte Wasserbeaufschlagung und verhindern eine Brandausbreitung durch Vornässung der Umgebung des unmittelbaren Brandherdes. Eine Brandlöschung ist nicht primäres Ziel dieser Sprinkler, wenngleich dies nicht selten erreicht wird. Sprinkleranlagen nach DIN EN 12845 bzw. VdS CEA 4001 sind für die Brandkontrolle ausgelegt. Kontrollmodus Sprinkler werden mit k-Faktoren von 80 bis 160 und Drucken von ca. 0,5 bar bis 2 bar betrieben.

Unterdrückungsmodus Sprinkler

Unterdrückungsmodus Sprinkler (Suppression Sprinkler) sollen primär einen Brand (im Wesentlichen) Ablöschen. Dazu ist eine höhere Wasserbeaufschlagung erforderlich. Derartige Sprinkler werden daher mit k-Faktoren von 160 bis 360 betrieben (dies bedingt größere Querschnitte).

Großtropfensprinkler

Das Tröpfchenspektrum von Großtropfensprinklern wird zu großen Tröpfchendurchmessern (ca. 2 mm bis 4 mm) – und damit „schweren" Wassertröpfchen – optimiert. Damit kann ein relativ großer Prozentsatz des Löschwassers den Brandherd direkt erreichen. Großtropfensprinkler sind regelmäßig erforderlich, wenn die Brandunterdrückung das Schutzziel ist, werden jedoch auch im Kontrollmodus eingesetzt, wenn bei spezifischem Brandgut eine starke Thermik erwartet wird (Control-Mode Specific Application (CMSA) Sprinkler).

ESFR-Sprinkler

Für Spezialanwendungen in Lagergebäuden, bei denen einerseits hohe Stapelhöhen (bis 14 m) anzutreffen sind, andererseits nur eine Deckensprinklerung möglich ist, wurde in den USA der ESFR-Sprinkler entwickelt (Early Suppression Fast Response Sprinkler). Dieser ist seit einigen Jahren auch für den Einsatz in Deutschland zugelassen [6.60].

ESFR-Sprinkler sind Großtropfensprinkler. ESFR-Sprinkler müssen mit einem k-Faktor von 140 bis 360 betrieben werden. Damit erreichen sie Wasserstromraten von 300 Liter bis 450 l pro Minute bei Drucken von 2 bar bis 4 bar. Darüber hinaus weisen ESFR-Sprinkler einen sehr niedrigen RTI von $< 30\ (m \cdot s)^{0,5}$ auf, um sicherzustellen, dass bei Ansprechen des Sprinklers noch keine starke Brandthermik vorhanden ist.

Hinweis: Die Auslegung und der Einbau von Sprinkleranlagen mit ESFR-Sprinklern unterscheidet sich aufgrund sehr geringer zulässiger Fehlertoleranzen erheblich von den Planungsgrundsätzen bei Standard-Sprinkleranlagen. ESFR-Sprinkler können bei ungünstigen Planungsansätzen und Abweichungen, die für Standart-Sprinkleranlagen allgemeine Praxis sind, versagen. DIN EN 12845 und VdS CEA 4001 enthalten daher besondere Regeln für ESFR-Sprinkleranlagen in speziellen Anhängen.

D. Klassifizierung nach speziellem Anwendungszweck

Sicherheits-Doppelsprinkler (Pre-action Sprinkler)

Sicherheits-Doppelsprinkler sind Sprinkler, bei welchen zwei Sprinklerköpfe aktiviert werden müssen, damit Löschwasser versprüht wird. Sie werden dort eingesetzt, wo Wasserschäden nicht toleriert werden können. Der erste ausgelöste Sprinklerkopf eines Sicherheits-Doppelsprinklers aktiviert zunächst ein Alarmsignal und erst, wenn auch der zweite Sprinklerkopf auslöst, wird der Wasserfluss freigegeben.

Elektrisch aktivierte Sprinkler

In elektrisch aktivierten Sprinklern wird um das Glasfass ein Heizelement geschoben, das – gesteuert über eine Brandmeldeanlage – das Glasfass aufheizen und so sehr schnell zum Platzen bringen kann. Alternative Systeme zünden elektrisch einen kleinen pyrotechnischen Treibsatz der das Glasfässchen des Sprinklers zerstört [6.61], [6.62]. Beide Systeme bedingen die Verknüpfung jedes Sprinklerkopfes mit einer elektrischen Stromversorgung und die Ansteuerbarkeit über die Brandmeldeanlage, die dadurch gewissermaßen Teil der Sprinkleranlage wird. Bei Fortschreiten des Brandes können gezielt Sprinkler aktiviert und so der Brand schnell begrenzt werden, die entsprechende Brandfall-Steuermatrix – Punkt 5.9 – muss dies natürlich leisten. Auch der Sprinklerschutz von Öffnungen des Brandraumes kann so gezielt vorbeugend aktiviert werden. Sprinkleranlagen mit elektrisch aktivierten Sprinklern können mit Sprühwasserlöschanlagen mit dynamisch gesteuerten Löschgruppen verglichen werden (siehe Punkt 6.4.1). Die technische Ausführung und die Anwendungsparameter solcher Sprinkler werden derzeit diskutiert (Tanklevskiy et al. [6.61], ISO NP 6182-15 [6.64]).

6.3.7.7 Anordnung der Sprinkler

Bei der Anordnung von Sprinklerköpfen sind die folgenden Abstände einzuhalten, um ein einwandfreies Sprühbild wie in Abbildung 6-26 gezeigt zu erreichen, damit die Schutzfläche sicher und gleichmäßig mit Wasser zu beaufschlagen und insbesondere ein gegenseitiges Besprühen – das u.U. die Auslösung benachbarter Sprinkler verhindern könnte – zu vermeiden:

- Freiräume unterhalb der Sprühteller mindestens
  - für LH und OH: Flachschirmsprinkler 0,3 m alle anderen Sprinklertypen 0,5 m bei abgehängter offener Decke (mind. 70 % offen) 0,8 m
  - für HHP und HHS: 1,0 m

- Sprinkler zu Sprinkler: > 2,0 m
  Ausnahme: Gegenseitiges Besprühen sicher verhindert, Regalsprinkler in Zwischenebenen
- zu Wänden und Trennwänden der geringste der Werte:
  - 2,0 m für normale Anordnung (Abbildung 6-18)
  - 2,3 m für versetzte Anordnung (Abbildung 6-18)
  - 1,5 m bei offenen Deckenunterzügen oder sichtbaren Sparren
  - 1,5 m von offenen Fassaden bei Gebäuden ohne feste Außenwände
  - 1,5 m bei brennbaren Außenwänden
  - 1,5 m bei Außenwänden aus Metall, auch mit brennbarer Verkleidung oder Isolationsmaterial

Die Anordnung der Sprinkler kann entsprechend in Normalanordnung oder versetzter Anordnung erfolgen. Dabei sind die Maximalen Abstände von Sprinklern gemäß Tabelle 6-34 einzuhalten (für Seitenwandsprinkler gelten ähnliche Abstandsregeln).

Der Maximalabstand des Sprühtellers von Sprinklern von der Unterseite von Decken darf betragen:

- bei brennbaren Decken 0,3 m
- bei nichtbrennbaren Decken oder Dächern 0,45 m.

Diese Maximalabstände sollen möglichst nicht ausgenutzt werden, bevorzugt sind Abstände um 7,5 cm bis 15 cm.

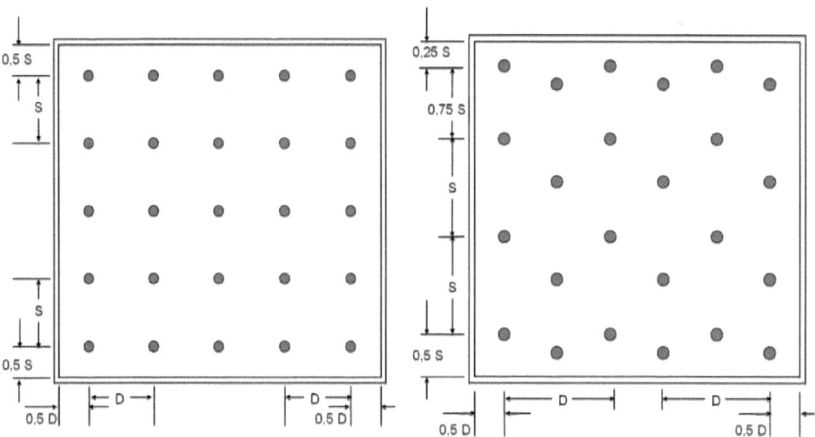

Abbildung 6-27: Anordnung von Sprinklern nach DIN EN 12845 und DIN 14489: links Normalanordnung, rechts Versetzte Anordnung

Der horizontale Abstand von Trägern und Balken zu den Sprinklern muss mindestens 0,2 m betragen. In allen Fällen sind die Abstände aus Tabelle 6-34 und Abbildung 6-28 einzuhalten. Die Maximale Schutzfläche der Sprinkler darf in keinem Fall überschritten werden (dies kann im Einzelfall auch geringere Sprinklerabstände als in Tabelle 6-34 aufgeführt zur Folge haben).

Brandgefahrenklasse	**Maximale Schutzfläche je Sprinkler [m²]**	**Maximale Abstände in Abbildung 6-21**			
		Normale Sprinkleranordnung		**Versetzte Sprinkleranordnung**	
		S [m]	**D [m]**	**S [m]**	**D [m]**
LH	21,0	4,6	4,6	4,6 *(6,1)*	4,6 *(6,1)*
OH	12,0	4,0	4,0	4,6 *(5,0)*	4,0 *(5,0)*
HHP und HHS	9,0	3,7 *(3,75)*	3,7 *(3,75)*	3,7 *(4,4)*	3,7 *(4,4)*

Tabelle 6-34: Sprinklerabstände nach DIN EN 12845 *Kursiv: Abweichende Abstände nach VdS CEA 4001*

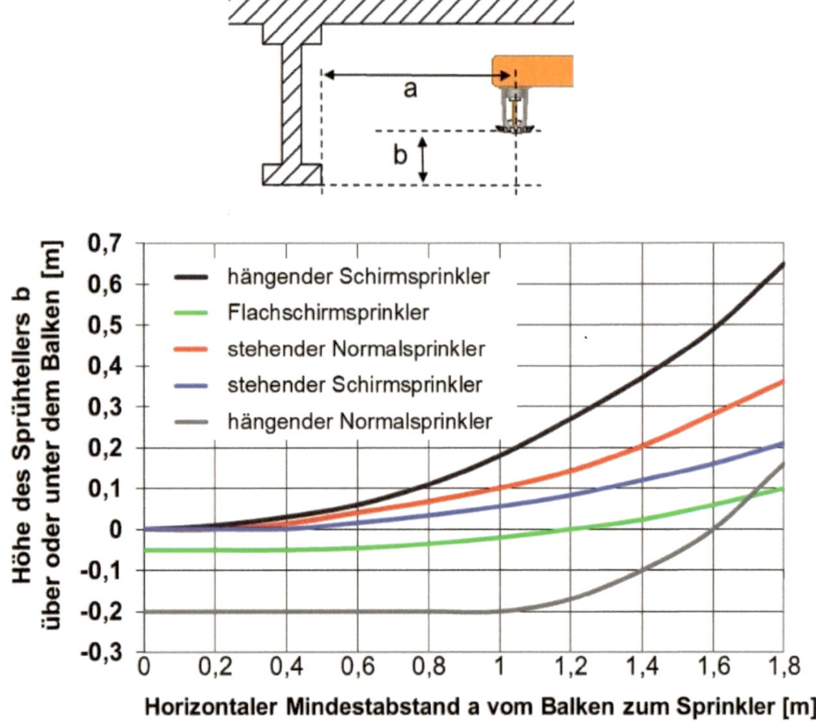

Abbildung 6-28: Abstände von Sprinklern zu Unterzügen nach DIN EN 12485

DIN EN 12845 enthält darüber hinaus weitere detaillierte Ausführungen zur Anordnung von Sprinklern

- zu Unterzügen und Feldern,
- in Dachstühlen,
- an Säulen,
- zu Plattformen, Leitungskanälen usw.,
- zu Rolltreppen und Treppenräumen,
- zu vertikalen Schächten und Rutschen,
- zu Hindernissen an Decken,
- in abgehängten offenen Decken,
- zu Zwischenebenen-Sprinklern in HH-Risiken.

6.3.7.8 Sprinklerzentrale

Räume zur Unterbringung von Sprinklerzentralen – d.h. der Pumpen und Alarmventile, Zwischenbehälter und Druckluftwasserbehälter, des zugehörigen Rohrnetzes, der Ventile und sonstigen Armaturen sowie der Steuerung – müssen die folgenden Anforderungen erfüllen:

- sie dürfen nicht zu Lager- oder Produktionszwecken genutzt werden,
- sie müssen innerhalb eines gesprinklerten Bereiches mindestens REI 30 A1 abgetrennt sein,
- sie müssen innerhalb eines nicht gesprinklerten Gebäudeteiles mindestens REI 90 A1 abgetrennt sein,
- sie müssen über eine ausreichende Be- und Entlüftung verfügen,
- sie müssen eine Raumtemperatur zwischen + 4 °C und + 40 °C aufweisen,
- bei Dieselaggregaten im gleichen Raum ist Sprinklerschutz der Sprinklerzentrale erforderlich, die Raumtemperatur darf dann nicht unter 10 °C absinken,
- die Tür zur Sprinklerzentrale muss jederzeit zugänglich sein und sollte sich möglichst in einer Außenwand befinden,
- bei Unterbringung der Sprinklerzentrale im eigenen Gebäude muss dies aus nichtbrennbaren Baustoffen bestehen.

Die wesentlichen Einrichtungen der Sprinklerzentrale sind zu überwachen. Abweichungen vom Ruhezustand der Sprinkleranlage, die auf ein Feuer hinweisen können, wie

- Durchflussmeldung im Pumpenraum
- laufende Sprinklerpumpen
- Durchfluss von Wasser in einer Sprinklergruppe oder -zone

sind als Feueralarm auszuweisen und an eine ständig besetzte Stelle weiterzuleiten (in der Regel sollte dies die Feuerwehr sein). Technische Störungen, die die Funktion der Sprinkleranlage im Einsatzfall beeinträchtigen könnten, wie z. B.:

- Ausfall der Stromversorgung,
- Niederdruck im Druckbehälter, in Trocken- oder vorgesteuerten Anlagen
- Wassermangel im Zwischenbehälter,
- zu niedrige Temperatur im Pumpenraum etc.

sind als Störungsmeldungen an eine ständig besetzte Stelle (z. B. den betrieblichen Wartungsdienst) weiterzuleiten. Es sind schnellstmöglich Maßnahmen einzuleiten, um die Auswirkungen solcher Störungen auf die Funktionsfähigkeit der Sprinkleranlage zu minimieren.

6.3.7.9 Rohrnetz der Sprinkleranlage

Das Rohrnetz einer Sprinkleranlage ist grundsätzlich vollständig hydraulisch zu berechnen. Die DIN EN 12845 enthält detaillierte Vorschriften über Rohrdurchmesser, Druckverhältnisse, Reibungswiderstände und Anordnung der Sprinkler in Abhängigkeit von der Brandgefahrenklasse. Bei so genannten vorberechneten Anlagen kann ein Teil der benötigten Auslegungsdaten der Norm entnommen werden. Anlagen mit Regalsprinklern und solche mit vermaschten Rohrnetzen oder Ringleitungskonfigurationen sind jedoch immer vollständig hydraulisch zu berechnen.

Bei der hydraulischen Berechnung sind alle Rohrdurchmesser rechnerisch für die erforderlichen Volumenströme zu bemessen, dabei müssen die Fließgeschwindigkeiten überall unter 10 m / s liegen. Druckverluste infolge Reibung sind mit Hilfe der sog. Hazen-Williams-Formel zu bestimmen, die notwendigen Eingangsdaten wie Rohrrauhigkeiten, äquivalente Längen von Formstücken, Ventilen etc. sind der Norm zu entnehmen (DIN EN 12845 Punkt 13, physikalisch technische Grundlagen z. B. bei Titus [6.61]; ein anerkanntes Berechnungsprogramm kann beim VdS bezogen werden).

Rohrleitungen sollen aus Stahl oder – nach dem Alarmventil von Nassanlagen – aus Kupfer festgelegter Mindestwandstärken bestehen. In Nassanlagen dürfen unter festgelegten Bedingungen auch Kunststoff- und Verbundrohrsysteme eingesetzt werden. Derartige Rohrsysteme dürfen jedoch nicht offen verlegt sein, sondern müssen für mindestens 30 Minuten gegen Brandeinwirkung geschützt sein. Ist eine Relativbewegung zwischen verschiedenen Abschnitten des Rohrsystems zu erwarten (z. B. bei Dehnungsfugen oder zur Versorgung freistehender Regalanlagen), dürfen flexible Verbindungen (Edelstahlschläuche) eingesetzt werden, die mindestens auf den 4-fachen Betriebsdruck der Sprinkleranlage ausgelegt sind. Sind Kompensatoren erforderlich, müssen diese aus

Edelstahlbalgen bestehen. Schläuche und Kompensatoren müssen gegen äußere Einflüsse geschützt eingebaut werden.

Rohrleitungen für Sprinkleranlagen sind so zu führen und zu befestigen, dass sie den zu erwartenden Beanspruchungen im Brandfall standhalten. Insbesondere müssen die Halterungen für Rohrleitungen so bemessen sein, dass bei extremen Belastungen, z. B. durch Gegenstände, die auf die Rohrleitungen fallen könnten, die Funktion der Sprinkleranlage nicht gefährdet werden kann. DIN EN 12845 legt die Abstände von Halterungen generell auf 4 m (Stahlrohre) bzw. 2 m (Kupferrohre) fest und gibt die Mindesttragfähigkeit in Abhängigkeit vom Rohrdurchmesser vor. Bei Erwärmung von +20 °C auf +200 °C darf die Festigkeit der verwendeten Materialien nicht mehr als 25 % abnehmen. Brennbare Materialien dürfen nicht verwendet werden.

6.3.8 Sprinkleranlagen mit Schaummittel

Sprinkleranlagen können zum Löschen von brennbaren Flüssigkeiten nur eingesetzt werden, wenn die Zumischung von filmbildenden Schaummitteln zum Wasser erfolgt. Ausgenutzt wird die Eigenschaft der AFFF-Schaummittel (Aquaous Film Forming Foam – Punkt 14.3.2) auf der Oberfläche von brennbaren Flüssigkeiten einen dampfdichten, wässerigen Film auszubilden, so dass die Zufuhr neuen Brennstoffes aus Flüssigkeitslachen gestoppt und der Luftsauerstoff abgeschirmt wird. Daher ist auch nur eine geringe Verschäumung erforderlich, um den zusätzlichen Stickeffekt zu erreichen, so dass diese Anlagen keine Schaumlöschanlagen sind (diese werden unter Punkt 6.5 dargestellt).

Die Zumischung von filmbildenden Schaummitteln ist gemäß DIN EN 12485 insbesondere bei Lagerung brennbarer Flüssigkeiten erforderlich, Hinweise zur Auslegung enthält die Norm jedoch nicht. VdS CEA 4001 [6.50] gibt in Anhang M Regeln für Sprinkleranlagen mit Schaummittelzusatz bei

- Nassanlagen,
- Trockenanlagen und
- Trockenschnellanlagen.

Bei herkömmlichen Sprinkleranlagen für die Bekämpfung von Feststoffbränden kann die Löschwirkung durch die Zugabe von Schaummittel erhöht werden [6.66]. Ausgenutzt wird hier die Eigenschaft des Schaummittels, die Oberflächenspannung des Wassers zu verringern. Das Schaummittel wirkt dann als Netzmittel, das Löschwasser kann besser in komplexes Brandgut eindringen.

Nassanlagen müssen ständig mit einem Wasser-Schaummittel-Gemisch gefüllt sein (Premix). Dieses Gemisch ist deutlich aggressiver als Wasser. Daher sind besondere Anforderungen an die Werkstoffe der Anlage festgelegt. Bei

Trockenanlagen darf die Zeit zwischen Auslösen der Sprinkler und dem Austreten des Löschmittels höchstens 30 Sekunden betragen, damit die Zeit für die Ausdehnung des Feuers so kurz wie möglich ist. Für die Schaummittelpumpen, deren Energieversorgung etc. gelten analoge Regelungen wie für die Wasserpumpen. Der Schaummittelvorrat muss so bemessen werden, dass die Anlage für mindestens 30 Minuten betrieben werden kann. Sehr detaillierte Ausführungen zu Sprinkleranlagen mit Schaummittel findet man in der amerikanischen Vorschrift NFPA 16 [6.67], die mit Zustimmung der Aufsichtsbehörden für die Bemessung von Anlagen mit speziellen Risiken, für die deutsche oder europäische Regeln nicht existieren, herangezogen werden kann.

6.3.9 Sprinkleranlagen mit Feinsprühtechnik

Seit Mitte der 90er Jahre werden Sprinkleranlagen in Richtung der so genannten Feinsprühtechnik weiterentwickelt. Ziel ist es, eine auf konventioneller Sprinklertechnik beruhende Alternative zu Wassernebel-Löschanlagen (Punkt 6.4.3) zu schaffen. Da diese Anlagen aus konventionellen Sprinklern mit Glasfassverschluss und bei Niederdruck mittlere Tropfengrößen von unter 1 mm Durchmesser erzeugen, könnten sie auch als Feinsprüh- bzw. Wassernebel-Löschanlagen eingestuft werden (Punkt 6.4.3). Im Vergleich zu Wassernebel-Löschanlagen weisen Sprinkleranlagen in Feinsprühtechnik die folgenden wirtschaftlich vorteilhaften Merkmale auf:

- keine Edelstahlkomponenten zwingend erforderlich
- Niederdruckkomponenten bis ca. 16 bar Nenndruck
- Verwendung normaler Wasserqualitäten ohne Einsatz besonderer Feinfilter

Gegenüber Sprinkleranlagen in konventioneller Ausführung haben solche mit Feinsprühtechnik folgende Vorteile:

- geringerer Löschwasserverbrauch, daher
- geringere Pumpenleistung und geringere Rohrdurchmesser
- kleinere Sprinklerzentralen bzw. geringer dimensionierte Wasserversorgungen.

Durch Sprinkleranlagen in Feinsprühtechnik werden heute (2021) überwiegend folgende Risiken abgedeckt (vergl. auch Punkt 6.3.7.1):

- LH-Risiken
- OH1-Risiken (ohne Produktionsrisiken)
- OH2-Risiken (derzeit nur Parkhäuser und Tiefgaragen)
- Räume zur Lagerung brennbarer Flüssigkeiten.

Zu beachten ist, dass derartige Anlagen als Sonderanlagen jeweils zugelassen werden müssen. Typische Auslegungskennwerte für bereits ausgeführte Sprinkleranlagen in Feinsprühtechnik sind (nach [6.68]):

Löschintensitäten	ab ca. 2,0 mm / m² min
k-Faktoren der Löschdüsen	3,5 bis 15
Drucke	6,0 bar bis 17,2 bar
Schutzfläche je Düse	4,0 m²; 9,0 m²; 12,0 m² bis 16 m²
Abstand der Düsen von Hindernissen	≥ 0,3 m bis ≤ 0,6 m (im Einzelfall bis 1,0 m)
Abstand der Düsen untereinander	1,2 m; 1,5 m bis 2,0 m
Anlagentypen	Nass und Trocken in Anlehnung an VdS CEA 4001
Tropfengrößen Dv50	225 µm bis 430 µm je nach Düsentyp
bisher zugelassene Raumhöhen	2,0 m; 2,5 m; 2,7 m; 5,0 m bis 7,5 m

6.3.10 Beispiel für die Bemessung einer Sprinkleranlage

Für die Lagerhalle einer Kartonagenfabrik (Abbildung 6-29) sind die wichtigsten Parameter der Sprinkleranlage überschlägig zu bemessen.

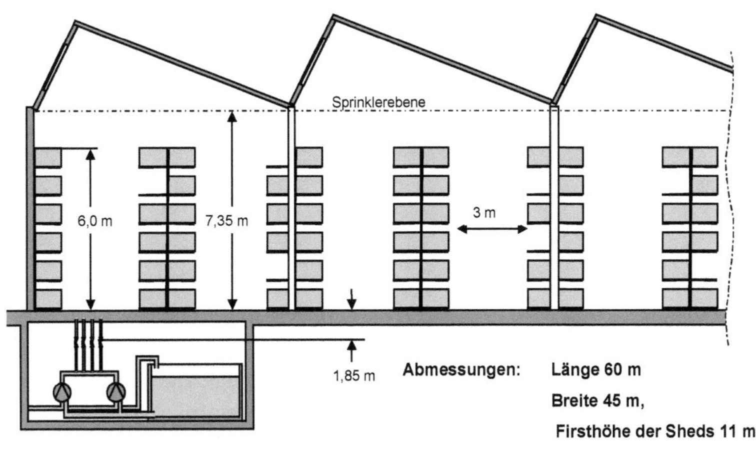

Abbildung 6-29: Bemessung von Sprinkleranlagen – Übungsbeispiel

Als Ergebnisse werden ermittelt:

- Brandgefahrenklasse ist HHS
- Lagerart ist ST 4 (Paletten-Regallager)
- Zwischenebenensprinkler sind nicht erforderlich
- Lagerkategorie ist III
- erforderliche Wasserbeaufschlagung ist 30 mm / min
- Wirkfläche ist 300 m^2
- erforderlicher Volumenstrom ist 9 m^3/min
- es werden Sprinkler mit K = 115 erforderlich die bei 5,5 bar zu betreiben sind
- es sind 340 Sprinkler erforderlich
- erforderlicher Druck an den Alarmventilstationen ist 6,62 bar (Druckverlust durch Reibung auf 0,2 bar gesetzt)
- die Betriebszeit ist 90 Minuten
- der Zwischenbehälter muss wenigstens 513 m^3 nutzbaren Inhalt haben
- bei einem Pumpenwirkungsgrad von 65 % ist eine Antriebsleistung von 153 kW erforderlich
- der erforderliche Dieselvorrat ist 222 Liter

6.3.11 Sprinkleranlagen und RWA

Sprinkleranlagen nach DIN EN 12845 [6.48] sind in erster Linie für den Sachschutz ausgelegt. Für den Personenschutz, um der Feuerwehr ein schnelles Auffinden von Brandstellen in großen und / oder unübersichtlichen Gebäuden zu ermöglichen, sowie für den Schutz der baulichen Konstruktion durch Wärmeabzug sind ggf. Rauch- und Wärmeabzugsanlagen erforderlich (Kapitel 7). Untersuchungen mit Hilfe von Brandsimulationsrechnungen und Versuche im Realmaßstab haben nachgewiesen, dass auch bei Sprinkleranlagen zusätzlich eine RWA mit mindestens ca. 0,5 % Abzugsfläche erforderlich ist, um den Personenschutz zu gewährleisten.

Wenn Sprinkleranlagen und RWA sowie deren Auslösungen korrekt aufeinander abgestimmt sind, d. h. die Sprinkler sicher innerhalb der Heißgasschicht liegen, ergeben sich die folgenden Erkenntnisse:

- die Zeit bis zum Ansprechen des ersten Sprinklers wird durch RWA nicht wesentlich beeinflusst (ca. +/- 10 %);
- eine Ablenkung des vertikalen Heißgasstromes (Plume) und ein damit verbundenes Falschauslösen von Sprinklern findet nicht statt;
- die Anzahl der geöffneten Sprinkler ist mit offenen RWA deutlich geringer.

Weitere Hinweise zur Wechselwirkung, insbesondere zur Abstimmung der Auslösungen von Wasserlöschanlagen und RWA enthält Punkt 7.10.

6.3.12 Selbsttätige Löschhilfeanlagen

Selbsttätige Löschhilfeanlagen (SL-Anlagen) sind ortsfeste Anlagen mit automatisch öffnenden Löschdüsen (Sprinklern), bei denen der Löschmittelvorrat der Anlage nur ausreicht, um die Zeit bis zum Beginn des Löscheinsatzes der Feuerwehr am Brandort zu überbrücken (ca. 15 Minuten). Eine sofortige automatische Alarmierung der Feuerwehr ist daher obligatorisch. Das technische Regelwerk zu SL-Anlagen ist in Anhang SL zu VdS CEA 4001 [6.50] enthalten. Die Ausbreitung des Brandes wird durch SL-Anlagen zwar verzögert, sie müssen jedoch nicht alle Anforderungen erfüllen, die an Wasserlöschanlagen (z. B. Sprinkleranlagen, Punkt 6.3.7) gestellt werden. SL-Anlagen sind daher Anlagen mit begrenzter Verfügbarkeit und geringerem Schutzwert als Sprinkleranlagen. Sie sollen in Klein- und Mittelbetrieben die Brandschäden reduzieren (Böke [6.69]) und können ggf. zu vollwertigen Sprinkleranlagen ausgebaut werden.

Hinsichtlich der technischen Ausführung der Löschdüsen, Leitungen, Alarmventile etc. sind SL-Anlagen weitgehend identisch mit Sprinkleranlagen, eine Erweiterung zu Sprinkleranlagen nach VdS CEA 4001 ist i. a. möglich. Die Risiken, bis zu welchen der Einsatz von SL-Anlagen möglich ist, dürfen keine höhere Wasserbeaufschlagung als 10 mm / min erfordern. Bei Trockenanlagen darf die Zeit bis zum Wasseraustritt am Sprinkler 30 Sekunden nicht überschreiten.

6.3.13 Überprüfung und Wartung von Sprinkleranlagen

Sprinkleranlagen sind relativ einfach aufgebaute, und bis auf die Pumpen völlig mechanisch arbeitende Systeme. Jedoch bedingen die zentrale Bedeutung innerhalb eines Brandschutzsystems, die in der Regel große Ausdehnung der Anlage, die Vielzahl der Einzelkomponenten und die beabsichtigte jahrzehntelange Nutzung regelmäßige Inspektionen, Wartung und Instanthaltung. Daher sind wöchentliche, und monatliche Kontrollen, vierteljährliche, jährliche, 3-jährige und 10-jährige Routineinspektionen und deren Umfang schon in den technischen Regelwerken vorgegeben. Mindestens einmal jährlich ist eine Prüfung durch eine unabhängige fachkundige Person erforderlich, d. h. durch eine Person, die ausreichend geschult, durch Wissen und praktische Erfahrungen qualifiziert ist und die Vorgaben des Anlageherstellers zur Durchführung der Prüfung kennt.

Die unterjährigen Kontrollen beschränken sich im Wesentlichen auf Sichtprüfungen der Rohrleitungen, Sprinkler und sonstigen Komponenten, Kontrolle der Manometer auf korrekten Anlagendruck, Funktionsprüfungen der Wasserversorgungen, Alarmventile und sonstigen Armaturen, der Füllstände von Zwischen- und Druckluftwasserbehältern sowie des automatischen Starts der Pumpen und ggf. Dieselmotoren. Sie können durch eingewiesene Personen des Nutzers durchgeführt werden.

Im Rahmen der jährlichen Prüfungen sind zusätzlich die Durchflussleistungen und Drucke der Pumpen und der Wasserversorgung, die Pumpenansaugkammern und Ventile der Vorratsbehälter (Zwischenbehälter) zu prüfen. Nach 10 Jahren ist auch der Vorratsbehälter selbst von innen zu untersuchen.

Druckluftwasserbehälter sind nach Betriebssicherheitsverordnung alle 10 Jahre einer Innenprüfung und ggf. einer Festigkeitsprüfung durch eine zugelassene Prüfstelle zu unterziehen.

Für Sprinkleranlagen in Deutschland schreibt DIN 14489 zusätzlich nach 25 Jahren für Nassanlagen eine detailliert beschriebene Stichprobenüberprüfung des Rohrnetzes auf Inkrustierungen und Korrosion durch den zertifizierten Errichter vor. Eine Stichprobe der Sprinkler ist durch eine notifizierte Stelle auf korrektes Auslösen sowie ausreichenden Durchfluss und Wasserverteilung zu überprüfen (k-Wert, Schutzfläche und Sprühbild). Diese Überprüfungen sind bei Trockenanlagen bereits nach 12,5 Jahren fällig.

Nur wenn die obigen Kontrollen, Inspektionen und ggf. Instantsetzungen durchgeführt werden, kann die unter Punkt 6.2.3 beschriebene hohe Zuverlässigkeit von Sprinkleranlagen erreicht und die Rabattierung der Versicherungsprämien erhalten werden.

6.3.14 Sprinkleranlagen für Wohnbereiche

Für Wohnbereiche, insbesondere für Wohnbereiche in kleineren Gebäuden, wie Ein- und Zweifamilienhäusern, Wohnhäusern bis 4 Obergeschosse, Wohn- und Seniorenheimen etc., sind Sprinkleranlagen bislang in Deutschland nicht üblich. Der Nutzen solcher Anlagen ist auf der Grundlage von Erfahrungen aus den USA gegeben. Auf Initiative einzelner Nationen wird daher wird derzeit (2021) das Normungsvorhaben E DIN EN 16925 [6.70] für Wohnraumsprinkleranlagen betrieben. Ziel ist die technische Beschreibung von Sprinkleranlagen für alle typischen Wohnraumnutzungen, die die dort vorhandenen Risiken beherrschen können und dennoch preiswert zu erstellen sind.

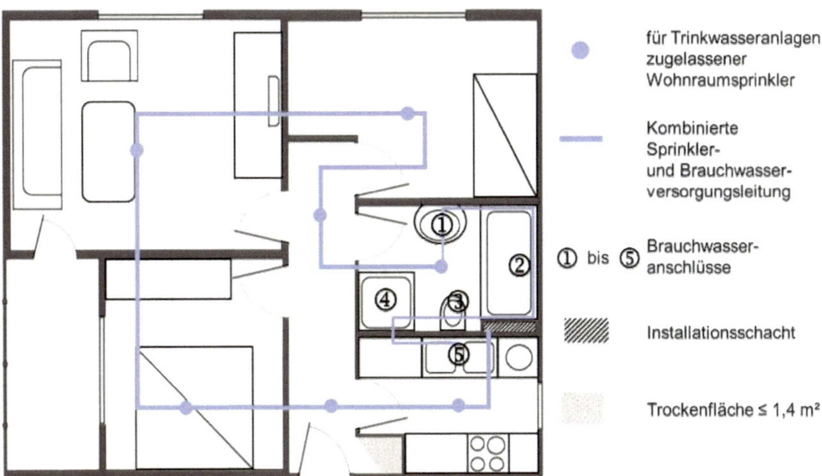

Abbildung 6-30: Beispiel für eine Wohnraumsprinkleranlage mit kombinierter Wasserversorgung

Hierzu wurde auch ein neuer Sprinklertyp entwickelt, um die speziellen Bedürfnisse von Wohngebäuden zu erfüllen, der s. g. „Sprinkler für den Wohnbereich" oder „Wohnraumsprinkler" nach DIN 12259-14 [6.71]. Dieser Sprinklertyp ist insbesondere ausgelegt, um die Überlebensfähigkeit von Personen im Brandentstehungsraum zu verbessern. Wohnraumsprinkler müssen daher unter den Bedingungen des einem Wohnungsbrand nachgebildeten Prüfbrandes u. a. die Höchsttemperatur in Kopfhöhe (1,6 m) auf maximal 93 °C und über jeweils durchgängig 2 Minuten auf 54 °C begrenzen. Die wichtigsten Anforderungen an Wohnraumsprinkleranlagen enthält Tabelle 6-35. Bemerkenswert ist insbesondere die Möglichkeit des Anschlusses von Wohnraumsprinkleranlagen an die Brauchwasserversorgung.

Wohnraumsprinkleranlagen sind bis auf wenige Ausnahmen über sämtliche Wohnbereiche zu erstellen (zulässige Ausnahmen – soweit vorhanden – ähnlich wie bei Sprinkleranlagen nach DIN EN 12845 vergl. Punkt 6.3.6). Ein Beispiel für eine Wohnraumsprinkleranlage mit kombinierter Wasserversorgung zeigt Abbildung 6-30.

Wohnraumsprinkler-anlage	Typ 1	Typ 2	Typ 3
Einsetzbar für	Gebäudetyp 1: einzelne Wohnungen in nicht gesprinklerten Gebäuden, Ein- und Zwei-familienhäuser, Fertighäuser	Gebäudetyp 2: Wohnungen in Wohnblöcken, Mehrfamilienhaus mit gemeinsam genutzten Einrichtungen, Seniorenheim, Pflegeheim [1], Kindergarten jeweils mit nicht mehr als 4 oberirdischen Geschossen	Gebäudetyp 3: wie Gebäudetyp 2 mit mehr als 4 Geschossen, Hotels bis 4 Geschosse
Mindest-Wasserbeaufschlagung [3] [4]	Wohnraumsprinkler: 2,1 mm/min [2] Schnellansprechende Weitwurfsprinkler: 4,1 mm/min [2]		
Anzahl Auslegungssprinkler	1-2	1-4	2-4
Schutzfläche der Sprinkler	entsprechend Herstellerspezifikation für die Sprinkler-Auslegungsschutzfläche, maximal $37\ m^2$,		
RTI-Wert	$\leq 50\ (m\ s)^{1/2}$		
Betriebsdruck der Sprinkler	entsprechend Herstellerspezifikation minimal 0,5 bar, maximal 12 bar		
Anordnung der Sprinkler	minimaler Abstand Sprinkler zu Sprinkler 2,4 m [2] außer wenn gegenseitiges Besprühen sicher verhindert, maximaler Abstand aus maximaler Schutzfläche nach Herstellerangaben		
Mindestbetriebszeit	10 Minuten	30 Minuten	
Wasserversorgung	kombinierte Wasserversorgung Sprinkler / Brauchwasser zulässig, wenn Gesamtleistung (Wasserlieferung und Druck) ausreichend und Kontinuität sichergestellt; DIN EN 1717 [6.53] ist zur Sicherstellung der Wasserhygiene zu beachten (Punkt 4.5.1)		
Anlagengröße	1 Wohneinheit	$2500\ m^2$	

1) jedoch keine Krankenhäuser; höchstens 10 Bewohner
2) oder nach Herstellerspezifikation falls diese höher ist
3) für begrenzte Bereiche mit höherer Brandgefahr mit Ausnahme von Wohnräumen gelten höhere Werte
4) Trockenbereiche bis maximal $1,4\ m^2$ Fläche je Sprinkler zulässig (Abbildung 6-30)

Tabelle 6-35: Wohnraumsprinkleranlagen – wichtige Anforderungen

Für alle hier nicht erneut erwähnten Attribute von Wohnraum-Sprinkleranlagen (hydraulische Berechnung, Alarmventilstationen, Verfügbare Wassermenge, Rohrleitungen, Pumpen, Anordnung von Sprinkler zu Wänden und Hindernissen etc.) gelten weitgehend die Anforderungen für Sprinkleranlagen nach DIN EN 12845.

6.4 Sonstige Wasserlöschanlagen

6.4.1 Sprühwasserlöschanlagen

Sprühwasserlöschanlagen (auch: Sprühflutanlagen, Abbildung 6-31) sind ähnlich aufgebaut wie Sprinkleranlagen, jedoch sind die Löschdüsen ständig offen, so dass bei Auslösung sofort die gesamte Wirkfläche mit Löschwasser beaufschlagt wird. Sie sind in der europäischen Technischen Spezifikation DIN CEN/TS 14816 [6.73] technisch beschrieben, VdS 2109 [6.74] enthält im Wesentlichen gleichlautende etwas detailliertere Regelungen.

Anmerkung: Eine Technische Spezifikation wird auf europäischer Ebene dann veröffentlicht, wenn noch nicht ausreichend Erfahrungen mit der betreffenden Anlage für die Herausgabe einer Norm vorliegen, oder die Bewertung im Rahmen von Brandschutzkonzepten noch nicht allgemein anerkannt ist. Die Technische Spezifikation ist daher – bei gleichwertigem technischem Inhalt – rechtlich etwas unterhalb einer Norm, die als anerkannte Regel der Technik gilt, angesiedelt.

Für die Bauteile von Sprühflutanlagen gelten die einschlägigen Vorschriften der Normenreihe DIN EN 12259 (Tabelle 6-10). Nachfolgend werden die wesentlichen Anforderungen an Sprühwasser-Löschanlagen (SPA) nach DIN CEN/TS 14816 dargestellt.

Sprühwasser-Löschanlagen werden insbesondere zum Schutz von Räumen und Objekten eingesetzt, bei denen hohe Brandlasten vorhanden sind, mit schneller Brandausbreitung zu rechnen, Wasser als Löschmittel anwendbar ist und wenn zur gleichen Zeit die gesamte bauliche Anlage (bzw. ein definierter Bereich insgesamt) mit einer bestimmten Wassermenge beaufschlagt werden muss. Typische Anwendungsgebiete sind daher:

- Müllbunker und Müllverbrennungsanlagen
- Bühnen (MVStättV § 24 [6.47] und VStättV der Länder)
- Transformatoren
- Anlagen und Behälter mit brennbaren Flüssigkeiten
- Holzverarbeitende Industrie (Spänesilos, Filter etc.)
- Spanplattenfabriken
- Kraftwerksanlagen
- Papierfabriken
- Hydraulikräume
- Feuerwerkskörperfabriken und Munitionsfabriken

- Kabelkanäle und Rohrtrassen
- Förderbänder und ähnlicher Transportanlagen

Ein weiterer wichtiger Anwendungsbereich von Sprühwasserlöschanlagen ist der Expositionsschutz baulicher Anlagen, d.h. der Einsatz zur Verhinderung einer Brandausbreitung. Dieser Anwendungsbereich wurde in Deutschland bis zum Jahre 2014 durch DIN 14495 [6.75] geregelt. Er wird hier in Kapitel 9 Kühlungseinrichtungen behandelt.

Hinweise zur erforderlichen Wasserbeaufschlagung und Wirkfläche für einige typische Anwendungsfälle von Sprühwasserlöschanlagen sind Tabelle 6-36 und Tabelle 6-37 zu entnehmen. Die in Tabelle 6-36 aufgeführten Wasserbeaufschlagungen sind je Gruppenwirkfläche bereitzustellen. Sofern Gruppenwirkflächen einer Sprühflutanlage Räume abdecken, die durch feuerbeständige Bauteile aus nichtbrennbaren Baustoffen voneinander getrennt sind, ist die Wasserversorgung für die Gruppe mit dem höchsten Bedarf auszulegen. Bei größeren Räumen ist es nicht auszuschließen, dass ein Brand an der Nahtstelle zwischen mehreren Gruppenwirkflächen auftritt. Daher muss dann eine Gesamtwirkfläche berechnet werden, die alle Gruppenwirkflächen, die sich ganz oder teilweise in einem Radius von 7 m von der denkbar ungünstigsten Brandausbruchstelle befinden, umfasst. Die Wasserversorgung ist für diese Gesamtwirkfläche auszulegen.

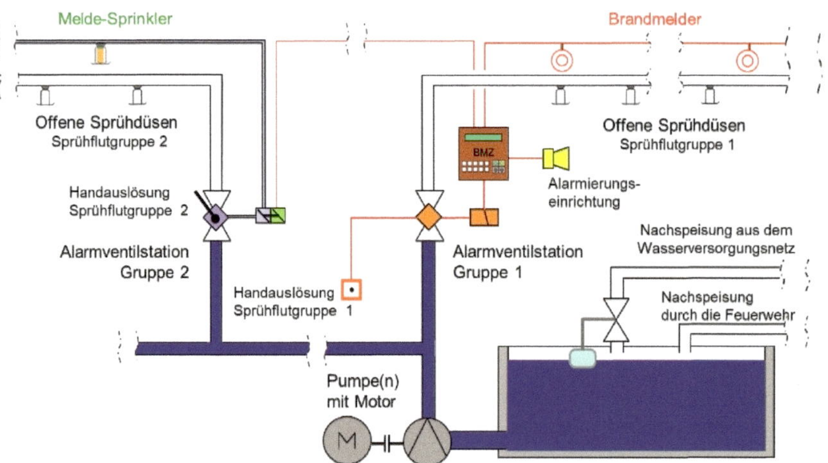

Abbildung 6-31: Sprühwasserlöschanlage – Schema; links hydraulische, rechts elektrische Aktivierung (sofern der Mindestwasservorrat und die Betriebszeit dies ermöglichen können auch Druckluftwasserbehälter verwendet werden)

Schutzobjekt	min. Wasserbeaufschlagung [l/(m² min)]	min. Löschzeit[1)] [min]	Gruppenwirkfläche [2)] [m²]
Bühnen Höhe ≤ 10 m Höhe > 10 m	 5 7,5	 30	 Gesamte Fläche
Holzwirtschaft [3)] z. B. Spänetrockner, Zyklone, Staubbunker, Sägewerke, Staubfilter, Silos für Holzspäne	5	60	Gesamte Fläche
Müllverbrennungsanlagen Müllanlieferung, Müllbunkler	20,0	60	400
Schaumstofflager Lagerhöhe ≤ 2 m Lagerhöhe > 2 m ≤ 3 m Lagerhöhe > 3 m ≤ 4 m Lagerhöhe > 4 m ≤ 5 m	 10,0 15,0 22,5 30,0	 60	 150 150 200 200

1) auch: Mindestwirkzeit, Betriebszeit
2) Wirkfläche je Sprühflutventil, Größe mind. 100 m² außer bei Räumen < 200 m²
3) Abstand von Melde-Sprinklern ≤ 3,75 m)

Tabelle 6-36: Wasserbeaufschlagung durch Sprühwasserlöschanlagen (zusammengestellt nach DIN CEN/TS 14816 und VdS 2109

Schutzobjekt	min. Wasserbeaufschlagung [l/(m² min)]	min. Löschzeit[1)] [min]	sonstiges
Bandförderer	7,5	30	maximale Fläche je Sprühdüse 12 m²; automatische Aktivierung der Löschanlage und Anhalten des Förderbandes
Kabelpritschen [1)] **in Gebäuden**	7,5 10	30	gerichtete Düsen Flächendüsen
Transformatoren, ölgekühlt [2)]	15 bis 30	60	abhängig von der Oberflächenstruktur
Kohlebunker	7,5	90	maximale Fläche je Sprühdüse 9 m²
Räume mit ölversorgten Anlagen (Turbinen, Hydraulik, Ölrecycling)	10	30	mindestens Auslaufzeit der Turbine

1): DIN CEN/TS 14816 enthält detaillierte Randbedingungen in Abhängigkeit von Abmessungen, und Abständen der Kabelpritschen
2): Abstand Trafo-Trafo ≥ 5 m oder Trennung REI 60

Tabelle 6-37: Wasserbeaufschlagung durch Sprühwasserlöschanlagen (zusammengestellt nach DIN CEN/TS 14816 und VdS 2109)

Die von einer einzelnen Löschdüse einer Sprühflutanlage zu schützende Fläche darf in Räumen 12 m² und im Freien 9 m² nicht überschreiten.

Die Alarmventile von Sprühwasserlöschanlagen können wie Sprinkleranlagen automatisch mit Hilfe von wärmeempfindlichen Auslöseelementen, angesteuert durch eine Brandmeldeanlage (vergl. Punkt 5.6.5) oder durch Handauslösung aktiviert werden. Jede Alarmventilstation muss mit einem Druckschalter für die Fernalarmierung bzw. zur Ansteuerung der Brandmeldeanlage ausgestattet sein, um die Alarmierung der Feuerwehr sicher zu stellen.

Eine automatische Auslösung von Sprühflutanlagen kann erfolgen durch (vergl. Abbildung 6-31):

• mechanische Auslösung • hydraulische Auslösung • pneumatische Auslösung	über so genannte Melde- oder Anregungssprinkler, die als Nass- oder Trockensprinkler betrieben werden
• elektrische Auslösung	angesteuert über eine Handauslösung oder die Brandmeldeanlage

- eine Kombination dieser Auslösungen.

Bei automatischer Auslösung einer Sprühflutanlage durch eine Brandmeldeanlage sind die Vorgaben der DIN VDE 0833-2 hinsichtlich der Anordnung der Brandmelder zu beachten (Punkt 5.8.5). Erfolgt die automatische Auslösung durch nicht-elektrische Branderkennungselemente darf die Überwachungsfläche in Räumen bis zu 20 m² im Freien und bei Einrichtungen bis zu 9 m² betragen. Melde-Sprinkler sollen nicht mehr als 30 °C oberhalb der Umgebungstemperatur ansprechen und einen RTI ≤ 50 haben (Punkt 6.3.7.6.3).

Zusätzlich zur automatischen Aktivierung müssen je Gruppe jeweils manuelle Notauslöseeinrichtungen vorhanden sein.

Insbesondere in Versammlungsstätten (Bühnen, Berieselung der Schutzvorhänge, der Seitengassen, Hinterbühnen etc.) sind Handauslösungen als alleinige Aktivierungseinrichtung üblich. Durch diese können die SPA insgesamt oder einzelne Sprühwasserlöschgruppen ausgelöst werden. Dies ist erforderlich, weil auf Bühnen häufig mit Showeffekten gearbeitet wird, die ein Abschalten der Brandmeldeanlage erfordern. Die manuelle Auslösung wird vertretbar, da während der Betriebszeiten von (Groß-)Bühnen Feuerwehrpersonal anwesend sein muss (Brandsicherheitswachsdienst nach Maßgabe der Brandschutzgesetze und Versammlungsstättenverordnungen, z. B. MVStättV § 25 und § 41, [6.47]).

Die Zeitspanne vom Ansprechen des Anregers bis zum Austritt des Wassers aus den Löschdüsen darf nicht mehr als 60 Sekunden betragen. Die Mindestbetriebszeit von Sprühwasserlöschanlagen beträgt je nach Risiko 30 Minuten bzw. 60 Minuten.

Für allgemeine Gefährdungen, wie z. B. Verarbeitungsanlagen mit leicht entflammbaren Flüssigkeiten in Behältern und Rohrleitungen sowie brennbare Lösungsmittel in ortsfesten oder ortsveränderlichen Behältern ist die Wasserbeaufschlagung nach DIN CEN/TS 14816 in Abhängigkeit von:

- der beteiligten Substanz und des Behältertyps
- der Zielstellung des Schutzes (kontrollierter Brand, Expositionsschutz)
- der Deckenhöhe über der geschützten Oberfläche
- der zu erwartenden Brandfläche

zu bestimmen.

Für den allgemeinen Flächenschutz mit Wasser bei Bränden ausgelaufener Mineralölprodukte enthält DIN CEN/TS 14816 lediglich einige Empfehlungen zur Wasserbeaufschlagung. Detailliertere Regelungen zu Schaumerzeugenden Sprühflutanlagen enthält DIN EN 13565-2 [6.103], diese werden hier unter Punkt 6.5.4.3 behandelt.

Für alle hier nicht angesprochenen Bauteile, Anschlussbedingungen, Funktionsabläufe und Leistungsdaten von Sprühwasser-Löschanlagen gilt das unter den Punkten 6.3.7.4, 6.3.7.5, 6.3.7.8 und 6.3.7.9 zu Sprinkleranlagen ausgeführte analog.

Durch die seit einiger Zeit verfügbaren elektrisch auslösbaren Sprinkler (Punkt 6.3.7.6.4) können nunmehr Sprinkleranlagen – wo sinnvoll – als Quasi-Sprühwasser-Löschanlagen konfiguriert werden.

Das unter Punkt 6. 3. 13 zur Wartung und Instanthaltung von Sprinkleranlagen dargestellte gilt für Sprühwasser-Löschanlagen unter Berücksichtigung der offenen Sprühdüsen im Wesentlichen analog.

6.4.2 Monitorlöschanlagen

Anstelle von Sprühwasserlöschanlagen werden insbesondere im Freien und in sehr großen Hallen auch Monitorlöschanlagen (auch: Werferlöschanlagen) eingesetzt. Diese bekämpfen über stationäre Monitore – großkalibrige Wasserstrahlrohre, Schaumrohre oder eine Kombination von beiden [6.115] – gezielt Brandherde oder beaufschlagen gezielt bestimmte Flächen mit dem Löschmittel. Das Löschmittel wird nur auf den unmittelbaren Gefahrenbereich ausgebracht, ähnlich wie es die Feuerwehr mit ihren Geräten tun würde. Dadurch werden der Löschmittelbedarf und der potentielle Schaden durch das Löschmittel minimiert. Vorbeugend werden Monitore für die Beschäumung von Auffangräumen und die Kühlung von Behältern eingesetzt (Punkte 6.5.4.2 bzw. 8.2.1). Objekte, für die Monitorlöschanlagen zur Brandbekämpfung und / oder Kühlung von Einrichtungen geeignet sein können, sind u. A.:

- Anlagen der Entsorgungswirtschaft zur Lagerung und Behandlung von Abfällen

Anmerkung: Hierzu enthält VdS 3884 [6.116] Regelungen zum Volumenstrom der Löschmonitore, zur Wasser- und Schaummittelversorgung, Branddetektion und Steuerung der Anlagen

- Recyclinganlagen
- große Freilagerflächen
- Industrieanlagen (insbesondere in der Chemischen Industrie)
- Landungsbrücken in Seehäfen
- Tankanlagen für brennbare Flüssigkeiten (als Löschanlage oder Kühlungseinrichtung)
- Auffangräume von Tanklagern (Tanktassen)
- Flugzeughangars

Monitorlöschanlagen arbeiten je nach Brandgut mit Wasser oder Schaum als Lösch- bzw. Kühlmittel. Zur Herabsetzung der Oberflächenspannung des Löschwassers wird, wo erforderlich ggf. Class A Schaummittel als Netzmittel zugemischt. Schaumerzeugende Monitorlöschanlagen werden unter Punkt 6.5.4.2 behandelt. Monitorlöschanlagen benötigen im Vergleich zu Sprühwasser-Löschanlagen oder Schaumlöschanlagen kein aufwändiges Rohrnetz, sondern nur einfache Versorgungsleitungen bis zu den Werfern.

Die Monitore selbst sind bewährte Bauteile, die Volumenströme zwischen ca. 2000 l / min und ca. 5000 l / min liefern, nach Herstellerangaben sind bis 15 000 l / min möglich (Abbildung 6-32). Je nach Anforderung können die Monitore in der Horizontalen bis zu 360° drehbar und vertikal bis zu ± 90° neigbar ausgeführt werden. Monitore erreichen Wurfweiten von bis zu 70 m, Spezialausführungen auch mehr. Die Ausstattung der Schutzbereiche mit Monitoren sollte so geplant werden, dass jeder Punkt der Schutzfläche von mindestens zwei Monitoren beaufschlagt werden kann.

Monitoranlagen arbeiten halbautomatisch, vollautomatisch ferngesteuert oder fernbedient. Bei halbautomatischen Anlagen oszillieren die Werfer selbsttätig in vordefinierten Bereichen. Vollautomatische Monitoranlagen erkennen über Kamerasysteme (im sichtbaren und infrarot, Punkt 5.7.4) Bereiche mit erhöhter Temperatur oder Rauchentwicklung und vermessen den Brandort relativ zur eigenen Position. Ein IT-basierter Algorithmus berechnet die Lage des

Abbildung 6-32: Monitorlöschanlage am Beispiel einer Abfallbehandlungsanlage (Fotos und Graphik: Rosenbauer [6.117])

Brandherdes im Raum und ermittelt daraus die erforderliche Ausrichtung der Monitore, nimmt die Pumpenanlage(n) in Betrieb, wählt geeignete Löschmittel (z. B. Schaummittelzumischung zum Wasser), Volumenströme und Strahlformen der Werfer und steuert den/die Löschmittelstrahl(en) ins Ziel. Fernbediente Werfer werden aus einer Leitwarte gesteuert oder – mit direkter Sicht zum Brandbereich – über tragbare Funkfernsteuerungen eingesetzt.

Die Wasserversorgung von Werferlöschanlagen muss auf den maximalen Volumenstrom ausgelegt sein. Hinsichtlich des erforderlichen Wasservorrates, der Auslegung der Pumpen und deren Energieversorgung etc. gelten die Anforderungen an Sprühwasser-Löschanlagen analog. Die Energie-, Steuer- und Datenkabel für die Werfer und Kamerasysteme sollten für Funktionserhalt über mindestens 30 Minuten ausgelegt und befestigt sein (P 30 nach DIN EN 13501-3).

6.4.3 Feinsprüh-Löschanlagen

6.4.3.1 Eigenschaften von Wassernebel

Die bei einem Löschvorgang tatsächlich erreichte Kühlwirkung von Löschwasser hängt u. a. wesentlich von der Wasseroberfläche ab, die für den Energietransfer zur Verfügung steht. Daneben beeinflussen die Verweilzeit des Löschwassers in der unmittelbaren Umgebung des Brandherdes und die vorhandene Temperaturdifferenz die in eine gegebene Löschwassermenge übertragbare Wärmeenergie.

Je größer die spezifische Oberfläche des eingebrachten Wassers, desto mehr Löschwasser wird direkt verdampfen und dadurch dem Brandherd weitere Energie entziehen. Die spezifische Verdampfungswärme von Wasser beträgt 2260 kJ / kg; erfolgt lediglich eine Erwärmung – von z. B. 10 °C auf 100 °C – kann 1 kg Wasser dem Brandherd nur rund 375 kJ Wärmeenergie entziehen. Es liegt also nahe, durch Verringerung des mittleren Tropfendurchmessers des Löschwassers die Kühl- und damit die Löschwirkung zu verbessern.

Die Oberfläche des Löschwassers steigt bei kleiner werdenden Tropfendurchmessern überproportional an. Große Wassertropfen, mit mittleren Durchmessern von ca. 1,5 mm bis ca. 2 mm, wie sie typischerweise von Sprinkleranlagen oder den Strahlrohren der Feuerwehr erzeugt werden, löschen im Wesentlichen durch Benetzung der Oberfläche des Brandgutes (Punkt 14.1.5). Sehr feine Wassernebel, mit mittleren Tröfchendurchmessern von ca. 10 µm, löschen dagegen im gesamten Raum, sofern die Anlage die ungehinderte Durchdringung des Volumens sicherstellt. Heute (2021) typische Wassernebel (Tröpfchendurchmesser ca. 30 µm bis 100 µm) liegen im Zwischenbereich. Daher kommt auch dem Volumenlöscheffekt schon gewisse Bedeutung zu, so dass Wassernebel gelegentlich auch als „2,5dimensionales Löschmittel" bezeichnet wird.

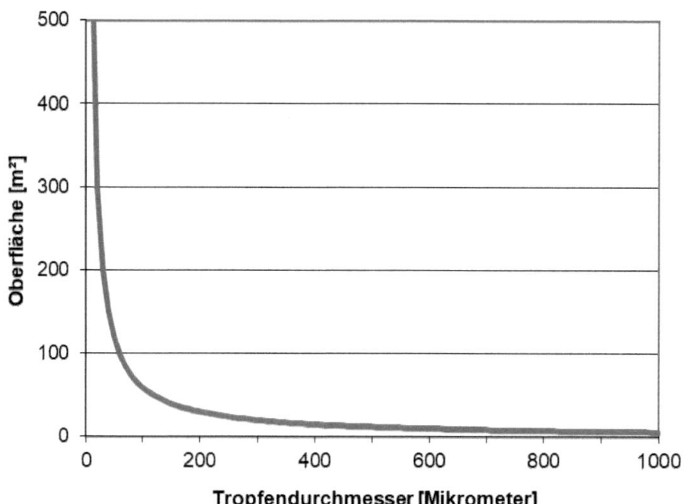

Abbildung 6-33: Tropfendurchmesser und spezifische Oberfläche

Wissenschaftliche Untersuchungen des Löschmittels Wasser in feinzerteilter Form (Wassernebel, siehe hierzu in [6.76], [6.77] und [6.78]) haben weiter gezeigt, dass auch die Reduzierung des Sauerstoffgehaltes im Brandbereich einen wesentlichen Beitrag zur Löschwirkung liefert (Stickeffekt, siehe Punkt 14.1.4). Die Abbildung 6-34 zeigt, dass die Löschung von Bränden genau dann eintritt, wenn die kritische Sauerstoffkonzentration für das jeweilige Brandgut unterschritten wird. Es ist also zu vermuten, dass es hier zur lokalen Inertisierungseffekten kommt. Die Untersuchungen haben gezeigt, dass die Löschwirkung von Wassernebel u. a. von der Raumgröße und von der Brandleistung beeinflusst wird. Wird letztere zu klein (unterhalb ca. 1 MW) ist nur mit Wassernebel keine Löschung mehr möglich. Dies liegt vermutlich daran, dass die Wärmestrahlung und die Thermik des Brandes nicht mehr ausreichen, die notwendigen nahezu 100 % Luftfeuchte zu erzeugen bzw. die wasserbeladene Luft kontinuierlich an den Brandherd zu transportieren.

Hinsichtlich der Raumdurchdringung verhalten sich feine Wassernebel ähnlich wie Löschgase, so dass insbesondere auch nicht zu große Hindernisse umströmt werden. Gute Löschwirkung erreicht Wassernebel bei Tröpfchenkonzentrationen von ca. 500 g / m³ bis 600 g / m³. Um diese löschfähige Konzentration überall im Raum erzeugen und ausreichend lange aufrechterhalten zu können, ist der Verteilung der Löschdüsen und ggf. vorhandenen Luftströmungen im Raum besondere Aufmerksamkeit zu schenken. Da der Tröpfchenschwarm nur solange als Volumenlöschmittel wirken kann, wie er sich nicht auf Oberflächen absetzt, muss der Wassernebel im Löschvolumen solange ständig erneuert werden, bis Rückzündungen nicht mehr auftreten. Ein Absetzen der Tröpfchen kann auch minimiert werden, wenn die Feinsprüh-Löschanlage erst bei Temperaturen von ca. 80 °C bis 90 °C auslöst. Ein Teil der Tröpfchen wird dann sofort verdampfen, so dass der Wasserdampf als Löschgas wirkt. Das hierfür zur Verfügung stehende Zeitfenster ist allerdings stark von den Randbedingungen zu erwartenden Bränden abhängig und ggf. nur klein.

Der Wasserbedarf für Feinsprüh-Löschanlagen beträgt gegenüber Sprinkleranlagen mit vergleichbarer Wirkung nur etwa 15 % bis 20 % bei tendenziell etwas kürzeren Löschzeiten (ca. 80 %). Detaillierte Informationen hierzu enthält ein Forschungsbericht der Universität Karlsruhe (Kunkelmann [6.83]).

Aufgrund möglicher heftiger Reaktionen oder der Erzeugung gefährlicher Reaktionsprodukte kann Wassernebel insbesondere bei folgenden Stoffen nicht als Löschmittel eingesetzt werden:

- Reaktionsfähige Metalle (Lithium, Natrium, Kalium, Magnesium, Titan, Zirkon, Uran, Plutonium)
- Metallalkoxide (z. B. Natriummethoxid)

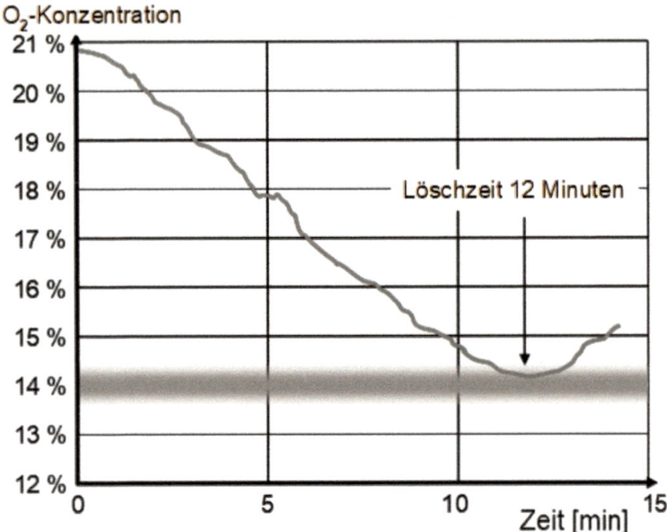

Abbildung 6-34: Sauerstoffkonzentration bei der Löschung mit Wassernebel (unter Berücksichtigung des Wasserdampfes, schematisiert nach [6.77])

- Metallamide (z. B. Natriumamid)
- Carbide (z. B. Kalziumcarbid)
- Halide (z. B. Benzoylchlorid, Aluminiumchlorid)
- Hydride (z. B. Lithium-Aluminiumhydrid)
- Oxyhalide (z. B. Phosphoroxybromid)
- Silane (z. b. Trichlormethylsilan)
- Sulfide (z. B. Phosphorpentasulfid)
- Cyanate (z. B. Metylisocyanat)
- Füssiggase (LNG, LPG).

6.4.3.2 Auslegung von Feinsprühlöschanlagen

Die Wirkung von Feinsprüh-Löschanlagen (Wassernebellöschanlagen) mit Tropfendurchmessern von 20 µm bis 100 µm beruht nach dem unter Punkt 6.4.3.1 ausgeführten auf den folgenden gegen Sprinkler- bzw. Sprühwasser-Löschanlagen erhöhten bzw. neuen Effekten:

- Physikalische Kühlung:
  In der Flammenzone verdampfen kleinere Tropfen schlagartig, dadurch wird der Energiekreislauf der Verbrennung gestört (unterschreiten der Mindestverbrennungstemperatur, Punkt 14.1.3).
- Antikatalytischer Effekt feinster Wassertropfen:

Radikale der Kettenreaktion der Verbrennung lagern sich kurzzeitig an Tröpfchen an (Wandeffekt), dadurch wird der Reaktionsablauf in der Flamme beeinträchtigt (Punkt 14.1.7).

- Inertisierungseffekt:
  Durch Verdünnen des Sauerstoffanteiles aufgrund des entstehenden Wasserdampfes in der Luftströmung zur Flammenreaktionszone werden die Brandreaktion – und damit auch die Wärmefreisetzung – reduziert.
- Verminderung der Strahlungsrückkoppelung:
  Durch teilweise Blockierung der Wärmestrahlung von der Flamme zum Brandgut durch den entstehenden Wasserdampf steht weniger Energie für die Aufbereitung des Brandgutes zur Verfügung (Punkt 14.1.3, vergl. auch Punkt 8.1.4).

Die grundlegenden zu beachtenden Parameter bei der Bemessung von Wassernebel-Löschanlagen haben Böke et al. in [6.77] sehr instruktiv dargestellt. In Europa liegt seit 2020 zu den Anforderungen an Feinsprüh-Löschanlagen der Normentwurf E DIN EN 14972-1 [6.80] vor. In den USA stehen die Regeln der National Fire Protection Association (NFPA 750) zur Verfügung [6.79], weitere Hinweise zur Auslegung entnimmt man [6.78] oder auch VdS 3188 [6.81].

Ziele von Wassernebel-Löschanlagen sind demnach:

- die Brandkontrolle
  (Begrenzung der Wärmefreisetzungsrate im Wesentlichen auf den Wert zur Zeit des Auslösens der Löschanlage) und / oder
- die Brandunterdrückung
  (Wesentliche Reduzierung der Wärmefreisetzungsrate und der Verhinderung des erneuten Anwachsens) und / oder
- die Brandlöschung
  (Vollständige Löschung auch von Schwelbränden, d. h. Reduzierung der Wärmefreisetzungsrate auf 0)

Wassernebel-Löschanlagen eignen sich vorwiegend für folgende Schutzobjekte:

- Maschinenräume kleinerer und mittlerer Größe
- Kabelkanäle und Kabelschächte
- Öffnungen in Brandabschnittsbegrenzungen
- Gefahrstofflager bis 6 m Raumhöhe und bis 1 000 m^3 Raumvolumen
- Räume bis 7,5 m Höhe
- Als Objektschutz für
  - Gasturbinen
  - Spanplattenpressen
  - Werkzeugmaschinen

- Kunststoffverarbeitungsmaschinen
- Fahrzeuge (auch Fahrzeugsilos).

Als Vorteile von Wassernebel-Löschanlagen können genannt werden:

- schneller Löscherfolg durch schnelles Absenken der Brandraumtemperatur
- geringer Wasserverbrauch
- geringe Rohrleitungsdimensionen und Gewichte
- hervorragender Personenschutz durch die rauchgasreinigende, kühlende und strahlungswärmeabschirmende sowie -bindende Wirkung des Wassernebels
- umweltfreundlichstes Löschmittel.

Da es sich bei Wassernebellöschanlagen ($D_{v0,90}$ des emittierten Tröpfchenspektrums bei Betriebsdruck in 1 m Abstand von der der Düse < 1 mm) um eine noch relativ neue Entwicklung handelt, liegen 2021 nur wenige Prüfergebnisse im Realmaßstab vor (Kantinen, Restaurants und Maschinenräumen auf Seeschiffen; Treppenräume). Weitere Einsatzbereiche werden intensiv untersucht (siehe z. B. in [6.81], [6.83], [6.84], [6.85], [6.86], [6.87], [6.85], [6.87]). Wegen der noch nicht generell abgesicherten Erkenntnisse zur Wirksamkeit von Feinsprüh-Löschanlagen und verschiedener kritischer Parameter, die sehr genau an die räumlichen Verhältnisse des Schutzobjektes und die dort vorhandenen Brandlasten angepasst werden müssen, sind diese Anlagen bestimmten Referenz-Prüfungen im Realmaßstab zu unterziehen, die künftig in den Teilen 2 bis 17 der E DIN EN 14972 beschrieben werden.

Die Beurteilung der Wirksamkeit von Wassernebellöschanlagen erfolgt relativ zur Löschwirkung einer Referenz-Sprinkleranlage, die nach DIN EN 12845 ausgeführt ist. Die Brandschäden werden unter Anlegung eines strengen Maßstabes verglichen. Die Brandschäden nach Einsatz der Wassernebellöschanlage müssen geringer sein, als die nach Einsatz der Referenz-Sprinkleranlage. In E DIN EN 14972-3 [6.88] werden Standard-Testszenarien für Risiken geringer Brandgefahr, wie Büros, Schulen und Hotels ausführlich beschrieben, die im Realmaßstab überprüft worden sind und deren Ergebnisse auf ähnliche Anwendungsfälle übertragen werden können. (Abbildung 6-34 zeigt das Referenzszenarien für Büros). Es ist beabsichtigt, auch folgende grundsätzlichen Prüfszenarien zu beschreiben (schematisiert und zusammengefasst):

- Wohnhäuser, Mehrparteienhäuser, Wohnblöcke
- Risiken mittlerer Brandgefahr ohne Lagerung
  (aufwändig ausgestattete) Wohnungen, Krankenhäuser, Bibliotheken, Restaurants, ungenutzte Dachböden (vergleichbar LH-Risiken nach DIN EN 12845)
- gewerbliche Nutzungen niedrigen Risikos
  (vergleichbar OH-Risiken nach DIN EN 12845)

- Einkaufsbereiche (Lagerflächen ≤ 50 m²)
- horizontale Zwischendecken- und Zwischenbodenbereiche
- Kabeltunnel
- Garagen (ohne Stapelsysteme)
- Verkehrstunnel
- Maschinen, Verbrennungsturbinen und Großfrittieranlagen

Abbildung 6-35: Bürobrandlast für die Prüfung von Feinsprüh-Löschanlagen nach E DIN EN 14972-3

6.4.3.3 Technische Ausführung von Feinsprüh-Löschanlagen

Technisch werden Feinsprüh-Löschanlagen ausgeführt als

- Niederdruckanlagen (Betriebsdruck bis 12,5 bar),
- Mitteldruckanlagen (Betriebsdruck 12,5 bis 35 bar),
- Hochdruckanlagen (Betriebsdruck höher als 35 bar) [6.84],
- mit automatischen Feinsprühdüsen mit integriertem thermischen Auslöseelement (analog zu Sprinklerköpfen),
- mit offenen Feinsprühdüsen (analog zu Sprühflutanlagen),
- als Einstoff- oder Zweistoff-Löschanlagen.

Bei Zweistoff-Löschanlagen wird der Wassernebel mit Hilfe eines Hochdruckgases (bisher überwiegende Stickstoff) erzeugt, das ggf. zusätzlich durch Absenkung des Sauerstoffniveaus im Brandraum zur Löschwirkung beiträgt (siehe hierzu [6.88], [6.90], [6.91]). E DIN EN 14972-1 unterscheidet diese Ausführungsvarianten hinsichtlich ihrer Löschwirkung nicht. Soweit allerdings die verwendeten Gase den Sauerstoffgehalt im geschützten Bereich absenken, müssen auch die Sicherheitsanforderungen für Gaslöschanlagen der DIN EN 15004-1 [6.92] (siehe Punkt 6.7) erfüllt werden.

Durch die Verwendung von Wassernebel wird es gegenüber Sprinkler- oder Sprühflutanlagen grundsätzlich schwieriger, das Wasser nahe genug an den Brandherd heranzubringen, da die Masse und die Fallgeschwindigkeit der Tröpfchen u. U. sehr klein werden und der Tropfenschwarm aufgrund der Brandthermik möglicherweise den Brandherd nicht erreicht [6.77]. Die Weiterentwicklung der Sprühdüsen von Wassernebel-Löschanlagen ermöglicht es heute aber, Räume mit Höhen bis zu 7,5 m lediglich durch deckenmontierte Düsen sicher mit der erforderlichen Wasserintensität zu beaufschlagen. Einige typische Parameter für die Anordnung der Düsen und zur erforderlichen Wasserbeaufschlagung enthält Tabelle 6-38.

Typische Düsenleistungsparameter						
Parameter	**Niederdruck**				**Mittel-druck**	**Hochdruck**
	Einstoffdüsen		**Zweistoffdüsen**			
Druck [bar]	4-8	8-14	Wasser 3-5	Gas 3,5-5,5	20-35	80-150
Tropfengrößen [µm]	40-200	40-300	5-200		20-200	20 bis 150
k-Faktor	1,4-14	3,5-10	1-10		1-11	0,3-2,5
Sprühwinkel [°]	90-140	90-110	90-140		90-120	60-90
Volumen-Wasserbeaufschlagung für Brandlöschung [l/ m³ min]						
	Niederdruck				Mitteldruck	Hochdruck
	Einstoffdüsen		Zweistoffdüsen			
Druck [bar]	4-8	12-14	Wasser 3-5	Gas 3,5-5,5	30-40	60-80
Brandgefahr LH	1,50	1,50	1,00 [1)]		1,00	0,70
Brandgefahr OH	1,50	1,50	1,00		1,00	0,70
1) Dies entspricht bei üblichen Raumhöhen von 2,5 m bis 5 m einer Wasserbeaufschlagung von 2,5 l/m² min bis 5 l/m² min. Damit ergibt sich über die Mindestlöschzeit von 10 Minuten eine Gesamt-Wasserbeaufschlagung von mindestens 25 l/m² bis 50 l/m²						

Tabelle 6-38: Düsenparameter und Wasserbeaufschlagung typischer Feinsprüh-Löschanlagen (nach Schremmer [6.68])

Die Anordnung der Löschdüsen muss unter Beachtung der folgenden Aspekte festgelegt werden:

- Risikoart (OH, LH, Kabelkanäle, Zwischenböden etc.)
- Düsenposition relativ zur Brandlast (Abstand, Ausrichtung)
- Düsenposition relativ zur Decke und Ausführung der Decke
- Abstände zu Wänden und anderen Hindernissen (zusätzliche Düsen hinter Hindernissen und um Öffnungen)
- Minimaler und Maximaler Düsenabstand
- Düsentyp (Sprühwinkel, k-Faktor)

Aufgrund der nahezu schlagartigen Löschwirksamkeit von Wassernebel-Löschanlagen für Räume relativ geringer Ausdehnung (im Einzelfall nur etwa 60 Sekunden [6.85], [6.86]) werden prinzipiell nur geringe Gesamt-Wassermengen benötigt. Für größere Räume sind die Löschzeiten allerdings vergleichbar mit den von Sprinkleranlagen (Kunkelmann [6.83]), daher empfiehlt E DIN EN 14972-1 die Anlagen auf minimale Löschzeiten entsprechend Tabelle 6-39 auszulegen.

Systemanforderung	Löschzeit [1) 2)]
Brandlöschung	Mindestens die zweifache Löschzeit der relevanten Prüfbrände mit der dort ermittelten Mindest-Wasserbeaufschlagung, minimal 10 Minuten, falls im Prüfbericht nichts anderes festgelegt ist
Brandkontrolle und Brandunterdrückung	Mindestens für eine Löschzeit von 30 Minuten bzw. 60 Minuten wie für das Risiko in DIN EN 12845 festgelegt (Tabelle Seite 232)
1) Wassernebel-Löschanlagen die im intermittierenden Löschverfahren eingesetzt werden, müssen den Löschvorgang für die obige Löschzeit wiederholen können. 2) Für netzunabhängige Wassernebel-Löschanlagen mit integriertem Löschwasservorrat sollte ein Reservesystem vorhanden sein, das für eine zweite volle Löschzeit ausgelegt ist.	

Tabelle 6-39: Minimale Löschzeiten von Feinsprüh-Löschanlagen nach E DIN EN 14972

Die technischen Anforderungen an die Wasserversorgung von Wassernebel-Löschanlagen sind weitgehend anlog zu denen von Sprinkleranlagen. Zusätzlich muss das Löschwasser wegen der geringen Düsendurchmesser weitgehend frei von Schmutz und Faserstoffen sein, ggf. sind Filtersysteme erforderlich. (Trinkwasser erfüllt i. A. diese Anforderung). Auch die Anforderungen an Pumpen, Rohrleitungen, Ventile, Kontrolleinrichtungen etc. sind – unter Berücksichtigung des höheren Druckes – analog zur DIN EN 12845. Die Energieversorgung von Wassernebel-Löschanlagen ist so auszuführen, dass die Funktion der Anlage für 24 Stunden auch bei Ausfall der Netzversorgung sichergestellt ist.

Wassernebel-Löschanlagen sollen in der Regel automatisch auslösen. Als Auslöseelemente kommen mechanische, elektrische, pneumatische, hydraulische oder sprinklerartige Systeme in Betracht. Zusätzlich sind stets Handauslösungen vorzusehen. Nach der Aktivierung des Systems muss das Löschmedium

- bei automatischen Trocken- und vorgesteuerten Anlagen mit automatischen Düsen
  innerhalb 60 Sekunden aus der aktivierten Düse austreten,
- bei Anlagen mit offenen Düsen
  innerhalb von 30 Sekunden an allen Düsen austreten.

6.5 Schaumlöschanlagen

Wenn in einem Objekt mit Bränden größerer Mengen brennbaren Flüssigkeiten gerechnet werden muss, wie z.B. bei:

- Lagern für brennbare Flüssigkeiten und Flüssiggase (Tanklager, Regallager)
- Verladungs- und (größere) Abgabeanlagen für brennbare Flüssigkeiten
- Raffinerien
- Chemische Industrie
- Erdölgewinnungsanlagen (Off-Shore Ölbohrplattformen)
- (größeren) Tankschiffen
- Flughäfen

sind in der Regel Schaumlöschanlagen erforderlich, um die Risiken eines Brandfalles zu beherrschen. Daneben werden Schaumlöschanlagen in bestimmten Einzelfällen auch zur Beherrschung von Bränden der Brandklasse A eingesetzt (u. A. zum Schutz von Reifenlagern, Recyclingbetrieben, Abfallbehandlungsanlagen).

Generell nicht einsetzbar sind Schaumlöschanlagen,

- wenn der Wassergehalt des Schaumes zu gefährlichen Reaktionen führen kann (z.B. bei Natrium, Kalium und deren Legierungen, Triethylaluminium, Phosphorpentoxid),
- bei brennbaren Metallen wie Aluminium und Magnesium,
- bei unter Spannung stehenden, nicht isolierten elektrische Einrichtungen,
- bei Chemikalien, die Sauerstoff oder andere Oxidationsmittel freisetzen, die die Verbrennung unterstützen.

Löschschaum wird durch Verschäumung eines Schaumbildner-Wassergemisches mit Luft erzeugt (Luftschaum, Abbildung 6-36 und Abbildung 14-7 in Punkt 14.3.2). Das Schaummittel-Wassergemisch entsteht durch Zumischung von 0,3 % bis 6 % eines Schaumbildners zum Wasser. Der für einen festgelegten Mindestzeitraum stabile Schaum ist leichter als brennbare Flüssigkeiten (Abbildung 6-36) und schwimmt daher auf deren Oberfläche.

Die charakteristische Kenngröße für Löschschaum ist die Verschäumungszahl VZ, die die Volumenvergrößerung bei der Verschäumung angibt. Es gilt:

Gleichung 6-4: $VZ = (V_{W+S} + V_L) / V_{W+S} = 1 + V_L / V_{W+S}$

mit:

VZ	=	Verschäumungszahl (Expansionsverhältnis)	
V_{W+S}	=	Volumen Wasser-Schaummittel- Gemisch	[m³] oder [l]
V_L	=	Volumen Luft	[m³] oder [l]

Gleichung 6-5: $VZ = (Q_{W+S} + Q_L)/ Q_{W+S} = 1 + Q_L/ Q_{W+S}$

mit:

Q_{W+S}	=	Volumenstrom Wasser-Schaummittel- Gemisch	[m³/s] oder [l/min]
Q_L	=	Volumenstrom Luft	[m³/s] oder [l/min]

Schaumlöschanlagen werden nach Art des erzeugten Löschschaumes und Art der Schaumerzeugung eingeteilt in:

- Aspirierende (Luft ansaugende) Schaumlöschanlagen
  - Schwerschaumlöschanlagen (4- bis 20-fache Verschäumung)
  - Mittelschaumlöschanlagen (21- bis 200-fache Verschäumung)
  - Leichtschaumlöschanlagen (201- bis 1 000-fache Verschäumung)
- Druckluftschaum-Löschanlagen
- Instantschaum-Löschanlagen

} die in der Regel Schwerschaum erzeugen

Schaumart	**Verschäumungszahl** [1]	**Inhalt in 1 m³ Schaum ca.**			**Masse** [3] **ca.**
		Wasser	Schaumbildner	Luft	
Schwerschaum	4 bis 19 (7) [1]	139 l	4 l [2]	857 l	143 kg
Mittelschaum	20 bis 200 (50)	19,4 l	0,6 l [2]	980 l	20 kg
Leichtschaum	über 200 (1000)	0,97 l	0,03 l [2]	999 l	1 kg
1) in Klammern: typischerweise in der Praxis erreichter Wert 2) bei typischer Zumischung von 3 % Schaummittel und 3) bei Verschäumung mit typischem Wert der Verschäumungszahl					

Tabelle 6-40: Schaumarten

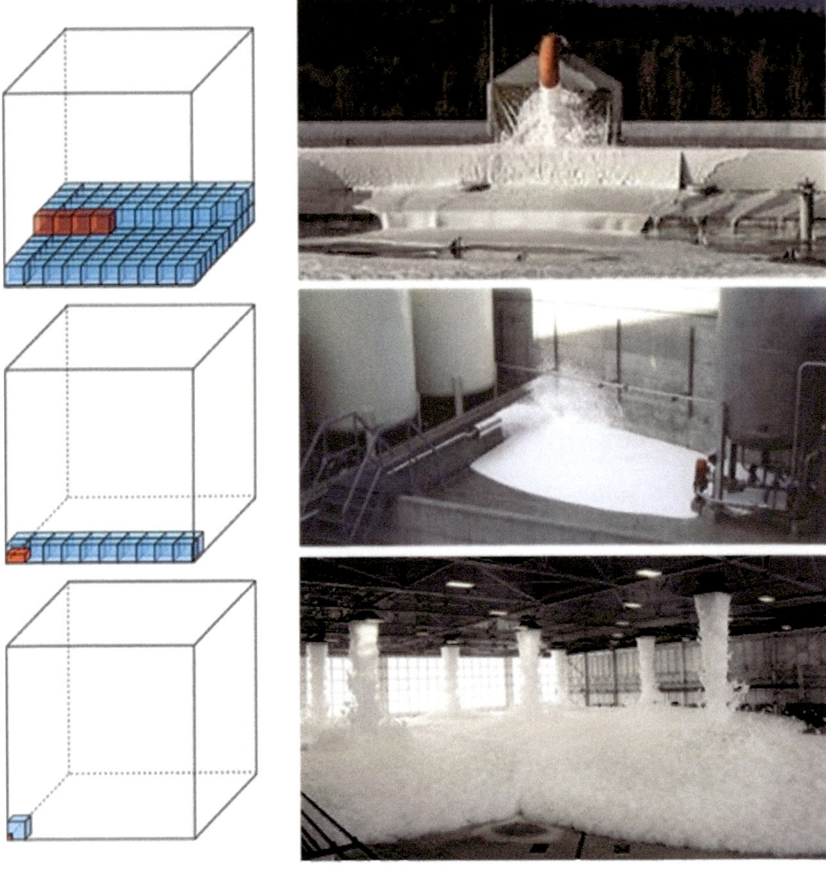

Abbildung 6-36: Schaumarten und typische Anwendungen

Die Löschwirkung von Schaum besteht in erster Linie aus einem Ersticken der Flammen durch die Trennung von brennbarem Stoff und dem Luftsauerstoff (Punkt 14.1.4). Des Weiteren kühlt das im Laufe der Zeit aus dem Schaum ausfallende Wasser das Brandgut (Wasserhalbwertszeit 10 Minuten bis 60 Minuten, bei Spezialschäumen auch mehr). Unterstützt wird die Trennwirkung einer Schaumschicht bei bestimmten Schaumarten durch einen Wasser- oder Polymerfilm, der sich auf der Oberfläche der brennenden Flüssigkeit ausbildet (Punkt 14.3.2, Tabelle 6-47). Zu den weiteren Eigenschaften von Löschschaum und Schaumbildner, zu Aufbringungsarten, Einsatztaktik etc. wird auf Punkt 6.5.4, den Anhang 2, auf die im folgenden zitierten Normen und auf die Literatur [6.93] bis [6.102] verwiesen.

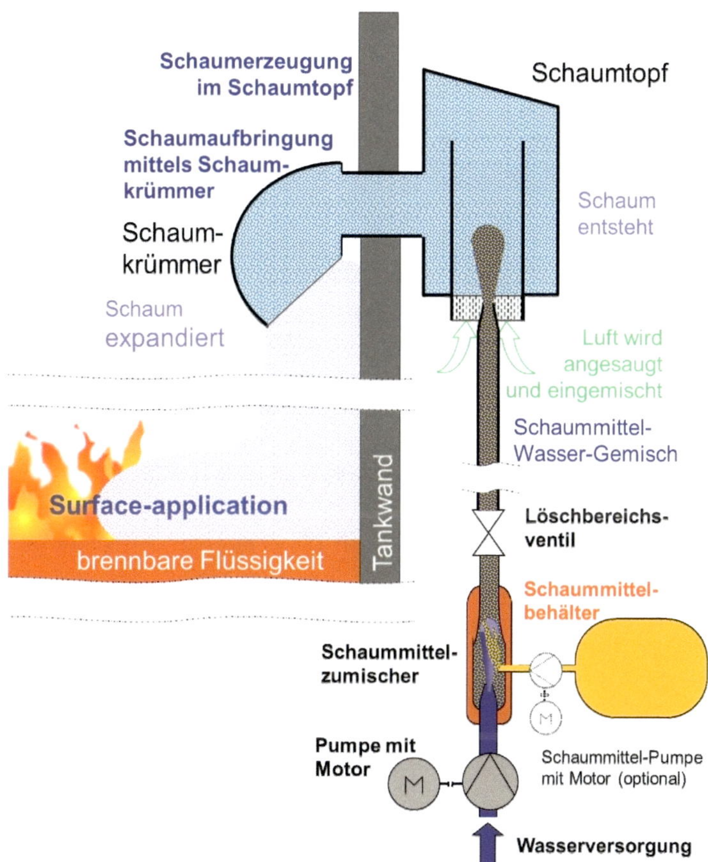

Abbildung 6-37: Wesentliche Bestandteile und Funktionsweise einer Aspirierenden Schaumlöschanlage am Beispiel einer Tank-Innenbeschäumung auf die Flüssigkeitsoberfläche.Der Schaum entsteht durch Einmischung von Luft am Schaumtopf, expandiert, wird mittels Schaumkrümmer auf die Innenseite der Tankwandung gesprüht, gleitet daran herab und sanft auf die Flüssigkeitsoberfläche (Surface-application).

Technische Regeln für die Bemessung von Aspirierenden Schaumlöschanlagen (Abbildung 6-37) enthält die europäische Norm DIN EN 13565-2 [6.103]; Anforderungen für die Bauteile von Schaumlöschanlagen enthält DIN EN 13565-1 [6.104] Schaumlöschanlagen haben sehr spezielle Anforderungen und müssen auf den Anwendungszweck hin optimiert werden. Dabei sind eine Vielzahl Parameter, unterschiedlicher Löschmethoden etc. zu beachten. Die wichtigsten Parameter zur Auslegung von Schaumlöschanlagen werden in Punkt 6.5.4 dargestellt, für detailliertere Bemessungsgrundlagen wird auf die Fachliteratur verwiesen.

6.5.1 Schwerschaumlöschanlagen

Schwerschaumlöschanlagen dienen in erster Linie der Brandbekämpfung und dem Schutz von Tankanlagern. Des Weiteren werden sie in der Petrochemischen Industrie, in Lagern brennbarer Flüssigkeiten, Umschlageinrichtungen und auf Schiffen installiert. Brände in den genannten Einrichtungen sind zwar recht selten (siehe z.B. bei Ramsden [6.105]), jedoch wegen der leichten Entflammbarkeit und hervorragenden Brennbarkeit der Flüssigkeiten sowie der vorhanden, bzw. sich aufgrund eines Schadensfeuers ergebenden Geometrie äußerst komplex und schwer zu beherrschen.

Ziel von automatischen Schwerschaum-Löschanlagen ist daher, die schnellstmögliche Begrenzung der brennenden Flächen. Zum Einfluss verschiedener petrochemischer Produkte und Zündquellen auf die Brandentstehung und den Brandverlauf hat Jones [6.106] Untersuchungen vorgelegt; interessante Berichte zu Tanklagerbränden findet man bei Brunswig [6.107], [6.108], Pais [6.109], Falkenheiner [6.110], Glor [6.111], Lavergne [6.112] und Buncefield [6.113].

Schwerschaumlöschanlagen sind in DIN EN 13565-2 [6.103] genormt. Diese Norm enthält detaillierte Regeln

- zum Aufbau und zur empfohlenen Leistung dieser Löschanlagen in Abhängigkeit von verschiedenen Risiken,
- zur Anzahl der Schaumaufgabestellen und zur Art der Aufgabe,
- zur Wasser- und Schaummittelversorgung, und
- zur Energieversorgung (Punkt 6.5.4).

Abbildung 6-38 zeigt einen typischen Anwendungsfall von Schwerschaumlöschanlagen. Für die Brandbekämpfung von großen Tanks, Verladeeinrichtungen in Seehäfen und Recyclinganlagen wird Schaum auch über Monitorlöschanlagen eingesetzt (Punkt 6.5.4.2). Wo die örtliche Situation dies erlaubt (z.B. bei einer Werkfeuerwehr), ist auch der Einsatz halbstationärer oder mobiler Schaumerzeuger möglich.

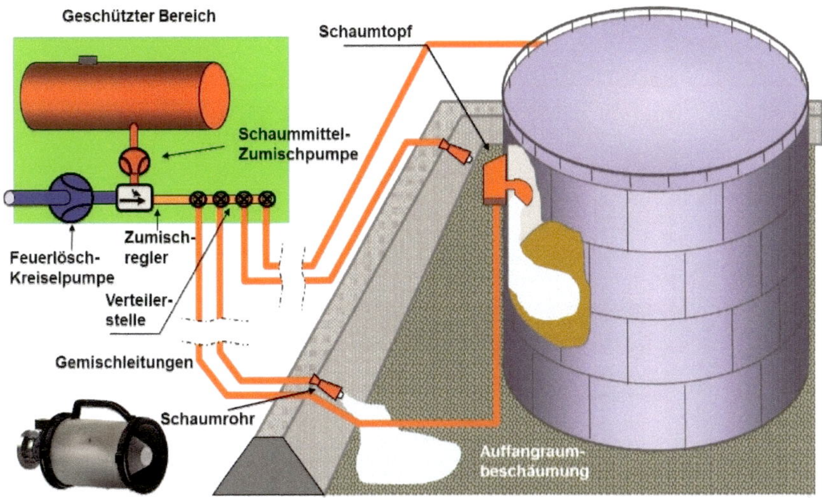

Abbildung 6-38: Schwerschaumlöschanlage zur Beschäumung eines Festdachtanks und der zugehörigen Tanktasse - Schema

(*Anmerkung:* für Tanktassenbeschäumungen wird häufig Mittelschaum eingesetzt)

6.5.2 Mittelschaumlöschanlagen

Mittelschaumlöschanlagen werden hauptsächlich in Räumen eingesetzt, in denen brennbare Flüssigkeiten gelagert, umgefüllt oder verarbeitet werden. Sie sind in DIN EN 13565-2 [6.103] technisch beschrieben. Ein typisches Anwendungsbeispiel zeigt schematisiert Abbildung 6-39. In derartigen umschlossenen baulichen Anlagen ist – im Vergleich zu Tanklagern nach Abbildung 6-38 – davon auszugehen, dass nur relativ geringe Mengen brennbarer Flüssigkeit auf kleineren Flächen in Brand geraten können. Allerdings ist zu berücksichtigen, dass Brände auch weitere u. U. gestapelte Gebinde beschädigen könnten, so dass eine höhere Schaumdecke relativ schnell aufgebaut werden sollte. Daher ist Mittelschaum hier das bevorzugt eingesetzte Löschmittel.

Mittelschaum-Löschanlagen werden auch als modifizierte Sprühflutanlagen mit Verschäumung außerhalb der Düse erstellt. Die zu erwartende Brennstofftiefe bei beschädigten Gebinden darf dann 25 mm nicht überschreiten.

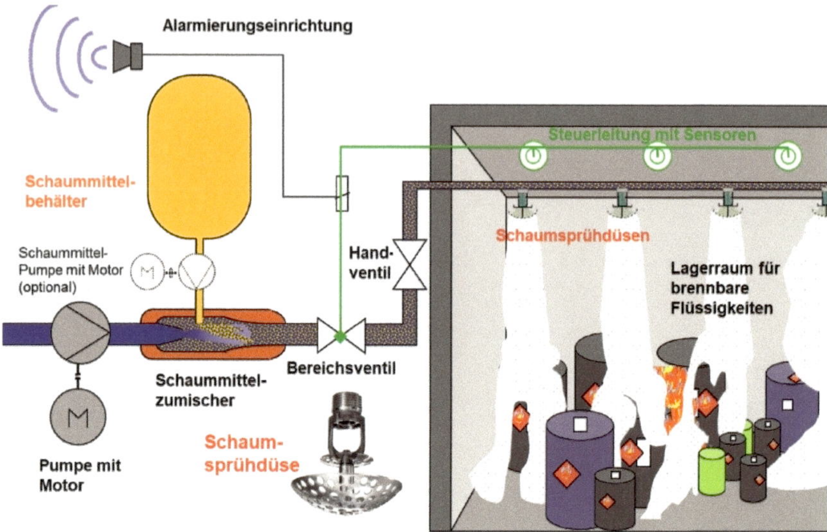

Abbildung 6-39: Mittelschaum-Löschanlage für ein Lager brennbarer Flüssigkeiten (Schaumerzeugende Sprühwasser-Löschanlage: Verschäumung außerhalb der Düse)

6.5.3 Leichtschaumlöschanlagen

Leichtschaumlöschanlagen eignen sich wegen der hohen erreichbaren Volumenströme des Löschschaums (je nach Anzahl der Leichtschaumgeneratoren bis zu mehrere 1000 m³/min) in erster Linie für die schnelle vollständige Flutung großer Räume, wie Kabeltunnel, Lagerräume, Keller, Schiffsladeräumen und Flugzeughangars. Sein geringer Wassergehalt erzeugt keine wesentliche Kühlung, er bewirkt durch Verdrängung der Luft das Ersticken des Brandes. Leichtschaum wird in erster Linie für Flüssigkeitsbrände eingesetzt, ist jedoch auch sehr wirkungsvoll bei Bränden der Brandklasse A. Neben der Brandbekämpfung wird Leichtschaum auch für die Unterdrückung des Dampfaustrittes aus Flüssigkeitsoberflächen (soweit sein Gewicht ausreicht, den Dampfdruck auszugleichen) und als Isolier- bzw. Abschirmschicht gegen Wärmestrahlung eingesetzt. Aufgrund des geringen Schaumgewichtes (Tabelle 6-40) ist die Anwendung im Freien häufig nicht möglich. In der ehemaligen DDR wurde allerdings Leichtschaum zur Schneisenbildung bei Waldbränden eingesetzt [6.93]. Leichtschaumlöschanlagen sind in DIN EN 13565-2 [6.103] genormt.

Der in Abbildung 6-40 gezeigte Anwendungsfall in einem Flugzeughangar war früher allein üblich und wird auch heute noch so umgesetzt (z. B. Boston Airport [6.113]). Daneben stehen heute filmbildende Schäume zur Verfügung, die den anlagentechnischen Aufwand deutlich verringern (AFFF – filmbildender Schaum, siehe Punkt 6.5.4.7 und [6.99]). Diese Schäume werden als filmbildende Schwerschäume über automatisierte Schaumwerfer (Schaummonitore) ausgebracht (Punkt 6.5.4.2.; [6.93], [6.115]).

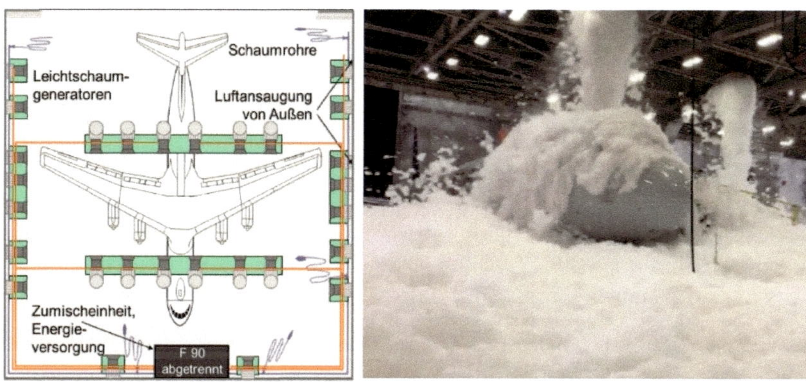

Abbildung 6-40: Leichtschaumöschanlage (links schematisch, rechts Anwendungsbeispiel).

6.5.4 Einige Auslegungsparameter für Aspirierende Schaumlöschanlagen

Wie oben bereits ausgeführt, sind bei der Auslegung von Schaumlöschanlagen viele spezielle Parameter des zu schützenden Risikos zu beachten. Nachfolgend werden die wichtigsten Aspekte anhand der Empfehlungen in DIN EN 13565-2 [6.103] dargestellt. Weitere umfassende Abhandlungen findet man bei Scheffey [6.116], [6.119] und Bahodori [6.120]), sehr detaillierte Auslegungsvorschriften mit vielen Konstruktions-Beispielen in NFPA 11 [6.121] sowie in [6.122]. Nicht behandelt werden die Auslegungsvorschriften für Schaumlöschanlagen für Flüssiggasbrände.

6.5.4.1 Anforderungen an Schwer- und Mittelschaumlöschanlagen

Schwer- und Mittelschaumlöschanlagen nach DIN EN 13565-2 müssen die zu schützende Fläche (Auffangraum, Flüssigkeitsoberfläche im Tank, Ringspalte von Schwimmdachtanks, Abfüllstation etc.)

- in einer vorbestimmten Zeit (5 Minuten bis 20 Minuten)
- unter Berücksichtigung
  - des Brennstoffes
  - des Fließverhalten des Schaumes

(je höher die Verschäumung, umso schlechter das Fließverhalten)
- der Schaumzerstörung durch Abbrand, Entwässern, mechanische Einflüsse und Undichtigkeiten der Umfassungsbauteile
- des Schaumverlustes durch Windeinwirkung und Brandthermik
- von Hindernissen im Beschäumungsraum
- der Art des Objektes
- der Aufbringungsart

löschwirksam abdecken.

Die Löschwirkung einer Schaumdecke ist im Wesentlichen abhängig von

- der Schaumart
- der Art des verwendeten Schaummittels
- der Höhe der aufgebrachten Schaumschicht
- dem zu erwartenden Abbrand (Schaumzerstörung durch Flammenkontakt)

Die Art des Schaumes Tabelle 6-40 wird im Wesentlichen durch das Brandgut und die Art des Objektes bestimmt. Im Allgemeinen wird für (Flüssigkeits-) Oberflächen Schwerschaum sowie für stark gegliederte Objekte und umschlossene Räume Mittelschaum verwendet. Zur Auswahl des Schaummittels enthält der Punkt 6.5.4.7 einige Ausführungen.

Die Höhe der mindestens aufzubringenden löschwirksamen Schaumschicht ist abhängig

- vom Dampfdruck des Brandgutes,
- vom Wassergehalt des Schaumes (Verschäumungszahl!) und
- von der Struktur und Homogenität des Schaumes.

Die Schaumschicht muss durch ihre Masse, die im Wesentlichen bestimmt durch den Wassergehalt bestimmt wird (Tabelle 6-40) und den Widerstand gegen Aufreißen einen Gegendruck zum Dampfdruck aufbauen, so dass kein weiterer Brennstoff über die Schaumschicht aufsteigen kann. Der Widerstand gegen Aufreißen – d.h. gegen das Verschieben von Schaumbläschen – wird dabei im Wesentlichen bestimmt durch die Größe und Homogenität der Blasen und die kinematische Zähigkeit des Wasser-Schaummittelgemisches.

Als Faustregel kann für konventionell erzeugten Schaum aus aspirierenden Schaumlöschanlagen angenommen werden:

erforderliche Mindestdicke der Schaumschicht

- bei filmbildenden Schäumen 10 cm
- bei nicht-filmbildenden Schäumen 20 cm.

(Für Druckluft-Schaum aus stationären Löschanlagen ist nach Herstellerangaben eine Mindestdicke der Schaumschicht von nur ca. 2 cm ausreichend, Punkt 6.5.6).

Um den erzeugten Schaum möglichst effektiv auf die abzulöschende oder zu schützende Oberfläche aufzubringen muss die (unvermeidliche) Schaumzerstörung durch das Aufbringen minimiert werden. Hierzu ist es wichtig, den Schaum sanft auf die brennende Oberfläche gleiten zu lassen. Hierzu stehen – abgestimmt auf den jeweiligen Anwendungsfall – unterschiedliche Aufbringungsarten zur Verfügung:

- von Oben auf die Oberfläche
  (surface-application, konventionelle Aufbringung) gegen ein Hindernis, z. B. ein Schaumleitblech, die Tankwand oder die Umfassung des Auffangraumes) so dass der Schaum aufgleitet
- von Unten durch die Flüssigkeit (Abbildung 6-41)
  (nicht mit allen Schaummitteln und nicht bei allen Flüssigkeiten möglich)
  - durch direktes Einleiten des Schaumes am Boden des Behälters in die Flüssigkeit und Aufschwimmen des Schaumes (Subsurface-application)
  - durch Einleiten des Schaumes über einen Schlauch, dessen offenes Ende auf der Flüssigkeitsoberfläche schwimmt (Semi-subsurface-application)
  - erforderlich, wenn der Tankdurchmesser mehr als ca. 60 m beträgt, da sich Schaum auf einer brennenden Flüssigkeit in der Regel nur etwa 30 m weit ausbreitet [6.121]; [6.122].

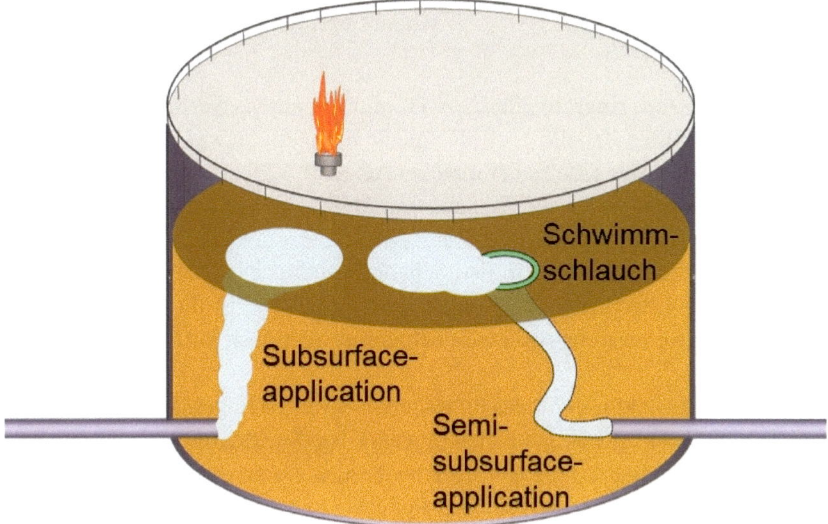

Abbildung 6-41: Tankbeschäumung von Innen: Subsurface-application

Zur Sicherstellung des Löscherfolges müssen Schaumlöschanlagen so viel Schaum aufbringen, dass auch unter Berücksichtigung des Abbrandes bei bereits brennenden Flüssigkeiten – der bis zu 50 % des Schaumvolumens ausmachen kann [6.107] – sich die Schaumdecke schließt und sich innerhalb von nicht mehr als 20 Minuten auf die erforderliche Schichtdicke aufbaut. Daher gibt DIN EN 13565-2 in Abhängigkeit von den zu beschäumenden Objekten Mindestaufbringraten q_{Sch} [l / m² min] für das aufzubringende Schaummittel-Wassergemisch vor.

Gleichung 6-6: $q_{Sch} = q_{th} * f_c * f_O * f_h$

mit:

q_{Sch}	=	Mindest-Aufbringrate [l / m² min]
q_{th}	=	Nenn-Aufbringrate (4 l / m² min)
f_c	=	Faktor zur Berücksichtigung der Schaummittelklasse (Tabelle 6-43)
f_O	=	Faktor zur Berücksichtigung der Objektart (Tabelle 6-41, Tabelle 6-42)
f_h	=	Faktor zur Berücksichtigung des Düsenabstandes d in Sprühflutanlagen außerhalb von Gebäuden für Schwerschaum (1,0 für d < 5 m; 1,25 für d > 5m; 1 für Tanks und Auffangräume); für Mittelschaum praktische Prüfung erforderlich

Für die Nenn-Aufbringrate gilt: q_{th} = 4 l / min m², einige Werte für die übrigen Faktoren enthalten Tabelle 6-41 bis Tabelle 6-43, eine etwas detailliertere Erläuterung dieser Faktoren findet man bei Albert [6.123].

Die Korrekturfaktoren für die Schaummittelklasse aus Tabelle 6-43 berücksichtigen die unterschiedliche Löschleistung verschiedener Schäume. Diese wird auf der Grundlage der in den Schaummittelnormen (DIN EN 1568-1 bis DIN EN 1568-4) festgelegten Prüfungen bestimmt. I A ist die höchste und III D die niedrigste Leistungsstufe von Schaummitteln nach DIN EN 1568 (Punkt 6.5.4.7).

Die Korrekturfaktoren für das Brandobjekt berücksichtigen die unterschiedliche Zeit, die aufgrund der baulichen Eigenart des Objektes bis zur vollständigen Beschäumung vergeht. Je länger diese Zeit ist, desto größer wird die Schaumzerstörung durch den an den Rändern weiterhin angreifenden Brand sein, daher wird die Aufbringrate durch den Korrekturfaktor f_O entsprechend erhöht.

Mit real zu erzielenden Verschäumungsfaktoren (Schwerschaum ca. 4 bis 7, Mittelschaum ca. 25 bis 35) ergeben die obigen Mindestaufbringraten flächenunabhängige Beschäumungszeiten für Auffangräume von ca. 5 Minuten bis 10 Minuten (bei mobilen Anlagen 10 Minuten bis 20 Minuten).

Zu dieser reinen Beschäumungszeit kommt noch die Zeit zur Inbetriebnahme der Anlage, d. h. die Zeit bis zum Austreten von Schaum. Diese wird im Wesentlichen durch die Dimensionierung der Rohrleitungen bestimmt (die in großen Tanklagern allerdings erhebliche Längen haben können). Die Rohrleitungen sollten so ausgelegt werden, dass die folgenden Zeiten bis zum Austreten von Schaum an der entferntesten Aufgabestelle nicht überschritten werden (DIN EN 3565-2 enthält hierzu allerdings keine zeitlichen Anforderungen):

- in Gebäuden: 1 Minute
- im Freien: 3 Minuten
- in Tanklagern: 10 Minuten
- in sonstigen Objekten die im Brandschutzkonzept festgelegte Zeit.

Lachenbildung und Auffangbereiche		**Ortsfeste Anlagen [5] Beschäumung von oben**			
Brandgefahr durch brennbare Flüssigkeiten	Anordnung / Fläche [m^2]	Korrekturfaktor f_O [6]		Betriebsdauer [min] [6]	
		Schwerschaum [3]	Mittelschaum [3]	Schwerschaum [3]	Mittelschaum [3]
Lachenbrände [1] in Auffangbereichen	im Freien	0,75	0,75	15	15
	im Innenraum [2]	1,5	1,5	20 (30)	15 (30)
Große Brennstoffmengen [4] in Auffangbereichen im Freien	< 400	1,0	1,0	20	15
	> 400 und < 2000	1,0	1,0	45	30
	> 2000	1,25	1,25	45	30
Produktions-, Handhabungs- und Lagerbereiche [1]	im Innenraum [5]	1,0 (1,5)	1,0	15	15

1) Brennstoffhöhe ≤ 25 mm
2) bei Lachentiefe > 25 mm besonderes Risiko!
3) Schaummittel entsprechend der Brennstoffart (polar – nicht polar)
4) Große Brennstoffmengen: Brennstoffhöhe > 25 mm
5) über Schaumkrümmer oder Schaumrohre (Abbildung 6-39); Beschäumung über Monitore siehe Punkt 6.5.4.2
6) Werte in Klammern gelten für Schaum-Sprühflutanlagen, siehe Punkt 6.5.4.3

Tabelle 6-41: Korrekturfaktoren für die Objektart bei Lachen und Auffangbereichen für brennbare Flüssigkeiten nach DIN EN 13565-2, Auszug

Vorratstanks für brennbare Flüssigkeiten [1]			**Ortsfeste Anlagen** [2] **Beschäumung von oben**	
Brandgefahr	Brandart		Korrekturfaktor f_0	Betriebsdauer [min]
Oben offene Schwimmdach-tanks [3]	gesamter Oberflächenbereich		als Festdachtank zu behandeln	
	nur Randdichtungsbereich		3,0	20
Festdachtanks	gesamter Oberflächenbereich	∅ < 45 m	1,0	60
		45 m < ∅´<60	1,25	60
		∅ > 60	1,5	60

1) Schwerschaum, Schaummittel entsprechend der Brennstoffart (polar – nicht polar)
2) über Schaumkrümmer (Abbildung 6-37)

Tabelle 6-42: Korrekturfaktoren für die Objektart bei Tanks für brennbare Flüssigkeiten (nach DIN EN 13565-2, Auszug zusammengefasst)

Die Anzahl der erforderlichen Schaumaufgabeeinrichtungen ist so zu planen, dass die obigen Volumenströme erbracht und auch unter Berücksichtigung von Hindernissen, die die Schaumausbreitung beeinträchtigen, die berechnete Zeit bis zur vollständigen Beschäumung (5 Minuten bis 10 Minuten) eingehalten wird. Die Schaumaufgabeeinrichtungen sind gleichmäßig zu verteilen, der gegenseitige Abstand soll ca. 26 m bis 30 m nicht übersteigen (oder: je ca. 450 m² zu beschäumender Fläche ist eine Aufgabeeinrichtung vorzusehen). Das zu Sprinkleranlagen hinsichtlich der Pumpen, der Energieversorgung, Rohrleitungen, Löschzentralen etc. ausgesagte (Punkte 6.3.7.4.2, 6.3.7.4.7, 6.3.7.5) gilt für Schaumlöschanlagen analog.

Löschleistungsstufe [1]	**Korrekturfaktor Lachen**[2] $f_{c,\,Lachen}$		**Korrekturfaktor große Brennstoffmengen** [2] $f_{c,\,grMenge}$		Typische Schaumarten (informativ, siehe Punkt 6.5.4.7 und Anhang 2)
	Schwerschaum [3] nach				
	DIN EN 1568-3 nicht polar [4]	DIN EN 1568-4 polar [5]	DIN EN 1568-3 nicht polar [4]	DIN EN 1568-4 polar [5]	
1 A	1,0	1,5	1,0	2,0	AFFF-AR, FFFP-AR, FFFP
1 B	1,0	1,5	1,1	2,25	AFFF-AR, FFFP-AR, FFFP
1 C	1,1	1,5	1,25	2,5	AFFF, FFFP
1 D	1,1	-	n.e. [6]	-	AFFF, FFFP
2 A	1,0	2,0	1,0	2,5	AFFF-AR, FFFP-AR, FP-AR, FP
2 B	1,0	2,0	1,1	2,75	AFFF-AR, FFFP-AR, FP-AR, FP
2 C	1,1	2,0	1,25	3,0	AFFF-AR, FFFP-AR, FP-AR, FP

Tabelle 6-43: Korrekturfaktoren für die Schaummittelklasse (Auszug aus DIN EN 13565-2)

Löschleistungsstufe [1]	Korrekturfaktor Lachen[2] $f_{c,\,Lachen}$		Korrekturfaktor große Brennstoffmengen [2] $f_{c,\,grMenge}$		Typische Schaumarten (informativ, siehe Punkt 6.5.4.7 und Anhang 2)
	Schwerschaum [3] nach				
	DIN EN 1568-3 nicht polar [4]	DIN EN 1568-4 polar [5]	DIN EN 1568-3 nicht polar [4]	DIN EN 1568-4 polar [5]	
2 D	1,1	-	n.e.	-	FP
3 B	1,5	-	n.e.	-	S, P
3 C / 3 D	1,75	-	n.e.	-	S

1) nach DIN EN 1568-3 bzw. DIN EN 1568-4, siehe Punkt 6.5.4.7
2) Brennstofftiefe bei Lachen ≤ 25 mm, bei großen Brennstoffmengen > 25 mmm
3) Mittelschaum (DIN EN 1568-1) muss Korrekturfaktoren $f_{c,\,Lachen}$ = 1,0 und $f_{c,grMenge}$ = 1,5 haben
4) zum Aufgeben auf nicht-polare Flüssigkeiten, z. B. Kohlenwasserstoffe mit weniger als 10 % Anteil polarer Flüssigkeiten (z. B. Ethanol)
5) zum Aufgeben auf polare Flüssigkeiten, z. B. Alkohole, die Schäume DIN EN 1568-3 zerstören
6) nicht empfohlen, da u. U. höhere Aufbringraten und längere Beschäumungszeiten erforderlich

Tabelle 6-43 fortgesetzt: Korrekturfaktoren für die Schaummittelklasse (Auszug aus DIN EN 13565-2)

Zusätzlich zu den Schaumaufgabeeinrichtungen der Schwer- oder Mittelschaumlöschanlage empfiehlt DIN EN 13565-2 in den geschützten Risiken auch Einrichtungen für die manuelle Brandbekämpfung mit Schaum vorzusehen. Diese Einrichtungen sollen so geplant sein, dass jeder Punkt des Gefährdungsbereiches über Handrohre mit einer Durchflussrate von 200 l / min Schaummittel-Wasser-Gemisch beaufschlagt werden kann. Diese Durchflussrate muss für mindestens 30 Minuten aufrechterhalten werden können. Die Einrichtungen zur manuellen Brandbekämpfung können als eigene Löschanlagen oder als Teil der automatischen Schaumlöschanlage erstellt werden. Im letzteren Fall müssen die hierfür erforderliche Schaummittemengen zusätzlich vorhanden sein und die erforderliche Wassermenge muss zusätzlich zum Volumenstrom der Löschanlage bereitgestellt werden (Punkt 6.5.4.5).

6.5.4.2 Anforderungen an Monitor-Schaumlöschanlagen

Wenn ein potentielles Brandobjekt auf Grund seiner Ausdehnung, stark gegliederten räumlichen Struktur oder wegen häufig wechselnder technischer und taktischer Anforderungen nicht über ortsfeste Schaumkrümmer oder Schaumdüsen geschützt werden kann, sind häufig Monitor-Schaumlöschanlagen eine geeignete anlagentechnische Lösung. Solche Löschanlagen sind insbesondere für folgende Objekte geeignet:

- Landungsbrücken in Seehäfen
  (insbesondere solche zur Verladung von Mineralölprodukten)
- Tankanlagen für brennbare Flüssigkeiten

(als Löschanlage oder Kühlungseinrichtung)
- Auffangräume von Tanklagern (Tanktassen)
- Ausgedehnte Umschlageinrichtungen für brennbare Flüssigkeiten (z. B. Bahn-Tanklager)
- Flugzeughangars und Helikopterlandeplätze

Brandgefahr durch brennbare Flüssigkeiten			**Beschäumung über Monitore** [3) 7)]	
Risiko	Anordnung	Fläche [m^2] Durchmesser [m]	Korrekturfaktor $\mathbf{f}_O$	Betriebsdauer [8)] [min]
Lachenbrände [1)] in Auffangbereichen	im Freien		1,5	30
Große Brennstoffmengen [2)] in Auffangbereichen	im Freien	< 400	1,5	30
		> 400 und < 2000	2,0	45
		> 2000 [5)]	2,25	60
Oben offene Schwimmdachtanks[7)] und Festdachtanks	gesamter Oberflächenbereich	∅ < 45 m	2,5	60
		45 m < ∅′<60	2,75	90
		∅ > 60	3,0	90
Be- und Entladedocks in Seehäfen	gesamte Schiffslänge und alle Verteilerrohre und Schlauchleitungen etc., Abdeckung durch mindestens 2 Monitore á 1500 l/min [6)],		1,0	30
Hangars	Gesamte Bodenfläche		1,6	10
	Zusatzschutz unter den Tragflächen		1,0	10

1) Brennstoffhöhe ≤ 25 mm
2) Große Brennstoffmengen: Brennstoffhöhe > 25 mm
3) Schwerschaum; Schaummittel entsprechend der Brennstoffart (polar – nicht polar), ggf. auch für Schaumerzeugung mit Seewasser
4) Große Brennstoffmengen: Brennstoffhöhe > 25 mm
5) bei Auffangbereichen über 2000 m^2 sollte die Nenn-Aufbringrate q_{th} auf 5 l/m^2 min erhöht werden
6) entsprechend der Reichweite der Monitore, diese ist wegen möglichen Windeinflusses auf 70 % der Reichweite bei Windstille zu reduzieren
7) Bei einem Brand der gesamten Oberfläche eines Tanks (z. B. im Falle einer Zerstörung der orts- festen Schaumaufgabeeinrichtung) sind Monitore die einzige Möglichkeit diesen zu löschen [6.121]
8) wegen der bei Aufgabe über Monitore unvermeidlichen Schaumzerstörung durch Eintauchen in die Flüssigkeit, Abdrift durch Wind und Abbrand ist die Anforderung an die Betriebsdauer hier höher als bei Beschäumung über Schaumgießer von oben.

Tabelle 6-44: Korrekturfaktoren für die Objektart bei Schaumaufgabe über Monitore

Die allgemeinen Eigenschaften von Monitorlöschanlagen sind bereits unter Punkt 6.4.2 dargestellt. Die oben unter Punkt 6.5.4.1 dargestellten grundsätzlichen Anforderungen an Schwer- und Mittelschaumlöschanlagen hinsichtlich des löschwirksamen Abdeckens der zu schützenden Flächen müssen natürlich auch erfüllt werden, wenn der Schaum über Monitore aufgebracht wird. Wegen der besonderen Risiken sind zusätzlich die in Tabelle 6-44 dargestellten Korrekturfaktoren für die Objektart und sonstigen Anforderungen zu beachten.

Abbildung 6-42: Schaummonitoranlage in einem Tanklager (Foto: ACCURO Sonderlöschanlagen GmbH)

6.5.4.3 Anforderungen an Schaum-Sprühflutanlagen

Schaum-Sprühflutanlagen sind Sprühwasserlöschanlagen, die mit einer Schaummittellösung betrieben werden. Sie werden hauptsächlich in Innenräumen eingesetzt, bei denen nicht mit großen Mengen auslaufender brennbarer Flüssigkeiten gerechnet werden muss. Die Verschäumung erfolgt außerhalb der Sprühdüsen an gelochten Prallplatten oder Netzen (Abbildung 6-39 links unten). Die Anordnung der Schaumdüsen muss die unter Punkt 6.5.4.1 genannten allgemeinen Anforderungen an die Löschwirksamkeit genügen. Wenn Hindernisse die löschwirksame Verteilung und/oder Ausbreitung des Schaums beeinträchtigen können, sind ggf. zusätzliche, niedriger angebrachte Schaumdüsen erforderlich.

Die Aufbringraten von Schaum-Sprühflutanlagen für Risiken mit brennbaren Flüssigkeiten sind entsprechend Tabelle 6-41 für die jeweilige Objektart zu bestimmen. Auch für die Lagerung und stoffliche Verwertung von Kunststoffverpackungen sind Schaum-Sprühflutanlagen einsetzbar. Die Schaumaufbringraten und die erforderlichen Betriebszeiten der Löschanlagen sind dann auf der Grundlage einer detaillierten Risikobemessung festzulegen. Eine Löschgruppe von Schaum-Sprühflutanlagen darf nicht mehr als 3000 m^2 abdecken.

6.5.4.4 Anforderungen an Leichtschaumlöschanlagen

Leichtschaumanlagen erzeugen Schaum mit Verschäumungszahlen VZ die üblicherweise bei 500 bis 1000 liegen. Die Verschäumungszahl ist unter Berücksichtigung folgender Faktoren festzulegen:

- erforderliche Feuchte (hieraus resultiert das Schaumgewicht)
- Stabilität bei aufsteigender Wärme (Brandthermik)
- Stabilität bei Windeinwirkung (Anlagen im Freien)

Bei Leichtschaumanlagen ist das pro Minute erzeugte Schaumvolumen der wichtigste Auslegungsparameter. Daher gibt DIN EN 13565-2 die für verschiedene Anwendungsfälle zulässige maximale Füllzeit für Raumschutzanlagen vor.

Sieht ein Brandschutzkonzept nicht die vollständige Flutung des Schutzbereiches vor, so muss die geplante Füllhöhe die Gefahrenhöhe um mindestens 3 m übersteigen. Aus der maximalen Füllzeit nach Tabelle 6-45 wird die erforderliche Aufbringrate für Raumschutzanlagen nach Gleichung 6-7 ermittelt.

Brandgefahr	Maximale Füllzeit
brennbare Flüssigkeiten, Flammpunkt ≤ 40 °C	2 min
brennbare Flüssigkeiten, Flammpunkt > 40 °C	3 min
brennbare Stoffe geringer Dichte, z. B. geschäumte Kunststoffe und Gummi, Zellstoffrollen, Krepppapier etc.	3 min
brennbare Stoffe hoher Dichte, z. B. Papierrollen, Kraft- oder beschichtetes Papier – gebunden	5 min
brennbare Stoffe hoher Dichte, z. B. Papierrollen, Kraft- oder beschichtetes Papier – nicht gebunden	4 min
Gummireifen	3 min
brennbare Stoffe in Kartons, Säcken, Kunststofffässern	5 min
1. Sofern die Lagerhöhe 4,6 m übersteigt oder mit sehr schneller Brandausbreitung zu rechnen ist, sind diese Füllzeiten durch Prüfungen zu bestätigen. 2. Polare Brennstoffe sind nicht berücksichtigt, sie können höhere Aufbringraten erfordern. 3. Die Netto-Füllrate für den geschützten Bereich sollte mindestens 3 m / min betragen. 4. Die Füllzeiten gehen von einer maximalen Verzögerung von 30 Sekunden zwischen Aktivierung der Anlage und Schaumaustritt aus. Bei längeren Zeiten sind die zulässigen maximalen Füllzeiten um die 30 Sekunden überschreitende Zeit zu verringern.	

Tabelle 6-45: Empfohlene maximale Raum-Füllzeiten T für Leichtschaumanlagen nach DIN EN 13565-2

Der einströmende Leichtschaum verdrängt in der Regel Luft aus den geschützten Räumen. Daher müssen spätestens bei Aktivierung der Anlage entsprechend dimensionierte Abströmöffnungen verfügbar sein, die oberhalb der maximalen Füllhöhe liegen müssen. Sofern der Leichtschaum unter Verwendung der in dem geschützten Raum vorhanden Luft erzeugt werden soll, die im Brandfall heiß und mit Brandgasen beaufschlagt ist, sind hierfür besonders geeignete Schaummittel zu verwenden (Inside-Air-Foam, HotFoam, Heißschaum, Smoke-Foam [6.124], [6.125]). Sofern sich Personen in den geschützten Bereich aufhalten, sollten diese vor Auslösung der Anlage eine angemessene Evakuierungszeit zur Verfügung haben (auf Anmerkung 4 in Tabelle 6-45 wird hingewiesen!). Elektrische Anlagen sollten vor der Flutung abgeschaltet werden.

Gleichung 6-7: $R = V / T * CN * CL$

mit:				
	R	=	Schaumaufbringrate	[m^3/min]
	V	=	Füllvolumen	[m^3]
	T	=	Füllzeit nach Tabelle 6-43	[min]
	CN	=	Ausgleichsfaktor für Schaumzerstörung (Mindestwert 1,15)	
	CL	=	Ausgleichsfaktor für Schaumverlust an Undichtigkeiten der Umfassungs bauteile (Mindestwert 1,2)	

Anmerkung: Für Hangars wird der Faktor V / T in Gleichung 6-7 durch einen Faktor r * A ersetzt; dabei ist r die Netto-Wachstumsrate der Schaumschicht, die mindestens 1,65 m / min betragen muss, und A die Bodenfläche.

Für Raumschutzanlagen mit Leichtschaum muss die verfügbare Wasser- und Schaummittelmenge ausreichen, um das 4-fache Füllvolumen zu erzeugen bzw. die Anlage 15 Minuten lang zu betreiben.

Neben der obigen Gleichung 6-7 und Tabelle 6-45 für Raumflutung enthält DIN EN 13565-2 auch Regeln für die Anwendung von Leichtschaum auf Oberflächen.

6.5.4.5 Wasserversorgung von Schaumlöschanlagen

Die Wasserversorgung von Schaumlöschanlagen nach DIN EN 13565-2 errechnet sich aus der Berechnungsfläche, der Mindestaufbringrate und der erforderlichen Betriebszeit (auch Mindestwirkzeit) der Anlage gemäß Tabelle 6-41 und Tabelle 6-42. Die Betriebszeit darf bei Risiken bei denen ausschließlich von Lachenbränden auszugehen ist, verringert werden, wenn die Aufbringrate erhöht wird, sie muss jedoch mindestens 70 % der festgelegten Mindest-Betriebszeit betragen. Die Wasserversorgungsanlagen müssen für die erforderlichen Volumenströme Q nach Gleichung 6-8 bzw. Gleichung 6-9, die erforderlichen Drucke (Nenndruck des Schaumerzeugers + hydrostatischer Gegendruck + Reibungsverlust in den Anlagenteilen) und für das erforderliche Mindestwasservolumen V_{min} vollständig hydraulisch berechnet und ausgelegt werden.

Der Wasserbedarf ist für das größte anzunehmende Brandszenario zu berechnen, dabei sind ggf. Bedarfe für zu aktivierende Kühleinrichtungen (Punkt 8.2.1.4) und manuelle Brandbekämpfung zu berücksichtigen. Da Schaum und das aus ihm freiwerdende Schaummittel-Wasser-Gemisch grundsätzlich als wassergefährdende Flüssigkeit angesehen werden müssen (Punkt 10.2.2), sind entsprechend dimensionierte Einrichtungen zur Löschwasserrückhaltung zu schaffen (Punkt 10). Der Wasser- bzw. Wasser-Schaummittelbedarf errechnet sich nach folgenden Gleichungen:

Gleichung 6-8: $Q_{S,M} = q_{Sch} * A$

mit:			
$Q_{S,M}$	=	Volumenstrom Wasser-Schaummittelgemisch bei Schwer- und Mittelschaum	[l/min]
q_{Sch}	=	Mindestaufbringrate gemäß Gleichung 6-6	[l/m² min]
A	=	Berechnungsfläche	[m²]

Die Berechnungsfläche ist diejenige – nicht notwendigerweise zusammenhängende – Fläche, die mit Schaum zu beaufschlagen ist, also z. B. die Nettofläche des Auffangraumes, d. h. die Gesamtfläche abzüglich Tankflächen, oder die Tankfläche. Für komplexere Anwendungsfälle (Füll- und Entleerungsstationen, Ringspalte von Schwimmdachtanks etc.) enthält DIN EN 13565-2 weitere Bestimmungen zu den anzusetzenden Berechnungsflächen.

Gleichung 6-9: $Q_L = (R * 1000\,l/m^3) / VZ$

mit:			
Q_L	=	Volumenstrom Wasser-Schaummittelgemisch bei Leichtschaum	[l/min]
R	=	Schaumaufbringrate gemäß Gleichung 6-7	[m³/min]
VZ	=	Verschäumungszahl	

Gleichung 6-10: $V_{min} = Q * t_B * (1- Z_R)$

mit:	V_{min}	=	minimaler Volumenstrom	[l/min]
	Q	=	$Q_{S,M}$ gemäß Gleichung 6-8 oder Q_L gemäß Gleichung 6-9	
	t_B	=	Mindest-Betriebszeit = t_Z in	[min]
	Z_R	=	Zumischrate	[%]

Für Überschlagsrechnungen kann Z_R in Gleichung 6-10 vernachlässigt werden.

Weiter ist noch die Art des für die Schaumerzeugung verfügbaren Wassers von Bedeutung. Steht nur Salzwasser zur Verfügung, so hat dies Auswirkungen auf das verwendbare Schaummittel, seine Zumischrate und die Verschäumungszahl.

6.5.4.6 Schaummittelvorrat

Der vorzuhaltende Schaummittelvorrat bei Schwer- und Mittelschaumanlagen bestimmt sich nach Gleichung 6-11. Es sind mindestens 200 % des nach Gleichung 6-11 berechneten Schaummittelvorrates vorzuhalten; damit ist auch der im Rohrnetz verbleibende Teil des Schaummittel-Wasser-Gemisches abgedeckt. Hinzu kommt der Bedarf für den Einsatz von Handrohren (200 l/min für 30 min), wenn diese aus der Löschanlage versorgt werden.

Gleichung 6-11: $V_{S,M} = q_{Sch} * A * t_Z * Z_R$

mit:	$V_{S,M}$	=	Schaummittelvorrat Schwer- und Mittelschaummittel	[l]
	q_{Sch}	=	Mindestaufbringrate gemäß Gleichung 6-8	[l/m² min]
	A	=	Berechnungsfläche	[m²]
	t_Z	=	Zumischzeit = t_B aus Tabelle 6-41oder Tabelle 6-42	[min]
	Z_R	=	Zumischrate	[%]

Der vorzuhaltende Schaummittelvorrat für Leichtschaumanlagen sollte ausreichen, den kontinuierlichen Betrieb für mindestens 15 Minuten (t_z) sicherzustellen, oder das 4-fache des geplanten Füllvolumens zu erzeugen und ist nach Gleichung 6-12 zu berechnen. Zusätzliche Schaummittelmengen sollten bereitgehalten werden, um mit Handrohren ggf. Nachlöscharbeiten durchführen zu können.

Gleichung 6-12: $V_L = Q_L * t_Z * Z_R$

mit:				
	V_L	=	Schaummittelvorrat Leichtschaummittel	[l]
	Q_L	=	Volumenstrom Wasser-Schaummittelgemisch gemäß Gleichung 6-9	[l/min]
	t_Z	=	Zumischzeit = $t_B \geq 15$ min	[min]
	Z_R	=	Zumischrate	[%]

6.5.4.7 Auswahl des Schaummittels

Das in einer Schaumlöschanlage verwendete Schaummittel beeinflusst entscheidend die Schaumeigenschaften (Leedy [6.126]) und muss sorgfältig ausgewählt werden in Abhängigkeit von

- der Art des Brandgutes (Kohlenwasserstoffe, polare Flüssigkeiten wie Alkohole, Feststoffe),
- Art und Orientierung der zu beschäumenden Oberflächen (z.B. ist bei geneigten Flächen „klebriger Schaum“ erforderlich, damit die Schaumdecke an diesen Flächen – z.B. Kesselwagen oder Flugzeugen – einige Zeit gut haftet und nicht sofort wieder abläuft),
- dem verfügbaren Wasser,
- dem verfügbaren Füllgas (Luft, Rauch, Sondergase),
- dem spezifischen Verbrauch (erforderliche Zumischung),
- der Einsatztemperatur,
- unter Aspekten der Haltbarkeit über längere Zeit (d.h. der Wirtschaftlichkeit) und
- relevanten Umweltschutzgesichtspunkten (Punkt 14.3.2).

Anmerkung: Anders als in Schaumlöschanlagen können die bei öffentlichen Feuerwehren vorgehaltenen Schaummittel nicht auf den speziellen Anwendungszweck hin ausgewählt werden, sondern müssen universell einsetzbar sein.

Schaummittel, die in Schaumlöschanlagen nach DIN EN 13565-2 eingesetzt werden, müssen den einschlägigen Normen für Schaummittel genügen:

- DIN EN 1568-1 für Mittelschaum für nicht-polaren Flüssigkeiten [6.95]
- DIN EN 1568-2 für Leichtschaum für nicht-polaren Flüssigkeiten [6.96]
- DIN EN 1568-3 für Schwerschaum für nicht-polaren Flüssigkeiten [6.97]
- DIN EN 1568-4 für Schwerschaum für polaren Flüssigkeiten [6.98]

Die Tabelle 6-46 enthält einige typische Leistungsparameter für Schaummittel aus DIN EN 1568-3. Tabelle 6-47 enthält eine Übersicht über gebräuchliche Schaummittel und deren Einsatzbereiche.

Schaummittel-klasse [1)]	Löschleistungs-stufe	25 % Rückbrand-beständigkeit	Filmbildung	Schaumaufgabe [3)]
FFFP-AR	I	B	ja	direkt
AFFF-AR	I	A oder B	ja	direkt
FFFP	I	B	ja	direkt
AFFF	I	C	ja	direkt
FP-AR	II	A oder B	nein	direkt
FP	II	A oder B	nein	direkt
P-AR	III	B	nein	sanft
P	III	B	nein	sanft
S-AR	III	C	nein	sanft
S	III	C	nein	sanft
F3-AR	I oder II	B oder C	nein	direkt
F3	I oder II	C	nein	direkt

1) zur Bedeutung der Abkürzungen siehe Tabelle 6-47 und Punkt 14.3.2
2) AR bedeutet „alcohol resistant" und bezeichnet Schaummittel für polare Flüssigkeiten, wie z. B. Alkohole, Vergaserkraftstoff E 15 oder E 85, u. a. m.
3) direkte Schaumaufgabe auf die Brennstoffoberfläche mittels Schaumrohren,sanfte Schaumaufgabe indirekt indem der Schaumstrahl gegen eine Wandung gerichtet wird und dann auf die Brennstoffoberfläche aufgleitet

Tabelle 6-46: Typische Löschleistungen für verschiedene Schaummittelklassen

Die Schaummittel werden in den oben genannten Normen der DIN EN 1568-Reihe in eine Leistungsstufe eingeordnet. Maßgebend für die Einstufung sind das Löschvermögen, d. h. die Zeit bis zum vollständigen Ablöschen eines definierten Brandes, und die Rückbrandfestigkeit, d. h. die Mindestzeit, während der kein erneutes dauerhaftes Aufflammen der abgelöschten Fläche erfolgt. Das Löschvermögen wird gekennzeichnet durch die Löschleistungsstufe I bis III; I ist die höchste Leistungsstufe. Die Rückbrandfestigkeit wird gekennzeichnet durch die Rückbrandbeständigkeit A bis D; A ist die höchste Rückbrandbeständigkeit. Zu möglichen Umweltbelastungen durch die Anwendung von Löschschaum, insbesondere fluortensidhaltigem Löschschaum, enthält Punkt 14.3.2 weitere Ausführungen.

PROTEINSCHAUMMITTEL			
PROTEIN-SCHAUM-MITTEL P	Brandklassen A + B, für Brände nicht schaumzerstörender Kohlenwasserstoffe, Feststoffbrände.	Raffinerien, Tanklä-ger, Chemische und Petrochemische Industrie, Schifffahrt	Schwerschaum
FLUOR-PROTEIN-SCHAUMMITTEL FP	Brandklassen A + B, Brände nicht polarer Kohlenwasserstoffe, Vergaserkraftstoff mit geringen Anteilen polarer Stoffe, Feststoffbrände.	Chemische und Petrochemische Industrie, Raffinerien, Tanklager, Flughäfen, Schifffahrt	Schwerschaum für "Sub Surface" Beschäumung geeignet.
WASSERFILM-BILDENDE PROTEIN-SCHAUMMITTEL AFFF AFFF-AR	Brandklasse A + B Brände polarer und nichtpolarer, schaumzerstörender Kohlenwasserstoffe Feststoffbrände.	Chemische und Petrochemische Industrie, Pharmazeutische Industrie,Schifffahrt	Schwerschaum für "Sub Surface" Beschäumung geeignet.
POLYMERFILM-BILDENDE PROTEIN-SCHAUMMITTEL FFFP FFFP-AR	Brandklassen A + B Brände polarer und nicht polarer, schaumzerstörender Kohlenwasserstoffe, Feststoffbrände	Chemische und Petrochemische Industrie, Pharmazeutische Industrie, Schifffahrt	Schwerschaum (z. T. auch wasserfilmbildend)
SYNTHETISCHE SCHAUMMITTEL			
MEHRBEREICHS-SCHAUMMITTEL S	Brandklasse A + B; Brände nicht schaumzerstörender Kohlenwasserstoffe, Feststoffbrände	***Kommunale Feuerwehren*** Chemische und Petrochemische Industrie; Flughäfen; Schifffahrt	Schwer-, Mittel- und Leichtschaum Class A-Schaum
AFFF-SCHAUM-MITTEL AFFF	Brandklassen A + B. Brände nicht polarer Kohlenwasserstoffe, Lösemittel, Feststoffbrände	Chemische und Petrochemische Industrie, Flughäfen, Offshore Anlagen	Schwer- und Mittelschaum für "Sub Surface" Beschäumung und Sprinklereinsatz geeignet.
ALKOHOLBESTÄNDIGE UNIVERSAL-SCHAUMMITTEL (polymer- und wasserfilmbildend, mit Fluorkomponenten) FFFP FFFP-AR	Brandklassen A + B. Brände stark schaumzerstörender, polarer und nicht polarer Lösungsmittel, Feststoffbrände	Pharmazeutische Industrie, Chemische und Petrochemische Industrie, Lackindustrie, Offshore Anlagen	Schwer- und Mittelschaum für "Sub Surface" Beschäumung und Sprinklereinsatz geeignet.
Aus Umweltschutzgründen müssen mittelfristig **F3 und F3-AR** Schaummittel ohne organische Fluorverbindungen die obigen Schaummittel mit Fluorkomponenten ersetzen, siehe hierzu bei Leonhardt [6.101] und Punkt 14.3.2			

Tabelle 6-47: Schaummittel – Eignung und Einsatzgebiete (nach [6.100])

Die Korrelation zwischen Löschleistung und Schaummittelklasse ist nicht vollkommen und eindeutig, die Tabelle 6-46 gibt hier jedoch einen orientierenden Überblick. Tabelle 6-47 enthält eine kategorisierte Zusammenstellung verschiedener für den Einsatz in Schaumlöschanlagen geeigneter Schaummittel und typische Einsatzbereiche (nach [6.97]).

6.5.4.8 Beispiel für die Bemessung einer Schwerschaumlöschanlage

Für den in Abbildung 6-43 dargestellten Auffangraum eines Tanklagers für Vergaserkraftstoff sind überschlägig die folgenden Auslegungsparameter einer Schaumlöschanlage für Oberflächenbeschäumung zu bestimmen.

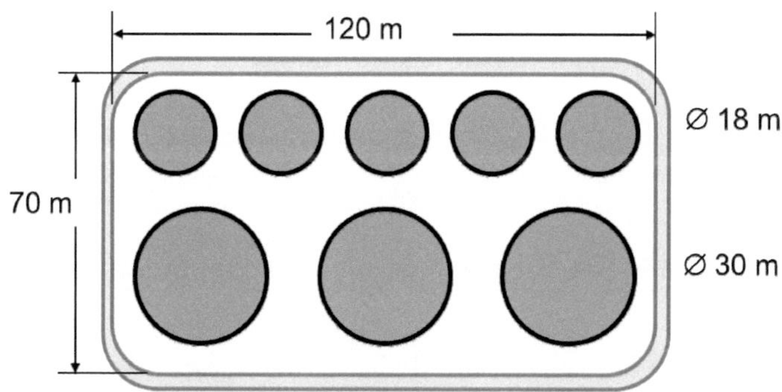

Abbildung 6-43: Tanklager – Auslegung der Schaumlöschanlage für die Tanktasse

Es werden ermittelt und nach obigen Gleichungen berechnet:

Schaumart:	Schwerschaum
geplante Verschäumungszahl:	7
geplantes Schaummittel:	Fluor-Protein Klasse II C mit Zumischung: 3 %
Berechnungsfläche:	≈ 5000 m^2
Mindest-Aufbringrate:	6,25 l/m^2 min
Zumischzeit:	45 Minuten

Wasserbedarf:

Volumenstrom Wasser-Schaummittelgemisch:	= 31 250 l/min
davon Volumenstrom Schaummittel:	ca. 937 l/min
Wasservorrat:	≈ 1125 m^3 Wasser
Schaummittelbedarf	= 42 165 l zuzüglich 100 % Reserve
⟹ Schaummittelvorrat	= 83,3 m^3
Volumenstrom Schaum:	219 m^3/min
Zeit für eine 20 cm dicke Schaumschicht:	ca. 4,6 Minuten

Ein weiteres Auslegungsbeispiel für eine Schaumlöschanlage enthält der sehr informative Artikel von Koppe [6.127].

6.5.5 Überprüfung und Wartung von Schaumlöschanlagen

Zur Erhaltung der Betriebsbereitschaft von Schaumlöschanlagen sind regelmäßige Überprüfungen und Wartungen erforderlich. Durch geschultes Personal des Nutzers sind durch wöchentliche Sicht- und Funktionsprüfungen die mit jenen von Sprinkleranlagen vergleichbaren Anlagenkomponenten analog zu kontrollieren (vergl. Punkt 6.3.13). Hinzu kommt hier die Kontrolle der Füllstände der Wasser und Schaummittelbehälter. Dies wird ergänzt durch monatliche Überprüfungen

- der ordnungsgemäßen Funktion der Pumpen und Pumpenantriebe
- des Kraftstoffvorrates von Dieselmotoren und der Ölstände von Pumpen, Kompressoren etc.
- der Funktion der automatischen Auffüll- und Nachspeiseeinrichtungen, der Startvorrichtungen für Schaummittelpumpen und
- der Lufteintrittsöffnungen von Schaumerzeugern auf Verstopfungen.

Halbjährlich sind durch fachkundige Personen für Schaumlöschanlagen, d.h. durch Personen, die ausreichend geschult, durch Wissen und praktische Erfahrungen qualifiziert sind und die Vorgaben des Anlageherstellers zur Durchführung der Prüfungen kennen, Funktionsprüfungen der Schaummittel-Zumischeinrichtungen und aller Ventile und mechanisch betriebenen Bauteile durchzuführen.

Das Schaummittel (bzw. die ggf. vorgemischte Schaummittellösung) ist jährlich durch fachkundiges und geschultes Laborpersonal auf Einhaltung der von den Herstellern vorgegebenen Eigenschaften zu kontrollieren. U. a. sind zu überprüfen: Dichte, pH-Wert, ungelöste Feststoffe und Sedimente, Wasserabscheidung und Verschäumungszahl, bei filmbildenden Schaummitteln zusätzlich der Spreitungskoeffizient, bei AR-Schaummitteln die Beständigkeit gegenüber polaren Lösemitteln. Werden bei den Prüfungen unzulässige Abweichungen von den Sollwerten festgestellt, ist das Schaummittel auszutauschen.

Bauteile, die ständig mit Schaummittel in Berührung stehen, Dampfsperren an Schaumtöpfen und Berstscheiben an Subsurface-Anlagen sind ebenfalls jährlich auf ordnungsgemäßen Zustand zu kontrollieren. Eine Prüfung der Zumischeinrichtung und der zugehörigen Armaturen auf Einhaltung der vorgegebenen Schaummittelzumischung bei minimalem und maximalem Durchfluss ist durchzuführen. Weiterhin ist jährlich eine Aufgabeprüfung vorzunehmen, um die ordnungsgemäße Funktion der Schaumlöschanlage hinsichtlich Verschäumung und Aufgabeabdeckung zu belegen.

6.5.6 Druckluft-Schaumlöschanlagen

Während aspirierende Schaumlöschanlagen die benötigte Luft durch Venturi-Effekt unmittelbar vor der Ausbringungsvorrichtung ansaugen, pressen Druckluft-Schaumlöschanlagen die Luft (in Einzelfällen auch den Stickstoff) weit vor der Auswurfeinrichtung in einer Mischkammer in das Schaummittel-Wasser-Gemisch ein (Abbildung 6-44). Hierzu muss die Luft unter mindestens dem gleichen Druck eingepresst werden, unter dem das Wasser-Schaummittelgemisch in die Mischkammer gelangt. Dieser Druck wird u. a. von der zu überwindenden Entfernung bis zur Ausbringung, dem hydrostatischen Gegendruck und dem erforderlichen Druck an der Auswurfeinrichtung bestimmt und liegt entsprechend bei ca. 5 bis 12 bar.

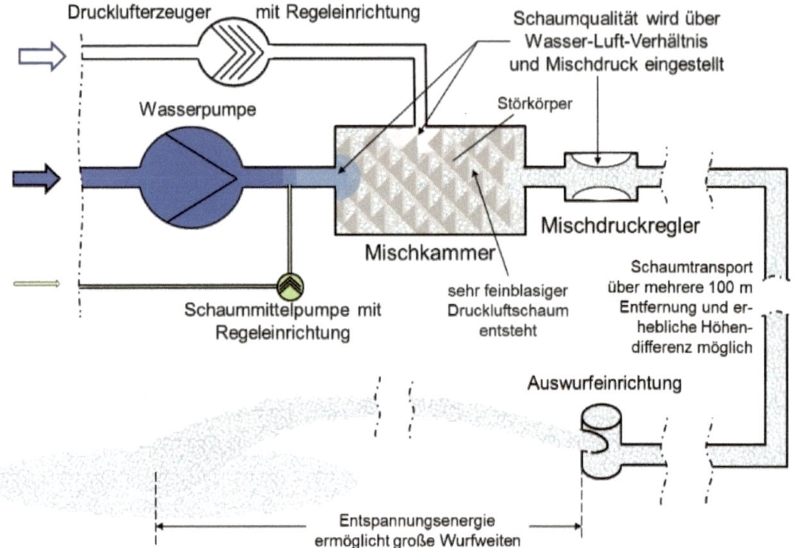

Abbildung 6-44: Druckluft-Schaumlöschanlage – schematisch nach einer Vorlage von OneSeven [6.130], der Drucklufterzeuger kann durch eine Stickstoff-Flasche oder ggf. eine Flaschenbatterie) ersetzt werden

Das Einpressen der Luft unter genau definierten Bedingungen ermöglicht es, einen sehr homogenen Schaum zu erzeugen, dessen einzelne Schaumblasen nur einige 100 Mikrometer bis 1 mm groß sind. Wesentliche Parameter für die erzeugte Schaumqualität sind:

- das Wasser-Luft-Verhältnis
- der Mischdruck
- die Eigenschaften des Schaummittels.

Allgemein zugängliche Technische Regeln für stationäre Druckluft-Schaumlöschanlagen (DLS) gibt es derzeit – Mitte 2021 – in Europa noch nicht. In Nordamerika werden Druckluft-Schaumlöschanlagen in NFPA 11 [6.121] allgemein beschrieben. Auch das Design-Manual eines Herstellers [6.128] gibt lediglich den Hinweis auf firmeneigene Berechnungsprogramme. Mit DIN 14430 liegt eine Norm für Druckluftschaumlöschanlagen für Feuerwehrfahrzeuge vor [6.129].

6.5.6.1 Schaumerzeugung in Druckluft-Schaumlöschanlagen

Die Erzeugung von hochwertigem Schaum in der Mischkammer ist nun technisch eine recht anspruchsvolle Aufgabe. Das Wasser-Schaummittelgemisch und die Luft haben bei Eintritt in die Mischkammer zunächst unterschiedliche

Fließgeschwindigkeiten. Die Ausstattung der Mischkammer mit geeigneten Störkörpern (Abbildung 6-44) ermöglicht jedoch eine (nahezu) vollständige Umwandlung der eingebrachten Medien in einen homogenen und kontinuierlichen Blasenstrom.

Das Verhältnis des Wasser- und Schaummittelvolumenstroms zum Luftvolumenstrom in die Mischkammer (kurz: Wasser-Luft-Verhältnis) ist die der Verschäumungszahl analoge Größe bei Druckluftschaum. Das Wasser-Luft-Verhältnis bestimmt den Volumenstrom des beim Mischdruck erzeugten Druckluftschaumes, wie aus Gleichung 6-13 unmittelbar ersichtlich ist. Der Mischdruck ist wesentliches Kriterium für die physikalischen Eigenschaften des entstehenden Druckluftschaumes und dessen Verhalten in den Verteilerleitungen. Ein höherer Mischdruck führt bei sonst gleichen Gegebenheiten zunächst zu kleineren Schaumblasen und damit einem geringeren Schaumvolumenstrom bei Austritt aus der Mischkammer (also beim Mischdruck).

Gleichung 6-13: $Q_{S,M} = Q_{W+S} + Q_L * p / p_M$

mit:			
$Q_{S,M}$	=	Schaumvolumenstrom bei Mischdruck	[l/min]
Q_{W+S}	=	Volumenstrom Wasser-Schaummittelgemisch	[l/min]
Q_L	=	Luftvolumenstrom	[l/min]
p	=	Umgebungsdruck (i. d. R. 1 bar)	[bar]
p_M	=	Mischdruck	[bar]

Der Schaumvolumenstrom $Q_{S,M}$ bei Mischdruck muss über geeignet dimensionierte Leitungen transportiert werden (Punkt 6.5.6.2). Bei der Entspannung eines gegebenen Volumenstroms Druckluftschaum auf Umgebungsdruck führt ein höherer Mischdruck zum einen natürlich (Kontinuitätsgleichung) zu einem größeren Schaumvolumenstrom gemäß:

Gleichung 6-14: $Q_{S,U} = Q_{S,M} * p_M / p$

mit:			
$Q_{S,U}$	=	Schaumvolumenstrom bei Umgebungsdruck	[l/min]
$Q_{S,M}$	=	Schaumvolumenstrom bei Mischdruck	[l/min]

Die Entspannung führt zum anderen jedoch auch zu größeren Schaumblasen, d. h. wichtige Eigenschaften des fertigen Schaumes, wie

- Löschwirksamkeit,
- Fließfähigkeit,
- Haftung an Oberflächen,
- Wasserhalbwertzeit

werden ebenfalls durch den Mischdruck beeinflusst.

6.5.6.2 Förderung von Druckluft-Schaum

Der fertige Druckluftschaum muss durch die an den Mischdruckregler anschließende Leitung transportiert werden. Druckluftschaum zeigt jedoch als Zwei-Phasen-Strömung eines inkompressiblen und eines kompressiblen Mediums ein relativ komplexes Strömungsverhalten (Grundlagen siehe z. B. bei Brauer [6.131]). Wichtige Parameter, die das Strömungsregime beeinflussen sind:

- der tatsächlich erreichte Grad der Vermischung der beiden Medien
- die Fließgeschwindigkeit
- die Abmessungen der Leitungen
- die Viskosität des Schaumes

Die jeweils optimalen Werte des Wasser-Luft-Verhältnisses und des Mischdruckes müssen mit relativ geringen Abweichungen eingehalten werden, um die Schaumeigenschaften in den zulässigen Toleranzen für die Förderung zu halten. Daher sind durchflussabhängig unterschiedlich große Mischkammern erforderlich.

Zusätzlich ist zu beachten, dass die Dekompression des Druckluftschaumes nicht schlagartig bei Austritt in die Umgebung erfolgt, sondern bereits innerhalb der Leitungen beginnt (nach Herstellerangaben beträgt der Fließdruck unmittelbar vor der Auswurfeinrichtung – Schaumrotoren, Monitore oder Flachstrahldüsen – in der Regel nur noch 1 bar bis 2 bar [6.132]). Daher nimmt auch das durch die vorgegebenen Leitungen zu transportierende Druckluftschaumvolumen in Richtung der Auswurfeinrichtung zu. Bei konstantem Leitungsdurchmesser muss daher auch die Fließgeschwindigkeit zunehmen. Um dadurch nicht unvermeidlich Schaumblasen zu zerstören – und damit wieder die Fließ- und Löscheigenschaften des Druckluftschaumes zu beeinflussen – muss bei der Auslegung von Druckluft-Schaumlöschanlagen das teilweise entspannte Schaumvolumen am Ende der Leitungen betrachtet werden.

Die erhöhte Fließgeschwindigkeit in der Schaumleitung führt dazu, dass Druckluftschaum auch ohne besondere Gestaltung der Auswurfeinrichtung im Verhältnis zu konventionell erzeugtem Schaum hohe Wurfweiten erzielt. Der feinblasige Schaum hat gegenüber konventionell erzeugtem Schaum i. A. eine etwas reduzierte Fließfähigkeit, erfüllt jedoch die entsprechenden Anforderungen der DIN EN 1568-3 [6.97] an Schwerschaum.

6.5.6.3 Schaummittel für Druckluft-Schaumlöschanlagen

Die Verwendung eines Schaummittels in Druckluft-Schaumlöschanlagen stellt dieses vor besondere Herausforderungen: Das jeweilige Schaumblasenhäutchen muss die Expansion der Schaumblasen auf das 10- bis 12-fache Volumen ohne Zerstörung des Bläschens aushalten.

Während manche Hersteller auch für Druckluft-Schaumlöschanlagen die Verwendung einer Vielzahl von Schaummitteln zulassen [6.128], dann aber die Zumischung des Schaumbildners auf 2 % bis 6 % einstellen müssen, bietet ein deutscher Hersteller ein für den Einsatz in seinen Druckluft-Schaumlöschanlagen optimierte Schaummittel an, die lediglich mit 0,3 % bis 0,6 % zugemischt werden müssen [6.130].

6.5.6.4 Auslegung von Druckluft-Schaumlöschanlagen

Wie unter Punkt 6.5.6 bereits ausgeführt, gibt es derzeit noch keine allgemein anerkannten Regeln der Technik für Druckluft-Schaumlöschanlagen. Die folgenden Daten wurden daher aus den verfügbaren Unterlagen von Herstellern und Prüfinstituten zusammengestellt ([6.128], [6.130], [6.132] bis [6.135]).

Auslegungsparameter	Brennbare Flüssigkeit	
	nicht-polar	polar
Löschmittelbeaufschlagung	1,63 l/m² min	2,45 l/m² min
Zumischung [1)]	0,3 % *(2 %)*	0,6 % *(6 %)*
Fläche pro Löschdüse	9 m² bis 14 m²	
Betriebszeit	10 Minuten	
1) für Spezialschaummittel (OneSeven Druckluft-Schaumlöschanlagen [6.130]) *in Klammern: bestimmte handelsübliche Schaummittel* [6.128]		

Tabelle 6-48: Einige Auslegungsparameter für Druckluft-Schaumlöschanlagen

6.5.6.5 Einsatz von Druckluft-Schaumlöschanlagen

Druckluft-Schaumlöschanlagen haben folgende Vorteile gegenüber konventionellen (aspirierenden) Schaumlöschanlagen [6.132] bis [6.135]:

- geringere Schaumbeaufschlagung erforderlich (40 % bis 50 % des Volumenstroms konventioneller Anlagen [6.134])
- bessere Löschwirkung, dadurch geringere Löschzeit (weniger als 50 % der Löschzeit einer konventionellen Anlage [6.134]; ein 11,5 MW Poolfeuer wird in weniger als 5 Minuten vollständig gelöscht, während mit aspirierender Schaumlöschanlage keine Löschung mehr gelingt [6.135])
- längere Rückzündungszeit wegen der längeren Wasserhalbwertszeit (etwa doppelt so lang wie bei konventionellen Anlagen [6.134])
- hohe Austrittsenergie daher größere Wurfweite und bessere Durchdringung der aufsteigenden heißen Rauchgase
- stabilere Schaumdecke (Bläschengröße und Schaummittel) daher verbesserte Abbrandbeständigkeit
- bessere Haftfähigkeit des Schaumes an vertikalen Oberflächen
- geringere erforderliche Wasser- und Schaummittelmengen, daher kleinere Vorratsbehälter
- gute Durchfeuchtungsvermögen des Schaumes
- stärkere Kühlung des Brandgutes und Brandraumes
- Kosten geringer (da in der Regel weniger Auswurfvorrichtungen ausreichen)

Druckluft-Schaumlöschanlagen werden eingesetzt, wenn Kosten- oder Umweltschutzgesichtspunkte zu einer Minimierung der erforderlichen Löschwassermenge und Schaummittelmenge veranlassen. Die Kosten für eine betriebsbereite Anlage (incl. Schaummittelvorrat und ggf. Druckgasbehälter) betragen nach Herstellerangaben je nach Anwendungsfall nur 60 % bis 80 % der Kosten für eine aspirierende Schwerschaumlöschanlage

Druckluft-Schaumlöschanlagen sind im Einsatz zum Schutz von:

- Recyclinganlagen
- Tunnelanlagen
- Petrochemischen Anlagen (Tanks, Tanklager, Produktionseinrichtungen, Abfülleinrichtungen, Verladeeinrichtungen)
- Energieerzeugungsanlagen
- Windkraftanlagen
- Hangars und Heliports
- Schiffen, Bohrinseln, Generatoren und Maschinenräumen

Sofern dies räumlich und/oder wartungstechnisch erforderlich ist, werden Druckluft-Schaumlöschanlagen auch als so genannte Stored-Energie-Systeme [6.130] ausgeführt, die ohne Pumpe und Kompressor aus Druckluftspeichern betrieben werden.

6.5.7 Instantschaum-Löschanlagen

Eine neuere Variante von Schaumlöschanlagen, das so genannte „Pressurized Instant Foam Fire Suppression System" (PIFFSS; Presurized Instant Foam: Druckbeaufschlagter Instantschaum), arbeitet vollständig autonom. Diese Anlagen speichern die zur Schaumerzeugung und zum Schaumtransport erforderliche Energie in der Schaumlösung selbst. Dazu wird in der Schaummittel-Wasser-Flüssigkeit ein Inertgas – üblicherweise CO_2 – gelöst (Szöcs, Patente [6.136] und [6.137]). Je nach Gasart, Druck und Temperatur kann ein Liter Flüssigkeit erhebliche Mengen Gas aufnehmen. So können z. B. in 1 m^3 einer wässerigen Lösung bei 25 °C und 17 bar rund 14 m^3 CO_2 gelöst werden (Henry-Gesetz, siehe z. B. in [6.138] oder [6.139]). Die gasgesättigte Schaumlösung wird in geeigneten Druckbehältern unter einem Druckpolster von ca. 15 bar bis 20 bar gelagert. Nach Herstellerangaben soll dieser druckbeaufschlagte Instantschaum ohne Minderung der Löschfähigkeit eine Lebensdauer von bis zu 10 Jahren erreichen [6.136].

Ausgelöst über Brandmeldesysteme im Schutzbereich wird innerhalb weniger Sekunden nach Brandentstehung vollautomatisch das Löschmittel freigegeben (Abbildung 6-45), eine Handbetätigung ist vorhanden. Die Schaummittel-Wasser-Lösung wird durch das Druckpolster in entsprechend dimensionierte Transportleitungen gedrückt. Durch die Volumenvergrößerung sinkt der Druck, daher wird proportional das gelöste Gas freigesetzt, Schaum entsteht (analog einer geöffneten Sektflasche). Der Schaum expandiert selbständig bis in den Schutzbereich, entspannt sich dort weiter und deckt sehr schnell die Brandflächen ab (Self Expanding Foam).

Bei konventionellen Schaumlöschanlagen nach DIN EN 13565-2 [6.104] oder NFPA 11 [6.121] beträgt die Mindest-Aufbringrate des Schaummittel-Wasser-Gemisches für oben offene Schwimmdachtanks je nach Durchmesser 4 l/m² min bis 6 l/m² min (Tabelle 6-42). Der initiale Volumenstrom der Schaummittellösung von Instantschaum-Löschanlagen wird dagegen mit Hilfe besonderer ringförmiger Aufgabeeinrichtungen (Continuous Linear Nozzle [6.136]) auf etwa 40 l/m² min bis sogar 80 l/m² min eingestellt, liegt also ca. 10-fach bis 15-fach höher. Dadurch können eine bessere Löschwirkung und deutlich kürzere Löschzeiten erzielt werden als bei konventionellen Schaumkrümmern ([6.140], vergl. Abbildung 6-37). Durch den abfallenden Druck im System verringert sich diese Schaumaufbringrate kontinuierlich und liegt gegen Ende der Aufbringzeit in etwa bei den Werten konventioneller Anlagen. Die Verschäumungszahl des vollständig expandierten Instantschaums wird auf ca. 4 bis 6 eingestellt [6.140]. Dieser Schwerschaum ist feinblasig, relativ nass und hat eine sehr gute Fließfähigkeit.

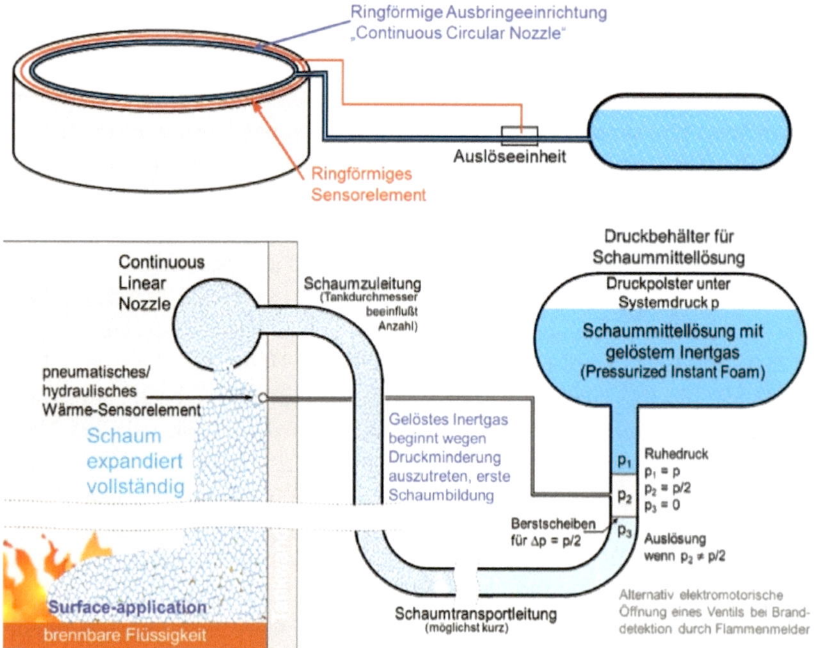

Abbildung 6-45: Aufbau und Funktion einer Instantschaum-Löschanlage (schematisch, nach Vorlagen von Pi-Foam Swiss Fire Protection R&D AG)

Mit derart hohen Aufbringraten wurden für brennende Flüssigkeiten auf Tanks mit 25,2 m Durchmesser Löschzeiten von weniger als einer Minute demonstriert [6.141]. Die Dicke der Schaumdecke beträgt zum Zeitpunkt der Löschung – der nicht das Ende der Schaumaufgabe ist – unter Nutzung eines fluorfreien

Schaums ca. 10 cm. Der Abbrand der Schaumdecke während der kurzen Löschzeit ist vernachlässigbar. Für Tanks von bis zu 100 m Durchmesser werden ca. 3 Minuten Löschzeit erwartet.

Die Löschleistung von Instantschaum-Löschanlagen erfüllt die Anforderungen des LASTFIRE-Tests ([6.140] und [6.142]) und von Schaumlöschanlagen nach NFPA 11 [6.121]. Instantschaum-Löschanlagen erreichen auch die Schutzziele der DIN EN 13565-2 und erfüllen alle für dieses System relevanten Anforderungen dieser Norm (TÜV Süd [6.144]). Sie sind daher derzeit vorwiegend für den Schutz von Tanks für brennbare Flüssigkeiten und die zugehörigen Auffangräume vorgesehen [6.143]. Sie müssen hinsichtlich

- Eigenschaften des verwendeten Schaummittels,
- Löschmittelvorrat und dessen Bevorratung,
- Inertgas und Druckbeaufschlagung,
- Durchmesser, Länge und Anzahl der Schaumtransportleitungen,
- Ausführung der Schaumaufgabeeinrichtungen (Continuous Linear Nozzle für Tanks; Monitore und / oder Schaumkrümmer für Auffangräume)

sorgfältig auf die Schutzobjekte abgestimmt werden. Grundsätzlich sind viele Schaummittel auch für die Verwendung in Instantschaum-Löschanlagen verwendbar, wenn diese Anlagen entsprechend angepasst werden. Beste Ergebnisse, wie eine sehr hohe Wasserhalbwertszeit des Schaums (nach Herstellerangaben viele Tage) und die außergewöhnlich lange Lagerfähigkeit der Schaummittellösung, werden allerdings nur mit den oberflächenaktiven Schaummitteln der Anlagenhersteller erzielt (siehe hierzu auch Punkt 14. 3. 10). Über die Angaben in den zitierten Patenten hinausgehende Details zu den technischen Parametern von Instantschaum-Löschanlagen sind derzeit (2021) noch nicht öffentlich verfügbar.

Wie aus Abbildung 6-45 zu entnehmen ist, sind Instantschaum-Löschanlagen im Vergleich zu aspirierenden Schaumlöschanlagen (Abbildung 6-37) relativ einfach aufgebaut. Sie können mit drucksensiblen Branddetektoren und Auslöseeinheiten (Lovas, Patent [6.145]; Abbildung 6-45 unten rechts) ohne jede für die Löschfunktion wesentliche bewegliche Teile gebaut werden, funktionieren vollständig automatisch und benötigen keine Pumpen und keine externe Energie-, Wasser- oder Schaummittelversorgung. Die gasgesättigte Schaummittellösung wird fertig in den Druckbehälter eingebracht bzw. in diesem hergestellt. Daher sind diese Anlagen in Aufbau und Unterhaltung relativ kostengünstig und im Betrieb besonders robust und unempfindlich gegen Temperaturextreme und sonstige Umwelteinflüsse [6.143].

6.6 Pulverlöschanlagen

Pulverlöschanlagen löschen mit Löschpulver, das aufgrund seines antikatalytischer Löscheffektes insbesondere für das Löschen von Flammenbränden geeignet ist. Dieser Löscheffekt, der auch als inhibitorischen Löscheffekt bezeichnet wird, blockiert freier Radikale in der Flamme und führt dadurch zum Abbruch der Verbrennungsreaktionen (Punkt 14.1.7 oder [6.149]). Den prinzipiellen Aufbau von Pulverlöschanlagen zeigt Abbildung 6-46.

Pulverlöschanlagen sind demnach ortsfeste Großpulverlöscher (vergl. Punkt 6.1.3, insbesondere Abbildung 6-4). Bei Auslösung der Anlage wird der Treibgasbehälter geöffnet. Das Treibgas – i. A. Stickstoff – drückt das Löschpulver in kurzer Zeit (je nach Anwendungsfall ca. 20 Sekunden bis 30 Sekunden) durch die Löschdüsen, so dass eine großvolumige Pulverwolke auf den Brandherd geblasen wird. Aufgrund der relativ geringen Wurfweite des Pulvers und möglicher Windeinflüsse, die zum schnellen Abtreiben der Pulverwolke führen können, müssen die Löschdüsen nahe am potentiellen Brandherd angeordnet werden. Löschpulver hinterlassen erhebliche Verschmutzungen, daher ist der Einsatzbereich insbesondere auf Objekte oder Anlagen beschränkt, bei denen dies keine Rolle spielt oder bei denen dies in Kauf genommen werden muss, weil nur ein schlagartiges Löschen erfolgreich sein kann.

Pulverlöschanlagen, für die die europäische Norm DIN EN 12416 [6.150] Auslegungsvorschriften zur erforderlichen Löschmittelmenge, Ausbringezeit des Pulvers etc. enthält, werden wegen der erforderlichen schlagartigen Löschwirkung hauptsächlich angewendet bei:

- Freiluftanlagen, die brennbaren Flüssigkeiten oder Gase enthalten,
- Destilliertürmen,
- Kesselwagen-Beladungsanlagen,
- Triebwerksbühnen und Triebwerksprüfständen,
- Metallbädern,
- Abfalldeponien oder Zwischenlagern für Leichtmetalle,
- brennbaren Metalle in Kernkraftwerken (Natrium).

Pulverlöschanlagen können bei folgenden Risiken nicht verwendet werden:

- Brandgut, das eigene Sauerstoffquellen enthält (z. B. Zellulosenitrat)
- wenn die Gefahr von tiefsitzenden Bränden oder Schwelbränden besteht, die vom Löschmittel nicht erreicht werden können (z. B. Papierrollen)

Der Mindest-Löschmittelvorrat von Pulverlöschanlagen nach DIN EN 12416 ist für Raumschutzanlagen (gesamter Raum wird mit Pulver beaufschlagt) entsprechend Gleichung 6-15 und für Einrichtungsschutzanlagen (Schutzbereich

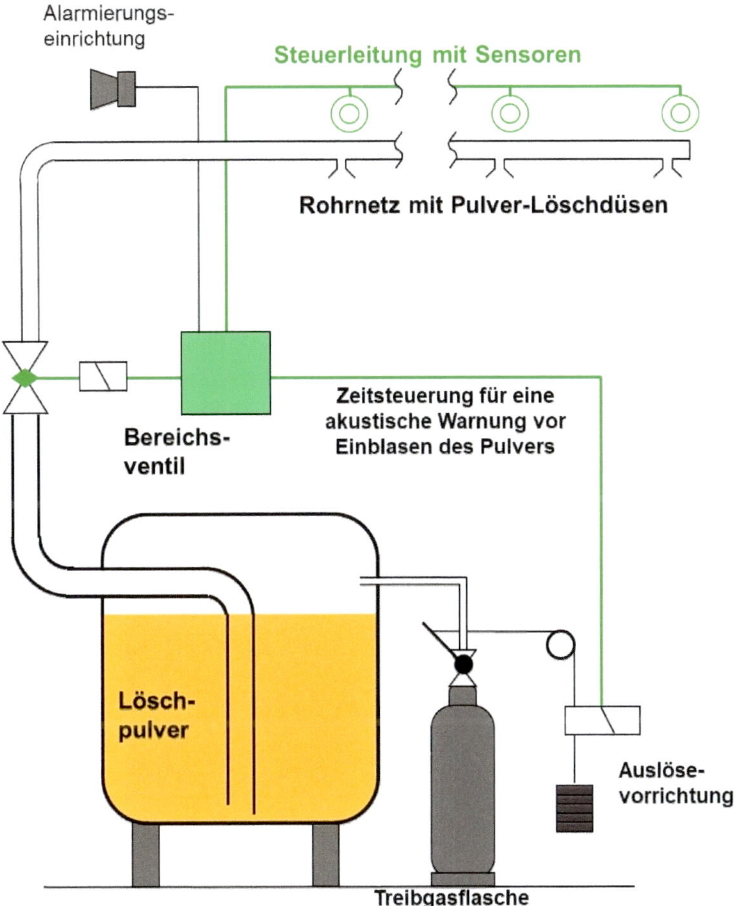

Abbildung 6-46: Pulver-Löschanlage – Schema

nicht vollständig von festen Umhüllungsbauteilen umgeben) nach Gleichung 6-16 zu berechnen.

Gleichung 6-15: $Q_R = K_1 * V + K_2 * A_S + K_3 * A_L + K_4 * R_V * t$

mit: Q_R = Pulvermenge für Raumschutz [kg]

V = Gesamtvolumen des Raumes (Bruttovolumen abzüglich Einbauten, in die das Pulver nicht eindringen kann) [m^3]

	A_S	=	Gesamtfläche der Öffnungen < 5 % der Gesamtoberfläche A_R des Raumes	[m²]
	A_R	=	Gesamtoberfläche des Raumes (Boden, Decke, Wände)	[m²]
	A_L	=	Gesamtfläche der Öffnungen 5 % < A_R < 15 %	[m²]
	R_V	=	Luftwechselrate	[m³/s]
	T	=	Flutungszeit	[s]
und:	K_1	=	Basis Löschmittelmenge	[kg/m³]
	K_2	=	Zuschlagmenge für Öffnungen bis 5 % von A_R	[kg/m²]
	K_3	=	Zuschlagmenge für Öffnungen über 5 % von A_R	[kg/m²]
	K_4	=	Zuschlagmenge für während der Flutung nicht abgeschalteten Raumluftanlagen	[kg/m³]

Gleichung 6-16: $Q_E = K_5 * V_i$

mit:	Q_E	=	Pulvermenge für Einrichtungsschutz	[kg]
	V_i	=	Gesamtvolumen des Schutzraumes berechnet als imaginäres Volumen, das das Schutzobjekt nach allen Seiten mit einem Abstand von ≥ 1,5 m oder bis zur nächsten festen Begrenzung umhüllt	[m³]
	K_5	=	Basis-Löschmittelmenge Einrichtungsschutz	[kg/m³]

Die Auslösung von Pulverlöschanlagen erfolgt über Flammenmelder und von Hand. Handauslösungseinrichtungen sind in unmittelbarer Nähe von Arbeitsplätzen, von denen der Schutzbereich eingesehen werden kann, anzuordnen.

Das Ausblasen des Pulvers darf wegen der schlagartigen Sichtbehinderung und der damit verbundenen Beeinträchtigung der Fluchtmöglichkeit anwesender Personen, erst mit einer auf den Einzelfall abgestimmten Verzögerung erfolgen. Löschpulveranlagen mit automatischer Pulverauslösung müssen daher mit einer Warneinrichtung ausgestattet sein, die auf das unmittelbar bevorstehende Ausblasen des Löschpulvers aufmerksam macht. Die Warnzeit ist so zu bemessen, dass eine Flucht aus dem Wirkungsbereich der Anlage möglich ist. Diese Sicherheitsanforderung kann zu Konflikten mit der erforderlichen sehr schnellen Ausbringung des Löschmittels führen, die vor dem Aufheizen von Oberflächen, an denen sich der Brennstoff erneut entzünden könnte, erfolgen muss.

Für Kohlenwasserstoffbrände sind die K-Faktoren nach Tabelle 6-49 zu verwenden. Für andere Brände dürfen die K-Faktoren bestehender gleichartiger Löschanlagen verwendet werden oder aus Brandversuchen abgeleitet werden.

K-Faktor	Bestimmung	Pulvermenge
K_1	Basismenge Raumschutz	0,65 kg / m³
K_2	Zuschlagmenge Öffnungen ≤ 5 %	2,5 kg / m²
K_3	Zuschlagmenge Öffnungen 5 % bis 15 % [1)]	5,0 kg / m²
K_4	Zuschlagmenge Raumlüftung	0,65 kg / m³
K_5	Basismenge Einrichtungsschutz	1,2 kg / m³
1) die Gesamtfläche aller Öffnungen darf 15 % der Gesamtoberfläche A_R nicht überschreiten		

Tabelle 6-49: Pulverlöschanlagen: K-Faktoren für Kohlenwasserstoffbrände

Die ermittelten Pulvermengen müssen innerhalb von maximal 30 Sekunden nach Auslösung der Anlage ausgebracht werden. Abhängig von der Art des Löschpulvers, der Düsen (Wand- oder Deckendüsen) und der Schutzart (Raumschutz oder Einrichtungsschutz) sind bestimmte Mindestflutungszeiten und Durchflussraten der Düsen einzuhalten, um eine gleichmäßige Beaufschlagung des Schutzbereiches mit Löschpulver zu gewährleisten. Die Rohrleitungen sind entsprechend auszulegen.

6.7 Gaslöschanlagen

Gaslöschanlagen setzen als Löschmittel bestimmte Löschgase ein, darunter ist Kohlendioxid – CO_2 – das am häufigsten verwendete. Im Einsatzfall wird der gesamte zu schützende Bereich mit einer bestimmten Auslegungskonzentration des Löschmittels geflutet, Gaslöschverfahren sind also Volumenlöschverfahren. Gaslöschanlagen werden im allgemeinen als Raumschutzanlagen konzipiert, d. h. der gesamte zu schützende Bereich (Schutzbereich) wird auf einmal mit einer bestimmten Menge des Löschgases geflutet, um die für eine Brandbekämpfung erforderliche Konzentration des Löschmittels zu erreichen. Hierzu darf der Schutzbereich keine wesentlichen Undichtigkeiten aufweisen, ggf. sind erkannte Undichtigkeiten zu beseitigen (zur Wirkung eingeplanter Druckentlastungsöffnungen siehe Punkt 6.7.4).

Zum Schutze von Einrichtungen (z. B. Maschinen, siehe Punkt 6.10.1) werden Gaslöschanlagen wo immer möglich als geschlossener Einrichtungsschutz, d. h. zur Flutung eines durch eine Einhausung der zu schützenden Einrichtung abgeteilten Schutzbereiches ausgeführt. Nur wo dies aufgrund der Abmessungen oder der räumlichen Struktur der Einrichtung nicht möglich ist, wird auch mit Gaslöschanlagen ein offener Einrichtungsschutz realisiert. Bei dieser Schutzart muss das in die Umgebung des Schutzbereiches abdiffundierende Löschgas kontinuierlich ersetzt werden.

Nach der Löschwirkung der Löschgase können die folgenden Grundtypen von Gaslöschanlagen unterschieden werden:

- Gaslöschanlagen, die ausschließlich durch Ersticken löschen
  - CO_2-Löschanlagen
  - Argon-Löschanlagen
  - Stickstoff-Löschanlagen
  - Löschanlagen, die Gemische der o. g. Gase einsetzen
- Gaslöschanlagen, die überwiegend durch physikalische Kühlung und Antikatalyse löschen:
  - Löschanlagen mit dem Löschmittel FM-200®
  - Löschanlagen mit dem Löschmittel Novec 1230®
  - Löschanlagen mit dem Löschmittel Trigon® 300

Daneben sind noch eine Reihe weiterer Löschgase der zweiten Gruppe, der so genannten Halocarbone, für den Einsatz zugelassen (Tabelle 6-50).

Gaslöschanlagen und gasförmige Löschmittel sind technisch in der Normenreihe DIN EN 15004 beschrieben. Der Teil 1 dieser Europanorm ist bis auf geringe Abweichungen mit der ISO 14 520-1 [6.151] inhaltsgleich. In DIN EN 15004-1

[6.92] werden allgemeine Anforderungen an Planung, die Installation und den Betrieb von Gaslöschanlagen dargestellt.

In den übrigen Teilen der Normenreihe EN 15004 (Tabelle 6-50) werden die einzelnen Löschgase hinsichtlich ihrer physikalischen und technischen Anforderungen beschrieben, einige Daten enthält Tabelle 14-12 in Punkt 14.3.8. Ausdrücklich ausgenommen vom Geltungsbereich der EN 15004 sind CO_2-Löschanlagen, diese sind in VdS 2093 und ISO 6183 beschrieben.

Die Anforderungen an die allein für Gaslöschanlagen nach DIN EN 15004 zugelassenen Bauteile sind in der Normenreihe DIN EN 12094 [6.163] beschrieben.

Gaslöschanlagen eignen sich insbesondere für den Schutz von:

- Räumen und Anlagen mit brennbaren Flüssigkeiten (z. B. Lackherstellung, Spritzlackierereien, Druckmaschinen)
- Räumen und Anlagen mit brennbaren Gasen
- Elektrische und Elektronische Einrichtungen (Computerräume, Schalträume, Telefonvermittlungen etc.)
- sonstige besonders hochwertige Güter, die durch das Löschmittel nicht beschädigt werden dürfen (Alle in Löschanlagen nach DIN EN 15004 zugelassenen Löschmittel hinterlassen nach dem Verdampfen keinerlei Rückstände.)

Norm	Stand	Inhalte
DIN EN 15004-1 (ISO 14520-1:2006, modifiziert)	2019-06	Ortsfeste Brandbekämpfungsanlagen – Löschanlagen mit gasförmigen Löschmitteln – Teil 1: Planung, Installation und Instandhaltung
DIN EN 15004-2 (ISO 14520-5:2006, modifiziert)	2019-09	Ortsfeste Brandbekämpfungsanlagen – Löschanlagen mit gasförmigen Löschmitteln – Teil 2: Physikalische Eigenschaften und Anlagenauslegung für Feuerlöschmittel FK-5-1-12
DIN EN 15004-3 (ISO 14520-6:2006, modifiziert)	2015-02	Ortsfeste Brandbekämpfungsanlagen – Löschanlagen mit gasförmigen Löschmitteln – Teil 3: Physikalische Eigenschaften und Anlagenauslegung für Feuerlöschmittel HCFC / A
DIN EN 15004-4 (ISO 14520-8:2006, modifiziert)	2019-09	Ortsfeste Brandbekämpfungsanlagen – Löschanlagen mit gasförmigen Löschmitteln – Teil 4: Physikalische Eigenschaften und Anlagenauslegung für Feuerlöschmittel HFC 125
DIN EN 15004-5 (ISO 14520-9:2006, modifiziert)	2020-12	Ortsfeste Brandbekämpfungsanlagen – Löschanlagen mit gasförmigen Löschmitteln – Teil 5: Physikalische Eigenschaften und Anlagenauslegung für Feuerlöschmittel HFC 227ea
DIN EN 15004-6 (ISO 14520-10:2005, modifiziert)	2020-12	Ortsfeste Brandbekämpfungsanlagen – Löschanlagen mit gasförmigen Löschmitteln – Teil 6: Physikalische Eigenschaften und Anlagenauslegung für Feuerlöschmittel HFC 23
DIN EN 15004-7 (ISO 14520-12:2005, modifiziert)	2018-03	Ortsfeste Brandbekämpfungsanlagen – Löschanlagen mit gasförmigen Löschmitteln – Teil 7: Physikalische Eigenschaften und Anlagenauslegung für Feuerlöschmittel IG-01

Tabelle 6-50: Normenreihe DIN EN 15004 für Gaslöschanlagen (ohne CO_2-Löschanlagen)

Norm	Stand	Inhalte
DIN EN 15004-8 (ISO 14520-13:2005, modifiziert)	2018-03	Ortsfeste Brandbekämpfungsanlagen – Löschanlagen mit gasförmigen Löschmitteln – Teil 8: Physikalische Eigenschaften und Anlagenauslegung für Feuerlöschmittel IG-100
DIN EN 15004-9 (ISO 14520-14:2005, modifiziert)	2018-03	Ortsfeste Brandbekämpfungsanlagen – Löschanlagen mit gasförmigen Löschmitteln – Teil 9: Physikalische Eigenschaften und Anlagenauslegung für Feuerlöschmittel IG-55
DIN EN 15004-10 (ISO 14520-15:2005, modifiziert)	2018-03	Ortsfeste Brandbekämpfungsanlagen – Löschanlagen mit gasförmigen Löschmitteln – Teil 10: Physikalische Eigenschaften und Anlagenauslegung für Feuerlöschmittel IG-541

Tabelle 6-50 fortgesetzt: Normenreihe DIN EN 15004 für Gaslöschanlagen (ohne CO_2-Löschanlagen)

Des Weiteren sind Gaslöschanlagen auch bei brennbaren festen Stoffen (Brandklasse A, siehe Tabelle 6-3 und Punkt 14.2.1) grundsätzlich einsetzbar, allerdings sind dort bei vielen Stoffen höhere löschwirksame Gaskonzentrationen und längere Einwirkzeiten erforderlich.

In der Regel ungeeignet sind Gaslöschanlagen, wenn mit Bränden

- von sauerstoffhaltigen Materialien oder Chemikalien
- von Zubereitungen, die oxidierende Materialien enthalten (z. B. bei einigen organischen Peroxiden)
- von Materialien und Chemikalien, die mit dem Löschmittel reagieren können (z. B. Alkalimetalle, Metallamine und Metalhydride; weitere Einschränkungen bei CO_2 siehe Punkt 6.7.9)

gerechnet werden muss, oder wenn bei Stoffen der Brandklasse A tiefsitzende Brandherde zu erwarten sind, wie z. B. Brände in Holzstapeln, in Papierrollen oder -ballen, in Textilenstapeln oder -ballen.

Gaslöschanlagen sind weiterhin nicht einsetzbar, wenn im Schutzbereich betriebsmäßig, d. h. nicht durch einen Brand, größere Oberflächen über die thermische Zersetzungstemperatur des Löschmittels aufgeheizt sind.

6.7.1 Anforderungen an den Schutzbereich

Gaslöschanlagen müssen im gesamten Schutzbereich die Auslegungskonzentration des jeweiligen Löschmittels über eine zur Brandlöschung ausreichende Zeit aufrechterhalten. Dies wird dann möglich, wenn

- die Schutzbereiche räumlich abgeschlossen sind
  - Raumschutz,
  - geschlossener Einrichtungsschutz

- bei offenen Schutzbereichen, wenn eine Einhausung nicht möglich ist, solange kontinuierlich Löschgas nachströmt, bis die Feuerwehr eintrifft.

Die Umfassungsbauteile des Schutzbereiches müssen also eine ausreichende Dichtigkeit aufweisen. Durch die üblicherweise vorhandenen baulichen Leckagen (Ritzen und Fugen) strömt jedoch immer in gewissem Umfang Löschgas ab. Dies muss bei der Bemessung der Löschmittel-Einsatzmenge berücksichtigt werden. Während DIN EN 15004-1 diesen Einfluss lediglich über den so genannten Sicherheitsfaktor bei der Bemessung der Auslegungskonzentration des Löschmittels abdeckt (Punkt 6.7.2), gehen die Richtlinien der deutschen und europäischen Versicherungswirtschaft einen Schritt weiter. So führen VdS 2093 [6.152], VdS 2380 [6.154] und VdS 2381 [6.155] sowie CEA 4007 [6.183], CEA 4008 [6.184] und CEA 4045 [6.185] zur Bestimmung der erforderlichen Löschmittel-Einsatzmenge zusätzlich zum „Volumenfaktor" der DIN EN 15004-1 noch einen „Oberflächenfaktor" in die Berechnungsformeln ein, durch den die vorzuhaltende Löschmittelmenge gegenüber den Anforderungen der Norm erhöht wird (hierzu enthält Punkt 14.4.2 einige Berechnungsbeispiele).

Öffnungen in den Umfassungsbauteilen der Schutzbereiche von Gaslöschanlagen sind, wenn immer möglich, dauerhaft zu verschließen oder mit automatischen Verschlüssen zu versehen, die vor Einströmen des Löschgases schließen. Sofern eine angemessene Dichtheit des Schutzbereiches damit nicht zu erreichen ist, muss der Wirkungsbereich der Löschanlage ggf. auf die benachbarten Risiken und Räume ausgedehnt werden. Sofern dies nicht möglich ist, muss das Abströmen des Löschgases durch nichtverschließbare Öffnungen bei der Berechnung der Einsatzmenge berücksichtigt werden. Während DIN EN 15004-1 hierzu keine weiteren Hinweise enthält, führen die oben genannten VdS-Richtlinien hierzu einen „Öffnungsterm" in die Berechnungsformeln ein (Punkt 14.4.1).

Lüftungsanlagen im Schutzbereich sind bei Aktivierung der Löschanlage grundsätzlich abzuschalten und mit automatischen Klappen zu verschließen. Müssen Lüftungsanlagen aus Sicherheitsgründen in Betrieb bleiben, so sind das Volumen der Lüftungskanäle und das Fördervolumen der Lüftungsanlage während der Haltezeit der Löschanlage dem Flutungsvolumen hinzu zu rechnen (Punkt 6.7.3.2). Die Richtlinien VdS 2380 und VdS 2381 setzen hier das vierfache Luftvolumen während der Haltezeit an.

Für die nicht von der DIN EN 15004-1 behandelten CO_2-Löschanlagen ist der Berechnungsansatz für die Löschmittel-Einsatzmenge in allen diesbezüglichen technischen Regelungen ähnlich (Punkte 6.7.9 und14.4.2).

Bei der Errichtung von Gaslöschanlagen ist zu prüfen, ob infolge des in einen weitgehend geschlossenen Schutzbereich ausströmenden Druckgases für das

Bauwerk gefährliche Druckerhöhungen auftreten können. Übliche Bauteile können nur Drucken von ca. 500 Pa widerstehen, siehe hierzu bei Schlosser [6.156] bis [6.158]. Außerdem kann, wenn die Raumluft nicht in ausreichendem Maße entweichen kann, möglicherweise keine ausreichende Löschmittelkonzentration aufgebaut werden. Es sind daher definierte Druckentlastungseinrichtungen zu schaffen, deren Berechnung z. B. nach Anhang 7 der VdS 2093 [6.152] oder nach ISO 6183 erfolgen kann. Diese Druckentlastungseinrichtungen sollten folgende Anforderungen erfüllen:

- für jeden baulich abgetrennten Bereich der Gaslöschanlage unabhängig voneinander ausgeführt sein,
- möglichst ohne Fremdenergie öffnen und schließen (z. B. schwerkraftabhängig),
- falls Fremdenergie erforderlich ist, muss diese über die Anlage, die auch die Gaslöschanlage versorgt, bereitgestellt werden,
- nach Druckausgleich wieder schließen, um zu verhindern, dass Löschgas unkontrolliert abströmt,
- Druckentlastungsöffnungen sollten möglichst direkt ins Freie führen,
- sind Kanäle erforderlich, sind diese entsprechend den Anforderungen der LüAR [6.153] auszuführen,
- bei Auslegung sind der zulässige Überdruck, die maximalen Massenströme und der Widerstandsbeiwert(e) der Druckentlastungseinrichtung zu berücksichtigen,
- Druckentlastungseinrichtungen sind so anzuordnen, dass nur überschüssiges Löschgas ausströmt,
- Absaugsysteme sind als Druckentlastungseinrichtung nicht zulässig.

6.7.2 Auslegungskonzentration von Löschgasen

Wie unter Punkt 6.7 bereits ausgeführt, sind bei der Konzeption von Gaslöschanlagen die unterschiedliche Löschwirkungen und Löschwirksamkeiten der Löschgase zu berücksichtigen. Die Normen DIN EN 15004 und DIN EN ISO 14 520 beschreiben in den Anhängen zum jeweiligen Teil 1 ausführlich komplexe Verfahren zur Bestimmung der Löschwirkung der verschiedenen Löschgase unter unterschiedlichen räumlichen Bedingungen für verschiedene Brandobjekte (vergl. bei Böke et al. [6.77]).

Als Ergebnisse sind in den Löschmittelnormen die für unterschiedliches Brandgut erforderlichen Löschkonzentrationen aufgelistet. Die Löschkonzentration ist die geringste Konzentration eines Löschmittels (gemessen in Volumenprozent, Vol.%), die zum Löschen eines bestimmten Brandobjektes (Holzstoß, Kunststoffplatten, brennbare Flüssigkeit) unter genau festgelegten Versuchsbedingungen ohne Sicherheitsfaktor erforderlich ist.

Löschmittel	**Auslegungskonzentration**				
	nach DIN EN 15004			nach VdS	
für Brandklasse	**A**		**B** 1)	**A**	**B** 1)
	Holz und Kunststoff	high hazard 2)	n-Heptan	high hazard 2)	n-Heptan
CO_2 3)	n.v.	n.v.	n.v.	47,0 %	34,0 %
Argon (IG-01)	41,9 %	49,2 %	51,7 %	50,0 %	53 %
Stickstoff (IG-100)	40,3 %	45,2 %	47,6 %	45,2 %	47,6 %
Inergen® (IG-541)	39,9 %	45,7 %	48,1 %	45,7 %	48,1 %
Argonit® (IG-55)	40,3 %	45,2 %	47,6 %	45,7 %	48,1 %
FM-200® (HFC 227ea)	7,9 %	8,5 %	9,0 %	8,4 %	8,8 %
Novec 1230® (FK-5-1-12)	5,3 %	5,6 %	5,9 %	5,8 %	6,1 %
Trigon® 300 (HFC 23)	16,3 %	16,3 %	16,4 %	n.v.	n.v.

1) bei einigen brennbaren Flüssigkeiten sind höhere Auslegungskonzentrationen erforderlich
2) in EN 15004 nicht näher definiert, diese Tabelle geht von Elektrischen Schalt- und Verteilräumen, Kabelböden etc. aus
3) Auslegungskonzentration für Zellulose und Kunststoffe nach VdS: 57 % bis 61 %

Tabelle 6-51: Auslegungskonzentrationen in Volumenprozent in Deutschland zugelassener gasförmiger Löschmittel nach DIN EN 15004, VdS 2093 [6.152], VdS 2380 [6.154] und VdS 2381 [6.155]

Aus den für Raumbrände ermittelten Löschkonzentrationen werden mit einem Sicherheitsfaktor – der in DIN EN 15004-1 zunächst generell mit 1,3 angesetzt wird – die Auslegungskonzentrationen des Löschmittels für die Brandklassen B und A berechnet, die bei der Planung von Gaslöschanlagen zu Grunde zu legen sind. Dieser Sicherheitsfaktor für die Auslegungskonzentration des Löschmittels soll u. a. folgende Effekte berücksichtigen:

- Leckage durch Undichtheit des geschützten Bereiches (Punkt 6.7.1)
- Leckage durch Türen, die während des Löschmittelausstoßes geöffnet werden könnten
- Leckagen, die durch starke Expansion des Löschmittels erzeugt werden könnten
- die Wirkung eingeplanter Druckentlastungsflächen (Punkt 6.7.1)
- der Einfluss von Wechselwirkungen des Löschmittels mit dem Brand oder mit heißen Oberflächen auf die Löschmittelkonzentration
- die Verringerung giftiger oder korrosiver Brandfolgeprodukte.

Sofern detaillierte Untersuchungen des mit einer Gaslöschanlage auszustattenden Objektes ergeben, das höhere Sicherheitsfaktoren in Ansatz zu bringen sind als 30 %, müssen diese für die Anlagenplanung zu Grunde gelegt werden. Für die in Deutschland zugelassenen gasförmigen Löschmittel enthält Tabelle 6-51 die Auslegungskonzentrationen (nach DIN EN 15004). Sie sind wegen des Sicherheitsfaktors stets höher als die Mindest-Löschkonzentration nach Tabelle 14-12 in Anhang 3.

Sofern im Brandfall Bedingungen vorliegen können, die zu einer erneuten Entzündung oder zu einer Explosion führen können, muss die Gaslöschanlage nach der initialen Löschung auch dies zuverlässig verhindern. Wenn daher

- die Konzentration der Brennstoffdämpfe oder -gase im Schutzbereich 50 % oder mehr der unteren Explosionsgrenze erreichen kann (siehe Punkt 14.2.2) *und*
- die Verflüchtigung des Brennstoffes vor dem Brand ausreicht, die untere Explosionsgrenze zu erreichen (dies kann u. a. dann auftreten, wenn die Temperatur des Brandstoffes die Flammpunkttemperatur überschreitet) *oder*
- die Löschanlage nicht schnell genug reagieren kann, bevor die Brandtemperatur die Verflüchtigung des Brennstoffes auf eingefährliches Niveau erhöht,

muss die Konzentration des durch die Gaslöschanlage ausgebrachten Löschmittels die Inertisierungskonzentration des Brennstoffes zuzüglich eines Sicherheitszuschlages von 10 % erreichen. Die Inertisierungskonzentration ist mittels eines in Anhang D der DIN EN 15004-1 beschriebenen Verfahrens zu bestimmen.

6.7.3 Bemessung von Gaslöschanlagen

6.7.3.1 Löschmittelmenge für Raumschutzanlagen

Die Menge des in einer Gaslöschanlage bereitzustellenden Löschmittels muss ausreichen, um den größten angeschlossenen gefährdeten einzelnen Bereich mit der Auslegungskonzentration fluten zu können. Sind an einer Anlage mehrere gefährdete Bereiche angeschlossen, muss der Löschmittelvorrat für alle ggf. gleichzeitig zu flutenden Bereichen ausreichen (Festlegung im Brandschutzkonzept [6.30]). Sofern die Risikoanalyse des Brandschutzkonzeptes dies ergibt oder die zuständige Brandschutzdienststelle dies fordert, sind Reservemengen vorzuhalten.

Um die Auslegungskonzentrationen des Löschmittels zu erreichen, ist zu berechnen, wie viel Löschgas in einen bestimmten Bereich einzubringen ist, d. h. wie groß die Einsatzmenge Q^E des Löschmittels ist. Neben der Auslegungskonzentration des gewählten Löschgases für die vorhandenen Brandgefahren gehen als Einflussgrößen das Volumen des Schutzbereiches (in m^3), das spezifische

Volumen des Löschgases (in m^3/kg) und die zu erwartende Mindesttemperatur (in °C) des Schutzbereiches gemäß Gleichung 6-17 bzw. Gleichung 6-18 in die Löschmittel-Einsatzmenge ein.

Gleichung 6-17: *für verflüssigte Gase* nach DIN EN 15004-1:

$$Q^E_{FG} = V_R / S * c/(100-c)$$

Gleichung 6-18: für *nicht verflüssigte Gase* nach DIN EN 15004-1:

$$Q^E_{PG} = V_R / S * \ln(100/[100-c])$$

mit:

Q	=	Einsatzmenge des Löschmittels	[kg]
V_R	=	rechnerisches Volumen des Schutzbereiches = $V_V + V_L - V_G$	[m^3]
V_V	=	Raumvolumen	[m^3]
V_Z	=	Lüftungsvolumen während der Flutungszeit	[m^3]
V_G	=	Volumen gasdichter Einbauten	[m^3]
S	=	spezifisches (Dampf-)Volumen des Löschgases	[m^3/kg]
c	=	Auslegungskonzentration	[Vol.%]

Als Volumen des Schutzbereiches ist das rechnerische Volumen V_R anzusetzen, d. h. das Raumvolumen abzüglich des Volumens aller Einbauten, in die das Löschgas nicht eindringen kann (z. B. im Inneren einer Halle gelegene gasdichte Räume u. ä.), ggf. zuzüglich der Volumina zur Berücksichtigung der Wirkung von Lüftungsanlagen, die im Flutungsfall nicht – oder nicht rechtzeitig – abgeschaltet werden können.

Das spezifische Volumen S der Löschgase ist der Kehrwert der Dichte ρ des überhitzen Gases bzw. Dampfes und damit temperaturabhängig. Es wird mit Hilfe von zwei spezifischen Konstanten für jedes Löschgas, die den Normen für die Gase zu entnehmen sind, gemäß Gleichung 6-19 berechnet. Die Konstanten der zugelassenen Löschmittel sind der Tabelle 14-12 in Anhang 4 zu entnehmen.

Gleichung 6-19: $S = k_1 + k_2 * T$

mit:				
	S	=	Spezifisches Volumen	[m^3/kg]
	k_1		aus der Löschmittelnorm	[m^3/kg]
	k_2		aus der Löschmittelnorm (hier in Tabelle 14-12	[$m^3/kg\ K$]
	T	=	erwartete Mindesttemperatur des Schutzbereiches	[°C]

In Deutschland sind bei der Bemessung der Löschgas-Einsatzmenge zusätzlich zur DIN EN 15004-1 die Vorschriften des Verbandes der Sachversicherer zu beachten, um die Rabattfähigkeit der Löschanlage sicherzustellen. In den technischen Regeln der VdS wird die Temperaturabhängigkeit des spezifischen Volumens der Löschgase durch einen Faktor k_T in den Berechnungsformeln der Löschgas-Einsatzmenge erfasst (siehe Punkt 14.4.2). Die sich jeweils ergebenden effektiven Korrekturfaktoren für die Temperaturabhängigkeit sind im Wesentlichen gleich jenen der Norm, allerdings sieht der VdS bei Temperaturen oberhalb von 10 °C keine weitere Absenkung der Löschmittel-Einsatzmengen vor (d.h. der Korrekturfaktor bleibt bei 1).

Des Weiteren sehen die Berechnungsregeln des VdS zusätzlich zur Einsatzmenge in Abhängigkeit vom Raumvolumen gemäß Gleichung 6-17 oder Gleichung 6-18 (so genannter Volumenterm in den Formeln des VdS) eine weiter Einsatzmenge in Abhängigkeit von der bewerteten Größe der Außenfläche und den tatsächlich im Einzelfall vorhandenen bewerteten Öffnungen vor. Diese zusätzliche Löschmittel-Einsatzmenge wird über einen „Oberflächenterm" und einen „Öffnungsterm" in den Formeln des VdS und der CEA berechnet (beide Formeln sind inhaltsgleich). Die Einsatzmengen nach VdS sind daher i. A. etwas höher. Vergleichende Beispielberechnung für die Löschmittel Stickstoff, FM 200 und CO_2 enthält Punkt 14.4.2.

Da die Normenreihe DIN EN 15004 für Gaslöschanlagen in ganz Europa gilt, ist davon auszugehen, dass diese Löschanlagen in ganz unterschiedlichen Höhen über dem Meeresspiegel eingesetzt werden. Der Luftdruck nimmt jedoch um mehr als 11 % auf 1000 m Höhenunterschied ab. Daher wird mit steigender Höhe des Anlagenortes der Bedarf an Löschmittel (in kg) ebenfalls abnehmen (bei Anlagen unter Meereshöhe entsprechend zunehmen). In DIN EN 15004-1 werden Korrekturfaktoren k_H für die Einsatzmenge des Löschmittels angegeben. Die Korrekturfaktoren wurden auf der Basis der Barometrischen Höhenformel (für Sauerstoff) berechnet und sind hier als Abbildung 6-47 wiedergegeben.

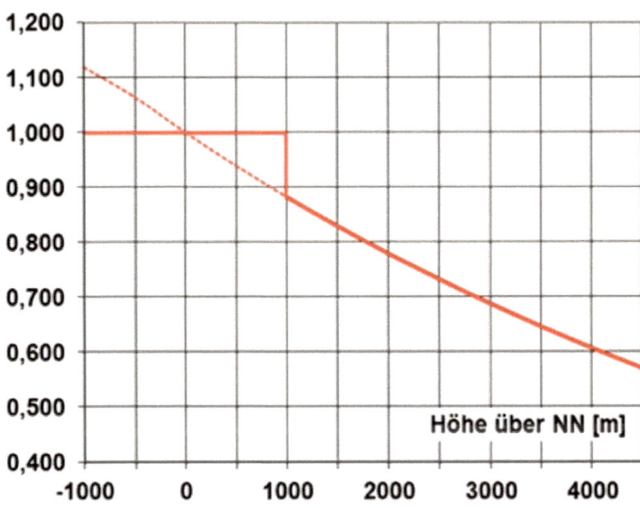

Abbildung 6-47: Korrekturfaktoren k_H für die Meereshöhe von Gaslöschanlagen (in allen zitierten Reglungen gleich)

Die nach Gleichung 6-17 oder Gleichung 6-18 berechnete Löschmitteleinsatzmenge ist mit diesem Korrekturfaktor zu multiplizieren. Damit ergibt sich die Mindestlagerungsmenge Q_L des Löschmittels zu:

Gleichung 6-20: $Q_L = Q^E * k_H$

mit:				
	Q_L	=	Löschmittel-Lagermenge	[kg]
	Q^E	=	Löschmittel Einsatzmenge gemäß Gleichung 6-17 oder Gleichung 6-18	[kg]
	k_H	=	Korrekturfaktor für die Meereshöhe aus Abbildung 6-34	

In den Berechnungsformeln ist die Höhenlage der Löschanlage nur dann zu berücksichtigen, wenn sie um mehr als 1000 m (entsprechend 11 %) von der Meereshöhe abweicht (Abbildung 6-47).

Sofern Halteflutungen erforderlich sind (Punkt 6.7.3.2), muss die Löschmittel-Mindestlagermenge entsprechend erhöht werden.

6.7.3.2 Haltezeit der Gaslöschanlage

Um einen Löscherfolg sicherzustellen muss die Auslegungskonzentration des Löschgases nicht nur erreicht, sondern auch über eine gewisse Zeit aufrechterhalten werden. Hierzu ist es erforderlich, entweder die Umfassungsbauteile des Schutzbereiches dicht genug zu konstruieren, oder während der Haltezeit, gesteuert durch Konzentrationsmessgeräte oder nach Erfahrungswerten der Anlagenhersteller, nach zu begasen. Um eine Überprüfung der Haltezeiten durch Probeflutungen zu vermeiden ist in Anhang E der DIN EN 15004-1 eine sog. Türgebläse-Prüfung beschrieben, nach deren Ergebnissen in einem komplexen Rechenverfahren die Kriterien für die Theoretische Haltezeit festzulegen sind.

Während der mindestens 10 Minuten langen Haltezeit einer Gaslöschanlage müssen dann in der Praxis die folgenden Bedingungen erfüllt werden

- bei Beginn der Haltezeit muss im gesamten Schutzbereich die Auslegungskonzentration erreicht sein,
- am Ende der Haltezeit darf die Löschgaskonzentration bei 20 %, 50 % und 80 % der Raumhöhe nicht weniger als 95 % der Auslegungskonzentration betragen.

Die für die Aufrechterhaltung der Auslegungskonzentration während der Haltezeit erforderlichen Löschmittelmengen sind zusätzlich zur nach Punkt 6.7.3.1 ermittelten Mindestlagermenge vorzuhalten.

6.7.3.3 Flutungszeit, Rohrnetz und Düsen

Das Ausströmen des Löschgases muss so schnell wie möglich abgeschlossen sein, um einen Brand schnell zu unterdrücken. Die Flutungszeit von Raumschutzanlagen muss den folgenden Bedingungen genügen:

- bei verflüssigten Löschgasen (Ausnahme CO_2):
  darf sie bei 20 °C nicht mehr als 10 Sekunden betragen um mindestens 95 % der Auslegungskonzentration erreichen
- bei nicht verflüssigte Löschgasen:
  darf sie bei 20 °C und Brandklasse B nicht mehr als 60 Sekunden sowie bei 20 °C und Brandklasse A nicht mehr als 120 Sekunden betragen um mindestens 95 % der Auslegungskonzentration erreichen.

Die Rohrleitungen und die Düsen von Gaslöschanlagen sind auf die für das Einhalten der maximalen Flutungszeiten erforderlichen Durchflussströme auszulegen. Dabei ist zu berücksichtigen, dass bei flüssigen Löschgasen die Strömung als Zweiphasenströmung erfolgt.

Die Rohrleitungen müssen aus nichtbrennbaren Werkstoffen bestehen und sind hinsichtlich der Druckfestigkeit und der Temperaturbeanspruchung nach nationalen Vorschriften zu bemessen. Da es bei der sehr schnellen Ausströmung der elektrisch nichtleitenden Löschmittel aus den Düsen zu elektrostatischen Aufladungen kommen kann, sind die Rohrleitungen und Düsen leitfähig miteinander zu verbinden und zu erden. Die Halterungen der Rohrleitungen müssen so ausgelegt werden, dass die zu erwartenden Kräfte beim Ausströmen des Löschmittels – auch in flüssiger Form oder als Zwei-Phasen-Strömung – sicher abgefangen werden.

Die Düsen von Gaslöschanlagen müssen so dimensioniert und verteilt werden, dass sie die Anforderungen an die Flutungszeit sicher erfüllen. Es dürfen nur vom Hersteller für die betreffende Anlage zugelassene Düsen verwendet werden. Wo ein Verstopfen von Düsen nicht mit Sicherheit auszuschließen ist (z. B. infolge Vereisung) sind parallel zu den Düsen Berstscheiben oder andere Einrichtungen vorzusehen, die einen unzulässigen Druckaufbau sicher verhindern.

Um Schäden auf Grund des erheblichen Schalldruckes beim Ausströmen der Löschgase zu vermeiden (empfindlich sind insbesondere Festplatten in Rechenzentren [6.185], [6.186], VdS 2381 [6.187]) stehen besondere Düsen mit Schalldämpfung zur Verfügung [6.189], [6.190]. In komplexen hochverdichteten Lagern werden auch Diffusionsrohre eingesetzt, die innerhalb der Lagerkonstruktion verlaufen und das Löschmittel mit geringem Druck über viele kleine Öffnungen abgeben.

6.7.4 Personenschutz

Gaslöschanlagen werden als Raum- oder als Objektschutzanlagen eingesetzt. Raumschutz heißt, dass ein bestimmter Raum insgesamt mit dem Löschgas geflutet wird. Dabei werden z. T. Löschgaskonzentrationen erreicht, die für Menschen schädlich oder sogar nach kurzer Zeit tödlich sind (vergl. DIN EN 15004-1 Punkt 5 und Anhang G [6.92]; für CO_2 vergl. auch [6.161] und Anhang 2). Bei Inertgas-Löschanlagen ist die Auslegekonzentration der Löschgase so hoch (Tabelle 6-51), dass hypoxische Effekte oder sogar Ersticken auftreten können, da die Sauerstoffkonzentration unter 12 % Meeresspiegeläquivalent abgesenkt wird. Alle gegenwärtigen halogenierten Kohlenwasserstoff-Löschmittel enthalten Fluor. Bei Vorhandensein von freiem Wasserstoff (aus Wasserdampf oder aus dem Verbrennungsprozess selbst) ist das wichtigste Zersetzungsprodukt Fluorwasserstoff (HF). Der Fluorwasserstoff bildet eine schädliche, reizende Atmosphäre, die für Menschen auch noch nach einem Brand gefährlich sein können.

Zum Personenschutz sind daher aus jedem Schutzbereich Notausgänge und in jedem Falle eine Warneinrichtung und eine Verzögerungseinrichtung erforderlich, damit Personen rechtzeitig vor Einblasen des Löschgases den Raum verlassen können. Nach DIN EN 15004-1 muss die zeitliche Verzögerung von der Auslösung einer Gaslöschanlage bis zum Ausblasen des Löschmittels mindestens 10 Sekunden betragen, zusätzlich ist hierzu in Deutschland die berufsgenossenschaftlichen Vorschriften zu beachten. Daneben sind bei Löschanlagen bzw. Löschgasen, deren Auslegungskonzentration die LOAEL-Konzentration überschreiten – d.h. die Konzentration, bei der erstmals schädliche toxikologische oder physiologische Effekte beobachtet wurden – Sperrvorrichtungen einzubauen, die handbetätigt den Löschmittelausstoß verhindern können. Betätigungseinrichtungen für diese Sperrvorrichtungen sind an geeigneten Stellen des Schutzbereiches, z.B. in der Nähe der Ausgänge, einzubauen (siehe hierzu in VdS 3518 [6.162]).

Bei Auslösen der Anlage müssen akustische und ggf. optische Warneinrichtungen (vergl. Kapitel 5) innerhalb des Schutzbereiches auslösen, um vor dem unmittelbar bevorstehenden Ausstoß des Löschmittels zu warnen. Diese Warneinrichtungen müssen auch nach Beendigung des Löschmittelausstoßes für mindestens 30 Minuten weiter in Betrieb bleiben. In gleicher Weise sind an den Zugängen zu mit Löschgas beaufschlagten Bereichen Warneinrichtungen zu aktivieren, die auf die Gefahren des Löschgases hinweisen und den Zutritt ohne Atemschutz verbieten.

6.7.5 Ansteuerung von Gaslöschanlagen

Gaslöschanlagen sind durch automatische Branderkennungssysteme (BMA, Punkt 5) in Verbindung mit automatischen Betätigungssystemen anzusteuern und müssen daneben manuell ausgelöst werden können. Die BMA ist auf die zu erwartenden Brandursachen auszurichten. Eine Zweimelder-Abhängigkeit der Auslösung ist zu prüfen.

Manuelle Auslösungen müssen außerhalb des Schutzbereiches der Gaslöschanlage oder in der Nähe der Ausgänge angebracht werden. Handauslösungen müssen den gleichzeitigen Betrieb aller für den jeweiligen Schutzbereich erforderlichen automatischen Ventile bewirken.

6.7.6 Inertgas-Löschanlagen

Nach Wegfall der Halone (Punkt 6.7.7) wurde die Suche nach geeigneten gasförmigen Löschmitteln zunächst auf Inertgase mit geringem (keinem) Ozon-Schädigungspotential konzentriert (siehe hierzu Pleß et al. [6.167], weitere Hinweise zu Löschanlagen mit sog. "sauberen" Löschmitteln findet man in NFPA 2001 [6.168]). Hier boten sich in erster Linie Stickstoff und daneben die Edelgase an. Helium und Neon scheiden als Löschmittel aus, da sie (wesentlich) leichter sind als Luft und somit Brandstellen nur schlecht erreichen können (Molgewicht Luft ca. 29, He 4, Ne 20). Krypton und Xenon sind dagegen deutlich schwerer als Luft (Kr 84, Xe 131) so dass – auch unter wirtschaftlichen Gesichtspunkten – von den Edelgasen nur Argon verbleibt (Molgewicht 40, zu ca. 0,93 % in der Luft enthalten). Heute sind die folgenden Inertgase bzw. Inertgasmischungen als Löschmittel am Markt:

- Stickstoff   100 % Stickstoff (N_2, IG-100)
- Argon   100 % Argon (Ar, IG-01, [6.169])
- Inergen®   50 % bis 52 % Stickstoff, 8 % bis 10 % Kohlendioxid, 40 % Argon (IG-541, [6.170])
- Argonit®, bzw. i2®   50 % Stickstoff, 50 % Argon (IG-55 [6.171])

Abbildung 6-48: Oxeo Inertgas-Löschanlage (Foto: Minimax GmbH & Co. KG)

6.7.6.1 Permanent-Inertgas-Löschanlagen

Die oben unter Punkt 6.7.6 genannten Löschgase werden derzeit (2021) noch überwiegend als Permanentgase bei 200 bar bis 300 bar in Druckgasflaschen bevorratet. Löschanlagen mit bei -196 °C verflüssigtem Stickstoff als Löschmittelvorrat sind technisch machbar, jedoch noch nicht am Markt. Löschanlagen mit chemisch gebundenen Inertgasen werden in Punkt 6.7.6.2 behandelt. Den Aufbau und die Funktion von Permanentgas Löschanlagen zeigt schematisch Abbildung 6-49.

Die Löschwirkung aller Inertgase besteht im Ersticken des Brandes durch Verdrängung des Sauerstoffes. Die erforderlichen Auslegungskonszentrationen dieser Löschmittel enthält Tabelle 6-51. Inertgas-Löschanlagen müssen diese Auslegungskonzentration innerhalb einer Flutungszeit von nicht mehr als 60 Sekunden erreichen. Ein anschauliches Praxisbeispiel für eine Inertgaslöschanlage (Stickstoff) für ein Gefahrstofflager findet man bei Siebert et al. [6.172]; den Einsatz von Stickstoff im praktischen Brandeinsatz an einem Getreidesilo beschreibt Fromader in [6.173].

Die Löschmittelbedarfe für Inertgas-Löschanlagen sind nach DIN EN 15004-1 entsprechend Gleichung 6-18 zu berechnen. Für Anlagen auf Meereshöhe ergeben sich Einsatzmengen im Bereich von 0,75 kg / m³ bis 1,20 kg / m³ Löschmittel, die Einsatzmengen nach der Richtlinie der Sachversicherer VdS 2380 sind je nach Inertgas etwa 20 % bis 30 % höher.

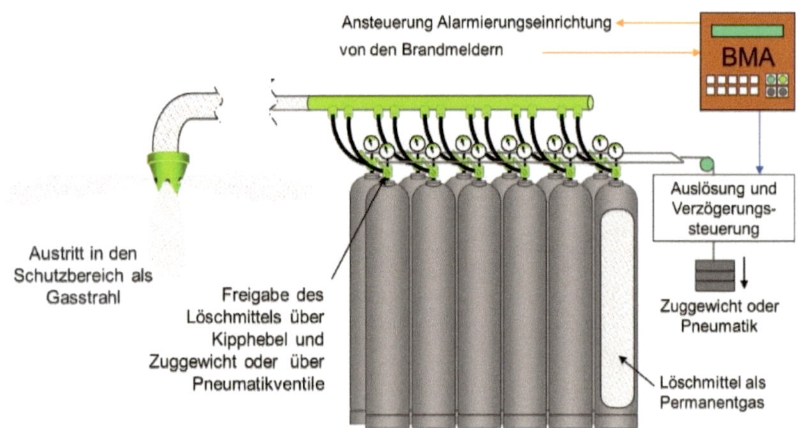

Abbildung 6-49: Permanentgas-Löschanlagen nach DIN EN 15004-1 – schematisch

6.7.6.2 SPGG Inertgas Löschanlagen

Um insbesondere für Raum- oder massenbegrenzende Randbedingungen Inertgas-Löschanlagen zur Verfügung zu stellen, sind modular aufgebaute Löschsysteme entwickelt worden, die die Löschgase in chemisch gebundener Form bevorraten. Diese so genannten Solid Propelled Gas Generator (SPGG) Löschsysteme, die aus der Airbag-Technologie entwickelt wurden, setzen die Löschgase durch Verbrennung bestimmter Chemikalien frei (ein ähnlicher Prozess wie in Aerosolgeneratoren, siehe Punkt 6.8). Je nach verwendeter Rezeptur des Ausgangsmaterials werden im Wesentlichen die folgenden Inertgase durch die Verbrennung freigesetzt:

- Stickstoff N_2 (ca. 30 % bis 99 %)
- Wasserdampf / Wasser H_2O (ca. 20 % bis 60 %)
- Kohlendioxid CO_2 (ca. 8 % bis 33 %)

Je nach Zusammensetzung der emittierten Inertgase sind folgende Löscheffekte wirksam (Punkt 14.1.4, vergl. hierzu bei Sampson [6.176]):

- Ersticken
- Kühlung
- Antikatalyse

Während die ersten Entwicklungen der SPGG Löschtechnik in erster Linie Raumfahrt- und Militäranwendungen verfolgten, sind heute auch modulare Raumschutzanlagen verfügbar, die nahezu reinen Stickstoff produzieren (Richardson [6.177]). Diese Anlagen werden – abhängig von der Größe des Schutzbereiches – aus bestimmten identischen Grundmodulen aufgebaut, die simultan oder zeitlich gestaffelt aktiviert werden. Die einzelnen Module sind bei einem Durchmesser von ca. 25 cm zwischen ca. 30 cm und 80 cm lang und produzieren jeweils eine bestimmte Menge Stickstoff. Da wegen der identischen Löschwirkung – Ersticken – natürlich dieselben Mengen an Stickstoff in den Schutzbereich eingebracht werden müssen (vergl. Punkt 6.7.2, Tabelle 6-51; technische Regeln für SPGG Löschanlagen gibt es derzeit – 2021 – noch nicht), wird die erforderliche Anzahl Löschmodule im Schutzbereich installiert und gemeinsam ausgelöst. Daher nehmen diese Löschanlagen für größere Schutzbereiche durchaus ansehnliche Ausmaße an, sind jedoch insgesamt noch deutlich kleiner und leichter als konventionelle Inertgas-Löschanlagen (Abbildung 6-50).

Die SPGG Löschanlagen werden elektrisch ausgelöst und in der Regel über Branddetektoren aktiviert. Einige Produkte aktivieren sich zusätzlich selbsttätig, sobald bestimmte Raumtemperaturen überschritten werden (Grzyll [6.178]).

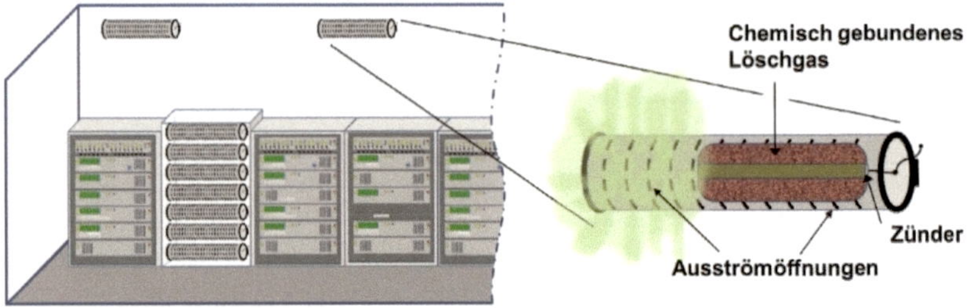

Abbildung 6-50: Schutz eines Serverraumes mit SPGG-Inertgas-Löschanlagen – Beispiel

Als Vorteile von SPGG-Löschanlagen sind zu nennen:

- leicht auch nachträglich einzubauen und/oder an lokale Anforderungen anzupassen (Anzahl der Gasgeneratoren)
- keine Druckbehälter
- Abmessungen und Massen geringe als konventionelle Inertgas-Löschanlagen
- keine Rohrleitungen und Düsen
- problemlose Instantsetzung nach Auslösung (Austausch der Gasgeneratoren)
- (nahezu) wartungsfreie Lebensdauer von mehr als 10 Jahren
- kostengünstig (Herstellerangaben).

6.7.7 Halonlöschanlagen

Bis 1996 standen Halon 1211 (CF2ClBr) und Halon 1302 (CF3Br) als gasförmige Löschmittel zur Verfügung (Halone sind vollständig halogenierte Kohlenwasserstoffe). Die Auslegungskonzentration der genannten Halone beträgt nur 3 % bis 6 %. Da Halone aufgrund ihres Schädigungspotentials für die Ozonschicht (Ozone Depleting Potential, ODP) nicht mehr hergestellt werden dürfen [6.166], scheiden sie nunmehr aus (Halone sind nach nur noch in ganz speziellen Anlagen zugelassen, z. B. in Raumfahrzeugen.) Zur Erläuterung der antikatalytischen Löschwirkung der Halone wird auf Punkt 14.1.7 verwiesen.

6.7.8 Löschanlagen mit halogenierten Kohlenwasserstoffen

Seit Ende der 90er Jahre werden neue gasförmige Löschmittel erforscht, die möglichst die Vorteile der Halone und gleichzeitig ein sehr geringes Ozon-Schädigungspotential (ODP) aufweisen (siehe hierzu bei Robin [6.175]). Diese zur Unterscheidung von den in Punkt 6.7.7 behandelten Halonen als „halogenierte Löschgase“ oder „Halocarbone“ bezeichneten Substanzen enthalten zwar Halogene, sind aber chemisch komplizierter aufgebaut als Halone. Derzeit werden Deutschland Löschanlagen angeboten, die folgenden halogenierten Löschgase verwenden:

- FM-200® (CF_3-CHF-CF_3, siehe [6.179]),
- Novec 1230® ($CF_3CF_2C(O)CF(CF_3)_2$, siehe [6.180]) und
- Trigon® 300 (CHF_3); siehe [6.181]).

Die Löschwirkung der halogenierten Löschgase besteht in ihrer inhibitorischen Wirkung durch unterbrechen der Reaktionsketten durch entstehende Radikale und Kühlung in der Flammenzone durch Aufbrechen von Bindungen (Punkt 14.1.7).

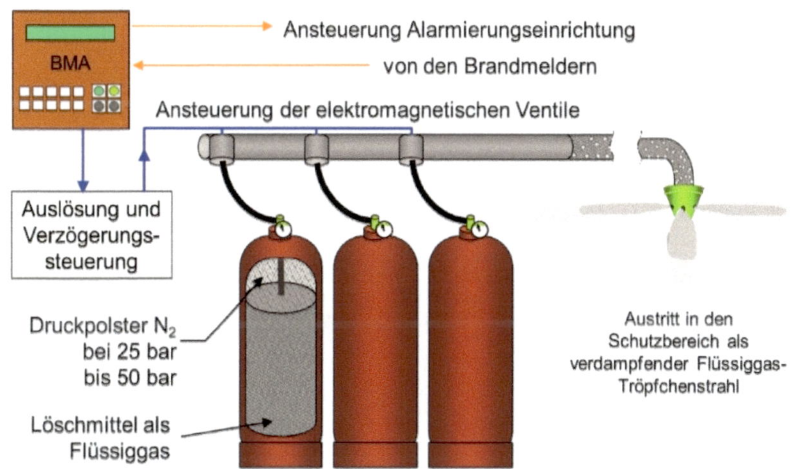

Abbildung 6-51: Löschanlagen mit halogenierten Kohlenwasserstoffen nach DIN EN 15004-1 – schematisch

Die Löschgase werden als Flüssiggase gelagert und – wegen ihres geringen Dampfdruckes – mit Hilfe eines überlagerten Treibgases ausgebracht (i. d. R. Stickstoff bei 25 bar, 34,5 bar 42 bar oder 50 bar). Die Ausströmung in den Schutzbereich erfolgt als fein zerstäubte Flüssigkeit. Infolge der großen spezifischen Oberfläche nehmen die Tröpfchen sehr schnell die Umgebungstemperatur an und verdampfen praktisch sofort vollständig, sofern die Temperatur im Schutzbereich nicht zu tief liegt. Die erforderliche Mindesttemperatur ist abhängig vom Dampfdruck des Löschgases: unterhalb von etwa -25 °C ist eine für das Erreichen der Auslegungskonzentration ausreichende Verdampfung häufig nicht möglich.

Wegen des Gastransportes innerhalb der Rohrleitungen und des Ausstoßes in flüssiger Form können gegenüber Permanentgasen sehr kurze Flutungszeiten (10 Sekunden) erreicht werden. Anlagentechnisch sind Löschanlagen mit halogenierten Kohlenwasserstoffen den Inertgas-Löschanlagen ähnlich, genaueres ist der Normenreihe DIN EN 15004 zu entnehmen. Daneben enthält VdS 2381 [6.155] Grundlagen für die Planung und den Einbau von Löschanlagen mit halogenierten Löschgasen aus Sicht der Sachversicherer.

Die Auslegungskonzentrationen dieser Löschgase enthält Tabelle 6-51, die wichtigsten technischen Daten halogenierter Löschgase enthält Tabelle 14-12 (auch jene, derzeit in Europa nicht verwendeter Löschgase).

Die Löschmittelbedarfe sind nach DIN EN 15004-1 entsprechend Gleichung 6-17 zu berechnen. Für Löschanlagen auf Meereshöhe mit den in Deutschland zugelassenen halogenierten Kohlenwasserstoffen ergeben sich Einsatzmengen im Bereich von 0,575 kg/m³ bis 0,875 kg/m³ Löschmittel, die Einsatzmengen nach VdS 2380 sind etwa 20 % bis 25 % höher (Punkt 14.4.2). Diese Einsatzmengen liegen etwa 15 % bis 25 % niedriger als diejenigen von Inertgasen. Aufgrund der Lagerung als Flüssiggas ergeben sich jedoch wesentlich geringere Lagervolumina als bei Permanentgas (ca. Faktor 4 bis 6, je nach Druck des Inertgases, vergl. Punkt 14.4.2).

Abbildung 6-52: Novec 1230® Löschanlage und Anwendungsbeispiele (Fotos: Minimax GmbH & Co. KG)

6.7.9 CO_2-Löschanlagen

Kohlendioxid-Löschanlagen (CO_2-Löschanlagen) sind die mit Abstand am häufigsten ausgeführten Gaslöschanlagen. Sie erreichen im langjährigen Durchschnitt eine Erfolgsquote von 95 % und mehr (Böke [6.40]).

CO_2-Löschanlagen nutzen den Verdrängungseffekt des für das Brandgeschehen im Wesentlichen inerten Kohlendioxids gegenüber der normalen Umgebungsluft, löschen also durch Ersticken (siehe Punkt 14.1.4 und [6.149]). Die löschfähige Konzentration des CO_2 (Punkt 6.7.9) ist solange aufrechtzuerhalten, bis Brände sicher gelöscht sind (Haltezeit). Die Eigenschaften des Löschmittels CO_2 sind der DIN EN ISO 5923 [6.161] zu entnehmen, seine Vor- und Nachteile sind in Punkt 14.3.4 bzw. in [6.149] ausführlich dargestellt. Nicht geeignet sind CO_2-Löschanlagen bei Anlagen die Aluminium-, Titan- oder Magnesiumlegierungen verarbeiten [6.182].

In CO_2-Löschanlagen muss – wie bei allen ortsfesten automatischen Löschanlagen – die auszubringende Einsatzmenge des Löschmittels auf den zu erwartenden Brandstoff, das Volumen und die sonstigen Eigenschaften des Schutzbereichs abgestimmt sein (vergl. Punkt 6.7). Hierzu enthalten die technischen Regeln VdS 2093 [6.152], CEA 4007 [6.183] und ISO 6183 [6.184] weitgehend übereinstimmende Berechnungsvorschriften. Eine europäische bzw. deutsche Norm wird es nicht geben, da mit den genannten Richtlinien allgemein anerkannte technische Regeln existieren und ein Normungsbedarf daher nicht gesehen wird.

Nach den Richtlinien VdS 2093 und CEA 4007 wird die Löschmittel-Einsatzmenge für CO_2 grundsätzlich gemäß Gleichung 6-21 berechnet (Gleichung 5-4 in CEA 4007 ist gleichwertig; Abweichungen in ISO 6183 siehe Anmerkungen).

Gleichung 6-21: (VdS 2093)

$$Q = K_B * k_T * k_H * (0{,}75\,kg/m^3 * V_R + 0{,}20\,kg/m^2 * A_R) + Q_R + Q_G$$

mit:				
	Q	=	Einsatzmenge Löschmittel	[kg]
	K_B	=	Korrekturfaktor Brennstoff	[-]
	V_R	=	$V_v + 4\,V_Z - V_G$	[m^3]
	V_V	=	Raumvolumen	[m^3]
	V_Z	=	Lüftungsvolumen während der Flutungszeit	[m^3]
	V_G	=	Volumen gasdichter Einbauten	[m^3]
	A_R	=	$(A_V + 30\,A_0)$	[m^2]

A_V	=	Gesamtoberfläche incl. Öffnungen	$[m^2]$
A_0	=	Gesamtfläche nicht verschließbarer Öffnungen	$[m^2]$
Q_R	=	Restmenge CO_2 im Rohrnetz	$[m^3]$
Q_G	=	verdampfte CO_2-Menge	$[m^3]$

Anmerkungen: Sofern die Aufrechterhaltung der CO_2-Konzentration durch ausreichende Raumdichtheit oder Halteflutung(en) gewährleistet ist, kann der Oberflächenterm A_V auf Null gesetzt werden.
Bei Hochdruckanlagen können die Terme Q_R und Q_G in Gleichung 6-21 vernachlässigt werden
VdS 2093 und CEA 4007 enthalten für Schutzbereiche mit deutlich überdurchschnittlich großen Oberflächen (d. h. stark gegliederte Räume) eine Begrenzungsregel für die nach Gleichung 6-21 berechneten CO_2-Einsatzmengen (Punkt 14.4.2).
In ISO 6183 sind in Gleichung 6-21 als Löschmittel-Grundmenge statt 0,75 kg / m³ nur 0,7 kg / m³ vorgesehen, der Faktor k_H und die Terme Q_R und Q_G sind nicht enthalten

Die Faktoren 0,75 kg / m³ (K_G), 0,20 kg / m³ (K_A) für die Grundmengen des Löschmittels sind dabei für eine erforderliche Löschmittel Auslegungskonzentration von 34 % berechnet, die für viele brennbare Flüssigkeiten (u. a. n-Heptan) gilt. Für diese Auslegungskonzentration wird der Korrekturfaktor für den Brennstoff gleich 1 gesetzt, und alle anderen Brennstoffe darauf bezogen (Tabelle 6-52). Sind verschiedene Brennstoffe im Schutzbereich vorhanden, so ist der höchste Korrekturfaktor in Tabelle 6-52 einzusetzen. Einige K_B-Werte für Materialien der Brandklasse A enthält die Tabelle 6-53, das zu verschiedenen Brennstoffen im Schutzbereich ausgeführte gilt analog. K_B-Werte für einige im Realbrand geprüfte Risiken sind in Tabelle 6-54 dargestellt.

Die mit Ausgabe 2013 eingeführten Faktoren zur Berücksichtigung der Temperatur und der Höhenlage der Anlage gleichen die VdS-Bemessungsvorschrift für CO_2-Löschanlagen etwas an jene der ISO 6183 und der DIN EN 15004-1 an. Allerdings wird in VdS 2093 (und ISO 6183) nicht mit den physikalischen Konstanten gerechnet (Gleichung 6-19), sondern mit pauschalierten Temperatureinflüssen auf die erforderliche Löschgasmenge:

Gleichung 6-22: $k_{T,kalt}$ (VdS 2093) = 1-0,02 * (T + 20°C)

mit: T = Raumtemperatur [°C]

und: T ≤ -20 °C

Anmerkung: VdS 2093 erhöht bei nur bei Temperaturen unter -20 °C je weiterem Grad Temperaturabsenkung um die Löschmittelmenge um 2 %.
ISO 6183 erhöht bei Temperaturen unter -18 °C je weiterem Grad Temperaturabsenkung und bei Temperaturen über 93 °C je weiteren 5 °C Temperaturanstieg die Löschmittelmenge um 1,8 %

Material	K_B-Faktor	CO_2-Auslegungskonzentration[1) 2)] [Vol.%]	O_2-Konzentration [Vol.%]
Acetylen	2,57	66	7,1
Butan	1,00	34	13,8
Butanol	1,60	49	10,7
Diesel, Benzin, Kerosin	1,00	34	13,8
Dimethylether	1,22	40	12,6
Erdgas	1,10	37	13,2
Ethylen	1,60	49	10,7
Flugzeugbenzin, JP4	1,06	36	13,4
n-Heptan	1,03	34	13,8
Methylalkohol	1,60 (1,22)	49 (40)	10,7 (12,6)
Propan	1,06	36	13,4
Schwefelkohlenstoff	3,03	72	5,9
Wasserstoff	3,30	75	5,3

1) Ohne Berücksichtigung von Temperatureffekten
2) Die CO_2-Auslegungkonzentration muss innerhalb der Flutungszeit erbracht werden

Tabelle 6-52: CO_2-Löschanlagen – Korrekturfaktoren für einige Brennstoffe Brandklasse B (Auszug aus VdS 2093 bzw. CEA 4007, Klammerwerte ISO 6183)

Der Faktor k_H in Gleichung 6-21 zur Berücksichtigung der Höhe, in der die Löschanlage installiert ist, ergibt sich aus Abbildung 6-47 mit der Abweichung, dass dieser für CO_2-Anlagen bis zu einer Höhe von 1000 m pauschal gleich 1 gesetzt wird.

Anmerkung: In ISO 6183 ist eine Berücksichtigung der Höhenlage nicht vorgesehen.

Die VdS bzw. CEA Richtlinien und ISO 6183 enthalten auch im Wesentlichen gleichlautende detaillierte Auslegungs- und Planungsgrundsätze für Rohrnetz,

Düsen, Auslösung und Ansteuerung, Überprüfung und Betrieb von CO_2-Löschanlagen. Die in Punkt 6.7.3 dargelegten Grundsätze zur Planung von Gaslöschanlagen sind in diesen Regelungen unter Berücksichtigung der speziellen Parameter des Löschmittels CO_2 umgesetzt. Weitere Hintergrundinformationen zur Planung von Kohlendioxid-Löschanlagen sind z.B. in der NFPA-Richtlinie 12 [6.164] und in [6.165] enthalten. Bauteile für Kohlendioxid-Löschanlagen sind in den Normen der Reihe DIN EN 12094 [6.163] beschrieben.

Material	**K_B-Faktor**	**CO_2-Konzentration [Vol%]**		**O_2-Konzentration [Vol%]**	
		innerhalb 4 Minuten [2)]	innerhalb 1 Minute [3)]	innerhalb 4 Minuten [2)]	innerhalb 1 Minute [3)]
Baumwolle [1)]	2,00	57	34	9,1	13,8
Papier, Wellpappe [1)]	2,25	61	34	8,2	13,8
Plastikstoffe (Granulat) [1)]	2,00	57	34	9,1	13,8
Polystyrol	1,00	-	34	-	13,8
Polyurethan	1,00	-	34	-	13,8
Zellulose [1)]	2,25	61	34	8,2	13,8

1) Die O_2 -Konzentration darf für 20 Minuten 13,8 Vol.-% nicht überschreiten.
2) Innerhalb der ersten 4 Minuten muss der angegebene Wert erreicht werden, d.h. die CO_2-Konzentration muss den entsprechenden Wert über- und die Sauerstoffkonzentration den entsprechenden Wert unterschreiten. Bei CO_2 -Niederdruckanlagen können 4 Minuten überschritten werden.
3) Bei CO_2-Niederdruckanlagen sind auch 2 Minuten zulässig.

Tabelle 6-53: CO_2-Löschanlagen – Korrekturfaktoren für einige Brennstoffe Brandklasse A (Auszug aus VdS 2093 bzw. CEA 4007)

Zusätzlich zu den nach Gleichung 6-21 ermittelten CO_2-Einsatzmengen ist eine mindestens gleich große CO_2-Reservemenge vorzuhalten. Sofern aus einer einzelnen Vorratseinrichtung mehr als 30 Flutungsbereiche versorgt werden, erhöht sich die Reservemenge auf 200 %. Um Füll- und Entnahmetoleranzen der CO_2-Vorratsbehälter und ggf. in den Rohrleitungen verbleibendes flüssiges Kohlendioxid auszugleichen, sind in der Regel 10 % Zuschlagsmenge auf die Summe der Einsatz- und Reservemenge vorzuhalten.

Die Flutungszeit von CO2-Löschanlagen für den Raumschutz darf folgende Werte nicht überschreiten:

- CO_2-Hochdruckanlagen: 60 Sekunden
- CO_2-Niederdruckanlagen: 120 Sekunden.

Für die Haltezeit von CO_2-Löschanlagen gilt im Wesentlichen Punkt 6.7.3.2, für Brandklasse A sind mindestens 20 Minuten Haltezeit erforderlich.

Einrichtung	K_B-Faktor	CO_2-Konzentration [Vol%]		O_2-Konzentration [Vol%]	
		innerhalb 4 Minuten [2]	innerhalb 1 Minute [3]	innerhalb 4 Minuten [2]	innerhalb 1 Minute [3]
Elektrische Schalt- und Verteilerräume [1]	1,20	40	34	12,6	13,8
Elektronische Datenverarbeitungsanlagen [1]	2,25	62	34	8,2	13,8
Generatoren einschließlich Kühlsystem [1] [4]	2,00	58	34	9,1	13,8
Kabelräume, -böden und -kanäle [1]	1,50	47,00	34	11,2	13,8
Ölgefüllte Transformatoren [1]	2,00	58	34	9,1	13,8
Textilmaschinen	2,00	58	34	9,1	13,8

1) Die O_2 -Konzentration darf für 20 Minuten 13,8 Vol.-% nicht überschreiten.
2) Innerhalb der ersten 4 Minuten muss der angegebene Wert erreicht werden, d. h. die CO_2-Konzentration muss den entsprechenden Wert über- und die Sauerstoffkonzentration den entsprechenden Wert unterschreiten. Bei CO_2 -Niederdruckanlagen können 4 Minuten überschritten werden.
3) Bei CO_2-Niederdruckanlagen sind auch 2 Minuten zulässig
4) Die Haltezeit muss ausgedehnt werden bis die Generatoren abgestellt sind.

Tabelle 6-54: CO_2-Löschanlagen – Korrekturfaktoren für ausgewählte Risiken (Auszug aus ISO 6183, VdS 2093 bzw. CEA 4007 sind identisch)

6.7.9.1 CO_2-Hochdruck-Löschanlagen

In CO_2-Hochdruck-Löschanlagen ist das Kohlendioxid in Stahlflaschen von 30 kg bzw. 40 kg Inhalt als druckverflüssigtes Gas gespeichert (56 bar, Dichte 766 kg / m³). Die Anlagen ähneln somit den in Abbildung 6-51 dargestellten Löschanlagen mit halogenierten Löschgasen. Allerdings ist eine Treibgasüberlagerung bei Kohlendioxid nicht erforderlich, da der Dampfdruck des Löschmittels ausreichend ist. Des Weiteren ist das erforderliche Lagervolumen und daher die Anzahl der erforderlichen Löschmittelbehälter bei CO_2 nicht unwesentlich größer (Punkt 14.4.2). Die Flaschenbatterien werden über eine Waageeinrichtung auf Gasverlust überwacht. Hochdruckanlagen werden aus wirtschaftlichen Gründen (Anzahl der Gasflaschen, Komplexität der Auslöse- und Steuerungseinrichtungen) im Allgemeinen bei erforderlichen Kohlendioxid-Vorräten bis etwa 2000 kg und daher überwiegend für Raumgrößen bis ca. 2000 m³ eingesetzt.

6.7.9.2 CO_2-Niederdruck-Löschanlagen

In CO_2-Niederdruck-Anlagen ist Kohlendioxid in tiefkalter Form als Flüssiggas gespeichert (KOTIKA®-Anlagen, 20 bar bei – 20 °C). Dies hat den Vorteil, dass deutlich größere Löschmittelmengen als bei Hochdruck-Anlagen wirtschaftlich vorgehalten werden können. Kohlendioxid erzeugt – abhängig von der Endtemperatur – beim Übergang von der flüssigen Form in die Gasphase je Kilogramm bei 0 °C ca. 509 Liter, bei 20 °C ca. 546 Liter Gas.

Erforderlich sind hier jedoch gut wärmeisolierte Tanks und leistungsfähige Kühlmaschinen, um die Tieftemperatur des Löschmittels zu halten bzw. leistungsfähige Verdampfer, um die zur Einhaltung der Flutungszeit notwendigen Volumenströme gasförmigen Kohlendioxids sicherzustellen (Punkt 6.7.3.3). Die Ausführung der Verteilersysteme, Ausbringevorrichtungen, Auslöse- und Warneinrichtungen entspricht im Übrigen jenen der CO_2-Hochdruckanlage.

Eine schematische Darstellung einer CO_2-Niederdruckanlage enthält Abbildung 6-53.

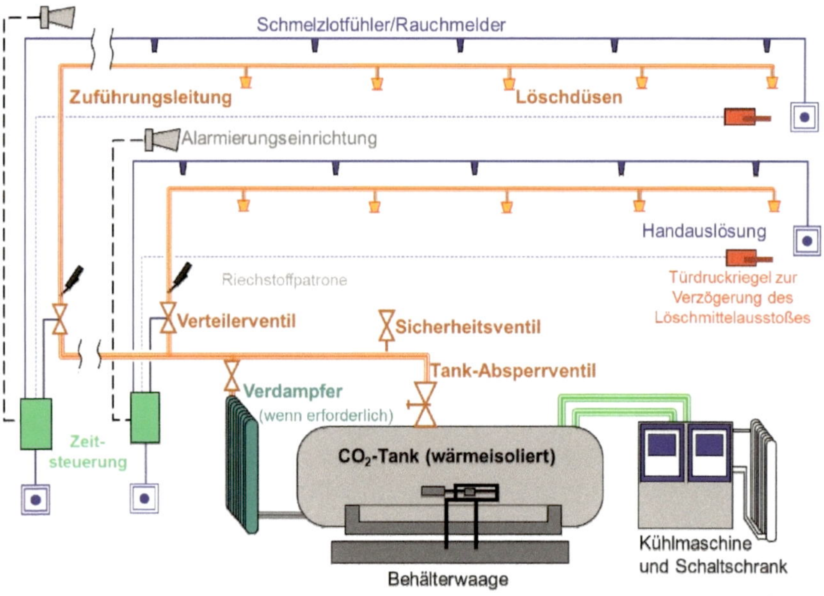

Abbildung 6-53: CO_2-Niederdruckanlage – Schema

6.7.10 Überprüfung und Wartung von Gaslöschanlagen

Zur frühzeitigen Erkennung von Fehlern und Abweichungen vom Sollzustand von Gaslöschanlagen, die die Betriebsbereitschaft beeinträchtigen könnten, hat der Anwender ein Inspektionsprogramm zu implementieren. Wöchentlich sind durch Sichtprüfungen zu verifizieren:

- der einwandfreie Zustand der Behälter, Rohrleitungen, Düsen und sonstigen Bauteile
- die richtige Stellung aller Bedienelemente wie nichtelektrische Steuereinrichtungen, Blockiereinrichtungen, Bereichsventile, Absperreinrichtungen im Löschmittelstrom, Umschalteinrichtungen für Einsatz-/Reservebatterie, Stellung des Mitnehmers von mechanischen Ansteuerungen mittels Seilzug
- die korrekte Anzeige von Druckmess- und Wägeeinrichtungen.

Monatlich sind durchzuführen

- Funktionsprüfungen der Einrichtungen zur Betätigung und Auslösung von Brandschutztüren und Klappen, Energieversorgung usw. und
- visuelle Prüfungen des Zustandes hinsichtlich Verschmutzung und Beschädigung der akustischen und optischen Alarmmittel, der Verzögerungseinrichtung, der Düsen und der Raumdichtheit.

Alle 6 Monate sind die Löschmittelvorräte zu überprüfen und ggf. eingetretene Verluste, die mehr als 5 % betragen, aufzufüllen.

Mindestens alle 12 Monate ist die vorhandene Gefährdung und Dichtheit des umfassten Raumes zu überprüfen, ist dies durch Sichtprüfung nicht möglich, muss durch fachkundige Personen ggf. auch eine Dichtprüfung durchgeführt werden.

Ortsbewegliche Druckbehälter sind nach Maßgabe der Betriebssicherheitsverordnung durch eine zertifizierte Überprüfungsstelle (z. B. TÜV) wie folgt zu überprüfen:

- alle 5 Jahre eine Innere Prüfung
- alle 10 Jahre eine Festigkeitsprüfung

Die Prüfung der automatischen Brandmelder zur Auslösung von Gaslöschanlagen erfolgt wie unter Punkt 5.12 beschrieben.

6.8 Löschanlagen mit kondensierten Aerosolen

Die Entwicklung von Löschanlagen für kondensierte Aerosole ist ebenfalls Folge des Halon-Verbotes (Punkt 6.7.7, Pleß et al. [6.167]). Man suchte ein Löschmittel, das die Nachteile von CO_2 (Raumbedarf, Giftigkeit) bzw. Löschpulver (Verschmutzung, Sichtbehinderung) vermeidet. Ausgangspunkt waren Forschungen in der Sowjetunion, die feste Raketentreibstoffe mit einer flammenunterdrückenden Kühlung verbanden, und daraus ein hocheffektives Löschsystem entwickelten [6.193], [6.194] [6.195]. Dieses ist unter den Handelsnamen Micro-K® [6.196], [6.197], Dynameco® [6.198] bzw. Stat-X® [6.199] am Markt erhältlich.

Ein pyrotechnischer Treibsatz wird in einem Generator gezündet (siehe Abbildung 6-54). Das sich entwickelnde Aerosol ist das eigentliche Löschmittel (Anhang 2). Die sehr feinen Partikel mit Abmessungen von 2 µm bis 5 µm werden innerhalb einiger Sekunden ausgestoßen. Sie entziehen der Flammenzone einerseits einen Teil der erforderlichen freien Radikale durch deren Rekombination mit den Aerosolteilchen (antikatalytischer bzw. inhibitorischer Löscheffekt), zum anderen den reaktionsfähigen Teilchen einen Teil der Energie (physikalische Kühlung, Punkt 14.1.5.1) und unterbrechen dadurch die Kettenreaktion.

Das Löschmittel besteht aus gepressten feinsten Feststoffpartikeln, die häufig auf Alkalimetallsalzen basieren (etwa 40 % der Masse) und Gasen, hauptsächlich Stickstoff, Kohlendioxid und Wasserdampf (etwa 60 % der Masse). Es ist chemisch stabil und hinterlässt sehr wenig Rückstände. Ein großer Vorteil besteht in der geringen erforderlichen Löschmittelmenge, die nach Herstellerangaben [6.199] deutlich unter 100 g / m³ liegt (CO_2: ca. 1000 g / m³, Wassernebel ca. 500 g / m³).

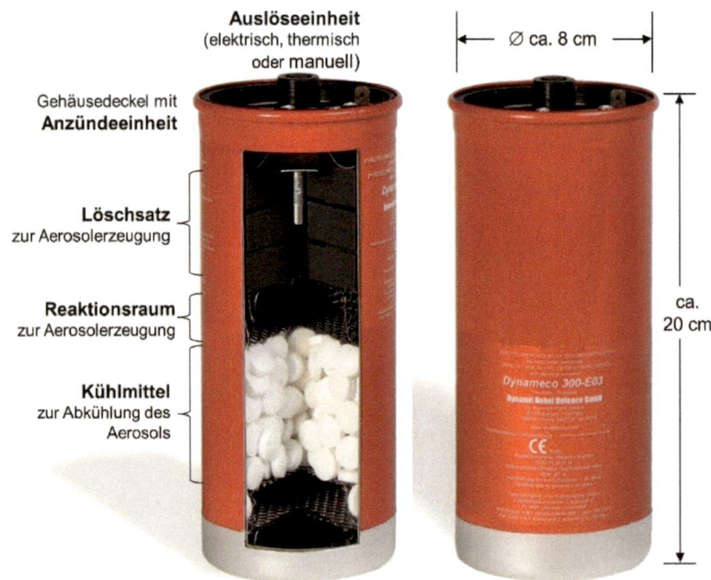

Abbildung 6-54: Aerosol-Löscheinheit – Prinzipieller Aufbau (Fotos: Dynameco)

Aerosol-Feuerlöscheinrichtungen können als ortsfeste Raumschutzeinrichtungen, in Fahrzeugen und Maschinen oder auch zur unmittelbaren Brandbekämpfung (Feuerlöscher) eingesetzt werden. Potentielle Anwendungsgebiete sind:

- Lagerräume
- Elektroräume, Computerräume
- Garagen
- Kaufhäuser
- Flugzeuge, Schiffe, Kraftfahrzeuge

Die benötigte Anzahl Löscheinheiten wird im zu schützenden Bereich installiert, die Auslösungen vernetzt und über eine Brandmeldeanlage angesteuert.

Nicht eingesetzt werden dürfen Aerosol-Löschanlagen bei Bränden unter Beteiligung von

- Stoffen, die Sauerstoff freisetzen (z. B. Zellulosenitrat)
- oxidierenden Stoffen (z. B. Stickoxide und Fluor, Natriumchlorat oder Natriumnitrat)
- Stoffen, bei denen eine Selbsterwärmung möglich ist (z. B. bestimmte organische Peroxide)
- reaktiven Metallen (z. B. Natrium, Kalium, Magnesium, Titan, Zirkonium), reaktive Hydride oder Metall-Amide
- selbstentzündlichen Stoffen (z. B. weißer Phosphor, metallisch-organische Verbindungen).

Die technischen Anforderungen an die Aerosol-Generatoren sind in DIN EN 15276-1 [6.200], Planungshinweise für Löschanlagen, die das Löschmittel kondensierte Aerosole benutzen, in DIN EN 15276-2 [6.201] enthalten.

Ähnlich wie bei Gaslöschanlagen die Löschkonzentration wird die Löschmittel-Aufbringdichte des Aerosols bestimmt und daraus mit einem Sicherheitsfaktor von 1,3 die Auslegungs-Aufbringdichte in Gramm Löschmittel je Kubikmeter Rauminhalt des Schutzbereiches berechnet. Die Aufbringdichte ist die Mindestmasse einer aerosolbildenden Mischung je Kubikmeter Rauminhalt des Testraumes, die zur Löschung genau festgelegter Testbrände erforderlich ist (Heptan, verschiedene Kunststoffe, Holz und Holzwerkstoffe).

Entscheidende Gesichtspunkte bei der Planung der Löschanlage und Auswahl der Aerosolgeneratoren sind

- Dichtheit der Umfassungsbauteile, Öffnungen und Lüftung, Druckentlastung
- Flutungszeit (nicht mehr als 90 Sekunden)
- die erforderliche Auslegungs-Aufbringdichte des Löschmittels (in Abhängigkeit vom Brandgut, s. o.) und deren Aufrechterhaltung über die Haltezeit

- eine gleichmäßige Verteilung des Löschmittels im Schutzbereich
- die Art der Anlagenauslösung (von Hand oder automatisch durch eine eingebaute Wärmezündeinrichtung oder elektrisch, angesteuert durch eine Brandmeldeanlage
- die Löschzeit nach Beendigung der Flutung (im Löschtest)
  - Brandklasse B: 30 Sekunden
  - Brandklasse A: 60 Sekunden
- die zuverlässige Verhinderung von Rückzündungen für eine Zeit von mindestens 10 Minuten, falls erforderlich durch zeitlich verzögert gezündete Aerosol-Generatoren
- die Vermeidung der Gefährdung von Personen oder brennbaren Gegenständen durch das Aerosol und / oder den (die) heißen Aerosolstrahl(en)

Dies sind inhaltlich überwiegend die Kriterien, die auch bei Gaslöschanlagen zu beachten sind. Da Aerosol auch Spuren giftiger Substanzen enthalten kann, gelten dieselben Regeln für den Personenschutz wie für Gaslöschanlagen (Auslöseverzögerung, Warnung Anwesender, Unterbrechung des Auslösevorgangs durch Handschalter etc.). Im Allgemeinen sollte der Einsatz von Aerosol-Löschanlagen jedoch nur in nicht für Personen zugänglichen Bereichen erfolgen.

6.9 Mehrstoff-Löschanlagen

Im Bestreben die Wirkung von Löschanlagen zu verbessern und gleichzeitig den Anlagentechnischen Aufwand – insbesondere die Löschmittelvorräte – zu reduzieren, werden in den letzten Jahren mehr und mehr Löschanlagen entwickelt, die

- mehrere Löschmittel
- zeitlich simultan oder gestaffelt
- kontinuierlich oder in Intervallen
- durch dieselben Rohrleitungs- und / oder Düsensysteme

einsetzen. Zu diesen im Folgenden so bezeichneten Mehrstoff- oder Hybridlöschanlagen (auch: Dual-Agent-Extinguishing Systems) werden hier nur solche Anlagen gezählt, die mindestens ein zweites Löschmittel mit dem Ziel einer Steigerung der Gesamt-Löschwirkung einsetzen. Somit werden hier u. a. Gas-Löschanlagen mit halogenierten Kohlenwasserstoffen (Punkt 6.7.8) oder Pulverlöschanlagen (Punkt 6.6), der Stickstoff lediglich als Treibmittel verwenden, nicht als Mehrstoff-Löschanlagen eingestuft. Auch Löschanlagen, die lediglich über die Steuerungseinrichtungen mehrere sonst unabhängige konventionelle Löschanlagen zu einer Einheit verknüpfen, wie z.B. Anlagen, die zur schnellen Brandlöschung zunächst Löschpulver und danach zur Kühlung über eigene Leitungen und Düsen Wasser oder Schaum einsetzen, so genannte Twin-Agent Anlagen [6.202], werden hier nicht zu den Mehrstoff-Löschanlagen gezählt. Die bis dato (2021) verfügbaren technischen Regelungen für Hybridlöschanlagen, insbesondere von deren Leistungsanforderungen und Prüfung, sind NFPA 770 [6.203] und FM 5580 [6.204]

6.9.1 Löschanlagen mit Wasser und Stickstoff

Die Entwicklung von Löschanlagen, die gleichzeitig Wasser und Stickstoff als Löschmittel einsetzen (auch: NHO-Löschanlagen), hat zwei Wurzeln:

- zum einen wird die Wirksamkeit von Wassernebel-Löschanlagen durch die Verwendung von Stickstoff als Trägermedium erhöht
- zum anderen wird die Löschwirkung von Stickstoff-Löschanlagen durch Zugabe von Wassernebel, der erhitzte Oberflächen kühlen soll, verbessert.

Grundsätzlich besteht eine lineare Beziehung zwischen der erforderlichen Wassernebelkonzentration und der erforderlichen Stickstoffkonzentration für eine erfolgreiche Löschung (Abbildung 6-55, nach Forssell et al. [6.205]). Man erkennt, dass die Summe der Wirkung beider Löschmittel immer ausreicht, um rechnerisch den Löscherfolg sicher zu stellen.

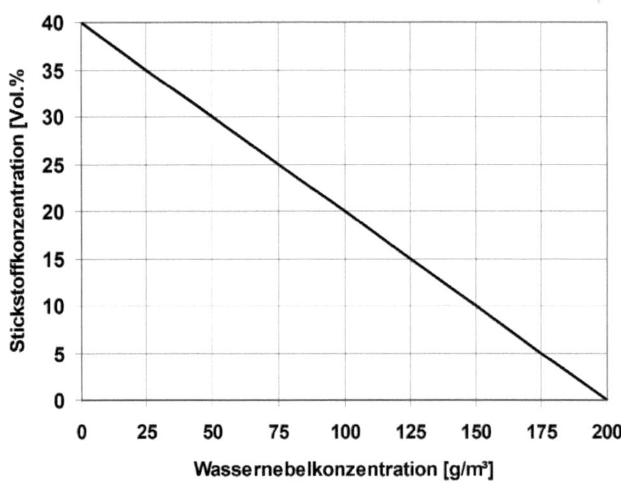

Abbildung 6-55: Stickstoff-Wassernebel-Konzentrationen von Hybrid-Löschanlagen zur Brandlöschung (theoretisch)

Als zusätzlicher Parameter des Wassernebels geht die mittlere Tröpfchengröße ein, da bei konstanter Wasserbeladung mit abnehmendem Durchmesser der Wärmeübergang besser wird (Abbildung 6-56, nach [6.205]).

6.9.1.1 Wassernebel-Stickstoff-Löschanlagen

Während Wassernebel-Löschanlagen (Punkt 6.4.3) durch geeignete Düsen reines Wasser mittels hohen Drucks versprühen, zerstäuben Wassernebel-Stickstoff-Löschanlagen das Löschwasser mittels Stickstoffs in Zweistoffdüsen (verschiedene Konstruktionen von Zweistoffdüsen findet man bei Starke et al. [6.206]). Für Wassernebel-Stickstoff-Löschanlagen wird die mittlere Tröpfchengröße auf ca. 150 µm bis 200 µm eingestellt.

Durch den sich vor der Düse ausbildenden Stickstoffstrahl können die Wassertröpfchen, die sich bei konventionellen Wassernebel-Löschanlagen ähnlich wie ein Gas ausbreiten, gezielter zum erwarteten Brandherd transportiert werden [6.88], [6.90]. Daraus folgt zwar, dass der Anordnung und Ausrichtung der Düsen in Relation zu möglichen Brandherden besondere Aufmerksamkeit geschenkt werden muss, jedoch ermöglichen die hohe Tröpfchengeschwindigkeit und die sich daraus ergebenden stabilen Wassernebelstrahlen mit Längen von mehreren Metern entsprechende Abstände von potentiellen Brandorten. Typische Austrittsgeschwindigkeiten des Löschmittels sind ca. 50 m / s bis 150 m / s, bei einem Düsendruck von 5 bar bis 8 bar, dies ermöglicht nach Angaben eines Herstellers Wurfweiten bis zu 8 m [6.207].

Nach Herstellerangaben wird der Wassernebel durch einige Massenprozent Stickstoff ergänzt (ca. 6 %, [6.207]). Die Löschwirkung von Wassernebel, die im Wesentlichen auf Kühlung beruht, ist unter Punkt 6.4.3.1 ausführlich beschrieben. Der Beitrag des Stickstoffes zur Verbesserung der Löschwirkung besteht vorrangig aus seiner Funktion als Trägermedium für die Wassertropfen und nur nachrangig in erstickender Löschwirkung bzw. Inertisierung des Schutzbereiches. Auf Grund der in der Regel nicht gasdichten Umfassungsbauteile des Schutzbereiches (vergl. Punkt 6.7.1) und der eingesetzten Stickstoffmenge wird i. A. nur ein geringer Inertisierungseffekt erreicht; bei üblicher Wasserbeaufschlagung von ca. 1 l/ m^3 min wird über eine Löschzeit von 10 Minuten bei 6 % Stickstoff und angenommenen 25 % Verlusten rechnerisch die Sauerstoffkonzentration auf ca. 18 % abgesenkt.

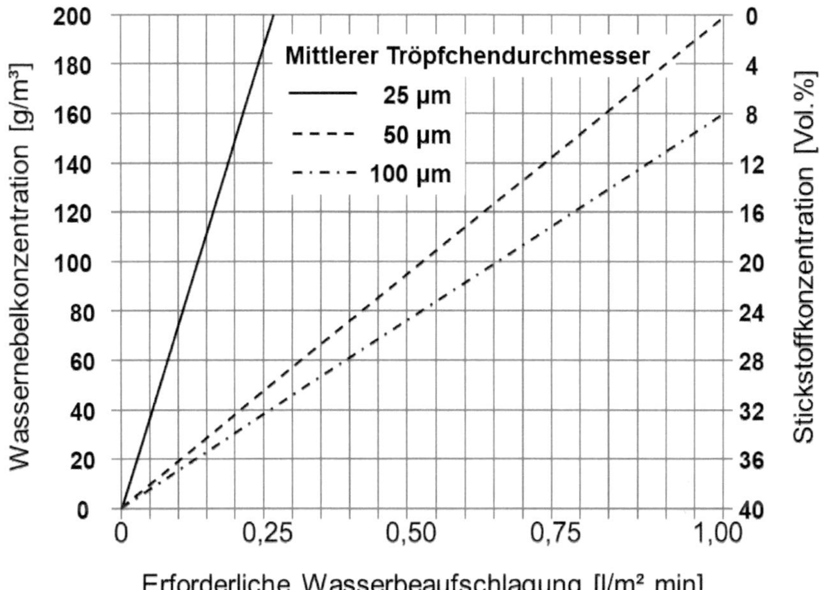

Abbildung 6-56: Erforderliche Wasserbeaufschlagung von Hybrid-Löschanlagen in Abhängigkeit von Wasserbeladung und mittlerer Tröpfchengröße

Wassernebel-Stickstoff-Löschanlagen haben folgende Vorteile:

- sie benötigen sehr wenig Wasser, das sehr gezielt an die erwarteten Brandherde transportiert wird
- der Wasserdruck für die Düsen liegt nur bei (deutlich) weniger als 10 bar, so dass keine eigenen Hochdruckpumpen erforderlich sind
- wegen der geringen Wassermengen sind auch für die Versorgungsleitungen nur geringe Durchmesser erforderlich (25 mm), daher geringer Platzbedarf und Kostenvorteile bei der Montage
- Gasdichte Wände und Druckentlastungsöffnungen für den Schutzbereich sind nicht erforderlich

6.9.1.2 Stickstoff-Wassernebel-Löschanlagen

Stickstoff-Wassernebel-Löschanlagen (auch: NHO-Löschanlagen, Knopf [6.208]) sind Gas-Löschanlagen, die nach den unter Punkt 6.7.3.1 dargestellten Regeln für den Raumschutz ausgelegt sind – also insbesondere die gleiche Stickstoffmenge benötigen, und die gleichen Sicherheitseinrichtungen aufweisen müssen –, jedoch zusätzlich eine geringe Menge Wassernebel in den Raum einbringen. Die schnelle Löschwirkung durch den inertisierenden Stickstoff wird unterstützt durch die Kühlwirkung des Wassernebels am Brandgut und an erhitzten Oberflächen (mittlerer Tröpfchendurchmesser je nach Produkt ca. 10 µm bis 50 µm, [6.208], [6.210]). Dadurch kann eine Rückzündung sehr sicher verhindert werden. Es bleibt derzeit abzuwarten, ob bei diesen Anlagen u. U. ein Absinken der Stickstoffkonzentration über die Haltezeit toleriert werden kann.

Ein Auslegungsschema für Stickstoff-Wassernebel-Löschanlagen zeigt die Abbildung 6-57. Bei dem dargestellten Anlagentyp werden Stickstoff und Wasser durch dieselben Rohrleitungen gefördert und über dieselben Düsen ausgebracht; eine andere Version führt die Rohrleitungen für Wasser und Stickstoff bis zu den Zweistoffdüsen, in welchen dann die Mischung der Löschmittel stattfindet. NHO-Löschanlagen arbeiten mit Düsendrucken von nur ca. 1,5 bar bis 2 bar.

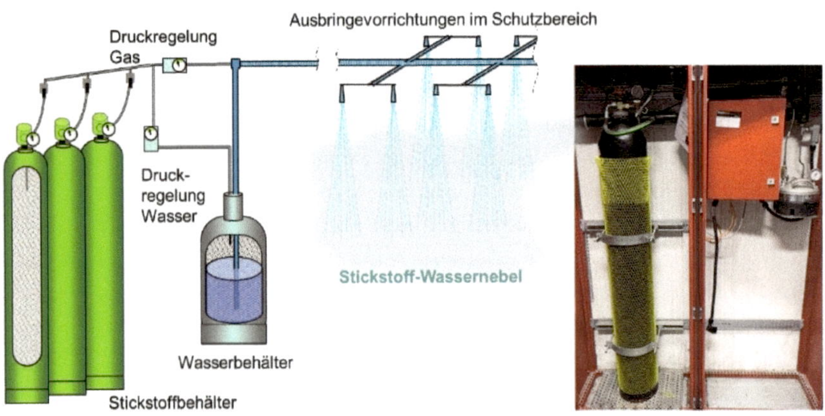

Abbildung 6-57: Stickstoff-Wassernebel-Löschanlage – schematisch und Ausführungsbeispiel als Kleinlöschanlage mit 3 Liter Wasser (Foto: Brandschutz-Knopf [6.212])

Während die eingesetzte Stickstoffmenge von Stickstoff-Wassernebel-Löschanlagen jener von Gaslöschanlagen entspricht und entsprechend in Druckgasflaschen (in der Regel bei 200 bar, vergl. Punkt 6.7.6) bevorratet wird, ist die eingesetzte Wassermenge gering, sie entspricht etwa 500 g / m³ bis 700 g / m³, ein Hersteller gibt nur etwa 60 g / m² an [6.211]). Die Wasservorräte sind bemessen, dass dieses lediglich während der Flutungszeit der Anlage, also nur über etwa 60 s bis 120 s (vergl. Punkt 6.7.3.3) kontinuierlich eingemischt wird. Die gesamte Wasserbeaufschlagung beträgt somit bei üblichen Raumhöhen von 2,5 m bis 5 m nur etwa 1,5 l / m² bis 3,5 l / m², d. h. nur etwa 7 % der von Wassernebel-Löschanlagen ausgebrachten Menge (vergl. Punkt 6.4.3.2,Tabelle 6-37).

Stickstoff-Wassernebel-Löschanlagen werden dort eingesetzt, wo Schwelbrände auftreten können (die von reinen Inertgas-Löschanlagen nur bei deutlich verlängerter Haltezeit sicher gelöscht werden können) und / oder zur Sicherheit von anwesenden Personen auch bei Auslösung eine ausreichende Sicht erforderlich ist. Bei sachgerechter Auslegung einer NHO-Löschanlage wurde für einen Computerraum eine Löschzeit von nur ca. 30 Sekunden demonstriert, es trat kein Sachschaden auf (Knopf [6.212]).

6.9.2 Löschanlagen mit Schaum und Wasser

Für die Anwendung insbesondere als Objektschutzanlagen (Punkt 6.10) innerhalb von Kücheneinrichtungen sind Löschanlagen verfügbar [6.212], deren Löschvorgang abgestimmt auf die speziellen Risiken in professionellen Küchen wie folgt abläuft:

- Branddetektion und Auslösung durch wärmeempfindliche Auslöseelemente (ähnlich wie für Sprinkler verwendet, Punkt 6.3.7.6) oder durch anwesendes Personal über Handauslösung
- Ausbringung eines Löschschaumes zur Löschung von Flüssigkeits- oder Fettbränden [6.214]
- Nach einer Verzögerung von einigen Sekunden für den Aufbau und die Stabilisierung der (Emulsions-)Schaumschicht Abgabe (durch dieselben Düsen) eines Wassernebels zur Kühlung der Einrichtungen um Rückzündungen bei evtl. Aufreißen der Schaumschicht zu verhindern.

Als Vorteile dieser Anlagen werden angegeben:

- gegenüber reinen Schaum- oder reinen Wassernebellöschanlagen die doppelte Sicherheit
- 15-fach schnellere Abkühlung des heißen Fettes als bei reinen Schaumanlagen
- insgesamt geringerer Löschmittelbedarf (der Schaumbedarf kann minimiert werden, da die Absicherung gegen Rückzündung durch das Wasser erfolgt, Wassernebel-Löschanlagen benötigen wenig Wasser, Punkt 6.4.3) daher weniger und / oder kleinere Löschmitteltanks als bei anderen Systemen

- überlappende Abdeckungsbereiche der Löschdüsen, daher umfassend einsetzbar bei hoher Flexibilität hinsichtlich der Verteilung der Brandlasten

6.9.3 Löschanlagen mit Löschgasen und Schaum

Für den Objektschutz von Maschinen in der Industrie, für die Fahrerkabinen und für die Motorräume von industriellen Großfahrzeuge sind Löschanlagen verfügbar, die nacheinander Löschgas und Schaum einsetzen (Abbildung 6-58).

Ausgelöst durch Brandmelder (in der Regel Wärmemelder, für spezielle Anwendungsgebiete auch Flammenmelder, Punkte 5.7.2.5, 5.7.2.6), die in das Löschsystem integriert sind, wird zunächst als Löschgas FM 200 oder FE 36 (siehe Punkt 14.4.1 oder [6.215]) in den geschützten Bereich eingeblasen (der Schutzbereich kann umschlossen oder offen sein). Das Halocarbon-Löschmittel bewirkt die Primärlöschung. Nach einer kurzen „Haltezeit" wird danach über dieselben Rohrleitungen und Düsen Luftschaum über die Einrichtung gesprüht, der auf Grund seiner Fließfähigkeit ggf. ausgetretener brennbarer Flüssigkeit folgt und alle Oberflächen abdeckt (aufgrund der speziellen Fähigkeit wird in diesem Fall FireAde 2000 eingesetzt, [6.215], Punkt 14.3.10).

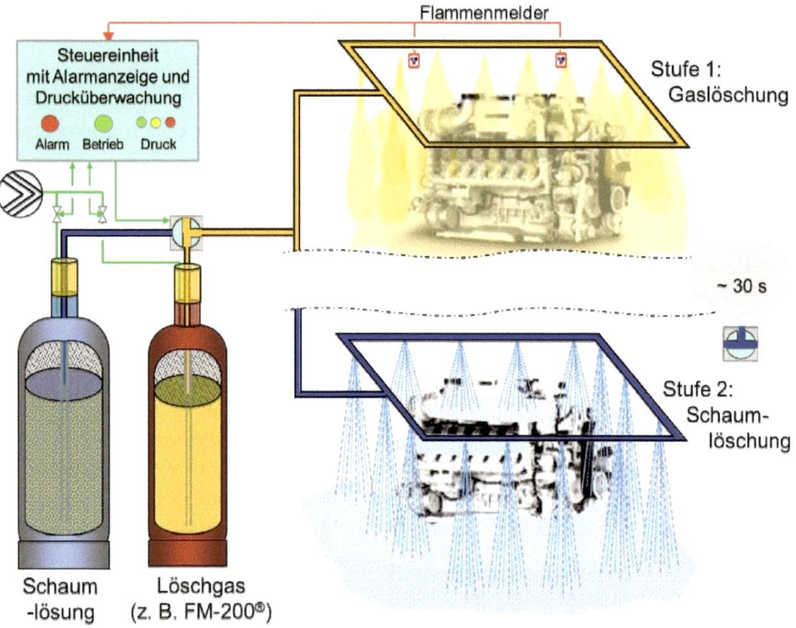

Abbildung 6-58: Gas-Schaum-Löschanlage – schematisch

Als Vorteile dieser in der Regel speziell für die Anwendung konzipierten Systeme werden angegeben:

- sehr schnelle und zuverlässige Löschung
- die Löschgaskonzentration führt nicht zu gesundheitlichen Beeinträchtigungen
- kompakte, vollständig selbsttätig arbeitende Systeme

6.9.4 Löschanlagen mit Halogenierten Kohlenwasserstoffen und Pulver

Für den Schutz beliebiger Risiken in Räumen sind unter dem Namen CeaseFire modulare Löschanlagen verfügbar, die als Löschmittel halogenierte Kohlenwasserstoffe (FE 227, Punkt 14.4.1) und ABC-Löschpulver verwenden [6.216], [6.217]. Das ABC-Pulver ist im Löschgas dispergiert. Alle Halocarbone, die als Löschmittel verwendet werden, liegen bei Zimmertemperatur als Flüssiggas vor, daher werden sie zur Stabilisierung der Pulverdispersion geliert.

Die Module des Systems sind selbstständige kleine Löschanlagen, die keinerlei Rohrleitungen oder Energieversorgung benötigen, eine Vernetzung und gemeinsame Auslösung durch Brandmelder ist jedoch möglich (Abbildung 6-59). Das gelierte Löschgas mit dem dispergierten ABC-Pulver ist mit einem Treibgas (i. d. R. Stickstoff) bei einem Druck von ca. 12 bar überlagert. Wird das Verschlusselement des Löschmittelbehälters – bei der Verwendung von unabhängigen Einzelmodulen einfach ein Sprinklerkopf (Abbildung 6-59) – auf die Auslösungstemperatur erhitzt und gibt das Löschmittel frei, wird dieses innerhalb von 3 bis 5 Sekunden ausgetrieben und im Schutzbereich verteilt (Raumschutz bzw. Total Flooding System). Standardmodule können ein Raumvolumen von rund 22,5 m^3 (ca. 2,5 m * 2,5 m * 3,6 m) schützen; die Module sind mit verschiedenen Löschmittelmengen und äußeren Abmessungen verfügbar.

Wegen des beigefügten Löschpulvers, das – auch nachdem das Löschgas entwichen ist – eine Rückzündung verhindert, brauchen keine besonderen Anforderungen an die Raumdichtheit erfüllt zu werden (vergl. hierzu unter Punkt 6.7.1). Zwar müssen beaufschlagte Räume vom Pulver gereinigt werden, jedoch kann dies nach Herstellerangaben einfach durch Absaugen geschehen. Auch soll das nicht toxische Pulver keine unmittelbaren Schäden an elektrischen und elektronischen Einrichtungen verursachen.

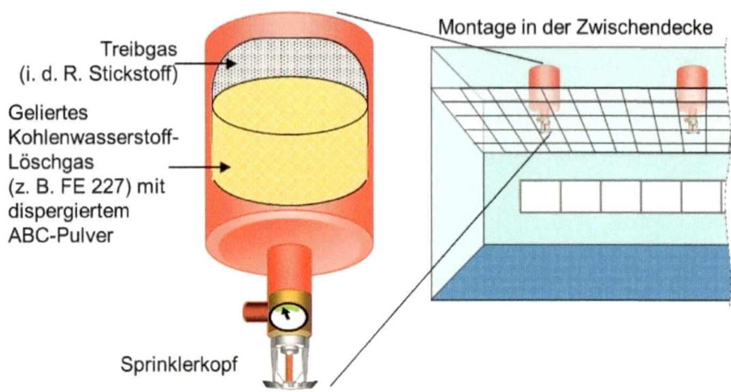

Abbildung 6-59: Halocarbon-Pulver-Löschanlage – schematisch

Als Vorteile des Modularen Löschsystems CeaseFire CFF werden genannt:

- voll funktionsfähige Anlage, keine Energieversorgung erforderlich
- Aktivierung allein durch die Brandwärme
- zwei hocheffektive Löschmittel werden kombiniert, dadurch sehr kurze Löschzeiten
- Rückzündung durch Löschpulver verhindert, daher keine Kühlung des Brandgutes erforderlich
- einfache Montage, Anpassung an neue Anforderungen und Wartung (nahezu wartungsfrei, lediglich Inspektion auf Druckerhalt)
- sehr kostengünstig

Unter dem Handelsnamen Fire Foe™ ist ein automatisches Löschsystem am Markt, das speziell auf den Einsatz in kleinen Räumen konzipiert ist (Fahrzeugkabinen, Maschinenräume auf Booten), welches nach demselben Prinzip wie CeaseFire CFF arbeitet [6.218]. Fire Foe™ benutzt das Löschmittel Envirogel® welches aus einer Mischung der (gelierten) Löschgase FE 36 und FE 25 sowie Natriumbikarbonat-Pulver ($NaHCO_3$) besteht [6.219]. Die Fire Foe™ Löscheinheiten bestehen aus Rohren aus einem speziellen Kunststoff, die mit ca. 7 bar druckbeaufschlagt sind. Bei ca. 80 °C beginnt das Material zu erweichen, während gleichzeitig der Innendruck ansteigt. Bei ca. 150 °C Umgebungstemperatur werden die Röhren – die in verschiedenen Größen erhältlich sind – durch den sich aufbauenden Überdruck zerstört und verteilen schlagartig das Löschmittel im Schutzbereich. Durch den Zusatz des Löschpulvers zum Löschmittel wird nach Herstellerangaben insbesondere die HF-Produktion der Löschgasmischung bei der Reaktion in der Flammenzone minimiert.

6.10 Objektschutzanlagen

Sämtliche der beschriebenen Löschanlagen können in geeigneter Konfiguration auch als Objektschutzanlagen aufgebaut werden. Die wesentlichen Anlagenkomponenten entsprechen dann jenen der Raumschutzanlagen, allerdings ermöglicht im Allgemeinen die Beschränkung der Anlage auf einen relativ kleinen Raum auch Vereinfachungen der Abläufe und die Integration von Bauteilen. Im Folgenden werden kurz die Grundzüge und Funktionsprinzipien einiger Löschanlagen für Spezialprobleme vorgestellt. Hierzu wird zunächst am Beispiel der DIN EN ISO 19353 [6.227] eine geeignete Vorgehensweise zur Ermittlung der brandschutztechnisch erforderlichen Maßnahmen zur zuverlässigen Abdeckung eines gegebenen Risikos dargestellt.

6.10.1 Risikoanalyse für den Objektschutz - Verfahren nach DIN EN ISO 19535

Für Maschinen aller Art (Fräsen, Drehbänke, Schleifmaschinen, Gießautomaten, Pressen, Umformeinrichtungen, aber auch Rotationsdruckmaschinen, Walzgerüste, Extruder etc.) gibt die DIN EN ISO 19353 [6.227] ein Verfahren zur Ermittlung, Beurteilung und Verminderung des bei Maschinen vorhandenen bzw. von ihnen ausgehenden Brandrisikos. Dieses Verfahren ist auch bei Risikoanalysen und Schutzmaßnahmen für andere Objekte (z. B. für Laborabzüge, Vitrinen, Prüfstände, Küchen und Anlagen der Lebensmittelindustrie etc.) sinngemäß anwendbar. Nach DIN EN ISO 19353 ist wie folgt vorzugehen

- Erstellung einer Auflistung aller beteiligten Stoffe der Maschine (des Schutzobjektes) und des Prozesses einschließlich der Werk-, Roh- und Hilfsstoffe
- Bewertung der beteiligten Stoffe hinsichtlich: Entzündbarkeit, Entflammbarkeit, Brennbarkeit, brandfördernder Wirkung und ihrer toxischen Emissionen im Brandfall
- Ermittlung der Brandlast
- Erstellung einer Auflistung der möglichen Zündquellen:
  - *Wärmeenergie,* z. B.: Heizungsanlagen, Verbrennungsmotore, offenes Licht oder Feuer, heiße Oberflächen, Schweißspritzer, Laser oder andere starke Strahlungsquellen;
  - *Elektrische Energie,* z. B.: Elektrische Beleuchtungsgeräte, Elektromagnetische Strahlung, Kurzschluss, Elektrischer Lichtbogen, Erdungsfehler, Leiterschluss, Blitzeinschlag, Entladung statischer Elektrizität, loser Kontakt, übermäßige Erwärmung infolge Überlastung, induktive Erwärmung, unangepasster elektrischer Anschluss;

  - *Mechanische Energie*, z. B.: Reibung (z. B. Heißlaufen), Ultraschall, Schlag, Schleifen, Kompression (einschließlich adiabatischer Kompression);
  - *Chemische Energie*, z. B.: Selbsterhitzung, Selbstentzündung wie von pyrophoren Stoffen, durchgehende exotherme Reaktionen.
- Aufstellung von möglichen Brandszenarien entsprechend der Brandlast und den Zündquellen
- Bewertung möglicher Brandrisiken durch menschliches Fehlverhalten, wie Vertauschen von Stoffen und falsche Bedienung von Steuereinrichtungen.

Nach der Analyse des Brandrisikos muss dies unter Berücksichtigung der zu erwartenden Schäden bewertet werden. Dabei spielen ökonomische und technische Erwägungen sowie Fragen zu Entschädigungen eine Rolle. Ergibt die Bewertung, dass die Maschine (das Schutzobjekt) nicht sicher ist, müssen Maßnahmen zur Risikominderung ergriffen werden. Technische Brandschutzmaßnahmen umfassen:

- konstruktive und / oder verfahrenstechnische Maßnahmen
- integrierte Brandmelde- und Löschanlagen
- zusätzliche Maßnahmen
- Benutzerinformationen

Die Maßnahmen sind nach der so genannten Maschinenrichtlinie (DIN EN ISO 12100 [6.228]) entsprechend der obigen Reihenfolge durchzuführen.

6.10.1.1 Konstruktive und verfahrenstechnische Maßnahmen

Die Brandgefahr von Maschinen (Objekten) muss nach DIN EN ISO 12100 im Wesentlichen durch konstruktive und / oder verfahrenstechnische Maßnahmen beseitigt oder reduziert werden („design it out").

Die verfahrenstechnischen Maßnahmen umfassen u. a. folgendes (Beispiele siehe auch in [6.229]):

- Verwendung nicht brennbarer, nicht entflammbarer und / oder schwer brennbarer, schwer entzündbarer, z. B. die Flammenausbreitung verzögernder Materialien, bei der Konstruktion der Maschine (des Objektes).
- Beseitigung oder Reduzierung des Risikos der Überhitzung sowohl der Maschine (des Objektes) selbst, als auch der Stoffe, die von der Maschine gebraucht werden, bzw. im Schutzbereich vorhanden sind, wie Gase, Flüssigkeiten, Feststoffe oder Dämpfe. Das Risiko ist unter Berücksichtigung von Prozessabweichungen, die zu einer Überhitzung führen können, zu analysieren.

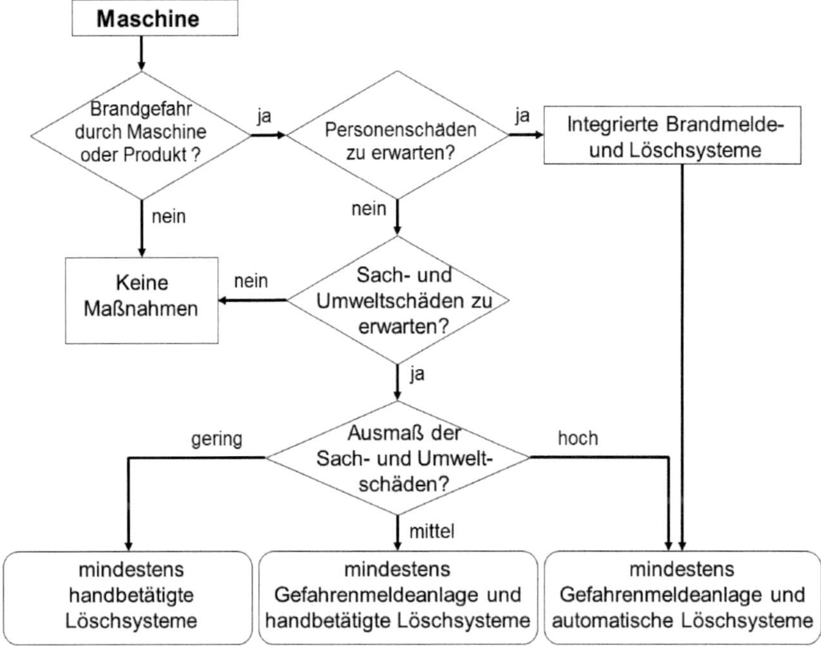

Abbildung 6-60: Auswahl von Brandschutzmaßnahmen an Maschinen im Hinblick auf den zu erwartenden Schaden

- Auswahl der Werkstoffe für die Konstruktion der Maschine (des Objektes) derart, dass nachteilige Wechselwirkungen mit den produzierten oder von der Maschine gehandhabten Stoffen bzw. im Schutzbereich vorhandenen Stoffen ausgeschlossen oder reduziert werden.
- Konstruktion der Maschine (des Objektes) so, dass brennbare oder brandfördernde Konzentrationen oder Ansammlungen von Rohstoffen, Zwischenprodukten oder Endprodukten über die notwendige Menge hinaus vermieden werden.
- Kann die Brandgefahr nicht ausgeschlossen werden, müssen die Auswirkungen des Brandes, einschließlich Flammen, Hitze und Rauch usw., z. B. durch Abschirmung oder Einhausung der Maschine begrenzt werden, um die Gefährdung von Personen und / oder Schäden an Sachen und / oder Umwelt auszuschließen oder zu begrenzen.

6.10.1.2 Vollintegrierte Brandmelde- und Löschsysteme

Die Risikoverminderung kann durch Integration von Brandmelde- und Löschsystemen in die Maschine (bzw. allgemein das Schutzobjekt) erreicht werden, die sicherstellen, dass ein Brand gelöscht oder so weit wie möglich auf den Entstehungsbereich beschränkt bleibt. Bei Verwirklichung der Anforderungen ist entsprechend des Schemas in Abbildung 6-60 vorzugehen. Ein Beispiel für den Schutz von Werkzeugmaschinen durch automatische Objektlöschanlagen zeigt Abbildung 6-61.

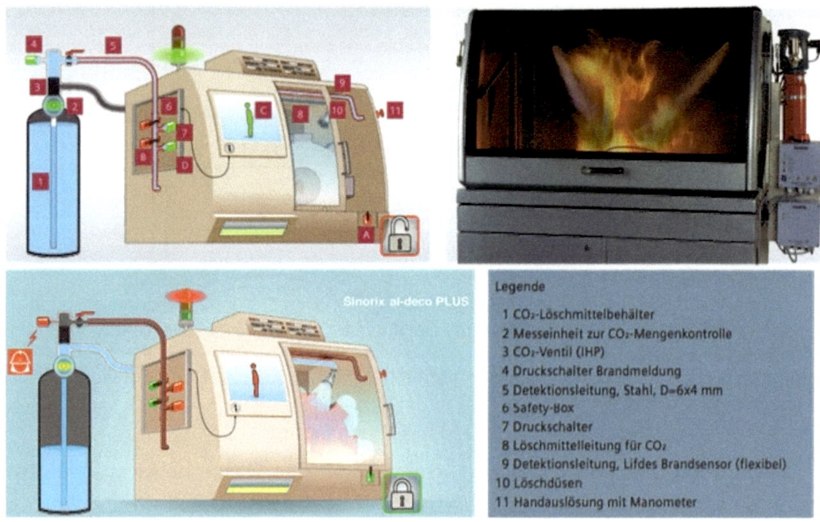

Abbildung 6-61: Maschine mit integrierter Brandmelde- und Löschanlage Sinorix al-deco PLUS (Foto und Graphiken: © Siemens Schweiz AG) oben links: Bereitschaftszustand; oben rechts und unten: Löschung

Das Schadensausmaß wird maßgeblich von der Abbrandrate und der Dauer des Brandes bestimmt. Die Branderkennung muss daher so schnell wie möglich erfolgen und der Löschvorgang mit der geringstmöglichen Verzögerung eingeleitet werden. Soweit erforderlich sind Spezialmelder einzusetzen.

Falls Personen durch die Löscheinrichtung gefährdet werden können, z.B. wenn toxische Löschmittel verwendet werden, muss die Sicherheit von Personen im Bereich der Maschine und ggf. in der eigentlichen Maschine bzw. des Schutzobjektes angemessen berücksichtigt werden. Hierzu sind Warneinrichtungen und ggf. auch eine mechanische Unterbrechung der Lösch- und Detektionsleitung einzuplanen (vergl. Punkt 6.8.4).

6.10.1.3 Zusätzliche Maßnahmen an Maschinen

Um das erforderliche Sicherheitsniveau zu erreichen und / oder weitere ökonomische Schäden zu vermeiden bzw. zu verringern, kann es sinnvoll sein, zusätzliche Brandschutzmaßnahmen vorzusehen. Dies können z. B. sein:

- gesteuertes Herunterfahren der Maschine und / oder von Hilfsaggregaten einschließlich der Abtrennung von allen nicht erforderlichen Rohstoffen und Produkten;
- Not-Stopp der Maschine, Abtrennung der nicht erforderlichen Energiezufuhr (z. B. Versorgung mit elektrischem Strom und Brennstoffen);
- Abschottung des durch die Feuerlöschanlage beaufschlagten Bereiches, z. B. durch Einhausung oder Wasservorhang.

Wenn nötig sind auch Rückhalte- oder Auffangeinrichtungen für die im Brandfalle eingesetzten Löschmittel vorzusehen (siehe Kapitel 10).

6.10.1.4 Benutzerinformation

Dem Betreiber der Maschine sind umfassende und verständliche Dokumentationen zur Verfügung zu stellen, so dass er in der Lage ist, die installierten Maschinen und Anlagen sowie die technischen Brandschutzeinrichtungen in einem bestimmungsgemäßen und einsatzbereiten Zustand zu erhalten und im Bedarfsfalle die erforderlichen Brandbekämpfungsmaßnahmen einzuleiten.

Die Dokumentation muss auch Angaben über Inbetriebnahme, Betrieb und Wartung der technischen Brandschutzeinrichtungen im Hinblick auf die bestimmungsgemäße Verwendung der Maschine (des Objektes) sowie Warnhinweise auf ein verbleibendes Restrisiko enthalten. Wird auf Wunsch des Benutzers die Brandschutzeinrichtung der Maschine in ein bestehendes Brandschutzkonzept des Betreibers eingepasst, sind die Schnittstellen zu definieren und in der Betriebsanleitung zu beschreiben.

Der Hersteller der Maschine muss die möglichen Sach- und Umweltschäden, die im Brandfalle von der Maschine verursacht werden können, feststellen, und ggf. die Bedingungen, die er für die Aufstellung der Maschine vorgesehen hat, einschließlich Anforderungen an den Aufstellungsort, definieren.

Weicht der Benutzer von den Bedingungen des Herstellers ab, liegt es an ihm, die möglichen Sach- und Umweltschäden zu beurteilen, die bei der Ausbreitung eines Brandes über die Maschine hinaus an der Umgebung (einschließlich angrenzender Gebäude) entstehen können. Diese Beurteilung kann die ursprüngliche Schadenseinstufung verändern und zusätzliche Maßnahmen des Benutzers erforderlich machen.

6.10.2 Kleinlöschanlagen

Für spezielle Anwendungsfälle, insbesondere für den Objektschutz aber auch für einzelne Räume bis ca. 100 m³ Volumen, sind Kleinlöschanlagen eine ökonomisch wie brandschutztechnisch vernünftige Lösung. Entsprechend der Vielzahl unterschiedlicher Schutzobjekte – EDV-Räume und Serverschränke, Maschinen (z. B. Werkzeugmaschinen, Motoren von Großfahrzeugen, Turbinen, Triebwerke, Hydraulikanlagen), Kücheneinrichtungen, Härteanlagen, Laboreinrichtungen, aber auch Kabeltrassen, Absauganlagen, Museumsvitrinen oder Tresore – ist eine allgemeingültige technische Beschreibung schwierig. Daher sind nur die wichtigsten Eigenschaften von Kleinlöschanlagen in DIN 14497 genormt [6.146]. Wenn ein spezielles Schutzobjekt die Einhaltung dieser technischen Regel nicht ermöglicht oder erfordert, kann selbstverständlich davon abgewichen werden. In diesem Fall sollte jedoch ein vergleichbares Schutzniveau der gewählten Lösung zu jenem, dass bei voller Einhaltung der DIN 14497 erreicht würde, nachgewiesen werden (die Konformitätsvermutung der Norm gilt dann nicht).

Kleinlöschanlagen nach DIN 14497 sind Einbereichslöschanlagen, die hinsichtlich des Löschmittelvorrates entsprechend Tabelle 6-55 beschränkt sind.

Kleinlöschanlagen – gelegentlich auch als Kompaktlöschanlagen bezeichnet – müssen innerhalb von nicht mehr als 4 Sekunden nachdem eine Aktivierung mittels Branderkennungselementen oder Handauslösung erfolgt ist das Löschmittel freigeben. Einige Ausführungsbeispiele von Kleinlöschanlagen zeigt Abbildung 6-62.

Wegen der oben angesprochenen Problematik die Vielzahl der möglichen Kleinlöschanlagen abzudecken, sind stets

- die Wirksamkeit und
- die Zuverlässigkeit

solcher Anlagen im Einzelfall nachzuweisen. Dies soll mit Hilfe eines ausführlichen Produkthandbuches für die Anlagen dokumentiert werden.

Der Nachweis der Wirksamkeit muss sich dabei am Schutzziel der Kleinlöschanlage orientieren, das den angestrebten Endzustand bei einem Brand beschreibt. Schutzziele können dabei durchaus unterschiedlich sein:

- Löschen eines Brandes
- Verhinderung der Ausbreitung eines Brandes
- Minimierung, im Idealfall Vermeidung, des Schadensumfanges an der geschützten Einrichtung
- Minimierung der Ausfallzeit der geschützten Einrichtung
- Schutz und Rettung von Daten u. a. m.

Die Wirksamkeit von Kleinlöschanlagen hinsichtlich des Erreichens des festgelegten Schutzzieles kann z. B. durch Brand- und Löschversuche, Probeflutungen und Konzentrationsmessungen oder Berechnungen nach anerkannten Technischen Regeln nachgewiesen werden. Dabei muss sichergestellt sein, dass die vom Hersteller angenommenen Einsatzbedingungen und Leistungsmerkmale (z. B. Vorbrenndauer bis zur Auslösung der Anlage, Betriebszeit der Anlage, Löschmittelmenge und Löschmittelrate) die möglichen Brandszenarien sicher abdecken. Daher ist in aller Regel eine genaue Analyse möglicher Brandereignisse erforderlich (Punkt 6.10.1).

Löschmittel	**Löschmittelmenge**	**Abmessungen des Schutzbereiches** [1]
Wasser und wässerige Lösungen	Entsprechend der Füllmenge eines Druckbehälters mit einem Druckinhaltsprodukt ≤ 1000 bar*l [2]	ca. 5 m^2 bis 10 m^2 [3]
Schaum		ca. 8 m^2 bis 10 m^2 [4]
Pulver		ca. 150 m^3 [5]
Kohlendioxid	20 kg	ca. 25 m^3
Nichtverflüssigte Inertgase (N_2, Ar, Mischgase [6])	18 kg	ca. 20 m^3
Halogenierte Kohlenwasserstoffe [7]	15 kg	ca. 10 m^3 bis 20 m^3 [8]
1) Gerundet, abgeschätzt auf Grund der erforderlichen Löschmittelraten für Räume ohne Öffnungen und Belüftung. Insbesondere bei Wasser und Schaum stark abhängig von Brandverhalten und Geometrie.		
2) also bei 10 bar 100 l Löschmittel oder 100 kg Löschpulver		
3) Brandklasse A		
4) filmbildendes Schaummittel, ohne Reserven (7fache Verschäumung, 10 cm Schaumdecke)		
5) für Kohlenwasserstoffbrände, siehe Punkt 6.6		
6) Siehe Punkte 6.7.3.1, 14.3.5, 14.3.6		
7) Siehe Punkte 6.7.8, 14.3.8		
8) abhängig von Brandgut und Löschmittel, siehe Tabelle 6-49		

Tabelle 6-55: Löschmittelvorräte in Kleinlöschanlagen nach DIN 14497

Der Nachweis der Zuverlässigkeit von Kleinlöschanlagen kann z. B. erfolgen durch:

- Bauteilprüfungen der wesentlichen Bestandteile nach den einschlägigen technischen Regeln wie
  - DIN EN 54 für automatische Brandmelder
  - DIN EN 54-2 für Kleinlöschzentralen
  - DIN EN 12094-9 für Branderkennungselemente mit Glasfass oder Schmelzlot
  - DIN EN 12094-11 für Einrichtungen zur Schwundüberwachung
  - DIN EN 12094-6 für Blockieranlagen (bei KLA mit Personenschutzelementen, vergl. Punkt 6.7.4)

- Systemprüfungen, die – für alle Anlagenvarianten – anhand der technischen Unterlagen theoretisch und durch Probeauslösungen nachweisen, dass
  - die Bauteile des Systems technisch kompatibel sind und
  - bestimmungsgemäß zusammenwirken.

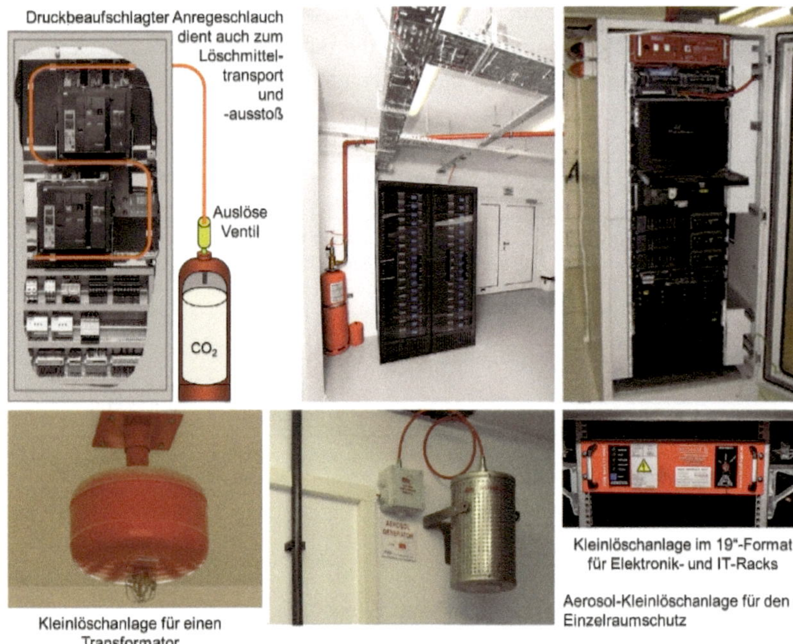

Abbildung 6-62: Kleinlöschanlagen - Beispiele (Fotos rechts: Brodinger IT-Sicherheitstechnik)

Kleinlöschanlagen werden heute mehr und mehr als Routinemaßnahme in größeren Küchen eingesetzt. Derartige Küchenschutz-Löschsysteme können von Hand oder über Wärmemelder ausgelöst werden. Sie unterbinden mittels Spezialschäumen, die bei Kontakt mit Ölen und Fetten diese emulgieren und so eine Sperrschicht erzeugen, die Sauerstoffzufuhr und kühlen den Brandherd ab. Regeln für den Einbau und den Betrieb in gewerbsmäßigen Küchen enthält DIN 18869-6 [6.147] Kleinlöschanlagen sind danach grundsätzlich bei Frittierfettmengen von mehr als 50 kg (insgesamt; siehe auch Punkt 6.10.3) bzw. Heizleistung der Frittiereinrichtungen von mehr als 60 kW einzubauen.

Unter den Handelsnamen FlexiSys und FireDeTec werden Kleinlöschanlagen angeboten die hinsichtlich der meisten Punkte DIN 14497 entsprechen und durch einen so genannten Anregungsschlauch – der bei manchen Systemen gleichzeitig als Ausbringevorrichtung für das Löschmittel dient – den Brand detektieren. Diese Anregungsschläuche bestehen aus druckbeaufschlagten speziellen Kunststoffen, die bei einer Temperaturbelastung von ca. 120 °C lokal zerstört werden. Der daraus folgenden Druckabfall wird zur Betätigung eines Alarmventiles genutzt, das den Löschmittelstrom freigibt (ganz ähnlich den Alarmventilen von Sprinkleranlagen, Punkt 6.3.5).

Handelt es sich um ein so genanntes direktes Löschsystem, wird das Löschmittel (CO_2, Argon, Stickstoff, halogenisierte Kohlenwasserstoffe, aber je nach Anwendungsfall gelegentlich auch Wasser oder Schaumlösungen) über den Anregungsschlauch und dessen entstandene Öffnung direkt in den Bereich der Branddetektion abgegeben. Bei indirekten Löschsystemen dient der Druckabfall im Anregungsschlauch zur Ventilöffnung, die Ausbringung des Löschmittels erfolgt jedoch über ein getrenntes Rohrsystem mit eigenen Düsen. Wesentlicher Vorteile dieser Systeme sind die nachträgliche Installierbarkeit auch in schwierigen räumlichen Verhältnissen (s. w. o), die lineare Branddetektion und die sehr gezielte Löschmittelabgabe.

Andere Entwicklungslinien für die Optimierung von Kleinlöschanlagen auf das spezielle Schutzobjekt sind SGPP-Löschanlagen, Aerosol-Löschanlagen oder bestimmte Mehrstoff-Löschanlagen, die unter Punkt 6.7.6.2, Punkt 6.8 bzw. Punkt 6.9.4 beschrieben sind (allerdings fallen diese formal nicht unter die DIN14497).

Neben den oben genannten wird mehr und mehr ein anderer Typ Kleinlöschanlagen mit Löschmittelmengen im Kilogramm- bzw. Liter-Maßstab angeboten. Direkt auf dem Löschmittelbehälter sind als Auslöseelement Glasfässchen von Sprinklern montiert (Punkt 6.3.7.6). Bei Zerstörung des Glasfässchens wird der Inhalt des Löschmittelbehälters infolge des sich ausdehnenden Löschmittels explosionsartig freigegeben. Alternativ gibt es Systeme, die das Löschmittel mit Hilfe eines pyrotechnischen Sprengsatzes innerhalb einiger Millisekunden austreiben. Die sich in beiden Fällen entwickelnde Löschmittelwolke reicht nach Herstellerangaben aus, Räume bis zu etwa 2,5 m^3 zuverlässig abzulöschen [6.148].

Eine weitere Miniaturisierung führt seit etwa 2019 zu so genannten Geräte-integrierten Löschanlagen. Sie enthalten nur noch wenige Milliliter Löschmittel im Glasfäßchen selbst und werden direkt auf elektronischen Platinen innerhalb von Elektrogeräten montiert. Der Löschmittelinhalt reicht nach Herstellerangaben aus, abgeschlossene Schutzvolumina von einigen Litern vorbeugend mit Löschmittel zu beaufschlagen bzw. Entstehungsbrände zu löschen ([6.232], [6.233]).

6.10.3 Löschanlagen für die Lebensmittelindustrie

Die steigende Anzahl von Großschäden in der Lebensmittelindustrie (Schilloks [6.230]) hat zur Entwicklung individueller Lösungen für die Brandbekämpfung in deren Anlagen geführt. Wegen der Vielzahl der möglichen Produktionsverfahren der Lebensmittelindustrie ist eine allgemeingültige technische Beschreibung des erforderlichen Leistungsvermögens und des Aufbaus von Brandmelde- und Löschanlagen schwierig.

Für gewerbliche Großküchen gibt die technische Regel prEN 17 446:2019 [6.231] erstmals Empfehlungen zur Planung des Brandschutzes für Koch-, Brat- und Frittiereinrichtungen, die u. U. mehrere 100 kg Fett enthalten, und der dazugehörigen Abluftsysteme, die große Abmessungen erreichen können. Diese Norm beschränkt sich dabei auf die Darstellung von Mindestanforderungen, die bei der Planung, Konstruktion, Montage und Instanthaltung von Brandschutzsystemen für Großküchen zu beachten sind.

Des Weiteren stellt sie Prüfverfahren für die Löschanlagen für einige üblicherweise verwendete Großküchengeräte zur Verfügung, die grundsätzlich für jede beliebige Anlage einsetzbar sind. Die zu erfüllenden Anforderungen an die Löschleistungen müssen zum Erreichen eines angemessenen Gefahrenschutzes um die speziellen Anforderungen an die Bauteile für den jeweiligen Gerätetyp ergänzt werden.

6.10.4 Funkenlöschanlagen

Bei der Be- und Verarbeitung sowie bei der Trennung brennbarer Stoffe können Funken entstehen, die zusammen mit den brennbaren Stäuben, Spänen, Schnitzeln, Flocken etc. über Transporteinrichtungen in nachgeschalteten Anlagebereichen Brände verursachen können. Zündquellen sind hauptsächlich funkenbildende Fremdkörper, stumpfe Werkzeuge, heiße Oberflächen aber auch Reibungswärme und Überhitzung. Filter, Bunker, Silos und sonstige im Verbund mit Fördereinrichtungen stehende Maschinen und Einrichtungen sind besonders gefährdet.

Wirkungsvollen Schutz bieten Funkenerkennungs- und Funkenlöschanlagen [6.220]. Diese Anlagen haben die Aufgabe, Funken und Glimmnester zu erkennen und so rechtzeitig zu löschen, dass in der im Prozess nachfolgenden Anlage weder ein Brand ausbrechen noch eine Explosion entstehen kann. Eine bereits angelaufene Explosion kann mit Funkenlöschanlagen nicht beherrscht werden, hierfür sind Explosionsunterdrückungseinrichtungen oder eine explosionstechnische Entkoppelung von Anlagenteilen erforderlich (Punkte 6.10.5 und 6.10.6). Funkenlöschanlagen löschen selbsttätig und müssen nach einem Löschvorgang automatisch sofort wieder einsatzbereit sein.

Funkenlöschanlagen sind in der VdS-Richtlinie 2106 [6.221] technisch beschrieben und bestehen aus den folgenden Hauptkomponenten:

Funkenerkennungsanlage, mit

- Funkenmelder
- Funkenmelderzentrale

Funkenlöschanlage, mit

- Wasserversorgung
- Magnetventil
- Rohrleitungen
- Löschdüsen
- Absperreinrichtungen (gesichert)
- (falls notwendig: Begleitheizung)

Mit Hilfe der Funkenerkennungsanlage werden Funken und Glimmnester rechtzeitig erkannt. Danach können Alarmierung, geeignete Steuerungsvorgänge (z. B. Abschalten von Maschinen) sowie Funkenlöschung und / oder Funkenausscheidung unmittelbar und automatisch eingeleitet werden. Die Funkenmelder reagieren höchst empfindlich und mit sehr kurzer Verzögerung auf Infrarotstrahlung und leiten ein elektrisches Signal an die Funkenmelderzentrale weiter. Den prinzipiellen Aufbau und die Wirkungsweise zeigt Abbildung 6-63.

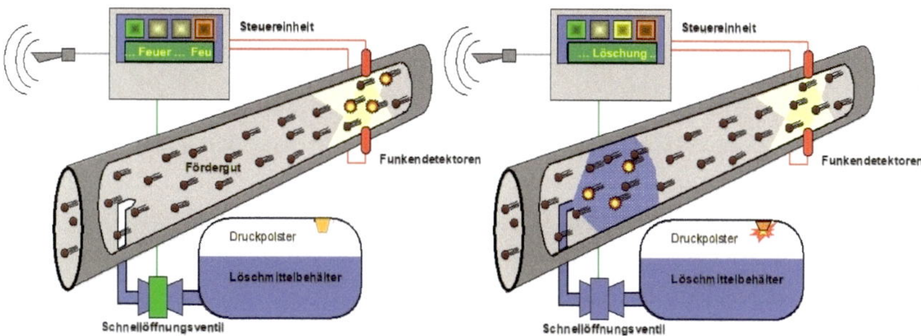

Abbildung 6-63: Funkenlöschanlage – Schema: Detektion – Löschung

Anmerkung: Das Ausbringen des Löschmittels und die Betätigung der Schnellöffnungsventile erfolgt bei manchen Anlagen mit Hilfe von pyrotechnischen Einrichtungen – vergleichbar zum Airbag in KFZ – vergl. Abbildung 6-63 rechts.

Als Löschmittel für Funkenlöschanlagen wird hauptsächlich Wasser (ohne Zusätze, Beladung ca. 350 g / m³ bis 500 g / m³) eingesetzt. Die Verwendung anderer Löschmittel, z. B. Löschpulver, ist zulässig, wenn sie zweckmäßig und wirksam sind. Bei Ansprechen der Anlage wird das Wasser in Form eines Löschstoßes fein verteilt für eine bestimmte Zeitdauer in die Förderstrecke eingesprüht.

Der Löschvorgang wird beeinflusst vom Rohrdurchmesser, der Art des Fördergutes, von der Fördergutdichte und der Fördergeschwindigkeit. Er ist abhängig vom zeitlich anstehenden Funkenflug und kann aus mehreren Löschstößen bestehen. Die Dauer eines Löschvorganges beträgt im Allgemeinen bis zu 10 Sekunden. Die Löschwassereingabe muss mindestens 5 Sekunden über die Dauer der Funkenerkennung hinausgehen. Funkenmelder und Löschdüsen sind ausreichend weit voneinander entfernt einzubauen. Der Abstand richtet sich nach der Transportgeschwindigkeit des Fördergutes und der Gesamtverzögerungszeit des Schutzsystems.

Anstelle der Funkenlöschung kann auch eine Funkenausscheidung von der Funkenerkennung angesteuert werden. Die Funkenausscheidung besteht normalerweise aus der Umlenkeinrichtung, z. B. einer Schnellschlussklappe, die dafür sorgt, dass Fördergut mit erkannten Funken aus der Förderleitung ausgeschleust wird, der zugehörigen Steuerung und nichtbrennbaren Behältern für das ausgeschiedene Fördergut. Hinsichtlich Dauer der Ausscheidung gilt das zum Löschvorgang ausgeführte analog. Funkenerkennungsanlagen sind nur dann sinnvoll, wenn sie mit geeigneten sonstigen Schutzmaßnahmen kombiniert werden. Müssen z. B. pneumatische Förderleitungen durch Brandwände geführt werden, sind in die Leitungen Schnellschlussklappen – möglichst in der Wand – einzubauen, um eine Brandübertragung unmittelbar auszuschließen.

Schnellschlussklappen in pneumatischen Förderleitungen, die durch Funkenlöschanlagen geschützt sind, müssen grundsätzlich nach den Funkenlöschanlagen angeordnet werden. Schnellschlussklappen müssen durch Funkenmelder (z. B. Funkennacherkennung) angesteuert werden. An anderer Stelle geforderte Brandschutzklappen bleiben davon unberührt. Weiter Hinweise zu den zu beachtenden Parametern entnimmt man z. B. [6.226].

6.10.5 Explosionsunterdrückungsanlagen

Verbrennungsvorgänge laufen, abhängig von den speziellen stofflichen Gegebenheiten, mit unterschiedlicher Geschwindigkeit ab. Überschreitet die Ausbreitungsgeschwindigkeit einer Flammenfront einige Meter pro Sekunde spricht man von einer Explosion [6.149].

Überall wo in der Industrie brennbare Flüssigkeiten, Gase oder Stäube gehandhabt werden, besteht Explosionsgefahr, denn rund 80 % aller industriellen

Stäube sind explosionsfähig ([6.223] bis [6.226]). Nachdem eine Explosion angelaufen ist, können die Folgen durch explosionstechnische Maßnahmen wie Explosionsunterdrückung und -entkopplung begrenzt werden.

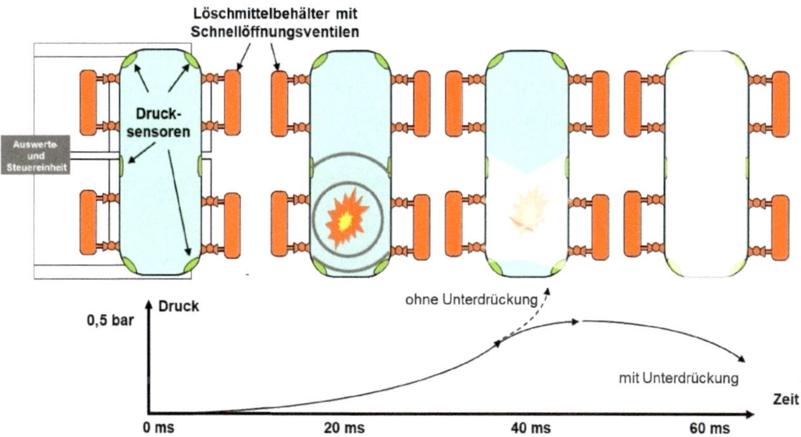

Abbildung 6-64: Behälterschutz mit Explosionsunterdrückungsanlage – Schema

Explosionsunterdrückungssysteme werden dort eingesetzt, wo der Explosionsdruck die Druckfestigkeit der Industrieanlage überschreiten könnte. Die vor der Flammenfront herlaufende Druckwelle aktiviert bei einem Grenzdruck oder beim Überschreiten maximaler Druckanstiegsgeschwindigkeiten über Drucksensoren die Löschanlage. Die Ventile oder Berstscheiben geben innerhalb weniger Millisekunden den Löschmittelvorrat über Kugeldüsen in die Anlage ab. Zum Erreichen dieser kurzen Löschzeiten werden zum Austreiben der Löschmittel aus dem Behälter häufig pyrotechnische Zünder eingesetzt, bzw. das permanent unter einem hohen Druck gelagerte Löschmittel wird durch pyrotechnisch geöffnete Ventile freigegeben.

Als Löschmittel wird in Explosionsunterdrückungsanlagen überwiegend Löschpulver eingesetzt, das die Verbrennungsreaktion der Explosion unterbricht. Den prinzipiellen Aufbau und die Funktion dieser Anlagen zeigt Abbildung 6-64.

6.10.6 Explosionstechnische Entkopplung

Explosionstechnische Entkopplungssysteme verhindern, dass die Flammenfront und/oder Druckwelle einer Explosion in geschützte Anlagenteile eindringt. Dies geschieht entweder durch den sofortigen mechanischen (explosionsfesten)

Verschluss der Verbindungswege mit Explosionsschutzventilen und Schnellschlussschiebern, oder durch den Aufbau einer Löschmittelsperre (Flammenunterdrückung).

Löschmittelsperren sind grundsätzlich den Funkenlöschanlagen vergleichbar. Infrarot-Flammendetektoren oder Druckdetektoren erkennen die anlaufende Explosion. Die Löschmittelbehälter bauen in Sekundenbruchteilen vor der anlaufenden Flammenfront eine Löschpulverwolke auf, die die in sie hineinlaufenden Flammen ablöscht (Abbildung 6-65).

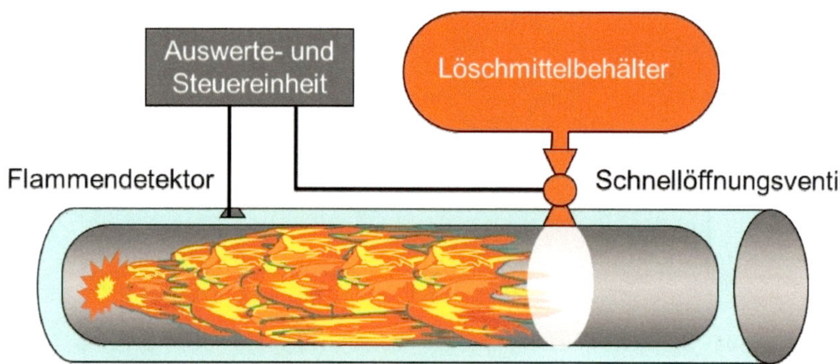

Abbildung 6-65: Löschmittelsperre – Schema

6.11 Brandvermeidungsanlagen

6.11.1 Brandvermeidung durch Sauerstoffreduzierung

Während Inertgas-Löschanlagen den Brand löschen, indem durch schnelle Flutung der Räume mit Inertgas (Stickstoff, Edelgasen, Kohlendioxid oder Gemischen daraus) der Sauerstoff verdrängt wird, wird bei Sauerstoffreduktions- und Inertisierungsanlagen der Sauerstoffgehalt im Raum durch Zuführung von Inertgas ständig auf einem niedrigen Niveau gehalten, so dass Brennstoffe nur schwer oder gar nicht entzündbar sind [6.234], [6.235].

Die Reduktion der Sauerstoffkonzentration beeinflusst das Brandverhalten von Feststoffen durch zwei Phänomene:

- die Zündenergie der Stoffe erhöht sich
- die Brandausbreitungsgeschwindigkeit wird erheblich verlangsamt

Daher ist die Brandwahrscheinlichkeit in einem Raum mit reduzierter Sauerstoffkonzentration wesentlich geringer als unter Normalbedingungen. Bei einer Absenkung der Sauerstoffkonzentration auf ca. 15 Vol.-% Meeresspiegeläquivalent, der den Bedingungen in einer Höhe von ca. 3000 m über dem Meeresspiegel entspricht, ist ein mögliches Brandrisiko ganz entscheidend vermindert. Gleichzeitig ist eine Personengefährdung weitgehend ausgeschlossen ([6.236], Abbildung 6-66).

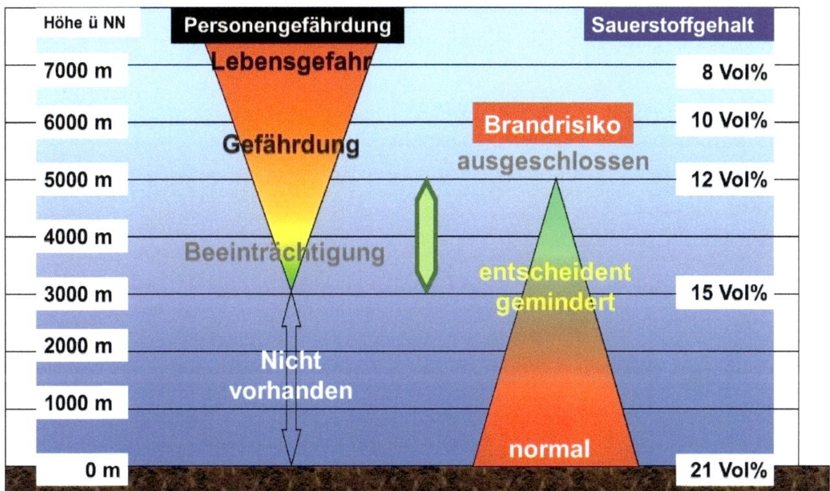

Abbildung 6-66: Brandrisiko und Personengefährdung bei reduziertem Sauerstoffgehalt der Luft (Meerespiegeläquivalent) – Inertisierungsbereich

In Schutzbereichen, in denen sich Feststoffe befinden, die auch bei 15 %iger Sauerstoffkonzentration noch brennen, kann der Sauerstoff noch weiter auf ca. 12 Vol.-% abgesenkt werden. Ein ständiger Aufenthalt von Personen ist in dieser Atmosphäre nicht mehr möglich.

6.11.2 Sauerstoffreduzierungs- und Inertisierungsanlagen

Für marktgängige Sauerstoffreduktionsanlagen, die auch als aktive Brandvermeidungsanlagen bezeichnet werden, wird heute (2021) in erster Linie als Inertgas Stickstoff verwendet, der auch als Bestandteil sauerstoffreduzierter Luft eingebracht werden darf (Alternativen siehe Punkt 6.7.6). Dieser bietet folgende Vorteile:

- Stickstoff ist nicht toxisch
- Stickstoff hat gegenüber allen anderen Inertgasen (mit Ausnahme von CO_2) die beste Löschwirkung
- Stickstoff verteilt sich optimal im Raum, da die Dichte ähnlich wie Luft ist (Molgewicht 28 bei Stickstoff gegenüber 29 bei Luft)
- Stickstoff ist einfach zu gewinnen.

Sauerstoffreduktionsanlagen werden eingesetzt für Räume mit wenigen Leckagen, die keine ständige Frischluftzufuhr, sondern Umluftlösungen besitzen sowie für Bereiche, die nicht ständig begangen werden müssen, z. B.

- EDV-Bereiche und Telekommunikationseinrichtungen,
- elektrische Schalt- und Verteilerräume,
- Datenarchive,
- Archive in Museen und Bibliotheken,
- stark automatisierte Fertigungsbereiche,
- Lager mit hoher Wertekonzentration oder Brandgefahr [6.236], [6.237],
- Tiefkühllager,
- Tresore und Container.

Nicht geeignet sind Sauerstoffreduktionsanlagen für Bereiche, in denen folgende Stoffe vorhanden sind:

- Chemikalien, die Sauerstoff abgeben können (z. B. Zellulosenitrat)
- Oxidationsmittel enthaltende Gemische (z. B. Natriumchlorat)
- Chemikalien, die sich selbst thermisch zersetzen können (z. B. organische Peroxide)
- reaktionsfreudige Metalle (z. B. Natrium, Kalium)

Als technische Regel für Sauerstoffreduktionsanlagen liegen DIN EN 16750 [6.239] und die Richtlinie VdS 3527 vor [6.240]. Es ist zu unterscheiden zwischen:

- Sauerstoffreduktionsanlagen
  Anlagen zur Verhinderung der Brandentstehung oder einer Brandausbreitung (vorbeugender Brandschutz)
- Inertisierungsanlagen
  Anlagen zur Verhinderung des Entstehens explosionsfähiger Atmosphären (vorbeugender Explosionsschutz)

Sauerstoffreduktions- und Inertisierungsanlagen unterscheiden sich in erster Linie hinsichtlich ihres Schutzzieles, weniger hinsichtlich der Anlagentechnik. Die Anlagen bestehen im Wesentlichen aus Inertgasbehältern und ggf. den zugehörigen Verdampfereinrichtungen, bzw. einer Inertgaserzeugungsanlage, Ventilen, Druckminderern und einem fest verlegten Rohrnetz mit Düsen sowie Einrichtungen zur Überwachung, Ansteuerung und Auslösung der Anlage. Im Folgenden werden lediglich Sauerstoffreduktionsanlagen etwas näher betrachtet.

6.11.3 Sauerstoffreduzierungsanlagen - Aufbau und Funktion

Sauerstoffreduktionsanlagen können als Permanent-Sauerstoffreduktionsanlagen oder zur Absenkung des Sauerstoffniveaus im Bedarfsfall – allerdings noch bevor ein Brandereignis sich über den Entzündungsvorgang hinaus entwickelt – ausgeführt werden (siehe hierzu z.B. bei Wagner [6.241]). Letzteres bedingt eine Brandmeldeanlage für den Schutzbereich. Diese sollte auch für Permanentanlagen eingebaut werden, da Sauerstoffreduktionsanlagen Pyrolyseprozesse oder Schwelbrände, wie sie z.B. infolge überhitzter Kabel auftreten können, nicht in jedem Fall verhindern können.

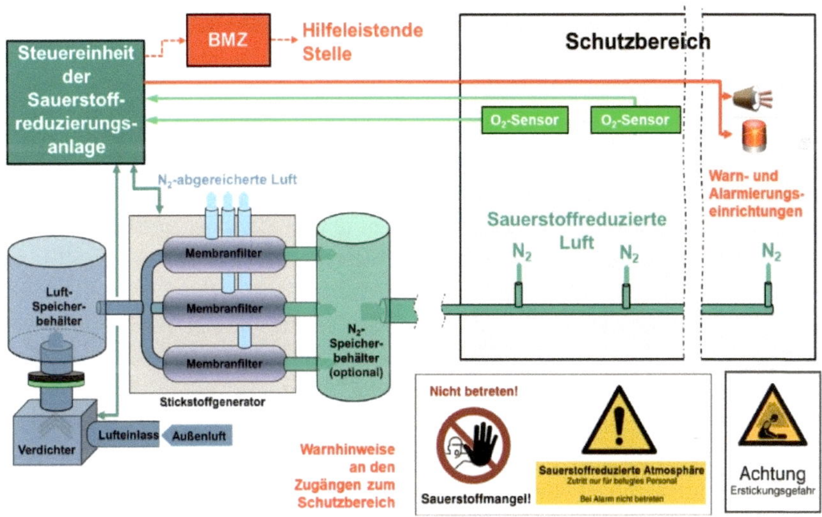

Abbildung 6-67: Beispiel für Aufbau und Funktion von Sauerstoffreduktionsanlagen mit Luftzerlegungsanlage (Stickstoffgenerator) - schematisch

Für die Wirksamkeit der Anlage müssen im Rahmen einer Risikoanalyse insbesondere folgende Parameter berücksichtigt werden:

- Art und Menge der zu schützenden Stoffe und daraus folgend die erforderliche maximale Sauerstoffkonzentration,
- Anzahl, Größe und Nutzung der zu schützenden Räume,
- Art der Inertgasversorgung,
- Notwendigkeit einer zusätzlichen Inertgasversorgung (s. w. u.),
- Alarmierungseinrichtungen für anwesende Personen und die Feuerwehr,
- bei einer Inertisierung im Bedarfsfall die maximal zulässige Zeit bis zum Erreichen der höchstzulässigen Sauerstoffkonzentration.

Ggf. sind auch Aufbau und Verpackung der Stoffe von Bedeutung, da es möglicherweise zu einem Einschluss von Sauerstoff und / oder der Verhinderung des Eindringens des Inertgases kommen könnte.

Bei der Planung von Anlagen zur Rauminertisierung sind für die Umfassungsbauteile dieselben konstruktiven Aspekte zu beachten wie bei Gaslöschanlagen (Punkt 6.7.1). Als Inertgas behandeln DIN EN 16750 und VdS 3527 nur Stickstoff. Grundsätzlich sind auch andere Inertgase (z. B. CO_2 oder Argon) geeignet. Die Auswahl des Inertgases ist unter Berücksichtigung möglicher Reaktionen mit Materialien oder Einrichtungen im Schutzbereich zu treffen (z. B. kann es bei Magnesium- oder Aluminiumstaub zu Reaktionen mit CO_2, im Einzelfall auch mit N_2 kommen [6.182]). Für andere Gase als Stickstoff ist die Eignung durch Prüfung der Entzündungsgrenze der Stoffe nachzuweisen. Nicht für Sauerstoffreduktionsanlagen zugelassen sind Wasserdampf und Aerosole (Punkt 6.8).

Sauerstoffreduktionsanlagen können ihr Schutzziel „Brandvermeidung" nur erreichen, wenn sie sicher verhindern, dass die Auslegungskonzentration des Sauerstoffes im Schutzbereich überschritten wird. Die Auslegungskonzentration ist die höchstzulässige Sauerstoffkonzentration im Schutzbereich, die sich aus der Entzündungsgrenze (Zündschwelle) des zündwilligsten Stoffes ergibt, die noch um einen Sicherheitsabstand reduziert wird. Der Sicherheitsabstand soll mindestens 0,75 % betragen (VdS 3527 fordert 1 %). Für einige Stoffe sind die Entzündungsgrenzen und Auslegungskonzentrationen in Tabelle 6-56 enthalten. Im Rahmen der Steuerung der Anlage sind auch Messunsicherheiten der O_2-Sensoren und Regelabstände zu berücksichtigen, damit die tatsächlich im Schutzbereich aufrechterhaltene maximale Sauerstoffkonzentration sicher unter der Auslegungskonzentration bleibt.

Aus der Auslegungskonzentration des Sauerstoffes nach Tabelle 6-56 kann gemäß Gleichung 6-23 die erforderliche Konzentration des Inertgases berechnet werden.

Gleichung 6-23: $c_{IG} = 100\,\% * (1 - c_{O2,ZIel} / c_{O2,Start})$

mit:

c_{IG}	=	Konzentration Inertgas	[Vol.%]
$c_{O2,Ziel}$	=	Sauerstoff-Auslegungskonzentration	[Vol.%]
$c_{O2,Start}$	=	Sauerstoff-Anfangskonzentration	[Vol.%]

Sofern das in den Schutzbereich eingespeiste Inertgas noch Reste von Sauerstoff enthalten kann, ist dieser Anteil bei der Berechnung der Konzentration des Inertgases zu berücksichtigen, entsprechende Berechnungsformeln findet man in VdS 3527.

Aus der Auslegungskonzentration wird unter Berücksichtigung der Unsicherheiten von Messeinrichtungen, der betrieblich bedingten örtlichen und zeitlichen Schwankungen des Sauerstoffgehaltes – z. B. auf Grund des Öffnens von Türen – sowie der zu erwartenden Auswirkungen von Alarmen auf den Betriebsablauf ein Sollwert für den Konzentrationsregler abgeleitet. Oberhalb dieses Sauerstoffsollwertes werden Alarmierungsschwellen für die Sauerstoffkonzentration (Voralarm, Hauptalarm) so festgelegt, dass durch geeignete Maßnahmen die Auswirkungen minimiert werden können.

Material	Entzündungsgrenze / Zündschwelle Vol.-% O_2	Auslegungskonzentration [1)] Vol.-% O_2
Kunststoffe als Verpackungsmaterial und Bestandteil von Produkten (z. B. Gehäuse)		
PE-HD (Gehäuse, Baustoff)	16,00	15,25 (15,00)
PP (Gehäuse, Baustoff)	16,00	15,25 (15,00)
PMMA	15,90	15,15 (14,90)
ABS	16,00	15,25 (15,00)
PVC (Kabel)	16,90	16,15 (15,90)
EDV Risiko	15,90	15,15 (14,90)
PE-LD (Verpackungsfolie)	15,90	15,15 (14,90)
Zellulose in Form von Verpackungsmaterial und Bestandteil von Produkten (z. B. Bücher, Akten)		
Fichtenholz / Kiefernholz (Palettenholz, unbehandelt)	17,00	16,25 (16,00)
Wellpappe, Karton palettiert (Verpackungskartonage, braun, unbehandelt, unbedruckt)	15,00	14,25 (14,00)
Papier (Schreibpapier, 80 g / m², weiß, unbehandelt)*	14,10	13,35 (13,10)
Lösemittel (Temperatur 30 °C)		
Xylol	14,70	13,95 (13,70)
Isopropanol	14,00	13,25 (13,00)
Isobutanol	14,80	14,05 (13,80)
Ethanol	12,80	12,05 (11,80)
Aceton	13,00	12,25 (12,00)
Methanol	11,00	10,25 (10,00)
n-Heptan	13,00	12,25 (12,00)
Toluol	14,00	13,25 (13,00)
1) Klammerwerte nach VdS 3527		

Tabelle 6-56: Entzündungsgrenzen einiger Stoffe für die Brandvermeidung mittels Sauerstoffreduktion (nach DIN EN 16750 und VdS 3527, Auszug)

Anlagentechnische Maßnahmen können z. B. die Inbetriebnahme weiterer Inertgasquellen (Reservebehälter, redundante Erzeugungseinrichtung), das automatische Verschließen des Schutzbereiches u. a. m. sein. Als betriebliche Maßnahme wäre z.B. das Abfahren von Maschinen, als organisatorische Maßnahme das Heranführen externer Inertgasquellen denkbar. Die Inertgasversorgung muss den maximalen Bedarf aller angeschlossenen Schutzbereiche sicherstellen. Hierzu sind alle wichtigen Anlagenparameter zu überwachen, Sollwertabweichungen müssen einer ständig besetzten Stelle gemeldet werden.

Als Inertgas-Versorgungseinrichtungen dienen wahlweise:

- stationäre oder mobile Flaschen oder Tanks mit gasförmiger Bevorratung (analog zu Permanentgas-Löschanlagen, Abbildung 6-49)
- stationäre oder mobile Flaschen oder Tanks mit flüssiger Bevorratung und Verdampfer (analog zu CO_2-Niederdruckanlagen, Abbildung 6-53)
- Inertgaserzeugungsanlagen bzw. Luftzerlegungsanlagen

Die Verfügbarkeit bzw. Betriebsbereitschaft der Versorgungseinrichtung sind zu überwachen. Die insgesamt für einen bestimmten Zeitraum erforderliche Inertgasmenge ist abzustimmen auf:

- die Absenkung des Sauerstoffgehaltes auf den erforderlichen Grenzwert (dies erfordert ggf. mehrfache Spülung des Schutzbereiches mit Inertgas)
- betriebsbedingte Abströmverluste (z.B. durch Ein- und Ausschleusen von Betriebsmitteln in den / aus dem Schutzbereich)
- die Leckrate der Umfassungsbauteile (Bestimmung z.B. mit einer Türgebläseprüfung nach VdS 2380)

Anlagentechnisch entsprechen Anlagen für dauerhafte Sauerstoffreduktion im Schutzbereich im Wesentlichen Permanentgas- bzw. CO_2-Löschanlagen (je nach Inertgas) mit längerer Flutungszeit, d.h. die Rohrleitungen und Ausströmdüsen können anders dimensioniert werden. Bei bedarfsabhängiger Inertisierung, die so schnell erfolgen muss, dass die Situation nicht außer Kontrolle gerät, muss die Sauerstoffreduzierungsanlage insgesamt ausreichend dimensioniert sein (Volumenstrom N_2 und Rohrnetz) und es sind Druckausgleichseinrichtungen vorzusehen (Punkt 6.7.1). Um eine Überdimensionierung für den Normalbetrieb zu vermeiden, kann das Gasvolumen für eine Bedarfsinertisierung auch in Druckgasflaschen bereitgestellt werden. Die Warneinrichtungen gemäß Punkt 6.7.4 sind auch für Bedarfs-Inertisierungsanlagen vorzusehen.

Eine denkbare Gefährdung ggf. im Schutzbereich anwesender Personen durch die Absenkung des Sauerstoffgehaltes ist zu beachten. DIN EN 16750 stuft daher Sauerstoffreduktionsanlagen in Abhängigkeit von der Auslegungskonzentration in Risikoklassen ein und empfiehlt entsprechend abgestufte Sicherheitsmaßnahmen, die von einer Unterweisung des Personals (O_2-Gehalt $\geq 17\,\%$) bis zur absoluten Zutrittsverhinderung (O_2-Gehalt $< 13\,\%$) reichen.

6.12 Literaturverzeichnis zu Kapitel 6

[6.1] Verordnung über Arbeitsstätten – ArbStättVO – vom 05.08.93, BGBl I 1975, 729, i. d. F. vom 22.12.2020

[6.2] DIN 2000:2017-02 Zentrale Trinkwasserversorgung – Leitsätze für Anforderungen an Trinkwasser, Planung, Bau, Betrieb und Instandhaltung der Versorgungsanlagen – Technische Regel des DVGW

[6.3] DIN 1988-600:2020-11 Technische Regeln für Trinkwasserinstallationen (TRWI); Teil 600: Trinkwasser-Installationen in Verbindung mit Feuerlösch- und Brandschutzanlagen; Technische Regel des DVGW

[6.4] DIN 14462:2012-09 Löschwassereinrichtungen: Planung, Einbau, Betrieb und Instanthaltung von Wandhydrantenanlagen und Überflur- und Unterflurhydrantenanlagen

[6.5] Büssem, R.: Anschluss von Feuerlöschanlagen an Trinkwassernetze, vfdb-Zeitschrift 1/95

[6.6] Spangardt, G.: Neue Regeln für Wandhydranten unter Berücksichtigung von DIN 1988, in s+s report 6/2003

[6.7] DIN EN 671-1:2012-07 Ortsfeste Löschanlagen – Wandhydranten Teil 1: Schlauchhaspeln mit formstabilem Schlauch

[6.8] DIN EN 671-2:2012-07 Ortsfeste Löschanlagen – Wandhydranten Teil 2: Wandhydranten mit Flachschlauch

[6.9] DIN 14461-1:2016-01 Feuerlösch-Schlauchanschlußeinrichtungen – Teil 1: Wandhydrant mit formstabilem Schlauch

[6.10] E DIN 14461-6:2016-01 Feuerlöschschlauchanschlusseinrichtungen – Teil 6: Wandhydranten mit Flachschlauch für geschultes Personal

[6.11] DIN 14461-3:2016-01 Feuerlösch-Schlauchanschlußeinrichtungen – Teil 3: Schlauchanschlussventile PN 16

[6.12] DIN EN 694:2014-10 Feuerlöschschläuche – Formstabile Schläuche für Wandhydranten

[6.13] DIN 14365-1:1991-02 Mehrzweckstrahlrohre FN 16; Maße, Werkstoffe, Ausführung, Kennzeichnung – Zurückgezogen

[6.14] Schöttner, M.-A.: Wandhydranten Typ F: Ist die Feuerwehr schneller? BrandSchutz 9/2015, S. 764 ff.

[6.15] BGV A8 Unfallverhütungsvorschrift (UVV) Sicherheits- und Gesundheitsschutzkennzeichnung am Arbeitsplatz des Hauptverbandes der gewerblichen Berufsgenossenschaften

[6.16] GLORIA-WERKE: Feuerlöscher Produktinformation D. S./ Kat.F/1/82/4

[6.17] DIN EN 2 Brandklassen

[6.18] DIN V 14406-5:2000-10 Tragbare Feuerlöscher – Teil 5: Prüfung tragbarer Feuerlöscher nach DIN EN 3 auf Eignung zum Löschen von Speiseöl- und Speisefettbränden; jetzt in DIN EN 3-7:2007-10 als Anhang

[6.19] EN 3-7:2007-10 Tragbare Feuerlöscher – Teil 7: Eigenschaften, Leistungsanforderungen und Prüfungen

[6.20] ASR 2.2: Maßnahmen gegen Brände, Mai 2018 (GMBl.) vom 18.05.2018, S. 446

[6.21] TRGS 800:2010-12 Technische Regeln für Gefahrstoffe – Brandschutzmaßnahmen

[6.22] ASR A1.3: 2017 Sicherheits- und Gesundheitsschutzkennzeichnung, GMBl 2017 S. 7

[6.23] Kortholdt, C.: Feuerlöscherspray und PM 10 am Verkehrsflughafen Frankfurt/Main: Erfahrungsbericht, Zeitschrift WFV-Info II/2016, S. 15 ff

[6.24] Brand bekämpfen, aber richtig; Zeitschrift test 01 2018, S. 66 ff.

[6.25] DIN 14406-4:2009-09 Tragbare Feuerlöscher – Teil 4: Instanthaltung

[6.26] DIN 14406-4 Beiblatt 1:2015-12 Tragbare Feuerlöscher – Teil 4: Instanthaltung; Beiblatt 1: Informationen zur Anwendung

[6.27] Richtlinie 75/324/EWG des Rates zur Angleichung der Rechtsvorschriften der Mitgliedsstaaten über Aerosolpackungen

[6.28] E DIN EN 16856:2018-01 Löschspraydosen

[6.29] DIN EN 1869:2019-10 Löschdecken

[6.30] Sprenger, G.: Wenn die Kleidung Feuer fängt – Personenbrände richtig löschen https://brandschutz.portal.bgn.de/465

[6.31] DGUV: Informationsblatt „Einsatz von Löschdecken“ Mai 2017 http://publikationen.dguv.de/dguv/pdf/10002/12561.pdf

[6.32] Deutscher Feuerwehrverband: Fachempfehlung Nr. 2 vom 15. April 2010: Maßnahmen bei Personenbränden

[6.33] vfdb TB 14-01 Brandschadenstatistik – Untersuchung der Wirksamkeit (anlagentechnischer Brandschutzmaßnahmen, 1. Auflage 2020-01

[6.34] vfdb 01/01:2008-04 Brandschutzkonzept, mit Ergänzung vfdb 01/01 S1 2012-11

[6.35] DIN 18230-1:2010-09 Baulicher Brandschutz im Industriebau – Teil 1: Rechnerisch erforderliche Feuerwiderstandsdauer

[6.36] ARGEBAU: Muster-Richtlinie über den baulichen Brandschutz im Industriebau (Muster-Industriebaurichtlinie MIndBauRL) – Fassung Juli 2014 – und Erläuterungen der ARGEBAU hierzu

[6.37] Böke, J.: Halbstationäre Löschanlagen, vfdb-Jahresfachtagung 1999, Tagungsband S 501 ff

[6.38] VdS 2395-1:2011-06 mit Korrektur VdS 2395-1 S1:2012-04 Richtlinien für halbstationäre Löschanlagen – Planung und Einbau Teil 1: Halbstationäre Sprühwasser-Löschanlagen

[6.39] bvfa: Löscherfolge von Sprinkleranlagen; heruntergeladen am 2021-02-15 von https://www.bvfa.de/33/themen/vorbildlicher-brandschutz/loescherfolge/

[6.40] Böke, J.: Anlagentechnischer Brandschutz aus Sicht der Sachversicherer, in: Brandschutz bei Sonderbauten, iBMB Braunschweig 2004, Heft 178 S. 223 ff.

[6.41] Flemming, R.P.: Automatic Sprinkler System Calculations, SFPE Handbook of Fire Protection Engineering, 5th Ed., ISBM 978-1-4939-2565-0, p. 1476

[6.42] Karlsch, D.: Großbrand bei Ford in Köln, Brand 4, ISBN 3-7287-0027-4, Weltrundschau Verlag 1983

[6.43] BVFA: Brand des Ford-Ersatzteillagers in Köln-Merkenich: Warum dämmte die Sprinkleranlage den Brand nicht ein? vfdb-Zeitschrift 2/78

[6.44] Gerling Institut für Schadensforschung und Schadensverhütung:Großbrand im zentralen Ersatzteillager der Ford-Werke AG in Köln Merkenich am 20.10.1977

[6.45] Vfdb 04-01 Leitfaden Ingenieurmethoden des Brandschutzes, 4. Auflage 2020-03

[6.46] ARGEBAU: Muster-Verordnung über den Bau und Betrieb von Verkaufsstätten (Muster Verkaufsstättenverordnung MVKVO) – 2014-07

[6.47] ARGEBAU: Muster-Verordnung über den Bau und Betrieb von Versammlungsstätten – MVStättV – 2014-02

[6.48] DIN EN 12845:2020-11 Ortsfeste Brandbekämpfungsanlagen – Automatische Sprinkleranlagen – Planung, Installation und Instandhaltung

[6.49] DIN 14489:2010-11 Sprinkleranlagen – Allgemeine Grundlagen – Anforderungen für die Anwendung von Sprinkleranlagen nach DIN EN 12845

[6.50] VdS CEA 4001:2018-01 Richtlinie für Sprinkleranlagen – Planung und Einbau

[6.51] DIN 1988-1:1988-12 Technische Regeln für Trinkwasserinstallationen (TRWI); Allgemeines; Technische Regeln des DVGW – Zurückgezogen

[6.52] Böke, J.: Neue Sprinklerrichtlinien, Stand CEA und CEN, vfdb-Jahresfachtagung 2003, Tagungsband

[6.53] DIN EN 1717:2011-08 Schutz des Trinkwassers vor Verunreinigungen in Trinkwasser-Installationen und allgemeine Anforderungen an die Sicherheitseinrichtungen zur Verhütung von Trinkwasserverunreinigung durch Rückfließen

[6.54] Bundesverband Technischer Brandschutz: Die VdS-Richtlinie CEA 4001 im Vergleich zur DIN EN 12845

[6.55] Richtlinie 97/23/EG des Europäischen Parlaments und des Rates vom 29. Mai 1997 zur Angleichung der Rechtsvorschriften der Mitgliedstaaten über Druckgeräte

[6.56] E DIN EN 13501-3:2019-08 Klassifizierung von Bauprodukten und Bauarten zu ihrem Brandverhalten – Teil 3: Klassifizierung mit den Ergebnissen aus den Feuerwiderstandsprüfungen an Bauteilen von haustechnischen Anlagen und elektrischen Kabeln

[6.57] DIN EN 12259-1:2006-03 Ortsfeste Löschanlagen: Bauteile für Sprinkler- und Sprühwasserlöschanlagen – Teil 1: Sprinkler, mit DIN EN 12259-1 Berichtigung 1:2007-01

[6.58] Klein, W.: Entwicklungsstand der Sprinkler – Ansprechverhalten und Tropfengrößen, VdS Seminar 1988

[6.59] Klein, W.: Brandversuche – Brandmodelle – Auswirkungen auf die Entwicklung der Sprinkler, VdS Köln 1999

[6.60] Puetter, C., Tegeler, L. Dornwald, G. Böke; J.: Early Suppression Fast Response Sprinkler – Möglichkeiten und Grenzen des Einsatzes, s+s Report 3/2003

[6.61] GW Sprinkler A/S: GW–S Automatic Sprinkler SSP, SSU, CUP, WUP, HSW, WHEC Heat & Electrically actuated (by Metron Actuator ®) https://www.gwsprinkler.com/products/sprinkler-heads/metron-actuated,heruntergeladen 2020-12-12

[6.62] Tyco: EAS-1 electrically Activated Sprinkler System, Broschüre, https://www.johnsoncontrols.com/-/media/jci/eas/jci_tyco_eas1_brochure_final.pdf heruntergeladen 2020-12-17

[6.63] Tanklevskiy, L. T., Tsoy, A., Snegirev, A.: Electrically controlled dynamic sprinkler activation: Computational assessment of potential efficiency, Fire Safety Journal 91 (2017) S. 614 ff.

[6.64] ISO/NP 6182-15 Fire protection -- Automatic sprinkler systems -- Part 15: Sprinklers with electrical activation and monitoring of activation https://www.iso.org/standard/71850.html https://directory.ifsecglobal.com/Gef_2016_smol-file085476.pdf

[6.65] Titus, J. J.: Hydraulics; SFPE Handbook of Fire Protection Engineering 2nd Edition, S. 4-31

[6.66] Dietrich, M. und Rassek, B. D.: Vollbrand ausgeschossen? Sonderdruck des VdS aus s+s report

[6.67] NFPA 16 Standard for the Installation of Foam-Water-Sprinkler- and Foam-Water-Spray-Systems, 2019 Edition

[6.68] Schremmer, U.: Schutz von Kulturgütern mit technischen Brandschutzanlagen, vfdb-Jahresfachtagung 2007, Tagungsband S. 614 ff

[6.69] Böke, J.: Selbsttätige Löschhilfeanlagen – Ein aktives Schutzkonzept für den Schutz kleiner und mittlerer Betriebe, vfdb-Zeitschrift 3 / 98

[6.70] DIN EN 16925:2019-03 Ortsfeste Brandbekämpfungsanlagen – Automatische Sprinkleranlagen für Wohnbereiche – Planung, Installation und Instanthaltung

[6.71] DIN 12259-14:2018-10 Ortsfeste Brandbekämpfungsanlagen – Bauteile für Sprinkler- und Sprühwasserlöschanlagen – Teil 14: Sprinkler für die Anwendung im Wohnbereich

[6.72] DIN 14494:1979-03: Sprühwasser-Löschanlagen – ortsfest mit offenen Düsen

[6.73] DIN CEN / TS 14816:2009-05 Ortsfeste Brandbekämpfungsanlagen –

[6.74] VdS 2109:2018-01 Richtlinien für Sprühwasser-Löschanlagen – Planung und Einbau Sprühwasserlöschanlagen – Planung, Einbau und Wartung,

[6.75] DIN 14495:1977-07: Berieselung von oberirdischen Behältern zur Lagerung brennbarer Flüssigkeiten im Brandfalle – Zurückgezogen

[6.76] Starke; H. und Grabski, R.: Beschreibung von feinverteiltem Wasser und dessen Löscheigenschaften, vfdb-Jahresfachtagung 1998, Tagungsband

[6.77] Böke, J., Schlosser I.: Wirksamkeit und Zuverlässigkeit von Feuerlöschanlagen – auch bei Verwendung neuer Löschtechniken? in: s+s report 4 / 2004

[6.78] Mawhinney, J. R. und Soloman, R.: Water Mist Fire Suppression Systems; Fire Protection Handbook, 18th Ed., S. 6-216

[6.79] NFPA 750 Standard on Water Mist Fire Protection Systems 2018 Edition

[6.80] E DIN EN 14972:2019-03 Ortsfeste Brandbekämpfungsanlagen – Feinsprüh-Löschanlagen – Teil 1: Planung, Einbau, Inspektion und Wartung

[6.81] VdS 3188:2015-05 Wassernebel-Sprinkleranlagen und Wassernebel-Löschanlagen (Hochdruck-Systeme) Planung und Einbau

[6.82] Vaari, J.: Large-scale fire suppression with water mist in enclosures: experiment and modeling, vfdb-Jahresfachtagung 2000, Tagungsband S. 10

[6.83] Kunkelmann, J.: Anwendungsbereiche für Wassernebel-Löschanlagen (geeignete und wirtschaftliche sinnvolle Nutzung) und erforderliche Löschwassermengen in Abhängigkeit einer ‚Brandgefahrenklasse' Forschungsbericht 143, Universität Karlsruhe 2007, http://www.ffb.uni-karlsruhe.de/392.php

[6.84] Pohl, M.: Wasser Feinsprühlöschanlagen – ein Überblick, vfdb-Jahresfachtagung 2003, Tagungsband

[6.85] Sprakel, D. K. und Kopp; R.: Hochdruckwassernebel in der praktischen Anwendung, vfdb-Jahresfachtagung 2003, Tagungsband

[6.86] Kunkelmann, J.: Einsatz von Niederdruck-Wassernebellöschanlagen in Gebäuden

[6.87] Dubay, C., Mawhinney; J.: Water Mist Technology Evolves, Fire Engineers Journal May 2000

[6.88] E DIN EN 14972-3:2019-06 Ortsfeste Brandbekämpfungsanlagen – Feinsprüh-Löschanlagen – Teil 3: Prüfprotokoll für Büros, Schulen und Hotels für automatische Düsensysteme;

[6.89] Stahl, P.: GasSpray: Ein neuer Ansatz zum Einsatz von Wassernebel im Raumschutz, Alarm – Zeitschrift der Siemens Building Technologie – Nr. 18 / 2005

[6.90] Siemens Building Technologies: GasSpray – Raumschutz mit Kühlung – Systembeschreibung, Produktinformation 07.2002

[6.91] Starke, H., Bürgel H-G.: Einsatz von Zweistoff-Löschanlagen zum Schutz von Einrichtungen, vfdb-Jahresfachtagung 2003, Tagungsband S 541 ff

[6.92] DIN EN 15004-1:2019-06 Ortsfeste Brandbekämpfungsanlagen – Löschanlagen mit gasförmigen Löschmitteln – Teil 1: Planung, Installation und Instanthaltung

[6.93] De Vries; H.: Brandbekämpfung mit Wasser und Schaum, ISBN 3-609-68740-1, ecomed-Verlag Landsberg 2000

[6.94] Schumann, U.: Die Erzeugung und Ausbringung von Löschschaum Teil 1 und Teil 2 in Feuerwehr Fachzeitschrift FFZ 8 / 2002 und 9 / 2002

[6.95] DIN EN 1568-1:2018-05 Mittelschaumkonzentrate für Anwendung auf mit Wasser nicht mischbaren Flüssigkeiten mit Berichtigung 1:2010-07

[6.96] DIN EN 1568-2: 2018-05 Leichtschaumkonzentrate für Anwendung auf mit Wasser nicht mischbaren Flüssigkeiten mit Berichtigung 1:2010-07

[6.97] DIN EN 1568-3: 2018-05 Schwerschaumkonzentrate für Anwendung auf mit Wasser nicht mischbaren Flüssigkeiten mit Berichtigung 1:2010-07

[6.98] DIN EN 1568-4:2018-05 Mittelschaumkonzentrate für Anwendung auf mit Wasser mischbaren Flüssigkeiten mit Berichtigung 1:2010-07

[6.99] Dr. Sthamer: Schaum gegen Feuer – Informationsbroschüre

[6.100] Dr. Sthamer: Produktinformations–CD, Hamburg 2033

[6.101] Leonhardt, T.: Die Krux mit dem „grünen" Schaum – Teil 1, BrandSchutz 4/2021, S. 279 ff;

[6.102] Klein, A.: Foams and Foam Proportioning, Fire & Rescue October 2003

[6.103] DIN EN 13565-2:2020-03 Ortsfeste Brandbekämpfungsanlagen – Schaumlöschanlagen – Teil 2: Planung, Einbau und Wartung

[6.104] DIN EN 13565-1:2019-07 Ortsfeste Brandbekämpfungsanlagen – Schaumlöschanlage – Teil 1: Anforderungen und Prüfungen für Bauteile

[6.105] Ramsden, N.: Das LASTFIRE Projekt – Eine Studie über die Risiken bei großen Schwimmdachtanks, vfdb-Zeitschrift 1/2000

[6.106] Jones, J. C.: Fires in Tanks of Hydrocarbons, International Firefighter 3/2007

[6.107] Brunswig, H.: Mineralöl-Tankbrände – Erlebnisse und Erfahrungen I. Teil: Das Brandverhalten von Mineralöltanks, vfdb-Zeitschrift 2/85

[6.108] Brunswig, H.: Mineralöl-Tankbrände – Erlebnisse und Erfahrungen; I. Teil: Das Löschen von Tankbränden, vfdb-Zeitschrift 3/88

[6.109] Pais, P. R.: Neapel: Brand im Agip-Tanklager, in: 112 Magazin der Feuerwehr 1985

[6.110] Falkenheiner, K.-H.: Mannheim: Explosion eines Tankschiffes und Lagertanks, in: BrandSchutz Deutsche Feuerwehrzeitung 4/1988

[6.111] Glor, R.-L.: Großbrand in Mineralöl-Raffinerie: 10. Alarm, in: BrandSchutz Deutsche Feuerwehrzeitung 11/1989

[6.112] Lavergne, E.: Guatemala Storage Tank Fire, in: International Fire Fighter, 2nd Issue 2004

[6.113] Buncefield Major Incident Investigation Board: Final Report Volume 1 through 2b, Richmond Surrey 2008

[6.114] Wormald Fire Systems: Aircraft Hangar Protection, Beitrag auf CD-ROM: Waterbased Systems

[6.115] Minimax GmbH: Schaum/Wasser-Werfer, Firmenbroschüre S 40

[6.116] VdS 3884:2020-06 Planung und Einbau von Löschmonitorsystemen in der Entsorgungswirtschaft

[6.117] Rosenbauer: Prospekt Werferlöschanlagen I0750 / Werferlöschanlagen_DE_2019_08_155 194

[6.118] Scheffey, J. L.: Foam Extinguishing Agents and Systems, Fire Protection Handbook, 18th Ed., S. 6-349

[6.119] Scheffey, J. L.: Foam Agents and AFFF System Design Considerations, SFPE Handbook of Fire Protection Engineering 5th Edition, S. 1646

[6.120] Bahadori, H. R.: Foam System Calculations, SFPE Handbook of Fire Protection Engineering 5th Edition, S. 1707

[6.121] NFPA 11: Standard for Low-, Medium- and High-Expansion Foam 2016 Edition

[6.122] Kidde Fire Fighting: National Foam Engineering Manual 02 / 2001, http://www. kidde-fire.com / utcfs / ws-465 / Assets / Foam%20Engineering%20Manual.pdf

[6.123] Albert, U.: Norm für Schaumlöschanlagen (Ersatz der DIN 14493), vfdb-Jahresfachtagung 1999, Saarbrücken, Tagungsband

[6.124] Smoke-Foam (Heißschaum) Löschanlage http://www.brandschutz-knopf.de/loeschverfahren/smoke-foam-heissschaum/

[6.125] Heißschaum-Löschanlage für Lagerbereiche mit hohem Brandpotential http://www.Sicherheitsmelder.de/xhtml/articleview.jsf?id=E1CAE2CAB274.htm

[6.126] Leedy, J. M.: Testing Fire Fighting Foam used in Marine Applications, International Fire Fighter, 3 / 2007 S 49 ff

[6.127] Koppe, J.: Brandschutzkonzept mit ortsfesten Löschanlagen für ein Großtanklager, BrandSchutz 1 / 2010

[6.128] Fireflex: Integrated Compressed Air Foam Systems for Fixed Piping Network; Firmenbroschüre Mai 2007

[6.129] DIN 14430:2008-12 Feuerwehrwesen – Druckzumischanlagen und Druckluftschaumanlagen

[6.130] OneSeven: Firmenbroschüre 2010-05-25-DE-OS-Stationär

[6.131] Brauer, H.: Grundlagen der Einphasen- und Mehrphasenströmung, Frankfurt / M. 1971

[6.132] OneSeven: Unterschied zwischen OneSeven und CAFS, Firmenschrift Luckenwalde 2010

[6.133] Quenneville, R.: The Emergence of CAF Fixed Pipe Fire Supression Systems www.FS-World.com

[6.134] Kim, A., et. Al.: A Comparison of the Fire Suppression Performance of Compressed Air Foam and Foam Water Sprinkler Systems for Class B Hazards, Forschungsbericht IRC-RR-146 National Research Council Canada, Januar 2004

[6.135] Crampton, G.; Kim, A.: A Comparison of the Fire Suppression Performance of Compressed Air Foam and Foam Water Sprinkler Systems on Free-Flowing Heptane Spill Fires, Forschungsbericht IRC-RR-174 National Research Council Canada, September 2004
[6.136] Szöcs, I.: Patent 8 109 341- Method and high-capacity apparatus for producing fire fighting foam and foam expanding spreading device; https://patents.justia.com/patent/8109341
[6.137] Szöcs, I.: Patent WO2 015 181 617A1 – Automatic fire extinguishing system and method for at least one large storage tank containing a flammable liquid; https://patents.google.com/patent/WO2015181617A1/en
[6.138] Wedler, G.: Lehrbuch der physikalischen Chemie, ISBN 3-527-29 481-3, 4. Auflage WILEY-VCH, Weinheim 1997
[6.139] Becke, C.: Die Kohlensäure im Wasser – Chemie und Wasseraufbereitung – Grundlagen zum Verständnis des Systems, ISBN 978-3-7345-6745-2, tredition GmbH, Hamburg, 2016
[6.140] Swiss Fire Protection R &D AG: private Kommunikation, überlassene Daten u. A.: ENRg-Consultants Report on Instant-Foam Testing based on the LASTFIRE Test Protocol, P18 005, January 2019
[6.141] Swiss Fire Protection R&D AG: Pi Foam System – Executive Summary- https://vimeo.com/263745508
[6.142] LASTFIRE FIRE TEST SPECIFICATION REVISION D MAY 2015, http://www. lastfire.org.uk / uploads / LFTestSpecRevD-APR2015.pdf, heruntergel. 2021-01-31
[6.143] Pi Foam System – Extinguishing Fires Under π Minutes – 6 reasons to install the Pi Foam System; https://pifoam.ch/
[6.144] TÜV Süd: Dokument BN 13 838-I13 708 584: Gutachterliche Stellungnahme zum Löschsystem FoamFatale bzgl. DIN 13565, Teil 2; München 2010-09-22
[6.145] Lovas, L.: Patent WO2 019 008 417 (A1) — 2019-01-10 Installed Fire Extinguishing Equipment With Extinguishing-Launching Part-Unit
[6.146] DIN 14497:2011-12 Kleinlöschanlagen – Anforderungen Prüfung
[6.147] DIN 18869-6:2005-03 Einrichtungen zur Be- und Entlüftung von gewerbsmäßigen Küchen – Teil 6: Einbau und Betrieb von stationären Feuerlöschanlagen; und Berichtigung 1:2006-05
[6.148] Flame Guard BV: Prevents a flame from becoming a fire, Datenbroschüre Fat Protector und Jet Protector, www.flameguard.nl
[6.149] Rempe, A. und Rodewald, G.: Brandlehre (ISBN 3-17-008 381-3) 1985
[6.150] DIN EN 12416-2:2007-09 Ortsfeste Brandbekämpfungsanlagen – Pulverlöschanlagen – Teil 2: Planung, Einbau und Wartung

[6.151] ISO 14 520-1:2015-12 Feuerlöschanlagen mit gasförmigen Löschmitteln, Physikalische Eigenschaften und Systemauslegung

[6.152] VdS 2093:2017-08: Richtlinien fürCO_2-Feuerlöschanlagen – Planung und Einbau

[6.153] Richtlinie über brandschutztechnische Anforderungen an Lüftungsanlagen (LüAR) nach Landesrecht, z. B. in Niedersachsen veröffentlicht als: Bek. d. MS v. 19. 7. 2006-505-24 125 / 3-1.0.2

[6.154] VdS 2380:2016-06: Feuerlöschanlagen mit nicht verflüssigten Inertgasen – Planung und Einbau

[6.155] VdS 2381:2016-06: Feuerlöschanlagen mit halogenierten Kohlenwasserstoffen – Planung und Einbau

[6.156] Schlosser, I.: Bauliche Anforderungen und typische Planungsfehler bei Gaslöschanlagen, vfdb-Jahresfachtagung 2003, Tagungsband

[6.157] Schlosser, I.: Anforderungen an die Raumumfassung bei Gaslöschanlagen, s+s report 4 / 2002

[6.158] Schlosser, I.: Zu dicht ist auch nicht gut, BS Gebäudetechnischer Brandschutz 2 / 2008, S. 38 ff

[6.159] Kidde-Deugra CO_2-Feuerlöschanlagen – Firmenbroschüre

[6.160] Stahl, P.: Neue Entwicklungen auf dem Gebiet der chemisch wirkenden Löschgase, in s+s report 1 / 2004

[6.161] DIN EN ISO 5923:2012-12 Ausrüstung für Brandschutz und Brandbekämpfung -Löschmittel Kohlendioxid (ISO 5923:2012)

[6.162] VdS 3518:2006-07 Richtlinien für Feuerlöschanlagen Sicherheit und Gesundheitsschutz beim Einsatz von Feuerlöschanlagen mit Löschgasen

[6.163] DIN EN 12094 Teile 1 bis 16, Ortsfeste Brandbekämpfungsanlagen – Bauteile für Löschanlagen mit gasförmigen Löschmitteln

[6.164] NFPA 12: Standard on Carbon Dioxide Extinguishing Systems 2018 Edition

[6.165] Wysocki, T. J.: Carbon Dioxide and Application Systems, Fire Protection Handbook, 18th Ed., S. 6-331

[6.166] Verordnung EG 2037 / 2000 des Europäischen Parlamentes und des Rates von 29. 07. 2000 über Stoffe, die zum Abbau der Ozonschicht führen, AEG L 244 / 1

[6.167] Pleß, G. und Seliger, U.: Substitution bestimmter umweltschädlicher Feuerlöschmittel in ausgewählten Anwendungsgebieten, Bericht Nr. 417 des IdF im Auftrag des Umweltbundesamtes, Heyrothsberge 06 / 2003

[6.168] NFPA 2001: Standard on Clean Agent Fire Extinguishing Systems, 2018 Edition

[6.169] Minimax-Firmenbroschüre CS 20: Argon-Feuerlöschanlagen

[6.170] Total Walther GmbH: Firmenbroschüre zu INERGEN-Löschanlagen

[6.171] Macron Safety Systems: Firmenbroschüre Hygood i2 Inert Gas Fire Protection

[6.172] Siebert, M., Unterhitzenberger, F.: Stickstoff – eine Alternative zu Wasser und Schaum – Schutz eines Gefahrstofflagers durch eine Inertgas Löschanlage, BrandSchutz 10/2004 S 688 ff

[6.173] Fromader, C.: Brennt Getreidesilo: Inertisierung mit Stickstoff, BrandSchutz 10/2004, S. 714

[6.174] DuPont-Firmenbroschüre: Fire Extinguishants und DuPont-Datenblätter zu den Löschmitteln

[6.175] Robin, M. L.: DuPont White Paper: The Role of Hydrofluorocarbons in Global Fire Protection

[6.176] Sampson, W. P.; Robbins, S. M.; Ewing, M. E.: Extinguishing Mechanism for Solid Propellant Based Gas Generator Fire Suppression Systems http://www.nfpa.org/assets/files//PDF/Proceedings/SUPDET11SampsonRobbinsAbstract.pdf

[6.177] Richardson, A.: N2 Explosion and Fire Suppression Systems, http://www.n2towers.com/pdf2010/N2_FS_World_article_Sept_2010.pdf

[6.178] Gryzll, L. R.< Meyer, J. A.: Development of a Solid-Solid Hybrid Gas Generator Fire Suppression System, http://fire.nist.gov/bfrlpubs/fire05/PDF/f05060.pdf

[6.179] Kidde-Deugra Brandschutzsysteme GmbH: Firmenbroschüre KD-200 Aktive Löschtechnik

[6.180] Claus, P.: VdS-Zulassung für Brandschutzsysteme mit dem Löschmittel Novec 1230, s+s report 3/2004

[6.181] TORNADO STRICKS GMBH: Firmenbroschüre Trigon®300

[6.182] Rothstein, R.: Kleinlöschanlagen für Werkzeugmaschinen, in bvfa Sonderheft „Stationäre Löschanlagen“

[6.183] CEA 4007:2019-03 CO_2-Systems – Planning and Installation VdS 2454:2013-07 Richtlinien für Gaslöschanlagen – Systeme Anforderungen und Prüfmethoden

[6.184] CEA 4008:2019-03 Feuerlöschanlagen mit nichtverflüssigten Inertgasen – Richtlinien für Feuerlöschanlagen – Planung und Einbau

[6.185] Loud Sound From Fire Alarm System Shuts Down Nasdaq's Scandinavian Data Center; https://www.bleepingcomputer.com/news/technology/loud-sound-from- fire-alarm-system-shuts-down-nasdaqs-scandinavian-data-center/

[6.186] Fachforum Sicherheitstechnik: Lärm; https://sicherheitstechnik-profiforum.de/archive/index.php?thread-3969.html

[6.187] VdS 2381: 2016-06 Feuerlöschanlagen mit halogenisierten Kohlenwasserstoffen – Planung und Einbau
[6.188] tab Fachmedium der TGA Branche 11 / 2010: Schalldämpfer für Löschanlagen in IT- und Rechenzentren https://www.tab.de/artikel/tab_Schalldaempfer_fuer_ Loeschanlagen_in_IT-_und_Rechenzentren_1 154 244.html
[6.189] Wagner Austria GmbH: 81-82 Wagner FirExting Silent verhindert Festplattenschäden
[6.190] Siemens Schweiz AG: Schalldämpfer gegen Datenverlust https://www.siemens.ch/solutions/article/241
[6.191] CEA 4045:2019-03 Fire Extinguishing Systems using Halocarbon Gases – Guidelines for Fire Extinguishing Systems – Planning and Installation
[6.192] ISO 6183:2009-06 mit ISO 6183 AMD 2:2019-12 Brandschutzeinrichtungen – CO_2-Löschanlagen in Räumen – Planung und Einbau
[6.193] Berezovky, J.: Pyrogen – Firmenpräsentation der Pyrogen Ltd. in: Fire International 1999
[6.194] Schadenprisma 4 / 99: Aerosol-Feuerlöschanlagen
[6.195] Neutz, J. et al: Fire Extinguishing Gas Production by Gasgenerators, www.safetynet.de Feuer.Win\Vpep99.Doc. 1
[6.196] Ansul Incorporated: Micro-K Fire Suppression System, Systems Data Sheet
[6.197] Spectrex Incorporated: Spectrex Halon Alternative Fire Extinguishing (SFE); http://www.spectrex-inc.com/halon/halon.htm
[6.198] Dynamit Nobel Defence GmbH: Firmenbroschüre Dynameco Aerosol Fire Extinguishing Generators
[6.199] Stat-X Aerosol Fire Suppression Systems (Introduction), Firmenbroschüre Fireaway LLC
[6.200] DIN EN 15276-1:2019-06: Ortsfeste Brandbekämpfungsanlagen – Löschanlagen für kondensierte Aerosole – Teil 1: Anforderungen und Prüfverfahren für Bauteile
[6.201] DIN EN 15276-2:2019-06: Ortsfeste Brandbekämpfungsanlagen – Löschanlagen für kondensierte Aerosole – Teil 2: Planung, Installation und Instanthaltung
[6.202] Ansul Twin-Agent Systems, Firmenbroschüre http://www.ansul.com/en/products/lrg_handline/lrg_hline_twin_agent.asp
[6.203] NFPA 770 Standard on Hybrid (Water and Inert Gas) Fire-Extinguishing Systems, 2021 Ed.

[6.204] FM Approvals LLC.: Approval Standard for Hybrid (Water and Inert Gas) Fire Extinguishing Systems Class Number 5580, November 2009

[6.205] Forssell, E. W.; Scheffey, J. L.; DiNenno, P. J.; Back, G. G.; Farley, J. P.; Williams, F. W.: False Deck Development Testing Hybrid Nitrogen – Water Mist Fire Suppression Systems, Naval Research Laboratory, Washington DC

[6.206] Starke, H.; Bürgel H.-G.: Einsatz von Zweistoff-Löschanlagen zum Schutz von Einrichtungen, vfdb-Jahresfachtagung 1999, Tagungsband S. 541 ff, Saarbrücken 1999

[6.207] Siemens AG: Sinorix H2O Jet – flexibel, effizient und umweltfreundlich, Herstellerbroschüre

[6.208] Knopf, G.: Das NHO-Feuerlöschsystem im Steckbrief, in: FeuerTrutz-Magazin 3 / 2019

[6.209] Siemens AG: Sinorix H2O Gas – anwendungsgerecht, effizient und zuverlässig, Herstellerbroschüre

[6.210] Reilly, W.: Dual Agent Extinguishing System: Victaulic Vortex, April 2008, VP-04 Rev. A, www.victaulic.com

[6.211] Victaulic Vortex Brandbekämpfungssystem, Firmenbroschüre, http://www.victaulic.com/Docs/lit/PB-389-GER.pdf

[6.212] Ingenieurbüro für anlagentechnischen Brandschutz, Dipl.-Wirt.-Ing. (FH) Günter Knopf, Video: NHO Löschanlage EDV Raum_75, https://www.brandschutz-knopf.de/loeschverfahren/nho-loeschanlage/ und Präsentation: Das NHO-Löschverfahren

[6.213] Piranha Restaurant Fire Suppression Systems, Data /Specifications, Form No. F-9788-5 2008, www.Ansul.com

[6.214] PRX Liquid Fire Suppressant Agent – Form No. F-97147-2 2005, www.Ansul.com

[6.215] Dual Stage Suppression (DDS) System, USA Pro Safecraft™ Firmenbroschüre, http://www.usaprosafecraft.com

[6.216] CeaseFire CFF Product, Firmenbroschüre, http://www.kbspassivefire.com/documents/cease-fire/CF-CFFBrochure.pdf

[6.217] A Modern Approach to Fire Suppression http://www.ceasefire.com/fire-suppression/a-modern-approach-to-fire-suppression/

[6.218] Quick Fire Suppression Technology / Firefoe http://www.quick-fire.com/products-01.asp

[6.219] FireFoe Manual, http://www.sea-fire.com/SF/ProductsSeaFire/PreEngineered/ FireFoe / MSDS / Fire%20Foe%20Manual%20text.pdf

[6.220] Kujau, P.: Moderne Funkenlöschanlagen – wirkungsvoll und zuverlässig, s+s report 2 / 2002

[6.221] VdS-Richtlinie 2106:2012-12 'Richtlinien für Funkenerkennungs-, Funkenausscheidungs- und Funkenlöschanlagen

[6.222] Minimax: Firmenbroschüre F 52 Funkenlöschanlagen

[6.223] Glor, M.: Staubexplosionen: Gefahren und Schutzmaßnahmen, s+s report 2/20002

[6.224] Vogel, M.: Explosionsunterdrückung und explosionstechnische Entkopplung, in s+s report 6/1999

[6.225] Post, R.: Explosionsunterdrückung an Zerstäubungstrocknern, in GIT Sicherheit + Management 8/200

[6.226] Schremmer, U.: Neuentwicklungen auf dem Gebiet der Brand- und Explosionsunterdrückung, s+s report 3/2000

[6.227] DIN EN ISO 19353:2016-07 Sicherheit von Maschinen – Vorbeugender und Abwehrender Brandschutz

[6.228] DIN EN ISO 12100:2011-03 Sicherheit von Maschinen – Allgemeine Gestaltungsleitsätze – Risikobeurteilung und Risikominderung

[6.229] Total-Walter GmbH: Brand- und Explosionsschutz an Werkzeugmaschinen, GIT Sicherheit + Management 3/2001

[6.230] Schilloks, O.: Lebensmittelindustrie: Hohe Risiken, wenig Vorsorge, in FeuerTrutz Magazin Spezial 2018

[6.231] prEN 17446:2019 Brandbekämpfungsanlagen für Großküchen – Planung und Prüfanfordergungen

[6.232] 3M: Geräte integrierter Brandschutz, Produktbroschüre https://www.3mdeutschland.de heruntergeladen 2020-12-25

[6.233] ELECTRONIC DIRECT GmbH: JOB E-BULB™, Produktbroschüre F

[6.234] Uplegger, A.: Brände im Keim ersticken, in GIT Sicherheit + Management 4/99

[6.235] Baumjohann, S., Meinberger, A.: Brandvermeidung durch Sauerstoffreduzierung, vfdb-Zeitschrift 4/2007

[6.236] Donislreiter, H. und Kainz, C.: Realisiertes Brandschutzkonzept im Lagerbereich – Brandvermeidung in einem Hochregallager für Gefahrstoffe, vfdb-Jahresfachtagung 2002, Tagungsband

[6.237] Donislreiter, H., Picher, J. Kaiz; C.: Aktive Brandvermeidung in einem Hochregallager, GIT Sicherheit + Management 3/2002

[6.238] Minimax Brandschutz und Sicherheitstechnik – Permatec-Produktinformation

[6.239] E DIN EN 16750:2017 Ortsfeste Löschanlagen – Sauerstoffreduzierungsanlagen – Konstruktion, Einbau, Planung und Instanthaltung und E DIN EN 16750:2017/prA1:2019

[6.240] VdS 3527:2015-05 Sauerstoffreduzierungsanlagen – Planung und Einbau

[6.241] Wagner.: Ständig unter Strom und bestens geschützt, in: Wagner Impulse | 2 / 2018, heruntergeladen im Juni 2021 von https://www.wagnergroup.com/fileadmin/user_upload/documents/WAGNER_impulse/2018-2-WAGNER_Impulse-DE.pdf

7 Anlagen zur Rauch- und Wärmefreihaltung

7.1 Aufgabenstellung

Anlagen zur Rauch- und Wärmefreihaltung haben entweder die Hauptaufgabe

- im Brandfall durch Abführen von Rauch und Wärme aus dem Brandraum einen abschwächenden Einfluss auf den Brandverlauf vom Entstehungsbrand über den fortentwickelten Brand zum Vollbrand zu nehmen:
  Rauch und Wärmeabzugsanlagen – RWA
  oder
- das Eindringen von Rauch in bauliche Rettungswege zu verhindern und eingedrungenen Rauch auszuspülen:
  Rauchschutz-Druckanlagen – RDA.

Der Entstehungsbrand ist dadurch gekennzeichnet, dass die Temperaturen im Raum auch oberhalb der Brandausbruchstelle 200 °C noch nicht überschritten haben (vergl. Abbildung 1-1). Beim fortentwickelten Brand wird in der unmittelbaren Umgebung des Brandes diese Temperatur überschritten. Temperaturen von ca. 300 °C bis 450 °C führen zur Pyrolyse brennbarer Stoffe in der Umgebung des Brandherdes und damit zum Freiwerden brennbarer Gase, im Wesentlichen CO. Diese Gase sammeln sich im Raum an.

Wird im weiteren Brandverlauf eine Temperatur von ca. 550 °C nicht nur an der Brandstelle, sondern in einem größeren Bereich des Raumes (in der Regel unterhalb der Decke) überschritten, kommt es – sofern genügend Luftsauerstoff zur Verfügung steht – zum Feuerübersprung (Flashover; siehe auch Südmersen [7.1]). Dabei erfolgt eine schlagartige Zündung der Schwelgase, so dass es zu einer sehr rasch ablaufenden Brandausbreitung kommt.

Rauch- und Wärmeabzugsanlagen beeinflussen bei ventilationsgesteuerten Bränden den Brandverlauf positiv hinsichtlich des Angriffes der Feuerwehr, der Personenrettung und des Schutzes der baulichen Anlage, indem sie die Wärmefreisetzungsrate und die mittlere Temperatur der Heißgasschicht absenken. Durch ihre Funktion tragen sie zum Erreichen der folgenden Schutzziele bei:

- die Rettungs- und Angriffswege soweit rauchfrei zu halten, dass die Benutzbarkeit auch für ungeschützte Personen erhalten bleibt (zur Wirkung von Brandrauch auf den Menschen vergl. Punkt 1.3.3),

- die Brandbekämpfung durch Schaffung einer rauchfreien Schicht zu erleichtern, so dass es der Feuerwehr möglich wird, den Brandherd zügig zu erreichen,
- den Flashover und den Vollbrand zu verzögern bzw. zu vermeiden,
- Einrichtungen zu schützen,
- Brandfolgeschäden durch Brandgase und thermische Zersetzungsprodukte herabzusetzen und im Idealfall zu vermeiden,
- die thermische Beanspruchung der Bauteile durch Abzug der Brandwärme zu vermindern.

Anmerkung: Baurechtlich müssen Gebäude so erstellt, unterhalten und betrieben werden, dass die Rettung von Personen und wirksame Löschmaßnahmen möglich sind. Grundlagen der bauordnungsrechtlichen Anforderungen zur Rettung von Personen aus Standardbauten sind

- die innere Abschottung der Gebäude,
- die Führung, Bemessung und bauliche Ausbildung der Rettungswege,
- betriebliche / organisatorische und ggf. anlagentechnische Maßnahmen einschließlich der Alarmierung.

Sind diese grundlegenden Anforderungen eingehalten (d.h. im Normalfall), ist bauordnungsrechtlich eine Rauchableitung nur zur Unterstützung der Brandbekämpfung durch die Feuerwehr vorgesehen. Dass bauordnungsrechtlich in bestimmten Fällen Öffnungen zur Rauchableitung oder Rauchabzugsanlagen verlangt werden, trägt der Erfahrung Rechnung, dass diese – selbst wenn dafür keine quantifizierte Entrauchungswirkung vorgegeben ist – die Feuerwehr bei ihrer Arbeit unterstützen.

RWA nutzen wo immer möglich den thermischen Auftrieb der Brandgase und werden dann als Natürliche Rauchabzugsanlagen – NRA – bezeichnet. Sofern der Einsatz von Rauchabzügen aufgrund der Gebäudegeometrie (untere Geschosse mehrgeschossiger Gebäude) nicht möglich ist, können Maschinelle Rauchabzüge (MRA) oder Druckimpulslüftungsanlagen eingesetzt werden, die durch Zwangslüftung mittels Ventilatoren den Rauchabzug durchführen.

Die Bedeutung von Rauchschutz-Druckanlagen für die Rauchfreihaltung der Rettungswege und der Angriffswege der Feuerwehr wird klar, wenn man die bei Verbrennung von Stoffen entstehenden Rauchmengen (Abbildung 7-1) in Beziehung zu üblichen Raumgrößen setzt. So wird beim Brand eines im Treppenraum eines sechsgeschossigen Wohnhauses (16 m², 21 m hoch, 336 m³ Rauminhalt) abgestellten Kinderwagens, bei dem nur 1 kg Schaumstoff verbrennt, ohne Rauchabzug der Treppenraum mehrfach vollständig verraucht. Eine 5 m hohe Lagerhalle von 20 m x 40 m Größe (Rauminhalt 4000 m³) wird bei Verbrennung einer einzigen Holzpalette (Masse ca. 10 kg) vollständig verrauchen (siehe auch bei Steinert [7.2]).

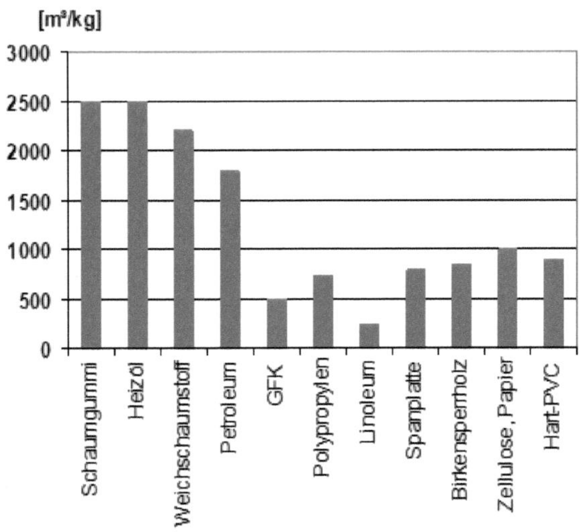

Abbildung 7-1: Rauch- und Brandgasvolumina bei der Verbrennung von jeweils 1 kg Material

Aber auch bei Büronutzungen ist mit erheblicher Rauchentwicklung zu rechnen. So wird ein relativ großer Büroraum (50 m², 3 m hoch) beim Brand eines üblichen Bürostuhls (Rauchproduktion bis 1,5 m³/s; VDMA [7.3]) in nur etwa 100 Sekunden vollständig verrauchen. Beim (ungehinderten) Brand von Computern, Druckern etc. dauert dieser Vorgang etwa 3 bis 5 Minuten (siehe auch bei Detzer et al. [7.4]).

Rauchschutz-Druckanlagen erzeugen ein gerichtetes Druckgefälle zur Rauchfreihaltung von Rettungswegen.

7.2 Technische Regeln für Anlagen zur Rauch- und Wärmefreihaltung

Anlagen zur Rauch- und Wärmefreihaltung ist der Oberbegriff für eine Reihe von technischen Realisierungen dieser Anlagen gemäß Abbildung 7-2. Die für Rauch- und Wärmeabzugsanlagen – RWA – mit der hauptsächlichen Zielrichtung der Rauchkontrolle anzuwendenden technischen Regeln DIN 18232-2 [7.5] und DIN 18232-5 [7.6] sind Bemessungsnormen und werden im Folgenden schwerpunktmäßig dargestellt.

Für RWA mit der hauptsächlichen Zielrichtung der Wärmeabführung enthält die DIN 18230-1 Baulicher Brandschutz im Industriebau [7.7] Planungsgrundlagen und Bemessungsvorschriften.

Rauchschutz-Druckanlagen werden unter Punkt 7.12 behandelt.

Technische Regeln für Anlagen zur Rauch- und Wärmefreihaltung		
Benennung	**Titel**	**Stand**
DIN 18232-1	Rauch- und Wärmefreihaltung Teil 1: Begriffe und Anwendungen	2002-02
DIN 18232-2	Rauch- und Wärmefreihaltung Teil 2: Natürliche Rauchabzüge (NRA) – Bemessungen, Anforderungen und Einbau	2007-11
DIN 18232-5	Rauch- und Wärmeableitung – Teil 5: Maschinelle Rauchabzugsanlagen (MRA) – Anforderungen, Bemessungen	2012-11
DIN 18232-7	Rauch- und Wärmeableitung – Teil 7: Wärmeabzüge aus schmelzbaren Stoffen – Bewertungsverfahren und Einbau	2008-02
VdS CEA 4020	VdS CEA Richtlinien für Planung und Einbau von Rauch- und Wärmeabzugsanlagen (RWA) – Natürliche Rauch- und Wärmeabzugsanlagen (NRA) Planung und Einbau	2009-10
DIN EN 12101-1	Rauch- und Wärmefreihaltung Teil 1: Bestimmungen für Rauchschürzen – Anforderungen und Prüfverfahren	2006-06
DIN EN 12101-2	Rauch- und Wärmefreihaltung Teil 2: Festlegungen für natürliche Rauch- und Wärmeabzugsgeräte	2014-09
DIN EN 12101-3	Rauch- und Wärmefreihaltung – Teil 3: Bestimmung für maschinelle Rauch- und Wärmeabzugsgeräte	2015-12
DIN EN 12101-6	Rauch- und Wärmefreihaltung – Teil 6: Differenzdrucksysteme – Bausätze	2005-09
DIN EN 12101-7	Rauch- und Wärmefreihaltung – Teil 7: Entrauchungsleitungen	2011-08
DIN EN 12101-8	Rauch- und Wärmefreihaltung – Teil 8: Entrauchungsklappen	2011-08
E DIN EN 12101-9	Rauch- und Wärmefreihaltung – Teil 9: Steuerungstafeln und Notenergieversorgung	2004-12
DIN EN 12101-10 + Berichtigung 1	Rauch- und Wärmefreihaltung – Teil 10: Energieversorgung	2006-01 2009-07
E DIN EN 12101-13	Rauch- und Wärmefreihaltung – Teil 13: Differenzdrucksysteme – Rauchschutz-Druckanlagen (RDA) – Planung, Bemessung, Einbau, Abnahmeprüfung, Funktions-Tests, Betrieb und Instandhaltung	2020-08

Tabelle 7-1: Technische Regeln für Anlagen zur Rauch- und Wärmefreihaltung

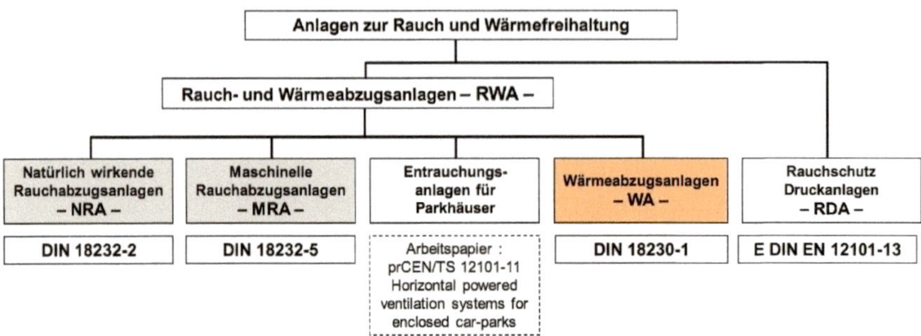

Abbildung 7-2: Anlagen zur Rauch- und Wärmefreihaltung

Die Normenreihe DIN EN 12101 beschränkt sich im Wesentlichen auf die Komponenten von RWA (Produktnormen), und enthält nur in DIN EN 12101-13 ausführliche Hinweise zur Bemessung von Differenzdrucksystemen zur Rauch- und Wärmefreihaltung. Bei der Planung von RWA ist zu beachten, dass zum Erreichen einer Rabattierungsfähigkeit der Brandversicherungsprämien zusätzlich zu den Normen die Vorschriften der VdS Schadensverhütung (VdS bzw. VdS CEA) zu beachten sind, die in erster Linie den Sachschutz in den Vordergrund stellen.

7.3 Wirkung von Rauch- und Wärmeabzugsanlagen

7.3.1 Physikalische Grundlagen und Einflussgrößen

Physikalische Grundlage für die Wirkung von Rauch- und Wärmeabzugsanlagen, die auf dem natürlichen Auftrieb der heißen Brandgase beruhen – Natürliche Rauchabzugsanlagen: NRA –, ist die Tatsache, dass die aufgrund der gegenüber Luft geringeren Dichte aufsteigenden Heißgase unter der Raumdecke eine Rauchschicht bilden. Diese Rauchschicht wird vom Brand über den Rauchpilz, den so genannten „Plume", mit Rauchgas angereichert. Beim Aufsteigen des Rauches wird über die Oberfläche des Plumes kalte Umgebungsluft eingemischt. Der Auftriebsdruck der Heißgase ist größer als der Luftdruck außerhalb des Gebäudes, so dass sie durch Öffnungen nach oben ausströmen können (Differenzdruckförderung der Rauchgase).

Ziel der NRA ist, durch geeignet bemessene Abzugsöffnungen die Rauchschicht (quasi-)stabil zu halten, d.h., nach einer kurzen Anlaufphase, mindestens so viel Rauch und Wärme aus der Schicht abströmen zu lassen, wie durch den Brand nachgeliefert wird. Bei Maschinellen Rauchabzugsanlagen wird mit Hilfe von Ventilatoren die Rauchschicht für eine gewisse Zeit stabil gehalten.

Die zu Grunde liegende Theorie teilt den Brandraum in zwei Zonen ein (Zonenmodell, siehe auch bei Heins [7.8]):

- die obere Schicht heißer Rauchgase
- die untere Schicht relativ kühler Luft

Beide Schichten stehen über den Plume in Verbindung und tauschen miteinander, dem Plume und – wenn die Natürlichen Rauch- und Wärmeabzüge geöffnet bzw. die Maschinellen Rauch- und Wärmeabzüge (Punkt 7.8) in Betrieb sind – mit der Umgebung Masse und Energie aus (Abbildung 7-3). Durch Aufstellung und Lösung der Austauschgleichungen für Masse und Energie können die Bedingungen für eine stabile Schichtung ermittelt werden (Wärmebilanzrechnung, siehe hierzu z. B. im Leitfaden Ingenieurmethoden [7.9] oder in VDI 6019 [7.10], [7.11]). Eine Zusammenstellung der allgemeinen wissenschaftlichen Grundlagen für Rauch- und Wärmeabzug findet man bei Ostertag et al. [7.12].

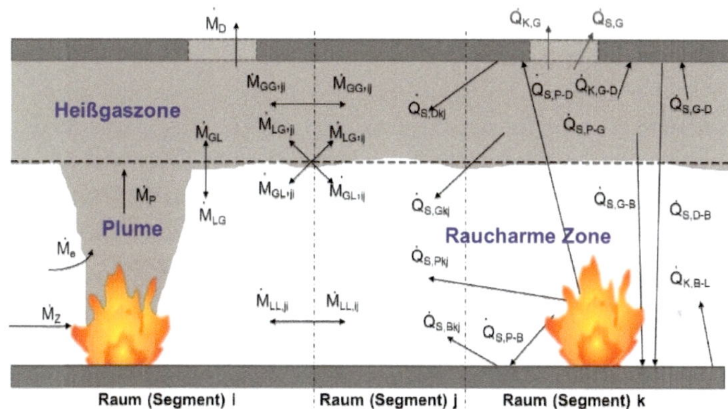

Abbildung 7-3: Grundlegende Austauschbeziehungen von Zonenmodellen links für Masse, rechts für Energie (nach Heins [7.8]; nicht alle Anteile haben den gleichen Einfluss)

7.3.2 Plumemodelle

Für die Bemessung von NRA sind die Massenströme im Plume von entscheidender Bedeutung. In der Literatur sind eine ganze Reihe von Plumemodellen veröffentlicht, die in relativ weiten Grenzen streuende Massenströme ergeben (u. a. Brein [7.13], Thomas et al. [7.14], Zukosky [7.15]). Zu beachten ist dabei, dass für alle Modelle die jeweiligen Gültigkeitsgrenzen der Formeln, insbesondere hinsichtlich der relativen Abmessungen des Raumes und des Brandes einzuhalten sind.

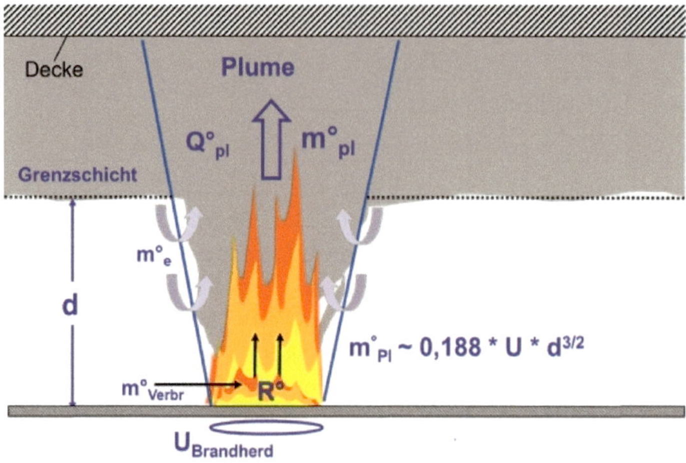

Abbildung 7-4: Plumemodell nach Thomas und Hinkley
$m°_e$ = eingemischter Raumluftstrom [kg / s]
$m°_{Pl}$ = Massenstrom im Plume [kg / s]

Das Plumemodell von Thomas und Hinkley [7.14] gilt in großen Räumen, wenn die Flammenspitzen in die Rauchschicht hineinreichen. Diese Verhältnisse sind für die meisten NRA zugrunde zu legen. Der vom Plume in die Rauchgasschicht hineingetragene Massenstrom ergibt sich aus der Masse des verbrannten Brandgutes zuzüglich der im unteren Teil des Plumes eingemischten kalten Außenluft (Abbildung 7-4).

Der Massenstrom im wandfernen Plume in großen Räumen nach Thomas und Hinkley m_{PL}^{T+H} wird nach folgender Formel berechnet:

Gleichung 7-1: $\dot{m}_{PL}^{T+H} + \dot{R} = 0{,}188 * d^{3/2} * U$ [kg / s]

mit:	$\dot{R}$	=	Abrandrate	[kg / s]
	m_{PL}	=	Massenstrom des Plumes	[kg / s]
	U	=	$(4 * A_{Br} * \Pi)^{1/2}$	
		=	Umfang der Brandfläche	[m]
	d	=	Höhe der raucharmen Schicht	[m]
und:	A_{Br}	=	Brandfläche	[m²]

Anmerkung: Als große Räume gelten Räume mit $L > 5 * D_f$
mit L größere Seitenlänge des Raumes [m]
D_f = Durchmesser des Feuers [m] mit der Fläche A_{Br} [m^2]

Es ist zulässig in Gleichung 7-1 die Abbrandrate R gegenüber der in den Plume eingemischten Umgebungsluft zu vernachlässigen. Der Stoffumsatz ist mit nur 1 % bis 2,5 % des Massenstroms im Plume deutlich kleiner ist als die Masse der eingemischten Frischluft (Ostertag et. al.[7.12]).

Bei hohen Räumen und / oder kleinen Brandflächen erreichen die Flammenspitzen häufig nicht die Rauchgasschicht. Für diese Randbedingungen ist das Plumemodell von Zukoski besser anwendbar [7.15], das von einem Plume mit virtuellem punktförmigem Ursprung ausgeht.

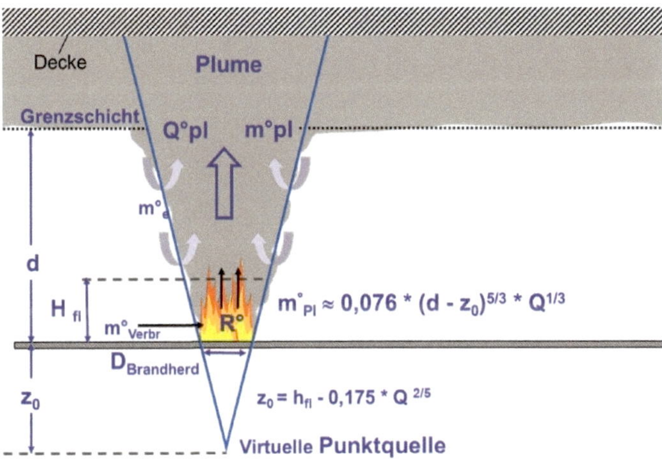

Abbildung 7-5: Plumemodell nach Zukoski
$m°_e$ = eingemischter Raumluftstrom [kg / s]
$m°_{Pl}$ = Massenstrom im Plume [kg / s]

Der Massenstrom im wandfernen Plume nach Zukoski m_{PL}^{Z} wird nach folgender Gleichung berechnet:

Gleichung 7-2:	$\dot{m}_{PL}^{Z} + \dot{R} = 0{,}076 * (d - z_0)^{5/3} * Q^{1/3}$			[kg/s]
mit:	Q	=	$(1 - f_{r,pl}) * \dot{A}_{Br} * h''_c$	[kW]
	$\dot{m}_{PL}$	=	Massenstrom des Plumes	[kg/s]
	$\dot{R}$	=	Abrandrate	[kg/s]
	d	=	Höhe der raucharmen Schicht	[m]
	z_0	=	$h_{fl} - 0{,}175 * Q^{2/5}$	[m]
			= Lage des virtuellen Plumeursprunges	
und:	h_{fl}	=	$42 * D * [(1-f_{r,pl}) * h''_c / H_{ui,eff} * \rho_0 * (g * \dot{D})^{1/2}]^{0,61}$	
		=	Flammenhöhe nach Thomas [7.14]	[m]
	Q	=	konvektiver Anteil der Brandleistung	[kW]
	D	=	Durchmesser der Brandfläche	[m]
	ρ_0	=	Dichte der Umgebungsluft (1,2045)	[kg/m³]
	g	=	Erdbeschleunigung (9,81)	[m/s²]
	$H_{ui,eff}$	=	unterer effektiver Heizwert von Holz (15 000)	[kJ/kg]
	$\dot{h}''_c$	=	spezifische Brandleistung	[kW/m²]
	$f_{r,pl}$	=	anteiliger Strahlungsverlust im Plume	[-]

Das oben zur Vernachlässigung der Abbrandrate $\dot{R}$ ausgeführte gilt analog.

In den Abbildungen 7-3 bis 7-5, den Gleichungen 7-1 und 7-2 und in den im Folgenden dargestellten Technischen Regeln ist unterstellt, dass sich der Brand auf der Bodenebene des Brandraumes befindet. Etwas allgemeiner können die Gleichungen 7-1 und 7-2 mit der so genannten effektiven Aufstiegshöhe der Brandgase Y_{eff} anstelle der Höhe der raucharmen Schicht geschrieben werden. Dabei ist Y_{eff} der Abstand der Flammenwurzel von der Unterkante der Rauchschicht (siehe hierzu z. B. in VDI 6019 [7.10], [7.11] und Abbildung 7-11).

7.4 Wirksamkeit und Zuverlässigkeit von RWA

Die vfdb-Brandschadensstatistik [7.16] verfügt bislang nur über relativ wenige Daten zur Wirkung von RWA auf Brände (2020: 38). Daher sind die Ergebnisse statistisch nicht sehr belastbar. Dennoch zeigen die folgenden Aussagen bereits mehr als nur einen starken Trend auf, der einen positiven Einfluss auf die Wirksamkeit abwehrender Brandschutzmaßnahmen belegt:

- Das Schadensausmaß bei Bränden mit ordnungsgemäß arbeitenden RWA betrug stets weniger als 100 000 €, in 78 % der Fälle weniger als 10 000 €. Dies obwohl RWA i. A. in Gebäuden mit hohem Schadenspotential eingebaut werden.
- Der Brand beschränkt sich in 67 % der Fälle auf einen Gegenstand.
- In 45 % der erfassten Fälle wurde kein Löschwasser mehr eingesetzt (Brände ohne RWA: 29 %). Tendenziell wird insgesamt weniger Löschwasser eingesetzt, da die Feuerwehr den Brandherd auf Grund der guten Sichtverhältnisse schnell erreichen kann und der Brand dann noch relativ klein ist.
- Die Ausbreitung von Rauch in Treppenräume wurde in 29 % der Fälle dokumentiert, gegenüber nur 6 % bei Bränden ohne RWA. Dies liegt vermutlich an der Tatsache, dass baurechtliche Rauchabzugsöffnungen im Treppenraum anzuordnen sind; dies beeinflusst die Strömungsverhältnisse im Gebäude

Zur Zuverlässigkeit von RWA liegen nur zu natürlich wirkenden Rauchabzugsgeräten Daten vor (NRWG, siehe Punkt 7.5). Auf der Grundlage mehrerer hunderttausend geprüfter Anlagen, die nach den jeweils geltenden technischen Regeln geplant, errichtet und gewartet wurden, konstatiert der FVLR für 98,98 % der NRWG die Funktionstüchtigkeit ([7.9] und dort zitierte FVLR-Quelle).

Abbildung 7-6: Verschiedene aktivierte Rauch- und Wärmeabzüge (Fotos: links und rechts oben: www.fvlr.de; rechts unten: Jet Velux Comercial)

7.5 Natürliche Rauch- und Wärmeabzugsanlagen (NRA)

7.5.1 Einflussgrößen

Die Bemessung von Rauchabzugsanlagen nach DIN 18232 erfolgt mit dem Ziel, durch den Rauchabzug im Deckenbereich am Boden des Brandraumes eine ausreichend hohe raucharme Schicht zu erzeugen. Die dazu erforderlichen aerodynamischen Öffnungsflächen A_W sind abhängig von

- der Nutzung des Gebäudes (rechnerische Brandfläche),
- der Deckenhöhe (h),
- der geforderten Höhe der raucharmen Schicht (d),
- der erwarteten Brandentwicklungsdauer (t) und
- der Energiefreisetzung (Q), die eine Funktion der Brandlast und Brandausbreitungsgeschwindigkeit ist.

7.5.2 Bemessungsgrundlagen für NRA in DIN 18232-2

Die Norm DIN 18232-2 [7.16] gilt für die Bemessung und den Einbau von Natürlichen Rauchabzugsanlagen – NRA – für Räume mit vertikaler Rauchableitung durch thermischen Auftrieb über Dach für eingeschossige Gebäude und das oberste Geschoß mehrgeschossiger Gebäude. Sie gibt informative Hinweise für die Bemessung und den Einbau von NRA für Räume mit Rauchableitung über Außenwände. Die DIN 18232-2 gilt für Räume, die mindestens 1600 m² groß sind, d. h. in erster Linie für hallenartige Bauwerke der Industrie, des Gewerbes und der Logistik.

Die Ermittlung der in DIN 18232-2 angegebenen Rauchabzugsflächen erfolgte für die verschiedenen Brandszenarien mit einem vereinfachten Zonenmodell, bei dem angenommen wurde, dass die untere raucharme Schicht nicht erwärmt wird (d. h. die Energieströme $Q_{S,G}$, $Q_{S,P}$, $Q_{S,B}$ und $Q_{K;B-L}$ in Abbildung 7-3 wurden unberücksichtigt gelassen).

In diesem vereinfachten Modell wurden für die Rauchgasschicht ferner die Massen- und die Energiebilanz für den stationären Fall mit Berücksichtigung

- der Erwärmung der eingetragenen Umgebungsluft
- des Wärmeabflusses durch die über die NRA abgeführten Rauchgase
- der Wärmemenge zur Erwärmung der Bauteile in der Rauchgasschicht

gelöst. Die Erwärmung der umgebenden Bauteile wurde nur für die erforderlichen Öffnungsflächen, nicht aber für die Rauchgastemperatur berücksichtigt. Dennoch liegen die mit diesem Verfahren ermittelten Rauchgastemperaturen i. A. auf der sicheren Seite (weitere Informationen zu den physikalischen Grundlagen die der DIN 18232-2 zu Grunde liegen findet man bei Schneider et.al. [7.17] sowie bei Ostertag et al. [7.18]).

Da in der Norm nur der stationäre Zustand zu Grunde gelegt wird, bleibt der Zeitpunkt der Öffnung der NRA unberücksichtigt. Im Realfall ist daher nicht vollständig ausgeschlossen, dass es vor Öffnung der NRA auch im raucharmen Bereich zu einer Verrauchung kommen kann. Zur Absicherung von Rettungswegen ist es daher erforderlich, die Rauchabzugsöffnungen sehr frühzeitig, d. h. also durch Ansteuerung über automatische Rauchmelder sicherzustellen.

Die Wirkung von NRA ist in gewissem Umfang auch von der Raumgröße abhängig. Insbesondere in kleinen oder kompliziert geformten bzw. unterteilten Räumen können lokale Einflüsse die Rauchgasführung beeinflussen. Auch für lange schmale Räume (Flure, Tunnel) ist das Berechnungsverfahren der DIN 18232-2 nicht geeignet. Für Räume, die kleiner als ca. 200 m² sind und/oder deren geringste Abmessung wesentlich unter 10 m liegt, sollten NRA daher mit anderen Verfahren – z. B. Brandsimulationsrechnungen, die Wandeinflüsse berücksichtigen (u. a. VDI 6019 [7.10], [7.11]) – bemessen werden.

7.5.3 NRA für Dachflächen - Bemessung nach DIN 18232-2

Zur Darstellung des nicht immer einfachen Bemessungsprozesses von NRA nach DIN 18232-2 wurde das Ablaufschema in Abbildung 7-7 entwickelt. Die einzelnen Schritte zur Bestimmung der zum Erreichen des in Punkt 7.1 dargestellten Schutzzieles erforderlichen Rauchabzugsflächen werden im Folgenden erläutert.

Anmerkung: Die Bemessung von NRA für Sonderbauten auf bauordnungsrechtlicher Grundlage wird unter Punkt 7.5.5 behandelt.

7.5.3.1 Brandumfang

Die Brandrauchproduktion von Schadenfeuern ist abhängig vom Stoffumsatz [kg / s], d. h. von der pro Zeit- und Flächeneinheit verbrannten Masse des Brandgutes. Der Stoffumsatz selbst ist eine Funktion der spezifischen Verbrennungsgeschwindigkeit [kg/ (m^2 s)] (vergl. auch Anhang 1) und der Brandfläche. Letztere ist abhängig von der Brandausbreitungsgeschwindigkeit (siehe Tabelle 7-2) und der erwarteten Brandentwicklungsdauer. Im Verfahren nach DIN 18232-2 wird unterstellt, dass sich der Brand nach Eingreifen der Feuerwehr nicht mehr ausbreitet und die RWA für die dann erreichte (rechnerische) Brandfläche ausgelegt. Der rechnerischen Brandfläche entspricht im Bemessungsverfahren nach DIN 18232-2 eine Bemessungsgruppe.

7.5.3.2 Erwartete Brandentwicklungsdauer

Die erwartete Brandentwicklungsdauer nach DIN 18232-2 umfasst die Zeit von der Brandentstehung bis zum Beginn der Brandbekämpfung. Dabei sind die auf der übernächsten Seite aufgeführten Zeiten als Hilfsgrößen für die Bemessung anzusetzen.

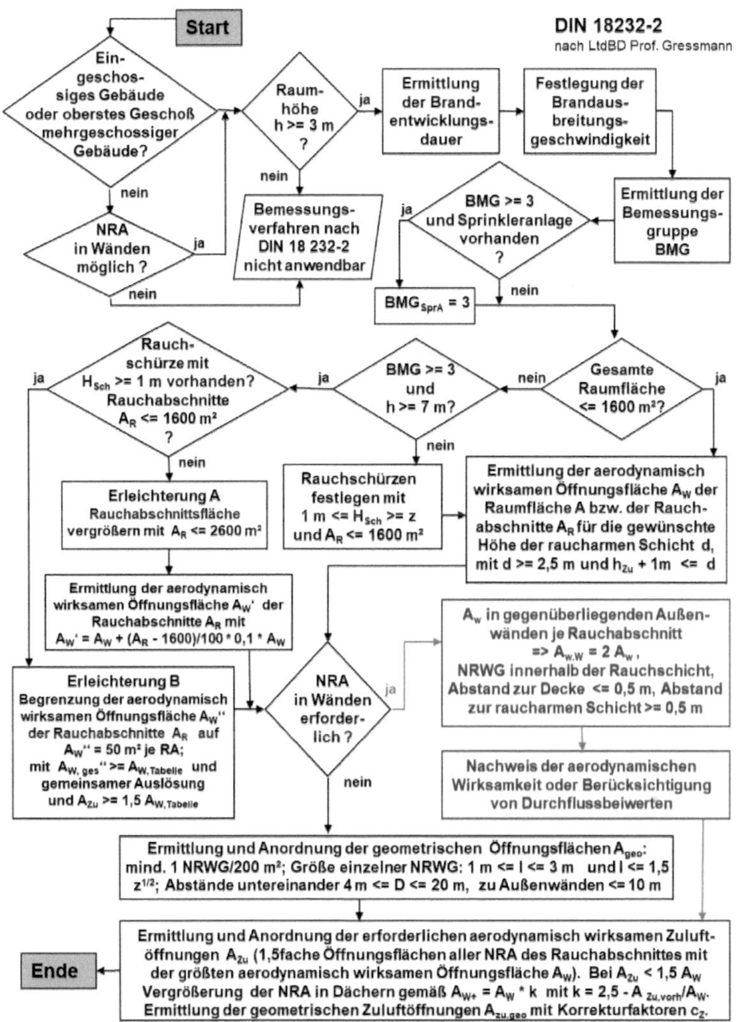

Abbildung 7-7: Bemessung von Rauchabzügen nach DIN 18232-2 – Schema
NRA: Natürlich wirkende Rauch- und Wärmeabzugsanlage
NRWG: Natürlich wirkendes Rauch- und Wärmeabzugsgerät

Brandentdeckungs- und Meldezeit:

- 10 Minuten im Normalfall
- 5 Minuten wenn die NRA mittels automatischer Rauchmelder nach DIN EN 54-7 [7.19] auslöst werden
- 0 Minuten bei Vorhandensein einer Brandmeldeanlage mit automatischen Rauchmeldern

Anmerkung: Naturgemäß sind die im Normalfall anzusetzenden 10 Minuten Brandentdeckungszeit nicht wissenschaftlich begründbar. Nach Meinung vieler Feuerwehren dürfte die im Normalfall tatsächlich vergehende Zeit deutlich höher sein.

Eingreifzeit der Feuerwehr:

- 5 Minuten bei günstigen Verhältnissen (z. B. bei anerkannter Werkfeuerwehr)
- 10 Minuten im Normalfall (d. h. bei Berufsfeuerwehr, Betriebsfeuerwehr mit ständiger Einsatzbereitschaft)
- 15 Minuten bei ungünstigen Verhältnissen (z. B. Freiwilliger Feuerwehr mit hauptamtlichen Kräften, Betriebsfeuerwehr ohne ständige Einsatzbereitschaft)
- 20 Minuten bei besonders ungünstigen Verhältnissen (sonstigen Feuerwehren)

Brandentwicklungsdauer

Die Summe aus Brandentdeckungs- und Meldezeit sowie Eingreifzeit (vergl. Abbildung 2-3) ergibt die erwartete Brandentwicklungsdauer, die somit mindestens 5 Minuten beträgt.

7.5.3.3 Rechnerische Brandfläche und Bemessungsgruppe

Die rechnerische Brandfläche ergibt sich aus der Brandausbreitungsgeschwindigkeit und der erwarteten Brandentwicklungsdauer. Der rechnerischen Brandfläche entspricht eine Bemessungsgruppe gemäß Tabelle 7-2.

Bei unterschiedlichen Nutzungen in einzelnen Rauchabschnitten innerhalb eines Raumes und unterschiedlichen Brandausbreitungsgeschwindigkeiten ist für die Bemessung aller NRA grundsätzlich die höchste Brandausbreitungsgeschwindigkeit zu wählen.

	Anzusetzende Brandentwicklungsdauer	**Bemessungsgruppe bei einer Brandausbreitungsgeschwindigkeit**		
Spalte	1	2	3	4
Zeile	Minuten	besonders gering	mittel [1) 3)]	besonders groß
		0,15 m / min	0,25 m / min	0,45 m / min
1	≤ 5	**1**	**2**	**3**
2	≤ 10 [3)]	**2**	**3**	**4**
3	≤ 15	**3**	**4**	**5**
4	≤ 20 [1)]	**4**	**5**	**5** [2)]
5	›20	**5**	**5** [2)]	**5** [2)]
1) Durchschnittswerte für NRA ohne besonderen Nachweis; bei der Verwendung dieser Durchschnittswerte ergibt sich hierbei die Bemessungsgruppe 5 2) In diesen Fällen sind die Schutzziele dieser Norm allein durch NRA nicht erreichbar, Es sind weitere Maßnahmen zur Erreichung der Schutzziele erforderlich. 3) Durchschnittswerte für MRA ohne besonderen Nachweis. Ergibt die Bemessung der Brandentwicklungsdauer und Brandausbreitungsgeschwindigkeit die Zeile 5 oder Zeile 4 Spalte 4 ist die Bemessung von MRA nach DIN 18232 nicht möglich.				

Tabelle 7-2: Brandentwicklungsdauer und Bemessungsgruppen BMG nach DIN 18232-2

Ist eine automatische Sprinkleranlage installiert, darf auch für errechnete Bemessungsgruppen > 3 ohne weiteren Nachweis die Bemessungsgruppe 3 angesetzt werden. Das Vorhandensein einer Sprinkleranlage wird daher im weiteren Verfahren mit geringeren Öffnungsflächen der NRA ‚belohnt', da davon auszugehen ist, dass der Brandumfang und damit die Rauchproduktion durch die automatische Löschanlage begrenzt werden.

Die den Bemessungsgruppen nach Tabelle 7-3 zu Grunde liegende Brandfläche ergibt sich aufgrund der folgenden Festlegungen für die Norm DIN 18232-2:

- für die Bemessungsgruppe 1 (BMG 1) wird eine Brandfläche von 5 m^2 angenommen; diese Brandfläche verdoppelt sich für jede weitere Bemessungsgruppe
- die spezifische Brandleistung h''_c beträgt stets 300 kW / m^2 (dies ist die für NRA kritische geringe Brandleistung von Feststoffen wie Holz, Holzwerkstoffe, Bücher etc.)
- die Strahlungsverluste aus dem Plume $f_{r,pl}$ wurde mit 20 % der Brandleistung angenommen
- die Bauteile im Bereich der Rauchgasschicht absorbieren 40 % der Brandleistung konvektiv oder durch Strahlung
- das Zuluft-Abluft-Verhältnis beträgt stets 1,5:1

Aus den obigen Randbedingungen ergeben sich die in Tabelle 7-3 dargestellten Bemessungsbrände, die in den zugrundeliegenden Brandsimulationsrechnungen zu den erforderlichen Öffnungsflächen dieser Norm führen.

Parameter	**Einheit**	**Bemessungsgruppe**				
		1	**2**	**3**	**4**	**5**
Fläche	m²	5	10	20	40	80
Seitenlänge	m	2,236	3,162	4,472	6,325	8,944
Durchmesser	m	2,523	3,568	5,046	7,136	10,093
Umfang	m	7,927	11,210	15,853	22,420	31,707
Brandleistung	kW	1.500	3.000	6.000	12.000	24.000
konvektiver Anteil	kW	1.050	2.100	4.200	8.400	16.800

Tabelle 7-3: Bemessungsbrände in DIN 18232-2 (Hinweis: Informativ, zur Anwendung der Norm werden diese Werte nicht benötigt.)

7.5.3.4 Raumhöhe und Höhe der raucharmen Schicht

Als Höhe des zu schützenden Raumes gilt seine lichte Höhe, bei geneigten Dächern die mittlere lichte Höhe (rechnerische Innenhöhe) jeweils vom Fußboden bis zur Unterkante Dach (Abbildung 7-8, nach VS CEA 4020 [7.20]). Rauchoffene Decken mit mindestens 50 % freiem gleichmäßig verteiltem Flächenanteil, wie z. B. Gitterrostböden, gelten nicht als Decken im Sinne der DIN 18232-2.

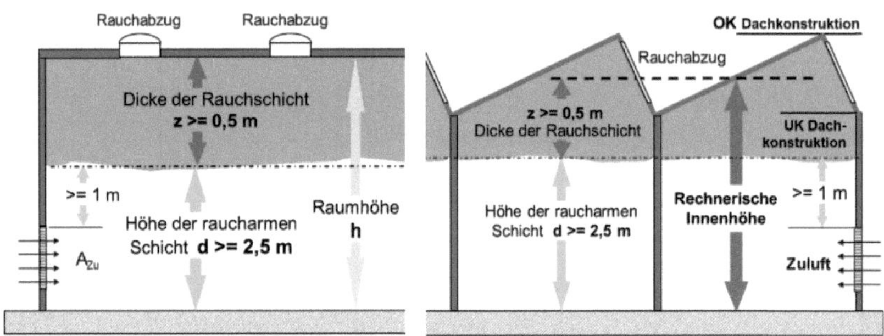

Abbildung 7-8: Geometrie und Rechengrößen nach DIN 18232-2

Die der DIN 18232-2 zu Grunde liegende Sicherheitsphilosophie geht davon aus, dass die anzustrebende Höhe d der raucharmen Schicht bei mindestens 2,5 m liegen muss um eine sichere Benutzung der Rettungswege durch Jedermann zu ermöglichen (vergl. hierzu auch die Wirkungen von Rauch auf den Menschen in Kapitel 1). Soweit es die Nutzung erfordert, sollen bei der Bemessung auch höhere Werte für d zugrunde gelegt werden. Verlaufen z. B. Teile der Rettungswege in einer Höhe H über dem Fußboden des Raumes, so muss die Höhe der raucharmen Schicht mindestens H + 2,5 m betragen (Abbildung 7-9). Auch der erforderliche Mindestabstand der Zuluftöffnungen zur Rauchschichtuntergrenze ist bei der Festlegung der Höhe der raucharmen Schicht zu beachten (siehe Abbildung 7-15).

Die Temperatur der Rauchschicht darf dabei maximal 200 °C betragen. Sofern die Höhe der raucharmen Schicht oberhalb der höchsten Rettungswege mehr als 2,5 m beträgt, können auch höhere Temperaturen akzeptiert werden (zur Bedeutung des so genannten „Temperaturkriteriums“ der Brandgasschicht über Rettungswegen siehe z. B. in [7.5], [7.9], [7.10] oder [7.11] und der dort angegebenen weiterführenden Literatur).

Die Dicke der Rauchschicht z soll in der Regel mindestens 1 m betragen. Nur bei Raumhöhen unter 3,5 m sind im Einzelfall geringere Rauchschichtdicken akzeptierbar, die Rauchschichtdicke z muss jedoch mindestens 0,5 m betragen. Bei kleineren Rauchschichtdicken besteht die Gefahr, dass raucharme Luft die Schicht durchstößt und ebenfalls abgeführt wird (Hinkley [7.21], Spratt et al. [7.22]). Damit wäre die vorgesehene Abzugsleistung für Rauch nicht mehr zu erreichen. Auf die Verknüpfung der Rauchschichtdicke mit der Vorgabe für die maximal zulässige Abmessung einzelner NRA-Geräte nach Punkt 7.5.3.6 wird hingewiesen.

Bei der Bemessung der NRA nach DIN 18232-2 wird vorausgesetzt, dass die zu entrauchenden Dachflächen entweder weniger als 1600 m² groß sind oder durch Rauchschürzen (Punkt 7.6) in entsprechend maximal 1 600 m² große Rauchabschnittsflächen A_R unterteilt wird (Abweichungen: Punkt 7.5.3.5). Der Abstand von Rauchschürzen untereinander und zu Außenwänden darf 60 m nicht überschreiten.

Rauchschürzen müssen mindestens 1 m hoch sein. Ist die raucharme Schicht d <= 4 m, muss die Rauchschürze mindestens 0,5 m in diese hineinragen. Bei d > 4 m muss die Höhe der Rauchschürze mindestens der Rauchschichthöhe z entsprechen (Abbildung 7-8). Näheres zur Aufgabenstellung und den grundsätzlichen Anforderungen an Rauchschürzen enthält Punkt 7.6.

7.5.3.5 Aerodynamisch wirksame Öffnungsfläche der NRA

Da die Rauchentwicklung eines Feuers im Anwendungsbereich der DIN 18232-2 nicht von der Größe der Rauchabschnittsfläche abhängt (das Feuer kennt die Größe des Raumes in dem es brennt nicht, siehe aber Punkt 7.5.3.1), legt DIN 18232-2 für jeden Rauchabschnitt eine Mindestfläche für die notwendigen Rauchabzüge fest. Sie ist in jedem Rauchabschnitt (dessen Größe zwischen

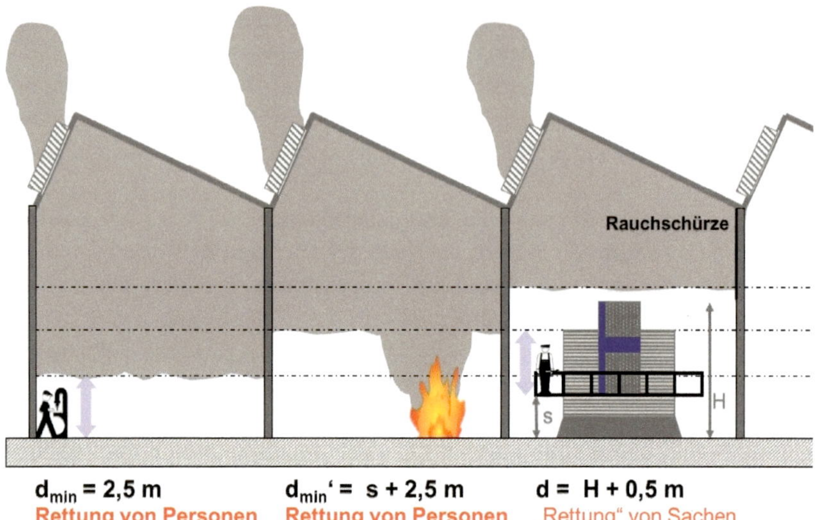

Abbildung 7-9: Raumhöhe, erforderliche Höhe der raucharmen Schicht, Rauchschürzen und die Wirkung von NRA (nach [7.16])

200 m² und 1600 m² liegen darf) vorzusehen. Die erforderlichen wirksamen Öffnungsflächen sind Tabelle 7-4 und Anhang 5 zu entnehmen.

Für die Ermittlung der Werte der Tabelle 7-4 wurde je nach Raumhöhe und gewünschter Höhe der raucharmen Schicht mit der Plumeformel nach Thomas und Hinkley bzw. Zukoski gerechnet. Da die beiden Plumemodelle nicht kompatibel sind, wurde in einem kleinen Übergangsbereich zwischen den Ergebnissen der beiden Formeln interpoliert. Der Verlauf der Werte der aerodynamisch wirksamen Öffnungsflächen für verschiedene Parameter ist in Abbildung 7-10 exemplarisch dargestellt.

Anmerkung 1: VdS CEA 4020 [7.20] geht bei der Festlegung der Brandentwicklungsdauer etwas anders vor (Einstufung nach Brandrisiko) und enthält ferner einen Ansatz zur Berücksichtigung der Rauchabschnittsgröße. Die erforderlichen A_W-Flächen werden dann als Prozentsätze der Rauchabschnittsflächen (mit einigen zusätzlich zu berücksichtigenden Randbedingungen) angegeben. Die Differenzierung der Raumhöhen und Rauchschichtdicke ist weniger ausgeprägt als in DIN 18232-2. Die letztlich ermittelten aerodynamisch wirksamen RWA-Flächen nach VdS CEA sind in der gleichen Größenordnung wie jene nach DIN 18232-2, liegen jedoch generell etwas höher.

Anmerkung 2: Die in Tabelle 3 der DIN 18232-2 berechneten Werte gelten für Brände bei denen die Höhe der raucharmen Schicht d gleich der effektiven Aufstiegshöhe Y_{eff} der Rauchgase ist (dies wird im Allgemeinen der Fall sein, vergl. Punkt 7.3.2).
Sofern aber $2{,}5\,m \leq Y_{eff} \neq d$ gilt, können die Werte der Tabelle 3 der DIN 18232-2 dennoch für die Ermittlung der erforderlichen aerodynamischen Öffnungsflächen der NRA verwendet werden, wenn zunächst $Y_{eff} = d_{Tabelle}$ angenommen wird, und danach die tatsächliche Höhe der raucharmen Schicht gemäß Abbildung 7-11 berechnet wird.

Abbildung 7-10:

Einige Abhängigkeiten der aerodynamischen Öffnungsfläche nach DIN 18232-2:2007:

$A_W(h)$ für konstante Rauchschichtdicke z = 1 m

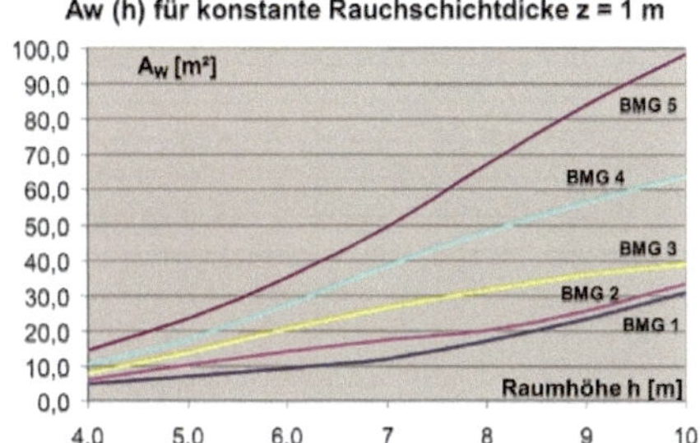

A_W(BMG) für konstante h und d

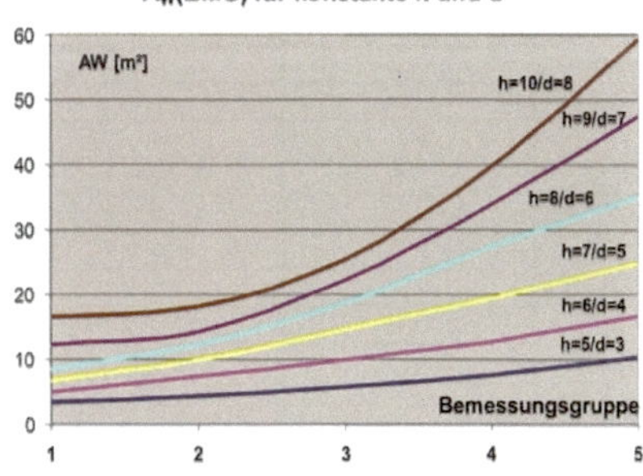

$A_W(h)$ für konstante raucharme Schicht d = 3 m

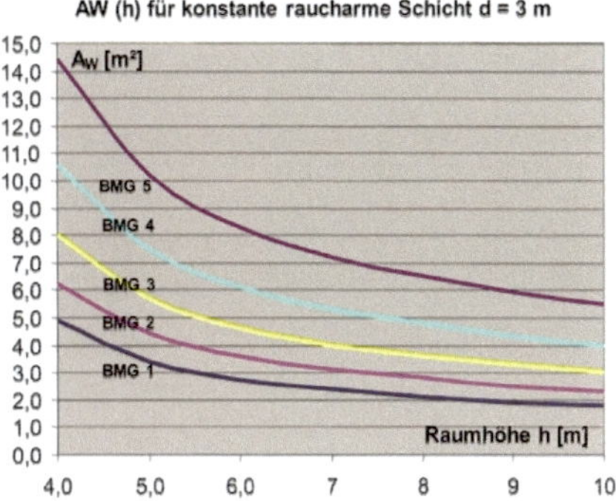

Raumhöhe [a]	Höhe der Rauchschicht	Höhe der raucharmen Schicht [a]	Bemessungsgruppe				
h [m]	z [m]	d [m]	1	2	3	4	5
3,0	0,5	2,5	4,8	6,2	8,2	11,0	15,4
4,0	1,5	2,5	2,8	3,6	4,7	6,4	8,9
	1,0	3,0	4,9	6,2	8,0	10,6	14,4
5,0	2,0	3,0	3,4	4,4	5,7	7,5	10,2
	1,0	4,0	7,1	10,3	13,8	17,7	23,4
6,0	3,0	3,0	2,7	3,6	4,6	6,1	8,3
	2,0	4,0	5,0	7,3	9,8	12,6	16,5
	1,0	5,0	9,3	14,1	20,5	27,2	35,0
7	4,0	3,0	2,4	3,1	4,0	5,3	7,2
	3,0	4,0	4,1	6,0	8,0	10,2	13,5
	2,0	5,0	6,6	9,9	14,5	19,2	24,7
	1,0	6,0	11,9	17,3	26,3	38,5	49,4
8	5,0	3,0	2,1	2,8	3,6	4,8	6,5
	4,0	4,0	3,6	5,2	6,9	8,9	11,7
	3,0	5,0	5,4	8,1	11,9	15,4	20,2
	2,0	6,0	8,4	12,2	18,6	27,2	34,9
	1,0	7,0	17,1	19,9	31,4	47,7	66,8
9	6,0	3,0	1,9	2,5	3,3	4,3	5,9
	5,0	4,0	3,2	4,6	6,2	7,9	10,5
	4,0	5,0	4,7	7,0	10,3	13,6	17,5
	3,0	6,0	6,9	10,0	15,2	22,5	28,5
	2,0	7,0	12,1	14,1	22,2	33,7	47,2
	1,0	8,0	23,3	25,4	35,7	56,2	83,9
10	7,0	3,0	1,8	2,3	3,0	4,0	5,5
	6,0	4,0	2,9	4,2	5,6	7,2	9,5
	5,0	5,0	4,2	6,3	9,2	12,1	15,6
	4,0	6,0	6,0	8,6	13,1	19,3	24,7
	3,0	7,0	9,8	11,5	18,2	27,5	38,6
	2,0	8,0	16,5	18,0	25,2	39,7	59,3
	1,0	9,0	30,9	33,2	38,7	63,7	98,2
12,0[b]	9,0	3,0	1,6	2,1	2,7	3,5	4,8
	8,0	4,0	2,5	3,7	4,9	6,3	8,3
	7,0	5,0	3,5	5,3	7,8	10,3	13,2
	6,0	6,0	4,9	7,1	10,7	15,7	20,2
	5,0	7,0	7,6	8,9	14,1	21,3	29,9
	4,0	8,0	11,7	12,7	17,8	28,1	42,0
	3,0	9,0	17,8	19,2	22,3	36,8	56,7
	2,0	10,0	28,1	30,0	33,0	49,2	78,8
	1,0	11,0	49,9	53,0	57,8	73,7	123,0

a Bei Zwischenwerten muss der jeweils nächst höhere Wert gewählt werden.

b Für Räume höher 12 m dürfen diese Werte auch von 12 m hohen Räumen verwendet werden, wenn die Höhe der jeweiligen raucharmen Schicht zu Grunde gelegt wird.

Anmerkung: Die in dieser Tabelle angegebenen Aw-Werte beinhalten keine Sicherheitszuschläge.

Tabelle 7-4: Erforderliche aerodynamische Öffnungsfläche A_W [m²] von NRA je Rauchabschnitt (Auszug aus Tabelle 3 der DIN 18232-2, die gesamte Tabelle befindet sich in Anhang 5)

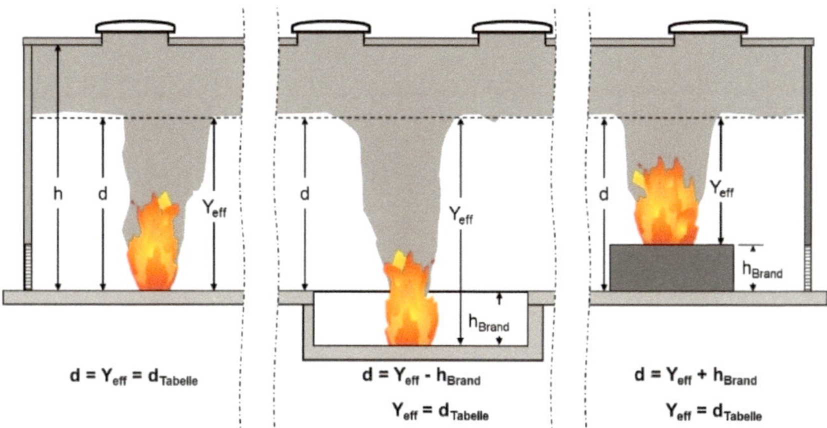

Abbildung 7-11: Anwendung von Tabelle 3 DIN 18232-2 für von d abweichende Aufstiegshöhen der Rauchgase

Für mindestens 7 m hohe Räume und mehr als 1600 m² Fläche darf bei der Bemessung der NRA ab Bemessungsgruppe 3 (also bei hohen Räumen und relativ großen Auslegungsbränden) und bei mindestens 1 m hohen Rauchschürzen (soweit erforderlich) pro 1600 m² *eine* der folgenden Erleichterungen A oder B gewählt werden:

Erleichterung A nach DIN 18232-2

Überschreiten der Rauchabschnittsfläche

Die maximale Größe des einzelnen Rauchabschnittes A_R darf auf bis zu 2600 m² vergrößert werden, wenn die aerodynamisch wirksame Rauchabzugsfläche nach Tabelle 7-4 für jede angefangenen 100 m² über 1600 m² hinaus um 10 % des tabellierten A_w-Wertes erhöht wird (d. h. also Verdoppelung bei A_R = 2600 m²).

Gleichung 7-3: $A_w' = A_w + (A_R - 1600\ m^2) / 100 * 0{,}1 * A_w$

Erleichterung B nach DIN 18232-2

Kleinere Rauchschürzenhöhe

Wenn die den Rauchabschnitt begrenzende Rauchschürze nicht auf mehr als die Mindesthöhe von 1 m erhöht werden kann, dürfen die in Tabelle 7-4 angegebenen A_W-Werte bei Vorhandensein von mehr als einem Rauchabschnitt auf jeweils 50 m² aerodynamisch wirksamer Rauchabzugsfläche pro Rauchabschnitt begrenzt werden, wenn

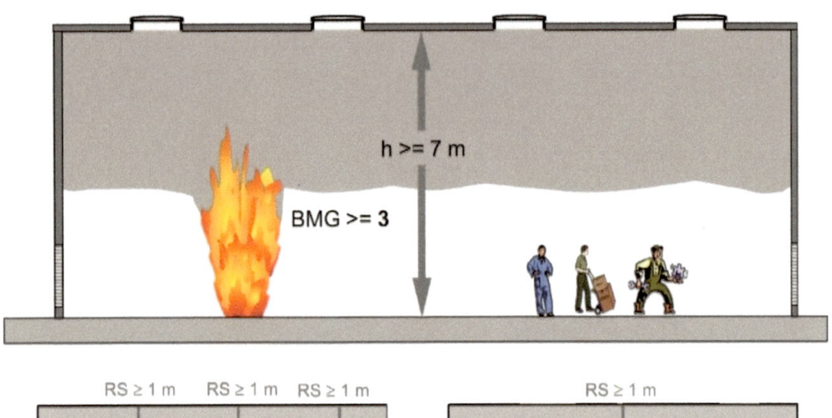

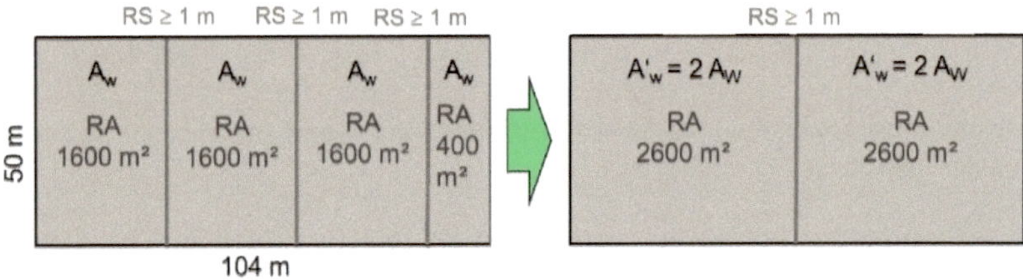

Abbildung 7-12: Bedingungen für und Auswirkung von Erleichterung A nach DIN 18232-2 für eine Beispielgebäude 50 m * 104 m * 7 m

- insgesamt mindestens der in Tabelle 7-4 angegebene A_W-Wert für den gesamten Raum erreicht wird, und
- alle NRA der benachbarten Rauchabschnitte über die Auslösestelle des betroffenen Rauchabschnitte mit geöffnet werden, da eine Unterströmung der Rauchschürze nicht auszuschließen ist, und
- die Zuluftfläche mindestens auf den in Tabelle 7-4 genannten Wert (also den Bemessungsbrand) abgestimmt wird.

7.5.3.6 Öffnungsflächen, Abmessungen und Anordnung der NRWG

Die aerodynamisch wirksamen Öffnungsflächen der NRA müssen durch die Rauchabzugsgeräte – NRWG – zur Verfügung gestellt werden. Aus strömungsphysikalischen Gründen kommt es in der Realität jedoch an Öffnungen zur Einschnürung des austretenden Fluidstrahles. Daher müssen die durch die NRA zur Verfügung gestellten geometrischen Flächen A_{geo} größer sein. In der Praxis wird dies durch den so genannten Ausströmfaktor c_w des jeweiligen NRWG erfasst. Daher ist die geometrisch erforderliche Öffnungsfläche einer NRA gemäß Gleichung 7-4 zu berechnen.

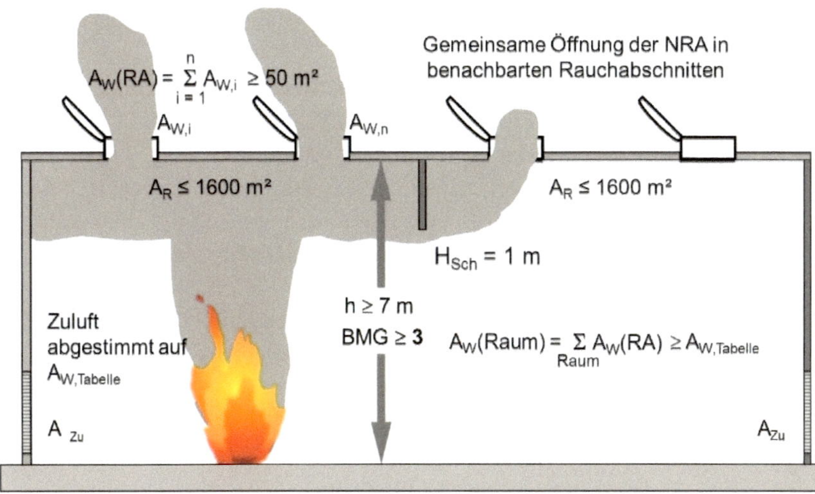

Abbildung 7-13: Bedingungen für und Auswirkung von Erleichterung B nach DIN 18232-2

Gleichung 7-4: $A_w = A_{geo} * c_w$ [m²]

mit: A_{geo} = geometrische Öffnungsfläche [m²]

c_w = Ausströmfaktor [-]

Marktgängige NRWG haben im Einbauzustand Ausströmfaktoren von ca. 0,5 bis 0,7; bei sorgfältiger Ausrundung der strömungsbegrenzenden Flächen ist auch 0,75 erreichbar.

Bei der Anordnung der Rauchabzugsgeräte auf der Dachfläche sind die folgenden Regeln zu beachten:

- Es ist im Allgemeinen zweckmäßiger, eine größere Anzahl kleinerer NRWG als eine kleinere Anzahl größerer NRWG vorzusehen.
- Seitenlänge oder Durchmesser der geometrischen Öffnungsfläche $A_G \leq 3$ m (Maßgebend ist die Deckenöffnung)
- Seitenlänge oder Durchmesser der geometrischen Öffnungsfläche $A_G \geq 1$ m (Maßgebend ist die Deckenöffnung),
- die kleinere Seitenlänge sollte den Wert $1{,}5 * z^{1/2}$ nicht überschreiten (d.h. bei z = 1 m darf die Seitenlänge nicht mehr als 1,5 m betragen, damit nicht neben dem Rauch auch Frischluft die Rauchschicht durchstößt)
- mindestens 1 NRWG je 200 m² Dachfläche

- bei Unterteilung durch Rauchschürzen o. ä. wirkende Bauteile je abgegrenzter Dachfläche mindestens 1 NRWG
- möglichst gleichmäßige Verteilung innerhalb des Rauchabschnittes
- Abstände von NRWG untereinander: 4 m ≤ D_{RA} ≤ 20 m
- Abstände zwischen NRWG und Außenwand / Brandwand: D_{AW} ≤ 10 m
- Abstände von NRWG zu Dachaufbauten (z. B. Photovoltaikanlagen) so groß, dass der Öffnungsvorgang nicht behindert wird; ggf. ist die Wirkung von Dachaufbauten auf die Windanströmung ebenfalls zu berücksichtigen

Anmerkung: Wegen der Gefahr der Brandübertragung über RWA fordert der Verband der Sachversicherer in Richtlinie VdS CEA 4020 [7.20] zusätzlich folgende Abstände:

- zu Komplextrennwänden: 7 m
- zu Brandwänden: 5 m
- zwischen Gebäuden unterschiedlicher Höhe: 5 m
- wenn die höhere Außenwand feuerbeständig und öffnungslos ist: 2,5 m
- zu Außenwänden: 2,5 m

Daneben sind Maßnahmen erforderlich, um bei starken Seitenwinden eine Brandübertragung aus der RWA auf das angrenzende Dach zu verhindern. Dies wird z. B. durch Abdeckung einer brennbaren Dachhaut mit einer mindestens 0,5 m breiten, mindestens 5 cm dicken Grobkiesschicht erreicht.

7.5.3.7 Ausführung der NRWG

Die technischen Anforderungen an die Rauchabzugsgeräte sind in DIN EN 12101-2 beschrieben [7.23]. Rauchabzugsgeräte müssen die folgenden wesentlichen technischen Bedingungen erfüllen:

Bauart und Werkstoffe von NRWG:

- so konstruiert, befestigt und verankert, dass die Funktionsfähigkeit unter den zu erwartenden Beanspruchungen sichergestellt ist (d. h. z. B auch bei Schneelast oder Seitenwind),
- Funktion darf durch Korrosion oder Alterung nicht beeinträchtigt werden (regelmäßige Wartung ist durch den Betreiber sicher zu stellen),
- bewegliche Teile müssen gegen Vereisung geschützt sein,
- Austrittsöffnungen mindestens 25 cm über der benachbarten Dachfläche,
- müssen sicher gewartet und geprüft werden können,

- die aerodynamisch wirksame Öffnungsfläche darf sich bei Beanspruchung mit Heißgas mit der Temperatur entsprechend der Klassifizierung nach Tabelle 7-5 über mindestens 30 Minuten nicht wesentlich (maximal um 10 %) verändern,
- Baustoffe mindestens Klasse B nach DIN EN 13501-1 [7.24],
- gegen Flugfeuer und strahlende Wärme (DIN 4102-7 [7.25]) beständig – soweit erforderlich.
- Baustoffe im Brandfall nicht oder nicht brennend abtropfend oder abfallend.

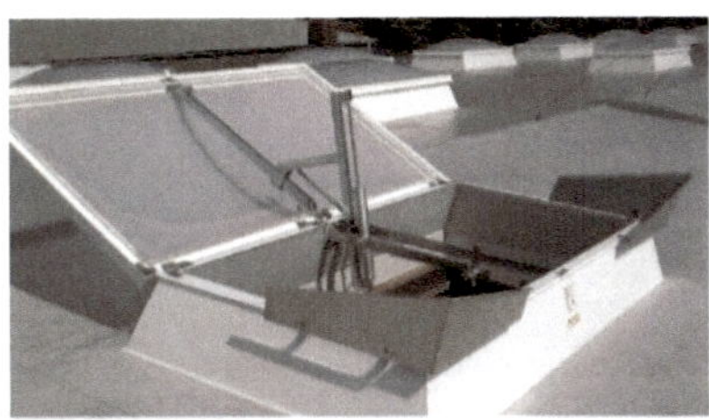

Abbildung 7-14: NRWG für Dachflächen (Fotos: Kingspan Light + Air | ESSMANN Gebäudetechnik GmbH)

Auslösung von NRA:

- müssen mit Fernauslösung (per Hand) und automatisch wirkenden thermischen Einzelauslösungen ausgestattet sein (Auslösetemperatur der thermischen Auslöser in der Regel ≤ 72° C),
- zusätzliche automatische durch Rauchmelder gesteuerte Auslösungen oder Auslösung durch automatische Brandmeldeanlagen dürfen zur Fernauslösung verwendet werden (siehe Punkt 6.5 zur Kombination mit Sprinkleranlagen!)
- automatische Auslöser müssen spätestens nach 4 Minuten (unter den Bedingungen des Prüfbrandes) ansprechen.
- Der Öffnungsvorgang darf nicht länger als 60 Sekunden dauern.

- bei RWA mit Gruppenauslösung dürfen nicht mehr als die innerhalb eines Dachabschnittes gelegenen NRWG automatisch öffnen.
- bei automatischer Gruppenauslösung durch Rauchmelder ist für je 400 m² Dachabschnittsfläche mindestens ein Rauchmelder vorzusehen.
- dürfen nur per Hand ausgelöst werden können, wenn die belüfteten Räume mit einer Raumbrandschutzanlage mit gasförmigem Löschmittel ausgestattet sind (siehe Punkt 6.7).

Natürliche Rauch- und Wärmeabzugsgeräte werden entsprechend ihrer Leistung im Prüfverfahren nach DIN EN 12101-2 entsprechend der Regelungen DIN EN 13501-4 [7.26] klassifiziert. (DIN EN 13501-4 dient nur zur Klassifizierung von Bauteilen für Anlagen zur Rauchfreihaltung und enthält selbst keine zusätzlichen Anforderungen an diese). Die Leistungskriterien von NRWG zeigt Tabelle 7-5.

Klasse der NRWG	Prüftemperatur [°C]	Mindestfunktionsdauer [min]
B_{300} 1)	300	30
B_{600}	600	30
B_{θ} 2)	nach Angabe	30
1) Der Buchstabe B bezeichnet nach DIN EN 13501-4 [7.26] den Funktionserhalt von NRA		
2) Geräte für besondere Temperaturanforderungen bei Temperatur Θ		

Tabelle 7-5: Einige Leistungsanforderungen an NRWG nach DIN EN 12101-2

7.5.3.8 Energieversorgung von NRWG

NRWG öffnen nach Auslösung mit Hilfe von im System gespeicherter Energie, wie z. B. Federdruck, Gasdruck (in der Regel kleine CO_2-Kartuschen), mit Hilfe externer pneumatischer Energie aus Kompressoren oder mit Hilfe elektromechanischer Antriebe und elektrischer Energie.

Die Energieversorgung von NRWG muss DIN EN 12101-10 [7.26] entsprechen. Daneben ist VdS 2593 [7.28] zu beachten. Die Energieversorgung muss demnach die Leistungsanforderungen sämtlicher angetriebenen Bauteile der RWA – hier der NRA – erfüllen. Wenn die NRWG bei Ausfall der Energieversorgung automatisch in die Funktionsstellung geht, ist nach DIN EN 12101-10 nur eine Energieversorgung (Hauptenergieversorgung) erforderlich. Ist dies nicht der Fall, d. h. die NRWG werden mit Energieeinsatz in die Funktionsstellung gebracht, muss eine Sekundärenergieversorgung vorhanden sein. Sie muss in der Lage sein, die NRWG bei Unterbrechung der Hauptenergieversorgung noch nach 72 Stunden zweimal über die geplante Betriebsdauer in Betrieb zu setzen. Diese Anforderungen gelten sowohl für pneumatische als auch elektrische Antriebe. Die Umschaltung auf das jeweilige Sekundärenergiesystem muss automatisch erfolgen.

Anmerkung: VdS 2593 fordert für elektrische Energieversorgungen von RWA immer eine Sekundärenergieversorgung.

Die Funktionsdauer von elektrischen Leitungen und pneumatischen Rohren und dem dazu gehörenden Zubehör muss im Brandfall bis zum Erreichen des Funktionszustandes und ggf. über die geplante Betriebsdauer der RWA sichergestellt sein. Elektrische Zuleitungen müssen daher DIN 4102-12 [7.26] bzw. DIN EN 13501-3 [7.29] für die geplante Betriebsdauer entsprechen. Daneben müssen die Zuleitungen – wenn die Funktionsstellung im Brandfall nicht durch Abschalten der Energie erreicht wird – auf Kurzschluss, Unterbrechung und Verlustströme überwacht werden. Pneumatische Verbindungen müssen aus Kupfer, Kupferlegierungen, Aluminium oder Stahl bestehen.

Für die Leitungen der Energieversorgung von NRWG gilt:

- bei automatischem Betrieb, d. h. bei selbständigem Erreichen der Funktionsstellung ohne externe Energie: keine Anforderungen an die Feuerwiderstandsdauer
- für NRWG nur mit Handauslösung: erforderliche Feuerwiderstandsdauer 30 Minuten
- für Leitungen die andere als die versorgten Rauchabschnitte durchqueren: erforderliche Feuerwiderstandsdauer 120 Minuten

7.5.3.9 Zuluft

Damit die Rauchabzugsanlage ihre volle aerodynamische Wirkung entfalten kann, ist für ausreichende Zuluft für die NRA im unteren Bereich der Räume zu sorgen. Die aerodynamisch wirksame Fläche der Zuluftöffnung A_{zu} muss gemäß DIN 18232-2 mindestens das 1,5-fache der aerodynamisch wirksamen Öffnungsflächen A_W aller Rauchabzugsöffnungen des Rauchabschnittes mit der größten aerodynamisch wirksamen Öffnungsfläche betragen.

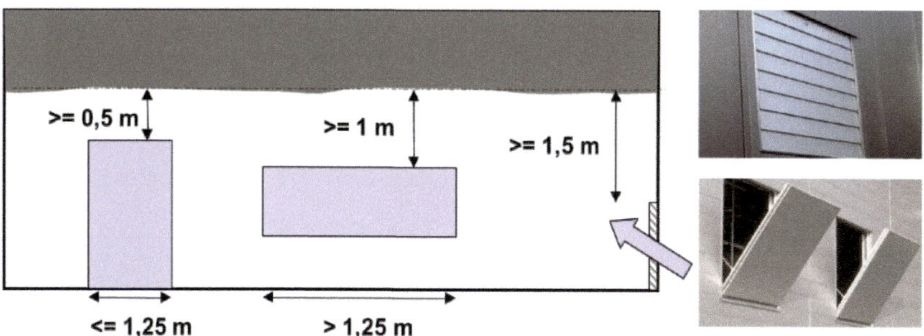

Abbildung 7-15: Anforderungen an Zuluftöffnungen für NRA nach DIN 18232-2 und Ausführungsbeispiele in Fassaden

Die Zuluftöffnungen sollen gleichmäßig verteilt und an mindestens 2 Seiten des Rauchabschnittes angeordnet sein (zur Auswirkung unterschiedlicher Führung der Zuluft siehe z. B. bei Detzer et al. [7.4] oder Quenzel [7.30]). Die Oberkante der Zuluftöffnungen muss zur Unterkante der Rauchschicht einen Abstand von mindestens 1 m aufweisen. Im Bereich von Türen oder Fenstern mit nicht mehr als 1,25 m Breite darf dieser Abstand auf 0,5 m reduziert werden. Sofern die Zuluftöffnungen zu einer aufwärts gerichteten Strömung der Zuluft führen, soll der Abstand mindestens 1,5 m betragen (Abbildung 7-15).

Anrechenbare Zuluftöffnungen sind:

- als Zuluftöffnungen erstellte Öffnungen
- im Brandfall manuell und zerstörungsfrei von außen öffenbare Tore und Türen (Dies gilt nicht, wenn die Werkfeuerwehr entsprechende Öffnungen schaffen, z. B. im unteren Gebäudebereich angeordnete Fenster, zeitgerecht zerstören kann.)

Zuluftflächen müssen unverzüglich nach Auslösung der NRA geöffnet werden können, z. B automatisch, durch Werkfeuerwehr, durch betriebliche oder organisatorische Maßnahmen.

Anmerkung : „... unverzüglich nach Auslösung ...“ heißt hier, dass die Flächen jedenfalls so schnell geöffnet werden, dass die Rauchschicht zu keiner Zeit auf weniger als 2,5 m über dem Boden absinkt. Je nach Raumgeometrie stehen daher nur wenige (1 bis 3) Minuten für die Öffnung zur Verfügung. Es ist in jedem Einzelfall zu prüfen, ob nicht automatisierte Öffnungen zeitgerecht verfügbar gemacht werden müssen. Im zurückgezogenen Normentwurf E DIN EN 12101-4:2003 [7.31] wurde gefordert, dass sich automatisierte Zuluftöffnungen nach Empfang des Öffnungssignals innerhalb von 60 Sekunden in die Funktionsstellung im Brandfallbewegen müssen.

Zur Ermittlung der aerodynamisch wirksamen Fläche von Zuluftöffnungen sind die Rohbaumaße (geometrischen Zuluftöffnungen) mit einem Faktor c_Z nach Tabelle 7-6 zu korrigieren:

Öffnungsart	Öffnungswinkel	Korrekturfaktor c_z
Tür- oder Toröffnungen, Maschengitter		0,7
Öffenbare Jalousien	90°	0,65
Dreh- oder Kippflügel	90°	0,65
	>= 60°	0,5
	>= 45°	0,4
	>= 30°	0,3
Der Öffnungswinkel darf Abweichungen von ± 5° aufweisen		

Tabelle 7-6: Korrekturfaktoren für Zuluftöffnungen

Sofern eine mindestens 1,5-fache Zuluftöffnung nicht dargestellt werden kann, eröffnet DIN 18232-2 die Möglichkeit, stattdessen in gewissem Umfange die Rauchabzugsflächen zu erhöhen. Es ist dann der Erhöhungsfaktor k gemäß Tabelle 7-7 festzulegen und die vergrößerte RWA-Fläche A_W^{korr} nach Gleichung 7-5 zu berechnen (vergl. bei Ostertag et al. [7.10]). Die beschriebene Reduzierung der Zuluftflächen ist nur zulässig, wenn die Zuluft bodennah und horizontal eintritt und die Oberkante der Zuluftöffnung mindestens 2 m unterhalb der Rauchschichtgrenze liegt.

Gleichung 7-5: $$A_W^{korr} = k * A_W$$

$$\text{mit:} \quad k = 2{,}5 - A_{Zu,vorh}/A_W$$

NRA als Zuluftflächen			
$A_{Zu,vorh}$ / A_W	1,5	1,25	1
k	1	1,25	1,5
Zwischen den Werten darf linear interpoliert werden, $k = 2{,}5 - A_{Zu,vorh}/A_W$ $A_{Zu,vorh}$ = vorhandene geometrische Zuluftöffnungen A_W = berechnete geometrische Öffnungsfläche der RWA vor Korrektur			

Tabelle 7-7: Vergrößerung der NRA bei Nutzung als Zuluftfläche

Sofern die obige Regelung vergrößerter RWA-Flächen zur Kompensation geringerer Zuluftflächen im Einzelfall zur Anwendung kommt, sind mehrere Umstände zu berücksichtigen, die u. U. die Ausbildung einer stabilen Rauchschicht oder einer ausreichend raucharmen Schicht beeinträchtigen können:

- Kleinere Zuluftöffnungen werden zu erhöhten Zuluftgeschwindigkeiten führen, für einen entwickelten Brand sind im Standardfall – $A_{zu}/A_W = 1{,}5$ – Lufteintrittsgeschwindigkeiten zwischen ca. 1,5 m / s und ca. 2,5 m / s zu erwarten. Diese erhöhte Geschwindigkeit des Zuluftstrahles kann im Einzelfall – z. B.

wenn sich der Brand in der Nähe der Zuluftöffnung befindet – die Ausbildung des Plumes beeinflussen und Rauch aus dem Plume in die raucharme Schicht verschleppen.

- Abhängig von Windeinflüssen kann es zur Rückführung von bereits abgeströmten Rauchgasen durch die brandfernen NRA-Geräte kommen.

Um diese Einflüsse zu minimieren, sollte daher durch Rauchschürzen innerhalb des Rauchabschnittes so weit als möglich sichergestellt werden, dass die Zuluft die sich ausbildende Rauchschicht des Brandraumes nicht beeinflusst.

Falls auf Grund der baulichen Verhältnisse eine natürliche Zuströmung der Zuluft nicht in ausreichendem Maße sicher zu stellen ist, muss diese maschinell in den Brandraum eingebracht werden. Diese Variante der Zuluftführung ist in DIN 18232-2 nicht vorgesehen, jedoch auch nicht untersagt. Sofern die oben angesprochenen Kriterien hinsichtlich der Menge und Eintrittsgeschwindigkeit der Zuluft eingehalten werden, ist an einer solchen Ausführung grundsätzlich nichts auszusetzen. Dies führt jedoch i. A. zu sehr großen Quellauslässen und damit relativ hohem baulichen Aufwand. Abhängig von der Raumgeometrie sind die jeweils im Einzelfall erforderlichen Zuluftventilatoren zu aktivieren und Entrauchungsklappen zu öffnen (vergl. Punkte 7.8.4.6 und 5.9).

Anders als bei natürlicher Zulufteinführung, bei der nur die tatsächlich benötigte Luftmenge nachströmt, müssen maschinelle Zuluftgeräte auf die maximal benötigte Luftmenge ausgelegt werden, da eine der Brandentwicklung angepasste Luftversorgung nicht realisierbar ist. Das erzwungene Einbringen der insbesondere in der Anfangsphase des Brandes dann viel zu großen Luftmengen kann aber die angestrebte Druckverteilung im Brandraum in Frage stellen, da sich in der Regel ein gewisser Überdruck im Brandraum aufbauen wird. Daher kann es zur Beeinträchtigung des Plumes und im weiteren Brandverlauf zu negativen Auswirkungen auf die angestrebte Schichtbildung kommen. Dies kann Rauchverschleppungen in die raucharme Schicht oder sogar in benachbarte Bereiche zur Folge haben.

7.5.4 NRA in Wänden

Rauchabzüge in Wänden werden für den Rauch und Wärmeabzug aus Geschossen eingesetzt, die nicht das einzige oder oberste Geschoss sind. Allerdings sind derzeit (2021) die Bemessungsgrundlagen noch nicht vollständig wissenschaftlich abgesichert, auch fehlen ausreichend Praxiserfahrungen. Die folgenden Ausführungen geben den Stand der Diskussion wieder, wie er in Anhang B zu DIN 18232-2 [7.5] niedergelegt ist.

7.5.4.1 NRA in Wänden – Bemessung nach DIN 18232-2

Zunächst sollte für jeden Rauchabschnitt mit dem für NRA in Decken geschilderten Verfahren (Abbildung 7-7) die aerodynamisch wirksame Rauchabzugsfläche A_W bestimmt werden. Da bei NRA in Wänden die Wirkung des Windes entscheidend sein kann, müssen die NRA mindestens in 2 entgegengesetzt liegende Außenwände eingebaut und mit einer Luv-Lee-Steuerung ausgestattet werden (Punkt 7.5.4.3). Da bei Wind nur die jeweils in Lee liegende NRA geöffnet wird, aber die berechnete Öffnung bereitstellen muss, folgt daraus, das insgesamt

Gleichung 7-6: $A_{w,Wand} = 2 * A_{w,Dach}$

als aerodynamisch wirksame Rauchabzugsfläche in Wänden bereitgestellt werden muss.

Die aerodynamische Wirksamkeit von NRA für Wandeinbau sollte mittels Brandsimulationsrechnungen nachgewiesen werden. Hierauf kann verzichtet werden, wenn bei der Ermittlung der Öffnungsflächen die in Tabelle 7-8 enthaltenen Durchflussbeiwerte c berücksichtigt und die aerodynamisch wirksamen Öffnungsflächen $A_{W,Wand}'$ gemäß Gleichung 7-7 berechnet werden.

Gleichung 7-7: $A_{W,Wand}' = 2 * A_{W,Dach} / c$

Die so ermittelten Rauchabzugsflächen sollten mit einem Abstand der Oberkante der NRWG zur Decke von maximal 0,5 m gleichmäßig verteilt auf mindestens zwei gegenüberliegende Außenwände eines Rauchabschnittes eingebaut werden. Die NRWG sollte vollständig in der Rauchschicht und die Unterkante der Austrittsöffnung mindestens 0,5 m oberhalb der Grenze zur kalkulierten raucharmen Schicht liegen (Abbildung 7-16).

Öffnungsart	Öffnungswinkel	Durchflussbeiwert c
vollständig geöffnete Fläche		0,65
Jalousie	90°	0,65
Dreh- oder Kippflügel	≥ 60°	0,50
Dreh- oder Kippflügel	≥ 45°	0,40
Dreh- oder Kippflügel	≥ 30°	0,30
Der Öffnungswinkel darf eine Abweichung von ± 5° aufweisen		

Tabelle 7-8: Durchflussbeiwerte c für NRA in Wänden

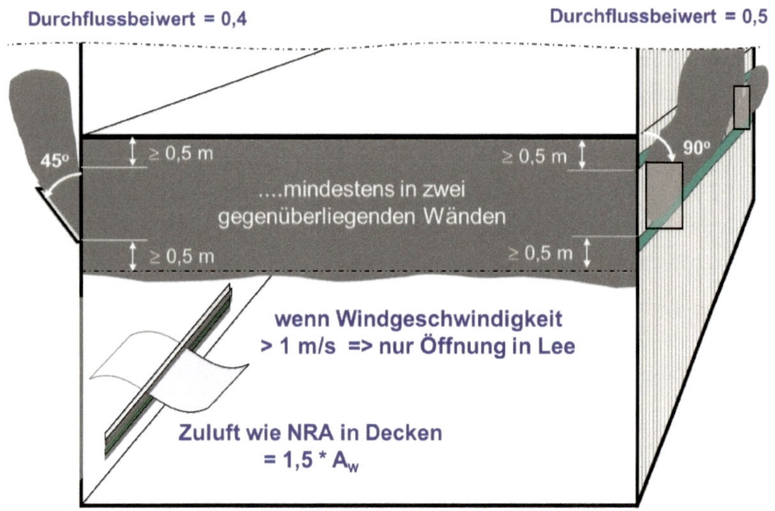

Abbildung 7-16: Natürliche Rauchabzüge in Wänden

7.5.4.2 Zuluft für NRA in Wänden

Die Zuluftflächen sollten mindestens das 1,5-fache der nach dem obigen Verfahren ermittelten Öffnungsflächen aller NRA in Außenwänden der größten Rauchabschnittsfläche des Raumes betragen. Sie sollten gleichmäßig verteilt an den Seiten, an denen auch die NRA eingebaut sind, angebracht sein. Die Zuluftflächen sollten vollständig in der raucharmen Schicht und möglichst tief liegen. Ihre Oberkante sollte zur Untergrenze der Rauchschicht einen Abstand von mindestens 1 m aufweisen, der im Bereich von Türen und Fenstern mit nicht mehr als 1,25 m Breite auf 0,5 m reduziert werden kann (Abbildung 7-15).

7.5.4.3 Ansteuerung von NRA in Wänden

Es wurde bereits dargelegt, dass für NRA in Wänden der Einfluss des Windes besondere Bedeutung erhält. Der Staudruck, der sich am Gebäude in Abhängigkeit von der Windgeschwindigkeit aufbaut, kann den wirkenden Druck Δp_{ab} für die Rauchgase ggf. bis auf null verringern. Bei Windstille (Windgeschwindigkeit < 1 m/s) sollten die NRWG und Zuluftflächen in gegenüberliegenden Außenwänden geöffnet werden (Gerhard et al. [7.32]). Steigt die als 10-Minuten-Mittelwert oberhalb des Daches gemessene ungestörte Windgeschwindigkeit deutlich über 1 m/s, sollten die NRWG und Zuluftflächen in der windabgewandten Seite geöffnet werden, so dass beide in einer Unterdruckzone liegen.

Die Ansteuerung von NRA in Wänden sollte über automatische Rauchmelder erfolgen. Als auslösendes Element ist ein Melder auf 80 m^2 ausreichend (vergl. auch Punkt 5.8.5.1). Zusätzlich sollte mindestens eine Handauslösevorrichtung je Rauchabschnitt vorhanden sein.

7.5.5 Bemessung von NRA in Sonderbauverordnungen

Die Bemessung von NRA nach DIN 18232-2 führt wie dargestellt zu bestimmten Anforderungen an die Größe von Rauch- und Wärmeabzugsöffnungen und die zugeordneten Zuluftöffnungen. Auf der Grundlage der der DIN 18232 zu Grunde liegenden Brandmodelle (Energie- und Massebilanzmodell) als auch physikalisch-strömungsmechanischer Modelle hat die ARGEBAU mit etwas anderen Randbedingungen Berechnungen mit dem Ziel angestellt, den Bauschaffenden einfachere Bemessungsregeln für NRA in Sonderbauten, die keine hallenartige Industrie- oder Gewerbebauten sind, an die Hand zu geben. Die angesetzten Randbedingungen sind:.

- Ein Brandverlauf bis zum Ende der Entstehungsphase mit einer Brandleistung von 2 MW als Bemessungsszenario über einen Zeitraum von einer Stunde. (Dies wird als charakteristische Brandleistung eines in der Entstehungs- und Entwicklungsphase brandlastgesteuerten Brandes und zugleich gerundeter Maximalwert des sich bei 1,5 m^2 wirksamer Rauchabzugsfläche AW einstellenden ventilationsgesteuerten Brandes angesehen).
- Die Rauchableitung aus dem Brandraum dient in erster Linie der Unterstützung des Löschangriffs der Feuerwehr.
- Ein gewisser Raucheintrag in die unter Punkt 7.5.3.4 definierte raucharme Schicht wird akzeptiert, da der Löschangriff der Feuerwehr – der ein Innenangriff unter umluftunabhängigem Atemschutz ist – nur unwesentlich beeinflusst wird (siehe hierzu bei Cimolino et al. [7.33]).
- Das Gebäude ist ansonsten entsprechend der baurechtlichen Vorgaben gestaltet, Abweichungen existieren nicht.

Unter den obigen Randbedingungen ist eine aerodynamisch wirksame Rauchabzugsfläche A_W von 4 m^2 bis 5 m^2 je Rauchabschnitt von 1600 m^2 ausreichend. Hierauf aufbauend hat die ARGEBAU in den Musterbauordnungen

- Muster-Versammlungsstättenverordnung – MVStättVO – 2014 [7.34]
- Muster-Verkaufsstättenverordnung – MVKVO – 2014 [7.35]
- Muster-Industriebaurichtlinie – MIndBauRL – 2014 [7.36]

Vorgaben für Rauchabzugsflächen veröffentlicht. Einige davon sind in Tabelle 7-9 dargestellt.

Raumart [1)]	Raumgröße [2)]	Einrichtung zur Rauchableitung			Zuluft [3)]
Versammlungsräume, Verkaufsräume, Produktionsräume, sonstige Aufenthaltsräume, Magazine, Lagerräume	200 m² – 1000 m² (1600 m²)	Öffnungen zur Rauchableitung	im Dach	1 % der Grundfläche	≤ 12 m²
			im oberen Wanddrittel	2 % der Grundfläche	
	> 1000 m² (> 1600 m²)	RWA	im Dach oder oberen Wanddrittel	1,5 m² je 400 m² Grundfläche	≥ 12 m²

1) entsprechend der jeweiligen MBO
2) Klammerwerte: MIndBauR
3) grundsätzlich gleiche Größenordnung mit den angegebenen Ober- bzw. Untergrenzen

Tabelle 7-9: Anforderungen zur Rauchableitung in einigen Musterbauordnungen – schematisiert

Die Musterbauordnungen gestatten bei Raumgrößen unterhalb von 1000 m² (MIndBauR 1600 m²) Öffnungen zur Rauchableitung, die nicht explizit Rauchabzugsanlagen sein müssen, z. B. Fenster, Türen, Oberlichte. Des Weiteren sind die geforderten aerodynamischen Rauchabzugsflächen für Raumgrößen unterhalb von 1000 m² (MIndBauR 1600 m²) deutlich geringer als nach DIN 18232-2. Die Musterbauordnungen enthalten weitere Anforderungen für in der schematischen Tabelle 7-9 nicht aufgeführte Räume bzw. bei Vorhandensein von Löschanlagen, zur Funktion von Öffnungsvorrichtungen und zu deren Anordnung u. a. m. (siehe z. B. bei Zehfuß [7.37]).

7.6 Rauchschürzen

7.6.1 Allgemeine Anforderungen

Rauchschürzen sind Hindernisse zur Begrenzung der Ausbreitung von Rauch und Brandgasen. Sie können, wenn es die bauliche Gestaltung erfordert, als Rauchvorhänge ausgeführt werden, die erst im Brandfall (Rauchfall) – angesteuert durch eine Brandmeldeanlage – in Position fahren (Aktive Rauchschürzen nach DIN EN 12101-1 [7.38]). Rauchschürzen sind wesentliche Bauteile von Rauch- und Wärmeabzugssystemen in ausgedehnten baulichen Anlagen. Sind erforderliche Rauchschürzen im Brandfall nicht, oder nicht rechtzeitig, in ihrer geplanten Position, wird ein RWA-System nicht so arbeiten wie es geplant ist, m. a. W., dass Erreichen der Schutzziele der RWA-Anlage (Punkt 7.1) wird in Frage gestellt.

Rauchschürzen ermöglichen im speziellen Anwendungsfall die Rauchfreihaltung von

- Treppen und Rolltreppen
- Aufzügen und Aufzugsvorräumen
- Fluren und Korridoren
- Rettungswegen in Atrien
- nicht vom Brand betroffenen Nutzungseinheiten oder Teilen von Nutzungseinheiten

Rauchschürzen werden ausgeführt

- an den Grenzen geplanter Rauchreservoirs
- als raumabschließende Bauteile
- als Möglichkeit einen Rauchstrom zu kanalisieren
- als geplanter Zweitnutzen konstruktiver Bauteile bzw. unter Einbeziehung derselben
- als im Verrauchungsfall gezielt zu aktivierende Systeme (z. B. durch eine BMA auf der Grundlage einer Brandfall-Steuermatrix, vergl. Punkt 5.9)

Abbildung 7-17: Beispiele für festangebrachte und flexible Rauchschürzen (SSB bzw. ASB nach DIN EN 12101-1 [7.38]; Fotos: © STÖBICH Brandschutz)

Rauchschürzen können aus einer Vielzahl von steifen oder flexiblen Materialien bzw. Materialkombinationen bestehen, wie z. B. Beton, Mauerwerk, Metall, Brandschutzplatten, Metall-, Glas- oder Kevlar-Gewebe, Glasfaserverstärkter Kunststoff, Mineralwolle u. a. m., sofern die Anforderungen der Norm an die

Temperaturbeständigkeit und die maximale Permeabilität erfüllt werden. Dabei werden die genannten Materialien in gerollter, gefalteter, gleitender oder mit Gelenken versehener Ausführung für aktive Rauchschürzen verwendet.

Rauchschürzen können auch mit Schlupföffnungen versehen werden, wenn die Rettungswegsituation dies im konkreten Fall erforderlich macht. Neben den die eigentliche Barriere darstellenden Bauteilen gehören zu Rauchschürzen die notwendigen Energieversorgungen, Antriebe, Auslöse- und Kontrollelemente.

7.6.2 Rauchschürzen nach DIN EN 12101-1

Die technischen Anforderungen an Rauchschürzen werden in der Europäischen Norm DIN EN 12101-1 [7.38] detailliert beschrieben. Es werden danach unterschieden:

Statische Rauchschürzen

SSB – Static Smoke Barriers; fest angebrachte Rauchschürzen, die sich ständig in der für den Brandfall geplanten Position befinden (Beispiel in Abbildung 7-17 oben links),

Aktive Rauchschürzen

ASB – Active Smoke Barriers; Selbsttätige Rauchschürzen, die sich bei Auslösung selbsttätig aus der Ruheposition in die für den Brandfall geplante Position begeben (Beispiel in Abbildung 7-17 unten links).

(Rauchschürzen können auch als Kombination aus SSB und ASB konstruiert werden)

Aktive Rauchschürzen werden gemäß Tabelle 7-10 kategorisiert. Je nach Schutzziel ist die geeignete Kategorie zu realisieren; bei RWA-Anlagen zur Rettungswegsicherung ist in der Regel ASB 1 (oder ggf. ASB 3) einzusetzen.

Zu Selbsttätigen Rauchschürzen und deren Einzelkomponenten, wie Antriebe, Auslöseeinrichtungen und Steuereinrichtungen, enthalten die Richtlinien VdS 2881 bis VdS 2885 [7.39] bis [7.43] weiterführende Hinweise.

Typ	ASB 1	ASB 2	ASB 3	ASB 4
Brandfallposition	>= 2,5 m oberhalb des Fußbodens		beliebig	
Funktion bei Energieausfall, Kabelbruch etc.	geht selbsttätig kontrolliert in die Brandfallposition		geht selbsttätig kontrolliert in die Brandfallposition	
zweite Energieversorgung (Feder etc.)	nein	sinnvoll	nein	sinnvoll
Kabel mit Funktionserhalt	nein	ja	nein	ja
Absenkgeschwindigkeit [1) 2)]	0,06 m / s bis 0,30 m / s		0,06 m / s bis 0,15 m / s soweit zur Rettungswegsicherung erforderlich	
[1)] Rauchschürzen sollten innerhalb von 60 Sekunden ihre Brandfallposition erreichen. Ist dies auf Grund ihrer Länge nicht möglich, darf dadurch das Erreichen des Schutzziels nicht gefährdet werden. [2)] Durch geeignete visuelle und akustische Warneinrichtungen ist auf den Absenkvorgang aufmerksam zu machen um Verletzungen oder Panik zu vermeiden.				

Tabelle 7-10: Anforderungen an aktive Rauchschürzen (ASB) nach DIN EN 12101-1 (Selbsttätige Rauchschürzen)

7.6.3 Temperaturbeständigkeit von Rauchschürzen

Rauchschürzen müssen einschließlich ihrer Befestigungen den Temperaturen in der Rauchschicht standhalten ohne dass ihre Funktion beeinträchtigt wird. Die Prüftemperatur für Rauchschürzen nach DIN EN 12101-1 ist auf mindestens 600 °C festgelegt, für Rauchschürzen, bei welchen höhere Temperaturen der Rauchgasschicht nicht auszuschließen sind, wird die Temperatursteigerung der Einheits-Temperatur-Zeitkurve nach EN 1363-1 [7.44] zugrunde gelegt (siehe auch Anhang 7). Die Rauchschürzen werden dann entsprechend Tabelle 7-11 klassifiziert.

Klasse der Rauchschürze		Mindestfunktionsdauer [min]
Prüftemperatur 600 °C	Prüftemperatur ETK nach EN 1363-1 [7.44]	
D 30 [1)]	DH 30 [2)]	30
D 60	DH 60	60
D 90	DH 90	90
D 120	DH 120	120
DA	DHA	> 120
1) Der Buchstabe D bezeichnet nach DIN EN 13501-4 [7.26] die Formstabilität von Rauchschürzen unter Beanspruchung mit erhöhter Temperatur 2) Die Buchstaben DH bezeichnet nach DIN EN 13501-4 [7.26] die Formstabilität von Rauchschürzen unter Beanspruchung mit der ETK		

Tabelle 7-11: Einige Anforderungen an Rauchschürzen nach DIN EN 12101-1

Während des Heißrauchtestes dürfen Rauchschürzen

- ihre Funktion nicht verlieren (z. B. durch Zusammenfallen),
- nicht nachhaltig entflammen,
- keine wesentliche Vergrößerung der konstruktiven Spalte zeigen,
- keine Löcher oder Risse aufweisen, die eine bestimmte Größe überschreiten,
- keine Veränderungen der Halterungen zeigen,
- innerhalb von 10 Minuten nach Beginn des Tests keine brennende Tropfen oder Partikel abfallen lassen.

7.6.4 Dichtheit von Rauchschürzen

Rauchschürzen werden mit dem Ziel eingesetzt, den Rauchdurchtritt zu minimieren, d. h. insbesondere, dass sie bis unmittelbar unter das Dach geführt werden müssen. Auch dürfen Einbauten, wie Unterdecken, Galerien, Kabelbühnen etc. die Wirksamkeit nicht beeinträchtigen. Allerdings kann es erforderlich sein, zwischen der Rauchschürze und angrenzenden Bauteilen, zwischen aneinandergrenzenden Rauchschürzen sowie zwischen den Einzelteilen einer Rauchschürze konstruktive Spalten oder Toleranzen vorzusehen (z. B. zwischen Rollenkern und Umhüllung sowie zwischen dem Schürzenmaterial und der Umhüllung bei Rauchschürzen aus flexiblem Material, die nach Art eines Rollos herunterlaufen). Diese Leckstellen dürfen jedoch die Funktion nicht beeinträchtigen. Daher sind Rauchschürzen, die keine funktionalen Toleranzen benötigen (i. W. also SSB), so zu versiegeln, dass kein Rauchdurchtritt an den Übergängen zu den sonstigen Bauteilen erfolgen kann.

Bei Rauchschürzen, die konstruktionsbedingt Lücken aufweisen müssen, sollten diese nach DIN EN 12101-1 folgende Maximalabmessungen nicht überschreiten:

- 20 mm bei Rauchschürzen, die bis zu 2 m herablaufen
- 40 mm bei Rauchschürzen, die mehr als 2 m bis zu 6 m herablaufen
- 60 mm bei Rauchschürzen, die mehr als 6 m herablaufen.

Aneinandergrenzende Rauchschürzen (ASB) sollten sich zur Minimierung der konstruktiven Spalten überlappen, gleiches gilt für Anschlüsse an Bauteile. Wenn erforderlich, sollten seitliche Führungsschienen angebracht werden, die die konstruktiven Spalten begrenzen.

Eine weitere Ursache von Leckagen kann eine sich aufgrund der Druckunterschiede auf den beiden Seiten von aktiven Rauchschürzen (bis ca. 20 Pa) ergebende Durchbiegung sein. Bei frei hängenden Rauchschürzen werden sich zwischen den ASB und den angrenzenden Bauteilen seitlich annähernd dreieckförmige Öffnungen ergeben. Diese Abweichungen aus der vertikalen Position werden auch dazu führen, dass sich die untere horizontale Kante der Rauschschürze anhebt. Im informativen Anhang E zu DIN EN 12101-1 werden für verschiedene Anwendungsfälle Formeln zur Berechnung der Auslenkung und der zum Ausgleich erforderlichen Verlängerung der Rauchschürze sowie für die Berechnung der Rauchgas-Massenströme durch die seitlichen Leckagen angeben. Zusätzlich sollte die Gesamtfläche der konstruktiven und durch Biegung verursachten Spalten 0,5 % der Fläche der Rauchschürze in Funktionsstellung im Brandfall nicht überschreiten.

Durch die obigen konstruktionsbedingten Spalten dringt natürlich der Rauch in den zu schützenden Bereich ein. Mit Hilfe der ermittelten Rauchgas-Massenströme in den geschützten Bereich ist abzuschätzen, ob das Schutzziel trotz der Leckagen erreicht werden kann. Ist dies nicht möglich, müssen weitere konstruktive Schutzmaßnahmen umgesetzt werden (z. B. Kantenführung der Rauchschürzen, doppelte Rauchschürzen o. ä.). Das Material der Rauchschürze selbst muss ebenfalls eine ausreichende Mindestdichtheit aufweisen. Während diese bei üblichen homogenen Materialien (z. B. Metallblech) vorausgesetzt wird, müssen sonstige Materialien (z. B. Gewebe) in der Typprüfung der Rauchschürzen eine Leckrate erreichen, die bei einer Druckdifferenz von 25 Pa unter 25 $m^3/h\ m^2$ liegt.

7.7 Anwendungsbeispiel für NRA im Dach

Für die in Abbildung 7-18 dargestellte Halle sind NRA im Dach nach DIN 18232-2 zu bemessen. Die Randbedingungen sind wie folgt:

Hallenhöhe 8,8 m; Dachneigung 5°

Brandabschnitt 1:	60 m * 20 m, Brandausbreitungsgeschwindigkeit mittel
	2 Tore 4 m * 4 m und eine Tür 2,2 m * 2 m ins Freie
	2 Tore 4 m * 4 m in Brandabschnitt 2
Brandabschnitt 2:	60 m * 60 m, Brandausbreitungsgeschwindigkeit besonders groß
	5 Tore 4 m * 4 m und 2 Türen 2,2 m * 2 m ins Freie
	2 Tore 4 m * 4 m in Brandabschnitt 1
	Rauchschürze 3 m hoch teilt BA 2 in 2 Rauchabschnitte von 60 m * 30 m

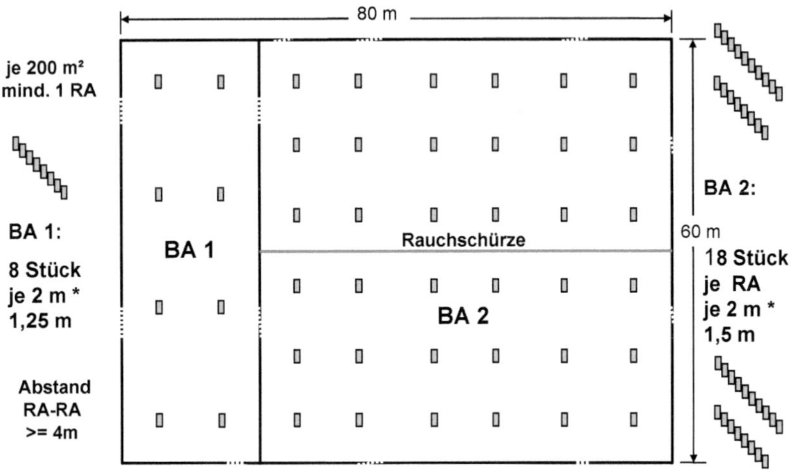

Abbildung 7-18: Ausstattung einer Halle mit Natürlichen Rauchabzügen, Übungsbeispiel

7.8 Maschinelle Rauchabzüge - MRA

Maschinelle Rauchabzugsanlagen – MRA – haben ebenso wie natürliche Rauchabzüge die Aufgabe, eine raucharme Schicht im Brandraum zu ermöglichen. Die raucharme Schicht wird jedoch nicht durch die Thermik der Brandgase und deren Abführung über Öffnungen im Dach oder in den Wänden erreicht, sondern durch Absaugen der Rauchgase mittels Ventilatoren. Die Aktivierung der Anlage muss unmittelbar nach Branderkennung durch Ansteuerung über Temperatur- oder Rauchmelder erfolgen.

Der Vorteil des maschinellen Abzuges ist die sofortige Verfügbarkeit der vollen Volumenleistung, die auch bei relativ kaltem Rauch schon gegeben ist (Volumenförderung). Als Nachteil ist zu sehen, dass der durch die Ventilatoren geförderte Massenstrom wegen der Volumenausdehnung der Rauchgase geringer wird, wenn die Heißgase höhere Temperaturen aufweisen. Bei hohen Temperaturen ist die Leistungsfähigkeit maschineller Rauchabzüge daher geringer als die natürlicher Rauchabzüge.

Maschinelle Rauchabzugsanlagen dürfen nicht mit Rauchschutz-Druckanlagen – RDA – verwechselt werden, die ebenfalls direkt Brandgase maschinell absaugen. Rauchschutz-Druckanlagen können jedoch – im Unterschied zu MRA – keine Rettungswege im Brandraum selbst sichern (Punkt 7.1), sondern nur den Raucheintritt in geschützte Räume (z. B. Treppenräume) durch den Aufbau von Druckunterschieden verhindern (Punkt 7.12).

7.8.1 Aufbau von MRA

Maschinelle Rauchabzüge werden dann erforderlich, wenn Natürliche Rauchabzüge (NRA) nicht eingesetzt werden können. Im Wesentlichen werden sie daher eingesetzt, um die Rauchschicht in mehrgeschossigen Gebäuden oder Gebäuden, in denen die Decke nicht offen durchbrochen werden kann, zu beeinflussen. Den prinzipiellen Aufbau Maschineller Entrauchungsanlagen zeigt Abbildung 7-19.

Die wesentlichen Komponenten von MRA sind:

- Entrauchungsventilator(en) (1) nach DIN EN 12101-3
- Entrauchungsleitung (2) ohne Feuerwiderstandsdauer (single) nach DIN EN 12101-7 mit Absaugöffnung(en) innerhalb des zu entrauchenden Raumes
- Entrauchungsleitungen (3) mit Feuerwiderstandsdauer (multi) nach DIN EN 12101-7 außerhalb des zu entrauchenden Raumes ohne Öffnungen oder mit brandschutztechnisch gesicherten Anschlüssen in verschiedenen Geschossen oder Brandabschnitten
- Entrauchungsklappen für Einzelabschnitte (4; single) nach DIN EN 12101-8 zum Öffnen im zu entrauchenden Geschoss
- Entrauchungsklappen für Mehrfachabschnitte (5; multi) nach DIN EN 12101-8 zum brandschutztechnisch gesicherten Abschluss der nicht vom Brand betroffenen Bereiche
- Zulufteinrichtungen (6) zum Nachströmen von Außenluft, ggf. über Zuluftleitungen (7) oder Zuluftventilatoren (8)
- Statischen Rauchschürzen (9) oder Beweglichen Rauchschürzen (10) nach DIN EN 12101-1 zur Begrenzung der horizontalen Ausdehnung der Rauchschicht
- Stromversorgung (11) und Steuerleitungen (12) nach DIN EN 12101-10 [7.26] bzw. DIN EN 12101-9 zum Betrieb der Entrauchungsventilatoren und zur Steuerung von Klappen
- Auslöseeinrichtung mit Brandfrüherkennung (13)

Der Aufbau und die Bemessung von Maschinellen Rauchabzügen sind in DIN 18232-5 [7.6] geregelt. Die Europäische Normenreihe DIN EN 12101 enthält für MRA nur die technischen Anforderungen an die Komponenten des Systems und keine Bemessungsregeln.

7.8.2 Grenzen von MRA

Im Unterschied zu Natürlichen Rauchabzügen, die aufgrund des thermischen Auftriebs der Rauchgase arbeiten, gibt es bei MRA kein stabiles Gleichgewicht zwischen den in die Rauchgasschicht einströmenden und daraus ausströmenden Massen. Dies liegt an der Tatsache, dass die Ventilatoren konstante Rauchgasströme fördern.

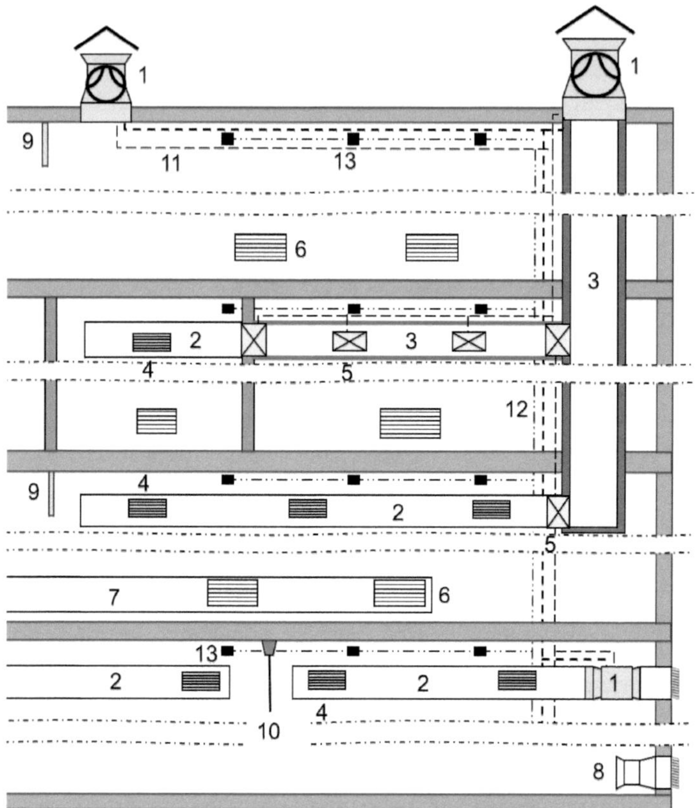

Abbildung 7-19: Prinzipielle Aufbau und Bestandteile Maschineller Rauchabzugsanlagen (Schema einer Anlage mit Beispielen für alle Bestandteile, zur Funktion der Entrauchungsklappen siehe Punkt 7.8.4)

Der für eine stabile Schichtung zu fördernde Massenstrom nimmt aber mit steigender Temperatur und der Dauer des Brandes zu, weil einerseits die Dichte der Rauchgase abnimmt und andererseits in der Regel der ursächliche Brand größer wird und damit mehr Rauchgase produziert (der Stoffumsatz wächst).

Daher ist nur dann eine effektive Entrauchung zu erreichen, wenn die Eingangsgrößen, d. h. letztlich die Brandkenngrößen, korrekt dimensioniert sind. Ergebnis durchgeführter Rechnungen, die die obigen Randbedingungen berücksichtigen, ist daher, dass bei ausschließlichem Einsatz von MRA die Rauchgasschicht zunehmen, d. h. absinken wird. Das Ziel von Dimensionierungsbetrachtungen für MRA kann daher nur sein, *über eine bestimmte Zeit* – die länger sein muss als die Entfluchtungszeit – eine raucharme Schicht bestimmter Höhe zu gewährleisten (Abbildung 7-20).

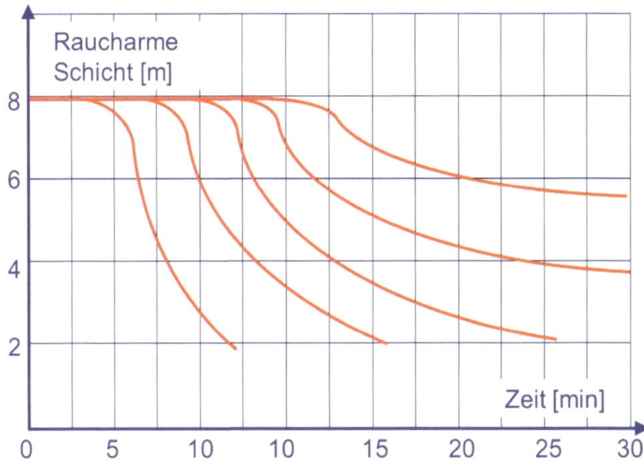

Abbildung 7-20: Maschinelle Rauchabzüge, Abnahme der Höhe der raucharmen Schicht für verschiedene Volumenströme der Abluftventilatoren - Beispiel

Die Absaugung der Rauchgase muss möglichst gleichmäßig über den zu entrauchenden Bereich verteilt erfolgen, denn viele kleine Absaugöffnungen zeigen deutlich bessere Wirkung als wenige große. Daneben ist die Absaugleistung je Absaugstelle begrenzt (Punkt 7.8.4.2, Abbildung 7-26).

7.8.3 Maschinelle Rauchabzüge - Bemessung nach DIN 18232-5

Die Norm DIN 18232-5 gilt für die Bemessung und den Einbau von Maschinellen Rauchabzugsanlagen – MRA – in großflächigen Räumen mit einer Mindesthöhe von 3 m. Sie gilt daher – wie auch die DIN 18232-2 – in erster Linie für hallenartige Bauwerke der Industrie, des Gewerbes und der Logistik.

Die Bemessung von MRA nach DIN 18232-5 [7.6] erfolgt grundsätzlich analog der Bemessung von NRA nach DIN 18232-2 [7.5]. Die in Abbildung 7-9 für NRA definierten Größen gelten ebenso. Die Parameter für die Bemessung der erforderlichen Volumenströme der MRA wurden so festgelegt, dass ein vergleichbares Sicherheitsniveau wie bei NRA erreicht wird. Bei der Bemessung von MRA werden unterstellt:

- ein frühes Einschalten der MRA durch eine automatische Brandmeldeanlage oder ständig anwesendes eingewiesenes Personal
- ein schnelles Eingreifen der Feuerwehr (die Brandentwicklungsdauer wird mit einer Zeit von 10 Minuten gerechnet)
- eine mittlere Brandausbreitungsgeschwindigkeit

- die maximale Brandfläche wird daher mit <= 80 m² angesetzt
- Rauchgastemperaturen unterhalb des Flashovers (< 600 °C)
- Unterteilung in Rauchabschnitte A_R <= 1600 m²
  (für die Tabellenwerte wurde A_R = 400 m² verwendet, um auch kleine Rauchabschnitte zu erfassen)
- Rauchschürzen müssen der Dicke der Rauchschicht entsprechen und mindestens 1 m hoch sein (1 m ≤ $H_{Sch} \geq z$)
- Wärmefreisetzungsraten von Feststoffbränden (ca. 300 kW / m², davon 80 % wurden in die Tabellen eingearbeitet)

Zur Darstellung des Bemessungsprozesses für MRA wurde das Ablaufschema in Abbildung 7-21 entwickelt. Die einzelnen Schritte zur Bestimmung der zum Erreichen des in Punkt 7.1 dargestellten Schutzzieles erforderlichen Rauchabzugs-Volumenströme werden im Folgenden erläutert.

7.8.3.1 Bemessungsgruppe von MRA

Analog zum Verfahren für NRA wird die für die Bemessung der Abzugsleistung von MRA nach DIN 18232-5 [7.6] zu Grunde zu legende Brandrauchproduktion aus dem Stoffumsatz, der Brandausbreitungsgeschwindigkeit und der erwarteten Brandentwicklungsdauer abgeleitet. Auch in DIN 18232-5 wird unterstellt, dass sich der Brand nach Eintreffen der Feuerwehr nicht mehr ausbreitet und die Anlage für eine maximale rechnerische Brandfläche ausgelegt, der im Bemessungsverfahren eine Bemessungsgruppe zugeordnet wird (vergl. Punkte 7.5.3.1 bis 7.5.3.3).

Für die Festlegung der Bemessungsgruppe der MRA ist dann Tabelle 7-2 anzuwenden, d. h. die Ermittlung der BMG erfolgt nach demselben Verfahren wie bei NRA. Allerdings sind Brandentwicklungsdauern von mehr als 20 Minuten für MRA nicht vorgesehen, da dann im Allgemeinen mit Flashover-Temperaturen zu rechnen ist, die MRA nach DIN 18232-5 überfordern würden.

Im Unterschied zu NRA darf bei der Bemessung von MRA die Bemessungsgruppe nach Tabelle 7-2 bei Vorhandensein einer Sprinkleranlage ohne Nachweis um 1 Stufe reduziert werden, da Sprinkleranlagen sowohl die Wärmefreisetzungsraten und damit die Rauchgasmenge als auch die Rauchgastemperatur herabsetzen. Ist eine stärkere Berücksichtigung automatischer Löschanlagen gewünscht, so ist hierüber ein besonderer Nachweis zu führen. Die zum Zeitpunkt der Auslösung der Sprinkleranlage herrschenden Bedingungen sind dabei maßgebend für den Volumenstrom und die erforderliche Temperaturbeständigkeit.

Bei MRA ist die Rauchgastemperatur von besonderer Bedeutung, da sie die erforderliche Temperaturbeständigkeit der Bauteile bestimmt. Die Temperatur der in die Rauchgasschicht einströmenden Gase ist bei unverändertem Brandumfang, umso höher, je weniger Kaltluft in den Plume eingemischt wird, d. h.

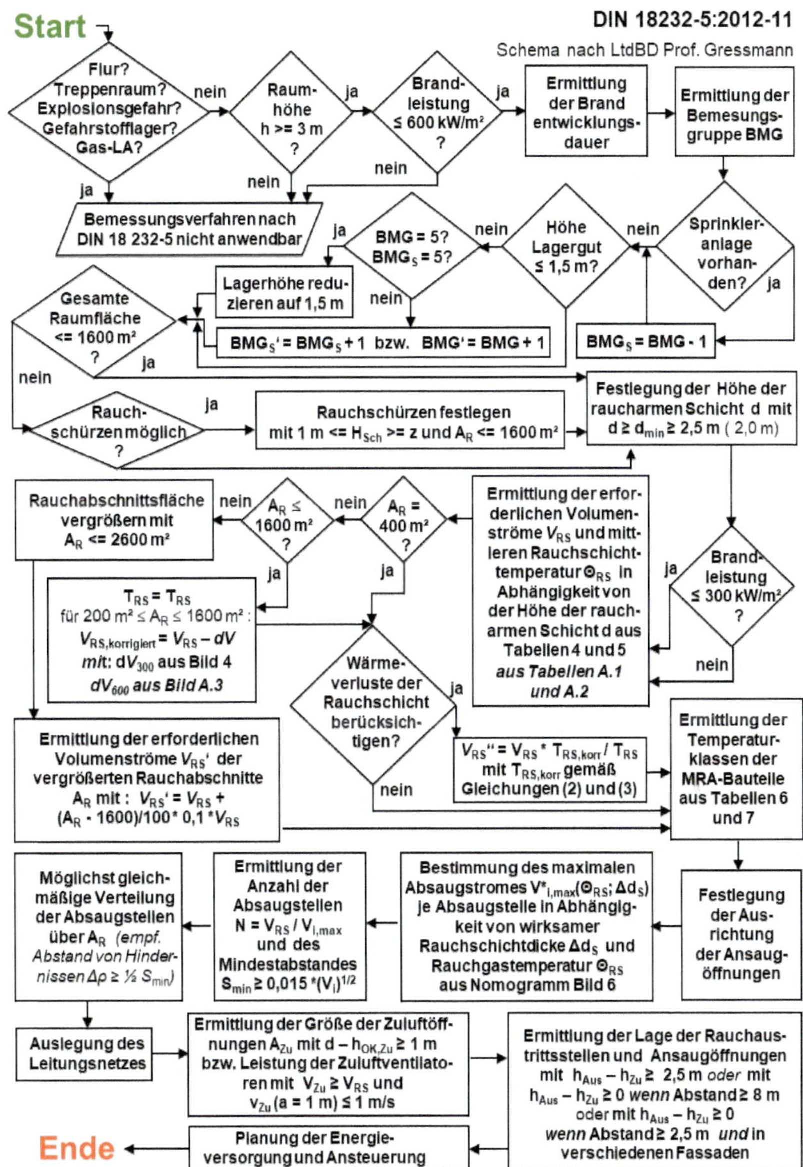

Abbildung 7-21: Bemessung von Maschinellen Rauchabzügen nach DIN 18232-5

sie ist in erster Linie von der Höhe d des Plumes abhängig (vergl. Abbildung 7-4 und Abbildung 7-5). Daher muss im Bemessungsverfahren nach DIN 18232-5 überprüft werden, ob die Flammenbasis wesentlich oberhalb des Fußbodens liegen kann, z. B. auf der Oberfläche von Lagergut. Sind brennbare Materialien höher als 1,5 m gestapelt, ist die Bemessungsgruppe um eine Stufe zu erhöhen. Sofern dies wegen der bereits erreichten maximalen Bemessungsgruppe 5 nicht mehr möglich ist, muss die Lagerhöhe auf 1,5 m reduziert werden.

7.8.3.2 Abzuführender Rauchgasvolumenstrom von MRA

Nach Festlegung der erforderlichen Höhe der raucharmen Schicht (vergl. hierzu Abbildung 7-7) sind für eine Brandleistung von 300 kW / m² die aus jedem Rauchabschnitt abzuführende Rauchgasvolumenströme und die zugehörigen mittleren Rauchgastemperaturen aus den Tabellen 4 und 5 der DIN 18232-5 zu ermitteln (hier wiedergegeben als Tabelle 7-12 und Tabelle 7-13). Die Mindestdicke der raucharmen Schicht in Zeile 1 dieser Tabellen darf nicht unterschritten werden. Dabei soll in der Regel eine raucharme Schicht d von mindestens 3 m zu Grunde gelegt werden, lediglich bei Räumen mit einer Höhe von 4 m oder weniger wird d ≥ 2 m akzeptiert.

DIN 18232-5 enthält in Anhang A weitere analoge Tabellen A1 und A2, für die eine Wärmefreisetzung von 600 kW / m² zugrunde gelegt wurde, die erforderlichen Volumenströme sind entsprechend höher.)

Basistabelle
Abzuführender Rauchgasvolumenstrom je Rauchabschnitt V_{RS} [m³/h]

Zeile	Dicke der raucharmen Schicht [m]	Bemessungsgruppe				
		1	2	3 [1)]	4	5
1	2	23 000	38 000	**64 000**	112 000	Flashover
2	2,5	29 000	46 000	**75 000**	128 000	223 000
3	3	34 000	55 000	**88 000**	145 000	248 000
4	4	43 000	72 000	**115 000**	184 000	303 000
5	5	50 000	85 000	**143 000**	229 000	366 000
6	6	59 000	96 000	**165 000**	276 000	436 000
7	7	73 000	105 000	**183 000**	311 000	512 000
8	8	88 000	121 000	**197 000**	342 000	580 000
9	9	105 000	143 000	**206 000**	368 000	633 000
10	10	123 000	166 000	**231 000**	387 000	681 000
berechnet für: Rauchabschnittsfläche 400 m²; Brandleistung 300 kW / m² 1) für übliche Bemessung anzusetzender Wert des Volumenstromes						

Tabelle 7-12: Abzuführender Volumenstrom V_{RS} in m³/h je Rauchabschnitt für eine Brandleistung von 300 kW / m² und Rauchabschnittsgröße 400 m² (Tabelle 3 aus DIN 18232-5)

Mittlere Rauchschichttemperatur Θ_{RS} [°C]						
Zeile	**Dicke der raucharmen Schicht [m]**	**Bemessungsgruppe**				
		1	**2**	**3** [1)]	**4**	**5**
1	2	210	290	**400**	560	**Flashover**
2	2,5	160	210	**290**	400	560
3	3	130	170	**230**	310	430
4	4	100	120	**150**	210	290
5	5	80	100	**120**	160	210
6	6	70	90	**100**	120	170
7	7	60	80	**90**	110	140
8	8	50	70	**90**	100	120
9	9	50	60	**80**	90	110
10	10	40	60	**70**	90	100
berechnet für: Rauchabschnittsfläche 400 m²; Brandleistung 300 kW / m² 1) für übliche Bemessung anzusetzende mittlere Rauchschichttemperatur						

Tabelle 7-13: Mittlere Rauchschichttemperatur Θ_{RS} in °C für eine Brandleistung von 300 kW / m² und Rauchabschnittsgröße 400 m² (Tabelle 4 aus DIN 18232-5)

Bei der Anwendung der oben genannten Tabellen ist zu beachten, diese als so genannte „Basistabellen“ für eine Raumgröße (Rauchabschnittsgröße) von 400 m² berechnet wurden.

Um die Absaugleistung der Tabelle 7-12 an die vom gleichen Brand in größeren oder kleineren Rauchabschnitten erforderliche anzupassen, ist bei von 400 m² abweichender Raumgröße eine Korrektur der Werte mit Hilfe des Diagrammes in Abbildung 7-22 (entspricht Bild 4 aus DIN 18232-5) vorzunehmen.

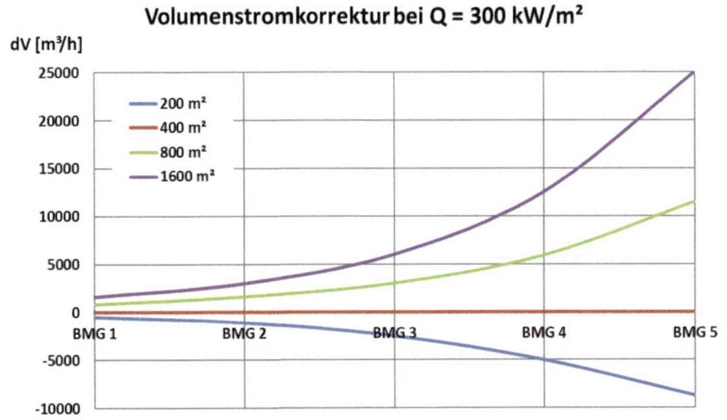

Volumenstromkorrektur bei Q = 300 kW/m²

dV [m³/h]
25000
20000
15000
10000
5000
0
-5000
-10000
200 m²
400 m²
800 m²
1600 m²
BMG 1
BMG 2
BMG 3
BMG 4
BMG 5

Abbildung 7-22: Korrekturwerte dV für die abzuführenden Rauchgasvolumenströme bei von 400 m² abweichenden Rauchabschnittsgrößen A_R (berechnet für eine Brandleistung von 300 kW / m²)

Aus der Anwendung der Volumenstromkorrektur nach Abbildung 7-22 ergeben sich für eine mittlere Rauchgastemperatur von 300 °C je nach Höhe der raucharmen Schicht und Bemessungsgruppe Korrekturen zwischen ca. + 3 % und ca. – 10 %.

Generell geht DIN 18232-5 davon aus, dass die Rauchabschnitte nicht größer als 1600 m^2 sind. Können Rauchabschnitte nicht durch Wände oder Rauchschürzen auf 1600 m^2 begrenzt werden, sind in Ausnahmefällen Rauchabschnittsgrößen bis zu 2600 m^2 möglich, wenn die Absaugleistung erhöht wird (s. w. u.).

Für die Korrektur der Absaugleistung nach der Basistabelle auf die tatsächlich gegebene Raumgröße gilt:

Gleichung 7-8: $$V_{RS,korr} = V_{RS} - dV \qquad [m^3/h]$$

Der physikalische Hintergrund für diese Korrektur ist die mit zunehmender Raumgröße abnehmende mittlere Rauchschichttemperatur, die zu geringeren abzuführenden Rauchgasvolumina führt (die Energie des Brandes verteilt sich auf größere Flächen). Die durch Anwendung der Gleichung 7-8 und der Abbildung 7-22 bei Rauchabschnitten größer 400 m^2 erreichte Absenkung des erforderlichen Rauchgasvolumenstromes liegt zwischen -0,2 % (bei BMG 1, d = 10 m und 500 m^2) und etwa -10 % (bei BMG 5, d = 3 m und 1600 m^2). Analog ist eine Erhöhung des Rauchgasvolumenstromes von 0,5 % bis 3,5 % bei Rauchabschnittsgrößen von 200 m^2 erforderlich.

DIN 18232-5 enthält in Anhang A eine analoge Abbildung, für die eine Wärmefreisetzung von 600 kW / m^2 zugrunde gelegt wurde, die erforderlichen Volumenkorrekturwerte sind entsprechend höher.

Um eine Minimierung der abzuführenden Rauchgasströme für Rauchabschnitte bis 1600 m^2 zu ermöglichen, enthält DIN 18232-5 eine Berechnungsvorschrift zur Berücksichtigung von Wärmeverlusten aus der Rauchschicht an / durch die den Rauchabschnitt begrenzenden Bauteile (die Anwendung ist nicht zwingend). Hierzu wird zunächst gemäß Gleichung 7-9 und Gleichung 7-10 eine korrigierte Rauchschichttemperatur berechnet, und danach nach Gleichung 7-11 (Gleichungen 2 bis 4 in DIN 18232-5) der korrigierte Rauchgasvolumenstrom ermittelt (die dadurch erreichbare Reduzierung der Absaugleistung liegt i. A. im Bereich von 10 % bis 15 %,).

Gleichung 7-9:

$$T_{RS} = \frac{(1-\delta) * (T_{RS} - T_\infty)}{1 + \frac{T_{RS}}{353{,}18\, V_{RS} * c_p} * \sum (U_i * A_i)} + T_\infty$$

Gleichung 7-10: mit:

δ	=	$0{,}031\ (A_R)^{1/3}$ Strahlungsverlustfaktor, vereinfachend ohne Berücksichtigung der Temperatur nach VDI 6019, Blatt 2	
T_{RS}	=	Mittlere Rauchschichttemperatur nach Tabelle 7-11, $T_{RS} = \Theta_{RS} + 273$	[K]
T_∞	=	Umgebungs- bzw. Zulufttemperatur	[K]
V_{RS}	=	Rauchgasvolumenstrom nach Tabelle 7-11	[m³/h]
c_p	=	Spezifische Wärmekapazität des Rauchgases = 1010	[J / kg K]
U_i	=	Wärmedurchgangskoeffizient des i-ten in der Rauchschicht liegenden Bauteils	[W / m² K]
A_i	=	Fläche des i-ten in der Rauchschicht liegenden Bauteils	[m²]
A_R	=	Fläche des Rauchabschnittes	[m²]

Gleichung 7-11:

$$V_{RS}' = V_{RS} * \frac{T_{RS,Korr}}{T_{RS}} \quad [m^3/h]$$

Eine beispielhafte Darstellung der Auswirkung der Berücksichtigung von Wärmeverlusten in / durch die Umfassungsbauteile auf die mittlere Rauchgastemperatur und den abzuführenden Volumenstrom zeigt Abbildung 7-23.

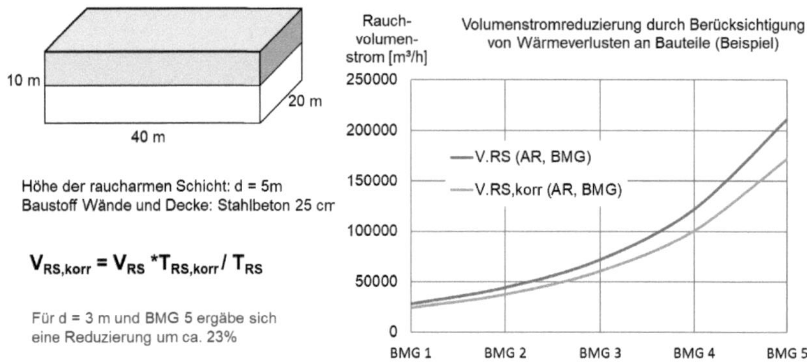

Abbildung 7-23: Wirkung der Berücksichtigung von Wärmeverlusten in/durch die Umfassungsbauteile - Beispiel

Kann in Ausnahmefällen die Rauchabschnittsgröße von 1600 m² nicht eingehalten werden, z.B. wenn betriebliche Einrichtungen dies nicht zulassen, eröffnet DIN 18232-5 die Möglichkeit, die Rauchabschnittsgröße auf maximal 2600 m² zu erhöhen, wenn abzuführende Rauchgasvolumenstrom V_{RS}'' gemäß Gleichung 7-12 erhöht wird.

Gleichung 7-12: $V_{RS}'' = V_{RS} + (A_R - 1600\,m^2) / 100m^2 * 0{,}1 * V_{RS}$ [m³/h]

Dies entspricht der Erleichterung A für NRA, vergl. Gleichung 7-3. Die Berücksichtigung von Wärmeverlusten aus der Rauchschicht an/durch die den Rauchabschnitt begrenzenden Bauteile ist bei Rauchabschnitten größer 1600 m² nicht vorgesehen.

7.8.4 Ausführung von MRA

7.8.4.1 Temperaturanforderungen an die Bauteile von MRA

Die zur Rauchableitung eingesetzten Geräte müssen den thermischen Belastungen durch die heißen Rauchgase für ausreichend lange Zeit gewachsen sein. Zur Bestimmung der Anforderungen an die Bauteile von MRA ist daher zu berücksichtigen, dass die in Tabelle 7-13 aufgeführten mittleren Temperaturen der Rauchschicht lokal – z.B. in der Nähe des Plumes – u.U. deutlich überschritten werden können. Daher sind zur Festlegung der Temperaturklassen der MRA-Bauprodukte die maximal zu erwartenden lokalen Temperaturen zu Grunde zu legen (Abbildung 7-24). Hieraus ergeben sich die in Tabelle 7-14 dargestellten Anforderungen an die Temperaturklassen geeigneter Entrauchungsventilatoren. Für die übrigen MRA-Bauprodukte (Punkte 7.8.4.4 bis 7.8.4.5) sind entsprechende Temperaturklassen zu wählen (Tabelle 7-15).

Für Brandlasten von mehr als 300 kW / m² bis zu 600 kW / m² enthält Anhang A der DIN 18232-5 eine analoge Tabelle der erforderlichen Temperaturklassen.

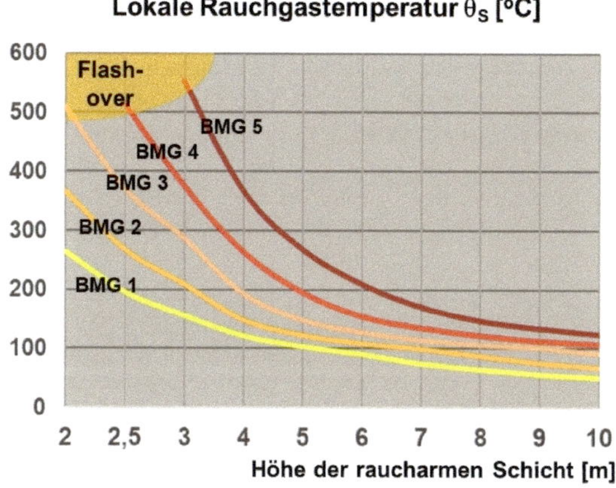

Abbildung 7-24: Lokal mögliche Rauchgastemperaturen

Erforderliche Temperaturklassen für Entrauchungsventilatoren						
Zeile	Dicke der raucharmen Schicht [m]	Bemessungsgruppe				
		1	2	3 [1)]	4	5
1	2	F 400	F 600	Flashover	-	-
2	2,5	F 300	F 600	**F 600**	Flashover	-
3	3	F 300	F 400	**F 600**	Flashover	-
4	4	F 200	F 300	**F 300**	F 400	F 600
5	5	F 200	F 200	**F 300**	F 300	F 600
6	6	F 200	F 200	**F 200**	F 300	F 400
7	7	F 200	F 200	**F 200**	F 200	F 300
8	8	F 200	F 200	**F 200**	F 200	F 300
9	9	F 200	F 200	**F 200**	F 200	F 200
10	10	F 200	F 200	**F 200**	F 200	F 200
berechnet für: Rauchabschnittsfläche 400 m²; Brandleistung 300 kW / m² 1) für übliche Bemessung erforderliche Temperaturkategorie						

Tabelle 7-14: Temperaturklassen von Entrauchungsventilatoren unter Berücksichtigung lokaler Rauchgastemperaturen bei Eintritt in die Rauchgasschicht

Die für die Entrauchungsventilatoren ermittelten Temperaturklassen gehen in die Festlegung der Temperaturklassen der übrigen Bauteile gemäß Tabelle 7-15 ein. Die Geräte für Einzelabschnittsentrauchung dürfen nur innerhalb des zu entrauchenden Abschnittes eingesetzt werden, die Geräte für Mehrfachabschnitte sind zu verwenden, wenn mehrere brandschutztechnisch getrennte Abschnitte durch die MRA Bauteile verbunden werden.

Zeile	**Ventilatoren**	**Ventilator und elastische Stutzen**			**Leitungen**		**Klappen**	
	DIN EN 12101-3	Aufstellung des Ventilators **)			DIN EN 12101-7		DIN EN 12101-8	
	oder	innerhalb des Gebäudes		außerhalb des Gebäudes	oder		oder	
	DIN EN 13501-4				DIN EN 13501-4		DIN EN 13501-4	
	Temperaturklasse	innerhalb	außerhalb		Einzelabschnitt	Mehrfachabschnitt	Einzelabschnitt	Mehrfachabschnitt
		des Brandraumes						
1	F 200	E_{300} 30* S	EI xx S	E_{300} 30* S	E_{300} 30* S	EI xx S	E_{300} 30* S	EI xx S
2	F 300	E_{300} 30* S	EI xx S	E_{300} 30* S	E_{300} 30* S	EI xx S	E_{300} 30* S	EI xx S
3	F 400 (90) F 400 (120)	E_{600} 30* S	EI xx S	E_{600} 30* S	E_{600} 30* S	EI xx S	E_{600} 30* S	EI xx S
4	F 600	E_{600} 30* S	EI xx S	E_{600} 30* S	E_{600} 30* S	EI xx S	E_{600} 30* S	EI xx S
5	F 842	-	EI xx S	-		EI xx S	-	EI xx S
* Zeitdauer nach Brandschutzkonzept; xx gemäß bauaufsichtlicher Anforderung S Zusatz zur Kennzeichnung erhöhter Rauchdichtheit								

Tabelle 7-15: Zuordnung von Temperaturklassen zu Geräteanforderungen für Maschinelle Entrauchungsanlagen

7.8.4.2 Anzahl und Anordnung der Absaugstellen

Wie NRA-Geräte auch, sollten die Absaugstellen von MRA, d. h. die Absaugöffnungen in Entrauchungsleitungen oder Einzelventilatoren, möglichst gleichmäßig in der Decken- oder Wandfläche angeordnet werden. Da durch maschinelle Rauchabzugsanlagen eine Zwangsströmung erzeugt wird, ist die Anordnung im Detail jedoch weniger bedeutsam.

Für die Mindestzahl der erforderlichen Absaugstellen sind die effektive Dicke der Rauchschicht Δd_S unterhalb der Absaugöffnung bis zur Rauchschichtgrenze gemäß Abbildung 7-25 sowie die mittlere Temperatur Θ_{RS} der Rauchschicht (Tabelle 7-13) maßgebend. Dazu ist zunächst die Ausrichtung der Absaugöffnungen festzulegen, die sich stets vollständig innerhalb der Rauchschicht befinden müssen.

Mit Hilfe des Nomogramms in Abbildung 7-26 kann dann aus der effektiven Rauchschichtdicke Δd_S (die nicht wesentlich geringer als 0,5 m sein sollte) und der mittleren Rauchschichttemperatur der maximale zulässige Volumenstrom $V^*_{i,max}$ (maximale Absaugleistung) einer Absaugöffnung bestimmt werden (siehe Beispiel in Abbildung 7-26). Durch diese Begrenzung der Absaugleistung wird sichergestellt, dass die Anlage bei den gegebenen Bedingungen nur Rauch fördert (analog zur Mindestdicke der Rauchschicht bei NRA, Punkt 7.5.3.4).

Die Anzahl der erforderlichen Absaugöffnungen N ergibt sich danach einfach aus

Gleichung 7-13: $N \geq V_{RS} / V_{i,\,max}$

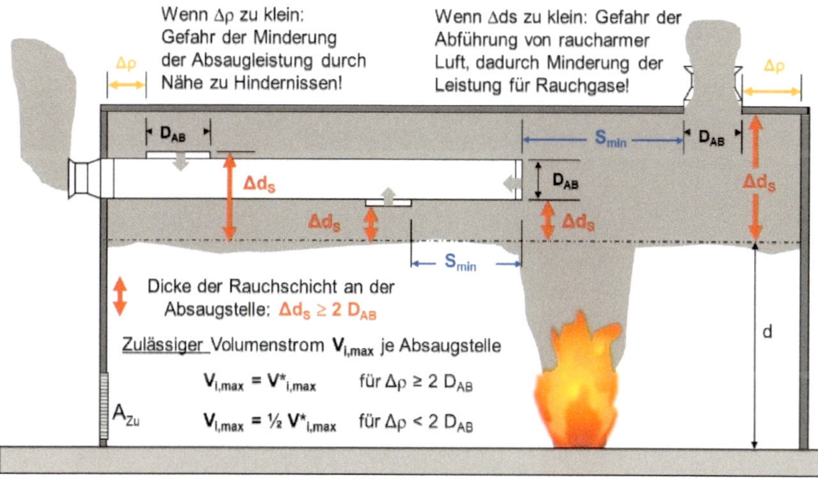

Abbildung 7-25: Für die Bemessung der Absaugstellen oder Einzelventilatoren von MRA anzusetzende Dicke Δd_S der Rauchschicht

Um zu verhindern, dass die Absaugleistungen benachbarter Absaugstellen sich gegenseitig negativ beeinflussen, muss der Abstand Smin zwischen den Außenkanten benachbarter Absaugöffnungen (Abbildung 7-25) mindestens dem aus nachfolgender Gleichung 7-14 zu berechnenden entsprechen:

Gleichung 7-14: $S_{min} \geq 0{,}015 * V_i^{1/2}$ [m]

mit: V_i in [m³/h]

Um mögliche Verminderungen des abführbaren Volumenstroms von Absaugstellen in der Nähe von Hindernissen wie Wänden oder Rauchschürzen zu vermeiden, wird empfohlen, einen Abstand Δρ (Abbildung 7-25) der Rauchabsaugöffnung gemäß Gleichung 7-15 einzuhalten (Anforderung *nicht* in DIN 18232-5 enthalten):

Gleichung 7-15: $\Delta\rho \geq S_{min} / 2 \geq 0{,}0075 * V_i^{1/2}$

Anmerkung: Obwohl akustische Gesichtspunkte bei Rauchabführung keine Rolle spielen, sollte die Strömungsgeschwindigkeit in den Leitungen 20 m / s nicht überschreiten.)

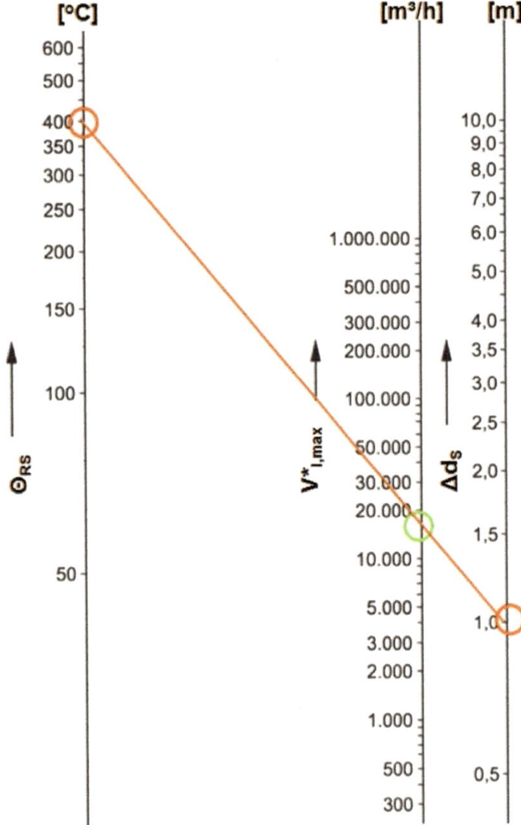

Abbildung 7-26: Nomogramm zur Bestimmung des maximalen zulässigen Volumenstroms $V^*_{i,max}$ von Rauchabzugsöffnungen (Bild Nr. 6 aus DIN 18232-5:2012 übernommen mit freundlicher Genehmigung des DIN
Beispiel: Δd_S = 1,0 m und Θ_{RS} = 400 °C → Maximal zulässiger Volumenstrom $V^*_{i,max}$ = 17 000 m³/h

7.8.4.3 Anordnung der Rauchaustrittsstellen

Die Lage der Rauchaustrittsstellen am Gebäude muss so festgelegt werden, dass die Rückführung von Rauch durch die Zulufteinrichtungen verhindert wird.

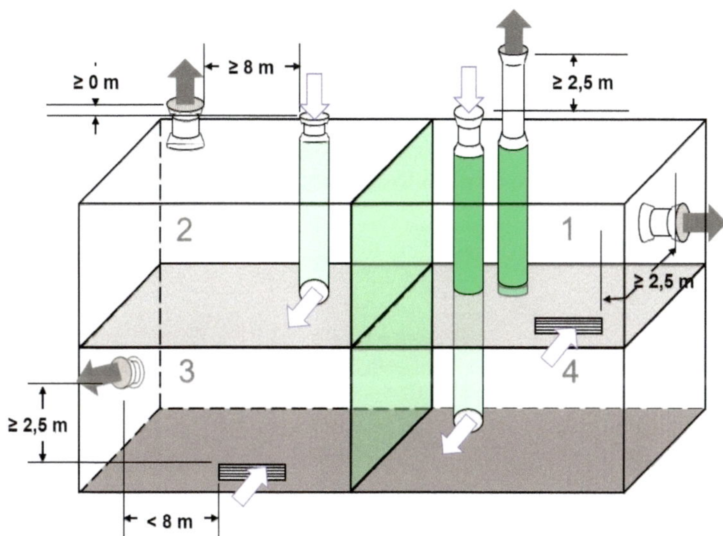

Abbildung 7-27: Rauchaustrittsstellen und Zuluftöffnungen von MRA (Schematisch, es ist nur ein Brand unterstellt). Die Leitungen zu Raum 4 müssen in Raum 1 die Anforderung EI 90 erfüllen, da sie durch einen getrennten Brandabschnitt verlaufen (MLüAR [7.50], vergl. Abbildung 7-29)

Das Ansaugen von Rauch durch Zuluftöffnungen ist im Allgemeinen nicht zu erwarten, wenn die Bedingungen:

- $h_{Aus} - h_{Zu} \geq 2{,}5$ m *oder*
- $h_{Aus} - h_{Zu} \geq 0$ wenn Abstand ≥ 8 m *oder*
- $h_{Aus} - h_{Zu} \geq 0$ wenn Abstand ≥ 2,5 m *und* in verschiedenen Fassaden

eingehalten werden (Abbildung 7-27). Im Einzelfall kann darüber hinaus die Berücksichtigung der vorherrschenden Windrichtungen erforderlich sein.

7.8.4.4 Entrauchungsventilatoren

Entrauchungsventilatoren müssen heiße Brandgase für ausreichend lange Zeit bei im Wesentlichen konstantem Volumenstrom (±10 %) und Druck (± 20 %) fördern können. Die Anforderungen und Prüfbedingungen für Entrauchungsventilatoren sind in der DIN EN 12101-3 [7.46] enthalten. Diese technische Regel unterscheidet zunächst maschinelle Geräte für folgende Anwendungsklassen:

Abbildung 7-28: Entrauchungsventilatoren (Fotos: oben: Helios Ventilatoren, unten rechts: Alfred Eichelberger GmbH & Co.KG, unten links: Trox X-Fans GmbH)

Klasse des Entrauchungs-ventilators	Prüftemperatur [°C]	Mindestfunktionsdauer [min]
F 200 [1]	200	120
F 300	300	60
F 400	400	90 oder 120
F 600	600	60
F 842	842 [2]	30
nicht klassifiziert	nach Festlegung des Auftraggebers	

1) Der Buchstabe F bezeichnet nach DIN EN 13501-4 [7.26] den Funktionserhalt von maschinellen Rauch- und Wärmeabzugsgeräten
2) entspricht Temperaturbeanspruchung ETK nach 30 Minuten

Tabelle 7-16: Leistungsanforderungen an Entrauchungsventilatoren nach DIN EN 12101-3

- Geräte für den Betrieb außerhalb oder innerhalb des Rauchabschnittes (bei Betrieb innerhalb des Rauchabschnittes erfolgt die Temperaturbeanspruchung auch von außen!)
- Geräte, die zur Verhinderung von Gefährdungen durch die Außentemperatur des Gerätes wärmegedämmt sind, oder nicht wärmegedämmte Geräte
- Not-Abzugsgeräte (d.h. Funktion nur im Entrauchungsfall) und Geräte mit Doppelfunktion (d.h. Verwendung auch als Lüftungsgeräte im täglichen Lüftungsbetrieb)
- Geräte für die ein Kühlluftanschluss erforderlich ist.

Die Entrauchungsventilatoren können mit direktem Antrieb (Motor innerhalb des Ventilators) oder indirektem Antrieb (Motor außerhalb des Ventilators) ausgeführt sein. Bei Ventilatoren mit direktem Antrieb kann sich der Motor unmittelbar im Luftstrom (Brandgasstrom) befinden oder durch eine Kapselung abgetrennt sein. Je nach Ausführung des Motors kann eine externe Kühlluftleitung erforderlich sein. Kühlung von Antriebsriemen oder Lagern ist regelmäßig erforderlich, wenn der Motor selbst wegen der erwarteten hohen Brandgastemperatur außerhalb des Ventilators angeordnet wird.

Entrauchungsventilatoren müssen entsprechend ihrer Leistungseinstufung über die in Tabelle 7-16 angegebenen Zeiten funktionsfähig bleiben (auch nach kurzzeitiger Abschaltung innerhalb des Prüfzeitraumes). Im Einzelfall sind entsprechend des möglichen Aufstellungsortes und der erwarteten Rauchgastemperatur geeignete Entrauchungsventilatoren auszuwählen, detaillierte Hinweise hierzu enthält z. B. auch VDMA 24 177 [7.51].

Sofern Entrauchungsventilatoren für den Einsatz im Freien vorgesehen sind, muss das Gerät auch für den Einsatz unter Wind- bzw. Schneelast nach DIN EN 12101-3 geprüft werden. Vorhandene Klappen oder Jalousien müssen dann innerhalb von 30 Sekunden unter einer Windlast von 200 Pa öffnen. Die gleiche Öffnungszeit muss unter der klassifizierten Schneelast eingehalten werden.

7.8.4.5 Entrauchungsleitungen

Entrauchungsleitungen werden in Rauch- und Wärmeabzugssystemen genutzt, um im Inneren von Gebäuden gelegene Rauchabschnitte mit dem Freien zu verbinden und die Anzahl der für hohe Temperaturen auszulegenden Entrauchungsventilatoren zu begrenzen. Entrauchungsleitungen werden für folgende grundlegende Funktionen ausgelegt:

- Zuführung von sauberer Luft in Rauchabschnitte über freie Nachströmung oder unter Verwendung von Druckbelüftungsanlagen (Zuluftleitungen),
- Abführung von Rauch aus einem einzelnen Brandabschnitt ins Freie ohne Durchquerung anderer Brandabschnitte (Entrauchungsleitungen für Einzelabschnitte),
- Abführung von Rauch ins Freie unter Verwendung von Rauch- und Wärmeabzugsanlagen, die mit einem oder mehreren Brandabschnitten verbunden sind, mit oder ohne Durchquerung anderer Brandabschnitte (Entrauchungsleitungen für Mehrfachabschnitte).

Zuluftleitungen, durch die nur saubere Außenluft und kein Brandgas strömt, müssen nur wenn sie andere Brandabschnitte durchqueren mit Anforderungen an die Feuerwiderstandsdauer ausgeführt werden und können im Übrigen allein nach den Anforderungen der Lüftungsanlage ausgeführt werden (also z. B. als ungeschützte Stahlleitungen). Allerdings sind auch für Zuluftleitungen – wie für alle Lüftungs- und Entrauchungsleitungen – neben den rein technischen Anforderungen aufgrund der Zweckbestimmung (Abmessungen, Formstabilität, Dichtheit, Druckfestigkeit) zusätzlich die Anforderungen des Baurechtes nach der jeweils geltenden Lüftungsanlagenrichtlinie zu erfüllen. Beispiele für baurechtliche Anforderungen der Muster-Lüftungsanlagen Richtlinie MLüAR [7.50] an die Ausführung von Lüftungsleitungen enthält Abbildung 7-29, ein Beispiel für eine EI_{multi} 90 S-Entrauchungsleitung Abbildung 7-30.

Klasse von Entrauchungsleitungen für		**Brandprüfung**		**Leckrate [m³/(h * m²)]**		**Temperaturerhöhung [°C]**
Einzelabschnitte	Mehrfachabschnitte [4)]	Temperatur [oC]	Zeit [min]	Umgebungsbedingungen	Brandprüfung	
E_{300} [1)]		300	30, 60, 90, 120	≤ 10	≤ 10	keine Anforderungen
E_{300} S [1) 3)]				≤ 5	≤ 5	
E_{600}		600		≤ 10	≤ 10	
E_{600} S				≤ 5	≤ 5	
	EI_{multi} [2)]	ETK [5)]		≤ 10	≤ 10	≤ 140 im Mittel ≤ 180 maximal
	EI_{multi} S			≤ 5	≤ 5	

1) Der Buchstabe E bezeichnet nach DIN EN 13501-4 [7.26] den Erhalt des Raumabschlusses
2) Die Buchstabe I bezeichnet nach DIN EN 13501-4 [7.26] den Erhalt der Wärmedämmung
3) Index S für Rauchdichtheit (geringere Leckrate)
4) Index multi für Entrauchungsklappen für Mehrfachabschnitte
5) Temperatur entsprechend der ETK bei Prüfdauer gemäß Spalte Zeit

Tabelle 7-17: Einige Leistungsanforderungen an Entrauchungsleitungen nach DIN EN 12101-7

Entrauchungsleitungen für Einzel- oder Mehrfachabschnitte, durch die Brandgase abgeführt werden sollen, sollten DIN EN 12101-7 [7.51] entsprechen und die folgenden Anforderungen erfüllen:

- Konstruktion der Leitung und der Aufhängungen ausgelegt für 20 m/s bei erhöhten Temperaturen
- Formstabilität (Querschnitt) muss bei Umgebungstemperatur und bei erhöhter Temperatur erhalten bleiben
- Widerstandsfähig gegen definierten Unterdruck

Zusätzlich müssen Entrauchungsleitungen für Mehrfachabschnitte nach DIN EN 12101-7 die Anforderungen an die Wärmeisolation analog DIN 4102-6 erfüllen. Die Temperaturerhöhung auf der brandabgewandten Seite muss

- im Mittel ≤ 140 °C und
- im Maximum ≤ 180 °C bleiben.

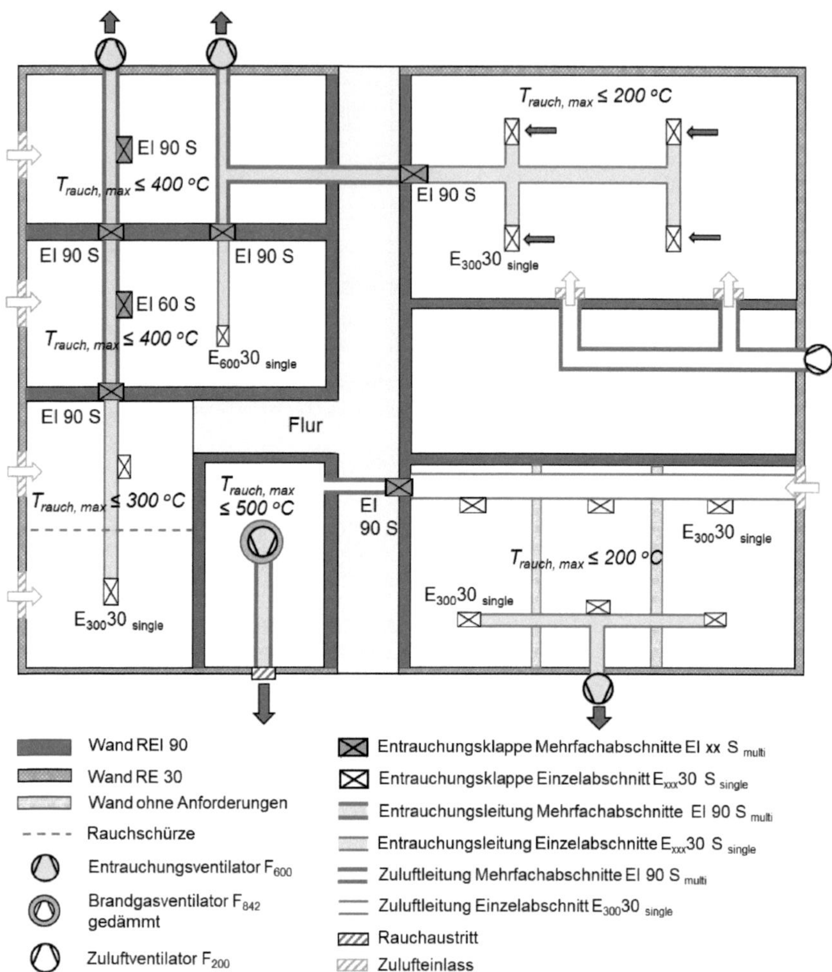

Abbildung 7-29: Einige Anforderungen an Entrauchungsleitungen nach MLÜAR (Beispiele für Komponenten für Entrauchungsanlagen, schematisch)

Entrauchungsleitungen müssen entsprechend der Festlegung in DIN EN 12101-7 geprüft und nach DIN EN 135021-4 [7.26] klassifiziert werden. Leitungen für Einzelabschnitte werden bei konstant 300 °C oder 600 °C, Leitungen für Mehrfachabschnitte unter den Temperaturen der Einheitstemperaturkurve jeweils von der Innen- und der Außenseite und definiertem Druckunterschied geprüft.

Einbau- oder Anbauteile von Entrauchungsleitungen, wie Zugangsöffnungen, Schalldämpfer oder andere Dämpfungseinrichtungen, Drehklappen, Strömungs- und Gasmengenanzeiger und Abschlussgitter, müssen die gleichen Anforderungen erfüllen wie die Leitungen selbst. Die Spalte, die bei der Installation von Entrauchungsleitungen in den raumabschließenden Bauteilen entstehen, müssen so abgedichtet werden, dass die Durchbrüche nicht zum Versagen der Anlage infolge Leckage von Brandgasen in andere Rauch- bzw. Brandabschnitte führen.

Die allgemeinen baurechtlichen Anforderungen zur Leitungsausführung gelten für Entrauchungsleitungen ebenso.

Abbildung 7-30: Beispiel für eine Entrauchungsleitung EI_{multi} 90 S mit ebenso klassifizierter Entrauchungsklappe

7.8.4.6 Entrauchungsklappen

Entrauchungsklappen werden in Entrauchungssystemen eingesetzt, um die Anzahl der Entrauchungsleitungen und die Absaugleistung der Entrauchungsventilatoren, die für heiße Brandgase ausgelegt werden müssen, zu begrenzen. Entrauchungsklappen sind dafür ausgelegt, entweder

- Brandgase aus einem einzelnen Brandabschnitt eines Gebäudes ins Freie zu führen, dann sind Entrauchungsklappen für Einzelabschnitte nach DIN EN 12101-8 [7.47] einzusetzen, die in der Regel keine isolierenden Eigenschaften haben, oder

- Brandgase über Leitungen, die mit mehreren Brandabschnitten eines Gebäudes verbunden sind ins Freie zu führen, dann sind Entrauchungsklappen für Mehrfachabschnitte nach DIN EN 12101-8 einzusetzen, die in der Regel auch Anforderungen an die maximale Temperaturerhöhung an der brandabgewandten Seite erfüllen müssen, also als isolierte Klappen auszuführen sind.

Die Entrauchungsklappen von MRA haben im Gegensatz zu Brandschutzklappen nach DIN 4102-6 [7.48] – die im Brandfall immer schließen – zwei Funktionsstellungen (Sicherheitsstellungen): offen und geschlossen. Die in einem bestimmten Entrauchungsfall des Gebäudes erforderliche Sicherheitsstellung muss bei der Planung des Systems definiert werden (sog. Brandfallstellung). Die für die gezielte Entrauchung definierter Rauchabschnitte notwendigen Stellungen aller Entrauchungsklappen müssen in der Steuerung des Systems verfügbar sein (vergl. Punkt 5.9).

Wenn mehrere Brand- oder Rauchabschnitte über einen gemeinsamen Schacht (oder eine gemeinsame Leitung) verbunden sind, werden die einzelnen Entrauchungszonen durch normalerweise geschlossene Entrauchungsklappen für Mehrfachabschnitte vom gemeinsamen Schacht getrennt (siehe Abbildung 7-19). Die Sicherheitsstellung „offen" wird für die zu entrauchende Zone durch den Entrauchungsklappenantrieb angesteuert, während alle anderen Entrauchungsklappen in der für diesen Entrauchungszustand geltenden Sicherheitsstellung „geschlossen" bleiben (bzw. bei Anlagen mit Doppelfunktion geschlossen werden).

Abbildung 7-31: Entrauchungsklappen, Außen für Einzelabschnitte Mitte: für Mehrfachabschnitte (Fotos links und Mitte: Mandik GmbH, rechts: systemair)

Entrauchungsklappen müssen – entsprechend der Festlegung in DIN EN 12101-8 – nach DIN EN 1366-10 [7.49] geprüft werden. Klappen für Einzelabschnitte werden bei 300 °C oder 600 °C geprüft, Klappen für Mehrfachabschnitte unter den Temperaturen der Einheitstemperaturkurve. Sofern Entrauchungsklappen eine Sicherheitsstellung geschlossen haben, müssen sie auch die thermischen Anforderungen an Brandschutzklappen (analog DIN 4102-6

[7.48]) erfüllen. Daher müssen Entrauchungsklappen für Mehrfachabschnitte insgesamt feuerbeständig sein. Sie dürfen jedoch nicht durch thermische Auslösungselemente in Betrieb gesetzt werden.

Entrauchungsklappen werden in beide Richtungen durch aktive Antriebselemente bewegt und müssen daher eine gesicherte Energieversorgung haben. Die Entrauchungsklappenantriebe müssen die Entrauchungsklappe auf Befehl der Steuerungseinrichtung innerhalb von 60 Sekunden gezielt in die jeweilige Sicherheitsstellung bringen können. Die eingenommene Sicherheitsstellung darf nur vom Steuerungssystem bestimmt werden und sich nach Erreichen nicht selbständig verändern. Daher dürfen Entrauchungsklappenantriebe keine temperaturgesteuerten Auslöseeinrichtungen oder Rückführgestänge besitzen, die unkontrolliert – z. B. bei Stromausfall – die Stellung der Entrauchungsklappe verändern könnten.

Klasse von Entrauchungsklappen für		**Brandprüfung**		**Leckrate [m³/(h * m²)]**		**Temperaturerhöhung [°C]**
Einzelabschnitte	Mehrfachabschnitte 4)	Temperatur [oC]	Zeit [min]	Umgebungsbedingungen	Brandprüfung	
E_{600} 1) 5)		600	30	≤ 360	≤ 360	nicht erforderlich
E_{600} S 1) 3) 5)				≤ 200	≤ 200	
	EI_{multi} 2) 5)	ETK 6)	30, 60, 90, 120	≤ 360	≤ 360	≤ 140 im Mittel ≤ 180 maximal
	EI_{multi} S 5)			≤ 200	≤ 200	

1) Der Buchstabe E bezeichnet nach DIN EN 13501-4 [7.26] den Erhalt des Raumabschlusses
2) Die Buchstabe I bezeichnet nach DIN EN 13501-4 [7.26] den Erhalt der Wärmedämmung
3) Index S für Rauchdichtheit (geringere Leckrate)
4) Index multi für Entrauchungsklappen für Mehrfachabschnitte
5) Zusatz HOT 400 / 30 für Funktion bei erhöhter Temperatur möglich
6) Temperatur entsprechend der ETK bei Prüfdauer gemäß Spalte Zeit

Tabelle 7-18: Einige Leistungskriterien für Entrauchungsklappen. nach DIN 12101-8

Werden Entrauchungsklappen und ihre Antriebe für den Betrieb bei Umgebungstemperatur ausgelegt, müssen sie durch Rauchmelder in einem frühen Brandstadium ausgelöst werden (vergl. Punkt 5.6.5). Sie verbleiben bzw. bewegen sich dann lediglich in die Brandfallstellung. Werden Entrauchungsklappen und ihre Antriebe durch die Feuerwehr erst bei höheren Temperaturen mit Hilfe von Schaltern oder sonstigen Steuerelementen in Betrieb gesetzt oder die Ansteuerung erfolgt erst bei höheren Temperaturen, müssen sie über 30 Minuten die Schließfunktion bis zu einer Temperatur von 400 °C sicherstellen (HOT 400 / 30 Prüfung, HOT = High-Operational-Temperatur).

Entrauchungsklappen nach DIN EN 12101-8 werden entsprechend der in den Prüfungen erreichten Leistungskriterien nach den Regeln der DIN EN 13501-4 [7.26] für den Einsatz klassifiziert, wie es auszugsweise in Tabelle 7-18 wiedergegeben ist.

7.8.4.7 Energieversorgung von MRA

Für die Energieversorgung von MRA gilt das unter Punkt 7.5.3.8 ausgeführte sinngemäß, d. h. es sind die Anforderungen der DIN EN 12101-10 [7.26] zu erfüllen. Jede der Energieversorgungen muss ausreichen, die Versorgung der Gruppe von Maschinellen Rauchabzugsanlagen mit dem höchsten Energiebedarf bei der geplanten Abzugsleistung über die gesamte geplante Betriebsdauer der MRA sicherzustellen.

Die elektrische Energie kann entweder von zwei getrennten öffentlichen Energieversorgungsbetrieben oder von einem solchen Betrieb und einer Notstromerzeugungsanlage geliefert werden. Versorgungskabel der MRA (zu Ventilatoren und Entrauchungsklappen) müssen von der Versorgung des übrigen Bauwerkes ab Eintritt in das Bauwerk unabhängig sein. Versorgungs- und Steuerkabel sind daher mindestens in P 30 nach EN 13 501-3 [7.29] auszuführen oder außerhalb des Entrauchungsbereiches zu verlegen.

Eine Energieversorgung der Sicherheitsstufe 1, eine sogenannte Sprinklerpumpenschaltung nach VDE CEA 4001 [6.50], kann für MRA im Einzelfall ausreichen, wenn ein Brandschutzkonzept dies nachweist und die Brandschutzbehörde zustimmt. Das verbleibendes statistische Ausfallrisiko für die Stromversorgung beträgt ca. 13 Minuten pro Jahr; eine gute bildliche Darstellung der Sprinklerpumpenschaltung enthält das Informationsblatt 5 des vdma [7.74].

7.8.4.8 Ansteuerung von MRA

Maschinelle Rauchabzugsanlagen sind über automatische Brandmeldeanlagen (Punkt 5) mit automatischen Meldern – in der Regel Rauchmelder (Punkt 5.7.2.4) – anzusteuern. Zusätzlich sind stets Handauslösungen erforderlich. Auch die unverzügliche Auslösung über ständig anwesendes geschultes Personal entspricht den Anforderungen der DIN 18232-5.

Sofern die Brandmelderzentrale in den Räumen, für die eine MRA vorgesehen ist, eingebaut werden soll, sind die Vorgaben aus DIN VDE 0833-2 zu beachten, d. h. in der Regel ist der Raum für die BMZ gegen den Schutzbereich der MRA vollständig feuerbeständig auszuführen (Punkt 5.6.2).

7.8.5 Zuluft für MRA

Für die Zuluft für Räume die mit MRA ausgestattet sind, sind – soweit möglich – in den Außenwänden bodennah, jedoch stets innerhalb der raucharmen Schicht, Nachströmöffnungen anzuordnen. Sie müssen in der Leistung auf die Rauchabzugsventilatoren abgestimmt sein (Zuluftverhältniss 1:1) und sollten vorzugsweise vor aber spätestens gleichzeitig mit Auslösung der MRA zur Verfügung stehen, um einen Unterdruck im Brandraum zu vermeiden, der u. U. die Öffnung von Zulufteinrichtungen und Fluchttüren beeinträchtigen könnte. Die erforderlichen Abstände der Oberkante dieser Zuluftöffnungen für MRA entsprechen jenen von NRA (Abbildung 7-15).

Als Zuluftöffnungen können angerechnet werden:

- eigenständige Zulufteinrichtungen
- Tore, Türen und Fenster, die zeitgerecht auf gesteuert bzw. geöffnet werden können

Anmerkung: *Die bei NRA mögliche Zerstörung von Öffnungen durch eine Werkfeuerwehr – die immer etwas Zeit benötigt – ist wegen der bei MRA sofort verfügbaren vollen Absaugleistung nicht vorgesehen.*

Zur Ermittlung der wirksamen Fläche von Zuluftöffnungen von MRA sind die Rohbauöffnungen mit denselben Faktoren c_z nach Tabelle 7-6 wie bei NRA zu korrigieren.

Sind Nachströmöffnungen nicht möglich, ist ein maschinelles Zuluftsystem erforderlich (Abbildung 7-29 und Abbildung 7-19 unten). Beide Systeme sind mindestens gleichzeitig in Betrieb zu nehmen, vorzugsweise sollte die maschinelle Zuluftanlage kurz vor der Abluftanlage aktiviert werden. Um Verwirbelungen der Rauchschicht und/oder gegenseitige Beeinflussungen der Ab- und Zuluftsysteme (Lüftungstechnische Kurzschlüsse) zu vermeiden, darf die horizontale Eintrittsgeschwindigkeit der Zuluft in den zu entrauchenden Raum 1 m/s nicht überschreiten. Diese impulsarme Zuluft ist ggf. durch Umlenkungen, Prallwände oder vergleichbare Maßnahmen an den Zuströmöffnungen sicher zu stellen.

Die Kombination von natürlichen und maschinellen Nachströmeinrichtungen für MRA ist möglich. Zu beachten ist, dass die Zuluftöffnungen stets so weit von den Ausblasöffnungen (Rauchaustrittsstellen) für Brandgase entfernt angeordnet sind, dass kein Rauch angesaugt werden kann. Die Bedingungen, unter welchen dies im Allgemeinen gegeben ist, enthält Punkt 7.8.4.3. In der Regel unbedenklich ist die Anordnung der Zuluftöffnungen in Höhe von mindestens 1 m unterhalb von allen Rauchaustrittsstellen und einem Abstand vom Gebäude von 5 m.

7.8.6 Bemessung von MRA in Sonderbauverordnungen

Die Bemessung von MRA nach DIN 18232-5 führt wie dargestellt zu bestimmten Anforderungen an die abzuführenden Rauchgasvolumina und die zugeordneten Zuluftöffnungen. Auf der Grundlage der der DIN 18232 zu Grunde liegenden Brandmodelle (Energie- und Massebilanzmodell) als auch physikalischströmungsmechanischer Modelle hat die ARGEBAU mit etwas anderen Randbedingungen Berechnungen mit dem Ziel angestellt, den Bauschaffenden einfachere Bemessungsregeln für MRA in Sonderbauten, die keine großflächigen Industrie- oder Gewerbehallen sind, an die Hand zu geben. Die angesetzten Randbedingungen sind unter Punkt 7.5.5 bereits erläutert worden.

Hierauf aufbauend hat die ARGEBAU in den Musterbauordnungen

- Muster-Versammlungsstättenverordnung – MVStättVO – 2014 [7.34]
- Muster-Verkaufsstättenverordnung – MVKVO – 2014 [7.35]
- Muster-Industriebaurichtlinie – MIndBauRL – 2014 [7.36]

Vorgaben für Mindestrauchvolumenströme veröffentlicht. Danach sind einheitlich in

- Versammlungsräumen
- Verkaufsräumen
- Produktionsräume
- sonstigen Aufenthaltsräumen
- Magazinen
- Lagerräumen

bei weniger als 1.600 m² Fläche Rauchgasvolumenströme von 10.000 m³/h je 400 m² Fläche ausreichend. Bei mehr als 1.600 m² sind je weitere 400 m² zusätzliche Rauchgasvolumenströme von 5.000 m³/h sicherzustellen. Wenn sichergestellt ist, dass dieser Luftvolumenstrom im Bereich der Brandstelle auf einer Grundfläche von max. 1.600 m² gleichmäßig von den Absaugstellen und Rauchabzugsanlagen gefördert werden kann, genügt ein Gesamt-Rauchgasvolumenstrom von 40 000 m³/h.

Insgesamt ergeben diese Regelungen geringere Rauchgasvolumenströme als bei Bemessung nach DIN 18232-5.

Die Zuluftflächen sind im unteren Raumdrittel so anzuordnen, dass die Strömungsgeschwindigkeit 3 m / s nicht überschreitet (DIN 18232-5: 2 m / s). Maschinelle Rauchabzugsanlagen müssen nach den genannten Musterbauordnungen für eine Betriebszeit von mindestens 30 Minuten und eine Rauchgastemperatur von 600 °C ausgelegt sein (ab 40.000 m³/h Temperaturbeständigkeit 300 °C).

7.9 Entrauchungsanlagen für Parkhäuser

In großflächige Nutzungseinheiten, wie z.B. Parkhäusern, werden aus Gründen der Rettungswegsicherung und zur Verhinderung einer vollständigen Verrauchung rauchabschnittsbildende Wände (in der Regel EI 30 mit RS-Türen) gefordert. Ein Rauchabschnitt darf dabei – je nach Bundesland – bis zu 2500 m^2 groß sein. Für geschlossene Parkhäuser und Garagen, insbesondere Tiefgaragen, sind Einrichtungen zur Rauchabführung im Brandfall obligatorisch [7.59]. Der Einsatz von NRA oder MRA ist jedoch wegen der geringen Raumhöhe überwiegend nicht möglich.

Ein Entrauchungskonzept, das als Druckimpulslüftungsverfahren bezeichnet wird (DILV; DFV [7.60], auch: Impuls-Ventilations-System IVS; [7.61] oder Jet-Ventilation JV [7.62]), kann auch in Nutzungseinheiten mit mehr als 2500 m^2 Fläche die Schaffung baulicher Rauchabschnitte entbehrlich machen, so dass prinzipiell großzügige und übersichtliche Strukturen realisiert werden können, ohne die Sicherheit der Rettungswege zu gefährden. Im Gegensatz zu maschinellen Rauchabzügen (MRA, siehe Punkt 7.8), bei denen der zwischen Absaugstelle und Zuluftöffnung erzeugte Unterdruck im Raum maßgebend für die Größe und Richtung des abgeführten Luft- bzw. Rauchstroms ist, wird die Rauchgasströmung beim IVS durch im Raum befindliche Schubventilatoren (auch: Strahlventilatoren) aktiv direkt unterstützt und teilweise gelenkt.

Die Ventilatoren sind so angeordnet und werden bedarfsabhängig so gesteuert (Abbildung 7-32), dass bei Rauchdetektion die dem Detektionsort gruppenweise zugeordneten Schubventilatoren eine Luftströmung in Richtung der Absaugstelle(n) (z.B. einen Schacht) erzeugen. Dadurch wird die Abströmgeschwindigkeit von Rauch im Bereich der aktiven Schubventilatoren größer als in den übrigen Bereichen. Die beschleunigt abströmenden Rauchmassen erzeugen ein Zuströmen von Frischluft in Richtung der rasch bewegten Rauchmassen (analog dem Einströmen von Frischluft in einen Feuerplume, vergl. Punkt 7.3.2). Dies hat zur Folge, dass der Rauch stark abgekühlt wird und eine Ausbreitung entgegen der Luftströmung entscheidend behindert wird.

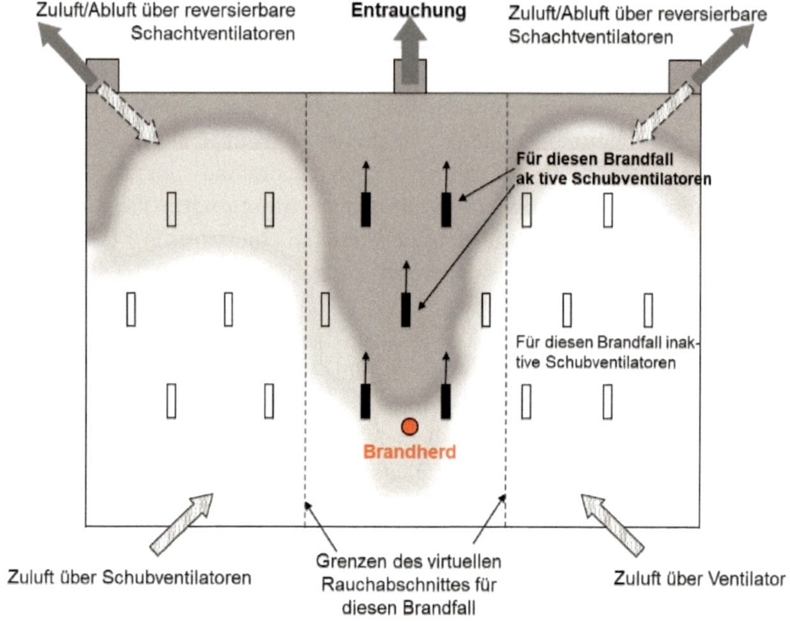

Abbildung 7-32: Funktionsweise des Rauchabzuges mit Druckimpulslüftungsanlage am Beispiel eines Brandes im Untergeschoss einer Tiefgarage

Durch die Projektierung der Anlage hinsichtlich der Kapazität und Anordnung der Schubventilatoren sowie der Zuluft- und Absaugpunkte sind bereits in der Planungsphase die Grenzen potenziell verrauchender Bereiche („virtuelle Rauchabschnitte") festlegbar. Die Schubventilatoren werden zu Gruppen zusammengefasst, die im Betrieb maximale Rauchabschnitte von bis zu 2500 m^2 gewährleisten, ohne dass Wände zur Rauchabschnittsbildung erforderlich werden. Die Schachtventilatoren sind in ihrer Wirkungsrichtung umkehrbar und arbeiten damit je nach Brandentstehungsort entweder als Zu- oder Abluftventilatoren.

Die Anlagen werden in Garagen im Normalbetrieb zur CO-Abführung eingesetzt. Treten erhöhte CO-Werte auf, wird der Volumenstrom gezielt erhöht. Da die Detektion brandbedingten Kohlenmonoxids bereits vor einer Rauchdetektion stattfinden kann, sollte die Anlage so konzipiert werden, dass CO-Stufen und Brandfallstufe dieselbe Strömungsrichtung, lediglich mit veränderten Volumina, erzeugen, um die Strömungsverhältnisse technisch beherrschen zu können.

Die erste Anlage dieser Art in Deutschland wurde in einer ca. 15 000 m^2 großen zweigeschossigen Tiefgarage in Solingen eingebaut. Weitere Anlagen wurden in zwei Tiefgaragen in Erfurt ausgeführt. Hierbei wurde auch auf eine Sprinklerung verzichtet.

Anmerkung: Dieser Verzicht wird allerdings von verschiedenen Brandschutzinstitutionen sehr kritisch gesehen, da die Kühlwirkung von Sprinkleranlagen wegfällt und daher die Gefahr der Brandausbreitung auf Nachbarfahrzeuge erhöht wird (vergl. hierzu z. B bei Merci et al. [7.64] und bei [7.75]).

Bei der Planung von Druckimpulsventilationsanlagen sind die folgenden Randbedingungen zu berücksichtigen:

- die virtuellen Rauchabschnitte sind entlang der Fahrgassen zu planen;

Anmerkung: Aufgrund der in verschiedenen realen Brandversuchen mit Pkw gemessenen Temperaturen der Rauchgasschicht und des Plumes ist eine Brandübertragung über Fahrgassen in einer Mindestbreite von ca. 6 m hinweg unwahrscheinlich (Dobbernack [7.63]).

- die von der Anlage abführbaren Rauchgasvolumina müssen größer sein als die in Bewegung gesetzten Gasvolumina, um die Einmischung von Frischluft an den Grenzen der virtuellen Rauchabschnitte zu beherrschen;
- um Rückströmungen von Rauch aufgrund thermischer Effekte des Brandes zu vermeiden, ist eine mittlere Luftgeschwindigkeit von > 1,4 m / s im gesamten Querschnitt des geplanten virtuellen Rauchabschnittes sicherzustellen;

Anmerkung: Dies ist durch Versuche messtechnisch für jeden geplanten virtuellen Rauchabschnitt nachzuweisen; hierzu muss die Anlage insbesondere die sich aufgrund der baulichen Gegebenheiten (z. B. Verengungen) einstellenden Druckverluste ausgleichen können. In der Strahlrichtung der Achsialventilatoren ist die Strömungsgeschwindigkeit wesentlich höher: bis zu 20 m / s.

- auch bei Ausfall eines Strahlventilators durch direkte Brandeinwirkung ist eine mittlere Luftgeschwindigkeit von > 1,2 m / s im gesamten Querschnitt des betroffenen virtuellen Rauchabschnittes sicherzustellen;
- die Zulufteinführung muss möglichst parallel zu den Strahlrichtungen erfolgen, um Verwirbelungen zu minimieren;
- die Tiefgarage ist abschnittsweise durch Rauchmelder einer BMA zu überwachen, die BMA muss auf der Grundlage einer Brandfall-Steuermatrix brandortabhängig die jeweils vordefinierten Ventilatoren in Betrieb setzen (vergl. hierzu Punkt 5.9);

- (die Rauchdetektion ist unmittelbar der Feuerwehr weiter zu melden);
- bei Rauchdetektion ist die CO-Lüftung auszuschalten, um die volle Leistung der Strahlventilatoren für die Entrauchung nutzen zu können;
- bei Rauchdetektion ist zunächst die Evakuierung des Bauwerkes sicher zu stellen, damit dort etwa vorhandene Personen nicht durch den Rauch flüchten müssen; dies bedingt i. A.:
  - eine mindestens 2 Minuten lange Verzögerung des Anlaufens der Impulsventilatoren
  - Warnung Anwesender mittels Sprachalarm
- das Hochfahren des Entrauchungsmodus der Anlage auf Nennleistung sollte nicht länger als 90 s dauern.

Die in verschiedenen realen Brandversuchen mit Pkw (auch mehrerer Pkw) gemessenen Temperaturen und Temperaturverläufe bis zur Löschung des Brandes durch die Feuerwehr ([7.63] und [7.75]) ergeben die folgenden Anforderungen an die Anlagen:

- Temperaturbeständigkeit der Schubventilatoren (Strahlventilatoren) und der Abluftventilatoren sowie aller ggf. als Abluftventilatoren eingeplanten Zuluftventilatoren gemäß Kategorie F 300 nach DIN EN 12101-3 (300 °C über 60 Minuten, siehe Tabelle 7-15);
- Energieversorgungsleitungen für die Schubventilatoren in P 30 nach EN 13 501-3 [7.97];
- Energieversorgungsleitungen zu den Abluftventilatoren und aller ggf. als Abluftventilatoren eingeplanten Zuluftventilatoren in P 90 nach EN 13 501-3;
- Notstromversorgung für das Gesamtsystem;
- es sollte ein zentrales Anzeige- und Steuerungstableau für die Feuerwehr vorgesehen werden, an dem die Feuerwehr weitere Rauchabschnitte gezielt aktivieren kann.

Vorteilhaft wirken sich im Brandfall vor allem folgende Punkte aus:

- *Frühzeitige Alarmierung*:
  Die für den Rauchabzug mit Hilfe von Strahlventilatoren notwendige Brandmeldeanlage kann die frühzeitige Alarmierung der Feuerwehr sicherstellen.
- *Fluchtbedingungen*:
  Rauchabschnittsbildende Wände (REI 30) führen nicht mehr zu einer Einengung der Rettungswege auf die Fahrgassen.
- *Zugänglichkeit:*
  Durch den Fortfall baulicher Rauchabschnittsbildungen bleibt der Brandort mindestens luvseitig für die Feuerwehr (aber auch für flüchtende Nutzer der

Garage) begehbar. Die Brandbekämpfung kann damit ohne große Personenrisiken erfolgen.
- *Informationslage:*
Die Informationslage ist luvseitig, im Gegensatz zu geschlossenen und in der Folge vollständig verrauchten Abschnitten, relativ gut (Abbildung 7-32).

Nachteilig können sich im Brandfall folgende Punkte auswirken:

- *Informationslage:*
Es bildet sich keine raucharme Schicht über den gesamten Rauchabschnitt aus, dieser ist somit nicht mehr vollständig einsehbar.
- *Fluchtbedingungen:*
Leeseitige Rettungswege werden i. d. R. durch den Rauch unpassierbar.

Anmerkung: Bislang sind Druckimpulslüftungsverfahren noch nicht umfassend technisch beschrieben. Ein europäisches Normvorhaben für Druckimpulslüftungsverfahren mit dem Arbeitstitel „Horizontal powered ventilation systems for enclosed car-parks“ hat bisher nur den Status eines Arbeitspapiers des TC 191 erreicht [7.76].

7.10 RWA und Löschanlagen

Bei der Kombination von Rauch- und Wärmeabzugsanlagen mit Löschanlagen ist eine mögliche gegenseitige Beeinflussung nicht auszuschließen. In Gebäuden mit automatischen Feuerlöschanlagen darf das Auslösen von Löschanlagen nicht dadurch verzögert werden, dass durch Rauch- und Wärmeabzugsanlagen die Brandwärme abfließen kann. In Gebäuden mit Sprinkleranlagen (auch Schaum-, Sprühwasser- oder Pulver-Löschanlagen) ist deshalb die gruppenweise Auslösung der Rauch- und Wärmeabzugsgeräte nur manuell zulässig. Selbstverständlich kann in Räumen mit Gaslöschanlagen die Auslösung von RWA ebenfalls nur manuell erfolgen.

Die mögliche Beeinflussung war in den vergangenen Jahren Gegenstand intensiver Untersuchungen, insbesondere wurden zur Wechselwirkung zwischen Sprinkleranlagen und RWA zahlreiche Brandsimulationsrechnungen durchgeführt. Die mögliche Beeinflussung zwischen den Anlagetypen hängt danach im Wesentlichen von der Art und damit von der Reihenfolge der Auslösung der Anlagen ab. Letztere wird durch das (Haupt-) Schutzziel der jeweiligen Anlage bestimmt (Punkt 5. 3. 10, Sprinkleranlagen und RWA). In der auf VdS 2815 [7.53] basierenden Tabelle 7-19 sind die Kombinationsmöglichkeiten für Standardfälle unter Beachtung der o. g. Aspekte zusammengestellt.

Die automatische Auslösung von Sprinkleranlagen erfolgt temperaturabhängig. Neben der Auslösetemperatur beeinflusst die Ansprechempfindlichkeit der Sprinkler das Auslöseverhalten (RTI-Wert, vergl. Punkt 5.3.7.6.3). Die selbsttätige Auslösung von Sprühwasser-Löschanlagen erfolgt über Detektion der verschiedenen Brandkenngrößen (Rauch, Wärme, Strahlung). In Kombination mit den verschiedenen Auslösemöglichkeiten des Rauch- und Wärmeabzugs ergibt sich die Auslösereihenfolge (Handauslösung, Thermoelement, Rauchmelder). Entsprechend der Auslösereihenfolge werden die unterschiedlichen Schutzziele erfüllt.

Bei Handauslösung wird die Rauch- und Wärmeabzugsanlage immer nach der Wasserlöschanlage aktiviert werden. In diesem Fall unterstützt der Rauchabzug den Löschangriff durch die Feuerwehr und entlastet durch Ableitung der Brandwärme die Konstruktion. Damit der Sprinkler in der Schicht der heißen Rauchgase liegt, ist bei Rauchabschnitten von > 2000 m^2 immer eine Rauchschürze erforderlich. Die Höhe dieser Rauchschürze muss mindestens 500 mm betragen und die Sprinkler müssen deckennah montiert sein. Sofern dies sichergestellt ist, ist der Einfluss der RWA auf die Funktion der Sprinkleranlage gering (Stahl [7.54], Covelli [7.55], VDMA [7.56]).

Bei der relativ empfindlichen ESFR-Technik ist eine negative Beeinflussung der Anlage durch den Rauchabzug nicht auszuschließen, so dass die Kombination hier nur unter strengen Randbedingungen möglich ist; die VdS CEA-Richtlinie für Sprinkleranlagen [7.57] geht in Anhang L ausführlich auf die Besonderheiten von ESFR-Sprinkleranlagen ein. Die Auslösung des natürlichen Rauchabzugs über Rauchmelder kommt in Kombination mit ESFR-Sprinklern nicht in Frage. Bei maschinellem Rauchabzug sollte die Auslösung nach den ESFR-Sprinklern erfolgen. Gleiches gilt für den natürlichen Rauchabzug bei Auslösung über Thermoelemente.

Ein nahezu gleichzeitiges Auslösen beider Anlagen wird bei der Kombination von Sprühwasser-Löschanlagen mit maschineller Entrauchung bzw. RWA mit Rauchmeldern angestrebt. Dies kann durch die Ansteuerung der maschinellen Entrauchung über die Alarmventilstation der Löschanlage bzw. über eine gekoppelte Auslösung über Rauchmelder umgesetzt werden.

Wenn die Sicherung von Flucht- und Rettungswegen im Vordergrund steht, ist es sinnvoll, wenn die RWA vor der Wasserlöschanlage anspricht. Um dies sicher zu stellen, kann die Auslösung der RWA über Rauchmelder erfolgen. Dabei ist zu beachten, dass nach VdS eine Überwachungsfläche von 400 m^2 pro Rauchmelder zulässig ist. Um das Ansprechen der Rauchmelder vor dem Thermoelement der Wasserlöschanlage sicherzustellen, sollte die Überwachungsfläche der Melder jedoch 200 m² nicht überschreiten.

Durch das Auslösen des Rauchabzugs vor der Löschanlage muss bei der Anordnung der Geräte darauf geachtet werden, dass der Abströmweg der Brandgase nicht zur Ausbildung eines Schneiseneffekts bei der Sprinklerauslösung führt. Gleiches gilt auch für den maschinellen Rauchabzug, der immer über Rauchmelder ausgelöst wird.

Noch kritischer als die Kombination ESFR-Technik und RWA ist die Kombination von Wassernebel-Löschanlagen mit Rauchabzügen zu sehen. Hier besteht die Gefahr, dass die Luftströmung die kleinen Wassertröpfchen ablenkt. Lediglich bei Handauslösung der RWA ist die Kombination zur Unterstützung der Brandbekämpfung durch die Feuerwehr denkbar (siehe auch Ausführungen im Kapitel 6 Löschanlagen unter Punkt 6.3.7.6.4, Sprinklertypen).

Rauch- und Wärmeabzüge und automatische Löschanlagen				
RWA	**Sprinkler**	**ESFR**	**Sprühwasser**	**Feinsprüh**
Maschineller Rauchabzug	Unter Beachtung der Querlüftung möglich, (bei Strahlventilation nicht sinnvoll)	eingeschränkt möglich, siehe Vorgabe nach FM 2-2 für Lüftung	bedingt möglich, Ansteuerung nur über SP-Ventilstation	Kombination in der Regel **nicht sinnvoll**
Natürlicher Rauchabzug Auslösung über **Rauchmelder**	Kombination möglich und sinnvoll unter Berücksichtigung der Anordnung	**nicht sinnvoll**	Kopplung möglich und sinnvoll unter Berücksichtigung der Anordnung und verknüpfter Auslösung	Kombination in der Regel **nicht sinnvoll**
Natürlicher Rauchabzug Auslösung über **Thermoelemente**	Kombination möglich und sinnvoll unter Berücksichtigung der Anordnung	Auslösung RWA nach ESFR (ESFR 68 °C, RTI< 50; RWA 141 °C, RTI> 80) konstruktive Anforderungen sind zu beachten	Kombination möglich und sinnvoll unter Berücksichtigung der Anordnung	Kombination in der Regel **nicht sinnvoll**
Natürlicher Rauchabzug Auslösung über **Handmelder**	sinnvolle Kombination	sinnvolle Kombination	sinnvolle Kombination	bedingt möglich

Tabelle 7-19: Kombinationen von RWA und Wasserlöschanlagen

7.11 Wärmeabzugsanlagen - WA

Natürliche Rauchabzüge (NRA) und maschinelle Rauchabzüge (MRA) wirken stets auch als Wärmeabzüge (WA). RWA die in erster Linie zu dem Zweck eingesetzt werden sollen, die Wärmebeanspruchung von Bauteilen zu verringern, sind in der Regel mit Hilfe der DIN 18230-1 – Baulicher Brandschutz im Industriebau – [7.7] auf ihre Wirkung als WA zu überprüfen. Dabei beschreibt DIN 18230-1 die Wirkung vorgegebener Öffnungen – die nicht alle Rauchabzugsöffnungen im Sinne der DIN 18232-2 sein müssen – als Wärmeabzug (ausgedrückt im sog. *w-Faktor*, siehe Punkt 7.11.2). Wo erforderlich, ist daher in einem iterativen Prozess zwischen DIN 18230-1 und DIN 18232-2 die optimale Größe und Ausführung von RWA und WA festzulegen. Eine weitere Möglichkeit der Bewertung von Wärmeabzügen besteht in der Berechnung ihrer Wirkung mit Hilfe von Brandsimulationsmodellen.

7.11.1 Wärmeabzug durch Zerstörung von Bauteilen

Reine Wärmeabzüge müssen erst bei höheren Temperaturen als Rauchabzüge wirksam werden – etwa ab 300 °C – um das Gebäude thermisch zu entlasten. Sie müssen daher nicht zwangsläufig als automatisch wirkende, öffnende bzw. absaugende Geräte ausgeführt sein. Es können auch Dach- und Wandflächen als Wärmeabzug dienen, die durch brandbedingte Zerstörung die Öffnungen freigeben.

Nach DIN 18230-1 dürfen auf den Wärmeabzug die in Tabelle 7-20 aufgeführten Öffnungsflächen angerechnet werden.

Als Materialien für im Brandfall zerstörte Wärmeabzugsflächen kommen die folgenden Stoffe in Betracht, deren Feuerwiderstandszeiten ausreichend gering sind:

- Glas (<u>nicht</u> G-Glas oder F-Glas nach DIN 4102-13 [7.65])
  - Einfach-Fensterglas
  - Drahtglas mit Drähten nur in einer Richtung
  - Handelsübliches Zweischeiben-Isolierglas
- Aluminium
- Faserzementplatten
- unverstärkte Thermoplaste wie:
  - Styrol-Acrylnitril (SAN)
  - Polycarbonat (PC)
  - Polyvinylchlorid (PVC)
  - Polymethylmethacrylat (PMMA, z. B. Makrolon®)

Das Versagens- und damit Öffnungsverhalten der Materialien der obigen ersten Gruppe ist jedoch von ausreichend hohen Temperaturen (ca. 550 °C) bzw. schnellen Temperaturanstiegen abhängig. Bei sich langsam entwickelnden Bränden kommen nur Thermoplaste in Frage, die bei Temperaturen weit unterhalb der Entzündungstemperaturen abschmelzen. Von entscheidender Wichtigkeit ist dabei, dass die abschmelzenden Materialien nicht ihrerseits zur Brandausbreitung beitragen. Daher sind ausschließlich *nicht brennend abtropfende* Materialien geeignet. Daneben ist bei Deckenflächen zu berücksichtigen, dass u. U. die Feuerwehr sich unterhalb der sich zerstörenden Bereiche aufhalten könnte.

Fläche und Öffnungsverschluss	**Anrechenbarkeit**
ständig offen	immer zu 100 %
Flächen von RWA-Geräten nach DIN 12101-2	immer zu 100 %
Flächen von Toren, Türen und Lüftungsgeräten, die ins Freie führen und von außen ohne Gewaltanwendung geöffnet werden können	immer zu 100 %, sofern das Öffnen sichergestellt ist (z. B. durch anwesendes Personal, eine automatische Öffnung bei Rauch und Wärmeentwicklung ist nicht erforderlich)
Verschluss mit Kunststoffen mit einer Schmelztemperatur < 300 °C	im Dachbereich zu 100 % [1)] in der oberen Hälfte des Außenwand [2)] wenn $t_ä \leq 15$ min zu 50 % [3)] wenn $t_ä \geq 30$ min zu 100 % [4)]
Verglasungen, die bei Brandeinwirkung ganz oder teilweise zerstört werden [5)]	Einfach-Fensterglas: wenn $t_ä \leq 15$ min zu 80 % [3)] wenn $t_ä \geq 30$ min zu 100 % handelsübliches Zweischeiben-Isolierglas: wenn $t_ä \leq 15$ min zu 35 % [6)] wenn 15 min $\leq t_ä \geq 30$ min zu 50 % [6)] wenn $t_ä \geq 30$ min zu 100 %
Flächen von Wärmeabzugsöffnungen	mit Nachweis, wenn die äquivalente Branddauer ohne Berücksichtigung der betrachteten Öffnungen größer ist als die Auslösezeit der WA nach DIN 18232-7
Flächen von Öffnungen mit Abdeckungen die im Brandfall zerstört werden	mit Nachweis flächiger Freigabe der Öffnungen durch Brandeinwirkung nach ETK innerhalb von 15 Minuten, wenn $t_ä \geq 15$ min
Maschinelle Rauchabzüge	*grundsätzlich nicht; mit deren Leistung, wenn ein genauerer Nachweis mittels Wärmebilanzrechnung geführt wird und die Funktion sicher gestellt ist*
1) horizontal oder geneigt, siehe Abbildung 7-35 2) vertikal oder geneigt siehe Abbildung 7-35 3) wenn Werkfeuerwehr vorhanden und technisch und organisatorisch dazu in der Lage ist, zu 100 % 4) Zwischenwerte dürfen interpoliert werden 5) für Brandabschnitte mit geringer Brandbelastung und / oder großer Höhe sind ggf. detaillierte Betrachtungen nach Anhang E.13.2 der DIN 18230-2 erforderlich 6) wenn Werkfeuerwehr vorhanden darf der Wert verdoppelt werden	

Tabelle 7-20: Anrechenbarkeit von Öffnungen für den Wärmeabzug bei der Berechnung des w-Faktors

Anmerkung: Im Brandfall offene Dachflächen stehen oftmals im Widerspruch zur Forderung der Landesbauordnungen nach harter Bedachung, also gegen Flugfeuer und strahlende Wärme widerstandsfähige Bedachung nach DIN 4102-7 [7.24]. Zur Genehmigungsfähigkeit dürfen daher nur gewisse Prozentsätze der Dachfläche als Wärmeabzugsflächen ausgeführt werden, Mindestabstände zu Dachrändern, Brandwänden, Lichtelementen und Weicher Bedachung sind einzuhalten.

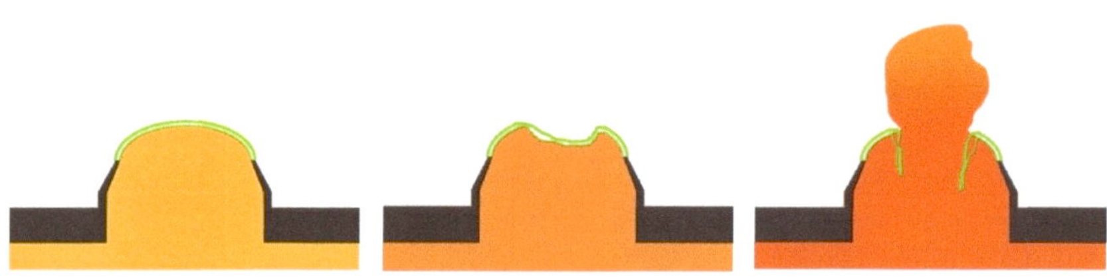

Material	PET	PC	PMMA	PVC
keine Verformung bis ca.	< 65 °C	< 100 °C	< 70 °C	< 60 °C
Verformungsbereich ca.	130 °C	180 °C	150 °C	130 °C
Schmelzbereich ca.	240 °C	240 °C	240 °C	240 °C
Entzündungstemperatur ca.	> 400 °C	> 400 °C	> 400 °C	> 400 °C

Abbildung 7-33: Wärmeabzug durch abschmelzende Baustoffe

Ein einheitliches Prüfverfahren für derartige Wärmeabzugsflächen aus thermoplastischen Werkstoffen enthält DIN 18232-7 [7.66]. Diese technische Regel beschreibt die Ermittlung eines so genannten Thermischen Trägheitsindexes – TTI – für abschmelzende Abdeckungen von Wärmeabzügen. Der TTI-Wert beschreibt in Analogie zum RTI-Wert bei Sprinklern (Punkte 6.3.7.6.3 und 14.8) das Verhalten der Abdeckungen bei Wärmebeaufschlagungen und ist abhängig von

- der Masse des in der Abzugsfläche eingesetzten Materials (Rahmenanteile können in der Regel vernachlässigt werden)
- der Größe der der Brandgasströmung ausgesetzten Fläche
- der spezifischen Wärmekapazität des Materials
- der Schmelzwärme des Materials
- der Wärmeübergangszahl in Abhängigkeit von den Strömungsverhältnissen

Die Ermittlung des TTI-Wertes ist derzeit (2021) noch auf im Wesentlichen horizontal eingebaute, ein- oder mehrschalige plattenförmige Abdeckungen aus monolithischen Werkstoffen (z. B. herkömmliche ein- oder mehrschalige Lichtkuppeln) anwendbar. Stegmehrfachplatten können aufgrund des anderen Aufschmelzverhaltens derzeit noch nicht abgebildet werden.

Für die Bestimmung des TTI Wertes müssen die oben genannten Stoffkennwerte und der Zeitpunkt des Aufschmelzens unter einer bekannten Temperaturbelastung bekannt sein (z.B. unter konstanter Brandrauchtemperatur). Ein frei verfügbares Rechenmodell [7.67] kann dann für die Bestimmung der TTI-Werte herangezogen werden. Aus dem TTI-Wert und der Schmelztemperatur kann danach mit Hilfe einer Interpolationsformel mit genügender Genauigkeit der Zerstörungszeitpunkt bei Beanspruchung mit den Temperaturen der ETK nach DIN 4102-2 [7.24] ermittelt werden. Diese Zeit kann nun direkt mit der äquivalenten Branddauer nach DIN 18230-1 in Bezug gesetzt werden.

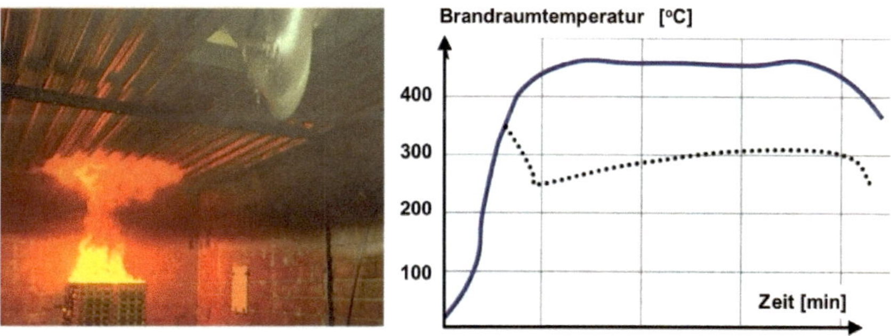

Abbildung 7-34: Wirkung von Wärmeabzügen aus abschmelzendem Material (Foto und Graphik: www.fvlr.de)

7.11.2 Bemessung von Wärmeabzügen nach DIN 18230-1

Die DIN 18230-1 „Baulicher Brandschutz im Industriebau" gibt ein brandschutztechnisches Bemessungsverfahren vor, dass, ausgehend von der im Gebäude vorhandenen Brandlast, der Art der Nutzung sowie den baulichen und brandschutztechnischen Randbedingungen, die erforderliche Feuerwiderstandsdauer $erft_F$ von tragenden Bauteilen berechnet. Die Verknüpfung mit dem Baurecht erfolgt über die Industriebaurichtlinie [7.36]. Eine ausführliche Behandlung des gesamten Bemessungsverfahrens ist hier nicht möglich, auf die Norm und die hierzu erschienene Fachliteratur [7.68] bis [7.72] und insbesondere die übersichtliche Erläuterung des Verfahrens nach DIN 18230-1 bei Schneider et al. [7.73] wird daher verwiesen.

Zunächst wird nach DIN 18230-1 die rechnerische Brandlast in dem zu betrachtenden Gebäude oder Gebäudeteil bestimmt. Hierzu müssen die Massen und die Heizwerte der gelagerten Materialien und Einrichtungen nach den Vorschriften der DIN 18230-1 ermittelt und aufsummiert werden. Für gekapselte Brandlasten, von denen zu erwarten ist, dass sie nicht oder nicht vollständig am Brand teilnehmen, enthält DIN 18230-1 detaillierte Vorgaben zu deren Berücksichtigung bei Ermittlung der rechnerischen Brandlast. Aus der rechnerischen Brandlast wird gemäß Gleichung 7-16 die sog. Äquivalente Branddauer $t_ä$ berechnet. Diese beschreibt die durch den Abbrand der rechnerischen Brandlast erwartete Erwärmung der Bauteile und projiziert diese auf die Einheits-Temperaturkurve nach DIN 4102-1 (vergl. auch Abbildung 7-39). M. a. W., die äquivalente Branddauer $t_ä$ ist diejenige Zeit, bei der auf Grund einer Erwärmung gemäß ETK die gleiche maximale Bauteiltemperatur wie im zu erwartenden Naturbrand erreicht würde.

Gleichung 7-16: $t_ä = q_R * c * w$

mit: q_R = rechnerische Brandlast

c = beschreibt den Wärmeabfluss durch die Erwärmung der Umfassungsbauteile (Wände, Fußboden, Decke)

w = Wärmeabzugsfaktor oder Ventilations faktor, berücksichtigt den konvektiven Wärmeverlust (Ventilation) durch Öffnungen im Gebäude

Die folgenden Ausführungen beziehen sich auf DIN 18230-1 [7.7], dort wird ein auf umfangreichen Brandsimulationsrechnungen beruhendes Verfahren zur Ermittlung des w-Faktors angegeben.

Der w-Faktor ist im Wesentlichen abhängig von:

- dem Verhältnis a_v der Wandöffnungen A_v zur Fläche des Bemessungsabschnittes A ($a_v = A_v / A$)
- dem Verhältnis a_h der Deckenöffnungen A_h zur Fläche des Bemessungsabschnittes A ($a_h = A_h / A$)
- dem Vorhandensein von Öffnungen im oberen Raumbereich
- der mittleren Hallenhöhe h_m

Die folgenden Randbedingungen sind bei der Ermittlung des w-Faktors einzuhalten:

$0{,}5 \leq w$

wenn:	$A_h < 0{,}5\,\%\ A$	(d. h. keine oder sehr kleine WA-Flächen im Dach)
muss:	$A_v \leq 2 * A_{v,ob}$	bleiben
	mit: $A_{v,ob}$ =	Öffnungen im oberen Wandbereich
	und: $0{,}025\ A \leq A_v \leq 0{,}25\ A$	
Anmerkung:	Zu den anrechenbaren Öffnungen siehe Punkt 7.5.3.9.	

Der Wärmeabzugsfaktor wird bei gleichmäßig verteilten Brandlasten und Öffnungsflächen nach Gleichung 7-17 berechnet:

Gleichung 7-17: $w = w_0 * \alpha_w$

mit: w_0 nach Gleichung 7-18

α_w nach Gleichung 7-19

Sind die Brandlasten lokal konzentriert bzw. ungleichmäßig verteilt (dies ist der Fall, wenn die Brandbelastung einer Teilfläche um mehr als 10 % von der durchschnittlichen Brandbelastung abweicht), *darf* unter bestimmten Bedingungen ein Wärmeabzugsfaktor w_T für die Teilfläche ermittelt werden.

Sind die Wärmeabzugsflächen ungleichmäßig verteilt (dies ist der Fall, wenn die auf die Teilfläche bezogene horizontale Öffnungsfläche $a_{h,T}$ kleiner ist als 50 % der bezogenen horizontalen Öffnungsfläche a_h), *muss* ein Teilabschnittsnachweis geführt werden, zu den Bedingungen und Berechnungen von w_T wird auf DIN 18230-1 verwiesen. Ein Teilabschnittsnachweis ist i. a. dann günstiger, wenn die Fläche des Teilabschnittes weniger als ca. 45 % der Gesamtfläche beträgt. Im Folgenden wird nur die Berechnung von w weiter erläutert.

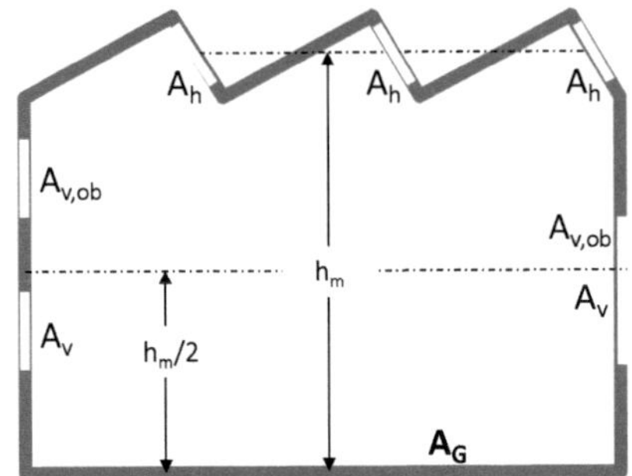

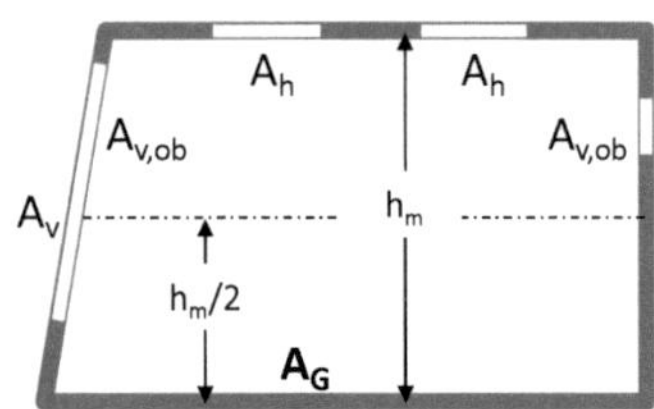

Abbildung 7-35: Geometrie zur Ermittlung des w-Faktors nach DIN 18230-1

Der Faktor w_0 ist abhängig von den Verhältnissen der Flächen von Wand- und Deckenöffnungen a_v und a_h. Die Berechnung von w_0 erfolgt nach Gleichung 7-18:

Gleichung 7-18:
$$w_0 = \frac{1{,}0 + 145{,}0 * (0{,}4 - a_v)^4}{1{,}6 + \beta_w * a_h}$$

mit: $\beta_w = 20{,}0 *(1 + 10 * a_v - 64 * a_v^2)$

und: $\beta_w \geq 16$

und: $w_0 \geq 0{,}5$

und: $0{,}025 \leq av \leq 0{,}25$

Abhängig von a_h und a_v ergeben sich Werte von w_0 zwischen 2,5 und 0,5 (Abbildung 7-36).

Der Faktor α_w in Gleichung 7-17 berücksichtigt die mittlere Raumhöhe h_m (Abbildung 7-37) gemäß:

Gleichung 7-19:
$$\alpha_w = (6{,}0 / h_m)^{0{,}3}$$

($\alpha_w = 1$ für $h_m = 6$ m)

Geringere Raumhöhen als 6 m führen daher zu einer Erhöhung, größere Raumhöhen zu einer Abminderung von w_0 durch α_w. Die Werte von α_w schwanken bei Raumhöhen von 2,5 m bis 20 m zwischen 1,23 und 0,7.

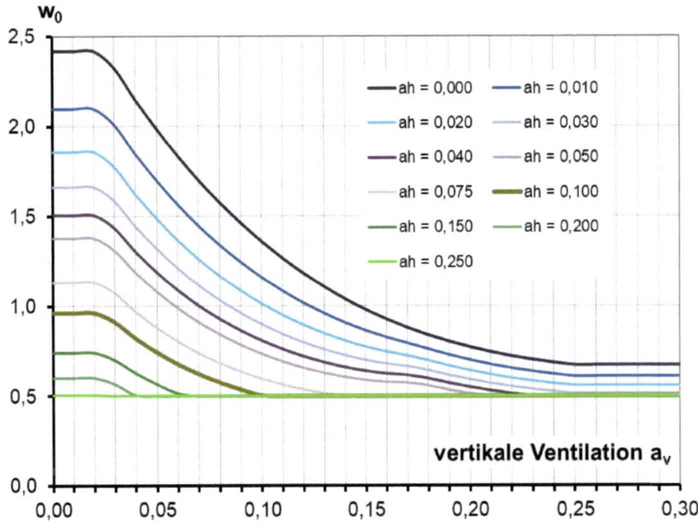

Abbildung 7-36: Ventilationsfaktor w_0 nach DIN 18230-1in Abhängigkeit von der horizontalen Ventilation a_h und der vertikalen Ventilation a_v

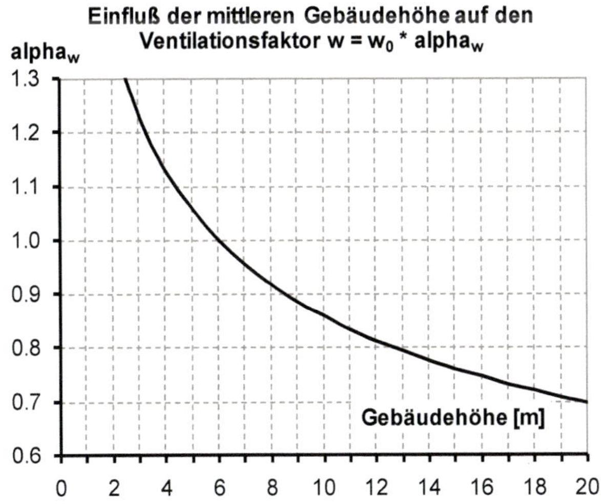

Abbildung 7-37: Einfluss der mittleren Gebäudehöhe h_m

Aus den Wertebereichen von w_0 und α_w ergibt sich eine Variation von w zwischen ca. 3,5 bei geringen Raumhöhen, fehlenden Deckenöffnungen und kleinen

Wandöffnungen und 0,35 bei sehr hohen Räumen und Decken- sowie Wandöffnungen von 25 %. Die äquivalente Branddauer kann also bei der Gestaltung des Gebäudes durch Anpassung der Kubatur und der Öffnungen rechnerisch erheblich (Faktor 10) variiert werden. Abbildung 7-38 zeigt den möglichen Wertebereich für den w-Faktor und dessen Werte, berechnet für einzelne typische Gebäudeausführungen.

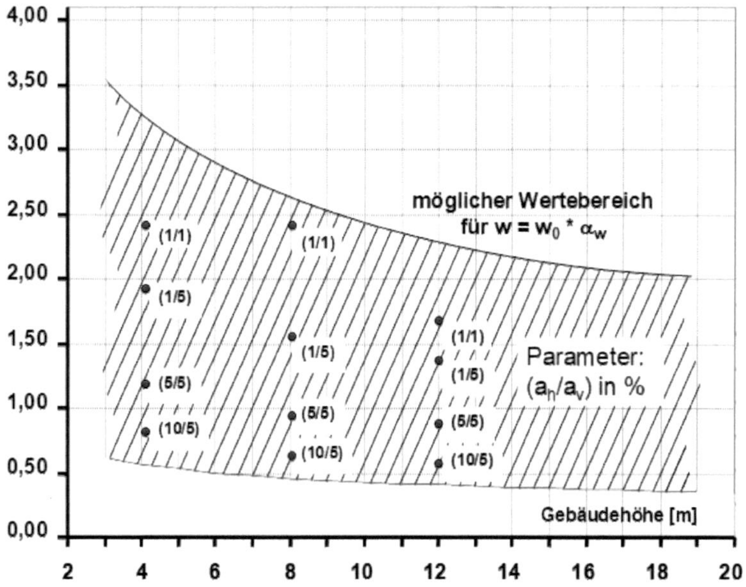

Abbildung 7-38: Möglicher Wertebereich des w-Faktors

7.11.3 Zuluft bei Wärmeabzügen

Bei Wärmeabzügen ist die Zuluftführung nicht so kritisch wie bei NRA und MRA, deren Schutzziel die Schaffung einer raucharmen Schicht ist. Die abströmenden heißen Rauchgase müssen jedoch auch bei WA durch Zuluft ersetzt werden, damit die Anlagen mit den Rauchgas-Volumenströmen ausreichend Energie abführen. Daher sind nach DIN 18232-5 ausreichende Zuluftöffnungen in der unteren Hälfte (ggf. bei mehreren Ebenen innerhalb des Schutzbereiches der Anlage in der unteren Ebene) zu schaffen, die mindestens 6 m^2 groß sein müssen. Diese Zuluftöffnungen müssen offen bzw. durch die Feuerwehr leicht zu öffnen sein.

7.11.4 Anwendungsbeispiel für den Wärmeabzugsfaktor

Für die in Abbildung 7-18 (Punkt 7.7) dargestellte Halle soll die Wirkung der Rauchabzüge im Brandabschnitt 1 als Wärmeabzüge abgeschätzt werden. Hierzu wird der w-Faktor mit und ohne die RWA-Öffnungen bestimmt.

Randbedingung:	Fenster im oberen Hallenbereich vorhanden, nicht offenbar und mit Drahtgläsern von 8 mm Dicke mit gekreuzten Drähten geschlossen.

Dieses Glas hat die Feuerwiderstandsklasse G 30 nach DIN 4102-13. Die Fensteröffnungen sind daher als Wärmeabzüge nicht anrechenbar.

Ausgangsdaten:	$A = 1200\,m^2$	
	$h = 8{,}8\,m$	
	$A_v = 36{,}4\,m^2$	(2 Tore je 4 breit und 4 m hoch, 1 Tür 2,2 m breit 2 m hoch, jederzeit von außen leicht zu öffnen)
	$A_{h,ohne} = 0\,m^2$	(keine Öffnungen im Dach)
	$A_{h,mit} = 20\,m^2$	(vorhandene RWA)

Bei der Berechnung von w_{ohne} ist zu berücksichtigen, dass sich die Tore und die Tür in der unteren Wandhälfte befinden. Sie dürfen daher bei fehlenden Deckenöffnungen *nicht* als Wärmeabzugsflächen A_v angesetzt werden. Andererseits ist der Wertebereich von a_v begrenzt, so dass für diesen Fall $a_v = 0{,}025$ als kleinstmöglicher Wert einzusetzen ist.

Ergebnis:	w_{ohne}	=	2,155
	w_{mit}	=	1,588
	w_{mit} / w_{ohne}	=	$0{,}737 \approx 74\,\%$

Da w als Faktor in die Bestimmung der äquivalenten Branddauer $t_ä$ eingeht (Gleichung 7-16), wird letztere also durch die als reine Rauchabzüge dimensionierten RWA auf ca. 74 % des Wertes ohne RWA abgesenkt. Daher wird auch die Bauteiltemperatur entsprechend der ETK geringer ausfallen (Abbildung 7-39).

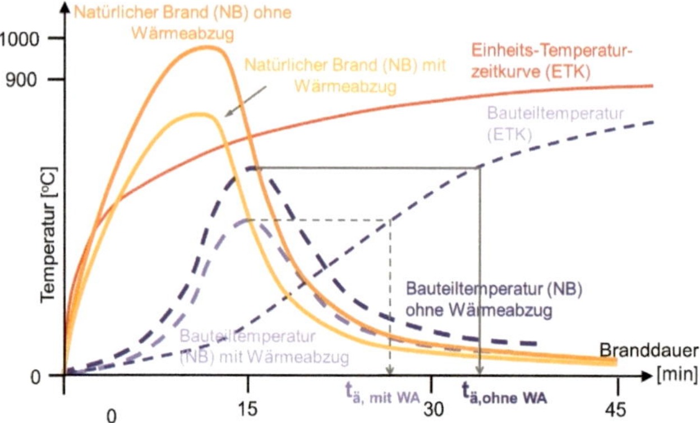

Abbildung 7-39: Einfluss der RWA,in der Halle nach Abbildung 7-18, berechnet als Wärmeabzugsflächen, auf die Äquivalente Branddauer $t_ä$ – Übungsbeispiel – schematisch

Den Einfluss steigender Wärmeabzugsflächen für die hier betrachtete Halle zeigt Abbildung 7-40. Bei insgesamt 6 % Wärmeabzugsflächen – d. h. insgesamt 72 m², die zusätzlichen Flächen z. B. dargestellt durch abschmelzende Lichtbänder – wird der Wärmeabzugsfaktor w und damit die äquivalente Branddauer $t_ä$ auf 50 % des Wertes ohne Wärmeabzüge gemindert. Dadurch wird bei der brandschutztechnischen Bemessung der Bauteile (erft_F) eine Abminderung der erforderlichen Feuerwiderstandsklasse von REI 30 auf REI 0 bzw. von R 30 auf R 0 möglich, so dass dann auch die Verwendung von tragenden Bauteilen aus ungeschütztem Stahl möglich wäre.

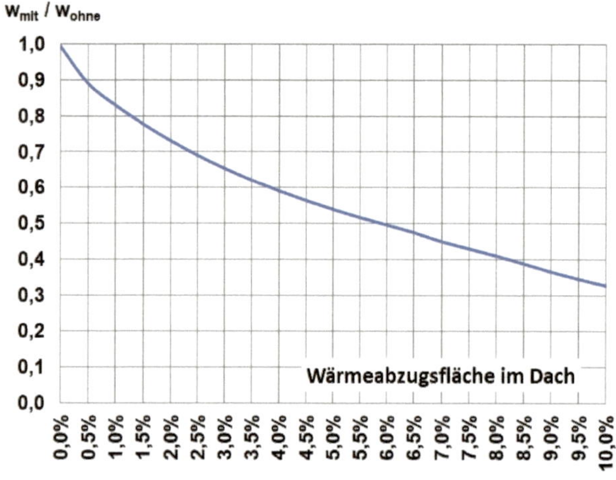

Abbildung 7-40: Einfluss steigender Wärmeabzugsflächen im Dach auf den Wärmeabzugsfaktor w und die Äquivalente Branddauer $t_ä$ – Übungsbeispiel

7.12 Rauchschutz-Druckanlagen

Rettungswege müssen zu belüften sein, um eine unverzügliche Ableitung eindringender Rauchgase zu ermöglichen und die Benutzbarkeit auch durch ungeschützte Personen sicherzustellen (vergl. § 35 (8) MBO [7.58]). Hierzu können vorhandene Fenster (= NRA in Wänden), NRA in Decken oder MRA dienen. Dabei muss sichergestellt werden, dass die Rauchabzugsanlagen nicht ihrerseits dazu führen, dass Teile der Rettungswege mit Rauchgasen beaufschlagt werden.

Da im oberen Drittel eines Brandraums ein Überdruck gegenüber der Umgebung herrscht (siehe z. B. bei John [7.59] oder in [7.77]), wird der Rauch während Flüchtens von Personen oder des Löschangriffes der Feuerwehr durch geöffnete Türen dem Druckgefälle folgen und somit auch die Rettungswege verrauchen. Solange die eindringenden Rauchvolumina in ausreichendem Umfang aus den Rettungswegen ins Freie abgeführt werden, bleiben diese dennoch nutzbar. Die Rauchabführung erfolgt bei außenliegenden Treppenräumen, Aufzugsvorräumen etc. i. A. über öffenbare Fenster und Türen. Zur Rauchfreihaltung von innenliegenden Rettungswegen werden allerdings Rauchabzugsanlagen mit Leistungen von 8000 m^3/h bis zu 10 000 m^3/h benötigt, die über 60 Minuten Temperaturen bis 600 °C aushalten.

Weiter haben Untersuchungen mittels Brandsimulationsrechnungen ergeben, dass innenliegende Treppenräume – auch bei Vorhandensein von NRA oder MRA entsprechend dem Baurecht – soweit verrauchen können, dass die Nutzbarkeit für die obersten Geschosse nicht mehr möglich ist (Hosser et al. [7.80]). Hiervon muss ausgegangen werden, wenn über geöffnete Türen eine Verbindung vom Brandraum über den notwendigen Flur bis zum Treppenraum bestehen kann, also immer dann, wenn viele Personen auf den Rettungsweg angewiesen sind. Eine NRA oder MRA ist dann nicht in der Lage den Treppenraum und den notwendigen Flur ausreichend raucharm zu halten (vergl. z. B. in [7.81]).

Als Alternative zu NRA und MRA können die Rettungswege durch Umkehrung des natürlichen Druckgefälles rauchfrei gehalten werden, so dass Rauchgase nicht eindringen können. Hierzu sind sie mit Rauchschutz-Druckanlagen auszustatten, deren Wirkung auf der Erzeugung einer Druckdifferenz zwischen Brandraum und zu schützendem Bereich beruht. Rauchschutz-Druckanlagen können auf zwei Arten gebaut werden:

- als Überdrucksysteme – in den geschützten Räumen wird ein höherer Druck als im Brandraum erzeugt
- als Unterdrucksysteme – im Brandraum oder den angrenzenden Bereichen wird ein geringerer Druck als in den geschützten Räumen erzeugt

Für Rauchschutz-Druckanlagen – RDA – liegt die europäische Normentwurf E DIN EN 12101-13 vor [7.82], in der diese Anlagen auch als Differenzdrucksysteme bezeichnet werden. Die nachfolgenden Ausführungen zur Auslegung von RDA beziehen sich daher auf diese technische Regel. Als Einstieg in die Thematik liegt ein Leitfaden des Arbeitskreises RDA vor, der wichtige Aussagen zu Rauchschutz-Druckanlagen zusammengefasst darstellt und Hinweise zur Ausführung dieser Anlagen gibt [7.83].

Anmerkung: E DIN EN 12101-13 wird die grundlegende technische Regel für Rauchschutz-Druckanlagen. Die derzeit (2021) als Neuentwurf vorliegende Neufassung E DIN EN 12101-6 [7.85] wird nur Anforderungen an die Bauteile für die Luftzufuhr, Luftabfuhr und zur Kontrolle der Druckdifferenz sowie diverse Prüfvorschriften für Bauteile und Bausätze, jedoch keine Bemessungsregeln enthalten.

7.12.1 Auslegungsparameter für Rauchschutz-Druckanlagen

Die Auslegung und Konfiguration von Rauchschutz-Druckanlagen hängt wesentlich vom zu erreichenden Schutzziel ab. Sowohl Überdruck- als auch Unterdrucksysteme müssen daher entsprechend angepasste Auslegungskriterien erfüllen, die u. a. von folgenden Fakten abhängen:

- Sollen die Systeme in erster Linie der Sicherung von Rettungswegen dienen, d. h. die Aufrechterhaltung erträglicher Bedingungen in geschützten Bereichen sicherstellen?
- Sollen die Systeme auch der Feuerwehr geschützte Brückenköpfe für den Löschangriff zur Verfügung stellen, damit sie das Brandgeschoss ohne Atemschutzgerät erreichen kann und eine Rauchausbreitung in die Zugangswege begrenzt wird?
- Bieten die nicht betroffenen Nutzungseinheiten auch im Brandfall einen sicheren Aufenthalt?
- Wie viele Personen nutzen das Objekt?
- Sind die Personen ortskundig oder ortsfremd?
- Sind Personen in ihrer Bewegungsfähigkeit eingeschränkt?
- Welche Zeit vergeht bis die Nutzer das Objekt verlassen können?
- Müssen bei Räumung oder Evakuierung viele Personen gleichzeitig die Rettungswege nutzen?
- Soll verhindert werden, dass Rauch in empfindliche Bereiche eindringt, die z. B. wertvolle rauchempfindliche Geräte oder Gegenstände enthalten, soll also auch Eigentum geschützt werden?

Bei der Auslegung von Rauchschutzanlagen wird – entsprechend allgemeiner Praxis – nur von einem Brand an einer Stelle des Gebäudes ausgegangen. Daher müssen die Auslegungsanforderungen der Tabelle 7-21 nur im Brandgeschoss erfüllt werden. Natürlich muss aber die RDA diese Anforderungen für jedes einzelne Geschoss erfüllen. Der Betrieb der RDA darf keinesfalls dazu führen, dass Rauch in den geschützten Bereich gezogen wird. Die in DIN EN 12101-13 vorgegebenen Auslegungswerte beruhen u. a. auf Arbeiten von John [7.86] sowie Untersuchungen von Seeger et al. [7.87].

Parameter	RDA Klasse 1	RDA Klasse 2
Differenzdruck bei geschlossenen Türen	≥ 30 Pa	
Luftströmungsgeschwindigkeit durch die Tür des geschützten Bereiches	≥ 1 m/s	≥ 2 m/s
Türöffnungskraft [2)]	≤ 100 N	
Startzeit [3)]	≤ 60 s	
Betriebszeit [4)]	≤ 120 s	
Reaktionszeiten [5)]	≤ 5 s (≤ 3 s) [6)]	

1) alle Anforderungen müssen im Brandgeschoss auch dann erfüllt werden, wenn die Ausgangstür des Gebäudes nicht vollständig geschlossen ist
2) am Türgriff in allen Geschossen einschließlich Brandgeschoss und für alle Türen innerhalb der Fluchtwege bei Betrieb der RDA
3) Zeit von der Aktivierung der Anlage bis sich alle Komponenten in der für den vorliegenden Betriebsfall richtigen Stellung befinden und der Ventilator gestartet ist
4) Zeit von der Aktivierung der Anlage bis zum voll funktionsfähigen Zustand
5) Zeitspanne, in der die Anlage entweder die Anforderung an die Druckdifferenz einschließlich der maximalen Türöffnungskraft oder die Luftströmungsgeschwindigkeit beim Öffnen und Schließen der Tür zum geschützten Bereich erfüllt
6) Die in Deutschland verbindliche MVV TB [7.77] fordert 3 s.

Tabelle 7-21: Auslegungsanforderungen für Rauchschutz-Druckanlagen nach DIN EN 12101-13 [1)]

Die geringere Anforderung an die Luftstömungsgeschwindigkeit in Klasse 1 darf nur in Anspruch genommen werden, wenn

- das Gebäude mit einer automatischen Wasserlöschanlage (mit Auslösetemperatur von ≤ 72 °C und RTI ≤ 50) ausgestattet ist, *oder*
- es sich um ein Wohngebäude unterhalb der Hochhausgrenze handelt, *oder*
- es sich um ein Wohngebäude handelt, bei welchen sich zwischen dem geschützten Bereich und potentiellen Brandquellen mindestens 2 Räume ohne Brandlast mit selbstschließenden Türen befinden, *oder*
- wenn die zuständige Brandschutzdienststelle dies explizit gestattet.

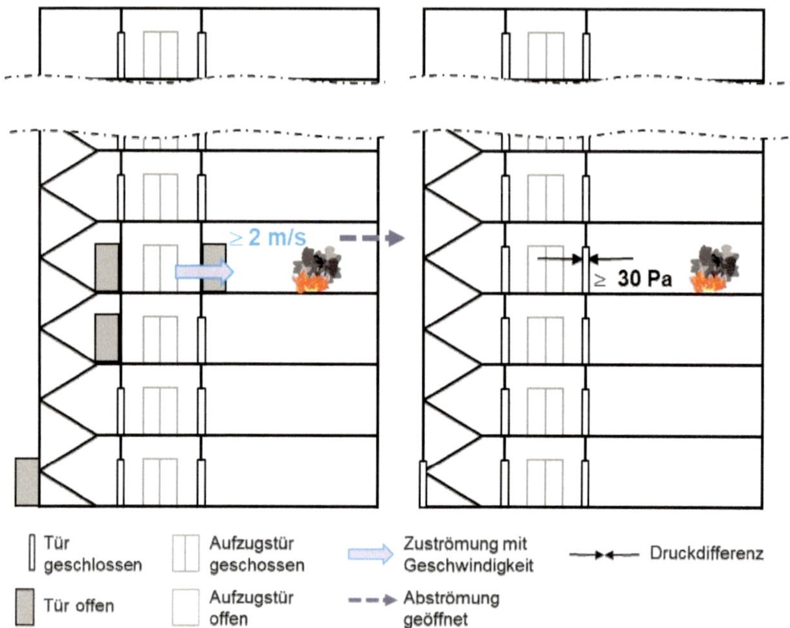

Abbildung 7-41: Anforderungen an Luftströmungsgeschwindigkeit und Druckdifferenz nach DIN EN 12101-13 (Beispiel für die geschützten Bereiche Treppenraum, Aufzugsschacht und Aufzugsvorraum)

Damit sich bei Inbetriebnahme von Überdrucksystemen bei geschlossener Tür der Differenzdruck von 30 Pascal aufbauen und in danach geöffneten Türen die erforderliche Luftströmungsgeschwindigkeit in Richtung des ungeschützten Brandbereiches einstellen kann, müssen entsprechend dimensionierte Abströmeinrichtungen vorhanden sein. Diese können als

- passive Abströmöffnungen durch auf gesteuerte Fenster oder Entrauchungsklappen und ggf. Entrauchungskanäle, oder / und
- aktive Abströmeinrichtungen über Ventilatoren, Entrauchungsklappen und Entrauchungskanäle

ausgeführt werden (analog diesen Anlagenkomponenten bei Maschinellen Rauchabzugsanlagen, Punkt 7.8.4). Einige Hinweise zur Bemessung der erforderlichen Volumenströme sind in Punkt 7.12.2.2 dargestellt. Bei Verwendung aktiver Abströmeinrichtungen dürfen im Entrauchungsfall nur im Brandgeschoss die Abzüge geöffnet bzw. die Entlüftungsventilatoren in Betrieb genommen werden.

Bei Unterdrucksystemen müssen entsprechend aktive oder passive Nachströmeinrichtungen vorgesehen werden, um die aus den ungeschützten Bereichen abgesaugten Gasvolumina zu ersetzen.

Wenn eine Tür zum Brandbereich geöffnet wird, weil die Feuerwehr einen Löschangriff vornimmt, wird der Überdruck im Flur oder Vorraum innerhalb weniger Hundertstelsekunden zusammenbrechen. Die RDA muss nun gemäß DIN EN 12101-13 so ausgelegt werden, dass sich innerhalb von nicht mehr als 5 Sekunden wieder ein Druck aufbaut, der zu einer Durchströmung der Türöffnung mit unbelasteter Luft führt, die ausreicht, den Rauch im Brandbereich zurückzuhalten; hierzu ist i. A. eine Strömungsgeschwindigkeit der Zuluft von 2 m / s erforderlich. Die in Deutschland zusätzlich zu beachtende MVV TB [7.77] fordert in Anhang 14 diesen Vorgang in nicht mehr als 3 Sekunden zu beenden.

Wenn während des Löschangriffs der Feuerwehr die Räumung des Gebäudes weiterlaufen muss, wie es möglicherweise in Hotels, Krankenhäusern und ausgedehnten Wohnhäusern der Fall sein kann, können weitere Türen geöffnet werden. Die RDA muss in der Lage sein, auch unter diesen sich ändernden Bedingungen die erforderlichen Drucke und Volumenströme bereitzustellen (Punkt 7.12.2.1). Einige Aspekte, die bei der Auslegung zu beachten sind, und Schwierigkeiten, die auftreten können, werden unter den Punkten 7.12.2.2 und 7.12.2.3 angesprochen.

Der an der Tür zum ungeschützten Bereich erforderliche Differenzdruck von mindestens 30 Pascal (Abbildung 7-41) ist größer, als der sich einstellende Druck im Brandraum, der in verschiedenen z. T. umfangreichen Versuchsserien gemessen worden ist [7.77]. Der Differenzdruck darf jedoch nicht so groß werden, dass schwächeren Personen die Kraft fehlt die Türen zu öffnen. Dabei ist zu berücksichtigen, dass diese Person u. U. auch noch die Schließkraft des Türschließers (z. B. bei RS-Türen nach DIN 18095 [7.89]) überwinden muss. Ostertag et al. leiten in [7.90] für in Deutschland gebräuchliche Türabmessungen eine zulässige Druckdifferenz von 57 Pascal (bei maximaler Schließkraft) ab. Die zur Öffnung jeder Tür im Verlauf der Rettungswege erforderliche Kraft am Türgriff darf daher 100 N nicht überschreiten.

RDA müssen von Rauchmeldern nach DIN EN 54 automatisch ausgelöst werden, dies kann auch über eine im Gebäude vorhandene Brandmeldeanlage geschehen. Es muss jedoch auf jedem Geschoss mindestens ein Rauchmelder auf der ungeschützten Seite der Tür zum geschützten Bereich vorhanden sein. Die Anforderungen an die Ausführung der Ventilatoren, Entrauchungsklappen und -kanäle für maschinellen Rauch- und Wärmeabzugsanlagen gelten für RDA analog (Punkte 7.8.4.1 und 7.8.4.4 bis 7.8.4.7).

Rauchschutz-Druckanlagen sind in der Regel mit Alarmierungseinrichtungen für die Bewohner der Gebäude zu koppeln. Die erforderliche Mindestbetriebsdauer einer RDA muss an die jeweils vorliegenden Flucht- bzw. Evakuierungsbedingungen angepasst werden, sie sollte jedoch aus Feuerwehrsicht nicht geringer als 60 Minuten sein. Die Funktionsfähigkeit der Ventilatoren, Rauchklappen und sonstigen Komponenten im Brandfall ist durch eine Ersatzstromversorgung und / oder Kabel mit Funktionserhalt (mindestens P 60 nach DIN EN 13501-3 [7.29]) analog zu MRA sicherzustellen (siehe Punkt 7.8.4). Sofern eine Ersatzstromversorgungsanlage als sekundäre Energiequelle verwendet wird, muss diese Stromerzeugungsanlage DIN EN 12101-10 [7.26] entsprechen, d. h. nach 15 Sekunden die Auslegungsleistung liefern, Kraftstoff für mindestens 4 Stunden bis 72 Stunden Vollastbetrieb vorhalten und je nach Störungsprotokoll die Störung anzeigen und / oder weiterleiten.

Die Steuereinheit von Rauchschutz-Druckanlagen muss zur Sicherstellung der geplanten Funktionalität nicht nur mit den verschiedenen Komponenten der Anlage selbst, sondern auch mit einer größeren Anzahl anderer Gebäudesysteme zusammenarbeiten, indem sie die Aktivierung oder Deaktivierung dieser Systeme initiiert. Hierzu gehören u. A.:

- Brandmeldeanlage(n), Alarmanlagen, Beschallungs- und Sprachalarmanlagen (Punkt 5.6.5)
- Heizungs-, Lüftungs- und Klimasysteme
- Feuerwehraufzüge und andere Aufzüge (Punkt 11)
- Rauch- und Wärmeabzugsanlagen (Punkte 7.5, 7.8 und 7.11)
- Räume, die aus betrieblichen Gründen einen Differenzdruck erhalten (z. B. Reinräume, Labore)
- automatische Wasserlöschanlagen (Sprinkleranlagen, Wassernebelanlagen, Punkte 6.3 und 6.4.3)
- Fenster und andere Öffnungen
- Rollläden und Sonnenschutzsysteme

Im Rahmen einer Steuermatrix für die RDA, die Teil der Brandfallsteuermatrix sein sollte (Punkt 5.9), ist das logische und zeitliche Zusammenwirken der jeweiligen Komponenten zu organisieren und durch Wirkprinzipprüfung zu verifizieren.

Eine RDA darf auch zur allgemeinen Lüftung des Gebäudes eingesetzt werden, wenn sie bei Auslösung die Lüftungsfunktion ausschaltet und ausschließlich als Rauchschutzanlage betrieben wird.

7.12.2 Rauchschutz durch Überdrucksysteme

Überdrucksysteme blasen – angesteuert durch eine Brandmeldeanlage oder eigene Rauchmelder saubere Außenluft – im weiteren „Zuluft“ – in einem solchen Volumenstrom in die geschützten Räume ein, dass:

- bereits vorhandener Rauch über sich öffnende Rauchabzüge ins Freie gespült wird (Klappen, Kanäle, Ventilatoren; allgemein: Abströmeinrichtungen)
- eine kontinuierliche Durchspülung des geschützten Raumes mit Zuluft erfolgt
- aufgrund des sich aufbauenden Überdruckes kein weiterer Rauch aus dem Brandraum in den geschützten Bereich eindringen kann
- trotz des Überdruckes die bestimmungsgemäße Nutzung der Rettungswege möglich bleibt, insbesondere die Türen geöffnet werden können (Tabelle 7-21)
- sich die erforderliche Luftströmung in Richtung des ungeschützten Bereiches aufbauen kann.

Die Luftführung erfolgt dabei so, dass die Rettungswege entgegen der Fluchtrichtung von sauberer Zuluft durchströmt werden (Abbildung 7-42).

Anmerkung: Das in Abbildung 7-42 dargestellte Überdruckbelüftungsprinzip wird auch von den Feuerwehren zur Unterstützung der Brandbekämpfung mittels tragbarer Lüftungsgeneratoren angewandt (Pulm [7.88]).

7.12.2.1 Ausführung von Überdrucksystemen

Bauteile zur Verwendung in Überdrucksystemen nach DIN EN 12101-13, wie Druckbelüftungsventilatoren, Entrauchungsklappen und Entrauchungsleitungen, müssen nach den einschlägigen Teilen der DIN EN 12101 geprüft sein. Da sich die Zuluftventilatoren und Lüftungsleitungen bei Überdrucksystemen stromaufwärts der Rauchgase befinden (also auf der kühlen Seite, siehe Abbildung 7-42), sind in der Regel keine besonderen thermischen Anforderungen zu erfüllen. Nur wenn sie in brandgefährdeten Bereichen installiert sind bzw. die Lüftungsleitungen durch Räume mit Brandlasten führen, sind die Geräte entsprechend Punkt 7.8.4.4 bis Punkt 7.8.4.5 auszuführen oder feuerbeständig einzuhausen. Die Rauchabströmeinrichtungen (Entrauchungsklappen und ggf. Entrauchungskanäle) sind mit den entsprechenden Komponenten von Rauchschutz-Unterdruckanlagen vergleichbar und ebenso entsprechend auf die maximal zu erwartenden Rauchgastemperaturen abzustimmen (vergl. Punkt 7.12.3.1 sowie Tabelle 7-14 bis Tabelle 7-18).

Insbesondere passive Rauchabströmpunkte in Fassaden – seien es durch die RDA auf gesteuerte Fenster oder Entrauchungsklappen – können durch Windeinflüsse negativ beeinflusst werden. Daher sind Rauchabströmpunkte grundsätzlich in mindestens zwei, möglichst weit auseinanderliegenden Fassaden anzuordnen und jeweils die in Lee liegenden Einrichtungen zu öffnen (analog zu NRA in Wänden, vergl. Punkt 7.5.4). Zu beachten ist auch, dass ggf. vorhandene Fenster des Treppenraumes ausgelöst durch die Steuereinrichtung der RDA geschlossen werden müssen.

Die Luftansaugpunkte sind so zu positionieren, dass kein Rauch angesaugt werden kann. Dies ist i. A. der Fall, wenn die Luftansaugpunkte mindestens 1 m unterhalb von potentiellen Rauchaustrittsöffnungen und mindestens 5 m vom Gebäude entfernt angeordnet werden. Der Arbeitskreis RDA vertritt – über die Anforderungen der DIN EN 12101-13 hinaus – die Auffassung, dass Luftansaugöffnungen grundsätzlich ebenerdig angeordnet sein sollten.

Luftauslasspunkte müssen insbesondere in Treppenräumen so verteilt sein, dass eine gleichmäßige Verteilung erfolgt (i. d. R. alle drei Geschosse, vergl. Darstellung in [7.81]) und Luftkurzschlüsse – z. B. durch unmittelbar daneben liegende, im Brandfall offene Türen ins Freie – vermieden werden. Alle Türen, die Bereiche mit unterschiedlicher Druckbeaufschlagung trennen, sind mit Türschließern zu versehen, also z. B. als RS-Türen nach DIN 18095 [7.89] auszuführen.

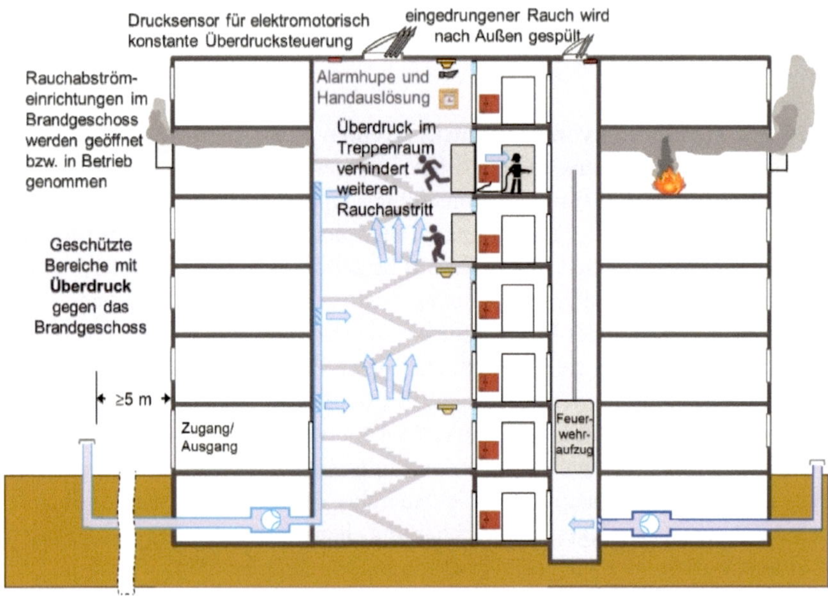

Abbildung 7-42: Beispiel für die Überdruckbelüftung eines Treppenraums und Aufzugsschachtes mit passiver Abströmung

Jeder druckbeaufschlagte Rettungsweg muss ein eigenes Differenzdrucksystem erhalten. Treppenräume, Vorräume und Flure sind durch jeweils eigene, voneinander unabhängige Luftzuführungen zu versorgen.

In Treppenräumen müssen die Überdrucksysteme unter zwei höchst unterschiedlichen Bedingungen arbeiten: sowohl wenn alle Türen geschlossen sind, als auch mit (teilweise) geöffneten Türen (siehe Auslegungskriterien Punkt 7.12.1). Dabei wird der Luftvolumenstrom mit geöffneten Türen deutlich größer sein, als mit geschlossenen Türen. Werden die Türen bei im Volllastbetrieb laufenden Zuluftventilatoren geschlossen, könnten sich Druckdifferenzen von mehr als 60 Pa aufbauen, die danach das Öffnen von Türen verhindern (siehe Punkt 7.12.2.2) oder erheblich erschweren.

Es sind daher entweder Überdruckventile vorzusehen, oder durch Regelung der Zulufteinrichtungen mittels Druckfühlern sicherzustellen, dass innerhalb von nicht mehr als 3 Sekunden die neuen Druck- und Volumenstromanforderungen an die Zuluft erreicht werden. Überdruckventile dürfen nicht in Nutzungsbereiche ausblasen (Durchdringung von Wänden mit definiertem Feuerwiderstand), sondern müssen direkt oder über Kanäle mit dem Freien verbunden sein.

7.12.2.2 Bemessung von Überdrucksystemen

Auf der Grundlage der oben dargestellten Auslegungskriterien sind Überdrucksysteme so zu planen, dass die erforderlichen Drucke und Luftvolumenströme in allen Betriebszuständen erreicht werden.

Der Luftbedarf von Überdrücksystemen ist grundsätzlich wie folgt zu ermitteln:

1. Identifikation aller Luftwege bei geschlossenen Türen (Spalten und Risse um Türen, Fahrschachttüren und Fenster, bauliche Öffnungen zwischen geschützten und ungeschützten Abschnitten, Undichtigkeiten der Fassade, Abströmöffnungen etc.)
2. Berechnung der Versorgunsleckrate bei geschlossenen Türen Q_{SDC} für die identifizierten Luftwege bei den Auslegungs-Druckdifferenzen
3. Berechnung der Gesamtzuluft Q_{TDC} bei geschlossenen Türen mit einem Sicherheitszuschlag von 50 % und unter Einrechnung der Leckraten über große Öffnungen Q_{DCOT} – z. B. die Klimaanlage – und der Spülluftmenge Q_{Flush} (sofern erforderlich):
   $Q_{TDC} = 1{,}5 \, {}^{*}Q_{SDC} + Q_{DCOT} + Q_{Flush}$
4. Identifikation der offenen Türen gemäß erforderlicher Systemklasse

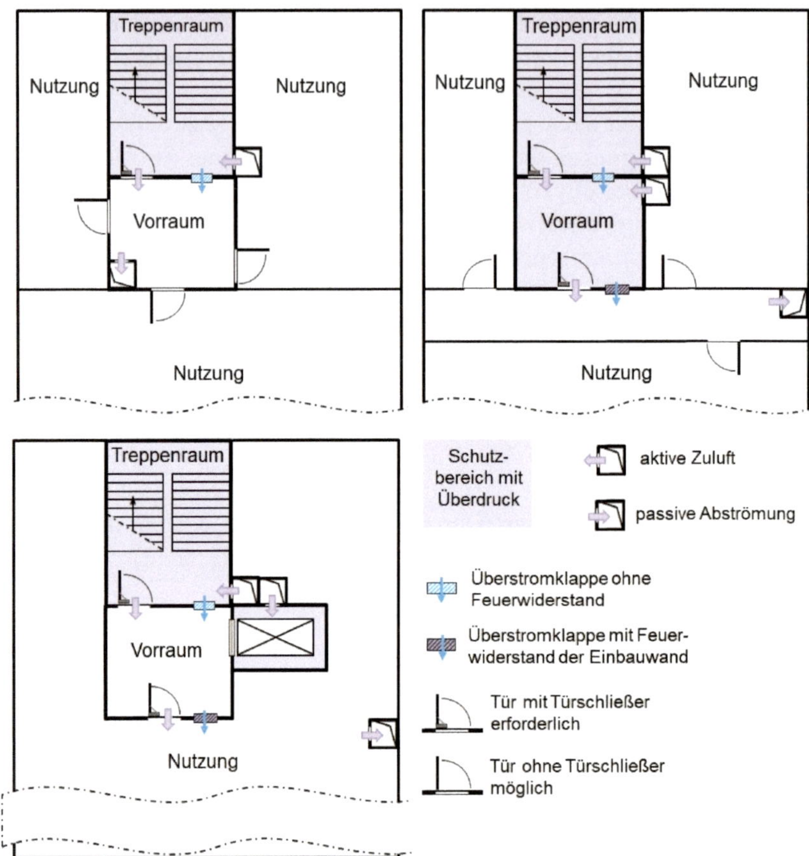

Abbildung 7-43: Geschützte Räume und Strömungsrichtungen verschiedener Überdrucksysteme

5. Berechnung der Gesamtzuluft Q_{TDO} durch alle geöffneten Türen (incl. Ausgangstür) und Spülluftmenge sofern erforderlich
   $Q_{TDO} = \Sigma (v * A_{Door,i}) + Q_{Flush}$
6. Berechnung der erforderlichen Gesamtzuluft Q_{Design} aus Q_{Sx}, dem größeren Wert von Q_{TDC} und Q_{TDO}, mit einem Zuschlag von 15 % für Kanalleckagen
   $Q_{Design} = 1{,}15\ Q_{Sx} = 1{,}15 * Max(Q_{TDC}; Q_{TDO})$
7. Berechnung der erforderlichen Luftauslässe aus den druckbeaufschlagten und den nicht druckbeaufschlagten Bereichen (Überdruckventile bzw. Abströmeinrichtungen und ggf. Kanäle), Berechnung der Druckverluste

8. Berechnung der Türöffnungskräfte, ggf. erneute Festlegung der Druckdifferenzen, Änderung der Türen etc.
9. Bestimmung der Ventilatorleistung

Diese im Prinzip einfache Berechnung kann im Einzelfall aufgrund der Vielzahl der zu berücksichtigenden Faktoren recht aufwändig werden. DIN EN 12101-13 enthält im Informativen Anhang A einen Muster-Berechnungsgang und Vorschläge zu den zu verwendenden Leckageflächen; weitere Berechnungen findet man bei John [7.86].

7.12.2.3 Überdrucksysteme für hohe Hochhäuser

Wie vorgehend dargestellt, werden Rauchschutz-Druckanlagen eingesetzt, um das Eintreten von Feuer und Rauch in einen Schutzraum (z. B. innen liegender Treppen-, Sicherheitstreppenraum oder Feuerwehraufzugsschacht) sicher zu verhindern. Aufgrund von Temperaturunterschieden der Luft im Inneren des Hauses und der durch die RDA eingeblasenen Außenluft können die damit verbundenen Dichtedifferenzen der Luft zu Strömungen im Treppenhaus führen, die die Funktion dieser Anlagen negativ beeinflussen. Diese Beeinträchtigung findet ggf. in der kritischen Selbstrettungsphase statt, für die RDA eigentlich ausgelegt sind. Eine Kompensation dieses Phänomens ist jedoch schwierig, da es vom Wetter und der Gebäudehöhe abhängt.

Die Auswirkungen dieses Kamineffektes und den Einfluss der Eingangsparameter haben Klothe et al. [7.91] ausführlich analysiert. Sie kommen zu dem Schluss, dass unter den Druckbedingungen mit denen eine RDA arbeiten muss (Maximaldruck im Treppenraum ca. 50 Pa, Minimaldruck ca. 20 Pa) eine akzeptable Druckbeaufschlagung hoher Treppenräume unter bestimmten Wetterbedingungen, bei bestimmten Höhenlagen und bei bestimmten, realistischen Leckraten des Gebäudes nicht möglich ist (Musterberechnungen der Höhenbegrenzung findet man in [7.91] und [7.92]). John [7.86] und Ostertag et al. [7.90] haben ebenfalls darauf hingewiesen, dass bei Überdrucksystemen zur Rauchfreihaltung von Treppenräumen in Hochhäusern (> ca. 60 m) zusätzlich der Einfluss der Thermik aufgrund der Außentemperaturen als wesentliche Einflussgröße berücksichtigt werden muss.

Eine Möglichkeit, auch unter schwierigen Bedingungen eine akzeptable Funktion von RDA Anlagen in hohen Treppenräumen zu erreichen, ist die Unterteilung des Treppenraumes in vertikale Abschnitte von 8 bis 10 Geschossen [7.91]. Dadurch wird der ebenfalls unterteilte Kamineffekt technisch beherrschbar. Die RDA für jeden der vertikalen Abschnitte ist dann wie für einen eigenen Treppenraum zu planen. Die Luftversorgung kann entweder für jeden Abschnitt getrennt oder über ein gemeinsames System (Ventilatoren und Kanäle) mit je

Abschnitt einzeln ansteuerbaren Klappen realisiert werden. Diese Systeme sollten nur eingesetzt werden, wenn auf der Grundlage einer stufenweisen, geordneten Evakuierung davon ausgegangen werden kann, dass nur wenige Türen gleichzeitig geöffnet sind (Geschosstüren und Türen in der Treppenraumunterteilung).

Foth et al. [7.93] [7.94] haben ein Anlagenkonzept vorgeschlagen, das Eindringen von Rauch und Feuer in den Treppenraum hoher Hochhäuser (> 60 m), die in Deutschland immer Feuerwehraufzüge und Vorräume (Sicherheitsschleusen) zwischen Treppenraum und Nutzungseinheiten haben müssen [7.95], sicher zu verhindern und dabei von dessen Höhe und dem wetterbedingten Kamineffekt unabhängig zu sein. Dazu wird nicht der Treppenraum und über diesen die Sicherheitsschleuse belüftet, sondern ausschließlich und unmittelbar die Sicherheitsschleuse des Brandgeschosses druckbelüftet. Diese Umsetzungsvariante sorgt für eine höhenunabhängige Funktion der Anlage und schließt damit Probleme aufgrund der Thermik im Treppenraum aus. Auch fallen bei diesem Anlagenkonzept die negativen Effekte weg, die das Öffnen einer oder mehrerer nicht vom Brand betroffenen Sicherheitsschleusen und – damit einhergehend – ein möglicherweise gefährlicher Druckabfall in der Sicherheitsschleuse des Brandgeschosses hervorrufen kann.

Die Umsetzung dieses Anlagenkonzeptes erfordert die unmittelbare Lufteinbringung in die Sicherheitsschleuse, die in Richtung der Tür zur Nutzungseinheit eingeblasen wird. Der zu haltende Überdruck braucht nach durchgeführten CFD-Analysen nur ca. 20 Pa zu betragen (Steinert [7.96]). Dadurch wird gewährleistet, dass die Türöffnungskraft unter 100 N bleibt. Das Abströmen der in die Sicherheitsschleuse eingebrachten Luft in den Treppenraum wird durch die spezielle Anordnung der Zuluftöffnungen und hoher Eintrittsgeschwindigkeit minimiert. Die Einbringung der Luft erfolgt über Lüftungskanäle, die das Gebäude von unten nach oben durchlaufen und in jeder Sicherheitsschleuse über eine steuerbare Entrauchungsklappe verfügen.

Weiter ist in dem Bereich vor jeder Sicherheitsschleuse eine Abströmmöglichkeit für den Brandrauch vorzusehen, über welche – zusammen mit dem erforderlichen Volumenstrom Frischluft – auch die geforderte Luftgeschwindigkeit von 2 m/s durch die geöffnete Schleusentür in den Nutzungsbereich realisiert wird. Diese Abströmung kann über die Fassade durch öffenbare Fenster oder über einen Kanal realisiert werden. Die Klappen der Kanäle sind im Normalfall geschlossen und werden im Brandgeschoss – durch ein Signal der BMA gesteuert – automatisch geöffnet (Brandfall-Steuermatrix, siehe Punkt 5.9). Zwischen Treppenraum und Sicherheitsschleuse wird keine Strömung erzeugt.

Überdruckentlastungsventile stellen bei geschlossenen Schleusentüren eine Solldruckdifferenz in der Schleuse von 20 Pa sicher. Das Ausblasen der – dann im Wesentlichen rauchfreien – Druckluft soll über Kanäle oder ggf. auch den Aufzugsschacht über Dach erfolgen.

7.12.3 Rauchschutz durch Unterdrucksysteme

Rauchfreihaltung von Rettungswegen durch Unterdrucksysteme – Rauchabsaugung – wird dann eingesetzt, wenn das Abströmen von Rauchgasen aus dem Brandraum nach außen nicht möglich ist, oder der für eine Rauchförderung durch Leitungen ins Freie erforderliche Überdruck zu groß wird.

Das Unterdrucksystem muss an den kritischen Türöffnungen die in Tabelle 7-21 festgelegten Druckdifferenzen und Geschwindigkeiten der Zuluft erreichen. Dazu werden entsprechende Volumenströme von Rauchgasen aus dem Brandraum abgesaugt. Im Brandraum selbst wird damit zwar der Druck entsprechend abgesenkt, dennoch kann durchaus die Verrauchung erheblich sein, so dass dort interne Rettungswege unbenutzbar bleiben. Unterdrucksysteme bewirken daher keinen Schutz für den Brandraum selbst, sondern nur für die vorgelagerten geschützten Bereiche (Abbildung 7-44). Dies ist der entscheidende Unterschied zwischen Maschinellen Rauchabzügen – die für eine bestimmte Zeit im Brandraum oder Teilen davon eine raucharme Schicht erzeugen (siehe Punkt 7.8) – und Unterdrucksystemen für den Rauchschutz.

7.12.3.1 Ausführung von Unterdrucksystemen

Entrauchungskanäle, Entrauchungsklappen und Entrauchungsventilatoren sind entsprechend der Zweckbestimmung der Unterdrucksysteme hinsichtlich der Temperaturanforderung nach DIN EN 12101-13 wie folgt auszulegen:

- Entrauchungsleitungen (und -klappen sofern vorhanden):
  Feuerwiderstandsanforderungen, die mindestens der höchsten Feuerwiderstandsdauer der durchquerten Bauteile entsprechen (also z.B. EI 90, vergl. Tabelle 7-14 bis Tabelle 7-18)
- Entrauchungsventilatoren:
  1000 °C für ungesprinklerte Bereiche (dies entspricht der Temperatur der ETK nach 99 Minuten, daher wird hier implizit eine Funktionsfähigkeit über 120 Minuten unterstellt)
  300 °C (über 60 Minuten) für gesprinklerte Bereiche

Zur Sicherstellung der Nachströmung von Luft in den entlüfteten Raum sind im geschützten Bereich Zuluftöffnungen erforderlich. Diese sind so anzuordnen, dass kein Rauch eingesaugt wird (analog zu MRA, vergl. Abbildung 7-27). Antriebe und Steuerung von Entrauchungsklappen sind analog zu MRA auszulegen (Punkt 7.8.4). Hinsichtlich der Energieversorgung von Unterdrucksystemen und der Ausführung der Versorgungsleitungen gilt das zu Überdrucksystemen ausgeführte ebenso.

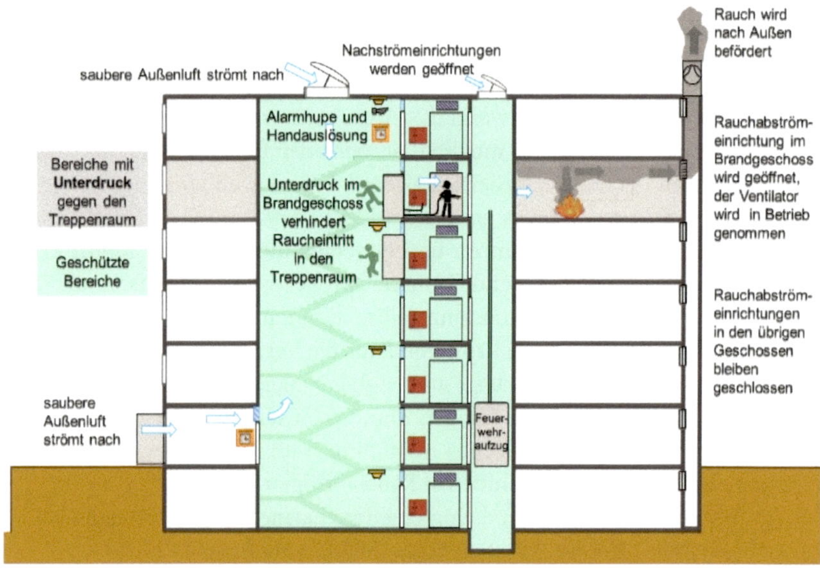

Abbildung 7-44: Beispiel für ein Unterdrucksystem zum Schutz des Treppenraumes, der Vorräume und des Aufzugsschachtes mit aktiver Abströmung und passiver Zuluft (Rauchabsauganlage)

Zur Nachströmung in den Unterdruckbereich sind Überströmeinrichtungen vorzusehen. Diese können ggf. auch durch bei Rauchabsaugung öffnende Klappen, Ventile oder Jalousien etc. dargestellt werden. Diese Öffnungen müssen, wenn sie in Nutzungseinheiten führen, durch Brand- und Entrauchungsklappen (Punkt 7.8.4) gesichert oder EI 90 ausgeführt werden, da die Umfassungsbauteile des druckentlüfteten Bereiches – in dem der Brand als Auslegungskriterium dient – in aller Regel feuerbeständig auszuführen sind. Alle Türen zum Unterdruckbereich sind mit Türschließern zu versehen, also z. B. als RS-Türen nach DIN 18095 [7.89] auszuführen.

7.12.3.2 Bemessung von Unterdrucksystemen

Die erforderliche Leistung eines Unterdrucksystems ist grundsätzlich wie folgt zu ermitteln:

1. Identifikation aller Luftwege bei geschlossenen Türen
2. Berechnung des erforderlichen Volumenstroms für die Auslegungs-Luftgeschwindigkeit von 2 m / s in der offenen Tür
3. Berechnung der erforderlichen Druckdifferenz über der kritischen Tür zur Erzeugung des Volumenstroms nach 2
4. Berechnung des durch die Leckagen bei der Druckdifferenz nach 3 erzeugten Volumenstroms
5. Berechnung der Leistung eines Abluftventilators, der die Summe der Volumenströme nach 3 und 4 fördert
6. Berechnung der Leistung eines Abluftventilators, der bei den gegebenen Leckagen und geschlossenen Türen den erforderlichen Differenzdruck entsprechend der Gebäudeklasse erzeugt
7. Berechnung der Druckdifferenz über der geschlossenen Tür bei Verwendung der größeren Abluftleistung nach 5 oder 6
8. Berechnung der Öffnungskraft der Tür aufgrund der Druckdifferenz, Einbau von Druckentlastungseinrichtungen, wenn diese Kraft größer als 100 N ist

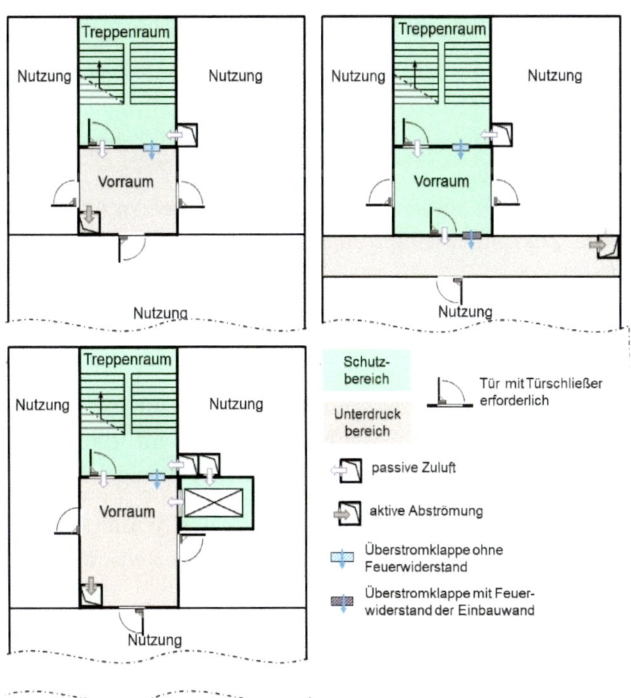

Abbildung 7-45: Geschützte Räume und Strömungsrichtungen verschiedener Unterdrucksysteme

7.13 Überprüfung und Wartung von Anlagen zur Rauch- und Wärmefreihaltung

Alle Anlagen zur Rauch- und Wärmefreihaltung sind im Normalfall ruhende Sicherheitseinrichtungen, die jedoch im Brandfall auch nach vielen Jahren noch unverzüglich die geplante Funktion erfüllen müssen. Daher sind zur Sicherstellung der Funktionssicherheit dieser Anlagen eine kontinuierliche Überprüfung und fachgerechte Wartung erforderlich. Je nach Anlagentyp sind die Anforderungen an die Überprüfung, Wartung und ggf. Instantsetzung natürlich im Einzelnen unterschiedlich (vergl. Abbildung 7-2). So werden NRWG und die aktiven Komponenten von MRA und Rauchschürzen komplexere Wartungsanforderungen der Auslöseelemente, Energieversorgungseinrichtungen, Ventilatoren etc. haben, als z. B. Wärmeabzüge aus abschmelzenden Materialien.

Die jeweiligen technischen Regeln zu den Komponenten aller Anlagen zur Rauch- und Wärmefreihaltung enthalten keine Vorgaben zu deren Überprüfung und Wartung, daher sind die jeweiligen anlagen- und herstellerspezifischen Anleitungen zu befolgen. Danach sind in regelmäßigen Zeitabständen, im Regelfall mindestens einmal pro Jahr, durch eine qualifiziert Fachfirma

- die Gesamtanlage auf zwischenzeitlich eingetretene Änderungen, die die Funktion beeinträchtigen könnten, zu überprüfen (z. B. bauliche Änderungen an den RA-Eintrittsöffnungen oder an der Zuluftzuführung, das Einbringen neuer Trennwände etc.),
- die komplette Anlage an den Gruppenauslösestellen zu aktivieren, um das reibungslose Zusammenwirken aller Systemkomponenten zu beobachten und zu überprüfen,
- bei der Probeauslösung verbrauchte Materialien (z. B. CO_2-Patronen, Auslöser) zu ersetzen,
- vorgegebene Wartungsarbeiten vorzunehmen, wie z. B. das Abdrücken von CO_2-Leitungen, das Fetten von Motorlagern, das Säubern von beweglichen Teilen, das Überprüfen von Schraubverbindungen auf festen Sitz, oder den vorsorglichen Austausch von Verschleißteilen gegen zugelassene Ersatzteile.

Es ist empfehlenswert, für Anlagen zur Rauch- und Wärmefreihaltung Wartungsverträge abzuschließen, um die in Punkt 7.4 dargestellte hohe Zuverlässigkeit zu garantieren.

7.14 Literaturverzeichnis zu Kapitel 7

[7.1] Südmersen, J.: Grundsätze für den Innenangriff unter Atemschutz, in: Cimolino (Hrsg.): Atemschutz, ISBN 3-609-68420-8, Augsburg 2001

[7.2] Steinert, C.: Wie viel Brandrauch entsteht ...?, vfdb-Jahresfachtagung 2000, Tagungsband

[7.3] VDMA: Rauchentwicklung im Brandfall; Brandverhütung und Feuersicherheit 3/2001

[7.4] Detzer, R., Lehnhäuser, F., Klingsch, W.: Rauchausbreitung in Räumen während der Initialbrandphase, in vfdb-Zeitschrift 3/2004, Seite 149ff.

[7.5] DIN 18232-2:2007-11 Rauch- und Wärmefreihaltung Teil 2: Natürliche Rauchabzüge (NRA) – Anforderungen, Bemessung

[7.6] DIN 18232-5:2012-11 Rauch- und Wärmefreihaltung Teil 5: Maschinelle Rauchabzugsanlagen (MRA) – Anforderungen, Bemessung

[7.7] DIN 18230-1:2010-09 Baulicher Brandschutz im Industriebau – Teil 1: Rechnerisch erforderliche Feuerwiderstandsdauer

[7.8] Heins, T.: Simulationsmodell zur sicherheitstechnischen Beurteilung der Rauchausbreitung bei Bränden in Gebäuden, iBMB Heft 92, Braunschweig 1991

[7.9] vfdb TB 04/01: Leitfaden Ingenieurmethoden des Brandschutzes, 4. Auflage 2020-03

[7.10] VDI 6019 Blatt 1:2006-05 Ingenieurverfahren zur Bemessung der Rauchableitung aus Gebäuden – Brandverläufe, Überprüfung der Wirksamkeit

[7.11] VDI 6019 Blatt 2: Entwurf 2009-07 Ingenieurverfahren zur Bemessung der Rauchableitung aus Gebäuden – Ingenieurmethoden

[7.12] Ostertag, D., Zitzelsberger, J., Kuhn, J.: Entrauchung – Grundlagen, Forschungsbericht T 3029 Band A und Band B, München 2004

[7.13] Brein D.: Anwendungsbereiche und -grenzen für praxisrelevante Modellansätze zur Bewertung der Rauchableitung in Gebäuden; http:/www.ciw.uni-karlsruhe.de/ffb/

[7.14] Thomas, P.H. et. al.: Investigations into the Flow of Hot Gasses in Roof Venting; Fire Research Technical Paper No. 7, London, HMSO 1963

[7.15] Zukoski, E.E.: Entrainment in the near field of a fire plume; Report NBS-GCR-81-345, CFR NIST; August 1981

[7.16] Vfdb TB 14-01 Brandschadenstatistik – Untersuchung der Wirksamkeit von (anlagentechnischen) Brandschutzmaßnahmen, 2020-02

[7.17] Schneider, U.; Oswald, M.; Max, U.: Grundlagen für die Dimensionierung der Rauchableitung, Teil 1 in vfdb-Zeitschrift 3/2001, Teil 2 in vfdb-Zeitschrift 4/2001

[7.18] Ostertag, D.; Zitzelsberger; J. Kuhn, J.: Rauchfreihaltung/Entrauchung von Räumen und Gebäuden – Grundlagenermittlung für die Erstellung bauaufsichtlicher Richtlinien – Forschungsbericht T 3029 der TU München, Band A: Entrauchungsanlagen, Band B: Überdruckentlüftungsanlagen für Sicherheitstreppenräume in Hochhäusern

[7.19] DIN EN 54-7:2018-10 Brandmeldeanlagen – Teil 7: Rauchmelder – Punktförmige Melder nach dem Streulicht- Durchlicht- oder Ionisationsprinzip

[7.20] VdS CEA 4020:2009-10 – Richtlinien für Rauch- und Wärmeabzugsanlagen (RWA) – Natürliche Rauch- und Wärmeabzugsanlagen (NRA) – Planung und Einbau – Zurückgezogen

[7.21] Hinkley, P. L.: Smoke and Heat Venting, in SFPE Handbook of Fire Protection Engineering, 2nd Edition 1995, ISBN 0-87765-354-2

[7.22] Spratt, D.; Heselden; S.: Efficient extraction of smoke from a thin layer under a ceiling, Fire research not No. 1001, Borehamwood/London 1974

[7.23] DIN EN 12101-2:2014-09 Rauch- und Wärmefreihaltung – Teil 2: Festlegungen für natürliche Rauch und Wärmeabzugsgeräte

[7.24] DIN EN 13501-1: Klassifizierung von Bauprodukten und Bauarten zu ihrem Brandverhalten Teil 1: Klassifizierung mit den Ergebnissen aus den Prüfungen zum Brandverhalten von Bauprodukten

[7.25] DIN 4102-7 Brandverhalten von Baustoffen und Bauteilen – Bedachungen, Begriffe, Anforderungen und Prüfungen

[7.26] DIN 4102-12 DIN 4102-12:1998-11 Brandverhalten von Baustoffen und Bauteilen – Teil 12: Funktionserhalt von elektrischen Kabelanlagen; Anforderungen und Prüfungen

[7.27] DIN EN 12101-10:2006-01 Rauch- und Wärmefreihaltung – Teil 10: Energieversorgung und DIN EN12101-10:2009-07 Berichtigung 1

[7.28] VdS 2593:2009-06 Richtlinien für natürliche Rauchabzugsanlagen: Elektrische Energieversorgungseinrichtungen – Anforderungen und Prüfmethoden

[7.29] DIN EN 13501-3:2019-08 Klassifizierung von Bauprodukten und Bauarten zu ihrem Brandverhalten – Teil 3: Klassifizierung mit den Ergebnissen aus den Feuerwiderstandsprüfungen an Bauteilen von haustechnischen Anlagen und elektrischen Kabeln

[7.30] Quenzel, K.-H.: Zusatzinformationen zum Beitrag „Zuluftöffnungen für NRA richtig planen“, FeuerTRUTZ Magazin 3 / 2008
[7.31] E DIN EN 12101-4:2003 Rauch- und Wärmefreihaltung – Teil 4: Bausätze zur Rauch und Wärmefreihaltung
[7.32] Gerhard, H.-J., Schwarz, M.: Entrauchung über Seitenwände, vfdb-Zeitschrift 1 / 2003 S 25 ff
[7.33] Cimolino, U., Aschenbrenner , D., Lembeck, I., Südmersen, J.: Lösch- und Rettungseinsatz unter Atemschutz, in: Handbuch Brandschutz, ecomed-verlag 2000
[7.34] ARGEBAU: Muster-Versammlungsstättenverordnung – MVStättVO – 2014
[7.35] ARGEBAU: Muster-Verkaufsstättenverordnung – MVKVO – 2014
[7.36] ARGEBAU: Muster-Industriebaurichtlinie – MIndBauR – 2014
[7.37] Zehfuß, J.: Brandschutz bei Sonderbauten – Vorlesungsskript WS 2018
[7.38] DIN EN 12101-1:2018-10 Rauch- und Wärmefreihaltung – Teil 1: Bestimmungen für Rauchschürze – Anforderungen und Prüfverfahren
[7.39] VdS 2881:2004-11 Richtlinien für selbsttätige Rauchschürzen – Antriebe – Anforderungen und Prüfmethoden
[7.40] VdS 2882:2004-11 Richtlinien für selbsttätige Rauchschürzen – Elektrische Energieversorgungseinrichtungen – Anforderungen und Prüfmethoden
[7.41] VdS 2883:2004-11 Richtlinien für selbsttätige Rauchschürzen – Elektrische Handsteuereinrichtungen – Anforderungen und Prüfmethoden
[7.42] VdS 2884:2004-11 Richtlinien für selbsttätige Rauchschürzen – Elektrische Steuereinrichtungen – Anforderungen und Prüfmethoden
[7.43] VdS 2885:2004-11 Richtlinien für selbsttätige Rauchschürzen – Systeme – Anforderungen und Prüfmethoden
[7.44] DIN EN 1363-1:2012-10 – Feuerwiderstandsprüfungen – Teil 1: Allgemeine Anforderungen
[7.45] Hagen, E.: Stand der Normung in Deutschland und Europa, vfdb-Jahresfachtagung 1999, Tagungsband, Saarbrücken 1999
[7.46] DIN EN 12101-3:2015-12 Rauch- und Wärmefreihaltung Teil 3: Bestimmungen für maschinelle Rauch- und Wärmeabzugsgeräte, incl. DIN EN 12101-3:2006-04 Berichtigung 1
[7.47] DIN EN 12101-8:2011-08 Rauch- und Wärmefreihaltung Teil 8: Festlegungen für Entrauchungsklappen
[7.48] DIN 4102-6:1977-09 Brandverhalten von Baustoffen und Bauteilen – Teil 6: Lüftungsleitungen – Begriffe Anforderungen, Prüfungen

[7.49] DIN EN 1366-10:2017-07 Feuerwiderstandsprüfung für Installationen – Teil 10: Entrauchungsklappen

[7.50] ARGEBAU: Muster-Richtlinie über brandschutztechnische Anforderungen an Lüftungsanlagen (Muster-Lüftungsanlagen-Richtlinie –M-LüAR) v. 29. 09. 2005 i. d. F. v. 12. 12. 2015

[7.51] VDMA 24 177:2020-05 Maschinelle Rauch- und Wärmeabzugsgeräte zur Rauchableitung aus Gebäuden im Brandfall

[7.52] DIN EN 12101-7:2011-08 Rauch- und Wärmefreihaltung Teil 8: Entrauchungsleitungen

[7.53] VdS 2815:2013-09 Zusammenwirken von Wasserlöschanlagen und Rauch- und Wärmeabzugsanlagen (RWA)

[7.54] Stahl, K.-H.: Rauch- und Wärmeabzugsanlagen und Löschanlagen – Wirksamkeitskonflikt oder sinnvolle Ergänzung? FVLR Heft 12

[7.55] Covelli, B.: Einfluss von Rauch und Wärmeabzugsanlagen auf Sprinkler, FVLR Heft 12

[7.56] VDMA: Kaltentrauchung / Sprinkler und Entrauchung, Informationsblatt 2 / Mai 2003

[7.57] VdS CEA 4001:2021-01 (1) Richtlinien für Sprinkleranlagen – Planung und Einbau

[7.58] ARGEBAU Musterbauordnung – MBO – Fassung September 2019 und zugehörige Erläuterungen

[7.59] ARGEBAU: Muster einer Verordnung über den Bau und Betrieb von Garagen (Muster-Garagenverordnung) – GarVO – Fassung Mai 2008 –

[7.60] DFV: Druckimpulslüftungsverfahren, Fachempfehlung 3 / 2002

[7.61] Mamrot, D., Speulmann, H., Muth, J. und Holl, S.: Die Impuls-Ventilation – Ein neues Entrauchungssystem für Tiefgaragen, vfdb-Zeitschrift 3 / 2000, S. 100 ff.

[7.62] Zantvoort, G. van: Jet-Ventilation in geschossenen Großgaragen – Brandschutztechnische Risikoabschätzung, Sonderdruck der Novenco B. V. München 2000

[7.63] Dobbernack, R.: Abschnittsbildung in Tiefgaragen durch Lüftungstechnischen Maßnahmen, 9. Fachseminar Brandschutz, iBMB der TU Braunschweig, Heft 158, Braunschweig 2001

[7.64] Merci, B., Shipp, M.: Smoke and heat control for fires in large car parks: Lessons learnt from research?, https://core.ac.uk/download/pdf/55843445.pdf

[7.65] DIN 4102-13:1990-05 Brandverhalten von Baustoffen und Bauteilen – Brandschutzverglasungen, Begriffe, Anforderungen und Prüfungen

[7.66] DIN 18232-7:2008-02 Rauch- und Wärmefreihaltung – Teil 7: Wärmeabzüge aus schmelzbaren Stoffen – Bewertungsverfahren und Einbau
[7.67] TTIware: Download unter www.brandschutz-agb.de
[7.68] Siegelmeyer, L.: Ist die unendliche Geschichte zu Ende?, in s+s report 4/1999 und 5/1999
[7.69] Schneider, U. und Max, U.: Rauch und Wärmeabzug im Industriebau, in: Brandschutz bei Sonderbauten, iBMB der TU Braunschweig, Heft 147, Braunschweig 2000
[7.70] Wiese, J. und Mayr, J.: Brandschutz nach Muster Industriebaurichtlinie, Punkt 9.2.1: Erläuterungen zur DIN 18230, in: Brandschutz-Atlas Stand 2002
[7.71] Schneider, U.: Ingenieurmethoden im Baulichen Brandschutz, S. 214 bis S. 304; ISBN 3-8169-1948-0, Stuttgart 2001
[7.72] Löbbert, Pohl, Thomas: Brandschutzplanung für Architekten und Ingenieure, ISBN 3-481-01688-3, Köln 2000, Fallbeispiel 10
[7.73] Schneider, U., Lebeda, C.: Baulicher Brandschutz, S. 409ff., ISBN 3-17-015266-1, Kohlhammer 2000
[7.74] VDMA: Informationsblatt Nr. 5: Stromversorgung in sicherheitstechnischen Anlagen – Maschinelle Rauchabzugsanlagen, Frankfurt, Februar 2015
[7.75] BRE: BD 2552 Fire Spread in Car Parks http://webarchive.nationalarchives.gov.uk/20120919132719/http://www.communities.gov.uk/documents/planningandbuilding/pdf/1795610.pdf
[7.76] prEN TS 12101-11:2020 Smoke and heat control systems – Part 11: Horizontal powered ventilation systems for enclosed car parks
[7.77] John, R.: Lüftungssysteme zur Rauchfreihaltung von Treppenräumen, Fachaufsatz in Klima, Kälte, Heizung 11/1979 Teil 6 S. 836ff.
[7.78] MVV TB Muster-Verwaltungsvorschrift Technische Baubestimmungen (MVV TB) i. d. F. vom 19. Januar 2021
[7.79] Brandversuche Lehrte, Schriftenreihe Bau- und Wohnforschung des BRBS 04.037, 1978
[7.80] Hosser, D. und Dobbernack, R.: Rauchfreihaltung von Rettungswegen in Sonderbauten, in: iBMB Heft 115 Braunschweig 1995
[7.81] TROX X-FANS GmbH: Sicherheit durch Überdruck, Firmenbroschüre heruntergeladen 2021-03 von https://www.trox-xfans.de/systeme/differenzdrucksysteme-(pds)-3e844220f4629628
[7.82] E DIN EN 12101-13:2020-08 Rauch- und Wärmefreihaltung
Teil 13 Rauchschutz-Druckanlagen (RDA) Planung, Bemessung, Einbau, Abnahmeprüfung, Funktions-Tests, Betrieb und Instanthaltung

[7.83] Arbeitskreis RDA: Rauchschutz-Druckanlagen – Anwenderleitfaden, Fassung vom Januar 2021 https://www.rda-arbeitskreis.de/downloads.html

[7.84] DIN EN 12101-6:2005-09 Rauch- und Wärmefreihaltung Teil 6: Festlegungen für Differenzdrucksysteme – Bausätze – wird zurückgezogen

[7.85] E DIN EN 12101-6:2020-09 Rauch- und Wärmefreihaltung Teil 6: Festlegungen für Differenzdrucksysteme

[7.86] John, R.: Berechnung von Druckbelüftungsanlagen zur Rauchfreihaltung von Rettungswegen im Brandfall, Fachaussatz in Klima – Kälte – Heizung 7-8/ 1980 Teil 6 S. 938

[7.87] Seeger, P. G. und John, R.: Brand- und Lüftungsversuche in einem Wohnhochhaus mit innenliegenden Treppenräumen vfdb-zeitschrift 4/1972, S. 14 ff

[7.88] Pulm, M.: Falsche Taktik – Große Schäden, ISBN 3-17-018005-3, Kohlhammer 2003

[7.89] DIN 18095:1988-10 Rauchschutztüren – Begriffe und Anforderungen

[7.90] Ostertag, D., Zitzelsberger, J. und Kuhn, J.: Rauchfreihaltung von Treppenräumen in Hochhäusern, in: iBMB Heft 163, Braunschweig 2002

[7.91] Klothe, J. H.; Milke, J. A.: Principles of Smoke Management, ISBN 1-883413-99-0, Chapter 10: Stairwell Pressurisation 7-66

[7.92] Klothe, J. H.: Smoke Control, in SFPE Handbook of Fire Protection_5th_edition

[7.93] Foth, K., Steinert, M., Kaelander, G.: Rauchfreihaltung innenliegender Sicherheitstreppenräume, http://www.hhpberlin.de/assets/files/Fachbeitraege/2008_09_ Druckbelueftungsanlagen.pdf

[7.94] Foth, K., Steinert, M.: Lüftungsanlage zur Sicherstellung der Rauchfreihaltung von Schutzräumen, https://patents.google.com/patent/DE102006037474A1/de

[7.95] ARGEBAU: Muster-Richtlinie über den Bau und Betrieb von Hochhäusern (Muster-Hochhaus-Richtlinie – MHHR) vom April 2008 i. d. F v. Februar 2012

[7.96] Steinert, M.: Lüftungsanlagen zur Sicherstellung der Rauchfreihaltung innenliegender Sicherheitstreppenräume, Diplomarbeit FHTW Berlin, 2006

[7.97] E DIN EN 13501-3:2019-08 Klassifizierung von Bauprodukten zu ihrem Brandverhalten – Teil 3: Klassifizierung mit den Ergebnissen aus den Feuerwiderstandsprüfungen an Bauteilen von haustechnischen Anlagen – Feuerwiderstandsfähige Leitungen und Brandschutzklappen

8 Kühlungseinrichtungen

Wenn Bauteile für eine bestimmte Feuerwiderstandsdauer bemessen werden müssen, aber übliche Verfahren – wie die Erstellung gemäß den Anforderungen der DIN 4102-2 [8.1] als feuerbeständiges oder feuerhemmendes Bauteil – aus praktischen, wirtschaftlichen oder ästhetischen Gründen nicht umgesetzt werden sollen oder können, kann durch andere Maßnahmen dennoch eine ausreichende Standzeit erreicht werden. Die Beanspruchung des Bauteiles – in der Regel handelt es sich um Stahlbauteile – durch den zu erwartenden Brand kann z. B. durch Kühlung soweit vermindert werden, dass die Beeinflussung des Tragverhaltens oder der sonstigen wichtigen Eigenschaften in einem vertretbaren Rahmen bleibt.

Die Kühlung kann passiv oder aktiv erfolgen. Bei einem passiven Kühlsystem wird die einwirkende Wärmeenergie z. B. durch eine Phasenumwandlung eines geeigneten Stoffes über die erforderliche Zeit gebunden. Die kühlende Substanz wird dazu in das Bauteil eingebracht, und entzieht den in der Phasenumwandlung speicherbaren Energiebetrag der einwirkenden Wärmenergie des Brandes. Die Temperatur des Stoffes und des Bauteiles steigt nicht wesentlich über die Umwandlungstemperatur, solange die Phasenumwandlung nicht abgeschlossen ist (siehe Punkt 8.3.1). Vergleichbar ist dieser Vorgang der Kühlung von Getränken durch eingebrachtes Eis, wobei – im Idealfall – die Temperatur 0 °C (Schmelzpunkt des Eises) gehalten wird, bis das Eis vollständig aufgebraucht ist.

Ist eine passive Kühlung nicht gewünscht oder nicht umsetzbar, kann durch aktive Anlagen die das zu schützende Bauteil unter Nutzung von Hilfsenergie mit einer kühlenden Substanz – in der Regel Wasser – beaufschlagt werden. Im Folgenden werden die wichtigsten Randbedingungen und einige technische Lösungen für Wasserkühlsysteme vorgestellt.

8.1 Physikalisch-technische Grundlagen

Wärmeenergie kann durch Leitung, Konvektion und Strahlung auf Bauteile übertragen werden. Durch Wärmeleitung wird im Wesentlichen Energie innerhalb von festen Körpern transportiert, dies ist für die Bauteilbelastung infolge eines Brandes von untergeordneter Bedeutung. Konvektion und Wärmstrahlung dagegen leisten – je nach den Gegebenheiten des Einzelfalls – einen

Beitrag von ca. 75 % bis 80 % (Konvektion) bzw. 20 % bis 25 % (Strahlung) zum gesamten Wärmeeintrag in ein Bauteil.

Konvektion ist insbesondere dann der wesentliche Faktor, wenn ein Bauteil sich nahe am oder im Feuer befindet, also im Wesentlichen bei Bränden in umschlossenen Räumen. Bei Bränden im Freien ist dagegen die Wärmestrahlung der entscheidende Faktor, da die heißen Brandgase unmittelbar über dem Brandherd nach oben abströmen und entferntere Bauteile in der Regel nicht beaufschlagen.

8.1.1 Wärmeübergang durch Konvektion

Der Wärmeübergang durch Konvektion auf ein Bauteil kann durch den einfachen Zusammenhang für die Wärmestromdichte

Gleichung 8-1: $q = \alpha * (T_G - T_B)$

mit: α = Wärmeübergangszahl [W / m² K]

T_G = Temperatur der Brandgase [K]

T_B = Temperatur des Bauteils [K]

beschrieben werden. Die Wärmeübergangszahl α ist dabei abhängig von der Art bzw. Zusammensetzung der Brandgase, dem Material und der Oberflächenbeschaffenheit des Bauteiles sowie den Temperaturen des Gases und des Bauteiles. Nach Eurocode 2 [8.2] sind für α die folgenden Werte anzusetzen:

für den Brandraum: $\alpha = 25\ W/m^2\ K$

für die Außenflächen: $\alpha = 5\ W/m^2\ K$.

Mit diesem Wert errechnet sich beispielsweise der von einem gut entwickelter Zimmerbrand mit einer Temperatur von 950 °C hervorgerufene Wärmeeintrag in ein Umfassungsbauteil, dass zu diesem Zeitpunkt eine Temperatur von 150 °C haben möge, zu

$$q = 25\ W/m^2\ K * (950\text{-}150)\ K = 20\ kW/m^2$$

Die aufgenommene Wärmeenergie führt zur Temperaturerhöhung der Bauteile und schließlich zur Zündung brennbarer Bestandteile.

8.1.2 Wärmeübergang durch Strahlung

Bei Bränden können erhebliche Strahlungsintensitäten auftreten. Während in geschossenen Brandräumen die Wärmeübertragung durch Strahlung nur unter Einführung einer Anzahl von vereinfachenden Annahmen einigermaßen erfassbar ist (vergl. z. B. bei Schneider [8.3]), kann die auf ein Bauteil auftreffende maximale Strahlungsenergie der Flamme(n) im Freien, wenn also der Brandrauch keinen wesentlichen Beitrag liefert, recht einfach bestimmt werden.

Die Intensität der ausgesandten Strahlung (Energiestromdichte über alle Wellenlängen, gemessen in $kW / m^2\ s$ oder $kW / m^2\ min$) steigt mit der 4. Potenz der Temperatur [8.4], [8.5] entsprechend Gleichung 8-2.

Gleichung 8-2: $E_0 = \varepsilon * \sigma * T^4$

mit:			
E_0	=	von der heißen Oberfläche aus- gesandte Energiestromdichte	$[kW / m^2\ s]$
ε	=	Emisionskoeffizient	$(0 < \varepsilon <= 1)$
σ	=	Boltzmann-Konstante (5,67 $10^{-8}\ W * m^{-2} * K^{-4}$)	$[W * m^{-2} * K^{-4}]$
T	=	absolute Temperatur in Kelvin	[K]

Für praktische (Flammen-)Strahlerflächen ist ε mit 0,7 bis 0,95 anzusetzen [8.6].

Die Ausbreitung der Wärmestrahlung (elektromagnetische Wellenstrahlung) im Raum erfolgt nach den optischen Gesetzen, d. h. sie nimmt gemäß Gleichung 8-3 mit dem Abstand ab.

Gleichung 8-3: $E_r = E_0 / r^2$

mit:			
E_r	=	Energiestromdichte im Abstand r	$[kW / m^2\ s]$
E_0	=	von der heißen Oberfläche ausge- sandte Energiestromdichte	$[kW / m^2\ s]$
r	=	Abstand Strahler – Empfänger	[m]

Während der Ausbreitung der Wärmestrahlung kann ein Teil durch das durchstrahlte Medium (i. A. Luft) absorbiert werden. Somit wird dann die in einem Abstand r noch vorhandene Strahlungsintensität:

Gleichung 8-4 $E_r = E_0 * \tau / r^2$

mit: E_r, $E_{0,}$ r wie in Gleichung 8-3

τ = Transmissionsgrad des durchstrahlten Mediums

Die Durchlässigkeit (Transmission τ) der Luft für Infrarotstrahlung ist grundsätzlich stark wellenlängenabhängig. Bereiche mit hoher Dämpfung wechseln sich mit Bereichen hoher Durchlässigkeit ab. Im Bereich von λ = 2…4 µm (in welchem bei praktisch auftretenden Flammentemperaturen von 700 °C bis 1000 °C das Maximum der Wärmestrahlung liegt) treten bereits bei Entfernungen von einigen zehn Metern messbare Abschwächungen durch die Atmosphäre auf. Die resultierende Durchlässigkeit der Luft beträgt im Wellenlägenbereich λ = 0 µm bis λ = 16 µm insgesamt nur ca. 0,76 / m.

Betrachtet man umgekehrt die von der Luftschicht absorbierte Energie, so erscheint eine Schwächung der Strahlung um 24 % je Meter zunächst beachtlich. Berücksichtigt man jedoch den anderen Faktor, der zur Dissipation der Strahlungsenergie führt, den Abstand von der Strahlenquelle, relativiert sich diese Einschätzung erheblich. Berechnet man die Strahlungsintensität im Abstand r und berücksichtigt dabei beide Dissipationsmechanismen so stellt man fest, dass die Abschwächung infolge des Abstandes ab einem Abstand von 10 m mehr als 99 % der Gesamtschwächung ausmacht. Aus brandschutztechnischer Sicht bestehen daher keine Bedenken, die Absorption von Infrarotstrahlung in der Luft zu vernachlässigen.

Für die vom bestrahlten Objekt aufgenommene Energie sind noch die geometrische Größe und Lage des Strahlers und die geometrische Lage des Empfängers von Bedeutung. Diese Konfigurations- oder Geometriefaktoren können grundsätzlich sämtlich streng mathematisch berechnet werden. Wegen der – mit Ausnahme einfacher Geometrien – relativ aufwändigen Rechnungen wird in der Regel auf vorberechnete Tabellen bzw. Formeln zurückgegriffen (siehe z. B. bei [8.5] [8.6]).

Für eine kleine quadratische Empfängerfläche dF_1, die der (als vergleichsweise unendliche ausgedehnt angenommenen) Strahlerfläche F_2 im Abstand r parallel zentrisch gegenüberliegt (eine für Abschätzungen i. A. ausreichende Näherung, die den Maximalwert der empfangenen Strahlungsintensität ergibt, Abbildung 8-1) erhält man für den Geometriefaktor φ:

Gleichung 8-5: $\varphi = 2/\pi * [a/(a^2 + r^2)^{1/2} * \mathrm{arctg}(b/(a^2 + r^{2)\,1/2} +$
$+ b/(b^2 + r^2)^{1/2} * \mathrm{arctg}(a/(b^2 + r^2)^{1/2}]$

mit:			
φ	=	Geometriefaktor	[-]
a	=	halbe Länge der strahlenden Fläche	[m]
b	=	halbe Breite der strahlenden Fläche	[m]
r	=	Abstand Strahler – Empfänger	[m]

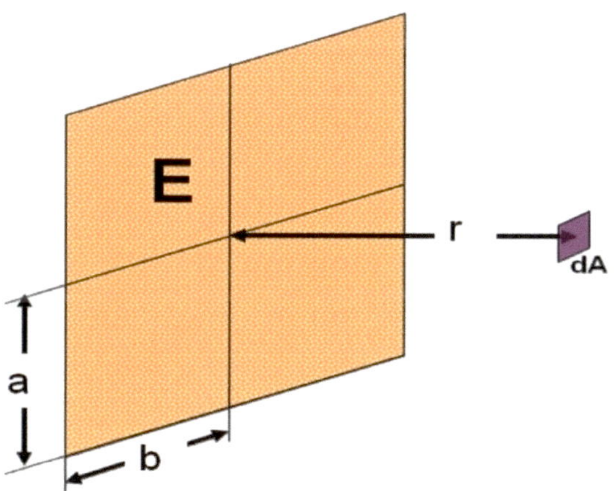

Abbildung 8-1: Geometriefaktor für kleine Empfangsfläche und unendlich große Strahlerfläche

Das Strahlungsabsorptionsvermögen des Empfängers ist eine (grundsätzlich wellenlängenabhängige) Materialkonstante, die Strahlungsabsorption in der dazwischen liegenden Luftschicht kann vernachlässigt werden, wenn nur die maximal mögliche Belastung der bestrahlten Fläche interessiert.

Für die Absorptionsvermögen kann ebenfalls auf Tabellenwerte zurückgegriffen werden. Beispielsweise ist das relative Absorptionsvermögen A bezogen auf Sonnenwärme (auch dies eine für praktische Zwecke i. A. ausreichende Näherung, [8.6]):

Aluminium	A = 0,45
Eisen, oxidiert	A = 0,74
Farbe, weiß	A = 0,14 bis 0,18
Farbe, schwarz	A = 0,97
Putz, weiß	A = 0,3
Ziegel, rot	A = 0,65 bis 0,7

Damit erhält man in ausreichender Näherung für die Strahlenbelastung der Empfängerfläche (z. B. die Oberfläche eines der Flamme gegenüberstehenden Tanks):

Gleichung 8-6: $E_{abs} = E * \varphi * A$

mit:

E_{abs}	=	absorbierte Energiestromdichte	[kW / m² s]
φ	=	Geometriefaktor	[-]
A	=	Absorptionsvermögen	[-]

Bestrahlte Objekte werden durch die aufgenommene Energie erwärmt, bei brennbaren Stoffen kann schließlich die Zündung erfolgen. Die kritische Bestrahlungsintensität [8.7] beträgt z. B. für

- die Entzündung von Holz oder Farbe: 8 bis 15 kW / m²
- die Feuerübertragung in Tanklagern: 12 kW / m² (bei ungekühlten Tanks):
- die Feuerübertragung in Tanklagern: 36 kW / m² (auch bei Kühlung der bestrahlten Tanks)

Dem gegenüber haben systemanalytische Untersuchungen ergeben (Pfoh [8.8]), dass bei brennenden Tanks bzw. Tanklagern maximale Bestrahlungsintensitäten benachbarter Tanks von bis zu 70 kW / m² nicht auszuschließen sind.

Da bei kommerziellen Tanklagern selten der gegenseitige Abstand von Tanks eingehalten werden kann, der eine Feuerübertragung oder auch nur eine kritische Erwärmung der Tankwand bis zum Erweichen ausschließt (dies wird oberhalb des Flüssigkeitsstandes im Tank auftreten, vergl. z. B. bei Brunswig [8.9] und Abbildung 8-4), ist anlagentechnischer Schutz der Tanks durch Berieselungsanlagen in der Regel erforderlich.

8.1.3 Kühlung durch Wasserfilme

Bei der Kühlung von bestrahlten Oberflächen mit Hilfe von Wasserfilmen sind die Einflüsse verschiedener Faktoren zu berücksichtigen (vergl. z. B. bei Seeger [8.10]):

- Reflektion eines geringen Teiles der eingestrahlten Wärme
- Absorption der Wärmestrahlung durch die Wasserschicht und nachfolgender Wärmeenergieabzug durch Abfluss des Wassers
- Erwärmung der Oberfläche durch nicht absorbierte Wärmestrahlung
- Kühlung der Oberfläche durch den Wasserfilm (bis hin zur Verdampfung desselben)
- Kühlung der Oberfläche durch das Innen angrenzende Medium
  - Luft oder Dampf (geringe Wärmekapazität)
  - Flüssigkeit (hohe Wärmekapazität)

Die Absorption von Strahlung durch Wasserfilme ist von Pearson et al. [8.11] eingehend untersucht worden. Darauf aufbauend hat Lev [8.12] die Eindringtiefe von Wärmestrahlung in Wasserfilme berechnet. Als unabhängig von der Temperatur der strahlenden Fläche geltendes Ergebnis dieser Berechnungen ist festzuhalten:

> 90 % *der einfallenden Strahlung werden innerhalb eines Millimeters absorbiert.*

Dies heißt für das hier untersuchte Problem exponierter Oberflächen, dass Wasserschichtdicken von 1 mm ausreichen, die Strahlenbelastung auf weniger als 1 / 10 des Wertes bei ungeschützten Oberflächen abzusenken. Diese Schichtdicke entspricht im stationären Zustand einer

Wasserbeaufschlagung (Berieselungsstromdichte) von 1 *Liter pro Quadratmeter und Minute* (1 l/m^2 *min).*

Seeger berechnet für Tanks eine minimale theoretische Berieselungsstromdichte von sogar nur ca. 0,5 l / m² min [8.10]. Die bis auf die zu schützende Oberfläche durchdringende Wärmestrahlung erwärmt diese. Die Oberfläche gibt diese Wärme konvektiv ebenfalls an das Wasser ab solange dessen Temperatur geringer ist als die der Oberfläche, d. h. bis zum Siedepunkt des Wassers. Das Berieselungswasser führt also zunächst die gesamte eingestrahlte Energie ab.

Der Kühlwasserstrom von 1 l / m² min ist nach den weiteren Ergebnissen von Lev ausreichend, um bis zu einer Strahlungsintensität von ca. 20 kW / m² eine Stahloberfläche (z. B. die eines Tanks) auf einer Temperatur von unter 100 °C zu halten (Abbildung 8-2). Wird die Strahlungsintensität höher, dampft mehr und mehr Wasser aus dem Wasserfilm ab. Die Verdampfungswärme des Wassers kann nun der einfallenden Strahlung weitere Energie entziehen. Bei einer Strahlungsstärke von ca. 40 kW / m² jedoch verdampft so viel Wasser, dass der Film (der genannten Wasserstromdichte von 1 l / m² min) zunächst aufreißt und schließlich ganz verschwindet.

Die dann ungeschützte Stahloberfläche erhitzt sich bei einer Bestrahlungsstärke von 40 kW / m² relativ schnell. Unterhalb des Flüssigkeitsspiegels im Tank kühlt von Innen der Tankinhalt die Wandung. Im Allgemeinen stellt der Tankinhalt eine sehr große Wärmesenke dar, so dass unterhalb der Flüssigkeitsoberfläche die weitere Erwärmung der Tankwand durch die Wärmekapazität der Flüssigkeit erheblich verzögert wird. Oberhalb der Flüssigkeit allerdings erhitzt sich die Wandung innerhalb 10 Minuten bis 15 Minuten auf über 400 °C, so dass mit einem Versagen gerechnet werden muss.

Durch das Erhöhen der Dicke der Wasserschicht auf der Außenfläche der Wandung (gleichbedeutend mit einer größeren Wasserbeaufschlagung) kann der Punkt des Aufreißens zu höheren Strahlungsintensitäten hin verschoben werden. Auch wenn die Wandungstemperatur auf etwas über 100 °C ansteigt – also auch direkt auf der Wandung Wasser verdampft – kann zunächst dennoch ausreichend Wärme abgeführt werden, bis bei noch höheren Strahlungsintensitäten der gleiche Effekt wie oben geschildert eintritt (Abbildung 8-2).

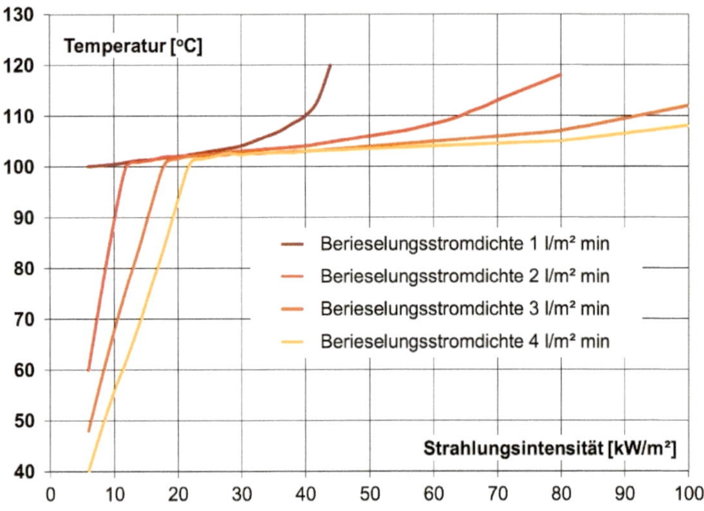

Abbildung 8-2: Oberflächentemperatur an bestrahlten und gekühlten Stahlplatten (nach [8.12])

8.1.4 Kühlung durch Regenvorhänge

Um einen Kühleffekt auf eine zu schützende Oberfläche auszuüben ist es nicht zwingend erforderlich, dass ein Wasserfilm die Oberfläche benetzt. Es genügt, wenn das zur Kühlung eingesetzte System die Erwärmung des Schutzobjektes verhindert. Da wie unter Punkt 8.1.3 ausgeführt, die Wärmestrahlung eines Brandes im Wesentlichen innerhalb einer nur 1 mm dicken Wasserschicht absorbiert wird, müsste ein dieser Schichtdicke äquivalenter Regenvorhang aus einzelnen Wassertropfen bei ausreichender Tropfendichte eine ähnliche Wirkung zeigen. Bei Wolken wird ganz selbstverständlich davon ausgegangen, dass diese die Wärme der Sonnenstrahlung von der Erdoberfläche abschirmen. Bei Feinsprüh-Löschanlagen (Kapitel 6) wird präventiv die Wärme abschirmende Wirkung des Wassernebels genutzt. Nicht vom bestrahlten Objekt absorbierte Wärmeenergie aber ist einer Kühlung desselben äquivalent.

Die Strahlungsabsorbierende Wirkung von Regenvorhängen ist von Ravigurajan et al. [8.13], Coppale [8.14] sowie Tseng et al. [8.15] untersucht worden, die Ergebnisse können durch die Abbildung 8-3 dargestellt werden. Danach ist durch Regenvorhänge mit einer Breite von nur 3 m je nach Tröpfchenradius und Masse des in einem Kubikmeter vorhandenen Wassers (Droplet-Loading) eine sehr deutliche Verringerung der Transmissivität des Vorhanges zu erreichen. Der erforderliche Wasserinhalt von solchen Regenvorhängen ist bei gleicher Wirkung deutlich geringer als es einer Wasserschichtdicke von 1 mm entsprechen würde (nur 0,01 bis 0,1 l/m^2), da sich durch Reflexionen und Rückstrahlung von Tröpfchen zu Tröpfchen eine hohe resultierende Gesamtabsorption – wie man sie auch von Nebelwänden bzw. Wolken kennt – ergibt.

Für technisch einsetzbare Systeme dieser Art müssen noch eine ganze Reihe weiterer Parameter berücksichtigt werden. Insbesondere muss sichergestellt sein, dass der Vorhang überall ähnliche Eigenschaften hat und die Tropfen so groß sind, dass sie nicht durch Wind oder die Thermik eines nahen Brandes abgetrieben werden. Frei zwischen einen potenziellen Brandherd und ein zu schützendes Objekt platzierte Regenvorhänge werden daher in der Praxis bisher nicht sehr häufig ausgeführt. Ein Anwendungsbeispiel in einer Papierlagerhalle hat der Autor in [8.16] beschrieben.

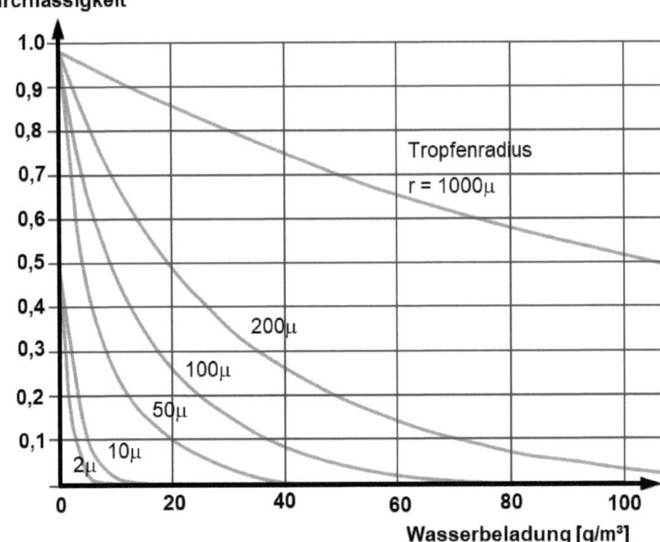

Abbildung 8-3: Abschwächung von Wärmestrahlung durch 3 m breite Wasservorhänge nach [8.13], Kurvenparameter sind die Tropfenradien in µm

8.2 Kühlung von äußeren Oberflächen

8.2.1 Behälterberieselung

Die technischen Anforderungen an Anlagen zur Berieselung oberirdischer Behälter zur Lagerung brennbarer Flüssigkeiten – z. B. in Tanklagern – im Brandfalle sind in der europäischen technischen Spezifikation DIN CEN/TS 14816 [8.18] im informativen Anhang A beschrieben. Diese Vornorm behandelt die Behälterberieselung als eine Sonderform einer Sprühwasser-Löschanlage, die zum Expositionsschutz gefährdeter Behälter und anderer Bauteile vorbeugend eingesetzt wird. DIN CEN/TS 14816 ist weitgehend inhaltsgleich mit VdS 2109 [8.36]. Beide technischen Regeln (wie auch die 2014 zurückgezogene DIN 14495 [8.17]) bestimmen die Berieselungsstromdichte für Behälter nach einem Diagramm (Punkt 8.2.1.3). Die Ergebnisse sind vergleichbar.

Naturwissenschaftlich-theoretische Überlegungen zum Verhalten von Tanks unter Brandbedingungen findet man z. B. bei Busenius [8.19], [8.20], mit den speziellen Risiken von Schwimmdachtanks beschäftig sich Ramsden in [8.21]. Godoy et al. [8.22] haben das Verhalten von Stahltanks mit Festdach unter Wärmebelastung numerisch untersucht, und qualitativ tatsächlich beobachtete

Verformungen reproduziert (z.B. in Guam, Abbildung 8-4 unten rechts). Sie prognostizieren Verformungen der Tankwandung auf Grund von Materialspannungen bereits bei Temperaturen im Bereich von nur 200 °C. Wu et al. haben in ausführlichen CFD-Analysen die Zeit bis zum Versagen benachbarter Tanks bei Belastung durch Wärmestrahlung untersucht [8.23]. Je nach Füllstand kann es nach ihren Ergebnissen bei einer Strahlungsbelastung von 20 kW/m² ohne Kühlung nach ca. 1,5 Stunden zum Versagen der Tankwandung kommen. Dies stimmt gut mit den in der Ölindustrie angenommenen Werten überein [8.24].

Abbildung 8-4: Typisches Tanklager, brennender Tank und durch Wärmestrahlung verformter Tank (Foto: FEMA [8.25])

8.2.1.1 Berieselungsanlagen

Generell gilt, dass Behälter allseitig gleichmäßig mit der nach Punkt 8.2.1.3 geforderten Berieselungsstromdichte zu beaufschlagen sind.

Nach Art und Betrieb der Berieselung werden unterschieden:

ortsfeste Berieselungsanlagen:

Anlagen, die aus einem ortsfest verlegten Rohrleitungssystem mit Hilfe geeigneter Aufgabevorrichtungen den zu kühlenden Behälter nach Auslösung der Anlage automatisch mit einem ausreichend starken und gleichmäßig verteilten Wasserfilm beaufschlagen.

ortsbewegliche Berieselungsanlagen:
Anlagen, bei denen mit Hilfe von oszillierenden Strahlrohren oder Wasserwerfern (automatisch oder von Hand betrieben – Werkfeuerwehr!) der zu kühlende Behälter bzw. Behälterabschnitt möglichst gleichmäßig mit Wasser beaufschlagt wird.

teilbewegliche Berieselungsanlagen:
Anlagen, bei denen mit Hilfe von oszillierenden Strahlrohren oder Wasserwerfern der zu kühlende Behälter bzw. Behälterabschnitt möglichst gleichmäßig mit Wasser beaufschlagt wird, und bei denen ein Teil Einrichtungen zur schnellen Inbetriebnahme ortsfest verlegt ist (z. B. Wasserwerfer, das Rohrnetz zur Wasseraufgabe) und andere erst bei Inbetriebnahme hinzugefügt werden.

8.2.1.2 Berieselungsarten bei Behältern

Je nach Art des zu kühlenden Behälters zur Lagerung brennbarer Flüssigkeiten unter atmosphärischem Druck werden die folgenden Berieselungsarten unterschieden:

Stehende Behälter

- Mantelberieselung
  - durch eine Ringleitung, die in gleichmäßigen Abständen mit Aufgabeeinrichtungen (Sprühdüsen) versehen ist, die das Wasser breitflächig und gleichmäßig auf die Manteloberfläche des Behälters leiten
  - Rohrleitungen und Düsen unterhalb der Reißnaht des Behälters
  - bei mehr als 8 m Höhe: 2 oder mehr Düsenringen mit einem Abstand nicht über 5 m
  - bei Festdachtanks mit bis zu 20 m Durchmesser ist die Berieselung über das Dach mit Umlenkung zulässig
  - bei Festdachtanks über 20 m Durchmesser kann die Berieselungsanlage in Abschnitte von ≥ 120° eingeteilt werden
- Dachberieselung
  - ist bei Festdachtanks nach DIN CEN/TS 14816 Anhang A sowie in VdS 2109 erforderlich
  - darf dann gleichzeitig im laufenden Betrieb eingesetzt werden, wenn die Wasserversorgung für die Mantelberieselung nicht gefährdet wird
- *Berieselung mit Wasserwerfern (Monitoren)*
  - fest oder schwenkbar angeordnet
  - automatisch oder handbetrieben

– müssen die erforderliche Berieselungsstromdichte erbringen (Wasserlieferung, Oszillationsfrequenz)

Liegende Behälter und Kugelbehälter

- allseitige Berieselung erforderlich
- Stützenberieselung erforderlich, wenn die Stützen nicht R 90 nach DIN EN 13501-2 [8.1]
- bei Kugelbehältern über 15 m Durchmesser ist eine Unterteilung in Abschnitte von ≥ 120° möglich, wenn die Berieselungsstromdichte nach Abbildung 8-6 auf das Doppelte erhöht wird

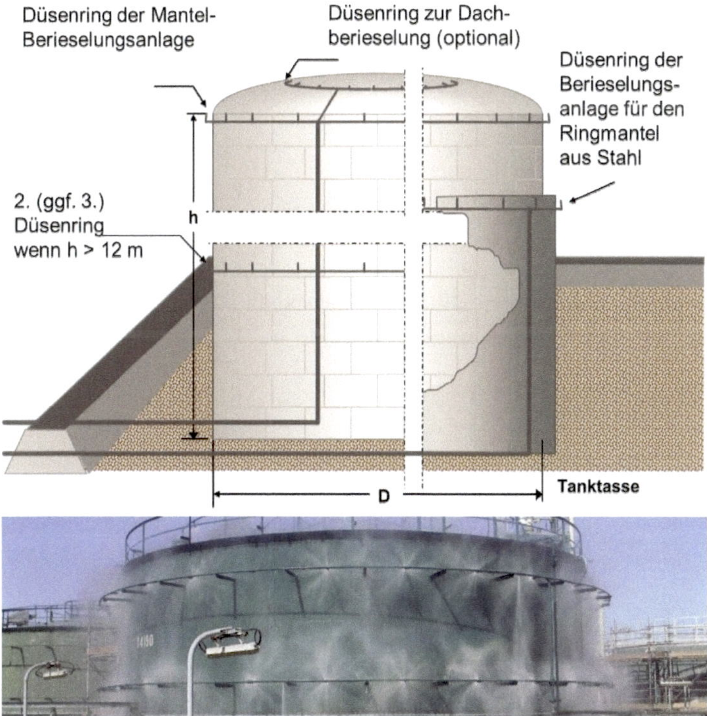

Abbildung 8-5: Berieselungsanlagen für Behälter brennbarer Flüssigkeiten – Schema nach DIN CEN/TS 14816

Die Berieselungsanlage muss generell so konstruiert und dass Besprühungsmuster so geplant sein, dass eine möglichst gleichmäßige Wasserbeaufschlagung auf die zu besprühenden Flächen sichergestellt ist. Hierzu sollten die Düsen auf verschiedenen Düsenringen versetzt zueinander angeordnet sein. Die Düsen müssen so dicht an der Oberfläche angeordnet sein, dass mögliche Windeinflüsse minimiert werden. Diese Abstände werden in DIN CEN/TS 14816 auf nicht mehr als 35 cm bei der Mantelberieselung stehender und nicht mehr als 65 cm bei der Berieselung liegender Behälter festgelegt.

8.2.1.3 Berieselungsstromdichte bei Behältern

Die im Normalfall erforderliche Berieselungsstromdichte (Wasserbeaufschlagung) für Tanks zur Lagerung brennbarer Flüssigkeiten ist nach Abbildung 8-6 zu bemessen. Sie ist auf das Doppelte des Wertes nach Abbildung 8-6 zu erhöhen, wenn von den eingelagerten Stoffen besondere Gefahren ausgehen. Nach den in Punkt 8.1.3 dargestellten sollten diese Berieselungsstromdichten auf der sicheren Seite liegen.

Besondere Gefahren können von brennbaren Flüssigkeiten z.B. ausgehen, wenn

- die Stoffe zur Polymerisation neigen,
- die Stoffe zur Zersetzung neigen,
- die Stoffe aufgrund ihres niedrigen Siedepunktes in Druckbehältern gelagert werden müssen.

Anmerkung: Für die Berieselung von Druckbehältern für brennbare Gase ist eine Berieselungsstromdichte von 10 l/m² min erforderlich.

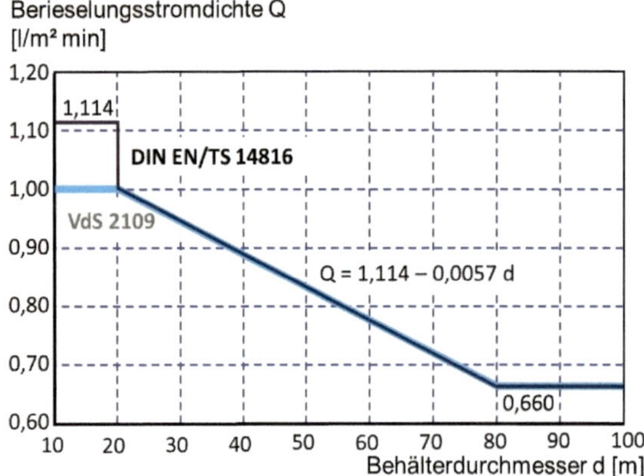

Abbildung 8-6: Diagramm der nach DIN CEN/TS 14 814 und VdS 2109 erforderlichen Berieselungsstromdichten (Wasserbeaufschlagung) für stehende Behälter

Wenn die Behälter innerhalb von Auffangräumen aus Stahl (Ringmantel) angeordnet sind, sind statt des Behältermantels die Außenflächen des Ringmantels mit den Berieselungsstromdichten nach Abbildung 8-6 zu berieseln. Sofern der Behälter höher ist als der Ringmantel, ist der überstehende Teil des Behälters ebenfalls zu berieseln (das Berieselungswasser ist aus dem Ringraum abzuführen!). Ringmantelflächen aus Beton brauchen nicht berieselt zu werden, für überstehende Behälter gilt das oben gesagte.

Die obigen Anforderungen gelten auch für Behälter und Auffangräume mit Wärmedämmung, die geringe Beständigkeit gegen Wärmestrahlung besitzen (Kunststoff, Leichtmetall).

Der Wasserstrom von 1,114 l/m² min ist nun ein relativ geringer Strom, der in der Praxis schwierig zu realisieren ist. Es werden relativ kleine Düsendurchmesser und geringe Drucke erforderlich. Zu berücksichtigen ist auch, dass die Dicke des Wasserfilmes durch Wind stark beeinflusst werden kann, bis hin zum Abtreiben des Wassersprays bevor es die Wandung erreicht, oder zum Aufreißen des Wasserfilmes an der windzugewandten Seite. Daher übertreffen in der Regel die in der Praxis anzutreffenden Berieselungsanlagen diese Mindestwasserbeaufschlagung (BP empfiehlt 2 l/m² min [8.24]; NFPA 15 geht von 10,2 l/m² min aus [8.25]).

Wenn aufgrund von Windeinfluss, verstopften Düsen oder nicht ausreichender Wasserlieferung (Volumenstrom, Druck) der Wasserfilm stellenweise aufreißt, können diese Bereiche nur noch durch Wärmeleitung innerhalb der Wandung des Tanks zu den noch benetzten Bereichen gekühlt werden. Lev hat berechnet, dass trockene Bereiche – abhängig von der Bestrahlungsintensität – die Standfestigkeit von Stahlwandungen in Frage stellen, wenn ihre maximale Ausdehnung mehr als ca. 40 cm beträgt ([8.12], siehe auch [8.22] und [8.23]). Bei der Planung der Berieselungsanlage ist diesem Aspekt besondere Aufmerksamkeit zu widmen; die technischen Regeln haben aus diesem Grunde die Maximalabstände der Sprühdüsen festgelegt.

8.2.1.4 Wasserversorgung

Die Wasserversorgung von Berieselungsanlagen muss die folgenden Anforderungen erfüllen:

- ausreichend für das größte Einzelobjekt
- den erforderlichen Fließdruck und Volumenstrom für mindestens 120 Minuten erbringen
- Einspeisemöglichkeiten für die Feuerwehr haben
- nicht frostsicher verlegte Bereiche müssen vollständig entleert werden können
- Wasserversorgung unmittelbar durch das Hydrantennetz ist zulässig, wenn die sonstigen Anforderungen erfüllt sind.

8.2.1.5 Inbetriebnahme

Berieselungsanlagen müssen die folgenden baulichen und betrieblichen Bedingungen erfüllen:

- aus geschützten Bereichen heraus in Betrieb genommen werden können (Dies gilt auch für ortsbewegliche und teilbewegliche Anlagen! Wärmestrahlung!)
- unmittelbar nach Brandausbruch betrieben werden können
- bei ortsbeweglichen und teilbeweglichen Anlagen sind von der Alarmierung bis zur Inbetriebnahme maximal 5 Minuten zulässig (Werkfeuerwehr!)
- von Hand durch geschultes Personal (Werkfeuerwehr) möglich sein (ausreichend Personal muss bereitstehen)
- das Anfallende Berieselungswasser aus den Auffangräumen für brennbare Flüssigkeiten ableiten können *oder*
- die Auffangräume von Tanklagern müssen so bemessen sein, dass sie das Berieselungswasser über die gesamte Betriebszeit von 120 Minuten zusätzlich aufnehmen können (vergl. Kapitel 10)

8.2.2 Kühlung von tragenden Bauteilen durch Berieselung

Grundsätzlich ist es möglich, auch andere tragenden Bauteile als Behälterwände mittels Wasserberieselung zu kühlen. Insbesondere für Stahlbauteile ist eine nicht unerhebliche Erhöhung der Feuerwiderstandsdauer zu erwarten. Wegen der im Allgemeinen jedoch stark differenzierten äußeren Form tragender Stahlbauteile und der damit verbundenen Schwierigkeiten, eine ausreichend gleichmäßige Benetzung zu erreichen sowie aus ästhetischen Gründen wird diese Möglichkeit nur selten eingesetzt.

Bekannt ist, dass in alter, erhaltenswerter Bausubstanz gelegentlich Gusseisen-Stützen durch Berieselung im Brandfall (analog einer auf die Stützen beschränkten Sprühflutanlage) geschützt werden. Sprinkleranlagen zum Schutz filigraner weitspannender Raumfachwerkträger – allerdings mehr im Sinne von Lösch- und Wasserschleieranlagen, die mehr zufällig auch das Bauteil besprühen – werden gelegentlich eingebaut.

Die wichtigsten Anforderungen für den Expositionsschutz von Gebäudeoberflächen und Bauteilen sind in Tabelle 8-1 zusammengestellt, eine Darstellung der projizierten Oberfläche exponierter Gebäude enthält Abbildung 8-7.

Die exponierte Oberfläche erstreckt sich über die gesamte Gebäudehöhe. Sind darin Öffnungen vorhanden (Fenster, Türen etc.) müssen ggf. sowohl das Expositionsschutzsystem als auch die Sprinkleranlage des Gebäudes aktiviert werden. Die Wasserversorgungen müssen daher ausreichend dimensioniert sein, um beide Anlagen gleichzeitig zu versorgen.

Art des Bauteils	Sonstige Randbedingungen	Berieselungsstromdichte
Stahlbauteile	horizontal, tragend	4 l/m² min
	vertikal, tragend	10 l/m² min
Rohrtrassen	gemäß CEN/TS 14816:2009-05 Tabelle A.1	8,2 l/m² min bis 10,2 l/m² min
Kabelpritschen und Kabelstrecken	Schutz vor Bränden brennbarer Flüssigkeiten	12,5 l/m² min
	wenn andere Löschanlagen vorhanden	6 l/m² min
Transformatoren	Oberseite und Seiten incl. Zubehör (Ölkühler, Zuleitungen, jedoch keine offenen Elektroleitungen)	10 l/m² min
	Unterseite und Bodenflächen	6 l/m² min
Vertikale Gebäudeoberflächen *)	exponierte Oberfläche ist: die Gesamthöhe des exponierten Gebäudes, die senkrechte Projektion des brennenden Gebäudes auf das exponierte zuzüglich 10 m auf beiden Seiten (Abbildung 8-5)	10 l/m² min über mindestens 60 Minuten
*) Im Allgemeinen wird Expositionsschutz bei baulichen Anlagen durch Abstand erreicht (siehe z. B. [8.24]). Zwar wird dies in CEN/TS 14816 nicht explizit ausgeführt, jedoch ist anzunehmen, dass Gebäudeberieselungen nach Abbildung 8-7 nur bei baulichen Anlagen mit brennbaren Flüssigkeiten (oder aus sonstigen Gründen erheblich erhöhter Brandgefahr bzw. -temperatur) als Wärmestrahlungsquelle und Unterschreiten der aufgrund einer im Rahmen eines Brandschutzkonzeptes erfolgenden Abschätzung der Strahlungsintensität erforderlichen Abstände (siehe Punkt 8.1.2) zu Nachbargebäuden empfohlen werden.		

Tabelle 8-1: Bauteilberieselung nach CEN/TS 14816 (Auszug, verkürzt)

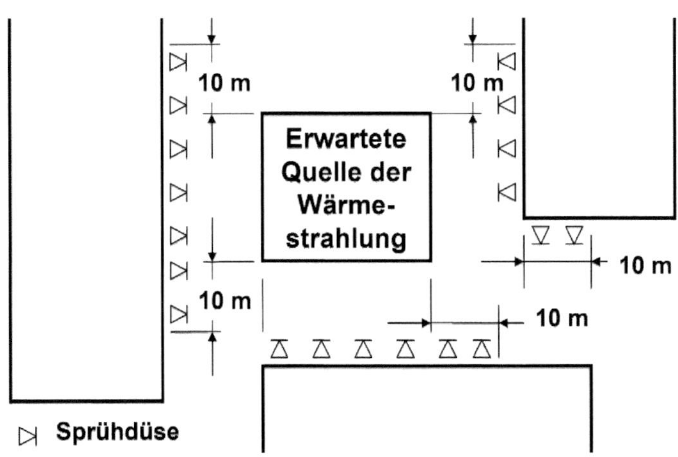

Abbildung 8-7: Expositionsschutz von Gebäuden nach DIN CEN/TS 14816.

8.2.3 Kühlung von nichttragenden Bauteilen

Zur Kühlung von Kabeltrassen und Rohrtrassen enthält CEN TS 14816 [8.18] Hinweise, auf Tabelle 8-1 wird verwiesen.

Für die Schutzvorhänge („Eiserner Vorhang") von Großbühnen (auch: Vollbühnen) fordern die Versammlungsstättenrichtlinien, dass die bühnenseitige Sprühflutanlage auch den Schutzvorhang berieselt [8.24]. Durch diese Kühlung des Schutzvorhanges soll sichergestellt werden, dass eine Feuerwiderstandsdauer wie bei den Wänden des Bühnenhauses erreicht wird. Die Berieselung des Schutzvorhanges sollte zweckmäßig als eigene Gruppe der Sprühflutanlage ausgeführt werden.

Die Berieselungsstromdichte für den Schutzvorhang ist nach VdS 2109 auf 15 l pro Minute je Meter Breite ausgelegt; in den Versammlungsstättenrichtlinien ist sie heute nicht mehr geregelt. Die Wasserversorgung muss so ausgelegt sein, dass bei Betrieb aller vorhandenen Sprühflut- und Berieselungsanlagen sowie der bühnenseitigen Wandhydranten eine Betriebszeit von mindestens 30 Minuten sichergestellt ist (vergl. Tabelle 6-36).

Für den Abschluss von Öffnungen in Wänden mit definierter Feuerwiderstandsdauer (REI 30-Wände, REI 90-Wände) werden sog. Textile Feuerschutzabschlüsse oder Feuerschutzvorhänge angeboten. Diese sind aus feuerbeständigen Materialien gefertigt und verschließen im Brandfall die zu schützenden Öffnungen, ähnlich wie dies Rauchschürzen tun (vergl. Punkt 7.6). Der Feuerdurchgang wird aufgrund der verwendeten Materialien (z. B. Aramidfaser- oder metallverstärktes Glasfasergewebe) für die jeweils angestrebte Zeit (30 Minuten bis 120 Minuten) sicher verhindert, also der Raumabschluss E nach DIN EN 1634-1 [8.29] erhalten.

Allerdings erhitzt sich bei den meisten derartigen Vorhängen die feuerabgewandte Seite des Vorhanges auf mehrere 100 °C, so dass eine Einstufung in eine Feuerwiderstandsklasse nach DIN 4102-2 [8.28], z. B. also EI 30, bzw. eine Einstufung als Feuerschutzabschluss nach DIN 4102-5 [8.30] nicht erfolgen kann (Wang [8.31]).

Diese Vorhänge – die für EI 90 als Doppelvorhänge ausgeführt werden – werden daher auf der jeweils brandabgewandten Seite berieselt. Die Wasserbeaufschlagung sollte ca. 2 l/m² min bis 4 l/min m² betragen. Dadurch kann die Temperaturerhöhung dort auf nur ca. 80 °C begrenzt werden [8.32]. (Ein analoges System mit Innenkühlung wird in Punkt 8.3.2 beschrieben.)

Derzeit auf dem Markt erhältliche Feuerschutzvorhänge erreichen deutlich größere Abmessungen (bis zu 30 m Breite und 7 m Höhe), als dies mit Feuerschutzabschlüssen nach DIN 4102-5 möglich ist.

Die Dimensionierung der Wasserversorgung sowie die Auslegung und Absicherung der Energieversorgung von Berieselungsanlagen für Feuerschutzvorhänge müssen auf die geplante Betriebsdauer abgestimmt werden. Zur Berechnung der erforderlichen Wasserbeaufschlagung und Betriebsdauer wird im Allgemeinen eine detaillierte Analyse möglicher Brandabläufe und der daraus folgenden Wärmebeaufschlagung erforderlich sein. Zwar geben die dem Baurecht zu entnehmenden erforderlichen Feuerwiderstandsdauern der durch Feuerschutzvorhänge ersetzten Bauteile Anhaltspunkte für die Mindestbetriebsdauer, jedoch ist zu berücksichtigen, dass die Funktion der Feuerschutzvorhänge ausschließlich auf einer ausreichenden Wasserberieselung fußt. Versagt diese, wird auch der Feuerschutzvorhang innerhalb weniger Minuten nicht mehr die obigen Anforderungen erfüllen. Aus Sicht der Feuerwehr sollten daher die entsprechenden Bestimmungen für Sprinkleranlagen sinngemäß angewendet werden.

Durch die in neuerer Zeit vermehrt aufkommende Verwendung intumeszierender (bei Temperaturbeaufschlagung aufschäumender) Materialien im Schichtaufbau von Feuerschutzvorhängen, die eine ausreichende Isolationswirkung sicherstellen, kann allerdings bei bestimmten Produkten auf eine Berieselung verzichtet werden.

8.3 Kühlung von Innen

8.3.1 Innenkühlung tragender Bauteile

In den achtziger Jahren des 20. Jahrhunderts wurde in Forschungsvorhaben untersucht [8.33], inwieweit der Feuerwiderstand von Stahlstützen durch Wasserfüllung und -durchströmung verbessert werden kann. Man versprach sich von wassergekühlten Stahltragwerken die folgenden Vorteile:

- der Stahl bleibt sichtbar
- eine Brandschutzbekleidung braucht nicht angebracht zu werden
- schlanke ästhetische Konstruktionen
- größere architektonische Möglichkeiten
- Gewinn zusätzlich nutzbarer Flächen
- wirtschaftlichen Brandschutz
- (nahezu) beliebig verlängerbare Feuerwiderstandsdauer
- hohe Brandsicherheit

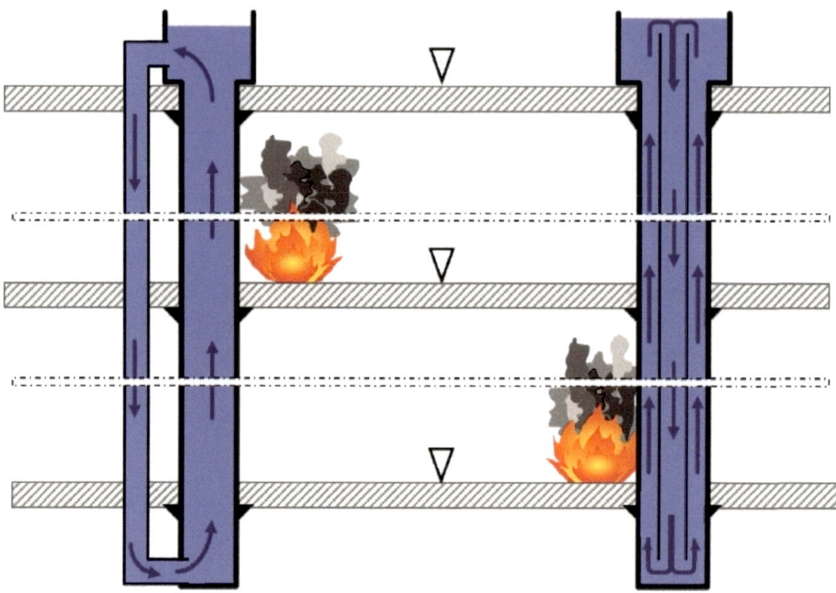

Abbildung 8-8: Innengekühlte Stahlstützen – Prinzip; links Stütze mit außenliegendem Fallrohr (SAF), rechts Stütze mit innenliegendem Fallrohr (SIF)

Es wurden später die in Abbildung 8-8 dargestellten Konstruktionen mit außenliegenden und mit innenliegenden Fallrohren an Bauteilen mit bis zu 7,45 m Stützenhöhe (zzgl. Wasser-Vorratsbehälter) in Brandversuchen und theoretisch mit Brandsimulationsrechnungen untersucht [8.34]. Als Kühlmittel wurden Wasser und Salzlösungen benutzt. Der Abtransport der durch den Brand in die Stütze eingebrachten Energie erfolgt – nach der Aufwärmphase – im Wesentlichen durch das Verdampfen des Kühlmittels.

Wenngleich nachgewiesen werden konnte, dass die zu erwartenden Temperaturen der Stahlstütze zuverlässig weit unterhalb der kritischen Temperatur von ca. 450 °C bleiben, wurde das Forschungsvorhaben später nicht weiterverfolgt. Es wurden nur sehr wenige (<< 10) Gebäude mit innengekühlten Stahlstützen erstellt, darunter das Centre Pompidou in Paris, bei dem die korrosionstechnischen Probleme durch das Kühlmedium erheblich sind.

8.3.2 Innenkühlung nichttragender Bauteile

Für die Unterteilung großer Hallenflächen im Brandfall können Brandschutzvorhänge eingesetzt werden, die im Brandfall, ausgelöst durch eine Brandmeldeanlage bzw. Einzelmelder, die Unterteilung herstellen. Derartige Brandschutzvorhänge schließen im Brandfall aufgrund der Schwerkraft, sie sind in der Regel aus Glasfasergewebe hergestellt. Mit diesen Systemen werden unterschiedliche Feuerwiderstandszeiten erreicht, die durch Kühlung (vergl. Punkt 8.2.3) erhöht werden können.

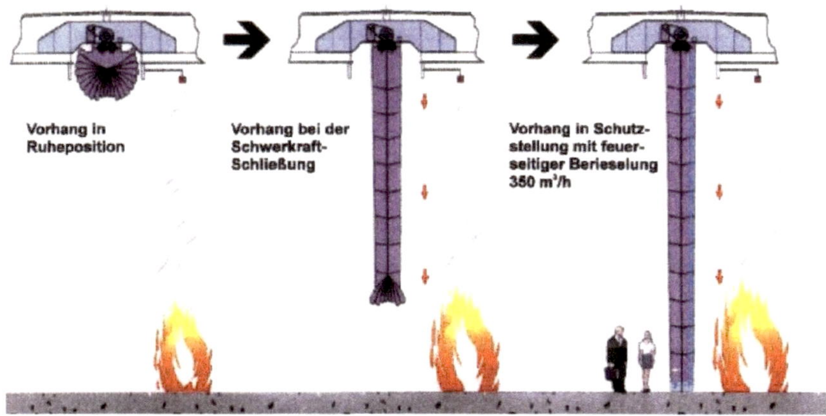

Abbildung 8-9: Innengekühlter Brandschutzvorhang – Schließvorgang (nach [8.35])

Seit einiger Zeit sind doppelwandige innengekühlte Brandschutzvorhänge erhältlich, die nach Firmenangaben [8.35] Feuerwiderstandszeiten von 180 Minuten erreichen (Abbildung 8-10). Beide Schürzen sind mit Berieselungseinrichtungen ausgestattet, von denen jeweils die dem Brand zugewandte in Betrieb genommen wird. Typische Einsatzgebiete sind:

- Ausstellungshallen,
- Flugzeughallen,
- Lager- und Speditionshallen,
- Fabrikhallen, bei denen eine dauerhafte Segmentierung nicht möglich ist.

Im Brandfall schließt der Vorhang innerhalb ca. 30 Sekunden. Die brandbelastete Schürze wird innen mit Wasser berieselt. Die erforderliche Berieselungsstromdichte (Wasserbeaufschlagung) liegt bei ca. 50 l/m min bis 70 l/m min, je nach Höhe des Brandschutzvorhanges [8.35] (entsprechend ca. 6 l/m² min).

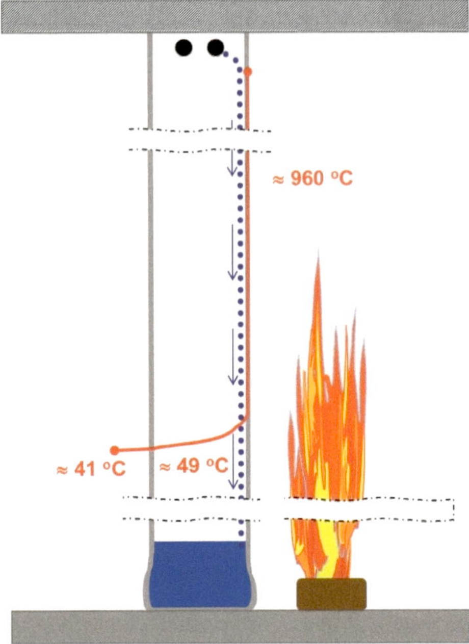

Abbildung 8-10: Innengekühlter Brandschutzvorhang Temperaturen (nach [8.35])

Das nicht verdampfte Berieselungswasser wird bis zu einer gewissen Menge in einer integrierten Tasche unten zwischen den beiden Schürzen aufgefangen und verbessert den unteren Abschluss des Brandschutzvorhanges, das übrige Wasser muss abgeführt werden. Den sich einstellenden Temperaturverlauf über dem Brandschutzvorhang zeigt schematisch Abbildung 8-10. Weltweit wurde bereits eine große Anzahl derartiger Brandschutzvorhänge realisiert, so erhielt eine Ausstellungshalle in Paris ein System von 12 m Höhe und 85 m Länge [8.35].

8.4 Literaturverzeichnis zu Kapitel 8

[8.1] DIN EN 13501-2:2016-12 Klassifizierung von Bauprodukten und Bauarten zu ihrem Brandverhalten – Teil 2: Klassifizierung mit den Ergebnissen aus den Feuerwiderstandsprüfungen, mit Ausnahme von Lüftungsanlagen

[8.2] DIN EN 1992-2-2:2010-12 Eurocode 1 – Grundlagen der Tragwerksplanung und Einwirkungen auf Tragwerke Teil 2-2: Einwirkungen auf Tragwerke – Einwirkungen im Brandfall

[8.3] Schneider, U.: Ingenieurmethoden im Baulichen Brandschutz, ISBN 3-8169-2290-2, Rennigen 2001

[8.4] Meschede; D. (Hrsg.): Gerthsen Physik, 21. Auflage, Springer Verlag Berlin 2002, ISBN 3-540-42024-X, S 583

[8.5] Tien, C.L., Le, K.Y. and Stretton, A.J.: Radiation Heat Transfer, in SFPE-Handbook of Fire Protection Engineering, 2nd Edition, P. 1-65

[8.6] Baschkirzew, M.P.: Aufgaben zur Wärmeübertragung, Anhang XXIII; Staatsverlag der DDR Berlin 1972, VLN 610 DDR LSV 3093

[8.7] Fire Spread in Storage Tank Farms; Fire International October/November 1987

[8.8] Pfoh, B.: Ausgewählte systemanalytische Untersuchungen zur Brandsicherheit von Tanklagern, vfdb-Zeitschrift 3/84

[8.9] Brunswig, H.: Mineralöl-Tankbrände – Erlebnisse und Erfahrungen, Teil 1: Das Brandverhalten von Mineralöltanks, vfdb-Zeitschrift 2/85

[8.10] Seeger, P.G.: Über die Wasserberieselung von Lagertanks für brennbare Flüssigkeiten zur Kühlung des Tankmantels im Brandfall, vfdb-Zeitschrift 3/71

[8.11] Pearson, R.G. and Elliot, D.: The absorption of thermal radiation by water film; Atomic Energy Establishment Report AEEW-R-1098

[8.12] Lev, Y.: Cooling sprays for hot surfaces, Fire Prevention 222, September 1989

[8.13] T.E. Ravigururajan and M. P Beltray: A Modell for the Attenuation of Fire Radiation Through Water Droplets, Fire Safety Journal, 15:2, 1989, pp 171-181

[8.14] Copalle, A.: Fire Protection: Water Curtains, in Fire Safety Journal 20 (1993), p. 241-251

[8.15] Tseng, C.C., Viskanta, R.: Absorptance and transmittance of water spray/mist curtains, Fire Safety Journal 42 (2007), pp 106-114

[8.16] Gressmann, H.-J.: Anlagentechnischer Brandschutz für eine Papierlagerhalle, Braunschweiger Brandschutz Tage 2003, Tagungsband

[8.17] DIN 14495:1997-07 Berieselung von oberirdischen Behältern zur Lagerung brennbarer Flüssigkeiten im Brandfalle

[8.18] DIN CEN/TS 14816: 2009-05 Ortsfeste Brandbekämpfungsanlagen – Sprühwasserlöschanlagen – Planung, Einbau und Wartung; Deutsche Fassung CEN/TS 14816:2008

[8.19] Busenius, S.: Spezielle Berechnungsverfahren für Tankbrände, in Handbuch Brandschutz III – 9.1.4, ecomed-Verlag, 60. Ergänzungslieferung 02/2002

[8.20] Busenius, S.: Modell zur Tankwandaufheizung, in Handbuch Brandschutz III – 9.1.5, ecomed-Verlag, 32. Ergänzungslieferung 06/1996

[8.21] Ramsden, N.: Das LASTFIRE Projekt – eine Studie über die Risiken bei großen Schwimmdachtanks, vfdb-Zeitschrift 1 / 2000
[8.22] Godoy, L. A., Batista-Abreu, J. C.: Buckling of fixed-roof aboveground oil storage tanks under heat induced by an external fire; in: Thin-Walled Structures 52 (2012)
[8.23] Zhuang Wu, Lei Hou, Shouzhi Wu, Xingguang Wu, Fangyuan Liu: The time-to-failure assessment of large crude oil storage tank exposed to pool fire, in Fire Safety Journal 177, 2020
[8.24] BP Process Safety Series Fire Safety Booklet: Liquid Hydrocarbon Tank Fires: Prevention and Response; ISBN 0-85295-476-X
[8.25] Booher, A.: Guam Super Typhoon Pongsona, Major Disaster Declared 8, 2002 (DR 1446) FEMA http//www.fema.gov/photolibrary/photo_details.do?id=7432
[8.26] NFPA 15: Standard for Water Spray Fixed Systems for Fire Protection, 2017 Ed.
[8.27] ARGEBAU: Musterbauordnung (MBO) – Fassung Mai 2016
[8.28] ARGEBAU: Muster-Verordnung über den Bau und Betrieb von Versammlungsstätten – MVStättV – i. d. F. vom Juli 2014
[8.29] DIN EN 1634-1:2018-04 Feuerwiderstandsprüfungen für Tür- und Abschlusseinrichtungen Teil 1:
[8.30] DIN 4102-5:1977-09 Brandverhalten von Baustoffen und Bauteilen; Feuerschutzabschlüsse, Abschlüsse in Fahrschachtwänden und gegen Feuer widerstandsfähige Verglasungen, Begriffe, Anforderungen und Prüfungen
[8.31] Wang, M.: Feuerschutzabschlüsse oder Feuerschutzvorhänge, vfdb-Zeitschrift 3 / 2000
[8.32] Stöbich Brandschutz GmbH und Co. Kg.: Produktinformation: Textiler Feuerschutzabschluss mit isolierender Wirkung
[8.33] Witte, Hönig, Klingsch: Stahlkonstruktionen mit Wasserkühlung, 2. Statusseminar des BMFT, November 1981
[8.34] Hönig: Wärme- und strömungstechnische Analyse brandbeanspruchter Hohlprofilkonstruktionen mit Wasserkühlung, Bauphysik 6 / 1991
[8.35] Boullet. S. A.: Fachinformation Brandschutzvorhang
[8.36] VdS 2109:2018-01 Richtlinien für Sprühwasser-Löschanlagen – Planung und Einbau

9 Einrichtungen nur für die Feuerwehr

9.1 Löschwasseranlagen in baulichen Anlagen

Zur Erleichterung des Einsatzes der Feuerwehr werden in ausgedehnten baulichen Anlagen häufig Löschwasseranlagen gefordert. Diese Anlagen ersparen der Feuerwehr das Verlegen von Schläuchen und können so die Eingreifzeit der Feuerwehr deutlich verkürzen (vergl. Punkt 2.4.1). Wenngleich die Führung der Löschwasserleitungen von Löschwassereinrichtungen nicht immer von unten nach oben erfolgen muss – z. B. werden zum Schutz von größeren unterirdischen Anlagen, wie U-Bahnhöfen oder Tiefgaragen, in den meisten Städten Löschwasserleitungen eingebaut – und Löschwasserleitungen nur einen Teil dieser Anlagen darstellen, so hat sich doch der Begriff „Steigleitungen“ für Löschwassereinrichtungen allgemein eingebürgert. Im Folgenden wird der Begriff Steigleitungen deshalb gelegentlich als Synonym für „Löschwassereinrichtungen in baulichen Anlagen“ benutzt.

Die Anforderungen an Löschwasseranlagen sind in DIN 14462 [9.1] und DIN 1988-600 [9.2] technisch beschrieben. Es werden unterschieden:

- Trinkwasser-Installationen mit Wandhydranten (Punkt 6.1.2)
- Wandhydrantenanlagen (Punkt 6.1.2)
- Löschwasseranlagen „nass“ (Steigleitungen „nass“)
- Löschwasseranlagen „trocken“ (Steigleitungen „trocken“)
- Löschwasseranlagen „nass / trocken“ (Steigleitungen „nass / trocken“)
- Leitungsanlagen für Unter- und Überflurhydranten im Anschluss an Trinkwasseranlagen (Punkt 4.5.4)

9.1.1 Löschwasseranlagen „nass“

In Löschwasseranlagen „nass“ nach DIN 14462 [9.1] sind an die Steigleitungen Wandhydranten angeschlossen, die ständig mit Wasser gefüllt sind und unter Druck stehen, so dass die Einsatzbereitschaft jederzeit unmittelbar gegeben ist. Diese Löschwasserleitungen sind ständig mit Trinkwasser gefüllt und müssten daher wie Trinkwasserleitungen betrieben, d. h. insbesondere ständig durchspült werden. Nach DIN 1988-600 [9.2] bedeutet dies, dass aus wasserhygienischer Sicht der Wasserinhalt der Leitungen mindestens dreimal wöchentlich vollständig ausgetauscht werden muss. In der Praxis stößt dies erfahrungsgemäß auf Schwierigkeiten. Daher sind Löschwasseranlagen „nass" ausschließlich über so genannte Löschwasserübergabestellen anzuschließen, die das Trinkwasser sicher vom nicht-Trinkwasser in den Leitungen trennen (generelle Ausführungen zur Wasserhygiene enthält Punkt 4.5.1). Die zulässigen Anschlussarten für Löschwasseranlagen „nass" enthält nachfolgende Tabelle 9-1, einige schematische Darstellungen die Abbildung 9-1, weitere detaillierte Angaben hierzu findet man in DIN 14462 [9.1], DIN 1988-600 [9.2], DIN EN 1717 [9.5] und bei [9.6].

Brandschutzanlage	**Zulässige Anschlussarten an der Löschwasserübergabestelle (Alternativen)**		
Löschwasseranlage „nass" nach DIN 14462 mit Wandhyranten Typ F oder S nach DIN EN 671	Freier Auslauf Typ AA oder AB nach DIN EN 1717 und Druckerhöhungseinrichtung – DEA – DIN 14462		
Löschwasseranlage „nass-trocken" nach DIN 14462 mit Wandhyranten Typ F oder S nach DIN EN 671	Freier Auslauf Typ AA oder AB DIN EN 1717 DEA DIN 14462	Füll- und Entleerungsstation nach DIN 14463-1	
Trinkwasserinstallation nach DIN 14462 mit Wandhydrant Typ S nach DIN EN 671	Schlauchanschlussventil 1" mit Sicherungseinrichtung nach DIN 14461-3; ggf. Druckerhöhungseinrichtung – DEA – DIN 1988-500		
Feuerlösch- und Brandschutzanlage mit offenen Düsen, z. B. nach DIN 14494, DIN 14495, DIN CEN/TS 14816,	Freier Auslauf Typ AA oder AB nach DIN EN 1717	Füll- und Entleerungsstation nach DIN 14463-2	Direktanschlussstation nach DIN 14464
Sprinkleranlagen, z. B. nach DIN 14489, DIN EN 12845	Freier Auslauf Typ AA oder AB nach DIN EN 1717	Direktanschlussstation nach DIN 14464	
Nichtöffentliche Löschwasseranlagen mit Unter- und Überflurhydranten	Freier Auslauf Typ AA oder AB nach DIN EN 1717	Füll- und Entleerungsstation nach DIN 14463-1	Unter- und Überflurhydranten nach DIN EN 14384 und DIN EN 14339

Tabelle 9-1: Ausführung der Löschwasserübergabe aus dem Trinkwassernetz an Brandschutzanlagen

Die Wandhydranten an Löschwassereinrichtungen nach DIN 14462 sollten aus brandschutztechnischer Sicht ausschließlich als Typ F nach DIN 14461-1 [9.3] ausgeführt werden, damit die Feuerwehr ihre Schläuche am Schlauchanschlussventil nach DIN 14461-3 [9.4] anschließen und die dann höhere Wasserlieferung der Löschwasseranlage „nass" ausnutzen kann (vergl. Punkt 6.1.2).

Da die Löschwasserleitungen „nass“ ständig mit Wasser gefüllt sind, müssen sie entweder in frostfreien Bereichen verlegt sein, oder eine Begleitheizung erhalten (z. B. in offenen Garagen).

9.1.2 Löschwasseranlagen „trocken"

Während Wandhydranten (Punkt 6.1.2) an nasse Steigleitungen angeschlossen sind und somit unmittelbar von jedem sofort benutzt werden können, wird bei Löschwasseranlagen „trocken" erst im Bedarfsfall das Wasser durch die Feuerwehr in die Steigleitung eingespeist (Abbildung 9-1 links). Das System ist von der Trinkwasserinstallation des Gebäudes vollständig getrennt zu halten, so dass wasserhygienische Probleme entfallen (vergl. Punkt 4.5.1).

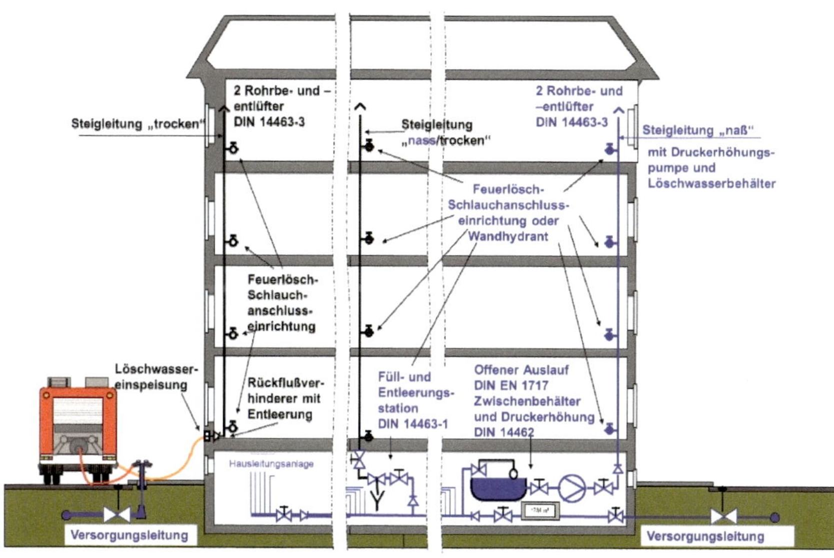

Abbildung 9-1: Löschwassereinrichtungen nach DIN 14462 – Schemata links: Löschwassereinrichtung „trocken“, rechts: Löschwassereinrichtung „nass“, Mitte Löschwassereinrichtung „nass / trocken“

Steigleitungen „trocken" nach DIN 14462 [9.1] sind daher stets ausschließlich für die Benutzung durch die Feuerwehr gedacht und werden mit Feuerlösch-Schlauchanschlusseinrichtungen für die Wassereinspeisung und Wasserentnahme nach DIN 14461-2 bis -5 und DIN 14463-1 bis DIN 14463-3 ausgestattet ([9.7] bis [9.9] und [9.10] bis [9.12]). Rohrbelüftungseinrichtungen nach DIN

14463-3 [9.11]) – und ggf. fernbetätigte Füll- und Entleerungsstationen nach DIN 14463-2 [9.12] oder Druckerhöhungsanlagen nach DIN 1988-500 [9.33] – sorgen für eine schnelle Auffüllbarkeit und vollständige Entleerung des Systems. Nach Betätigung des Ventils dürfen bis zum Wasseraustritt an der Wasserentnahmeeinrichtung maximal 60 Sekunden vergehen.

Trockene Steigleitungen werden wie folgt eingesetzt:

- in frostgefährdeten Bereichen
- in Bereichen ohne ständig benutzte Entnahmestelle
- in Bereichen, in denen nicht davon ausgegangen werden kann, dass die Nutzer im Gefahrenfall eine Wandhydrantenanlage benutzen würden (Wohnhäuser, insbesondere Hochhäuser)
- in Bereichen mit erhöhter Missbrauchsgefahr für Wandhydranten (Vandalismus, Diebstahl).

9.1.3 Löschwasseranlagen „nass / trocken"

Die Löschwasseranlagen „nass / trocken" nach DIN 14462 entsprechend den Löschwasseranlagen „nass" mit dem Unterschied, dass zusätzlich zwischen dem Trinkwassernetz und der Steigleitung eine Fernbetätigte Füll- und Entleerungsstation nach DIN 14463-2 [9.11] angeordnet ist (Abbildung 9-1 Mitte). Die Löschwasserleitung selbst ist im Normalfall nicht mit Wasser gefüllt, sondern wird im Bedarfsfall durch diese Station – die ein DIN / DVGW-Prüfzeichen haben muss – selbsttätig und fernbedient gefüllt. Damit entfallen wasserhygienische Probleme, da die Steigleitung nur während der Brandbekämpfung kurzfristig und bei gleichzeitig hohem Wasserdurchfluss mit der Trinkwasserinstallation des Gebäudes verbunden ist und nach Beendigung der Brandbekämpfung belüftet und entleert wird.

Der Ansteuerimpuls für die Öffnung der Füllstation von Löschwasserleitungen „nass / trocken" kann von einer Brandmelderzentrale nach DIN EN 54-2 [9.13] oder von einer Steuereinrichtung nach DIN EN 12094-1 [9.14] ausgehen. Die Energieversorgung der Steuereinrichtung, die auch Teil der Brandmelderzentrale sein kann, muss DIN EN 54-4 [9.15] entsprechen. In der Regel wird das Ventil jeder Entnahmeeinrichtung überwacht (z. B. durch Mikroschalter) und bei dessen Öffnung der Steuerimpuls erzeugt.

Die Öffnung der Ventile der Füll- und Entleerungsstation selbst kann mechanisch, elektrisch, pneumatisch oder hydraulisch erfolgen. Da es sich bei Löschwasseranlagen „nass / trocken" um Sicherheitseinrichtungen handelt, muss die Energieversorgung der Öffnungseinrichtung überwacht und Störungen angezeigt werden.

Die Steigleitung wird nach Öffnen eines Wandhydranten oder einer Schlauchanschlusseinrichtung automatisch innerhalb maximal 60 Sekunden geflutet. Werden alle Entnahmeeinrichtungen vollständig geschossen, wird diese Wiederherstellung des Normalzustandes als Steuerimpuls für die automatische Entleerung genutzt.

9.2 Objektfunkanlagen

9.2.1 Bedarf

Nach den Bauordnungen der Länder müssen bauliche Anlagen so beschaffen sein, dass bei einem Brand die Rettung von Menschen und Tieren sowie wirksame Löscharbeiten möglich sind (siehe z. B. NBauO [9.16]). Dies erfordert grundsätzlich eine lückenlose Funkversorgung an der Einsatzstelle zur Führung von Einsatzkräften der Feuerwehr.

Der Feuerwehrfunk an und innerhalb der Einsatzstelle sowie von der Einsatzstelle zur Leitstelle wird im Digitalfunk der Behörden und Organisationen mit Sicherheitsaufgaben – BOS – abgewickelt. Zu den BOS gehört neben der Feuerwehr insbesondere die Polizei, deren Anforderungen an die Leistungsmerkmale einer Funkversorgung in baulichen Anlagen nicht selten höher sind.

Der Digitalfunk BOS wird als Bündelfunk im TETRA-Band (z.Zt. 380 MHz bis 410 MHz) abgewickelt und bietet gegenüber dem Analogfunk eine Reihe von Vorteilen. Weiteres hierzu enthält insbesondere eine Broschüre der Bundesanstalt für den Digitalfunk der Behörden und Organisationen mit Sicherheitsaufgaben (BDBOS; [9.17])

Physikalisch bedingt treten insbesondere in baulichen Anlagen, in denen in größerem Umfang Stahlbeton oder Haustechnik (Lüftungskanäle!) verbaut ist, Beeinträchtigungen der Ausbreitung von elektromagnetischen Wellen auf (Reflektionen, Absorption, Diffraktion; siehe hierzu bei Lindenmann et al. [9.18] oder in den Technischen Richtlinien des Bundesamtes für Sicherheit in der Informationstechnik [9.19], [9.20]). Dies kann dazu führen, dass der Funkverkehr stark eingeschränkt wird oder nicht mehr möglich ist. Die Errichter baulicher Anlagen können daher verpflichtet werden, für geeignete technische Maßnahmen zu sorgen, um eine ausreichende Funkversorgung zu gewährleisten. Ausreichend bedeutet hier, dass die Einhaltung folgender Schutzziele zu gewährleisten ist:

- Eigensicherung der Einsatzkräfte
- effektive Unterstützung der Einsatzkräfte zur Umsetzung des Einsatzauftrages
- unabhängige Kommunikation der beteiligten BOS untereinander ohne gegenseitige Beeinflussung

Um die Kommunikation von außen nach innen sicher zu stellen sind BOS-Objektfunkanlagen eine geeignete technische Lösung (Abbildung 9-2). Die Funkversorgung muss nicht nur im Objekt selbst, sondern – einsatztaktisch bedingt – auch in einem Bereich ca. 50 m um das Objekt einschließlich der zugehörigen Feuerwehrzufahrten gewährleistet werden.

Die Nutzung der BOS-Objektfunkanlagen ist allein den BOS vorbehalten. Jedoch trägt die Kosten für die Planung, Beschaffung, Installation und Unterhaltung der Objektfunkanlage der Bauherr bzw. der Eigentümer des Objektes.

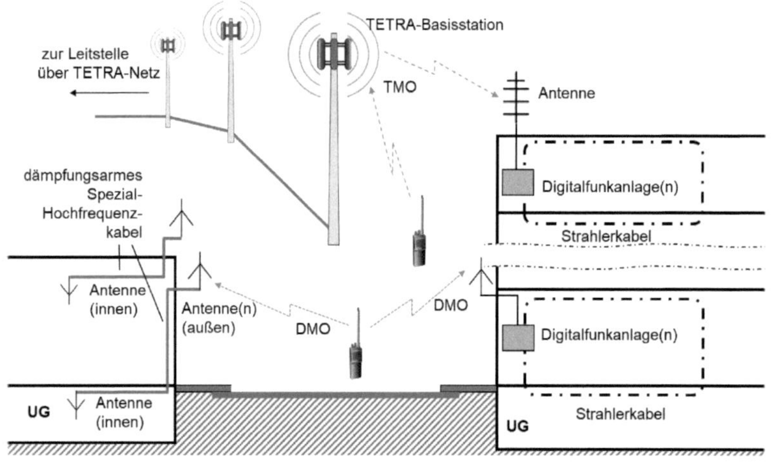

Abbildung 9-2: Objektfunkanlagen im TETRA-Digitalfunknetz der BOS als Führungsmittel der Feuerwehr

9.2.2 Technische Ausführungen

Als technische Regel zu Feuerwehr-Objektfunkanlagen (ehemals: Feuerwehr-Gebäudefunkanlagen) existiert seit Ende 2020 die DIN 14 024-1 [9.21]. Sie gilt für alle BOS und enthält Regelungen zum Aufbau und Betrieb unter Berücksichtigung möglicher Anforderungen der BOS und des Bauordnungsrechtes, um die oben genannten Schutzziele zu erreichen. Unter anderem enthält DIN 14 024-1 sicherheitstechnische Anforderungen an:

- die Funkversorgungsgüte
- die Betriebsart und Kapazitätsbedarf
- die Anbindung an das BOS-Digitalfunknetz
- die Funksystemtechnik und digitale Betriebsart (Punkt 9.2.2.2)
- die Schnittstellen und Übertragungswege (Kabelführung und HF)

- die Detektion, Meldung und Beseitigung von Störungen
- die Prüfung der Anlage vor Inbetriebnahme.

Vor 2020 errichtete Anlagen wurden im Wesentlichen individuell nach den Vorgaben der Feuerwehren von den Herstellern entwickelt. Ein von der BDBOS erstellter Leitfaden zur „Planung und Realisierung von Objektversorgungen (L-OV)" [9.22] enthält die Anforderungen an Objektfunkanlagen im BOS Digitalfunk [9.20] aus Sicht der für den Netzbetrieb zuständigen Behörde.

Es gibt zwei Anlagenarten zur Verbesserung der Funkversorgung:

- Passive Objektfunkanlagen
- Aktive Objektfunkanlagen

Die BOS wünschen im Interesse eines allgemein hohen Sicherheitsstandards überwiegend aktive Objektfunkanlagen. Nur diese können – je nach Betriebsart – alle Leistungsmerkmale des Digitalfunkes darstellen (Punkt 9.2.2.2). Eine intensive Abstimmung mit den BOS ist im Planungsprozess einer Objektfunkanlage daher unabdingbar. Eine gute allgemeingültige Entscheidungshilfe zur Festlegung der erforderlichen technischen Ausführung einer Objektfunkanlage haben die Feuerwehren aus Nordrhein-Westfalen vorgelegt [9.23].

Eine Verträglichkeit der aktiven BOS-Objektfunkanlagen mit den bestehenden digitalen Funkverkehrskreisen und anderen ortsfesten Funkanlagen muss gewährleistet sein. Dies sicherzustellen ist i. A. eine anspruchsvolle Aufgabe. Daher dürfen nur Fachfirmen die auf der Grundlage der DIN EN 16763 [9.24] zertifiziert sind, Objektfunkanlagen planen und errichten. Eine Prüfung der funktechnischen Parameter und die Abnahme der Anlage auf der Grundlage eines in DIN 14024-1 beschriebenen funktionalen Praxistestes durch Beauftragte der BOS und der BDBOS ist obligatorisch.

Zur Vereinheitlichung der Bedienungsabläufe aktiver Objektfunkanlagen (Punkt 9.2.2.2) dient ein BOS Objektfunkbedien- und Anzeigefeld – BOB – (Punkt 9.2.3).

9.2.2.1 Passive Objektfunkanlagen

Passive Systeme zur Funkrufreichweitenverbesserung sind nur sinnvoll in Objekten, in denen *lediglich lokal konzentrierte* Funkunterversorgungen in *wenigen* Bereichen vorhanden sind („HF-Löcher", Abbildung 9-2 links).

Die Anlagen werden ohne Stromversorgung betrieben und bestehen in der Regel lediglich aus einer Konfiguration von Antennen und Verbindungseinrichtungen mit verlustarmen Spezialkabeln. Daher sind derartige Anlagen deutlich kostengünstiger zu errichten als aktive Objektfunkanlagen. Die notwendigen

Kabelverbindungseinrichtungen und Antennen müssen aufgrund der Aufgabenstellung in der Funktionserhaltklasse P 90 nach E DIN EN 13501-3 [9.25] ausgeführt und vor unbeabsichtigten mechanischen Beschädigungen geschützt sein.

Je „Funkloch“ sind eine Außen- und eine Innenantenne mit den entsprechenden Verbindungen erforderlich (Abbildung 9-2 links). Jede dieser Gesamtkonfigurationen wird als Resonanzsystem auf die eingestrahlte HF-Frequenz abgestimmt, die Außenantenne nimmt die Energie auf, leitet sie – deutlich verlustärmer als bei direkter Einstrahlung [9.19], [9.20] – über die Kabelverbindung nach Innen weiter, die Innenantenne schwingt mit und strahlt einen Teil der Energie direkt in den unterversorgten Bereich ein.

9.2.2.2 Aktive Objektfunkanlagen

Zur Sicherstellung der Kommunikationsfähigkeit von Einsatzkräften der BOS innerhalb funkproblematischer Bauwerke (großflächige massive Gebäude, Tiefgaragen, Tunnel, Funktionstrakte von Krankenhäusern mit extensiver Klima- und Haustechnik) mit der Einsatzleitung, die sich in der Regel außerhalb des Bauwerkes befindet, sind aktive Objektfunkanlagen erforderlich. Da diese Systeme bestimmungsgemäß Energie in das Bauwerk abstrahlen, müssen Verstärkersysteme in der Funkanlage den Energieverlust ausgleichen. Grundsätzlich gleich aufgebaute Systeme sichern vielfach den Rundfunkempfang in Tunnelanlagen (Verkehrsfunk!).

Im Rahmen des BOS-Digitalfunkes stehen zwei Realisierungsmöglichkeiten zur Verfügung:

- Objektfunkanlagen ohne Netzunterstützung, so genannte DMO-Anlagen (Direct Mode Operation)
- Objektfunkanlagen mit Netzunterstützung, so genannte TMO-Anlagen (Trunk Mode Operation)

Sowohl für DMO-als auch für TMO-Objektfunkanlagen sind mehrere technische Varianten mit jeweils etwas unterschiedlichen Folgeerscheinungen für die Leistungsmerkmale, die Rückwirkungen auf das BOS-Gesamtnetz und die Anforderungen an die Art und Anzahl der Endgeräte möglich. Im Folgenden werden nur die wichtigsten kurz dargestellt, detaillierte Informationen sind z. B. [9.22] zu entnehmen.

DMO-Objektfunkanlagen haben keine Anbindung an das Digitalfunknetz und können daher nur die Kommunikation innerhalb der jeweiligen DMO-Kanalgruppe durch direkte Verbindung von Endgerät zu Endgerät – dies sind in der Regel Handsprechfunkgeräte – sicherstellen. Daher sind sie technisch relativ einfach und kostengünstig aufzubauen. Aktive DMO-Objektfunkanlagen werden durch DMO-Repeater oder durch eine autarke Basisstation im Objekt realisiert.

TMO-Objektfunkanlagen erweitern im Prinzip das Freifunknetz in das Bauwerk hinein. Sie sind voll in das BOS-Digitalfunknetz integriert und können daher auch innerhalb des Bauwerkes alle Leistungsmerkmale des Digitalfunkes darstellen. TMO-Systeme sind jedoch technisch relativ aufwändig und damit erheblich teurer als DMO-Systeme. TMO-Objektfunkanlagen können über objekteigene Basistationen, direkte HF-Ankoppelung eines TMO-Repeaters an eine in der Nähe befindliche Basisstation oder – wenn eine sichere Funkverbindung vorhanden ist – die Anbindung des Repeaters an das Digitalfunknetz über eine Luftschnittstelle realisiert werden. Ausführungen zu den jeweiligen Randbedingungen, Vor- und Nachteilen verschiedener Lösungen enthalten z. B. [9.22] und [9.26], eine beispielhafte Darstellung einiger Varianten Abbildung 9-3.

Welche Lösung in einem konkreten Fall eingesetzt werden sollte, hängt in erheblichem Maße von der einsatztaktischen und funktaktischen Konzeption der jeweiligen BOS ab, näheres hierzu findet man z. B. in [9.27], [9.28] und [9.29].

Die Objektfunkanlagen müssen DIN 14 024-1 und den sonstigen technischen Richtlinien der BDBOS entsprechen. Gegenseitige negative Beeinflussung der Funkkommunikation darf bei gleichzeitigem Betrieb mehrerer, unabhängig voneinander installierter Objektfunkanlagen nicht auftreten. Die Anlagen sind so abzugleichen, dass sie sich störungsfrei in das bestehende Digitalfunknetz integrieren.

Die Funkanlagen müssen in feuerbeständig abgesicherten, stets zugänglichen Räumen untergebracht sein. Die Energieversorgung von aktiven Objektfunkanlagen muss über zwei voneinander unabhängige Energiequellen sichergestellt werden (Netzversorgung und Batterie; analog zu Brandmeldeanlagen). Die Ersatzstromversorgung muss für mindestens 12 Stunden bei Volllast ausgelegt sein. Für die notwendigen Kabel, Verbindungseinrichtungen und Antennen gilt das unter Punkt 9.2.2.1 ausgeführte analog. Strahlerkabel (Schlitzbandkabel) sind i. A. als Schleife auszubilden bzw. mindestens zweiseitig einzuspeisen.

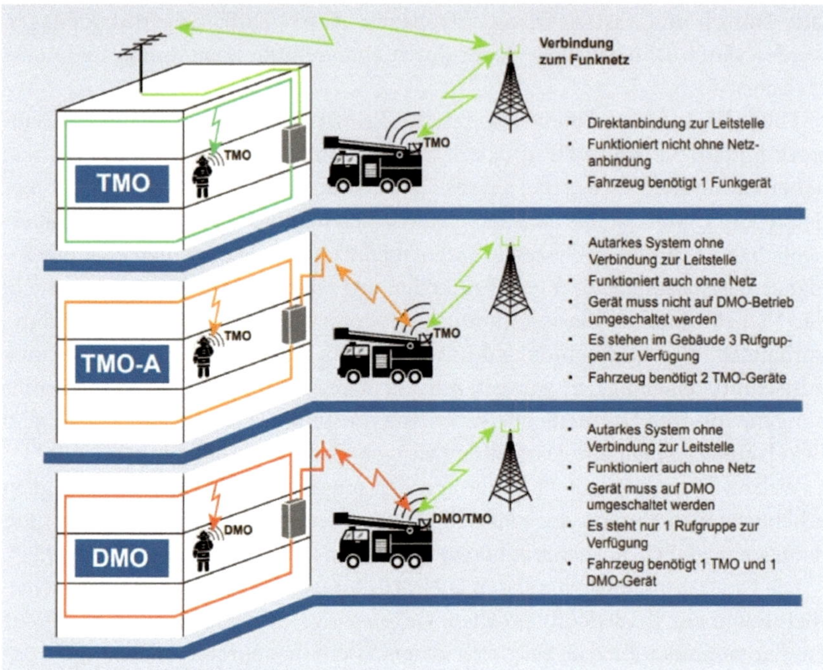

Abbildung 9-3: Aktive Objektfunkanlagen für die Feuerwehr Beispiele für mögliche Lösungen (Graphik: Schnoor Industrieelektronik)

Aktive Objektfunkanlagen sollten, angesteuert durch das Auslösen einer zu installierenden Brandmeldeanlage, automatisch eingeschaltet werden (vergl. Punkt 5.6.5). Das Rücksetzen der BMA in den Ruhezustand schaltet das System dann wieder ab. Die zentrale Betriebstechnik von Gebäudefunkanlagen ist in einem Raum zu installieren, der – analog zur Unterbringung einer Brandmelderzentrale, siehe Punkt 5.6.1 – feuerbeständige Wände und Decken und feuerhemmende Türen hat. Alle verwendeten Leitungen, Kabel, Verbindungseinrichtungen und Antennen sind in Funktionserhaltklasse P 90 nach E DIN EN 13501-3 zu verlegen und vor unbeabsichtigten mechanischen Beschädigungen zu schützen.

9.2.3 BOS Objektfunkbedien- und Anzeigefeld

Zum Einschalten aktiver Objektfunkanlagen die nicht automatisch durch eine Brandmeldeanlage angesteuert und betriebsbereit gemacht werden, ist in DIN 14663 [9.30] eine Feuerwehr-Gebäudefunkbedienfeld – FGB – technisch beschrieben. In DIN 14024-1 wird dieses Bedienfeld als „BOS Objektfunkbedien-

und Anzeigefeld – BOB" bezeichnet, die grundsätzlichen Anforderungen an das BOB sind somit in DIN 14663 festgelegt. Die Ausstattung des BOB muss im Einzelfall auf der Grundlage der funktechnischen Eigenschaften der verwendeten digitalen BOS-Objektfunkanlage festgelegt werden. Die fordernde berechtigte BOS definiert hierzu orts- und objektbezogen ihre umzusetzenden Anforderungen.

Abbildung 9-4: Feuerwehr-Gebäudefunkbedienfeld FGB bzw. BOB (Zustandsanzeige DMO-Repeater) – Beispiel

Dieses Bedienfeld zeigt bestimmte Betriebszustände an und ermöglicht der Feuerwehr die einfache Inbetriebnahme von Objektfunkanlagen (in Analogie zum Feuerwehr-Bedienfeld für Brandmeldeanlagen, siehe Kapitel 5). Das BOB ist in unmittelbare Nähe der Objektfunkanlage oder an einer von der zuständigen Brandschutzdienststelle festgelegten Stelle zu installieren (z. B. am Feuerwehrinformationszentrum). Aus einsatztaktischer Sicht empfiehlt sich die gemeinsame Installation mit der Brandmeldeanlage, über die bauliche Anlagen, die ein Objektfunksystem erfordern, mit hoher Wahrscheinlichkeit verfügen. Hinsichtlich der technischen Ausführung, der Sicherung der Übertragungswege, Energieversorgung etc. gilt das in Kapitel 5 zum FBF ausgeführte.

9.3 Feuerwehrpläne für bauliche Anlagen

Für eine rasche Orientierung am Objekt und zur Beurteilung der Lage benötigen die Feuerwehren für komplexere bauliche Anlagen oder Anlagen mit besonderen Gefahren Feuerwehrpläne nach DIN 14095 [9.31]. Diese Pläne enthalten in einem einheitlichen Zeichen- und Farbschema für die Feuerwehr wichtige Informationen. Die Erstellung von Feuerwehrplänen obliegt dem Betreiber der baulichen Anlagen und unterliegt in der Regel den Vorgaben der örtlichen Feuerwehr. Rechtsgrundlage für die Forderung eines Feuerwehrplanes ist in der Regel § 54 MBO [9.32].

Feuerwehrpläne müssen die folgenden Angaben enthalten:

Mindestangaben:

- Bezeichnung des Objektes,
- Art der Nutzung,
- Lage der Hauptzufahrt (nach Möglichkeit am unteren Rand des Planes),
- Nordpfeil,
- Entfernungsraster von (vorzugsweise) 10 m (ggf. 20 m oder 50 m), mit Angabe des Rastermaßes,
- Bezeichnung der Geschossigkeit (z. B.: -1-E+3+1D), ggf. des Geschosses,
- Brandwände und sonstige raumabschließende Wände,
- Öffnungen in Decken und Wänden,
- Zugänge und Notausgänge (grüne Pfeile),
- Treppenräume und Treppen, deren Laufrichtung und die über sie erreichbaren Geschosse,
- nicht befahrbare und nicht begehbare Flächen (Farbe: gelb),
- besondere Angriffs- und Rettungswege (z. B. Fluchttunnel),
- Feuerwehr- und sonstige Aufzüge,
- Steigleitungen,
- Bedienstellen von brandschutztechnischen Anlagen (z. B. BMZ, RWA) und von sonstigen betriebstechnischen Anlagen, die von der Feuerwehr bedient werden dürfen / sollen,
- Ortsfeste und bewegliche Löscheinrichtungen mit Angaben über Art und Menge der Löschmittel und Lage der Zentrale (Farbe: blau),
- Elektrische Betriebsräume

Besondere Angaben:

- Räume oder Flächen mit besonderen Gefahren (Farbe: rot),

- Art und Menge von: feuergefährlichen Stoffen, Gefahrstoffe in Bereichen mit biologischen Arbeitsstoffen, ggf. Einstufung,
- Gefahrengruppe bei radioaktiven Stoffen,
- Gefahrengruppe bei gentechnischen Labors,
- Warnhinweise auf nicht einzusetzende Löschmittel,
- Hinweise auf besondere brandschutztechnische Risiken,
- Hinweise zu Aufstellflächen für Hubrettungsfahrzeuge,
- Hinweise zur Löschwasserversorgung (Entnahmestellen, Leistung, Schieber etc.; Farbe: blau),
- Hinweise zur Löschwasserrückhaltung (z. B. Abwasserpläne),
- elektrische Freileitungen und Oberleitungen

Ergänzende Angaben, z. B:

- Betreiber,
- (Brandschutz-) Verantwortlicher,
- Sicherheitsingenieur

Sofern die (formatfüllende) Darstellung der baulichen Anlage auf einer Seite (A3) nicht möglich ist, kann ein Übersichtsplan beigefügt werden. Sonderpläne, wie Schnittbilder der Geschossigkeit, Entrauchungspläne, Abwasserpläne etc. sind für Gebäudeteile zu erstellen, soweit dies zur Zweckerfüllung erforderlich ist.

Heute werden Feuerwehrpläne überwiegend als elektronische Datei auf dem Laptop des Feuerwehr-Einsatzleiters zur Verfügung gestellt. Dies erleichtert die Aktualisierung ungemein.

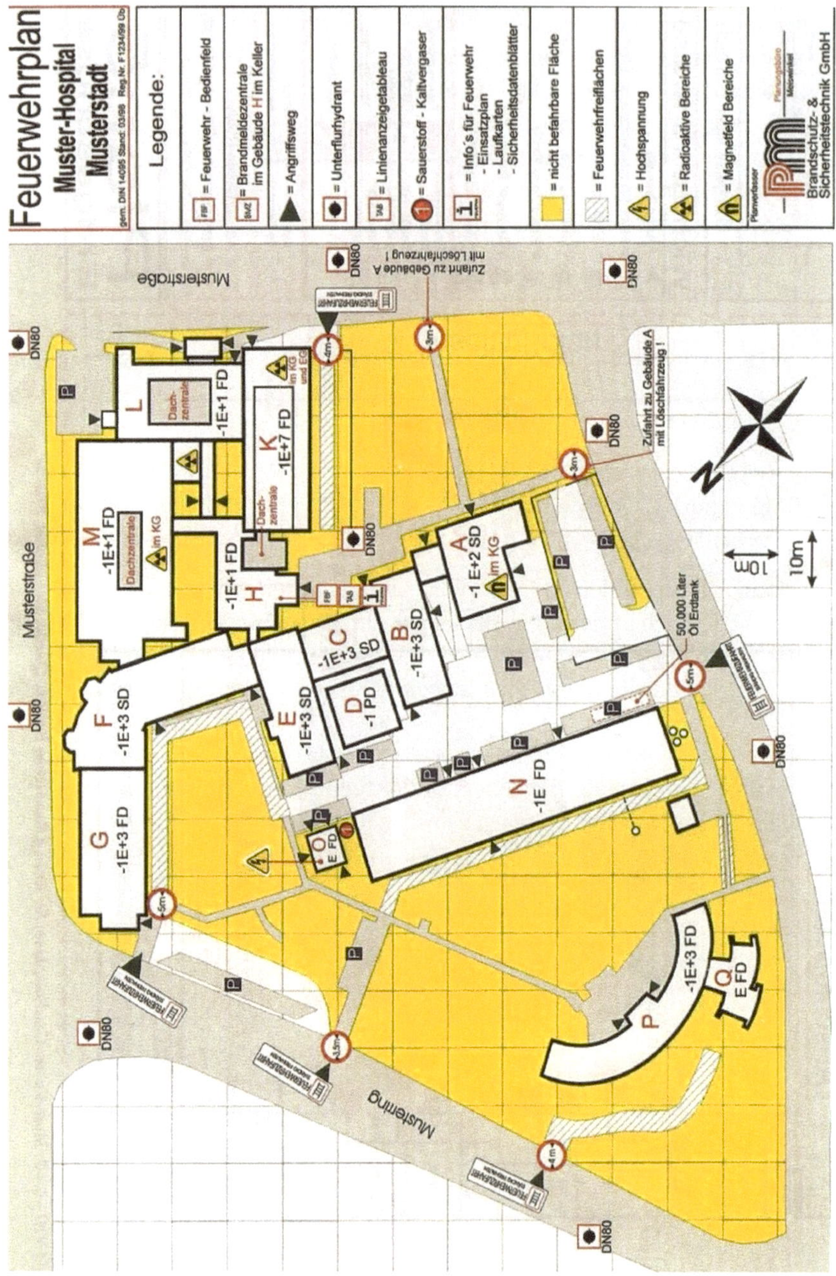

Abbildung 9-5: Beispiel für einen Feuerwehrplan für bauliche Anlagen nach DIN 14095

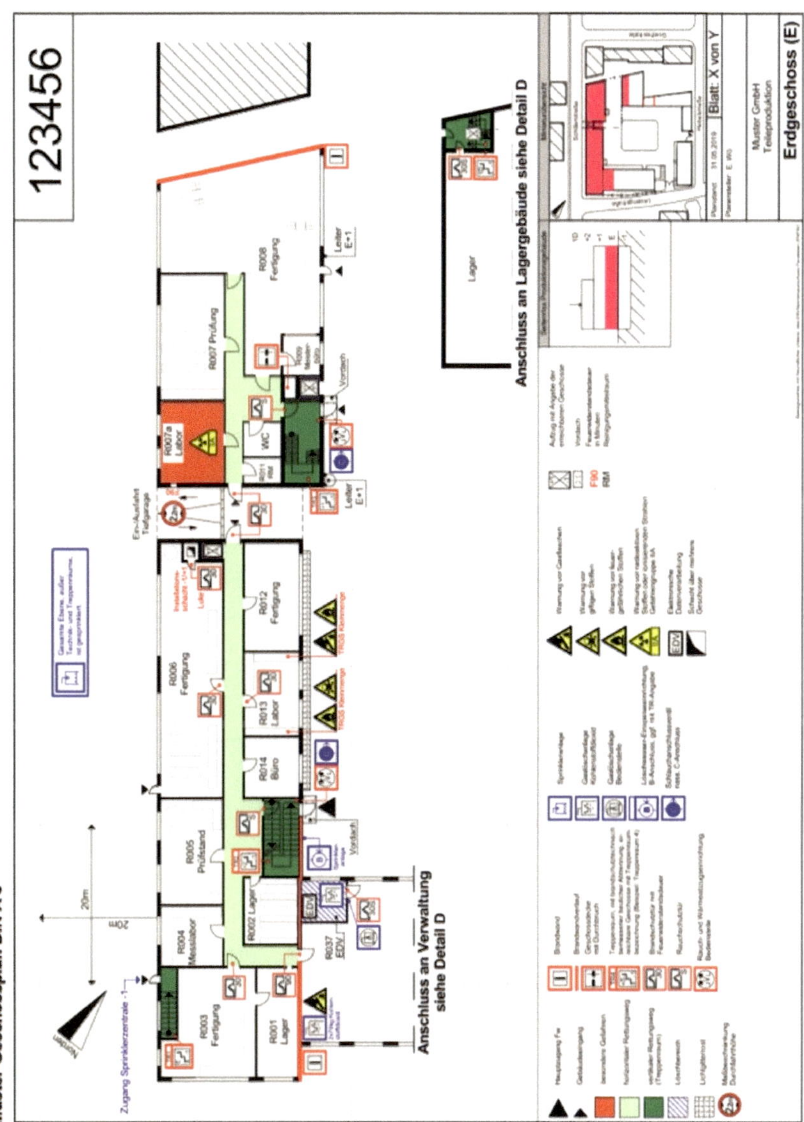

Abbildung 9-6: Beispiel für einen Geschossplan nach DIN 14095 (Graphik: Berliner Feuerwehr [9.34])

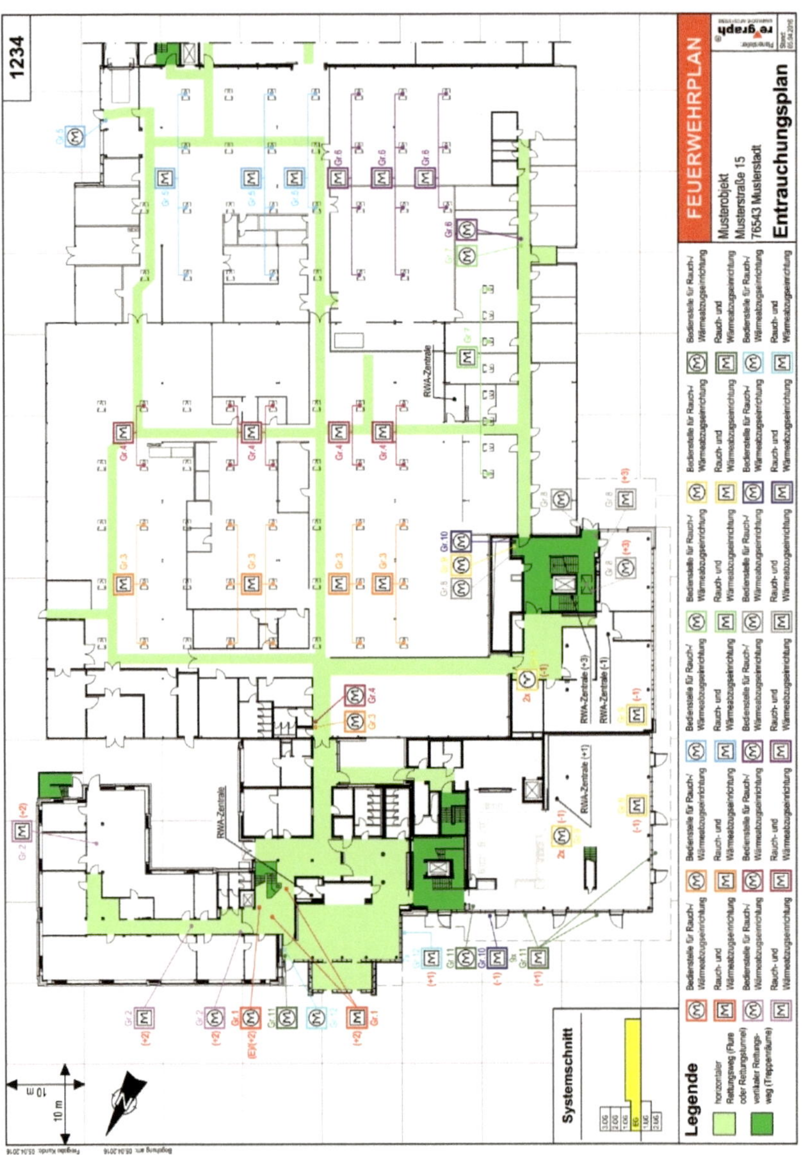

Abbildung 9-7: Beispiel für einen Entrauchungsplan nach DIN 14095 (Graphik: regraph, www.regraph.de)

9.4 Literaturverzeichnis zu Kapitel 9

[9.1] DIN 14462:2012-09 Löschwassereinrichtungen – Planung, Einbau, Betrieb und Instandhaltung von Wandhydrantenanlagen sowie Anlagen mit Über- und Unterflurhydranten

[9.2] DIN 1988-600:2010-02 Technische Regeln für Trinkwasserinstallationen – Teil 600: Trinkwasser-Installationen in Verbindung mit Feuerlösch- und Brandschutzanlagen; Technische Regeln des DVGW

[9.3] DIN 14461-1:2016-01 Feuerlösch-Schlauchanschlusseinrichtungen – Teil 1: Wandhydrant mit formstabilem Schlauch

[9.4] DIN 14461-3:2016-01 Feuerlösch-Schlauchanschlusseinrichtungen – Teil 3: Schlauchanschluss-Ventile PN 16

[9.5] DIN EN 1717:2011-08 Schutz des Trinkwassers vor Verunreinigungen in Trinkwasser-Installationen und allgemeine Anforderungen an Sicherungseinrichtungen zur Verhütung von Trinkwasserverunreinigungen durch Rückfließen

[9.6] Spangardt, G.: Neue Regeln für Wandhydranten unter Berücksichtigung von DIN 1988, in s+s report 6/2003

[9.7] DIN 14461-2:2009-09 Feuerlösch-Schlauchanschlusseinrichtungen; Einspeiseeinrichtung und Entnahmeeinrichtung für Steigleitung „trocken"

[9.8] DIN 14461-4:2008-02 Feuerlösch-Schlauchanschlusseinrichtungen; Einspeisearmatur PN 16 für Steigleitung „trocken"

[9.9] DIN 14461-5:2008-02 Feuerlösch-Schlauchanschlusseinrichtungen; Schlauchanschlussarmatur PN 16 für Steigleitung „trocken"

[9.10] DIN 14463-1:2007-01 Löschwasseranlagen – Fernbetätigte Füll- und Entleerungsstationen – Teil 1: Für Wandhydrantenanlagen „nass/trocken“

[9.11] DIN 14463-3:2012-09 Löschwasseranlagen – Fernbetätigte Füll- und Entleerungsstationen – Teil 3: Be- und Entlüftungsventile PN 16 für Löschwasserleitungen „nass/trocken" und „trocken"

[9.12] DIN 14463-2:2003-07 Löschwasseranlagen – Fernbetätigte Füll- und Entleerungsstationen – Teil 2: Für Wasserlöschanlagen mit leerem und drucklosem Rohrnetz; Anforderungen und Prüfung

[9.13] DIN EN 54-2:2016-03 Brandmeldeanlagen Teil 2: Brandmeldezentralen mit Änderung DIN EN 54-2:1997-12/A1:2007-01

[9.14] DIN EN 12094-1:2003-07 Ortsfeste Brandbekämpfungsanlagen – Bauteile für Löschanlagen mit gasförmigen Löschmitteln Teil 4: Anforderungen und Prüfverfahren für automatische elektrische Steuer- und Verzögerungseinrichtungen; mit Berichtigung 1:2006-09

[9.15] DIN EN 54-4:2015-11 Brandmeldeanlagen Teil 4: Energieversorgungseinrichtungen mit Ergänzungen DIN EN 54-4 / A1:2003-03 und DIN EN 54-4 / A2:2003-08

[9.16] Niedersächsische Bauordnung – NBauO – vom 3. April 2012

[9.17] BDBOS: Fragen und Antworten zum Digitalfunk BOS, https://www.bdbos.bund.de/DE/Fragen_und_Antworten/fragen_und_antworten_node.html

[9.18] Lindenmann, M.; Leimer, H.-P., Rusteberg, C.: Ausbreitung elektromagnetischer Wellen; HAWK Hildesheim, https://www.building-physics.net/webfm_send/331, heruntergeladen 2021-01-03

[9.19] BSI: Elektromagnetische Schirmung von Gebäuden – Theoretische Grundlagen – BSI TR-03209-1 vom 30. April 2008

[9.20] BSI: Elektromagnetische Schirmung von Gebäuden – Praktische Messungen – BSI TR-03209-2 vom 30. April 2008, heruntergeladen 2021-01-05

[9.21] E DIN 14 024-1:2020-10 Digitale BOS-Objektfunkanlagen – Teil 1: Aufbau und Betrieb

[9.22] BDBOS: Leitfaden zur Planung und Realisierung von Objektversorgungen (L-OV) für das digitale Sprech- und Datenfunksystem für Behörden und Organisationen mit Sicherheitsaufgaben in der Bundesrepublik Deutschland

[9.23] AGBF-NRW: Empfehlungen zur Einrichtung und Betrieb von Objektfunkanlagen im Digitalfunk BOS in Nordrhein-Westfahlen

[9.24] DIN EN 16 763:2017-04 Dienstleistungen für Brandsicherheitsanlagen und Sicherheitsanlagen

[9.25] E DIN EN 13501-3:2019-08 Klassifizierung von Bauprodukten und Bauarten zu ihrem Brandverhalten – Teil 3: Klassifizierung mit den Ergebnissen aus den Feuerwiderstandsprüfungen an Bauteilen von haustechnischen Anlagen und elektrischen Kabeln

[9.26] AGBF NRW: Empfehlung zur Errichtung und Betrieb von Objektfunkanlagen im Digitalfunk BOS in Nordrhein-Westfalen https://www.idf.nrw.de/projekte/ardini/dokumente/empfehlung_objektfunkanlagen_version_1-04_vom_270415.pdf

[9.27] Vorgaben für Planer und Errichter von digitalen TETRA BOS-Objektfunkanlagen, heruntergeladen 2021-01-05 https://www.digitalfunk.niedersachsen.de/images/Dokumente/Allgemein/OV/OV-Planungsvorgaben_Version%201_3.pdf

[9.28] Bundesverband für Objektfunk in Deutschland e. V.: Objektfunk von Anwendern für Anwender, heruntergeladen 2021-01-05 https://www.objektfunk-deutschland.de/index.php?eID=tx_ securedownloads&p=48&u=0&g=0&t=1 609 953 751&hash=8bfaa63bb75ecd4b0dfc0335c0c5f925 393a59d4&file=/ fileadmin / dateien / flyer-broschueren/ Objektfunk_von_Anwendern_ fuer_Anwender_23.04.17_reduzierteDatenmenge.pdf

[9.29] MIDM Baden-Württemberg: Funkbetrieb und -taktik bei Feuerwehr, Rettungsdienst und Katastrophenschutz, Stand September 2018, heruntergeladen 2021-01-06; https://www.lfs-bw.de/Fachthemen/Digitalfunk-Funk/Documents/ Digitalfunk/ Regelungen Betriebshandbuch / Funkbetrieb_und_Taktik.pdf

[9.30] DIN 14 663:2016-02 – Feuerwehr-Gebäudefunkbedienfeld

[9.31] DIN 14095:2007-05 Feuerwehrpläne für bauliche Anlagen

[9.32] ARGEBAU: Musterbauordnung – MBO – i. d. F. vom Mai 2016 und Begründung hierzu

[9.33] DIN 1988-500:2020-10 Technische Regeln für Trinkwasser-Installationen – Teil 500: Druckerhöhungsanlagen mit drehzahlgesteuerten Pumpen

[9.34] Berliner Feuerwehr: Merkblatt zur Erstellung von Feuerwehrplänen, Stand 01 / 2021

10 Anlagen zur Löschwasserrückhaltung

Am 1. November 1986 brannte in Basel eine Lagerhalle der Sandoz AG, in der im Wesentlichen Pflanzenschutzmittel gelagert waren, vollständig ab [10.1]. Der Werkfeuerwehr und den örtlichen Feuerwehren gelang es zwar, nach mehreren Stunden den Brand zu löschen, jedoch wurden mit den abfließenden Löschwassern erhebliche Mengen des in der dort gelagerten Konzentration hochgiftigen Pflanzenschutzmittels in den Rhein gespült. In der Folge kam es zu einer großflächigen Vergiftung der Flora und Fauna des Rheines, die sich bis zum Niederrhein hinzog.

Diese letztlich durch den Eigentümer der Lagerhalle verursachte Schädigung der Umwelt stellt eine Verletzung der Wasserhaushaltsgesetzes (WHG [10.2]) durch ihn dar. Dieses Gesetz verpflichtet damals wie heute dazu: „... bei Maßnahmen, mit denen Einwirkungen auf ein Gewässer verbunden sein können, die nach den Umständen erforderliche Sorgfalt anzuwenden, um eine Verunreinigung des Wassers oder eine sonstige nachteilige Veränderung der Gewässereigenschaften zu vermeiden ..." Aufgrund des in § 62 Absatz 1 WHG niedergelegten sog. „Besorgnisgrundsatzes" wird dies für Anlagen zum Lagern, Abfüllen, Herstellen, Behandeln und Verwenden wassergefährdender Stoffe dahingehende präzisiert, dass diese „... so beschaffen sein und so errichtet, unterhalten, betrieben und stillgelegt werden, dass eine nachteilige Veränderung der Eigenschaften von Gewässern nicht zu besorgen ist." Die Anlagen müssen so ausgeführt sein und betrieben werden, dass sie mindestens den allgemein anerkannten Regeln der Technik entsprechen.

Danach war es auch für die Sandoz AG erforderlich, zu verhindern, dass kontaminierte Löschwasser in ein Oberflächengewässer gelangen konnte. Die Entstehung des abfließenden Löschwassers war nicht zu vermeiden, da stets nur ein Teil des aufgebrachten Wassers verdampft. Auch ist regelmäßig davon auszugehen, dass das Löschwasser mit Brandfolgeprodukten, Brandgut oder sonstigen Stoffen verunreinigt sein kann. Zwar verfügte das Sandoz Werk über Möglichkeiten zur Löschwasserrückhaltung, diese waren jedoch offensichtlich nicht ausreichend.

10.1 Technische Regeln Löschwasserrückhaltung

In der Analyse dieses Unglücks [10.3], [10.4] und den daraus gezogenen Schlussfolgerungen wurde erkannt, dass die damalige Vielfalt von Richtlinien zur Bemessung von Auffangräumen bei Lagerung umweltgefährdender, giftiger, sehr giftiger oder auch brennbarer Flüssigkeiten für Anwender – im Wesentlichen die chemische Großindustrie und der Handel – aber auch Behörden nicht mehr handhabbar war.

In der Folge wurde mit der Erarbeitung einer einheitlichen Löschwasser-Rückhalte-Richtlinie (LöRüRl) [10.5] unter Beteiligung der großen Hersteller und Verarbeiter wassergefährdender Stoffe sowie der Feuerwehren begonnen. Die Löschwasser-Rückhalte-Richtlinie wurde dann 1992 fertig gestellt. Einige Kritikpunkte und neuere Ansätze zur Löschwasser-Rückhaltung werden in den Punkten 10.4 und 10.5 dargestellt.

Anmerkung: Die LöRüRL wurde zum 1. Januar 2020 außer Kraft gesetzt, da sie nicht mehr dem aktuellen Stand der Technik entspricht. Sie soll durch eine Novelle zur 2017 erlassenen Verordnung über Anlagen zum Umgang mit wassergefährdenden Stoffen (AwSV) [10.6] ersetzt werden, um wieder eine bundeseinheitliche Regelung zu erhalten. In einem neuen Anhang 2a sollen Regelungen zur Bemessung von Löschwasserrückhalteanlagen konkretisiert werden. Jedoch enthält der derzeit (Mitte 2021) lediglich als wenig ausgereifter Referentenentwurf vorliegende Text dieses Anhangs 2a noch keine sehr praxisgerechten Lösungen; daher ist auch die fachtechnische Beteiligung interessierter Kreise – hier u. a. des Bundesverbandes der Chemischen Industrie – noch nicht abgeschlossen.

In Ermangelung substantieller neuer Regelungen zur Löschwasserrückhaltung werden deshalb nachfolgend die Vorgaben der LöRüRL weiterhin dargestellt. Soweit erforderlich wurden jedoch die in der LöRüRL in Bezug genommenen Verordnungen durch die heute gültigen Nachfolgevorschriften ersetzt.

Ein aus Sicht des Autors vielversprechender Ansatz des VdS zur Bemessung von Löschwasserrückhalteanlagen – VdS 2557 [10.9] – wird unter Punkt 10.5 dargestellt.

10.2 Grundlagen zur Löschwasserrückhaltung

10.2.1 Löschwasservolumina

Zur Klärung der Frage nach ausreichenden aber nicht überdimensionierten Rückhaltevolumina für kontaminiertes Löschwasser wurden insgesamt 312 Brände analysiert, bei denen Daten über die verbrauchte Löschwassermenge (oder die eingesetzten Rohre der Feuerwehr und die Löschzeit) und die Brandfläche bekannt waren (Günther et al. [10.7]). Hieraus konnten u. A. die folgenden Erkenntnisse abgeleitet werden:

- fast alle Brandflächen lagen unterhalb von 2400 m^2, da in der Regel bei größeren Brandabschnittsflächen besondere bauliche bzw. anlagentechnische Brandschutzmaßnahmen (Brandmeldeanlagen, automatische Löschanlagen) vorhanden sind, die verhindern können, das Großbrände entstehen,
- der Löschwasserverbrauch steigt annähernd linear mit der Brandfläche und kann mit der Beziehung,

  *Maximale Löschwassermenge in m^3 = 1,5 * Brandfläche in m^2*

  beschrieben werden,
- die Brände mit Löschzeiten über 90 Minuten konzentrieren sich um die obige Grenzgerade, so dass davon auszugehen ist, dass die Löschwasserverbräuche Maximalwerte für vollentwickelte Brände handelt,
- vollentwickelte Großbrände erfassen in der Regel den gesamten Brandabschnitt, so dass die Brandfläche identisch mit der Brandabschnittsfläche ist,
- wenn die Brandabschnittsfläche 600 m^2 überschreitet muss mit großer Wahrscheinlichkeit mit einem Vollbrand gerechnet werden, der eine Löschzeit von 90 Minuten und mehr erfordert.

Aus Untersuchungen zur Menge des tatsächlich zur Brandlöschung beitragenden Löschwassers [10.8] war bekannt, dass nur etwa die Hälfte der aufgebrachten Wassermengen verdampfen, so dass mit ca. 50 % abfließendem Löschwasser gerechnet werden muss. Aus diesen Erkenntnissen wurde folgende grundlegende Bemessungsregel für erforderliche Rückhaltevolumina für möglicherweise kontaminiertes Löschwasser abgeleitet:

*Maximal erforderliches Rückhaltevolumen in m^3 = 0,75 * Brandfläche in m^2*

10.2.2 Wassergefährdende Stoffe

Wassergefährdende Stoffe sind feste, flüssige und gasförmige Stoffe, die geeignet sind, nachhaltig die physikalische, chemische oder biologische Beschaffenheit des Wassers nachteilig zu verändern. Die Einstufung von wassergefährdenden Stoffen erfolgt nach den Vorschriften des Wasserrechts (AwSV § 2 (2) in Verbindung mit § 3 (1) [10.6]) entsprechend ihrer Gefährlichkeit in folgende Wassergefährdungsklassen (WGK):

WGK 1: schwach wassergefährdende Stoffe (Beispiele: Essigsäure, Schwefelsäure)

WGK 2: deutlich wassergefährdende Stoffe (Beispiele: Ammoniak, Leichtes Heizöl)

WGK 3: stark wassergefährdende Stoffe (Beispiele: Benzin, Chlor)

(Für Stoffe, deren Wassergefährdungspotential nicht sicher bekannt ist, werden die Anforderungen an die Löschwasserrückhaltung nach WGK 3 ermittelt.)

10.2.3 Sonstige Parameter

Ausgehend von den oben dargestellten Untersuchungen und Überlegungen fanden schließlich die folgenden Parameter in der „Richtlinie zur Bemessung von Löschwasserrückhalteanlagen beim Lagern wassergefährdender Stoffe (LöRüRl)" wie auch in der Richtlinie „Planung und Einbau von Löschwasser-Rückhalteeinrichtungen" VdS 2557 Berücksichtigung ([10.9], siehe auch bei Temme [10.10]):

- Wassergefährdungsklasse,
- Art der zuständigen Feuerwehr(en): öffentliche Feuerwehr(en), Werkfeuerwehr, die die Eingreifzeit wesentlich beeinflusst,
- Brandschutztechnische Infrastruktur des Betriebes (Brandmeldeanlage, Löschanlagen), die die denkbare Brandentwicklung und damit die Brandfläche beeinflusst,
- Fläche des Lagerabschnittes (= potenzielle Brandabschnittsfläche),
- Lagermenge, Lagerdichte und Lagerhöhe als Größen, die die Brandlasten und damit die Möglichkeiten der Brandausbreitung und Erfolgsaussichten der Brandbekämpfung beeinflussen,
- Art des Lagers (im Freien, in Gebäuden verschiedener Geschossigkeit, in ortsbeweglichen oder ortsfesten Behältern) als Größen, die die Ausbreitungsmöglichkeit von Schadenfeuern und die Erreichbarkeit der Brandstellen beeinflussen

10.3 Löschwasserrückhaltung nach LöRüRl

10.3.1 Geltungsbereich und Sicherheitsphilosophie

Die Löschwasser-Rückhalterichtlinie (LöRüRl) gilt für Anlagen, in denen wassergefährdende Stoffe nach dem Wasserrecht

- der Wassergefährdungsklasse WGK 1 mit mehr als 100 t je Lagerabschnitt *oder*
- der Wassergefährdungsklasse WGK 2 mit mehr als 10 t je Lagerabschnitt *oder*
- der Wassergefährdungsklasse WGK 3 mit mehr als 1 t je Lagerabschnitt

gelagert werden. Die Richtlinien gelten sowohl für die Lagerung in baulichen Anlagen wie im Freien.

Vom Geltungsbereich der Löschwasser-Rückhalte-Richtlinie ausgenommen sind sog. „Bereitstellungen" und „innerbetriebliche Beförderungen" (näheres hierzu enthält Punkt 10.3.4) sowie solche Stoffe, für die besondere Vorschriften existieren, insbesondere:

- Stoffe, die bei Berührung mit Wasser entzündliche Gase entwickeln
- explosionsgefährliche Stoffe
- Druckgase
- organische Peroxide
- ammoniumnitrathaltige Düngemittel
- radioaktive Stoffe

Die Vorschriften der LöRüRl gelten sowohl für Lager insgesamt, als auch für Lagerabschnitte, die für sich allein die jeweiligen Bedingungen erfüllen.

Die Sicherheitsphilosophie der LöRüRl geht von einer vollständigen Rückhaltung des erfahrungsgemäß (Punkt 10.1) zu erwartenden kontaminierten Löschwassers aus. Daher muss für Stoffe der WGK 1 mindestens 100 % Auffangvolumen für Löschwasser vorhanden sein. Wegen des höheren Gefährdungspotenzials wird für Stoffe der WGK 2 eine Auffangkapazität von 150 % und für Stoffe der WGK 3 von 200 % des zu erwartenden Schadwassers gefordert.

Zur Ermittlung des insgesamt vorzuhaltenden Rückhaltevolumens bei Zusammenlagerung von Stoffen unterschiedlicher Wassergefährdungsklassen gilt:

- 1 t WGK 3 entspricht 100 t WGK 1 und
- 1 t WGK 2 entspricht 10 t WGK 1

Die LöRüRl wurde in allen Bundesländern mit Einführungserlassen als technische Baubestimmung eingeführt (*auf die Anmerkung wird nochmals hingewie-*

sen). Die wichtigsten Regelungen zur Löschwasserrückhaltung werden in den folgenden Punkten (z. T. etwas verkürzt) erläutert.

10.3.2 Sicherheitskategorien

Auf Betreiben der chemischen Großindustrie, die in der Regel in den entsprechenden Chemiewerken über Werkfeuerwehren verfügen (vgl. Punkt 2.2), wurden "Sicherheitskategorien" geschaffen, die die Leistungsfähigkeit der örtlichen Brandschutz- und Hilfeleistungskräfte bei der Rückhaltung bzw. dem Entstehen kontaminierten Löschwassers berücksichtigen, so ähnlich, wie es auch in der Industriebaurichtlinie [10.11] bzw. in DIN 18230-1 [10.12] der Fall ist. Ausgangspunkt war dabei die Überlegung, dass das Löschwasser-Rückhaltevolumen umso kleiner sein kann, je schneller ein Brand erkannt, bekämpft und effektiv erfolgreich gelöscht werden kann. Die höheren Sicherheitskategorien der LöRüRl führen zu der Möglichkeit, bestimmte Stoffe überhaupt lagern zu können bzw. die sonst zugelassenen Lagermengen zu erhöhen.

Es werden in der LöRüRl folgende Sicherheitskategorien unterschieden:

Sicherheitskategorie K 1:
- öffentliche Feuerwehr
- keine besondere Anforderung an die Brandmeldung

Sicherheitskategorie K 2:
- öffentliche Feuerwehr
- besondere Anforderung an die Brandmeldung

Sicherheitskategorie K 3:
- Werkfeuerwehr
- besondere Anforderungen an die Brandmeldung

Sicherheitskategorie K 4:
- öffentliche Feuerwehr oder Werkfeuerwehr und
- automatische Feuerlöschanlage einschließlich automatischer Brandmeldung

10.3.3 Allgemeine Anforderungen

Anlagen zur Rückhaltung von Löschwasser sind nach LöRüRl nicht erforderlich, wenn die (Gesamt-)Lagermenge kleiner als 200 t WGK 1 ist (bis 5 % WGK 2 zulässig).

Anlagen zur Rückhaltung von Löschwasser müssen die folgenden allgemeinen Anforderungen erfüllen (vergl. VdS 2564-1 [10.13]):

- ausreichende Dichtigkeit (Stahl, 20 cm wasserundurchlässiger Beton nach DIN 1045-2 [10.14], geeignete Folien)
- ausreichende Beständigkeit des Materials (ggf. auch vorhandener Dichtungen) gegen zu erwartende Medien über die bis zur Entsorgung zu erwartende Zeit
- Feuerwehrumfahrten für Freilager > 1 600 m^2
- offene Löschwasser-Rückhalteanlagen für die Feuerwehr erreichbar
- gemeinsame Löschwasser-Rückhaltung zulässig, Ausrichtung nach dem größten Lagerabschnitt
- Auffangräume für wassergefährdende Stoffe nach AwSV [10.6] können bei entsprechender Vergrößerung als Löschwasser-Rückhalteanlagen mitbenutzt werden
- Überfüllung muss rechtzeitig erkannt werden können
- keine Beeinträchtigung der Löschmaßnahmen der Feuerwehr durch offene Löschwasser-Rückhalteanlagen
- Beständigkeit gegen Brandwärme (wo erforderlich)
- schneller, folgerichtiger und sicherer Einsatz (bei nicht automatischen Systemen) durch nicht mehr als 2 Personen

10.3.4 Lagern, Lagerdichte und Lagermenge

Beim Lagern von Wassergefährdenden Stoffen

- in Blocklagern mit Lagerguthöhen bis zu 4 m,
- in Blocklagern mit Lagerguthöhen bis zu 5 m bei Vorhandensein einer automatischen Feuerlöschanlage,
- in Regallagern mit Lagerguthöhen bis zu 5 m,
- in Block- und Regallagern mit Lagerhöhen bis zu 6 m, wenn jede Lagerguteinheit von mindestens einer Seite für den Löschangriff der Feuerwehr zugänglich ist und eine Lagerguttiefe von 1,5 m je Lagerguteinheit nicht überschritten wird,
- in Regallagern mit Lagerguthöhen bis zu 40 m bei Vorhandensein einer automatischen Feuerlöschanlage

bestimmen sich die zulässige Lagermenge und die zulässige Fläche des Lagerabschnitts nach Tabelle 10-1. Die zugrunde gelegte Lagerdichte von ca. 1 t / m^2 entspricht den Erfahrungen aus Lagern der einschlägigen Industrie.

Bei Lagern von brennbaren Flüssigkeiten sind für die Lagermengen und die bauliche Ausführung der Lager die Regelungen der TRGS 509 [10.15] und TRGS 510 [10.16] maßgeblich.

Unter Lagern wird nach LöRüRl das Vorhalten von Stoffen zur weiteren Nutzung, Abgabe oder Entsorgung verstanden. Nicht als Lagern im Sinne der LöRüRl zählen die Bereitstellung von Stoffen im Produktionsprozess und das sog. transportbedingte Zwischenlagern für die innerbetriebliche Beförderung, während das Bereithalten zur Abgabe (= Auslieferung) – sofern dafür regelmäßig besondere Stellen genutzt werden – als Lagern klassifiziert wird.

Sicherheits-kategorie	**Zulässige Lagermenge sowie zulässige Fläche des Lagerabschnitts in t bzw. m²** (bei Lagerdichten von 0,7 bis 1,2 t / m²) 1)					
	in Gebäuden Geschosszahl: 1, erdgeschossig 2)			**im Freien** (Randbedingungen Punkt 10.3.7)		
1	2	3	4	5	6	7
	WGK 1 3)	**WGK 2**	**WGK 3**	**WGK 1**	**WGK 2**	**WGK 3**
K 1	200	50	50	200	75	100
K 2	800	400	200	800	600	400
K 3	1 200	800	600	1200	1200	1200
K 3 (2 Staffeln)	1 600	1 000	800	1600	1500	1600
K 3 (Zug)	2 000	1 200	1 000	2000	1800	2000
K 4	4 000	3 000	2 400	4000	4500	4800

1) Bei einer Lagerdichte unter 0,7 t / m² sind die angegebenen Werte für die Fläche mit dem Faktor 1,3 zu multiplizieren; bei einer Lagerdichte von mehr als 1,2 t / m² sind die angegebenen Werte für die Fläche mit dem Faktor 0,5 zu multiplizieren.

2) Abminderungsfaktoren für erdgeschossig angeordnete und mehrgeschossige Lagerabschnitte für Sicherheitskategorie K 2, K 3 und K 4:

in Gebäuden mit zwei Geschossen: 0,7

in Gebäuden mit drei Geschossen: 0,6

in Gebäuden mit mehr als drei Geschossen: 0,5

3) Keine Löschwasser Rückhaltung erforderlich, wenn im Lagerabschnitt bis zu 200 t WGK 1-Äuqivalent (Punkt 10.2.2) mit maximal 5 % WGK 2 zulässig sind.

Tabelle 10-1: Lagergrößen und Lagermengen nach LöRüRl

10.3.5 Bemessung von Löschwasser-Rückhalteanlagen

Die Größe der gemäß LöRüRl erforderlichen Auffangräume für Löschwasser wird von den folgenden Faktoren beeinflusst:

- der Wassergefährdungsklasse
- der Lagerung in Gebäuden oder im Freien

- der Lagerfläche / Lagermenge
- der Lagerart und der Lagerhöhe
- der Art und Größe der Lagerbehälter
- der Sicherheitskategorie

Dabei ist die Bemessung im Einzelnen sehr detailliert vorgegeben. Für die häufigsten Fälle werden im Folgenden die Regelungen der LöRüRl dargestellt. Beispiele für sich ergebende Auffangraumgrößen mit den jeweiligen Randbedingungen enthält Abbildung 10-1.

Bei brennbaren wassergefährdenden Flüssigkeiten sind zusätzlich und vorrangig die Vorschriften der AwSV der darauf beruhenden technischen Regeln TRGS 509 und TRGS 510 zu beachten.

10.3.6 Lagern in Verpackungen, ortsbeweglichen Gefäßen und Behältern bis 3000 Liter Inhalt in Gebäuden

Die Bemessung der erforderlichen Löschwasser-Rückhaltevolumina für die unter Punkt 10.3.4 genannten Lagerflächen bestimmt sich nach Tabelle 10-2, sofern die Lagerguthöhen 12 m nicht überschreiten. Die Gefahrstoffe dürfen sich dabei in ortsbeweglichen Gefäßen und Behältern (Flaschen, Kanister, Container) befinden, die maximal 3000 Liter Inhalt haben. Hiervon werden dann auch versandfertig verpackte, auf Paletten gelagerte Kleingebinde erfasst, so dass die Regelungen der Tabelle 10-2 auf die meisten in der Praxis anzutreffenden Lager anzuwenden sind.

Lagergrößen und Auffangvolumina für Lagerhöhen bis 12 m		
Fläche des Lagerabschnittes [m²]	Erforderliches Volumen der Löschwasser-Rückhalteanlage für WGK 1 in den Sicherheitskategorien	
	bei K 1 und K 2 [m³]	bei K 3 und K 4 [m³]
25	6	6
50	12	12
75	18	18
100	25	25
150	45	40
200	70	55
250	100	70
300	135	90
400	200	125
500	250	150
600	300	150
700	350	150

Tabelle 10-2: Lagergrößen und Auffangvolumina für Lagerhöhen bis 12 m

Lagergrößen und Auffangvolumina für Lagerhöhen bis 12 m		
800	400	150
900	450	150
>= 1000	500	150
Beim Lagern von Stoffen der WGK 2 sind die angegebenen Werte für das Volumen mit dem Faktor 1,5 zu multiplizieren, bei Lagern von Stoffen der WGK 3 mit dem Faktor 2		

Tabelle 10-2 fortgesetzt: Lagergrößen und Auffangvolumina für Lagerhöhen bis 12 m

Ergeben sich aus der tatsächlichen Fläche des Lagerabschnitts Zwischenwerte, so darf bei der Ermittlung des Volumens der Löschwasser-Rückhalteanlage nach Tabelle 10-2 interpoliert werden. Dies gilt auch, wenn die Fläche des Lagerabschnittes weniger als 25 m² beträgt. Die unter Anwendung der Tabelle 10-2 ermittelten Volumina von Löschwasser-Rückhalteanlagen sind in Abbildung 10-1 graphisch dargestellt.

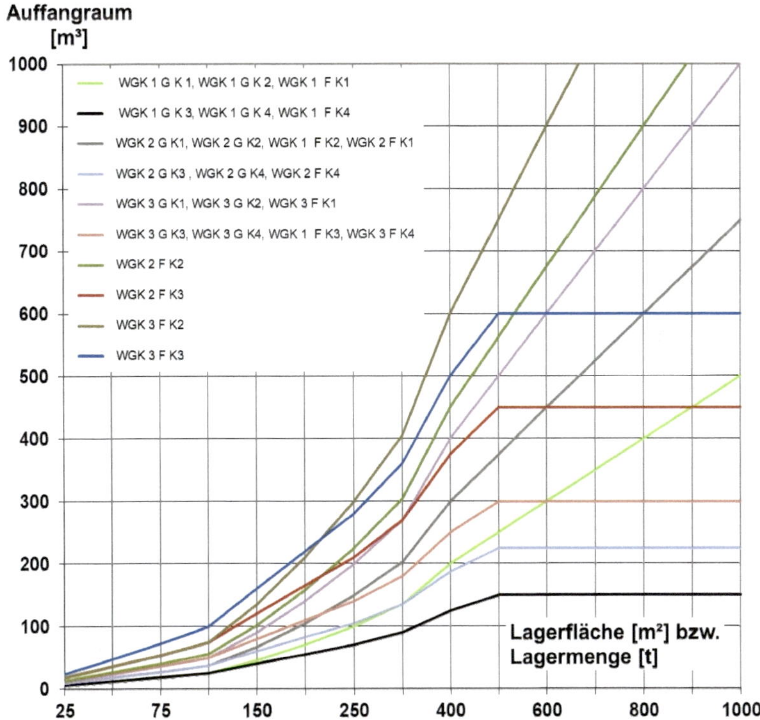

Abbildung 10-1: Auffangräume für kontaminiertes Löschwasser nach LöRüRl bei erdgeschossiger Lagerung und Lagerdichte 1 t/m²; Nomenklatur: WGK: Wassergefährdungsklasse; G: in Gebäuden; F: im Freien; K: Sicherheitskategorie nach Punkt 10.3.2.

Anwendungsbeispiel: Es sollen 600 t Gefahrstoff der Wassergefährdungsklasse 3 auf einer Lagerfläche im Freien gelagert werden. Bei Sicherheitskategorie 1 – nur öffentliche Feuerwehr – sind dann 600 m³ Auffangraum für die Löschwasserrückhaltung erforderlich.
Ist die Sicherheitskategorie 4 verfügbar, verringert sich der erforderliche Auffangraum auf 300 m³.

Sofern die Lagerguthöhe 12 m überschreitet (d. h. im Wesentlichen bei Hochregallagerung), ist die Tabelle 10-3 maßgeblich.

Lagerguthöhe in m	Erforderliches Volumen der Löschwasser-Rückhalteanlage für WGK 1 in m³
12 < h ≤ 18	175
18 < h ≤ 24	225
24 < h ≤ 32	275
32 < h ≤ 40	325
Beim Lagern von Stoffen der WGK 2 sind die angegebenen Werte für das Volumen mit dem Faktor 1,5 zu multiplizieren, beim Lagern von Stoffen der WGK 3 mit dem Faktor 2.	

Tabelle 10-3: Lagergrößen und Auffangvolumina für Lagerhöhen > 12 m

10.3.7 Lagern in Verpackungen, ortsbeweglichen Gefäßen und Behältern bis 3000 Liter Inhalt im Freien

Die Bemessung der Löschwasser-Rückhalteanlagen bestimmt sich für diese Lagerarten – wie auch für Schüttgüter – nach Tabelle 10-2. Dabei müssen die Anforderungen an die Sicherheitskategorie vollständig erfüllt sein, d. h. *auch im Freien* müssen eine geeignete automatische Brandmeldeanlage und / oder eine geeignete automatische Löschanlage vorhanden sein.

Eine Lagerung im Freien liegt auch vor, wenn

- das Lager mit einem Wetterschutzdach versehen ist, sofern
  - mindestens 3 vollflächig offene Seiten vorhanden sind (Belüftung, Brandbekämpfung),
  - Wärmeabzugsflächen von mindestens 50 % der Grundfläche im Dach vorhanden sind,
  - die Überdachung nicht wärmegedämmt ist.

Die Werte für die Lagerflächen der Tabelle 10-2 sind dann

- in Sicherheitskategorie K 2 mit dem Faktor 1,5
- in Sicherheitskategorie K 3 mit dem Faktor 2,0

zu multiplizieren (analog zur zulässigen Lagergröße, vergl. Tabelle 10-1). Die Werte für die Lagerflächen der Tabelle 10-2 sind dann, wenn für den Einsatz im Freien nachweislich geeignete automatische Brandmelder *und* eine automatische Löschanlage installiert sind.

10.3.8 Ortsfeste Behälter und ortsbewegliche Behälter über 3000 Liter

Unter die nachfolgenden Regelungen fallen im Wesentlichen Tanks, Tankfahrzeuge und große Aufsetztanks. Da diese Tanks bereits aufgrund der erforderlichen mechanischen Stabilität und der für den Transport maßgebenden Sicherheitsanforderungen gegen Havarien eine deutlich höhere Sicherheit auch bei Bränden aufweisen als Kleingebinde, sind trotz der großen potenziell freizusetzenden Stoffmengen die erforderlichen Rückhaltevolumina für Löschwasser im Verhältnis zur Lagermenge geringer als bei Stückgutlagerung in einer Vielzahl kleinerer Behälter.

10.3.8.1 Lagerung ohne Löschwasser-Rückhaltung

In folgenden Fällen wassergefährdender Substanzen sind Löschwasser-Rückhalteanlagen nicht erforderlich:

- nichtbrennbare Flüssigkeiten in brennbaren Behältern, wenn ein Auffangraum für die wassergefährdende Flüssigkeit vorhanden ist,
- bei Lagerung in Behältern, die vollständig im Erdreich eingebettet sind,
- bei Lagerung in doppelwandigen Behältern aus Stahl mit einem Rauminhalt $\leq 1\,000\,m^3$, die mit einem zugelassenen Leckanzeigegerät ausgerüstet sind,
- für brennbare pastöse Stoffe, die unter erhöhter Temperatur gelagert werden, und feste brennbare Stoffe ist im Einzelfall zu entscheiden, ob und welches Löschwasser-Rückhaltevolumen erforderlich ist.

10.3.8.2 Lagern von brennbaren Flüssigkeiten

Soweit Auffangräume für brennbare Flüssigkeiten aufgrund der Vorschriften der TRGS 509 [10.15] und TRGS 510 [10.16] oder einzelner Prüfbescheide erforderlich sind und diese Auffangräume auch als Löschwasser-Rückhalteanlagen genutzt werden sollen, muss das Fassungsvermögen der Auffangräume für den Produktaustritt und zusätzlich zur Aufnahme des Löschwassers und / oder Löschschaumes berechnet werden.

Es ist entweder

- die Höhe des Auffangraumes, wie er nach TRGS 509 oder TRGS 510 zu bemessen ist (siehe Anmerkung), um 30 cm zu erhöhen (soweit Schwerschaum nach DIN EN 1568-3 [10.19] verwendet wird), *oder*
- über geeignete Mechanismen eine Beschränkung des Füllgrades der Behälter herbeizuführen, so dass stets ein ausreichender Freiraum des Auffangraumes gewährleistet ist *oder*
- rechnerisch nachzuweisen, dass das Fassungsvermögen ausreicht.

Anmerkung: Die TRGS 509 und die TRGS 510 legen Folgendes fest: Auffangräume für die Lagerung brennbarer Flüssigkeiten müssen mindestens fassen können:

- den Rauminhalt des größten in ihnen aufgestellten ortsfesten Tanks
- bei Lagerung in ortsbeweglichen Gefäßen
- Lagermenge bis 100 m³: 10 % des gesamten Lagervolumens, mindestens den Inhalt des größten Einzelgefäßes
- Lagermenge von 100 m³ bis 1000 m³: 3 % des gesamten Lagervolumens, mindestens 10 m³
- bei Lagermenge von mehr als 1000 m³: 2 % des gesamten Lagervolumens, mindestens 30 m³

Der rechnerische Nachweis der ausreichenden Rückhaltevolumina erfolgt nach der Gleichung:

Gleichung 10-1: $V_G = V_P + W_L + W_B + V_{Sch} - P - E$

Darin bedeutet:

V_G = Gesamt-Fassungsvermögen

V_P = Fassungsvermögen für die brennbaren Flüssigkeiten in m³ gemäß TRGS 509 Nr. 8.4.3 und TRGS 510 Tabelle 11

W_L = Wassermenge aus dem Löschmittel in m³ (Schaum nach DIN EN 1568-3 [10.19]) *multipliziert* mit den Bewertungsfaktoren F_G, F_L und F_F nach nach Tabelle 10-4 bis Tabelle 10-6

W_B = Wassermenge in m^3 von der Berieselung (Kühlung nach DIN 14495 [10.18]), soweit es mit dem Löschwasser W_L vermischt wird, *multipliziert* mit den *Bewertungsfaktoren* F_G, F_L und F_F nach Tabelle 10-4 bis Tabelle 10-6

V_{Sch} = Löschschaumvolumen in m^3 bei einem angenommenen 50 %igen Zerfall des Schaumes nach DIN 14493-2

P = in benachbarte Auffangräume oder in andere Behälter abgeführte brennbare Flüssigkeiten in m^3

E = in andere Löschwasser-Rückhalteanlagen abgeleitetes Löschwasser, bzw. Wasser aus dem Löschschaum oder getrennt von Lagergut abgeleitetes, nicht verunreinigtes Löschwasser in m^3

Über die obigen Bewertungsfaktoren F_G, F_L und F_F sollen für die Lagerung brennbarer Stoffe wichtige Besonderheiten des betrieblichen Brandschutzes genauer erfasst werden. Dabei wird für die als „typisch" angesehenen Verhältnisse jeweils der Faktor 1 angesetzt, sofern die angetroffenen Verhältnisse – z. B. hinsichtlich der Größe der vorhandenen Auffangräume – dazu führen könnten, dass mehr kontaminiertes Löschwasser als 0,75 m^3 je Quadratmeter potentieller Brandfläche anfällt, wird der zu berücksichtigende Faktor größer als 1, im umgekehrten Fall kleiner als 1.

Bewertungsfaktor F_G für die Größe der Auffangräume	
Fläche in m^2	**Bewertungsfaktor**
G 1 = bis 100	F_{G1} = 0,8
G 2 = über 100 bis 1 000	F_{G2} = 0,9
G 3 = über 1 000 bis 2 000	F_{G3} = 1,0
G 4 = über 2 000 bis 5 000	F_{G4} = 1,05
G 5 = über 5 000	F_{G5} = 1,1
Die Fläche G ist die größte freie Fläche des Auffangraumes (Fläche des Auffangraumes abzüglich der Fläche bzw. der in ihm aufgestellten Behälter). Bei der Unterteilung eines Auffangraumes durch Zwischenwälle oder Wände gelten die Faktoren F_G entsprechend den Teilflächen.	

Tabelle 10-4: Bewertungsfaktor für Auffangräume

Der Bewertungsfaktor F_G (Tabelle 10-4) trägt der Tatsache Rechnung, dass ein Brand in kleineren Auffangräumen schneller und daher mit weniger Löschmittel gelöscht werden kann. Die Zeit für das Wirksamwerden von Löschmaßnahmen (der Feuerwehr oder der Löschanlage) steigt nämlich mit der Größe der Brandfläche auf Grund der bereitzustellenden Einsatzkräfte und -mittel deutlich an [10.21]. Daneben wird der Löschmittelverlust durch Abbrand (bei Schaum) etwas größer, so dass mehr Löschmittel aufzubringen ist.

Bewertungsfaktor F_L für Löschart / Feuerlöschanlagen		
Löschart / Feuerlöschanlage		**Bewertungsfaktor**
L 1 =	mobile Brandbekämpfung	F_{L1} = 1,10
L 2 =	mobile Brandbekämpfung mit automatischer Brandmeldung	F_{L2} = 1,05
L 3 =	halbstationäre nichtautomatische Feuerlöschanlage	F_{L3} = 1,05
L 4 =	stationäre nichtautomatische Feuerlöschanlage	F_{L4} = 1,00
L 5 =	halbstationäre nichtautomatische Feuerlöschanlage mit automatischer Brandmeldung	F_{L5} = 0,95
L 6 =	stationäre nichtautomatische Feuerlöschanlage mit automatischer Brandmeldung	F_{L6} = 0,90
L 7 =	stationäre automatische Feuerlöschanlage einschließlich automatischer Brandmeldung	F_{L7} = 0,80

Tabelle 10-5: Bewertungsfaktor für Brandbekämpfungsanlagen

Der Bewertungsfaktor F_L (Tabelle 10-5) berücksichtigt die Tatsache, dass mit später einsetzender Brandbekämpfung der Brand größer wird und die zu erwartende Löschmittelmenge und damit das potenzielle Schadwasservolumen ansteigen.

Der Bewertungsfaktor F_F (Tabelle 10-6) soll berücksichtigen, dass in der Regel davon auszugehen sein dürfte, dass öffentliche Feuerwehren aufgrund der fehlenden Ortskenntnis und möglicherweise fehlender Spezialausrüstung etwas länger brauchen werden, um wirksame Brandbekämpfungsmaßnahmen umzusetzen. Der Brand wird damit gegenüber dem Vorhandensein einer Werkfeuerwehr potenziell größer, zum Ablöschen wird daher mehr Löschmittel erforderlich sein.

Bei der Berechnung der aufzufangenden Löschwasservolumina ist im Regelfall eine Brandbekämpfungsdauer von 30 Minuten anzusetzen. Die aufgrund der Brandbekämpfung zu erwartende Löschmittelmenge ist somit durch Multiplikation der erforderlichen Löschmittelrate (in Liter / m^2 Minute, siehe hierzu z.B. [10.21]) mit 30 Minuten zu ermitteln.

Sofern während der Brandbekämpfung Lagergut aus dem / den betroffenen Behälter / n in andere Behälter abgeführt werden kann (Risikoanalyse im Einzelfall erforderlich!), kann dies bei der Bemessung der Löschwasser-Rückhaltevolumina berücksichtigt werden. Gleiches gilt für einen evtl. anzusetzenden Abbrand.

Bewertungsfaktor F_F für Brandbekämpfung durch die Feuerwehr	
Brandbekämpfung durch die Feuerwehr	Bewertungsfaktor
F 1 = öffentliche Feuerwehr	F_{F1} = 1,1
F 2 = Werkfeuerwehr	F_{F2} = 1,0

Tabelle 10-6: Bewertungsfaktor für Brandbekämpfungsmaßnahmen

10.3.9 Ausführung von Löschwasser-Rückhalteanlagen

Löschwasser-Rückhalteanlagen sind Anlagen, die dazu bestimmt und geeignet sind, dass bei einem Brand anfallende verunreinigte Löschwasser bis zu einer geordneten Entsorgung aufzunehmen. Im Allgemeinen werden die folgenden Ausführungen unterschieden (vergl. z. B. bei VdS 2564-1 [10.13] oder Rossmann [10.17]):

- selbsttätig wirkende bauliche Systeme
- nicht selbstständig wirksame technische Systeme
  - stationär automatisch auslösend
  - stationär manuell auszulösen
  - mobil manuell einzusetzen.

Als selbsttätig wirkende bauliche Löschwasser-Rückhalteanlage gelten Anlagen, in die das Löschwasser ohne zusätzliche Maßnahmen allein aufgrund der Schwerkraft abläuft. Hierzu gehören

- Löschwasser-Rückhaltebecken außerhalb oder innerhalb von Gebäuden, die als solche erstellt werden,
- sonstige offene oder geschlossene Becken, Kanäle, Gruben, Rohre oder Behälter
  (z. B. Auffangräume für brennbare Flüssigkeiten nach TRGS 509 oder TRGS 510, Tanks, Regenwasserkanalisation)
- sonst anders genutzte Räume und Flächen (abgesenkte bzw. durch überfahrbare Aufkantungen abgetrennte Verkehrsflächen, Kellerräume)

Da die genannten Flächen im Normalfall eine Oberflächenentwässerung benötigen, muss diese entweder über im Einsatzfall automatisch abgeschaltete Pumpen erfolgen oder der Regenwasserablauf durch im Einsatzfall automatische Klappen oder Ventile (betätigt durch die Masse des an- oder auf strömenden Löschwassers) verschlossen werden.

Das in der Regel erhebliche Volumen der Oberflächenentwässerung unterhalb der Nutzfläche (Regenwasserkanalisation) kann bei kleineren Gefahrstofflagern bzw. gefahrstoffverarbeitenden Betrieben zur Löschwasserrückhaltung genutzt werden, wenn an geeigneten Stellen – vor Eintritt des Wassers in den Vorfluter – automatische Absperreinrichtungen eingebaut werden. Natürlich müssen dazu die Verhältnisse der Entwässerung auf das Genaueste bekannt sein.

Nicht selbstständig wirkende technische Systeme zur Rückhaltung von Löschwasser benötigen Energie und/oder der Aktivierung durch anwesende Personen, um wirksam zu werden. Automatische Systeme werden aufgrund geeigneter Kenngrößen (Brandrauch, Brandwärme) aktiviert und fahren pneumatisch, elektrisch, hydraulisch oder durch Feder- oder Schwerkraft in die Absperrposition.

Als stationäre, automatisch wirkende Rückhaltesysteme werden z.B. eingesetzt:

- die oben genannten Auffangeinrichtungen, in die das Löschwasser jedoch durch automatisch anlaufende Pumpen gefördert wird,
- Löschwasserbarrieren (in Toren, Ausfahrten, Durchfahrten und sonstigen Öffnungen, in der Oberflächenentwässerung), die selbsttätig auslösen und in die Absperrposition fahren,
- Löschwassersperren innerhalb des Rohrnetzes der Oberflächenentwässerung (Absperrschieber, Wehre, Dichtkissen und sonstige Absperreinrichtungen), die automatisch aktiviert werden.

Um für bestehende Gebäude die Anforderungen der LöRüRl umsetzen zu können, werden – wo erforderlich – die Umfassungswände des Gebäudes durch Anstriche von Innen wasserundurchlässig gemacht. Betriebsnotwendige Türen erhalten Schwellen, oder werden – wo Schwellen nicht möglich sind – durch fest installierte und im Einsatzfall durch die (Werk-)Feuerwehr in die Absperrposition zu bringende Barrieren verschlossen.

Diese Systeme werden an der baulichen Anlage fest installiert oder benötigen zumindest fest installierte Halterungen. Als stationäre, jedoch erst durch Personen – z.B. die Feuerwehr – einsatzbereit gemachte Löschwasser-Rückhaltesysteme werden eingesetzt:

- von Hand auszulösende Löschwasserbarrieren (bewegliche Schwellen, Spundwände)
- handbetätigte Absperreinrichtungen (Schieber, Klappen)
- von Hand in fest installierte Halterungen einzusetzende Barrieren

Wenn fest installierte Anlagen zur Löschwasserrückhaltung nicht erforderlich sind oder nicht zur Verfügung stehen, können eine Vielzahl mobiler Systeme eingesetzt werden, um situationsangepasst Auffangräume – ggf. auch zunächst temporär – zu schaffen (siehe z.B. [10.18]):

- Einlauf-Abdichtungen (Gully-Ei, Magnetfolien, Sandsäcke),
- mobile Mehrkammer-Sperrschläuche,

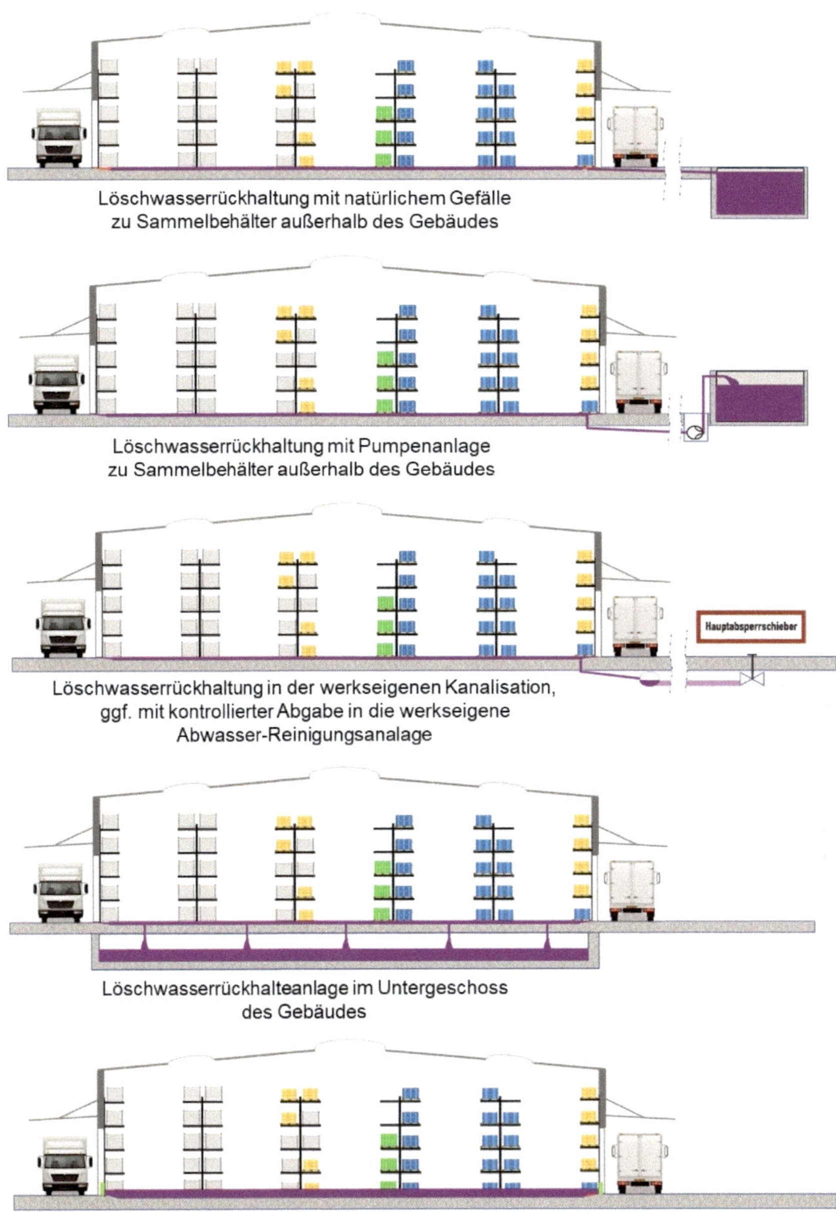

Abbildung 10-2: Ausführungbeispiele von Löschwasser-Rückhalteanlagen (Graphiken nach Beispielen aus VdS 2557 [10.9])

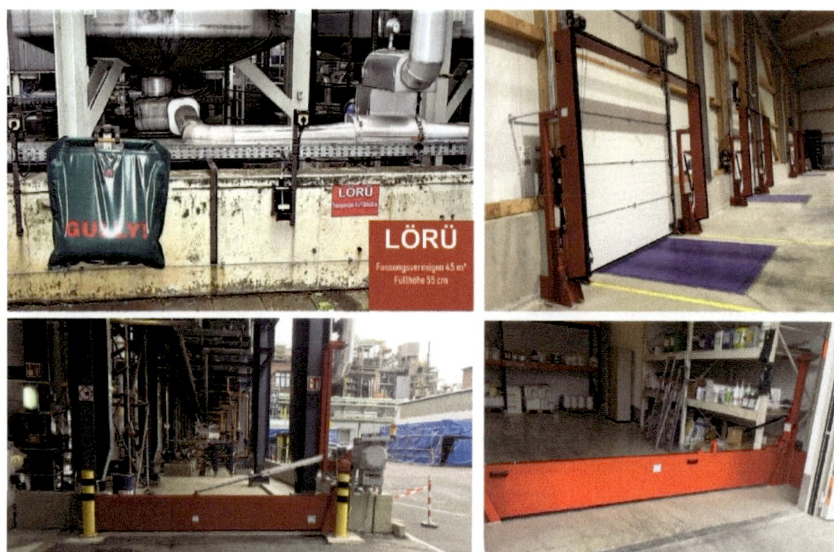

Abbildung 10-3: Verschiedene Löschwasser-Rückhaltesysteme (Fotos rechts und unten: imi Umwelttechnik GmbH)

- Kanaldichtkissen,
- ad hoc erstellte Erdwälle,
- Auffangräume aus Folien mit oder ohne Medienkreislauf (von der Feuerwehr bei auslaufendem Gefahrstoff als Erstmaßnahme häufig eingesetzt),
- Sicherheitscontainer,
- Absaugfahrzeuge

Der Einsatz nicht automatischer stationärer und insbesondere mobiler Systeme muss jedoch zeitgerecht umsetzbar sein. Sofern der Einsatz durch die öffentliche Feuerwehr erfolgen soll, sind sie daher vom Betreiber gemeinsam mit der örtlich zuständigen Feuerwehr zu planen und in die Feuerwehreinsatzpläne für den Betrieb aufzunehmen.

10.4 Grenzen der LöRüRl

Die Löschwasser-Rückhalterichtline von 1992 erfuhr schon bald nach ihrer Einführung Kritik. Einwände hinsichtlich vorgeblich zu großer und damit unwirtschaftlicher Auffangräume sind im Wesentlichen der zu erwartenden maximalen zurück zu haltenden Löschwassermenge geschuldet (Punkt 10.2 und dort zitierte Originalliteratur). Gleiches gilt für die Beschränkung der maximalen

Lagerflächen nach LöRüRL. Es wurden daher verschiedene Alternativen für die Berechnung des notwendigen Auffangraumes für kontaminiertes Löschwasser vorgeschlagen (UMH [10.28], UALux [10.29]).

Andere Einwände beziehen sich auf (Koppe [10.23], VdS [10.9]):

- den Geltungsbereich der LöRüRL, die insbesondere nicht anwendbar ist für:
  - Umschlaganlagen
  - Abfüllanlagen
  - Produktionsanlagen (Herstell-, Behandlungs- und Verwendungsanlagen)
  - Rohrleitungsanlagen
- die Beschränkung auf in Wassergefährdungsklassen eingestufte Stoffe und Vernachlässigung von Stoffen
  - die noch nicht als wassergefährdend eingestuft sind
  - die nicht als wassergefährdend eingestuft werden können (z. B. Lebensmittel wie Fette, Öle etc.), aber im Brandfall Schäden verursachen können,
  - die erst im Brandfall wassergefährdende Stoffe freisetzen oder als Verbrennungsprodukt erzeugen (z. B. Chlorwasserstoff, Dioxine, Benzpyren, vergl. hierzu in VdS [10.9] und UALux [10.29], sowie Punkt 14.7)
  - die während der Brandbekämpfung in die Umwelt gelangen (z. B. Schaummittel)

Sehr informative Schilderungen einiger Brandereignisse, deren Folgen für die Umwelt und Kosten für die Schadensbeseitigung enthält VdS 2557 [10.9].

Insgesamt setzt sich mehr und mehr die Auffassung durch, dass Löschwasser in der Regel schadstoffbelastet ist und daher Maßnahmen zur Kontrolle der Ausbreitung und / oder Entsorgung in den meisten Fällen erforderlich sind (siehe auch Punkt 10.6).

10.5 Löschwasserrückhaltung nach VdS 2557

Das Institut für Brandschutz der VdS Schadenverhütung hat 2013 eine Leitlinie zur Planung und zum Einbau von Löschwasser-Rückhalteanlagen – VdS 2557 – herausgegeben, die die Thematik umfassend behandelt und für die unter Punkt 10.4 dargestellten Kritikpunkte Lösungen anbietet. Wegen des analytischen Ansatzes und damit zukunftweisenden Charakters werden im Folgenden die wesentlichen Inhalte dargestellt. Es bleibt derzeit (Mitte 2021) noch abzuwarten, ob der Inhalt dieser Leitlinie möglicherweise Eingang in die AwSV findet [10.6], gewisse Parallelen sind in Anlage 1 zur AwSV erkennbar.

Unabhängig vom möglichen Freiwerden von Gefahrstoffen auf Grund von Havarien ohne Brand, stellt VdS 2557 zunächst klar, dass Maßnahmen zur Löschwasser-Rückhaltung nicht erforderlich sind, wenn

- Brände mit Sicherheit ausgeschlossen werden können
- im Brandfall nur mit nicht wasserhaltigen Löschmitteln gelöscht wird (Pulver, Gas, vergl. Punkte 6.6 und 6.7)
- Als Ergebnis einer Gefahren- und Risikoanalyse (Punkt 10.5.3) sich lediglich eine überwiegend geringe und nur in wenigen Fällen mittlere Bewertung des stofflichen Gefahrenpotentials ergibt.

Für die Berechnung der Löschwasser-Rückhaltevolumina sind folgende Schritte durchzuführen:

- Erfassung des stofflichen Gefahrenpotentials
- Erfassung weiterer relevanter Kriterien (z. B. Nähe zu Wasserschutzgebieten, organisatorische Randbedingungen)
- Bewertung und Analyse der Ergebnisse
- Berechnung der erforderlichen Rückhaltevolumina

10.5.1 Stoffliches Gefahrenpotential

Als stoffliches Gefahrenpotential im Sinne der VdS 2557 gelten u. a.:

- in eine Wassergefährdungsklasse eingestufte Stoffe
- wassergefährdende Stoffe, die noch nicht eingestuft sind, aber wegen der von ihnen ausgehenden potentiellen Gefahren (R-Sätze bzw. H-Sätze, vergl. GHS [10.30]) so eingestuft werden können
- Lebensmittel und vergleichbare Stoffe, die nicht als wassergefährdend eingestuft werden können
- Betriebsstoffe, die oder deren Verbrennungsprodukte schädliche Eigenschaften aufweisen;
  insbesondere: Rohstoffe, Hilfsstoffe, Zwischenprodukte, Halbfertig- und Fertigprodukte, Betriebsstoffe (Treibstoffe, Schmierstoffe, Kühlmittel etc.) Packmittel (Kartons, Folien, Paletten etc.), Lager- und Transporthilfen (Förderfahrzeuge) sowie Abfälle
- Baustoffe die oder deren Verbrennungsprodukte schädliche Eigenschaften aufweisen;
  insbesondere: Dämmstoffe, Abdichtungen, Kunststoffe, Imprägnierungen von Holzbauteilen etc.
- Löschmittel

Die Klassifizierung der stofflichen Gefahren erfolgt auf Grund folgender Stoffeigenschaften:

- Wassergefährdungsklasse gemäß Tabelle 10-7
- Brandgefahrenklasse gemäß Tabelle 10-8
- sonstiger ggf. vorhandener Gefahrenpotentiale gemäß Tabelle 10-9

WGK [1)]	GHS-Äquivalent	R-Sätze	H-Sätze
1	gesundheitsschädlich	R22, R 21, R 20	H 302, H 312, H 332
2	giftig	R 25, R 24, R 23	H 301, H 311, H 331
3	sehr giftig	R 28, R 27, R 26, R 23	H 300, H 310, H 330
1) 1 t WGK 3 entspricht 10 t WGK 2 entspricht 100 t WGK 1			

Tabelle 10-7: Stoffklassifizierung nach Wassergefährdungsklasse, R- und H-Sätzen

Zur Einschätzung der Brandeigenschaften von Materialien nutzt VdS 2557 folgende Kriterien:

- Flammpunkt brennbarer Flüssigkeiten
- Heizwert und Abbrandgeschwindigkeit bei Feststoffen
- Stoffmenge bzw. Brandlast (entsprechend dem in DIN 18230 beschriebenen Verfahren)

Materialien, denen keines der in Tabelle 10-7 oder Tabelle 10-8 genannten Gefährdungsmerkmale zugeordnet werden kann, haben nicht selten dennoch eine oder mehrere der nachfolgenden schädlichen Eigenschaften:

- Entstehung von Schadstoffen im Brandfall (z. B. Entwicklung von Chlor und nachfolgend Salzsäure beim Verbrennen von PVC)
- Freiwerden von enthaltenen Schadstoffen im Brandfall (z. B. bei der brandbedingten Zerstörung von Behältern für Betriebsstoffe oder beim Verbrennen imprägnierter Holzbauteile)
- Löschen nur mit wassergefährdenden Sonderlöschmitteln möglich (z. B. Schaum bei Reifenbränden, Netzmittel bei Faserstoffen)
- Verursachung von Schäden bei unkontrollierter Freisetzung (z. B. Beeinträchtigung der Kiemenatmung von Wassertieren, Schäden an Lagergut oder Kontamination des Bodens durch Eindringen von freigesetztem Speiseöl)

Beispiele für solche Gefährdungspotentiale einiger Materialien und eine Klassifizierung des Risikos auf der Grundlage von Mengenschwellen enthält Tabelle 10-9. Nicht aufgeführten Stoffen können i. A. durch Analogieschlüsse ebenfalls

Mengenschwellen zugeordnet werden. Weitere nützliche Informationen hierzu enthalten UMH [10.28] und UALux [10.29].

Beispiele	**Brandgefahrenklasse nach VdS 2557** [1)]		
	F1	**F2**	**F3**
	hochentzündlich – R 12 leichtentzündlich – R11 und rasch abbrennend	entzündlich – R10 leicht bis normal brennbar, normal entflammbar	schwerbrennbar (nur mit Stützfeuer) bzw. nicht brennbar
Packmittel	geschäumte Kunststoffe (PS, PU etc.)	Karton, Holz, Kunststoffe (PE, PP, PVC etc.)	Glas, Metall
Waren, Lagergüter	Aceton, Benzin, Kerosin, roter Phosphor	Schwefel, Kohle, Heizöl, Reifen, Schmierstoffe	Zement, Beton, Salzsäure
Flüssigkeiten	Flammpunkt < 55 °C	Flammpunkt > 55 °C	schwerbrennbar (nur mit Stützfeuer) bzw. nicht brennbar
Baustoffe klassifiziert über Baustoffklasse (BSK) [2)]	leicht entflammbar (BSK B3)	normal und schwerentflammbar (BSK B1 und B2)	nicht brennbar Glas, Metall, Stein, Beton (BSK A1 und A2)
1) Es gilt: 1 t F1-Stoff entspricht 3 t F2-Stoff, F3-Stoffe tragen nicht zum Brand bei und bleiben daher bei der Aufsummierung unberücksichtigt 2) gemäß DIN 4102 bzw. DIN EN 13501-1 [10.32]			

Tabelle 10-8: Stoffklassifizierung nach Brennbarkeit – Beispiele (nach Tabelle 2 aus VdS 2557, wiedergegeben mit freundlicher Genehmigung des VdS)

Betriebsstoffe	**Mögliche schädigende Konsequenzen**	**Mengenschwelle pro Brandabschnitt für die Risikoabschätzung**		
		gering	**mittel**	**hoch**
Lebensmittel (z. B. Speisefette und -öle, Honig, Milch, Speiseeis)	Verstopfung der Kanalisation, Schädigung der Bausubstanz oder von Lagermaterialien, Überforderung biologischer Stufen von Abwasser-Kläranlagen (ARA), Verstärkung der Sauerstoffzehrung in Oberflächengewässern	10 t	500 t	1000 t
Gummiprodukte (z. B. Reifen, Handschuhe)	Freisetzung von Pyrolyseöl; Einsatz von Sonderlöschmitteln	5 t	25 t	50 t
Aliphatische Kunststoffe, die nur C, H und S enthalten (z. B. PE, PP)	Einsatz von Sonderlöschmitteln	25 t	100 t	500 t
Kunststoffe, die Halogene und / oder Schwefel und / oder Stickstoff und / oder aromatische Komponenten enthalten, (z. B. PVC, PA, PS)	Freisetzung von Salzsäure, Blausäure, Schwefelwasserstoff, ggf. Dioxinen / Furanen, Einsatz von Sonderlöschmitteln	10t	50 t	200 t

Tabelle 10-9: Mengenschwellen von Materialien, die im Brandfall Schadstoffe freisetzen oder sonstige Schäden setzen können – Beispiele (nach Tabelle 3 aus VdS 2557, wiedergegeben mit freundlicher Genehmigung des VdS)

Betriebsstoffe	Mögliche schädigende Konsequenzen	Mengenschwelle pro Brandabschnitt für die Risikoabschätzung		
		gering	mittel	hoch
Baustoffe				
Dämmstoffe, Dichtungen, Imprägnierungen, Beschichtungen	Freisetzung von Schadstoffen, die bereits in den Baustoffen enthalten sind bzw. im Brandfall entstehen können			
PUR	Bildung von Blausäure	10 t	50 t	200 t
PS	Bildung von PAK	10 t	50 t	200 t
PVC	Freisetzung von Salzsäure, u. U. auch Dioxinen / Furanen	10 t	50 t	200 t
Holzbaustoffe	Freisetzung von schwermetallhaltigen Imprägnierungsstoffen, Belastung von Oberflächengewässern			

Tabelle 10-9 fortgesetzt: Mengenschwellen von Materialien, die im Brandfall Schadstoffe freisetzen oder sonstige Schäden setzen können – Beispiele (nach Tabelle 3 aus VdS 2557, wiedergegeben mit freundlicher Genehmigung des VdS)

10.5.2 Sonstige Kriterien

Wenn ein stoffliches Gefahrenpotential festgestellt wird, sind die sonstigen für die Brandvermeidung, Brandbekämpfung und Löschwasser-Rückhaltung relevanten Kriterien des Betriebes zu erfassen. Solche relevanten Kriterien können u. a. sein:

- Betriebsumgebung (Wasserschutzgebiete, offene Gewässer etc.)
- Erforderliche Löschmittel nach Art und Menge (Schaummittel)
- Daten zum Entwässerungssystem (Größe und Ausführung des Kanalsystems, Art und Leistungsfähigkeit der Kläranlage, Vorfluter etc.)
- Brandschutztechnische Infrastruktur (Feuerwehren, betriebliche Gefahrenabwehrstruktur, Löschanlagen, Branderkennung)
- Bauliche Voraussetzungen für die Löschwasserrückhaltung (Keller, Auffangräume, Abwasseranlagen, Kanalsystem etc.)

10.5.3 Gefahren- und Risikoanalyse

Mit den Daten aus den Punkten 10.5.1 und 10.5.2 kann sodann eine ganzheitliche Gefahren- und Risikoanalyse für den Betrieb erstellt werden. VdS 2557 empfiehlt hierzu die Verwendung einer Matrix und stellt das hier als Tabelle 10-10 aufgeführte Muster zur Verfügung. Diese Mustermatrix ist entsprechend der örtlichen Gegebenheiten zu modifizieren und / oder zu ergänzen

Sofern die Gefahren- und Risikomatrix des Betriebes ergibt, dass Maßnahmen zur Rückhaltung kontaminierten Löschwassers erforderlich sind (dies kann z. B. schon bei einem stofflichen Gefahrenpotential R3 und Überforderung der Abwasser-Kläranlage der Fall sein), sind die erforderlichen Rückhaltevolumina nach Punkt 10.5.4 zu berechnen.

10.5.4 Löschwasser-Rückhaltevolumen

Aus der Literatur (z.B. Halpapp [10.33]) werden für Industriebrände mittleren Ausmaßes Löschwasserbeaufschlagungen von 3.200 m^3/min und 14 000 m^3/min genannt. Die abhängige Löschwasserversorgung in Industriegebieten ist i. A. für 3200 l/min dimensioniert (Punkt 4.4). Für einen Standard-Brandabschnitt von 1600 m^2 stehen somit 2 l/min m^2 zur Verfügung. Hiervon verdampft die Hälfte, so dass VdS 2557 von einer spezifischen Wasserbeaufschlagung von 1 l/min m^2 ausgeht. Die angenommene Löschzeit beträgt 4 Stunden. Es wird davon ausgegangen, dass innerhalb dieser Zeit etwa erforderlich werdenden weitere Auffangvolumina durch mobile oder nicht betriebsinterne Rückhalte- und/oder Entsorgungseinrichtungen bereitgestellt werden können. Somit ergibt sich für die Löschwasser-Rückhaltung nach VdS 2557 eine zu erwartende

Spezifische Wasserleistung von 0,24 m^3 je m^2 des Brandabschnittes.

Auf der Grundlage dieser Spezifischen Wasserleistung SWL kann das erwartete kontaminierte Löschwasservolumen wie folgt berechnet werden:

Gleichung 10-2: $V = [(A_{tat} * SWL * BAF * BBF) + M] / BSF$

mit:

V	=	Löschwasservolumen	[m^3]
A_{tat}	=	tatsächliche Fläche des Brandabschnittes	[m^2]
SWL	=	Spezifische Wasserleistung	[m^3/m^2]
BAF	=	Brandabschnittsflächen-faktor	[-]
BBF	=	Brandbelastungsfaktor	[-]
M	=	Menge aller flüssigen Produktions, Betriebs- und Lagerstoffe mit oder ohne WGK im Brandabschnitt	[m^3]
BSF	=	Brandschutzfaktor	[-]

Anmerkung: Es wird für M pauschal 1 t = 1 m^3 angesetzt. Wenn im Brandabschnitt auch Tanks vorhanden sind, ist für M der Inhalt des größten Tanks zu 100 % und der der übrigen Tanks zu 10 % zu berücksichtigen. Im Übrigen sind alle vorhandenen flüssigen (ggf. auch bei Erwärmung flüssig werdenden) Stoffe vollständig anzurechnen (z. B. auch der Inhalt von Rohrleitungen, Reaktoren, Kühlern etc.)

BAF, BBF und BSF ergeben sich nach folgenden Gleichungen:

Gleichung 10-3: $BAF = 0{,}25 + (2500 / A_{tat}) * (0{,}8 + A_{tat} / 10\,000)$

Gleichung 10-4: $BBF = 4 / (BBK + 0{,}1 * BBK^2)$

mit: BBK = Brandbelastungsklasse

Gleichung 10-5: $BBK = 7 - (0{,}1\ m^2/kWh * q_R)^{1/2}$

mit: q_R = Brandlast [kWh/m^2]

Die Ermittlung der Brandlast kann – analog des in DIN 18230 beschriebenen Verfahrens – näherungsweise nach Gleichung 10-6 erfolgen oder für bestimmte Betriebsarten aus Tabellen (z. B. in VdS [10.9]) entnommen werden.

Gleichung 10-6: $q_R = 600 * RAF * AbS$ [kWh/m^2]

mit: RAF = Raumausnutzungsfaktor [-]

AbS = Anteil brennbarer Stoffe [-]

Der Raumausnutzungsfaktor RAF ist abhängig von der Betriebsart, der AbS vom prozentualen Anteil brennbarer Stoffe am vorhandenen Inventar. Beide Faktoren wurden anhand von Praxisbeispielen für VdS 2557 wie in Tabelle 10-11 aufgeführt festgelegt.

Musterbetrieb	**Risikoindices RI**		
Kriterium	**R1 – niedrig**	**R2 – mittel**	**R3 – hoch**
A Stoffliches Gefahrenpotential			
Wassergefährdung Betriebsstoffe	WGK 1 Äquivalent bzw. gesundheitsschädliche Menge >1 t	WGK 1 Äquivalent bzw. gesundheitsschädliche Menge >10 t o. giftig > 1 t	WGK 1 Äquivalent bzw. gesundheitsschädliche Menge > 100 t o. giftig > 10 t o. sehr giftig > 1 t
Wassergefährdung Verbrennungsprodukte (Betriebsstoffe und Baustoffe)	WGK 1 Äquivalent bzw. gesundheitsschädliche Menge >1 t	WGK 1 Äquivalent bzw. gesundheitsschädliche Menge >10 t oder giftig > 1 t	WGK 1 Äquivalent bzw. gesundheitsschädliche Menge >100 t o. giftig > 10 t o. sehr giftig > 1 t
Wassergefährdung Löschmittel	WGK 1 Äquivalent bzw. gesundheitsschädliche Menge >1 t	WGK 1 Äquivalent bzw. gesundheitsschädliche Menge >10 t o. giftig > 1 t	WGK 1 Äquivalent bzw. gesundheitsschädliche Menge >100 t o. giftig > 10 t o. sehr giftig > 1 t
Sonstige gefährliche Eigenschaften von Betriebs- und Lagergütern, Vorräten und Verbrennungsprodukten nach Mengenschwellen	gering – weniger gefährlich	mittel – gefährlich	hoch – sehr gefährlich
B Brandeigenschaften			
Brennbarkeit und Menge Betriebsstoffe und Betriebshilfsstoffe	schwer brennbar – F3 > 0,1 t / m^2 F1-Äquivalent	entzündlich – F2 > 1 t / m^2 F1-Äqu.	hoch entzündlich – F1 > 10 t / m^2 F1-Äuqu.
Brennbarkeit und Menge Baustoffe	schwer entflammbar B1 >1 t F1-Äqu.	normal entflammbar – B2 >10 t F1-Äqu.	leicht entflammbar – B3 >100 t F1-Äqu.
Brandlast von Betriebsstoffen, Betriebshilfsstoffen und Baustoffen	gering / niedrig < 30 kWh / m^2	mittel 30 kWh / m^2 bis200 kWh / m^2	hoch > 200 kWh / m^2
C Sonstige Kriterien			
Brandabschnitte	< 1600 m^2	1600 m^2 bis 6400 m^2	> 6400 m^2
Umgebung	Gewerbe- und Industriegebiet	Wohngebiete, Vogelschutzgebiete nach Natura-2000-RL	Wasserschutzgebiet Zonen 1 bis 3; FFH-Schutzgebiet
Abwasser-Reinigungsanalage ARA (Leistungsfähigkeit)	ARA verkraftet kontaminiertes Löschwasser	ARA verkraftet kontaminiertes Löschwasser n. Absprache mit zusätzlichen Maßnahmen	ARA ist i. d. R. überfordert
Brandschutztechnische Infrastruktur	BS 4	BS 3	BS 2
Bauliche Voraussetzungen	externe, dichte Auffangmöglichkeit	Flüssigkeitsdichte Bodenflächen	nicht flüssigkeitsdichte Bodenflächen
Vorschäden, Beinahe-Unfälle und Bagatellereignisse i. Z. mit kontaminiertem Löschwasser	Keine	geringfügige Auswirkungen	gravierende Auswirkungen

Tabelle 10-10: Matrix zur Gefahren- und Risikoanalyse (gemäß VdS 2557 A.1.1, wiedergegeben mit freundlicher Genehmigung des VdS)

Betriebsart	RAF	Anteil brennbarer Stoffe	AbS
Hochregallager (> 7,5 m OK Lagergut):	1,0	> 75 %	1,0
Regallager (bis 7,5 m OK Lagergut)	0,85	> 50 %	0,7
Bereitstellungs- und Kommissionierungslager	0,7	> 30 %	0,5
Produktion mit dichter Belegung	0,5	> 10 %	0,3
Produktion mit geringer Belegung	0,2	< 10 %	0,1

Tabelle 10-11: Raumausnutzungsfaktor und Anteil brennbarer Stoffe

Der Brandschutzfaktor BSF bestimmt sich aus dem Brandschutzstandard des Betriebes gemäß:

Gleichung 10-7: $BSF = 0{,}85 * 1{,}4^{0{,}27 * BS * BS}$

mit: BS = Brandschutzstandard [-]

Der Brandschutzstandard BS ist inhaltlich nahezu identisch definiert wie die Sicherheitskategorien SK der LöRüRL, jedoch sind zusätzliche Anforderungen an die Eingreifzeit festgelegt. Es gilt:

Brandschutztechnische Infrastruktur	BS	BSF
Keine besonderen Anforderungen, Öffentliche Feuerwehr	1	0,93
BMA mit automatischen Brandmeldern und Aufschaltung zu einer ständig besetzten Stelle, Öffentliche Feuerwehr, Eingreifzeit < 10 Minuten	2	1,22
BMA mit automatischen Brandmeldern und Aufschaltung zu einer ständig einsatzbereiten Werkfeuerwehr, Eingreifzeit < 3 bis 5 Minuten	3	1,93
Automatische Löschanlage mit Aufschaltung auf eine ständig besetzte Stelle der Feuerwehr	4	3,64

Tabelle 10-12: Brandschutzstandards in VdS 2557

Für die Berechnungen des Löschwasser-Rückhaltevolumens nach VdS 2557 steht ein automatisiertes Berechnungsblatt VdS 2557a zur Verfügung [10.31], das aus dem Internet heruntergeladen werden kann.

Anmerkung: *Wenn die Berechnung erforderliche Rückhaltevolumina > 1000 m³ ergibt, sollte eine Verringerung der Brandabschnittsgröße erwogen werden.*

Die Berechnung nach VdS 2557 führt in der Regel zu geringeren Auffangvolumina als jene nach LöRüRL. Einige Beispiele sind in Abbildung 10-4 dargestellt.

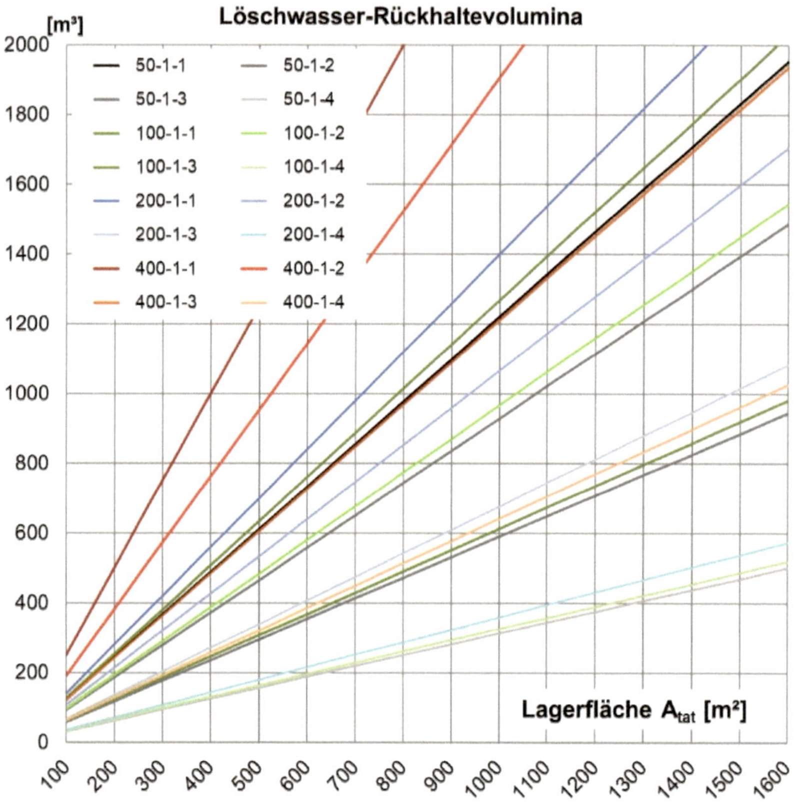

Abbildung 10-4: Beispiele für erforderliche Auffangräume für kontaminiertes Löschwasser nach VdS 2557 bei Stoffdichte M / A von 1 t / m² = 1 m³ / m² Nomenklatur: q_R [kWh / m²] – M / A_{tat} – BS

Anwendungsbeispiel:

Es sind insgesamt 1000 t flüssige oder bei Erwärmung flüssig werdende Rohstoffe, Produkte und Betriebsstoffe im Brandabschnitt von 1000 m² vorhanden. Die Gesamtbrandbelastung beträgt 200 kWh / m². Bei Brandschutzstandard 1 sind dann 1400 m³ Löschwasser-Rückhaltevolumen erforderlich. Bei Brandschutzstandard 4 verringert sich das Rückhaltevolumen auf 360 m³.

10.6 Löschwasserrückhaltung außerhalb von Anlagen

Die Löschwasser-Rückhalterichtlinie behandelt ausdrücklich nur die Anforderungen an Anlagen zur Lagerung wassergefährdender Stoffe, wenn diese als Folge eines Brandes freiwerden können. VdS 2557 behandelt auch Nicht-Lager sowie Fälle, bei denen wassergefährdende Stoffe oder sonstige umweltschädliche Stoffe durch den Brand erst entstehen und die Umwelt beeinträchtigen. Das Freiwerden wassergefährdender Stoffe als Folge eines Transportunfalls, bei dem es zum Brand kommt und Gefahrstoff frei wird oder entsteht und durch das Löschwasser verbreitet wird, bleibt ungeregelt. Weiter ist zu berücksichtigen, dass die Feuerwehr unter Umständen durch den Einsatz von Löschschaum – z. B. zur Brandbekämpfung bei Transportzwischenfällen – selbst wassergefährdende Stoffe in die Umwelt bringt (siehe z. B. bei de Vries et al. [10.24], [10.25], Höllemann [10.26] Klein [10.27] oder VdS 2557 [10.9]).

Heute überwiegt die Auffassung, dass Löschwasser zunächst grundsätzlich zurückgehalten, und vor dem Einleiten in Gewässer auf Schadstoffe überprüft werden sollte. Bei Bränden in baulichen Anlagen, die über keine Einrichtungen zur Löschwasser-Rückhaltung verfügen, und Bränden außerhalb von baulichen Anlagen muss dies als Teil der Einsatztaktik der Feuerwehr von diesen stets mit bedacht werden. Herweg beleuchtet in [10.35] diesen Aspekt als Bestandteil des von den Feuerwehren zu praktizierenden vorbeugenden Umweltschutzes. Melcher et al. [10.36] untersuchen das Versickern kontaminierten Löschwassers und empfehlen eine Differenzierung der Einsatztaktik und des Löschmitteleinsatzes nach den vorhandenen hydrogeologischen Verhältnissen. Sie halten sogar ein Entzünden auslaufender Gefahrstoffe durch die Feuerwehr für ratsam, wenn die Umweltbelastung insgesamt (Luft, Boden, Grund- und Oberflächenwasser) dadurch verringert werden kann.

10.7 Literaturverzeichnis zu Kapitel 10

[10.1] Sandoz / Schweiz: Großbrand verursachte Umweltkatastrophe, 112-Magazin der Feuerwehr, 3 / 1987, S. 98

[10.2] Gesetz zur Ordnung des Wasserhaushaltes (Wasserhaushaltsgesetz –WHG) v. 31. 07. 2009 (BGBl. I S. 2585) i. d. F. vom 19. 06. 2020 (BGBl. I S. 1408)

[10.3] Die Lehren aus Sandoz; 112-Magazin der Feuerwehr, 8 / 1987, S 388

[10.4] Widetschek, Dr. O.: Die Lehren aus Sandoz, VB Vorbeugender Brandschutz 1988 S. 49

[10.5] Richtlinie zur Bemessung von Löschwasserrückhalteanlagen beim Lagern wassergefährdender Stoffe – Löschwasser-Rückhalte-Richtlinie (LöRüRl) – Einführungserlasse der Bundesländer

[10.6] Verordnung über Anlagen zum Umgang mit wassergefährdenden Stoffen (AwSV) vom 18. 04. 2017 BGBl. I S. 905 i. d. F. vom 19. 06. 2020 BGBl. I S. 1328

[10.7] Günther, K.-P., Thon, W., Bockwoldt, M.: Löschwasserrückhaltung als Beitrag zum Umweltschutz, in: Brandschutz – Forschung und Praxis, Braunschweiger Brandschutz Tage 1989, Tagungsband, vfdb-Zeitschrift 1 / 1990

[10.8] Fuchs, P.: Brandversuche in natürlichem Maßstab, Forschungsstelle für Brandschutztechnik der Universität Karlsruhe 1977, Forschungsbericht Nr. 31

[10.9] VdS 2557:2013-03 Planung und Einbau von Löschwasser-Rückhalteeinrichtungen http://vds.de/fileadmin/vds_publikationen/vds_2557_web.pdf

[10.10] Temme, H.-G.: Erläuterungen der Projektgruppe „Brandschutz im Industriebau" zum Muster einer Richtlinie zur Bemessung von Löschwasser-Rückhalteanlagen beim Lagern wassergefährdender Stoffe (LöRüRl), Mitteilungen IfBt 5 / 1992

[10.11] ARGEBAU: Muster-Richtlinie über den baulichen Brandschutz im Industriebau (Muster-Industriebaurichtlinie MIndBauRL) – Fassung Juli 2014 und Erläuterungen hierzu

[10.12] DIN 18230-1:2010-09 Baulicher Brandschutz im Industriebau – Teil 1 Rechnerisch erforderliche Feuerwiderstandsdauer

[10.13] VdS 2564-1:2004-10 VdS Richtlinien für Löschwasser-Rückhalteanlagen – Bauteile und Systeme – Anforderungen und Prüfmethoden – Teil 1: Stationäre Löschwasserbarrieren

[10.14] DIN 1045-2:2008-08: Tragwerke aus Beton, Stahlbeton und Spannbeton – Teil 2: Beton: Festlegung, Eigenschaften, Herstellung und Konformität

[10.15] TRGS 509: Lagern von flüssigen und festen Gefahrstoffen in ortsfesten Behältern sowie Füll- und Entleerstellen für ortsbewegliche Behälter v. 19. 11. 2014 i. d. F. v. 02. 10. 2020 GMBl 2020, S. 817 [Nr. 38]

[10.16] TRGS 510: Lagerung von Gefahrstoffen in ortsbeweglichen Behältern v. 16. 2. 2021 GMBl 2021 S. 178-216 [Nr. 9-10]

[10.17] Rossmann, G.: Löschwasser-Rückhalteanlagen – Bemessungsgrundlagen und technische Möglichkeiten, vfdb-Zeitschrift 4 / 2002

[10.18] Sion-Gerätetechnik GmbH: http://www.sion-geraetetechnik.de/?/page/de-de/gully-ei, aufgerufen 2021-04-01

[10.19] DIN EN 1568-3:2018-05 Feuerlöschmittel – Schaummittel – Teil 3: Anforderungen an Schaummittel zur Erzeugung von Schwerschaum zum Aufgeben auf nicht-polare (mit Wasser nicht mischbare) Flüssigkeiten;

[10.20] DIN 14495:1977-07: Berieselung von oberirdischen Behältern zur Lagerung brennbarer Flüssigkeiten im Brandfalle

[10.21] De Vries, H.: Brandbekämpfung mit Wasser und Schaum; ecomed verlag, Augsburg 200, ISBN 3-609-68 740-1

[10.22] DIN EN 13565-2:2020-03 Ortsfeste Brandbekämpfungsanlagen – Schaumlöschanlagen – Teil 2: Planung, Einbau und Wartung

[10.23] Koppe, A.: Die Löschwasser-Rückhalte-Richtlinie: Ist es höchste Zeit für eine Aktualisierung? vfdb-Zeitschrift 4 / 2008, S. 175 ff

[10.24] De Vries, H.: Toxikologische Bewertung des Einsatzes von Schaum, in: Brandbekämpfung mit Wasser und Schaum, Handbuch Brandschutz, ecomed-Verlag 2002

[10.25] De Vries, H., Höllemann, H., Wienecke A.: Toxikologische Bewertung des Einsatzes von Class-A-Foam, in vfdb-Zeitschrift 2 / 2001, S. 62 ff

[10.26] Höllemann, H.: Environmental Problems caused by fire-fighting and fire-fighting agents, International Association for Fire Safety Science, Proceedings of the Forth International Symposium, 1995, S. 61 ff

[10.27] Klein, R.: Foam on fire – on the cusp of change, Fire & Rescue October 2004

[10.28] Umweltministerium Hessen: Handlungsempfehlung Vollzug des Gebotes zur Rückhaltung verunreinigter Löschmittel im Brandfall vom 17. 11. 2011

[10.29] Umweltamt Luxemburg: EXP-136-LW Notwendigkeit und Gestaltung von Löschwasserrückhaltungseinrichtungen, Mai 2003, http://www. environnement. public.lu / guichet_virtuel / etabl_classes / index_formulaires / EXP-136-LW.pdf

[10.30] Global Harmonisiertes System (GHS) zur Einstufung und Kennzeichnung von Chemikalien; nach Verordnung (EG) Nr. 1272 / 2008 (CLP-VO) http://www.baua.de/de/Publikationen/Poster/GHS-02. pdf?__blob=publicationFile http://www.baua.de/de/Publikationen/ Poster/GHS-03.pdf?__blob=publicationFile

[10.31] VdS 2557a:2013-07 Berechnungsblatt Löschwasser-Rückhaltevolumen http://vds.de/fileadmin/vds_publikationen/vds_2557a_web.pdf

[10.32] DIN EN 13501-4:2016-12 Klassifizierung von Bauprodukten und Bauarten zu ihrem Brandverhalten Teil 4: Klassifizierung mit den Ergebnissen aus den Feuerwiderstandsprüfungen von Anlagen zur Rauchfreihaltung

[10.33] Halpapp, W.: Die Bedeutung der örtlichen Brandbekämpfungsvoraussetzungen im Baugenehmigungsverfahren, vfdb Zeitschrift 3 / 78

[10.34] Verband der Sachversicherer: VdS 2357:2014-06 – Richtlinien zur Brandschadensanierung, Köln 2002

[10.35] Herwig, H.: Konzepte für den vorbeugenden Umweltschutz, iBMB Weiterbildungsseminar Brandschutz im Industriebau, Braunschweig 1990, Referateband

[10.36] Melcher, C., Göbel, P., Schäfer, K.: Entwicklung eines Konzeptes zur Bewertung der Umweltgefährdung während des Feuerwehreinsatzes aus hydrogeologischer Sicht, in: vfdb-Zeitschrift 3 / 2004, Seite 143 ff.

11 Anlagentechnischer Brandschutz für Aufzüge

Aufzüge sind eigentlich Teil der Gebäudetechnik. Jedoch müssen für den Brandfall im Gebäude bestimmte Sicherheitseinrichtungen bzw. Anlagenkomponenten an Aufzügen realisiert werden, um deren Stillsetzung einerseits bzw. sichere Nutzbarkeit andererseits zu gewährleisten. Im Folgenden werden die wichtigsten brandschutztechnischen Anforderungen an

- die Brandfallsteuerung von Standardaufzügen
- Sicherheitsaufzüge mit verlängerter Betriebszeit im Brandfall
- Evakuierungsaufzüge
- Feuerwehraufzüge

dargestellt. Brandschutztechnische Anforderungen an die Ausführung des Gebäudes (Fahrschacht, Vorräume etc.) werden dargestellt, wo sie über jene an allgemeine Aufzüge hinausgehen.

11.1 Brandfallsteuerung für Standardaufzüge

Im Brandfall können Aufzüge für darin befindliche Personen zur tödlichen Falle werden (siehe z. B. [11.1]). Daher müssen Aufzüge bei einer Branddetektion unmittelbar in einen sicheren Bereich gesteuert und dort mit offenen Türen stillgesetzt werden (Evakuierungsfahrt). Die technischen Anforderungen an die Brandfallsteuerung von Aufzügen enthält DIN EN 81-73 [11.2]; VDI 6017 [11.3] enthält weitergehende Regelungen zur Umsetzung der Vorgaben der DIN EN 81-73 sowie Hinweise, wie automatische Brandfallsteuerungen für Aufzugsanlagen in Gebäuden ohne flächendeckende Brandmeldeanlage realisiert werden können. Brandfallsteuerungen sollen grundsätzlich getrennt von der betrieblichen Aufzugssteuerung realisiert werden, und müssen letztere im Brandfall übersteuern können. Alle der Brandfallsteuerung entgegenwirkenden Fahrbefehle (aus dem Fahrkorb und den Haltestellen) müssen im Brandfall unwirksam sein.

Statische Brandfallsteuerung

Grundsätzlich ist im Brandfall der Aufzug in der Bestimmungshaltestelle mit geöffneten Türen stillzusetzen (bei Durchladeaufzügen sind nur die Türen in Fluchtrichtung zu öffnen). Diese statische Brandfallsteuerung bedingt jedoch, dass mindestens an der Bestimmungshaltestelle ein sicherer Aufzugsvorraum vorhanden ist, in den Feuer und Rauch nicht eindringen können und von welchem aus ein Ausgang ins Freie erreicht werden kann. Sofern ein solcher sicherer Vorraum nicht realisiert werden kann, ist in der Regel eine dynamische Brandfallsteuerung erforderlich.

Dynamische Brandfallsteuerungen
Dynamische Brandfallsteuerungen sind Entscheidungsalgorithmen, die auch die Bedingungen an der Bestimmungshaltestelle bei der Steuerung von Aufzügen berücksichtigen, d.h. mindestens zwei brandortabhängig definierte Bestimmungshaltestellen haben. Je nach Konzeption des Gebäudes können auch mehrere Ausweichhaltestellen definiert werden. Im Brandfall in der primären Haltestelle wird der Fahrkorb entsprechend in ein Geschoss gesteuert, aus dem keine Brandmeldung vorliegt. Dynamische Brandfallsteuerungen bedingen daher mindestens Rauchschalter im Fahrschacht und an den Haltestellen, eine flächendeckende Brandmeldeanlage ist aus brandschutztechnischer Sicht vorzuziehen. Die Verknüpfung der Brandfallsteuerung von Aufzügen und Rauchschaltern bzw. Brandmeldeanlage erfolgt mit Hilfe einer Brandfall-Steuermatrix (Punkt 5.9). Selbstverständlich muss die Erreichbarkeit eines sicheren Ausganges ins Freie von allen definierten Brandfall-Haltestellen gewährleistet sein.

11.2 Sicherheitsaufzüge

Sicherheitsaufzüge ermöglichen einen begrenzten Weiterbetrieb im Brandfall, wenn sie durch dieses Ereignis nicht selbst gefährdet sind, d.h. der Fahrkorb, der Fahrschacht oder der Maschinenraum betroffen ist. Die Anforderungen an Sicherheitsaufzüge enthält die VDI-Richtlinie 6017. Sicherheitsaufzüge sind so zu konstruieren und zu betreiben, dass Beeinträchtigungen durch übliche Gefahrenquellen technisch weitgehend ausgeschlossen werden. Sie ermöglichen damit eine Selbstrettung auch mobilitätseingeschränkter Personen.

Sicherheitsaufzüge haben folgende wesentliche Merkmale:

- geeignet für mobilitätseingeschränkte Personen gemäß DIN EN 82-70 [11.4], d.h.:
  - Mindestgröße, Türbreite und Tragfähigkeit je nach Typ entsprechend Tabelle 11-1
  - Erreichbarkeit der Bedienungseinrichtungen auch durch Rollstuhlfahrer gewährleistet

- die Energieversorgung ist vor dem Gebäudehauptschalter getrennt und brandgeschützt geführt
- die Evakuierungsfahrt im Brandfall (Punkt 11.1) erfolgt nur dann, wenn der Aufzug durch das Ereignis selbst gefährdet ist
- der Fahrkorb kann bei einem Brandereignis aus allen Geschossen angefordert werden
- im Fahrkorb wird nur das Evakuierungsgeschoss als Ziel freigeschaltet (statisch oder dynamisch)

Aufzugstyp	Mindestabmessungen und Mindesttragfähigkeit	Nutzung möglich durch
1	Fahrkorbbreite: 1,0 m Fahrkorbtiefe: 1,3 m Tragfähigkeit: 450 kg	einen Rollstuhlbenutzer ohne Begleitperson
2	Fahrkorbbreite: 1,1 m Fahrkorbtiefe: 1,4 m Tragfähigkeit: 630 kg	einen Rollstuhlbenutzer und eine Begleitperson
3	Fahrkorbbreite: 1,1 m Fahrkorbtiefe: 2,1 m Tragfähigkeit: 1000 kg	einen Benutzer mit einem Rollstuhl der Klasse C und einige andere Fahrgäste; ermöglicht auch den Transport von Krankentragen
4	Fahrkorbbreite: 1,6 m Fahrkorbtiefe: 1,4 m (oder umgekehrt) Tragfähigkeit: 1000 kg	einen Rollstuhlbenutzer und einige andere Fahrgäste; ermöglicht auch das Wenden eines Rollstuhls im Fahrkorb
5	Fahrkorbbreite: 2,0 m Fahrkorbtiefe: 1,4 m (oder umgekehrt) Tragfähigkeit: 1275 kg	

Tabelle 11-1: Anforderungen an Sicherheitsaufzüge DIN EN 81-70

Anforderungen an das Gebäude:

- Sicherheitsaufzüge benötigen eigene Fahrschächte, die nach Möglichkeit im oder am notwendigen Treppenraum liegen sollen
- Fahrschacht und Fahrkorb müssen belüftet sein, um bei Ausfall ggf. eingeschlossene Personen mit Frischluft zu versorgen
- flächendeckende Brandmeldeanlage
- geschützte Wartezonen vor den Aufzugstüren (Wände mindestens REI 30, Rauchschutztüren zu Fluren, ggf. Druckbelüftung erforderlich)
- Erreichbarkeit eines sicheren Ausganges ins Freie im (in den) Evakuierungsgeschoss(en).

Sicherheitsaufzüge sollten mit einem Hinweisschild „Barrierefreier Rettungsweg“ oder „Sicherheitsaufzug“ gekennzeichnet sein (Abbildung 11-1).

11.3 Evakuierungsaufzüge

Evakuierungsaufzüge sind Aufzüge, die im Brandfall weiterhin für die Rettung von in ihrer Mobilität eingeschränkten Personen zur Verfügung stehen sollen. Als in der Mobilität eingeschränkte Personen gelten insbesondere:

- Rollstuhlfahrer
- Personen, die auf Prothesen oder Gehhilfen angewiesen sind
- grundsätzlich gehfähige Personen, die jedoch Treppen nur mit erheblichen Schwierigkeiten begehen können, d.h. Personen mit Gehstock, Gehrahmen, Rollator etc.
- hochschwangere und extrem beleibte Personen
- Personen mit mentalen Beeinträchtigungen (kognitiv oder emotional)
- Personen die das Gebäude nur mit Hilfe anderer Personen betreten können, z.B. ältere Menschen, stark sehbehinderte Menschen
- Personen mit Verletzungen oder Beschwerden
- Personen die im Verlaufe des Notfalls oder der Evakuierung verletzt werden.

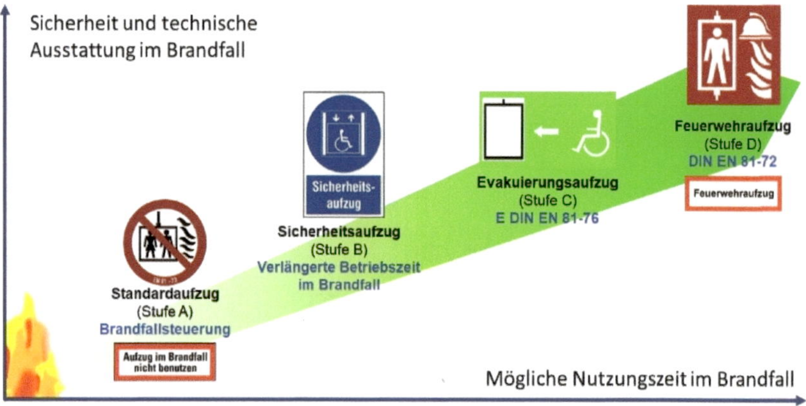

Abbildung 11-1: Sicherheit von Aufzügen und deren Kennzeichnung

Die technischen und betrieblichen Anforderungen an Evakuierungsaufzüge sind in DIN EN 81-76 [11.5] beschrieben. Die brandschutztechnischen Anforderungen hinsichtlich

- der Ausführung von Fahrschacht und Fahrkorb,
- geschützter Vorräume, die ausreichend groß für die geplante Anzahl mobilitätseingeschränkter Personen mit ihren Hilfsmitteln, wie Rollstühlen etc. sein müssen,
- der Überwachung von Fahrschacht und Vorräumen,
- der Geschwindigkeit des Aufzuges,
- des Schutzes gegen Wassereintritt in den Fahrschacht,
- die Ersatzstromversorgung etc.,

sollten nach Meinung der Feuerwehren weitgehend jenen an Feuerwehraufzüge entsprechen (Punkt 11.4). Lediglich an Stelle des Feuerwehrschalters muss ein „Vorrangschalter Evakuierung“ vorhanden sein.

Die sichere Rettung von mobilitätseingeschränkten Personen muss von ausgebildeten Evakuierungshelfern unterstützt werden, d. h. sowohl in den Geschossen als auch für die Bedienung des Evakuierungsaufzuges muss Personal zur Verfügung stehen. Daher sind Sicherheitsaufzüge nicht für allgemeine Wohngebäude ohne verantwortliches und geschultes Personal geeignet.

Wird durch eine Brandmeldeanlage oder über Personen im Gebäude ein Signal an die Aufzugssteuerung gesendet, führt der Evakuierungsaufzug zunächst eine Evakuierungsfahrt mit Brandfallabschaltung durch, wie oben unter Punkt 11.1 beschrieben. Eine eingewiesene Person kann mit einem gekennzeichneten Vorrechtsschalter auf Evakuierungsbetrieb umschalten, die Piktogramme „Evakuierungsfahrt“ an den Fahrschachttüren werden dann aktiviert. Die weitere Bedienung erfolgt wie beim Feuerwehraufzug, Außensteuerungen sind abgeschaltet. Wenn der Evakuierungsaufzug das Brandgeschoss nicht anfahren soll (dies zu entscheiden obliegt der örtlichen Brandschutzbehörde nach Prüfung des Evakuierungskonzeptes) ist ein entsprechendes Piktogramm „Evakuierungsfahr nicht verfügbar“ im Fahrkorb und der betreffenden Etage zu aktivieren. Nach Eintreffen der Feuerwehr übernimmt diese den Evakuierungsaufzug.

Evakuierungsaufzüge sind getrennt von ggf. erforderlichen Feuerwehraufzügen zu erstellen, da die Aufgaben konkurrieren könnten.

11.4 Feuerwehraufzüge

Feuerwehraufzüge sind besonders abgesicherte Aufzüge, die der Feuerwehr auch im Brandfall ein sicheres Erreichen der Brandetage ermöglichen. Sie dienen der Menschenrettung und dem Materialtransport für die Feuerwehr. Reguläre Aufzüge sollen im Brandfall nicht benutzt werden (Punkt 11.1). Feuerwehraufzüge sind insbesondere in Hochhäusern ein wesentlicher Bestandteil des Sicherheitskonzeptes.

Der besonders abgesicherte Betrieb von Feuerwehraufzügen kann durch die Feuerwehr aktiviert werden. Grundlegende Anforderungen an Feuerwehraufzüge werden in DIN EN 81-72 [11.5] geregelt. Lokale Feuerwehren haben gelegentlich spezifische, teilweise weiter gehende Vorgaben. Die wichtigsten Anforderungen sind:

- Feuerwehraufzüge müssen in eigenen feuerbeständigen Fahrschächten liegen,
- Feuerwehraufzüge müssen alle Stockwerke des Gebäudes bedienen,
- Feuerwehraufzüge müssen in jeder Etage einen brandgeschützten Vorraum haben, aus dem der Löschangriff vorgetragen werden kann, d. h.:
  - die Rauchübertragung in den brandgeschützten Vorraum und den Schacht muss konstruktiv begrenzt sein (also z.B. durch rauchdichte und selbstschließende Türen und/oder Überdruckbelüftung von Fahrschacht und Vorraum, Punkt 7.12.2)
  - Wandhydrant im Vorraum
  - ggf. gemeinsamer Vorraum mit Sicherheitstreppenraum möglich
- Kennzeichnung der Schachtzugänge dem Piktogramm„Feuerwehraufzug“
- Das Eindringen von Löschwasser in den Aufzugsschacht (480 l/min bei gesprinklerten bzw. 200 l/min bei Gebäuden mit Wandhydranten) muss durch geeignete Maßnahmen verhindert werden; in der Schachtgrube darf keine Wasseransammlung entstehen, die möglicherweise die Funktion der Anlage beinträchtigen könnte.
- Das entfernteste Stockwerk muss innerhalb von 60 Sekunden erreicht werden.
- Der Fahrkorb muss vollständig aus nicht brennbaren Stoffen bestehen, die Abmessungen und Tragfähigkeit muss mindestens Typ 2 vorzugsweise jedoch Typ 3 entsprechen (Tabelle 11-1). Eine mindestens 0,5 m x 0,7 m große Notklappe muss den Ausstieg eines Feuerwehrmannes ermöglichen und über eine fest installierte Steighilfe oder mitgeführte tragbare Leiter den Ausstieg aus dem Fahrkorb und das Erreichen der nächsten Geschossebene sicherstellen.
- Funktionserhalt mindestens 90 Minuten sein, d. h.:
  - Ersatzstromversorgung über P 90 Leitungen nach DIN EN 13501-3 [11.7]
  - Feuerwehrkommunikationssystem zwischen Korb, Feuerwehrzugangsebene und dem Triebwerksraum über P 90 Leitungen
  - Funktion von Leitungen und elektrische Komponenten im Fahrschacht/am Fahrkorb dürfen durch die zulässige Erwärmung der Fahrschachtwände im Brandfall nicht gefährdet werden

- Feuerwehraufzüge sind baurechtlich keine Rettungswege.

Feuerwehraufzüge werden bei Brandalarm in ein Zugangsgeschoss der Feuerwehr gesteuert (das unter Punkt 11.1 zur dynamischen Brandfallsteuerung ausgeführte gilt analog) und bleiben dort mit offenen Türen stehen. Die Inbetriebnahme für den Feuerwehreinsatz erfolgt über eine Schlüsselschaltung (dann i. d. R. Feuerwehr-Schlüsselkasten erforderlich) oder auch über eine zu zerstörende Sicherungsabdeckung. Die Steuerung ist nur aus dem Aufzugskorb möglich, daher muss ein Feuerwehraufzug im Einsatz immer mit Personal besetzt werden.

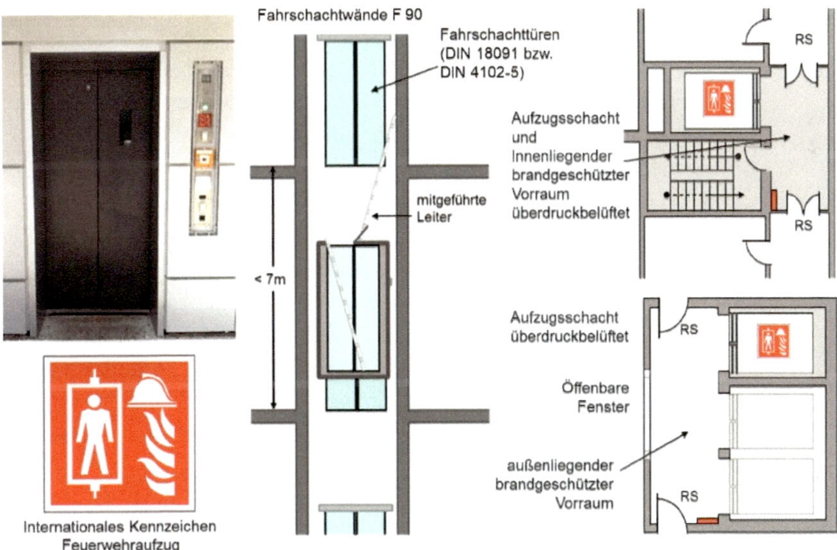

Abbildung 11-2: Feuerwehraufzug, Notausstieg über tragbare Leiter, Vorraum außenliegend und innenliegend (schematische Beispiele)

Feuerwehraufzüge sind mindestens alle zwei Jahre durch zugelassenen Überwachungsstellen (z. B. TÜV) nach den Vorgaben der VDI 3809-2 [11.8] zu prüfen. Demnach ist das Gesamtsystem Feuerwehraufzug einer Wirkprinzipprüfung zu unterziehen. Daher müssen auch die aufzugsexternen Sicherheitseinrichtungen, wie Überdrucklüftung des Fahrschachtes, Ersatzstromversorgung etc., mit geprüft werden (vergl. z. B. in [11.9]).

11.5 Literaturverzeichnis zu Kapitel 11

[11.1] Feuerwehr Düsseldorf: Flughafenbrand Düsseldorf 11. April 1996; www.duesseldorf.de/feuerwehr/pdf/alle/flughbrand.pdf

[11.2] DIN EN 81-73:2016-06 Sicherheitsregeln für die Konstruktion und den Einbau von Aufzügen – Besondere Anwendungen für Personen- und Lastenaufzüge – Teil 73: Verhalten von Aufzügen im Brandfall

[11.3] VDI 6017:2015-08 Aufzüge – Steuerungen für den Brandfall

[11.4] DIN EN 81-70:2015-11 Sicherheitsregeln für die Konstruktion und den Einbau von Aufzügen – Besondere Anwendungen für Personen- und Lastenaufzüge – Teil 70: Zugänglichkeit von Aufzügen für Personen einschließlich Personen mit Behinderungen

[11.5] E DIN EN 81-76:2019-12 Sicherheitsregeln für die Konstruktion und den Einbau von Aufzügen – Besondere Anwendungen für Personen- und Lastenaufzüge Teil 76: Personenaufzüge zur Evakuierung von Personen mit Behinderungen

[11.6] DIN EN 81-72:2015-06 Sicherheitsregeln für die Konstruktion und den Einbau von Aufzügen – Besondere Anwendungen für Personen- und Lastenaufzüge – Teil 72: Feuerwehraufzüge

[11.7] E DIN EN 13501-3:2019-08 Klassifizierung von Bauprodukten und Bauarten zu ihrem Brandverhalten – Teil 3: Klassifizierung mit den Ergebnissen aus den Feuerwiderstandsprüfungen an Bauteilen von haustechnischen Anlagen und elektrischen Kabeln

[11.8] VDI 3809-2:2014-10 Prüfung gebäudetechnischer Anlagen – Feuerwehraufzügen

[11.9] Preissl, D.: Aktuelle Regelwerke zur Feuerwehr- und Evakuierungsaufzügen, BrandSchutz 12/2015, S. 1018 ff

12 Sprachalarmanlagen

Sprachalarmanlagen – SAA – sind elektroakustische Alarmierungs- und Warnsysteme, die manuell aktiviert oder automatisch von Brandmeldeanlagen angesteuert werden (und dann technisch Teil der BMA werden). Sie dienen der Aussendung aufgezeichneter und / oder in Echtzeit eingesprochener Informationen in Notsituationen, um Personen zu bestimmten Verhaltensweisen zu veranlassen und damit die Selbstrettung sicher zu stellen. Sprachalarmanlagen – die auch als Sprachalarmsysteme bezeichnet werden – haben gegenüber Hupen, Sirenen etc., die in erster Linie Aufmerksamkeit erzeugen, den Vorteil, dass

- die Informationen und Verhaltensanweisungen klar kommuniziert werden (ggf. auch in Fremdsprachen),
- dadurch die Reaktionszeit gefährdeter Personen verkürzt werden kann (dies gilt auch für nicht ortskundige Personen),
- Sprachdurchsagen differenzierte Anweisungen kommunizieren können, z. B.
  - einen Gebäudeteil zu räumen oder dort zu verbleiben,
  - bestimmte Rettungswege zu benutzen,
  - Abbruch der Räumung / Beendigung der Gefahrensituation.

Elektroakustische Notfallwarnsysteme – ENS – dagegen werden manuell von einer Sicherheitszentrale in Betrieb genommen und dürfen keine Brandalarme übertragen.

12.1 Erfordernis von Sprachalarmanlagen

Sprachalarmanlagen, oder die Ausführung für betriebliche Zwecke vorgesehener Beschallungsanlagen als SAA, werden bauordnungsrechtlich insbesondere dann gefordert, wenn

- ungeschulte Personen oder Passanten im Gebäude sind,
  wie es insbesondere in Einkaufszentren, Versammlungsstätten, Vergnügungsstätten, Sportstadien und Transportterminals regelmäßig der Fall ist,
- Einschränkungen von Rettungswegen vorliegen oder in bestimmten Situationen vorliegen können, die es erfordern, Personen anzuweisen, wie sie ein Gebäude zu verlassen haben,

wie es in hohen, besonders ausgedehnten oder komplexen Gebäuden mit ggf. begrenzter Kapazität der einzelnen Rettungswege der Fall sein kann (Theater, Kinos, Veranstaltungsgebäude, in denen die erforderliche Rettungswegkapazität und/oder Räumungszeit nur über mehrere Rettungswege erreicht werden kann)
- Situationen nicht ausgeschlossen werden können, die ad hoc definierte Warnungen oder Anweisungen erfordern
(z. B. in bestimmten Betrieben, Transportterminals etc.).

Daher sind Sprachalarmanlagen nach folgenden Richtlinien obligatorisch:

- Muster-Verkaufsstättenverordnung – MVKVO (für Fläche > 2000 m^2)
- Muster-Versammlungsstättenverordnung – MVStättVO [12.1] (für Fläche > 1000 m^2)
- Muster-Krankenhausbauverordnung – MKhBauV0 [12.2]
- Muster-Hochhaus-Richtlinie – MHHR [12.3]
- Muster-Garagenverordnung – MGarVO [12.4] (für geschlossene Großgaragen)

Werden Sprachalarmanlagen durch eine Brandmeldeanlage angesteuert, wird sie Teil der BMA. Daher sind dann die folgenden technischen Regelungen zu beachten:

- für die Projektierung, die Montage, die Inbetriebnahme, den Betrieb und die Instandhaltung:
  - DIN VDE 0833-2
  - DIN 14675 [12.5]
  - DIN CEN/TS 54-32 (VDE V 0833-4-32) [12.6]
- für die zugelassenen Komponenten
  - DIN EN 54-16 – Sprachalarmzentralen SAZ [12.7]
  - DIN EN 54-24 – Lautsprecher [12.8]
  - DIN EN 54-4 – Energieversorgungseinrichtungen [12.9]
  - DIN 14664 – Feuerwehr Einsprechstelle [12.13]

12.2 Planung und Ausführung von Sprachalarmanlagen

Sprachalarmanlagen müssen so geplant und errichtet werden, dass auf allen zu beschallenden Flächen

- eine Mindestverständlichkeit der Durchsagen erreicht wird (STI ≥ 0,5; Abbildung 12-1),
- eine bestimmte Mindestlautstärke erreicht wird, um
- Hintergrundgeräusche zu übertönen ≥ 6 dB(A) oberhalb des Umgebungsgeräuschpegels, d. h. in Sportstadien z. B. 121 dB(A)
- einen „Aufmerksamkeitseffekt“ bzw. „Weckeffekt“ sicher zu stellen:
  - durch Aussendung des Alarmierungstones nach DIN 33404-3 [12.10] mit
    - einem absoluten Minimalschallpegel von ≥ 65 dB(A)
    - in Schlafbereichen (Hotels): in Kopfhöhe einem Minimalschallpegel von ≥ 75 dB(A)

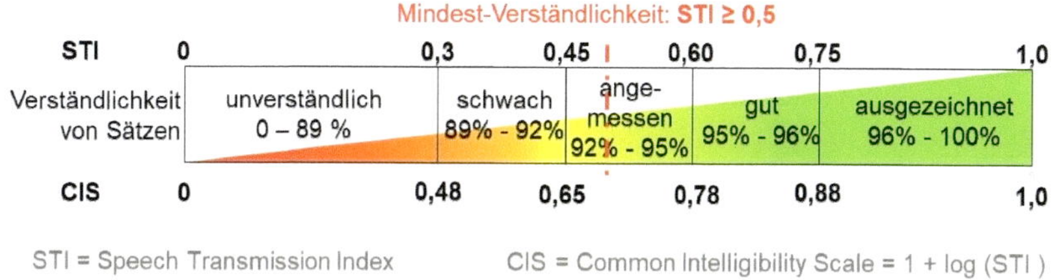

Abbildung 12-1: Verständlichkeit von Durchsagen: Sprachübertragungsindex STI ≥ 0,5

Die Planung von Sprachalarmanlagen ist i. A. so komplex, dass nur Fachbetriebe mit speziell geschultem Personal solche Anlagen planen dürfen (Kriterien für Fachbetriebe sind in DIN 14675 enthalten; vergl. z. B. bei Berger [12.11]). Als Basis für die Planung einer SAA sollten stets

- das Brandschutzkonzept des Gebäudes (Punkt 2.2) und
- die bei der Projektierung der BMA festgelegte Alarmorganisation

dienen. Hierauf aufbauend können die wesentlichen Leistungsanforderungen an SAS definiert werden, darunter

- Festlegung der zu beschallenden Bereiche
- Festlegung der Grenzen der Sprachalarmzonen
- Sicherheitsstufe und Kategorie der SAA (Anhang B zu DIN CEN/TS 54-32 [12.6], Abbildung 12-2)
- Sprache(n) und Inhalt der aufgezeichneten und/oder in Echtzeit eingesprochenen Nachrichten, damit verbunden
  - Notwendigkeit der Unterstützung einer stufenweisen Räumung durch die SAA
  - Nachrichten im Klartext oder/und kodiert
  - Prioritätsfolge von Alarmnachrichten

  - in Echtzeit über eine Feuerwehr-Einsprechstelle eingesprochene Nachrichten (Punkt 12.3)
  - in Echtzeit über Notfallmikrophon der SAZ eingesprochene Nachrichten
  - manuell ausgelöste aufgezeichnete Nachrichten
  - automatisch ausgelöste aufgezeichnete Nachrichten
  - Nachrichten ohne Alarmierungscharakter
- Art der Warnung in Bereichen, die nicht oder nicht ausreichend durch die SAA abgedeckt werden
- Alternative oder zusätzliche Maßnahmen zur Warnung
  - für Personen mit eingeschränktem Hörvermögen
  - in Bereichen mit hohen Hintergrundgeräuschen
- Schulungsumfang für Mitarbeiter.

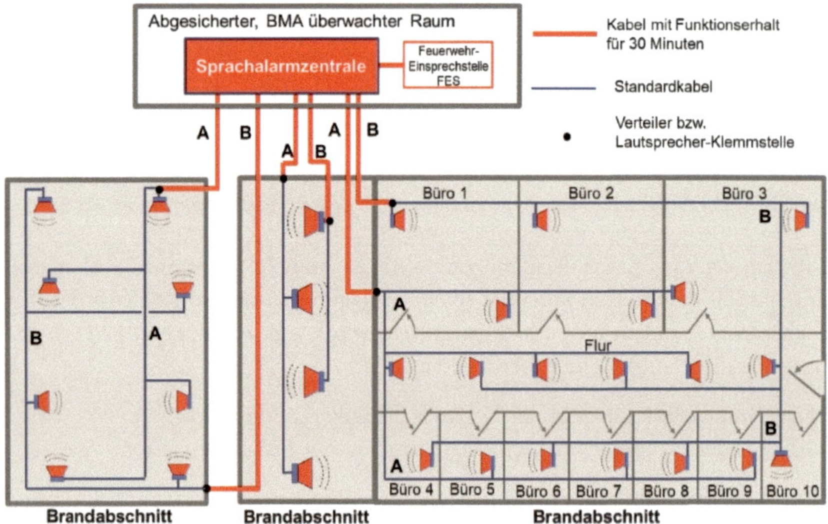

Abbildung 12-2: Beispiele für ein Sprachalarmanlage Sicherheitsstufe 2: bei Ausfall eines Lautsprechers oder eines Kabels Verringerung der Verständlichkeit auf einen minimalen STI von 0,45

Technisch kann die erforderliche Verständlichkeit, Lautstärke und Betriebssicherheit von SAA erreicht werden durch

- ausschließliche Verwendung zugelassener Komponenten
  - Anzahl und Anordnung der Lautsprecher (siehe hierzu auch [12.12]); i. A. sind mehrere Lautsprecher geringerer Leistung besser als wenige mit hoher Leistung

– Anbringung möglichst nahe Kopfhöhe Anzahl, Art und Anordnung der Signalleitungen – Absicherung der Energieversorgung – Unterbringung der Sprachalarmzentrale	analog zu den Vorschriften für BMA, Punkte 5.6.2, 5.6.3.3, Abbildung 5-6

12.3 Feuerwehr-Einsprechstelle

Feuerwehr-Einsprechstellen (FES) dienen zum Anschluss an Sprachalarmzentralen – SAZ – von Sprachalarmanlagen (SAA) nach DIN 14675. Die Anforderungen an Feuerwehr-Einsprechstellen sind in DIN 14 664 [12.13] technisch beschrieben. FES ermöglichen, ohne dass der Betreiber der SAA mitwirken muss:

- bestimmte Betriebszustände der Sprachalarmanlage (SAA) in einheitlicher Erscheinungsform anzuzeigen
- eine einheitliche Bedienung relevanter Funktionen
- ein Einsprechen von Live-Brandfalldurchsagen im Alarmfall sowie von manuellen Räumungs- und Warndurchsagen über das Brandfallmikrophon der Sprachalarmzentrale

Die FES kann aus der SAZ oder einer separaten Energieversorgungseinrichtung nach DIN EN 54-4 mit Energie versorgt werden. Hinsichtlich der Überwachung der Übertragungwege gilt das unter Punkt 12.2 ausgeführte analog.

Feuerwehr-Einsprechstellen bestehen mindestens aus einer Grundeinheit gemäß Abbildung 12-3 und dem Brandfallmikrofon der SAZ (in EN 54-16 als Notfallmikrophon bezeichnet). Die FES kann um eine oder mehrere Erweiterungseinheiten ergänzt werden, die z. B. Durchsagen nur in bestimmten Bereichen ermöglichen. FES sind über in DIN 14 664 beschriebene Schnittstellen an die SAZ anzubinden.

Der Übertragungsweg von der SAZ zur FES ist grundsätzlich als überwachte Primärleitung auszuführen (Punkt 5.6.3.2). Sofern die FES im gleichen Raum wie die Sprachalarmzentrale angeordnet ist, genügen nichtüberwachte Über-

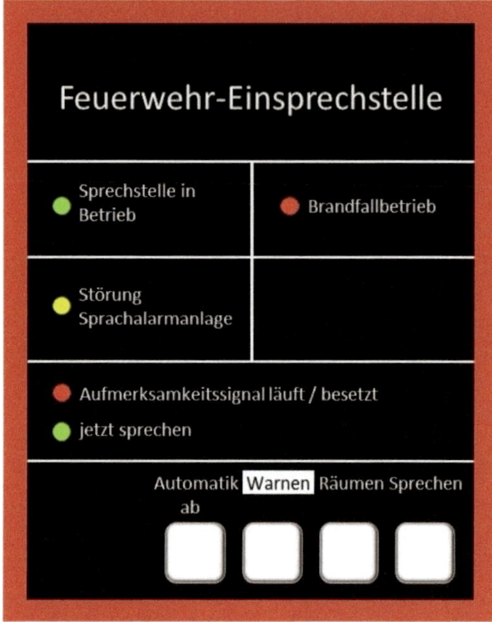

Abbildung 12-3: Feuerwehr-Einsprechstelle – FES – nach DIN 14 664 – Beispiel

tragungswege. Die SAZ muss Fehler in den Übertragungswegen anzeigen bevor eine Übertragung der geforderten Signale infolge des Fehlers nicht mehr erfolgen kann. Eine Störung auf einem Übertragungsweg zwischen der SAZ und der FES darf die ordnungsgemäße Funktion der SAZ oder anderer Übertragungswege nicht beeinflussen.

12.4 Literaturverzeichnis zu Kapitel 12

[12.1] ARGEBAU: Muster-Verordnung über den Bau und Betrieb von Versammlungsstätten – MVStättV – i. d. F. 2014-07

[12.2] ARGEBAU: Muster Verordnung über den Bau und Betrieb von Krankenhäusern (Krankenhausbauverordnung – KhBauVO) Fassung 1967-12

[12.3] ARGEBAU: Muster für Richtlinien über die bauaufsichtliche Behandlung von Hochhäusern – MHHR – i. d. F 2012-02

[12.4] ARGEBAU: Muster einer Verordnung über den Bau und Betrieb von Garagen (Muster-Garagenverordnung) – MGarVO – i. d. F. 2008-05

[12.5] DIN 14675:2018-04 Brandmeldeanlagen – Teil 1: Aufbau und Betrieb
[12.6] DIN CEN/TS 54-32, VDE V 0833-4-32:2016-04 Brandmeldeanlagen – Projektierung, Montage, Inbetriebsetzung, Betrieb und Instandhaltung von Sprachalarmsystemen
[12.7] DIN EN 54-16:2008-06 Brandmeldeanlagen – Teil 16: Sprachalarmzentralen
[12.8] DIN EN 54-24:2008-06 Brandmeldeanlagen – Teil 24: Komponenten für Sprachalarmierungssysteme – Lautsprecher
[12.9] E DIN EN 54-4:2015-11 Brandmeldeanlagen – Teil 4: Energieversorgungseinrichtungen
[12.10] DIN 33404-3:2016-04 Gefahrensignale für Arbeitsstätten; Akustische Gefahrensignale; Einheitliches Notsignal; Sicherheitstechnische Anforderungen, Prüfung
[12.11] Berger, H.: Alarmierung in Bauwerken mit hoher Personenkonzentration, vfdb-Zeitschrift 1/2003, S. 3 ff
[12.12] Signalgeber: Leistung im Raum entscheidend, GITT-Sicherheit 10/2016 S. 72 ff.
[12.13] DIN 14664:2016-11 Feuerwehrwesen – Feuerwehr-Einsprechstelle

13 Sicherheitsbeleuchtung und Rettungswegkennzeichnung

Um bei Bränden ein sicheres Verlassen von Gebäuden zu gewährleisten, fordert bereits die Musterbauordnung [13.1] in § 36 (1):

> „... *notwendige Flure müssen so angeordnet und ausgebildet sein, dass die Nutzung im Brandfall ausreichend lang möglich ist.*“

Diese Anforderung gilt analog für sonstige Gefahrensituationen, wie sie z. B. Explosionen oder Bombendrohungen darstellen und ist sinngemäß in allen Landesbauordnungen enthalten.

Neben einer nutzungsangemessenen baulichen Ausbildung der Rettungswege hinsichtlich Länge und Abmessungen, Feuerwiderstandsdauer der Umfassungsbauteile, Verhinderung / Begrenzung der Verrauchung etc., ist es daher insbesondere bei Sonderbauten erforderlich, die Rettungswege auch bei Ausfall der Allgemeinbeleuchtung durch eine Sicherheitsbeleuchtung ausreichend zu beleuchten. Ihr Verlauf ist zudem durch Richtungskennzeichnungen so zu kennzeichnen, dass sich auch ortsunkundige Anwesende rasch und zielgerichtet in Sicherheit bringen können.

Sicherheitsbeleuchtung ist im Allgemeinen erforderlich, wenn

- viele ggf. auch ortsunkundige Personen anwesend sein können (z. B. in Veranstaltungsräumen, Messehallen, Restaurants),
- ausgedehnte Räume entfluchtet oder durchquert werden müssen (z. B. Hallen, Großraumbüros, Verkaufsstätten),
- die Rettungswegführung unübersichtlich ist (z. B. in ausgedehnten – ggf. auch unterirdischen – Verkehrsanlagen),
- besondere Gefährdungen vorliegen (z. B. in bestimmten Arbeitsstätten).

Folgerichtig enthalten die meisten Sonderbauverordnungen implizite Anforderungen nach Sicherheitsbeleuchtungen und Kennzeichnungen der Rettungswege (MGarVO § 13 [13.2] und § 14 ; MHHR Nr. 4.1.3 und Nr. 6.5 [13.3]; MVKVO § 10 und § 18 [13.4]; MVStättVO § 15 [13.5]; MSchulBauR Nr. 3.4 [13.6]; MBeV § 3 und § 8 [13.7]). Die Arbeitsstättenverordnung sowie darauf aufbauende verschiedene Arbeitsschutzrichtlinien sind weitere Rechtsgrundlagen (ArbStättVO [13.8]; [13.9], [13.10], [13.11]). Die wichtigsten normativen, technischen und organisatorischen Anforderungen werden nachfolgend dargestellt.

13.1 Not- und Sicherheitsbeleuchtung - Definitionen

Eine Notbeleuchtung muss bei Störung der Stromversorgung der allgemeinen künstlichen Beleuchtung wirksam werden.

Eine Ersatzbeleuchtung ist der Teil einer Notbeleuchtung, der es ermöglicht, bestimmte Arbeitsvorgänge fortzuführen (z. B. weiterhin die Leitwarte eines Kraftwerkes zu betreiben).

Eine Sicherheitsbeleuchtung ist der Teil einer Notbeleuchtung, der Personen das sichere Verlassen eines Raumes oder Gebäudes ermöglicht oder der es Arbeitnehmern ermöglicht, einen potentiell gefährlichen Arbeitsablauf sicher zu beenden (z. B. die automatische Zuführung von Arbeitsmaterialien an Maschinen abzufahren).

Sicherheitsbeleuchtung für Rettungswege ermöglicht es Personen, Rettungswege eindeutig zu erkennen und sicher zu benutzen.

Eine Antipanikbeleuchtung ist der Teil einer Sicherheitsbeleuchtung, der es Personen ermöglicht, eine Stelle zu erreichen, von der aus ein Rettungsweg eindeutig erkannt werden kann.

Sicherheitsbeleuchtungen für Arbeitsplätze mit besonderer Gefährdung ermöglichen es dort Tätigen, den Arbeitsvorgang sicher zu beenden und den Arbeitsplatz zu verlassen (z. B. eine schnell rotierende Maschine in eine sichere Stellung zu fahren).

13.2 Sicherheitsbeleuchtung - Anforderungen

Um die sichere Nutzbarkeit von Rettungswegen zu gewährleisten, muss deren Sicherheitsbeleuchtung nach DIN EN 1838 [13.12] und DIN V VDE 0108-100 [13.13] ausgeführt sein (gute Einführungen findet man z. B. bei Zumtobel [13.14] und bei Ruhstrat [13.15]) und somit:

- eine ausreichende Mindestbeleuchtungsstärke sicherstellen
- die Mindestbeleuchtungsstärke ausreichend schnell erreichen
- eine möglichst gleichmäßige Beleuchtungsstärke liefern
- die Blendung von Nutzern minimieren
- potentielle Gefahrenstellen hervorheben

Für bis zu 2 m breite Rettungswege ist in deren Mitte eine Mindestbeleuchtungsstärke von 1 Lux (1 lx, siehe Anhang 9: Größen der Lichttechnik) festgelegt, die gemäß Abbildung 13-1 nach rechts und links abfallen darf. Mehr als 2 m breite Rettungswege sind als mehrere 2 m breite Wege aufzufassen.

In Rettungswegen müssen 50 % der Mindest-Beleuchtungsstärke innerhalb von 15 Sekunden und 100 % innerhalb von 60 Sekunden erreicht werden (ASR A3.4 / 3: 100 % in 15 Sekunden).

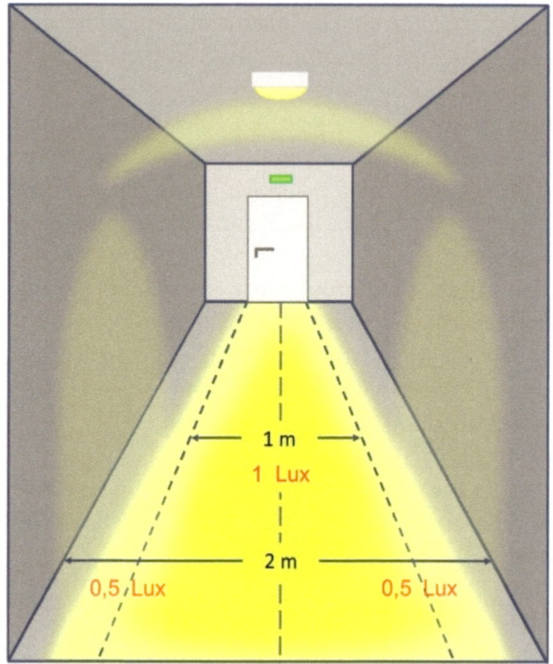

Abbildung 13-1: Mindest-Beleuchtungsstärke von Rettungswegen

Da das menschliche Auge relativ träge auf Helligkeitsschwankungen reagiert, können zu extreme Hell-Dunkel-Verhältnisse die Erkennbarkeit von Rettungswegzeichen (Punkt 13.4) oder des Rettungsweges selbst beeinträchtigen. Daher darf die Ungleichmäßigkeit der Rettungswegbeleuchtung, d. h. das Verhältnis der kleinsten zur größten Beleuchtungsstärke, nicht kleiner als 1:40 sein (Abbildung 13-2).

Zur Vermeidung von Blendungen, die die Erkennbarkeit von Rettungswegkennzeichen erschweren könnten (Punkt 13.4.1), muss gleichzeitig die Lichtstärke der Leuchten innerhalb des Gesichtsfeldes der Nutzer des Rettungsweges möglichst niedrig gehalten werden.

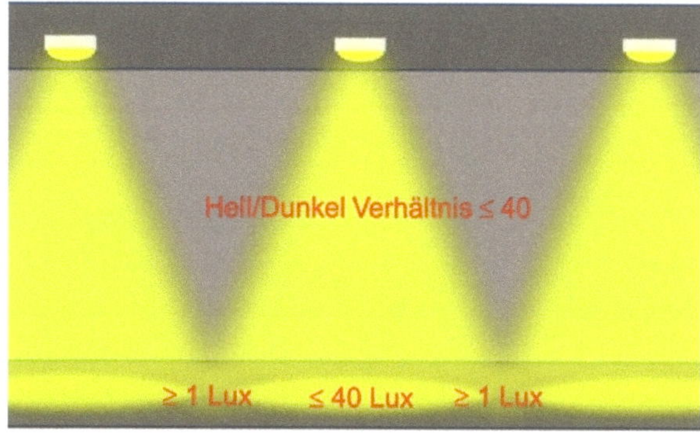

Abbildung 13-2: Gleichmäßigkeit der Rettungswegbeleuchtung

Die Leuchten der Sicherheitsbeleuchtung von Rettungswegen sind mindestens 2 m hoch und so anzuordnen, dass folgende Stellen hervorgehoben werden (Abbildung 13-3):

- Notausgänge und Sicherheitszeichen (13-3.2)
- Treppen (jede Treppenstufe, 13-3.3)
- Niveauänderungen (13-3.4)
- jede Richtungsänderung (13-3.5, 13-3.6)
- außerhalb nahe jedem Ausgang bis zu einem sicheren Bereich (13-3.7)
- nahe jeder Erste-Hilfe-Stelle (13-3.8)
- nahe jeder Brandmelde- und Brandbekämpfungseinrichtung (13-3.9)
- Gefahrenstellen (13-3.10)
- Fluchtgeräte (z.B. Krankentragen, treppenfähige Rolltragen, 13-3.11)
- Schutzbereiche und Toiletten für behinderte Menschen (dort könnten sich im Brandfall noch Personen befinden) (13-3.12)

Anmerkung: *Nahe im Sinne der DIN EN 1838 bedeutet in einem Umkreis von 2 m*

Sicherheitsbeleuchtung von Arbeitsplätzen mit besonderer Gefährdung soll Arbeitnehmern trotz Ausfall der Allgemeinbeleuchtung das sichere Verlassen des Arbeitsbereiches und Erreichen von Rettungswegen ermöglichen. Wegen der durch die Dunkelheit gegebenen erhöhten Gefährdung müssen diese Sicherheitsbeleuchtungen innerhalb von nur 0,5 Sekunden eine Beleuchtungsstärke von mindestens 15 Lux erreichen und diese mindestens für die Dauer der Unfallgefahr aufrechterhalten. Die Sicherheitsbeleuchtung darf nicht zur Blendung Anwesender führen, die Erkennbarkeit der Sicherheitsfarben nach DIN EN ISO 7010 muss erhalten bleiben.

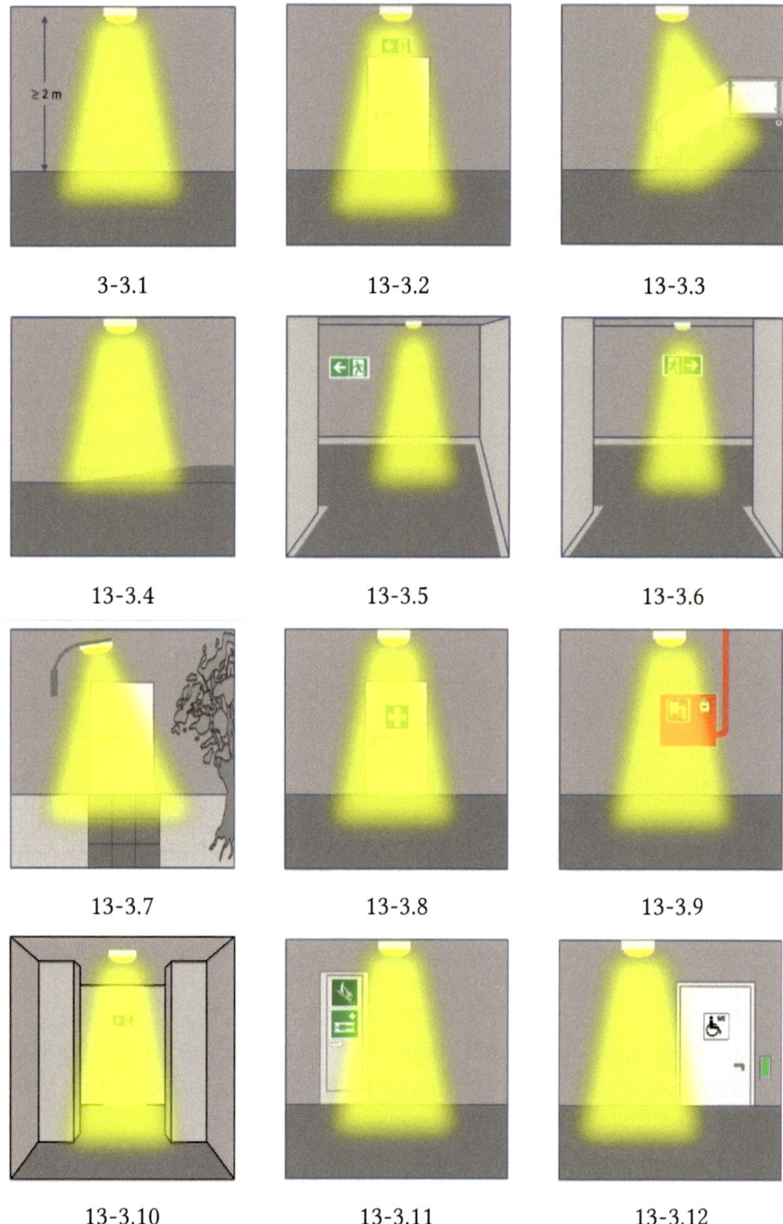

Abbildung 13-3: Durch Sicherheitsbeleuchtung hervorzuhebende Stellen – Beispiele

Arbeitsstätten, die eine Sicherheitsbeleuchtung erfordern, können u. A. sein:

- Labore, in denen laufende Versuche beendet oder unterbrochen werden müssen, um Gefährdungen von Menschen zu verhindern
- Arbeitsplätze, die aus technischen Gründen dunkel gehalten werden
- elektrische und haustechnische Betriebsräume, die auch bei Ausfall der Allgemeinbeleuchtung betreten werden müssen
- der unmittelbare Bereich um langnachlaufende Arbeitsmittel, deren
- Gefährdungsbereich nicht mit mechanischen Sperren zu schützen ist
- Steuereinrichtungen (z. B. Schaltwarten etc.) ständig zu überwachenden Anlagen, deren Weiterbetrieb erforderlich ist, um mit Gefährdungen verbundene Prozesse zu beenden oder zu unterbrechen
- Bereiche um Arbeitsgruben, Gießgruben, heiße Bäder etc., die nicht durch Geländer oder Absperrungen gesichert werden können

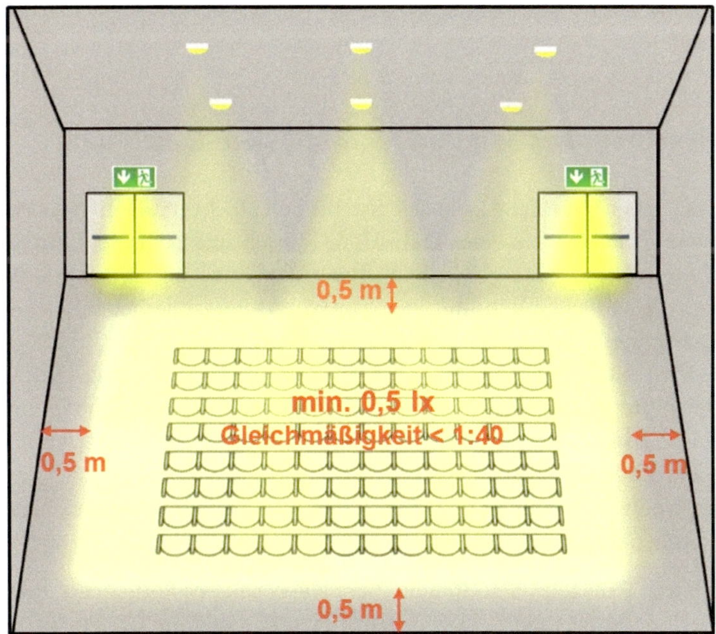

Abbildung 13-4: Antipanikbeleuchtung – Beispiel

13.3 Antipanikbeleuchtung - Anforderungen

Antipanikbeleuchtungen sind in Räumen zu installieren, die größer sind als 60 m² und keine erkennbaren, oder nutzungsabhängig wechselnde, innere Rettungswege haben (z. B. Veranstaltungsflächen). Des Weiteren ist Antipanikbeleuchtung in Aufzügen erforderlich.

Antipanikbeleuchtung soll im Falle von Stromausfällen für ausreichende Lichtverhältnisse sorgen, um Rettungswege erkennen und sicher erreichen zu können. Antipanikbeleuchtung soll daher mit einer Beleuchtungsstärke von mindestens 0,5 lx direkt nach unten strahlen und auch Hindernisse (z. B. Stufen) beleuchten. Die gesamte freie Bodenfläche ist auszuleuchten, jedoch dürfen Randstreifen an den Wänden (bzw. festen Einbauten) von 0,5 m Breite unberücksichtigt bleiben (Abbildung 13-4).

Antipanikbeleuchtungen müssen bei Stromausfall innerhalb 15 Sekunden 50 % und innerhalb 60 Sekunden 100 % der vorgesehenen Beleuchtungsstärke erreichen.

13.4 Rettungszeichen und Richtungskennzeichnung

Rettungszeichen sind Sicherheitszeichen, die den Flucht- und Rettungsweg oder Notausgang, den Weg zu einer Erste-Hilfe-Einrichtung oder diese Einrichtung selbst kennzeichnen. Sie geben betroffenen Personen einen sicheren Fluchtweg über die baulichen Rettungswege vor (vorrangig ist der erste Rettungsweg zu kennzeichnen). Die zu verwendenden Rettungszeichen sind in DIN EN ISO 7010 [13.16] international genormt, also hinsichtlich Farbe und Piktogramm stets gleich (für Rettungszeichen: grün mit Kontrastfarbe weiß; Abbildung 13-5). Pfeile als Zusatzzeichen zum Rettungszeichen dienen der Kennzeichnung der einzuschlagenden Richtung.

Wenn Notausgänge nicht direkt zu sehen sind, so müssen ausreichend viele Rettungszeichen mit Richtungskennzeichen so angebracht werden, dass

- von jedem Punkt des betreffenden Bereiches (z. B. des Verkaufsraumes) und
- von jedem Punkt innerhalb von Rettungswegen entlang der Fluchtrichtung führend,

mindestens ein solches Zeichen deutlich gesehen werden kann (Fluchtleitsystem).

Alle Rettungszeichen müssen in Farbe und Gestaltung einheitlich sein, ihre erforderliche Leuchtdichte (vergl. Anhang 9) ist in DIN EN 1838 568 [13.12] genau definiert.

13.4.1 Erkennbarkeit von Rettungszeichen

Die Rettungszeichen müssen so groß sein, dass ein einwandfreies Erkennen auch aus einiger Entfernung möglich ist. Die so genannte Erkennungsweite S von Sicherheitszeichen ist der Abstand, bei dem eine Person ein solches Zeichen noch gut erkennt, d.h. der größtmögliche Abstand, bei dem dieses noch lesbar und hinsichtlich Form und Farbe erkennbar ist. Sie hängt von einer Vielzahl von Einflüssen ab (u.a. dem Auflösungsvermögen des menschlichen Auges, der Beleuchtung, der Umgebungshelligkeit, der optische Dichte der Umgebungsatmosphäre) und ist für Rettungszeichen wie in Abbildung 13-5 dargestellt festgelegt; Tabelle 13-1 verknüpft handelsübliche Zeichengrößen mit den jeweiligen Erkennungsweiten (nach ASR A1.3 [13.9]). Abhängig von der möglichen – bzw. gewünschten – Größe der Rettungskennzeichen, ergibt sich daher die für einen Bereich erforderliche Anzahl und Verteilung im Raum. Es ist empfehlenswert, mindestens eine Grünfeldhöhe von 150 mm zu verwenden.

Abbildung 13-5: Einige Rettungszeichen nach DIN EN ISO 7010 und Definition der Erkennungsweite

Höhe des Grünfeldes p [mm]	25	50	100	150	200	300
Erkennungsweite S [m]	1 bis 2	3 bis 5	6 bis 10	11 bis 15	16 bis 20	21 bis 30

Tabelle 13-1: Erkennungsweite von Rettungs- und Brandschutzzeichen nach ASR A1.3 für Schilder, die die lichttechnischen Festlegungen zur Leuchtdichte, Gleichmäßigkeit und Kontrast aus DIN 4844-1 [13.17] und DIN EN 1838 [13.12] erfüllen (Erläuterung der lichttechnischen Größen in Anhang 9)

Rettungszeichen sind „deutlich erkennbar" anzubringen. Dies kann dadurch gefördert werden, dass sie möglichst solitär in einer Höhe zwischen 2,0 und 2,5 m angebracht werden und nicht als (kleiner) Teil einer großen Hinweistafel, wie man es z. B. in Flughäfen regelmäßig sieht.

Rettungszeichen müssen trotz hoher Umgebungsleuchtdichte (Anhang 9), also bei intakter Allgemeinbeleuchtung (im Netzbetrieb) oder bei Tageslicht, eine hohe Auffälligkeit haben. Daher müssen hinterleuchtete und beleuchtete Rettungszeichen die Anforderungen an Leuchtdichte, Kontrast und Gleichmäßigkeit aus DIN 4844-1 und DIN EN 1838 erfüllen. Bei beiden technischen Regeln ergibt sich eine erforderliche Gesamtleuchtdichte des Rettungszeichens von ca. 200 cd / m², vergl. DIN 4844-1 [13.17]. Hinterleuchtete Sicherheitszeichen erreichen die höchsten Erkennungsweiten. Die Erkennungsweite beleuchteter Zeichen ist stark von den Beleuchtungsverhältnissen (Beleuchtungsdichte, Winkel) abhängig. Um die Erkennbarkeit auch bei Störungen der Energieversorgung zu gewährleisten müssen Rettungszeichen grundsätzlich mit einer Ersatzstromversorgung entsprechend Punkt 13.6 ausgestattet sein.

Anmerkung: Am Markt sind Rettungszeichen verfügbar, die gleichzeitig die Sicherheitsbeleuchtung nach Punkt 13.2 bereitstellen.

Bei beleuchteten Rettungszeichen sind auch langnachleuchtende Zeichen zulässig, da in „dunkler“ Umgebung, wie sie bei Ausfall der Allgemeinbeleuchtung zu erwarten ist, die Auffälligkeit des Rettungszeichens auch bei niedrigeren Leuchtdichtewerten derselben gegeben ist. Langnachleuchtende Rettungszeichen müssen bei Netzausfall auch die lichttechnischen Anforderungen aus ASR A3.4 / 7 [13.11] erfüllen, d. h. 10 Minuten nach Stromausfall eine verbleibende Leuchtdichte von mindestens 80 mcd / m² und nach 60 Minuten eine solche von mindestens 12 mcd / m² aufweisen. Wie aus Abbildung 13-6 qualitativ hervorgeht, können langnachleuchtende Rettungszeichen nur dann verwendet werden, wenn sichergestellt ist, dass die Evakuierung des Gebäudes nicht mehr als ca. 30 Minuten dauert, da deren Erkennbarkeit selbst ohne Rauch dann nur noch ca. 1 m bis 2 m beträgt.

13.4.2 Erkennbarkeit von Rettungszeichen bei Rauch

Die in DIN EN 1838 enthaltenen lichttechnischen Anforderungen an Sicherheits- und Rettungszeichen gehen von einer rauchfreien Umgebung der Systeme aus. Nicht in jedem Fall kann aber das Eindringen von Rauch in Rettungswege sicher ausgeschlossen werden. Rettungswege innerhalb von ausgedehnten Räumen, wie z. B. Verkaufsstätten, Versammlungsstätten, Hallen, werden bei Bränden unmittelbar von Rauch beaufschlagt. Sofern eine teilweise Verrauchung des

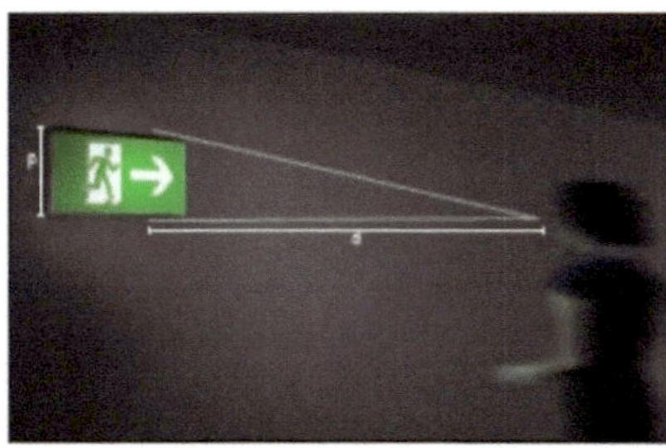

Hinterleuchtetes Rettungszeichen

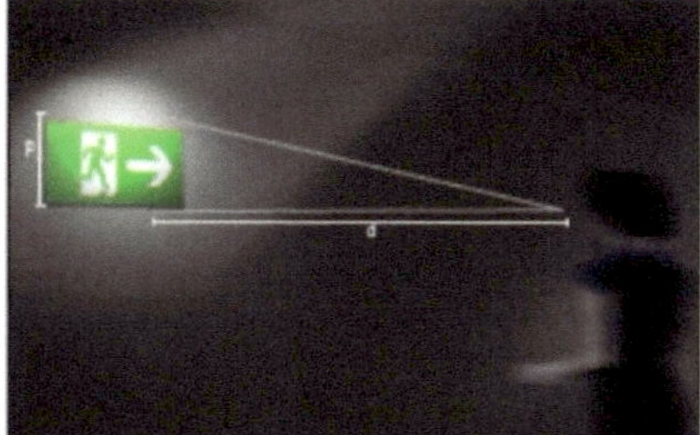

Beleuchtetes Rettungszeichen

0 Minuten, ca. 150 mc/m²

10 Minuten, mind. 80 mc/m²

60 Minuten, mind. 12 mc/m²

Abbildung 13-6: Hinterleuchtete und Beleuchtete Rettungszeichen Abklingverhalten langnachleuchtender Rettungszeichen (qualitativ; nach Zumtobel [13.14])

betreffenden Bereiches im Brandfall nicht sicher ausgeschlossen werden kann bzw. zu erwarten ist muss dies bei der Auswahl und Anordnung der Sicherheitszeichen berücksichtigt werden (vergl. z. B. ASR 2.3 Nr. 7 [13.10]).

Zur Wirkung von Brandrauch auf Personen enthält Punkt 1.3.3 bereits einige Ausführungen. Die wichtigsten Eigenschaften von Rauch mit Auswirkungen auf die Erkennbarkeit von Rettungszeichen sind:

- Brandrauch absorbiert Licht und wirkt sich daher unmittelbar auf die das Auge erreichende Lichtmenge aus. Diese Transmissionsverluste führen zu einer exponentiellen Schwächung der Leuchtdichte in Abhängigkeit von der Rauchdichte. Dieser Effekt ist bei dunklem Rauch am stärksten.
- Brandrauch streut durchdringendes Licht und führt damit zu einer Verringerung der Kontraste des betrachteten Objektes. Dadurch verringert sich auch die Sichtbarkeit und Erkennbarkeit von Rettungszeichen. Dieser Effekt ist bei hellem Rauch und hoher Umgebungshelligkeit am stärksten.
- Reizende Bestandteile von Brandrauch erhöhen den Tränenfluss und führen damit zu Verlusten des Sehvermögens, insbesondere der Sehschärfe.
- Brandrauch sammelt sich infolge seiner höheren Temperatur unter der Decke, wird also die Erkennbarkeit hoch angebrachte Rettungszeichen schnell und besonders stark beeinflussen. Die durch den Rauch hervorgerufene Verschlechterung des Sehvermögens führt dazu, dass sich Personen mit zunehmender Rauchdichte und abnehmender Umgebungshelligkeit mehr und mehr an der unmittelbaren Umgebung und am Boden orientieren.

Als Maß für die Rauchtrübung dient die so genannte optische Rauchdichte pro Weglänge D_L, die gemäß Gleichung 13-1 definiert und mit dem Schwächungskoeffizienten k verknüpft ist:

Gleichung 13-1: $D_L = \log(I_0/I_d)/d = I_0 / [I_0 \exp(-kd)]/d \approx 0{,}434\ k$

mit:			
I_0	=	Emittierte Intensität	[cd/m²]
I_d	=	Intensität nach Distanz d	[cd/m²]
k	=	Schwächungskoeffizient = D_L * ln(10) (Extinktionskoeffizient)	[-]
d	=	Distanz Lichtquelle-Messort	[m]

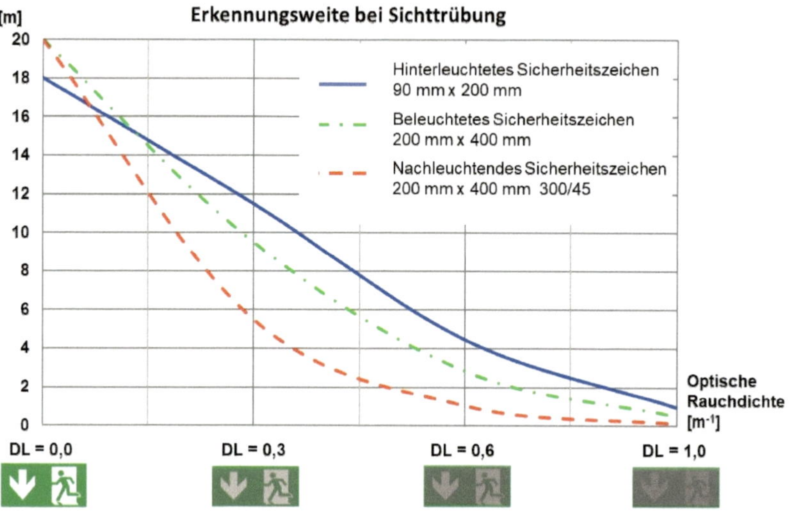

Abbildung 13-7: Reduzierung der Erkennungsweite von Sicherheitszeichen (nach Daten aus Bieske [13.22]) und Visualisierung der Rauchtrübung (Näherung)

Auch geringe Mengen Rauch reduzieren zum einen aufgrund der oben genannten Eigenschaften bereits die Erkennungsweite, die der wichtigste Faktor zur Wahrnehmung von Rettungszeichen ist (Jin[13.20]; Bieske et al. [13.22], Abbildung 13-7; Schneider [13.23], Weller [13.24], Franke et al. [13.25]), zum anderen führen sie zu Schwierigkeiten bei der Orientierung und damit zur Verlangsamung flüchtender Personen (Jin [13.20]; Jin et al. [13.21], Fridolf et al. [13.26]). Letzteres hat zur Folge, dass Flüchtende länger der schädlichen Umgebungsatmosphäre ausgesetzt sind, mit den unter Punkt 1.3.3 beschriebenen möglichen Konsequenzen.

Als in Rettungswegen tolerierbare Rauchtrübung wird eine optische Rauchdichte von 0,1 bis 0,15 angesehen (vfdb [13.27]), d.h. eine Sichtweite von 10 m bis 7 m. Nach Untersuchungen von Jensen [13.29] und Bryan [13.28] werden ortsunkundige Personen bei optischen Rauchdichten von ca. 0,25 m^{-1} bis 0,40 m^{-1} häufig bereits den Rettungsweg nicht mehr benutzen und zurückgehen, sofern kein optisches Sicherheitsleitsystem vorhanden ist.

Eine ausführliche Darstellung der Einflüsse der Rauchdichte, der Raucheigenschaften sowie der lichttechnischen Randbedingungen auf die Erkennungsweite von Rettungszeichen, ingenieurwissenschaftliche Methoden zur Berechnung haben Wilk et al. in [13.30] und [13.31] vorgelegt.

13.5 Optische Sicherheitsleitsysteme

Für eine sichere Evakuierung auch ortsunkundiger Personen aus gefährdeten Bereichen sind aus den unter Punkt 13.4.2 dargelegten Gründen kontinuierliche Leitsysteme sinnvoll, die auch bei Eindringen von Rauch in die Rettungswege wahrnehmbar sein müssen.

Optische Sicherheitsleitsysteme sind durchgehende Leitsysteme, die mittels optischer Kennzeichen und Richtungsangaben einen sicheren Fluchtweg vorgeben (ASR A3.4/7[13.11]). Optische Sicherheitsleitsysteme werden ausgeführt als:

- grundsätzlich bodennahe,
  d.h. in maximal 40 cm Höhe durchgehend an der Wand oder direkt auf dem Boden angebrachte Leitsysteme bzw. einer Kombination von beiden,
- langnachleuchtende oder elektrisch betriebene Leitsysteme bzw. einer Kombination von beiden,
- als passive, aktive oder dynamische Leitsysteme.

Zur Kennzeichnung der Fluchtrichtung sind die oben beschriebenen Rettungszeichen mit Richtungsinformation zu verwenden und im Verlauf des Rettungsweges und bei Richtungsänderungen anzuordnen. Türen im Verlauf der Rettungswege sollen nicht gekennzeichnet werden, da eine falsche Interpretation der Richtungsangabe bei geöffneter Tür nicht ausgeschlossen werden kann. Dafür sollten Rettungszeichen auf dem Boden oder bodennah angebracht werden. Für den gegenseitigen Abstand der Rettungszeichen des Leitsystems ist die oben definierte Erkennungsweite maßgeblich. Optische Sicherheitsleitsysteme sollen und können jedoch kein Ersatz für Rettungswegkennzeichnungen gemäß Punkt 13.4 sein, die im Übrigen auch hoch (mind. 2 m) montiert werden müssen.

Sofern eine gewisse Verrauchung der Rettungswege nicht ausgeschlossen werden kann, die jedoch die Nutzbarkeit nicht einschränkt, vergl. hierzu Punkt 13.4.2, und die Rettungswegbreite größer ist als 3,6 m sollen beide Seiten des Rettungsweges durch das Leitsystem gekennzeichnet werden (z. B. wenn die Fahrgassen von Garagen als Rettungswege dienen). Die Leitmarkierungen sollen die Rettungszeichen miteinander verbinden und sind bis in einen sicheren Bereich fortzuführen. Es sind mindestens 3 Markierungen pro Meter anzubringen (oder durchgängig), die Breite beträgt grundsätzlich mindestens 5 cm.

13.5.1 Langnachleuchtende Sicherheitsleitsysteme

Anforderungen an langnachleuchtende Sicherheitsleitsysteme sind in DIN 67510-3 [13.18] beschrieben, die Anforderungen an die einzusetzenden langnachleuchtenden Produkte in DIN 67510-4 [13.19]. Für langnachleuchtende Systeme – sowohl für die Rettungszeichen als auch die Leitmarkierungen – fordert ASR 3.4/7 [13.11] 10 Minuten nach Stromausfall eine verbleibende Leuchtdichte von mindestens 80 mcd / m^2 und nach 60 Minuten eine solche von mindestens 12 mcd / m^2. Daher kommen grundsätzlich nur solche Produkte in Frage, die nach DIN 67510-4 [13.19] in Klasse C eingestuft sind.

Werden langnachleuchtende Systeme verwendet, so sind diese so anzubringen, dass Gefahrenstellen eindeutig erkannt werden können (Treppen, Rampen, vorspringende Bauteile etc.). Türen, die zu Rettungswegen führen, Türen im Verlauf der Rettungswege und Notausgangstüren müssen durch eine Markierung des Türrahmens kenntlich gemacht werden. Alternativ ist die Leitmarkierung auf der Griffseite bis zu diesem fortzuführen und der Griff langnachleuchtend zu hinterlegen oder auszuführen.

Als Vor- und Nachteile langnachleuchtender Sicherheitsleitsysteme sind zu nennen (siehe auch Abbildung 13-8):

Vorteile:

- kontinuierliche Leitfunktion
- geringer Abstand zwischen den Rettungszeichen
- bodennahe Information
- Unterstützung der räumlichen Orientierung
- kein Streulicht
- keine Netzabhängigkeit
- wirtschaftlich
- leicht nachzurüsten

Nachteile:

- geringe Umgebungshelligkeit
- geringe Leuchtdichten
- Leuchtdichte nimmt im Zeitverlauf ab
- Probleme beim Erkennen von Personen und Hindernissen

Die Erkennungsweite ist der entscheidende Faktor in dichtem Rauch (vergl. bei Jensen [13.29]), so dass kontinuierliche langnachleuchtende Sicherheitsleitsysteme unter Rauchbedingungen sogar besser wahrgenommen werden als leuchtstärkere, elektrisch betriebene Systeme.

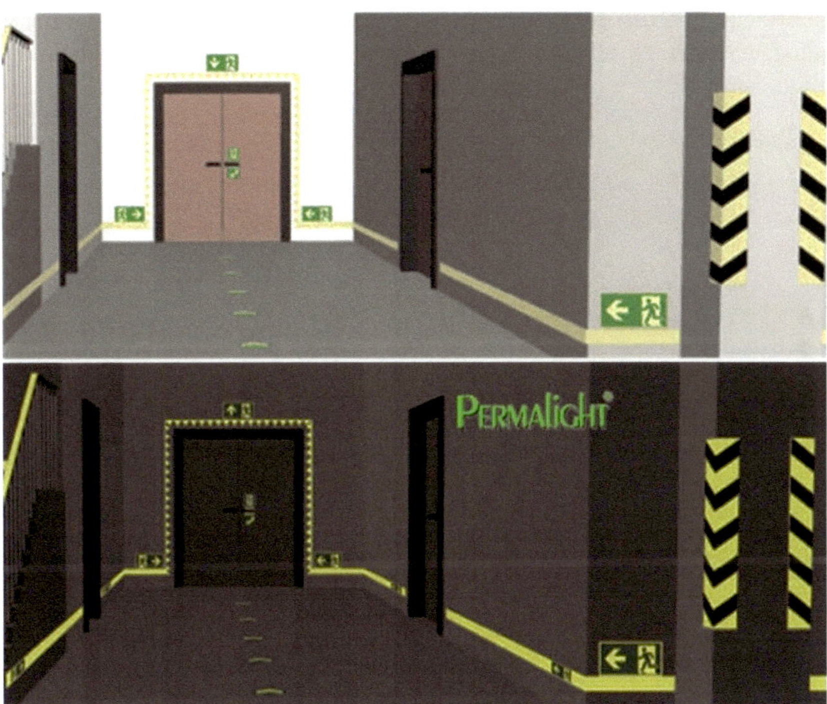

Abbildung 13-8: Langnachleuchtende Sicherheitsleitsysteme - Beispiel (Graphiken: Kroschke, www.kroschke.com)

13.5.2 Elektrisch betriebene Sicherheitsleitsysteme

Für elektrisch betriebene Sicherheitsleitsysteme sind hinterleuchtete Sicherheitszeichen erforderlich. Sie sind im gegenseitigen Abstand von nicht mehr als 10 m sowie an Richtungsänderungen des Rettungsweges anzubringen (Abbildung 13-3). Kontinuierliche elektrisch betriebene Leitmarkierungen oder niedrig und blendfrei angebrachte Sicherheitsleuchten zwischen den Sicherheitszeichen übernehmen die Leitfunktion. Sie müssen kontinuierlich, d. h. auch bei Verfügbarkeit der Allgemeinbeleuchtung in Betrieb sein. Deren Beleuchtungsstärke muss in 50 cm Abstand von der Wand mindestens 1 Lux betragen. Mit Sicherheitsleuchten wird immer nur ein bestimmter Bereich des Bodens erleuchtet, allerdings muss eine Gleichmäßigkeit der Beleuchtungsstärke von kleiner 1:40 erreicht werden (gemessen in 20 cm Höhe).

Nach Jensen [13.29] können ab einer optischen Rauchdichte von 1,5 / m Punktlichtquellen nicht mehr sinnvoll genutzt werden. Abhilfe könnten hier quasi-kontinuierliche LED-Systeme bieten.

Elektrisch betriebene Sicherheitsleitsysteme müssen eine Ersatzstromversorgung gemäß Punkt 13.6 haben.

dynamische LED-Lichtbänder, integriert in einem Verlegeprofil

2-seitige dynamische Rettungszeichenleuchte

Abbildung 13-9: Optisches Sicherheitsleitsystem elektrisch (Fotos: Hanning und Kahl; www.hanning-kahl.de/branchen/fluchtwegsteuerung)

Als Vor- und Nachteile elektrisch betriebener Sicherheitsleitsysteme sind zu nennen:

Vorteile:

- höhere absolute Erkennungsweite der Rettungszeichen
- geringer Abstand zwischen den Rettungszeichen
- höhere Leuchtdichten
- höhere Umgebungshelligkeit
- Möglichkeit der dynamischen Ansteuerung (z. B. Anzeige der Fluchtrichtung durch Lauflicht)

*) Die Verfügbarkeit von mit einer Vielzahl von LED bestückten Lichtsystemen ermöglicht heute (2021) allerdings quasi-kontinuierliche elektrische Sicherheitsleitsysteme, ggf. auch mit Lauflichtfunktion (Abbildung 13-9).

Nachteile:

- keine kontinuierliche Leitfunktion (siehe jedoch *)
- Distanz zwischen Rettungszeichen zu groß
- Streulicht durch Zusatzbeleuchtung
- Probleme beim Erkennen von Personen und Hindernissen
- fehlender Raumeindruck
- Netz- oder Batteriebetrieb
- Ersatzstromversorgung
- Wartungsaufwand

13.5.3 Dynamische Sicherheitsleitsysteme

Wenn ein Sicherheitsleitsystem bei Brandmeldung und gesteuert durch die Brandmeldeanlage seine Richtungsangaben an die konkret vorhandene Situation anpassen kann, liegt ein dynamisches Sicherheitsleitsystem vor. Derartige Leitsysteme signalisieren in Abhängigkeit vom Ort der Brand- bzw. Rauchdetektion die Nichtbegehbarkeit von Rettungswegen und aktivieren Richtungsanzeiger zu einem alternativen Rettungsweg (Abbildung 13-9 rechts). Dynamische Sicherheitsleitsysteme sind nach ASR A2.3 Nr. 7 (2) [13.10] einzusetzen, wenn aufgrund der örtlichen oder betrieblichen Bedingungen eine erhöhte Gefährdung vorliegt, z. B. in großen zusammenhängenden oder mehrgeschossigen Gebäudekomplexen, bei hohem Anteil ortsunkundiger Personen oder einem hohen Anteil an Personen mit eingeschränkter Mobilität.

Alle Komponenten eines solchen dynamischen Leitsystems müssen so ausgelegt sein, dass die Funktionsfähigkeit des Gesamtsystems auch bei Ausfall einer Komponente erhalten bleibt. Ggf. damit wechselwirkende andere Systeme, wie z. B. sich schließende Rauchschutztüren, dürfen keine Rückwirkungen auf den Soll-Zustand des Leitsystems haben. Die Alarmtexte von Sprachalarmanlagen müssen entsprechend des für die betreffende Situation definierten Soll-Zustandes formuliert werden und dürfen keinesfalls andere, ggf. missverständliche, Informationen oder Anweisungen verbreiten.

Die Steuerung dynamischer Sicherheitsleitsysteme ist daher im Allgemeinen eine komplexe Aufgabe, die im Kontext einer Brandfall-Steuermatrix gelöst werden muss (vergl. unter Punkt 5.9).

13.5.4 Adaptive Sicherheitsleitsysteme

Sofern dynamische Sicherheitsleitsysteme noch während der Räumung eines Gebäudes situationsabhängig die Vorgabe des Rettungsweges ändern können (ggf. auch mehrfach), liegt ein vom ZVEI [13.32] so genanntes adaptives Sicherheitsleitsystem vor. Diese Systeme arbeiten mit heute bereits in Navigationsinstrumenten von Fahrzeugen allgemein verwendeten Algorithmen: sofern eine Beeinträchtigung eines einmal definierten Weges auftritt – z. B. ein Unfall mit Stau im Straßenverlauf bzw. hier eine Verrauchung des Rettungsweges – wird automatisch ein anderer Weg gesucht und kommuniziert.

Ein adaptives Sicherheitsleitsystem soll also stets einen sicheren Rettungsweg anzeigen, der nicht unbedingt der kürzeste sein muss (siehe z. B. Höfer [13.33]). Dies bedingt jedoch, dass alle Rettungswege auf Begehbarkeit überwacht werden, d. h zusätzliche Sensoren, die auch den bodennahen Bereich des Rettungsweges erfassen. Alle möglichen Rettungswegverläufe müssen eindeutig signalisiert werden können, und die Alarmtexte von Sprachalarmanlagen entsprechend dynamisch angepasst werden. Eine interessante Illustration zur Funktion adaptiver Sicherheitsleitsysteme findet man bei Höffner [13.33].

Wenngleich die Funktion von Navigationsgeräten gegeben ist, bleibt aus heutiger Sicht (2021) offen, ob fliehende Personen – die sich in einer psychischen Ausnahmesituation befinden – geänderte Rettungsanweisungen eines adaptiven Sicherheitsleitsystems tatsächlich aufnehmen können und befolgen werden.

13.6 Energieversorgung von Sicherheitsbeleuchtungen

Sicherheitsbeleuchtungen von Rettungswegen, von Rettungszeichen und ggf. Leitsystemen müssen sowohl unter Normalbedingungen, d. h. im Netzbetrieb, als auch bei Ausfall der allgemeinen Stromversorgung, im Notbetrieb, ihre Funktion erfüllen. Daher sind Notstromversorgungen erforderlich und beleuchtete oder hinterleuchtete (selbstleuchtende) Rettungszeichen zu verwenden. Die Notstromversorgung kann über Notstromaggregate, zentrale oder dezentrale Batterieanlagen erfolgen.

Die Funktionsdauer der Notstromversorgung, die Umschaltzeit, Betriebsdauer und mögliche Schaltungen der Sicherheitsbeleuchtung sind in DIN V

VDE 0108-100 nutzungsabhängig beschrieben (diese technische Regel wird die DIN EN 50 172 ergänzen). Einen Überblick gibt Tabelle 13-2. Zur Unterbringung zentraler Notstromversorgungen und der Leitungsführung innerhalb und über Brandabschnitte hinweg gelten die gleichen Regeln wie für Brandmeldeanlagen (Punkt 5.6.3.3, Abbildung 5-6), grundsätzlich dürfen nur die Endleitungen innerhalb eines Brandabschnittes ungeschützt ausgeführt werden.

Nutzung	Beleuchtungsstärke	Umschaltzeit	Betriebsdauer	Sicherheitszeichen
Versammlungsstätten, Ausstellungshallen, Verkaufsstätten	1 lx nach DIN EN 1838	1 s	3 h	Dauerschaltung
Restaurants				
Schulen				
Beherbergungsstätten, Heime		1 s [1]	3 h [2]	
Hochhäuser, Wohnhochhäuser			3 h	
Parkhäuser, Tiefgaragen		15 s	1 h	
Flughäfen, Bahnhöfe		1 s	3 h [3]	
Bühnen	3 lx	1 s	3 h	
Arbeitsplätze mit besonderer Gefährdung	mind. 15 lx n. DIN EN 1838	0,5 s	Zeitraum der Personengefährdung	
Arbeitsstätten	1 lx nach DIN EN 1838	15 s	1 h	Dauerschaltung [4]

1) je nach Panikrisiko 1 s bis 15 s
2) ggf. bis 8 h
3) für oberirdische Bereiche ggf. 1 h je nach Evakuierungskonzept
4) für Rettungswege innerhalb von Arbeitsstätten nicht erforderlich

Tabelle 13-2: Anforderungen an Sicherheitsbeleuchtungen nach DIN VDE 0108-100 (Auszug)

13.7 Literaturverzeichnis Kapitel 13

[13.1] ARGEBAU: Musterbauordnung i. d. F v. 13. Mai 2016

[13.2] ARGEBAU: Muster-Garagenverordnung – MGarVO – i. d. F. v. Mai 2008

[13.3] ARGEBAU: Muster-Hochhaus Richtlinie – MHHR – i. d. F. v. Februar 2012

[13.4] ARGEBAU: Muster-Verkaufsstättenverordnung – MVKVO – i. d. F. v. Juli 2014

[13.5] ARGEBAU: Muster-Versammlungsstättenverordnung – MVStättVO – i. d. F. v. Juli 2014

[13.6] ARGEBAU: Muster-Schulbau Richtlinie – MSchulbauR – i. d. F. v. Dezember 2009

[13.7] ARGEBAU: Muster-Beherbergungsverordnung – MBeVO – i. d. F. v. Mai 2014

[13.8] Verordnung über Arbeitsstätten – (Arbeitsstättenverordnung – ArbStättV) vom 12. August 2004 (BGBl. I S. 2179 i. d. F. vom 18. Oktober 2017 (BGBl. I S. 3584)

[13.9] ASR A1.3:2013-02 Sicherheits- und Gesundheitsschutzkennzeichnung i. d. F. v. 2017

[13.10] ASR A2.3:2007-08 Fluchtwege, Notausgänge, Flucht- und Rettungsplan i. d. F. v. 2017

[13.11] ASR A3.4 / 7:2009-05 Beleuchtung – Teil Sicherheitsbeleuchtung, Optische Sicherheitsleitsysteme i. d. F. v. 2017

[13.12] DIN EN 1838:2019-11 Angewandte Lichttechnik – Notbeleuchtung

[13.13] DIN VDE V 0108-100:2018-12 Sicherheitsbeleuchtungsanlagen

[13.14] Zumtobel: Normen und Planungshilfen für Sicherheitsbeleuchtung, https://www.zumtobel.com/PDB/teaser/de/ONL_Normen_CH-de.pdf

[13.15] RSV Ruhstrat: Planungsgrundlagen Notbeleuchtung, Broschüre vom Oktober 2013 http://www.ruhstrat.eu/application/files/8614/9060/0116/RSV-Planungsgrundlagen-Notbeleuchtung__03.pdfDIN EN 50 172:2005-01Sicherheitsbeleuchtungsanlagen

[13.16] DIN EN ISO 7010:2020-07 Graphische Symbole – Sicherheitsfarben und Sicherheitskennzeichen – Sicherheitszeichen zur Anwendung in Arbeitsstätten und in öffentlichen Bereichen

[13.17] DIN 4844-1:2012-06 Graphische Symbole – Sicherheitsfarben und Sicherheitszeichen – Teil 1: Erkennungsweiten und farb- und photometrische Anforderungen

[13.18] DIN 67 510-3:2011-04 Langnachleuchtende Pigmente und Produkte – Teil 3: Bodennahes langnachleuchtendes Sicherheitsleitsystem

[13.19] DIN 67 510-4:2008-02 Langnachleuchtende Pigmente und Produkte – Teil 4: Produkte für langnachleuchtende Sicherheitsleitsysteme – Markierungen und Kennzeichnungen

[13.20] Jin, T.: Studies on Human Behavior and Tennability in Fire Smoke, 1997, http://iafss.org/publications/fss/5/3/view/fss_5-3.pdf

[13.21] Jin, T.; Yamada, T.: Irritating Effects of Fire Smoke on Visibiliy, Fire Sience and Technology, Vol 5. No. 1, pp 79-90, 1985

[13.22] Bieske, K., Gall, D., Kokoschka, S.: Evaluierung von Sicherheitsbeleuchtung in Rauchsituationen – Forschungsbericht , TU Ilmenau März 2003

[13.23] Schneider, V.: Erkennungsweite von Sicherheitszeichen in Rauch, vfdb-Zeitschrift 4 / 2009, S. 188 ff

[13.24] Weller, K. S.: Visibility of Photo Luminescent Egress Signage through Smoke, https://ir.canterbury.ac.nz/handle/10092/14690

[13.25] Franke, E., Kunkelmann, J.: Extinktionsmessungen bei Realmaßstäblichen Brand- und Löschversuchsreihen, vfdb-Jahresfachtagung 2016, Tagungsband S. 183 ff

[13.26] Fridolf, K., Andrée, K., Nilson, D., Frantzich, H.: The Impact of Smoke on Walking Speed, https://onlinelibrary.wiley.com/doi/abs/10.1002/fam.2217

[13.27] Vfdb Technischer Bericht 04 / 01 Ingenieurmethoden des Brandschutzes 3. Auflage November 2013

[13.28] Bryan, J. L.: Behavioral Response to Fire and Smoke, SFPE Handbook of Fire Protection Engineering, 3rd Ed., p. 3-315 ff

[13.29] Jensen, G.: Wayfinding in Heavy Smoke – Decisive Factors, May 1998 http://www.hylinesafety.com/images/wayfinding.pdf

[13.30] Wilk, E., Osburg, M., Kotthoff, I.: Der Brand in Räumen Teil 10-1-3b in: vfdb-Zeitschrift 3 / 2018, S. 148 ff

[13.31] Wilk, E., Osburg, M., Kotthoff, I.: Der Brand in Räumen Teil 10-1-3c in: vfdb-Zeitschrift 4 / 2018, S. 187 ff

[13.32] ZVEI Merkblatt 33 013:2016-05 Adaptive Fluchtweglenkung, https://www.zvei.org/fileadmin/user_upload/Presse_und_Medien/Publikationen/2016/mai/Adaptive_Fluchtweglenkung_-_ZVEI-Merkblatt_333013_2016-05/MerkBlatt-33013-2016-05_Adaptive_Fluchtweglenkung.pdf

[13.33] Höfer, U.: Optische dynamische Fluchtweglenkung, http://www.inneres.sachsen-anhlt.de/ibk-eyrothsberge/download/seminare/bsp/Dynamische_Fluchtweglenkung_Handout.pdf

14 Anhänge

14.1 Anhang 1: Brennen und Löschen

14.1.1 Verbrennungsvorgang

Die Verbindung eines Stoffes mit Sauerstoff wird Oxidation genannt. Es wird unterschieden zwischen langsamer und schneller Oxidation.

OXIDATION	
langsame	**schnelle**
- Rosten - Verwesen / Verfaulen - Stoffwechsel	Verbrennung
Wärme	**Wärme und Licht**

Tabelle 14-1: Verbrennung als schnelle Oxidation

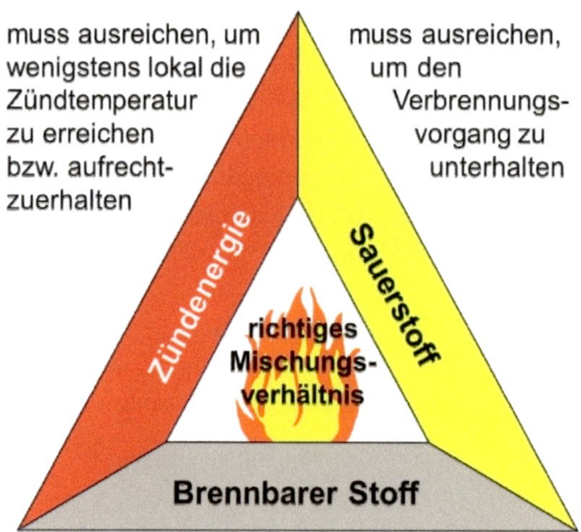

Abbildung 14-1: Voraussetzungen für eine Verbrennung

Erfolgt eine schnell verlaufende Oxidation unter Freiwerden von Wärme *und* Licht, liegt also eine *Verbrennung* vor, so muss bei einem *Schadenfeuer* – im Gegensatz zu einem Nutzfeuer – schnellstens eine *Brandbekämpfung* durchgeführt werden. Wie eine Brandbekämpfung durchgeführt werden kann, lässt sich am besten analysieren, wenn die Bedingungen für die *Entstehung* einer Verbrennung bekannt sind.

Für eine Verbrennung müssen gleichzeitig und am selben Ort die folgenden Voraussetzungen gegeben sein (Abbildung 14-1, siehe auch bei Rempe et al. [14.1]):

Stoffliche Voraussetzungen:

- ein brennbarer Stoff (Punkt 14.2)
- Sauerstoff
- das richtige Mischungsverhältnis von Sauerstoff und brennbarem Stoff

Energetische Voraussetzungen:

- die erforderliche Zündtemperatur (Punkt 14.1.3)

Die Zündquelle erwärmt den brennbaren Stoff mindestens lokal soweit, dass dieser dort in den gasförmigen Aggregatzustand umgewandelt wird und teilweise erste chemische Zersetzungsprozesse eintreten. Diese sog. Pyrolysegase werden in sodann durch die Zündquelle entzündet, d. h. die Verbrennung wird durch die aus der Zündquelle bereitgestellte Aktivierungsenergie initiiert (vergl. Punkt 14.1.3, insbesondere Abbildung 14-3). In der Verbrennungszone der Flamme verbinden sich der brennbare Stoff und der Sauerstoff der Luft zu den Brandfolgeprodukten unter Abgabe von Wärmeenergie (zur chemischen Umsetzung siehe Punkt 14.1.2). Um die Verbrennung aufrechtzuerhalten, muss – bei Wegnahme der Zündquelle – soviel Energie aus der Flamme auf den brennbaren Stoff und in die Pyrolysezone zurückgekoppelt werden (im Wesentlichen zurückgestrahlt, siehe Abbildung 14-3), dass weiterhin in ausreichendem Umfang Vergasungs- und Pyrolysevorgänge ermöglicht werden, d. h. brennbarer Stoff vorhanden ist. Daneben muss in der Verbrennungszone, in der sich brennbare Pyrolysegase und Luftsauerstoff vermischen und miteinander reagieren, weiterhin die Aktivierungsenergie bereitgestellt werden, d. h. die Temperatur muss dort durch Strahlungsrückkoppelung aus der Flamme oberhalb des Brennpunktes der Pyrolysegase liegen (vergl. Punkt 14.1.3).

14.1.2 Stoffliche Umsetzung

Redox-Reaktionen

Verbrennungsreaktionen sind chemisch Redox-Reaktionen, d. h. Verknüpfungen von Oxidation und Reduktion. Eine Oxidation ist eine Reaktion, bei der der oxidierte Stoff Elektronen abgibt. Diese Elektronen müssen von einem anderen Stoff aufgenommen werden, der dabei reduziert wird. Eine Reduktion ist daher eine chemische Reaktion, bei der der Stoff Elektronen aufnimmt:

Beispiel für eine Redox-Reaktion: $2\,H_2 + O_2 \rightarrow 2\,H_2O$

- 4 e⁻ (H₂ → H₂O)

+ 4 e⁻ (O₂ → H₂O)

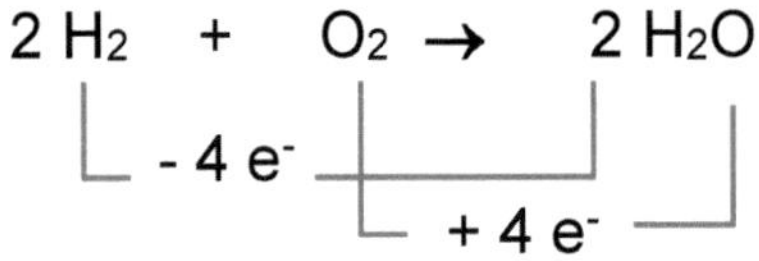

Radikal-Reaktionen

Ein bestimmter Typ von Redox-Reaktionen ist bei Verbrennungen besonders wichtig: die Radikalreaktionen. Radikale sind Atome, Moleküle oder Molekülbruchstücke, die ungepaarte Elektronen enthalten. Die Radikale haben das Bestreben, ihre ungepaarten Elektronen wieder zu paaren und so einen energieärmeren Zustand anzunehmen. Sie sind daher sehr reaktionsfreudig und verbinden sich mit anderen Radikalen unter Ausbildung einer Elektronenpaarbindung. Da Radikale energiereiche Teilchen sind, entstehen sie im Wesentlichen bei hohen Temperaturen, wie sie bei vielen Verbrennungen typisch sind (Rempe et al. [14.1]).

Radikale besitzen auch die Fähigkeit, andere Moleküle zu spalten und bilden dabei neue Radikale, die wiederum Moleküle spalten, m. a. W. Radikalreaktionen sind Kettenreaktionen, deren Reaktionsgeschwindigkeit bei Vorliegen der richtigen stofflichen Voraussetzungen lawinenartig anwachsen kann. Radikalreaktionen können in drei Schritte unterteilt werden:

1. *Startreaktion*

Der erste Schritt einer Radikalreaktion ist die Bildung der Startradikale um die Kettenreaktion anlaufen zu lassen. Diese Startradikale können z. B. durch die zugeführte Wärmeenergie einer Zündquelle entstehen (Punkt 14.1.3):

H_2O + Energie $\rightarrow$ H^* + OH^* mit: H^* Wasserstoffradikal
OH^* Hydroxylradikal

2. *Kettenreaktion*

Die bei der Startreaktion entstandenen Radikale reagieren mit anderen Molekülen unter Bildung neuer Radikale. Wird je Reaktion nur ein neues Radikal gebildet, liegt eine unverzweigte, bei Bildung mehrerer Radikale eine verzweigte Kettenreaktion vor. Ein Beispiel für eine Radikalkettenreaktion mit Verzweigung ist die Verbrennung von Wasserstoff:

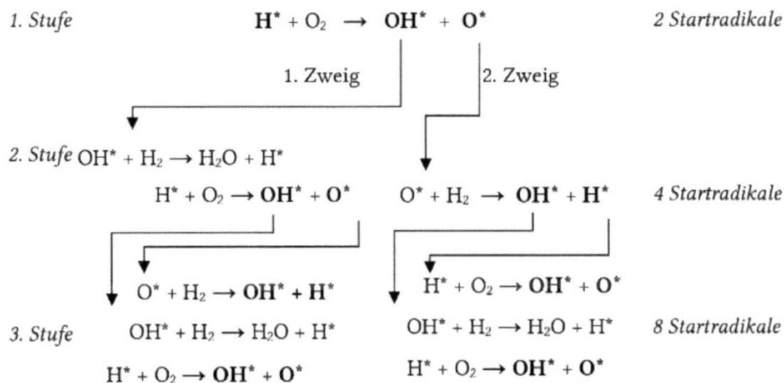

Bei verzweigten Kettenreaktionen nimmt die Reaktionsgeschwindigkeit entsprechend der Anzahl der Startradikale zu. Daher nimmt ggf. auch die Verbrenungsgeschwindigkeit entsprechend zu (Deflagration – Verpuffung – Explosion – Detonation).

3. *Kettenabbruchreaktion*

Wenn zwei Radikale miteinander reagieren (Rekombination) können sie abgesättigte Moleküle bilden, die nicht mehr in der Lage sind, die Reaktion fortzusetzen, so dass die Reaktionskette abbricht.

Beispiele für Kettenabbruchreaktionen:

$$H^* + F^* \longrightarrow HF$$

$$H^* + Cl^* \longrightarrow HCl$$

$$H^* + H^* \longrightarrow H_2$$

Bei den normalerweise in der Flamme ablaufenden Kettenreaktionen finden solche Rekombinationen selten statt. Dies ist bedingt durch den hohen Energiegehalt und die kleine Masse der Radikale. Bei der Rekombination zu einem Molekül mit niedrigerem Energiegehalt muss die überschüssige Energie an einen dritten Reaktionspartner abgegeben werden können. Ist dies wegen eines fehlenden dritten Partners nicht möglich, zerfällt das aus den Radikalen entstehende Molekül sehr schnell wieder in die Ausgangsradikale, so dass ein Abbruch der Kettenreaktion nicht eintritt.

Verbrennung von organischen Stoffen

Die Verbrennung einfacher organischer Verbindungen, z.B. der Alkane, laufen nach einem Radikalkettenmechanismus ab. Dabei werden zunächst durch Sauerstoffradikale die Wasserstoffatome schrittweise abgelöst, und dann das entstehende CO zu CO_2 weiter oxidiert.

z.B.: $CH_4 + O_2 \rightarrow CH_3^* + O_2H^*$

$CH_3 + O_2 \rightarrow CH_2O + OH^*$

$CH_2O + O_2 \rightarrow CHO^* + O_2H^*$

$CHO^* + O_2 \rightarrow CO + O_2H^*$

Steht genügend Sauerstoff zur Verfügung, so entstehen die Produkte der vollständigen Verbrennung, Kohlendioxid und Wasser:

z.B.: $2\ C_4H_{10} + 13\ O_2 \rightarrow 8\ CO_2 + 10\ H_2O$

Reicht der verfügbare Sauerstoff für eine Verbrennung nicht (nicht mehr) aus, so bleibt der Abbau der Kohlenwasserstoffe auf der Stufe des Kohlenmonoxids bzw. auch der Zwischenprodukte mit hohem Kohlenstoffgehalt stehen. Die Zwischenprodukte lagern sich zu größeren Partikeln, dem Ruß zusammen. Man spricht dann von der unvollständigen Verbrennung.

Organische Stoffe, wie sie typischerweise bei Bränden beteiligt sind, wie Holz, Kunststoffe, Papier, Textilien, enthalten stets Kohlenstoff, häufig Sauerstoff und Wasserstoff. So besteht z.B. Holz aus etwa 50 % Kohlenstoff, etwa 43 % Sauerstoff, etwa 6 % Wasserstoff sowie geringen Anteilen von Stickstoff, Kalium, Calcium, Phosphor, Natrium, Magnesium, Schwefel u.a.m. Organische Stoffe weisen allerdings überwiegend einen sehr komplexen chemischen Aufbau auf. Die Vorgänge bei der Verbrennung dieser Stoffe sind daher sehr kompliziert und überwiegend noch nicht vollständig geklärt. Es kann davon ausgegangen werden, dass dieselben und/oder ähnliche Reaktionen wie bei den einfachen Kohlenwasserstoffen auftreten.

14.1.3 Energetische Voraussetzungen

Selbst wenn die stofflichen Voraussetzungen einer Verbrennung gegeben sind (brennbarer Stoff und Sauerstoff im richtigen Mengenverhältnis) kommt es in der überwiegenden Mehrzahl der Fälle noch nicht zu einer offenen Verbrennung. Es liegen dann chemische Reaktionen vor, die aufgrund der energetischen Verhältnisse gehemmt sind (Abbildung 14-2). Zur Einleitung der Verbrennung bedarf es noch eines energetischen Anstoßes, der Zündung durch die Zuführung der Aktivierungsenergie.

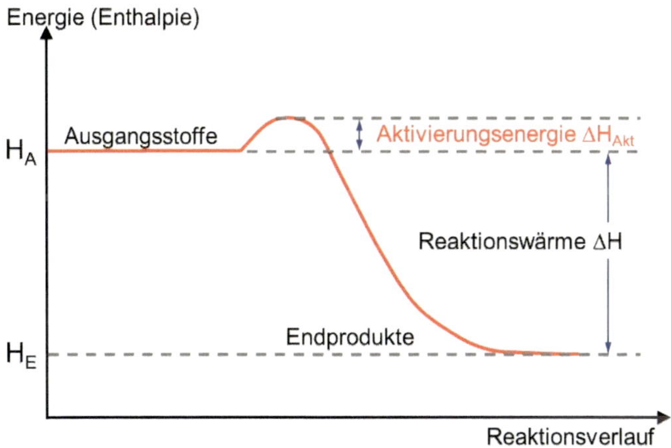

Abbildung 14-2: Energieverhältnisse bei gehemmten Reaktionen

Die Zuführung der Aktivierungsenergie – Mindestzündenergie – zum Stoffgemisch ermöglicht die Aufbereitung des Brennstoffes und dessen – wenigstens lokale – Erwärmung auf die Zündtemperatur und damit das Entflammen (vergl. Punkt 14.1.1). Zum Brennen, d. h. zum selbständigen Ablauf der Reaktion kommt es jedoch nur, sofern nach Einleitung der Verbrennung (erstes Aufflammen) die Reaktionsgeschwindigkeit soweit gesteigert wird, dass die Mindestverbrennungstemperatur erreicht wird. Dies ist dann der Fall, wenn das System die weitere Aufbereitung des brennbaren Stoffes, die Aktivierungsenergie und die Energieverluste an die Umgebung durch eigene Energieproduktion ermöglicht (Abbildung 14-3). Danach ist eine sich selbst unterhaltende Verbrennung möglich, die solange abläuft, wie die stofflichen Voraussetzungen erfüllt sind.

Die Mindestverbrennungstemperaturen der Stoffe liegen zum Teil deutlich über den Zündtemperaturen (vergl. z. B. bei Busenius [14.2] oder in [14.3]). Z. B. gilt für Propan (C_3H_8):

Zündtemperatur:	460 °C
Mindestverbrennungstemperatur:	1200 °C

Anmerkung: Ursache für den selbständigen Ablauf von Reaktionen sind die beiden Naturgesetze (Rempe et al. [14.1], Busenius [14.2]):

‚Die Natur ist bestrebt, den energieärmsten Zustand anzunehmen'
– die Enthalpie **H** nimmt immer ab –

‚Die Natur ist bestrebt, den Zustand größtmöglicher Unordnung (oder Gleichmäßigkeit) anzunehmen'
– die Entropie **S** nimmt immer zu –

Die Zunahme der Entropie und die Abnahme der Enthalpie wirken nun gegenläufig. Dieses Gegeneinander wirken wird durch die Größe 'Freie Enthalpie **G**' nach der Gibbs-Helmholts'schen Gleichung beschrieben:

$$\Delta \mathbf{G} = \Delta \mathbf{H} - \mathbf{T}\,\Delta \mathbf{S}$$

Eine Reaktion läuft selbständig ab, solange dem System Energie entzogen werden kann, d. h. solange gilt: $\Delta \mathbf{G} < \mathbf{0}$.

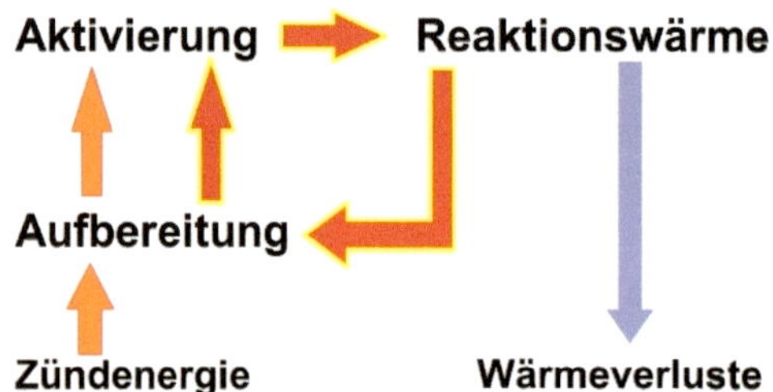

Abbildung 14-3: Energiekreislauf der Verbrennung und Aufbereitung des Brennstoffes durch Rückkoppelung der Reaktionswärme in der Flamme durch Strahlung (Strahlungsrückkoppelung)

Die in Abbildung 14-3 so bezeichneten „Wärmeverluste" der Flamme erwärmen die Umgebung bis diese – sofern weitere brennbare Stoffe vorhanden sind – ebenfalls am Brandgeschehen teilnimmt.

14.1.4 Löscheffekte

Um Schadenfeuer erfolgreich bekämpfen zu können und um drohende Gefahren abzuwenden, müssen die Einsatzkräfte der Feuerwehr die richtigen Löschmittel bzw. Einsatzmittel einsetzen. Wird *gelöscht*, so greift man störend in die Verbrennung ein oder man verhindert das Vorliegen aller Voraussetzungen für eine Verbrennung. Dieses störende Eingreifen erfolgt dadurch, dass eine oder mehrere Voraussetzungen für eine vorliegende oder mögliche Verbrennung „entfernt" werden (siehe auch Punkt 14.1.1 sowie bei Friedmann [14.4]):

1. brennbarer Stoff → *Entfernen, Abmagern*
2. Sauerstoff → *Fernhalten, Abdecken = Ersticken*
3. Zündtemperatur → *Senken = Abkühlen*
4. Richtiges Mengenverhältnis → *Stören, Verdünnen*
5. Verbrennungsreaktion → *Unterbrechen = Antikatalyse/Inhibition*

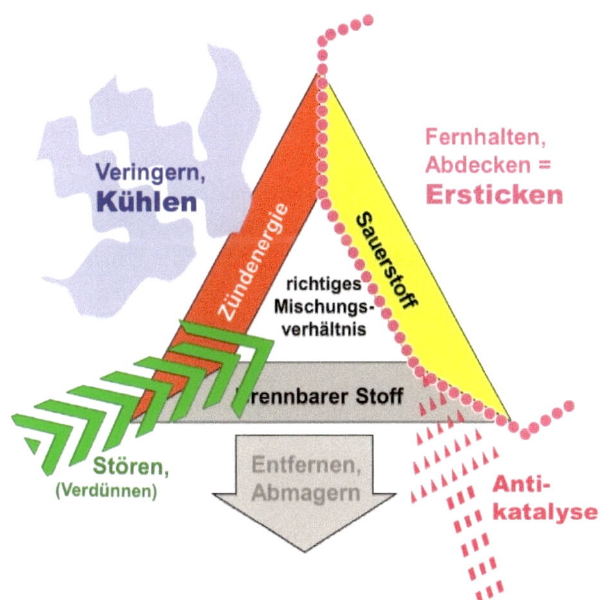

Abbildung 14-4: Löschen und Löscheffekte

Anmerkung: Das Stören des richtigen Mischungsverhältnisses zwischen brennbarem Stoff und Sauerstoff, welches z.B. durch Abmagern der verfügbaren Brennstoffkonzentration erreicht werden kann (Rempe et al. [14.1]), ist im Sinne obiger Terminologie des abwehrenden Brandschutzes kein eigener Löscheffekt, da die Störung im Allgemeinen durch Kühlung erreicht wird. Als Maßnahme des Vorbeugenden Brandschutzes wird dagegen häufig das Entstehen eines entzündbaren Brennstoff-Sauerstoffgemisches gestört (verhindert), indem gezielt belüftet wird.

14.1.5 Löschen durch Kühlung

14.1.5.1 Physikalische Kühlung

Die Mindestverbrennungstemperatur ist derjenige Reaktionszustand des Systems, bei der die Reaktionsenergie der Verbrennung unter Berücksichtigung der Wärmeverluste ausreicht, den Energiekreislauf nach Abbildung 14-3 zu schließen. Hieraus folgt, dass die Verbrennungsreaktion zum Erliegen kommen muss, wenn die Temperatur in der Verbrennungszone unter die Mindestverbrennungstemperatur sinkt.

Gelingt es also aus der Verbrennungszone der Flamme ausreichend Wärmeenergie abzuziehen, wird der Brand erlöschen. Hierzu muss ein Kühlungsmittel direkt in die Flamme gebracht werden. Auf welche Weise das Kühlungsmittel der Flammenzone Energie entzieht, ist für die Löschung nicht von Bedeutung. Dieser Vorgang wird häufig als 'Physikalische Kühlung' oder 'Thermal Cooling' bezeichnet.

Löschmittel Wasser:	Energieentzug durch Änderung des Aggregatzustandes (Verdampfen)
Löschmittel halogenierte Kohlenwasserstoffe:	Energieentzug durch Dissoziation (Abspaltung von Halogenen) und sonstige Zerfallsreaktionen
Löschmittel Aerosol:	Energieentzug durch endothermische Phasenübergänge und Zerfallsreaktionen

Anmerkung: Es gelingt in der Praxis der Brandbekämpfung nur mit nicht unerheblichem apparativem Aufwand (z. B. Wassernebel-Löschanlagen, siehe Punkt 6.4.3; oder mobil: Turbo-Löscher, siehe bei Schmauch [14.5] und Haselhorst [14.6]), ausreichend viele, ausreichend feine Wassertropfen direkt in die Flammenzone einzubringen, um die physikalische Kühlung als Löscheffekt zu nutzen. Zu den physikalischen und löschtechnischen Möglichkeiten der Kühlung durch feinste Wassertropfen findet man interessante Überlegungen bei Steinert [14.7].

14.1.5.2 Stoffliche Kühlung

Dem Reaktionskreislauf kann noch an einer anderen Stelle als in der Flammenzone Energie entzogen werden (Abbildung 14-3): Wenn es gelingt, die für die Aufbereitung des Brennstoffes zur Verfügung stehende Energie zu verringern, wird der Brand wegen fehlenden Brennstoffes (d. h. also wegen Fehlens der stofflichen Voraussetzungen für die Verbrennung) erlöschen. Daher führt die einfache Abkühlung des Brandgutes häufig zum Löscherfolg (der zu Grunde liegende physikalische Prozess ist derselbe wie bei der physikalischen Kühlung – Verdampfen).

Anmerkung: Der Begriff 'stoffliche Kühlung' wurde vom Verfasser geprägt, um den unterschiedlichen physikalischen Prozess deutlicher hervorzuheben. Im Allgemeinen wird einfach von 'Kühlung' gesprochen.

Der weit überwiegende Teil der Löschwirkung 'Kühlen' des Wassers ergibt sich in der Praxis aus der stofflichen Kühlung. Dies liegt im Wesentlichen daran, dass allgemeine Anforderungen der Brandbekämpfung, wie z. B. das Einhalten ausreichender Abstände durch das Löschpersonal, zu Löschgeräten führen, die überwiegend „größere“ Tröpfchen erzeugen. Diese sind wegen ihrer Masse und ihrer Geschwindigkeit in der Mehrzahl nicht in der Lage, direkt aus der Flammenzone Energie abzuführen, da sie dort nur sehr kurz verweilen. Ähnliches gilt für Sprinkleranlagen und Sprühwasser-Löschanlagen (Punkte 6.3.7.6 und 6.4.1): Die Wassertropfen müssen hier groß und schnell genug sein, um gegen die aufsteigenden Heißgase des Plumes – in welchen sie durch Verdampfung bereits an Masse und damit an Impuls verlieren – den Brandherd, d. h. das Brandgut zu erreichen (vergl. auch Punkt 6.3.7.6.4). Sind die von diesen Anlagen erzeugten Tropfen zu klein, erhöht sich bereits in der Heißgasschicht der Auftrieb u. U. soweit, das sie schweben. Diese Tröpfchen können dann zwar die Brandgase kühlen, die Ursache derselben aber nicht erreichen und somit nicht bekämpfen.

Das aus Geräten der Feuerwehr, aus Sprinkleranlagen oder Sprühwasser Löschanlagen auf einen Brand gegebene Löschwasser durchquert zunächst die Heißgasschicht der oberen Flammenzone. Durch Abdampfen von Wasser aus den Tröpfchen findet bereits eine geringfügige Kühlung der Heißgasschicht statt. Danach dringt das Wasser in die eigentliche Flamme ein und kühlt die Verbrennungszone durch weiteres teilweises Verdampfen, wegen der geschilderten kurzen Verweildauer jedoch ebenfalls nur geringfügig. Der weit überwiegende Teil des Löschwassers dringt flüssig bis auf das Brandgut vor und kühlt dieses indem es sich selbst erwärmt und teilweise verdampft. Dadurch entzieht es dem Brandgut die für eine fortgesetzte Pyrolyse erforderliche Aufbereitungsenergie. Nicht verdampftes Wasser fließt vom Brandgut ab und benetzt die Umgebung. Hierdurch werden noch nicht vom Brand erfasste Stoffe wassergetränkt und / oder mit einem Wasserfilm überzogen, die weitere Brandausbreitung wird dadurch erschwert.

Für Stoffe die überwiegend oder nur mit Glut brennen, ist die 'stoffliche Kühlung' die einzig praktisch anwendbare Kühlung, da hier die Verbrennungszone durch das Löschmittel nur selten erreicht werden kann.

14.1.6 Löschen durch Ersticken

Beim Löschen durch Ersticken wird die Verbrennungsreaktion durch Veränderung des Mengenverhältnisses zwischen brennbarem Stoff und dem Sauerstoff der Luft erreicht. Es werden folgende Methoden unterschieden:

- Ersticken durch Verdünnen des verfügbaren Sauerstoffes
  durch Einbringen von Inertgas in die Verbrennungszone (z. B. mittels CO_2-Löscher) dadurch senken der Sauerstoffkonzentration unter die für die Verbrennung erforderliche Mindestkonzentration von ca. 14 % (vergl. Punkt 6.11.1).
- Ersticken durch Abmagern der Brennstoffkonzentration
  durch Kühlung brennbarer Flüssigkeiten unter den Flammpunkt (Punkt 14.2.2.1, dies kann erreicht werden durch Kühlung des Flüssigkeitsbehälters, durch das Einbringen von Wasser in mit diesem mischbare Flüssigkeiten oder durch gezieltes Einblasen eines hohen Luftstromes in die Verbrennungszone („Auspusten“ von Kerzenflammen).
- Ersticken durch Trennung
  durch Abdecken des Brandgutes mittels Löschschaum, durch eine Pulver-Schmelzkruste, durch eine Löschdecke oder einen Deckel (Fettbrand!), dadurch verhindern des Sauerstoffzutritts zur Reaktionszone; wenn die Voraussetzungen vorliegen – z. B. an Tanks, Tankwagen, in Industrieanlagen – auch durch Schließen von Ventilen, Klappen etc.

14.1.7 Antikatalytische (Inhibitorische) Löschwirkung

Energieaufnehmende Reaktionspartner bei der Rekombination von Radikalen (s. w. o.) können alle Stoffe sein, die gegenüber den entstehenden Molekülen eine große Masse haben. Findet die Rekombination z. B. auf der Oberfläche eines Festkörpers statt, nimmt dieser die Energie auf. Man bezeichnet diesen Vorgang als *Wandeffekt.* Auf diesem Effekt beruht die Wirkung des Löschpulvers bei Bränden der Brandklassen B und C: Bringt man einen Festkörper mit großer Oberfläche – z. B. ein Löschpulver – in die gasförmige Verbrennungszone, die Flamme, ein, so nehmen die Rekombinationen der Radikale auf der Oberfläche der Pulverkörnchen stark zu. Die Zunahme der Kettenabbruchreaktionen unterbricht schließlich die laufenden Verbrennungsreaktionsketten, das Feuer ist gelöscht. Wegen des hemmenden Einflusses des Löschmittels auf die Reaktion selbst wird diese Löschwirkung als '*antikatalytisch*' oder auch '*inhibitorisch*' bezeichnet.

Inhibitionseffekte werden auch bei den halogenierten Kohlenwasserstoffen (Punkt 14.3.8) beobachtet, wenngleich deren Hauptlöschwirkung in der Kühlung der unmittelbaren Flammenumgebung (Absorption von Wärmeenergie *in der Flamme*, siehe Punkt 14.1.7) beruht. Hier werden durch die absorbierte Energie Halogene abgespalten, die bevorzugt Kettenabbruchreaktionen verursachen, d. h. mit den freien Radikalen der Verbrennung H^*, O^* und OH^* rekombinieren.

14.2 Anhang 2: Brennbarer Stoff

Der brennbare Stoff kann in den in Tabelle 14-1 dargestellten Erscheinungsformen vorliegen:

Klasse A	Brände fester Stoffe, hauptsächlich organischer Natur, die normalerweise unter Glutbildung verbrennen
Klasse B	Brände von flüssigen oder flüssig werdenden Stoffen
Klasse C	Brände von Gasen
Klasse D	Brände von Metallen
Klasse F	Brände von Speiseölen oder -fetten

Tabelle 14-2: Brandklassen nach DIN EN 2 [14.8]

Die Verbrennung von Stoffen erfolgt in der Regel mit Flamme und Glut. Mit Flamme verbrennen nur gasförmige Stoffe, d. h. Gase und die Dämpfe brennbarer Flüssigkeiten. Ein Teil der festen Brennstoffe geht unmittelbar oder über ein Aufschmelzen in den Gas- oder Dampfzustand über. Dieser Teil fester Brennstoffe sorgt für die Flammen. Sobald alle pyrolisierbaren Gase aus dem Feststoff ausgetreten sind verbrennt der Rest nur noch mit Glut.

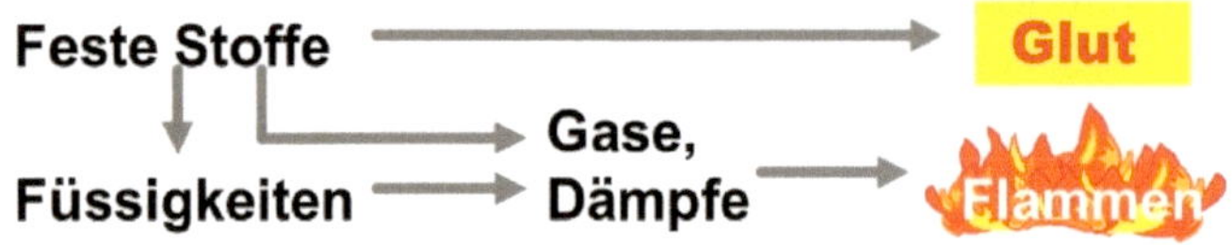

Abbildung 14-5: Branderscheinungen Flamme und Glut

14.2.1 Brandklasse A

Unter Brandklasse A fallen Brände fester Stoffe, hauptsächlich organischer Natur, die normalerweise unter Glutbildung verbrennen, wie z.B. Holz, Papier, Kohle, Kunststoffe. Diese Stoffe verbrennen häufig mit Flamme und Glut (Abbildung 14-5).

Beispiel: Wird Holz erwärmt, so entsteht Holzgas, welches mit Flamme verbrennt (früher: Holzvergaser).
Das entgaste Holz, die Holzkohle, brennt jetzt nur noch mit Glut (Holzkohlegrill).

Die Verbrennungsgeschwindigkeit der Stoffe der Brandklasse A hängt im Wesentlichen von der spezifischen Oberfläche der Stoffe ab. Allgemein ist die Verbrennungsgeschwindigkeit umso größer, je feiner zerteilt der Stoff vorliegt (vergl. bei Rempe et al. [14.1] und Kanury [14.9]).

14.2.2 Brandklasse B

Zur Brandklasse B gehören Brände von flüssigen oder flüssig werdenden Stoffen. Diese Stoffe verbrennen nur mit *Flamme* (vergl. bei Kanury [14.12]). Es brennen jedoch die brennbaren Flüssigkeiten nicht selbst, sondern ihre *Dämpfe*. Eine Zündung und Verbrennung ist erst möglich, wenn eine genügende Dampfkonzentration über der Flüssigkeitsoberfläche vorliegt. Der Umfang der Dampfbildung ist abhängig von der jeweils vorliegenden Temperatur, der Größe der Oberfläche und der Art der brennbaren Flüssigkeit. Es gibt brennbare Flüssigkeiten, die bereits bei „normaler“ Umgebungstemperatur brennbare Dämpfe entwickeln (z.B. Benzin) und andere, die erst bei höheren Temperaturen, wie bei einem Schadenfeuer, die zur Verbrennung erforderlichen Dämpfe entwickeln (z.B. Heizöl).

14.2.2.1 Flammpunkt und Gefahrenklasse

Die Temperatur, bei der sich genügend Dämpfe zum (kurzzeitigen) Entflammen bilden, wird *Flammpunkt* genannt. Mit Erreichen dieses Temperaturpunktes liegt also eine zündfähige Konzentration der Brennstoffdämpfe vor. Diese müssen jedoch durch eine *Zündquelle* zum Brennen gebracht werden (z. B. Funkenflug, direkte Berührung mit der Flamme).

Mit dem Erreichen des Flammpunktes liegt auch die jeweils *untere Zündgrenze* der entzündbaren Flüssigkeit vor [14.1], Beispiele für Flammpunkte verschiedener Stoffe enthält Tabelle 14-3.

Stoff	**Flammpunkt** (untere Zündgrenze)
Aceton	- 19 °C
Alkohol	+ 12 °C
Asphalt	+ 205 °C
Benzin (je nach Zusammensetzung)	- 45 °C bis + 10 °C
Heizöl, Diesel	mind. + 55 °C
Methanol	+ 11 °C
Olivenöl	+ 225 °C
Terpentinöl	+ 35 °C

Tabelle 14-3: Flammpunkte verschiedener Flüssigkeiten

Damit entzündbare Flüssigkeiten bei einem Schadensereignis (z. B. Auslaufen) von den Einsatzkräften hinsichtlich ihres Gefährdungspotentials richtig eingeschätzt werden können (liegen brennbare Dämpfe vor?), sind diese Flüssigkeiten nach der Betriebsicherheitsverordnung, die sich wiederum auf Anhang 1 Nummer 2.6 der Verordnung (EG) Nr. 1272 / 2008 bezieht, in Gefahrkategorien eingeteilt (Tabelle A.1.3). Die Behälter bzw. Tankfahrzeuge sind mit dieser Gefahrenklasse zu kennzeichnen.

Kategorie	**Flammpunkt**	**Siedebeginn**
	der Flüssigkeit	
1	< + 23 °C	≤ 35 °C
2	< + 23 °C	> 35 °C
3	≥ + 23 °C	≤ 60 °C [1)]
1) Gasöle, Diesel und leichte Heizöle, die einen Flammpunkt zwischen 55 °C und 75 °C haben können zur Kategorie 3 gezählt werden		

Tabelle 14-4: Gefahrenkategorien entzündbarer Flüssigkeiten nach Betriebssicherheitsverordnung

Aceton ist somit eine Flüssigkeit der Kategorie 1, Terpentinöl eine der Kategorie 2 und Heizöl eine der Kategorie 3.

Eine Besonderheit von großer Wichtigkeit an der Einsatzstelle liegt bei bestimmten brennbaren Flüssigkeiten vor, die sich mit Wasser in jedem Verhältnis mischen lassen, da hier die Anwendung von Wasser sowohl zum Löschen der Flammen, zur Kühlung, und auch zum Verdünnen der Flüssigkeit (Abmagern der Dämpfe, siehe Punkt 14.1.4) möglich ist. Die Betriebssicherheitsverordnung unterscheidet die Flüssigkeiten hinsichtlich ihrer Mischbarkeit mit Wasser jedoch nicht.

Alkohol: Flammpunkt: +12 °C
ist eine Flüssigkeit der Kategorie 1 und mit Wasser mischbar

Flüssigkeiten mit einem Flammpunkt über +60 °C (z. B. Olivenöl) fallen nicht unter die Sicherheitsvorschriften der Betriebssicherheitsverordnung, da die Erwärmung des Stoffes auf über +60 °C nur unter bestimmten äußeren Bedingungen (hohe Wärmestrahlung bei größeren Bränden) erfolgt.

14.2.2.2 Brennpunkt und Zündtemperatur

Um nach dem „Aufflammen“ der brennbaren Dämpfe (Flammpunkt) ein *dauerndes* Weiterbrennen zu ermöglichen, muss die Flüssigkeit weiter erwärmt werden bis zum *Brennpunkt:* Dies ist die Temperatur einer brennbaren Flüssigkeit, bei der sich Dämpfe in solchen Mengen entwickeln, dass nach ihrer Entzündung durch eine Zündquelle ein ständiges Brennen unterhalten bleibt (Schließen des Energierückkoppelungskreises, vergl. Punkt 14.1.3 und Abbildung 14-3). Für die Feuerwehrpraxis und den anlagentechnischen Brandschutz hat dieser Temperaturpunkt kaum Bedeutung, da die Möglichkeit des Entflammens am Flammpunkt für das Gefährdungspotential ausschlaggebend ist.

Wird eine brennbare Flüssigkeit so weit erwärmt, dass die vorliegenden brennbaren Dämpfe auch *ohne* Zündquelle unter Flammenerscheinung verbrennen, ist die *Zündtemperatur* bzw. der Zündpunkt der brennbaren Flüssigkeiten erreicht.

Der Begriff „Zündtemperatur“ ist allerdings in Verbindung mit *allen* brennbaren Stoffen gebräuchlich.

Stoff	**Zündtemperatur** (in Luft)
Aceton	540 °C
Alkohol	+ 425 °C
Benzin (je nach Zusammensetzung)	+ 220 °C bis + 450 °C
Diesel	+ 220 °C bis + 350 °C
Heizöl	+ 250 °C
Methanol	+ 455 °C
Olivenöl	+ 440 °C
Spiritus	+ 425 °C
Terpentinöl	+ 240 °C

Tabelle 14-5: Zündtemperaturen von Dämpfen

14.2.3 Brandklasse C

Bei Bränden von Gasen verbrennen diese nur mit *Flamme.* Im Sinne der DIN EN 2 sind Gase solche Stoffe, die bei 20 °C gasförmig sind oder in solchem Maße brennbare Dämpfe entwickeln, das deren Zündverhalten wie das von Gasen betrachtet werden kann. Daher sind sowohl Gase als auch Dämpfe Stoffe der Brandklasse C.

Dampf: Stoff bei Umgebungstemperatur *flüssig* (z. B. Benzin = Benzindampf).

Gas: Stoff bei Umgebungstemperatur schon *gasförmig* (z. B. *Gas* von Wasserstoff = Wasserstoffgas; Propangas).

Dämpfe und Gase können schwerer (Benzindämpfe) oder leichter (Methan) als die umgebende Luft sein (Tabelle 14-6). Gase und Dämpfe, die *schwerer* als Luft sind, „fließen“ aus dem Behältnis aus und können durchaus noch in weiter Entfernung an tiefer liegenden Stellen gezündet werden.

Sind Gase und Dämpfe *leichter* als Luft, so finden diese sich in geschlossenen Räumen (z. B. Hallen) immer im *oberen* Bereich oder sie entfernen sich im Freien zwangsläufig nach oben.

Liegen Gase oder Dämpfe in der Luft vor, so weisen sie einen bestimmten Zündbereich (Explosionsbereich, Abbildung 14-6) auf. Dieser zündfähige Mischungsbereich kann eng, mittel oder weit sein, je nachdem, welcher Stoff vorliegt. Zum Brandverhalten von Gasen siehe bei Rempe et al. [14.1], Busenius [14.2] oder Beyler [14.13]

Gas / Dampf	Dichte [kg / m³]	leichter / schwer als Luft (ca. 1,29 kg / m³)	
Azetylen	1,17	X	-
Ammoniak	0,77	X	-
Chlor	3,22	-	X
Erdgas	0,8	X	-
Kohlenmonoxid CO	1,25	X	-
Kohlendioxid CO_2	1,98	-	X
Propan	2,0	-	X
Sauerstoff	1,43	-	X
Stadtgas	0,6	X	-
Stickstoff	1,25	X	-
Wasserdampf bei + 100 °C	0,6	X	-
Wasserstoff	0,09	X	-

Tabelle 14-6: Dichte einiger brennbarer Gase und Dämpfe

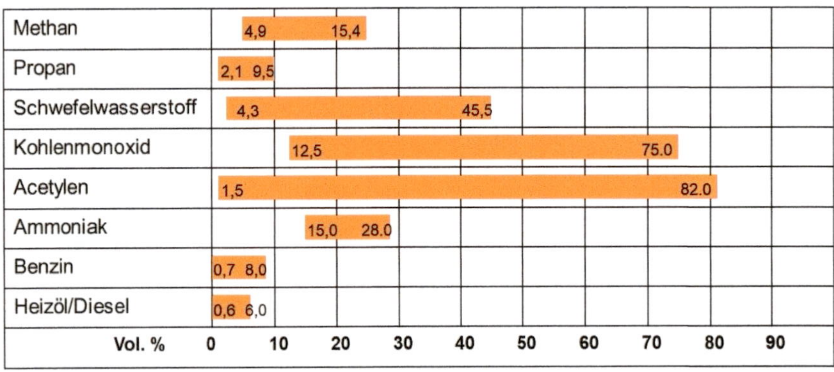

Abbildung 14-6: Zündbereiche einiger Gase und Dämpfe

14.2.4 Brandklasse D

Die meisten Metalle brennen *nur mit Glut.*

Die mechanische Aufbereitung, d.h. ob das Metall in kompakter oder feiner Form vorliegt, spielt beim Verbrennen der meisten Metalle eine große Rolle. Abfallspäne aus Metallwerkstätten haben eine sehr viel größere spezifische Oberfläche und sind dementsprechend leichter zu zünden als vergleichsweise ein kompakter Motorblock oder ein Stahlträger.

Der Heizwert und die maximale (theoretische adiabatische) Flammentemperatur von Metallen liegen sehr hoch (vergl. in NFPA 484 [14.14]):

Metall	**Maximale Flammentemperatur** [°C]	**Heizwert** [MJ/kg]
Aluminium	3790	29,3-31,1
Eisen	2220	7,4
Kupfer	1250	
Magnesium	3340	25,0
Titan	3720	11,5
Zink	1800	5,35

Tabelle 14-7: Flammentemperatur und Heizwerte von Metallen (nach [14.14] und [14.77])

Die in der feuerwehrtechnischen Praxis zu erwartenden Brandtemperaturen von Metallen, z. B. Magnesium, liegen zwischen 2000 °C und 3000 °C.

Als Löschmittel für Metallbrände kommen entweder Löschmittel zum Einsatz, die durch Bildung einer luftundurchlässigen Kruste (durch schmelzende Salze, Punkt 14.3.3) das Feuer durch Ersticken löschen (Punkt 14.1.6), oder durch Abkühlung der Stoffe die Mindestverbrennungstemperatur unterschreiten. Zu den letzteren Löschmitteln zählen u. A. trockener Sand, Graugussspäne, Graphitpulver und Kupferpulver (siehe hierzu bei Tapscon [14.15], [14.16]). Bei Metallbränden hat sich auch der Einsatz größerer Mengen Zement als „Löschmittel" als günstig erwiesen (vergl. bei Pietron [14.17]).

Kommt bei einem Metallbrand reines Wasser zum Einsatz, so kommt es aufgrund der hohen Temperaturen zu einer heftigen Reaktion: Das Wasser wird in seine Bestandteile Wasserstoff und Sauerstoff zerlegt, die Folge kann eine Knallgasexplosion sein. Durch den Einsatz neuerer oberflächenaktiver Löschmittel in wässeriger Lösung (Punkt 14.3.10) kann jedoch auch die gute Kühlwirkung von Wasser für Metallbrände ausgenutzt werden.

14.2.5 Brandklasse F

Im Zuge der europäischen Normung wurde das Erfordernis einer weiteren Brandklasse deutlich, um die speziell durch Fritteusenbrände und Brände ähnlicher Einrichtungen mit erhitzten Ölen oder Fetten hervorgerufene Besonderheiten erfassen zu können.

Die Brandklasse F umfasst

Brände von Speiseölen/ -fetten (pflanzliche oder tierische Öle und Fette) in Fittier- und Fettbackgeräten und anderen Kücheneinrichtungen und -geräten.

14.3 Anhang 3: Löschmittel

Im Folgenden werden Löschmittel, die in Löschanlagen und bei der Feuerwehr verwendet werden, kurz mit ihren wichtigsten Daten, ihrer Anwendung und ihren Grenzen dargestellt. Weitere Informationen findet man u. a. bei Kaufholt [14.18], de Vries [14.19] und Kim [14.20].

14.3.1 Löschmittel Wasser

Chemische Zusammensetzung:	H_2O
Dichte:	1 kg pro Liter (bei +4 °C)
Spezifische Schmelzwärme:	336 kJ / kg
Spezifische Wärme Wasser:	4,2 kJ / kg °C
Spezifische Verdampfungswärme:	2633 kJ / kg

Hauptlöschwirkung von Wasser: Kühlen des brennbaren Stoffes

1 Liter Wasser bindet bis zur restlosen Verdampfung 2.633 kJ Wärme die für die Aufbereitung des brennbaren Stoffes (vergl. Punkt 14.1.3) nicht mehr zur Verfügung steht. Dabei entstehen rund 1,7 m^3 Wasserdampf. Die Wärmeenergie wird überwiegend dem brennbaren Stoff und in geringem Umfang auch der Verbrennungszone entzogen (Stoffliche Kühlung, vergl. Punkt 14.1.5.2).

Nebenlöschwirkung von Wasser: Ersticken

(bei Wasserdampfbildung in geringem Umfang Verdrängung des Sauerstoffes in der Verbrennungszone)

Antikatalyse

(bei feinsten Wassertöpfchen, siehe Punkt 14.1.7)

Physikalische Kühlung

in der Verbrennungszone der Flamme (siehe Punkt 14.1.5.1)

Die Kühlwirkung des Wasserstrahls wird mechanisch unterstützt durch:

Auftreffwucht	=>	Auseinanderreißen von lockerem Brandgut, dadurch bessere Abkühlung.
Tiefenwirkung	=>	Einpressen unter Druck in tiefer gelegene Glutschichten, sperriges Material.
Netzfähigkeit	=>	Selbsttätiges Eindringen in poröses Material, das durch Zugabe von Netzmittel deutlich verstärkt werden kann.

Vorteile des Wassers gegenüber allen anderen Löschmitteln:

- billig
- fast überall vorhanden
- unerschöpflich in der Natur
- einfache Förderung mittels Pumpen und Schlauchleitungen auch über große Entfernungen
- große Spritzweiten und Wurfhöhen möglich
- ungiftig, chemisch neutral
- *wirksamstes* Löschmittel für die am meisten vorliegenden Stoffe wie Holz, Papier, Faserstoffe, Stroh, Heu, Kohlen usw.

Nachteile des Löschmittels Wasser:

- gefriert bei 0 °C, dadurch ist der Einsatz im Winter erschwert
- sprengende Wirkung im gefrorenen Zustand durch die Volumenausdehnung des gefrierenden Wassers
- quellende Wirkung z. B. bei Hülsenfrüchten, Körnerfrüchten, dicht gepackter Jute u. a. m.; dadurch Gefahr des Auseinanderdrückens von Wänden, z. B. von Silos
- Aufsaugfähigkeit großer Mengen Wasser bei Stoffen wie Zellulose, Papier, Schwämme, Textilien usw. Dadurch Gewichtserhöhung und nachfolgend Einsturzgefahr des Gebäudes
- aufweichen, auflösen und daher wertlos werden mancher Stoffe („Wasserschaden“)

Wirkungsloser bzw. sogar gefährlicher Einsatz von Wasser:

- bei brennenden Flüssigkeiten der Gefahrenklasse A nach VbF:
- Vergrößerung des Brandes durch Überfließen und Ausbreiten, Fettexplosion (Ausnahme: Bei Entstehungsbränden, wenn tiefere Flüssigkeitsschichten noch nicht erwärmt sind; Sprühstrahl!)
- bei brennenden Gasen
  Im Allgemeinen ist bei Bränden von Hochdruckgasen größeren Umfangs mit Wasser kein Erfolg zu erzielen. Deshalb besser das Gas Abschiebern (abstellen), wenn dies nicht unmittelbar möglich ist, zunächst den Gasstrom drosseln, die dann kleine Flamme löschen und dann vollständig schließen.
- bei brennenden Metallen
  Molekularer Wasserstoff wird chemisch gespalten, Sauerstoff des Wassers wird aufgenommen; explosionsartiges Umherspritzen der glühenden Metallmassen. Heftige Reaktionen, Natrium und Kalium dürfen schon in kaltem Zustand nicht mit Wasser in Berührung kommen (Explosionsgefahr).
- in elektrischen Anlagen
  Da Wasser elektrisch leitfähig ist, müssen beim Einsatz bei unter Spannung stehenden elektrischen Anlagen *Sicherheitsabstände* eingehalten werden.
- bei Bränden staubförmiger Stoffe
  Gefahr der Aufwirbelung durch Vollstrahl; dadurch Staubexplosionsgefahr; evtl. Zusatz von Netzmitteln (Braunkohlenstaub).
- bei Karbidbränden
  Karbid, eine Verbindung von Kohlenstoff und Metallen, darf nicht mit Wasser in Berührung kommen. Beim Besprühen mit Löschwasser kommt es zu heftiger Acetylen-Entwicklung. Dadurch Stichflammen und Explosionsgefahr!
- bei ungelöschtem Kalk
  Ungelöschter Kalk ist selbst nicht brennbar (Baukalk, Düngekalk, Branntkalk, gebrannter Kalk). Er entwickelt jedoch bei Berührung mit Wasser erhebliche Wärmemengen, es können Temperaturen bis 400 °C erreicht werden, die zur Zündung von nahe gelagerten brennbaren Stoffen oder Einrichtungen führen können.
- bei Glutbränden in geschlossenen Räumen
  Kommt Wasser mit den Glutmassen in Berührung, entsteht plötzliche, sehr starke Wasserdampfbildung (aus 1 Liter Wasser entstehen 1.700 Liter Wasserdampf). Gefahr von Verbrühungen, Entgegendrücken von Wasserdampf in engen, kleinen Räumen.
- bei Schornsteinbränden
  Bei Wassereinsatz entstehen, ähnlich wie bei Glutbränden, große Mengen Wasserdampf, dadurch kann die Schornsteinwandung auseinandergedrückt werden.

14.3.2 Löschmittel Luftschaum

Luftschaum wird hergestellt durch Zumischung eines Schaummittels zum Wasserstrom und anschließender Verschäumung mit Luft in bestimmten Mengenverhältnissen (Abbildung 14-7).

Die Luft wird im klassischen Verfahren der Schaumerzeugung dabei durch die Injektorwirkung einer Venturi-Düse eingesaugt (aspiriert), die Schaumbildung erfolgt an geeignet geformten Netzen. Die meisten Schaummittel sind nur für die Schaumerzeugung mit relativ kühler und sauberer Luft (oder Inertgas, i. d. R. Stickstoff) geeignet, die Schaumblasen werden schon bei relativ geringem Anteil an Brandrauch in der Füllluft schnell zerstört. Es gibt allerdings spezielle Schaummittel, die auch mit heißem Brandrauch löschfähigen Schaum erzeugen (Inside-Air-Foam, HotFoam). Sie werden in Schaumlöschanlagen eingesetzt, wenn die Zuführung sauberer Luft nicht möglich ist.

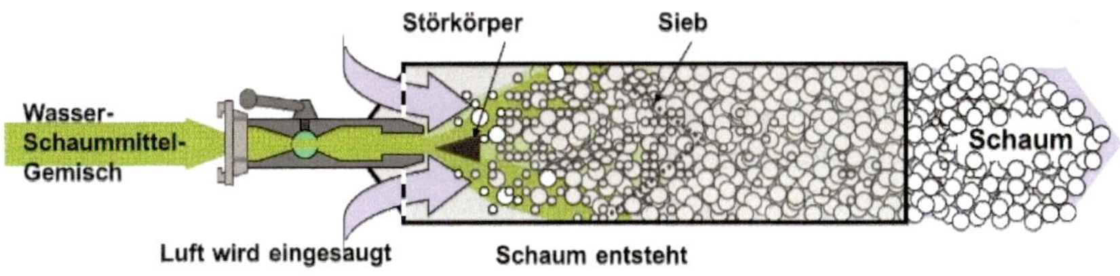

Abbildung 14-7: Schaumerzeugung in einem Mittelschaumrohr - Schema

Ein modernes Schaumlöschverfahren, das Druckluft-Schaumlöschverfahren (oder CAFS-Verfahren – Compressed-Air-Foam-System) erzeugt den Luftschaum indem Druckluft in das Wasser-Schaummittelgemisch eingepresst wird (vergl. Punkt 6.5.6.1, sowie in [14.19], [14.21] [14.22]). Das Verfahren hat in der praktischen Brandbekämpfung durch die Feuerwehr einige anwendungstechnische Vorteile, im Wesentlichen durch die relativ leichten Schläuche und den geringer Wasserschaden da die Schläuche zu 80 % mit Luft gefüllt sind, jedoch ist der apparative Aufwand erheblich und daher das Verfahren teuer. Die fachliche Meinung zu CAFS als Löschmittel ist übereinstimmend positiv, allerdings scheuen viele Feuerwehren die hohen Investitionskosten und sehen daher die Kosten-Nutzen-Relation eher ungünstig (vergl. z. B. in [14.22]). Im Anlagentechnischen Brandschutz hat sich Druckluftschaum in Deutschland erst in den vergangenen Jahren – ca. ab 2008 – bewährt und durchgesetzt (Punkt 6.5.6).

Schaumart	Verschäumungszahl [1]	Inhalt in 1 m³ Schaum ca.			Masse [4] ca.
		Wasser	Schaumbildner	Luft	
Schwerschaum [5]	4 bis 19 (7)[2]	139 l	4 l [3]	857 l	143 kg
Mittelschaum [5]	20 bis 200 (50)	19,4 l	0,6 l [3]	980 l	20 kg
Leichtschaum [6]	über 200 (1000)	0,97 l	0,03 l [3]	999 l	1 kg

1) Verschäumungszahl = Schaumvolumen [l] / Schaummasse [kg]
2) in Klammern: typischerweise in der Praxis erreichter Wert
3) bei typischer Zumischung von 3 % Schaummittel
4) bei Verschäumung mit typischem Wert der Verschäumungszahl
5) Herstellung mit Schaumrohren, Wurfweite 5 m bis 15 m (mit Schaumwerfern bis zu 50 m)
6) Herstellung mit Schaumgeneratoren, keine Wurfweite

Tabelle 14-8: Schaumarten

Löschschaum ist leichter als alle brennbaren Flüssigkeiten; er „schwimmt“ an der Oberfläche und deckt diese ab (vergl. Abbildung 6-36). Es sind verschiedenen Techniken der Schaumapplikation möglich, in der Regel sollte Schaum wegen der möglichen mechanischen Schaumzerstörung möglichst sanft auf brennende Flüssigkeiten aufgebracht werden (vergl. auch Punkt 6.5 sowie bei de Vries [14.19] und in [14.21]). Ist die Schaumaufgabe nur über große Entfernungen mittels Schaumwerfern möglich, so dass der Schaum beim Auftreffen etwas eintaucht, sind hierfür geeignete Schaummittel zu verwenden (Leistungsstufe I A, I B oder II A, II B; vergl. Tabelle 14-9).

Begriffe und Kennwerte zu Löschschaum:

Verschäumungszahl:
Gibt an, um das Wievielfache sich das Volumen der verschäumten Flüssigkeit vergrößert hat.

Gleichung 14-1: $VZ = (V_{W+S} + V_L)/ V_{W+S} = 1 + V_L/ V_{W+S}$

mit: V_{W+S} = Volumen Wasser-Schaummittel- Gemisch [m³] oder [l]

V_L = Volumen Luft [m³] oder [l]

zahlenmäßig gilt auch:

VZ = Schaumvolumen [l] / Schaummasse [kg]

Zumischverhältnis / Zumischrate:
Gibt an, wie viel Prozent Schaummittel dem Wasserstrom zugemischt werden. Übliche Zumischraten sind (Abbildung 14-8):

Schwerschaum:

mit Proteinschaummittel	3 % – 5 %
mit wasserfilmbildendem Schaummittel	6 %
mit Mehrbereichsschaummittel	3 %

Mittelschaum:

nur mit Mehrbereichsschaummittel	3 %

Leichtschaum:

nur mit Mehrbereichsschaummittel	1-3 %

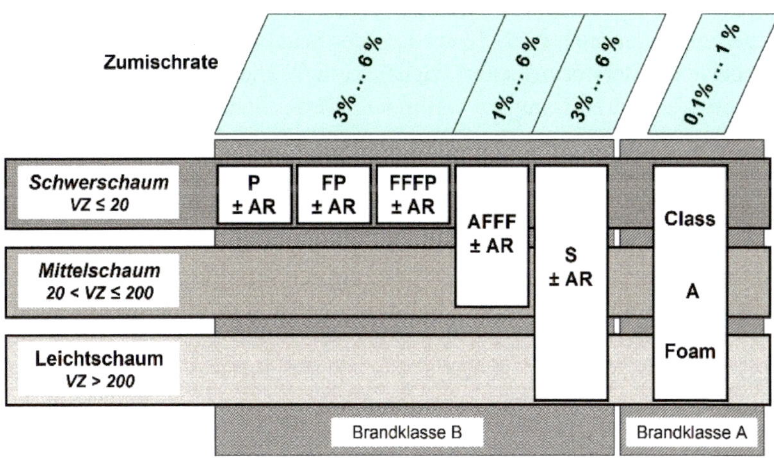

Abbildung 14-8: Schaummittel, Zumischraten, Schäume

Schaummittel (vergl. auch Tabelle 6-47):

Proteinschaummittel P

sind aus wasserlöslichen Eiweiß-Abbauprodukten (hydrolysierte Proteine) aufgebaut und nur für Schwerschaum geeignet. Der Schaum wird „klebrig" und haftet daher relativ gut auch an senkrechten Oberflächen. Das Schaummittel ist gut biologisch abbaubar und hat eine endliche Lebensdauer (einige Jahre).

Fluor-Proteinschaummittel FP

sind Proteinschaummittel, die zusätzlich fluorierte oberflächen-aktive Wirkstoffe enthalten (abweisende Wirkung gegenüber Kohlenwasserstoffen). Größere Ausbreitungsgeschwindigkeit des Schaumes dadurch kürzere Löschzeiten.

Synthetische Schaummittel S

sind aus oberflächenaktiven Substanzen aufgebaut (ähnlich den modernen Waschmitteln) und können zusätzliche Stabilisatoren jedoch keine fluororganischen Verbindungen enthalten. Für alle Schaumarten geeignet (Mehrbereichsschaummittel).

Wasserfilmbildende Schaummittel AFFF

(AFFF „Aquaous Film Forming Foam") sind synthetische Produkte, z. B. „Light Water", die aus einem Gemisch von Kohlenwasserstoff- und fluorierten oberflächenaktiven Wirkstoffen bestehen. Sie bilden zusätzlich an der Grenzfläche zwischen Schaumschicht und manchen Kohlenwasserstoffen einen wasserhaltigen Film, der auch nach Zerstörung des Schaumes bestehen bleibt und sich bei lokaler Zerstörung sofort wieder schließt. Hiermit wird ein „Aufsteigen" von brennbaren Dämpfen verhindert. Dieses Schaummittel kann auch unverschäumt über normale Schaumrohre oder Sprinklerdüsen eingesetzt werden und bildet auch dann den beschriebenen Wasserfilm aus.

Filmbildende-Fluor-Proteinschaummittel FFFP

sind Fluor-Proteinschaummittel, die auf der an der Grenzfläche zwischen Schaumschicht und manchen Kohlenwasserstoff-Brennstoffen einen wasserhaltigen Film bilden, der auch nach Zerstörung des Schaumes bestehen bleibt und sich bei lokaler Zerstörung sofort wieder schließt. Hiermit wird ein „Aufsteigen" von brennbaren Dämpfen verhindert.

Alkoholbeständige Schaummittel -AR

(alcohol-resistant) sind synthetische Produkte, die zum Ablöschen größerer Mengen polarer Lösungsmittel, Treibstoffe (Benzol- und Methanolgehalt moderner Kraftstoffe, wie z. B. E 15 und E 85) und in Alkohollagern eingesetzt werden, da sie auch bei Aufgabe auf derartige polare Flüssigkeiten zerfallsbeständig sind. Dies wird häufig durch die Ausbildung eines Polymerfilmes, der im Wesentlichen aus Polysaccariden besteht, zwischen Schaum und Brennstoff erreicht. Die Eigenschaft Alkoholbeständigkeit ist zusätzliches Leistungsmerkmal mancher Schaummittel, z. B. FP-AR.

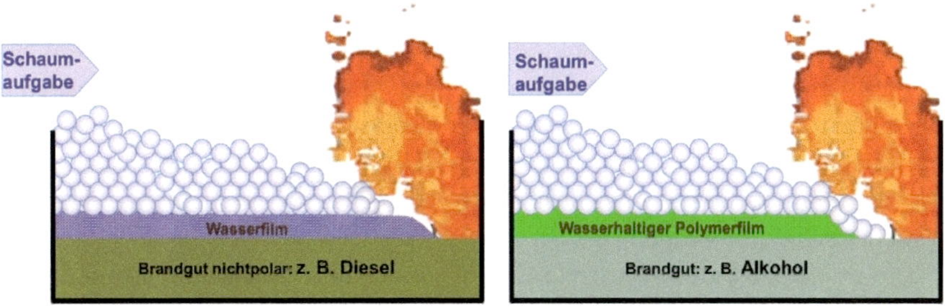

Abbildung 14-9: Filmbildung von AFFF und FFFP Schäumen

Fluorfreie Schaummittel – F3
(fluorin-free-foam concentrates) diese Schaummitte sind darauf ausgelegt, ähnliche Löschleistungen und Anwendungsbereiche wie AFFF und/oder AR-Schaummittel zu bieten, jedoch ohne Zuhilfenahme umweltschädigender fluororganischer Verbindungen (interessante Ausführungen zu so genanntem „grünen Schaum" findet man bei Leonhard [14.31]). F3-Schaummittel basieren auf Gemischen oberflächenaktiver Kohlenwasserstoffe und fluorfreier Stabilisatoren.

Inside-Air-Foam-, HotFoam-Schaummittel
sind spezielle Schaummittel zum Erzeugen von Schaum auch in heißer und verrauchter Umgebung. Dieses Schaummittel kommt in Schaumlöschanlagen für hermetisch abgeschlossene Strukturen – z.B. in Maschinenräumen von Schiffen – zum Einsatz.

Schaummittel müssen den Anforderungskriterien der Normenreihe DIN EN 1568 genügen. Geprüft werden:

- Sedimentgehalt (fabrikneu und nach Alterung)
- Viskosität (diese bestimmt das Zumischverhalten)
- ph-Wert
- Oberflächenspannung der Schaummittellösung
  (für filmbildende Schaummittel, vor und nach einer Temperaturbehandlung bei 60 °C und -30 °C)
- Verschäumung (ggf. auch mit Salzwasser)
- Wasserabscheidung aus dem Schaum (Wasserhalbwertszeit, vor und nach o. g. Temperaturbehandlung)
- Löschvermögen (nach der Löschleistung sowie bei Schwer- und Mittelschaum nach der Rückbrandbeständigkeit).

Die Löschleistung wird über die Löschzeit für bestimmte, im jeweiligen Normteil genau beschriebene, Prüfbrände bestimmt. Die Rückbrandbeständigkeit beschreibt die Eigenschaft der Schäume, nach Ablöschen eines Brandes für eine bestimmte Zeit ein Wiederaufflammen verhindern zu können. Hierzu ein wird ein kleines Zündfeuer in die abgelöschte Fläche eingesetzt, die so genannte Rückzündung muss für eine bestimmte Zeit durch die vorhandene Schaumschicht verhindert werden.

Die in der Prüfung ermittelte Löschleistung und Rückbrandbeständigkeit dient zur Klassifizierung des Schaummittels. Es gibt die in Tabelle 14-9 aufgeführten Schaummittelklassen. Es gibt keine durchgängige Korrelation zwischen der Löschleistung und dem Schaummitteltyp; einige typische Einstufungen sind Tabelle 6-46 zu entnehmen.

Art des Schaummittels	**Löschleistungsstufen** [1)]	**Rückbrandbeständigkeit** [2)]
Schwerschaummittel für nicht-polare Flüssigkeiten nach DIN EN 1568-3	**I, II, III**	**A, B, C, D**
Schwerschaummittel für polare Flüssigkeiten nach DIN EN 1568-4	**I, II**	**A, B, C**
Mittelschaummittel für nicht-polare Flüssigkeiten nach DIN EN 1568-1	nur eine Leistungsstufe	nur eine Rückbrandbeständigkeit
Leichtschaummittel für nicht-polare Flüssigkeiten nach DIN EN 1568-2	nur eine Leistungsstufe	keine Anforderung
4) I ist die höchste und III die niedrigste Löschleistungsstufe; die Löschleistungsstufen für polare und nicht-polare Flüssigkeiten können nicht miteinander verglichen werden 5) A ist die höchste und D die geringste Rückbrandbeständigkeit; die zu Grunde liegenden Zeiten sind gleich		

Tabelle 14-9: Löschleistung von Schaummitteln

Hauptlöschwirkung von Schaum: Ersticken

durch weitgehende Trennung von brennbarem Stoff und Sauerstoff. Die dichte Schaumdecke (10 cm bis 50 cm dick, vergl. Punkt 6.5.4) verhindert zum einen den Zutritt von Sauerstoff (Ersticken), zum anderen das weitere Freiwerden von Brennstoffdämpfen bzw. Pyrolysegasen aufgrund der durch die Schaumdecke verminderten Strahlungsrückkoppelung und des hydrostatischen Drucks der Wassersäule im Schaum (Abmagern, vergl. Punkt 14.1.1 und 14.1.3).

Nebenlöschwirkung von Schaum: *Kühlung*

aufgrund des aus dem Schaum mit der Zeit ausfallenden Wassers (Wasserhalbwertszeit je nach Schaumart 10 bis 20 Minuten), vor allem bei Schwerschaum (hoher Wassergehalt), aber auch bei Mittelschaum gewisse abkühlende Wirkung.

Vorteile des Löschmittels *Schaum:*

- für brennbare Flüssigkeiten und für brennbare Feststoffe anwendbar
- Wirkung hält längere Zeit nach der Applizierung an, da die Schaumdecke sich erst allmählich auflöst
- vorbeugende Anwendung zur Gefahrenminimierung möglich (Abdeckung der Oberfläche brennbarer Flüssigkeiten, aber auch brennbarer Feststoffe, *vor* deren Entzündung)
- Eigenschaften sind grundsätzlich auf die speziellen Anforderungen des Einzelfalls genau abstimmbar
- Schaden durch (ausfallendes) Wasser relativ gering
- Schaummittelzugaben zum Wasser erhöhen – auch unverschäumt oder nur niedrig verschäumt – die Löschwirkung
- Schaummittel kann als Netzmittel bei der Bekämpfung von Bränden hydrophoben Brandguts (Faserstoffe, Braunkohle) eingesetzt werden

Nachteile des Löschmittels *Schaum:*

- wesentlich teurer als Wasser
- apparativer Aufwand hoch
- Wartungsaufwand bei Feuerwehrgerät und Löschanlagen hoch
- Vorratshaltung erforderlich
- logistischer Aufwand zur Bereitstellung ausreichender Schaummittelmengen für einen erfolgversprechenden Löschangriff bei größeren Flächen sehr hoch (siehe z.B. bei de Vries [14.19])
- Zeitaufwand bis zum Wirksamwerden von Löschmaßnahmen größer als bei Wasser
- Aufbringzeit von Schaumdecken auf brennbare Flüssigkeiten kritisch
- es gibt kein universell einsetzbares Schaummittel (Tabelle 6-47)
- die Wirksamkeit spezialisierter Schaummittel wird durch das von den öffentlichen Feuerwehren üblicherweise verwendete synthetische Mehrbereichsschaummittel nicht erreicht
- manche Schäume werden von bestimmten brennbaren Flüssigkeiten zerstört
- manche Schaummittel haben eine endliche Lebensdauer (ca. 5 bis 8 Jahre)

- Schaummittel und Wasser-Schaummittelgemisch (wie es z. B. aus einer Schaumdecke ausfällt) können umweltgefährdende Flüssigkeiten sein, insbesondere wenn sie organische Fluorverbindungen enthalten, (siehe weiter unten)

In allen Schaummittelnormen wird in Deutschland darauf hingewiesen, dass diese unter die Gefahrstoffverordnung – GefStoffV [14.23] – und die Verordnung über Wassergefährdende Stoffe – VAwS [14.24] – fallen (vergl. Punkt 10.4). Zwar sind moderne Schaummittel schwermetallfrei und biologisch gut bis sehr gut abbaubar, jedoch sind sie auch in stark verdünnter Form fischgiftig. Da Schaummittel die Oberflächenspannung des Wassers stark herabsetzt, können die Kiemen der Fische keinen Sauerstoff aus dem Wasser aufnehmen, so dass sie ersticken.

Die bis vor einigen Jahren in vielen Schaummitteln enthalten Fluortenside (PFOS, PFOA, siehe hierzu bei Sthamer [14.23], Klein [14.26], [14.27]), die als bioakkumulative Gifte eingestuft sind, tragen ebenfalls zur Umweltbelastung bei (Schulte et al. [14.28], Leonhardt [14.31]). Durch geänderte Herstellungsverfahren konnte in den letzten Jahren der Fluor-Anteil der Schaummittel reduziert werden und die noch enthaltenen teleomerbasierten Fluortenside werden auch nicht zu PFOS umgebaut. Auf dem Markt befindliche fluortensidfreie Schaummittel ([14.29]) benötigen derzeit noch deutlich höhere Zumischraten, so dass dadurch die Umweltbelastung wieder zu nimmt (vergl. auch unter Punkt 10.4!). Löschvermögen und Rückbrandbeständigkeit fluortensidfreier Schäume erreichen derzeit (2021) noch nicht auf allen repräsentativen polaren Flüssigkeiten, d. h. auf Aceton, Isopropanol, E 10 und E 85 Vergaserkraftstoff das Niveau fluortensidhaltiger Schäume. (Keutel et al. [14.76]).

14.3.3 Löschmittel Pulver

Das Löschmittel Löschpulver gehört zur Gruppe der „Trockenlöschmittel". Einfachste Ausführungen dieses Löschmittels waren und sind: Sand, Erde und Asche, Zement (siehe bei Pietron [14.17]). Ihre Löschkraft ist gegenüber den heutigen Löschpulvern jedoch sehr gering. Die Anforderungen an Löschpulver (mit Ausnahme von Metallbrand-Löschpulver) sind in DIN EN 615 festgelegt [14.32]. Löschpulver sind unter einer Vielzahl von Handelsnamen am Markt, daher werden im Folgenden nur die wichtigsten Arten erwähnt.

Löschpulverarten:

Glutbrandpulver PG (ABC-Pulver)

Hauptbestandteile: Ammoniumphosphate und -sulfate, wasserabstoßend durch Zusatz von Metallstearaten bzw. Siliconen für Glut- und Flammbrände (vielseitig anwendbar)
Hauptlöschwirkung von ABC-Pulver: *Antikatalyse (Inhibitionseffekt)*
Die Löschpulverkörnchen lagern bevorzugt freie Radikale an die zur Aufrechterhaltung der Verbrennung erforderlich sind (Punkt 14.1.7)
Nebenlöschwirkung von ABC-Pulver: *Ersticken*
(durch Bildung einer Schmelzkruste auf dem Brandgut)

Normallöschpulver (BC-Pulver)

Hauptbestandteile: Natriumbicarbonat, Natriumhydrogencarbonat („Natron") wasserabstoßend durch Zusatz von Metallstearaten bzw. Siliconen; für Flammenbrände und Brände in trockenen elektrischen Anlagen
Hauptlöschwirkung von BC-Pulver: *Antikatalyse (Inhibitionseffekt)*

Schaumverträgliches Pulver SV (BC-Pulver SV)

Hauptbestandteile: Kaliumbicarbonat, wasserabstoßend durch Zusatz von Metallstearaten bzw. Siliconen
Hauptlöschwirkung von BC-Pulver SV: *Antikatalyse (Inhibitionseffekt)*
Zur Brandbekämpfung speziell auf Flughäfen: Wenn nach einem Pulvereinsatz die Flüssigkeitsfläche zum Schutz gegen Wiederentflammen mit Schaum abgedeckt werden muss, kann bei normalem Löschpulvereinsatz der Schaum schnell zerfallen. SV-Pulver zerstört den fertigen Schaum nicht.

Metallbrandpulver PM (D-Pulver)

Hauptbestandteile: Natriumchlorid (Kochsalz), teils auch Kaliumchlorid, wasserabstoßend durch Zusatz von Metallstearaten bzw. Silikonen;
Hauptlöschwirkung von D-Pulver: *Ersticken*
(durch Schmelzkrustenbildung auf dem Brandgut)
nur für Metallbrände (Metallverarbeitende Betriebe); Ausstoßen des Pulvers drucklos mit Hilfe einer „Pulverbrause".

Vorteile des Löschmittels Pulver:

- BC- und in etwas geringerem Ausmaß ABC-Pulver sind die einzigen schlagartig wirkenden Löschmittel (Löschzeit wenige Sekunden)

Nachteile des Löschmittels Pulver:

- nicht immer nachhaltiger Löscherfolg, es werden nur die Flammen gelöscht, eine Abdeckung brennbarer Flüssigkeiten erfolgt nicht, daher sind Rückzündungen an heißen Oberflächen, wie sie bei Bränden häufig anzutreffen sind, möglich
- Sichtbehinderung bei der Anwendung
- Wurfweite nicht besonders groß
- hinterlässt starke Verschmutzungen, die aufwändig und mit hohen Kosten beseitigt werden müssen (Entsorgung als Sonderabfall)
- apparativer Aufwand und Wartungsaufwand sehr hoch
- Löschmittel teuer.

14.3.4 Löschmittel Kohlendioxid

Chemische Zusammensetzung:	CO_2
Molmasse:	44,01 kg / kmol
Dichte als Gas:	ca. 1,97 kg / m³ (bei 0 °C, 1013 mbar)
Dichte als Flüssigkeit:	766 kg / m³
kritische Temperatur :	31 °C
kritischer Druck:	75,5 bar
Siedetemperatur	-78,5 °C
Füllgrad bei CO_2-Flaschen:	<= 0,75 kg / l
1 kg Flüssiggas ergibt	509 l Gas (bei 0 °C, 1013 mbar)
	546 l Gas (bei 20 °C, 1013 mbar)
1 l Flüssiggas ergibt	390 l Gas (bei 0 °C, 1013 mbar)
	418 l Gas (bei 20 °C, 1013 mbar)

Das Löschmittel Kohlendioxid ist ein farb- und geruchloses Gas, das ca. 1,53mal schwerer ist als Luft. Ab +165 °C wird es infolge der Wärmeausdehnung leichter als Luft und steigt nach oben (vergl. bei Rempe et al. [14.1] und in [14.33] sowie [14.34]). Deshalb ist CO_2 als Löschmittel im Freien weniger wirkungsvoll als in umschlossenen Räumen.

Bei Zimmertemperatur (+20 °C) lässt sich CO_2 unter einem Druck von ca. 56 bar zu einer farblosen Flüssigkeit verflüssigen. Die Speicherung von CO_2 erfolgt daher (bei kleineren Mengen) in verflüssigter Form in Druckgas-Stahlflaschen. Nach der Druckgasverordnung darf der Füllgrad bei CO_2-Flaschen nicht mehr als 0,75 kg / l betragen, d. h. pro Liter Flaschen-Volumen dürfen nicht mehr als 0,75 kg CO_2 eingefüllt werden.

Bei Erwärmung des Kohlendioxids in einer Stahlflasche geht das Flüssiggas oberhalb von 31 °C in den Gaszustand über. Daher steigt der Innendruck sehr steil an. Bei normaler Füllung (0,75 kg / l) wird der Flaschenprüfruck von 250 bar (Berstscheiben-Ansprechdruck) bei ca. 65 °C erreicht. CO_2-Stahlflaschen (auch von Feuerlöschern) sind daher *nicht* in Räumen mit überhöhten Temperaturen aufzubewahren. Auch direkte Sonneneinstrahlung ist zu vermeiden.

Anwendungsformen des Kohlendioxids:

- in reiner Gasform (mit „Gasdüse", für Brandklasse C)
- als CO_2 -Aerosol (mit „Nebeldüse", für Brandklasse B)
- mit CO_2-Schnee untermischt (mit Schneerohr, für Brandklasse B)

Hauptlöschwirkung von Kohlendioxid: *Ersticken*

durch teilweises Verdrängen des Sauerstoffes.
Es erfolgt auch bei CO_2-Schnee, der -78 °C „kalt" ist keine nennenswerte Abkühlung, da der Schnee nur geringes Wärmebindungsvermögen besitzt.
Einsatz von CO_2 nur bei reinen Flammenbränden (Brände flüssiger und gasförmiger Stoffe).

Zum sicheren Ablöschen von Bränden muss der Sauerstoffgehalt im Brandraum beim Einsatz von CO_2 auf unter 13,8 %, besser ca. 12 %, vermindert werden. Daher muss mindestens ca. 34 % der Raumluft durch CO_2 verdrängt werden.

Bei einigen Stoffen, die auch noch bei niedrigem Sauerstoffgehalt der Luft brennen, wie z. B. Alkohol, Äther, Acetylen, Schwefelkohlenstoff oder Wasserstoff, muss die Löschmittelkonzentration auf ca. 50 %, teilweise auch noch mehr, erhöht werden. Daher sind bei diesen Stoffen höhere Werte als 1 kg CO_2 pro m^3 Raum erforderlich; die erforderlichen Löschmittelkonzentrationen sind aus VdS 2093 [14.33] zu entnehmen.

Vorteile des Löschmittels Kohlendioxid:

- Elektrisch absolut nichtleitend, jedoch sind Sicherheitsabstände zu elektrischen Anlagen einzuhalten
- sehr schnelle Löschwirkung bei sachgemäßer Anwendung

- Sauberes Löschmittel
  - ohne jeden Rückstand
  - ohne chemische Einwirkung
- es wirkt weder ätzend noch korrosiv
- bei starkem Frost bleibt es funktionstüchtig und wirksam, die Entnahme aus den Behältern und die Wurfweite kann jedoch in ungünstigen Fällen beeinträchtigt werden (eine effektive Temperatur – Außentemperatur und Windabkühlung – von z.B. −50 °C ergibt einen Restdruck in der Flasche von nur ca. 7 bar!)

Nachteile des Löschmittels Kohlendioxid

- giftig für den Menschen (Tabelle 14-10)
- Löschwirkung vergleichsweise gering
- nur in geringer Löschentfernung wirksam
- schnelle Verflüchtigung (Rückzündung!)
- CO_2-Schnee bewirkt auf der Haut Gewebeschädigungen („Kälteverbrennungen“)
- Lagerung (Bevorratung) aufwändig
  - entweder unter hohen Druck (Druckgasflaschen)
  - oder bei tiefen Temperaturen (Tiefkühl-CO_2-Anlagen)

Die Wirkung von Kohlendioxid in der Umgebungsluft auf den Menschen hängt stark von der Konzentration des CO_2 ab. Als Spurengas (0,04 %), sie es in der Umgebungsluft enthalten ist, ist es für die Steuerung der Atmung von Säugetieren unentbehrlich.

Konzentration	Wirkung auf den Menschen
0,04 %	als Steuerkonzentration für die Atmung erforderlich
bis 5 %	für den Menschen i. a. ungefährlich
5 % bis 6 %	Kopfschmerzen, Unruhe, Atemnot
6 % bis 8 %	Ohnmacht, Krämpfe, Atemstillstand
über 8 %	Nach 30 bis 60 Minuten tödlich; bei schnellem Anstieg auf diese Konzentration: innerhalb kurzer Zeit Atemstillstand
über 30 %	Führen innerhalb von Sekunden zur Bewusstlosigkeit und nach wenigen Minuten (ca. 3) zum Tod.

Tabelle 14-10: Wirkung von CO_2 auf den Menschen (Hinweis: Die angegebenen Werte sind Richtwerte und medizinisch teilweise umstritten)

14.3.5 Löschmittel Stickstoff

Chemische Zusammensetzung:	N_2
Molmasse:	28,02 kg / kmol
Dichte als Gas:	ca. 1,6 kg / m^3 (bei 0 °C, 1013 mbar)
kritische Temperatur :	- 147,1 °C
kritischer Druck:	34,6 bar

Hauptlöschwirkung von Stickstoff: Ersticken

Verdrängung des Luftsauerstoffes am Brandort und Absenkung unter den für die Verbrennung erforderlichen stoffspezifischen Grenzwert des Brandgutes (analog CO_2, siehe Punkt 6.7.1)

Vorteile des Löschmittels Stickstoff:

- Stickstoff ist nicht toxisch
- Stockstoff hat gegenüber allen anderen Inertgasen (mit Ausnahme von CO_2) die beste Löschwirkung
- Stickstoff verteilt sich optimal im Raum, da die Dichte ähnlich wie Luft ist (Molmasse Stickstoff 28 gegenüber 29 bei Luft)
- Stickstoff ist einfach zu gewinnen
- Stickstoff kann in Gasgeneratoren chemisch gebunden sehr raumsparend gelagert werden (siehe Punkt 6.7.6.2)

Nachteile des Löschmittels Stickstoff:

- Löschwirkung vergleichsweise gering
- nur in geringer Löschentfernung wirksam
- schnelle Verflüchtigung (Rückzündung!), daher vorwiegende Anwendung in geschlossenen Räumen, vergl. Punkt 6.7.1.
- Lagerung und Bevorratung aufwändig
  - unter hohen Druck (Druckgasflaschen)
  - (Flüssigstickstoffanlagen sind machbar, jedoch noch nicht am Markt)
  - Stickstoff-Gas-Generatoren sind technisch aufwändig und unterliegen u. U. dem Sprengstoffgesetz

14.3.6 Löschmittel Argon und argonhaltige Mischgase

14.3.6.1 Argon

Chemische Zusammensetzung:	Ar
Molmasse:	39,94 kg / kmol
Dichte als Gas:	ca. 1,78 kg / m^3 (bei 0 °C, 1013 mbar)
kritische Temperatur :	- 122,4 °C
kritischer Druck:	49,0 bar

Argon ist ein aus der Umgebungsluft gewonnenes, chemisch neutrales, elektrisch nicht leitendes, farb-, geruch- und geschmackloses Edelgas. Es ist daher nicht umweltbelastend und physiologisch unbedenklich. Es ist zu 0,93 Vol.% in der Atmosphäre enthalten und fällt bei der Gewinnung von Sauerstoff und Stickstoff an.

Hauptlöschwirkung von Argon: *Ersticken*

(durch „Verdünnen" analog CO_2, siehe Punkt 14.3.5)

Anwendung ausschließlich in Raumschutzanlagen.

Anmerkung: Die Bemessung der erforderlichen Argon-Vorräte für Raumschutzanlagen kann mit Hilfe der Gleichung 6-16 bis Gleichung 6-18 und der Stoffkenndaten aus Tabelle 14-12 durchgeführt werden.

Vorteile des Löschmittels Argon:

siehe Stickstoff (Punkt 14.3.5)

Nachteile des Löschmittels Argon:

siehe Stickstoff (Punkt 14.3.5)

14.3.6.2 Inergen®

Inergen® ist ein argonhaltiges Mischgas aus Argon, Stickstoff und Kohlendioxid (siehe Tabelle 14-12).

Chemische Zusammensetzung:	Mischung aus 40 % Ar + 52 % N_2 + 8 % CO_2
rechnerische Molmasse:	ca. 34,07 kg / kmol
Dichte als Gas:	ca. 1,36 kg / m³ (bei 0 °C, 1013 mbar)

Hauptlöschwirkung von Inergen: *Ersticken*

(durch „Verdünnen" analog CO_2)
Die Anwendung von Inergen erfolgt bisher ausschließlich in Raumschutzanlagen.

Anmerkung: Die Bemessung der erforderlichen Inergen-Vorräte für Raumschutzanlagen kann mit Hilfe der Gleichung 6-16 bis Gleichung 6-18 und der Stoffkenndaten aus Punkt 14.4 durchgeführt werden.

Vorteile des Löschmittels Inergen:

siehe Stickstoff (Punkt 14.3.5)

Nachteile des Löschmittels Inergen:

siehe Stickstoff (Punkt 14.3.5)

14.3.6.3 Argonit®

Argonit® ist ein argonhaltiges Mischgas aus Argon und Stickstoff (Tabelle 14-12).

Chemische Zusammensetzung:	Mischung aus 50 % Ar + 50 % N_2
rechnerische Molmasse:	ca. 33,98 kg / kmol
Dichte als Gas:	ca. 1,42 kg / m³ (bei 0 °C, 1013 mbar)

Hauptlöschwirkung von Argonit: *Ersticken*

(durch „Verdünnen" analog CO_2)
Die Anwendung von Argonit erfolgt bisher ausschließlich in Raumschutzanlagen.

Anmerkung: Die Bemessung der erforderlichen Argonit-Vorräte für Raumschutzanlagen kann mit Hilfe der Gleichung 6-16 bis Gleichung 6-18 und der Stoffkenndaten aus Punkt 14.4 durchgeführt werden.

Vorteile des Löschmittels Argonit:

siehe Stickstoff (Punkt 14.3.5)

Nachteile des Löschmittels Argonit:

siehe Stickstoff (Punkt 14.3.5)

14.3.7 Löschmittel Halon

Halone sind Verbindungen von Kohlenwasserstoffen mit Halogenen (Fluor, Chlor, Brom, Jod). Bis in die 80er Jahre des 20. Jahrhunderts waren insbesondere die Halone 1211 (CF_2ClBr) und 1302 (CF_3Br) weltweit als Sonderlöschmittel im Einsatz.

Aufgrund der weitreichenden Folgen, die die Verwendung von bestimmten Halonen für die Ozonschicht und das Erdklima hat, hat die Europäische Union beschlossen die Verwendung zu verbieten [14.35]. Bundestag und Bundesrat haben am 22. März 1991 einer Verbotsverordnung *zu FCKW, ozonabbauenden CKW und Halonen* zugestimmt, die die Produktion sowie den Einsatz verbieten. Seit 1996 werden Deutschland keine Halone mehr verwendet. Vorräte der Feuerwehren und der Wirtschaft mussten geregelt entsorgt werden.

14.3.8 Löschmittel Halogenierte Kohlenwasserstoffe

Als Nachfolger für die Halone sind gasförmige halogenierte Löschmittel entwickelt worden, die in Anhang 3, Tabelle 14-11 aufgeführt sind. Derzeit (2021) sind in Deutschland nur

- FM-200® (CF_3-CHF- CF_3) und
- Novec® 1230 ($CF_3CF_2C(O)CF(CF_3)_2$)
- Trigon® 300 (CHF_3); siehe [6.181]).

als Löschmittel zugelassen. Sie werden ausschließlich in stationären Löschanlagen eingesetzt. Für alle in Tabelle 14-12 aufgeführten halogenierten Löschmittel gilt:

Hauptlöschwirkung: Kühlung (physikalische Kühlung siehe Punkt 14.1.5.1)

Die Kühlung erfolgt in der Flammenzone durch Aufbrechen von intra-molekularen Bindungen der Löschmittel. Die dafür erforderliche Energie wird der Flamme entzogen. Gleichzeitig entstehen durch das Aufbrechen von Bindungen reaktive Molekülbruchstücke, die durch Rekombination mit den für die Verbrennung erforderlichen freien Radikalen in der Verbrennungszone zu Kettenabruchreaktionen beitragen.

Eine gute Darstellung der teilweise komplexen Löschabläufe, der Vor- und Nachteile sowie der Anwendungsbereiche halogenisierter Löschgase haben Pleß et al. vorgelegt [14.78].

Nebenlöschwirkung: Antikatalyse (Inhibitionseffekt)
Förderung der Rekombination freier Radikale in der Flamme die für die Verbrennung erforderlich sind (siehe Punkt 14.1.7)

Bei Anwendung dieser Löschmittel kann es unter ungünstigen Umständen zur Bildung von korrosiven oder gesundheitsbedenklichen Folgeprodukten kommen (Pleß et al. [14.36]).

14.3.9 Löschmittel Aerosol

(Chemische) Zusammensetzung:	Aerosol aus Kaliumcarbonaten ($KHCO_3$; K_2CO_3), Kohlendioxid (CO_2), Stickstoff und Wasserdampf

Das Löschaerosol entsteht durch Verbrennung einer festen gummiartigen Masse (Pyrogen®), die aus Brennstoff, Oxidator und Katalysator besteht (z. B. Nitroguanidin, Kaliumnitrat, Ruß, u. a. m) und nachfolgende Kühlung der Verbrennungsprodukte mit Hilfe eines festen chemischen Kühlmittels (z. B. Magnesiumhydroxidkarbonat), dessen Kühlwirkung auf dem Zerfall bestimmter Substanzen beruht.

Die Kaliumcarbonate entstehen gasförmig und kondensieren aufgrund der Kühlung zu flüssigen und dann festen Teilchen. Daher sind die entstehenden Partikel sehr klein (wenige µm) und ergeben mit den übrigen Bestandteilen das quasi-homogene gasartige Aerosol. Dies verteilt sich ähnlich wie ein Gas im Raum. Die Aerosolwolke bleibt bis zu 60 Minuten stabil.

Hauptlöschwirkung des Aerosols: *Kühlung*

(physikalische Kühlung, siehe Punkt 14.1.5.1)

Nebenlöschwirkungen des Aerosols: *Antikatalyse*/Inhibitorisch

durch Entfernung der freien Radikale der Verbrennung bzw. Wandeffekt.
Ersticken
durch Verdünnen des verfügbaren Brennstoffes in der Flammenzone

Vorteile des Löschmittels Aerosol (nach Herstellerangaben):

- geringste bekannte löschwirksame Konzentration (ca. 100 g / m³)
- schlagartige Löschwirkung
- umweltverträglich
- trockene, nicht ätzende Chemikalie ist nicht korrosiv
- gute Erreichbarkeit auch kompliziert geformter Hohlräume („nahezu Gaseigenschaften")
- „kleine" Löschanlagen, dadurch leicht dislozierbar

Nachteile des Löschmittels Aerosol:

- relativ komplexer Aufbau der Feuerlöschgeneratoren (Abbildung 6-54)
- Anlagen unterliegen Sprengstoffgesetz (Klasse PT 1)

14.3.10 Oberflächenaktive Löschmittel

Im Folgenden werden einige derzeit (2021) noch nicht allgemein bekannte Löschmittel erläutert. Diese wurden überwiegend als so genannte „Saubere Löschmittel" (Clean Agents) als Ersatz für die Halone entwickelt (Punkt 14.3.7). Wegen der sehr guten spezifischen Löschwirkung der Halone suchte man vergleichbar wirkungsvolle Löschmittel insbesondere für Spezialfälle wie Militärfahrzeuge, Jagdflugzeuge und auch Raumfahrzeuge (eine gute Zusammenfassung findet man in [14.37]).

Manche der neuen Löschmittel könnten sich in den nächsten Jahren für spezielle Anwendungsfälle zu Standardlösungen entwickeln, wie es in der Vergangenheit z. B. mit Druckluftschaum (Punkt 6.5.6) und Kondensierten Aerosolen (Punkt 6.8) der Fall war. Einige der neuen Löschmittel werden in Nordamerika bereits recht aktiv auch für den allgemeinen Gebrauch vermarktet (u. a. FireOut®, ColdFire™, Firebane).

Oberflächenaktive Feuerlöschmittel wurden überwiegend gezielt entwickelt und zeigen in der Anwendung sämtlich die folgenden Eigenschaften, die je nach Zusammensetzung – die schon für die unten aufgeführten Produkte durchaus erheblich voneinander abweichen – mehr oder weniger ausgeprägt auftreten:

- Netzfähigkeit
(Herabsetzung der Oberflächenspannung des Wassers)
- sehr gute Kühlwirkung (als Folge der Netzfähigkeit)
- Emulgierfähigkeit
(Fähigkeit, insbesondere brennbare Flüssigkeiten im mikroskopischen Maßstab einzukapseln, wie es für Tenside – umgangssprachlich Seifen und Waschmittel – bekannt ist, siehe bei Seilnacht [14.38])
- Ausbildung eines Schaumfilmes
(z. T. auch mit Wasserfilm analog zu AFFF-Schaum, Punkt 14.3.2; Wasserhalbwertszeit i. a. deutlich höher als bei konventionellen Schäumen)
- Reduzierung der freien Radikale in der Flammzone
(Antikatalytische Löschwirkung, Punkt 14.1.7)
- Reduzierung des Brandrauches
(als Nebeneffekt der Emulgierfähigkeit)

Die oberflächenaktiven Löschmittel werden i. A. als 1 %ige bis 10 %ige Lösungen in Wasser eingesetzt und verstärken – wie alle Netzmittel – insbesondere die Kühlwirkung des Wassers durch Herabsetzen der Oberflächenspannung. Hierdurch wird ein weit intensiverer Kontakt mit der Oberfläche des Brandgutes ermöglicht, als er mit reinem Wasser erreicht werden kann. Die Herabsetzung der Oberflächenspannung bewirkt insbesondere ein besseres Eindringen des Löschmittels in poröses Brandgut. Beides wirkt sich auf den Löschmittelverbrauch und damit auf die Kosten für das Löschmittel und die erforderlichen Reinigungsarbeiten positiv aus.

Durch die Einkapselung flüssiger brennbarer Stoffe – emulgieren des Brandgutes im Wasser – durch oberflächenaktive Löschmittel wird ein Teil des brennbaren Stoffes gegenüber dem Sauerstoff abgetrennt. Im Gegensatz zur Schaumdecke, die eine definierte makroskopische Trennschicht darstellt, die sich ohne Beteiligung des brennbaren Stoffes aufbaut, wird durch die oberflächenaktiven Löschmittel der brennbare Stoff in mikroskopisch kleinen Bläschen eingehüllt, die von einer Wasserhaut umgeben sind (Myzellen, siehe bei Arne [14.39], Ophard et al. [14.40]). Dies wird durch spezielle Moleküle des Löschmittels – so genannte amphipathische Moleküle – ermöglicht, die ein hydrophobisches und ein hydrophiles Ende besitzen. Bei der Applikation des Löschmittels, dies durch Standard-Hohlstrahlrohre oder Schaumrohre erfolgen kann, muss allerdings der Löschmittelstrahl genügende Energie besitzen um ein mechanisches „Einarbeiten“ in die brennbare Flüssigkeit zu erreichen.

Die Einkapselung / Emulgierung ist derselbe Vorgang, durch den Seifen wasserunlösliche Verschmutzungen – z. B. Fett – in eine in Wasser emulgierbare

Suspension umwandeln (siehe bei [14.41]). Daher werden oberflächenaktive Löschmittel insbesondere auch in Fettbrandlöschern eingesetzt (vergl. Punkt 6.1.3.3).

Durch die Einkapselung wird einerseits die Verdampfung brennbarer Flüssigkeiten reduziert, anderseits durch das eingebrachte Wasser eine drastische Kühlung der oberen Flüssigkeitsschicht erreicht. Beide Effekte führen – je nach Brennstoff in durchaus unterschiedlichem Ausmaß (vergl. bei Hetzer [14.75]) – zur Reduzierung des verfügbaren Brennstoffes und somit zur Löschung durch Abmagerung.

Der Einsatz oberflächenaktiver Löschmittel führt nach Herstellerangaben und – soweit verfügbar – den Ergebnissen von Löschversuchen im Realmaßstab zu einer Reduzierung des (Gesamt-)Löschmittelverbrauches und – gegenüber z. B. konventionellem Schaum – reduzierten Löschmittelkosten. Daneben wird damit geworben, dass diese Löschmittel nicht korrodierend wirken und keine Rückstände hinterlassen, sondern im Gegenteil „reinigend" wirken (Waschmittel!).

Des Weiteren wird für diese Löschmittel allgemein die Fähigkeit zur Einkapselung von Rauchbestandteilen direkt an der Flamme hervorgehoben, die zu einer erheblichen Sichtverbesserung bei der Brandbekämpfung führt.

Die genauen chemischen Strukturen der jeweils verwendeten Moleküle wie auch die Zusammensetzung der Gemische sind derzeit noch Betriebsgeheimnisse der Hersteller.

<table>
<tr><th>Löschmittel</th><th>Löschwirkung</th><th>Brandklassen</th><th>Literatur</th></tr>
<tr><td>F 500</td><td rowspan="2">Kühlung, Antikatalyse</td><td>A, B, D</td><td>Dries [14.42], Fleischer [14.43], [14.44], [14.45].</td></tr>
<tr><td>FireAde 2000</td><td>A, B, D, F</td><td>[14.56] [14.57]</td></tr>
<tr><td>Cold Fire</td><td rowspan="2">Kühlung, Physikalische Kühlung, Antikatalyse</td><td>A, B, D, F</td><td>[14.46] [14.47], [14.48] [14.49] Allen [14.50]</td></tr>
<tr><td>FlameOut</td><td>A, B, D</td><td>Amiran [14.51] [14.52]</td></tr>
<tr><td>Firebane (Arctic Fire Freeze)</td><td rowspan="2">Kühlung</td><td>A, B, D</td><td>[14.53] [14.54] [14.55]</td></tr>
<tr><td>FEM 12 SC</td><td>A, B, D</td><td>[14.58]. [14.59] [14.60]</td></tr>
</table>

Tabelle 14-11: Einige Oberflächenaktive Löschmittel

14.3.11 Löschmittel PhostrEx

PhostrEx™ ist ein Löschmittel, das als Ersatz für die Halone (Punkt 14.3.7) entwickelt worden und für den Einsatz in Flugzeugturbinen und anderen Maschinen vorgesehen ist [14.61]. Es handelt sich um eine hochviskose gelbliche Flüssigkeit mit dem für Brom typischen medizinischen Geruch.

Zusammensetzung [14.62]:

Phosphortribromid PBr_3 (99 %, CAS 7789-60-8, UN Nr. 1808)
Stickstoff und Helium (≤ 1 %)

PBr_3 besteht zu 87 % Masse aus Brom, das durch die Brandwärme in Sekundenbruchteilen freigesetzt wird und das Feuer durch Kettenabruchreaktionen in der Flammzone löscht. Auf Grund der hohen Reaktivität können Brände innerhalb weniger Zehntelsekunden gelöscht werden.

Hauptlöschwirkung: Antikatalyse (Inhibitionseffekt)
Förderung der Rekombination freier Radikale in der Flamme die für die Verbrennung erforderlich sind (siehe Punkt 14.1.1) zu O_2 und H_2 durch das atomare Brom sowie chemische Reaktion des Phosphor mit den Freien Radikalen zu Phosphorsäure und Sauerstoff.

Nebenlöschwirkung: Kühlung (physikalische Kühlung siehe Punkt 14.1.5.1)
Die Kühlung erfolgt in der Flammenzone durch Aufbrechen von intramolekularen Bindungen des PBr_3 unter Freisetzung der drei Bromatome. Die dafür erforderliche Energie wird der Flamme entzogen. Gleichzeitig entstehen durch das Aufbrechen von Bindungen reaktive Molekülbruchstücke (Br und P), die durch Förderung der Rekombination der freien Radikalen in der Verbrennungszone zu Kettenabruchreaktionen beitragen.

PhostrEx™ ist als reaktives Agens hocheffektiv (nach Herstellerangaben je Masseneinheit mehr als 100-mal effektiver als Halone), so dass nur sehr wenig Löschmittel benötigt wird. Dies führt zu sehr leichten Löschanlagen, die nach Herstellerangaben etwa 90 % Gewichtseinsparung gegenüber Halonlöschanlagen erreichen. Die verfügbaren Löschanlagen sollen 10 Jahre wartungsfrei sein, so dass die Kosten über die Lebensdauer der Anlagen auf nur 10 % der Kosten von Halonlöschanlagen geschätzt werden.

PBr_3 reagiert sehr schnell mit der Luftfeuchte zu den wasserlöslichen Produkten HBr und H_3PO_3. Aufgrund der sofortigen Reaktion können das PBr_3 bzw. die Endprodukte nicht in die Stratosphäre transportiert werden, so dass das ODP von PhostrEx™ Null ist. Die Endprodukte werden durch Regen ausgewaschen und im Boden zu Salzen neutralisiert.

14.3.12 Löschmittel Halotron

Das Löschmittel Halotron ist in zwei verschiedenen Varianten auf dem Markt. Es werden Löschgase aus der Gruppe der fluorierten Kohlenwasserstoffe mit verschiedenen Inertgasen kombiniert [14.63], beide Halotrone sind patentiert.

Halotron I (HCFC Blend B)

Zusammensetzung [14.64]:
Mischung aus ca. 93 % $CH_2HCl_2F_3$ (HFC 123) + ca. 7 % herstellereigene Gasmischung

Halotron II

Zusammensetzung [14.65], [14.66]:
Mischung aus mindestens 70 % $C_2H_2F_4$ (HFC-134a), ca. 15 % C_2HF_5 (HFC 125) und ca. 15 % CO2

Beide Halotron-Löschmittel sind Flüssiggase und werden als Flüssigkeit ausgebracht die rasch verdampft, dadurch sind relativ große Wurfweiten möglich. Halotron I und II sind als s. g. saubere Löschmittel, die als Halonersatz dienen können, in den entsprechenden Listen der amerikanischen Umweltbehörde aufgelistet und haben dementsprechend sehr niedrige ODP. Halotrone hinterlassen keine Löschmittelrückstände sondern verdampfen vollständig.

Halotron I wird in den USA hauptsächlich in Feuerlöschern vermarktet und für die Brandklassen A und B eingesetzt. Für begrenzte Anwendungen in kleinen Räumen – z. B. Maschinenräume von Fahrzeugen, Elektro-Verteiler Räume – wird es auch als Löschgas für Gaslöschanlagen eingesetzt. Die Löschkonzentration von Halotron I (für Heptan) beträgt ca. 7 %.

Halotron II wird als Löschmittel in Gaslöschanlagen für Räume, in denen sich gewöhnlich keine Personen aufhalten, eingesetzt (z. B. Serverräume, Schalträume, Archive, [14.67]) und ist derzeit (2021) in Schweden, Finnland und – mit gewissen Randbedingungen – in den USA zugelassen.

Hauptlöschwirkung: Antikatalyse (Inhibitionseffekt)

Förderung der Rekombination freier Radikale in der Flamme die für die Verbrennung erforderlich sind (siehe Punkt 14.1.1) zu O_2 und H_2

Nebenlöschwirkung: Kühlung (physikalische Kühlung siehe Punkt 14.1.5.1*)*
Die Kühlung erfolgt in der Flammenzone durch Aufbrechen von intramolekularen Bindungen. Die dafür erforderliche Energie wird der Flamme entzogen. Gleichzeitig entstehen durch das Aufbrechen von Bindungen reaktive Molekülbruchstücke, die durch Förderung der Rekombination der freien Radikalen in der Verbrennungszone zu Kettenabruchreaktionen beitragen.

14.4 Anhang 4: Gasförmige Löschmittel

14.4.1 Technische Daten von Löschgasen

Bezeichnung nach Norm		**Handelsname**	**Chemische Zusammensetzung**	**löschwirksame Mindest-Nenn-Konzentration**[1]	**k-Faktoren nach DIN EN 15004** bzw. ISO 14 520		**Lagerung bei Überdruck/ Dichte**[2]	**Bedarf an Löschmittel CO_2 = 100 %**[3]
					k_1	**k_2**		
CO_2 ISO 5923		Kohlendioxid	CO_2	34 %	*0,50900* [4]	*0,00185* [4]	56 bar / 0,766 20 bar / 0,766[5]	100 % (100 %)
DIN EN 15004-x [14.68] *(ISO 14 520-x)* [14.69]								
CHF_3I	*(2)*		CF_3I	3,6 % (n. v.)	0,11380	0,00050	25 bar / 1,68	11 %
FC-2-1-8 [7]	*(3)*	CEA 308	$CF_3CF_2CF_3$	8,8 % (n. v.)	0,117123	0,004674	25 bar / 1,124	26 %
FC-3-1-10 [7]	*(4)*	CEA 410	C_4F_{10}	7,1 % (6,0 %)	0,094105	0,000345	25 bar / 1,28	21 %
HCFC Blend A HCFC-123 HCFC-22 HCFC-124	3	NAF S-III	$CHCl_2CF_3$ $CHClF_2$ $CHClFCF_3$ $C_{10}H_{16}$	9,9 % (6 %)	0,2413	0,00088	25 bar (42 bar) /1,2 [6]	29 %
HCFC 124 [7]	*(7)*	FE-241	CF_3CHClF	8 % (n. v.)	0,157500	0,000650	13,4 bar / 1,14	24 %
HFC 125	4	FE-25 NAFS125	CF_3CHF_2	9,3 % (6,7)	0,182500	0,000700	25 bar (42 bar) /1,218 [6]	27 %
HFC 227ea	5	FM-200 ®	$CF_3CHF\ CF_3$	6,9 % (4,9 %)	0,126900	0,000513	25 bar (42 bar) /1,41 [6]	21 %

Tabelle 14-12: Gasförmige Löschmittel Diese Tabelle wurde aus der Normenreihe EN 15004 ([14.68][14.38]) (entspricht ISO 14 520 [14.69] modifiziert) zusammengestellt.

Bezeichnung nach Norm		**Handelsname**	**Chemische Zusammensetzung**	**löschwirksame Mindest-Nenn-Konzentration**[1)]	**k-Faktoren nach DIN EN 15004** bzw. ISO 14 520		**Lagerung bei Überdruck/ Dichte**[2)]	**Bedarf an Löschmittel CO_2 = 100 %**[3)]
					k_1	k_2		
HFC 23	6	FE-13 Trigon® 300	CHF_3	12,3 % (10,5 %)	0,316400	0,001200	41,8 bar/ 0,807	36 %
HFC 236fa	(11)	FE-36	$C_2F_6CH_2$	6,4 % (n. v.)	0,141300	0,000600	25 bar / 1,2	19 %
IG-01	7	Argon	Ar	39,8 % (30,7 %)	0,56119	0,002055	165 bar	117 %
IG-100	8	Stickstoff	N_2	36,6 % (30 %)	0,799680	0,002930	200 bar	108 %
IG-55	9	Argonit ® i2®	50 % Ar 50 % N_2	36,6 % (28,7 %)	0,659800	0,002416	150 bar bis 300 bar	107 %
IG-541	10	Inergen®	40 % Ar 52 % N_2 8 % CO_2	37 % (28,3 %)	0,65799	0,002239[)]	150 bar bis 300 bar	108 %
FK-5-1-12	2	Novec® 1230	$CF_3CF_2C(O)CF(CF_3)_2$	5,9 % (5,3 %)	0,00664	0,000274	25 bar (42 bar) / 1,6 [6)]	15 %

1) gemessen bei Heptan-Bränden; Werte in Klammern gelten für Holzkrippen, Kunststoffe liegen etwas höher
2) bei + 20 °C in [kg / l]
3) für Flammenbrände, gerundet, gasförmig; Werte in Klammern: Masse in Vorratsform (Gas oder Flüssiggas)
4) berechnet aus allgemein verfügbaren Angaben, CO_2 ist nicht in der Normenreihe ISO 14 520 enthalten
5) bei – 20 °C
6) N_2-Druckpolster
7) Löschmittel werden nicht mehr hergestellt, die betreffenden Normteile der ISO 14 520 sind zurückgezogen

Tabelle 14-12 fortgesetzt: Gasförmige Löschmittel Diese Tabelle wurde aus der Normenreihe EN 15004 ([14.68][14.38]) (entspricht ISO 14 520 [14.69] modifiziert) zusammengestellt.

14.4.2 Einsatzmengen von Löschgasen

Ein Raum der Abmessungen 20 m * 10 m * 5 m, in dem entzündbare Flüssigkeiten (n-Heptan) abgefüllt werden, soll mit einer Gaslöschanlage geschützt werden. Dieser Raum soll keine gasdichten Einbauten, keinerlei Öffnungen nach Außen haben, die Dichtigkeit der Umfassungsbauteile entspricht üblicher Baupraxis im Massivbau, eine Lüftungsanlage ist nicht vorhanden. Der Raum befindet sich auf Meereshöhe, die erwartete Mindesttemperatur beträgt 20 °C. Zu berechnen ist die Löschmittel-Einsatzmenge.

14.4.2.1 Löschmittel Stickstoff

Stickstoff wird stets als Permanentgas in das Schutzvolumen eingebracht.

Einsatzmenge nach EN 15004-1

Gleichung 14-2: für *nicht verflüssigte Gase:*

$$Q^E_{PG} = V_R / S * \ln(100/[100-c])$$

mit:				
	Q^E	=	Einsatzmenge des Löschmittels	[kg]
	V_R	=	rechnerischen Volumen des Schutzbereiches	[m^3]
	S	=	spezifisches (Dampf-)Volumen des Löschgases	[m^3/kg]
	c	=	Auslegungskonzentration	[Vol.%]

Gleichung 14-3: $S = k_1 + k_2 * T$

mit:				
	k_1		aus der Löschmittelnorm	[m^3/kg]
	k_2		aus der Löschmittelnorm (hier in Tabelle 14-12 Anhang 4)	[m^3/kg K]
	T	=	erwartete Mindesttemperatur des Schutzbereiches	[°C]

Aus Tabelle 6-51 ergibt sich die erforderliche Auslegungskonzentration (n-Heptan) zu:

c = 47,6 %

Aus Tabelle 14-12 ergeben sich für die Faktoren zur Berechnung des spezifischen Gasvolumens des Löschmittels:

$k_1 = 0{,}799680\ m^3/kg$ $k_2 = 0{,}002930\ m^3/\ kg\ K$

und somit aus Gleichung 14-3: $S = 0{,}8583\ m^3/kg$ (bei 20 °C)

Also berechnet man aus Gleichung 14-2:

$$Q^E_{PG} = 20 * 10 * 5\ m] / 0{,}8583\ m^3/kg * \ln(100 / 100-47{,}6) = 753\ kg$$

Korrekturen der Einsatzmenge für die Temperatur und die Meereshöhe nach EN 15004-1 Punkt 7.7 sind hier nicht erforderlich.

Unterstellt man die Lagerung dieser Menge Löschgas beim Druck p_{Gas}, so ergibt sich mit der Gasdichte ρ_{Gas} (näherungsweise) ein benötigtes Netto-Lagervolumen von:

Gleichung 14-4: $V_{Lager} = Q^{E}_{PG} / (\rho_{Gas} * p_{Gas}/p_{Amb})$

mit:

Q^{E}_{PG}	=	Einsatzmenge	[kg]
ρ_{Gas}	=	Gasdichte (bei 1013 mbar und 20 °C)	[kg/m³]
p_{Gas}	=	Lagerdruck des Löschgases	[bar]
p_{Amb}	=	Umgebungsdruck	[bar]

Mit den Werten für Stickstoff ergibt sich dann:

$V_{Lager}(N_2) = 753\ kg / (1{,}165\ kg/m^3 * 200\ bar/1\ bar) = 3232\ l$

Einsatzmenge nach VdS 2380
Aus VdS 2380 Punkt 5.3 entnimmt man

Gleichung 14-5: $Q = (\rho_{Gas} * k_T * k_H) * \ln(100/[100-c_A]) * (V_R + k * A_R)$

$Q = (\rho_{Gas} * k_T * k_H) * \ln(100/[100-c_A]) * V_R + (\rho_{Gas} * k_T * k_H) * \ln(100/[100-c_A]) * k * A_R$

„Volumenterm“ ≡ prEN 15004-1 „Oberflächenterm“

mit:

Q	=	Einsatzmenge des Löschmittels	[kg]
ρ_{Gas}	=	1 / S = Gasdichte (1013 mbar, 20 °C)	[kg/m³]
c_A	=	Auslegungskonzentration	[Vol.%]
V_R	=	$V_v + 4\ V_Z - V_G$	[m³]
V_V	=	Raumvolumen	[m³]
V_Z	=	Lüftungsvolumen während der Flutungszeit	[m³]
V_G	=	Volumen gasdichter Einbauten	[m³]
k	=	0,27 Ausgleichskonstante	[m]

A_R	=	$A_V + 30 * A_0$	[m²]
A_V	=	Gesamtoberfläche incl. Öffnungen	[m²]
A_0	=	Gesamtfläche nicht verschließbarer Öffnungen	[m²]
k_T	=	Korrekturfaktor Temperatur	[-]
k_H	=	Korrekturfaktor Höhe	[-]
$k * 30\ A_0$	=	„Öffnungsterm“	[m²]

Anmerkung: A_V kann in Gleichung 14-5 vernachlässigt werden, wenn Aufbau und Erhalt der Löschkonzentration durch die Raumumfassung nachgewiesen werden. Der Nachweis kann durch Konzentrationsmessungen oder durch wiederkehrende Door-Fan-Prüfung erbracht werden.

Nach Tabelle 6-51 beträgt erforderliche Auslegungskonzentration (n-Heptan):

$c_A = 47,6\ \%$

Als Gasdichte ist anzusetzen:

$\rho_{Gas} = 1 / S = 1,165\ kg / m^3$

Das rechnerische Raumvolumen ergibt sich zu:

$V_R = (1000 + 4 * 0\text{-}0)\ m^3 = 1000\ m^3$

Die rechnerische Raumoberfläche ergibt sich zu:

$A_R = (700 + 30 * 0)\ m^3 = 700\ m^2$

Somit berechnet sich Q gemäß Gleichung 14-5:

$$Q = [1,165\ kg / m^3 * \ln(100/(100-47,6)) * 1000 m^3]$$

$$+ [1,165\ kg / m^3 * \ln(100/(100-47,6) * 0,27\ m * 700\ m^2]$$

$$Q = 895\ kg$$

Wenn $V_R + k * A_V > 1,47\ V_R$

so kann $V_R + k * (A_V + 30 * A_0) = 1,47\ V_R + k * 30 * A_0$ gesetzt werden.
(Begrenzung des Oberflächenfaktors auf 0,47 V_R; der „Öffnungsterm“ $k * 30\ A_0$ muss in jedem Fall berücksichtigt werden.)

Überprüfung: $(1000\ m^3 + 0,27\ m * 700\ m^2) / 1000 m^3 = 1,189$

folglich ist eine Korrektur der Einsatzmenge nicht erforderlich.

Korrekturen der Einsatzmenge für die Temperatur nach VdS 2380 Punkt 5.3.4.1 und die Meereshöhe nach VdS 2380 Punkt 5.3.4.2 sind hier nicht erforderlich (k_T und k_H gleich 1).

Analog ergibt sich nach Gleichung 14-4 ein benötigtes Netto-Lagervolumen bei 200 bar von:

$$V_{Lager}\ (N_2) = 895\ kg / (1,165\ kg/m^3 * 200\ bar / 1\ bar) = 3841\ l$$

14.4.2.2 Löschmittel FM 200®

FM 200 wird als verdampfendes Flüssiggas in das Schutzvolumen eingebracht.

Einsatzmenge nach EN 15004-1

Gleichung 14-6: für verflüssigte Gase:

$$Q^E_{FG} = V_R / S * c/(100-c) \quad \text{mit: S wie in Gleichung 14-3}$$

Aus Tabelle 6-51 ergibt sich die erforderliche Auslegungskonzentration (n-Heptan) zu:

$$c = 9,0\ \%$$

Aus Tabelle 14-12 ergeben sich für die Faktoren zur Berechnung des spezifischen Gasvolumens des Löschmittels:

$$k_1 = 0,126900\ m^3/kg \qquad k_2 = 0,000513\ m^3/kg\ K$$

und somit aus Gleichung 14-3: $S = 0,1372\ m^3/kg$ (bei 20 °C)

Also berechnet man aus Gleichung 14-6:

$$Q^E_{FG} = 1000\ [m^3] / 0,1372\ m^3/kg * 9/(100-9) = 721\ kg$$

Korrekturen der Einsatzmenge für die Temperatur und die Meereshöhe sind hier nicht erforderlich.

Nach Gleichung 14-4 ergibt sich ein nach EN 15004-1 benötigtes Netto-Lagervolumen für das Löschgas in flüssiger Form ($\rho_{FM\ 200,flüssig}$ = 1407 kg / m³) von:

$V_{Flüssiggas}$ (FM 200) = 721 kg / 1407 kg / m³ = 512 l

Mit der höchstzulässigen Fülldichte für FM200-Behälter in Löschanlagen von 1,150 kg / l ergibt sich ein Lagervolumen von

V_{Lager} (FM200) = 721 kg / 1,15 kg / l = 627 l

Einsatzmenge nach VdS 2381

Aus VdS 2381 Punkt 5.3 entnimmt man

Gleichung 14-7: $Q = \rho_{Gas} * k_T * k_H * c_A /(100- c_A) * (V_{R'} + k * A_V)$

$= \rho_{Gas} * k_T * k_H * c_A /(100- c_A) * V_{R'} + \rho_{Gas} * k_T * k_H * c_A /(100- c_A) * k*A_V$

„Volumenterm“ ≡ DIN EN 15004-1 „Oberflächenterm“

mit:

Q	=	Einsatzmenge des Löschmittels	[kg]
ρ_{Gas}	=	1 / S = Gasdichte (1013 mbar, 20 °C)	[kg / m³]
c_A	=	Auslegungskonzentration	[Vol.%]
$V_{R'}$	=	$V_v - V_G$	[m³]
V_V	=	Raumvolumen	[m³]
V_G	=	Volumen gasdichter Einbauten	[m³]
k	=	0,27 Ausgleichskonstante	[m]
A_V	=	Gesamtoberfläche incl. Öffnungen	[m²]
k_T	=	Korrekturfaktor Temperatur	[-]
k_H	=	Korrekturfaktor Höhe	[-]

Anmerkung: A_V kann in Gleichung 14-5 vernachlässigt werden, wenn Aufbau und Erhalt der Löschkonzentration durch die Raumumfassung nachgewiesen werden. Der Nachweis kann durch Konzentrationsmessungen oder durch wiederkehrende Door-Fan-Prüfung erbracht werden.

Nach Tabelle 6-51 beträgt die erforderliche Auslegungskonzentration (n-Heptan):

$$c_A = 8{,}8\,\%$$

Als Gasdichte ist anzusetzen:

$$\rho_{Gas} = 1 / S = 7{,}283\,kg / m^3$$

Das rechnerische Raumvolumen ergibt sich zu:

$$V_R = (1000\text{-}0)\,m^3 = 1000\,m^3$$

Die rechnerische Raumoberfläche ergibt sich zu:

$$A_v = 700\,m^3$$

Somit berechnet sich Q gemäß Gleichung 14-7:

$$Q = [1{,}165\,kg / m^3 * 8{,}8/(100\text{-}8{,}8) * 1000 m^3]$$

$$+ [1{,}165\,kg / m^3 * 8{,}8/(100\text{-}8{,}8) * 0{,}27\,m * 700\,m^2]$$

$$Q = 836\,kg$$

Wenn $V_R + 0{,}27\,m * A_V > 1{,}47\,V_R$

so kann $V_R + 0{,}27\,m * A_V = 1{,}47\,V_R$ gesetzt werden.

Überprüfung: $(1000\,m^3 + 0{,}27\,m * 700\,m^2) / 1000 m^3 = 1{,}189$

folglich ist eine Korrektur der Einsatzmenge nicht erforderlich.

Korrekturen der Einsatzmenge für die Temperatur nach VdS 2381 Punkt 5.3.4.1 und die Meereshöhe nach VdS 2381 Punkt 5.3.4.2 sind hier nicht erforderlich (k_T und k_H gleich 1).

Nach Gleichung 14-4 ergibt sich ein nach VdS 2381 benötigtes Netto-Lagervolumen für das Löschmittel in flüssiger Form ($\rho_{FM\ 200,flüssig} = 1407\,kg / m^3$) von:

$$V_{Flüssiggas}\,(FM\ 200) = 836\,kg / 1407\,kg / m^3 = 594\,l$$

Mit der höchstzulässigen Fülldichte für FM200-Behälter in Löschanlagen von 1,150 kg / l ergibt sich ein Lagervolumen von

$V_{Lager}(FM200) = 836\,kg / 1{,}15\,kg/l = 727\,l$

14.4.2.3 Löschmittel CO_2

Einsatzmenge nach VdS 2093

Gleichung 14-8:

$$Q = K_B * k_T * k_H * (0{,}75\,kg/m^3 * V_R + 0{,}20\,kg/m^2 * A_R) + Q_R + Q_G$$

mit:			
Q	=	Einsatzmenge des Löschmittels	[kg]
K_B	=	Korrekturfaktor Brennstoff	[-]
V_R	=	$V_v + 4\,V_Z - V_G$	[m³]
V_V	=	Raumvolumen	[m³]
V_Z	=	Lüftungsvolumen während der Flutungszeit	[m³]
V_G	=	Volumen gasdichter Einbauten	[m³]
A_R	=	$(A_V + 30\,A_0)$	[m²]
A_V	=	Gesamtoberfläche incl. Öffnungen	[m²]
A_0	=	Gesamtfläche nicht verschließbarer Öffnungen	[m²]
Q_R	=	Restmenge CO_2 im Rohrnetz	[m³]
Q_G	=	verdampfte CO_2-Menge	[m³]
k_T	=	Korrekturfaktor Temperatur	[-]
k_H	=	Korrekturfaktor Höhe	[-]

Anmerkung: A_V kann in Gleichung 14-5 vernachlässigt werden, wenn Aufbau und Erhalt der Löschkonzentration durch die Raumumfassung nachgewiesen werden. Der Nachweis kann durch Konzentrationsmessungen oder durch wiederkehrende Door-Fan-Prüfung erbracht werden.

Der Korrekturfaktor für den Brennstoff ergibt sich aus Tabelle 6-53 (n-Heptan) zu 1.

Das rechnerische Raumvolumen ergibt sich zu:

$V_R = (1000\text{-}0)\ m^3 = 1000\ m^3$

Für die vorgesehene Hochdruckanlage werden Q_R und Q_G gleich Null gesetzt.

Die rechnerische Raumoberfläche ergibt sich damit zu:

$A_v = 700\ m^3 + 30 * 0\ m^2 = 700\ m^2$

Somit berechnet sich Q gemäß Gleichung 14-8:

$Q = 1 * (0{,}75\ kg/m^3 * 1000\ m^3 + 0{,}20\ kg/m^2 * 700\ m^2) = 890\ kg$

Wenn	$0{,}75 * V_R + 0{,}20\ m * A_V > 1{,}1\ V_R$
so kann	$Q = K_B * (1{,}10\ kg/m^3 * V_R + 0{,}20\ kg/m^2 * A_0)$
gesetzt werden.	
Überprüfung:	$(0{,}75 * 1000\ m^3 + 0{,}20\ m * 700\ m^2) / 1000 m^3 = 0{,}890$

folglich ist eine Korrektur der Einsatzmenge nicht erforderlich.

Korrekturen der Einsatzmenge für die Temperatur nach VdS 2093 Punkt 5.3.4.1 und die Meereshöhe nach VdS 2093 Punkt 5.3.4.2 sind hier nicht erforderlich (k_H und k_T gleich 1).

Nach Gleichung 14-4 ergibt sich ein nach VdS 2093 benötigtes Netto-Lagervolumen für das Löschmittel in flüssiger Form ($\rho_{CO2,flüssig} = 1000\ kg/m^3$) von:

$V_{Flüssiggas}(CO_2) = 890\ kg / 1000\ kg/m^3 = 890\ l$

Mit der höchstzulässigen Fülldichte (Füllfaktor) für CO_2-Behälter in Löschanlagen von 0,750 kg/l ergibt sich ein Lagervolumen von

$V_{Lager}\ (CO_2) = 890\ kg / 0{,}75\ kg/l = 1187\ l$

Einsatzmenge nach ISO 6183

Gleichung 14-9: $Q = K_B * (0{,}70\ kg/m^3 * V_R + 0{,}20\ kg/m^2 * A_R)$

mit:				
	Q	=	Einsatzmenge Löschmittel	[kg]
	K_B	=	Korrekturfaktor Brennstoff	[-]
	V_R	=	$V_v + 4\ V_Z - V_G$	[m³]

V_V	=	Raumvolumen	[m³]
V_Z	=	Lüftungsvolumen während der Flutungszeit	[m³]
V_G	=	Volumen gasdichter Einbauten	[m³]
A_R	=	$(A_V + 30\ A_0)$	[m²]
A_V	=	Gesamtoberfläche incl. Öffnungen	[m²]
A_0	=	Gesamtfläche nicht verschließbarer Öffnungen	[m²]

Der Korrekturfaktor für den Brennstoff ergibt sich aus Tabelle 1 in ISO 6183 (n-Heptan) zu 1,03.

Das rechnerische Raumvolumen ergibt sich zu:

$$V_R = (1000\text{-}0)\ m^3 = 1000\ m^3$$

Die rechnerische Raumoberfläche ergibt sich zu:

$$A_v = 700\ m^3 + 30 * 0\ m^2 = 700\ m^2$$

Somit berechnet sich Q gemäß Gleichung 14-9:

$$Q = 1{,}03 * (0{,}70\ kg/m^3 * 1000\ m^3 + 0{,}20\ kg/m^2 * 700\ m^2) = 865\ kg$$

Mit der höchstzulässigen Fülldichte (Füllfaktor) für CO_2-Behälter in Löschanlagen von 0,750 kg/l ergibt sich ein Lagervolumen von

$$V_{Lager}\ (CO_2) = 865\ kg / 0{,}75\ kg/l = 1154\ l$$

14.5 Anhang 5: DIN 18232-2:2003-06 Tabelle 3

Tabelle 3 – Notwendige Rauchabzugsflächen Aw [m²] je Rauchabschnitt							
Raumhöhe	**Höhe der Rauchschicht**	**Höhe der raucharmen Schicht**	**Bemessungsgruppe**				
h in m	*z* in m	*d* in m	1	2	3	4	5
3,0	0,5	2,5	4,8	6,2	8,2	11,0	15,4
3,5	1,0	2,5	3,4	4,4	5,8	7,8	10,6
	0,5	3,0	6,9	8,7	11,3	15,0	20,4
4,0	1,5	2,5	2,8	3,6	4,7	6,4	8,9
	1,0	3,0	4,9	6,2	8,0	10,6	14,4
4,5	2,0	2,5	2,4	3,1	4,1	5,5	7,7
	1,5	3,0	4,0	5,0	6,5	8,7	11,8
	1,0	3,5	5,9	8,4	10,7	13,9	18,6
5,0	2,5	2,5	2,2	2,8	3,7	4,9	6,9
	2,0	3,0	3,4	4,4	5,7	7,5	10,2
	1,5	3,5	4,8	6,8	8,7	11,4	15,2
	1,0	4,0	7,1	10,3	13,8	17,7	23,4
5,5	3,0	2,5	2,0	2,5	3,3	4,5	6,3
	2,5	3,0	3,0	3,9	5,1	6,7	9,1
	2,0	3,5	4,2	5,9	7,5	9,8	13,1
	1,5	4,0	5,8	8,5	11,3	14,5	19,1
	1,0	4,5	8,2	12,2	17,4	22,2	28,8
6,0	3,5	2,5	1,8	2,3	3,1	4,2	5,8
	3,0	3,0	2,7	3,6	4,6	6,1	8,3
	2,5	3,5	3,7	5,3	6,7	8,8	11,8
	2,0	4,0	5,0	7,3	9,8	12,6	16,5
	1,5	4,5	6,7	10,0	14,0	18,1	23,5
	1,0	5,0	9,3	14,1	20,5	27,2	35,0
6,5	4,0	2,5	1,7	2,2	2,9	3,9	5,4
	3,5	3,0	2,6	3,3	4,3	5,7	7,7
	3,0	3,5	3,4	4,8	6,2	8,0	40,7
	2,5	4,0	4,5	6,5	8,7	11,2	14,8
	2,0	4,5	5,8	8,6	12,3	15,7	20,4
	1,5	5,0	7,6	11,4	16,7	22,2	28,6
	1,0	5,5	10,3	15,7	23,4	32,7	41,8
7	4,5	2,5	1,6	2,1	2,7	3,7	5,1
	4,0	3,0	2,4	3,1	4,0	5,3	7,2
	3,5	3,5	3,2	4,5	5,7	7,4	9,9
	3,0	4,0	4,1	6,0	8,0	10,2	13,5
	2,5	4,5	5,1	7,7	11,0	14,0	18,2
	2,0	5,0	6,6	9,9	14,5	19,2	24,7
	1,5	5,5	8,4	12,9	19,1	26,7	34,2
	1,0	6,0	11,9	17,3	26,3	38,5	49,4

Tabelle 3 – Notwendige Rauchabzugsflächen Aw [m²] je Rauchabschnitt							
Raumhöhe	**Höhe der Rauchschicht**	**Höhe der rauch-armen Schicht**	**Bemessungsgruppe**				
7,5	5,0	2,5	1,5	2,0	2,6	3,5	4,9
	4,5	3,0	2,2	2,9	3,8	5,0	6,8
	4,0	3,5	3,0	4,2	5,3	7,0	9,3
	3,5	4,0	3,8	5,5	7,4	9,5	12,5
	3,0	4,5	4,8	7,0	9,5	12,5	16,6
	2,5	5,0	5,9	8,8	13,0	17,2	22,1
	2,0	5,5	7,3	11,1	16,6	23,2	29,6
	1,5	6,0	9,7	14,1	21,4	31,4	40,3
	1,0	6,5	14,4	18,7	28,9	43,1	57,7
8	5,5	2,5	1,5	1,9	2,5	3,3	4,6
	5,0	3,0	2,1	2,8	3,6	4,8	6,5
	4,5	3,5	2,7	3,9	5,0	6,6	8,8
	4,0	4,0	3,6	5,2	6,9	8,9	11,7
	3,5	4,5	4,4	6,5	9,3	11,8	15,4
	3,0	5,0	5,4	8,1	11,9	15,4	20,2
	2,5	5,5	6,5	9,9	14,8	20,7	26,5
	2,0	6,0	8,4	12,2	18,6	27,2	34,9
	1,5	6,5	11,7	15,2	23,6	35,2	47,1
	1,0	7,0	17,1	19,9	31,4	47,7	66,8
8,5	6,0	2,5	1,4	1,8	2,4	3,2	4,4
	5,5	3,0	2,0	2,6	3,4	4,5	6,2
	5,0	3,5	2,7	3,7	4,8	6,2	8,3
	4,5	4,0	3,3	4,9	6,5	8,4	11,0
	4,0	4,5	4,1	6,1	8,7	11,1	14,4
	3,5	5,0	5,0	7,5	11,0	14,5	18,7
	3,0	5,5	5,9	9,1	13,5	18,9	24,1
	2,5	6,0	7,5	10,9	16,6	24,4	31,2
	2,0	6,5	10,2	13,2	20,5	30,5	40,8
	1,5	7,0	13,9	16,2	25,7	38,9	54,6
	1,0	7,5	20,0	22,0	33,7	52,1	76,7

Tabelle 3 – Notwendige Rauchabzugsflächen Aw [m²] je Rauchabschnitt							
Raumhöhe	**Höhe der Rauchschicht**	**Höhe der raucharmen Schicht**	**Bemessungsgruppe**				
9	6,5	2,5	1,3	1,7	2,3	3,0	4,3
	6,0	3,0	1,9	2,5	3,3	4,3	5,9
	5,5	3,5	2,5	3,6	4,5	5,9	7,9
	5,0	4,0	3,2	4,6	6,2	7,9	10,5
	4,5	4,5	3,9	5,7	8,2	10,4	13,6
	4,0	5,0	4,7	7,0	10,3	13,6	17,5
	3,5	5,5	5,5	8,4	12,5	17,5	22,4
	3,0	6,0	6,9	10,0	15,2	22,5	28,5
	2,5	6,5	9,1	11,8	18,3	27,3	36,5
	2,0	7,0	12,1	14,1	22,2	33,7	47,2
	1,5	7,5	16,4	17,9	27,5	42,5	62,6
	1,0	8,0	23,3	25,4	35,7	56,2	83,9
9,5	7,0	2,5	1,3	1,7	2,2	3,0	4,1
	6,5	3,0	1,9	2,4	3,1	4,2	5,7
	6,0	3,5	2,4	3,4	4,4	5,7	7,6
	5,5	4,0	3,0	4,4	5,9	7,6	10,0
	5,0	4,5	3,7	5,5	7,8	9,9	12,9
	4,5	5,0	4,4	6,6	9,7	12,8	16,5
	4,0	5,5	5,1	7,8	11,7	16,4	20,9
	3,5	6,0	6,4	9,2	14,0	20,6	26,4
	3,0	6,5	8,3	10,8	16,7	24,9	33,3
	2,5	7,0	10,8	12,6	19,9	30,1	42,3
	2,0	7,5	14,2	15,5	23,8	36,8	54,1
	1,5	8,0	19,1	20,7	29,1	45,9	68,5
	1,0	8,5	26,9	29,2	37,4	60,1	91,1

Tabelle 3 – Notwendige Rauchabzugsflächen Aw [m²] je Rauchabschnitt							
Raumhöhe	**Höhe der Rauchschicht**	**Höhe der raucharmen Schicht**	**Bemessungsgruppe**				
10	7,5	2,5	1,2	1,6	2,1	2,9	4,0
	7,0	3,0	1,8	2,3	3,0	4,0	5,5
	6,5	3,5	2,3	3,3	4,2	5,5	7,3
	6,0	4,0	2,9	4,2	5,6	7,2	9,5
	5,5	4,5	3,5	5,2	7,4	9,5	12,3
	5,0	5,0	4,2	6,3	9,2	12,1	15,6
	4,5	5,5	4,8	7,4	11,1	15,4	19,7
	4,0	6,0	6,0	8,6	13,1	19,3	24,7
	3,5	6,5	7,7	10,0	15,5	23,1	30,9
	3,0	7,0	9,8	11,5	18,2	27,5	38,6
	2,5	7,5	12,7	13,9	21,3	32,9	48,4
	2,0	8,0	16,5	18,0	25,2	39,7	59,3
	1,5	8,5	22,0	23,8	30,5	49,1	74,4
	1,0	9,0	30,9	33,2	38,7	63,7	98,2
10,5	8,0	2,5	1,2	1,6	2,0	2,8	3,8
	7,5	3,0	1,7	2,3	2,9	3,9	5,3
	7,0	3,5	2,2	3,2	4,0	5,3	7,0
	6,5	4,0	2,8	4,1	5,4	7,0	9,2
	6,0	4,5	3,4	5,0	7,1	9,0	11,8
	5,5	5,0	4,0	6,0	8,8	11,6	14,9
	5,0	5,5	4,6	7,1	10,5	14,6	18,7
	4,5	6,0	5,6	8,1	12,4	18,2	23,3
	4,0	6,5	7,2	9,3	14,5	21,6	28,9
	3,5	7,0	9,1	10,6	16,8	23,5	35,7
	3,0	7,5	11,6	12,7	19,5	30,4	44,2
	2,5	8,0	14,6	16,6	22,6	35,5	53,7
	2,0	8,5	19,1	20,6	26,4	42,5	64,4
	1,5	9,0	252,0	27,1	31,6	52,0	80,2
	1,0	9,5	35,1	37,6	41,7	67,8	104,9

Tabelle 3 – Notwendige Rauchabzugsflächen Aw [m²] je Rauchabschnitt							
Raumhöhe	**Höhe der Rauchschicht**	**Höhe der raucharmen Schicht**	**Bemessungsgruppe**				
11	8,5	2,5	1,2	1,5	2,0	2,7	3,7
	8,0	3,0	1,7	2,2	2,8	3,7	5,1
	7,5	3,5	2,1	3,1	3,9	5,1	6,8
	7,0	4,0	2,7	3,9	5,2	6,7	8,8
	6,5	4,5	3,2	4,8	6,8	8,7	11,3
	6,0	5,0	3,8	5,7	8,4	11,1	14,3
	5,5	5,5	4,4	6,7	10,0	14,0	17,8
	5,0	6,0	5,3	7,7	11,7	17,2	22,1
	4,5	6,5	6,8	8,8	13,6	20,3	27,2
	4,0	7,0	8,5	9,9	15,7	23,8	33,4
	3,5	7,5	10,7	11,7	18,1	27,8	40,9
	3,0	8,0	13,5	14,7	20,6	32,5	48,4
	2,5	8,5	17,0	18,4	23,6	38,0	57,6
	2,0	9,0	21,8	23,5	27,4	45,0	69,4
	1,5	9,5	28,7	30,7	34,0	54,6	85,7
	1,0	10,0	39,7	42,4	46,7	69,6	111,4
11,5	9,0	2,5	1,1	1,5	1,9	2,6	3,6
	8,5	3,0	1,6	2,1	2,7	3,6	4,9
	8,0	3,5	2,1	3,0	3,8	4,9	6,6
	7,5	4,0	2,6	3,8	5,0	6,5	8,5
	7,0	4,5	3,1	4,6	6,6	8,4	10,9
	6,5	5,0	3,7	5,5	8,1	10,7	13,7
	6,0	5,5	4,2	6,4	9,6	13,4	17,1
	5,5	6,0	5,1	7,4	11,2	16,4	21,1
	5,0	6,5	6,4	8,4	12,9	19,3	25,8
	4,5	7,0	8,0	9,4	14,8	22,5	31,5
	4,0	7,5	10,0	11,0	16,7	26,0	38,3
	3,5	8,0	12,5	13,6	19,1	30,0	44,8
	3,0	8,5	15,6	16,8	21,6	34,7	52,6
	2,5	9,0	19,5	21,0	24,5	40,3	62,1
	2,0	9,5	24,8	26,6	29,5	47,3	74,2
	1,5	10,0	32,4	34,6	38,1	56,8	90,9
	1,0	10,5	44,7	47,5	52,0	71,9	117,4

Tabelle 3 – Notwendige Rauchabzugsflächen Aw [m²] je Rauchabschnitt							
Raumhöhe	**Höhe der Rauchschicht**	**Höhe der rauch-armen Schicht**	**Bemessungsgruppe**				
12	9,5	2,5	1,1	1,4	1,9	2,5	3,5
	9,0	3,0	1,6	2,1	2,7	3,5	4,8
	8,5	3,5	2,0	2,9	3,7	4,8	6,4
	8,0	4,0	2,5	3,7	4,9	6,3	8,3
	7,5	4,5	3,0	4,5	6,4	8,1	10,5
	7,0	5,0	3,5	5,3	7,8	10,3	13,2
	6,5	5,5	4,0	6,2	9,2	12,8	16,4
	6,0	6,0	4,9	7,1	10,7	15,7	20,2
	5,5	6,5	6,1	8,0	12,3	18,4	24,6
	5,0	7,0	7,6	8,9	14,1	21,3	29,9
	4,5	7,5	9,5	10,4	15,6	24,5	36,1
	4,0	8,0	11,7	12,7	17,8	28,1	42,0
	3,5	8,5	14,4	15,6	20,0	32,1	48,7
	3,0	9,0	17,8	19,2	22,3	36,8	56,7
	2,5	9,5	22,2	23,8	26,4	42,3	66,4
	2,0	10,0	28,1	30,0	33,0	49,2	78,8
	1,5	10,5	36,5	38,8	42,5	58,7	95,4
	1,0	11,0	49,9	53,0	57,8	73,7	123,0

a Bei Zwischenwerten muss der jeweils nächst höhere Wert gewählt werden.
b Für Räume höher 12m dürfen diese Werte auch von 12m hohen Räumen verwendet werden, wenn die Höhe der jeweiligen raucharmen Schicht zu Grunde gelegt wird.
Anmerkung: Die in dieser Tabelle angegebenen Aw-Werte beinhalten keine Sicherheitszuschläge.

14.6 Anhang 6: Temperatur-Zeitkurven

Bei der Prüfung von Bauteilen nach bzw. DIN EN 13501-2 [3.5] werden die Temperaturen im Brandofen nach der so genannten Einheitstemperaturkurve gefahren (Abbildung 14-10). Ein Bauteil hat die Prüfung bestanden, wenn die Prüfkriterien bis zur entsprechenden Minute erfüllt werden.

Beispiel: REI 30 Bezeichnung für ein Bauteil, dass den Temperaturen der ETK 30 Minuten lang standhält ohne zu versagen. (Genaue Versagenskriterien für verschiedene Bauteile siehe DIN EN 13501-1 bis DIN EN 13501-5)

Die Einheits-Temperaturkurve nach DIN EN 1363-1 ist gegenüber obiger Kurve um 20 K nach oben verschoben, da der Startpunkt bei + 20 °C liegt.

Wenn ein Bauteil in einem Bauwerk eingebaut werden soll, in dem höherer Brandbelastungen als die der DIN EN 13501-2 zu Grunde liegenden erwartet werden, so ist es ggf. nach anderen Temperatur-Zeitkurven zu prüfen. Einige dieser Kurven zeigt Abbildung 14-10. Die Berechnungsvorschriften für Brandkurven findet man z.B. bei Schneider et al. [14.72].

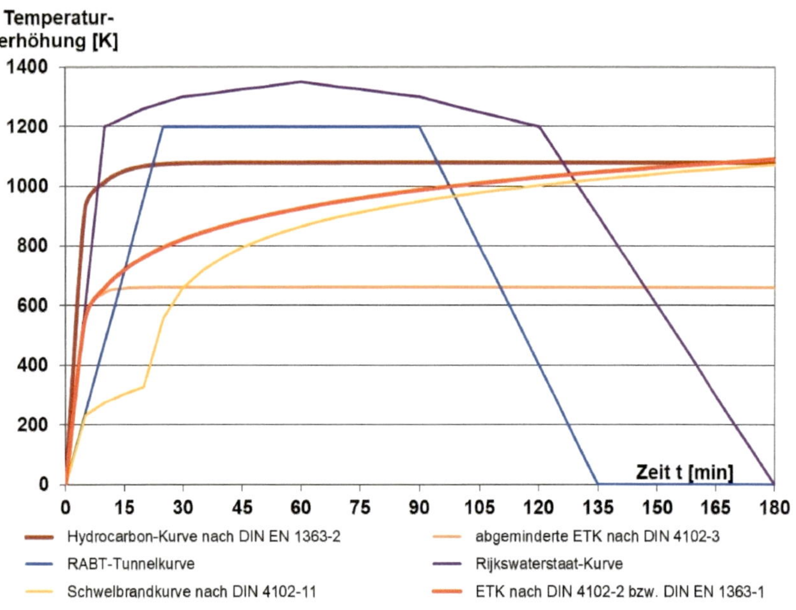

Abbildung 14-10: Temperatur-Zeitkurven für die Bauteilprüfung

14.7 Anhang 7: Schadstoffe bei Bränden

Die Tabellen dieses Punktes sind der vfdb-Richtlinie 10/03 Schadstoffe bei Bränden [14.73] entnommen.

Kohlenwasserstoffe

Brennbarer Stoff	Brandphase				Kalte Brandstelle
	Entstehungsbrand	**Vollbrand**	**Brandbekämpfung**	**Nachlösch- und Abkühlungsphase**	**Sanierung, Entschuttung, Entsorgung**
Aliphatische Kohlenwasserstoffe	CO_2, CO, H_2O, KW	CO_2, CO, H_2O, Aromaten, PAK, gesättigte und ungesättigte KW, Alkohole, **Aldehyde**, Carbonsäuren	CO_2, CO, H_2O, Aromaten, PAK, gesättigte und ungesättigte KW, Alkohole, **Aldehyde,** Carbonsäuren	Aromaten, PAK, gesättigte und ungesättigte KW, Alkohole, **Aldehyde,** Carbonsäuren	(Aromaten), PAK, **Aldehyde**
Aliphatische Chlor-Kohlenwasserstoffe	CO_2, CO, H_2O, **HCl, CKW**	CO_2 ,CO, H_2O **HCl**, $COCl_2$, Aromaten, **Chlor-(Brom)-aromaten,** PCDD / PCDF, gesättigte und ungesättigte KW, z.T. **CKW** **Vinylchlorid,** PBrDD / PBrDF	CO_2 ,CO, H_2O **HCl,** Aromaten, **Chlor(Brom)-aromaten,** PCDD / PCDF gesättigte und ungesättigte KW, z.T. **CKW** **Vinylchlorid,** PBrDD / PBrDF	HCl, Aromaten, **Chlor(Brom)-aromaten** PCDD / PCDF gesättigte und ungesättigte KW, z.T. **CKW** Vinylchlorid, PBrDD / PBrDF	**Chlor(Brom)-aromaten,** PCDD / PCDF PBrDD / PBrDF
Aromaten	CO_2, CO, H2O **Aromaten PAK**	CO_2, CO, H_2O NOx, **Aromaten, PAK,** Alkene, **Aldehyde**	CO_2, CO, H_2O **Aromaten, PAK,** Alkene, **Aldehyde**	**Aromaten, PAK, Aldehyde**	**Aromaten, PAK, Aldehyde**
Chloraromaten	CO_2, CO, HClChloraromaten	CO_2, CO, H_2O,HCl, $COCl_2$,**Chloraromaten, PCDD / PCDF,** gesättigte und ungesättigte KW, **CKW,** PBrDD / PBrDF	CO_2, CO, H_2O, HCl, $COCl_2$, **Chloraromaten, PCDD / PCDF,** gesättigte und ungesättigte KW, **CKW,** PBrDD / PBrDF	**Chloraromaten, PCDD / PCDF,** gesättigte und ungesättigte KW, **CKW,** PBrDD / PBrDF	**Chloraromaten, PCDD / PCDF,** CKW, PBrDD / PBrDF

1. Reihe	Mineralisierungs- und Nebenprodukte
2. und folgende Reihen	Schadstoffe der unvollständigen Verbrennung und Pyrolyse
fett	Hauptanteile schädlicher Verbindungen
normal	in Rauchgasen, Ruß oder Flugaschen enthaltene schädliche Verbindungen
( )	nur in geringeren Anteilen noch enthalten
KW	Kohlenwasserstoffe
CKW	Chlorkohlenwasserstoffe

Tabelle 14-13: Mögliche Verbrennungs- und Brandfolgeprodukte bei Bränden mit Kohlenwasserstoffen in den verschiedenen Brandphasen

Polymere

Brennbarer Stoff	**Brandphase**				**Kalte Brandstelle**
	Entstehungsbrand	**Vollbrand**	**Brandbekämpfung**	**Nachlösch- und Abkühlungsphase**	**Sanierung, Entschuttung Entsorgung**
Polymer mit CH	CO_2, CO, H_2O KW	CO_2, CO, H_2O NOx, Aromaten, PAK, gesättigte und ungesättigte KW, Alkohole, **Aldehyde** Carbonsäuren	CO_2, CO, H_2O NOx Aromaten, PAK, gesättigte und ungesättigte KW, Alkohole, **Aldehyde** Carbonsäuren	Aromaten, PAK **Aldehyde**	Aromaten, PAK **Aldehyde**
Polymer mit Aromaten	CO_2, CO, H_2O **Aromaten,** PAK	CO_2, CO, H_2O **Aromaten,** **PAK,** Alkene, **Aldehyde,**	CO_2, CO, H_2O **Aromaten,** **PAK,** Alkene, **Aldehyde,**	**Aromaten,** **PAK,** Alkene, **Aldehyde,**	Aromaten, **PAK**
Polymer mit N	CO_2, CO, H_2O NOx,Amine	CO_2, CO, H_2O **HCN,** NOx **Ammoniak,** Aromaten, PAK, Amine, KW, Aldehyde, Carbonsäuren **Isocyanate**	CO_2, CO, H_2O **HCN,** NOx **Ammoniak,** Aromaten, PAK, Amine, KW, Aldehyde, Carbonsäuren, **Isocyanate**	Aromaten, PAK Amine, Aldehyde	Aromaten, PAK Amine, Aldehyde
Polymer mit Halogenen	CO_2, CO, H_2O **HCl, CKW**	CO_2, CO, H_2O **HCl,** $COCl_2$, **CKW, Chloraromaten** PCDD / DF, **Aromaten**, gesättigte und ungesättigte KW PBrDD / PBrDF	CO_2, CO, H_2O **HCl,** $COCl_2$ **CKW, Chloraromaten** PCDD / DF, **Aromaten**, gesättigte und ungesättigte KW PBrDD / PBrDF	**CKW, Chloraromaten** PCDD / DF, **Aromaten**, gesättigte und ungesättigte KW PBrDD / PBrDF	**Chloraromaten** PCDD, PCDF, **Aromaten,** PBrDD / PBrDF

Brennbarer Stoff	**Brandphase**				**Kalte Brandstelle**
	Entstehungsbrand	**Vollbrand**	**Brandbekämpfung**	**Nachlösch- und Abkühlungsphase**	**Sanierung, Entschuttung Entsorgung**
1. Reihe		Mineralisierungs- und Nebenprodukte			
2. und folgende Reihen		Schadstoffe der unvollständigen Verbrennung und Pyrolyse			
fett		Hauptanteile schädlicher Verbindungen			
normal		in Rauchgasen, Ruß oder Flugaschen enthaltene schädliche Verbindungen			
( )		nur in geringeren Anteilen noch enthalten			
KW		Kohlenwasserstoffe			
CKW		Chlorkohlenwasserstoffe			

Tabelle 14-14: Mögliche Verbrennungs- und Brandfolgeprodukte bei Bränden mit Polymeren in den verschiedenen Brandphasen

Naturprodukte, Schwefel- und Phosphorverbindungen

Brennbarer Stoff	**Brandphase**				**Kalte Brandstelle**
	Entstehungsbrand	**Vollbrand**	**Brandbekämpfung**	**Nachlösch- und Abkühlungsphase**	**Sanierung, Entschuttung, Entsorgung**
Cellulose (Holz, Papier, Zellstoffe)	CO_2, CO, H_2O	CO_2, CO, H_2O, **Aldehyde**, Aromaten, PAK, Alkohole, Essigsäure, KW	CO_2, CO, H_2O, **Aldehyde**, Aromaten, PAK, Alkohole, Essigsäure, KW	**Aldehyde**, Aromaten, PAK, Alkohole, Essigsäure, KW	(Aromaten), PAK,
Eiweißprodukte (Wolle, Haare Federn)	CO_2, CO, H_2O, HCN, SO_2	CO_2, CO, H_2O, **HCN, H_2S, SO_2** **Amine,** Aromaten, PAK, KW	CO_2, CO, H_2O, **HCN, H_2S, SO_2** **Amine,** Aromaten, PAK	**Amine,** Aromaten, PAK	(Aromaten), PAK
organische Schwefelverbindungen	CO_2, CO, **SO_2** Mercaptane	CO_2, CO, **SO_2**, **H_2S** Aromaten, PAK, KW	CO_2, CO, **SO_2**, **H_2S** Aromaten, PAK	Aromaten, PAK	(Aromaten), PAK
Organische Phosphorverbindungen	CO_2, CO,H_2O, P_4O_{10}	CO_2, CO, H_2O, **P_4O_{10}**, Aromaten, PAK	CO_2, CO, H_2O, **P_4O_{10}**, Aromaten, PAK	**Phosphorsäure** Aromaten, PAK	**Phosphorsäure** (Aromaten), PAK
1. Reihe		Mineralisierungs- und Nebenprodukte			
2. und folgende Reihen		Schadstoffe der unvollständigen Verbrennung und Pyrolyse			
fett		Hauptanteile schädlicher Verbindungen			
normal		in Rauchgasen, Ruß oder Flugaschen enthaltene schädliche Verbindungen			
( )		nur in geringeren Anteilen noch enthalten			
KW		Kohlenwasserstoffe			
CKW		Chlorkohlenwasserstoffe			

Tabelle 14-15: Mögliche Verbrennungs- und Brandfolgeprodukte bei Bränden mit Naturstoffen in den verschiedenen Brandphasen

Brandstoffgruppen

Brandstoffgruppe	Verbindungen und technische Produkte	Weitere Verbindungen, die in den Brandeigenschaften zugeordnet werden können
aliphatische Kohlenwasserstoffe	Benzine, Paraffine, Kerosin, Dieselkraftstoff, Heizöl	Alkohole, Ether, Ester, organische Säuren, pflanzliche und tierische Fette
aliphatische Chlor-Kohlenwasserstoffe	Tetrachlorkohlenstoff, Chloroform, Perchlorethylen, Chlor- und Bromparaffine, Hexachlorcyclohexan	Chlor- und bromhaltige Alkohole, Ester, Säuren
Aromaten	Benzol, Toluol, Naphthalin (Erdöl), Diphenyl, Diphenylether	Phenol, Kresol, Dekalin, Terpene,
Chloraromaten	Chlorbenzol, PCB	Chlorphenol, PCP, chlorierte Kresole
Polymer mit CH	Polyethylen, Polypropylen, Polybutylen-1, Polyisobutylen, Poly-4-methyl-penten-1	Polyvinylalkohol, PMMA (Plexiglas), Polyethylenoxide, Polycarbonat, Alkylharz
Polymer mit Aromaten	Polystyrol	Phenolharz, ungesättigtes Polyester, lin. Polyester, Polyphenylenether, Polyacrylether
Polymer mit Stickstoff	Polyamide, Polyacrylnitril, Polyurethane, Harnstoffharz, Melaminharz, Polyimide, Polyetherimid, Polybismaleinimid, Polyesterimid, Polyamidimid	Nitrocellulose
Polymer mit Halogenen	Polyvinylchlorid, Polyvinylidenchlorid	
Cellulose	Holz, Papier, Zellstoffe	Celluloseacetat, Cellulosepropionat, Celluloseacetobutyrat, Vulkanfiber, Stärkeprodukte (Getreide, Mehl), Zucker
Eiweißprodukte	Wolle, Haare Federn, Nahrungsmittel,	
organische Schwefelverbindungen	Mercaptane, Thiophene, Pharmazeutische Erzeugnisse, Pflanzenschutzmittel	
organische Phosphorverbindungen	Pflanzenschutzmittel, Kampfstoffe,. Pharmazeutische Erzeugnisse	

Tabelle 14-16: Brandstoffgruppen und zugehörige Produkte

Kohlenmonoxid und Chlorwasserstoff

Kohlenmonoxid, Konzentration [ppm]	Symptome	Chlorwasserstoff, Konzentration [ppm]	Symptome
30	MAK-Wert	1 ... 5	Geruchsschwelle
100	keine beobachtbaren Vergiftungserscheinungen	5	MAK-Wert
200	Kopfschmerzen nach 2 ... 3 h	5 ... 10	leichte, unangenehme Schleimhautreizungen
300	Ausgeprägte Vergiftungserscheinungen (Verlangsamung des Pulses, Ansteigen des Blutdruckes, Zittern)	35	Lungenreizung nach kurzer Inhalation, Bindehautreizung, Rachenreizung
400	Ausgeprägte Vergiftungserscheinungen nach 2 bis 3 h	50 ... 100	Atmung durch Lungenreizung unmöglich
500	Halluzinationen nach 20 ... 30 Minuten	1000	Gefahr von Lungenödem nach kurzer Inhalationszeit, Lebensgefahr
1000	Erschwerte Bewegung, Tod nach 2 stündiger Inhalation		
1 500	Tod nach 1 stündiger Inhalation		
3 000	Tödlich nach 30 Minuten		
> 8 000	sofortiger Tod		

Tabelle 14-17: Auswirkungen von Kohlenmonoxid und Chlorwasserstoff auf den Menschen

Schwefeldioxid, Cyanwasserstoff und nitrose Gase

Schwefeldioxid Konzentration [ppm]	Symptome	Cyanwasserstoff Konzentration [ppm]	Symptome	Nitrose Gase Nox Konzentration [ppm]	Symptome
0,5 ... 2,5 2	Geruchsschwelle MAK-Wert	0,2 ... 5,1	Geruchsschwelle	5	MAK-Wert
4 ... 8	Reizungen von Atemwegen und Lunge				
3 ... 5	milde Reizung von Haut und Atemwegen	10	MAK-Wert	10 ... 20	Reizungen von Augen und Atemwegen
8 ... 12	leichte Reizung von Haut und Atemwegen	18 ... 36	leichte Vergiftungen, Kopfschmerzen	25 ... 38	gefährlich, Husten und Erstickungsgefühl
10	erhöhter Atemwiderstand	45 ... 54	ohne Schwierigkeiten bis 1 h erträglich	50	deutliche Reizwirkungen
20	Husten, Augenreizung	100	Tod nach 1 h	80	Lungenbeklemmung nach 3 bis 5 Minuten
100 ... 250	lebensgefährlich	110 ... 135	Lebensgefährlich, tödlich nach 30 bis 60 Minuten	90	Lungenödem nach 30 Minuten
600 ... 800	in wenigen Minuten tödlich	181	tödlich nach 10 Minuten	100 ... 200	lebensgefährlich nach 30 bis 60 Minuten
		280	sofort tödlich	250	tödlich innerhalb weniger Minuten

Tabelle 14-18: Auswirkungen von Schwefeldioxid, Cyanwasserstoff und nitrosen Gasen auf den Menschen

14.8 Anhang 8: RTI-Werte von Sprinklern

Zur Bestimmung der dynamischen Ansprechempfindlichkeit, d.h. der Reaktionsgeschwindigkeit, gekennzeichnet durch den RTI-Wert, werden Sprinkler in einer in Anhang N der DIN EN 12259-1 [14.74] genau beschriebenen Prüfung in einem geheizten Windkanal unterzogen. Aus der Lufttemperatur (= Rauchtemperatur), der Ansprechtemperatur und der Einbautemperatur wird zunächst nach Gleichung 14-1 der Wärmeleitfaktor C bestimmt (Abbildung 14-11).

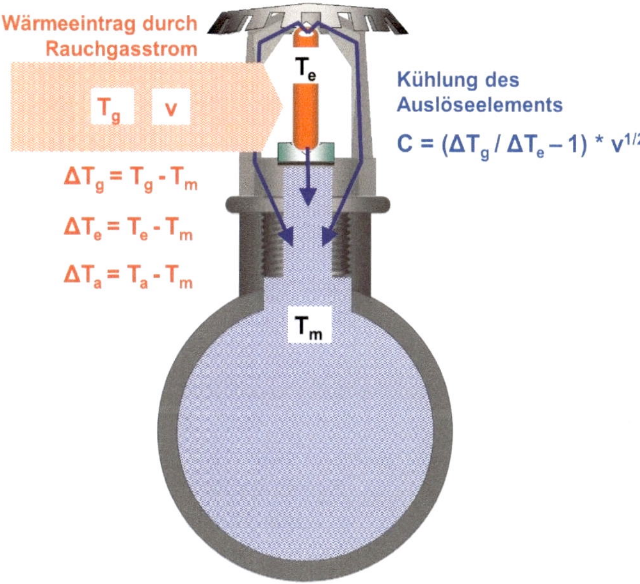

Abbildung 14-11: Bestimmung des Wärmeleitfaktors C von Sprinklern

Gleichung 14-1: $C = (\Delta Tg / \Delta Te - 1) * v^{1/2}$ $[(m\,s)^{0,5}]$

mit: ΔTg, ΔTe, ΔTa gemäß Abbildung 14-11

T_m	=	Einbautemperatur	[°C]
Tg	=	Rauchgastemperatur	[°C]
Ta	=	Ansprechtemperatur	[°C]
Te	=	Temperatur des Auslöseelementes	[°C]
v	=	Rauchgasgeschwindigkeit	[m/s]

In der Praxis werden folgende Werte des Wärmeleitfaktors erreicht:

- für RTI bis 50: $0,35 \le C \le 0,70$ mit typischem Wert $C = 0,5$
- für RTI > 50: $0,90 \le C \le 1,20$ mit typischem Wert $C = 1,0$

Nach der Bestimmung des Wärmeleitfaktors wird der RTI-Wert des Sprinklers bei konstanter Temperatur der Rohrleitung (30 ± 2) °C und verschiedenen Lufttemperaturen und Luftgeschwindigkeiten nach Gleichung 14-2 berechnet.

Gleichung 14-2: $RTI = \{-t_r * v^{1/2} / \ln [1 - \Delta Ta * (1 + C / v^{½}) / \Delta Tg] \} * (1 + C / v^{½})$

mit:			
RTI	=	Response-Time-Index	$[(m\ s)^{0,5}]$
t_r	=	Ansprechzeit des Sprinklers	[s]

ΔTg, ΔTa, v, C wie in Gleichung 14-1

14.9 Anhang 9: Lichttechnische Größen

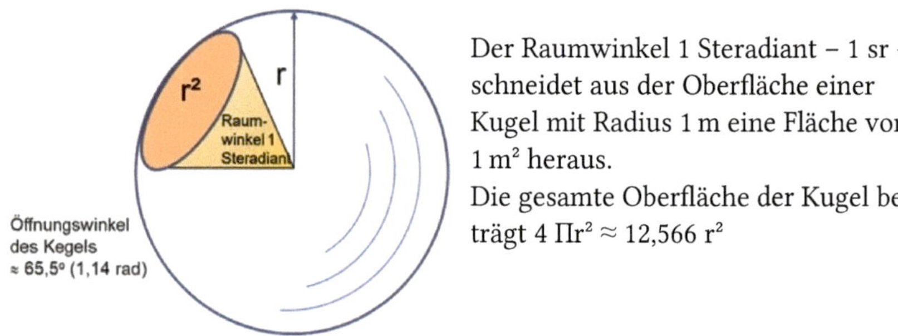

Der Raumwinkel 1 Steradiant – 1 sr – schneidet aus der Oberfläche einer Kugel mit Radius 1 m eine Fläche von 1 m² heraus.
Die gesamte Oberfläche der Kugel beträgt $4\ \Pi r^2 \approx 12{,}566\ r^2$

Abbildung 14-12: Definition des Raumwinkels 1 Steradiant

Eine Lichtquelle der **Lichtstärke** 1 Candela (1 cd) sendet einen gesamten **Lichtstrom** von 12,566 Lummen (12,566 lm) aus.

In einen Raumwinkel von 1 sr gelangt dann genau 1 lm.

Dies ergibt im Abstand von 1 m von der Lichtquelle eine **Beleuchtungsstärke** von 1 lm/m² = 1 lx = 1 Lux.

In einem Abstand von 1 m von der Lichtquelle wird dann eine **Leuchtdichte** von 1 cd/m² erzeugt.

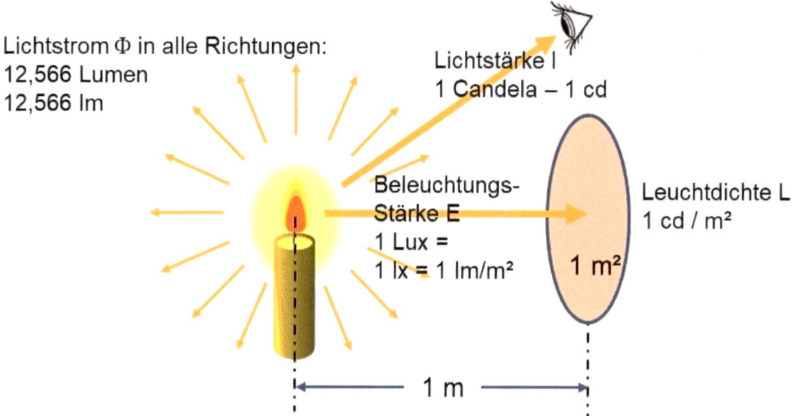

Abbildung 14-13: Lichttechnische Größen

14.10 Literatur zum Anhang

[14.1] Rempe, A., Rodewald, G.: Brandlehre, ISBN 3-17-008 381-3, Stuttgart 1985

[14.2] Busenius, S.: Wissenschaftliche Grundlagen des Brand- und Explosionsschutzes, ISBN 3-17-013 867-7, Stuttgart 1996

[14.3] Brandschutz Formeln und Tabellen, Staatsverlag der DDR, Berlin 1979

[14.4] Friedman, R.: 'Theory of Fire Extinguishment, in Fire Protection Handbook 18th Ed., S. 1-92 ff, ISBN 0-87765-377-1

[14.5] Schmauch, J.-F.: Turbolöscher, Zukunftstechnologie in der Gegenwart, in: Brand Chronik 6, ISBN 3-906557-32-4

[14.6] Haselhorst, R.: Einsatzgebiete des Turbo-Löschers, vfdb-Jahresfachtagung 1998 in Erfurt, Tagungsband

[14.7] Steinert, C.: Löschen mit Wassernebel – Optimierter Einsatz und Abschätzungen zur Effektivität, in: vfdb-Zeitschrift 3/2004, Seite 155 ff.

[14.8] DIN EN 2:2005-01 Brandklassen

[14.9] Kanury, A. M.: Flaming Ignition of Solid Fuels, in SFPE Handbook of Fire Protection Engineering 2nd Ed., S. 2-190 ff., ISBN 0-87765-354-2

[14.10] Verordnung über Sicherheit und Gesundheitsschutz bei der Bereitstellung von Arbeitsmitteln und deren Benutzung bei der Arbeit, über Sicherheit beim Betrieb überwachungsbedürftiger Anlagen und über die Organisation des betrieblichen Arbeitsschutzes (Betriebssicherheitsverordnung BetrSichV) vom 3. Februar 2015 i. d. F. vom 13.04.2019

[14.11] Beyler, C.L., Hirschler, M. Thermal Decomposition of Polymers, in SFPE Handbook of Fire Protection Engineering 2nd Ed., S. 1-99 ff., ISBN 0-87765-354-2

[14.12] Kanury; A.M.: Ignition of Liquid Fuels, in SFPE Handbook of Fire Protection Engineering 2nd Ed. S. 2-160 ff., ISBN 0-87765-354

[14.13] Beyler, C.L.: Flammability Limits of Premixed and Diffusion Flames, in SFPE Handbook of Fire Protection Engineering 2nd Ed., S. 2-147 ff., ISBN 0-87765-354-2

[14.14] NFPA 484: Standard for Combustible Metals, 2019 Ed.

[14.15] Tapscon, R. E: Metals, Fire Protection Handbook, 18th Ed., S. 4-182 ff

[14.16] Tapscon, R.E.: Combustible Metals Extinguishing Agents and Application Technics, Fire Protection Handbook, 18th Ed., S. 6-401 ff

[14.17] Pietron, G.: Containerbrand mit Leichtmetallen, in BrandSchutz Deutsche Feuerwehrzeitung 06/1992

[14.18] Kaufhold, F., Rempe, A.: Feuerlöschmittel, ISBN 3-17-009042-9, Stuttgart 1986

[14.19] De Vries; H.: Brandbekämpfung mit Wasser und Schaum, ISBN 3-609-68740-1, ecomed-Verlag Landsberg 2000

[14.20] Kim, A.: Overview of Recent Progress in Fire Suppression Technology, NRCC 45690, National Research Council Canada

[14.21] Brandbekämpfung mit Schaum, Sonderheft 2/2006 des Feuerwehr-Magazins

[14.22] CAFS, Compressed Air Foam Systems, Fire & Rescue October 2004

[14.23] Verordnung zum Schutz vor Gefahrstoffen (Gefahrstoffverordnung – GefStoffV) v. 26. November 2010 i. d. F. v. 29. März 2017

[14.24] Verordnung über Anlagen zum Umgang mit wassergefährdenden Stoffen (AwSV) v. 18.04.2017 i. d. F. v. 19. Juni 2020 (BGBl. I S. 1328)

[14.25] Dr. Sthamer Kundeninformation 2007 http//www.sthamer.com/deutsch/html/body_fluortenside_in_schaumloschmit.htm

[14.26] Klein, R.: Zum Thema Schaum, WFV-Info 1/2005

[14.27] Klein, R.: Extinguishing Fires, Presentation World Firefighters` Conference, Manchester 2005, Fighting Fires – Foam tech_1205_0048

[14.28] Schulte, C.; Dieter, H. H.: Poly- und perfluorierte Chemikalien in flüssigen Feuerlöschmitteln – ein Problem für Mensch und Umwelt, vfdb-Zeitschrift 2 / 2009 S 76

[14.29] Sollberg Scandinavian: Präsentation Re-Healing Foam – Arctic Fire Fighting Foams

[14.30] Wilson, M.: Foam under Fire – The Realistic Perspective, Präsentation Schaum und PBO tech_1205_0008

[14.31] Leonhardt, T.: Die Krux mit dem "grünen" Schaum – Teil 1 in BrandSchutz 4 / 2021 S. 279ff

[14.32] DIN EN 615: 2009-08 Brandschutz – Löschmittel – Anforderungen an Löschpulver (nicht für Löschpulver der Brandklasse D

[14.33] VdS 2093:2017-08: Richtlinien für CO_2-Feuerlöschanlagen – Planung und Einbau

[14.34] DIN EN ISO 5923:2012-02 Ausrüstung für Brandschutz und Brandbekämpfung: Löschmittel Kohlendioxid

[14.35] Verordnung EG 2037 / 2000 des Europäischen Parlamentes und des Rates von 29.07.200 über Stoffe, die zum Abbau der Ozonschicht führen, AEG L 244 / 1

[14.36] Pleß, G., Seliger, U.: Substitution bestimmter umweltschädlicher Feuerlöschmittel in ausgewählten Anwendungsbereichen, IdF Sachsen-Anhalt 2003

[14.37] Federal Aviation Administration (USA): Options to the Use of Halons for Aircraft Fire Suppression Systems – 2002 Update, DOT / FAA / AR-99 / 63, Springfield 2002

[14.38] Seilnacht, T.: Das Phänomen der Grenzflächenspannung und die Eigenschaften von Tensiden, http://www.seilnacht.com/waschm/tenside.html

[14.39] Arne, T.: Micelle Formation, http://www.mpikg.mpg.de/pdf/KolloidChemie/Scripte/Mizellbildung.pdf

[14.40] Ophard, C.: Micelles, Virtual Chemiebook, Elmhurst College, http://www.elmhurst.edu/~chm/vchembook/558micelle.html

[14.41] The Interactive Library: Soap molecule http://www.edinformatics.com/interactive_molecules/soap.htm

[14.42] Dries, A.: F-500 Löschmittel mit neuartigem Wirkungsprinzip, BrandSchutz 10 / 2009

[14.43] Fleischer, H.: F-500 Breitband Feuerlöschmittelzusatz, Herstellerpräsentation, Fire Control Technologies GmbH, V.3, 2007

[14.44] F-500 Mizelle Einkapselungs-Technologie, Herstellerpräsentation, Fire Control Technologies GmbH, 2007

[14.45] F500 1: Hazard Control Technologies, Inc.: F-500 MULTI-PURPOSE ENCAPSULATOR AGENT, Material Safety Data Sheet, http://www.hastings-on-hudson-firedept.org/F500/documents/F-500_MSDS.pdf

[14.46] FireFreeze Worldwide Inc.: Cold Fire Multipurpose Foaming Wetting Agent, http://www.firefreeze.com/coldfire.htm

[14.47] NFPA 18 Standard on Wetting Agents, 2021 Ed.

[14.48] NFPA 13 Standard for the Installation of Sprinkler Systems, 2019 Ed.

[14.49] COLD FIRE ® Fire Suppressing Agent, Material Safety Data Sheet http://www.coldfirewest.com/?articleID=30

[14.50] Allen, S.: Cold Fire™is a Hot Fire Extinguisher, http://www.greaterthings.com/News/ColdFire/pr021122.html

[14.51] Amiran, M. C.: Super Fire Suppressant Agent, Halon Option Technical Working Conference, Proceedings, May 2000

[14.52] FlameOut Material Safety Data Sheet, http://www.firecaddy.com/pdf/cert_flameout.pdf; http://www.freshawl.com/FresHAWL_FLAME-OUT_MSDS.pdf

[14.53] Southwest Research Institute, San Antonio, USA, Testbericht 01.13538.01.311, July 2008 http://naharpg.com/yahoo_site_admin/assets/docs/SouthWest_test.27463133.pdf

[14.54] Arctic Fire Freeze MSDS, http://naharpg.com/yahoo_site_admin/assets/docs/arctic_fire.27144553.pdf

[14.55] ENVIRONMENTAL PROTECTION AGENCY 40 CFR Part 82 [EPA-HQ-OAR-2003-0118; FRL-9474-4]RIN 2060-AG12; http://www.gpo.gov/fdsys/pkg/FR-2011-10-04/html/2011-25391.htm

[14.56] FireAde 2000 Hydrocarbon separation technology; http://www.fireservices.es/downloads/catalogoingles.pdf

[14.57] Fire Ade Material Safety Data Sheet, http://www.5alarm.com/pdf/Products/Fire/FirefightingFoam/FireAde2000-MSDS-Form.pdf

[14.58] TTL Group Lt.: FEM-12 SC Fire Extinguishing Agent, http://www.tligroup.com/enter.html

[14.59] PURE GREEN SOLUTIONS, LLC: FEM-12 SC ™ Material Safety Data Sheet http://puregreensolutions.net/resources.php

[14.60] NTIS: Evaluation of a New Liquid Fire Extinguishing Agent for Combustible Metal Fires, DOT / FAA / AR-TN06 / 26, http://www.airporttech.tc.faa.gov/safety/downloads/

[14.61] Eclipse Aviation Corporation: White Paper "The Eclipse 500 Fire Suppression System Using the PhostrEx™ Agent", Albuquerque 2006, www.phostrex.com

[14.62] Eclipse Aviation Corporation: Material Safety Data Sheet PhostrEx™ www.phostrex.com

[14.63] Halotron I Clean Fire Extinguishing Agent, http://www.halotron.com/pdf/halotron_one_brochure.pdf

[14.64] Halotron-1 Material Safety Data Sheet, http://www.halotron.com/pdf/Halotron1_MSDS.pdf

[14.65] Halotron II http://www.halotron.com/halotron2.php

[14.66] Halotron II Material Safety Data Sheet, http://www.halotron.com/pdf/halotron_two_msds.pdf

[14.67] NFPA 2001 Standard on Clean Agent Fire Extinguishing Systems, 2018 Ed.

[14.68] DIN EN 15004 Ortsfeste Brandbekämpfungsanlagen – Löschanlagen mit gasförmigen Löschmitteln – Teile 2 bis 10: Feuerlöschmittel

[14.69] ISO 14520-2 bis ISO 14520-15 Feuerlöschanlagen mit gasförmigen Löschmitteln, Teile 2 bis 15: Feuerlöschmittel

[14.70] DIN EN 18232-2:2007-11 Rauch- und Wärmefreihaltung Teil 2: Natürliche Rauchabzüge (NRA) – Bemessung Anforderungen und Einbau

[14.71] DIN 4102-2:1997-09: Brandverhalten von Baustoffen und Bauteilen; Bauteile, Begriffe, Anforderungen und Prüfungen

[14.72] Schneider, U. et. al.: Ingenieurmethoden im Baulichen Brandschutz, ISBN 3-8169-2290-2, Renningen 2002

[14.73] vfdb-Richtlinie 10/03 Schadstoffe bei Bränden

[14.74] DIN EN 12259-1:2006-03 Ortsfeste Löschanlagen: Bauteile für Sprinkler- und Sprühwasserlöschanlagen – Teil 1: Sprinkler

[14.75] Hetzer, H. et. al.: Löschmittelzusätze: eine Alternative für Flüssigkeitsbrände? BrandSchutz 11/2015, S. 945 ff

[14.76] Keutel, K., Fuhrmann, T.: Vergleichende Untersuchungen von fluortensidfreien Schäumen bei Bränden mit polaren Flüssigkeiten, vfdb Jahresfachtagung 2016, Tagungsband S. 139 ff

[14.77] Steinleitner, H.-D. u.a.: Brandschutz- und sicherheitstechnische Kennwerte gefährlicher Stoffe, Staatsverlag der DDR, Berlin 1988

[14.78] Pleß, G., Seliger, U.: Substitution bestimmter umweltschädlicher Feuerlöschmittel in ausgewählten Anwendungsbereichen; Institut der Feuerwehr Sachsen-Anhalt Heyrothsberge 2003-06

15 Index